N

P

Q

R

S

T

Y

Z

中国社会科学年鉴

中国社会科学院

ALMANAC OF CHINESE ACADEMY OF SOCIAL SCIENCES

中国社会科学出版社

图书在版编目（CIP）数据

中国社会科学院年鉴．2018／方军主编．—北京：中国社会科学出版社，2022.12
ISBN 978-7-5203-9870-1

Ⅰ．①中…　Ⅱ．①方…　Ⅲ．①中国社会科学院—2018—年鉴　Ⅳ．①G322.22-54

中国版本图书馆CIP数据核字（2022）第242503号

出 版 人　赵剑英
特约编辑　刘玉杰
图片编辑　刘玉杰　胡　斌
责任编辑　张靖晗
责任校对　李　惠
责任印制　张雪娇

出　　版　中国社会科学出版社
社　　址　北京鼓楼西大街甲 158 号
邮　　编　100720
网　　址　http://www.csspw.cn
发 行 部　010-84083685
门 市 部　010-84029450
经　　销　新华书店及其他书店

印刷装订　三河市东方印刷有限公司
版　　次　2022 年 12 月第 1 版
印　　次　2022 年 12 月第 1 次印刷

开　　本　787×1092　1/16
印　　张　60.5
插　　页　20
字　　数　1403 千字
定　　价　528.00 元

《中国社会科学院年鉴 2018》

编辑委员会

编辑说明

《中国社会科学院年鉴》（以下简称《院年鉴》）是记录中国社会科学院在年度哲学社会科学研究事业中取得重要成果及发展变化的大型资料性工具书。每年出版一卷。在编辑过程中，我们以马克思列宁主义、毛泽东思想、邓小平理论、“三个代表”重要思想、科学发展观和习近平新时代中国特色社会主义思想为指导，牢固树立政治意识、大局意识、核心意识、看齐意识，坚持正确的政治方向、学术导向和价值取向。

《院年鉴》2018 年卷是《院年鉴》1993 年创办以来连续出版的第 26 卷。2018 年卷较为全面系统地反映和记录 2017 年中国社会科学院在人文社会科学研究以及创新工程建设、智库建设、人才建设、国际学术交流、管理服务保障、党的建设等方面取得的新成就、展现的新面貌、呈现的新变化。

根据年度事业发展特点，本卷增设两个特辑，一是中国社会科学院学习贯彻党的十九大精神专题；二是庆祝中国社会科学院建院 40 周年专题。特别收录习近平总书记致中国社会科学院建院 40 周年的贺信。

《院年鉴》2018 年卷设有“综合”“组织机构”“2017 年度专题”“工作概况和学术活动”“科研成果”“学术人物”“规章制度”“统计资料”“大事记”9 个栏目，列为 9 编。主要内容如下。

第一编“综合”收录中国社会科学院院领导的《加快构建中国特色哲学社会科学 以优异成绩迎接党的十九大召开——在中国社会科学院 2017 年度工作会议暨党风廉政建设工作会议上的报告》《全面从严治党 加快构建中国特色哲学社会科学——在中国社会科学院 2017 年度深入学习贯彻习近平总书记“5・17”重要讲话、致中国社会科学院建院 40 周年贺信精神暨推进全面从严治党专题培训班上的动员讲话》《加快构建中国特色哲学社会科学创新体系》《深入学习贯彻十八届六中全会精神 推动全面从严治党向纵深发展——在中国社会科学院2017年度工作会议暨党风廉政建设工作会议上的报告》《大力实施“走出去”战略 着力提高外事管理水平——在中国社会科学院2017年度外事管理培训班上的讲话》和中国社会科学院2017年工作会议文件。

第二编“组织机构”收录中国社会科学院机构设置及负责人名单、中国社会科学院学部及成员名单、中国社会科学院院级专业技术资格评审委员会名单、院属各单位学术委员会及专业技术资格评审委员会名单。

第三编“2017年度专题”收录全院的打造创新工程工作情况和高端智库建设工作情况，刊载了专稿《中国社会科学院2017年创新工程工作概况》《中国社会科学院2017年智库建设概况》等。

第四编“工作概况和学术活动”收录院属各单位的2017年度工作概况和主要学术活动。

第五编“科研成果”收录以科研机构为主的院属各单位的主要科研成果。

第六编“学术人物”收录“中国社会科学院博士学位研究生指导教师（2017～2018）”和“2017年度晋升正高级专业技术职务人员”情况。

第七编“规章制度”收录中国社会科学院出台的相关规章制度。

第八编“统计资料”收录2017年度中国社会科学院的主要统计资料。

第九编“大事记”收录2017年中国社会科学院的主要大事和活动。

需要说明的是，本卷年鉴科研院所的排序按文学哲学学部、历史学部、经济学部、社会政法学部、国际研究学部、马克思主义研究学部六大学部的顺序排列，学部内科研院所及机关职能部门、院直属单位等按院惯常顺序排列。

2017 年 5 月，庆祝中国社会科学院建院 40 周年大会在北京召开。

2017 年 1 月，中国社会科学院院长王伟光会见到访的捷克驻华大使贝德日赫·科佩茨基。

2017 年 5 月，中国社会科学院院长王伟光会见到访的希腊外交部长科恰斯。

2017 年 3 月，中国社会科学院副院长王京清会见到中国社会科学院调研的中央统战部副部长兼秘书长冉万祥。

2017 年 5 月，《美国研究报告（2017）》（《美国蓝皮书》）发布式在北京举行。中国社会科学院副院长李培林出席发布式。

2017 年 7 月，中国社会科学院举办纪检干部培训班。中央纪委驻院纪检组组长张英伟作题为“学党章党规、学系列讲话、做合格纪检干部”的报告。

2017 年 5 月，中国社会科学院副院长蔡昉会见到访的意大利前总理达莱马。

2017 年 1 月，中国社会科学院召开 2017 年度工作会议暨党风廉政建设工作会议。

2017 年 1 月，中国社会科学院召开马克思主义理论学科建设与理论研究工程 2017 年度工作会议。

2017 年 1 月，中国社会科学院创新工程 2016 年度重大成果系列发布会“第六部《反腐倡廉蓝皮书》发布会”在北京举行。

2017 年 1 月，中国社会科学院马克思主义学院 2017 届博士研究生毕业典礼暨学位授予仪式在北京举行。

2017 年 2 月，中国社会科学院召开 2017 年度离退休干部工作会议。

2017 年 2 月，中国社会科学院《中华思想通史》项目第 22 次工作会议在北京举行。

2017年4月，中共中央政治局委员、中央书记处书记、中宣部部长刘奇葆与中国社会科学院院长王伟光在匈牙利科学院为中国—中东欧研究院成立揭牌。

2017 年 2 月，中国社会科学院经济学部“2017 年经济形势座谈会——新经济新动能”在北京召开。

2017 年 3 月，中国社会科学院国家治理研究智库舆情研究部揭牌仪式在北京举行。

2017 年 3 月，《2016 ～ 2017 世界社会主义黄皮书》发布暨“准备进行具有许多新的历史特点的伟大斗争与世界格局”学术研讨会在北京举行。

2017 年 3 月，我国农村扶贫标准研讨会在北京举行。

2017 年 4 月，中国社会科学院举办学习习近平总书记系列重要讲话精神专题教育培训班。

2017 年 4 月，第 22 届亚洲社科联大会在北京召开。

2017 年 4 月，“友好 25 周年　合作新起点”中国与亚美尼亚建交 25 周年学术研讨会在北京召开。

2017 年 4 月，中国社会科学院召开赴甘肃挂职干部座谈暨挂职工作经验交流会。

2017 年 5 月，学习习近平总书记讲话　重温延安文艺传统——纪念毛泽东《在延安文艺座谈会上的讲话》发表 75 周年座谈会在北京举行。

2017 年 5 月，“一带一路”与新全球化论坛暨中国社会科学院国情调研重大项目“一带一路”研究丛书中英文版新书发布会在北京举行。

2017 年 5 月，中国社会科学院成立四十周年学部系列学术报告会在北京举行。

2017 年 5 月，阿根廷总统马克里阁下演讲会在北京举行。

2017 年 5 月，“走向世界的中国哲学社会科学” 国际论坛在北京举行。

2017 年 5 月，第四届道德建设论坛：著作等身与著作等心在北京召开。

2017 年 6 月，第六届中拉学术高层论坛暨中国拉美学会学术大会“结构性转型与中拉关系前景”在北京召开。

2017 年 6 月，亚信非政府论坛第二次会议——落实联合国 2030 可持续发展议程：亚洲在行动在北京召开。

2017 年 6 月，第二届中印智库论坛“中印战略合作与发展伙伴关系”在北京举行。

2017 年 6 月，中国城市百人论坛 2017 年会在北京召开。

2017 年 6 月，中国特色社会主义政治经济学话语体系学术研讨会在北京召开。

2017 年 7 月，中国社会科学院与外交部、上海市政府干部人才联合培养合作协议签约仪式在北京举行。

2017 年 7 月，《聚天下英才而用之》新书发布会暨首届全国人才学博士后论坛在上海举行。

2017 年 7 月，中国社会科学院召开暑期工作会议。

2017 年 7 月,《中国农村发展报告(2017)》发布会在北京举行。

2017 年 7 月，中国社会科学评价研究院揭牌成立大会在北京举行。

2017 年 7 月，《习近平关于社会主义经济建设论述摘编》研讨会暨经济研究所建所 90 周年纪念活动启动仪式在北京举行。

2017 年 7 月，中国哲学社会科学话语体系建设“浦东论坛 · 2017”在上海举行。

2017 年 7 月，中国社会学会 2017 年学术年会“迈向共建共享的全面小康社会”在上海召开。

2017 年 8 月，中国社会科学论坛：纪念中日邦交正常化 45 周年国际学术研讨会在北京举行。

2017 年 8 月，首届气候变化经济学学术研讨会在北京举行。

2017 年 8 月，《深圳改革创新丛书》《深圳学派建设丛书》新书发布会在北京举行。

2017 年 9 月，中国社会科学院 2017 年“西部之光”访问学者座谈会在北京举行。

2017 年 9 月，“十月革命与中国特色社会主义”理论研讨会在北京召开。

2017 年 9 月，走向世界的中国方志文化国际学术研讨会在北京召开。

2017 年 9 月，人民币与外汇市场论坛在北京举行。

2017 年 10 月，中国社会科学论坛“大发展大变革大调整的时代特征与中国特色社会主义——第八届世界社会主义论坛”在北京召开。

2017 年 10 月，中国社会科学院召开“传达学习党的十九大精神”会议。

2017 年 10 月，《文学评论》创刊六十周年纪念大会在北京召开。

2017 年 11 月，中国社会科学院“‘一带一路’建设与全球能源互联网发展”国际研修班开班式在北京举行。

2017 年 11 月，中白经贸合作智库交流研讨会在北京举行。

2017 年 11 月，中国社会科学院举办学习宣传贯彻党的十九大精神所局级主要领导干部培训班。

2017 年 11 月，国家民族事务委员会民族理论政策研究基地、中国社会科学院国家治理研究智库民族发展研究部揭牌仪式在北京举行。

2017 年 11 月，中国社会科学院辞书编纂研究中心成立大会暨新时代辞书发展论坛在北京举行。

2017 年 12 月，中国社会科学院召开古籍清理核实工作启动大会。

2017 年 12 月，“全球化、结构变化与工作任务：新时代的中国劳动力市场”国际研讨会在北京举行。

2017 年 12 月，第一届中国—乌克兰学者高端学术对话会“乌克兰的中国机遇”在北京举行。

2017 年 12 月，中国社会科学院举办“加强制度执行力、提升外事管理水平 2017 年度外事管理培训班”。

2017 年 12 月，《中国扶贫开发报告（2017）》（扶贫蓝皮书）发布会暨中国精准扶贫进展与前瞻研讨会在北京举行。

2017 年 12 月，“首届中国地情论坛　首届全国名村论坛”在北京举行。

《中国社会科学院年鉴 2018》
审稿人

刘跃进	朝戈金	陈众议	刘丹青	孙海泉	郑筱筠	刘国祥
卜宪群	赵笑洁	王建朗	汪朝光	李国强	杨明杰	王砚峰
黄群慧	魏后凯	夏杰长	王国刚	李　平	潘家华	莫纪宏
陈　甦	房　宁	王延中	刁鹏飞	张　翼	唐绪军	姚枝仲
孙　力	黄　平	杨　光	袁东振	李向阳	郭　红	张季风
廖峥嵘	邓纯东	张星星	姜　辉	张树华	方　军	马　援
崔建民	王　镭	曲永义	刘　红	王　兵	王　岚	赵剑英
王利民	谢寿光	贺建忠	丁海川	荆林波	杨世伟	冀祥德

《中国社会科学院年鉴 2018》
供稿人

曹维平	刘　晓	张文博	华　武	李宏飞	朱彦臻	博明妹
李　斌	柴　怡	王　宇	陆晓芳	姜泓仰	程　红	尹茂祥
周业兵	李秉霖	张亚林	王　楠	彭　华	沈　嘉	刘戈平
薛　波	韩胜军	戴丽萍	连鹏灵	薛苏鹏	张锦贵	任宏达
徐旖瑶	王小霞	杨晶晶	冯希莹	张　逸	郗艳菊	王晓泉
王晨星	蔡雅洁	史晓溪	刘东山	郭　靓	朴光姬	吕　华
孙　厦	张　梅	刘　江	池重阳	卜岩枫	郭志法	王舒琼
谷永强	朱　晨	韩　锰	毕争妍	谢倩芸	滕　瑶	张　轶
曾　军	冯秋颖	李　安	魏　进	陈　彪	齐　芳	侯丽敏
蔡继辉	柳　杨	李　春	刘　斌	赵晓军	张青松	何　蒂
张晶萍						

目 录

特辑一 中国社会科学院学习贯彻党的十九大精神专题

特辑二 庆祝中国社会科学院建院40周年专题

第一编　综合

第二编　组织机构

第三编 2017年度专题

第四编 工作概况和学术活动

第五编　科研成果

第六编　学术人物

第七编　规章制度

第八编 统计资料

第九编　大事记

2018 ALMANAC OF THE CHINESE ACADEMY OF SOCIAL SCIENCES

CONTENTS

Special Topic One The Study and Implement of the Spirit of the 19th CPC National Congress in CASS

Special Topic Two Celebrate the 40th Anniversary of the Founding of CASS

CHAPTER ONE　A COMPREHENSIVE SURVEY

CHAPTER TWO ORGANIZATIONAL COMPOSITION

CHAPTER THREE ANNUAL PROJECT 2017

CHAPTER FOUR WORK AND ACADEMIC ACTIVITIES

CHAPTER FIVE SCIENTIFIC RESEARCH ACHIEVEMENTS

CHAPTER SIX　ACADEMIC FIGURES

CHAPTER SEVEN　RULES AND REGULATIONS

CHAPTER EIGHT　STATISTICS DATA

CHAPTER NINE CHRONICLE

特辑一

中国社会科学院学习贯彻党的十九大精神专题

学懂弄通做实习近平新时代中国特色社会主义思想，扎扎实实学习宣传贯彻党的十九大精神

——在学习宣传贯彻党的十九大精神所局级主要领导干部培训班上的动员讲话

王伟光

（2017 年 11 月 7 日）

党的十九大是以习近平同志为核心的党中央带领全党全军全国各族人民迈进新时代、开启新征程、续写新篇章的一次历史性盛会，在党和国家发展历程中具有重要里程碑意义。习近平总书记向大会所作的报告，主题鲜明、思想深邃，内涵丰富、博大精深，系统总结了过去五年党和国家事业发生的历史性变革，深刻阐述了习近平新时代中国特色社会主义思想，提出了一系列符合当代中国实际的重大战略举措，是新时代中国特色社会主义的政治宣言和行动纲领；大会审议并一致通过的党章修正案，吸纳了党的十八大以来党的最新实践成果、理论成果和思想成果，特别是把习近平新时代中国特色社会主义思想确立为党的指导思想，必将对坚持党的领导、加强党的建设、全面从严治党产生重大而深远的指导作用；十九届一中全会选举产生了以习近平同志为核心的新一届中央领导集体，对党忠诚，深孚众望，必将团结带领全党全国各族人民以更加昂扬的斗志、更加豪迈的姿态迈向新时代、开启新征程、取得新胜利。

院党组高度重视学习宣传贯彻党的十九大精神，会议闭幕后，第一时间召开党组扩大会和所局级干部动员会，传达会议精神，部署相关工作。今天，我们举办所局级主要领导干部专题培训班，就是要进一步深入学习党的十九大精神，深刻领会党的十九大的重大意义，深刻领会习近平新时代中国特色社会主义思想的丰富内涵和重大意义，迅速把思想和行动统一到党的十九大精神上来，统一到习近平新时代中国特色社会主义思想上来。

今天，讲三个问题。

第一个问题，关于深刻理解和把握党的十九大精神。

我就深刻领会、准确把握党的十九大精神实质和核心要义，谈几点体会与认识，与大家交流。

（一）深刻领会中国特色社会主义进入新时代的重大意义

习近平总书记在报告中指出，经过长期努力，中国特色社会主义进入了新时代，这是我国发展新的历史方位。这是具有重大现实意义和理论意义的政治判断。

第一，党和国家事业发生的历史性变革，是中国特色社会主义进入新时代的重要标志。改革开放之初，邓小平创造性地提出“走自己的路，建设有中国特色的社会主义”，从那时起，中国特色社会主义成为党历次代表大会报告的政治主线，成为我们党和国家全部理论和实践的鲜明主题。经过近 40 年的改革开放，党团结带领全国各族人民，以一往无前的进取精神和波澜壮阔的创新实践，取得了举世瞩目的建设成就，成功地走过了发达国家上百年才能完成的发展历程。特别是党的十八大以来，党和国家发展经历了极不平凡的五年，取得了全方位、开创性的成就，发生了深层次、根本性的变革。这 5 年来，以习近平同志为核心的党中央举旗定向、运筹帷幄，统揽伟大斗争、伟大工程、伟大事业、伟大梦想，统筹推进“五位一体”总体布局，协调推进“四个全面”战略布局，推动经济、政治、社会、文化、生态文明取得重大成就，国防、外交、港澳台工作取得重大进展。国家经济实力、科技实力、国防实力、综合国力、国际影响力和人民获得感显著提升。这 5 年来，我们党以巨大的政治勇气和强烈的责任担当，提出一系列新理念新思想新战略，出台一系列重大方针政策，推出一系列重大举措，推进一系列重大工作，解决了许多长期想解决而没有解决的难题，办成了许多过去想办而没有办成的大事，推动党和国家事业发生历史性变革。这些变革力度之大、范围之广、效果之显著、影响之深远，在党的历史上、新中国发展史上、中华民族发展史上都具有开创性意义。这 5 年来的成就和变革是在以习近平同志为核心的党中央坚强领导下取得的，是在习近平新时代中国特色社会主义思想指引下取得的。这些全方位、开创性的成就，深层次、根本性的变革，构成了中国特色社会主义进入新时代的重要条件和雄厚基础。

第二，社会主要矛盾发生转化，是中国特色社会主义进入新时代的基本特征。习近平总书记在党的十九大报告中作出我国社会主要矛盾发生了新的变化的重大政治判断。正确认识社会主要矛盾，是正确把握社会发展规律、制定各项方针政策的现实依据。1956 年党的八大提出，我们国内主要矛盾是“人民对于建立先进的工业国的要求同落后的农业国的现实之间的矛盾，是人民对于经济文化迅速发展的需要同当前经济文化不能满足人民需要的状况之间的矛盾”，这一矛盾的实质，就是先进的社会制度同落后的社会生产力之间的矛盾。党的十一届三中全会以来，我们党纠正了对党的八大关于社会主要矛盾正确判断的背离，在重新肯定党的八大关于社会主义社会主要矛盾正确判断的基础上，用更为科学的语言表述了我国社会主义社会的主要矛盾，指出：“在社会主义改造基本完成以后，我国所要解决的主要矛盾，是人民日益增长的物质文化需要同落后的社会生产之间的矛盾。”我们党关于社会主要矛盾的科学判断，为制定社会主义初级阶段党的基本路线，从而指导社会主义建设和改革开放提供了充分客观依据。

经过近 40 年改革开放，我国社会生产力极大发展，综合国力极大提升，人民生活水平极大提高，人民对美好生活的需求更为广泛、更为强烈，社会主要矛盾的两个方面都发生了深刻变化。习近平总书记在党的十九大报告中从中国的现实实际出发，把我国社会主要矛盾的新变化表述为“人民日益增长的美好生活需要和不平衡不充分的发展之间的矛盾”。这个判断完全反映了我国社会主要矛盾的实际状况。从生产力发展方面来说，我国社会生产能力在很多方面进入世界前列，我国长期处于的短缺经济和供给不足状况已经发生根本性转变；从人民生活需求方面看，人民生活水平显著提高，不仅对物质文化生活提出了更高要求，而且在民主、法治、公平、正义、环境等方面的要求日益增长，人民群众的需要已经大大超出物质文化的范畴。尽管影响人民美好生活需要的因素很多，但主要是发展不平衡不充分的问题，这些不平衡不充分问题相互交织，构成现阶段社会各种矛盾的主要根源。党的十九大作出社会主要矛盾发生转化的重大判断，既反映了社会发展的阶段性要求，也指出了党和国家事业发展的新的任务，更对党和国家事业发展提出了新的要求。中国特色社会主义进入新时代，并没有改变我国处于并将长期处于社会主义初级阶段的基本国情，我国是世界最大发展中国家的国际地位也没有改变。我们要牢牢把握社会主义初级阶段这个国情，牢牢立足社会主义初级阶段这个最大的实际，牢牢坚持党的基本路线这个党和国家的生命线、人民的幸福线。

第三，中国特色社会主义进入新时代，充分彰显了中国特色社会主义的道路自信、理论自信、制度自信和文化自信。党的十九大报告明确提出，中国特色社会主义进入新时代，意味着近代以来久经磨难的中华民族迎来了从站起来、富起来到强起来的伟大飞跃，意味着科学社会主义在 21 世纪的中国焕发出强大生机活力，意味着拓展了发展中国家走向现代化的途径，为解决人类问题贡献了中国智慧和中国方案。20 世纪末，苏东剧变使得国际共产主义运动遭受曲折，弥漫着“历史终结”论调，世界社会主义出现了复杂低迷的图景。西方国家借机在一些发展中国家强力推行西方模式，制造“颜色革命”，加重了这些发展中国家的社会、经济、政治危机。在这一关键时刻，中国扛起了世界社会主义大旗，走出了一条中国特色社会主义道路，使世界社会主义运动重新焕发勃勃生机。中国特色社会主义进入新时代，雄辩地证明了中国特色社会主义对中华民族发展史、对世界社会主义发展史、对人类发展史的重大贡献，充分彰显了中国特色社会主义的道路自信、理论自信、制度自信和文化自信。中国特色社会主义进入新时代，不仅对发展中国家产生了强烈的影响，也对西方资本主义国家产生了强烈的震撼，深刻说明了中国特色社会主义是中国共产党带领中国人民作出的唯一正确选择。

（二）深刻领会习近平新时代中国特色社会主义思想的精神实质、丰富内涵和历史定位

习近平新时代中国特色社会主义思想，是党的十九大报告的灵魂。党的十九大郑重提出习近平新时代中国特色社会主义思想，并把这一重要思想确定为我们党必须长期坚持的指导思

想。这是党的十九大的历史性决策和历史性贡献，实现了党的指导思想的又一次与时俱进，体现了我们党在理论上的高度成熟、思想上的高度自觉、政治上的高度自信。

第一，习近平新时代中国特色社会主义思想，深刻反映了中国特色社会主义新时代的理论诉求。任何理论都属于它那个时代。中国特色社会主义进入新时代，是习近平新时代中国特色社会主义思想产生的时代依据。党的十八大以来，面对党和国家事业发展的历史性变革、面对我国社会主要矛盾发生的转化、面对全面建成小康社会和全面建成社会主义现代化强国“两个一百年”的历史重任，以习近平同志为核心的党中央，紧紧围绕新时代中国特色社会主义提出的重大问题，紧密结合新的时代条件和实践要求，以全新的视野深化对共产党执政规律、社会主义建设规律、人类社会发展规律的认识，进行了艰辛的理论探索，集中回答了在新时代坚持和发展什么样的中国特色社会主义、怎样坚持和发展中国特色社会主义这一重大时代课题，取得重大理论创新成果，形成了习近平新时代中国特色社会主义思想。习近平新时代中国特色社会主义思想深刻回答了新时代坚持和发展中国特色社会主义的总目标、总任务、总体布局、战略布局和发展方向、发展方式、发展动力、战略步骤、外部条件、政治保证等一系列基本问题，为中国特色社会主义注入了新的科学内涵，丰富发展了中国特色社会主义理论体系。习近平新时代中国特色社会主义思想，既是新时代中国特色社会主义伟大实践的生动反映，也是新时代中国特色社会主义伟大事业的理论概括，是中国特色社会主义事业不断前进的实践必然和理论必然。

第二，习近平新时代中国特色社会主义思想，深刻体现了马克思主义与时俱进的理论品格。坚持以马克思主义为指导，是中国特色社会主义鲜明的理论特质。与时俱进，是马克思主义鲜明的理论品格。在长期的革命斗争和社会主义现代化建设中，一代一代的中国共产党人将马克思主义基本原理与中国实际相结合，实现了马克思主义中国化的两次飞跃，产生了毛泽东思想和中国特色社会主义理论体系，解决了中国人民“站起来”“富起来”的重大问题。在实现“站起来”“富起来”的基础上，解决“强起来”，建设社会主义现代化强国，是新时代中国特色社会主义面临的重大实践问题。继续推进马克思主义中国化，发展21世纪马克思主义、当代中国马克思主义，是新时代中国特色社会主义面临的重大理论问题。党的十八大以来，以习近平同志为核心的党中央，在实践和理论创新的双向互动过程中，深刻把握世界历史的脉络和走向，深刻认识中国特色社会主义的本质和特点，深刻揭示中国发生根本性变革所蕴含的历史经验和发展规律，以高度的理论自觉和理论自信，为发展马克思主义作出原创性贡献，创立了习近平新时代中国特色社会主义思想，再次实现了马克思主义中国化的与时俱进，丰富发展了马克思列宁主义、毛泽东思想和中国特色社会主义理论体系，实现了马克思主义中国化的第三次飞跃。

第三，习近平新时代中国特色社会主义思想，开辟了中国特色社会主义实践新局面和马克思主义中国化理论新境界。习近平新时代中国特色社会主义思想，以全新的历史站位、宽阔的理论视野、深厚的理论底蕴、高远的战略眼光，反映了时代发展变化的丰富内涵，以逻辑严密、系统完整、相互贯通的思想体系回应了坚持和发展新时代中国特色社会主义的实践要求，深刻体现了共产党人敢于创新、敢于担当的高度理论自觉。习近平新时代中国特色社会主义思想贯穿改革发展稳定、内政国防外交、治党治国治军各个领域，实现了马克思主义基本原理与中国实际相结合的第三次创新发展，开辟了马克思主义中国化理论新境界；习近平新时代中国特色社会主义思想从理论和实践上回答了坚持和发展什么样的中国特色社会主义、怎样坚持和发展中国特色社会主义，进一步彰显了中国特色社会主义的时代特色、实践特色、理论特色、民族特色，开辟了中国特色社会主义实践新局面。

（三）深刻领会新时代中国特色社会主义的奋斗目标和战略部署

党的十九大报告深入分析当前国内国际形势，全面把握党和国家事业发展新要求和人民群众新期待，制定适应时代要求的行动纲领和大政方针，从战略全局上对党和国家事业作出规划和部署，提出了新时代基本方略、奋斗目标和战略部署，发出了决胜全面建成小康社会，夺取中国特色社会主义伟大胜利的战斗动员令，开启了全面建设社会主义现代化国家的新征程。

第一，确立新时代中国特色社会主义基本方略，深刻体现了习近平新时代中国特色社会主义思想的治国理政新理念新思想新战略。习近平总书记在党的十九大报告中高度概括了“十四个坚持”，指出“十四个坚持”是新时代中国特色社会主义的基本方略。新时代中国特色社会主义基本方略是习近平新时代中国特色社会主义思想的具体体现，是党的十八大以来习近平治国理政新理念新思想新战略的总体概括。学懂弄通做实习近平新时代中国特色社会主义思想，必须深刻领会并全面贯彻落实新时代中国特色社会主义“十四个坚持”的基本方略，始终不渝地坚持党的基本理论、基本路线、基本战略。

第二，确立“两个一百年”奋斗目标，深刻体现中国特色社会主义接续奋斗的重要特征。根据发展阶段，制定发展战略，一届接着一届办、一代接着一代干，是我们党治国理政的一条重要经验。从党的十九大到党的二十大这五年是“两个一百年”奋斗目标的历史交汇期。习近平总书记的报告既明确了实现第一个百年目标的战略重点，描绘了全面建成小康社会的宏伟蓝图，也对实现第二个百年目标进行了新的战略谋划，作出了全面建设社会主义现代化国家“两步走”的战略安排。“两步走”的战略安排，不仅是对改革开放初期形成的“三步走”战略安排的进一步具体化，同时也根据我国发展的实际，将当初制定的基本实现社会主义现代化的目标提前了 15 年，充分说明我国发展潜力巨大、长期向好的基本态势没有改变。习近平总书记在战略安排的每一阶段，都提出了相应的经济社会、科技发展、国家治理的要求和人民生活水平的标准，层层递进，不断累积。党的十九大确立的新目标，是在综合分析国际国内形势和我国发展条件之后作出的重大决策，也是我们党适应我国发展实际作出的必然选择，对于充分调动全党全国人民的积极性，将中国特色社会主义的远大建设目标和埋头苦干精神结合起来，具有重大而深远的意义。

第三，作出“五位一体”总体布局和“四个全面”战略布局的战略部署，深刻体现了以人民为主体的发展思想。带领人民创造美好生活，是我们党始终不渝的奋斗目标。报告从人民日益增长的美好生活需要和不平衡不充分的发展之间的矛盾出发，把人民群众的新期待、新要求贯穿到“五位一体”总体布局和“四个全面”战略布局中的各项方针政策、具体举措中。经济建设各项政策，充分解放和发展社会生产力，激发全社会创造力和发展活力，努力实现更高质量、更有效率、更加公平、更可持续的发展；政治建设各项政策，充分体现人民意志、保障人民权益、激发人民创造活力，用制度体系保证人民当家作主；文化建设各项政策，坚持为人民服务、为社会主义服务，不断铸就中华文化新辉煌；社会建设各项政策，坚持人人尽责、人人享有，保障群众基本生活，不断满足人民日益增长的美好生活需要；生态文明建设各项政策，推动形成人与自然和谐发展现代化建设新格局；外交军事国防、“一国两制”和祖国统一各项政策，也是始终把维护国家核心利益，为人类作出新的更大的贡献作为自己的使命。这深刻体现了我们党一以贯之的全心全意为人民服务的根本宗旨，厚植了我们党执政的群众基础、政治基础。

（四）深刻领会中国特色社会主义新时代中国共产党人的时代使命

报告明确指出，中国共产党人的初心和使命，就是为中国人民谋幸福，为中华民族谋复兴，这个初心和使命是激励中国共产党人不断前进的根本动力。这深刻体现了中国共产党人对共产主义远大理想和中国特色社会主义共同理想的执着坚守，展示了中国共产党人强大的政治定力、思想定力、理论定力。

第一，“不忘初心，牢记使命”，深刻体现了中国共产党人坚定的理想信念。崇高的理想、坚定的信念，是中国共产党人的精神支柱和政治灵魂。报告先后16次出现“理想”，12次出现“使命”，充分展示了共产党人对马克思主义的坚定信仰、对社会主义和共产主义的坚定信念。实现中华民族伟大复兴的中国梦，是中国共产党人的初心与使命。中国共产党在成立之初，就把实现共产主义作为党的最高理想和最终目标，义无反顾肩负起实现中华民族伟大复兴的历史使命。为了实现这一历史使命，我们党团结带领人民历经千难万险，付出巨大牺牲，攻坚克难，创造奇迹，完成了中华民族有史以来最为广泛而深刻的社会变革，实现了中华民族近代以来命运的根本扭转。党的十八大以来，以习近平同志为核心的党中央，从中国共产党领导中国革命、建设、改革近百年历程中总结经验，深刻指出这一代中国共产党人要承担的历史责任，并用“行百里者半九十”来形容我们距离目标之接近，实现目标之艰辛。这就要求全党必须更加坚定理想信念，以永不懈怠的精神状态和一往无前的奋斗姿态，继续朝着实现中华民族伟大复兴的宏伟目标奋勇前进。

第二，“不忘初心，牢记使命”，深刻展现了共产党人强大的斗争精神。为了“牢记使命”，必须进行伟大斗争、建设伟大工程、推进伟大事业、实现伟大梦想。进行伟大斗争，就要应对重大挑战、抵御重大风险、克服重大阻力、解决重大矛盾；建设伟大工程，就要勇于直面问题，敢于刮骨疗毒，消除一切损害党的先进性和纯洁性的因素，清除一切侵蚀党的健康肌体的病毒；推进伟大事业，就要既不走封闭僵化的老路，也不走改旗易帜的邪路，坚持实干兴邦，始终坚持和发展中国特色社会主义。在进行伟大斗争、建设伟大工程、推进伟大事业、实现伟大梦想过程中，充分展现了共产党人强大的斗争精神和顽强的思想意志。政治上的坚定来源于理论上的清醒，中国共产党人的信仰信念是建立在对科学理论的理性认同上，建立在对历史规律的正确认识上，建立在对基本国情的准确把握上，这是中国共产党人具有顽强斗争精神的根本原因。在新的历史时期，用党的创新理论武装头脑，推动习近平新时代中国特色社会主义思想深入人心，是我们党新时代保持强大的斗争精神的根本所在，是我们党团结带领全国各族人民，凝心共筑中国梦的强大精神源泉。

第三，以文化自信坚定理想信念，汇聚共筑中国梦的磅礴力量。坚定的理想信念，旺盛的斗争精神，要依靠中华优秀传统文化、革命文化、社会主义先进文化的底蕴和滋养。中华优秀传统文化基因渗透进中国共产党人的血液，成为中国共产党人价值取向、理想追求、精神品格的深层文化根基；革命文化是中华民族革命斗争史的高度文化凝聚，是中国共产党人理想信念形成和发展的牢固革命根基，是中国共产党人“初心”不忘的根本；社会主义先进文化，植根于中国特色社会主义伟大实践，弘扬民族精神和时代精神，是中国共产党人“牢记使命”的精神动力。以文化自信坚定理想信念，就是要牢牢掌握意识形态工作的领导权，推进马克思主义中国化时代化大众化，建设具有强大凝聚力和引领力的社会主义意识形态，使全体人民在理想信念、价值理念、道德观念、斗争精神上紧紧团结在一起，推动全党更加自觉地为实现新时代党的历史使命不懈奋斗。

（五）深刻领会加强党的建设是新时代中国特色社会主义的根本政治保证

报告把坚持党的领导、加强党的建设贯穿全篇，鲜明提出了新时代党的建设的总布局、总要求，对全面从严治党作出了战略部署，为坚持和发展新时代中国特色社会主义提供了根本政治保证。

第一，推动全面从严治党向纵深发展，深刻体现了对管党治党的高度自觉。党和人民的事业发展到什么阶段，党的建设就要推进到什么阶段。中国特色社会主义进入新时代，我们党一定要有新气象新作为。我们党担负着团结带领人民全面建成小康社会、实现中华民族伟大复兴的重任，形势的发展、事业的开拓、人民的期待，都要求我们以改革创新精神推动全面从严治党向纵深发展。当前，党面临的执政考验、改革开放考验、市场经济考验、外部环境考验具有长期性和复杂性，党面临的精神懈怠危险、能力不足危险、脱离群众危险、消极腐败危险具有危机性和严峻性，增强自我净化、自我完善、自我革新、自我提高能力更加重要和紧迫。如果管党不力、治党不严，人民群众反映强烈的突出矛盾和问题得不到及时解决，我们党执政的基础就会动摇和瓦解；同样，如果我们让已经初步解决的问题反弹回潮、故态复发，那就会失信于民，我们党就会面临更大的危险。因此，我们必须坚持问题导向，保持战略定力，更加严密、更加有效推动全面从严治党向纵深发展。

第二，新时代党的建设总要求，体现了对管党治党规律的认识深化。报告根据新时代新要求，深化对党的建设规律性认识，提出了新时代党的建设总要求：一个根本原则，就是坚持和加强党的全面领导；一条指导方针，就是坚持党要管党、全面从严治党；一条工作主线，就是加强党的长期执政能力建设、先进性和纯洁性建设；一个总体布局，就是以党的政治建设为统领，全面推进党的政治建设、思想建设、组织建设、作风建设、纪律建设，把制度建设贯穿其中，深入推进反腐败斗争；一个基本要求，就是提高党建工作质量；一个基本目标，就是把党建设成为始终走在时代前列、人民衷心拥护、勇于自我革命、经得起各种风浪考验、朝气蓬勃的马克思主义执政党。这为新时代党的建设提供了一个立体“坐标系”和精准“定位仪”。

第三，以政治建设统领党建总布局，突出强调了政党的政治属性。报告第一次把党的政治建设纳入党的建设总体布局，强调以党的政治建设为统领，这是马克思主义党建理论的重大创新。政治属性是政党第一位的属性，政治建设是政党建设的内在要求。在新的党的建设总体布局中，党的政治建设是统领、是核心，决定党的建设的方向和效果。党的思想建设、组织建设、作风建设、纪律建设最终必须落实到政治建设上。深刻认识习近平总书记是全党拥护、人民爱戴、当之无愧的领袖，坚决维护党中央的集中统一领导，保证全党服从中央，坚持党中央权威和集中统一领导，是党的政治建设的首要任务。要牢固树立“四个意识”，在政治立场、政治方向、政治原则、政治道路上同以习近平同志为核心的党中央保持高度一致，是政治建设的根本要求。报告还部署了新形势下全面从严治党的其他 7 项任务，用习近平新时代中国特色社会主义思想武装全党，建设高素质专业化干部队伍，加强基层组织建设、持之以恒政风肃纪，夺取反腐败斗争压倒性胜利。落实好这些重大部署，必须要把党的政治建设摆在突出位置。这些新举措、新要求，进一步创新发展了党的建设理论，为我们提供了新时代党的建设的行动指南。

第二个问题，关于学习宣传贯彻党的十九大精神。

认真学习宣传贯彻党的十九大精神，用习近平新时代中国特色社会主义思想武装头脑、指导实践，事关党和国家工作全局，事关中国特色社会主义事业长远发展，事关最广大人民根本利益，对于动员全党全国各族人民更加紧密地团结在以习近平同志为核心的党中央周围，高举中国特色社会主义伟大旗帜，坚定道路自信、理论自信、制度自信、文化自信，为决胜全面建成小康社会、夺取新时代中国特色社会主义伟大胜利、实现中华民族伟大复兴的中国梦、实现人民对美好生活的向往继续奋斗，具有重大现实意义和深远历史意义。学习宣传贯彻党的十九大精神，学习落实习近平新时代中国特色社会主义思想，是当前和今后一个时期我院首要的政治任务。全院同志一定要认真学习、深刻领会，切实用习近平新时代中国特色社会主义思想统一思想、统一行动，在我院迅速兴起“大学习”热潮。

第一，全面准确领会精神。学习党的十九大精神，必须做到全面准确，坚持读原著、学原文、悟原理，做到学深悟透。要认真研读党的十九大报告和党章，学习习近平总书记在党的十九届一中全会上的重要讲话精神。要深刻领会党的十九大的主题，深刻领会习近平新时代中国特色社会主义思想的历史地位和丰富内涵，深刻领会党的十八大以来党和国家事业发生的历史性变革，深刻领会中国特色社会主义进入了新时代，深刻领会我国社会主要矛盾的变化，深刻领会新时代中国共产党的历史使命，深刻领会实现第一个百年奋斗目标和向第二个百年奋斗目标进军，深刻领会社会主义经济建设、政治建设、文化建设、社会建设、生态文明建设等方面的重大部署，深刻领会国防和军队建设、港澳台工作、外交工作的重大举措，深刻领会坚定不移全面从严治党的新要求。

学习宣传党的十九大精神，既要整体把握、全面系统，又要突出重点、抓住关键，把着力点聚焦到习近平新时代中国特色社会主义思想是党必须长期坚持的指导思想上，聚焦到 5 年来党和国家事业取得历史性成就和发生历史性变革上，聚焦到作出中国特色社会主义进入了新时代、我国社会主要矛盾已经转化为人民日益增长的美好生活需要和不平衡不充分的发展之间的矛盾等重大政治论断的深远影响上，聚焦到贯彻落实党的十九大的一系列重大决策部署上，聚焦到以习近平同志为核心的新一届中央领导集体是深受全党全国各族人民拥护和信赖的领导集体上，聚焦到习近平总书记是全党拥护、人民爱戴、当之无愧的党的领袖上。

第二，迅速开展学习宣讲。紧密结合党中央即将开展的“不忘初心、牢记使命”主题教育，面向全体党员开展多形式、分层次、全覆盖的全员培训，组织广大党员干部认真学习党的十九大精神。举办所局级主要领导干部培训班、副局级和处室领导干部培训班。要把学习党的十九大精神纳入党委中心组学习的重要内容，推动所级领导干部认真学习，认真撰写体会文章；各单位要制定本单位学习党的十九大精神工作方案，确保全员培训；要把学习党的十九大精神作为院党校、研究生院、社科院大学学生的必修课，作为学校思想政治教育和课堂教学的重要内容。从现在起到明年初，开展我院学习宣传贯彻党的十九大精神宣讲活动，院党组成员要带头宣讲，宣讲团成员要认真准备，宣讲要覆盖所有单位、全体人员。

第三，大力加强研究宣传。要充分利用我们的讲坛、文坛、论坛、网坛，大力宣传党的十九大精神，大力宣传习近平新时代中国特色社会主义思想。要围绕党的十九大精神，确定一批重大研究选题，组织我院专家学者深入研究，增强学习宣传的理论深度、实践力度、情感温度，增进人们的政治认同、思想认同、情感认同。组织召开系列理论研讨会，交流研究成果，不断深化认识。对党的十九大精神的宣传阐释要深入解读内涵、精准把握外延，防止片面性、简单化。对错误观点和歪曲解读，要积极引导、及时辨析，解疑释惑、明辨是非。院属报纸、期刊、出版社、网站等，要作出专门的方案和计划，加强选题策划，开设专栏专版，组织刊发和出版一批学习和阐释文章、图书，多角度、立体化解读全会精神。要坚持对重大问题的解读科学严谨、对敏感问题的解读慎重稳妥，严肃宣传纪律、落实把关责任。

第四，推动各项工作落实。要以习近平新时代中国特色社会主义思想为指导，把党的十九大精神的学习宣传贯彻活动落实到我院以科研为主的各项工作中，要结合贯彻落实“5·17”重要讲话和“贺信精神”加快构建中国特色哲学社会科学。要根据党的十九大提出的新思想新观点新要求新部署，联系单位实际，深入思考，积极谋划，把党的十九大精神转化为推动工作的思路和举措，体现到做好今年各项工作和安排好明年工作之中。要把党的政治建设摆在首位，坚定不移地推进全面从严治党。要以学习宣传贯彻的实际成效，推动我院各项工作不断取得新进展新成绩。

第五，切实加强组织领导。要按照中央部署和院党组要求，加强领导、精心组织，狠抓落实，迅速兴起学习宣传贯彻党的十九大精神热潮。要把学习宣传贯彻党的十九大精神与加强领导班子建设和基层党组织建设结合起来，加强对基层支部学习的工作指导和督促检查。要牢牢把握正确导向，着力用党的十九大精神统一思想、凝聚力量；围绕社会普遍关注的热点难点问题，多做解疑释惑、疏导情绪的工作；加强对宣传思想文化阵地的管理，绝不给错误思想言论提供传播渠道。努力增强学习宣传党的十九大精神的针对性实效性，充分运用新技术创新媒体传播方式，不断增强宣传的实际效果。

第三个问题，对这次培训班提几点要求。

一是认真学习。一定要静下心来认真学习，坚持读原著、学原文、悟原理，深入钻研，真正把党的十九大提出的重大观点和重大举措学深悟透。对党的十九大报告、新修订的党章，习近平总书记在党的十九届一中全会上的重要讲话，要一字一字、一句一句地认真习读，反复思考，领会实质，吃透精神。

二是认真做笔记。要对党的十九大提出的新理念、新论断，确定的新任务、新举措进行认真思考，努力掌握贯穿其中的马克思主义立场、观点、方法。要把所思所想所得认真记在笔记上，会后上交学习笔记。

三是认真讨论。要围绕党的十九大精神，结合各单位工作实际，认真研讨交流，积极谋划发展，交流学习体会，交流工作计划。切实把党的十九大精神转化为推动工作的思路和举措。

四是认真守纪。严格请假制度，希望大家要讲纪律，守规矩，善始善终，坚持到底。

同志们，党组希望通过持续不断地、持之以恒地抓好我院“关键少数”的学习，以带动全院的理论学习，推动习近平新时代中国特色社会主义思想在我院落地生根，推动我院各项工作更上一个台阶。

同志们！让我们更加紧密地团结在以习近平同志为核心的党中央周围，更加坚定地维护以习近平同志为核心的党中央的权威，更加自觉地在思想上政治上行动上同以习近平同志为核心的党中央保持高度一致，更加扎实地把党中央的各项决策部署落到实处，为加快构建中国特色哲学社会科学而努力奋斗！为实现“两个一百年”奋斗目标、实现中华民族伟大复兴的中国梦而努力奋斗！

新时代坚持和发展中国特色社会主义的政治宣言和行动纲领

——在传达学习党的十九大精神党组扩大会议上的讲话

王伟光

（2017年10月26日）

党的十九大是在全面建成小康社会决胜阶段、中国特色社会主义进入新时代的关键时期召开的一次十分重要的大会，是在新的历史起点，开启党和国家事业发展新征程的一次十分重要的大会。党的十九大完成了五项主要议程：第一项是听取和审查十八届中央委员会报告，第二项是审查十八届中央纪律检查委员会的工作报告，第三项是审议通过《中国共产党章程（修正案）》的决议，第四项是选举十九届中央委员会，第五项是选举十九届中央纪律检查委员会。

党的十九大完成了三件大事。第一件大事是通过习近平同志所作的党的十九大报告，宣示我国发展已经进入中国特色社会主义新时代，开启社会主义现代化强国建设的新征程。党的十九大报告是决胜全面建成小康社会，夺取中国特色社会主义新胜利的政治宣言和行动纲领。第二件大事是全面阐述了党的最新创新理论——习近平新时代中国特色社会主义思想。确立习近平新时代中国特色社会主义思想的党的指导思想地位，并写入党章。第三件大事是选举产生新一届“两委”和中央领导集体。

这次大会开得非常成功，开成了一个不忘初心、牢记使命、高举旗帜、团结奋斗的大会。这次大会所作出的各项决策部署，取得的各项成果必将对决胜全面建成小康社会，建设社会主义现代化强国，对推进全面从严治党，推进党的建设新的伟大工程，对夺取新时代中国特色社会主义新胜利，实现中华民族伟大复兴的中国梦发挥十分重要的指导和保证作用。这是对党的十九大总的评价。

下面，我结合个人的学习体会谈三个方面的认识。

第一个问题，关于大会主题的认识。

大会主题是“不忘初心，牢记使命，高举中国特色社会主义伟大旗帜，决胜全面建成小康社会，夺取新时代中国特色社会主义伟大胜利，为实现中华民族伟大复兴的中国梦不懈奋斗”。这次大会主题十分明确，同志们一定要牢记中国共产党人的初心和使命，牢记决胜全面建成小康社会，夺取新时代中国特色社会主义伟大胜利是新时代中国共产党人的历史使命和政治任务。

第二个问题，关于党的十九大报告的精神实质和丰富内涵。

习近平总书记在具有里程碑意义的党的十九大所作的报告，向全党全国人民，也向全世界庄严宣告中国特色社会主义进入新时代，指出我国社会主要矛盾的变化，确定我国发展新的历史方位，提出指导和引领新时代的伟大指导思想——习近平新时代中国特色社会主义思想。习近平新时代中国特色社会主义思想，是与时俱进的党的指导思想，是党的十九大最大最根本的政治亮点和理论创新。党的十九大报告提出了新时代党和国家事业发展的主题主线、奋斗目标和宏伟蓝图，提出了关系党和国家事业发展全局的一系列新思想新观点新论断，作出了重大判断和重大决策，集中体现了当代中国马克思主义的最新成果，是指导当前和今后相当长时期党和国家各项工作的科学指南和行动纲领，是我们党团结带领全党全国各族人民决胜全面建成小康社会、夺取新时代中国特色社会主义伟大胜利的思想武器，是充满当代中国共产党人政治智慧和历史担当的马克思主义纲领性文献，具有划时代的理论和实践意义。党的十九大报告是新时代坚持和发展中国特色社会主义的政治宣言和行动纲领。

（一）党的十九大报告的基本框架和主要内容

报告分三个板块，十三个部分。第一个板块包括导语和第一、二、三、四部分，为总论。第二个板块包括第五到第十二部分，为“五位一体”总体布局和“四个全面”战略布局的具体展开。第三个板块包括第十三部分和结束语，主要论述党的建设并向全党全国各族人民发出庄严号召。

导语部分，论述党的十九大的主题，概括中国共产党的初心和使命，对国际国内形势作出重大判断。

第一部分，总结党的十八大以来五年的历史性变革，作出了中国特色社会主义进入新时代的重大政治判断，对社会主义初级阶段主要矛盾的新变化作出了新概括。

第二部分，说明中国共产党人在新时代的历史使命，全面阐述伟大斗争、伟大工程、伟大事业、伟大梦想“四个伟大”。

第三部分，系统地阐述习近平新时代中国特色社会主义思想和基本方略，要求全党坚决贯彻基本理论、基本路线和基本方略，必须坚持以习近平新时代中国特色社会主义思想为指导。

第四部分，对全面建成小康社会提出新的明确要求，发出开启社会主义现代化强国建设新征程的战斗号召，对第二个百年奋斗目标的三十年作出分两个阶段的战略安排，提出原则性的目标。

第五部分到第十部分，分别对“五位一体”总体布局和“四个全面”战略布局作出具体部署。

第十一部分，阐述坚持“一国两制”，推进祖国统一的战略任务。

第十二部分，阐述坚持和平发展道路，推动构建人类命运共同体的重大问题。

第十三部分，阐述全面加强党的领导、党的建设和全面从严治党的方针和要求。

结束语，号召全党全国各族人民为实现三大历史任务，为决胜全面建成小康社会、夺取新时代中国特色社会主义伟大胜利而奋斗。

（二）关于党的十九大报告的要点体会

我体会，学习党的十九大报告，要聚焦习近平新时代中国特色社会主义思想，主要抓住十二个方面的创新亮点，深入学习，深刻理解。

一是总结并阐述了党的十八大以来所取得的历史性成就和发生的历史性变革。

党的十八大以来的五年，是党和国家发展进程中极不平凡的五年。在以习近平同志为核心的党中央领导下，我们党面对世界经济复苏乏力、局部冲突和动荡频发、全球性问题加剧的外部环境，面对我国经济发展进入新常态等一系列深刻变化，坚持稳中求进工作总基调，迎难而上，开拓进取，取得了改革开放和社会主义现代化建设的历史性成就。这些成就体现在十个方面：一是经济建设取得重大成就；二是全面深化改革取得重大突破；三是民主法治建设迈出重大步伐；四是思想文化建设取得重大进展；五是人民生活不断改善；六是生态文明建设成效显著；七是强军兴军开创新局面；八是港澳台工作取得新进展；九是全方位外交布局深入展开；十是全面从严治党成效卓著。

五年来的成就是全方位的、开创性的，五年来的变革是深层次的、根本性的。五年以来，我们党在以习近平同志为核心的党中央坚强领导下，以巨大的政治勇气和强烈的责任担当，提出一系列新理念新思想新战略，出台一系列重大方针政策，推出一系列重大举措，推进一系列重大工作，解决了许多长期想解决而没有解决的难题，办成了许多过去想办而没有办成的大事，推动党和国家事业发生历史性变革。这些变革力度之大、范围之广、效果之显、影响之深，在党的历史上、在新中国的历史上、在中华民族的历史上，都具有里程碑的意义。

同时，报告又告诉我们，必须清楚地看到，我们的工作还存在很多不足，指出了七个方面的薄弱环节，要求我们必须着力加以解决。

党的十九大代表们在讨论时一致认为，党的十八大以来之所以取得这么辉煌的历史性变革关键取决于两个根本性原因：第一个根本原因是，有习近平同志作为党的领导核心的英明领导；第二个根本原因是，有科学的指导思想和党的创新理论的正确指导，这就是习近平新时代中国特色社会主义思想。党的十九大之前，我们将其概括为习近平总书记系列重要讲话精神和治国理政新理念新思想新战略，党的十九大作出新的概括，为习近平新时代中国特色社会主义思想。

二是强调并阐释了中国共产党人的初心和使命是激励中国共产党人不断前进的根本动力。

习近平总书记在党的十九大报告中明确指出：“不忘初心，方得始终。中国共产党人的初心和使命，就是为中国人民谋幸福，为中华民族谋复兴。这个初心和使命是激励中国共产党人不断前进的根本动力。”党的十九大报告总结了我们党对实践自己的初心和使命而不懈奋斗的百年艰辛历程。我们党从1921年成立，到第一次大革命，到南昌起义，到井冈山斗争，到中央苏区，到红军长征，到抗日战争，到三年解放战争，经过二十八年的浴血奋战，推翻了帝国主义、封建主义和官僚资本主义三座大山，完成了新民主主义革命，建立了新中国。新中国成立后，经过社会主义过渡时期，完成了社会主义“三大改造”，确立了社会主义制度，进行了社会主义建设道路的艰辛探索，奠定了今天我们所进行的中国特色社会主义的物质基础、制度前提和理论准备。党的十一届三中全会以来，经过近四十年的改革开放，取得了中国特色社会主义的巨大的成就。党的十八大以来，我们又取得了十方面历史性成就，成功地走出了中国特色社会主义道路，创立了中国特色社会主义理论体系，巩固了中国特色社会主义制度，形成了中国特色社会主义文化。所有这些伟大成就雄辩地说明中国共产党人的初心和使命——为中国人民谋幸福，为中华民族谋复兴——始终激励着中国共产党人前赴后继，流血牺牲，不懈奋斗，不断前进，正是中国共产党人永远不忘初心、牢记使命，才取得今天的成就。

党的十九大报告明确宣示，建设社会主义现代化强国，是中国共产党人的时代使命，这个时代使命激励着我们继续高举中国特色社会主义伟大旗帜，为实现“两个一百年”目标，为中华民族伟大复兴而不懈奋斗。

三是作出并阐述了中国特色社会主义进入新时代的重大政治判断。

习近平总书记在党的十九大报告中庄严宣告，“经过长期努力，中国特色社会主义进入了新时代，这是我国发展新的历史方位。”可以说，中国特色社会主义进入新时代，我国历史方位发生新的重大转变，这是一个重大的理论判定。党的十九大报告把新时代概括为“三个意味着”：意味着近代以来久经磨难的中华民族迎来了从站起来、富起来到强起来的伟大飞跃，迎来了实现中华民族伟大复兴的光明前景，这是第一个“意味着”；意味着科学社会主义在21世纪的中国焕发出强大生机活力，在世界上高高举起了中国特色社会主义伟大旗帜，这是第二个“意味着”；意味着中国特色社会主义道路、理论、制度、文化不断发展，拓展了发展中国家走向现代化的途径，给世界上那些既希望加快发展又希望保持自身独立性的国家和民族提供了全新选择，为解决人类问题贡献了中国智慧和中国方案，这是第三个“意味着”。

为什么说中国特色社会主义进入了新时代？我理解，有五个理由。

第一个理由，党的十八大以来的历史性新变革标志中国特色社会主义进入了新时代。党的十八大以来，在极不平凡的五年里，以习近平同志为核心的党中央领导我们党取得了全方位、历史性的成就，党和国家事业发生了深层次、根本性的历史变革，这个变革标志着中国特色社会主义进入了一个新的时代。

第二个理由，社会主义初级阶段主要矛盾的新变化决定中国特色社会主义进入新时代。关于主要矛盾的变化问题，我后面再具体地谈。

第三个理由，中国社会发展变化的新特征显示中国特色社会主义进入新时代。党的十八大以来，中国特色社会主义发展表现出许多新的特征，突出表现为：一是执政方式和基本方略有重大创新。我们党贯彻依法治国基本方略，积极推进多层次多领域的依法治理，运用法治思维和法治方式深化改革、促进发展、化解矛盾、维护稳定，提高决策的法治化、规范化和科学化水平。二是发展理念和发展方式发生重大转变。我们党科学把握社会主义本质要求和发展方向，提出创新、协调、绿色、开放、共享的新发展理念，集中体现了新阶段我国的发展思路、发展方向、发展着力点，成为引领发展实践、开创美好未来的一面旗帜。三是发展环境和发展条件发生深刻变化。我们党引领经济发展新常态，准确把握发展速度变化、结构优化、动力转换的新特点，顺应推动经济保持中高速增长、产业迈向中高端水平的新要求，指明破解发展难题的新路径，推动发展方式转变，不断提高发展质量和效益。四是发展水平和发展要求出现更高期望。我们党要求党员干部特别是领导干部提高贯彻五大发展理念的能力和水平，成为领导经济社会发展的行家里手，推动我国发展不断朝着更高质量、更有效率、更加公平、更可持续的方向前进。这四个方面的新特征充分说明，中国特色社会主义已经进入新时代。

第四个理由，历史交汇期新的历史任务和奋斗目标表明中国特色社会主义进入了新时代。当前我国正处于从实现第一个一百年奋斗目标向第二个一百年奋斗目标迈进的历史交汇期。这个交汇期充分说明我们中国特色社会主义事业进入新时代。

第五个理由，党的理论和实践实现与时俱进的创新说明中国特色社会主义进入了新时代。党的十八大以来，我们党在实践创新上，上了一个新台阶；在理论创新上，进入了一个新境界：这一理论和实践创新说明中国特色社会主义新时代是承前启后、继往开来、创新发展的一个新时代。

那么，怎么理解新时代呢？党的十九大报告提出“五个时代”的提法。一是承前启后、继往开来，在新的历史条件下继续夺取中国特色社会主义伟大胜利的时代；二是决胜全面建成小康社会、进而全面建设社会主义现代化强国的时代；三是全国各族人民团结奋斗、不断创造美好生活、逐步实现全体人民共同富裕的时代；四是全体中华儿女勠力同心、奋力实现中华民族伟大复兴中国梦的时代；五是我国日益走近世界舞台中央、不断为人类作出更大贡献的时代。这“五个时代”的概况明确界定了新时代的内涵。

总而言之，党的十八大以来所发生的历史性转折充分显示我们已经站在了一个新的历史起点上，中国特色社会主义已经前进到了一个新的发展阶段，具有不同以往的新的时代特征和主题任务，开辟了中国特色社会主义的新局面，开创了中国特色社会主义理论体系的新境界。面对新时代新变化新要求，中国共产党必须牢记我们在新时代的历史使命，努力为实现新时代中国特色社会主义伟大胜利而奋斗。

这里，我从理论角度，谈一下对时代概念的看法。我认为，时代概念有广义和狭义之分，广义的时代概念是指从历史观的角度对人类社会形态发展的大的历史时代的判定。狭义的时代概念是从其他角度对社会发展某个阶段的判定。从具体的角度判断，对时代有各种说法。比如，从生产工具角度，有石器时代、铜器时代、铁器时代、机器时代、信息时代的说法，还有知识经济时代、信息经济时代等说法；从文学发展角度，有启蒙主义时代、现实主义时代、超现实主义时代、后现实主义时代等说法，这些都是狭义的时代概念。

马克思主义唯物史观关于时代的判断，是从生产力所决定的生产关系出发，以社会经济形态的变化为标准来判断时代，这就是我们常说的“大的历史时代”，即人类社会经过原始社会时代、奴隶社会时代、封建社会时代、资本主义时代，经过社会主义的过渡，而到共产主义社会时代。我们要把历史观上从社会形态判断历史时代的概念，与从其他角度判断时代的概念区别开来。习近平总书记在 9 月 20 日第四十三次政治局集体学习时指出：“时代在变化，社会在发展，但马克思主义基本原理依然是科学真理。尽管我们所处的时代同马克思所处的时代相比发生了巨大而深刻的变化，但从世界社会主义 500 年的大视野来看，我们依然处在马克思主义所指明的历史时代，就是列宁所说的‘大的历史时代’。资本主义基本矛盾没有改变，人类社会演进的历史趋势也没有改变。”

那么，人类社会演进的历史趋势是什么呢？邓小平同志说：“封建社会代替奴隶社会，资本主义代替封建主义，社会主义经历了一个长过程发展后必然代替资本主义。这是马克思主义历史发展不可逆转的总趋势。”这就是从马克思主义历史唯物主义角度，从社会形态演变理论及其揭示的演变规律角度，对历史时代所作的历史观判断，即“大的历史时代”，也就是说，人类从原始社会，到奴隶社会，到封建社会，到资本主义社会，经过社会主义的长过程，到共产主义社会，必然代替资本主义，这是一个不可逆转的历史趋势。习近平总书记认为，站在唯物史观的时代观来看，马克思主义关于“大的历史时代”的判断是绝对不能否定的，如果否定了，就会否定马克思主义，就会误认为资本主义的基本矛盾不存在了，误认为马克思主义过时了。

新时代中国特色社会主义所使用的时代概念不是历史观上的“大的历史时代”，而是从我们党和国家事业发展的角度提出来的。这样就从理论上把两种时代概念的不同内涵说清楚了。依据唯物史观所作出的“大的历史时代”并没有改变，资本主义的基本矛盾没有改变，这个结论是正确的。新时代是特指我们中国特色社会主义发展已经站在一个新的历史起点上，进入一个新的历史阶段，处在一个新的历史方位。

我认为，提出新时代中国特色社会主义的重大政治判断，在中华人民共和国发展史上，在中华民族发展史上，在世界社会主义发展史上，在人类社会发展史上，都具有重大意义。在中华人民共和国发展史上，我们现在已经踏上了建设社会主义现代化强国的新征程，已经在站起来、富起来的基础上，进一步解决强起来的时代主题，建设社会主义的现代化强国。这说明中华人民共和国发展已经进入一个新的历史阶段，我们正致力于到二〇五〇年实现中华民族伟大复兴，这在中华民族发展史上也是一件了不起的大事。从世界社会主义发展史的意义上看，从人类社会发展史的意义上看，马克思晚年在研究东方社会，研究非资本主义发展道路的时候，提出人类社会相对落后的国家可以不经过资本主义的“卡夫丁峡谷”，走出一条非资本主义的发展道路，即落后国家不经过资本主义制度的痛苦，而通过社会主义制度实现现代化。中国特色社会主义的成功探索表明，中国作为一个经济、政治、文化发展相对落后的半封建半殖民地国家，不经过资本主义的发展，走出一条非资本主义的中国特色社会主义发展道路，一跃成为世界第二强国，这为全世界相对落后的民族和国家发展提供了一个全新的方案选择。通过中国道路、中国方案，把社会主义制度与市场经济相结合，通过社会主义的长过程而进入未来的共产主义社会形态，这在世界社会主义发展史上，在人类社会发展史上，同样具有划时代的意义。

四是提出并阐释了社会主义初级阶段主要矛盾发生了新的变化，但基本国情没有改变的重大政治结论。

习近平总书记在党的十九大报告中对社会主要矛盾作出新的概括：“中国特色社会主义进入新时代，我国社会主要矛盾已经转化为人民日益增长的美好生活需要和不平衡不充分的发展之间的矛盾。”这就是说，今天我国社会主要矛盾发生了重大变化。

对于社会主要矛盾判断正确与否，直接关系到党的理论路线、方针政策是否正确的问题，从而关系到党和人民事业的前途命运。今年是毛泽东的《实践论》和《矛盾论》发表80周年。《实践论》最根本的观点是什么呢？是实践第一的观点，即一切正确的思想皆来自实践，取决于实践，接受实践的检验。党的正确的理论和路线来自实际，也就是说，制定什么样的理论路线、方针政策来指导中国实践，必须从中国实际出发。用马克思主义指导中国实践，必须把马克思主义和中国实际相结合，要从中国国情出发，实现马克思主义中国化。这是《实践论》教导我们的。那么，怎样正确判断中国国情呢？这就要学习《矛盾论》，按照《矛盾论》的要求办事。《矛盾论》讲，矛盾无时不有，无处不在，矛盾是一切事物发展的源泉和动力。自然界如此，人类社会也是如此。因此，要认识社会，必须认识社会矛盾，找到社会发展的主要矛盾。而要认识中国社会的特殊性，就必须认识中国社会矛盾的特殊性，中国社会主要矛盾的特殊性。只有正确分析认识中国社会的特殊矛盾，中国社会特殊的主要矛盾，抓住主要矛盾加以解决，中国的问题才会迎刃而解。这又是《矛盾论》教导我们的。《实践论》《矛盾论》是我们党找到中国革命正确道路的思想武器。一定要从中国特殊的国情，从中国特殊的具体矛盾分析出发，才能制定出正确的理论和路线。有了正确的理论和路线，革命才能成功。毛泽东说：“革命党是群众的向导，在革命中未有革命党领错了路而革命不失败的。”革命党路线错了，那么革命党就会把革命引向灾难。革命党的正确路线从哪儿来呢？从本国实际，本国社会矛盾的科学分析中来。

矛盾不是一成不变的，而是变化的。中国社会矛盾，中国社会的主要矛盾也是变化的。在对主要矛盾的判断上，我们党的历史上是有经验教训可以总结吸取的。在中国革命的初期，如何判断中国半封建半殖民地社会的性质，如何判断中国的阶级关系和各阶级的政治态度，如何分清革命的敌友，如何认识中国革命需要解决的主要矛盾是什么，这关系到中国革命的前途和命运。

在革命之初，我们党曾经产生了右和“左”两个方向的机会主义错误。右和“左”的机会主义错误及其导致的灾难，都与对国情判断、对主要矛盾的判断出现失误密切相关。陈独秀右倾机会主义导致轰轰烈烈的中国大革命失败。蒋介石、汪精卫叫嚣：“宁可错杀一千，不得放过一个。”成千上万的共产党人和革命群众被国民党反动派屠杀。陈独秀右倾机会主义对中国半封建半殖民地社会主要矛盾作出的判断是错误的，把资产阶级当作了革命的领导阶级，提出“两次革命论”，认为先搞资产阶级领导的资产阶级革命，然后再搞无产阶级领导的社会主义革命，把革命领导权拱手让给了国民党。王明“左”倾机会主义，认为中国主要矛盾对象是资产阶级，主张搞“一次革命”，一下子把社会主义革命搞成功，把民族资产阶级、中农都判断成人民的敌人，而不是先打倒中国半封建半殖民地的三大敌人——帝国主义、官僚资产阶级和封建主义。政治上搞了“关门主义”，军事上搞了“冒险主义”。失败了，又搞了“逃跑主义”。把毛泽东同志领导党辛辛苦苦搞起来的中央苏区全部断送，中央红军断送 90%。

全面抗日战争时期，国内主要矛盾转化为中华民族和日本帝国主义侵略者之间的矛盾。右和“左”的机会主义又错误地判断了主要矛盾。“左”倾机会主义拒绝抗日民族统一战线，右倾机会主义否定在抗日民族统一战线中坚持共产党的领导地位。王明一下子从“左”跑到右，要一切以蒋介石为唯一领袖，一切经过国民党。只有毛泽东同志正确判断抗日战争时期主要矛盾的变化，提出正确的抗日战争的战略策略，提出抗日民族统一战线，领导党取得了抗战胜利。

新中国成立后，建立了社会主义制度。1956 年党的八大对当时社会主要矛盾的转变作出了正确的判断，提出“人民对经济文化迅速发展的需要同当前经济文化不能满足人民需要的状况之间的矛盾是主要矛盾”，认为大规模的暴风骤雨式的阶级斗争已经过去了，阶级斗争不是主要矛盾，而要以经济建设为中心，以人民内部矛盾为主要矛盾。毛泽东在《正确处理人民内部矛盾的问题》这篇文章中指出，正确解决人民内部矛盾，是社会主义社会前进的动力。解决人民内部矛盾，就必须解决好人民的需要同落后生产的矛盾，就必须把发展生产力当作根本任务。当然，阶级斗争还在一定范围内存在，认为阶级斗争完全熄灭也是不对的。然而，党的八大以后，我们党和毛泽东同志对当时阶级斗争的形势作了过于严重的估计，这既有当时的社会背景原因，就是国际上出现了反社会主义反苏反华的逆流，出现了波兰和匈牙利事件，同时在国内也出现了一些错误思潮泛滥的状态。但也有对阶级斗争的判断、对主要矛盾的判断失误的主观原因。主客观原因导致了反右扩大化等，以及“文化大革命”以阶级斗争为纲的错误路线和做法。

党的十一届三中全会以来，我们党纠正了错误的判断、路线和做法，恢复了党的八大的提法，但同时又比党的八大前进了一步，提出更为准确的社会主要矛盾的判断，即“人民日益增长的物质文化需要同落后的社会生产之间的矛盾”。正是按照对主要矛盾的正确判断，提出正确的党的基本路线，坚持一个中心、两个基本点，改革开放取得了今天举世瞩目的伟大成就。

历史在前进，条件在变化，主要矛盾也要随之发生变化。现在改革开放已近四十年了，我国社会主要矛盾的两个方面都发生了重大改变。一方面，我国生产力整体上升，有了极大的增长。我国的经济总量已稳居世界第二，城市化率达到60%。对世界经济增长贡献率超过30%，世界上三分之一弱的增长率是中国人民贡献的，我国有220种产品在世界是位列第一的。落后生产的表述已经不符合事实、不合时宜了。当然，我们也有生产力相对落后的方面，如农业等方面也有落后生产的表现。但总体上用“落后”这两个字，对我国生产力发展现状的概括是不准确的。另一方面，人民不仅对物质文化生活提出了更高要求，而且在民主、法治、公平、正义、安全、环境等各方面的要求也日益增长，人民对物质文化社会生活的需求更高更广泛，领域更大，所以概括为“人民美好生活需要”就更为准确。

一方面是人民对美好生活的需要越来越强烈，而另一方面，更加突出的问题是发展的不平衡不充分，如城乡发展的不平衡、区域发展的不平衡、经济社会发展的不平衡等问题更为突出，同时也有发展不充分的问题，不能满足人民的美好生活的需求，这已经成为满足人民日益增长的美好生活需要的主要制约因素。从解决落后生产，到解决发展不平衡不充分问题，反映我国发展阶段性特征已经发生变化。

为应对这个重大变化，正确认识主要矛盾的变化，必须按照党的十九大报告的要求，做到两个“必须认识到”，从变中看到不变。一是必须认识到，我国社会主要矛盾的变化是关系全局的历史性变化，对党和国家工作提出了许多新要求。我们要在继续推动生产力发展的基础上，因为最根本的发展还是生产力的发展，当然生产力的发展应该是全面的，要更好地解决发展的不平衡不充分问题，解决好全面和充分发展的问题，大力提升发展质量和效益，更好满足人民在经济、政治、文化、社会、生态等各方面日益增长的需要。这是第一个“必须认识到”。二是必须认识到，社会主要矛盾的变化，没有改变我们对我国社会主义所处历史阶段的判断，我国仍处于并将长期处于社会主义初级阶段的基本国情没有变，我国是世界最大发展中国家的国际地位没有变，经济建设为中心，发展生产力是根本任务没有变。我们在世界上的话语权越来越大了，日益走向世界舞台中央。但是，我们仍然是世界上最大的发展中国家。社会主要矛盾变了，但“三个没有变”，国情没有变，发展中国家地位没有变，生产力的根本任务没有变。全党要树立“三个牢牢”的意识，牢牢把握社会主义初级阶段这个基本国情，牢牢立足社会主义初级阶段这个最大实际，牢牢坚持党的基本路线这个党和国家的生命线、人民的幸福线。

五是确立并阐述了习近平新时代中国特色社会主义思想。

全面概括并阐述习近平新时代中国特色社会主义思想，是党的十九大报告最大的也是最重要的理论贡献。党的十九大报告郑重提出并全面阐述了习近平新时代中国特色社会主义思想，强调全党要深刻领会习近平新时代中国特色社会主义思想的精神实质和丰富内涵，在各项工作中全面准确贯彻落实。

党的十八大以来，以习近平同志为核心的党中央坚持以马克思列宁主义、毛泽东思想、邓小平理论、“三个代表”重要思想、科学发展观为指导，坚持解放思想、实事求是、与时俱进、求真务实，坚持辩证唯物主义和历史唯物主义，紧密结合新的时代条件和实践要求，以全新的视野深化对共产党执政规律、社会主义建设规律、人类社会发展规律的认识，进行艰辛理论探索，取得重大理论创新成果，形成了习近平新时代中国特色社会主义思想这一最新的重大理论成果。习近平新时代中国特色社会主义思想首先集中回答了一个重大的时代课题，即在新时代坚持和发展什么样的中国特色社会主义、怎样坚持和发展中国特色社会主义；解决了新时代坚持和发展中国特色社会主义的一系列重大问题，包括总目标、总任务、总体布局、战略布局和发展方向、发展方式、发展动力、战略步骤、外部条件、政治保证等基本问题；对我国经济、政治、法治、科技、文化、教育、民生、民族、宗教、社会、生态文明、国家安全、国防和军队、“一国两制”和祖国统一、统一战线、外交、党的建设等各方面工作作出理论分析、政策指导，作出了重大战略部署。

报告中对我国哲学社会科学发展也提出三点要求：加强马克思主义理论研究和理论建设，加快构建中国特色哲学社会科学，建设中国特色新型智库。

习近平新时代中国特色社会主义思想具有三个特色，即继承性，对马克思列宁主义、毛泽东思想、邓小平理论、“三个代表”重要思想、科学发展观的继承；创新性，丰富和发展了中国特色社会主义理论体系，大大地推动了党的理论创新；时代性，体现了新时代中国特色社会主义的时代要求。

关于新时代中国特色社会主义思想的主要内容，报告概括了“八个明确”。一是明确坚持和发展中国特色社会主义总任务，是实现社会主义现代化和中华民族伟大复兴，在全面建成小康社会的基础上，分两步走在本世纪中叶建成富强民主文明和谐美丽的社会主义现代化强国。党的十八大加上“和谐”，党的十九大加上了“美丽”。二是明确新时代我国社会主要矛盾，是人民日益增长的美好生活需要和不平衡不充分的发展之间的矛盾。三是明确中国特色社会主义事业“五位一体”总体布局和“四个全面”战略布局，强调“四个坚持”。四是明确全面深化改革总目标，是完善和发展中国特色社会主义制度、推进国家治理体系和治理能力现代化。五是明确全面推进依法治国总目标，是建设中国特色社会主义法治体系、建设社会主义法治国家。六是明确党在新时代的强军目标，是建设一支听党指挥、能打胜仗、作风优良的人民军队，把人民军队建设成为世界一流军队。七是明确中国特色大国外交的任务，是推动构建新型国际关系，推动构建人类命运共同体。八是明确中国特色社会主义最本质的特征，是中国共产党领导，中国特色社会主义制度的最大优势是中国共产党领导，党是最高政治领导力量，提出新时代党的建设总要求，突出政治建设在党的建设中的重要地位。这“八个明确”是习近平新时代中国特色社会主义思想的八个创新要点。

新时代中国特色社会主义思想，既是对马克思列宁主义、毛泽东思想、邓小平理论、“三个代表”重要思想、科学发展观的继承和发展，又是当代中国马克思主义的最新成果，既是中国特色社会主义理论体系的重要组成部分，又是中国特色社会主义理论体系的丰富和创新。新时代中国特色社会主义思想，是党和人民实践经验和集体智慧的结晶，习近平同志是新时代中国特色社会主义思想的主要创立者，所以在新时代中国特色社会主义思想前面加上三个字，称作“习近平新时代中国特色社会主义思想”。习近平新时代中国特色社会主义思想，是全党全国人民为实现中华民族伟大复兴而奋斗的行动纲领，是我们党与时俱进的指导思想，必须长期坚持并不断发展。

六是明确并阐明了新时代中国特色社会主义基本理论、基本路线、基本方略“三个基本”新提法。

党的十九大报告要求我们必须深刻理解和领会习近平新时代中国特色社会主义思想，必须要做到“十四个坚持”，即一是坚持党对一切工作的领导；二是坚持以人民为中心；三是坚持全面深化改革；四是坚持新发展理念；五是坚持人民当家作主；六是坚持全面依法治国；七是坚持社会主义核心价值体系；八是坚持在发展中保障和改善民生；九是坚持人与自然和谐共生；十是坚持总体国家安全观；十一是坚持党对人民军队的绝对领导；十二是坚持“一国两制”和推进祖国统一；十三是坚持推动构建人类命运共同体；十四是坚持全面从严治党。“十四个坚持”构成新时代坚持和发展中国特色社会主义的基本方略。我认为，基本方略就是习近平新时代中国特色社会主义思想的具体体现。要坚持习近平新时代中国特色社会主义思想，必须扎扎实实落实好新时代中国特色社会主义基本方略。过去我们强调基本理论、基本路线、基本纲领、基本经验、基本要求“五基本”，这次作为“三基本”来提出，基本理论、基本路线和基本方略。基本理论就是中国特色社会主义理论，基本路线就是党的基本路线，基本方略就是“十四个坚持”。

七是概括并阐述了“四个伟大”的重大意义以及内在的逻辑及递进关系。

党的十九大报告对“四个伟大”，即伟大斗争、伟大工程、伟大事业、伟大梦想的内涵及其逻辑递进关系作了全面阐述。“四个伟大”非常重要，要好好学习领会。

实现中华民族伟大复兴，这就是我们的伟大梦想。实现梦想，是中国共产党人的初心和使命。要完成这个梦想，一是必须把坚持中国特色社会主义共同理想和共产主义远大理想紧密结合起来。伟大复兴与实现共产主义远大理想，实现中国特色社会主义共同理想是一致的。二是实现中华民族伟大复兴必须首先要完成新民主主义革命任务。不推翻“三座大山”，不完成反帝反封建的新民主主义革命的历史任务，不建立一个新中国，就不能实现伟大梦想。通过28年浴血奋战完成了这一步。三是实现伟大梦想必须建立适合我国国情的社会主义制度。新中国成立以后，经过社会主义革命，建立社会主义基本制度，为实现伟大梦想奠定了制度基础。四是实现伟大梦想必须勇于破除阻碍国家和民族发展的一切思想和体制障碍，坚持改革开放，奋勇前进。中国共产党人为了实现伟大梦想，经过 96 年的斗争，实现了从站起来、富起来，到强起来的三次伟大飞跃。

实现伟大梦想，必须建设伟大工程，加强党的建设新的伟大工程。党政军民学，东西南北中，党是领导一切的。中国特色社会主义最本质的特征是中国共产党领导，中国特色社会主义制度的最大优势是中国共产党领导，党是最高政治领导力量，党是领导核心。毛泽东同志讲："领导我们事业的核心力量是中国共产党。"不建设好坚强的党，离开或削弱党的领导，就不可能实现中华民族伟大复兴的历史使命。

实现中华民族伟大复兴，必须推进伟大事业，坚持和发展中国特色社会主义。中国革命、建设、改革的历史证明，只有社会主义，只有中国特色社会主义才能救中国。中国特色社会主义是实现伟大梦想唯一正确的途径。

实现伟大梦想，必须开展伟大斗争。毛泽东同志在《矛盾论》中讲，宇宙间一切事物都是在矛盾中发展的，有矛盾就会有斗争，矛盾是事物发展的根本动力。从哲学意义上讲，矛盾不分好坏，没有好矛盾坏矛盾之分，矛盾是必然存在的。如果有了矛盾不解决，那是坏事，有矛盾解决了，那是好事，有矛盾就会有斗争。斗争是解决矛盾的根本办法。我这里讲的斗争也是哲学的概念，斗争就是解决矛盾的方式。我们党始终是一个敢于斗争并善于斗争的党。没有斗争就没有胜利，就没有今天的一切。中国共产党是在斗争中成长壮大的，我们革命胜利是在斗争中取得的，我们的建设是在斗争中发展起来的，我们改革开放是在斗争中进行的。中国共产党是百折不挠、敢于和善于开展斗争，并在斗争中不断取得胜利的党。今天要实现伟大梦想，建设伟大工程，推进伟大事业，必须开展伟大斗争，必须进行具有许多新的历史特点的斗争。

必须正确认识斗争的长期性、复杂性和艰巨性，要以更加自觉的精神状态积极地开展斗争。进行具有许多新的历史特点的斗争要做到：一是必须更加自觉地坚持党的领导；二是必须更加自觉地坚持社会主义制度；三是必须更加自觉地维护人民的根本利益；四是必须更加自觉地投身改革创新新时代；五是必须更加自觉地维护国家主权和领土完整，维护国家统一和社会和谐稳定；六是必须更加自觉地防范各种风险。要发扬斗争精神，区别斗争性质，提高斗争本领，要敢于斗争、善于斗争。

要深刻理解"四个伟大"相互贯通、相互作用的关系。在"四个伟大"中，起决定性作用的是伟大工程，加强党的建设是重中之重，必须坚持全面从严治党永远在路上。

八是说明并阐释了决胜全面建成小康社会、开启全面建设社会主义现代化国家新征程的新要求。

党的十九大报告对全面建成小康社会、开启建设社会主义现代化国家新征程作了全面阐述。习近平总书记在党的十九大报告中发出了决胜全面建成小康社会的战斗动员令。他立足中国特色社会主义发展的新时代，着眼于党和国家事业发展的新起点，科学把握我国发展的新历史方位，描述了决胜全面建成小康社会，夺取新时代中国特色社会主义伟大胜利的宏伟蓝图，对决胜全面建成小康社会提出了新要求，作出了新部署。他指出，从现在到二〇二〇年，是全面建成小康社会决胜期。要在二〇二〇年全面建成小康社会，赋予全面小康社会更高的标准、更丰富的内涵。要求我们按照党的十五大、十六大、十七大、十八大提出的全面建成小康社会各项要求，突出抓重点、补短板、强弱项，坚决打好防范化解重大风险、精准脱贫、污染防治的攻坚战，使全面建成小康社会得到人民认可、经得起历史检验。

全面建成小康社会是我们党规划的第一个百年奋斗目标。回顾历史，“两个一百年”奋斗目标是中国共产党人在带领人民致力于中华民族伟大复兴的历史创造中形成并完善，贯穿中华民族从站起来、富起来到强起来的整个历史阶段。1949 年，经过 28 年的浴血奋战，中国人民从此站起来了。以邓小平同志为代表的中国共产党人在改革开放之初提出了“三步走”战略，确立了 20 世纪末翻两番实现小康社会的奋斗目标。1987 年 8 月 29 日，在中共十三大召开前夕，邓小平同志在会见意大利领导人时明确提出“三步走”的战略，他说：“我国经济发展分三步走，本世纪（20 世纪）走两步，达到温饱和小康，下个世纪用三十到五十年时间再走一步，达到中等发达国家水平。这就是我们的战略目标，这就是我们的雄心壮志。”从 1978 年到上个世纪末，经过改革开放，努力拼搏，解决了翻两番问题。在这个基础上，党的十五大提出“两个一百年”奋斗目标，到建党一百年时建成经济更加发展、民主更加健全、科教更加进步、文化更加繁荣、社会更加和谐、人民生活更加殷实的小康社会，然后再奋斗三十年，到新中国成立一百年时，基本实现现代化，把我国建成社会主义现代化国家。党的十五大第一次提出的“两个一百年”目标和全面建设小康社会目标，党的十六大、十七大、十八大不断丰富发展，这次党的十九大又对全面建成小康社会提出更全面、更深刻的新要求。全面建成小康社会是实现第二个百年奋斗目标、实现中华民族伟大复兴、夺取新时代中国特色社会主义伟大胜利的关键一步。

习近平总书记在报告中强调，从党的十九大到党的二十大，是实现“两个一百年”奋斗目标的历史交汇期。我们既要全面建成小康社会、实现第一个百年奋斗目标，又要乘胜而上开启全面建设社会主义现代化国家新征程，向第二个百年奋斗目标进军。决胜全面建成小康社会吹响了开启全面建设社会主义现代化强国的进军号。决胜全面建成小康社会，要按照党的十九大提出的全面建成小康社会的新要求，紧扣我国社会主要矛盾变化，统筹推进经济建设、政治建设、文化建设、社会建设、生态文明建设，坚定实施科教兴国战略、人才强国战略、创新驱动发展战略、乡村振兴战略、区域协调发展战略、可持续发展战略、军民融合发展战略，确保如期实现全面建成小康社会的庄严承诺，为实现第二个百年奋斗目标奠定更加坚实的基础。

九是确定并阐释了建设社会主义现代化强国的战略任务和实现“两个一百年”奋斗目标的宏伟蓝图。

习近平总书记在党的十九大报告中指出，综合分析国际国内形势和我国发展条件，从二〇二〇年到本世纪中叶可以分两个阶段来安排。第一个阶段，从二〇二〇年到二〇三五年，在全面建成小康社会的基础上，再奋斗十五年，基本实现社会主义现代化，把实现社会主义现代化的目标提前了十五年。第二个阶段，从二〇三五年到本世纪中叶，在基本实现现代化的基础上，再奋斗十五年，把我国建成富强民主文明和谐美丽的社会主义现代化强国。习近平总书记对奋斗目标作了原则性的远景规划和战略安排。这里不再提“翻两番”这样的具体目标，有利于进一步贯彻新的发展理念。

十是确立并阐释了全面推进新时代中国特色社会主义“五位一体”总体布局和“四个全面”战略布局的新要求新部署新举措。

习近平总书记在报告中规划了“五位一体”总体布局和“四个全面”战略布局的战略安排，对全面推进新时代中国特色社会主义经济、政治、文化、社会、生态文明、军队国防、“一国两制”和和平统一祖国等一系列重大问题作了理论论述、政策应对，提出了具体举措。

十一是强调并阐述了人类命运共同体的重大提法和坚持和平发展道路的外交战略布局。

习近平总书记在党的十九大报告中对国际形势作了深刻分析，并提出了对外工作总方针。强调中国应坚持和平发展道路，高举和平、发展、合作、共赢的旗帜，恪守维护世界和平、促进共同发展的外交政策宗旨，坚定不移在和平共处五项原则基础上发展同各国的友好合作，积极促进“一带一路”国际合作，继续积极参与全球治理体系改革和建设，推动建设相互尊重、公平正义、合作共赢的新型国际关系，推动构建人类命运共同体，同全世界各国人民一道，建设持久和平、普遍安全、共同繁荣、开放包容、清洁美丽的世界。

十二是确定并阐述了新时代党的建设总体要求。

习近平总书记强调，打铁必须自身硬。党要团结带领人民进行伟大斗争、推进伟大事业、实现伟大梦想，必须毫不动摇坚持和完善党的领导，毫不动摇把党建设得更加坚强有力。

习近平总书记提出的新时代党的建设总要求是：坚持和加强党的全面领导，坚持党要管党、全面从严治党，以加强党的长期执政能力建设、先进性和纯洁性建设为主线，以党的政治建设为统领，以坚定理想信念宗旨为根基，以调动全党积极性、主动性、创造性为着力点，全面推进党的政治建设、思想建设、组织建设、作风建设、纪律建设，把制度建设贯穿其中，深入推进反腐败斗争，不断提高党的建设质量，把党建设成为始终走在时代前列、人民衷心拥护、勇于自我革命、经得起各种风浪考验、朝气蓬勃的马克思主义执政党。

习近平总书记指出，一定要把党的政治建设摆在首位。全党必须增强政治意识、大局意识、核心意识、看齐意识，坚持党中央的权威，坚持习近平同志的核心地位和党的集中统一领导，坚持执行党的政治路线，严明党的政治纪律和政治规矩，在政治立场、政治方向、政治原则、政治道路上同党中央保持高度的一致。

（三）关于向全党、全国各族人民发出的庄严号召

习近平总书记在党的十九大报告中向全党全国各族人民发出战斗号召，要求全党全国各族

人民要紧密团结在党中央周围，高举中国特色社会主义伟大旗帜，认真学习贯彻习近平新时代中国特色社会主义思想，锐意进取，埋头苦干，为实现推进现代化建设、完成祖国统一、维护世界和平与促进共同发展三大历史任务，为决胜全面建成小康社会、夺取新时代中国特色社会主义伟大胜利、实现中华民族伟大复兴的中国梦、实现人民对美好生活的向往继续奋斗！

第三个问题，关于中国共产党章程的修改。

党章是党的总章程，是党的根本大法。党的十九大对党章进行适当修改，是以习近平同志为核心的党中央立足新时代党的事业发展和党的建设全局、适应新的实践变化和任务要求作出的决定，是事关党的长远发展的重大决策。

党的十九大对党章的修改是改革开放以来中国共产党第八次修改党章。从党的十二大通过现行党章开始，我们党认真总结坚持和发展中国特色社会主义的成功经验，先后六次通过党的全国代表大会修改了党章。

党章修改过程中，党中央广泛征求了各地区各部门各方面的意见，集中了集体的智慧。党的十九大通过的党章修正案，共修改 107 处，其中总纲部分修改 58 处，条文部分修改 49 处。每一处修改，都凝结着党的十八大以来的丰富实践探索，蕴含着对新时代党的事业发展和党的建设的新要求，昭示着党的前进方向。

党的十九大党章修改主要有以下几个方面的内容。

一是党章修正案的最大亮点和历史性贡献，是在党章中把习近平新时代中国特色社会主义思想同马克思列宁主义、毛泽东思想、邓小平理论、“三个代表”重要思想、科学发展观一道确立为党的行动指南，作了历史定位，要求全党必须长期坚持并不断发展，必须以习近平新时代中国特色社会主义思想统一思想和行动，增强学习贯彻的自觉性和坚定性。

二是党章修正案把中国特色社会主义文化同中国特色社会主义道路、中国特色社会主义理论体系、中国特色社会主义制度一道写入党章，这有利于全党深化对中国特色社会主义的认识、全面把握中国特色社会主义内涵。

三是党章修正案决议明确，实现中华民族伟大复兴是近代以来中华民族最伟大的梦想，是我们党向人民、向历史作出的庄严承诺。明确了实现“两个一百年”奋斗目标、实现中华民族伟大复兴的中国梦的宏伟目标。

四是党章修正案把党的十九大作出的我国社会主要矛盾已经转化为人民日益增长的美好生活需要和不平衡不充分的发展之间的矛盾的重大政治论断写入党章，为我们把握我国发展新的历史方位和阶段性特征、更好推进党和国家事业提供了重要指引。

五是党章修正案把促进国民经济更高质量、更有效率、更加公平、更可持续发展，完善和发展中国特色社会主义制度，推进国家治理体系和治理能力现代化，更加注重改革的系统性、整体性、协同性等内容写入党章。这有利于推动全党把思想和行动统一到党中央科学判断和战略部署上来，树立和践行新发展理念，不断开创改革发展新局面。

六是党章修正案把发挥市场在资源配置中的决定性作用，更好发挥政府作用，推进供给侧结构性改革，建设中国特色社会主义法治体系，推进协商民主广泛、多层、制度化发展，培育和践行社会主义核心价值观，推动中华优秀传统文化创造性转化、创新性发展，继承革命文化，发展社会主义先进文化，提高国家文化软实力，牢牢掌握意识形态工作领导权，不断增强人民群众获得感，加强和创新社会治理，坚持总体国家安全观，增强绿水青山就是金山银山的意识等内容写入党章。这对全党更加自觉、更加坚定地贯彻党的基本理论、基本路线、基本方略，统筹推进“五位一体”总体布局具有十分重要的作用。

七是党章修正案把中国共产党坚持对人民解放军和其他人民武装力量的绝对领导，贯彻习近平强军思想，坚持政治建军、改革强军、科技兴军、依法治军，建设一支听党指挥、能打胜仗、作风优良的人民军队，切实保证人民解放军有效履行新时代军队使命任务；铸牢中华民族共同体意识；坚持正确义利观，推动构建人类命运共同体，遵循共商共建共享原则，推进“一带一路”建设等内容写入党章。这有利于加强党对人民军队的绝对领导、提高国防和军队现代化水平，有利于加强民族团结，有利于提高我国开放型经济水平和总体对外开放水平。

八是党章修正案把党的十九大确立的坚持党要管党、全面从严治党，加强党的长期执政能力建设、先进性和纯洁性建设，以党的政治建设为统领，全面推进党的政治建设、思想建设、组织建设、作风建设、纪律建设，把制度建设贯穿其中，深入推进反腐败斗争等要求写入党章；把不断增强自我净化、自我完善、自我革新、自我提高能力，用习近平新时代中国特色社会主义思想统一思想、统一行动，牢固树立政治意识、大局意识、核心意识、看齐意识，坚定维护以习近平同志为核心的党中央权威和集中统一领导，加强和规范党内政治生活，增强党内政治生活的政治性、时代性、原则性、战斗性，发展积极健康的党内政治文化，营造风清气正的良好政治生态等内容写入党章；把坚持从严管党治党作为党的建设必须坚决实现的基本要求之一写入党章。这使党的建设目标更加清晰、布局更加完善，有利于全党以更加科学的思路、更加有效的举措推进党的建设，不断提高党的建设质量，永葆党的生机活力。

九是党章修正案把中国共产党的领导是中国特色社会主义最本质的特征，是中国特色社会主义制度的最大优势。党政军民学，东西南北中，党是领导一切的这一重大政治原则写入党章，这有利于实现全党思想上统一、政治上团结、行动上一致，确保党总揽全局、协调各方，为做好党和国家各项工作提供根本政治保证。

十是党章修正案还充实了一系列必须充实的内容：把认真学习习近平新时代中国特色社会主义思想，自觉遵守党的政治纪律和政治规矩，勇于揭露和纠正违反党的原则的言行，带头实践社会主义核心价值观，弘扬中华民族传统美德，作为广大党员应尽的义务；把政治标准放在首位，作为发展党员必须坚持的重要原则；把实现巡视全覆盖，开展中央单位巡视、市县巡察，作为巡视工作实践经验的总结，必须加以坚持和发展；把明确中央军事委员会实行主席负责制，明确中央军事委员会负责军队中党的工作和政治工作，作为反映军队改革后的中央军委履行管党治党责任的现实需要；把调整党的总支部委员会、支部委员会每届任期期限，推进“两学一做”学习教育常态化制度化，明确国有企业党组织的地位和作用，增写社会组织中党的基层组织的功能定位和职责任务，明确各级党和国家机关中党的基层组织的职责，明确党支部的地位和作用，充实干部选拔条件和要求，调整和充实党的纪律、党的纪律检查机关部分的相关内容，等等，作为党的十八大以来党的工作和党的建设成果的集中反映。把这些内容写入党章，有利于全党把握党的指导思想与时俱进，用习近平新时代中国特色社会主义思想武装头脑、指导实践、推动工作，有利于强化基层党组织政治功能，推动全面从严治党向纵深发展。

修改后的党章通篇贯穿习近平新时代中国特色社会主义思想，必将成为引领中国共产党在新时代实现历史使命的光辉旗帜。党的十九大要求，党的各级组织和全体党员在以习近平同志为核心的党中央坚强领导下，高举中国特色社会主义伟大旗帜，以马克思列宁主义、毛泽东思想、邓小平理论、“三个代表”重要思想、科学发展观、习近平新时代中国特色社会主义思想为指导，更加自觉地学习党章、遵守党章、贯彻党章、维护党章。

同志们！中国共产党已经成立96年，中华人民共和国已经成立68年，改革开放已经进行了39年，我们处在这个伟大的时代，我们一定要紧密团结在以习近平同志为核心的党中央周围，高举中国特色社会主义伟大旗帜，解放思想，改革创新，锐意进取，埋头苦干，以习近平新时代中国特色社会主义思想为指导，为实现党的十九大确立的伟大目标和任务而奋斗！

谈谈党章修改的意义

王京清

（2017年10月30日）

党的十九大的一项重要议程是：审议通过了党章修正案。为了便于理解党章修改的意义，有必要谈谈对党章重要性的认识。可从以下几个角度来理解。

一是从地位看，党章是中国共产党的最高法规，在党内制定的所有法规中，处于最高地位。二是从作用和性质看，她是管根本的，是管党治党的根本大法。三是从内容看，党章的总纲部分，规定了党的性质、宗旨和指导思想，集中体现了党的理论和路线方针政策；从条文部分看，规定了党的组织制度和党的组织的作用，规范了党员和干部的条件和作用，明确了党的纪律。四是从适用范围看，她适用于党的所有组织和全体共产党员。因此，全党都要按照习近平总书记的要求，尊崇党章，遵守党章。

中国共产党从成立以来，共召开了十九次全国代表大会。党的一大没有专门制定党章，但制定了党的第一个纲领。党的二大制定并通过了第一部党章，此后，党的历次代表大会，五大除外，都对党章进行修订或重新制定。中国共产党在领导中国革命建设改革的伟大实践中，坚持把马克思主义的普遍原理与中国的实际相结合，不断推进马克思主义中国化，及时地把实践发展中的成功经验和党的理论创新成果反映到党章中来，更好地规范和指导当前和今后一个时期党的工作和党的建设伟大工程，这是我们党修改党章的一条成功经验。

党的十九大对党章的修改分为两部分。

一是对总纲部分的修改，主要有九方面内容。

1. 把习近平新时代中国特色社会主义思想写入党的指导思想，与马克思列宁主义、毛泽东思想、邓小平理论、“三个代表”重要思想、科学发展观一道，确立为我们党的指导思想。

2. 增写党的十八大以来党的理论创新特别是习近平新时代中国特色社会主义思想定位的内容，反映了当代马克思主义中国化的最新成果。

3. 充实了改革开放以来取得一切成绩和进步的根本原因的内容，也就是在原来归结的：开辟了中国特色社会主义道路，形成中国特色社会主义理论体系，确立了中国特色社会主义制度的基础上，增写发展了中国特色社会主义文化。

4. 调整充实社会主义初级阶段方面的内容，主要是根据党的十九大报告作出的我国社会主要矛盾已经转化为人民日益增长的美好生活需要和不平衡不充分的发展之间的矛盾这一重大判断，对我国社会的主要矛盾作了相应修改。同时，进一步明确了实现“两个一百年”的奋斗目标。

5. 充实完善党的基本路线方面的内容，强调党的基本路线是党和国家的生命线、人民的幸福线，既要长期坚持不动摇，又要与时俱进深化认识。

6. 充实经济建设、政治建设、文化建设、社会建设、生态文明建设方面的内容。

7. 充实国防和军队建设、民族关系、统一战线、外交方面的内容。

8. 调整充实党的建设总体要求的内容，对原有的四项基本要求的内容进行充实，特别是在基本要求的第一项坚持党的基本路线中，增写用习近平新时代中国特色社会主义思想统一思想、统一行动的内容。同时，增写坚持从严管党治党的基本要求，将党的建设基本要求由四项扩展为五项。

9. 把习近平总书记关于党的领导的重要思想写进总纲部分的最后一段，增加中国共产党的领导是中国特色社会主义最本质的特征，是中国特色社会主义制度的最大优势。党政军民学，东西南北中，党是领导一切的。

二是对条文部分的修改，主要有五方面内容。

1. 充实党员义务和发展党员标准等内容，重点对党员义务进行完善，为的是从源头上保证党员队伍的质量，充分发挥每个共产党员的先锋模范作用。

2. 充实党的组织制度、党的中央组织、党的地方组织、党的基层组织部分的相关内容。党的力量在于组织。把党的十八大以来，党的制度建设和组织建设取得的重要成果，吸收到党章中来，可以更好地发挥党的制度建设和组织建设的作用。

3. 充实干部选拔和党的干部条件等内容，重点完善选拔任用党的干部的条件和标准，强调按照好干部“二十字”标准和忠诚干净担当的要求，培养选拔党和人民需要的好干部。

4. 充实党的纪律、党的纪律检查机关部分的相关内容，主要是吸收近几年党的纪律建设和纪律检查体制改革的新成果，对党的纪律和党的纪律检查机关两章进行了充实修改。

5. 充实党组任务等内容，主要是明确了党组要履行全面从严治党的主体责任。

下面，谈谈党的十九大修改党章有什么重要意义。

从党的十九大修改党章的主要内容看，在中国共产党的历史上，具有划时代的意义，主要有以下五点。

第一，把习近平新时代中国特色社会主义思想同马克思列宁主义、毛泽东思想、邓小平理论、“三个代表”重要思想、科学发展观一道确立为党的指导思想，顺应了时代发展，是这次修改党章的最大亮点。习近平新时代中国特色社会主义思想，是马克思主义中国化的最新成果，是中国特色社会主义理论体系的重要组成部分，将其补充进党的指导思想，对于全党进一步统一思想、统一行动，在新的历史起点上进行伟大斗争、建设伟大工程、推进伟大事业、实现伟大梦想具有重大现实意义和深远历史意义。

第二，党章把我国社会的主要矛盾修改为人民日益增长的美好生活需要和不平衡不充分的发展之间的矛盾，反映了我国社会发展的客观实际，有利于制定党和国家的大政方针和长远战略。与此同时，党章进一步明确了实现“两个一百年”的奋斗目标和实现中华民族伟大复兴的中国梦的宏伟目标，有利于全党坚定信心，奋发有为，完成新时代赋予中国共产党的历史使命。

第三，党章充实了经济建设、政治建设、文化建设、社会建设、生态文明建设以及国防和军队建设等方面的内容，有利于全党牢固树立新发展理念，有利于贯彻“五位一体”总体布局、协调推进“四个全面”战略布局，有利于实现全国人民从站起来、富起来到强起来的历史性跨越。

第四，党的十八大以来，我们党扎实推进全面从严治党，在管党治党方面取得了许多成功经验和重大成果，这次修改党章，吸收充实了这方面的内容，强调从严管党治党。作如此修改，有利于全党牢固树立政治意识、大局意识、核心意识、看齐意识，坚定维护以习近平同志为核心的党中央权威和集中统一领导，增强党内政治生活的政治性、时代性、原则性、战斗性，永葆党的生机和活力。

第五，把习近平总书记关于党的领导的重要思想写进党章，在总纲部分中明确：中国共产党的领导是中国特色社会主义最本质的特征，是中国特色社会主义制度的最大优势。党政军民学，东西南北中，党是领导一切的。作这样的修改，进一步明确了党在中国特色社会主义事业中的领导核心地位，确保党和人民的事业始终沿着正确方向前进，为做好党和国家各项工作提供根本政治保证。

在学习宣传贯彻党的十九大精神所局级主要领导干部培训班上的总结讲话

张英伟

（2017 年 11 月 9 日）

我院学习宣传贯彻党的十九大精神所局级主要领导干部培训班历时三天就要结束了。举办这个培训班，是我院学习贯彻党的十九大精神，切实用习近平新时代中国特色社会主义思想统一思想、统一行动的重要举措。对办好这次培训班，院党组高度重视，多次开会研究，伟光同志审定办班方案，确定学习材料，对办好培训班提出明确要求。伟光同志代表党组作了动员报告，蔡昉同志宣讲了党的十九大报告，中华同志解读了十八届中央纪委报告精神，我本人解读了新修订的党章，姜辉同志交流了自己对习近平新时代中国特色社会主义思想的学习体会。大家紧紧围绕学习宣传贯彻党的十九大精神，认真学习、深入思考、热烈讨论、严守纪律，思想认识有了新的提高。刚才 4 个组的代表发了言，结合大家的反映，感到这次培训班办得很好、很成功，达到了预期目的。

下面我讲三个问题。

（一）这次培训班的基本特点

概况起来，可以说这次培训班主要有以下三个特点。

一是主题鲜明。这次学习虽然只有短短三天，但主题鲜明，内容丰富，同志们都感到收获很大。大家认真学习《中国共产党第十九次全国代表大会报告》《十八届中央纪委工作报告》《中国共产党章程》《中国共产党第十九次全国代表大会报告辅导读本》，深化了对党的十九大精神和习近平新时代中国特色社会主义思想的认识。这次培训班的目的非常明确，就是深入学习党的十九大精神，深刻领会习近平新时代中国特色社会主义思想，以习近平新时代中国特色社会主义思想统一思想和行动，为深入推进创新工程、建设具有国际影响力的世界知名智库、加快构建中国特色哲学社会科学提供坚强保证。

二是报告深入。培训班安排了 5 个报告，内容各异、特色突出，同志们反映很有价值，很解渴。伟光同志代表党组所作的动员讲话，其实也是这次培训班主题报告，深刻阐述了这次培训班的重点任务和具体要求，对党的十九大精神特别是习近平新时代中国特色社会主义思想进行了深入解读和辅导，对全院深入学习宣传贯彻党的十九大精神作了全面部署安排。伟光同志的动员讲话对于贯彻落实党的十九大精神，做好全院各项工作，必将起到重要的推动作用。蔡昉同志宣讲了党的十九大报告，重点阐述了党的十九大报告的新论断新特点新目标新要求，阐述了党的十九大报告在政治上、理论上、实践上的重要成果。中华同志解读了十八届中央纪委报告，使大家进一步认识到党的十八大以来，在以习近平同志为核心的党中央坚强领导下管党治党取得的卓越成效，以及新时代进一步推动党风廉政建设和反腐败斗争的坚定决心和战略任务。姜辉同志交流了学习习近平新时代中国特色社会主义思想的体会，对习近平新时代中国特色社会主义思想的理论渊源、实践基础和创新成果进行了阐述。我本人解读了党的十九大党章修订的情况，梳理了修改党章的意义、原则、内容、特点，以及如何学习、贯彻、践行党章。这些报告内容丰富，思想深刻，有助于同志们深入领会党的十九大精神，以习近平新时代中国特色社会主义思想武装头脑、统一思想、指导工作。

三是研讨热烈。会议期间，同志们认真阅读文件，深入思考问题，把握核心要义，领会精神实质。在小组讨论会上，大家发言踊跃、气氛热烈，紧密联系实际，达到了相互学习、共同提高的目的。各个小组推选的代表的交流发言，认识深刻到位，说明大家的学习取得了良好的效果。

（二）这次培训班的主要收获

归纳大家的学习体会，这次培训班主要有以下七点收获。

一是深化了对党的十九大召开的重大意义的认识。通过学习研讨，大家深刻认识到，党的十九大是在全面建成小康社会决胜阶段、中国特色社会主义进入新时代的关键时期召开的一次十分重要的大会，是在新的历史起点上开启党和国家事业新征程的一次大会，在党和国家发展史上具有重大里程碑意义。大家一致认为，习近平总书记的报告举旗定向、指路领航，气势恢宏、大气磅礴，鲜明提出并深刻阐述了新时代、新思想、新矛盾、新方略、新使命、新征程、新部署、新任务，集中反映了全党智慧、基层实践、人民期盼，是我们党带领全国各族人民决胜全面建成小康社会、夺取新时代中国特色社会主义伟大胜利的政治宣言和行动指南。大家一致表示，一定要深入学习领会习近平新时代中国特色社会主义思想，扎扎实实学习宣传贯彻党的十九大精神，在学懂弄通做实上下功夫，切实用党的十九大精神统一思想、统一行动。

二是深化了对中国特色社会主义进入新时代的认识。通过学习研讨，大家深刻认识到，报告作出的中国特色社会主义进入新时代、我国社会主要矛盾已经转化为人民日益增长的美好生活需要和不平衡不充分的发展之间的矛盾等重大论断，科学标定了我国发展新的历史方位，标志着中华民族实现了从站起来、富起来到强起来的伟大飞跃，彰显了科学社会主义在21世纪中国的强大生机活力，拓展了发展中国家走向现代化的途径，为解决人类问题贡献了中国智慧和中国方案。大家一致表示，要进一步坚定“四个自信”，以“新时代”作为我们从事理论研究的“新坐标”，研究新时代的新矛盾、新问题，为全面建成社会主义现代化强国贡献智慧与力量。

三是深化了对习近平新时代中国特色社会主义思想的重大意义的认识。通过学习研讨，大家深刻认识到，习近平新时代中国特色社会主义思想，集中展示了以习近平同志为核心的党中央巨大的理论勇气、超凡的政治智慧、独创的治国理政思想，是当代的马克思主义、行动的马克思主义、发展的马克思主义，是马克思列宁主义同中国实际相结合的第三次历史性飞跃，为新时代坚持和发展中国特色社会主义提供了强大思想武器和行动指南。大家一致认为，习近平新时代中国特色社会主义思想，深刻体现了我们党对共产党执政规律、社会主义建设规律、人类社会发展规律的正确认识和全面把握，要用习近平新时代中国特色社会主义思想武装头脑，掌握贯穿其中的马克思主义立场、观点、方法；要以高度的理论自觉和学术自觉，紧紧围绕习近平新时代中国特色社会主义思想提出的重大理论和实践问题，开展深入研究，进行深入阐释，为推动 21 世纪的马克思主义中国化、时代化、大众化作出自己的理论贡献和学术支撑。

四是深化了对新时代中国特色社会主义的奋斗目标和战略部署的认识。通过学习研讨，大家深刻认识到，报告全面把握党和国家事业发展新要求和人民群众新期待，提出了新时代基本方略、奋斗目标和战略部署，发出了决胜全面建成小康社会，夺取中国特色社会主义伟大胜利的动员令，是我们实现中华民族伟大复兴的行动纲领和实践指南。大家一致表示，要把学术研究根植于新时代中国特色社会主义伟大实践，根植于人民群众的伟大创造，坚持为人民做学问的观念，把实践的需求和人民的期盼进行理论的提升，为推进哲学社会科学创新，构建中国特色哲学社会科学贡献力量。

五是深化了对中国特色社会主义新时代共产党人的光荣使命的认识。通过学习研讨，大家深刻认识到，中国共产党人对“初心”和“使命”的执着坚守，深刻体现了中国共产党人坚定的理想信念和强大的斗争精神，展示了中国共产党人强大的政治定力、思想定力、理论定力。大家一致表示，要更加坚定共产主义远大理想和中国特色社会主义共同理想，更加自觉地加强对马克思主义理论的学习，推动习近平新时代中国特色社会主义思想入脑入心，为建设具有强大凝聚力和引领力的社会主义意识形态，为实现新时代党的历史使命贡献力量。

六是深化了对坚定不移推进全面从严治党重要性紧迫性的认识。通过学习研讨，大家深刻认识到，我们党面临的“四大考验”是长期的、复杂的，我们党面临的“四种危险”是尖锐的、严峻的，建成社会主义现代化强国、实现中华民族伟大复兴的中国梦，必须始终保持高度的警觉，始终绷紧全面从严治党这根弦。大家一致认为，必须把坚持党的政治建设摆在首要位置，牢固树立“四个意识”，坚定执行党的政治路线、严格遵守政治纪律和政治规矩，在政治立场、政治方向、政治原则、政治道路上同以习近平同志为核心的党中央保持高度一致，自觉维护以习近平同志为核心的党中央权威和集中统一领导，坚定自觉地把以习近平同志为核心的党中央决策部署落到实处。

七是深化了对新修订的党章的认识。通过学习研讨，大家认识到，新修订的中国共产党章程，吸纳了党的十八大以来党的最新实践成果、理论成果和思想成果，特别是把习近平新时代中国特色社会主义思想确立为党的指导思想，必将对坚持党的领导、加强党的建设、全面从严治党产生重大而深远的指导作用。大家一致表示，党章作为党的根本大法，是党的旗帜，是党的方向，必须要认真学习党章、严格遵守党章、自觉践行党章，坚决以党的旗帜为旗帜，以党的意志为意志，以党的方向为方向，以党的使命为使命，统一思想、统一行动，把中国特色社会主义伟大事业不断推向前进。

（三）对下一步学习宣传贯彻十九大精神的具体要求

根据中央通知精神和院党组决定，主要有四方面要求。

一是认真组织学习宣传。所局主要领导干部是社科院的"关键少数"，要以身作则，带领党员干部认真研读党的十九大报告和党章，学习习近平新时代中国特色社会主义思想，要原原本本地读、一字一句地读，切实做到学懂弄通做实。要紧密结合党中央即将开展的"不忘初心、牢记使命"主题教育，面向全体党员开展多形式、分层次、全覆盖的全员培训，组织广大党员干部认真学习党的十九大精神。要通过开展宣讲报告会、座谈会、读书会等多种形式，组织本单位党员干部职工认真学习。要抓好党委中心组的集中理论学习，抓好党员和党员领导干部的学习，抓好面向广大职工的宣传。要以这次培训班为契机，迅速在我院掀起学习党的十九大精神的高潮。

二是深入开展理论研究。党的十九大提出了一系列新思想、新观点、新论断、新要求，社科院作为党中央、国务院的思想库、智囊团，必须先行一步，率先垂范。在认真学习、深入领会的基础上，尽快梳理出习近平新时代中国特色社会主义思想重大理论和实践问题，组织精干力量开展深入研究，为党中央、国务院重大决策服务。同时，要按专业、分领域组织召开习近平新时代中国特色社会主义思想理论研讨会，交流研究成果，不断深化认识。院属报纸、期刊、出版社、网站等，要提前筹划、确定选题，组织刊发和出版一批学习和阐释文章、图书，多角度、立体化解读党的十九大精神。

三是切实加强组织领导。要按照党中央和院党组要求，加强领导，精心组织，狠抓落实，迅速兴起学习宣传贯彻党的十九大精神热潮。要把学习宣传贯彻党的十九大精神与加强领导班子建设和基层党组织建设结合起来，加强对基层党支部的工作指导和督促检查。要牢牢把握政治导向，加强对宣传思想阵地的管理，努力增强学习宣传党的十九大精神的针对性、实效性。

四是统筹各项工作落实。正值年终岁尾，各项工作都非常繁重，希望大家统筹安排，协调推进，突出重点，认真抓好党的十九大精神学习宣传贯彻工作。要以党的十九大精神统领全院各项工作，把贯彻党的十九大精神与推进创新工程结合起来，与年终人事考核和创新工程绩效考核工作结合起来，在贯彻落实党的十九大精神中体现学习成效。

同志们！党的十九大对决胜全面建成小康社会、夺取新时代中国特色社会主义伟大胜利作出了战略部署。当前和今后一个时期，最重要的任务就是抓好贯彻落实。让我们紧密地团结在以习近平同志为核心的党中央周围，不忘初心、继续前进，开拓创新、扎实进取，为加快构建中国特色哲学社会科学，作出新的贡献。

让改革发展成果更多更公平惠及全体人民

蔡　昉

（2017 年 11 月 30 日）

带领人民创造美好生活，是我们党始终不渝的奋斗目标。党的十九大作出的一个重大政治判断是：我国社会主要矛盾已经转化为人民日益增长的美好生活需要和不平衡不充分的发展之间的矛盾。这对改善民生领域的工作提出更高、全新的要求，即必须坚持以人民为中心的发展思想，不断促进人的全面发展、全体人民共同富裕。习近平总书记所作的党的十九大报告抓住人民最关心最直接最现实的利益问题，对提高保障和改善民生水平作出了总体部署，提出了新思想和新举措。

（一）坚持在发展中保障和改善民生

增进民生福祉是发展的根本目的。党的十八大以来，一大批惠民举措落地实施，人民生活明显改善，人民群众在改革发展中的获得感显著增强。脱贫攻坚战取得决定性进展，低收入群体收入加快增长，中等收入群体持续扩大。农村居民收入增长速度超过城镇居民，城乡居民收入增长跑赢了经济增长。就业状况持续改善，工资增长与劳动生产率提高的同步性增强，收入分配格局改变，居民收入基尼系数和城乡居民收入差距持续处于缩小的势头。基本公共服务均等化水平显著提升，覆盖城乡居民的社会保障体系基本建立，人民健康和医疗卫生水平大幅提高，保障性住房建设稳步推进。

民生领域这一系列开创性成就的取得，根本在于以习近平同志为核心的党中央坚持以人民为中心的发展思想，把增进民生福祉作为发展的根本目的，着眼于在发展中补齐民生短板，努力实现全体人民共同富裕；在于全党全国贯彻落实习近平新时代中国特色社会主义思想和基本方略。按照党的十九大精神和部署，深刻理解和领会习近平新时代中国特色社会主义思想的精神实质和丰富内涵，坚持以人民为中心和坚持在发展中保障和改善民生的基本方略，努力加以全面准确贯彻落实，也是在实现“两个一百年”奋斗目标、实现中华民族伟大复兴中国梦的过程中，做好民生工作的根本要求。

党的十九大报告作出重大政治判断，我国社会主要矛盾已经转化为人民日益增长的美好生活需要和不平衡不充分的发展之间的矛盾。解决发展不平衡不充分的问题，既要坚持发展，做大蛋糕，也要解决好发展的均衡性，分好蛋糕。“让改革发展成果更多更公平惠及全体人民”的要求，就是强调通过建立健全各项制度，完善社会政策，努力分好蛋糕。当前，民生领域还存在着不少短板，到2020年实现农村贫困人口全部脱贫任务艰巨，城乡区域发展和收入分配差距依然较大，就业、教育、医疗、居住、养老等公共服务领域，仍然存在着供给不足的问题。这些问题，必须在党的十九大精神引领下着力加以解决。

保障和改善民生要抓住人民最关心最直接最现实的利益问题，把做到幼有所育、学有所教、劳有所得、病有所医、老有所养、住有所居、弱有所扶作为工作的出发点和落脚点。保障和改善民生必须坚持的方式方法是既尽力而为，又量力而行；基本方针是坚持人人尽责，人人享有，坚持底线、突出重点、完善制度、引导预期；重点任务是完善公共服务体系，保障群众基本生活；工作目标是不断满足人民日益增长的美好生活需要，不断促进社会公平正义，形成有效的社会治理、良好的社会秩序。

（二）打赢脱贫攻坚战，提高人民生活水平

让贫困人口和贫困地区同全国一道进入全面小康生活是我们党的庄严承诺。确保到2020年全面建成小康社会之时，我国现行标准下农村贫困人口实现脱贫，贫困县全部摘帽，解决区域性整体贫困，今后3年仍然需要每年解决上千万贫困人口脱贫的问题，时间相当紧迫、任务十分艰巨。习近平总书记指出：“脱贫攻坚战的冲锋号已经吹响。我们要立下愚公移山志，咬定目标、苦干实干，坚决打赢脱贫攻坚战。”这场攻坚战是按照军令状、时间表和路线图必须完成的任务。

改善民生要坚持人人尽责、人人享有。提高收入水平，是人民最关心最直接最现实的利益问题之一，也是确保脱贫攻坚和社会政策托底效果长期可持续的关键。就业是最大的民生，也是人民收入水平不断提高的根本保障。因此，要坚持就业优先战略和积极就业政策。同时，按照新时代我国社会主要矛盾的特点，更加注重实现更高质量和更充分就业。我国已经进入一个新的人口转变阶段，劳动年龄人口处于负增长状态，就业岗位不足的压力大大缓解。如果说在这个阶段性变化之前，收入增长主要靠经济增长创造就业岗位，促进就业、再就业和劳动力转移，提高劳动参与率的话，今后进一步提高收入需要更加依靠在更加充分就业前提下提高就业质量。使市场在资源配置中起决定性作用，更好发挥政府作用，在就业领域的具体体现，就是一方面坚持市场配置劳动力资源，保持和增强用工灵活性；另一方面完善政府、工会、企业共同参与的协商协调机制，构建和谐劳动关系。此外，在就业的总量问题有所缓解的同时，就业的结构性矛盾仍然突出，人力资本与产业升级仍然不相适应，政府应提供全方位公共就业服

务，促进高校毕业生等青年群体、农民工多渠道就业创业，提高劳动力市场供给与需求的匹配性，大规模开展职业技能培训，解决好结构性和摩擦性就业矛盾。

改善民生既要尽力而为，又要量力而行。习近平总书记指出：要坚持从实际出发，将收入提高建立在劳动生产率提高的基础上，将福利水平提高建立在经济和财力可持续增长的基础上。共享发展理念既强调共享这个出发点和落脚点，也不能失去发展这个基础和前提。党的十九大报告指出，坚持在经济增长的同时实现居民收入同步增长、在劳动生产率提高的同时实现劳动报酬同步提高。一方面，如果不能伴随着居民收入的同步增长和劳动报酬的同步提高，经济增长和劳动生产率提高就失去了为什么人这个根本目标。另一方面，如果未能以经济增长和劳动生产率提高作为基础，居民收入增长和劳动报酬提高会成为无源之水，也缺乏可持续性。

（三）促进社会性流动，提高中等收入群体比重

提高人民收入水平的着力点是增加低收入者收入，调节过高收入，扩大中等收入群体，形成稳定的橄榄型社会结构。党的十九大报告在对 2035 年基本实现社会主义现代化的目标进行描述时，提出中等收入群体比例明显提高的目标要求。这对于缩小城乡、区域、行业和社会成员之间的收入差距的任务来说，既是一个重要的显示性指标，也是一条重要的实现途径。例如，中等收入群体的比重大小，对于用来描述社会收入分配状况的基尼系数这个指标，就起着关键性的作用。也就是说，中等收入群体比重提高，可以直接有效地降低基尼系数，带来收入分配状况明显改善的效果。

机会均等、渠道畅通的劳动力和人才的社会性流动是经济发展的动力、社会进步的体现、社会政策的要义和收入分配不断改善的途径。随着我国全面建成小康社会并开启全面建设社会主义现代化国家新征程，农村贫困人口实现脱贫，困难群众得到社会政策更好的托底保障，低收入群体的收入也将显著提高，就意味着越来越多的人口进入中等收入群体。按照一些国际组织的定义和学者的建议，中等收入群体可以是一个涵盖范围很大的群体。例如，以相对收入水平衡量，在社会平均收入中位数的 75% ～ 200%，或者以绝对收入水平衡量，每人每天收入在 10 ～ 100 美元，都可以被看作中等收入群体。这个跨度很大的界定的意义在于，社会政策和相关的体制机制应该能够创造出必要的条件，促进人口、劳动力和人才的横向及纵向社会性流动，使城乡居民在摆脱贫困和低收入状况后，持续向更高收入水平升级。

促进社会性流动，需要破除妨碍劳动力和人才流动的体制机制弊端。首先，深化户籍制度改革，加快农业转移人口市民化进程。2016 年我国常住人口城镇化率已达到 57.4%，户籍人口城镇化率也达到 41.2%。近年来，随着劳动年龄人口转为负增长，外出农民工的增长速度已经放缓，由此产生的提高劳动生产率的资源重新配置效应也有所弱化，保持农民收入的持续增长势头面临着重大的挑战。因此，必须在户籍制度改革方面有更大的举措，才能保持劳动力转移和以人为核

心的新型城镇化推进的势头，为经济保持中高速增长提供持续动力。其次，政府着力搭建社会纵向流动的阶梯，鼓励人人向上。包括消除以户籍、行业、区域和所有制性质形成的体制障碍，增进教育、健康等人力资本培育体系的公平性，鼓励人人在参与社会财富创造的同时增加收入和积累财富，形成上下合力，阻断贫困代际传递，拓宽居民劳动收入和财产性收入渠道，让低收入者源源不断地跨入中等收入群体，使人人都有通过辛勤劳动实现自身发展的机会。

（四）完善公共服务体系，促进社会公平正义

做到幼有所育、学有所教、劳有所得、病有所医、老有所养、住有所居、弱有所扶，既是人民最关心最直接最现实的利益问题，也是改革发展成果更多更公平惠及全体人民的具体体现，要求下大力气完善公共服务体系。优先发展教育事业，办好人民满意的教育，应该特别注重推进教育公平，推动城乡义务教育一体化发展，努力让每个孩子都能享有公平而有质量的教育。加强社会保障体系建设，要按照兜底线、织密网、建机制的要求，全面建成覆盖全民、城乡统筹、权责清晰、保障适度、可持续的多层次社会保障体系。实施健康中国战略，为人民群众提供全方位全周期健康服务，深化医药卫生体制改革，积极应对人口老龄化。

党的十九大报告要求，履行好政府再分配调节职能，加快推进基本公共服务均等化，缩小收入分配差距。实现社会公平正义，既需要在初次分配中着力于创造均等的机会，不断提高一线劳动者的劳动报酬，完善市场评价要素贡献并按贡献分配的机制，也需要在再分配领域更好发挥政府的调节作用，完善以税收、社会保障、转移支付和基本公共服务均等化等手段为主的再分配机制。历史和国际的经验表明，初次分配并不能完全解决收入差距的问题，政府再分配职能不可或缺。在一些收入分配差距较小的发达国家，初次分配后的基尼系数并不小，通常是通过再分配手段，才把基尼系数降低到比较合理的水平。另外，要鼓励和支持慈善事业发展，发挥其回馈社会、扶贫济困的第三次分配功能。

让改革发展成果更多更公平惠及全体人民，需要加大再分配力度，提高再分配效率，增强再分配与初次分配之间的协调性。首先，继续深化收入分配制度改革，调节收入分配，要求政府通过法律手段和改革措施着眼于保护合法收入，规范隐性收入，遏制以权力、行政垄断等非市场因素获取收入，取缔非法收入。这是社会公平正义之源。其次，主要通过基本公共服务均等化、社会政策托底、保护弱势群体等方式保障基本民生，使发展成果惠及所有社会群体。需要强调的是，我国仍处于并将长期处于社会主义初级阶段，改善民生、加大再分配力度都不能脱离实际，提出过高要求，决不能开空头支票。习近平总书记以一些国家为例，提醒我们要吸取过度福利化和过度承诺导致效率低下、增长停滞、通货膨胀，收入分配最终反而恶化的教训。因此，在通过再分配手段改善民生方面，我们必须坚持既尽力而为又量力而行，一件事情接着一件事情办，一年接着一年干。

（原载于《求是》2017 年第 23 期）

中共中国社会科学院党组
关于学习贯彻党的十九大精神的通知

为深入学习宣传贯彻党的十九大精神，把思想统一到党的十九大精神上来，把力量凝聚到实现党的十九大确定的各项任务上来，根据《中共中央关于认真学习宣传贯彻党的十九大精神的决定》（中发〔2017〕28号）文件精神，结合我院实际，就有关事项通知如下。

（一）充分认识学习宣传贯彻党的十九大精神的重大意义

党的十九大是在全面建成小康社会决胜阶段、中国特色社会主义进入新时代的关键时期召开的一次十分重要的大会。大会高举中国特色社会主义伟大旗帜，以马克思列宁主义、毛泽东思想、邓小平理论、“三个代表”重要思想、科学发展观、习近平新时代中国特色社会主义思想为指导，分析了国际国内形势发展变化，回顾和总结了过去5年的工作和历史性变革，作出了中国特色社会主义进入了新时代、我国社会主要矛盾已经转化为人民日益增长的美好生活需要和不平衡不充分的发展之间的矛盾等重大政治论断，深刻阐述了新时代中国共产党的历史使命，确立了习近平新时代中国特色社会主义思想的历史地位，确定了决胜全面建成小康社会、开启全面建设社会主义现代化国家新征程的目标，对新时代推进中国特色社会主义伟大事业和党的建设新的伟大工程作出了全面部署。

习近平同志所作的报告，深刻回答了新时代坚持和发展中国特色社会主义的一系列重大理论和实践问题，描绘了决胜全面建成小康社会、夺取新时代中国特色社会主义伟大胜利的宏伟蓝图，进一步指明了党和国家事业的前进方向，是我们党团结带领全国各族人民在新时代坚持和发展中国特色社会主义的政治宣言和行动纲领，是马克思主义的纲领性文献。《中国共产党章程（修正案）》将习近平新时代中国特色社会主义思想写入党章，确立为我们党必须长期坚持的指导思想。

党的十九届一中全会选举产生了以习近平同志为核心的新一届中央领导集体，一批经验丰富、德才兼备、奋发有为的同志进入中央领导机构，充分显示出中国特色社会主义事业蓬勃兴旺、充满活力。

认真学习宣传贯彻党的十九大精神，事关党和国家工作全局，事关中国特色社会主义事业长远发展，事关最广大人民的根本利益，对于动员全党全国各族人民更加紧密地团结在以习近平同志为核心的党中央周围，高举中国特色社会主义伟大旗帜，坚定道路自信、理论自信、制度自信、文化自信，为决胜全面建成小康社会，夺取新时代中国特色社会主义伟大胜利，为实现中华民族伟大复兴的中国梦不懈奋斗，具有重大现实意义和深远历史意义。

（二）全面准确学习领会党的十九大精神

学习领会党的十九大精神，要坚持读原著、学原文、悟原理，做到学深悟透。要认真研读党的十九大报告和党章，学习习近平总书记在党的十九届一中全会上的重要讲话精神，要把学习领会习近平新时代中国特色社会主义思想作为重中之重，着重把握以下几个方面。

一要深刻领会党的十九大的主题；二要深刻领会习近平新时代中国特色社会主义思想的历史地位和丰富内涵；三要深刻领会党的十八大以来党和国家事业发生的历史性变革；四要深刻领会中国特色社会主义进入了新时代；五要深刻领会我国社会主要矛盾的变化；六要深刻领会新时代中国共产党的历史使命；七要深刻领会实现第一个百年奋斗目标和向第二个百年奋斗目标进军；八要深刻领会社会主义经济建设、政治建设、文化建设、社会建设、生态文明建设等方面的重大部署；九要深刻领会国防和军队建设、港澳台工作、外交工作的重大部署；十要深刻领会坚定不移全面从严治党的重大部署。要以永不懈怠的精神状态和一往无前的奋斗姿态，为决胜全面建成小康社会、夺取新时代中国特色社会主义伟大胜利、实现中华民族伟大复兴的中国梦、实现人民对美好生活的向往而努力奋斗。

（三）认真做好党的十九大精神的学习宣传研究贯彻工作

学习宣传党的十九大精神，既要整体把握、全面系统，又要重点突出、抓住关键，把着力点聚焦到习近平新时代中国特色社会主义思想是党必须长期坚持的指导思想上，聚焦到5年来党和国家事业取得历史性成就和发生历史性变革上，聚焦到作出中国特色社会主义进入了新时代、我国社会主要矛盾已经转化为人民日益增长的美好生活需要和不平衡不充分的发展之间的矛盾等重大论断的深远影响上，聚焦到贯彻落实党的十九大的重大决策部署上，聚焦到以习近平同志为核心的新一届中央领导集体是深受全党全国各族人民拥护和信赖的领导集体上，聚焦到习近平总书记是全党拥护、人民爱戴、当之无愧的党的领袖上。要切实在学懂、弄通、做实上下功夫。

1. 认真组织学习培训。以党员领导干部为重点，面向全体党员开展多形式、分层次、全覆盖的全员培训。党组即将举办学习贯彻落实党的十九大精神所局级领导干部研讨班；今年年底至明年年初，分批举办学习贯彻落实党的十九大精神处（室）级领导干部培训班。举办院学习宣传贯彻党的十九大精神报告会；召开我院有关专家学者学习宣传贯彻党的十九大精神座谈会。各单位党委（党组）理论学习中心组要把学习党的十九大精神作为中心内容，列出专题深入研讨。各单位党组织要集中一段时间组织好本单位一般党员干部党的十九大精神学习培训，做到全员覆盖。

集中开展宣讲活动。成立我院学习贯彻党的十九大精神宣讲团，从现在起到今年年底，到院属各单位开展宣讲。要紧密联系实际，把党的十九大精神讲清楚、讲明白，让党员干部听得懂、能领会、可落实。

院党校、人事教育局等有关部门要把党的十九大精神纳入各类干部培训教学内容。中国社会科学院大学要组织好教师和学生的学习，推动党的十九大精神进教材、进课堂、进头脑。

2. 开展深入研究阐释。围绕党的十九大提出的一系列新思想、新观点、新论断、新举措和重大战略思想、重大理论观点、重大决策部署，聚焦习近平新时代中国特色社会主义思想的科学体系、精神实质、实践要求，确定一批重点选题，组织专家学者深入研究，努力推出一批有理论深度、实践力度的理论文章。组织专家学者撰写宣传党的十九大精神的理论文章，在重要报刊发表。要组织召开系列理论研讨会，交流研究成果。组织编写《习近平新时代中国特色社会主义思想学习丛书》（共十二册）。

3. 精心组织新闻宣传。我院新闻媒体《中国社会科学报》、中国社会科学网、《社科党建》等要精心策划、集中报道，推出权威访谈、开设专栏、开展主题采访活动，全方位、大力度宣传阐释党的十九大精神，及时报道我院干部职工学习贯彻党的十九大精神思想认识、具体举措、实际行动。院属出版社、期刊要积极做好党的十九大精神的宣传文章、著作的策划、选题和出版工作。要积极开展网络宣传，用好“两微一端”，增强网络宣传的实效性和影响力，积极营造学习贯彻党的十九大精神浓厚氛围。

4. 切实推动各项工作。要以习近平新时代中国特色社会主义思想为指导，把学习宣传贯彻党的十九大精神与贯彻落实习近平总书记“5·17”重要讲话和致中国社科院建院40周年贺信精神结合起来，加快构建中国特色哲学社会科学，办好中国社会科学院。

要坚持党的领导，抓好党的建设，坚定不移全面从严治党。深入开展“不忘初心、牢记使命”主题教育，着力增强学习本领、政治领导本领、改革创新本领、科学发展本领、依法执政本领、群众工作本领、狠抓落实本领、驾驭风险本领，牢牢把握工作主动权。要引导全院党员干部牢固树立“四个意识”，政治上思想上行动上同以习近平同志为核心的党中央保持高度一致，自觉维护以习近平同志为核心的党中央权威和集中统一领导。

切实推动改革发展。围绕党的十九大提出的新思想新观点新要求新部署，把党的十九大精神转化为深化改革、促进发展的强大动力，转化为推动工作的实际思路和举措，落实到我院学科建设、科研管理、创新工程、智库建设、意识形态工作、队伍建设等各方面，体现到做好今年各项工作和安排好明年工作之中，推动我院以科研为中心的各项工作不断取得新进展新成绩。

（四）切实加强组织领导

学习宣传贯彻党的十九大精神，是我院当前和今后一个时期的首要政治任务。院党组带头学习、带头宣讲、带头写文章、带头用。各单位党组织要高度重视，切实加强组织领导，作出专题部署，着力抓好落实，迅速把党的十九大精神传达到每一位党员干部、每一位科研人员、每一位师生，兴起学习宣传贯彻党的十九大精神热潮。

牢牢把握正确导向，着力用党的十九大精神统一思想、凝聚力量。及时了解党员、干部和职工的思想状况，密切关注社会舆情，有针对性地做好工作。加强对敏感问题和热点问题的正面引导，解疑释惑。

各单位要制定本单位学习贯彻落实党的十九大精神的学习计划和方案，提出落实措施，明确工作责任。各部门要发挥职能作用，形成工作合力。直属机关党委、办公厅要做好全院学习贯彻党的十九大精神的组织指导和督促检查工作，将学习贯彻工作不断引向深入。

各单位要及时将学习宣传贯彻党的十九大精神情况报院党组。

中共中国社会科学院党组

2017年11月2日

中共中国社会科学院党组关于学习宣传贯彻党的十九大精神工作方案

为深入学习宣传贯彻党的十九大精神，根据《中共中央关于认真学习宣传贯彻党的十九大精神的决定》要求和院党组部署，结合我院实际，制定如下工作方案。

（一）总体要求

高举中国特色社会主义伟大旗帜，以习近平新时代中国特色社会主义思想为指导，认真研读党的十九大报告和党章，学习习近平总书记在党的十九届一中全会上的重要讲话精神，把学习领会习近平新时代中国特色社会主义思想作为重中之重，准确领会把握党的十九大精神的思想精髓、核心要义。按照党中央“六个聚焦于”要求，在学懂、弄通、做实上下功夫，引导全院同志把思想和行动统一到党的十九大精神上来，把力量凝聚到实现党的十九大确定的各项任务上来。要把学习贯彻党的十九大精神与深入贯彻习近平总书记“5·17”重要讲话、贺信精神和党中央《意见》结合起来，加快构建中国特色哲学社会科学，进一步办好中国社会科学院。

（二）工作任务

1. 认真组织学习

（1）召开院党组会议，集中传达学习党的十九大精神，发挥领导示范带动作用。（责任单位：办公厅；完成时间：2017年10月26日）

（2）召开院党组扩大会议，全院所局级领导干部参加，传达学习党的十九大精神，对学习贯彻党的十九大精神进行动员部署。（责任单位：办公厅、直属机关党委；完成时间：2017 年 10 月 26 日）

（3）召开院党组中心组第四季度理论学习会，专题学习讨论党的十九大精神。（责任单位：办公厅、直属机关党委；完成时间：2017 年 11 月 8 日）

（4）印发院党组《关于学习宣传贯彻党的十九大精神的通知》《关于学习宣传贯彻党的十九大精神工作方案》，对全院学习宣传研究贯彻党的十九大精神作出安排，推动兴起学习贯彻党的十九大精神热潮。（责任单位：办公厅；完成时间：2017 年 11 月）

（5）举办学习贯彻落实党的十九大精神所局级领导干部研讨班，集中学习讨论党的十九大精神。（责任单位：直属机关党委、办公厅；完成时间：2017 年 11 月 7 ～ 23 日）

（6）组织系列学习培训。分批举办学习贯彻落实党的十九大精神处（室）级领导干部培训班；举办学习贯彻落实党的十九大精神青年读书班、党支部书记培训班等。院党校 2017 年秋季处室干部进修班、各类干部教育培训把学习党的十九大精神纳入重要学习内容。中国社会科学院大学组织教师和学生学习培训，推动党的十九大精神进教材、进课堂、进头脑。（责任单位：直属机关党委、人事教育局、中国社会科学院大学，院属各有关单位；完成时间：2017 年 11 月～ 2018 年初）

（7）举办院学习宣传贯彻党的十九大精神报告会，加深对党的十九大精神的认识和理解。（责任单位：直属机关党委；完成时间：2017 年底前）

（8）督促检查院属单位党委（党组）中心组学习情况。各单位党委（党组）中心组要把党的十九大精神列入中心组重要学习内容，组织专题学习。全院所局级领导干部带头撰写学习体会和理论文章。直属机关党委安排人员适时参加部分单位党委中心组学习会。（责任单位：直属机关党委、办公厅，院属各有关单位；完成时间：2017 年 12 月）

2. 集中开展宣讲

（9）中央宣讲团成员、院长、党组书记王伟光，中央宣讲团成员、副院长、党组成员蔡昉宣讲党的十九大精神。（责任单位：直属机关党委；完成时间：2017 年 12 月）

（10）成立我院党的十九大精神宣讲团，制定宣讲工作方案，深入全院各单位开展巡回宣讲。（责任单位：直属机关党委；完成时间：2017 年 12 月）

（11）院属各单位主要负责同志带头讲党课。（责任单位：直属机关党委；完成时间：2017 年 12 月）

3. 深入研究阐释

（12）在我院“中国特色社会主义理论体系研究中心”基础上，成立“习近平新时代中国特色社会主义思想研究中心”。（责任单位：信息情报院、中国特色社会主义理论体系研究中心；完成时间：2017 年 11 月）

（13）发挥我院研究优势，加强对党的十九大提出的重要思想、重要观点、重大判断、重大举措特别是习近平新时代中国特色社会主义思想的研究阐释，推出一批有理论深度、实践力度的理论成果。科研局制定贯彻落实党的十九大精神研究课题工作方案。（责任单位：科研局、马克思主义研究院、中国特色社会主义理论体系研究中心，院属各相关单位；完成时间：2017年12月底）

（14）院党组成员和各单位所局级领导干部带头，组织专家学者撰写宣传党的十九大精神的理论文章，在重要报刊发表。（责任单位：马克思主义研究院、中国特色社会主义理论体系研究中心，院属各相关单位；完成时间：2017年12月底）

（15）举办我院专家学者学习贯彻落实党的十九大精神论坛，学习交流研究成果。（责任单位：科研局、直属机关党委；完成时间：2017年12月底）

（16）编写出版《习近平新时代中国特色社会主义思想学习丛书》（共十二册）和《习近平新时代中国特色社会主义思想概论》（专著）。（责任单位：办公厅、科研局、中国社会科学出版社；完成时间：2017年12月）

4. 组织宣传报道

（17）召开院属媒体负责人学习宣传贯彻党的十九大精神专题会议，研究部署党的十九大精神宣传报道。制定我院《学习宣传贯彻党的十九大精神宣传报道方案》。（责任单位：办公厅、中国社会科学杂志社、中国经营出版传媒集团、中国社会科学出版社、社会科学文献出版社、图书馆，院属各相关单位；完成时间：2017年11月）

（18）《中国社会科学报》、中国社会科学网、《社科党建》集中宣传报道，推出权威访谈、开设专栏、开展主题采访活动；院属出版社、期刊积极做好党的十九大精神的宣传文章、著作的策划、选题和出版；开展网络宣传，利用“两微一端”开展宣传。（责任单位：办公厅、中国社会科学杂志社、直属机关党委、中国经营出版传媒集团、中国社会科学出版社、社会科学文献出版社、图书馆，院属各相关单位；完成时间：2017年12月）

5. 切实加强党的建设

（19）组织开展“不忘初心、牢记使命”主题教育，用习近平新时代中国特色社会主义思想武装全院同志。（责任单位：直属机关党委、院属各单位党组织）

（20）坚持党的领导，抓好党的建设，坚定不移全面从严治党。以党的十九大精神为主题，组织好专题民主生活会。开展2017年度党建工作述职评议考核，强化监督检查。（责任单位：直属机关党委、院属各单位党组织；完成时间：2017年12月）

6. 切实推进各项工作

（21）把学习宣传贯彻党的十九大精神与贯彻落实习近平总书记“5·17”重要讲话、致我院40周年贺信精神和中央《意见》结合起来，加快构建中国特色哲学社会科学。（责任单位：科研局、办公厅、直属机关党委、院属各单位；完成时间：2017年12月）

（22）把党的十九大精神贯彻落实到我院学科建设、科研管理、创新工程、智库建设、意识形态工作、队伍建设等各方面。完成好今年各项工作任务，谋划好 2018 年工作，编制 2018 年创新工程方案。（责任单位：科研局、办公厅、人事教育局、直属机关党委、马克思主义研究院，院属各单位；完成时间：2017 年 11 月～ 2018 年初）

（三）组织实施

1．加强组织领导。全院学习宣传贯彻党的十九大精神工作在院党组统一领导下，由院长、党组书记王伟光同志负总责，其他党组成员分工负责。院属各单位党委书记和职能部门主要负责同志为本单位所承担任务的第一责任人。各单位要明确工作责任，抓好工作落实。

2．把握正确导向。学习宣传贯彻党的十九大精神是一项重大的政治任务，要坚持正确的政治方向和舆论导向。要及时了解党员、干部和职工的思想状况，密切关注社会舆情，有针对性地做好工作。加强对敏感问题和热点问题的正面引导，解疑释惑。

3．狠抓工作落实。院里定期听取责任单位贯彻落实党的十九大精神情况汇报。直属机关党委、办公厅做好全院学习贯彻党的十九大精神的组织指导和督促检查。各责任单位要建立工作协调落实机制，确保各项工作任务落到实处。

中共中国社会科学院党组

2017 年 11 月 11 日

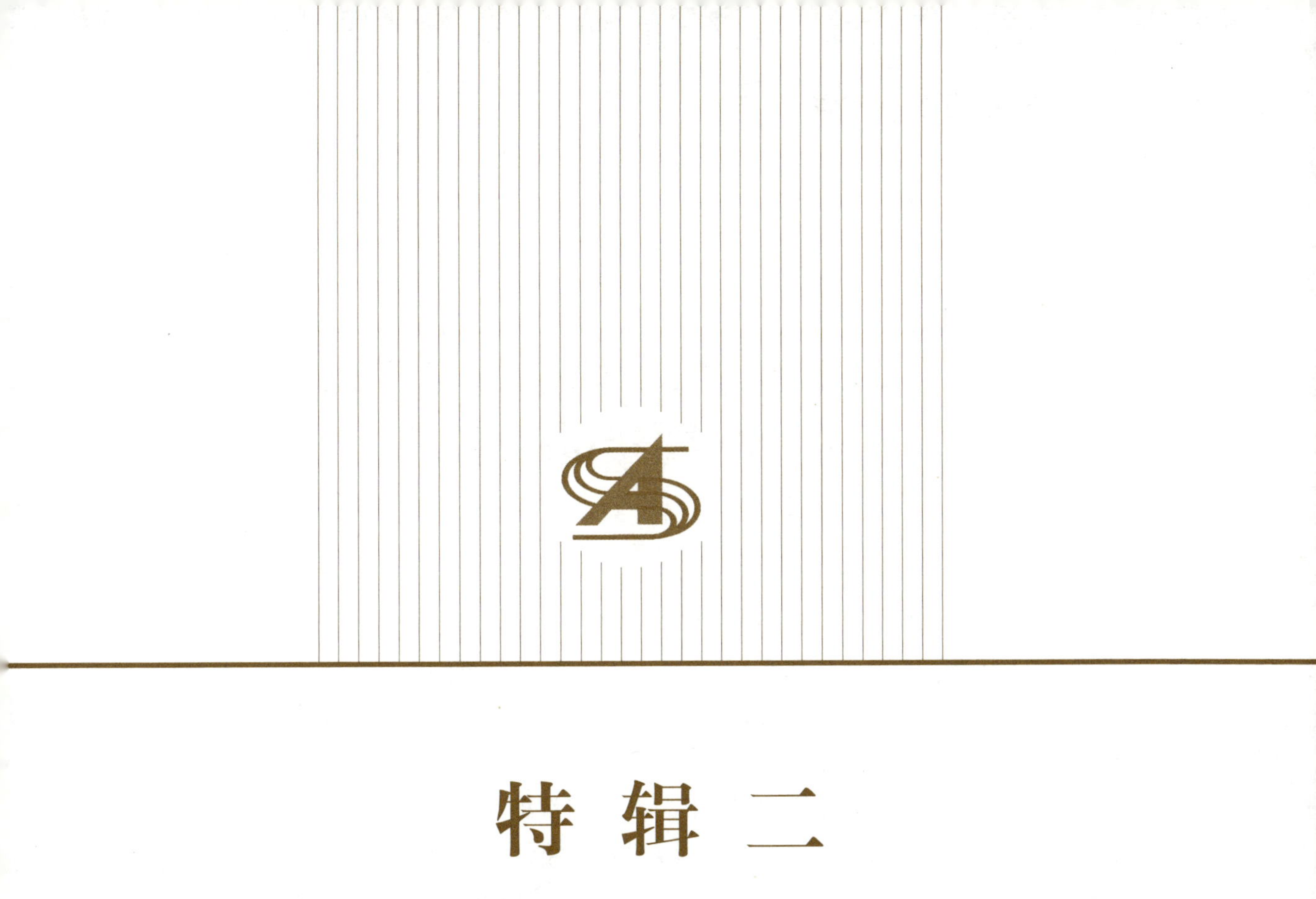

特辑二

庆祝中国社会科学院建院40周年专题

一　习近平致中国社会科学院建院40周年的贺信*

在中国社会科学院建院40周年之际，我代表党中央，向你们表示热烈的祝贺！向全国广大哲学社会科学工作者致以诚挚的问候！

40年来，在党的领导下，中国社会科学院与时代同发展、与人民齐奋进，努力建设马克思主义理论阵地，发挥为党和国家决策服务的思想库作用，不断出成果、出人才，为推进马克思主义中国化、繁荣发展我国哲学社会科学作出了重要贡献。

坚持和发展中国特色社会主义，是理论和实践的双重探索。希望中国社会科学院的同志们和广大哲学社会科学工作者，紧紧围绕坚持和发展中国特色社会主义，坚持马克思主义指导地位，贯彻“百花齐放、百家争鸣”方针，坚持为人民做学问理念，以研究我国改革发展稳定重大理论和实践问题为主攻方向，立时代潮头，通古今变化，发思想先声，繁荣中国学术，发展中国理论，传播中国思想，努力为发展21世纪马克思主义、当代中国马克思主义，构建中国特色哲学社会科学学科体系、学术体系、话语体系，增强我国哲学社会科学国际影响力作出新的更大的贡献！

习近平

2017年5月17日

* 新华网，http://www.xinhuanet.com//politics/2017-05/17/c_129606583.htm?ivk_sa=1024320u.

二 领导讲话

在庆祝中国社会科学院建院40周年大会上的讲话

王伟光

今天，我们怀着喜悦的心情，庆祝中国社会科学院建院40周年。中共中央总书记习近平同志专门发来贺信。习近平总书记在贺信中指出，40年来，在党的领导下，中国社会科学院与时代同发展、与人民齐奋进，努力建设马克思主义理论阵地，发挥为党和国家决策服务的思想库作用，不断出成果、出人才，为推进马克思主义中国化、繁荣发展我国哲学社会科学作出了重要贡献。习近平总书记强调，坚持和发展中国特色社会主义，是理论和实践的双重探索。希望中国社会科学院的同志们和广大哲学社会科学工作者，紧紧围绕坚持和发展中国特色社会主义，坚持马克思主义指导地位，贯彻“百花齐放、百家争鸣”方针，坚持为人民做学问理念，以研究我国改革发展稳定重大理论和实践问题为主攻方向，立时代潮头，通古今变化，发思想先声，繁荣中国学术，发展中国理论，传播中国思想，努力为发展21世纪马克思主义、当代中国马克思主义，构建中国特色哲学社会科学学科体系、学术体系、话语体系，增强我国哲学社会科学国际影响力作出新的更大的贡献！习近平总书记的贺信，立意高远、思想深刻、语重心长，是对中国社会科学院全体同志的巨大关怀、鼓舞和鞭策，充分体现了以习近平同志为核心的党中央对中国社会科学院、对全国哲学社会科学界的高度重视。我们要认真学习领会贺信精神，坚决贯彻落实，决不辜负习近平总书记和党中央的殷切希望！

中共中央政治局委员、国务院副总理刘延东同志，中共中央政治局委员、书记处书记、中宣部部长刘奇葆同志，代表党中央、国务院莅临庆祝大会，刚才刘延东同志宣读了习近平总书记的贺信，刘奇葆同志一会儿还要作重要讲话，我们要认真学习领会，抓好贯彻落实。我代表院党组和全院同志，对延东同志、奇葆同志和各位领导、各位来宾的到来，表示热烈欢迎和衷心感谢！

中国社会科学院40年的成长发展，凝结着几代党中央领导集体的亲切关怀，凝结着历任院领导班子、几代学者的辛勤耕耘和无私奉献。

40年来，我院努力建设马克思主义理论阵地，发挥为党和国家决策服务的思想库作用，为推进马克思主义中国化、繁荣发展我国哲学社会科学作出了重要贡献。

40年来，我院从建院初期的14个研究所发展到今天6大学部39个研究所，研究范围涵盖了哲学社会科学主要学科领域，成为我国学科门类最全、整体研究实力最强的哲学社会科学最高研究机构。

40年来，我院推出了一大批具有时代高度、代表国家水准的研究成果，产生了数以20余万计的学术著作、研究论文、研究报告及其他形式的研究成果，其中有1000余项获国家和省部级奖励。

40年来，我院聚集了一大批享誉海内外的学术大师，培养造就了一大批学科带头人和科研骨干，形成了一支规模宏大的哲学社会科学研究队伍。

回顾不平凡的光辉历程，在庆祝中国社会科学院建院40周年之际，我代表院党组，向为我院的建立和发展作出重大贡献的历任院领导、专家学者、党员干部和离退休人员，以及在各种岗位上辛勤工作的全院广大职工，致以崇高的敬意！向关心支持我院改革发展的中央有关部门、社会各界和海内外朋友，表示衷心的感谢！

40年的发展，我院取得很大成就，积累了宝贵的经验。院党组认真总结这些宝贵经验，形成了办好中国社会科学院的总体思路：即“一个战略目标”、“三条基本经验”、“五个三”工作总思路、“八个坚定不移”重要遵循。“一个战略目标”：加快构建中国特色哲学社会科学，努力建设马克思主义理论阵地，发挥为党和国家决策服务的思想库作用。“三条基本经验”：始终坚持正确的政治方向和学术导向，解决好哲学社会科学研究为什么人这个根本问题；始终坚持科学的工作思路和举措，紧紧抓牢创新工程这一实践载体；始终坚持把科研人员和全院群众的工作和生活需要放在重要位置，办实事，办好事，办让大家满意的事。“五个三”工作总思路：一是“三大定位”，即努力把中国社会科学院建设成为马克思主义理论阵地，我国哲学社会科学的最高研究机构，为党和国家决策服务的思想库；二是“三大功能”，即发挥好阵地功能、殿堂功能、智库功能；三是“三大战略”，即实施科研强院战略、人才强院战略、管理强院战略；四是“三大风气”，即加强学风、作风、文风建设；五是“三项纪律”，即加强以政治纪律、组织纪律、财经（廉洁）纪律为重点的纪律建设。“八个坚定不移”重要遵循：一是坚定不移地抓好马克思主义理论武装和理论指导，大力加强马克思主义理论和党的意识形态阵地建设；二是坚定不移地抓好学风建设，始终坚持为人民做学问理念；三是坚定不移地抓好创新工程，加快构建中国特色哲学社会科学学科体系、学术体系、话语体系；四是坚定不移地抓好科研这一中心任务，多出经得起实践和历史检验的优秀成果；五是坚定不移地以研究我国改革发展稳定重大理论和实践问题为主攻方向，扎实推进国家高端智库建设；六是坚定不移地抓好人才强院，选好人才、育好人才、用好人才；七是坚定不移地抓好全面从严治党和领导干部这个“关键少数”，不断加强党委、党的基层组织、党员队伍和党风廉政建设；八是坚定不移地抓好行政后勤保障体系建设，不断提高服务科研水平和保障能力。

“一个战略目标”、“三条基本经验”、“五个三”工作总思路、“八个坚定不移”重要遵循的办院总体思路，符合哲学社会科学发展规律、中国社会科学院办院规律、哲学社会科学人才成长规律，是加快构建中国特色哲学社会科学的生动实践，是办院 40 年经验的系统总结，是我院宝贵的精神财富，我们一定要倍加珍惜。

面对新形势新任务，我们要在以习近平同志为核心的党中央坚强领导下，以马克思列宁主义、毛泽东思想、邓小平理论、“三个代表”重要思想、科学发展观为指导，深入学习贯彻习近平总书记系列重要讲话特别是“5・17”重要讲话精神和治国理政新理念新思想新战略，深入学习贯彻习近平总书记贺信精神，加快构建中国特色哲学社会科学，在坚持和发展中国特色社会主义伟大事业中，实现中国社会科学院新的更大作为。

第一，在建设马克思主义理论阵地方面实现更大作为。坚持以马克思主义为指导，建设马克思主义理论阵地，是习近平总书记和党中央对我院第一位的要求。当前，我们要把深入学习宣传研究习近平总书记系列重要讲话精神和治国理政新理念新思想新战略、深入学习贯彻习近平总书记“5・17”重要讲话和贺信精神作为首要任务，大力推进党的理论创新，为发展 21 世纪马克思主义、当代中国马克思主义作出应有的贡献。要完成好“中央马克思主义理论研究和建设工程”任务，发挥马克思主义理论创新智库作用，加强马克思主义理论研究阵地集群建设。

第二，在坚守党的意识形态重镇方面实现更大作为。要强化意识形态工作领导责任制，坚持意识形态工作协调会议制度，坚持意识形态工作问题“一票否决制”。加大理论斗争、舆论斗争和网上斗争的力度，旗帜鲜明地批判错误思潮和错误观点。要深入贯彻落实全面从严治党要求，坚定不移加强党的建设，为加快构建中国特色哲学社会科学提供坚强政治保证。

第三，在构建中国特色哲学社会科学学科体系、学术体系、话语体系方面实现更大作为。习近平总书记在贺信中殷切希望我院同志们，立时代潮头，通古今变化，发思想先声，繁荣中国学术，发展中国理论，传播中国思想，努力构建中国特色哲学社会科学学科体系、学术体系、话语体系。我们要在构建中国特色哲学社会科学学科体系、学术体系、话语体系方面发挥好引领和带头作用，实施“学科建设登峰战略”，打造一批国内一流、国际知名的学科集群；总结实施创新工程以来取得的经验和成绩，积极打造哲学社会科学创新工程“升级版”。

第四，在发挥为党和国家决策服务的思想库方面实现更大作为。贯彻习近平总书记贺信中对我院的要求，要更加自觉地以研究我国改革发展稳定重大理论和实践问题为主攻方向，围绕国家重大战略开展前瞻性、针对性、储备性政策研究。加快构建院级、所级、专业化智库“三位一体”的智库建设格局，高质量、高起点地推进国家高端智库试点工作，着力打造在国内外有广泛影响的国家级高端智库群，推出高质量研究成果，提高为党和国家决策服务的能力。

第五，在建设哲学社会科学“人才高地”方面实现更大作为。要尊重劳动、尊重知识、尊重人才、尊重创造，贯彻“百花齐放、百家争鸣”方针，坚持为人民做学问理念，服务于党和国家工作大局，深入实施人才强院战略，实施哲学社会科学人才体系建设工程，建设种类齐全、梯队衔接的哲学社会科学人才队伍。办好中国社会科学院大学和研究生院，加强哲学社会科学后备人才培养，为加快构建中国特色哲学社会科学提供重要的人才支撑。

第六，在推动学术“走出去”、增强我国哲学社会科学国际影响力方面实现更大作为。习近平总书记在贺信中要求我院为增强我国哲学社会科学国际影响力作出新的更大的贡献。贯彻好习近平总书记的重要指示，我们要实施中国学术“走出去”战略，积极搭建国际学术交流平台，增强议题设置能力，打造高端国际论坛，加强与国际知名智库的合作交流，建立海外中国学术研究组织和中国研究中心，引导国际学术界展开研究和讨论，深入传播中国思想、中国理论、中国智慧、中国道路、中国价值。

同志们，朋友们！

40 年辉煌成就鼓舞着我们，新的更大光荣与梦想引领我们不断前进。让我们更加紧密地团结在以习近平同志为核心的党中央周围，开拓进取，奋发有为，立时代潮头，为党和人民述学立论、建言献策，以加快构建中国特色哲学社会科学的优异成绩，迎接党的十九大胜利召开！

（原载于《中国社会科学报》2017 年 5 月 23 日第 1 版）

三　重要文章和报告

繁荣中国学术，发展中国理论，传播中国思想

——学习贯彻习近平同志致中国社会科学院建院40周年贺信精神

王伟光

今年5月17日，在中国社会科学院建院40周年之际，习近平同志专门发来贺信。这是对中国社会科学院全体同志的巨大关怀、鼓舞和鞭策，充分体现了以习近平同志为核心的党中央对中国社会科学院、对全国哲学社会科学界的高度重视。我们要认真学习领会、坚决贯彻落实贺信精神，紧紧围绕坚持和发展中国特色社会主义，坚持马克思主义指导地位，贯彻“百花齐放、百家争鸣”方针，坚持为人民做学问理念，立时代潮头，通古今变化，发思想先声，繁荣中国学术，发展中国理论，传播中国思想，努力为发展21世纪马克思主义、当代中国马克思主义，构建中国特色哲学社会科学学科体系、学术体系、话语体系，增强我国哲学社会科学国际影响力作出新的更大的贡献。

不断加强马克思主义理论阵地建设

坚持以马克思主义为指导，建设马克思主义理论阵地，是以习近平同志为核心的党中央对中国社会科学院第一位的要求。中国社会科学院作为我国哲学社会科学研究的“国家队”，必须自觉坚持以马克思主义为指导，解决好“真懂真信、为什么人、怎么用”的问题，把马克思主义立场观点方法贯穿到研究工作和各项建设的全过程，努力建设马克思主义理论阵地。要从世界观和方法论的高度系统把握马克思主义的思想精髓和精神实质，不断提高运用马克思主义指导学术发展、分析解决学科领域重大问题的能力和水平。坚持为人民做学问理念，勇于创新创造，多出经得起实践和历史检验的优秀学术成果，努力培养忠诚服务党和人民事业、值得党和人民信赖、对党和人民有贡献的学问家。

深入学习、研究和阐释党的理论创新成果，努力推进马克思主义中国化、时代化、大众

化。党的十八大以来，习近平同志围绕坚持和发展中国特色社会主义发表了一系列重要讲话，提出了治国理政新理念新思想新战略，丰富和发展了党的科学理论，是马克思主义中国化最新成果，是21世纪马克思主义、当代中国马克思主义的现实体现。中国社会科学院的同志们一定要深入学习、研究、阐释习近平同志系列重要讲话精神和治国理政新理念新思想新战略，下功夫读原著、学原文、悟原理，不断增强思想认同、政治认同、情感认同，增强用以指导哲学社会科学研究的自觉性坚定性。围绕党的理论创新成果，在各学科领域确立一批研究选题，组织精干力量，深入研究阐释，推出更多有分量的研究成果。

为推动党的理论创新成果入脑入心、书写当代中国马克思主义新篇章提供有力的学理支撑。深入实施报刊出版馆网库志和学术评价名优工程，把宣传阐释党的理论创新成果作为传播平台的重要内容；积极参与中央马克思主义理论研究和建设工程，扎实推进中国社会科学院马克思主义理论学科建设和理论研究工程、马克思主义文艺理论与文学批评工程，全力打造并用好马克思主义研究学部、马克思主义研究院、当代中国研究所、信息情报研究院、中国特色社会主义理论体系研究中心、马克思主义学院和世界社会主义研究中心等七大马克思主义研究平台；加强马克思主义理论队伍建设，加强马克思主义理论骨干人才培养基地建设，实施好“马克思主义理论骨干人才计划”；加强马克思主义创新理论研究智库建设，推进马克思主义理论创新。

充分发挥为党和国家决策服务的思想库作用

习近平同志在贺信中要求中国社会科学院更加自觉地以研究我国改革发展稳定重大理论和实践问题为主攻方向。坚持和发展中国特色社会主义，是理论和实践的双重探索。我国哲学社会科学的一项重大任务，就是深入研究回答中国特色社会主义重大理论和实践问题，并在研究回答中体现自身价值、实现自身发展。

中国社会科学院一定要把围绕中心、服务大局作为基本职责，紧紧围绕坚持和发展中国特色社会主义，按照党中央、国务院决策部署，聚焦经济社会发展的重大战略、重大规划、重大问题开展深入研究和集中攻关，推出对党和国家决策具有重要参考价值、对国家和民族长远发展具有重要战略意义的优秀成果，不断提高服务党和国家决策的能力和水平。高质量、高起点推进国家高端智库试点工作，加快形成院级、所级、专业化智库“三位一体”的智库建设格局，着力打造在国内外有广泛影响的国家级高端智库群。充分发挥学科齐全、人才集中、资源丰富、综合研究能力强的优势，将基础研究和应用对策研究更好地结合起来，聚焦党和国家重大决策部署，开展前瞻性、针对性、储备性研究，切实提高研究质量，多提出有特色、有深度、有真知灼见、切实管用的对策建议，充分发挥为党和国家决策服务的思想库作用。

努力构建中国特色哲学社会科学学科体系、学术体系、话语体系

习近平同志在贺信中要求中国社会科学院努力构建中国特色哲学社会科学学科体系、学术

体系、话语体系。我们一定要切实肩负起这一光荣使命，在构建中国特色哲学社会科学学科体系、学术体系、话语体系方面发挥引领带动作用。

深入实施“学科建设登峰战略”。着力发展对哲学社会科学具有支撑作用的基础学科、具有重要现实意义的新兴学科和交叉学科，发展具有龙头作用的优势重点学科，发展具有重要文化价值和传承意义的“绝学”、冷门学科，形成基础学科健全扎实、重点学科优势突出、新兴学科和交叉学科创新发展、冷门学科代有传承、基础研究和应用研究相辅相成、学术研究和成果应用相互促进的学科体系。

深入实施哲学社会科学创新工程。坚持不忘本来、吸收外来、面向未来，贯彻“百花齐放、百家争鸣”方针，瞄准学术前沿，着力提高学术品质，搭建哲学社会科学创新平台，不断推进知识创新、理论创新、方法创新，逐步提升学术命题、学术思想、学术观点、学术标准、学术话语的产出能力和水平，打造具有中国特色、中国风格、中国气派的新概念、新理论和创新学术体系。

加强学术话语体系建设。善于提炼标识性概念，展示中国学术的特色和优势，打造国际社会易于理解和接受的新概念、新范畴、新表述，着力体现中国思想、中国理论、中国道路、中国立场、中国智慧、中国价值，不断增强国际学术影响力和话语权。推进评价体系创新，建设好中国社会科学评价研究院，建立科学权威、公开透明的哲学社会科学成果质量标准和评价体系，抢占学术评价制高点。

为增强我国哲学社会科学国际影响力作出新的更大的贡献

习近平同志在贺信中要求中国社会科学院为增强我国哲学社会科学国际影响力作出新的更大的贡献。我们一定要深入实施中国学术“走出去”战略，积极搭建国际学术交流平台，打造高端国际论坛，加强哲学社会科学领域的国际交流，更加积极主动地阐述中国理论、传播中国思想，让世界知道“学术中的中国”“理论中的中国”“哲学社会科学中的中国”。

我们要充分发挥在功能定位、交流资源、学科建设、人才队伍等方面的独特优势，与世界各国展开全方位、深层次、多渠道的思想学术对话，增强我国哲学社会科学国际影响力，努力将中国社会科学院建设成国家学术对外交流与合作窗口。增强议题设置能力，积极参与和设立国际性学术组织，在国际舞台上积极发声、善于发声，开辟一条以学术交流为特色、以中国研究为载体的学术“走出去”新路。组织实施好国家级对外智库和人文交流项目，包括中国中东欧国家（16+1）智库交流合作网络、中国印度智库论坛、中国韩国人文学论坛等，建立海外中国学术研究组织和中国研究中心，逐步形成中外合作建设、合作运行的海外中国研究中心网络，成为对外阐释传播中国思想理念与核心价值、中国发展道路与发展经验的重要平台，为增强我国哲学社会科学国际影响力作出新的更大的贡献。

（原载于《人民日报》2017年5月19日理论版）

坚定不移推进全面从严治党
以优异成绩迎接党的十九大胜利召开

——在中国社会科学院2017年度深入学习贯彻习近平总书记“5·17”重要讲话、致中国社会科学院建院40周年贺信精神暨推进全面从严治党专题培训班上的报告

王京清

（2017年7月24日）

全面从严治党，是以习近平同志为核心的党中央管党治党、治国理政的鲜明主题。党的十八大以来，以习近平同志为核心的党中央统揽伟大事业、伟大工程、伟大斗争，把全面从严治党纳入“四个全面”战略布局，坚持严字当头，立新规、树新风、开新局、谱新篇，开辟了管党治党新境界，党内政治生活呈现新气象，取得了全面从严治党新成就，为坚持和发展中国特色社会主义提供了根本保证。

习近平总书记“5·17”重要讲话和致我院建院40周年贺信，提出构建中国特色哲学社会科学、繁荣中国学术、发展中国理论、传播中国思想的战略目标，为我们指明了前进方向，具有重大里程碑意义，充分体现了以习近平同志为核心的党中央对哲学社会科学工作、对中国社会科学院的高度重视和对广大哲学社会科学工作者的亲切关怀。

院党组坚决贯彻落实党中央关于全面从严治党的重大决策部署，以深入学习贯彻习近平总书记“5·17”重要讲话和致我院建院40周年贺信精神为统领，紧紧围绕全面从严治党这条主线，以巩固和深化中央巡视整改成果为新动力，坚持党要管党、从严治党，切实加强党的建设，推动我院全面从严治党向纵深发展，汇聚了不忘初心、继续前进的强大正能量。今年以来，我院党的建设工作多次得到中组部“两学一做”督导组、中央国家机关工委的充分肯定。工委副书记陈存根同志到我院调研检查工作时认为，“中国社会科学院党组认真贯彻落实中央全面从严治党要求和工委《实施方案》，认识明确、措施具体、要求严格、推进有力、成绩突出，在中央国家机关各部门中走在了前列”。全院干部职工对院党组全面从严治党工作给予高度评价。今年6月在院属单位开展的问卷调查结果显示，98.5%的人认为院党组加强党建工作决心“很大”或“比较大”；98.1%的人认为院党组加强党建工作力度“很大”或“比较大”；

98.8%的人对我院贯彻落实全面从严治党总体效果评价“很好”或“比较好”。

今年上半年，我院精心组织，严格程序，圆满完成了我院出席党的十九大代表推选工作。6月30日，中央国家机关党代表会议选举产生出席党的十九大代表186名，我院有5位同志当选。

下面，我代表党组就党的十八大以来特别是中央巡视以后全面从严治党工作作报告，主要讲四个问题。

（一）党的十八大以来特别是中央巡视以后我院全面从严治党工作回顾

党的十八大以来，在以习近平同志为核心的党中央坚强领导下，我院全面贯彻落实党的十八大和十八届三中、四中、五中、六中全会精神，深入学习贯彻习近平总书记系列重要讲话精神和治国理政新理念新思想新战略，坚持思想建党、组织建党和制度治党相结合，认真落实中央巡视整改任务，加强党的建设，强化党对哲学社会科学的领导，党员干部理想信念更加坚定，政治站位进一步提高，纪律规矩意识明显增强，基层党组织战斗堡垒作用和党员先锋模范作用得到较好发挥。

1．以学习习近平总书记系列重要讲话精神和治国理政新理念新思想新战略为主题，坚定政治信仰，用马克思主义指导学术研究的责任感更加强化

加强思想理论建设，是全面从严治党的首要任务。院党组把学习习近平总书记系列重要讲话精神和治国理政新理念新思想新战略作为首要政治任务，坚持读原著、学原文、悟原理，深入领会讲话的丰富内涵和核心要义，深刻掌握讲话贯穿的马克思主义立场观点方法，深入把握讲话贯穿的坚定信仰追求、历史担当意识、真挚为民情怀、务实思想作风、科学思想方法，在学习领会、推动工作上率先垂范。坚持带头学习、带头发表理论文章。党组主要领导反复研究学习计划，确定学习主题，列出参考书目，指导和检查中心组的学习，在学习中带头读书、带头思考、带头发言，带动了院党组的学习。习近平总书记的每篇重要讲话下发后，党组中心组成员都先学一步、学深一步。党组坚持每月安排自学一天，每季度安排集中讨论一天。同时，部署全院开展学习。王伟光同志在中央媒体发表了《牢固树立核心意识　坚决维护党中央权威》《开创当代中国马克思主义新境界》《加快构建中国特色哲学社会科学的纲领性文献》《把“三严三实”作为终身追求》《坚持把思想建设摆在首位　拧紧全面从严治党的“总开关”》等理论文章；出版专著《马克思主义中国化的最新成果——习近平治国理政思想研究》，主编“习近平总书记系列重要讲话精神和治国理政新理念新思想新战略学习丛书”、《共产党员必备哲学修养》等书。其他党组成员积极发表理论文章，做好理论阐释工作。学习突出重点。深入学习党章，强化《准则》和《条例》的学习，增强党章党规意识。深入学习习近平总书记十八届六中全会讲话、“七一”重要讲话、在哲学社会科学工作座谈会、全国宣传思想工作会议、全国党校工作会议、文艺工作座谈会、新闻舆论工作座谈会、网络安全和信息化工作座谈会上的重要讲话，使之成为办好中国社会科学院的强大动力。深入学习贯彻习近平总书记“5·17”重要讲话和贺信精神，精心制定落实方案，提出深化创新工程、实施学科建设“登峰战略”、人才工程、高端智库建设等一系列新举措，积极发挥我院在哲学社会科学界的引领和带动作用。

在加强思想建党的过程中，我院逐步形成了横向到边、纵向到底、全方位、多层次的马克思主义理论武装工作格局，覆盖到全院所局领导干部、青年学者、研究室学术骨干、机关干部和全体党员。党委理论学习中心组学习持之以恒。制定印发《贯彻落实〈中国共产党党委（党组）理论学习中心组学习规则〉实施办法》。把研究所党委理论学习中心组学习情况纳入创新工程考核，使“软任务”变成了“硬指标”。出版院属单位党委理论学习中心组学习成果汇编——《加快构建中国特色哲学社会科学》。全院所局级干部和处室干部集中培训雷打不动。连续七年举办所局级主要领导干部读书班，集中一周时间学习马克思主义著作、学习习近平总书记系列重要讲话。党组成员讨论、确定学习专题和阅读书目，作动员报告和辅导报告，驻会参加学习，并对每位同志的读书笔记逐一阅评。连续四年举办全院处室级干部学习贯彻习近平总书记系列重要讲话精神千人理论大培训，每年分六期集中对全院1000多名处室干部进行轮训。上述两项培训先后被评为“中央国家机关优秀学习品牌”。分类学习培训高效推进。举办了新任所局级干部培训班、院党校处级干部进修班、新任党支部书记培训班、新入院人员培训班、新入党人员和入党积极分子培训班、期刊编辑人员培训班、思想理论写作组培训班等。开展了学习习近平总书记“5·17”重要讲话精神全员培训。举办庆祝建院40周年活动、纪念建党95周年赛诗会、道德建设论坛、加强党性修养专题报告会，开展“习近平总书记全面从严治党思想”主题征文活动。通过多种形式的学习，全院干部职工理想信念之基进一步筑牢，运用马克思主义立场观点方法指导学术研究的能力进一步提高，勇于担当、敢于亮剑、旗帜鲜明辨析批驳错误思潮的责任感进一步增强。

2. 以贯彻落实党的十八届六中全会精神为契机，牢固树立“四个意识”，维护党中央权威和集中统一领导的自觉性更加坚定

党的十八届六中全会是在全面深化改革、决胜全面小康的关键时刻，召开的一次十分重要的会议，就新形势下加强党的建设作出新的重大部署。院党组高度重视，精心组织，把学习贯彻六中全会精神作为全院重大政治任务切实抓紧抓好。及时召开党组会议和全院所局级干部大会，传达学习全会精神，制定了我院学习贯彻六中全会精神总体方案、宣传方案、全面从严治党方案、课题研究方案，全面部署学习贯彻工作。举办了党组理论中心组学习扩大会，全院所局级主要领导干部参加学习。院党组指出，我院要坚决把维护以习近平同志为核心的党中央权威和集中统一领导作为第一位的政治纪律，牢固树立“四个意识”，把全面从严治党要求落实到全院各项工作中去。为加强对干部的培训，先后举办了全院副局级领导干部、纪委书记、纪检干部学习六中全会精神专题培训班，深化学习。同时，我院充分发挥优势，组织精干力量，围绕全面从严治党重大问题开展深入研究，取得了重要研究成果。组织我院相关部门负责人和专家学者成立宣讲团，深入到院属单位宣讲，共宣讲近 30 场，受到干部职工的普遍欢迎。院内媒体开设专栏专版，加强宣传，营造良好舆论氛围。通过学习研究和宣传，在全院兴起了学习党的十八届六中全会精神热潮，干部职工的“四个意识”进一步强化，维护以习近平同志为核心的党中央权威和集中统一领导的自觉性更加坚定。

3. 以巩固和深化中央巡视整改成果为动力，强化“四个文件”执行，党的意识形态阵地更加牢固

院党组不折不扣落实中央巡视整改任务，做到了“态度鲜明、行动有力”。按照中央在政治高度上突出党的领导、在政治要求上抓住党的建设、在政治定位上聚焦全面从严治党的根本要求，坚持问题导向，补齐制度短板，在认真分析研究、反复征求意见的基础上，制定印发了《贯彻落实习近平总书记在哲学社会科学工作座谈会上的重要讲话精神总体方案》《关于落实全面从严治党　切实加强党的建设的意见》《关于加强党的意识形态工作建设　马克思主义坚强阵地的意见》《关于改进和完善选人用人制度　加强领导班子和人才队伍建设的意见》等四个重要制度性文件，进一步破解了我院党建工作难题。“四个文件”是我院贯彻落实习近平总书记系列重要讲话精神、“5・17”重要讲话精神和中央重大决策部署、落实中央巡视整改要求、加强全面从严治党的重要举措，是构建中国特色哲学社会科学、深入实施创新工程、推进高端智库建设的重要保障。党组统一领导，狠抓落实，从严抓督办检查。院纪律建设督办小组会议坚持双周听取一次落实情况汇报，对落实不力的，提出批评，严肃问责。办公厅、直属机关党委、人事教育局、马研院等牵头单位认真负起责任，积极抓好责任落实。各单位主要负责同志认真履行职责，推动各项任务落实落细。以贯彻落实“四个文件”为龙头，我院初步形成了全面从严治党制度体系，进一步完善了用制度管党、管人、管事的长效机制，推动了我院马克思主义坚强阵地和党的意识形态阵地建设。

4. 以推进“两学一做”学习教育常态化制度化为载体，严格党内政治生活，基层党建堡垒更加坚实

“基础不牢，地动山摇。”牢固树立抓基层、打基础的鲜明导向是从严治党的必然要求。党组坚持“抓两头”，一头抓党委领导班子建设，一头抓基层党支部建设，不断筑牢全面从严治党基础。我院认真开展“两学一做”学习教育，院党组召开全院动员部署会、制定印发实施方案。院属单位扎实推进，党员领导干部带头讲党课，以普通党员身份参加所在党支部活动。全体党员积极参与，党内政治生活严格规范，学习教育坚持全覆盖、常态化、重创新、求实效，呈现良好态势。民主集中制有效贯彻。院党组修订印发《研究所党委工作条例》和《研究所所长工作条例》，强化党委集体领导下所长负责制制度建设。院属单位以“两个条例”为根本遵循，坚持科学决策、民主决策、依法决策，健全完善领导班子决策运行机制，坚持“集体领导、民主集中、个别酝酿、会议决定”的原则，集体决策“三重一大”事项。班子成员认真执行集体决定，敢于担当、履职尽责。民主生活会和专题组织生活会严肃认真。2016 年院党组民主生活会坚持“四必谈”，党组成员谈心谈话104人次；党组班子征求到意见10大类38条；认真撰写对照检查材料，会上严肃开展批评与自我批评，会后形成整改意见，并就党组民主生活会情况向全院通报。院属单位全部按照要求召开了民主生活会，对敏感问题不回避，坦诚说明，会议严肃认真、气氛热烈，达到了统一思想、共同提高、增进团结的目的。院属单位党支部开展专题组织生活会和民主评议党员，党员对照党章标准，查找突出问题，组织生活质量显著提高。组织建设严格规范。认真完成了中组部关于党组织关系集中排查、基层党组织换届选举情况、党费收缴和管理情况、机关党建工作“灯下黑”问题检查等基层党建重点任务。修订印发《关于进一步规范我院基层党组织活动的有关规定》《关于院属单位党组织在编辑出版工作中加强政治把关的意见》。督促指导研究所党委纪委换届选举，2016年至今共有17个院属单位完成换届。落实院职能部门行政负责人“一岗双责”制度。牢固树立党的一切工作到支部的鲜明导向，强化支部建设。把支部建在研究室上，选好配强党支部书记；在党员数量较多、工作任务较重的9家单位配备了专职纪委副书记，党总支和党支部普遍设立了纪律检查委员；党支部严格落实“三会一课”制度，开展了“迎接十九大，做合格党员”主题党日活动；鼓励院职能部门党支部和研究所党支部开展结对共建活动；重视做好发展党员工作，去年发展党员209人，其中在岗职工32人，学生党员177人；根据中组部和工委要求，在院属111个学会、协会中全部组建了党组织，加大了社会组织党建工作力度；不断加强离退休干部党支部建设，教育引导离退休党员始终保持对党忠诚的政治品格。通过加强组织建设，全院基层党支部建设整体水平得到提升，全面从严治党的堡垒进一步筑牢。

5. 以落实中央八项规定精神为基点，强化监督执纪问责，科研学术环境更加风清气正

持续深入改进作风是全面从严治党的永恒课题。我院认真开展党的群众路线教育实践活动、“三严三实”专题教育、“两学一做”学习教育及常态化制度化建设，认真落实中央八项规定精神和反对“四风”要求，不断把作风建设引向深入。党组成员带头严格执行中央八项规定精神。修订印发《关于贯彻落实〈十八届中央政治局关于改进工作作风、密切联系群众的八项规定〉的实施意见》。在出差、出访、用车、住房、办公室面积、公务接待、配备秘书、勤政廉政等方面严格遵守党和国家规定。坚持节俭办会，精简会议和文件。为深入了解基层情况，党组定期把党组会、院务会选在院部以外的学科片召开，会议餐仅有盒饭一个、清茶一杯。党组成员坚持每年下基层调研，听取意见建议。积极为干部职工办实事、解难事、做好事，下大力气解决办公用房、职工住房、职称、子女上学等问题，得到了干部职工的衷心拥护。坚持把纪律挺在前面。严守党的政治纪律、组织纪律、廉洁纪律、群众纪律、工作纪律、生活纪律等各项纪律和规矩。举办警示教育座谈会，参观廉政教育基地，开展“以案释纪明纪，严守纪律规矩”警示教育。将纪律教育纳入各类培训。在全院开展落实中央八项规定精神、课题经费使用管理、津补贴发放、公务接待、公务用车、因公出国境、党费收缴管理等问题的自查自纠工作。院属单位全部修订完善了本单位落实中央八项规定精神的实施办法。进一步强化监督执纪问责。先后开展“三项纪律”“四项经费”检查。把“三公”经费开支情况作为各单位主要负责同志离任审计的重要内容。院纪律建设督办小组定期召开双周纪律建设督办会和纪律建设联络员会议。建立职能部门纪律建设督查职责清单，院相关职能部门认真落实院纪律建设督办小组会议部署，充分履行职责。践行监督执纪“四种形态”，坚持抓早抓小。通过抓纪律建设和强化监督执纪问责，讲政治、守规矩意识进一步强化，坚持为人民做学问理念进一步树立，营造了风清气正的科研学术环境。

6. 以加强党对统战和群团工作的领导为关键，强化政治引领，党执政的群众基础更加稳固

院党组认真贯彻落实中央统战工作会议和中央党的群团工作会议精神，多次进行认真学习讨论，召开会议专门听取我院统战、工会、青年团、妇女工作的情况汇报，对全院贯彻落实工作作出安排部署。研究出台了院党组《关于加强统一战线工作的意见》和《关于加强和改进党的群团工作的实施意见》，召开了我院建院以来首次统战暨党的群团工作会议。我院统战和党的群团工作按照党组要求，结合科研人员特点，开展了丰富多彩的活动，得到了中央统战工作领导小组调研检查组、中央国家机关工委的充分肯定。

7. 以落实党建工作责任制为抓手，层层传导压力，党组织的作用充分发挥

落实党建责任是全面从严治党的重要保证。院党组切实担负起管党治党的政治责任，坚持把贯彻落实党建责任制作为根本抓手，按照“加强领导、层层负责”的总思路，强化管党治党意识，提高管党治党水平。严格定位明责。建立和完善了院党组负总责、党组书记带头抓、分管领导具体抓、院属单位党组织抓落实、一级抓一级、一级带一级、科学合理、行之有效的全面从严治党工作责任制。注重发挥党组抓党建的关键作用和院党建工作领导小组统一领导、统筹推进的作用，明确责权界定、细化任务分工，狠抓责任落实。严格考核督责。院党组及时把全面从严治党工作列入重要议程，把党建工作和科研工作一起谋划、一起部署、一起考核。今年2月至5月，院党组分期分批听取院属单位党委、纪委履行全面从严治党主体责任和监督责任情况汇报，提出指导性意见，推动“两个责任”层层落实。党组成员带队到院属单位开展党风廉政责任制检查，把检查结果作为总体评价领导班子和领导干部选拔任用的重要依据。严格述职履责。院党组认真按照中央国家机关工委关于开展党建述职评议考核工作的要求，认真听取了39个院属单位党组织书记党建现场述职，并给予指导和点评。其他单位党组织书记进行了书面述职。直属机关党委常务副书记向直属机关党委全体会议和党员代表现场述职。通过述职评议考核，增强了各单位党组织书记履行管党治党的主体责任意识，激发了他们做好党建工作的政治责任感。严格制度问责。正在研究制定《中共中国社会科学院党组贯彻落实〈中国共产党问责条例〉实施办法（试行）》《中共中国社会科学院党组巡察工作实施办法（试行）》，进一步建立严格的责任追究机制。通过抓主体责任落实，构建起我院全面从严治党“大党建”工作格局，进一步强化了党对意识形态工作的领导，党对哲学社会科学的领导，马克思主义对哲学社会科学的指导，党的领导核心作用充分发挥。

（二）推进全面从严治党院属单位的生动实践与探索创新

全面从严治党，为院属单位加强党的建设、创新基层党建提供了广阔舞台。为进一步了解院属单位落实全面从严治党工作情况，今年5月至6月，根据院党组安排，直属机关党委牵头成立6个调研检查组，分赴院属单位开展全面从严治党情况调研检查。调研采取单位自查、召开座谈会、个人访谈、发放问卷、现场查阅资料等方式进行。召开由党委书记、纪委书记、党办主任、党支部书记、党员代表参加的座谈会47次，527人次参加访谈座谈，收回有效调查问卷753份。现场查阅了党委会会议记录、中心组学习记录、党支部工作手册等。

接受访谈的同志一致认为，开展如此系统深入的全面从严治党大调研，这在我院近年来党建工作中还是第一次，充分体现了院党组贯彻落实中央全面从严治党要求的坚强决心和责任担当，体现了院党组旗帜鲜明讲政治、坚定不移抓党建的看齐意识和务实作风。调研表明，院属单位认真贯彻落实中央和院党组决策部署，加强领导，精心组织，积极创新基层党建，党的建设取得明显成效。主要体现在以下几个方面。

1. 党委领导班子坚强有力

院属单位党委都能够认真履行全面从严治党主体责任，切实发挥领导核心和政治核心作用，将全面从严治党要求落实到以科研为中心的各项工作中。一是落实中央决策部署坚决及时。院属各单位通过召开全所大会、党员大会、党委理论学习中心组扩大会等形式，及时传达学习中央和院党组部署，确保政令畅通，切实增强“四个意识”，自觉在思想上政治上行动上同以习近平同志为核心的党中央保持高度一致。二是“两个条例”得到有效贯彻。绝大多数单位坚持民主集中制，认真贯彻《研究所党委工作条例》《研究所所长工作条例》，加强党委领导班子建设，执行党委领导下所长负责制的情况较好。多数单位党委领导班子沟通顺畅、团结共事、相互支持，建立健全党委议事规则，重大事项召开党委会议集体研究决定，会议记录规范，研究决定重大事项形成会议纪要。外文所党委实行集体会签制度，凡涉及重大问题必须经党委班子集体决策，党委会议纪要必须经过领导班子成员集体会签后，方可生效；马研院、当代所修订完善《党委工作规则》《院务会议议事决策》等制度；财经院党委明确提出“忠诚、公正、勤勉、尽责”班子守则，及时将党委会议纪要和院长办公会纪要向全员公开。社科出版社坚持每周召开一次社长办公会，重大问题由领导班子集体研究，专人记录，形成纪要；哲学所建立纪委例会制度和学习制度，去年至今，共向纪委班子成员印发《中国纪检监察报》“学思践悟”文章45期。三是牢牢掌握意识形态工作的领导权。各单位党委强化意识形态工作责任制，在科研管理、学术交流、书刊出版、网站管理、成果评审、人才引进等环节，严把政治关，确保正确的政治方向和学术导向。四是思想政治工作耐心细致。法学所国际法所、历史所等单位领导班子在创新工程、职务任免、职称评审、交流轮岗、挂职锻炼、党员发展时，与干部职工谈话，做好思想工作；西亚非所积极做好学术带头人、领军人物和科研人员的思想政治工作，发挥他们在坚持正确政治方向和学术导向上的引领作用；美国所党委建立“工作人员思想状况花名册”，记录职工的家庭情况、身体状况、兴趣爱好、完成工作任务的能力及动态思想表现等，为精准做好思想工作打好基础；农发所党委积极做好重点人员的工作，及时主动谈话了解思想动态，确保人员的思想和情绪稳定；社科文献出版社以社长总编下午茶、首席编辑下午茶、导师小课堂、新编辑集训班等形式，做好编辑人员的思想工作。

2. 基层党支部充满活力

院属各单位把党支部建设作为基础工程，充分发挥基层党支部的战斗堡垒作用。一是高度重视支部工作。调查显示，绝大多数基层党支部班子配备齐全。财计局、研究生院等单位在选拔任用干部时注重听取支部书记、支委意见；日本所明确2名党委委员和1名纪委委员同时兼任党支部书记；社会学所把党支部书记年度考核纳入全所创新工程年终考核之中，对党建业绩突出的优秀支部书记给予表彰奖励；语言所要求支部做好“四个一”，即每个党员写1篇学习讲话体会文章，参加1次主题党日活动，过好1次支部组织生活会，为身边群众做1件好事；图书馆党委组织支部书记进行现场述职，领导班子成员指导点评。二是党支部活动丰富多彩。各单位党支部结合学科实际、主题党日，通过支部共建、参观考察、学术研讨等方式，增强了党支部活力。驻院纪检组党支部创建“晨读晚学”支部工作法；办公厅党总支组织全体党员干部到北京航天飞行控制中心、华为集团等单位开展主题活动；人事教育局党总支举办党员宣誓活动，重温入党誓词；人口所、当代所、社科杂志社等单位党支部与有业务往来的院外党支部开展共建，吸引了党员积极参加，取得较好效果。近代史所开展“寻访老所长足迹　弘扬范文澜精神”“重温西柏坡革命史迹、做合格党员”主题党日活动。有的同志深有感触地说，同事10年还不如搞一次支部活动谈得深入，以后要积极参加支部组织的活动。三是党支部工作与科研工作深度融合。世经政所国际政治理论研究室党支部坚持思想理论学习与业务研究有效结合，他们的重要学习成果《习近平外交思想研究》被列入国家出版基金重点资助项目；金融所、情报院等单位重视党支部建设，科研成果的质量和数量稳步提升；文学所开展“学习讲话精神，推进文学研究”主题活动，各研究室党支部围绕学科体系建设开展研讨。

3. 理论学习成为一种内在需要

院属单位坚持把思想政治建设放在首位，积极打造学习品牌，丰富创新学习载体。科研局坚持党总支双周学习制度和青年学习制度，加强理论学习和业务工作培训；直属机关党委定期组织全体党员开展集中学习；工经所将党委理论学习中心组每季度集中学习1次改为每月学习1次，学习采取理论中心组扩大会议的方式，由各党支部提出学习主题，轮流牵头组织学习；宗教所、新闻所等单位在期刊和网站开设马克思主义专栏；经济所举办“提升马克思主义政治经济学理论水平学习班”；民文所党委将学习习近平总书记系列讲话精神的学习心得、讲课稿编辑成册，公开出版；数技经所党委在办公通道设立宣传栏，由各党支部轮流负责，每月刊发一期简报；方志办创办《方志党建》《方志纪检》，深入宣传中央和院党组部署，交流心得体会，宣传报道党建工作。

通过系统学、深入学、跟进学，习近平总书记系列重要讲话精神和治国理政新理念新思想新战略正不断上升为全院各级党组织和党员干部职工的世界观、方法论，转化为信念力量和思维方式。从调研情况看，大家谈得最多的就是讲政治、守阵地、把方向，把坚持正确的政治方向和学术导向，维护党的意识形态阵地作为自己肩负的政治责任，须臾不可放松。有的科研人员说，搞科研不讲政治不行，干事业没有方向不行。有的同志说，自己面对研究困惑，会第一时间到总书记讲话中找答案。有的青年同志说，学了习近平总书记讲话，自己写学术文章越来越浅显易懂了。有的支部书记说，全面从严治党以来，党员纪律意识明显增加，以前有上级交办任务退避三舍，现在主动承担，积极完成，呈现出积极向上的良好风貌。

4. 纪律规矩意识深入人心

院属单位能够不断加强中央八项规定精神及有关制度的贯彻落实，以中央巡视和审计以及工委专项巡视为契机，通过开展自查自纠和专项清理整治工作，开展一系列纪律教育和警示教育活动，进一步树立党员对制度和规矩的敬畏，增强了执行制度的自觉性。国际合作局编印我院《因公临时出国（境）人员应知应会手册》，加强外事纪律教育。民族所党委组织全所职工深入开展所风建设大讨论活动，共收集 12 类 46 条意见建议，确定以“民族团结示范工程、正风正气建设工程、优良学风建设工程”三大工程为抓手，促进全所风清气正。服务中心向全院公布各服务部门的联系电话，开通服务监管在线平台。调查显示，86.5% 的人表示本单位“落实中央八项规定精神和反对‘四风’情况”“很好”。很多党员说，全面从严治党，每个党员都是参与者，不是旁观者，如果每个党员党性修养提高了，党执政的基础就会牢固。有的同志谈到，中央八项规定以来，学术会议中的迎来送往减少，午餐用在会场，把更多的时间和精力投入学术交流。有的同志反映，经过从严治党，原先抱怨财务报销难的少了，自觉遵守财经纪律已经成为一种行动自觉。

5. 青年人才培养着眼长远

青年是我院的未来。各单位高度重视对青年人才的培养，努力提高他们的马克思主义理论水平和业务能力。一些单位坚持打牢青年同志的马克思主义理论功底。如近代史所连续多年坚持开展青年马克思主义经典著作研读活动，所领导和有关专家作导读；社会学所连续 4 年举办青年马克思主义学习班和马克思主义经典著作进基层活动，把读书班的“课桌”搬到实践第一线，取得良好效果。一些单位定期举办青年活动，增强党组织对青年的吸引力和凝聚力。如政治学所、亚太院等单位举办青年论坛，或邀请知名专家作讲座，或由青年同志作报告。离退休干部局、边疆所、语言所等单位重视发挥老同志作用，或开展青年恳谈会，或开展青年同志与老同志“一对一”结对子活动，或邀请专家学者讲述老一辈学问家坚持为人民做学问的事迹，教育青年传承良好学风文风。党组织的关心关怀增强了对青年的向往力，有的研究所青年职工入党积极性明显提高，递交入党申请书的人数较以前有显著增加。

6. 用制度管所治所蔚然成风

院属各单位坚持“党建工作要抓好、制度建设是法宝”的工作思路，对单位内部规章制度进行修订完善。普遍重视制度的刚性约束，通过完善相关制度，加强研究所建设。一些单位进行立、改、废，对规章制度进行全面修订和完善，加强对研究所的管理。如拉美所、世历所、郭沫若纪念馆等单位对本单位科研、人事、党建、外事、财务、图资、后勤等制度进行废、改、立，形成《规章制度汇编》；俄欧亚所等单位制定本单位考勤管理办法、经费使用办法、请假管理办法、请示报告制度、管理人员督办制度等。一些单位针对问题多发易发点，结合工作实际，制定相关制度。如考古所制定《关于严禁工作日午间饮酒的规定》。通过织密制度的笼子，培育了崇清尚简的制度文化，为全面从严管所治所奠定了重要基础。

（三）做好我院党建工作的体会与思考

我院党的建设取得的所有成绩，靠的是党中央坚强有力的领导和习近平总书记重要讲话精神的指引，靠的是全院各级党组织的共同努力和广大党员的支持和参与，靠的是全院广大党务干部和纪检干部的辛劳和智慧。总结党的十八大以来，特别是中央巡视后我院党的建设工作，有以下体会。

1. 必须牢固树立“四个意识”，提高政治站位，处理好思想建党、组织建党与制度治党的关系

思想建党是马克思主义政党建设的基本原则和根本要求。一个政权的瓦解往往是从思想领域开始的，思想防线被攻破了，其他防线就很难守得住。我院是党在意识形态领域的重要阵地，党中央要求把我院建设成马克思主义的坚强阵地，离不开广大党员的坚守。我院坚持把思想理论建设放在首位，认真组织学习习近平总书记系列重要讲话精神和治国理政新理念新思想新战略，增强“四个意识”、坚定“四个自信”，加强和规范党内政治生活，确保了正确的政治方向和学术导向。坚持思想建党和组织建党，必须把制度治党贯穿其中，并严格执行，实现同向发力、同时发力，防止走过场和形式主义。在落实中央巡视整改任务中，院党组相继出台了各项制度规定，确保全面从严治党任务落到实处，使制度成为硬约束而不是“橡皮筋”。实践证明，只有将思想建党、组织建党和制度治党紧密结合起来，才能为全面从严治党打下坚实的思想基础、组织基础，提供可靠的制度保障。

2. 必须加强党对哲学社会科学的政治领导和工作指导，处理好政治与学术的关系

全面从严治党，核心是加强党的领导。加强党对哲学社会科学领导的关键一点，就是要处理好政治与学术的关系。党组织对政治方向和学术导向把关，不要把一般的学术问题当成政治问题，也不要把政治问题当作一般的学术问题。一方面，要求学者在有关政治方向和政治原则的问题上，旗帜鲜明、立场坚定，自觉与党中央保持高度一致；另一方面，鼓励开展平等、健康、活泼和充分说理的学术争鸣，提倡不同学术观点、不同风格学派相互切磋、平等讨论。既反对打着学术研究旗号从事违背学术道德、违反宪法法律的假学术行为，也反对把学术问题和政治问题混淆起来、用解决政治问题的办法对待学术问题的简单化做法。实践证明，只有坚持“百花齐放、百家争鸣”的方针，正确处理好政治与学术的关系，才能营造创新迸发的学术环境。

3. 必须加强研究所党委和党支部建设，处理好从严治党的全面与重点的关系

全面从严治党，“全面”就是覆盖党的建设各个领域、各个方面、各个主体，不留死角，没有例外。“重点”就是抓住其中影响和制约党的建设的关键环节，重点突破，真管真严、敢管敢严、长管长严。“全面”并非没有重点，全面中包含着重点，是以全面指导重点，以重点推进全面。坚持全面与重点相统一，纲举目张、牵牛鼻子，是我们党的有效工作方法。我院在落实全面从严治党中，提出党的建设“抓两头”，一头抓党委领导班子建设，一头抓基层党支部建设，就清楚地体现了在全面从严治党中坚持全面与重点相统一、以重点推进全面的基本思路。研究所党委是党的建设的重点，研究室党支部是党的建设的基础。这两头抓住了，党委班子坚强有力，党员队伍坚强有力，就会大大推进我院党的建设工作。

4. 必须创新基层党组织活动，处理好内容与形式的关系

形式和内容是一个统一体，是相辅相成的关系。从大的方面来讲，我们要通过党的组织形态和方式，完成党的任务。从小的方面来说，就是开展一次支部主题党日活动，也要运用一定的形式。形式和内容相互依存，没有必要的形式，内容也无从谈起。我院绝大多数党支部组织开展活动，内容很好，既符合中央要求，又体现本单位实际，形成了活动品牌，起到了吸引人、激励人的效果。但也有个别支部书记认为“三会一课”太形式化，难以落实。还有个别支部开展活动，党员不愿意参加。个别人说，“支部建在研究室”上，导致有的支部只有 3 个人，活动不好开展。我们讲，“三会一课”是政治学习的阵地、思想交流的平台、党性锻炼的熔炉，是党支部开展活动的必要方式，也是基本制度，如果没有这种形式，支部建设就成为一句空话，所以必须坚持。党支部建设坚持内容与形式相统一，就是既不折不扣落实中央要求，又积极推进党支部工作理念创新和手段创新。 80 多年前，《古田会议决议》提出“支部建在连上”，这一组织形式在今天都是行之有效的。我院提出“支部建在研究室”上，是一种科学的组织设置，但这种设置并不是搞“一刀切”，也可以根据实际情况，跨研究室成立党支部或联合党支部，支部下设若干党小组，确保党支部战斗堡垒作用充分发挥。

5. 必须发挥领导干部示范带动作用，处理好“关键少数”与“广大多数”的关系

习近平总书记多次强调，抓党的建设要抓住领导干部这个“关键少数”，强调严肃党内政治生活、加强党内监督、开展“两学一做”，都从领导干部做起。党的领导干部是党的事业骨干中的骨干，在搞好党的建设、推进党的事业中具有决定性作用。通过抓好“关键少数”，推动领导干部增强自律意识、标杆意识、表率意识，才能带领广大多数。院党组坚持抓所局级领导干部这个“关键少数”，推动他们带头参加支部双重组织生活会，带头学习研讨，带头遵守党章党规。正是由于着力抓好“关键少数”，以上率下，形成示范效应，把严的标准和要求落实到每个支部、每名党员，把严的责任和压力传导到每一根“神经末梢”，推动了全面从严治党战略落到实处。

6. 必须准确把握党建工作的职责定位，处理好党建工作与科研工作的关系

服务中心、建设队伍是党建工作的生命线。党建工作为业务工作提供政治保障，党建工作只有有效融入业务工作中，才能发挥作用。我院有40个研究单位，科研工作是我院中心工作。党的基层组织建设只有与这个中心工作有机结合，才能取得实实在在的效果。如果不能把支部活动与科研工作、创新工程建设、学科建设、人才培养等工作很好地结合起来，就会出现“两张皮”问题。因此，必须积极探索基层党支部建设贴近科研、融入科研的有效途径，找准结合点、切入点。近年来，以研究室支部为单位组织开展了马克思主义专题研究、重点课题研究、国情调研、举办学术会议和论坛等，促进了党建工作与科研工作深度融合，这对于提升基层党支部的马克思主义理论功力起到了积极的推动作用。

以上这些体会是实践经验的积累，弥足珍贵，我们要倍加珍惜、长期坚持。

我们也清醒地认识到，与中央要求相比，与全院干部职工的期待相比，工作中还存在一些不足，主要有：个别单位贯彻落实中央和院党组决策部署存在认识偏差；个别单位思想政治建设办法单一；个别党组织履行全面从严治党主体责任不到位；个别党组织党内政治生活不够规范；个别基层党支部建设存在薄弱环节；个别单位党建与科研“两张皮”问题依然存在。我们必须直面问题、勇于担当，以高度负责的精神，切实抓好整改落实，努力开创我院党建工作新局面。

（四）推动我院全面从严治党向纵深发展

今年下半年，我们将迎来党的十九大胜利召开，要着重做好以下几项工作。

1. 继续深入学习贯彻习近平总书记系列重要讲话精神和治国理政新理念新思想新战略，进一步把学习习近平总书记“5·17”重要讲话和贺信精神引向深入。习近平总书记系列重要讲话和治国理政新理念新思想新战略，是中国特色社会主义理论体系的最新成果，是马克思主义中国化最新成果，具有丰富的时代内容和思想内涵。要充分认识讲话的重大政治意义、理论意义、实践意义和方法论意义，以高度的使命感和责任感、自觉性和坚定性，认真、系统、深入学习贯彻，切实把思想和行动统一到讲话精神上来。我们强调在思想上政治上行动上同以习近平同志为核心的党中央保持高度一致，重要的是加强思想理论引领，坚持读原著、学原文、悟原理，把学习讲话精神不断引向深入。要把习近平总书记“5·17”重要讲话和贺信内容作为“案头卷”，经常读、反复读，认真钻研、常学常新。要通过学习，牢固树立“四个意识”、增强“四个自信”，坚决维护以习近平同志为核心的党中央权威和党的集中统一领导，把学习成果转化为提高马克思主义理论素养的能力，转化为增强为人民做学问、繁荣中国学术、发展中国理论、传播中国思想的动力。

2. 切实提高政治站位，大力开展迎接宣传贯彻党的十九大各项工作。发挥我院理论研究优势，深入研究宣传阐释习近平总书记系列重要讲话精神，增强研究宣传阐释的理论深度、理论温度、理论力度，做到全面系统、生动准确。要系统总结党的十八大以来理论创新、实践创新、制度创新重大成果，在理论上不断作出新概括，为迎接党的十九大做好思想理论准备。党的十九大召开后，组织党员干部开展多层次、多形式的学习宣传贯彻活动，迅速兴起学习热潮。

3. 深入推进“两学一做”学习教育常态化制度化，切实加强党的建设。推进“两学一做”学习教育常态化制度化，充分体现了我们党推动全面从严治党向纵深发展的鲜明态度。要认真按照中央要求和院党组实施方案，推进“两学一做”学习教育常态化制度化。要严肃党内政治生活，把《准则》《条例》的学习和贯彻落实到每个支部、每名党员，引导党员做到政治合格、执行纪律合格、品德合格、发挥作用合格。要抓住领导干部这个“关键少数”，发挥示范带动作用。要把“两学一做”纳入“三会一课”，突出政治学习和教育，突出党性锻炼。抓实基层支部建设，从严教育管理党员队伍，让党的旗帜在每一个基层阵地高高飘扬。我院6个督导组要切实负起责任，加强督导。院属单位党委要对党支部开展“三会一课”进行督促检查。要将各单位党委书记、党总支书记讲党课情况列入创新工程考核。

4. 严格“四个文件”的落实督办，深入推进全面从严治党制度建设。继续加强对院党组“四个文件”的督办检查，巩固和深化中央巡视整改成果，把执行制度情况作为考核评价领导班子和领导干部的重要内容。坚持民主集中制，坚持党委集体领导下的所长负责制，贯彻好“两个条例”，充分发扬民主，严格执行集体作出的决策。认真执行党委理论学习中心组学习制度，严格党的组织生活制度，落实好民主生活会、民主评议党员、谈心谈话制度，用好批评与自我批评的武器。加强对党支部书记的培训，开展党支部书记述职试点工作。

5. 强化意识形态工作责任制，牢牢掌握意识形态工作领导权。严格落实意识形态工作责任制，坚持党管意识形态不动摇，管好方向、管好阵地、管好队伍，坚决把党的意识形态工作贯彻落实到科研及各项工作全过程。定期分析研判意识形态领域情况，有针对性地进行回应，坚决维护国家意识形态安全。推动哲学社会科学各学科以马克思主义为指导的学科体系、学术体系、话语体系建设。加强对全院人员思想理论倾向的了解和监督，提高政治敏锐性和政治鉴别力。积极参与意识形态领域的舆论斗争，勇于发声、敢于亮剑，决不给错误思想提供传播渠道。

6. 严格落实中央八项规定精神，深入推进作风建设。巩固和拓展党内教育成果，深入推进作风建设。加大对违反中央八项规定精神的查处力度，坚决防止不正之风反弹回潮。发扬党的优良传统和作风，深入基层、深入群众，加强调查研究。坚持理论联系实际，树立良好学风文风，进一步增强为人民做学问的理念。

7. 强化管党治党意识，落实全面从严治党主体责任。院属各单位负责同志要增强履行全面从严治党主体责任意识，牢固树立抓好党建是最大政绩的理念，带头维护以习近平同志为核心的党中央权威，自觉向党中央看齐、向习近平总书记看齐、向党的理论路线方针政策看齐、向党中央决策部署看齐，以更大的担当、更有力的举措履行好管党治党政治责任，坚定不移把全面从严治党引向深入。

同志们，让我们更加紧密地团结在以习近平同志为核心的党中央周围，深入学习贯彻习近平总书记系列重要讲话精神和治国理政新理念新思想新战略，团结奋进、开拓创新，求真务实、攻坚克难，推动全面从严治党向纵深发展，以管党治党的优异成绩迎接党的十九大胜利召开，为构建中国特色哲学社会科学，繁荣中国学术，发展中国理论，传播中国思想，增强我国哲学社会科学国际影响力作出新的更大贡献!

第一编

综　合

ZONGHE

一　领导讲话

加快构建中国特色哲学社会科学以优异成绩迎接党的十九大召开

——在中国社会科学院2017年度工作会议暨党风廉政建设工作会议上的报告

王伟光

（2017年1月19日）

（一）2016年工作回顾

2016年，是深入学习贯彻落实习近平总书记系列重要讲话精神和治国理政新理念新思想新战略、全面推进创新工程“十三五”规划的开局之年，是圆满完成巡视审计整改任务、从严从细从实治党管院的落实之年。在党中央、国务院正确领导下，党组带领全院同志，凝心聚力，创新实干，着力加强马克思主义和党的意识形态坚强阵地建设，全力打造国家高端智库，加快构建中国特色哲学社会科学，各方面工作取得显著成绩，实现了我院“十三五”良好开局。

2016年所做的工作及成效主要体现在以下九个方面。

——深入学习习近平总书记系列重要讲话精神和治国理政新理念新思想新战略，坚持不懈地强化理论武装，全院人员马克思主义理论水准普遍提升。

——落实意识形态工作责任制，牢牢掌握意识形态工作领导权管理权和话语权，马克思主义和党的意识形态坚强阵地不断巩固。

——严肃党内政治生活和落实党内监督责任，全力抓好巡视审计整改，全面从严治党扎实推进。

——奋力推进创新工程制度建设，科研工作取得丰硕成果，加快构建中国特色哲学社会科学迈出坚实步伐。

——以我国发展和我们党执政面临的重大理论和实践问题为主攻方向，着力提高服务决策水平和扩大社会影响力，国家高端智库建设成绩显著。

——高度重视人才建设，全力打造政治过硬、业务精湛、党和人民放心的科研和管理骨干队伍，选人进人育人用人体系不断完善。

——大力推进报刊出版馆网库志和学术评价名优工程建设，加快构建中国特色哲学社会科学高端传播和评价平台，理论学术影响力持续增强。

——积极实施“中国学术走出去”战略，不断提升我院在国际上的影响力和话语权，对外学术合作交流亮点纷呈。

——牢固树立为科研服务的意识，不断推进管理科学化、规范化、制度化，行政管理水平和服务保障能力显著提高。

在充分肯定成绩的同时，必须清醒地看到，我院工作与中央要求相比，与贯彻落实习近平总书记系列重要讲话精神和治国理政新理念新思想新战略，加快构建中国特色哲学社会科学的崇高使命相比，还存在许多不足和问题。主要是：思想教育和理论武装尚须加强，全院人员马克思主义理论水平有待进一步提升；智库研究的综合优势尚未得到充分发挥，为党中央、国务院科学决策服务的能力有待进一步增强；科研成果重数量轻质量的状况尚未从根本上改观，推进学科体系、学术体系、话语体系创新步伐有待进一步加快；创新工程制度建设尚须配套完善，哲学社会科学评价体系和标准有待进一步优化；推进人才建设，领军型、创新型高端人才的培养和引进力度有待进一步加大；落实党的建设主体责任，全面从严治党、巩固巡视审计整改成果有待进一步深入；改善办院条件、解决职工切身利益方面还有大量工作要做，服务能力和保障水平有待进一步提高等。对于存在的不足和问题，我们将以改革精神、创新思路、扎实举措认真加以解决。

（二）2017 年工作总体要求和基本思路

2017 年我院工作的总体要求是：高举中国特色社会主义伟大旗帜，全面贯彻党的十八大和十八届三中、四中、五中、六中全会精神，坚持以马克思列宁主义、毛泽东思想、邓小平理论、“三个代表”重要思想、科学发展观为指导，深入贯彻习近平总书记系列重要讲话特别是“5·17”重要讲话精神和治国理政新理念新思想新战略，增强政治意识、大局意识、核心意识、看齐意识，紧紧围绕统筹推进“五位一体”总体布局和协调推进“四个全面”战略布局，以迎接、宣传、贯彻党的十九大为主线，坚持稳中求进工作总基调，坚持办院的“一个战略目标”、“三条基本经验”、“五个三”工作总思路和“八个坚定不移”重要遵循，着力深化思想教育和理论武装工作，着力全面从严从细从实治党管院，着力加强马克思主义和党的意识形态坚强阵地建设，着力实施哲学社会科学创新工程，着力推进国家高端智库建设，加快构建中国特色哲学社会科学，以优异成绩向党的十九大献礼。

这里，我重点讲四个问题：一、深入学习贯彻习近平总书记系列重要讲话精神和治国理政新理念新思想新战略；二、迎接、宣传、贯彻党的十九大；三、加快构建中国特色哲学社会科学；四、进一步办好中国社会科学院。

1. 深入学习贯彻习近平总书记系列重要讲话精神和治国理政新理念新思想新战略

党组认为，用马克思主义武装全院人员特别是领导干部，是保证我院实现中央“三个定位”要求的根本性战略举措。学习马克思主义，当前就要集中精力学好马克思主义中国化最新成果——习近平总书记系列重要讲话精神和治国理政新理念新思想新战略。

党的十八大以来，以习近平同志为核心的党中央，坚持和发展马克思主义，坚持和发展中国特色社会主义，提出了一系列治国理政新理念新思想新战略，开辟了马克思主义发展的新境界。习近平总书记系列重要讲话和治国理政新理念新思想新战略，是马克思主义中国化的最新成果，是中国特色社会主义理论体系的最新发展，是21世纪马克思主义、当代中国马克思主义最现实的体现，是指引我们党进行具有许多新的历史特点伟大斗争、夺取新的伟大胜利的强大思想武器和行动指南。

学习习近平总书记系列重要讲话精神和治国理政新理念新思想新战略，要紧密联系全党工作大局和我院实际，以问题为导向，与学习马克思主义经典著作结合起来，与学习党史、国史、党章结合起来，与学习党的文献结合起来，与研究解决当代中国重大理论和实践问题结合起来。

作为党中央直接领导的国家哲学社会科学研究机构，学习好、理解好、把握好、落实好习近平总书记系列重要讲话精神和治国理政新理念新思想新战略，是我院坚持正确的政治方向和学术导向，实现中央对我院“三个定位”要求的思想保证。要坚持思想引领、理论先行，不断增强对党的创新理论的政治认同、理论认同、思想认同、情感认同，把学习贯彻活动引向深入，真正落实到思想政治水平的提高上，落实到优良作风的铸就上，落实到研究能力的增强上。

学习宣传研究习近平总书记系列重要讲话精神和治国理政新理念新思想新战略，推进党的理论创新，为发展21世纪马克思主义、当代中国马克思主义作出应有贡献，是我院科研的重中之重。要注重在准、新、实上下功夫，“准”就是要领会丰富内涵、领悟精神实质，做到知其然更知其所以然；“新”就是要聚焦理论上的创新创造，把新的重大思想理论观点宣传好、阐释好；“实”就是要联系实际、注重实效，把贯彻落实的实践成果提炼好、展示好。

要加强马克思主义理论研究和理论创新工作，强化对事关我们党和国家发展全局的重大问题、战略课题的研究。习近平总书记在党的十八届六中全会上提出的“八个如何”、在全国党校工作会议上提出的“十三个如何”、在哲学社会科学工作座谈会上提出的“五个如何”，这二十六个问题，既是向全党提出的重大课题，更是向党的思想理论战线提出的重大课题，一定意义上也是向我院提出的重大课题，是向我们交办的任务。要组织专家学者进行集中研究、合力攻关，努力作出科学深入的回答，着力推出一批代表国家水准的重大研究成果，为党中央决策提供参考，向党的十九大胜利召开献礼。

学习贯彻落实习近平总书记系列重要讲话精神和治国理政新理念新思想新战略，要牢固树立“四个意识”特别是核心意识和看齐意识，坚决维护以习近平同志为核心的党中央权威，这是第一位的政治纪律。确立坚强的核心领袖并维护党的领袖的权威，始终是马克思主义政党建设的一条基本原则，是马克思主义政党思想上政治上成熟的重要标志。确立习近平总书记的核心地位，是众望所归、当之无愧、名副其实，是全党的选择、人民的选择、历史的选择。全院同志要更加紧密地团结在以习近平同志为核心的党中央周围，更加坚定地维护以习近平同志为核心的党中央的权威和集中统一领导，更加自觉地在思想上政治上行动上同以习近平同志为核心的党中央保持高度一致，更加扎实地把党中央的各项决策部署落到实处。全院同志都要牢记：维护以习近平同志为核心的党中央权威和党的集中统一领导，就是最大的政治。

2. 迎接、宣传、贯彻党的十九大

党组认为，召开党的十九大，是全党全国人民政治生活中的一件大事，也是今年最具标志性、全局性的一件大事。每次党的代表大会召开前，我们党都要站在历史和现实的高度，从理论和实践结合上进行思想理论准备，进而对党和人民事业发展作出战略谋划。这是全党的大事，也是我院的首要政治任务。

牢牢把握迎接、宣传、贯彻党的十九大这条主线。迎接、宣传、贯彻党的十九大，是贯穿今年的工作主线。我院各项工作一定要紧紧围绕这条主线来谋划、来部署，要按照这条主线来统筹全年工作，环环相扣、层层递进，大力营造团结奋进的浓厚氛围，引导全院同志以良好的精神状态迎接党的十九大，以高度的政治自觉学习贯彻党的十九大。

要用党的创新理论成果凝心聚魂。加强理论学习，提高全院人员特别是领导干部马克思主义思想觉悟和理论水平。持续深入开展共产主义远大理想和中国特色社会主义共同理想的理念信念教育，社会主义核心价值观教育和中国梦宣传教育，引导干部群众坚定理想信念，增强“四个自信”，为实现“两个一百年”奋斗目标和中华民族伟大复兴中国梦而奋斗。

要加强马克思主义坚强阵地建设，牢牢掌握意识形态工作主导权。每逢党的全国代表大会召开，往往是意识形态领域问题多发易发的时期。要及时掌握意识形态领域的动态动向，加强分析研判，积极妥善应对。要组织全院科研人员，对西方宪政民主、“普世价值”、新自由主义、历史虚无主义、质疑改革开放等错误思潮，深入辨析批驳，及时发声亮剑，为党的十九大召开营造良好的思想舆论氛围。

牢牢把握全面从严治党这个根本保证。党的十八届六中全会围绕全面从严治党作出战略部署。我院各级党组织要认真学习领会、深入贯彻落实习近平总书记在全会上的重要讲话，学习贯彻全会通过的《关于新形势下党内政治生活的若干准则》《中国共产党党内监督条例》，扎实推进党的建设，把严细实的要求贯彻到管党治党全过程，落实到党的建设各方面。要认真落实全面从严治党责任制，切实担负起全面从严治党主体责任，包括党内监督的主体责任。从院的层面讲，党组负主体责任，我是第一责任人；驻院纪检组负监督责任，张英伟同志是第一责任人；分管院领导负责所分管单位的责任。从院属单位层面讲，党委（党组）负主体责任，纪委负专责监督责任，党委（党组）书记、纪委书记分别为主体和监督责任的第一责任人。

落实六中全会精神，推进全面从严治党，要从制度落实抓起，进一步巩固巡视审计整改成果。2017年是制度落实年。要以贯彻落实党组《关于落实全面从严治党切实加强党的建设的意见》《关于加强党的意识形态工作建设马克思主义坚强阵地的意见》《关于改进和完善选人用人制度加强领导班子和人才队伍建设的意见》等“三项制度”为抓手，全面推进从严从细从实治党、从严从细从实管院。去年9月初，我分别在院职能部门直属单位和研究单位主要负责人会议上，就贯彻落实“三项制度”作了专门部署和强调。从贯彻落实情况看，取得了显著进展，但也存在两个突出问题：一是不够重视；二是不够平衡。

所谓“不够重视”，就是对抓制度落实的重要性认识上还不够到位。马克思讲过：“一个行动胜过一打纲领。”邓小平同志在改革开放之初曾告诫全党：“世界上的事情都是干出来的，不干，半点马克思主义都没有。”习近平总书记强调：工作是“一分部署，九分落实”。还强调，落实就是要落小落细落具体。古人说：“为者常成，行者常至”。不落实，再好的蓝图也是“水中望月”；不落实，再好的制度也是“空中楼阁”。如果我们制定了制度不去落实，从严治党、从严管院的要求就会落空。各级领导干部要从贯彻落实六中全会精神的高度，从推进全面从严治党、从严管院的高度，从实现我院长远发展的高度，总之，要从政治和战略的高度，充分认识落实“三项制度”的重要性、紧迫性，全力抓好落实，打通制度落实的“最后一公里”。

所谓“不够平衡”，就是存在剃头挑子一头热的现象。党组热、牵头部门热，但有的单位不是很热。院里每两周召开一次“三项制度”贯彻落实情况督办例会，党组每季度都听取汇报，雷打不动。但有的单位抓得还不紧，工作不到位。党组要求，所有部门所有单位都要热起来，全院同志特别是各级领导干部，要坚决克服“制度淡忘症”和“制度褪减病”，严防破窗效应，把“三项制度”落实到位。

全面从严治党，加强党的建设，要抓住“两头”：一头是党委，一头是党支部。要抓好“两个环节”：一个环节是抓党委班子和基层党支部建设的好典型，发挥示范带动作用；一个环节是抓党委班子和基层党支部建设薄弱环节，从解决问题做起，提升我院党的建设整体水平，推动党的建设从“宽松软”走向“严紧硬”。

3. 加快构建中国特色哲学社会科学

党组认为，习近平总书记去年5月17日在哲学社会科学工作座谈会上的重要讲话，深刻回答了事关我国哲学社会科学长远发展的一系列根本性问题，提出了加快构建中国特色哲学社会科学的战略任务，是指导我国哲学社会科学创新发展的纲领性文献。讲话通篇充满思想的力量、信仰的力量和逻辑的力量，在我国哲学社会科学发展史上具有重要的里程碑意义。

我院作为党中央直接领导的、哲学社会科学研究的国家队，决不辜负习近平总书记和党中央的重托，要把学习贯彻“5·17”重要讲话精神，作为一项重大思想理论任务，坚决贯彻好。

“5·17”重要讲话发表以来，党组经过深入调研、反复谋划，在广泛征求意见的基础上，制定了《贯彻落实习近平总书记在哲学社会科学工作座谈会上的重要讲话精神总体方案》。总体方案明确了我院加快构建中国特色哲学社会科学的指导思想、发展目标、总体思路、基本原则和主攻方向，提出了加快构建中国特色哲学社会科学的一系列重要举措。要按照总体方案每项措施的时间表、路线图、责任状，督促检查，狠抓落实。总的来看，我院总体方案贯彻落实取得重要进展和明显成效。但也存在一些问题，主要是对贯彻落实“5·17”重要讲话精神的重要性认识不到位，对当前整个哲学社会科学界面临的形势分析研判不够，缺乏紧迫感、危机感和使命感。

习近平总书记“5·17”重要讲话，对我国哲学社会科学、对我国哲学社会科学界、对中国社会科学院已经并将持续产生重大而深远的影响。我院既面临难得的发展机遇，也存在挑战，机遇远远大于挑战。

从发展的机遇看，党中央高度重视哲学社会科学，高度重视和关心中国社会科学院的发展，这是我院实现更大发展的根本保证。习近平总书记“5·17”重要讲话，开启了加快构建中国特色哲学社会科学的新征途，赋予哲学社会科学发挥作用的最大空间，赋予哲学社会科学工作者最有作为的舞台，赋予我院最难得的发展机遇。从全院的优势看，加快构建中国特色哲学社会科学，我院拥有无可比拟的有利条件和基础。我院学科门类齐全、科研实力雄厚、科研成果丰硕，这是几代社科人接续奋斗积累的传家宝，是我院安身立命的根本。特别是我院拥有一支数千人的高水平的专家学者队伍，这是最为宝贵的财富。人家与我们合作，高看我院一眼，看重的就是中国社会科学院这块金字招牌，看重的就是我院的学科优势和人才优势，这是我院的底气所在。还有，我院实施创新工程，经过六年的发展，走在了全国前列，为各项事业可持续发展打下了深厚的制度基础。以上这些，既是加快构建中国特色哲学社会科学的有利条件，也是我院大发展的难得机遇。“来而不可失者，时也。蹈而不可失者，机也”。一些领导干部贯彻落实“5·17”重要讲话精神自觉性不强，缺乏抓机遇的主动性和自觉性。这是非常不应该的，是对事业极端不负责的表现。机不可失，时不再来。如果我们抓不住这个机遇，就会大大贻误我院的发展，失去的不仅是我院已有的地位和优势，而且是我院的未来。

从面临的挑战看，当前，哲学社会科学领域正处于大发展大变革的时期，如果跟不上形势的发展，不能很好应对，就很可能被甩在后面，这绝不是危言耸听。应该承认，我院无论是阵地、重镇、殿堂还是智库功能发挥，无论是学科还是成果，无论是人才结构还是代际传承，无论是科研环境还是经费保障，都面临着新的挑战。与国内同行相比，我院的部分传统优势正在逐渐丧失，有的已不再领先，或发展乏力，有的学科或成果在全国已找不到位置，沦为二流、三流水平，与国家院的地位极不相称，如果不奋起直追，就会进一步减弱甚至消失殆尽。应该看到，高校、党校、地方社科院、部队、政府部门等系统，都在围绕加快构建中国特色哲学社会科学，抓紧研讨、战略谋划，招兵买马、蓄势待发，力求弯道超越。还应该注意到，一个时期以来，河北、江苏、山东、安徽、湖南、贵州、甘肃、青海、内蒙古等省、自治区的党委书记，经常出席本地的哲学社会科学会议，围绕加快构建中国特色哲学社会科学，亲自作部署、提要求，这是十分罕见的。有的不惜重金，广招人才；有的提出了雄心勃勃的社科战略、社科工程，如安徽提出组建社科皖军、湖南提出组建社科湘军、甘肃提出组建社科陇军；等等。总之，信号非常明确，各地都要在哲学社会科学领域争得一席之地。来自这方面的挑战不可小觑，决不能掉以轻心。如果我们心不在焉、松松垮垮、不求进取，或夜郎自大，没有恐慌感，那么，大好机遇，可能就真的付诸东流了。假如真有那么一天，我院不再是哲学社会科学舞台上的主角，沦为配角或跑龙套的，我们怎么对得起党中央，怎么对得起中国社会科学院这块牌子，怎么向历史、向人民、向我院的老前辈们交代！要真是那样，我们就是社科院的罪人，就是历史的罪人！我们决不能让这种情况发生！六年前，在创新工程动员会上，我说过，要有“舍得一身剐，敢把皇帝拉下马”的勇气，要有毛泽东同志说的“五不怕”精神，破除一切思想阻力、利益羁绊和制度藩篱，以前所未有的勇气、毅力和决心，全力以赴实施创新工程。当前，落实习近平总书记“5·17”重要讲话精神，加快构建中国特色哲学社会科学，更加需要这种勇气和精神。必须抓住机遇，乘势而上，积极谋划，认真应对，一心一意谋发展，聚精会神抓落实。领导干部要主动扛起抓落实的责任，推动加快构建中国特色哲学社会科学各项任务落地见效。

全面贯彻落实习近平总书记“5·17”重要讲话精神，加快构建中国特色哲学社会科学，既需要全方位鼓劲，也需要重点发力。我主要强调以下四点。

第一，毫不动摇地坚持马克思主义在我国哲学社会科学领域的指导地位。坚持以马克思主义为指导，是当代中国哲学社会科学区别于其他哲学社会科学的根本标志，是构建中国特色哲学社会科学必须解决好的首要问题。中国特色哲学社会科学，特就特在理论指南和主义旗帜上，特就特在坚持以马克思主义为指导上。坚持马克思主义的指导地位，是我院加快构建中国特色哲学社会科学始终如一、一以贯之的根本要求。马克思主义尽管诞生在一个半世纪之前，但历史和现实都证明它是科学的理论，今天依然具有强大生命力。马克思主义的科学性和真理性，已经并将继续为中国革命、建设和改革的实践所证明。马克思主义以其无与伦比的真理力量，使一些西方思想家也为之折服。法国存在主义哲学家萨特说：马克思主义“仍然是我们时代的哲学：它是不可超越的”。法国后现代主义哲学家德里达在《马克思的幽灵》一书中写道：“不能没有马克思，没有马克思，没有对马克思的记忆，没有马克思的遗产，也就没有将来。”我国哲学社会科学坚持以马克思主义为指导，是近代以来我国发展历程赋予的规定性和必然性，是近代以来我国哲学社会科学历史发展的必然。从哲学社会科学的意识形态属性来看，坚持以马克思主义为指导，是哲学社会科学的本质要求，是我们在错综复杂的形势下，保持清醒头脑，坚定正确的政治方向和学术导向的根本前提。坚持以马克思主义为指导，首先要解决真学真懂真信真用的问题，核心要解决好为什么人的问题，最终要落到怎么用上来。我们搞科研，决不能把追逐个人名利放在第一位，而要把拿出让党和人民满意的科研成果放在第一位，树立为人民拿笔杆子，为人民做学问的理念。坚持以马克思主义为指导，要自觉把正确的政治方向和学术导向统一起来，寓政治于学术之中，寓马克思主义道理于学理之中。

第二，大力实施“学科建设登峰战略”和哲学社会科学人才体系建设工程。加快构建中国特色哲学社会科学，基础是学科，关键在人才。学科和人才积累既是我院的特色，又是我院的优势。实施“学科建设登峰战略”和哲学社会科学人才体系建设工程，是党组贯彻落实“5·17”重要讲话精神的战略举措，一定意义上可以说关系到我院的生死存亡。对于加快构建中国特色哲学社会科学，厚植哲学社会科学研究的殿堂根基，充分发挥我院在全国哲学社会科学界的示范和引领作用，具有重要意义。

加快构建中国特色哲学社会科学，大力推进学科体系建设，就要落实好习近平总书记“5·17”重要讲话中提出的明确要求，坚持基础学科与应用学科并举并重的原则，突出优势、拓展领域、补齐短板、完善体系。一是要加强马克思主义学科建设。二是要加快完善对哲学社会科学具有支撑作用的学科。三是要注重发展优势重点学科。四是要加快发展具有重要现实意义的新兴学科和交叉学科。五是要重视发展具有重要文化价值和传承意义的“绝学”、冷门学科。通过持续不断的努力，打造一批国内一流、国际知名的学科集群，努力构建以马克思主义为指导、适应国家经济社会发展需要、符合学术发展规律和趋势的学科创新体系。

加快构建中国特色哲学社会科学，就要实施好哲学社会科学人才体系建设工程。要认真贯彻党的知识分子政策，尊重劳动、尊重知识、尊重人才、尊重创造，对他们做到政治上充分信任、思想上主动引导、工作上创造条件、生活上关心照顾。要着力发现、培养、集聚一批有深厚马克思主义理论素养、学贯中西的思想家和理论家；一批理论功底扎实、勇于开拓创新的学科带头人；一批年富力强、锐意进取的中青年学术骨干；努力建设种类齐全、梯队衔接的哲学社会科学人才队伍。

实施“学科建设登峰战略”和哲学社会科学人才体系建设工程，一要坚持以马克思主义为指导，坚持正确的政治方向和学术导向。二要坚持党委领导下的所长负责制，坚决落实领导责任制。在党委统一领导下，由所长负责组织实施落实，所长是第一责任人。三要抓住不放，常抓不懈，强化管理，严格按规章和制度办事。各研究单位的书记和所长要把好管理关、制度关，把“学科建设登峰战略”和哲学社会科学人才体系建设工程办成廉洁工程，取得实实在在的成效。

第三，不断推进创新工程制度化配套化固定化，奋力打造创新工程“升级版”。创新工程实施6年来，取得了很大成绩。我院创新工程在全国一直处于领跑位置，多次得到中央肯定。中央在加快构建中国特色哲学社会科学的顶层设计中，实施创新工程是重点推出的举措。习近平总书记在“5·17”重要讲话中、刘云山同志在宣传文化系统专题会议讲话中、中央即将印发的关于加快构建中国特色哲学社会科学的意见中，以及全国宣传部长会议文件中都强调创新工程，这是对我院创新工程的充分肯定。全国省一级的社科院几乎都来过我院学习借鉴创新工程。实践深刻证明，创新工程是我院的生命线，是科研工作的动力源，是人才成长的孵化器，是我院发展的基础和前提，是我院发展的希望和未来，是关乎我院长远发展大计的头等战略举措。我们有一千个理由把创新工程搞好，没有一个理由把创新工程搞砸，必须乘势而上，不忘初心，继续前进，打造创新工程的“升级版”。

创新工程就是一场革命，是一场思想观念的革命，是一场体制机制制度的革命，彻底改变了我院的面貌和命运。通过6年来的实践，我们对未来的前途和发展充满了信心，下定了决心，增添了巨大的力量。

在我院加快构建中国特色哲学社会科学的“四梁八柱”中，创新工程发挥着顶梁柱的作用。新的一年，我们要在总结经验的基础上，奋力打造创新工程的升级版。首先，要在完善制度机制上狠下功夫。创新工程最大的收获是创造了崭新的制度、崭新的体制、崭新的机制，充分调动起全院人员的积极性。要进一步完善创新工程“报偿、准入、退出、评价、配置、资助”六大制度体系，加大制度建设力度，特别是后期资助目标报偿的评价和制度建设力度，使创新工程制度化、配套化、固定化，让创新工程制度发挥更大功效。其次，要在推进理论创新、学术创新、研究方法和手段创新上狠下功夫。要提出有主体性、原创性的理论观点，提出具有中国特质的新命题、新范畴。更好地激发全院同志主动性、创造性，最大限度解放科研生产力，更好地发挥我院在全国哲学社会科学界的引领和带动作用。再次，要在多出重大创新成果上狠下功夫。推出一定数量的高质量的科研成果，是硬指标、硬标准。要下大力气不断推出能够代表国家研究水准的标志性创新成果。最后，要在严格管理上狠下功夫。创新工程的一系列制度，是实践经验的总结，刚性很强，底线是不能突破的。有了制度，就要从严从细从实加强管理，不能“打折”，不能“放水”，不能搞变通，否则，就失去了搞创新工程的意义，国家也不会答应。一定要“严”字当头、严字领先、严字把关，在“严”字上下足功夫、做足文章。这一点，请同志们务必清醒地认识到位，落实到位。谁在制度管理上“放水”，在严格标准上“打折”，谁就是犯罪，就是毁掉创新工程。

第四，聚焦党和国家关注的重大问题，加快国家高端智库建设。和创新工程一样，国家高端智库建设也是加快构建中国特色哲学社会科学的标志性举措。我院基础学科雄厚，应用学科较齐全，这是我院智库发展的有利条件和独特优势。但我院智库建设也存在突出的问题，一是服务决策水平和社会影响力，同中央要求有较大差距，和我院地位也不相称；二是整合资源力度不够，一些智库研究力量过于分散，合力攻关不够，未能形成拳头产品，组合拳较少。按照中央要求，我院要聚焦国家高端智库建设，坚持“稳定规模、突出重点、提高质量，着力提升服务决策水平和社会影响力”的方针。要找准定位，更好地为党中央和国务院科学决策服务，为党和国家事业发展服务，努力将我院打造成为在国内外有广泛影响力、世界知名的国家级综合性新型高端智库。要坚持以党和国家关注的重大理论和实践问题为研究重点，着力构建“院—所—专业”三级合理的智库结构，努力打造国家急需、特色鲜明、制度创新、引领发展的高端智库，开展全局性、战略性、前瞻性、针对性、储备性对策研究。经过几年努力，力争将我院建设成为“七大中心”：国家级新型智库研究综合集成中心、马克思主义理论创新中心、党和国家重大决策咨询服务中心、哲学社会科学学科学术观点创新中心、高素质智库人才孵化中心、国家哲学社会科学文献中心和国际知名智库交流合作中心。

4. 进一步办好中国社会科学院

党组认为，今年，对我们党和国家、对我院都是重要的一年。在迎接党的十九大胜利召开之际，我们要纪念习近平总书记“5·17”重要讲话发表一周年，我院还要纪念建院40周年。在这样重要的历史背景下，总结建院40年来特别是党的十八大以来我院建设和发展的历史经验，意义重大，影响深远。

这些年来，党组在办院实践过程中，按照中央关于办好中国社会科学院的一贯要求，认真学习贯彻中央精神，特别是习近平总书记重要讲话精神，紧紧围绕“发展什么样的哲学社会科学、怎样发展哲学社会科学”，“建设一个什么样的中国社会科学院、怎样建设中国社会科学院”这个基本问题，经过理论和实践的双重探索，形成了“三条基本经验”、“五个三、一个一”工作总思路，概括了“八个坚定不移”的基本体会。这是我院建院40年来积累的宝贵精神财富和办院基本经验，值得继承、遵循和发扬。

一是坚定不移地抓好马克思主义理论武装和理论指导，大力加强马克思主义和党的意识形态坚强阵地建设。

二是坚定不移地抓好学风建设，始终坚持为人民做学问的宗旨。

三是坚定不移地抓好创新工程，加快构建中国特色哲学社会科学。

四是坚定不移地抓好科研这一中心任务，多出经得起实践和历史检验的优秀成果。

五是坚定不移地以党和国家关注的重大理论和实践问题为主攻方向，扎实推进国家高端智库建设。

六是坚定不移地抓好人才强院，选好人才、育好人才、用好人才。

七是坚定不移地抓好全面从严治党和领导干部这个“关键少数”，不断加强党委、党的基层组织、党员队伍和党风廉政建设。

八是坚定不移地抓好行政后勤保障体系建设，不断提高服务科研水平和保障能力。

以上“八个坚定不移”是办院实践的总结和概括，是对“三条基本经验”、“五三一”工作总思路和总要求的丰富和发展，体现了办院规律，是做好全院工作的重要遵循。

（三）2017 年主要工作

2017 年，要着力完成以下八个方面的工作。

1. 加强思想教育和理论武装，在建设马克思主义和党的意识形态坚强阵地方面取得新进展

坚持正确的政治方向和学术导向。精心组织全院人员特别是领导干部学习马克思列宁主义、毛泽东思想和中国特色社会主义理论体系，特别是学习好、理解好、掌握好习近平总书记系列重要讲话精神和治国理政新理念新思想新战略，真正做到真学真懂真信真用，切实提高全院人员特别是领导干部的马克思主义理论水平。坚持读原著、学原文、悟原理，坚持系统学、深入学、结合实际学，坚持学而信、学而思、学而行。办好所局级领导干部读书班、处室干部千人培训班，开展多种形式的科研骨干、青年人员和全院人员的理论培训。以纪念习近平总书记“5·17”重要讲话发表一周年为契机，精心谋划和组织院庆 40 周年各项工作，传承精神，凝聚力量，再创新的辉煌。对科研人员开展为人民做学问、对工作人员开展为科研服务的宗旨教育活动，加强学风、文风、工作作风建设，弘扬社会主义核心价值观。继续办好道德建设论坛。

以贯彻落实党组《关于加强党的意识形态工作建设马克思主义坚强阵地的意见》为抓手，扎扎实实地加强马克思主义和党的意识形态坚强阵地建设。组织专家学者深入研究阐释习近平总书记系列重要讲话和治国理政新理念新思想新战略，及时推出有分量有深度的研究成果；大力开展马克思主义和中国化的马克思主义理论研究，共产主义和社会主义运动研究，当代社会主义和当代资本主义研究，推出创新成果；实施“马克思主义＋学科”计划，加强各学科马克思主义基础理论研究和马克思主义相关学科建设，建设好马克思主义类别研究室、研究中心、论坛、期刊和其他期刊的马克思主义专题、专栏；推进马克思主义理论创新智库、马克思主义政治经济学创新智库建设；完成中央马克思主义理论研究和建设工程、我院马克思主义理论学科建设与理论研究工程、马克思主义文学理论和文艺批评工程年度任务；加强马克思主义研究学部、马克思主义研究院、当代中国研究所、信息情报研究院、中国特色社会主义理论体系研究中心、马克思主义学院和世界社会主义研究中心七大平台建设；加强马克思主义理论人才队伍建设，充分发挥院理论写作组和马克思主义网军队伍作用；高质量地完成以中国特色社会主义理论体系研究中心名义在“三报一刊”发表理论文章任务；切实加强马克思主义理论研究和主流意识形态阵地集群建设。把马克思主义融入学科建设、人才建设、学术研究、理论创新和阵地建设等各个方面。

充分发挥我院党的意识形态重镇功能。强化意识形态工作责任制，建立健全意识形态工作督办、巡查、考核、奖惩制度；定期召开意识形态工作协调会；督促各职能局和各党委定期召开意识形态工作情况分析会，并向党组提交专题报告；实行意识形态工作“一票否决制”；加强意识形态智库和党的意识形态工作队伍建设；抓好舆情分析和监控，组织全院宣传网络传播媒体，在意识形态斗争中勇于发声、敢于亮剑，积极开展舆论斗争；加强对全院人员党的意识形态教育，提高政治敏感性和理论鉴别力。

2. 推进科研强院和创新工程制度建设，为加快构建中国特色哲学社会科学作出新贡献

实施科研强院战略，加强创新工程制度建设，从严从细从实抓好制度管理，强化制度执行力。编撰《创新工程制度汇编》《创新工程文集》。改进完善创新工程“报偿、准入、退出、评价、配置、资助”等六大制度体系，特别是加大完善后期资助目标报偿的评价和制度建设力度。加强创新工程管理平台建设。严格规范创新项目立项结项、审检流程，开展创新工程科研项目和经费检查，解决科研项目和经费使用的薄弱环节。严格创新单位和创新岗位准入退出制度管理。

加强顶层设计，坚持基础学科与应用学科并重、基础研究与应用研究并举，瞄准学术发展前沿、打造理论学术名牌，构建有中国特色、中国风格、中国气派的哲学社会科学学科创新体系、学术创新体系、话语创新体系，加快构建中国特色哲学社会科学创新体系。实施“学科建设登峰战略”。启动“优势学科增强计划”“重点学科扶持计划”“特殊学科建设计划”。建立完善学科建设考评、激励、人才培养和配置制度。

树立科研质量至上意识，坚持质量为本、政治优先。构建严格的科研成果质量标准和评价体系，强化科研成果质量评价和检查。推动理论和学术创新，努力提出经得起实践和历史检验的原创性思想理论和学术观点，推出体现时代思想高度、代表国家学术水准的精品成果，增强决策服务力和社会影响力。推进科研管理体制改革，严格科研项目和课题管理，加强国家社科基金、自然基金年度项目管理工作。完善横向课题管理制度，管好横向课题。规范学术团体和非实体研究中心管理。改进学术评奖、出版资助等办法，开展科研绩效考核与监督，逐步完善多出成果、多出精品的激励机制。完善重大科研成果和学术信息转化机制，定期举办重大成果发布会。抓好哲学社会科学话语体系建设协调会工作。

制定重大国情调研领域指南，实施国情调研特大项目“精准扶贫精准脱贫百村调研”。加强学部建设，进一步落实学部委员退出机制，积极筹备学部委员增选工作，做好学部领导机构改选准备。打造中国社会科学院学术论坛品牌。推进《中华人民共和国史稿》编撰。做好《中华思想通史》编撰等创新工程重点科研课题工作。编撰《中国南海志》，推进地方志事业繁荣发展。

3. 聚焦党和国家重大战略，在建设国家高端智库方面谱写新篇章

以我国发展和我们党执政面临的重大理论和实践问题为主攻方向，围绕国家重大战略开展前瞻性、针对性、储备性政策研究。构建以院综合性智库为统领，所（院）级智库为主体，专业化智库为样板的院、所、专业化智库“三位一体”的智库建设格局。

建立并落实智库工作责任制。继续抓好首批入选国家高端智库试点工作。集中打造院 18 家专业型智库，加强智库办公室的协调督办功能，办好上海研究院、青岛研究院等合作型智库，着力建设在国内外有广泛影响力的国家级高端智库群。发挥智库办公室职能，完善综合性高端智库建设机制，加强对全院智库的指导，建立智库建设季度汇报督办制度。重点建设信息汇总与报送平台。开展智库调研评估，探索智库建设规律。建立智库优秀研究成果转化机制。办好《要报》等系列内参。

4. 实施哲学社会科学人才体系建设工程，在人才强院方面迈上新台阶

以贯彻落实《关于改进和完善选人用人制度加强领导班子和人才队伍建设的意见》为抓手，深入实施人才强院战略。实施中长期人才发展规划纲要，实施哲学社会科学人才体系建设工程，建设种类齐全、梯队衔接的哲学社会科学人才队伍。运用“四个一批”人才工程等平台，加大留住人才、引进人才、培养人才的力度，推进马克思主义理论人才造就工程、领军人才引进工程、青年英才培养工程、支撑与管理人才保障工程等系列人才计划；实施资深学科带头人资助计划，启动高端人才延揽计划。严格执行人才引进各项规章制度，严把进人质量关。依托研究生院创办中国社会科学院大学。结合我院实际，稳步推进所属事业单位分类改革。

5. 深入实施报刊出版馆网库志和学术评价名优工程，在提高理论学术传播力和社会影响力方面实现新突破

坚持党管媒体原则，坚持政治家办报办刊办馆办网办库办志办出版社和办评价中心。以信息化建设督办协调会议为抓手，贯彻落实2016年“八名会议”和期刊工作会议精神，加大督办落实力度。落实名优工程主体责任制，把“八名工程”作为“领导班子工程”和“一把手工程”，推动我院“八名工程”迈上新台阶。坚持“八名工程”“九统一”原则，即统一领导、统一管理、统一经费、统一网站、统一机房、统一数据库、统一数字化图书馆、统一综合集成实验室平台、统一综合管理平台；巩固期刊“五统一”改革成果；完善图书馆“总馆—分馆—资料室”三级管理体制。打造以中国社会科学报、中国社会科学杂志、中国社会科学网、中国社会科学出版社、社会科学文献出版社为主打品牌，在国内外学术界享有知名度和公认度的报刊网和出版社集群。抓好选题策划和热点报道，推进报刊网融合发展，加强报刊网论坛联动，适时举办全院期刊刊网融合发展工作交流会。以“一库”（哲学社会科学海量数据库）、“一网”（互联网）、“一平台”（综合集成实验室平台）为依托，加快推进国家哲学社会科学文献中心建设，大力推进我院文献数据信息化和数字化进程，建设数字化社科院。执行严格、公开的编审流程，实行交叉审稿、双向匿名审稿和回避制度，建立全院学术期刊相对统一的编校体制。组建中国社会科学评价研究院，完善哲学社会科学各学科学术评价标准和评价体系，抢占学术评价制高点。严格学术评审和立项审批，建立学术成果综合测评和责任追究制度。

6. 大力实施“中国学术走出去”战略，在对外交流合作方面开创新局面

实施“中国学术走出去”战略，积极开展学术外交和学术外宣活动。配合国家对外工作大局需要，在华组织举办和派出我院代表团出席高端双边、多边论坛研讨活动；安排我院专家学者出访参与有关文化多样性、社会治理、国际经贸、气候变化、法治人权、民族宗教等各领域的国际对话；支持学者参加国际学术会议、发表学术文章，深入传播体现中国立场、中国理论、中国道路、中国智慧、中国价值的理念、方案、主张，传播“中国声音”，抢占国际学术话语权。积极搭建国际学术交流平台，打造高端国际论坛，打造我院具有世界性影响的对外学术宣传平台。增强议题设置能力，打造易于为国际社会所理解和接受的新概念、新范畴、新表述，引导国际学术界展开研究和讨论，增强我国哲学社会科学的国际影响力。继续办好“中俄（东欧）国家发展战略论坛”“中国道路欧洲论坛”“社会主义国际论坛”“世界社会主义论坛”等重要国际论坛。积极在海外境外筹建中国—中东欧研究院、香港中国学术研究院、中国研究中心。加强与国际知名智库的合作交流。加大对优秀学术成果翻译出版、外文学术期刊资助力度。

7. 落实全面从严治党要求，在加强党的建设方面实现新作为

以贯彻落实《关于落实全面从严治党切实加强党的建设的意见》为抓手，全面从严治党，加强党的建设和党风廉政建设。认真做好我院出席党的十九大代表推选工作，落实迎接、宣传、贯彻党的十九大各项政治任务。认真学习贯彻《关于新形势下党内政治生活的若干准则》和《中国共产党党内监督条例》。牢固树立“四个意识”，坚定“四个自信”。坚持思想建党和制度建党相结合，坚决贯彻执行中央决策部署。加强全面从严治党责任制及监督检查问责机制建设，真正把制度落实到人、到事、到底，把执行制度情况作为考核评价领导班子和领导干部的重要内容。严格对领导干部的管理。建立严格的领导干部请销假制度。坚持党委集体领导下的所长负责制，贯彻执行新修订的《研究所党委工作条例》《研究所所长工作条例》。加强对党委书记和党支部书记的培训，办好党委书记研讨班、党支部书记培训班，开好加强党的建设经验交流会。开展党支部书记述职试点工作。成立后勤联合党委。加强党委领导班子建设。加强对领导干部的管理，提高领导干部治所管所的能力和水平。做好所局领导干部的选拔任用、领导班子调整补充和干部配备工作。继续做好干部学者实践锻炼工作。加强院纪律建设督办领导小组的日常督办检查。强化纪律建设和监督执纪问责，认真落实党风廉政建设责任制。强化政治纪律、组织纪律、廉洁纪律、群众纪律、工作纪律、生活纪律建设等“六大纪律”建设，完善专项巡查机制。严格落实中央“八项规定”，反对“四风”，建立密切联系群众的长效机制。继续加强“四项经费”和津补贴、“两个报偿”检查。巩固扩大巡视整改成果，建设风清气正的科研环境。充分发挥离退休老干部作用，高度重视和切实做好离退休人员工作。落实全国党校工作会议和党的群团工作会议精神，坚持党校姓党原则，加强和改进党校工作，做好统战和工青妇工作。

8. 提高服务科研能力和保障水平，在管理强院方面取得新成效

实施管理强院战略，严格管院治院，增强行政后勤为科研服务、为研究所服务、为科研人员服务的意识，提高服务水平。坚持督办例会和改革创新协调例会制度。加强办公厅和党组写作班子建设。认真履行沟通协调、审核把关、督促落实、运转保障职责，保障全院日常工作运转流畅，强化综合服务和行政管理。狠抓督查督办，保证院重大决策部署和各项工作任务落地见效。积极争取财政资金，完善财务管理体制机制。强化经费管理和预算执行力，做好全院经费保障工作。修订收入上解办法，建立收入上解的规范化机制。调整修改创新工程经费管理办法，保障科研事业发展。抓好固定资产管理。由财计局牵头，开展文物大普查。由图书馆牵头，开展典藏古籍大普查。做好燕郊“学者之家”项目的推动工作。确保东坝职工宿舍尽早开工。做好研究生宿舍扩建、学术大会堂建设准备，搞好学术报告厅改造、王府井办公区扩建、月坛小区办公楼加固改造等相关工作。完成全院房地产特别是办公用房、出租房屋、单身宿舍、职工宿舍的清理工作，设立详尽管理台账，建立严格的办公用房、单身宿舍、职工宿舍、出租房屋的管理制度。协调北京市政府做好科研与学术交流大楼项目置换和善后工作。稳妥推进我院所属单位公务用车改革。按照公平公正原则，做好我院职工住宅分配工作。对全院老旧小区宿舍、人才房、周转房等保障性用房进行修缮。进一步完善职工子女入学长效机制。积极为职工办好事、解难事。

同志们！新的伟大征程呼唤新的更大作为，做好新一年的工作意义重大、使命光荣。让我们更加紧密地团结在以习近平同志为核心的党中央周围，开拓进取，勇于创新，奋发有为，扎实工作，加快构建中国特色哲学社会科学，以优异成绩迎接党的十九大胜利召开！

全面从严治党　加快构建中国特色哲学社会科学

——在中国社会科学院2017年度深入学习贯彻习近平总书记“5·17”重要讲话、致中国社会科学院建院40周年贺信精神暨推进全面从严治党专题培训班上的动员讲话

王伟光

（2017年7月24日）

（一）主题和任务

这次专题班的主题是深入学习贯彻习近平总书记“5·17”重要讲话、致我院建院40周年贺信精神和《中共中央关于加快构建中国特色哲学社会科学的意见》，深入贯彻落实全面从严治党要求，推进“两学一做”学习教育常态化制度化，巩固审计和巡视整改成果，着力加强马克思主义和党的意识形态坚强阵地建设，深入实施哲学社会科学创新工程，大力推进国家级高

端智库建设，加快构建中国特色哲学社会科学，以优异成绩向党的十九大献礼。

这次专题班的主要任务是提高学习贯彻落实习近平总书记“5·17”重要讲话和贺信精神，关于全面从严治党重要讲话精神的自觉性，重点解决两个问题：一是加快构建中国特色哲学社会科学，二是落实“两个责任”，推动全面从严治党向纵深发展，从严管院。要努力完成加快构建中国特色哲学社会科学，更好地发挥我院马克思主义理论阵地、为党和国家决策服务的思想库作用这一战略任务，就必须全面从严治党。

加强和改善党对哲学社会科学工作的领导，是繁荣发展我国哲学社会科学事业、办好中国社科院的政治保证。哲学社会科学工作者只有主动自觉地接受党的领导，增强为人民做学问的责任感和使命感，将学术研究与党和人民的事业紧密联系起来，将个人理想追求与时代主题、国家命运结合起来，才能成为先进思想的倡导者、学术研究的开拓者、社会风尚的引领者、党执政的坚定支持者。只有站在讲政治的高度，加强党对哲学社会科学工作的政治领导和工作指导，一手抓繁荣发展，一手抓引导管理，才能更好把握哲学社会科学发展规律，推进加快构建中国特色哲学社会科学的进程。要实现党对哲学社会科学的坚强领导，必须坚持全面从严治党不动摇，坚定不移加强党的建设，从严治党管院。加快构建中国特色哲学社会科学和全面从严治党是相辅相成、辩证统一的。只有全面从严治党，从严管院，切实加强党的领导，才能实现哲学社会科学的真正繁荣和长远发展，才能完成加快构建中国特色哲学社会科学的重任，才能充分发挥哲学社会科学促进党和国家各项事业发展的作用。

（二）学习内容

这次专题班以学为主，主要是学习习近平总书记“5·17”重要讲话和贺信精神，以及中央领导重要讲话和中央文件。学习文件已经发给大家了，同志们一定要认真研读。

2016 年以来，院党组按照中央要求先后出台了两组五个文件：一组文件是院党组制定的三个巡视整改文件，即《中共中国社会科学院党组关于落实全面从严治党　切实加强党的建设的意见》《中共中国社会科学院党组关于加强党的意识形态工作　建设马克思主义坚强阵地的意见》《中共中国社会科学院党组关于改进和完善选人用人制度　加强领导班子和人才队伍建设的意见》；另一组文件是两个方案，即《中国社会科学院关于贯彻落实习近平总书记在哲学社会科学工作座谈会上的重要讲话精神总体方案》《中国社会科学院关于贯彻落实〈中共中央关于加快构建中国特色哲学社会科学的意见〉精神工作方案》。这两组文件都是院党组按照习近平总书记系列重要讲话精神和治国理政新理念新思想新战略，按照以习近平同志为核心的党中央的战略部署和要求，按照中央关于巡视整改要求制定出台的，是院党组全面从严治党、加快构建中国特色哲学社会科学的实施方案。为了配合学习，院党组把这两组共五个文件再次印发给大家。同志们要结合学习习近平总书记重要讲话和中央文件，深入研读，进一步对照检查文件贯彻落实情况。

为了办好这次专题培训班，院党组准备了两个报告：一个是王京清同志代表院党组作的“关于党的十八大以来特别是中央巡视后我院全面从严治党情况报告”，一个是张江同志代表院党组作的“关于深入学习贯彻习近平总书记‘5·17’重要讲话、致我院建院40周年贺信和中央8号文件精神的情况报告”。王京清同志同时对我院2016年度选人用人工作情况进行通报。十个单位认真做了功课，分别准备了大会发言材料，院属各单位也都准备了小组汇报材料，一并印发给大家了。

（三）专题班的开法

首先是学习。这次专题班贯穿一个“学”字，学习开路。为保证学习效果，安排了动员讲话、专题报告，还专门安排了两个半天、两个晚上的自学。请大家充分利用好时间，学深吃透，提高认识，统一思想，引领行动自觉。

其次是交流。这次专题班安排了三次分组讨论，一次大会经验介绍，一次大会交流总结。三次分组讨论，一是由各单位主要负责同志汇报学习贯彻落实习近平总书记“5·17”重要讲话、贺信和中央8号文件精神，贯彻落实两个实施方案，加快构建中国特色哲学社会科学的情况；二是学习贯彻落实习近平总书记关于全面从严治党重要讲话精神，贯彻落实院党组巡视整改文件，落实“两个责任”、全面从严治党的情况，目的是让大家交流各单位好的做法和经验。要一个单位一个单位地汇报，不要有遗漏。这次专题培训班还安排了一次大会经验介绍，由十个做得比较有特点的单位主要负责同志上台介绍经验做法。还安排了一次大会总结，各小组选出代表介绍本组的汇报讨论情况、会后的工作打算。各小组召集人一定要负起责来，把小组汇报交流组织好。最后由我作总结。

最后是部署。王京清同志和张江同志代表院党组所作的两个报告，分别对我院前一阶段的工作情况进行总结，明确我们取得了哪些成绩，有哪些成功经验，需要吸取哪些教训，还存在什么问题，下一步应该怎么做。院党组提出了明确要求，作出具体部署。

（四）几点要求

为了办好这次专题培训班，我代表党组提七点要求。

第一，学好文件。这次为大家准备了必读的文件材料，包括习近平总书记以及中央领导同志的重要讲话、中央有关文件；院领导的讲话、报告；两组共五个文件和《中国共产党党委（党组）理论学习中心组学习规则》实施办法；关于2016年度院属单位党员领导干部民主生活会的情况报告；创新工程2017年文件汇编；各单位交流发言材料；进一步规范横向课题经费管理的文件等。这次专题班时间很紧，内容很多，但十分重要，院党组要求同志们一定要静下心来，心无旁骛地学习研读，原原本本、逐字逐句、完完整整、认认真真地学习文件，吃透精神，领会实质，准确把握中央精神和要求，以明确下一步工作方向，增强做好各项工作的自觉性、主动性和创造性。同志们不但要利用好白天时间，晚上的时间也要利用起来。在认真研读学习的同时，还要做好读书笔记。

第二，认真汇报。孔子说："三人行必有我师焉，择其善者而从之，择其不善者而改之。""见贤思齐焉，见不贤而内自省也。"东晋的葛洪感悟道："劳谦虚己，则附之者众；骄慢倨傲，则去之者多。"屈原在《卜居》中写道："尺有所短；寸有所长。务有所不足；智有所不明。"德国思想家歌德说："我们全都要从前辈和同辈学习到一些东西。就连最大的天才，如果想单凭他所特有的内在自我去对付一切，他也绝不会有多大成就。"这些先哲告诉我们，无论是从事研究，还是开展工作，都要相互借鉴、取长补短，而这离不开交流思想、研讨问题、分享经验。"他山之石，可以攻玉。"大家要通过汇报交流，看一看谁做得好，比一比谁做得更好，学一学人家的好做法和好经验，找一找自己还存在哪些差距，还有哪些地方没做好。通过对交流内容"审问之，慎思之，明辨之，笃行之"，凡是正确的就学习借鉴，错误的就引以为戒，以达到共同提高的目的。在落实"两个责任"、全面从严治党、贯彻落实《关于落实全面从严治党　切实加强党的建设的意见》及其实施细则方面，在学习贯彻习近平总书记"5·17"重要讲话和贺信精神，以及落实两个方案方面，不少单位取得了一些成功经验，形成了一些行之有效的做法，这是属于全院的宝贵财富，要坚持下去并发扬光大。安排作交流发言的十家单位，有各自的特点。他们的经验和做法对于所有单位，特别是对于做得还不够的单位，值得学习借鉴。在三次分组讨论时，院属单位主要负责人都要汇报交流本单位好的做法和经验。每个单位都要虚心学习其他单位的好经验、好做法，不断丰富和提高自己，进一步把本单位的工作做好。希望大家千万不要错过这次互相交流、共同提高的机会。会议期间，党组成员将分别参加各小组的讨论，认真听取大家的汇报和建议。

第三，听好报告。这次专题班，除了王京清同志和张江同志的两个报告，张英伟同志还要作关于"切实落实'两个责任'推动全面从严治党向纵深发展"的报告。为准备这次专题班，从今年5月至6月，围绕贯彻落实全面从严治党要求，院党组在院属单位开展了党建调研检查，这是我院近年来组织的第一次全院范围的党建大调研、大检查，调研检查的主要内容是了解各单位贯彻落实院党组《关于落实全面从严治党　切实加强党的建设的意见》及实施细则的做法、经验、存在问题及建议；"两学一做"学习教育开展情况；总结和发现一些好的经验和做法，在专题研讨班上进行交流；分析查找不足，提出下一步改进措施，推动全面从严治党向纵深发展。调研成果集中体现为王京清同志代表党组所作的主题报告。张江同志所作的报告，对下一步如何深入学习贯彻习近平总书记"5·17"重要讲话、贺信和中央8号文件精神作出重点部署。张英伟同志的报告结合中国社科院的实际，就落实"两个责任"、推进党风廉政建设提出具体要求。此外，还请院直属机关党委、纪委和有关部门的主要负责同志通报2016年院属各单位党员领导干部民主生活会情况、审计巡视以来我院在横向课题经费使用方面的违规违纪案例，对我院各学科构建坚持以马克思主义为指导的学科体系、学术体系、话语体系建设工作作说明，对进一步加强横向课题管理等作说明，对进一步贯彻落实我院《研究所创新工程项目（研究类）管理办法》作具体安排。同志们一定要认真听取报告，领会精神实质，提高认识，统一思想，以把下一步工作做得更好。

第四，深入思考。党组安排同志们集中五天时间，专题研讨学习贯彻习近平总书记“5·17”重要讲话和贺信精神，以及加快构建中国特色哲学社会科学、全面从严治党等主要工作，很不容易。同志们平时工作繁忙，这次专题班就是为大家在工作“热运行”中提供一个“冷思考”的机会，提供一个能静下心来踱一踱“方步”的机会，一个能够进行深入交流的机会，使大家认真回顾和总结过往工作特别是上半年工作，从中吸取经验与教训，从而使自己能够观大局、谋长远地思考和谋划工作。学习和思考、学习和实践是相辅相成的，正所谓“学而不思则罔，思而不学则殆。”陈云同志提倡要多一点“戴瓜皮帽”的人，就是说我们除了在一线日理万机的同志外，还要有一些“头戴瓜皮帽，手拿水烟袋，经常踱方步”的人对问题进行冷思考，对长远的谋略问题想得深一点。希望同志们成为这种既有实践又有思想的“戴瓜皮帽”的人，形成重视思考、善于思考的风气，从而使我们的决策更科学、行动更自觉、落实更有力。

第五，遵守纪律。要严肃会议纪律，严格会议请假制度。同志们必须按时参加会议，不得缺席。参加会议人员原则上不得请假，确有极特殊情况不能参加会议的，应提前向分管院领导请假，并向办公厅备案。参会人员因特殊情况在会议中途请假的，必须经会议主持人或会议组织单位同意后方可离开，否则按早退处理。严格会议报到制度，会议签到不得由他人代签。要严格遵守会场纪律，会议期间不迟到，不早退。未经同意，任何人不得在会场办理与会议无关的文件和事项。由办公厅负责会场纪律督查，对无故缺席、迟到、早退及违反会场纪律等情况进行统计，督查结果以通报形式印发全院。办公厅要对会风问题加强督查，对不遵守会议制度、会议纪律的单位或个人予以通报批评。

第六，注意保密。在新形势下，保密工作面临的形势、任务和工作重点发生了很大变化，窃密与反窃密的斗争十分激烈，形势十分严峻。我院保密工作也面临着很大挑战，我们身边存在着重大的泄密隐患和风险。据中央保密局同志讲，我院已成为境外敌对势力窃密的重点单位，排在第一位。因此，增强保密意识，落实保密责任，提高保密能力，至关重要。这次专题班还专门安排大家观看保密教育影片，同志们一定要从已经发生的窃密事件中吸取教训，得到启示，切实增强做好保密工作的政治意识、大局意识和责任意识。这次专题班为同志们准备的资料中，有一些是涉密文件，有的文件密级很高。同志们一定要绷紧保密这根弦，牢固树立国家安全意识、信息安全意识、保密纪律意识。涉密文件已经标注密级，办公厅统一进行了编号。同志们领取涉密文件时要履行签收手续，不要嫌麻烦。专题班结束时，工作人员要及时回收涉密会议文件和资料。院属媒体宣传报道本次专题班时，要认真遵守新闻出版保密规定和会议保密要求。

第七，解决问题。举办专题班，学习文件，交流经验，开展研讨，目的是要解决问题。同志们要坚持问题导向，既要有直面问题的勇气和自信，也要有解决问题的责任和担当。当前，我院迎来了千载难逢的发展机遇，同时也面临着新的挑战和问题。我们要聚焦全面从严治党，加快构建中国特色哲学社会科学。要紧密联系我国改革和发展实际，联系我院和本部门本单位实际，把自己摆进去，把思想和工作摆进去，着力查找工作和思想上的不足和问题。要坚持用辩证唯物主义和历史唯物主义方法，科学分析问题、深入研究问题，弄清问题性质、找到症结所在，着力推动我院发展面临的一系列突出矛盾和问题的解决，推动各项工作不断取得新进展新成效。

同志们！在建院30周年时，中央对我院提出了“三个定位”的目标要求。在建院40周年时，习近平总书记致信祝贺，对我院职责定位作出了更加深刻的阐述，为我院和我国哲学社会科学事业指明了前进方向，提供了根本遵循。我院作为党中央直接领导的国家级哲学社会科学研究机构，要在阵地建设、科学研究等各个方面对全国哲学社会科学界起到引领、示范和标杆作用。我们要抓住千载难逢的历史机遇，自觉肩负起加快构建中国特色哲学社会科学的崇高使命。希望大家把这次会议开成一次统一思想、提高认识的会议，开成一次查找问题、厘清思路、细化举措的会议，开成一次总结经验、砥砺奋进的会议，切实提高全院各级领导干部的领导能力和工作水平。

加快构建中国特色哲学社会科学创新体系

王伟光

2016年5月17日，习近平总书记在哲学社会科学工作座谈会上发表重要讲话，深刻回答了事关我国哲学社会科学长远发展的一系列根本性问题，提出了加快构建中国特色哲学社会科学的战略任务。“5·17”重要讲话是一篇马克思主义的重要文献，为做好新时期哲学社会科学工作提供了根本遵循和行动指南。同年12月，中央全面深化改革领导小组第三十一次会议审议通过了《关于加快构建中国特色哲学社会科学的意见》，对加快构建中国特色哲学社会科学作出战略部署，这是新世纪以来党中央关于发展哲学社会科学的又一重要指导性文件。

作为党中央直接领导的国家哲学社会科学研究机构，中国社会科学院认真学习领会、全面贯彻落实习近平总书记“5·17”重要讲话和《意见》精神，加快构建中国特色哲学社会科学创新体系，明确了进一步办好中国社会科学院的总体要求，即坚持“一个战略任务”、“三条基本经验”、“五个三”工作总思路和“八个坚定不移”重要遵循。一个战略任务：加快构建中国特色哲学社会科学战略任务。三条基本经验：始终坚持正确的政治方向和学术导向，解决好哲学社会科学研究为什么人这个根本问题；始终坚持科学的工作思路和举措，紧紧抓牢创新工程这一实践载体；始终坚持把科研人员和全院群众的工作和生活需要放在重要位置，办实事，办好事，办让大家满意的事。"五个三"工作总思路：一是"三大定位"，即努力把中国社会科学院建设成为马克思主义的坚强阵地和党的意识形态重镇，我国哲学社会科学研究的最高殿堂，党中央、国务院重要的思想库和智囊团。二是"三大功能"，即发挥好阵地功能、殿堂功能、智库功能。三是"三大战略"，即实施科研强院战略、人才强院战略、管理强院战略。四是"三大风气"，即加强学风、作风、文风建设。五是"三项纪律"，即加强以政治纪律、组织纪律、财经（廉洁）纪律为重点的纪律建设。"八个坚定不移"重要遵循，即坚定不移地抓好马克思主义理论武装和理论指导，大力加强马克思主义和党的意识形态坚强阵地建设；坚定不移地抓好学风建设，始终坚持为人民做学问的宗旨；坚定不移地抓好创新工程，加快构建中国特色哲学社会科学；坚定不移地抓好科研这一中心任务，多出经得起实践和历史检验的优秀成果；坚定不移地以党和国家关注的重大理论和实践问题为主攻方向，扎实推进国家高端智库建设；坚定不移地抓好人才强院，选好人才、育好人才、用好人才；坚定不移地抓好全面从严治党和领导干部这个"关键少数"，不断加强党委、党的基层组织、党员队伍和党风廉政建设；坚定不移地抓好行政后勤保障体系建设，不断提高服务科研水平和保障能力。总体目标是加快构建中国特色哲学社会科学创新体系。

加快构建中国特色哲学社会科学创新体系，要始终坚持以马克思主义为指导。马克思主义深刻揭示了自然界、人类社会和思维发展的一般规律，为哲学社会科学各学科提供了具有指导意义的世界观、历史观、价值观和方法论。坚持以马克思主义为指导，就要坚持理论武装，切实解决好真学真懂真信真用、为什么人的问题，提高用马克思主义立场、观点、方法指导科研的能力，把马克思主义立场、观点、方法贯穿哲学社会科学各学科各领域，确保正确的政治方向、价值取向和学术导向。当前首要的是学习宣传阐释习近平总书记系列重要讲话精神和治国理政新理念新思想新战略，推进马克思主义中国化、时代化、大众化，发展21世纪马克思主义、当代中国马克思主义，不断开辟马克思主义发展新境界。抓好马克思主义理论学科建设和理论研究工程、马克思主义文艺理论和文学批评工程。建设好马克思主义研究学部、马克思主义研究院、当代中国研究所、信息情报研究院、中国特色社会主义理论体系研究中心、马克思主义学院和世界社会主义研究中心七大马克思主义研究平台。建设方向正确、理论深厚、战斗力强、定位清晰、功能互补的马克思主义理论研究和主流意识形态宣传研究阵地集群。坚持党管意识形态，切实维护党的意识形态安全，把中国社会科学院建成党的意识形态工作重镇。要勇于亮剑，敢于发声，开展对错误观点和错误思潮的批驳，牢牢掌握意识形态工作领导权管理权话语权。

加快构建中国特色哲学社会科学创新体系，要始终坚持中国特色、中国风格、中国气派的基本要求。加快构建中国特色哲学社会科学，必须加快推进中国特色、中国风格、中国气派的学科体系、学术体系、话语体系建设。加强哲学社会科学学科建设顶层设计，调整学科设置，优化学科布局，完善学科门类。进一步拓展学术视野和研究领域，改革和创新科研管理体制、机制、方法，培育新的理论生长点，催生新的思想和观念。在提高学术品质、学理厚度上下功夫，在提升学术命题、学术思想、学术观点、学术标准、学术话语的能力和水平上下功夫。推动哲学社会科学话语体系学理化、大众化、国际化。坚持用中国理论阐释中国实践，用中国实践升华中国理论。要实施中国学术走出去，善于提炼标识性概念，讲好中国故事，传播好中国声音。着力提出体现中国立场、中国智慧、中国价值的正确思路和方案，提升国际学术影响力和话语权。

加快构建中国特色哲学社会科学创新体系，要始终坚持以我国发展和我们党执政面临的重大理论和实践问题为主攻方向。哲学社会科学要以我国改革开放和现代化建设的实际问题、以我们正在做的事情为中心，深入研究回答我国发展和我们党执政面临的重大理论和实践问题，不断提高为党和国家决策服务水平。着力推进国家高端智库建设，坚持高端定位、凝练主攻方向、突出专业特色、注重成果质量。讲大局、议大事、谋大计，使科学研究服从、服务于党和国家工作大局，融入坚持和发展中国特色社会主义的实践中，深入实践，深入群众，加大调研力度，真正把握世情、国情、党情、民情，站在中国经济社会发展进步的潮头，坚持基础理论研究与应用对策研究并重，认真研究关系党和国家事业发展的全局性、战略性、前瞻性问题，为党和国家大局，为统筹推进“五位一体”总体布局、协调推进“四个全面”战略布局提供理论支撑，切实发挥好党中央、国务院重要的思想库和智囊团的作用。

加快构建中国特色哲学社会科学创新体系，要始终坚持以科研工作为中心。科学研究是哲学社会科学的根基和支撑，科研工作是哲学社会科学的中心工作。哲学社会科学的一切工作都要围绕这一中心工作来展开，为科研中心工作服务。围绕基础学科健全扎实、重点学科优势突出、新兴学科和交叉学科创新发展、冷门学科代有传承、基础研究和应用研究相辅相成、学术研究和成果应用相互促进的学科发展目标，实施“学科建设登峰战略”，加快建设一批在国内具有引领作用的重点学科，在国际具有重要影响的优势学科，打造一批国内一流、国际知名的学科集群。勇攀哲学社会科学研究的学术高峰，多出研究成果，努力产生一批具有时代高度、代表国家水准的精品力作和鸿篇巨制。努力建设与中国社会科学院学术地位相称的、体现我国哲学社会科学最高研究水平的名报、名刊、名社、名馆、名网、名库和评价中心。扎实推进科研管理体制和机制创新，完善多出成果、多出精品的管理体制和竞争激励机制，不断提高科研管理水平。

加快构建中国特色哲学社会科学创新体系，要始终坚持问题导向推动理论创新。理论的生命力在于创新。创新是哲学社会科学发展的永恒主题和不竭动力，也是社会发展、实践深化、历史前进对哲学社会科学的必然要求。构建中国特色哲学社会科学创新体系，理论创新是题中应有之义。必须以创新工程为实践抓手，坚持解放思想、实事求是、与时俱进，坚持问题导向，鼓励大胆探索，注重从我国改革发展的实践中挖掘有时代性的新材料、提炼有学理性的新理论，概括有规律性的新实践，提高哲学社会科学的创新能力、回答实际问题的能力。不断打开理论创新的新视野，不断开辟理论探索的新境界，更好地体现时代性、把握规律性、富于创造性，努力建设符合时代要求、适应实践发展的中国特色哲学社会科学创新体系。总结实施创新工程以来取得的经验和成就，积极打造哲学社会科学创新工程的“升级版”，发挥好在哲学社会科学界的引领和带动作用。

加快构建中国特色哲学社会科学创新体系，要始终坚持加强哲学社会科学人才队伍建设。加快构建中国特色哲学社会科学创新体系，人才是根基，是第一资源。实施以育人育才为中心的哲学社会科学整体发展战略，构筑学生、学术、学科一体的综合发展体系，推进哲学社会科学人才工程，着力发现、培养、聚集一批有深厚马克思主义理论素养、学贯中西的思想家和理论家，一批理论功底扎实、勇于开拓创新的学科带头人，一批年富力强、锐意进取的中青年学术骨干，为加快构建中国特色哲学社会科学提供坚实的人才支撑。推进马克思主义理论人才造就工程、领军人才引进工程、青年英才培养工程、支撑与管理人才保障工程等系列人才工程；实施资深学科带头人资助计划，启动高端人才延揽计划；依托中国社会科学院研究生院和中国社会科学院大学，加强哲学社会科学后备人才培养。让广大哲学社会科学工作者成为先进思想的倡导者、学术研究的开拓者、社会风尚的引领者、党执政的坚定支持者。

加快构建中国特色哲学社会科学创新体系，要始终坚持“二为”方向和“双百”方针相统一。为人民服务、为社会主义服务，是哲学社会科学根本宗旨；百花齐放、百家争鸣，是我国哲学社会科学的重要方针。加快构建中国特色哲学社会科学创新体系，要处理好“二为”方向与“双百”方针的关系，坚持“二为”方向和“双百”方针的有机统一。要在坚持“二为”方向的前提下，坚持和发扬学术民主，提倡不同学术观点、不同风格学派相互切磋、平等讨论。正确区分学术问题和政治问题，不把一般的学术问题当成政治问题，也不要把政治问题当作一般的学术问题，既反对打着学术研究旗号从事违背学术道德、违反宪法法律的假学术行为，也反对把学术问题和政治问题混淆起来、用解决政治问题的办法对待学术问题的简单化做法。大力弘扬理论联系实际、密切联系群众的优良学风，营造风清气正、互学互鉴、积极向上的学术生态。哲学社会科学工作者要真正把做人、做事、做学问统一起来，有立志为人民做大学问、做中国特色社会主义真学问的执着坚守。

加快构建中国特色哲学社会科学创新体系，要始终坚持加强和改善党对哲学社会科学工作的领导。加强和改善党对哲学社会科学工作的领导，是加快构建中国特色哲学社会科学创新体系的根本保证。从讲政治的高度，加强党对哲学社会科学的政治领导和工作指导，一手抓繁荣发展哲学社会科学，一手抓引导管理，确保哲学社会科学始终沿着正确的政治方向前进。坚持党性原则，加强党的建设。认真贯彻落实全面从严治党的要求，牢固树立“四个意识”，坚决维护党中央权威和集中统一领导，自觉在思想上政治上行动上同以习近平同志为核心的党中央保持高度一致。合理配置资源，把重要人才、重要阵地统筹好，把重大研究规划、重大研究项目、重大资金分配、重大评价评奖活动统筹好。要尊重劳动、尊重知识、尊重人才、尊重创造，以识才的慧眼、爱才的诚意、用才的胆识、容才的雅量，聚天下英才而用之。

（原载于《求是》杂志 2017 年第 10 期）

深入学习贯彻十八届六中全会精神 推动全面从严治党向纵深发展

——在中国社会科学院 2017 年度工作会议暨党风廉政建设工作会议上的报告

王京清

（2017 年 1 月 19 日）

（一）2016 年工作回顾

2016 年，是新修订的《中国共产党廉洁自律准则》《中国共产党纪律处分条例》和新制定的《中国共产党问责条例》实施的第一年，也是我院深入推进党风廉政建设和反腐败斗争、落实巡视整改任务的关键之年。一年来，院党组认真学习贯彻党的十八大和十八届三中、四中、五中、六中全会以及中央纪委十八届六次、七次全会精神，学习贯彻习近平总书记系列重要讲话精神和治国理政新理念新思想新战略，切实履行全面从严治党主体责任，深入开展巡视整改工作，持续深化纪律建设，全面从严治党制度建设取得丰硕成果，党内政治生活呈现新气象，全院专家学者和党员干部的纪律意识、规矩意识明显提升，为全院各项工作整体推进、健康发展提供了有力保证。概括起来，有以下几个突出特点。

1. 学习教育不断深化，政治纪律挺在前面

一年来，院党组始终把落实中央关于全面从严治党重大部署、进一步加强党对哲学社会科学的领导摆在重要位置，突出党的政治纪律和政治规矩，确保我院始终坚持正确的政治方向和学术导向。

(1) 深入开展“两学一做”学习教育，切实增强干部职工“四个意识”。院党组高度重视“两学一做”学习教育，将其作为推动全面从严治党、全面从严管院的重要抓手，边加强学习，边查摆问题。2016 年，院党组学习中央和中央纪委领导同志重要讲话、重要文件、有关指示 27 次，向院属研究单位党委书记、纪委书记和职能部门、直属单位主要负责人传达中央和中央纪委有关精神15次。2016年4月15日，院党组组织召开“两学一做”动员部署会，王伟光同志作专题党课报告；邀请时任中央纪委副书记黄树贤同志在党组中心组学习（扩大）会议上作关于问责条例专题报告；把“两学一做”学习教育内容纳入所局级干部读书班、处室干部千人培训班等教育培训活动中；举办纪委书记专题培训班；组织开展党费收缴工作专项检查和党员组织关系集中排查；对机关党员学习教育不够深入的问题开展专项整治。院属各单位把“两学一做”纳入党委（党组）中心组学习和党支部学习中，认真开展学习讨论，同时积极撰写学习体会，把学习教育与日常工作融合，以学习教育推动干部学者提升党规党纪意识，增强“四个意识”特别是核心意识、看齐意识，自觉在思想上政治上行动上与以习近平同志为核心的党中央保持高度一致。

（2）深入学习党的十八届六中全会精神，更加紧密地团结在以习近平同志为核心的党中央周围。院党组把学习贯彻六中全会精神作为全院当前和今后一个时期的重大政治任务，制定工作方案，印发学习通知，举办党组中心组学习扩大会议、全院所局级领导干部培训班、纪检干部培训班等，组织宣讲团，要求全院干部职工要坚决把维护党中央权威和党的集中统一领导作为第一位的政治纪律，更加紧密地团结在以习近平同志为核心的党中央周围。院党组和驻院纪检组认真贯彻落实《准则》和《条例》，制定我院《关于贯彻落实准则和条例的意见》，推动全面从严治党向纵深发展，全院各级党组织党内政治生活进一步得到加强和规范，党内监督进一步得到强化。

（3）坚决贯彻习近平总书记“5·17”重要讲话精神，切实加强马克思主义阵地建设和意识形态工作。我院结合自身实际，狠抓习近平总书记“5·17”重要讲话这一哲学社会科学创新发展纲领性文献的贯彻落实，加强党对哲学社会科学的领导，坚持和强化马克思主义在哲学社会科学研究中的指导地位。修订完善《关于加强党的意识形态工作建设马克思主义坚强阵地的意见》，院党组每季度听取一次贯彻落实情况汇报，院纪律建设督办小组每月听取一次贯彻落实情况汇报。院党组将加强全院意识形态工作内容分解为7章24节，任务细化为8条50项，对研究单位、学术期刊、专业智库分门别类，确保我院意识形态工作全覆盖、无死角。2016年以来，院党组召开两次全院加强党的意识形态工作和马克思主义阵地建设协调会议，党组中心组围绕意识形态相关问题共进行5次集体学习。院属各单位党委中心组认真学习中央关于加强意识形态工作的一系列重要批示精神，分析本单位学科所涉意识形态领域的斗争情况，组织撰写批判错误思潮理论文章，激发了全院科研人员和干部职工为加快构建中国特色哲学社会科学贡献力量的行动自觉，有力促进了我院以科研为中心的各项事业发展。针对中央巡视发现的《现代汉语词典》问题，院党组责成语言所即知即改，立即组织修订《现代汉语词典》。驻院纪检组和全院各级纪检组织把维护政治纪律作为监督执纪问责的首要任务，按照程序规范处置了中央巡视组移交的我院干部学者政治纪律方面的问题线索。

2. 巡视整改扎实推进，各项措施成效明显

院党组高度重视巡视整改工作，坚持标本兼治，即知即改、立行立改、全面整改，保质保量地完成了各项巡视整改任务。

（1）建立巡视整改工作机制。院党组会议定期研究巡视整改重大议题，党组成员在函询背书、审签巡视整改报告、建立长效机制等环节落实全面从严治党主体责任。加强对巡视整改工作的组织领导，成立巡视整改工作领导小组，全年召开巡视整改工作领导小组督办例会和办公室例会各 16 次，专门研究协调巡视整改工作。驻院纪检组按照学部约谈院属单位纪检组织负责人 56 人次，约谈落实巡视整改任务不力单位的主要负责同志，督促整改责任落到实处。

（2）落实巡视整改任务。为又快又好地落实巡视整改任务，院党组将巡视反馈的问题分解为即知即改（短期）、中期和长期三类，分阶段、有步骤地落实：2 月 1 日至 4 月 30 日为第一阶段，完成各类整改任务 86 项；5 月 1 日至 6 月 30 日为第二阶段，完成各类整改任务 55 项；6 月 30 日至 12 月 31 日为第三阶段，完成各类整改任务 23 项。目前，除 5 项任务正在进行收尾工作外，其余巡视整改任务已全部完成。驻院纪检组认真履行巡视整改监督审核职责，通过材料审核、抽查复核、约谈面核、定期联核等方式，对各巡视整改任务承办单位的巡视整改工作方案、出台的有关制度规定、整改报告进行审核，重点审核各责任单位落实巡视整改任务的合规性、完整性、真实性和及时性，保证了巡视整改任务落实到位。

（3）做好中央巡视反馈问题的整改问责。针对巡视反馈的“基层党组织建设薄弱”问题，对 23 个院属单位进行换届工作督促和检查，严格落实“三会一课”、主题党日、民主评议、述职考核等制度，出台《关于加强党建工作、健全党组织生活的意见》《关于进一步做好发展党员工作的意见》等一系列制度措施，为强化党的基层组织建设提供了制度保障。围绕中央巡视反馈问题在全院范围内开展了 23 项自查自纠［包括因公出国（境）、办公用房、横向课题、违规兼职取酬等］，共发现问题 1515 个，已全部整改完毕，全院共计退款折合人民币 2700 余万元。在自查自纠工作中，问责 1426 人次，其中，诫勉谈话 1 人次，提醒谈话 330 人次，批评教育 642 人次，责令书面检讨 453 人次，各单位召开专题民主生活会共 29 场（次）。

3. 监督执纪持续发力，遵规守纪成为常态

2016 年，院党组和驻院纪检组践行监督执纪“四种形态”，坚持纪严于法、纪在法前，把纪律挺在党风廉政建设和反腐败工作的前沿，着力增强党员干部和科研人员的纪律意识，强化纪律约束，抓早抓小、防微杜渐，确保管住“大多数”。

（1）创新监督方式。一是防止干部“带病提拔”。贯彻落实中组部《关于防止干部“带病提拔”的意见》，明确各单位党委（党组）对选人用人负主要责任，党委（党组）书记是第一责任人，组织人事部门和纪检监察机关分别承担直接责任和监督责任。做到干部档案“凡提必审”，个人有关事项报告“凡提必核”，纪检监察机关意见“凡提必听”，反映违规违纪问题

线索具体、有可查性的信访举报“凡提必查”。2016年，有关职能部门共向驻院纪检组征求廉洁意见117人次。二是深化专项检查。全面开展四项经费专项检查，对院属单位创新工程研究、期刊、横向课题经费以及“两个报偿”和津补贴发放情况进行重点检查，发现问题5类228个。三是用好审计监督方式。对我院预算执行情况和主要领导届中经济责任进行审计，做好审计意见的整改落实工作。规范领导干部经济责任审计制度，对院属11个单位进行财务收支审计，对2名到龄免职或交流调动的所局级领导干部进行经济责任审计，开展15项专项审计，提出整改建议。

（2）加大执纪力度。一是抓早抓小，动辄则咎。院党组和驻院纪检组在运用第一种形态上下功夫，院党组成员与驻院纪检组配合，主动同有关所局级干部进行谈话，被函询干部所在单位党组织主要负责人和分管院领导签字背书，推动领导责任落实。本年度，共诫勉谈话3人次，提醒谈话224人次，并通过集体廉洁谈话，对31名新任局级干部有针对性地提出纪律要求。二是惩前毖后，治病救人。院党组支持驻院纪检组严格执纪，给予4名违纪局级干部适当的纪律处分。院党组召开全院党风廉政建设警示教育大会，在通报违纪问题的同时，要求违纪人员所在单位作出检查，并召开专题民主生活会和组织生活会，开展批评和自我批评，查找问题根源，体现“干部犯错误，组织有责任”的理念；由院党组成员约谈受到纪律处分的干部，在批评的同时提出诫勉和希望，体现了“惩前毖后、治病救人”的原则。三是减少存量，遏制增量。驻院纪检组对以往的信访案件进行全面清查，确保信访和问题线索处置工作规范、高效，存量不断减少，增量明显得到遏制。2016年，办结立案件5件，增长66.67%；办结初核件24件，增长140%；办结谈话函询129件，增长186.67%。2016年新收问题线索246条，其中反映本年度发生问题的14条，仅占5.70%，比2015年减少35.36%，显示出我院党风廉政建设和反腐败斗争的“清存量、遏增量”工作初见成效。

（3）狠抓中央八项规定精神落实。院党组深入贯彻中央要求，紧密联系我院实际，对《中共中国社会科学院党组关于贯彻落实〈十八届中央政治局关于改进工作作风、密切联系群众的八项规定〉的意见》进行修订，为持之以恒纠正“四风”提供制度保障。围绕国情调研、考察活动中的公款旅游这一科研单位“四风”问题的特有表现形式，院党组组织开展自查自纠，查出17个单位不同程度存在公款旅游问题，责令相关当事人退赔应由个人承担的全部费用，涉及的领导干部在民主生活会上作出深刻检讨，分管院领导约谈涉及单位负责人。驻院纪检组紧盯重要节点，在元旦、春节等重要节点前夕向全院在职职工推送手机报，传达中央关于贯彻中央八项规定精神的有关要求，通报科研单位“四风”问题典型案例，提醒全院职工廉洁过节。针对中央国家机关工委专项巡视中反馈的问题，以中央八项规定为标杆，以党章党规党纪为尺子，即知即改、立行立改，形成10份整改报告，不折不扣地完成了整改任务。

4. 组织机制更加健全，“两个责任”层层压实

一年来，院党组把全面从严治党摆在全院工作的突出位置，健全完善工作机制，配齐配强纪检干部队伍，为我院全面从严治党提供不竭内生动力。

（1）完善主体责任落实机制。院党组把我院全面从严治党、加强党风廉政建设和反腐败斗争的重担挑起来，做到对各级党组织严管严治、守土尽责。2016 年，院党组研究全面从严治党相关议题 82 项，王伟光同志主持院党组会议，专题听取院党组成员关于各自分管和联系单位贯彻落实“两个责任”和意识形态工作责任制的情况汇报。院党组成员召开专题座谈会，听取分管和联系单位情况汇报，分析排查院属单位在科研、管理、媒体等工作中的廉政风险点，提出防控意见，部署防控措施。院党组成员分别带队，到院属单位开展党风廉政建设责任制检查，现场点评指导，对存在的问题提出整改意见。院属各单位按照院党组的部署和要求，认真开展党风廉政建设有关问题的自查自纠，整改存在的问题，提交专题整改报告。修订《中国社会科学院研究所党委工作条例》《中国社会科学院研究所所长工作条例》，强化了关于全面从严治党，加强党对意识形态领导、对学术工作的领导、加强阵地建设等内容。

（2）持续深化纪律建设。院党组研究通过了《关于督促中国社科院深化纪律建设的意见》，从思想认识、协调机制、责任落实、制度建设、纪律审查五个方面深化纪律建设工作，健全纪律建设工作机制。成立纪律建设督办小组，由驻院纪检组、办公厅、科研局等 12 个单位主要负责人组成，驻院纪检组组长任组长，下设三个专项组，召开督办小组会 12 次，督促主体责任单位解决纪律建设具体问题 35 个。办公厅、科研局、人事教育局等 11 个职能部门作为党组工作部门制定纪律建设监督职责清单，明确纪律建设监督职责主要项目 47 项，具体项目 149 项，并从制度的“立、改、废”、制度的宣传教育培训、受理非涉纪信访举报等角度制定了具体落实措施，将各自职能范围纪律建设主体责任压实，切实履行职能监督责任，中央纪委驻院纪检组对纪律建设落实情况进行“再监督、再检查”。

（3）选优配强纪检干部队伍。院党组高度重视纪检干部队伍建设。2016 年，督促指导 16 家院属单位完成纪委换届工作，选取政治素质过硬、工作作风端正、责任心强的领导干部担任院属单位纪检组织负责人。在职能部门人员编制高度紧缺的情况下，落实了直属机关纪委的 5 个人员编制。直属机关纪委和审计室职能定位更加清晰，运转机制更加顺畅，为我院党风廉政建设和反腐败工作的顺利推进发挥了重要作用。

5. 廉政研究成果丰富，智库功能日益凸显

（1）围绕重大理论与现实问题开展研究。围绕全党全国党风廉政建设和反腐败工作理论和实践问题，深入开展理论和对策研究，就“基层党风廉政建设和反腐败”等开展专题研究。持续开展党风廉政建设国情调研和绩效测评，组织专家学者先后到四川、河南等地进行专题调研，组织专题座谈和访谈 40 余次，发放专题调查问卷 1535 份，形成“2016 年中国党风廉政建设绩效测评报告”及一系列专题调研报告。围绕学习贯彻落实习近平总书记系列重要讲话精神和党的十八大以来党风廉政建设的重大决策部署，在《人民日报》等主流媒体发表多篇文章，并组织编写《习近平全面从严治党思想研究》一书，为加强纪律建设、落实执纪监督工作提供了智力支持。协调院有关力量形成报送中央纪委的《各国反腐败中的特殊手段研究》等研究成果，协调推荐多名专家学者参加中央纪委宣传部、中央纪委监察部网站、中国纪检监察杂志社等组织的座谈、专访等活动，得到中央纪委有关部门充分肯定。

（2）积极推进廉政研究国际合作交流。拓展与国（境）外反腐败机构、廉政研究组织、高校的合作交流，向国际社会积极推介中国治理腐败的有效做法与经验，提高反腐败领域的国际话语权。2016年，围绕廉政建设与反腐败先后到欧盟、比利时、俄罗斯进行考察，就“反腐败国家立法”“廉政建设与反贿赂”等与国外反腐败机构、廉政研究组织、高校的合作交流，形成“欧洲近期反腐败与廉政研究新动态及对我启示”等《要报》。参加“第五届欧亚反腐败论坛”，与联合国社会发展研究所合作举办了第二届“中欧廉政智库高端论坛”，与俄罗斯联邦立法与比较法研究所等机构签署合作备忘录，打造国际廉政智库交流的高端平台。

（3）推进国内廉政研究的深度交流。结合中央纪委新部署和新要求，中国廉政研究中心积极搭建专家学者与纪检监察干部互动交流的学术平台，通过深度交流提高廉政研究水平。中国廉政研究中心与四川社科院共同举办了“第九届廉政研究论坛”，与四川省达州市委、市纪委共同举办了“第二届廉政大竹论坛”，在黑龙江省佳木斯市设立“廉政研究调研基地”，为开展深度合作奠定基础。在“马克思主义理论骨干人才计划”中开设廉政研究方向的博士招生点，探索建立特邀研究员制度，推动廉政研究学科化建设。

回顾一年来的工作，我们有以下四点体会。

一是推进党风廉政建设离不开各级党组织切实履行主体责任。各级党组织切实担负起管党治党政治责任，是我院全面从严治党的重要内容和有力支撑。党组高度重视，把加强党风廉政建设摆在重要议事日程，对党风廉政建设各项任务全面部署，对呈报的涉及党风廉政建设的各类事项，都及时、坚定、明确地作出指示，党组会议定期研究，积极推动完善党风廉政建设体制机制，督促开展相关问题的检查整改。党组成员以身作则、率先垂范，对领导干部作风建设、廉洁自律等各项制度带头学习、带头执行，为我院党风廉政建设提供了坚强的组织和制度保证。在院党组的带动下，研究院所各级党委自觉强化责任担当，推动了我院党风廉政建设工作巩固发展。

二是推进党风廉政建设必须始终坚持正确的政治方向和学术导向。作为马克思主义坚强阵地，党的意识形态重镇，国家级综合性高端智库，我院必须高度重视党对哲学社会科学的领导，在加快构建中国特色哲学社会科学、解决经济社会发展中的重大理论和现实问题方面有所担当，拿出中央需要和认可的成果。作为社科院一分子，绝对不能孤立、机械、静止地看待讲政治，要认识到无论从事哪个领域研究、哪一项具体工作，都是受党的指派、为党工作，都要在党言党、在党忧党、在党为党，把爱党、忧党、兴党、护党落实到工作生活各个环节，敢于同形形色色违反党内政治生活原则和制度的现象作斗争。要深刻认识到，坚持和加强党对哲学社会科学的领导，确保马克思主义在哲学社会科学领域的指导地位，始终坚持正确的政治方向和学术导向，是加快构建中国特色哲学社会科学的保障，更是我院和在座的每一位发展的生命线。

三是推进党风廉政建设得益于各方共同努力。全面从严治党、深入推进我院党风廉政建设和反腐败斗争，是院职能部门、院属各单位以及全院职工共同的政治任务。实践证明，凡是研究院所党委、纪委切实贯彻院党组部署，把真正该做的事做好的，这个单位的政治生态就会大不一样；凡是职能部门将加强党风廉政建设与管理职责紧密结合的，各项工作就会大力推动。全院科研人员和广大干部职工是我院加强党风廉政建设参与者、受益者，我院每名党员都在纪律的约束中受到教育和保护，得到净化和成长；广大专兼职纪检干部作为我院加强党风廉政建设的亲历者、见证者，始终从大局出发，倾心尽力，作出了重要贡献，有赖于大家的共同努力，我院党风廉政建设工作才能不断取得新成效。

四是推进党风廉政建设需要积极探索健全规章制度。我院围绕全面从严治党制定了一系列制度，院党组出台的改革措施都是严格按照党中央部署，紧密结合社科院实际，经过多方反复讨论、广泛征求意见之后才实施的。这些制度在最大限度地解放科研生产力，破除人才培养、评价、流动、激励方面“紧箍咒”的同时，划好“警戒线”，其目的就是使我院更好发挥“三个定位”作用，推动国家级综合性高端智库建设。可以说，建立健全党风廉政建设制度，激发了广大党员干部的政治觉悟和创造活力，为促进全院各项工作开展提供了坚强保证。

一年来，院党组切实履行主体责任，抓党风廉政建设重点突出，深入排查防控各领域、各方面的违纪违规风险，平稳实现巡视整改；中央纪委驻院纪检组忠于职守、勇于担当、从严执纪，展现了良好的党性修养、能力素质和工作作风，保证了我院党风廉政建设任务不打折扣、落到实处。在大家的共同努力下，全院党风廉政建设和反腐败工作保持了良好势头。在此，我代表党组向中央纪委驻院纪检组和全院从事纪检监察工作的同志们表示诚挚的敬意！向关心支持党风廉政建设的各部门各单位和学者干部表示衷心的感谢！

在肯定成绩的同时，我们也要清醒地看到存在的问题和不足：有的单位和同志对履行全面从严治党主体责任的思想认识还不够深刻，还没有牢固树立不管党治党就是严重失职的观点，主体意识、责任意识、担当意识还有待进一步增强；个别单位纪检组织监督不够及时、执纪不够严、不够硬，全院整体执纪力量尚需进一步加强；有的单位贯彻民主集中制不够有力，领导班子成员之间团结协作还有待进一步强化；有的单位还存在形式主义、官僚主义等方面的问题；有的同志的作风、学风、文风亟待改进；等等，对于上述问题，我们要高度重视，采取行之有效的措施，下大力气加以解决。

（二）2017年工作部署

2017年，是全党在以习近平同志为核心的党中央坚强领导下，统筹推进“五位一体”总体布局和协调推进“四个全面”战略布局，坚持稳中求进工作总基调，迎接十九大胜利召开的一年，是习近平总书记“5·17”讲话发表一周年，也是我院建院四十周年，是我院实施创新工程、全面从严治党管院的关键之年。抓好党风廉政建设和反腐败工作，对于提高依规依纪管院治院水平、推动我院健康发展具有十分重要的意义。

今年我院党风廉政建设工作的总体思路是：以马克思列宁主义、毛泽东思想、邓小平理论、“三个代表”重要思想和科学发展观为指导，深入贯彻习近平总书记系列重要讲话精神和治国理政新理念新思想新战略，全面贯彻党的十八大和十八届三中、四中、五中、六中全会以及中央纪委十八届七次全会精神，坚决维护以习近平同志为核心的党中央权威，推动全面从严治党向纵深发展，净化党内政治生态，加强党内监督，推进标本兼治，全面加强纪律建设，强化监督执纪问责，持之以恒抓好作风建设，在坚持中深化、在深化中坚持，巩固和扩大巡视审计整改成果，把我院党风廉政建设和反腐败工作引向深入，为我院更好地服务党和国家工作全局、加快构建中国特色哲学社会科学提供坚强保证，以良好的精神状态和优异工作成绩迎接党的十九大胜利召开。

按照以上思路，2017年要重点抓好七个方面工作。

1．深入学习贯彻党的十八届六中全会精神

一是加强宣传教育。要继续深入学习党的十八届六中全会精神，把学习领会六中全会精神与全面贯彻党的十八大和十八届三中、四中、五中全会精神结合起来，与学习贯彻习近平总书记系列重要讲话精神和治国理政新理念新思想新战略结合起来。办好所局级领导干部读书班、处室干部千人培训班，牢固树立“四个意识”，推动全院干部职工更加紧密团结在以习近平同志为核心的党中央周围。要抓好《准则》《条例》等党内法规和中央纪委七次全会精神的学习，纳入各类培训项目的“必修课”，引导干部学者深入领会中央和中央纪委精神，提高思想认识和行动自觉。

二是严明政治纪律。要坚决把维护以习近平同志为核心的党中央权威和党的集中统一领导作为第一位的政治纪律，把严明政治纪律和政治规矩作为铁的要求，增强领导干部和专家学者的政治警觉性和政治鉴别力，广大干部学者要经常主动全面地向党中央看齐、向习近平总书记看齐，向党的理论和路线方针政策看齐。举办“加强和改善党对哲学社会科学的领导”理论研讨会，进一步深入学习习近平总书记关于“加强和改善党对哲学社会科学工作的领导”的重要论述，提升广大学者政治纪律意识。要以《准则》《条例》为尺子，组织开展对维护党章、执行党的路线方针政策和决议情况的监督检查。全院干部职工要认真落实我院贯彻“5·17”重要讲话精神等“四个文件”和《关于加强政治纪律建设的意见》等，对执行党的路线方针政策不力、选人用人失察、任用干部连续出现问题的，严肃追究责任。

三是净化政治生态。做好党的十九大代表推选、院属单位“两委”换届、领导干部选拔等工作，对有关人选一定要严格把关，特别是要把好政治关和廉洁关，防止干部“带病提拔”“带病上岗”。加强干部选拔任用工作经常性监督，修订完善五、六级管理岗位领导人员聘任办法。严格执行干部选拔任用审批备案制度。严格执行领导干部出国（境）审批制度。加强干部兼职管理。做好领导干部个人有关事项报告抽查核实工作。要加强换届纪律和组织纪律监督，严肃查处买官卖官、拉票贿选问题。建立健全征求廉洁意见和党组织、纪检组织负责人在有关人选廉洁方面情况结论性意见“双签字”制度，建立健全干部“带病提拔”问责机制，党委（党组）及组织人事部门、纪检组织按照职责权限，进行责任追究。

2. 锲而不舍推进作风建设

一是盯紧重要节点。要坚持问题导向。既要紧盯公款吃喝、公车私用等常见问题，又要注意发现和纠正参加学术活动期间接受高档礼品、利用国情考察之机组织变相公款旅游等科研单位特有的违反中央八项规定精神问题。要紧盯重要节点，密切关注新动向，不断采取新措施，一个节点一个节点地抓，一个问题一个问题地查，坚决防止不正之风反弹回潮。要紧盯重点对象。始终将各级党员领导干部以及负责人、财、物管理处置的重点岗位人员作为重点对象，严明纪律要求。要结合社科院科研单位的特点，继续抓好学风、文风、作风，实现“三大风气”的进一步好转。

二是开展专项检查。结合中央巡视反馈问题清单，严肃查处和纠正办公用房、公车私用、利用调研考察搞公款旅游等违反中央八项规定精神的问题，推动纠正“四风”往深里抓、实里抓。以中央国家机关工委中央八项规定精神落实情况专项巡视整改工作为契机，开展违反中央八项规定精神专项检查，对涉嫌违纪的移交纪检组织严肃处理，对领导干部失职失责的严肃追究责任。各级纪检组织要严肃查处违反中央八项规定精神的问题。对执纪审查对象存在“四风”问题的，快查快办快结，先于其他问题查处和通报。

三是构建长效机制。院属各单位要以实事求是的态度，结合新修订的《中共中国社会科学院党组关于贯彻落实〈十八届中央政治局关于改进工作作风、密切联系群众的八项规定〉的实施意见》，对本单位落实中央八项规定精神的制度措施加以修订，把制度建设的过程作为深化认识、增强执行力的过程，为持之以恒纠正“四风”提供制度保障。要举一反三，结合中央巡视反馈问题清单，对全面从严治党相关院纪院规和文件制度进行一次“回头看”，继续保留和执行依然适用的，修改或废止不再适用或与中央精神不一致的，确保中央各项路线方针政策落到实处。

3. 落实全面从严治党责任

一是强化责任意识。建立院全面从严治党主体责任综合协调机制，推动主体责任各项工作落到实处。把“两个责任”落实情况作为监督的重点，督促院属单位党组织解决本单位党内政治生活中存在的突出问题。举办院属单位党组织负责人落实全面从严治党责任培训班，采取定期通报、组织评议、责任追究，推动与评先奖优、职务晋升挂钩等办法，压紧压实责任，打通责任落实的“最后一公里”。院属单位党组织负责人要就执行政治纪律和政治规矩、履行管党治党责任、推进党风廉政建设和反腐败工作以及执行廉洁纪律情况向院党建领导小组述责述廉。对各级党组织和党员领导干部履行“两个责任”不力的，该约谈的约谈，该提醒的提醒，该报告的报告，督促各级党组织和党员领导干部认真履行“一岗双责”，一级抓一级，层层压实责任。各级党组织和纪检组织要用好问责条例这个全面从严治党的利器，对履行职责不力的，要敢于较真碰硬、严肃问责，既追究主体责任，又追究监督责任，发现一起，坚决问责一起，绝不姑息。建立问责典型案例通报曝光制度，持续释放有责必问、问责必严的强烈信号。

二是加强廉政文化建设。要抓好思想教育这个根本，加强我院各级党组织内部政治文化建设，弘扬以马克思主义为指导、以中华优秀传统文化为基础、以革命文化为源头、以社会主义先进文化为主体、充分体现中国共产党党性的廉洁文化。全体党员特别是党员干部要自觉学习、感悟、传承、弘扬中华文化，以文化自信支撑政治定力。要用好我院道德建设论坛这一品牌活动，积极营造风清气正的学术生态，弘扬高尚的道德追求。相关研究单位要充分发挥学术优势和智力优势，对如何运用中华优秀传统文化，结合时代条件加以继承和发扬，推动全党、全国、全社会形成崇清尚廉的政治文化提出切实可行的对策建议。

三是丰富监督方式。制定我院关于中国共产党问责条例的实施细则，建立健全个别谈话、廉洁谈话、述责述廉、党风廉政建设责任制检查等制度，加强对院属单位党组织及党员领导干部的监督检查，形成遵守纪律和规矩的制度环境和强大舆论压力。严格党的组织生活制度，遇到重要或普遍性问题应当及时召开民主生活会，领导干部应当在会上把群众反映、巡视反馈、组织约谈函询的问题说清楚、谈透彻，开展批评和自我批评，提出整改措施，接受组织监督。坚持党内谈话制度，院内各级党组织和纪检组织要认真开展提醒谈话、诫勉谈话。发现领导干部在遵守和维护纪律方面有苗头性、倾向性问题的，有关党组织负责人应当及时对其提醒谈话；发现轻微违纪问题的，上级党组织应当对其诫勉谈话；接到对干部一般性违纪问题的反映，纪检组织可以与其所在党组织主要负责人一同约谈被反映人。

四是加强对纪检工作的领导。院党组要根据《关于履行监督责任暂行办法》，进一步畅通与驻院纪检组沟通机制，定期与驻院纪检组分析研判我院党风廉政建设和反腐败工作的形势、问题和下一步工作，就纪律审查工作重大事项及时沟通。各职能部门要配合纪检组织的纪律审查工作，吸收采纳、尽快落实纪检组织的合理建议，实现纪律审查治本功能。要加强纪检干部队伍建设，进一步选好配强纪检干部，严格选人用人标准，选拔优秀干部承担纪检工作。充实直属机关纪委和审计室干部队伍，为直属机关纪委和审计室顺利完成各项工作提供人员保障。直属机关纪委委员要根据《关于充分发挥直属机关纪委委员作用的意见》切实履行职责。建立院属单位纪委专职副书记到中央纪委驻院纪检组、院直属机关纪委轮岗培训制度，提升院属单位纪检组织和纪检干部监督执纪问责能力和水平。

4. 持续推进纪律建设

一是健全工作机制。全面加强我院政治纪律、组织纪律、廉洁（财经）纪律、群众纪律、工作纪律和生活纪律建设，结合我院哲学社会科学研究单位特点，巩固巡视审计整改成果，重点针对纪律建设方面易发多发问题，突出抓好政治纪律、组织纪律、廉洁（财经）纪律这三项纪律建设。建立院党组全面监督、党组成员分工主抓、职能部门职能监督、院属单位党组织日常监督、驻院纪检组通过院纪律建设督办小组牵头督办的全院党内监督工作新机制。明确院、所两级党组织监督责任，院属研究单位党委承担本单位纪律建设日常监督主体责任，院职能部门承担本部门职责范围内监督责任，驻院纪检组专责监督，对职能部门的监督实行再监督。

二是明确职责分工。院办公厅等十个职能部门和承担意识形态相关工作的马研院，作为院党组工作部门，按照《中国社科院职能部门纪律建设监督职责清单》明确的职责分工，具体承担有关党内监督职能，明确责任人、路线图，实行党内监督职责与日常业务工作有机融合，做到一岗双责。

三是严肃责任追究。坚持并完善纪律建设工作督办机制，有计划地推进《清单》各项任务及纪律建设督办事项的落实。将《清单》的各项工作和纪律建设督办事项纳入本单位年度工作统一部署、统一检查、统一考核，将落实情况作为有关单位和个人年度考核、创新工程准入和绩效考核的重要内容，纳入领导干部述责述廉重点内容。对疏于履职、造成严重后果的，依据《中国共产党问责条例》的有关规定，严肃问责。

5. 进一步发挥巡视工作“利剑”作用

一是巩固中央巡视整改工作现有成果。要坚持思想不松、标准不降、力度不减、焦点不换，全面深入把巡视组反馈问题整改落实到位，进一步巩固和深化巡视整改工作现有成果。要结合党的十八届六中全会精神，抓巩固、防反弹，用好巡视成果、提升整改效果，院党组在 2017 年内对中央巡视、中央国家机关工委专项巡视和国家审计署审计整改任务开展“回头看”，对“松气、松劲、松套”的要严肃追究责任。院属各单位要全面梳理中央巡视以来本单位制定的各项整改措施和规章制度，认真加以落实，并将落实情况纳入本单位年度工作统一部署、统一检查，将落实情况作为年度考核、创新工程准入和绩效考核的重要内容，纳入领导干部述责述廉重点内容。对整改不力的，依据《中国共产党问责条例》的有关规定，严肃问责。

二是持续推进中央巡视整改长期任务落实。进一步增强思想自觉和行动自觉，充分认识巡视整改的极端重要性。以巡视整改四项长期任务即《贯彻落实习近平总书记在哲学社会科学工作座谈会上的重要讲话精神总体方案》《关于改进和完善选人用人制度加强领导班子和人才队伍建设的意见》《关于落实全面从严治党切实加强党的建设的意见》《关于加强党的意识形态工作建设马克思主义坚强阵地的意见》为抓手，在认真上较劲、下功夫，推动巡视整改长期任务有序推进。要进一步健全完善规章制度强化长效机制，一手抓制度制定，一手抓制度执行，同向用力、同时发力，在深入整改的同时，更加注重治本，更加注重制定和完善一批管长远、治根本的有效制度，建立全面检查、全程督办、全力执纪的制度体系，推动整改落实常态化长效化。要严防“破窗效应”，发挥制度刚性约束作用，以制度机制固化巡视整改的成果。

三是建立健全我院专项巡察机制。学习借鉴中央和兄弟单位开展巡视工作的宝贵经验，结合我院具体情况，制定《中国社科院纪律建设专项巡察工作暂行办法》，成立纪律建设专项巡察工作领导小组，抽调精干力量组成专项巡察组，2017 年内对 10 个左右院属单位党委开展纪律建设专项巡察，目标是发现问题、形成震慑、促进发展。巡察组要坚持问题导向，聚焦被巡察单位领导班子纪律建设方面的问题，发现薄弱环节，及时向院党组、巡察工作领导小组、有关职能部门和被巡察单位反馈；被巡察单位要对巡视反馈的问题即知即改、立行立改；相关职能部门要举一反三、填补制度漏洞发挥巡察监督“利剑”作用。

6. 加强监督执纪问责

一是提高执纪水平。落实《中国共产党纪律检查机关监督执纪工作规则（试行)》，严格工作规程，做好纪律审查的受理、初核、立案、调查、审理、处理、转办、移送、申诉等环节，进一步提升纪律审查工作质量和水平。各级纪检组织要抓好信访工作，畅通信访举报渠道，确保群众信访举报有效受理。要进一步加强“信、访、网、电”四位一体信访举报体系建设，公开举报电话和邮箱，构建全方位、立体式便捷化信访举报体系，确保群众信访举报“畅通无阻”。要加强问题线索处置，各级纪检组织要在 2016 年问题线索“大起底”的基础上，通过集体排查，按照中央纪委反映领导干部问题线索五类处置方式，提出处置意见，防止线索失管失控、久拖不办，以信谋私、压信不查等问题发生。特别是要把处置中央巡视移交问题线索继续作为当前和今后一段时期纪律审查工作的首要任务，纪检组织负责人定期听取核查工作进展汇报，研究下一步工作安排，确保每一条巡视移交问题线索都能得到妥善处置。各级纪检组织要按照驻院纪检组要求，定期报送问题线索及处置情况，接受驻院纪检组的监督指导。

二是突出惩治重点。各级纪检组织要按照纪律审查工作的总体要求，保持高压态势，严查“三类人”，即党的十八大后不收敛、不收手，问题严重、群众反映强烈，现在重要岗位且可能还要提拔使用的领导干部；严把“四条线”，即党的十八大后、中央八项规定出台后、群众路线教育实践活动开展后、中央巡视后仍然顶风违纪的行为，释放越往后执纪越严的信号，坚决遏制腐败。

三是运用“四种形态”。要落实监督执纪“四种形态”要求，使纪律严起来，管住党内大多数，对反映笼统含糊、违纪事实轻微的一般性问题，及时通过谈话提醒、函询核实、批评教育等方式处理，做好咬耳扯袖的工作，让红脸出汗成为常态，突出“惩前毖后、治病救人”，注重不同形态之间的转换。集中研判问题线索，对适宜谈话函询的，逐一确定对象和方案，做到该谈必谈，该询必询。提升主谈者的政治水平和业务水平，切实做到“既用纪律尺子衡量又用高标准引领，既做到严肃认真，又要充分考虑专家学者的特点，既讲问题又提希望，既谈清谈透问题，又鼓励放下思想包袱”，触及灵魂和思想，达到口服、心服的效果。

四是加强警示教育。编辑汇总建院 40 年以来违纪典型事例警示录，加强案例通报曝光，用身边事教育身边人。院属单位纪检组织要对照这些典型案件，寻找问题症结，堵塞监管漏洞。

要系统整理、充分利用违纪干部书面检讨材料，在一定范围内公开。要在院内组织的各类培训班特别是领导干部培训班上开设警示教育课程；将书面检讨材料发回违纪干部所在单位，所在单位领导班子成员要在民主生活会上围绕违纪干部书面检讨材料交流认识体会，认真吸取教训。

7. 继续开展廉政研究

一是做好重点领域研究。各研究单位要从自身学科背景出发，围绕当前党风廉政建设重大理论和现实问题，精心设计选题，组织开展专题研究。要把贯彻落实党的十八届六中全会精神、党的十八大以来中国共产党党风廉政建设和反腐败斗争经验的总结等内容纳入院理论宣传和课题研究计划，组织相关专家学者加强理论研究，撰写阐释文章，深入进行解读，发挥智库功能，营造舆论氛围。继续对我国惩治和预防腐败绩效状况进行跟踪测评和研究，通过分析问卷调查数据产出多种成果，做好以总结党的十八大以来党风廉政建设新成效为重点组织第七部反腐倡廉蓝皮书研究工作，为党的十九大党风廉政建设和反腐败斗争提供决策参考。

二是推进廉政学科建设。2017 年，要抓紧推进廉政学学科建设，完成“特殊学科”发展的各项任务。为廉政学学科发展积极创造条件，在职称评审、优秀成果评选、研究生招收、人才引进和培养等方面给予政策倾斜。

三是组织各类学术交流。以“落实十八届六中全会精神、总结党的十八大以来党风廉政建设成效”为主题，与河北省纪委、社科院共同举办第十届廉政研究论坛，邀请全国社科系统廉政研究中心负责人及专家学者参加。

同志们！为了更好地完成上述重点任务，大家要管好自己，当好表率。各位所局级干部是我院的“关键少数”，你们的素养、能力、作风，直接关系到我院党风廉政建设和反腐败斗争的成效。大家要对照党章找差距，坚定共产主义理想信念，真学真懂真信真用马克思主义；严格遵守组织纪律、服从组织决定；学会在监督的环境下愉快工作，正确对待、真诚接受群众监督；时常对照先进典型激励自己，对照反面教材警示自己。此外，要当好责任人，种好责任田。牢固树立“有多大担当就能干多大的事业，尽多大的责任就会出多大成就”的意识，把加强党的建设作为应尽之责、分内之事，把加强党风廉政建设纳入本单位总体安排，与科研和管理工作一起部署、一起落实、一起检查，采取有力措施，列出任务清单，一项一项抓，抓一件成一件，在大是大非面前敢于亮剑，在矛盾问题面前迎难而上，在危机困难关头挺身而出，面对歪风邪气坚决斗争。

同志们！春节将至，正是“四风”和腐败问题易发多发期，希望各位自觉对照中央八项规定特别是院党组关于贯彻落实中央八项规定的意见要求，严禁违规公款吃喝、旅游和安排与公务无关的消费活动，严禁用公款购买赠送贺年卡、烟花爆竹等年货节礼或搞相互走访、送礼、宴请等拜年活动，严禁违规收受礼品礼金、有价证券、电子礼券、消费卡等，严禁违规发放津贴、补贴、奖金、实物或以各种名义报销节礼费及其他应由个人承担的费用，严禁违规出入私人会所，严禁违规参加老乡会、校友会、战友会，严禁公车私用、“私车公养”，确保风清气正、廉洁过节。

同志们！党风廉政建设永远在路上。让我们更加紧密地团结在以习近平同志为核心的党中央周围，以求真务实的精神、埋头苦干的作风，不忘初心、继续前进，谦虚谨慎、戒骄戒躁，不断开创我院全面从严治党、党风廉政建设和反腐败工作的新局面！

大力实施“走出去”战略　着力提高外事管理水平

——在中国社会科学院2017年度外事管理培训班上的讲话

蔡　昉

（2017年12月6日）

党的十九大报告要求，“讲好中国故事，展现真实、立体、全面的中国，提高国家文化软实力”。习近平总书记在哲学社会科学工作座谈会上的讲话中强调，增强文化软实力、提高我国在国际上的话语权，迫切需要哲学社会科学更好发挥作用。新形势下，我们要进一步加大实施“走出去”战略工作力度，不断提高外事管理水平。我院举办这次外事管理培训班，主要任务是深入学习贯彻党的十九大精神，落实院党组大力实施“走出去”战略的部署，提高认识，明确任务，分析问题，规范管理，促进我院对外学术交流合作持续、健康发展。下面，我讲几点意见。

（一）五年来实施“走出去”战略取得显著成效

在院党组高度重视和各部门、各单位共同努力下，党的十八大以来的五年，我院发挥学术优势，从服务中国特色大国外交的战略高度，积极推进实施哲学社会科学“走出去”战略，取得显著工作成效。

作为国家高端智库，我院紧密配合我领导人重大外交活动，在对外工作大局中发挥作用日趋增强。五年来，习近平主席、李克强总理曾多次见证我院与外国政府部门、国家科研机构等签署合作协议、备忘录。配合我领导人出访，我院组织了一系列中外高端智库研讨会。2016年6月，习近平主席在对乌兹别克斯坦进行国事访问期间接见我院考古队员，称赞中乌在考古领域的合作已经成为两国人文交流的新亮点。

我院对外交流合作遍及100多个国家和地区，同海外170余个机构建立了协议交流关系，其中主体是各国科学院、国家级科研机构、高端智库、知名学府以及重要国际组织。

全院5年来派出交流量万余人次，接待来访近万人次。来访者以各国知名专家学者为主，外国元首、政府首脑及要员、海外媒体人士、驻华使领馆官员、国际组织代表等也经常到访我院。出、来访构成了中外沟通交流的重要渠道。

院、所5年来举办国际性学术会议760余场。其中，在“中国社会科学论坛”平台下，5年来举办系列国际研讨会120余场，涉及经济、社会、法律、历史、文学、国际关系等领域。除在国内举办外，马克思主义研究院、社会学所、中国社会科学杂志社等分别在德国、美国、加拿大等成功举办“论坛”研讨会。由马克思主义研究院承办，已连续3年在欧洲成功举办“中国道路”欧洲论坛国际研讨会，得到中央领导同志高度肯定。

我院于2012年起设立“周边及发展中国家青年学者培训项目”。在我院研究生院已成功举办6届“周边及发展中国家青年学者研修班”。研修班以经济发展为主题，先后邀请来自老挝、越南、蒙古、缅甸、泰国、哈萨克斯坦、乌兹别克斯坦、伊朗、白俄罗斯、古巴、墨西哥等30余个国家的160余位青年学者参加培训。

我院同俄罗斯人文基金会、法国科研中心、英国学术院、荷兰皇家科学院、澳大利亚社科院、南非社科理事会等十余个国家的科研机构共同组织开展合作研究项目，5年来开展中外合作研究项目近百项，把“自己讲”和“别人讲”结合起来，项目成果在国际高端学术出版机构出版。

我院自2013年起实施“与国际知名智库交流平台项目”计划。项目服务于我院新型智库建设和对策研究的迫切需要。项目下已选派30余名我院优秀学者赴欧、美及亚洲高端智库开展调研访问。派出人员在外期间深入开展专题研究、交流，对构建我院与国际知名智库合作关系、增强我院在国际智库界影响力发挥着重要作用。

我院所属的网、刊、报、数据库、出版社等共同构建起立体的对外学术传播平台。5年来，与国外知名学术出版社合作，我院对外翻译出版学术著作700余部，印行《中国社会科学》《中国与世界经济》《中国经济学人》《中国财政与经济研究》《国际思想评论》《中国考古学》《中国近代史》等16种英文学术期刊，其中一些刊物已进入国际社会科学文献索引。

哲学社会科学创新工程为我院实施“走出去”战略带来重要机遇。在创新工程支持下，我院重点开展了一系列对外学术交流及学术外交、学术外宣项目，形成了以高端论坛、合作研究、对外培训、智库交流、传播平台五大类项为支撑的、比较完整的对外交流合作格局。

（二）发挥学术优势，在哲学社会科学对外交流中增强国际话语权

作为国家哲学社会科学研究中心，中国社科院被海外各国和地区视为中国对外开展人文社科交流合作的国家窗口。近年来，配合我国家领导人高访，我院学者代表团赴瑞士出席冬季达沃斯论坛，在中国专场研讨会作主旨发言，在高端国际讲坛发出中国智库声音，展示中国发展、中国贡献，得到高度评价和热烈反响。2013年起，我院推出“理解中国”大型英文系列学术丛书，王伟光院长亲自担任编委会主任。“丛书”约请国内一流专家撰写，推出《破解中国经济

发展之谜》《中国的政治制度》《中国人的价值观》《中国的法治之路》《中国的环境治理与生态建设》等专著，在扎实学理和研究基础上讲述中国故事，在海外读者中广受好评。

2016年，我院担当二十国集团（G20）智库交流（T20）牵头单位，开展二十国集团智库交流系列活动，在北京、上海、深圳、美国华盛顿、秘鲁利马、德国柏林、瑞士日内瓦、印度孟买等共举办10场G20高端智库国际研讨会，并向2016年G20峰会提交政策报告。

2016年7月和2017年6月，我院先后在新加坡主办“南海问题与区域合作发展高端智库学术研讨会”、在美国艾奥瓦州德梅因市主办“中美智库研讨会”，通过高端智库对话，答疑解惑，取得显著外宣成效。

目前，我院所属6大学部、40个研究所，以学者互访、学术会议、共同研究、合作出版、联合实验室等多种形式开展对外交流合作。研究合作取得的成果在国际学术界以及海外决策圈、舆论场引起越来越多关注，产生日益广泛的影响。

（三）实施“走出去”战略的重点工作

要深入学习贯彻宣传党的十九大精神，大力实施“走出去”战略，突出交流重点，搭建高端平台；着力推进与“一带一路”沿线国家以及重要国际组织的合作；围绕重大理论和现实问题加大开展中外合作研究力度；多种渠道推出优秀学术成果；提升我院作为全球知名智库的国际影响力、话语权。

1. 积极开展党的十九大对外宣传工作。我院与中国国际经济交流中心于2017年11月16日在北京共同主办“中共十九大：中国发展与世界意义”国际智库研讨会。黄坤明同志出席并致辞，外交部、发改委、中央文献研究室、中国社科院、中国国际经济交流中心领导作主旨演讲，3位国外前政要和来自美、英、法、德、日、巴基斯坦、越、巴西、阿根廷、南非、肯尼亚等32个国家及国际组织的50余位外方代表与会。中外媒体集中深入报道。中央电视台《新闻联播》发播消息。11月8日至9日，配合习近平主席访越，我院全球战略研究院与越南社科院在河内共同举办“中越智库论坛：中共十九大暨APEC框架下中越合作”研讨会。12月中旬，将在华举办以“中非合作新征程、新前景”为主题的中非高端智库交流活动。通过一系列中外高端智库交流，宣介党的十九大精神，阐释党的十九大对中国发展和推动中外合作共赢的重大意义。

2. 全力办好中国中东欧研究院。2017年4月24日，刘奇葆同志和王伟光院长在匈牙利布达佩斯为“中国中东欧研究院”揭牌。“中国中东欧研究院”是中国第一家在欧洲独立注册的智库，是中国智库“走出去”跨出的重要一步。目前，研究院正积极推进各项工作，密切和提升与中东欧国家的智库交流。

3. 设立和开展香港中国学术研究院工作。香港中国学术研究院于2017年6月完成在港注册。王伟光同志任研究院院长、蔡昉同志任研究院理事长。今年9月18日，由工经所承办，研究院在港举办"'一带一路'与香港发展新机遇"研讨会，200余位来自香港和内地的政、商、学界人士出席；同期，由考古所承办，在港举办"文明·古都·丝路考古文物图片展"，以考古遗迹、经典文物图片，集中反映中华文明起源、古代都城以及丝绸之路历史风貌。会议和展览获得圆满成功和广泛好评。今年12月，由历史所承办，研究院将在北京举办中国历史系列讲座，香港中文大学、香港理工大学、香港科技大学等将选派学生来北京参加讲座活动。

4. 推出中国非洲研究院交流合作项目。我院计划设立中国非洲研究院，加强对非研究、促进中非合作搭建起一个讲好中国故事、中非友好合作故事的重要平台。我院已于2017年9月推出中非合作研究资助计划，经评审，将对由中非学者共同申请的"中非经贸关系可持续发展研究""中国南非青年社会发展参与比较研究""中国埃塞俄比亚农村发展比较研究""中国人在非洲、非洲人在中国"等联合研究课题给予资助。

5. 积极探索在海外设立中国研究中心。习近平总书记在哲学社会科学工作座谈会上指出，要支持和鼓励建立海外中国学术研究中心，推动海外中国学研究。我院对外学术交流覆盖广、层次高，在各个学科领域与从事中国问题研究的专家学者保持着长期学术联系和交往。为此，我院积极筹建海外"中国研究中心"。2017年，我院先后在法国、加拿大与波尔多政治学院、蒙特利尔大学共同设立了中国研究中心。目前，我院在印度、日本、乌兹别克斯坦、埃及、法国、英国、芬兰、波兰、白俄罗斯、墨西哥、阿根廷等十余个国家，已与有良好合作基础的科研学术机构达成共建"中国研究中心"的合作意向。计划在未来2～3年内，设立10～15个海外中国研究中心，初步形成中外合作建设、合作运行的海外中国研究中心网络。

6. 加强与重要国际组织的合作。国际组织是全球治理重要平台，是中国开展多边合作的重要舞台和增强影响力的重要渠道。我院将重点加强与联合国教科文组织、世界经济论坛、经济合作与发展组织、国际红十字与红新月联合会、世界科学联盟、泛美开发银行等重要国际组织的合作。支持我院专家学者在国际组织任职履职，充分利用国际组织多边平台，展示中国理念、中国主张、中国方案。

7. 加快推进中国学术对外传播能力建设。重点办好外文刊、报、网，扩大中国学术的海外影响力。加快我院人文社会科学高端外文学术期刊方阵建设，加大对我院重点外文学术刊物的支持力度。支持中国社会科学出版社、社会科学文献出版社等在海外设立学术出版分支机构。进一步办好英文理论学术报纸《中国社会科学报》英文数字报，充实"中国社会科学网"英文、法文频道采编力量，加强报、网海外记者站和特聘记者网络建设，将外文版《中国社会科学报》、"中国社会科学网"建成世界了解中国学术、中国学术走向世界的重要桥梁和窗口。

8. 加大开展对外培训工作力度。党的十九大报告指出，中国特色社会主义进入新时代，"中国特色社会主义道路、理论、制度、文化不断发展，拓展了发展中国家走向现代化路径，给世界上那些既希望加快发展又希望保持自身独立性的国家和民族提供了全新选择，为解决人类问题贡献了中国智慧和中国方案。"在我院的对外交往中，周边及发展中国家越来越多地向我院提出，希望为其培训青年学者以及专业人才。加大开展对外培训工作力度，是新时代对外交流工作中的重要方式和任务。近年来，我院举办“周边及发展中国家青年学者研修项目”“非洲总统顾问培训班”等，在对外培训方面积累了经验。为配合“一带一路”建设的推进，我院于 2017 年 4 月设立“丝绸之路研究院”，以面向沿线国家开展培训为主要工作方式，同时围绕“一带一路”建设中的热点问题举办专题研讨会和开展合作研究等。

9. 深化横向合作形成“走出去”合力。重点加强与国务院新闻办有关“中国图书对外推广计划”、设立海外中国学术图书馆等的合作；与海外中国文化中心、孔子学院等联合举办高水准的学术交流活动。与文化部合作，继续共同举办青年汉学家研讨班、海外知名汉学家座谈会等，开展“中国梦”外宣工作，增进对华全面客观了解。加强与新华社、中国日报社等合作，以纸板专栏及多种新媒体传播方式，加强我院重大科研成果宣介，借助媒体力量，提升我院智库国际影响力。

（四）加强组织领导，切实提高外事管理水平

党的十八大以来，党中央高度重视外事和外事管理工作，体现了落实全面从严治党、狠抓作风建设的坚定决心。随着我院对外交流合作外延不断扩展、内涵日益丰富，外事管理工作的任务更趋复杂、繁重。按照中央和院党组要求，院属各单位要从加强党的领导、加强党风廉政建设的高度，改进涉外工作管理，提高外事管理水平。

要合规使用对外交流合作经费。严格遵照财经制度规定安排支出和使用资金。实施创新工程以来，我院进一步加大对国际学术交流项目的支持力度。创新工程资助的各类涉外项目，是我院创新工程经费管理的重要内容，要以严肃认真负责的态度，按照相关规定认真管好用好。因公出国（境）证照，要严格按照国家和我院相关规定按时收缴、妥善保管。

2017 年 3 月，我院向院属单位印发由全国人大审议通过的《中华人民共和国境外非政府组织境内活动管理法》和由公安部制定颁布的《境外非政府组织代表机构登记和临时活动备案办事指南》。这是规范境外非政府组织在中国境内活动的重要法规。全院各单位均应严格执行，遵照法规及时向北京市公安局境外非政府组织管理办公室对相关活动履行备案手续。

国际合作局是全院外事工作的归口管理部门。在院属各单位中，各研究单位，根据各自情况不同，外事工作归口在科研处或办公室管理；各职能部门、直属单位，外事工作归口在办公室或综合处管理。归口管理部门，要切实履行起外事审批把关、请示报告、统筹协调、建章立制、监督检查的职责。院属各单位负责管理的研究中心、学会，也要纳入各单位的外事归口管理，不能在涉外工作上各行其是，游离于外事管理之外。各单位要高度重视外事管理干部的配备、选拔，做到岗位固定、人员到位。

为了落实和巩固巡视整改工作成果，2017 年我院在全院范围开展了因公出国（境）情况检查工作。从检查情况看，问题主要表现为各单位在履行因公出国（境）管理工作中，某些环

节存在疏漏和操作不规范的现象；同时，个别存在出访超期和改变出访路线现象，反映了少数人员对出访制度要求认识不到位，纪律意识不够强。针对检查中发现的问题，相关单位区分不同情况、以多种方式进行了整改，查缺补漏，完善管理手续。总体来看，自开展巡视整改以来，我院加强制度建设，因公出国（境）管理工作改进显著，整体情况良好。同时，对仍存在的问题，绝不能掉以轻心。对执行各项外事管理制度的情况，各单位应定期进行自查自纠，发现问题，践行好监督执纪“四种形态”，及时处置整改。

最后，在这里要特别强调，各单位要按照中央要求，始终将规范和改进因公出国（境）管理工作作为落实从严治党、严明纪律规矩的重要任务，高度重视因公出国（境）管理工作。院属各单位都要严把本单位出国组团、派出关口，不得安排照顾性、任务虚多实少、目的实效不明确或考察性出国，严禁安排无关人员“搭便车”出国，严格区分非科研教学人员与科研教学人员出访，工作性访问与学术交流访问。各单位党委、纪委要充分履行主体责任、监督责任，各单位党员领导干部要切实起表率作用。

同志们，党的十九大报告指出，中国特色社会主义进入了新时代，这是“我国日益走近世界舞台中央、不断为人类作出更大贡献的时代。”新时代、新征程，我院对外学术交流事业方兴未艾、任重道远，我院外事管理工作使命光荣、责任重大。在院党组领导下，只要全院上下高度重视、求真务实、开拓进取，相信我院对外交流和外事工作一定能迈上新台阶，为中国特色新型智库建设，为提升中国学术的国际话语权和影响力，为增强国家软实力作出新的更大贡献！

二　中国社会科学院 2017 年工作会议文件

中国社会科学院 2017 年工作要点

2017 年我院工作的总体要求是，高举中国特色社会主义伟大旗帜，全面贯彻党的十八大和十八届三中、四中、五中、六中全会精神，坚持以马克思列宁主义、毛泽东思想、邓小平理论、“三个代表”重要思想、科学发展观为指导，深入贯彻习近平总书记系列重要讲话特别是“5·17”重要讲话精神和治国理政新理念新思想新战略，增强政治意识、大局意识、核心意识、看齐意识，紧紧围绕统筹推进“五位一体”总体布局和协调推进“四个全面”战略布局，以迎接、宣传、贯彻党的十九大为主线，坚持稳中求进工作总基调，坚持办院的三条基本经验、“五个三、一个一”工作总思路和“八个坚定不移”重要遵循，着力深化思想教育和理论武装工作，着力全面从严从细从实治党管院，着力加强马克思主义和党的意识形态坚强阵地建设，着力实施哲学社会科学创新工程，着力推进国家高端智库建设，加快构建中国特色哲学社会科学，以优异成绩向党的十九大献礼。

（一）加强思想教育和理论武装，在建设马克思主义和党的意识形态坚强阵地方面取得新进展

1. 深入学习研究宣传习近平总书记系列重要讲话精神和治国理政新理念新思想新战略。自觉在思想上政治上行动上同以习近平同志为核心的党中央保持高度一致，坚定正确政治方向和学术导向，牢固树立“四个意识”特别是核心意识、看齐意识。坚持思想引领理论先行，继续深入学习研究宣传系列重要讲话精神和治国理政新理念新思想新战略。发挥党组中心组示范带动作用，加强各级党委（党组）、总支、支部学习制度建设，通过举办读书班、培训班、研讨会等多种形式的学习活动，坚持读原著、学原文、悟原理，坚持系统学、深入学、跟进学，坚持学而信、学而思、学而行，推动学习研究阐释工作向广度和深度拓展。党组和院属单位各级党组织带头宣讲和阐释习近平总书记重要讲话精神和中央精神。充分发挥我院优势，整合学术资源，组织专家学者深入研究阐释系列重要讲话的重大意义、丰富内涵和科学体系，深入研究阐释讲话蕴含的治国理政新理念新思想新战略，及时推出有分量有深度的研究成果。根据中央要求和部署，发挥全院报纸、期刊、出版社、网站、信息报送等平台优势，加大对系列重要

讲话的宣传报道力度，形成全方位、多角度、立体化宣传格局。

2. 进一步把学习贯彻习近平总书记“5·17”重要讲话精神引向深入。深入学习贯彻中央《关于加快构建中国特色哲学社会科学的意见》。贯彻落实我院《贯彻落实习近平总书记在哲学社会科学工作座谈会上的重要讲话精神总体方案》，加快实施哲学社会科学创新工程、国家高端智库建设、学科建设“登峰战略”、哲学社会科学人才工程、资深学科带头人资助计划、八名工程等具有支撑作用的重点工程和重点项目，积极搭建哲学社会科学创新平台，大力推进知识创新、理论创新、研究方法创新和手段创新、体制机制创新，在加快构建中国特色哲学社会科学中发挥引领作用。以习近平总书记“5·17”重要讲话为基本教材，深入开展学习研讨和集中培训，确保全员培训。

3. 加强马克思主义理论学习和研讨。系统开展马克思主义理论教育，精心组织研读马克思主义经典著作，掌握马克思主义哲学、马克思主义政治经济学、科学社会主义的基本原理和方法论，坚持和发展中国特色社会主义理论体系，坚持用马克思主义立场观点方法指导哲学社会科学研究。继续办好全院所局级领导干部读书班、新任所局领导干部培训班、全院处室干部培训班、新入院人员培训班、“才思讲坛”和专题报告会，加强对领导干部、科研骨干、青年学者和全院人员的马克思主义理论培训，不断提高他们的马克思主义理论素养。

4. 努力发展21世纪马克思主义和当代中国马克思主义。组织力量系统总结党的十八大以来理论创新、实践创新、制度创新重大成果，深入研究事关我国发展全局的重大问题、战略课题，在理论上不断作出新概括，为迎接党的十九大做好思想理论准备。重点围绕习近平总书记在党的十八届六中全会上提出的“八个如何”，在全国党校工作会议上提出的“十三个如何”，在哲学社会科学工作座谈会上提出的“五个如何”，组织力量集中研究、合力攻关，努力作出科学深入的回答，为发展21世纪马克思主义和当代中国马克思主义作出应有的贡献。认真落实好中央马克思主义理论研究和建设工程各项任务。扎实推进我院马克思主义理论学科建设与理论研究工程、马克思主义文艺理论和文艺批评工程。加强马克思主义研究学部、马克思主义研究院、当代中国研究所、信息情报研究院、马克思主义学院、中国特色社会主义理论体系研究中心、世界社会主义研究中心等马克思主义研究宣传平台建设。加强马克思主义理论创新智库、当代马克思主义政治经济学创新智库和意识形态研究智库等马克思主义专业智库建设。加强我院各学科的马克思主义理论类别学科和研究室建设，加强我院各学科期刊、网站的马克思主义研究专栏或专题建设。

5. 强化意识形态工作责任制。贯彻落实党组《关于加强党的意识形态工作建设马克思主义坚强阵地的意见》及实施细则、《中国社会科学院〈党委（党组）意识形态工作责任制实施办法〉实施细则》，坚决把党的意识形态工作贯彻落实到科研工作全过程。定期召开全院党的意识形态工作经验交流会、加强党的意识形态工作和马克思主义阵地建设协调会议；召开党委（党组）专题研究意识形态工作会议，提交意识形态工作报告。定期分析研判意识形态领域情况，有针对性地进行回应，坚决维护国家意识形态安全。实施“马克思主义+学科”计划，制定中长期规划，加强各学科领域马克思主义基础理论研究和马克思主义相关学科建设，推动哲学社会科学各学科以马克思主义为指导的学科体系、学术体系、话语体系建设。加强对全院人员思想理论倾向的了解和监督，提高政治敏锐性和政治鉴别力。建立健全意识形态工作督办、巡查、考核、奖惩制度，实行意识形态工作“一票否决”。

6. 开展积极的正面宣传和舆论斗争。深入研究阐释宣传马克思主义中国化的最新成果。积极参与意识形态领域的舆论斗争，组织好对新自由主义、历史虚无主义、民主社会主义、“普世价值”、“宪政民主”、以儒学否定马克思主义等错误观点、错误思潮的辨析和批驳。完善舆情监测系统，主动跟踪分析引导重要舆情信息、重大时政热点和思想理论动态。做好以中国特色社会主义理论体系研究中心名义发表理论宣传文章工作。加强意识形态工作队伍建设，积极发挥思想理论写作组和马克思主义学术网军作用。严格执行《中国社会科学院网上不良行为处理办法》和《〈中国社会科学院网上不良行为处理办法〉补充规定》，坚决杜绝网上不良行为。

7. 加强对院属媒体的建设和管理。坚持用马克思主义指导院属媒体建设，不断巩固马克思主义在意识形态领域的指导地位。认真落实中央和院党组关于加强媒体管理的有关要求，加强监督和联络协调工作。积极支持举办马克思主义论坛，打造我院马克思主义论坛品牌。加强出版物审读制度建设。强化媒体从业人员马克思主义新闻观教育和业务培训，建立有效的管理、考核、奖惩机制。加强对院属报刊出版馆网库志和学术评价的领导和管理，加强对全院各类学术社团、非实体研究中心，各种课堂、教材、报告会、研讨会、讲座，各类陈列馆、纪念馆等理论学术阵地的管理。

8. 举办建院40周年系列庆祝活动。以纪念习近平总书记“5·17”重要讲话发表一周年为契机，精心谋划和组织院庆40周年各项工作，落实好总体方案，传承精神，凝聚力量，创造新的辉煌。举办主题展览、成果展示、图书出版、学术研讨、书画摄影展、诗词征集、文艺演出等系列活动。制作印发《建院40周年》画册，编辑出版历届院领导关于我院建设文集、“学术大家口述史”等。组织好建院40周年庆祝大会。

9. 大力营造迎接宣传贯彻党的十九大的良好氛围。按照中央统一要求和部署，精心组织，严格程序，认真做好我院出席党的十九大代表推选工作，确保选出的代表政治素质好、履职能力强、组成结构优。党的十九大召开前，深入宣传党的十八大以来党和国家以及我院各项事业取得的新成就新经验，加强理论研究阐释，做好维护稳定、安全保卫、机要保密、应急处置等工作，为迎接党的十九大营造良好氛围。党的十九大召开后，迅即组织党员干部开展多层次、多形式的学习宣传贯彻活动，兴起学习热潮。

（二）推进科研强院和创新工程制度建设，为加快构建中国特色哲学社会科学作出新贡献

1. 贯彻好加快构建中国特色哲学社会科学的基本要求。按照习近平总书记“5·17”重要讲话提出的加快构建哲学社会科学的总思路和总要求，加强顶层设计，始终坚持马克思主义指导地位，立足中国、借鉴国外，挖掘历史、把握当代，关怀人类、面向未来，体现继承性、民族性，体现原创性、时代性，体现系统性、专业性，构建有中国特色、中国风格、中国气派的学科体系、学术体系、话语体系。

2. 大力弘扬优良学风。坚持理论联系实际，弘扬优良学风。坚持以人民为中心的研究导向，坚持为人民做学问。推动形成崇尚精品、严谨治学、注重诚信、讲求责任的优良学风，营造风清气正、互学互鉴、积极向上的学术生态。树立良好学术道德，自觉遵守学术规范。提倡不同学术观点、不同风格学派相互切磋、平等讨论，严禁打棍子、扣帽子、抓辫子，严禁借学术批评搞人身攻击。正确区分处理学术问题和政治问题。

3. 奋力打造创新工程升级版。推动创新工程制度化、配套化、固定化。进一步完善创新工程“报偿、准入、退出、评价、配置、资助”六大制度体系，加大制度建设力度，特别是加大后期资助目标报偿的评价和制度建设力度，使创新工程制度化、配套化、固定化，让创新工程制度发挥更大功效。把创新工程制度作为刚性和底线要求，严格管理。继续实施创新工程学者资助计划，加大对基础研究学者和青年学者的扶持力度。完善哲学社会科学各学科的学术评价标准、成果评价体系，创新科研经费分配、资助、管理体制，破除制约创新的制度机制瓶颈。开展创新工程专项检查。编撰《创新工程制度汇编》《创新工程文集》《创新工程常见问题问答手册》。优化创新工程综合管理平台。规范创新项目立项、结项、审核流程，完善创新工程项目管理机制。对研究所实施有针对性的分类管理，抓好过程管理，严格日常管理。加强创新工程各类出版资助项目的经费预算管理。协调创新单位开展绩效考核，监督落实创新工程绩效考核量化。完善重大科研成果和学术信息转化机制，加强重大成果发布宣传，定期举办重大成果发布会。

4. 加快构建中国特色哲学社会科学创新体系。从我国改革发展实践中提出新观点、构建新理论，加强对实践经验的总结。坚持用中国理论解读中国实践，用中国实践构建中国理论，提升在学术思想、学术话语上的原创力，加快构建中国特色哲学社会科学。在推进理论创新、学术创新、研究方法和手段创新上狠下功夫，提出有主体性、原创性的理论观点，提出具有中国特质的新命题、新范畴。更好地激发全院同志工作主动性创造性，最大限度解放科研生产力，更好地发挥我院在全国哲学社会科学界的引领和带动作用。把推出高质量的科研成果作为硬指标、硬标准，下大力气不断推出能够代表国家研究水准的标志性创新成果。提高重大理论和现实问题类研究成果获奖比重，加强重要信息对策成果奖励，增强学术成果的决策服务力和社会影响力。

5. 实施学科建设“登峰战略”计划。坚持基础学科与应用学科并重，基础研究与应用研究并举原则，按照突出优势、拓展领域、补齐短板、完善体系的要求，加快完善对哲学社会科学具有支撑作用的哲学、历史学、经济学、政治学、法学、社会学、民族学、新闻学、人口学、宗教学等学科，统筹抓好马克思主义学科、基础学科、优势重点学科、新兴学科和交叉学科、冷门学科建设，保护并发展绝学等学科。启动“优势学科增强计划”“重点学科扶持计划”“特殊学科建设计划”。用 5 ～ 10 年加快建设 100 个左右的在国内具有重要影响的重点学科，其中部分优势学科具有国际影响，打造一批国内一流、国际知名的学科集群。建设一批重点实验室和研究基地。

6. 加强中国特色哲学社会科学话语体系建设。开展哲学社会科学重要学科领域话语体系建设研究，推进学术话语体系创新。组织召开话语体系建设协调会议成员单位年度工作会议、第四届全国哲学社会科学话语体系建设理论研讨会。办好“中国哲学社会科学话语体系建设·浦东论坛”。组织“纪念十月革命胜利 100 周年”等重要学术活动，举办“绝学论坛”，打造社科院学术会议品牌。

7. 推进科研管理体制改革。研究制定国务院及相关部门研究经费文件落地相关政策措施。做好项目体系分类管理。规范交办委托课题、交办任务后期资助管理。加强国家社科基金、自然基金年度项目年度管理工作。加强图书选题审读备案管理。推进刊网融合发展，适时举办全院期刊刊网融合发展工作交流会。做好我院年度社团专项资助工作。规范跨院、跨所、跨学科重大课题的组织管理。规范学术社团和非实体研究中心管理，完善研究中心评价机制。加强院际科研合作管理。

8. 加强学部建设。根据学部章程，进一步落实学部委员退出机制。启动学部委员增补工作，优化学部委员队伍的年龄结构。做好学部领导机构改选。探索完善新形势下各学部及学部办公室工作机制，做好各学部相关学术研究、学术会议、调研考察等工作。

9. 做好国史研究和地方志工作。推进《中华人民共和国史稿》第 5 卷至第 7 卷、《中华思想通史》第 15、16 卷和《中华人民共和国编年》编写工作。继续做好《中华人民共和国史编年》编辑出版工作。深入贯彻落实《全国地方志事业发展规划纲要（2015 ～ 2020 年）》，推进国家方志馆建设。

10. 搞好国情调研与学术合作项目。制定重大国情调研领域指南，组织实施 10 项左右国情调研重大项目。实施国情调研特大项目“精准扶贫精准脱贫百村调研”。推出一批“国情调研丛书”和《中国国情报告》。加强与上海、青岛、宁波等地的全面合作，办好上海研究院、青岛研究院。

（三）聚焦党和国家重大战略，在建设国家高端智库方面谱写新篇章

1. 牢牢把握智库研究的主攻方向。坚持以马克思主义为指导，坚持党领导下为人民开展

智库研究的工作方向。坚持智库建设的高端定位，建设国家急需、特色鲜明、制度创新、引领发展的高端智库。以我国发展和我们党执政面临的重大理论和实践问题为主攻方向，科学制定智库项目研究指南，围绕国家重大战略开展前瞻性、针对性、储备性政策研究。

2．坚持党组（党委）领导下的智库工作责任制。构建以院综合性智库为统领，所（院）级智库为主体，专业化智库为样板的院、所、专业化智库“三位一体”的智库建设格局。建立并落实智库工作责任制，明确责任分工。党组主要负责人是智库建设工作第一责任人，主管副院长是智库建设工作的直接责任人，分管院领导是分管智库的具体责任人。党组全面建立健全智库建设综合协调、督办督查机构及相应制度。党组每季度听取一次智库工作汇报，主管或分管领导每两个月召开一次智库工作协调会。院属单位党委领导班子承担本单位、本部门、本智库的主体责任。形成一级抓一级、一级压一级、层层传导压力的智库建设工作格局。

3．重点建好国家高端智库和专业化智库。坚持“稳定规模、突出重点、提高质量，着力提升服务决策水平和社会影响力”的方针。以首批进入国家级高端智库建设试点的中国社会科学院以及院金融与发展实验室、国家全球战略智库为重点，先行先试，着力打造在国内外有广泛影响力的国家级高端智库群，努力把我院打造成国家级新型智库研究综合集成中心，马克思主义理论创新中心，党和国家重大决策咨询服务中心，哲学社会科学学科学术观点创新中心，高素质智库人才孵化中心，智库信息采集、储存、处理和发布的海量数据库运行中心和国际知名智库交流合作中心。发挥我院学科齐全、综合研究力量雄厚的优势，整合相关资源，建设好马克思主义理论创新智库、意识形态研究智库、马克思主义政治经济学创新智库、中国社会科学院财经战略研究院、中国社会科学院国家金融与发展实验室、中国社会科学院生态文明研究智库、中国社会科学院国家治理研究智库、中国文化研究中心、中国社会科学院廉政研究中心、中国社会科学院京津冀协同发展智库、新疆智库、西藏智库、国家全球战略研究智库、中国社会科学院世界经济与政治研究所、“中国—中东欧‘16+1’”智库网络、中俄战略协作高端合作智库和中国社会科学院城乡发展一体化智库。

4．探索建立智库内部治理机制。成立理事会和学术委员会，充分发挥理事会和学术委员会在智库建设中的积极作用。建立开放、竞争、流动的人才机制，汇聚智库研究高端人才，培养智库研究团队。建立优胜劣汰的考核机制和竞争机制，制定与创新工程绩效考核体系有效衔接的智库考核体系。建立互联互通信息共享机制，加强沟通联系，搭建智库成果与有关决策部门直接对接的常态化互动平台，建立高效顺畅的成果报送、传递和运用机制，做到供需有效对接、工作一体联动。建立持续稳定的经费投放机制，科学合理配置经费资源。

5．完善综合性高端智库建设机制。以信息情报研究院为责任单位，重点建设信息汇总与报送平台。办好《要报》等系列内参，提高信息报送数量和质量。以上海研究院为责任单位，重点建设院地合作智库。开展智库调研评估，探索智库建设规律，形成科学、高效的智库管理模式，把智库建设与创新工程发展有机结合，提高成果质量。做好国家智库第二轮评选相关协调工作。建立智库优秀研究成果转化机制，研究制定《中国社会科学院国家智库报告管理办法》。

（四）实施哲学社会科学人才体系建设工程，在人才强院方面迈上新台阶

1．实施哲学社会科学人才体系建设工程。以贯彻落实《关于改进和完善选人用人制度加强领导班子和人才队伍建设的意见》为抓手，深入实施人才强院战略。实施中长期人才发展规划纲要，实施哲学社会科学人才体系建设工程，建设种类齐全、梯队衔接的哲学社会科学人才队伍。着力发现、培养、集聚一批有深厚马克思主义理论素养、学贯中西的思想家和理论家，一批理论功底扎实、勇于开拓创新的学科带头人，一批年富力强、锐意进取的中青年学术骨干。深入实施人才强院战略，加大留住人才、引进人才、培养人才的力度，推进马克思主义理论人才造就工程、领军人才引进工程、青年英才培养工程、支撑与管理人才保障工程等系列人才计划；启动资深学科带头人资助计划，稳定、造就一批国内外有影响的学科带头人和学术大家；启动高端人才延揽计划，在全国或全球范围内聘用政治素质高、领导能力强的研究所领导和引进适当数量的拔尖人才，重点引进一批学科带头人和学术骨干。稳步推进院级专家评审委员会换届工作，组建高水平、代表性、权威性的人才引进院级专家评审委员会。组织开展第14届和第15届人才引进院级专家评审工作。严格执行我院人才引进各项规章制度，严把进人质量关。组织研究所（院）专门赴海外著名高校开展定点招聘。完善职称评委会制度建设，组建新一届专业技术职务资格评审委员会。调整职称外语和计算机考试政策。做好“西部之光”等访问学者培养工作。

2．加强对领导干部的管理。加强所局领导班子运行状况的综合分析研判。做好所局领导干部的选拔任用，扎实做好所局领导班子调整补充和干部配备工作，建立健全干部“带病提拔”问责机制。修订完善五、六级管理岗位领导人员聘任办法。加强研究室主任、五六级管理岗位领导人员聘任的监督，提高选人用人质量。完善从严管理干部制度。加强干部选拔任用工作经常性监督，严格执行干部选拔任用审批备案制度。严格执行领导干部出国（境）审批制度。加强干部兼职管理。做好领导干部个人有关事项报告抽查核实工作。继续做好干部学者实践锻炼工作。

3．创办中国社会科学院大学。落实好中央要求，依托研究生院创办中国社会科学院大学并取得实质性突破，积极争取教育部、团中央等部门支持，在建好北京本部的同时，启动青岛校区建设。继续深化研究生教育培养体制机制改革，全面提高研究生教育培养质量。落实国家博士后工作最新管理规定，做好博士后进站、出站工作。做好2017年两批“博士后科学基金面上资助”和一批“博士后科学基金特别资助”的申报工作。

4．推进人事人才体制机制改革。结合我院实际，稳步推进所属事业单位分类改革。开展高层次人才选拔推荐工作。继续加强和改进专家联系服务工作，做好专家休假和慰问等联系服

务工作。开展留学回国人员择优资助项目的申报工作，积极拓宽学者科研资助渠道。落实《关于加强干部教育培训工作的实施意见》，进一步规范教育培训工作。

（五）深入实施报刊出版馆网库志和学术评价名优工程，在提高理论学术传播力和社会影响力方面实现新突破

1．坚持正确的政治方向和学术导向。坚持党管媒体原则，坚持政治家办报办刊办馆办网办库办志办出版社和办评价中心。以信息化建设督办协调会议为抓手，贯彻落实2016年“八名会议”和期刊工作会议精神，加大督办落实力度。建设哲学社会科学高端传播和评价平台，深入传播体现中国立场、中国理论、中国道路、中国智慧、中国价值的理念、方案、主张，让全世界越来越多的人了解“学术中的中国”“理论中的中国”“哲学社会科学中的中国”、知晓“发展的中国”“开放的中国”“文明的中国”。

2．落实名优工程主体责任制。落实名优工程主体责任制，将“八名工程”作为“领导班子工程”和“一把手工程”来实施，推动我院“八名工程”建设迈上新台阶。坚持“八名工程”“九统一”原则，即统一领导、统一管理、统一经费、统一网站、统一机房、统一数据库、统一数字化图书馆、统一综合集成实验室平台、统一综合管理平台；巩固期刊“五统一”改革成果；完善图书馆“总馆—分馆—资料室”三级管理体制。加大对名优建设工作的监督、考核和奖惩力度。增强网络信息安全和保密意识，加强督促检查，建立全方位、立体化的网络信息安全与保密责任制。

3．推进名优建设工程创新。以中国社会科学报、中国社会科学杂志社、中国社会科学网、中国社会科学出版社、社会科学文献出版社为主打品牌，打造在国内外学术界享有知名度和公认度的报刊网和出版社集群。抓好选题策划和热点报道，推进报刊网融合发展、报刊网论坛联动。以“一库”（哲学社会科学海量数据库）、“一网”（互联网）、“一平台”（综合集成实验室平台）为依托，加快推进国家哲学社会科学文献中心建设，大力推进我院文献数据信息化和数字化进程，建设数字化社科院。组建中国社会科学评价研究院，完善哲学社会科学各学科学术评价标准和评价体系，抢占学术评价制高点，建设最具权威性的哲学社会科学评价机构。建立跨平台的传播矩阵和全媒体的传播方式；通过学术原创和学术翻译，建立多语种的传播媒介；利用国外期刊、出版、网络资源，建立国际化的传播体系和评价体系。继续实施中国志书精品工程、中国年鉴精品工程、中国方志文化走向世界工程。

4．加强名优工程制度建设。健全完善名优建设工程，信息化建设，数字资源采购的程序、规则、管理、制度体系，切实提高建设质量和使用效率。执行严格、公开的编审流程，确保学术出版的质量和水平。实行交叉审稿、双向匿名审稿和回避制度。严格学术评审和立项审批，建立学术成果综合测评和责任追究制度。加强具有我院特色的学术期刊编校流程建设，建立全院学术期刊相对统一的编校体制。加强对信息化重大项目建设全过程监管，严格学术评审和立

项审批，开展重大项目绩效评估，建立综合测评和责任追究制度。建立院属网站年度质量评估制度。

（六）大力实施“中国学术走出去”战略，在对外合作交流方面开创新局面

1. 推动“中国学术走出去”。支持学者参加国际学术会议、发表学术文章，传播“中国声音”，抢占国际学术话语权。积极搭建国际学术交流平台，打造高端国际论坛，增强议题设置能力，善于提炼标识性概念，打造易于为国际社会所理解和接受的新概念、新范畴、新表述，引导国际学术界展开研究和讨论，增强我国哲学社会科学研究的国际影响力。继续办好“中俄（东欧）国家发展战略论坛”“中国道路欧洲论坛”“社会主义国际论坛”“世界社会主义论坛”等重要国际论坛，进一步打造我院具有世界性影响的对外学术宣传平台。积极在海外境外筹建中国—中东欧研究院、香港中国学术研究院中国研究中心。

2. 开展学术外交和学术外宣。接待国外政要、政府代表团及国际组织、高端智库代表团来访；配合国家对外工作大局需要，在华组织举办和派出我院代表团出席高端双边、多边论坛研讨活动；安排我院专家学者出访参与有关文化多样性、社会治理、国际经贸、气候变化、法治人权、民族宗教等各领域的国际对话。与海外中国文化中心、孔子学院等联合举办高水准的学术交流活动。继续与文化部合作举办青年汉学家研讨班、海外知名汉学家座谈会等，开展“中国梦”外宣工作。加强与港澳台的学术交流与合作。加大对优秀学术成果翻译出版的资助和推广力度。支持研究院（所）出版外文学术刊物，提升中国学术的国际影响力和话语权。

3. 加强与国际知名智库的合作交流。办好中国—中东欧国家智库交流与合作网络，举办中国—中东欧国家高级别智库研讨会。与印度外交部合作举办中印智库论坛。继续办好中韩人文政策论坛、中韩人文学论坛。组织好中国社会科学院青年访日团。围绕“一带一路”、新型大国关系等，与周边、重要新兴经济体国家以及主要大国，积极探讨搭建新的高端智库交流平台。支持我院专业智库建设重点单位开展国外专题调研等项目，加强我院与国际智库界的交往。

（七）落实全面从严治党要求，在加强党的建设方面实现新作为

1. 深入学习贯彻党的十八届六中全会精神。加强领导，周密部署，把学习贯彻党的十八届六中全会精神，纳入“两学一做”学习教育，作为重大政治任务抓紧抓好。认真学习贯彻习近平总书记在六中全会上的重要讲话、《关于新形势下党内政治生活的若干准则》、《中国共产党党内监督条例》。牢固树立“四个意识”，特别是核心意识、看齐意识，更加紧密地团结在以习近平同志为核心的党中央周围，更加坚定地维护以习近平同志为核心的党中央权威，更加自觉地在思想上政治上行动上同以习近平同志为核心的党中央保持高度一致，更加扎实地把党中央各项决策部署落到实处。落实好我院学习贯彻六中全会精神总体方案、工作方案、全面从严治

党方案和课题研究方案，把全面从严治党要求贯穿学术研究、创新工程及各项工作全过程。

2. 加强党组自身建设。坚持党组中心组学习制度，原原本本学习和研读马克思主义经典著作，增强辩证思维、战略思维、科学决策、驾驭全局能力。深入学习贯彻党的十八大及十八届历次全会精神、习近平总书记系列重要讲话精神和治国理政新理念新思想新战略。善于从人类发展大潮流、世界变化大格局、中国发展大历史来认识和把握党的基本路线，坚定“四个自信”，坚决维护以习近平同志为核心的党中央权威。坚持思想建党和制度建党相结合，坚持集体领导与个人分工负责相结合，坚持和完善党组会议、院务会议、院长办公会议、改革协调会议、督办会议和民主生活会制度，完善集体议事程序。珍惜和维护班子团结，严明政治纪律和政治规矩，坚守岗位，恪尽职守，从严管院，坚决贯彻执行中央决策部署和党组会议、院务会议、院长办公会议重要决定决议。

3. 加强全面从严治党制度建设。强化全面从严治党责任制及监督检查问责机制建设。严肃党内政治生活，完善党内监督工作机制。建立院全面从严治党主体责任协调机制，制定《问责条例》实施细则，真正把制度落实到人、到事、到底。严格落实党组《关于落实全面从严治党切实加强党的建设的意见》《关于加强党的意识形态工作建设马克思主义坚强阵地的意见》《关于改进和完善选人用人制度加强领导班子和人才队伍建设的意见》及实施细则。把执行制度情况作为考核评价领导班子和领导干部的重要内容。坚持党委集体领导下的所长负责制。贯彻执行新修订的《研究所党委工作条例》《研究所所长工作条例》，加强对党委书记和党支部书记的培训，办好党委书记研讨班、党支部书记培训班，开好加强党的建设经验交流会。开展党支部书记述职试点工作。成立后勤联合党委。加强党委领导班子建设。严格党的组织生活制度，坚持党内谈话制度。开好年度领导班子民主生活会，认真开展批评和自我批评。严格落实“三会一课”、民主评议党员、领导干部双重组织生活会、党员党性定期分析等制度。做好党委和纪委换届选举工作。

4. 强化纪律建设和监督执纪问责。认真落实党风廉政建设责任制，举办中国社会科学院院属单位党组织负责人落实全面从严治党责任培训班。加强院纪律建设督办领导小组的日常督办检查。强化政治纪律、组织纪律、廉洁纪律、群众纪律、工作纪律、生活纪律建设等“六大纪律”建设，特别是结合我院实际，进一步加强政治纪律、财经纪律和廉洁纪律建设，各职能部门按照责任清单履职尽责，健全督查督办机制，完善专项巡查机制。加强“六大纪律”宣传平台建设，使“六大纪律”建设深入人心。把纪律意识和规矩意识贯穿于各项制度之中，严密排查违反纪律风险点，预防违纪问题。加强党内监督，形成监督合力。加强直属机关纪委和院属单位纪委组织建设和能力建设。建立完善监督检查机制，开展对院属单位落实中央和院党组重大决策部署情况的监督检查。制定我院《巡视工作实施办法》《直属机关纪委监督工作办法》《研究所纪委监督工作办法》《加强直属机关纪委建设的意见》。坚持挺纪在前，实践监督执纪“四种形态”。持续“三转”，牢牢锁定“监督执纪问责”。聚焦主责主业，突出抓好信访举报办理。

5．严格落实中央“八项规定”。贯彻落实中央“八项规定”精神和《中共中国社会科学院党组关于贯彻落实〈十八届中央政治局关于改进工作作风、密切联系群众的八项规定〉的实施意见》，开展违反中央“八项规定”精神专项检查，反对“四风”，大力弘扬理论联系实际的优良作风，深入实际调查研究，建立密切联系群众的长效机制。写短文、讲短话、开短会。严格控制会议规格、规模，精简会议、机构，检查评比、文件简报，简化院领导活动新闻报道。发扬艰苦奋斗精神，坚决反对铺张浪费。严格控制“三公”经费支出和公车使用，严格执行出差出访规定。

6．继续深入推进“两学一做”学习教育。突出经常性教育特点，继续深入推进“两学一做”学习教育，将党章党规与习近平总书记系列重要讲话贯通起来学习、统一起来领会，提高学习的有效性和针对性。强化问题导向，把解决问题贯穿学习教育全过程。贯彻落实全国党校工作会议精神，坚持党校姓党原则，加强和改进党校工作。

7．巩固巡视审计整改成果。完善规章制度，加强监督管理，巩固扩大巡视审计整改成果，建设风清气正的科研环境。加强重点领域监管，强化风险防控，建立行之有效的制度规则。结合通报违反中央“八项规定”精神典型案例开展警示教育，引导党员干部自觉遵守纪律规定，提高政治素质，培养高尚道德情操，抵制不良风气。建立完善纪检监察网站和网络平台，畅通监督渠道，创新监督方式，激发群众监督的正能量。

8．增强为科研服务的意识和能力。增强为科研服务、为科研人员服务、为研究所服务的意识，提高服务水平。加大深入群众调研力度，广泛听取意见，及时改进工作。加强学习，在实践中增长才干，不断提高服务科研的素质和能力。认真落实党的知识分子政策。加强思想道德建设，把社会主义核心价值观贯穿到以科研为中心的各项工作和各个环节中。举办我院第四届道德建设论坛。加强各级党组织学习制度建设。重视做好在科研人员中发展党员工作。加大对党支部书记的培训力度。完成院属社会组织组建党组织工作。加强和改进离退休人员服务和管理，为老同志办实事、解难事。做好老年科研基金研究项目、出版资助等相关工作。制定我院《离退休人员学术出版资助和后期资助实施细则》补充规定。办好第29届老年运动会。做好统一战线工作，加强党外代表人士的发现和储备、培养和使用，组织开展我院“两会”代表委员、我院党外专家学者国情调研活动。贯彻党的群团工作会议精神，做好统战和工青妇工作。

（八）提高服务科研能力和保障水平，在管理强院方面取得新成效

1．提高综合服务和行政管理能力。实施管理强院战略，严格管院治院，增强行政后勤为科研服务、为科研人员服务、为研究所服务的意识，提高服务水平。坚持督办例会和改革创新协调会议制度。加强办公厅和党组写作班子建设，认真履行沟通协调、审核把关、督促落实、

运转保障职责，保障全院日常工作运转流畅，强化综合服务和行政管理。狠抓督查督办，保证院重大决策部署和各项工作任务落地见效。

2．强化经费管理。积极争取财政资金，完善财务管理体制机制。落实年度预算指标，强化经费管理和预算执行力，做好全院经费保障工作。加强预算管理，提高预算编报质量。修订收入上解办法，建立收入上解的规范化机制。调整修改创新工程经费管理办法，保障科研事业发展。充分发挥结算中心监管作用，提高账户管理效益。完善会计委派制度建设，继续扩大委派范围。制定《中国社会科学院会计委派管理办法》，建立对财会人员的问责和监督机制，加强对财务岗位的管理。

3．推进重大工程项目建设。全力推进东坝职工住房项目建设，争取早日开工建设。做好燕郊“学者之家”项目的推动工作。做好研究生院宿舍扩建、学术大会堂建设准备、学术报告厅改造、研究生院老校区改造、王府井办公区扩建、月坛小区办公楼加固改造等相关工作。协调北京市政府做好科研与学术交流大楼项目置换和善后工作。加大对重大信息化项目建设全过程的监管力度。适时开展信息化项目的绩效评估。

4．加强固定资产管理。由财计局牵头，开展文物大普查。由图书馆牵头，开展典藏古籍大普查。完成全院房地产特别是办公用房、出租房屋、单身宿舍、职工宿舍的清理工作，设立详尽管理台账，建立严格的办公用房、单身宿舍、职工宿舍、出租房屋的管理制度。提高职工住房补贴审核水平，完善职工住房档案管理系统。加强对全院政府采购工作的指导、协调和管理。探索建立资产管理系统和财务管理系统统一管理的平台。加强对院属企业的监管。办好人文公司。

5．积极为职工办好事、解难事。提高后勤服务、保障和管理水平。稳妥推进我院所属单位公务用车改革。加强办公区、宿舍小区物业管理，加快物业服务社会化改革，切实提升服务满意度。办好机关食堂，提高餐饮服务质量。按照公平公正原则，做好我院职工住宅分配工作。完成相关公租房调配工作。对全院老旧小区人才房、周转房等保障性用房进行修缮，提高保障水平。加快宿舍小区高层电梯维修和消防设备更换工作。完成全院新能源汽车自助系统建设，规范管理规定。进一步完善职工子女入学长效机制。整合院内医疗资源，拓展医疗服务项目。

中国社会科学院2017年党风廉政建设工作要点

2017年，中国社科院党风廉政建设工作的总体思路是，以马列主义、毛泽东思想、邓小平理论、“三个代表”重要思想和科学发展观为指导，深入贯彻习近平总书记系列重要讲话精神和治国理政新理念新思想新战略，全面贯彻党的十八大和十八届三中、四中、五中、六中全会以及中央纪委七次全会精神，坚决维护以习近平同志为核心的党中央权威，推动全面从严治党向纵深发展，净化党内政治生态，加强党内监督，推进标本兼治，全面加强纪律建设，强化监督执纪问责，持之以恒抓好作风建设，在坚持中深化、在深化中坚持，巩固和扩大巡视审计整改成果，把我院党风廉政建设和反腐败工作引向深入，为我院更好地服务党和国家工作全局、促进哲学社会科学事业的繁荣发展提供坚强保证，以良好的精神状态和优异工作成绩迎接党的十九大胜利召开。按照以上思路，重点抓好七个方面工作。

（一）深入学习贯彻党的十八届六中全会精神

1. 加强宣传教育

（1）坚持用马克思主义、中国特色社会主义武装全院，继续举办马克思主义经典著作读书班、所局级领导干部学习班、处室干部千人大培训，通过加强学习进一步牢固“四个意识”，使全院干部职工更加紧密团结在以习近平同志为核心的党中央周围。

（2）抓好《准则》《条例》等党内法规和中央纪委七次全会精神的学习，纳入各类培训项目的“必修课”，引导干部学者深入领会中央和中央纪委精神，提高思想认识和行动自觉。

2. 严明政治纪律

（3）举办“加强和改善党对哲学社会科学的领导”理论研讨会，进一步深入学习习近平总书记关于“加强和改善党对哲学社会科学工作的领导”的重要论述，提高广大学者政治纪律意识。

（4）以《准则》《条例》为尺子，组织开展对维护党章、执行党的路线方针政策和决议情况的监督检查。

（5）对执行党的路线方针政策不力、选人用人失察、任用干部连续出现问题的，严肃追究责任。

3. 净化政治生态

（6）做好党的十九大代表推选、院属单位“两委”换届、领导干部选拔等工作，对有关人选一定要严格把关，特别是要把好政治关和廉洁关，防止干部“带病提拔”“带病上岗”。

（7）加强干部选拔任用工作经常性监督，修订完善五、六级管理岗位领导人员聘任办法。

（8）严格执行干部选拔任用审批备案制度。

（9）严格执行领导干部出国（境）审批制度。

（10）加强干部兼职管理。

（11）做好领导干部个人有关事项报告抽查核实工作。

（12）加强换届纪律和组织纪律监督，严肃查处买官卖官、拉票贿选问题。

（13）建立健全征求廉洁意见和党组织、纪检组织负责人在有关人选廉洁方面情况结论性意见“双签字”制度。

（14）建立健全干部“带病提拔”问责机制，党委（党组）及组织人事部门、纪检组织按照职责权限，进行责任追究。

（二）锲而不舍推进作风建设

1. 盯紧重要节点

（15）坚持问题导向，既要紧盯公款吃喝、公车私用等常见问题，又要注意发现和纠正参加学术活动期间接受高档礼品、利用国情考察之机组织变相公款旅游等科研单位特有的违反中央“八项规定”精神问题。

（16）紧盯重要节点，密切关注新动向，不断采取新措施，一个节点一个节点地抓，一个问题一个问题地查，坚决防止不正之风反弹回潮。

（17）紧盯重点对象，始终将各级党员领导干部以及负责人、财、物管理处置的重点岗位人员作为重点对象，严明纪律要求。

（18）要结合社科院科研单位的特点，继续抓好文风、作风、会风，实现“三大风气”的进一步好转。

2. 开展专项检查

（19）结合中央巡视反馈问题清单，严肃查处和纠正违反中央“八项规定”精神的问题，使纠正“四风”往深里抓、实里抓。

（20）以中央国家机关工委中央“八项规定”精神落实情况专项巡视整改工作为契机，开展违反中央八项规定精神专项检查，对涉嫌违纪的移交纪检组织严肃处理，对领导干部失职失责的严肃追究责任。

（21）各级纪检组织要严肃查处违反中央“八项规定”精神的问题。对执纪审查对象存在“四风”问题的，快查快办快结，先于其他问题查处和通报。

3. 构建长效机制

（22）院属各单位结合新修订的《中共中国社会科学院党组关于贯彻落实〈十八届中央政治局关于改进工作作风、密切联系群众的八项规定〉的实施意见》，对本单位落实中央“八项规定”精神的制度措施加以修订。

（23）举一反三，结合中央巡视反馈问题清单，对全面从严治党相关院纪院规和文件制度进行一次“回头看”，继续保留和执行依然适用的，修改或废止不再适用或与中央最新精神不一致的，确保中央各项路线方针政策落到实处。

（三）落实全面从严治党责任

1. 强化责任意识

（24）建立院全面从严治党主体责任综合协调机制，推动主体责任各项工作落到实处。

（25）把“两个责任”落实情况作为监督的重点，督促院属单位党组织解决本单位党内政治生活中存在的突出问题。

（26）举办中国社科院院属单位党组织负责人落实全面从严治党责任培训班，采取定期通报、组织评议、责任追究，推动与评先奖优、职务晋升挂钩等办法，压紧压实责任。

（27）院属单位党组织负责人要就执行政治纪律和政治规矩、履行管党治党责任、推进党风廉政建设和反腐败工作以及执行廉洁纪律情况向院党建领导小组述责述廉。

（28）对各级党组织和党员领导干部履行“两个责任”不力的，该约谈的约谈，该提醒的提醒，该报告的报告，督促各级党组织和党员领导干部认真履行“一岗双责”，一级抓一级，层层压实责任。

（29）各级党组织和纪检组织要用好问责条例这个全面从严治党的利器，对履行职责不力的，要敢于较真碰硬、严肃问责，既追究主体责任，又追究监督责任，发现一起，坚决问责一起，绝不姑息。

（30）建立问责典型案例通报曝光制度，持续释放有责必问、问责必严的强烈信号。

2. 加强廉政文化建设

（31）用好我院道德建设论坛这一品牌活动，积极营造风清气正学术生态、树立高尚的道德追求。

（32）相关研究单位要充分发挥学术优势和智力优势，对如何运用中华优秀传统文化，结合时代条件加以继承和发扬，推动全党、全国、全社会形成崇清尚廉的政治文化提出切实可行的对策建议。

3. 丰富监督方式

（33）制定我院关于中国共产党问责条例的实施细则，建立健全个别谈话、廉洁谈话、述责述廉、党风廉政建设责任制检查等制度，加强对院属单位党组织及党员领导干部的监督检查，形成遵守纪律和规矩的制度环境和强大舆论压力。

（34）严格党的组织生活制度，遇到重要或普遍性问题应当及时召开民主生活会，领导干部应当在会上把群众反映、巡视反馈、组织约谈函询的问题说清楚、谈透彻，开展批评和自我批评，提出整改措施，接受组织监督。

（35）坚持党内谈话制度，院内各级党组织和纪检组织要认真开展提醒谈话、诫勉谈话。发现领导干部在遵守和维护纪律方面有苗头性、倾向性问题的，有关党组织负责人应当及时对其提醒谈话；发现轻微违纪问题的，上级党组织应当对其诫勉谈话；接到对干部一般性违纪问题的反映，纪检组织可以与其所在党组织主要负责人一同约谈被反映人。

4. 加强对纪检工作的领导

（36）院党组要根据《关于履行监督责任的办法（暂行）》，进一步畅通与驻院纪检组沟通机制，定期与驻院纪检组分析研判我院党风廉政建设和反腐败工作的形势、问题和下一步工作，就纪律审查工作重大事项及时沟通。

（37）各职能部门要配合纪检组织的纪律审查工作，吸收采纳、尽快落实纪检组织的合理建议，实现纪律审查治本功能。

(38) 加强纪检干部队伍建设，进一步选好配强纪检干部，严格选人用人标准，选拔优秀干部承担纪检工作。充实直属机关纪委和审计室干部队伍，为直属机关纪委和审计室顺利完成各项工作提供人员保障。

(39) 直属机关纪委委员要根据《关于充分发挥直属机关纪委委员作用的意见》切实履行职责。

(40) 建立院属单位纪委专职副书记到中央纪委驻院纪检组和院直属机关纪委轮岗培训制度，提升院属单位纪检组织和纪检干部监督执纪问责能力和水平。

(四) 持续推进纪律建设

1. 健全工作机制

(41) 全面加强我院政治纪律、组织纪律、廉洁纪律、群众纪律、工作纪律和生活纪律建设，结合我院哲学社会科学研究单位特点，巩固巡视审计整改成果，重点针对纪律建设方面易发多发问题，突出抓好政治纪律、组织纪律、廉洁（财经）纪律这三项纪律建设。

(42) 建立院党组全面监督、党组成员分工主抓、职能部门职能监督、院属单位党组织日常监督、驻院纪检组通过院纪律建设督办小组牵头督办的全院党内监督工作新机制。明确院、所两级党组织监督责任，院属研究单位党委承担本单位纪律建设日常监督主体责任，院职能部门承担本部门职责范围内监督责任，驻院纪检组专责监督，对职能部门的监督实行再监督。

2. 明确职责分工

(43) 院办公厅等十家职能部门和承担意识形态相关工作的马研院，作为院党组工作部门，按照《关于建立院职能部门纪律建设监督职责清单制度的决定（试行)》明确的职责分工，具体承担有关党内监督职能，明确责任人、路线图，实行党内监督职责与日常业务工作有机融合，做到一岗双责。

3. 严肃责任追究

(44) 坚持并完善纪律建设工作督办机制，有计划地推进《清单》各项监督任务的落实，将《清单》的各项工作纳入本单位年度工作统一规划、统一部署、统一检查。

(45) 将《清单》各项工作落实情况作为年度考核、创新工程准入和绩效考核的重要内容，纳入领导干部述责述廉重点内容。

(46) 对疏于履职、造成严重后果的，依据《中国共产党问责条例》的有关规定，严肃问责。

(五) 进一步发挥巡视工作“利剑”作用

1. 巩固中央巡视整改工作现有成果

(47) 对中央巡视、中央国家机关工委专项巡视和国家审计署审计整改任务开展“回头看”，对“松气、松劲、松套”的要严肃追究责任。

（48）院属各单位要全面梳理中央巡视以来本单位制定的各项整改措施和规章制度，认真加以落实，并将落实情况纳入本单位年度工作统一规划、统一部署、统一检查，将落实情况作为年度考核、创新工程准入和绩效考核的重要内容，纳入领导干部述责述廉重点内容。

（49）对巡视整改不力的，依据《中国共产党问责条例》的有关规定，严肃问责。

2. 持续推进中央巡视整改长期任务落实

（50）以巡视整改四项长期任务即《贯彻落实习近平总书记在哲学社会科学工作座谈会上的重要讲话精神总体方案》《关于改进和完善选人用人制度　加强领导班子和人才队伍建设的意见》《关于落实全面从严治党　切实加强党的建设的意见》《关于加强党的意识形态工作　建设马克思主义坚强阵地的意见》为抓手，在认真上较劲、下功夫，推动巡视整改长期任务有序推进。

（51）进一步健全完善规章制度强化长效机制，一手抓制度制定，一手抓制度执行，同向用力、同时发力，在深入整改的同时，更加注重治本，更加注重制定和完善一批管长远、治根本的有效制度，建立全面检查、全程督办、全力执纪的制度体系，推动整改落实常态化长效化。

3. 建立健全社科院专项巡察机制

（52）制定《中国社会科学院纪律建设专项巡察工作暂行办法》，成立纪律建设专项巡察工作领导小组，抽调精干力量组成专项巡察组，2017 年内对 10 个左右院属单位党委开展纪律建设专项巡察，目标是发现问题、形成震慑、促进发展。

（53）巡察组要坚持问题导向，聚焦被巡察单位领导班子纪律建设方面的问题，发现薄弱环节，及时向院党组、巡察工作领导小组、有关职能部门和被巡察单位反馈。

（54）被巡察单位要对巡视反馈的问题即知即改、立行立改。

（55）相关职能部门要举一反三、填补制度漏洞，发挥巡察监督“利剑”作用。

（六）加强监督执纪问责

1. 提高执纪水平

（56）落实《中国共产党纪律检查机关监督执纪工作规则（试行）》，严格工作规程，做好纪律审查的受理、初核、立案、调查、审理、处理、转办、移送、申诉等环节，进一步提升纪律审查工作质量和水平。

（57）各级纪检组织要抓好信访工作，畅通信访举报渠道，确保群众信访举报有效受理。要进一步加强“信、访、网、电”四位一体信访举报体系建设，公开举报电话和电子邮箱，构建全方位、立体式便捷化信访举报体系，确保群众信访举报“畅通无阻”。

（58）各级纪检组织要在 2016 年问题线索“大起底”的基础上，通过集体排查，按照中央纪委反映领导干部问题线索五类处置方式，提出处置意见，防止线索失管失控、久拖不办，以信谋私、压信不查等问题发生。

（59）把处置中央巡视移交问题线索继续作为当前和今后一段时期纪律审查工作的首要任务，纪检组织负责人定期听取核查工作进展汇报，研究下一步工作安排，确保每一条巡视移交问题线索都能得到妥善处置。

（60）各级纪检组织要按照驻院纪检组要求，定期报送问题线索及处置情况，接受驻院纪检组的监督指导。

2. 突出惩治重点

（61）各级纪检组织要按照纪律审查工作的总体要求，保持高压态势，严查“三类人”，即党的十八大后不收敛、不收手，问题严重、群众反映强烈，现在重要岗位且可能还要提拔使用的领导干部；严把“四条线”，即党的十八大后、中央“八项规定”出台后、群众路线教育实践活动开展后、中央巡视后仍然顶风违纪的行为，释放越往后执纪越严的信号，坚决遏制腐败蔓延势头。

3. 践行“四种形态”

（62）落实监督执纪“四种形态”要求，使纪律严起来，管住党内大多数，对反映笼统含糊、违纪事实轻微的一般性问题，及时通过谈话提醒、函询核实、批评教育等方式处理，做好咬耳扯袖的工作，让红脸出汗成为常态，突出“惩前毖后，治病救人”，注重不同形态之间的转换。

（63）集中研判问题线索，对适宜谈话函询的，逐一确定对象和方案，做到该谈必谈，该询必询。提升主谈者的政治水平和业务水平，切实做到“既用纪律尺子衡量又用高标准引领，既做到严肃认真，又要充分考虑专家学者的特点，既讲问题又提希望，既谈清谈透问题，又鼓励放下思想包袱”，触及灵魂和思想，达到口服、心服、信服的效果。

4. 加强警示教育

（64）编辑汇总建院40年以来违纪典型事例警示录，加强案例通报曝光，用身边事教育身边人。

（65）院属单位纪检组织要对照建院以来违纪典型案件，寻找问题症结，堵塞监管漏洞。

（66）系统整理、充分利用违纪干部书面检讨材料，在一定范围公开。在院内组织的各类培训班特别是领导干部培训班上开设警示教育课程；将书面检讨材料发回违纪干部所在单位，所在单位领导班子成员要在民主生活会上围绕违纪干部书面检讨材料交流认识体会，认真吸取教训。

（七）继续开展廉政研究

1. 做好重点领域研究

（67）各研究单位要从自身学科背景出发，围绕当前党风廉政建设重大理论和现实问题，精心设计选题，组织开展专题研究。

（68）要把贯彻落实党的十八届六中全会精神、党的十八大以来中国共产党党风廉政建设和反腐败斗争经验的总结等内容纳入院理论宣传和课题研究计划，组织相关专家学者加强理论研究，撰写阐释文章，深入进行解读，发挥智库功能，营造舆论氛围。

（69）继续对我国惩治和预防腐败绩效状况进行跟踪测评和研究，通过分析问卷调查数据产出多种成果，做好以总结党的十八大以来党风廉政建设新成效为重点组织第七部反腐倡廉蓝皮书研究工作，为党的十九大党风廉政建设和反腐败斗争提供决策参考。

2. 推进廉政学科建设

（70）抓紧推进廉政学学科建设，完成“特殊学科”发展的各项任务。

（71）为廉政学学科发展积极创造条件，在职称评审、优秀成果评选、研究生招收、人才引进和培养等方面给予政策倾斜。

3. 组织各类学术交流

（72）以“落实十八届六中全会精神、总结党的十八大以来党风廉政建设成效”为主题，与河北省纪委、省社科院共同举办第十届廉政研究论坛，邀请全国社科系统廉政研究中心负责人及专家学者参加。

第二编

组织机构

ZUZHIJIGOU

一　中国社会科学院机构设置

中国社会科学院领导及其分工
（2017.1 ～ 2017.12）

院党组书记、副书记、成员

党组书记　王伟光
党组副书记　王京清
党组成员　张　江　李培林　张英伟　蔡　昉　邓中华

（一）工作分工

院　长　王伟光

主持全院全面工作；担任党建工作（党风廉政建设）领导小组组长、巡视工作领导小组组长、人才工作领导小组组长、国家安全小组组长；兼任第五届中国地方志指导小组组长、学部主席团主席、中国社会科学院大学校长、中国社会科学院大学学术委员会主任、马克思主义学院院长、香港中国学术研究院院长；主持党组会议、院务会议、院长办公会议、中国社会科学院大学工作例会。

副院长　王京清

协助院长、党组书记工作；负责干部人事、党的建设、理论学习、思想政治、维稳、国家安全、博士后工作；负责与西藏、新疆自治区党委的合作和联络工作；负责与国际能源互联网发展合作组织合作和联络工作；分管人事教育局、直属机关党委（包括直属机关纪委、审计室）、信息情报研究院、中国特色社会主义理论体系研究中心；联系、协调世界社会主义研究中心、西藏智库、新疆智库、海疆智库和意识形态研究智库；担任职称工作领导小组组长、培训工作领导小组组长、稳定与国家安全协调工作小组组长、博士后管理委员会主任；担任党建工作（党风廉政建设）领导小组副组长、巡视工作领导小组副组长、国家安全小组副组长；兼任直属机关党委书记、中共中国社会科学院党校校长、院工会主席、哲学社会科学教育学院院长、中国社会科学院大学国际关系学院院长、宁波发展战略研究院院长；主持改革创新协调会议。

副院长　张　江　　负责行政后勤工作、文学学科建设、马克思主义文学理论和文艺批评工程、意识形态工作、媒体和网络安全、报刊出版馆网库志和社会科学评价名优建设、图书资料和信息化建设、马克思主义网军建设；分管办公厅、财务基建计划局、基建工作办公室、研究生院、服务中心、中国人文科学发展公司、郭沫若纪念馆、马克思主义学院、中国社会科学杂志社（中国社会科学报、中国社会科学网）、图书馆（调查与数据信息中心）、信息化管理办公室、中国社会科学评价中心；联系、协调文化研究中心的智库建设；与李培林共同负责科研成果出版资助工作；兼任马克思主义学院常务副院长、中国社会科学杂志社总编辑、中国社会科学院新闻发言人；主持报刊出版馆网库志和社会科学评价名优工程建设协调会及信息化建设领导小组会议；主持督办例会。

副院长　李培林　　负责科研、学部、创新工程、国情调研、国内合作、与上海合作工作和联络、科研成果出版资助工作；分管科研局／学部工作局／创新办、中国地方志指导小组办公室、话语体系建设办公室；联系、协调院重大问题综合研究中心、国家治理智库；联系地方社科院；兼任中国地方志指导小组常务副组长、上海研究院院长；主持院国内合作共建研究院工作例会。

党组成员　张英伟　　负责院马克思主义理论学科建设与理论研究工程、意识形态、报刊出版馆网库志和社会科学评价名优建设、图书资料、马克思主义网军建设、舆情、媒体、网络安全、信息化建设工作；负责与宁波市的合作与联络工作；分管当代中国研究所、马克思主义研究院、中国社会科学评价研究院、图书馆（调查与数据信息中心）、中国社会科学杂志社（中国社会科学报、中国社会科学网）、信息化管理办公室；具体负责院党的意识形态工作办公室、思想理论写作组办公室、马克思主义理论学科建设与理论研究工程领导小组办公室；联系、协调马克思主义理论创新智库、中国文化研究中心智库；担任中国廉政研究中心理事长；主持报刊出版馆网库志和社会科学评价名优工程建设协调会、信息化工作协调会议。

副院长 蔡　昉　　负责外事、国际学术合作、智库建设、离退休人员工作；负责与郑州市的合作和联络工作；分管国际合作局、离退休干部工作局、中国社会科学出版社、社会科学文献出版社、中国经营出版传媒集团、智库办公室；联系台湾研究所、和平发展研究所；联系、协调当代中国马克思主义政治经济学创新智库（中国社会科学院全国中国特色社会主义政治经济学研究中心）、国家金融与发展实验室智库、财经战略研究院智库、京津冀协同发展智库、城乡发展一体化智库、生态文明研究智库、国家全球战略智库、世界经济与政治研究所智库、中国—中东欧国家智库交流与合作网络、中俄战略协作高端合作智库、中国—中东欧研究院；担任离退休干部工作领导小组组长；兼任中国社会科学院大学经济学院院长、香港中国学术研究院理事长、郑州研究院院长；主持院智库工作例会。

中央纪委驻院纪检组

纪检组长 张英伟　　负责纪律检查工作、纪律建设督办工作；分管驻院纪检组；协调院直属机关纪委和审计室；联系、协调中国廉政研究中心。

邓中华　　负责驻院纪检组工作；具体负责院直属机关纪委、审计室和“四项经费检查”工作；分管中央纪委驻院纪检组；担任纪律建设督办小组组长；担任党建工作（党风廉政建设）领导小组组长、巡视工作领导小组副组长；主持院纪律建设督办小组例会。

（二）党风廉政建设和意识形态工作责任分工

王伟光、张英伟分别为全院党风廉政建设和意识形态工作主体、监督第一责任人。党组成员除负责各分管单位党风廉政建设和意识形态工作外，同时由王京清负责国际问题研究各单位的党风廉政建设和意识形态工作责任制的分管责任人；张江负责文哲和历史研究各单位党风廉政建设和意识形态工作；李培林负责社会政法研究各单位党风廉政建设和意识形态工作；蔡昉负责经济研究各单位党风廉政建设和意识形态工作。

王伟光、邓中华分别为全院党风廉政建设和意识形态工作主体、监督第一责任人。党组成员除负责各分管单位党风廉政建设和意识形态工作外，由王京清负责国际问题研究各单位党风廉政建设和意识形态工作，李培林负责社会政法研究各单位党风廉政建设和意识形态工作，张英伟负责文哲和历史研究各单位党风廉政建设和意识形态工作，蔡昉负责经济研究各单位党风廉政建设和意识形态工作。

副秘书长 韩大川

注：院领导分工以《关于中共中国社会科学院党组成员分工的备案报告》（社科党组字〔2017〕174号）、《中共中国社会科学院党组会议纪要》（2017年11月16日）文件为准，结合2016年院领导分工情况编写而成。

中国社会科学院职能部门

办公厅

主　　任　　方　军
副 主 任　　胥锦成　林新海　钟　君

科研局／学部工作局／创新办

局　　长　　马　援
学部主席团副秘书长　　赵　芮
副 局 长　　张国春　王子豪
副 局 级　　朱渊寿

人事教育局

局　　长　　张冠梓
副 局 长　　高京斋　陈文学　崔建民（兼）
　　　　　　金民卿（挂职）

国际合作局

局　　长　　王　镭
副 局 长　　田德文

财务基建计划局

局　　长　　曲永义
副 局 长　　何敬中　管明军　柴　瑜（挂职）

离退休干部工作局

局　　长　　刘　红
副 局 长　　崔向阳　刘文俊

直属机关党委

直属机关纪委

党委常务副书记　　崔建民
党 委 副 书 记　　王晓霞（兼）　高京斋（兼）
党校常务副校长　　孙建廷
工 会 副 主 席　　黄春生
纪　委　书　记　　王晓霞
纪 委 副 书 记　　王海峰　陈文学（兼）

基建工作办公室

副 主 任　　何敬中（兼）　吕令华

中国社会科学院科研机构

文学哲学学部

文学研究所

党委书记　张伯江
所　　长　刘跃进
副 所 长　张伯江　丁国旗

民族文学研究所

党委书记　朝　克
所　　长　朝戈金
副 所 长　朝　克　闫国飞

外国文学研究所

党委书记　党圣元
所　　长　陈众议
副 所 长　党圣元　吴晓都　程　巍

语言研究所

党委书记　刘晖春
所　　长　刘丹青
副 所 长　刘晖春

哲学研究所

党委书记　孙海泉
副 所 长　孙海泉　崔唯航　冯颜利
张志强

世界宗教研究所

党委书记　赵文洪
副 所 长　赵文洪　郑筱筠　贾　俐

历史学部

考古研究所

党委书记　刘　政
所　　长　陈星灿
副 所 长　刘　政　朱岩石
副 局 级　李　港

历史研究所

党委书记　余新华
所　　长　卜宪群
副 所 长　余新华　王震中　赵笑洁
田　波　杨艳秋

近代史研究所

党委书记　夏春涛
所　　长　王建朗
副 所 长　夏春涛　金以林　廖　刚

世界历史研究所

党委书记　王苏粤
所　　长　汪朝光
副 所 长　王苏粤　饶望京

中国边疆研究所

党委书记　李国强
所　　长　邢广程
副 所 长　李国强　李大路

台湾研究所

所　　长　杨明杰
党委副书记　肖　磊
副 所 长　朱卫东　张冠华

经济学部

经济研究所

党委书记　王立胜
所　　长　高培勇
副 所 长　王立胜　朱恒鹏　胡乐明

工业经济研究所

党委书记　史　丹
所　　长　黄群慧
副 所 长　史　丹　崔民选　李海舰

农村发展研究所

党委书记　闫　坤
所　　长　魏后凯
副 所 长　闫　坤　黄超峰

财经战略研究院

党委书记　杜志雄
院　　长　何德旭
副 院 长　杜志雄　李雪松　夏杰长

金融研究所

副 所 长　胡　滨　张　凡

数量经济与技术经济研究所

党委书记　李富强
所　　长　李　平
副 所 长　李富强　陈冬红

人口与劳动经济研究所

党委书记　钱　伟
副 所 长　钱　伟　都　阳

城市发展与环境研究所

党委书记　李春华
所　　长　潘家华

副 所 长　李春华
副 局 级　张晓晶

社会政法学部

法学研究所

联合党委书记　冯　军
所　　　长　陈　甦
副　所　长　冯　军　莫纪宏

国际法研究所

联合党委书记　冯　军
副　所　长　冯　军

政治学研究所

党委书记　赵岳红
所　　长　房　宁
副 所 长　赵岳红

民族学与人类学研究所

党委书记　方　勇
所　　长　王延中
副 所 长　方　勇　尹虎彬

社会学研究所

党委书记　穆林霞
所　　长　陈光金
副 所 长　穆林霞　赵克斌　王春光

社会发展战略研究院

临时党委书记　张　翼
院　　　长　张　翼
副　院　长　寇　伟
副　局　级　刘白驹

新闻与传播研究所

党委书记　赵天晓
所　　长　唐绪军
副 所 长　赵天晓　季为民

国际研究学部

世界经济与政治研究所

党委书记　陈国平
所　　长　张宇燕
副 所 长　陈国平　邹治波　姚枝仲

俄罗斯东欧中亚研究所

党委书记　李进峰
所　　长　孙壮志
副 所 长　李进峰　孙　力　柴　瑜

欧洲研究所

党委书记　周云帆
所　　长　黄　平
副 所 长　周云帆　程卫东
副 局 级　赵玉英

西亚非洲研究所

党委书记　王　正
副 所 长　王　正　张宏明　李新烽

拉丁美洲研究所

党委书记　王立峰
党委副书记　王荣军
副 所 长　王立峰　王荣军　袁东振

亚太与全球战略研究院

党委书记　王灵桂
院　　长　李向阳
副 院 长　王灵桂

美国研究所

所　　长　吴白乙
党委副书记　郭　红
副 所 长　郭　红　倪　峰　刘　尊

日本研究所

党委书记　刘玉宏
副 所 长　刘玉宏　王晓峰　杨伯江
张季风

和平发展研究所

常务副所长　廖峥嵘
副 所 长　刘建良

马克思主义研究学部

马克思主义研究院

党委书记　邓纯东
院　　长　邓纯东
副 院 长　樊建新　贾朝宁　金民卿
副 局 级　余　斌　刘志明

当代中国研究所

副 所 长　张星星　武　力　文学国
当代中国出版社总编辑　曹宏举
副 局 级　李正华　郑有贵　欧阳雪梅
李　文　宋月红　于俊霄
刘志男　张　永　杨　光

信息情报研究院

党委书记　姜　辉
院　　长　张树华
副 院 长　姜　辉　辛向阳

中国社会科学评价研究院

院　　长　荆林波
临时党委书记　李传章
副 院 长　吴　敏　姜庆国

中国社会科学院直属单位

中国社会科学院大学（中国社会科学院研究生院）

校　　长　　王伟光
第一副校长　　张　江
临时党委书记　　张政文
院　　长　　黄晓勇
临时党委常务副书记　　王新清
临时党委副书记　　王　兵
常务副校长　　张政文
副校长、副院长　　黄晓勇　王　兵　马跃华　林　维　张树辉

中国社会科学院图书馆（调查与数据信息中心）

党委书记　　王　岚
馆　　长　　王　岚
常务副馆长　　何　涛
副 馆 长　　蒋　颖　张大伟

中国社会科学杂志社

副总编辑　王利民　罗文东　李红岩　吕薇洲

服务中心

副主任　　蔡　林　叶聪岚

郭沫若纪念馆

馆　长　　赵笑洁

中国社会科学院直属企业

中国社会科学出版社

社　　长　　赵剑英
总 编 辑　　魏长宝

社会科学文献出版社

社　　长　　谢寿光
总 编 辑　　杨　群

中国人文科学发展公司

总 经 理　　冯　林
副 局 级　　何燕生

中国社会科学院代管单位

中国地方志指导小组

秘 书 长　　冀祥德

副 主 任　　邱新立

副 局 级　　于伟平

中国地方志指导小组办公室（国家方志馆）

党组书记　　冀祥德

主　　任　　冀祥德

二　中国社会科学院学部

学部主席团

主　　席　王伟光
成　　员　李　扬　江蓝生　李培林　张蕴岭　程恩富
　　　　　刘庆柱　蔡　昉　卓新平
秘 书 长　李培林

文学哲学学部（7 人）

主　　任　江蓝生
副 主 任　李景源
委　　员　杨　义　沈家煊　朝戈金
　　　　　卓新平　魏道儒

社会政法学部（6 人）

主　　任　李培林
副 主 任　景天魁
委　　员　梁慧星　李　林　何星亮
　　　　　郝时远

历史学部（5 人）

主　　任　刘庆柱
委　　员　陈祖武　宋镇豪　王　巍
　　　　　王震中

国际研究学部（3 人）

主　　任　张蕴岭
副 主 任　周　弘
委　　员　余永定

经济学部（10 人）

主　　任　李　扬
副 主 任　刘树成　吕　政
委　　员　张晓山　汪同三　高培勇
　　　　　朱　玲　蔡　昉　金　碚
　　　　　王国刚

马克思主义研究学部（4 人）

主　　任　程恩富
成　　员　王伟光　冷　溶　李崇富

三　中国社会科学院第十届院级专业技术资格评审委员会

（按姓氏笔画排列）

研究系列正高级专业技术资格评审委员会

文学哲学学部文学研究系列正高级评审委员会

主　　任　张　江
副 主 任　朝戈金
委　　员　尹虎彬　巴莫曲布嫫　刘丹青　刘跃进　李爱军
吴晓都　吴福祥　张伯江　张政文　陈众议
陈泳超　金惠敏　周小仪　党圣元　解志熙

文学哲学学部哲学研究系列正高级评审委员会

主　　任　张　江
副 主 任　李景源
委　　员　王　博　甘绍平　刘孝廷　李　河　卓新平
郑筱筠　谢地坤　魏道儒

历史学部研究系列正高级评审委员会

主　　任　王京清
副 主 任　王　巍
委　　员　卜宪群　王建朗　王震中　邢广程　朱岩石
刘　晓　李国强　汪朝光　张　弛　张永江
张顺洪　陈星灿　金以林　赵文洪　俞金尧
梅雪芹　崔志海

经济学部研究系列正高级评审委员会

主　　任　　蔡　昉
副 主 任　　李　扬
委　　员　　孔祥智　龙登高　史　丹　朱　玲　朱恒鹏
　　　　　　闫　坤　杜志雄　李　平　李　军　李雪松
　　　　　　何德旭　张　平　张晓晶　金　碚　赵昌文
　　　　　　胡　滨　夏杰长　高培勇　黄群慧　潘家华
　　　　　　魏后凯

社会政法学部研究系列正高级评审委员会

主　　任　　李培林
副 主 任　　李　林
委　　员　　王延中　王春光　方　勇　史安斌　冯　军
　　　　　　任国英　孙宪忠　何星亮　沈　红　张晓玲
　　　　　　张　翼　陈光金　陈泽宪　陈　甦　房　宁
　　　　　　姜　飞　莫纪宏　唐绪军　朝　克

国际研究学部研究系列正高级评审委员会

主　　任　　王京清
副 主 任　　周　弘
委　　员　　王灵桂　李永全　李向阳　杨　光　杨伟国
　　　　　　杨伯江　吴白乙　余永定　张宇燕　张宏明
　　　　　　陈玉荣　郑秉文　姚枝仲　袁东振　袁　鹏
　　　　　　柴　瑜　倪　峰　高　洪　黄　平

马研当代研究系列正高级评审委员会

主　　任　王京清
副 主 任　程恩富
委　　员　王树荫　尹韵公　邓纯东　李正华　李　捷
　　　　　辛向阳　宋　泓　张树华　张星星　武　力
　　　　　郑有贵　胡乐明　柳建辉　姜　辉　黄晓勇
　　　　　樊建新

出版编辑系列正高级专业技术资格评审委员会

主　　任　蔡　昉
副 主 任　赵剑英
出版组组长　谢寿光
出版组委员　王　浩　李富强　李　霞　杨世伟　杨　群
　　　　　　曹宏举　冀祥德
期刊组组长　王利民
期刊组委员　王美艳　方　梅　冯　时　刘正寅　孙　杰
　　　　　　李志军　李海舰　余新华　周汉华　郑红亮
　　　　　　钱莲生　徐秀丽　彭　卫　程　巍

图书资料系列正高级专业技术资格评审委员会

主　　任　张　江
委　　员　王余光　王砚峰　邓子滨　曲永义　孙　晓
　　　　　陈　力　孟庆龙　梁俊兰　蒋　颖　曾建勋

四 中国社会科学院院属各单位学术委员会及专业技术资格评审委员会

文学哲学学部

文学研究所

（一）学术委员会

主　　任　　刘跃进

委　　员　　安德明　高建平　金惠敏
黎湘萍　刘跃进　陆建德
王达敏　张伯江　赵京华
赵稀方　郑永晓　巴莫曲布嫫
刘勇强

（二）专业技术资格评审委员会

主　　任　　刘跃进

委　　员　　安德明　丁国旗　董炳月
金惠敏　黎湘萍　李建军
刘　宁　刘方喜　刘跃进
王达敏　吴光兴　张伯江
赵稀方

民族文学研究所

（一）学术委员会

主　　任　　朝戈金

委　　员　　朝戈金　朝　克　巴莫曲布嫫
阿地里·居玛吐尔地
斯钦巴图　王宪昭　吴晓东
党圣元　文日焕

（二）专业技术资格评审委员会

主　　任　　朝戈金

委　　员　　朝戈金　朝　克　巴莫曲布嫫
阿地里·居玛吐尔地
斯钦巴图　王宪昭　陈泳超
孟庆澍　朱万曙

外国文学研究所

（一）学术委员会

主　　任　　陈众议

委　　员　　陈众议　党圣元　吴晓都
程　巍　刘文飞　黄　梅
李永平　周启超　高　兴
涂卫群　穆宏燕　黄燎宇
秦海鹰

（二）专业技术资格评审委员会

主　　任　　陈众议
委　　员　　陈众议　党圣元　吴晓都
　　　　　　程　巍　高　兴　苏　玲
　　　　　　钟志清　梁　展　刘　锋
　　　　　　邱运华　马海良　周　悦
　　　　　　周小仪

语言研究所

（一）学术委员会

主　　任　　刘丹青
委　　员　　方　梅　顾曰国　胡建华
　　　　　　李　蓝　李爱军　刘丹青
　　　　　　孟蓬生　沈家煊　谭景春
　　　　　　吴福祥　张伯江　郭　锐
　　　　　　李运富

（二）专业技术资格评审委员会

主　　任　　刘丹青
委　　员　　方　梅　胡建华　吴福祥
　　　　　　李爱军　谢留文　孟蓬生
　　　　　　谭景春　王灿龙　董秀芳
　　　　　　施春宏　詹卫东　张　博

哲学研究所

（一）学术委员会

副 主 任　　崔唯航（主持工作）　甘绍平
委　　员　　王柯平　任定成　孙伟平
　　　　　　成建华　张志强　李景源
　　　　　　杜国平　单继刚　尚　杰
　　　　　　欧阳英　段伟文　赵汀阳

（二）专业技术资格评审委员会

副 主 任　　张志强（主持工作）
委　　员　　王　齐　甘绍平　成建华
　　　　　　刘孝廷　孙伟平　杜国平
　　　　　　李　河　李景源　杨立华
　　　　　　吴　琼　吴增定　单继刚
　　　　　　唐文明

世界宗教研究所

（一）学术委员会

主　　任　　卓新平
副 主 任　　郑筱筠
委　　员　　金　泽　魏道儒　王　卡
　　　　　　卢国龙　何劲松　邱永辉
　　　　　　曾传辉　陈进国　唐晓峰
　　　　　　张志刚　杨桂萍

（二）专业技术资格评审委员会

主　　任　　卓新平
副 主 任　　郑筱筠
委　　员　　卓新平　郑筱筠　叶　涛
　　　　　　尕藏加　李建欣　何劲松
　　　　　　赵广明　赵文洪　曾传辉
　　　　　　魏道儒

历史学部

考古研究所

（一）学术委员会

主　　任　陈星灿

委　　员　王　巍　冯　时　白云翔　朱岩石　许　宏　李裕群　施劲松　赵志军　袁　靖　傅宪国　杜金鹏　王震中　赵　辉　齐东方

（二）专业技术资格评审委员会

主　　任　陈星灿

委　　员　王　巍　王学荣　王震中　冯　时　朱岩石　刘建国　许　宏　张　弛　陈悦新　杭　侃　施劲松　柴晓明　徐良高　董新林

历史研究所

（一）学术委员会

主　　任　卜宪群

副 主 任　王震中

委　　员　余新华　卜宪群　王震中　杨艳秋　杨　珍　彭　卫　宋镇豪　邬文玲　雷　闻　刘　晓　张兆裕　王启发　李锦绣　孙　晓　阿　风

（二）专业技术资格评审委员会

主　　任　卜宪群

委　　员　余新华　卜宪群　王震中　杨艳秋　彭　卫　徐义华　邬文玲　雷　闻　刘　晓　孙　晓　李锦绣　阿　风　华林甫　李华瑞　张荣强　赵世瑜　赵平安

近代史研究所

（一）学术委员会

主　　任　王建朗

委　　员　于化民　王奇生　王建朗　左玉河　李长莉　李学通　李细珠　汪朝光　金以林　郑大发　夏春涛　徐秀丽　黄道炫　崔志海　章百家

（二）专业技术资格评审委员会

主　　任　王建朗

委　　员　王先明　王奇生　王建朗　左玉河　仲伟民　李　帆　李细珠　杜继东　邹小站　金以林　赵晓阳　徐秀丽　黄兴涛　黄道炫　崔志海

世界历史研究所

（一）学术委员会

主　　任　　张顺洪
副 主 任　　李世安
委　　员　　张顺洪　汪朝光　俞金尧
　　　　　　毕健康　李世安　王红生
　　　　　　王晓菊　刘　健　吴　英
　　　　　　孟庆龙　易建平　姜　南
　　　　　　徐再荣　高国荣

（二）专业技术资格评审委员会

主　　任　　张顺洪
副 主 任　　汪朝光
委　　员　　张顺洪　汪朝光　俞金尧
　　　　　　易建平　吴　英　王晓菊
　　　　　　孟庆龙　刘　健　黄春高
　　　　　　包茂宏　梅雪芹　柯春桥
　　　　　　张乃和

中国边疆研究所

（一）学术委员会

主　　任　　邢广程
副 主 任　　李国强
委　　员　　邢广程　李国强　李大龙
　　　　　　许建英　孙宏年　阿拉腾奥其尔
　　　　　　毕奥南　吴楚克　金以林

（二）专业技术资格评审委员会

主　　任　　邢广程
副 主 任　　李国强
委　　员　　邢广程　李国强　华林甫
　　　　　　吴楚克　赵青海　许建英
　　　　　　李大龙　孙宏年　王义康

台湾研究所

（一）学术委员会

主　　任　　杨明杰
委　　员　　杨明杰　朱卫东　张冠华
　　　　　　彭维学

（二）专业技术资格评审委员会

主　　任　　杨明杰
委　　员　　杨明杰　朱卫东　张冠华
　　　　　　肖　磊　彭维学

经济学部

经济研究所

（一）学术委员会

主　　任　　高培勇
委　　员　　龙登高　朱　玲　朱恒鹏
　　　　　　刘树成　刘霞辉　杨春学
　　　　　　张　平　陈彦斌　赵学军
　　　　　　胡家勇　徐建生　高培勇
　　　　　　常　欣　裴长洪　魏　众

(二) 专业技术资格评审委员会

主　　任　　高培勇
副 主 任　　朱　玲
委　　员　　龙登高　朱　玲　朱恒鹏
刘霞辉　李建伟　李绍荣
杨春学　张　平　陈彦斌
赵学军　胡家勇　徐建生
高培勇　赖德胜　魏　众

工业经济研究所

(一) 学术委员会

主　　任　　黄群慧
委　　员　　黄群慧　史　丹　李海舰
吕　政　金　碚　黄速建
张其仔　吕　铁　陈　耀
杜莹芬　刘戒骄　刘世锦
魏后凯

(二) 专业技术资格评审委员会

主　　任　　黄群慧
委　　员　　金　碚　黄群慧　史　丹
李海舰　吕　铁　张其仔
刘戒骄　余　菁　杨丹辉
戚聿东　张明玉　王永贵
刘元春　贾俊雪　贺灿飞

农村发展研究所

(一) 学术委员会

主　　任　　魏后凯
委　　员　　魏后凯　闫　坤　杜志雄
朱　钢　苑　鹏　吴国宝
张元红　陈劲松　孙若梅
任常青　谭秋成　李国祥
唐　忠　秦　富

(二) 专业技术资格评审委员会

主　　任　　魏后凯
委　　员　　于法稳　马蔡琛　孔祥智
朱　钢　任常青　闫　坤
李佐军　李国祥　吴国宝
张元红　苑　鹏　林万龙
姜长云　谭秋成　魏后凯

财经战略研究院

(一) 学术委员会

主　　任　　何德旭
委　　员　　杜志雄　李雪松　夏杰长
倪鹏飞　杨志勇　张　斌
赵　瑾　张群群　戴学锋
钟春平　依绍华　汪德华
郭克莎　张晓晶

(二) 专业技术资格评审委员会

主　　任　　何德旭
委　　员　　杜志雄　李雪松　夏杰长
杨志勇　张　斌　倪鹏飞
夏先良　钟春平　王　微
姜长云　唐宜红　吕冰洋

金融研究所

（一）学术委员会

主　　任　胡　滨（代）
委　　员　何德旭　殷剑峰　胡　滨　郭金龙　李　扬　张晓晶

（二）专业技术资格评审委员会

主　　任　胡　滨（代）
委　　员　胡　滨　杨　涛　彭兴韵　曾　刚　李　扬　张　杰　丁志杰　郭田勇

数量经济与技术经济研究所

（一）学术委员会

主　　任　李　平
委　　员　李　平　李富强　李雪松　李　军　张　涛　王宏伟　王国成　李金华　蔡跃洲　张友国　李　群　李志军　蒿新权

（二）专业技术资格评审委员会

主　　任　李　平
委　　员　李　平　李富强　李　军　张　涛　李金华　李文军　王宏伟　王稼琼　牛东晓　文兼武　董纪昌

人口与劳动经济研究所

（一）学术委员会

副 主 任　王跃生
委　　员　蔡　昉　张　翼　都　阳　张展新　王广州　吴要武　王美艳　高文书

（二）专业技术资格评审委员会

副 主 任　王跃生
委　　员　蔡　昉　王跃生　都　阳　王广州　王美艳　高文书　吴要武　赖德胜　陈卫民　杨伟国　段成荣

城市发展与环境研究所

（一）学术委员会

主　　任　潘家华
副 主 任　李春华　魏后凯
委　　员　潘家华　李春华　张晓晶　魏后凯　宋迎昌　刘治彦　庄贵阳　陈　迎　陈洪波　李恩平　单菁菁　倪鹏飞

（二）专业技术资格评审委员会

主　　任　潘家华
委　　员　潘家华　李春华　张晓晶　宋迎昌　庄贵阳　单菁菁　龙开元　王　灿　陶　然

社会政法学部

法学研究所、国际法研究所

（一）学术委员会

主　任　李　林
委　员　陈　甦　陈泽宪　常纪文
冯　军　李　林　李明德
梁慧星　刘仁文　刘作翔
莫纪宏　沈　涓　孙宪忠
王敏远　熊秋红　徐立志
赵建文　张广兴　周汉华
邹海林

（二）专业技术资格评审委员会

主　任　陈　甦
委　员　陈　甦　李　林　陈泽宪
冯　军　刘作翔　莫纪宏
周汉华　田　禾　熊秋红
孙宪忠　李明德　薛宁兰
邹海林　沈　涓　朱晓青
叶　林　卓泽渊

政治学研究所

（一）学术委员会

主　任　房　宁
委　员　房　宁　周少来　周庆智
赵秀玲　贠　杰　王炳权
陈红太　张明澍　黄　平
张树华　冯　军　吴志成

（二）专业技术资格评审委员会

主　任　房　宁
副主任　冯　军
委　员　房　宁　冯　军　赵秀玲
周庆智　周少来　贠　杰
王炳权　张晓玲　吴志成
季正聚　卢春龙

民族学与人类学研究所

（一）学术委员会

主　任　何星亮
副主任　尹虎彬
委　员　方　勇　王延中　色　音
刘正寅　刘　泓　李云兵
陈建樾　呼　和　曾少聪
丁　赛　王　锋　青　觉
刘丹青

（二）专业技术资格评审委员会

主　任　王延中
委　员　方　勇　尹虎彬　何星亮
色　音　刘　泓　刘正寅
曾少聪　张继焦　丁　宏
李锦芳　施　琳　麻国庆

社会学研究所

（一）学术委员会

主　任　陈光金

副主任　　孙壮志
成　　员　　陈光金　孙壮志　李培林
　　　　　　王延中　张　翼　李春玲
　　　　　　王俊秀　罗红光　王春光
　　　　　　王晓毅　吴小英　夏传玲
　　　　　　张旅平

（二）专业技术资格评审委员会

主　　任　　陈光金
委　　员　　王天夫　王春光　王俊秀
　　　　　　王晓毅　刘　能　孙壮志
　　　　　　李春玲　李培林　吴小英
　　　　　　张　翼　陆益龙　赵延东
　　　　　　夏传玲　龚维斌

社会发展战略研究院

（　）学术委员会

主　　任　　李汉林
委　　员　　刘白驹　沈　红　葛道顺
　　　　　　渠敬东　李路路　夏传玲

（二）专业技术资格评审委员会

主　　任　　李汉林
委　　员　　渠敬东　刘白驹　沈　红
　　　　　　黄群慧　王　颖　夏传玲
　　　　　　郭于华　李路路

新闻与传播研究所

（一）学术委员会

主　　任　　唐绪军
副主任　　宋小卫
委　　员　　唐绪军　宋小卫　卜　卫
　　　　　　王怡红　时统宇　刘晓红
　　　　　　姜　飞　崔保国　陈卫星

（二）专业技术资格评审委员会

主　　任　　唐绪军
副主任　　宋小卫
委　　员　　唐绪军　宋小卫　钱莲生
　　　　　　姜　飞　殷　乐　孟　威
　　　　　　渠敬东　段　鹏　史安斌

国际研究学部

世界经济与政治研究所

（一）学术委员会

主　　任　　张宇燕
副主任　　姚枝仲　孙　杰
委　　员　　丁一凡　王德迅　孙　杰
　　　　　　李东燕　何新华　余永定
　　　　　　宋　泓　张宇燕　张　明
　　　　　　张　斌　姚枝仲　贺力平
　　　　　　袁正清　高海红　鲁　桐

（二）专业技术资格评审委员会

主　　任　　张宇燕
委　　员　　孙　杰　李　文　李东燕
　　　　　　何　帆　余永定　宋　泓
　　　　　　张宇燕　张　斌　姚枝仲

贺力平 袁正清 高海红
鲁 桐

俄罗斯东欧中亚研究所

(一)学术委员会

主 任 李永全
副主任 朱晓中
委 员 李永全 朱晓中 孙 力
张盛发 常 玢 郑 羽
薛福岐 程亦军 庞大鹏
冯玉军 吴大辉 吴宏伟
冯育民

(二)专业技术资格评审委员会

主 任 李永全
委 员 丁晓星 孔凡君 刘显忠
孙 力 李中海 李永全
陈玉荣 庞大鹏 柳丰华
柴 瑜 徐向梅 高 歌
程亦军 童 伟 薛福岐

欧洲研究所

(一)学术委员会

主 任 黄 平
委 员 周 弘 程卫东 田德文
孔田平 张 敏 陈 新
李靖堃 刘作奎 丁一凡
崔洪建

(二)专业技术资格评审委员会

主 任 黄 平
委 员 周 弘 孔田平 田德文
陈 新 李靖堃 冯仲平
崔洪建 杨伟国

西亚非洲研究所

(一)学术委员会

主 任 杨 光
副主任 张宏明
委 员 杨 光 张宏明 王 正
王林聪 贺文萍 李智彪
唐志超 姚桂梅 安春英
李安山 李绍先

(二)专业技术资格评审委员会

主 任 杨 光
副主任 张宏明
委 员 杨 光 张宏明 王 正
王林聪 贺文萍 李智彪
姚桂梅 安春英 李新烽
牛新春 薛庆国

拉丁美洲研究所

(一)学术委员会

主 任 吴白乙
委 员 吴白乙 柴 瑜 袁东振
刘维广 张 凡 杨 敏
岳云霞 房连泉 姚枝仲

贺双荣　董经胜

（二）专业技术资格评审委员会

主　　任　　吴白乙
副 主 任　　袁东振
委　　员　　吴白乙　袁东振　王义桅
　　　　　　刘维广　杨志敏　张　凡
　　　　　　岳云霞　贺双荣　屠新泉

亚太与全球战略研究院

（一）学术委员会

主　　任　　李向阳
委　　员　　王玉主　王灵桂　朴键一
　　　　　　许利平　张礼卿　张蕴岭
　　　　　　赵江林　袁　鹏　董向荣

（二）专业技术资格评审委员会

主　　任　　李向阳
委　　员　　王灵桂　王荣军　赵江林
　　　　　　朴键一　朴光姬　王玉主
　　　　　　许利平　李计广　魏　玲
　　　　　　孙学峰　李永辉　达　巍

美国研究所

（一）学术委员会

主　　任　　郑秉文
副 主 任　　倪　峰
委　　员　　王荣军　王　欢　王孜弘
　　　　　　袁　征　姬　虹　樊吉社
　　　　　　赵　梅　黄　平　贺力平

（二）专业技术资格评审委员会

主　　任　　郑秉文
委　　员　　赵　梅　潘小松　倪　峰
　　　　　　王孜弘　姬　红　袁　征
　　　　　　樊吉社　王　勇　谢　韬
　　　　　　翟　昆　孙学峰　王文峰

日本研究所

（一）学术委员会

主　　任　　李　薇
副 主 任　　高　洪
委　　员　　李　薇　高　洪　王　伟
　　　　　　崔世广　张季风　吕耀东
　　　　　　杨伯江　徐　梅　吴怀中
　　　　　　江瑞平　王新生

（二）专业技术资格评审委员会

主　　任　　高　洪
委　　员　　吕耀东　江新风　李寒梅
　　　　　　杨伯江　吴怀中　张季风
　　　　　　张建立　胡　澎　姜跃春
　　　　　　徐　梅　黄大慧

马克思主义研究学部

马克思主义研究院

(一) 学术委员会

主　　任　　邓纯东

副 主 任　　樊建新

委　　员　　邓纯东　程恩富　樊建新　金民卿　余　斌　翟胜明　郑一明　尹韵公　胡乐明　辛向阳　吕薇洲　冯颜利　杨凤城

(二) 专业技术资格评审委员会

主　　任　　邓纯东

委　　员　　邓纯东　程恩富　樊建新　金民卿　余　斌　刘志明　陈志刚　辛向阳　吕薇洲　冯颜利　王树荫　肖贵清　王　易　姚小玲　季正聚

当代中国研究所

(一) 学术委员会

主　　任　　荆惠民

副 主 任　　张星星

委　　员　　李　文　李正华　杨胜群　宋月红　武　力　欧阳雪梅　郑有贵　柳建辉　黄　庆

(二) 专业技术资格评审委员会

主　　任　　张星星

委　　员　　王巧荣　王炳林　王瑞芳　齐鹏飞　李　文　李正华　杨明伟　宋月红　张星星　武　力　武国友　欧阳雪梅　郑有贵　荆惠民　柳建辉　姚　力

信息情报研究院

(一) 学术委员会

临时召集人　　张树华

委　　员　　姜　辉　张树华　曲永义　肖俊明　刘　霓　张　静　辛向阳　王　镭　孙壮志

(二) 专业技术资格评审委员会

主　　任　　姜　辉

委　　员　　姜　辉　张树华　曲永义　肖俊明　刘　霓　梁俊兰　杨　丹　张冠梓　闫　坤　侯惠勤　何秉孟

中国社会科学院直属单位

中国社会科学院大学（中国社会科学院研究生院）

（一）学术委员会

主任委员　黄晓勇
副主任委员　张政文
委　员　文学国　吕　静　张　波　张菀洺　赵一红　赵　俊　龚赛红　王　巍　胡　滨

（二）专业技术资格评审委员会

主任委员　黄晓勇
委　员　王延中　付广军　任万平　李成贵　李志军　时红秀　张　波　张政文　张菀洺　周勤勤　赵一红　朝　克

中国社会科学院图书馆（调查与数据信息中心）

学术委员会

主　任　庄前生
副主任　蒋　颖
委　员　任全娥　刘振喜　庄前生　何　涛　张树华　李春华　杨　齐　周世禄　罗文东　赵嘉朱　赵　慧　黄长著　蒋　颖

中国社会科学出版社

（一）学术委员会

主　任　赵剑英
委　员　赵剑英　曹宏举　王　浩　郭沂纹　陈　彪　卢小生　郭晓鸿　王　茵　黄　平　刘跃进　张政文

（二）专业技术资格评审委员会

主　任　赵剑英
委　员　王　浩　陈　彪　郭沂纹　卢小生　郭晓鸿　田　文　王　茵　刘元春　曹卫东　仰海峰

中国社会科学杂志社

（一）学术委员会

主　任　王利民
委　员　余新华　李红岩　孙　辉　李新烽　柯锦华　王兆胜　赵剑英　周溯源

（二）专业技术资格评审委员会

主　任　张　江
委　员　王利民　罗文东　李红岩　孙　辉　王兆胜　李新烽　张成思　盛若蔚　胡　钰

社会科学文献出版社

专业技术资格评审委员会

主　　任　谢寿光

委　　员　王　绯　王利民　许春山
　　　　　李　霞　杨　群　宋月华
　　　　　郑红亮　耿协峰　梁迎修
　　　　　彭　卫　谢寿光

第三编

2017年度专题

2017NIANDUZHUANTI

一　创新工程工作

中国社会科学院 2017 年创新工程工作概况

2017 年，在党中央、国务院正确领导下，在中国社会科学院党组带领下，全院同志高举中国特色社会主义伟大旗帜，深入学习贯彻习近平新时代中国特色社会主义思想和党的十九大精神，全面推进哲学社会科学创新工程，大力加强中国特色新型智库建设，各项工作都取得了新的成绩。

（一）高度重视马克思主义阵地建设和党的意识形态工作

在实施创新工程过程中，中国社会科学院高度重视和大力加强马克思主义坚强阵地建设，采取了一系列具体措施，在坚持和发展马克思主义，推进马克思主义中国化、时代化和大众化方面作出了较大贡献。

1. 巩固马克思主义理论学科

中国社会科学院积极参与中央马克思主义理论研究和建设工程，大力实施院马克思主义理论学科和理论研究工程，不断巩固和加强马克思主义理论学科，基本形成马克思主义理论学科群，构建起了马克思主义理论一级学科、二级学科和三级学科的立体网络。目前，院属各研究单位下设的马克思主义理论类别研究室、理论编辑室由 19 个增至 30 余个。近年成立的首家以专门培养马克思主义理论骨干人才为目标的马克思主义学院，每年招收 100 名马克思主义学科博士研究生，努力培养一支理论功底扎实、具有发展潜力的马克思主义研究后备队伍。

2. 全面贯彻落实习近平“5·17”重要讲话精神、院庆 40 周年贺信精神和《中共中央关于加快构建中国特色哲学社会科学的意见》精神

党的十八大以来，习近平总书记发表了“5·17”重要讲话，中共中央发布了《关于加快构建中国特色哲学社会科学的意见》，深刻阐明了哲学社会科学的地位作用、目标任务、职责使命和实践要求，深刻回答了我国哲学社会科学发展的一系列方向性、全局性、战略性重大问题。在庆祝中国社会科学院建院 40 周年之际，习近平总书记专门发来贺信，充分肯定了中国社会科学院 40 年来的发展成绩，对中国社会科学院和全国广大哲学社会科学工作者提出了殷切希望，这是对我们的巨大期待、鼓舞和鞭策。中国社会科学院在 2017 年坚持学习好、领会好、贯彻好习近平总书记关于哲学社会科学的重要思想：一是高度重视哲学社会科学并充分发挥它的作用；二是坚持马克思主义在哲学社会科学领域的指导地位；三是加快构建中国特色哲学社会科学创新体系；四是坚持以中国特色社会主义重大理论和实践问题为研究重点；五是继承弘扬中华优秀传统文化；六是吸收借鉴人类一切文明成果；七是不断增强我国哲学社会科学的国际影响力；八是贯彻“双百”方针和树立优良学风；九是全面加强哲学社会科学人才队伍建设；十是加强和改进党对哲学社会科学工作的领导。

（二）大力推进中国特色新型智库建设

1. 完成重大任务，发挥智库作用

为党的十九大报告起草开展8项重大课题调研。根据全国社科规划办要求，为协助党的十九大报告起草，组织城市发展与环境研究所、世界经济与政治研究所、生态文明研究智库、中国廉政研究中心、社会学研究所、国家金融与发展实验室、国家全球战略智库等单位完成了8项重大课题调研，如期提交了研究报告。组织社会保险费征收体制第三方评估。根据国办要求，牵头北京大学、清华大学和中国人民大学等高校进行社会保险费征收体制第三方评估暨调研工作，按期向国办提交了研究报告。组织宏观经济形势分析研究。根据国办来文，智库办每季度末组织相关研究所举行季度经济形势分析会就该季度经济形势、面临问题、未来经济形势预测以及宏观调整思路与对策等提供建议，经完善形成每季度经济形势分析预测研究报告上报国办。

2. 明确建设方向，完善机制建设

完善季度和年度智库工作例会及院务会汇报制度。组织季度智库工作例会，听取19家专业化智库对智库建设的建议，在专业化智库之间既剖析问题又借鉴经验。同时，每季度选取2家专业化智库和智库办共同向院党组汇报智库工作，并按照院领导的指示及时调整、完善智库工作。

为更好地开展智库交办委托任务和研究项目研究，鼓励多出高质量的智库成果，根据院领导指示，智库办反复修改制定了《中国社会科学院国家高端智库研究项目和交办委托任务管理办法（征求意见稿）》，对《中国社会科学院国家高端智库管理细则（试行）》和《中国社会科学院国家高端智库专项经费管理细则（试行）》中有关智库研究项目和交办委托任务管理办法作出明确规定，细化交办委托任务和研究项目的类型及经费额度、经费使用、项目和任务管理、奖励和失责处罚等。

（三）推出重大科研成果，组织重要学术项目

1. 创新工程成果涌现

坚持基础研究和应用研究并重并举，推动基础学科和应用学科共同发展。围绕贯彻落实中央重大决策，特别是习近平总书记系列重要讲话精神，设置相关重点课题，进行跨学科集体

攻关，推出一批系统性、有影响力的研究成果。比如，《中国特色社会主义道路及世界意义研究》、《先秦城邑考古》（上、下编）、《发展新常态下中国经济体制改革探究》、《中国战略性新兴产业论》、《中国政府资产负债表（2017）》、《新工业革命：理论逻辑与战略视野》、《精准扶贫急需注意的问题及对策建议》、《中国海外投资国家风险评级报告（2017）》、《剑桥古代史》（7 册）、《中国高铁“走出去”面临的挑战与对策建议》、《中国制度研究丛书》（5 册）等一系列体现学科发展水平的重要成果。

据创新工程综合管理平台统计，全院 2017 年度共完成专著 296 部，高质量学术论文 4073 篇，研究报告、论文集 202 部，译著（文）165 部（篇），学术资料、古籍整理 69 种（部），理论文章 361 篇。

2. 创新工程科研项目成绩突出

实施创新工程以来，项目管理体制顺利完成了从“课题制”到“项目制”的转变，新的项目规划制度给予了所级科研单位更多的项目管理自主权，为全院科研工作注入了新的活力。2017 年，完善全院项目管理机制，印发《中国社会科学院研究所创新工程项目实施情况报告》，提出加强和改进研究所创新工程项目管理工作意见；研究制定《中国社会科学院研究所创新工程项目（研究类）管理办法》，加强研究所创新工程项目管理；规范横向课题管理，实施《中国社会科学院横向课题管理办法实施细则（试行）》。

2017 年，全院共立项国家社科基金项目 121 项，其中专题研究类项目 2 项、特别委托项目 4 项、重大项目 7 项、重点项目 15 项、一般项目 44 项、青年项目 31 项、后期资助项目 17 项、成果文库 1 项。另有 2 个项目经专家评估后获得滚动资助。2017 年，全院共获得国家社科基金资助总额 3245 万元。共受理国家社科基金项目结项申请 87 项。组织院内外专家 338 人为 55 个项目进行通讯鉴定。全国社科规划办批准结项项目 37 项，其中 31 项为良好以上等级，优良率达 83.8%。

（四）着力打造中国特色社会主义理论学术传播名优平台

全院积极实施报刊出版馆网库志和学术评价名优建设工程，努力占领理论学术传播制高点，广泛传播优秀学术成果和主流意识形态，成功打造了一批以马克思主义为指导的，具有中国特色、中国风格、中国气派的理论学术传播名优平台。

1. 学术名刊和出版社建设

《中国社会科学报》影响力进一步扩大。已建成 9 家国内记者站和北美、欧洲报道中心，通讯人员已覆盖国内主要高校和科研单位以及五大洲 30 多个国家，实现北京、广州、南京、西安四地同步印刷。

期刊质量和学术影响力稳步提高。完善期刊“五统一”管理，全院期刊质量继续提升，在全国学术界保持领先地位。制定实施《关于加强学术期刊“名优”建设的若干意见》，进一步完善创新工程有关期刊管理制度；新创办国内统一刊号的《中国社会科学评价》《中国文学批评》《财经智库》3 种期刊，使中国社会科学院主办的中文学术期刊达到 80 种，外文学术期刊达到 16 种，学术年鉴达到 4 种。其中，44 种被国内四大期刊评价机构共同认定为核心期刊。继续加强和改进期刊审读工作，强化期刊审读意见通报工作，举办全院学术期刊主编论坛，制定全院期刊采编指南，为把握正确办刊方向、提升期刊学术水平提供制度保障。

学术出版影响力和效益进一步提升。院属出版社坚持正确的出版方向，创新经营管理体制，图书数量和质量稳步提升。全年院属出版社出版图书 4600 多部，实现社会效益和经济效益共同提高。加大对出版图书的检查力度，调阅三审档案 4000 多种，有效地把好图书出版的政治方向关、学术导向关和学术规范关。

2. 数字图书馆和历史文献工作

图书馆转型发展取得明显进展。加快全院图书信息资源整合，继续推动建设“国家哲学社会科学数字图书馆”工作。院图书馆建立健全总馆—分馆—资料室三级管理服务体系，加大数字图书馆建设力度，在扩大数字资源引进、改造网络基础设施，启用远程访问系统，提高馆藏图书和信息资源服务等方面取得了一定进展。大力推进数字化服务，使院内学者可随时在线查阅大量数字资源。

网络信息化建设取得显著成效。院属各单位网站和专业网站不断扩展，50 多家子网迁移到新平台上。以中国社会科学网为龙头的网站集群发挥报刊网联动机制，实现平台、域名、风格统一，专题制作更加丰富，成为全国 7 家理论传播重点网站之一。

（五）深入开展国情调研和院际合作

1. 国情调研

国情调研特大项目“精准扶贫精准脱贫百村调研”立项 104 项子课题，同时成立了总课题组和项目协调办公室。为保障项目按计划实施和高质量完成，先后组织召开了项目总课题组工作会议和子课题负责人座谈会，交流项目的实施进展情况，部署成果审核和报告撰写的相关工作。目前项目总体进展顺利，已有 81 个子课题提交了问卷进行数据录入，10 多个子课题提交了报告进行专家审读。2017 年，国情调研以党和国家关注的重大理论和实际问题为主攻方向，以调研成果质量为导向，制定重大国情调研领域指南，共评审立项 90 项国情调研项目。其中，包括国情调研重大项目 13 项，院级调研基地项目 12 项，所级调研基地项目 54 项，按系统组织的国情考察项目 11 项。

2. 院际合作

2005 年以来，以中国社会科学院名义与省部级等单位共签署院际合作协议或备忘录 26 项，其中近 5 年来签署院际合作协议 11 项。2017 年 1 月 7 日，中国社会科学院与青岛市人民政府签订《中国社会科学院青岛市人民政府全面战略合作协议》，有效期为 20 年，协议规定双方合作共建中国社会科学院大学（中国社会科学院研究生院）（青岛校区）等重要内容。2017 年 9 月 15 日，中国社会科学院与郑州市人民政府签订《中国社会科学院支持郑州市人民政府战略合作框架协议》，有效期为 5 年，协议作出了合作共建“中国社会科学院—郑州市人民政府郑州研究院”的规定。

（六）体制机制改革和创新工程管理经验总结

1.2017 年创新工程体制机制改革总体情况

2017 年，进一步完善创新工程报偿、准入、退出、评价、配置、资助六大制度体系，建立更加完备、系统、科学、规范的科研管理制度体系，特别是以报偿制度为抓手进一步提升科研人员的积极性。

完善准入制度和退出制度，印发《中国社会科学院研究生院教学人员岗位准入补充规定》《中国社会科学院创新岗位跨序列聘用管理办法（试行）》《关于落实创新工程首席管理准入审核责任制的若干规定》等文件，进一步严格准入和退出条件。加强重大科研成果产出机制建设，完善以成果为核心的科研量化考核机制。实行年度经费总额拨付，完成经费管理并轨，强化财政经费合规高效使用，加大对优秀科研成果的后期资助力度。

2. 创新工程经验总结

科研人员是一个组织乃至一个国家创新的中坚力量，科学研究是富有想象力和创造性的工作。对于科研人员的激励不能简单地等同于一般加工制造产业“计件劳动 + 出成果买成果”的产业工人激励方式，而是需要为科研人员营造一个相对自由宽松的科研氛围，通过“优化科研环境 + 合理创新激励”增加知识和技术创新发生的概率。这其中，发挥关键作用的就是评价制度。中国社会科学院的科研工作职责是为党和国家工作大局服务、为党中央及国务院决策服务、为人民需要服务，科研工作必须坚持正确的政治方向和学术导向，这是指导全院评价考核制度建设的总原则。

同时，站在学习贯彻落实习近平新时代中国特色社会主义思想、“5·17”重要讲话和院庆 40 周年贺信精神的政治高度上，新时代中国社会科学院长远发展的战略考量是实施“精品工程”：提升中国特色哲学社会科学的原创性；提高中国社会科学院学者的创新能力；推出更多更好的原创成果。

科研机构创新工程工作

文学哲学学部

文学研究所

（一）创新工程项目的名称及其首席管理、首席研究员

2017年，文学研究所共有创新工程项目15个，首席管理为刘跃进、张伯江。创新工程项目分别为：(1)“中国文艺思想与文献研究”（首席研究员为郑永晓）；(2)“先唐文学经典研究与当代解读”（首席研究员为范子烨）；(3)“隋唐文艺思想与唐宋文学转型”（首席研究员为吴光兴）；(4)“中国古代文艺思想与文献研究（清代近代）”（首席研究员为王达敏）；(5)“20世纪中国革命与中国文学”（首席研究员为刘跃进）；(6)“文化理论与文学理论：西方与中国”（首席研究员为金惠敏）；(7)“当代马克思主义文学理论与文学批评研究”（首席研究员为丁国旗）；(8)“创新能力与中国当代文艺”（首席研究员为李洁非）；(9)“中国文学的现代转型与中国经验研究”（首席研究员为黎湘萍）；(10)“中国文学的多元经验与现代形态研究”（首席研究员为董炳月）；(11)“‘中国大文学’的当代建构”（首席研究员为李建军）；(12)“中国文学事业与文化战略研究”（首席研究员为刘方喜）；(13)“汉唐文学思想与儒道演变”（首席研究员为刘宁）；(14)“民间视角与经验研究”（首席研究员为安德明）；(15)“网络文学现状调查与价值导向研究”（首席研究员为陈定家）。

（二）在创新工程工作方面实施的新机制、新举措

根据院“马克思主义理论研究和建设工程”2017年度工作方案的要求，文学研究所将“三个体系建设”作为前半年的核心工作来抓，设计和提出了以马克思主义为指导的文艺理论、中国古代文学、中国现代文学、中国当代文学、比较文学与世界文学、民间文学、台港澳暨海外华文文学等学科的学科体系、学术体系、话语体系的基本框架、主要内容和核心概念。创新工程全面推进，取得了实质性的进展。“当代马克思主义文学理论与文学批评研究”项目组关注学术前沿，在习近平总书记文艺思想研究及当下文艺批评实践方面取得了重要进展；“隋唐文艺思想与唐宋文学转型”项目组上半年完成了“隋唐五代文艺思想史资料长编”的初稿和修订稿；“创新能力与中国当代文艺”项目组在理论探讨、分类研究、资料整理、研讨和调研等方面作出了努力；“‘中国大文学’的当代建构”项目组在中国与西方、传统与现代视域下，考察当代文学新动态，积极同中外学界展开学术交流与合作，增加了文学研究的广度与深度；“网络文学现状

调查与价值导向研究”项目组针对互联网意识形态领域的突出问题和文学思潮，进行了专题调查，并将调研结果撰写成理论文章，得到了学界的认同；“汉唐文学思想与儒道演变”项目组举办了8期“创新研讨”，围绕“韩愈文集的几个问题”“丝绸之路东段北道的石窟”“敦煌吐鲁番道经文献”“唐代墓志文献”等问题展开研讨，促进了学术交流，深化了学术思考。

民族文学研究所

（一）创新工程项目的名称及其首席管理、首席研究员

2017年，民族文学研究所共有创新工程项目6项，首席管理为朝克、朝戈金。创新工程项目分别为：(1)“‘一带一路’跨界民族文学、文化研究”（首席研究员为阿地里·居玛吐尔地）；(2)“南方民族神话与民俗研究”（首席研究员为吴晓东）；(3)“蒙古族文学经典研究”（首席研究员为斯钦巴图）；(4)“《格萨（斯）尔》的抢救、保护与研究”（首席研究员为俄日航旦）；(5)“民族文学理论与实践：前沿问题与研究范式”（首席研究员为巴莫曲布嫫）；(6)“中国少数民族口头传统音影图文档案库”（首席研究员为王宪昭）。

（二）在创新工程工作方面实施的新机制、新举措

2017年，民族文学研究所创新工程项目以研究室为单位，共有立项、结项项目6个，另培养了基础学者1名、青年学者1名。研究人员根据各项目的科研目标，狠抓落实，能够按计划、按要求圆满完成每个时期、每个阶段的科研工作任务，进而在创新工程科研工作方面作出了突出贡献。在项目管理方面，民族文学研究所根据学科发展布局和实际要求，采取了一系列新机制、新举措，例如，加大了国际性青年人才培养的支持力度，努力创造青年学术人才出国参会、学习、深造的机会；严格管控创新工程入岗标准，提升了入岗的门槛；完善了创新工程绩效考核机制，制定了《民族文学研究所创新工程后期资助目标报偿实施细则（2017)》，明确细化了绩效考核科研成果统计流程、所内计分权限标准、公益性加分等部分的内容等。这些创新性举措都为创新工程系列工作的顺利开展提供了保障。

外国文学研究所

2017年，外国文学研究所参加创新工程人员为54人。

（一）创新工程项目的名称及其首席研究员

2017年，外国文学研究所共有创新工程项目5项，分别为：(1)“重点学科——比较文学学

科”（首席研究员为程巍）；(2)“重点学科——英语文学学科”（首席研究员为傅浩）；(3)“‘一带一路’格局下东西方文学文化的碰撞与交流研究”（首席研究员为侯玮红）；(4)“‘一带一路’文学文化研究——欧洲区文学文化研究及现代性反思”（首席研究员为徐畅）；(5)“外国文学学术史研究工程·经典作家作品学术史研究（第四期）”（首席研究员为钟志清）。

（二）在创新工程工作方面实施的新机制、新举措

在创新工程申报工作中，外国文学研究所按照院创新工程相关原则、标准和程序进行操作：在符合科研局创新指南及该所创新工程框架下由项目组进行课题论证，公平竞争后提交所长办公会及所学术委员会讨论审定，通过的项目即确定为该所创新工程项目，再由已确定的首席研究员审校拟聘成员及其层级报所党委讨论决定。创新项目及创新岗位人员经院审核批准后，公示一周。

语言研究所

截至 2017 年底，语言研究所有 59 人进入创新岗位，占在职人员总数的 76.6%。

（一）创新工程项目的名称及其首席管理、首席研究员

2017 年，语言研究所共有 9 个创新工程项目，首席管理为刘丹青、刘晖春。项目分别为：(1)“语音与言语科学重点实验室（Ⅱ）”（首席研究员为李爱军、胡方）；(2)“汉语句法语义研究的理论与实践”（首席研究员为王灿龙）；(3)“基于语法化和语言接触的汉语句法、语义演变研究”（首席研究员为吴福祥）；(4)“汉语语法史研究”（首席研究员为杨永龙）；(5)“上古汉语语法、训诂、音韵、文字及文献的综合研究”（首席研究员为孟蓬生）；(6)“中国重点方言区域示范性调查研究”（首席研究员为李蓝）；(7)“辞书编纂修订与辞书学理论研究”（首席研究员为谭景春）；(8)“汉语多模态资源库管理平台研发”（首席研究员为顾曰国）；(9)“汉语口语的跨方言调查与理论分析”（首席研究员为刘丹青）。

（二）在创新工程工作方面实施的新机制、新举措

根据 2017 年创新工程方案的总体结构与基本布局，语言研究所加强创新工程的领导力量并细化组织实施工作，做好所有项目的计划和预算工作，严格按照计划实施，创新工程领导小组承担领导和组织责任。所领导分别负责创新工程四个方面的工作，包括策划、组织、协调、落实以及经费的使用等，发现问题，统筹解决。创新工程加强首席研究员负责制下的统一领导，建立健全必要的规章制度，并不断完善各项管理办法与实施细则，以规章制度为依据，加强项目实施中各个环节的组织协调与科学管理。具体举措包括：(1) 研究制定项目管理办法和

工作条例，包括子课题的管理办法、工作规程、评价标准和实施细则等；(2) 建立专项资金管理制度，参照院关于创新工程的规定，制定具体的创新工程专项资金管理办法，专款专用，加强管理，形成事前审核、事中监督和事后复核的管理机制；(3) 创新工程整体采取项目管理方式，强化项目执行研究员的责任，子课题运作实行《项目责任书》等形式，建立职责明确、分工协作、奖惩分明的工作机制。

哲学研究所

2017 年初，哲学研究所实有在编在岗人数 130 人。根据项目设置和全所创新工程实际需要，共设置 106 个创新岗。经创新项目和管理岗位竞聘，共有 101 名在编在岗人员进入创新工程，进岗比例为 77.7%。专业人员中有 83 人进入创新工程，管理人员有 18 人进入创新工程。聘任首席管理 2 人，首席研究员 23 人（含 2 名编外首席研究员），总编辑 1 人，长城学者 1 人，基础学者 1 人。另有 5 名编制外人员聘至创新岗。

（一）创新工程项目的名称及其首席研究员

2017 年，哲学研究所共设创新工程项目 23 项，分别为：(1)“中国哲学的近现代转型”（首席研究员为张志强）；(2)“儒释道三教关系研究”（首席研究员为陈霞）；(3)“中国哲学史资料选辑新编”（首席研究员为李存山）；(4)“当代哲学背景下的科技哲学理论创新与实践”（首席研究员为段伟文）；(5)“文化发展的理论与实践”（首席研究员为李河）；(6)“文化产业政策与法律”（首席研究员为贾旭东）；(7)“当代伦理学前沿问题研究”（首席研究员为孙春晨）；(8)“社会主义核心价值观研究”（首席研究员为孙伟平）；(9)“马克思主义政治哲学与中国政治生态学建构”（首席研究员为毕芙蓉）；(10)“多元文化语境中的东方哲学”（首席研究员为成建华）；(11)“纯逻辑与应用逻辑研究”（首席研究员为杜国平）；(12)“生态文明视野中的生态学科技哲学研究与实践”（首席研究员为肖显静）；(13)“马克思主义哲学中国化时代化大众化创新研究”（首席研究员为李景源）；(14)“历史唯物主义前沿问题研究”（首席研究员为崔唯航）；(15)“马克思主义哲学史学科新生长点探索”（首席研究员为单继刚）；(16)“文本与现实：马克思政治哲学思想研究”（首席研究员为魏小萍）；(17)“马克思主义哲学中国化的进程与意义研究”（首席研究员为李俊文）；(18)“西方哲学基础理论与前沿问题研究”（首席研究员为尚杰）；(19)“西方哲学的汉语转化与研究”（首席研究员为王齐）；(20)“逻辑基础问题研究”（首席研究员为刘新文）；(21)“中西方美学前沿问题研究”（首席研究员为徐碧辉）；(22)“存在论的新维度：可能性的分叉路径”（首席研究员为赵汀阳）；(23)“传统文化与理论创新”（首席研究员为赵培杰）。

（二）在创新工程工作方面实施的新机制、新举措

1.2017 年，哲学研究所充分利用实施创新工程对人才的吸引力，积极引进各类优秀人才，充实增强各学科的研究力量及科研辅助力量，并针对人才引进把关工作中存在的薄弱环节，对人才引进办法进行了修订和完善，让考核程序和办法更科学、更严谨，确保引进德才兼备的高质量人才。2017 年，通过院人才引进办法，引进了优秀副高级职称人员 1 人、海外留学回国博士 2 人、博士后出站人员 1 人，应届博士研究生 1 人，分别充实到哲学与文化研究室、伦理学研究室、东方哲学研究室、《哲学研究》编辑部、《哲学动态》编辑部和《中国哲学年鉴》编辑部。通过院内人才交流，从中国社会科学杂志社引进了 1 名青年学者，充实到中国哲学研究室。

2. 严格执行到龄退休和返聘制度。2017 年，哲学研究所有 1 名同志办理退休手续。同时，通过缓退博士研究生导师和返聘学科带头人，继续发挥其作用，稳定科研队伍。目前，哲学研究所有缓退博士研究生导师 3 人、返聘 4 人（创新工程编制外聘用）。

3. 积极参加各项遴选推优活动，继续加大对哲学研究所科研人员的宣传力度。2017 年，哲学研究所积极参与国家和我院各项高层次人才的遴选推荐工作，推荐了文化名家暨“四个一批”人才、“万人计划”哲学社会科学领军人才人选 1 名，推荐 2017 年国家百千万人才工程人选 1 名，推荐 2017 年度创业启动支持计划创新支持子项目人选 1 名。通过参加这些推优活动，既宣传了哲学研究所科研人员的学术贡献，也为高层次学者搭建了更广阔的学术平台。

4. 通过科研成果绩效考核，调动研究人员多出科研成果的积极性。2017 年，哲学研究所根据《中国社会科学院创新工程科研人员绩效考核和后期资助目标报偿实施办法》《中国社会科学院创新工程采编岗位绩效考核和后期资助目标报偿实施办法》，坚持客观公正、民主公开、注重实绩的原则，对科研岗位人员的科研成果进行计分，对采编人员兼职发表科研成果进行考核和计分，确定研究人员后期资助目标报偿。通过严谨的科研成果绩效考核，调动了哲学研究所研究人员产出科研成果的积极性。

5. 切实做好各项经费的管理使用。第一，严格执行规章制度，紧守财经纪律底线。哲学研究所财务室一直将各项规章制度作为开展工作的重要原则和依据，财务人员通过自觉学习、咨询主管部门、开展讨论交流等方式，对各项财经规定及标准进行细化，并严格依规执行。本着为科研服务的态度，管理好经费，充分发挥财务工作“管”“控”“监”的作用。第二，优化预算编制，严把预算执行关口。实行“两上两下”的预算编报审核程序，组织并审核各项目预算。第三，加强制度建设，做到经费使用合规。第四，积极开展经费自查，及时查漏补缺整改。依据院有关部门“四项经费”检查要求，加强工作领导，将自查情况逐一通报给各项目课题负责人，并针对项目存在的问题，提出具体纠正意见，限期进行整改自纠。

世界宗教研究所

（一）创新工程项目的名称及其首席研究员

2017年，世界宗教研究所“九室两部”（马克思主义宗教观研究室、伊斯兰教研究室、佛教研究室、当代宗教研究室、宗教文化艺术研究室、宗教学理论研究室、基督教研究室、儒教研究室、道教及民间宗教研究室、《世界宗教文化》编辑部和《世界宗教研究》编辑部）进入创新工程。

2017年，世界宗教研究所共有创新项目11项，分别为：(1)“中国特色马克思主义宗教理论体系创新”（首席研究员为曾传辉）；(2)“宗教学理论创新”（首席研究员为赵广明）；(3)“中国传统宗教与当代文化发展”（首席研究员为卢国龙）；(4)“中国宗教艺术现状研究”（首席研究员为何劲松）；(5)“中华封建社会宗教思想史”（首席研究员为魏道儒）；(6)“中国佛教历史与社会问题研究”（首席研究员为纪华传）；(7)“基督教思想史”（首席研究员为周伟驰）；(8)“当代宗教发展态势”（首席研究员为邱永辉）；(9)“‘一带一路’与当代伊斯兰教重大现实问题研究”（首席研究员为卓新平）；(10)“东南亚宗教研究”（首席研究员为郑筱筠）；(11)“新时期的道教与民间宗教研究”（首席研究员为王卡）。

（二）在创新工程工作方面实施的新机制、新举措

2017年，世界宗教研究所根据中国社会科学院印发的《中国社会科学院创新工程研究领域指南》等系列文件要求，在马克思主义宗教观理论的指导下，结合该所的学术定位、研究职能和发展优势，制定和实施创新工程方案，积极构建新的学术管理平台和用人机制，推动体系创新和学科发展。

首先，在用人机制方面，围绕创新工程申报项目，积极聘用各类相关学者和人才，发挥人才优势，增强创新的力量。

其次，在管理层面，世界宗教研究所执行首席研究员对各项目负责、首席管理对全所创新工程负总责制，层层管理，落实到位，使全所创新工程得以有效开展。

在创新项目研究方面，该所紧紧围绕创新工程大项目，以研究室为单位，开展各项目研究。

历史学部

考古研究所

（一）创新工程项目的名称及其首席管理、首席研究员

2017年，考古研究所创新工程项目首席管理2名，为陈星灿、刘政；首席研究员（总编辑）27名。

2017年，考古研究所共有创新工程项目61项，分别为：(1)“华南地区史前考古学文化谱系研究”（执行研究员为傅宪国）；(2)“黄淮中下游地区史前城址与聚落的考古发掘与研究”（首席研究员为梁中合）；(3)“辽宁大连鞍子山积石冢的发掘”（执行研究员为贾笑冰）；(4)“西北地区史前聚落调查和发掘”（首席研究员为李新伟）；(5)“成都平原北东区域史前考古调查”（首席研究员为叶茂林）；(6)“新砦聚落研究”（执行研究员为赵春青）；(7)“泥河湾盆地旧石器考古学研究”（执行研究员为周振宇）；(8)“黄河中游地区旧石器时代向新石器时代过渡的考古学研究”（执行研究员为王小庆）；(9)“长江中游地区史前城址的发掘与研究”（执行研究员为黄卫东）；(10)“中原地区新石器早期文化研究”（首席研究员为陈星灿）；(11)“陶寺遗址发掘与研究”（首席研究员为何努）；(12)“二里头遗址考古勘探、发掘与研究”（首席研究员为许宏）；(13)“丰镐·周原遗址考古勘探与发掘”（首席研究员为徐良高）；(14)“偃师商城遗址资料整理与报告编写”（执行研究员为谷飞）；(15)“殷墟综合研究”（执行研究员为岳洪彬）；(16)“苏州木渎古城发掘与研究”（执行研究员为唐锦琼）；(17)“巴蜀符号研究”（首席研究员为严志斌）；(18)“洛阳盆地中东部调查报告整理”（首席研究员为许宏）；(19)“长江流域的青铜文化与社会”（首席研究员为施劲松）；(20)“北京琉璃河城址考古勘探”（执行研究员为印群）；(21)“内蒙古巴林左旗辽上京遗址的考古发掘”（首席研究员为董新林）；(22)“隋唐长安城遗址考古与研究”（首席研究员为龚国强）；(23)“河南洛阳汉魏故城的考古勘察与发掘”（执行研究员为刘涛）；(24)“陕西汉长安城遗址的考古勘探”（首席研究员为刘振东）；(25)“西安秦汉上林苑的考古与研究”（首席研究员为刘瑞）；(26)“秦汉时期西南夷地区考古发掘与研究”（执行研究员为杨勇）；(27)“洛阳唐城遗址的考古发掘与研究”（执行研究员为徐龙国）；(28)“河北邺城遗址考古发掘与研究”（执行研究员为何利群）；(29)“唐宋扬州城遗址考古发掘与研究”（执行研究员为汪勃）；(30)“隋唐洛口仓遗址的考古与研究”（执行研究员为韩建华）；(31)“北朝石窟寺调查与研究”（首席研究员为李裕群）；(32)“新疆博尔塔拉河流域青铜文化的发现与研究”（首席研究员为丛德新）；(33)“北庭古城综合考古

研究”（首席研究员为巫新华）；(34)“蒙古族源的考古学研究”（首席研究员为刘国祥）；(35)“莫什哈墓地及其周边地区的考古学研究”（执行研究员为郭物）；(36)“柴达木盆地周缘前吐蕃和吐蕃时期遗址调查”（执行研究员为仝涛）；(37)“中国农业起源和早期发展的研究”（首席研究员为赵志军）；(38)“古DNA技术的应用和人骨的综合研究”（执行研究员为王明辉）；(39)“考古遥感与地理信息系统研究”（首席研究员为刘建国）；(40)“中国动物考古学的文化类型研究”（首席研究员为袁靖）；(41)“碳十四年代学研究和古人类食物状况研究”（首席研究员为张雪莲）；(42)“现代分析测试技术在考古学研究中的应用”（执行研究员为赵春燕）；(43)“考古遗址古环境重建及人地关系研究”（执行研究员为齐乌云）；(44)“木材考古——年代、木材利用和微环境”（首席研究员为王树芝）；(45)“青铜器陶范铸造技术的发展与演变”（执行研究员为刘煜）；(46)“考古遗产空间资源结构性维系及价值挖掘研究”（首席研究员为王学荣）；(47)“出土金属文物的腐蚀病害成因及其保护修复技术研究”（执行馆员为梁宏刚）；(48)“实验室考古创新研究”（执行馆员为李存信）；(49)“文物修复技术研究”（执行馆员为王浩天）；(50)“文化遗产科学体系创新研究”（执行研究员为杜金鹏）；(51)“中国文化遗产纺织考古科学体系创新研究”（执行研究员为王亚蓉）；(52)“洪都拉斯科潘玛雅遗址的考古发掘”（首席研究员为李新伟）；(53)“乌兹别克斯坦明铁佩遗址的考古发掘与研究”（首席研究员为朱岩石）；(54)“赴埃及考古发掘与研究”（首席研究员为王巍）；(55)“赴印度考古发掘与研究”（首席研究员为陈星灿）；(56)“山东临淄齐故城冶铸遗存考古发掘与研究”（首席研究员为白云翔）；(57)“古文字研究”（总编辑冯时）；(58)“重要遗址考古发掘资料整理和报告编写与口述考古史”（总编辑巩文）；(59)“文物和档案的整理及标准化建设”（执行馆员为辛爱罡）；(60)“中国古代漆器与漆工艺研究”（执行研究员为洪石）；(61)“考古基地建设”（项目负责人为李港、赵岚）。

（二）在创新工程工作方面实施的新机制、新举措

1. 推进科研强所，加大学科建设力度

(1) 考古研究所以建立国际一流研究所为目标，不断开拓创新，启动了一批重要的研究课题，充分调动了全所科研人员积极性，开创了考古学研究的新局面。2017年，考古研究所开展创新工程项目共计61项，其中创新工程重大项目3项，涵盖了史前考古、夏商周考古、汉唐考古、边疆考古、国外考古、科技考古、文化遗产保护等方面。

(2) 发表高质量、经得起历史检验的科研成果是考古研究所的立所之本。针对目前中国社会科学院科研成果考核评价体系对科研人员在成果产出质量和数量方面要求的不断细化，考古研究所严格要求科研人员在做好田野考古发掘与室内研究等工作的同时，不断加大科研成果的产出力度，强调以田野考古发掘报告的编写与出版为重心，及时编写、发表考古发掘简报，鼓励科研人员在核心期刊上发表学术论文。

（3）考古研究所严格贯彻落实中国社会科学院学科建设“登峰战略”，现共有7个学科，其中，“优势学科”1个：科技考古；“重点学科”3个：史前考古、夏商周考古、汉唐考古；“特殊学科”3个：边疆考古、古文字学和纺织考古。其中，古文字学和纺织考古作为“绝学”受到了考古研究所的高度重视与大力支持。考古研究所以调动全所科研人员的积极性和创造性为出发点和落脚点，切实着眼于学科建设与发展，明确目标，突出重点，力争取得实质性的学科建设方面的成果。

2. 实施“走出去”考古战略，推动世界不同地区古代文明的比较研究

（1）洪都拉斯科潘玛雅遗址发掘工作顺利推进。2017年，该项目的主要田野工作包括对北侧建筑的重建和对西侧北部地表建筑的进一步清理和隧道式发掘，还完成了文物库房的建设。10月下旬，组织了在科潘召开的有中国、美国、墨西哥、危地马拉、日本和洪都拉斯等国学者参加的“科潘：比较的视角”国际研讨会。2017年度的发掘为考古研究所一批优秀学者提供了赴外考古发掘与研究的平台，使中国考古学界与世界考古学界的交流更加密切。考古研究所洪都拉斯科潘玛雅遗址发掘与研究使我国在玛雅文明研究中的话语权逐渐增加，有力地增强了我国在中美洲地区的文化影响力。

（2）乌兹别克斯坦明铁佩遗址考古发掘与研究取得重要成果。2017年，中亚考古工作在前期工作的基础上，以明确明铁佩遗址外城的范围、布局和保存状况，内城西门的建筑结构和保存状况，内城城址布局等学术问题为中心而展开。在安集延建立了专门的库房，并完成了明铁佩遗址历年发掘出土的全部遗物的上架、装筐、核对、整理工作。完成中亚考古首部发掘简报的编写并在《考古》2017年第9期发表。考古研究所赴乌兹别克斯坦的发掘与研究极大地推动了对古代东西方文化交流的研究，为推动“一带一路”考古研究提供了重要的材料。

（3）古印度文明考古项目工作稳步推进。2017年10月，由所长陈星灿研究员带队，考古研究所出访团赴印度进行学术访问，拜访了印度德干学院、印度国家博物馆和印度考古调查局，并与相关科研机构和主管部门负责人建立了联系。2017年12月，印度德干学院副院长、考古学院院长辛迪教授与考古研究所领导就具体的合作方案进行了进一步的会谈，确定了双方合作的启动时间和具体的工作方案。考古研究所赴印度考古发掘与研究项目是中国考古“走出去”的重要一步，有利于扩大考古研究所在南亚的影响。

（4）赴埃及考古发掘与研究项目进展顺利。2017年1月，埃及古物部古代埃及文物司司长马哈姆德·哈桑·阿菲菲·谢里夫等一行3人应邀访问考古研究所，埃及项目负责人王巍研究员会见了代表团一行。双方就遗址发掘点定在卡尔纳克孟图神庙达成一致意见。12月，埃及古物部古代埃及文物司司长艾曼·阿什马维等一行3人来华，中埃双方团队就卡尔纳克孟图神庙遗址具体的工作计划展开讨论。

3. 加大宣传考古成果力度，普及考古知识

为了更好地面向公众宣传考古成果，普及考古知识，考古研究所利用各种媒体手段，做好公共考古工作，以更丰富的形式，展示考古创新成果，普及文物考古知识，推广文物保护理念。考古研究所要求各田野考古队在开展考古发掘的同时，积极做好当地的公共考古普及宣传工作，并将其作为创新工程项目评定标准之一；2017 年 4 月 22 日，第五届“中国公共考古·李庄论坛”在四川省宜宾市李庄古镇举办；考古研究所与中央电视台科教频道“探索·发现”栏目组合作拍摄专题片《考古进行时》，将正在进行的考古成果及其发掘过程及时介绍给海内外观众（2017 年共播出 22 集）；纪录片《考古中华·河南篇》于 2017 年 11 月 1 ～ 12 日在中央电视台科教频道“探索·发现”栏目播出。

历史研究所

（一）创新工程项目的名称及其首席研究员

2017 年，历史研究所共有创新工程项目 12 项，分别为：(1)“殷墟甲骨文的整理研究与著录”（首席研究员为宋镇豪）；(2)“出土文献与先秦史”（首席研究员为徐义华）；(3)“周秦汉晋时期制度变迁与地方社会”（首席研究员为邬文玲）；(4)“中古史籍与史料的整理与研究”（首席研究员为陈爽）；(5)“中古出土文献与传统文献的综合整理与研究”（首席研究员为孟彦弘）；(6)“敦煌文献中所存纪传体史籍整理与研究”（首席研究员为杨宝玉）；(7)“明代中后期的历史进程”（首席研究员为张兆裕）；(8)“《清史稿·儒林传》正误”（首席研究员为陈祖武）；(9)“清代中西政治、贸易与文化交流史——以中国第一历史档案馆藏‘一带一路’档案为中心”（首席研究员为鱼宏亮）；(10)“7 世纪以降‘丝瓷之路’历史文化研究”（首席研究员为李锦绣）；(11)“‘一带一路’视野下的东北边疆民族与中外关系史研究”（首席研究员为李花子）；(12)“中国古代物质文化史研究”（首席研究员为沈冬梅）。

（二）在创新工程工作方面实施的新机制、新举措

历史研究所结合院创新工程绩效考核的各类实施办法的要求，制定了《历史研究所 2017 年度绩效考核工作方案》。成立了由首席管理、所班子和所创新办主任组成的创新工程绩效考核领导小组。首席管理为创新工程绩效考核第一责任人，发挥主体作用。具体工作依托各处室和学术秘书进行，另外聘请研究人员参加计分核算和监督工作。考核工作分为科研、采编、管理（图资）几大序列，做好各序列工作量的统计、分数换算、后期资助分配工作，充分调动和激发了大家的工作积极性。

近代史研究所

（一）创新工程项目的名称及其首席研究员

2017年，近代史研究所共有创新工程项目19项，分别为：(1)“清末中美关系专题研究(1895～1912)”（首席研究员为崔志海）；(2)“中国近代史档案馆藏档案整理与研究（一）”（首席研究员为金以林）；(3)“近代社会变迁与学术思想”（首席研究员为罗检秋）；(4)“清政府治理与开发台湾政策措施研究”（首席研究员为李细珠）；(5)“国民党人的疆域观念与治理实践（1937～1945)”（首席研究员为罗敏）；(6)“新民主主义革命思想在解放战争时期的丰富与发展”（首席研究员为于化民）；(7)“中国共产党的‘中华民族’之观念研究”（首席研究员为郑大华）；(8)“《中国近代史大辞典》中外关系史卷”（首席研究员为张俊义）；(9)“日台关系史研究（1945～2015)”（首席研究员为王键）；(10)“口述历史理论研究与口述访谈”（首席研究员为左玉河）；(11)“丁未政潮与清末政局”（首席研究员为马忠文）；(12)“传教·边疆·战争：晚清中法关系再研究”（首席研究员为葛夫平）；(13)“抗战时期中共的发展与壮大”（首席研究员为黄道炫）；(14)“基督宗教与近代乡村社会”（首席研究员为赵晓阳）；(15)“清末民初思想研究（1900～1915年)”（首席研究员为邹小站）；(16)“近代来华日本人游记与中国认识”（首席研究员为李长莉）；(17)“晚清中国在西方形象的演变”（首席研究员为李学通）；(18)“通向东京审判之路——国民政府与联合国战争罪行委员会研究”（首席研究员为刘萍）；(19)“清代西藏与哲孟雄（锡金）关系研究”（首席研究员为扎洛）。

（二）在创新工程工作方面实施的新机制、新举措

1. 打造具有国际影响力的中国近代史研究传播平台

为落实中央“走出去”战略，进一步扩大近代史研究所在全球学术界和国际社会的影响，近代史研究所加强刊物、网站建设，整合刊物、网站力量，打造具有国际影响力的中国近代史研究传播平台。

2. 学会管理体制创新

近代史研究所挂靠有5个一级学会，长期以来，各学会在学界具有很强影响力与号召力，能够组织该专业领域国内外的一流专家参加各种活动。从根本上讲，这种号召力是由中国社会科学院及近代史研究所的学术地位决定的。近代史研究所向来重视学会的管理工作，重视发挥学会的影响力，坚持每年以学会为基础组织学术活动。

3. 研究中心体制创新

以当前学术界的情况来看，新兴学科、跨学科、跨领域的研究日益增多，非实体研究中心的设立顺应了这一发展趋势。近代史研究所挂靠有3个非实体研究中心，目前，这3个研究中

心正处于发展阶段，逐步在学界确立领导地位。思想史学科和台湾史学科的学术集刊，已成为学界的品牌产品。

以近代史研究所学术地位为基础，加强学会和非实体研究中心在各自领域内的影响力与号召力，将研究所学术建设与学会、研究中心建设相结合，巩固近代史研究所在近代史学科的领先地位与权威地位，是近代史研究所的重要创新任务之一。

世界历史研究所

（一）创新工程项目的名称及其首席管理、首席研究员

2017 年，世界历史研究所共有所级创新工程项目 2 项："中日关系史论著目录"（首席研究员为汪朝光）；"加拿大自立国至当代海洋经济发展史"（执行研究员为姚朋）。

2017 年，世界历史研究所进入创新工程人员共计 61 人。其中，首席管理 2 人为张顺洪、王苏粤，首席研究员 12 人为汪朝光、易建平、俞金尧、孟庆龙、姜南、毕健康、王晓菊、吴英、景德祥、张跃斌、高国荣、国洪更，总编辑 2 人为徐再荣、任灵兰，执行研究员 22 人，业务主管 2 人，业务助理 4 人，其他 17 人。

（二）在创新工程工作方面实施的新机制、新举措

（1）积极稳妥地开展创新工程岗位聘用工作，合理设计岗位层级，形成人才内部竞争态势。2017 年，该所在编在岗人员为 80 人，聘至创新岗位的人员为 61 人，进岗比例为 76%。在首席层级空缺岗位中进行差额投票推荐，最终确定 14 个首席层级。坚持优中选优，低职高聘人员占进岗人员比例为 8%，远远低于院最高不超过 30% 的规定。坚持为科研服务的理念，对没有在核心期刊发表论文的科研人员，召开所学术委员对其在"四报一刊"发表的理论文章进行学术认定，尽量让符合条件的人员进岗；对长期出访的科研人员在进岗政策上进行把关，合理设计出访时间。通过创新工程岗位层级设置和公开透明的聘用程序，该所科研人员工作积极性有了较大提高，成果产出量也在逐年提升。

（2）加强创新工程制度建设，形成用制度管人管事的良好氛围。2017 年，世界历史研究所梳理了现行的文件规定，特别是近些年关于创新工程方面的新制度和新办法。经过反复筛选、斟酌和讨论，最终确定了符合该所实际工作的制度汇编，编印成册，人手一本。汇编中包含了科研管理、外事管理和行政管理三大版块的文件内容，是该所人员了解国家和中国社会科学院有关政策规定的便捷途径。

（3）加强创新工程后期绩效考核的审核把关，优化计分规则，切实维护每位职工的切身利益。2017 年是中国社会科学院实施科研绩效考核评分制度的第三年，针对前两年的成果统计

情况，世界历史研究所对院绩效考核评分标准作了进一步补充和细化，特别是针对有些成果没有纳入院绩效考核评分指标，而实际上科研人员又为此付出了时间和精力的情况，在所里掌握的科研加分上作出规定，让有付出的科研人员能够获得相应的绩效奖励。又如，2017 年，在审核编辑部编辑绩效分数时，发现 3 个刊物的计分规则不是很统一，世界历史研究所及时召开 3 个编辑部的协调会议，使每个刊物的编辑都能够在统一的标准下核算编辑绩效分数，更加合理地计算编辑、责编和主编的分值比例，让工作在一线的编辑能够获得更多的绩效分数，合理平衡工作量和绩效分之间的关系。

中国边疆研究所

2017 年，中国边疆研究所进入创新工程人数为 26 人。其中，设置首席管理岗位 2 个，首席研究员、长城学者岗位 5 个，执行研究员、责任编辑、执行馆员岗位 11 个，研究助理、馆员助理岗位 4 个，业务主管（一档）岗位 1 个，业务主管（二档）岗位 1 个，业务主办（一档）岗位 1 个，业务协办（一档）岗位 1 个，占在职人员总数的 78%。

创新工程项目的名称及其首席研究员

2017 年，中国边疆研究所共设有创新工程项目 6 项，分别为：(1)“当代中国边疆治理体系与治理能力现代化问题研究”（首席研究员为邢广程）；(2)“民国时期中国海疆治理研究”（首席研究员为李国强）；(3)“中国古代多民族国家的起源”（首席研究员为王义康）；(4)“新疆治理研究”（首席研究员为许建英）；(5)“中国西南边疆政区变迁与治理方略研究”（首席研究员为孙宏年）；(6)“中俄沿边区域合作研究”（首席研究员为阿拉腾奥其尔）。

经济学部

经济研究所

（一）创新工程项目的名称及其首席研究员

2017 年，经济研究所共有创新工程项目 14 项，分别为：(1)“经济思想史的知识社会学与知识经济学研究”（首席研究员为杨春学）；(2)“中国经济新增长阶段的主要特征与结构调整研究”（首席研究员为张平）；(3)“落实五大发展理念研究——以健康保障与‘互联网 +’为重点”（首席研究员为朱恒鹏）；(4)“公有企业收益共享机制的国际比较”（首席研究员为朱玲）；(5)“经济发展新常态下的收入分配研究”（首席研究员为邓曲恒）；(6)“当代中国经济发展道路研究”（首席研究员为赵学军）；(7)“中国宏观经济形势分析与风险预警”（首席研究员为常欣）；(8)“中国经济增长阶段跨越研究”（首席研究员为刘霞辉）；(9)“我国初期工业化模式形成与路径探索：观念和实践（1861 ～ 1949）”（首席研究员为徐建生）；(10)“中国特色社会主义政治经济学研究”（首席研究员为胡家勇）；(11)“传统经济再研究——以制度转型为视角”（首席研究员为苏金花）；(12)“收入分配与经济增长和社会福利”（首席研究员为赵志君）；(13)“公司治理、金融与创新增长”（首席研究员为仲继银）；(14)“中国基本社会保险制度研究”（首席研究员为裴长洪）。

（二）在创新工程工作方面实施的新机制、新举措

2017 年，经济研究所坚持科学研究与学科建设并重，完成科研任务与积累学术资产兼容，坚持“以学术为本位、以人才为中心”的学术传统，营造良好的学术生态，形成经济研究所人才战略的基本支撑。根据该研究所传统优势学科的特点和学科建设的需要，确定了从政治经济学、宏观经济学和经济史学三个主线索入手，由此牵引、带动理论经济学、应用经济学和经济史、经济思想史的学科建设体系，进一步加强《经济研究》等三大刊物以及经济研究所图书馆学术平台建设的以“两学两史三刊一馆”为线索的学科布局。

1. 加快构建中国特色社会主义政治经济学学科体系

充分发挥经济研究所综合性、基础性理论研究的长项，在充分研究的基础上完成中国特色社会主义政治经济学理论体系的构建。

2. 加强原有优势学科，明确学科定位

（1）合理布局学科专业结构，完善学科优化体系。经济研究所加强传统优势学科建设，利用研究所学科门类齐全的综合优势，通过学科交叉，建立结构合理、特色鲜明、支撑面宽、竞争力强的优势学科群。

（2）提高学科队伍素质，培养学科和学术带头人。经济研究所坚持引进与培养并举，积极发现和培养学科带头人和学术带头人，提高学科带头人的地位，并提供配套的研究条件，逐渐形成成熟的学术梯队，不断提高学科队伍的整体水平。

（3）加大与国内外知名学术机构学科合作、交流的力度。大胆“走出去”，积极“引进来”。采取项目合作等多种形式，学习国外知名学术机构特色学科的先进之处，积极引进国外优质学术资源，引领和带动经济研究所学科建设水平的提高。

“十三五”时期，经济研究所将“《资本论》研究”定为优势学科，将“《中国经济思想史》研究”定为特殊学科，重点学科包括“中国经济史学科”“西方经济思想”“公共经济学”。

3. 创新学科体系

在学科体系建设上，加强分工协作，创新学科体系。

（1）确立以政治经济学研究室、《资本论》研究室、当代西方经济理论研究室等专业研究

部门为理论经济学研究平台，开展以中国特色社会主义政治经济学、习近平经济思想理论等为重点的研究；以宏观经济研究室、经济增长理论研究室、发展经济学研究室、微观经济研究室和公共经济研究室等专业研究部门为应用经济学研究平台，开展以现实经济为重点的理论和实证研究；以中国经济史研究室、中国现代经济史研究室、经济思想史研究室等专业研究部门为经济史学研究平台，开展经济史和经济思想史研究。

（2）根据中共中国社会科学院党组要求，制定了经济研究所各学科坚持以马克思主义为指导，构建本学科的学科体系、学术体系、话语体系（简称“三个体系”），包括教材体系建设的基本框架、主要内容、核心概念工作方案。根据中国社会科学院部分学科先行试点“15 个学科建设”的要求，经济研究所负责“中国特色社会主义政治经济学学科体系、学术体系、话语体系”研究课题。其他各学科也根据自身特点，制定时间表，拿出各自学科马克思主义理论成果的任务要求和进度计划。

4. 体制创新

（1）进一步规范和完善创新工程经费管理机制。为了进一步加强经费管理，合规、有效地使用创新工程经费，经济研究所在既往逐步完善各项审批制度的同时，从规范经费使用、统筹经费安排、科学编制预算、加强执行管理等方面，进一步规范和完善经费管理机制。

（2）按项目设置专职财务报销人员。为从源头控制好创新工程经费的使用情况，经济研究所要求每个项目组设置一名专门负责财务报销的人员。该财务报销人员对每年创新工程的财务预算、项目经费的执行以及年底的财务决算各个环节全程负责，从而保证了创新工程经费使用的规范性。

（3）继续推进创新工程进展情况月度调查制度。为及时汇总每个创新项目的进展情况，收集创新项目研究过程中遇到的各类问题并定期向院创新办报告项目进展，经济研究所设计了《经济研究所创新项目（××月份）进展情况调查表》，要求各项目负责人定期反馈创新项目进展情况。

农村发展研究所

创新工程项目的名称及其首席研究员

2017 年，农村发展研究所共有创新工程项目 10 项，分别为：（1）“新型农村合作医疗政策效果评价”（首席研究员为谭秋成）；（2）“落实农村土地‘三权分置’的对策研究”（首席研究员为崔红志）；（3）“农民工返乡创业研究”（首席研究员为朱钢）；（4）“中国奶业转型发展与竞争力提升研究”（首席研究员为刘长全）；（5）“精准扶贫政策演变及其实施效果评估”（首席研究员为吴国宝）；（6）“农业生态补偿机制与政策研究”（首席研究员为于法稳）；（7）“粮食收储制度改革研究”（首席研究员为李国祥）；（8）“农村金融创新及风险研究”（首席研究员为冯兴元)；(9)“农村集体经济组织成员权研究”(首席研究员为任常青)；(10)“智库建设”(首席研究员为翁鸣)。

财经战略研究院

2017年，财经战略研究院设置首席管理2人，首席研究员9人，总编辑1人。根据项目具体情况，设置执行研究员27人(含获得资助的基础学者3人)，研究助理6人，责任编辑3人，编辑助理1人，馆员助理2人，业务主管(二档)3人，业务主办(一档)2人，业务主办(二档)1人，业务协办(一档)2人。

创新工程项目的名称及其首席管理、首席研究员

2017年，财经战略研究院创新工程项目首席管理为何德旭和杜志雄。该所共设有创新项目9项，分别为：(1)“我国服务业开放的绩效评估和提升策略”(首席研究员为夏杰长)；(2)“‘十三五’时期深化财税价格体制改革研究——宏观经济政策选择与财税价格体制改革”(首席研究员为杨志勇)；(3)“事权与支出责任视角下的地方收入体系建设”(首席研究员为张斌)；(4)“新型城镇化与房地产发展——供需空间错配、货币政策变动与房价波动性分化”(首席研究员为倪鹏飞)；(5)“推动我国供给侧改革的货币金融政策创新”(首席研究员为汪红驹)；(6)“杠杆率与宏观风险研究”(首席研究员为钟春平)；(7)“中国服务贸易监管体制研究”(首席研究员为赵瑾)；(8)“‘十三五’时期中国开放型经济新体制研究”(首席研究员为夏先良)；(9)“以供给侧结构性改革推进消费升级战略研究”(首席研究员为依绍华)。

金融研究所

(一) 创新工程项目的名称及其首席研究员

2017年，金融研究所共有创新工程项目7项，分别为：(1)“中国经济新常态与货币政策研究”(首席研究员为彭兴韵)；(2)“系统性风险与金融监管协调研究”(首席研究员为胡滨)；(3)“金融视角的保险理论与政策研究”(首席研究员为郭金龙)；(4)“人民币离岸市场建设与人民币国际化”(首席研究员为程炼)；(5)“互联网金融理论、实践与政策研究”(首席研究员为杨涛)；(6)“跨市场金融风险发展与监管对策研究”(首席研究员为曾刚)；(7)“去杠杆形势下我国投融资政策的协调”(首席研究员为张跃文)。

(二) 在创新工程工作方面实施的新机制、新举措

2017年，金融研究所为配合创新工程的实施，继续修订、完善了相关规章制度。

数量经济与技术经济研究所

（一）创新工程项目的名称及其首席管理、首席研究员

2017年，数量经济与技术经济研究所创新工程首席管理为李富强、李平。该所进入创新岗位51人，其中创新项目研究岗位33人。该所设立创新工程项目9项，分别为：(1)“能源安全与新能源技术经济研究”（首席研究员为刘强）；(2)“经济预测与经济政策评价”（首席研究员为娄峰）；(3)“人口老龄化与经济系统性风险研究”（首席研究员为李军）；(4)“宏观经济政策效应评估——我国精准扶贫政策实施效果研究”（首席研究员为张涛）；(5)“绿色发展战略与政策模拟研究”（首席研究员为张友国）；(6)“创新驱动发展及动能转换分析测算”（首席研究员为蔡跃洲）；(7)“分享经济研究”（首席研究员为姜奇平）；(8)“经济转型升级的战略路径研究”（首席研究员为李文军）；(9)“新发展评价体系与测度”（首席研究员为张涛）。

（二）在创新工程工作方面实施的新机制、新举措

2017年，数量经济与技术经济研究所设立专项青年学者培养计划，促进青年科研人员成长。

该所还先后制定了《数技经所关于国家社会科学基金经费使用管理细则》《数技经所关于国家自然科学基金经费使用管理细则》《数技经所关于横向课题经费使用细则（修订）》等规章制度。

人口与劳动经济研究所

（一）创新工程项目的名称及其首席管理、首席研究员

2017年，人口与劳动经济研究所创新工程的首席管理为钱伟；共有创新工程项目6项，分别为：(1)“家庭和家户人口构成和关系研究”（首席研究员为王跃生）；(2)“社会养老服务体系建设和养老服务业发展研究”（首席研究员为林宝）；(3)“中国独生子女家庭结构研究”（首席研究员为王广州）；(4)“新经济新就业研究”（首席研究员为高文书）；(5)“供给侧结构性改革中的人力资本积累问题研究”（首席研究员为都阳）；(6)“释放城镇化改革红利的领域与对策研究”（首席研究员为王智勇）。

（二）在创新工程工作方面实施的新机制、新举措

2017年，人口与劳动经济研究所与国内外的研究机构和高校建立合作协议。通过人员互

访、科研合作、合办会议等多种形式为科研人员提供学术交流平台。

2017 年，人口与劳动经济研究所与地方政府或机构合办国情调研基地，获得高质量的、有连续性的调研数据，为持续性的科研工作提供良好的条件和支持。

城市发展与环境研究所

（一）创新工程项目的名称及其首席管理、首席研究员

2017 年，城市发展与环境研究所共有 35 人进入创新岗位，首席管理为潘家华。2017 年，城市发展与环境研究所立项并完成创新工程研究项目 8 项，分别为：(1)“国家资产负债表研究”（首席研究员为张晓晶）；(2)“城市经济转型升级动力机制研究”（首席研究员为刘治彦）；(3)“城镇化中后期城市区域治理若干理论对策研究”（首席研究员为宋迎昌）；(4)“深化低碳城市试点示范的政策与机制创新研究”（首席研究员为庄贵阳）；(5)“《巴黎协定》后的国际气候治理及中国应对策略研究”（首席研究员为陈迎）；(6)“共享的城市生活空间营造”（首席研究员为李国庆）；(7)“1998 年以来我国房地产主要政策分析与评价”（首席研究员为尚教蔚）；(8)“城市群重点领域雾霾源协同治理研究”（首席研究员为梁本凡）。

（二）在创新工程工作方面实施的新机制、新举措

1. 以创新工程科研绩效评价为抓手，激励科研人员潜心开展研究工作

城市发展与环境研究所注重利用创新工程科研绩效评价的结果，将科研绩效作为创新岗位竞聘考量核心指标之一，充分发挥绩效评价的正向激励作用，引导科研人员多出成果，出好成果。

2. 加强创新工程项目研究与学科建设的紧密结合

城市发展与环境研究所充分利用中国社会科学院在创新项目和学科建设上给予研究所的自主空间，努力将创新项目研究和优势学科、重点学科建设紧密结合，推动研究所学科基础研究水平稳步提升。

社会政法学部

法学研究所

2017 年，法学研究所参加创新工程共 80 人（不含退休人员 1 人），占 2016 年底全所在编

人员比例 80.8%。在参加创新工程的 81 人中，研究岗位 46 人，编辑岗位 9 人，图资岗位 5 人，学者资助计划岗位 6 人（其中 1 人退休），管理岗位 15 人。

（一）创新工程项目的名称及其首席管理、首席研究员

2017 年，法学研究所创新工程项目管理岗位中，首席管理 2 人为陈甦、李林，业务主管 4 人，业务主办 6 人，财务协办 1 人，业务协办 2 人。共设立 14 个创新项目，其中创新工程研究项目 11 项，期刊创新项目 2 项，图书馆创新项目 1 项，分别为：(1)“中国特色社会主义法治理论与法治社会建设若干问题研究”（首席研究员为贺海仁）；(2)“依法治国、依规治党和宪法实施监督重大问题研究”（首席研究员为李忠）；(3)“中华法文化精华的传承与借鉴研究”（首席研究员为张生）；(4)“深化经济体制改革和全面建成小康社会进程中的行政法治问题研究”（首席研究员为李洪雷）；(5)“民法典编纂及相关法律问题研究”（首席研究员为谢鸿飞）；(6)“创新发展与知识产权法律制度完善”（首席研究员为管育鹰）；(7)“刑事法治建设与刑法学发展”（首席研究员为刘仁文）；(8)“中国国家法治指数研究”（首席研究员为田禾）；(9)“社会法重大理论与实践问题研究”（首席研究员为薛宁兰）；(10)“司法体制改革与程序法治问题研究”（首席研究员为王敏远）；(11)“深化经济体制改革与我国商事法律制度完善”（首席研究员为陈洁）；(12)“《法学研究》期刊创新”（总编辑为张广兴）；(13)“《环球法律评论》期刊创新”（总编辑为周汉华）；(14)“图书馆创新”（主任馆员为邓子滨）。另外，还有荣誉学部委员创新岗位 1 人（已退休）为杨一凡；长城学者 1 人为孙宪忠；基础研究学者 3 人分别为胡水君、席月民、谢增毅；青年学者 1 人为冉昊。

（二）在创新工程工作方面实施的新机制、新举措

1. 认真落实各项单位准入条件。经过近两年来的巡视整改，非实体研究中心工作得到显著加强，各中心均顺利通过科研局年检，为研究所整体进入院创新工程创造了条件。

2. 加强对创新工程各项目组和进岗人员的督促检查。根据 2018 年度院创新工程岗位成果完成准入条件，全年多次就准入条件发布通知，提醒所内人员尽量早日符合标准。向全体科研人员发布 2013 年版《中国人文社会科学核心期刊要览》及增补核心期刊名录、《2014 年版中国人文社会科学期刊评价报告》期刊名录及增补核心期刊名录。年中多次公布科研成果统计情况，核实符合条件和不符合条件人员名单，并一一督促到人。

3.2016 年底至 2017 年初，在组织到期创新项目结项的同时，积极组织新期项目的论证和申报。经过学术委员会审批，2017 年新设 5 个研究所创新工程研究项目。

4. 组织各项目组和有关管理人员认真学习 2017 年 7 月发布的《中国社会科学院研究所创新工程项目（研究类）管理办法》。根据新的管理办法，及时调整不适应新办法的原有所内规定或做法。

（三）在创新工程工作方面取得的新成果

2017 年，法学研究所科研成果稳中有升。论著类成果数量保持稳定；论文类成果数量和质量略有提升；“四报一刊”理论宣传文章数量大幅提升。

2017 年底，向中国社会科学院科研局推荐两项成果为 2017 年度院创新工程重大科研成果候选，包括《民法总则评注》和《法治国情与法治指数丛书》。其中，《民法总则评注》入选院 2017 年度创新工程重大科研成果。

国际法研究所

2017 年，国际法研究所共有 24 人进入创新工程。

（一）创新工程项目的名称及其首席管理、首席研究员（总编辑）

2017 年，国际法研究所创新工程的首席管理为陈泽宪。国际法研究所共有创新工程项目 4 项，学术期刊创新项目 1 项，分别为：(1)“‘一带一路’建设中的国际经济法律问题研究”（首席研究员为廖凡）；(2)“国际条约法律框架下中国权益保护之对策研究”（首席研究员为蒋小红）；(3)“‘一带一路’战略法治化问题研究”（首席研究员为刘敬东）；(4)“中国《涉外民事关系法律适用法》的实施及发展”（首席研究员为沈涓）；(5)“《国际法研究》期刊创新”（总编辑为柳华文）。

（二）在创新工程工作方面实施的新机制、新举措

2017 年，国际法研究所凝练学科优势，进一步加强重点学科建设，认真实施学科建设“登峰战略”资助计划，使创新工程登峰计划与创新工程研究所研究项目相互促进，进一步带动国际法学科建设和整体水平提升。此外，国际法研究所还发挥教学对学科建设的促进作用，推进学科建设。通过教学，提高全体科研人员知识的系统性和全面性，拓宽其研究领域和研究水平，夯实学科发展的基础。

政治学研究所

（一）创新工程项目的名称及其首席管理、首席研究员（总编辑）

2017 年，政治学研究所创新工程首席管理为房宁、赵岳红。政治学研究所共有创新工程项目 5 项、学术期刊创新项目 1 项，分别为：(1)“党的建设与政治体制改革研究”（首席研究员为田改伟）；(2)“政治发展与民主建设研究”（首席研究员为周少来）；(3)“政治发展与地

方政府治理现代化研究”（首席研究员为周庆智）；(4)“基层治理与民主建设研究”（首席研究员为赵秀玲）；(5)“行政管理体制改革与政府绩效评估研究”（首席研究员为贠杰）；(6)《政治学研究》（总编辑为王炳权）。

（二）在创新工程工作方面实施的新机制、新举措

2017 年，政治学研究所奋力打造创新工程“升级版”，从创新项目立项书抓起，首席研究员提交的立项书由科研处和所领导逐一审核，特别注重政治方向、目标任务、参考文献、经费预算等方面，同时要看立项书中是否体现了政治学研究所提出的“四个关键词”的要求，即服务党的十九大、三个定位、学科建设、智库建设。

民族学与人类学研究所

创新工程项目的名称及其首席研究员

2017 年，民族学与人类学研究所共有创新工程项目 43 项，分别为：(1)“中国民族理论重大问题调查研究”（首席研究员为王延中）；(2)“马克思主义与中国特色民族理论与政策创新研究”（首席研究员为陈建樾）；(3)“民族学视野中的‘一带一路’国家：民族与民族问题治理研究”（首席研究员为刘泓）；(4)“民族地区农村全面脱贫和小康社会建设研究”（首席研究员为丁赛）；(5)“民族地区资源博弈与社会—生态互动关系研究”（首席研究员为管彦波）；(6)“丝绸之路经济带建设与新疆社会发展研究”（首席研究员为曾少聪）；(7)“多民族国家的社会治理”（首席研究员为张继焦）；(8)“中国少数民族混合语记录与研究”（首席研究员为李云兵）；(9)“阿尔泰语系语言实验研究”（首席研究员为呼和）；(10)“新媒体与少数民族传统文字发展调查研究”（首席研究员为曹道巴特尔）；(11)“新时期中国少数民族语言适应与语言发展战略研究”（首席研究员为王锋）；(12)“西藏及四省藏区社会稳定与发展问题调查研究”（首席研究员为秦永章）；(13)“文化生态视野下的非物质文化遗产保护研究”（首席研究员为刘正爱）；(14)“21 世纪中国少数民族发展系列影像志之二——都柳江流域社会发展与民族村寨文化重构影像志”（首席研究员为庞涛）；(15)“历史上各民族交流交往交融与中华民族共同体形成研究”（首席研究员为彭丰文）；(16)“中国历史上的民族互动与多重认同”（首席研究员为方素梅）；(17)“中国民族语言句法类型学系列专题研究”（首席研究员为黄成龙）；(18)“民俗学的新趋势”（首席研究员为尹虎彬）；(19)“五大文明建设系列丛书·政治卷”（首席研究员为王延中）；(20)“五大文明建设系列丛书·文化卷”（首席研究员为刘正爱）；(21)“五大文明建设系列丛书·生态卷”（首席研究员为色音）；(22)“五大文明建设系列丛书·经济卷”（首席研究员为丁赛）；(23)“五大文明建设系列丛书·社会卷”（首

席研究员为张继焦）；(24)“内蒙古恩和俄罗斯族民族乡民族文化景观与经济社会互动研究”（首席研究员为宋小飞）；(25)“云南沙甸地区的社会治理与民族团结历程研究”（首席研究员为刘玲）；(26)“德昂族的生计与生态——以云南省德宏州潞西市三台山德昂族民族乡为例”（首席研究员为舒瑜）；(27)“广西东兴市京族三岛生态文明建设研究”（首席研究员为张姗）；(28)“新疆伊犁哈萨克自治州塔塔尔族经济社会发展综合调查”（首席研究员为阿比古丽·尼亚孜）；(29)“广西隆林德峨乡（仡佬族）精准扶贫现状与发展对策研究”（首席研究员为张三南）；(30)“南宁市横县新福镇（壮族）精准扶贫研究”（首席研究员为亓光勇）；(31)“少数民族贫困地区教育特殊政策研究——以云南省德宏州陇川县户撒阿昌族乡为例”（首席研究员为于明潇）；(32)“黑龙江省饶河县四排赫哲族乡旅游业发展与非遗保护调研”（首席研究员为周竞红）；(33)“云南西双版纳布朗山布朗族乡和景洪市基诺族乡经济发展调研”（首席研究员为郑信哲）；(34)“甘肃临夏东乡族、保安族生产方式转变与民族关系研究”（首席研究员为张少春）；(35)“从跨界民族视角看新疆乌孜别克族经济社会发展对新疆社会的影响”（首席研究员为马艳）；(36)“广西壮族自治区罗城仫佬族语言文化调查”（首席研究员为李云兵）；(37)“21世纪台湾少数民族经济社会发展综合调查”（首席研究员为陈建樾）；(38)“口述中国民族工作多媒体数据库建设与展览”（首席研究员为庞涛）；(39)“中国少数民族文明史”（首席研究员为何星亮）；(40)“11～14世纪的多元佛教文化”（首席研究员为廖旸）；(41)“民间教派与边塞社会研究——以明清以来黄天道为中心”（首席研究员为梁景之）；(42)“番汉对音研究的资料与方法”（首席研究员为孙伯君）；(43)“西域—新疆家族形制暨汉人社会研究”（首席研究员为周泓）。

社会学研究所

（一）创新工程项目名称及其首席研究员

2017年，社会学研究所共设立7个所级创新工程项目，分别为：(1)“中国社会质量状况及指标体系研究”（首席研究员为李炜）；(2)“新社会群体与城市社会治理：大学生群体、中等收入群体和企业主群体研究”（首席研究员为李春玲）；(3)“社会政策创新与基层社会治理”（首席研究员为王春光）；(4)“社会心态的测量和指标体系”（首席研究员为王俊秀）；(5)“农村公共事务治理”（首席研究员为王晓毅）；(6)“新型城镇化背景下的家庭流动及其政策研究”（首席研究员为吴小英）；(7)“社会理论与社会主义”（首席研究员为何蓉）。

（二）在创新工程工作方面实施的新机制、新举措

2017年，社会学研究所加强创新工程的立项和结项管理，将结项成果匿名评审与所创新评议组总评价相结合，严格按照立项要求考核年终成果，奖惩分明。

新闻与传播研究所

（一）创新工程项目的名称及其首席管理、首席研究员（总编辑）

2017 年，新闻与传播研究所创新工程项目的总题目为“公共传播时代的新闻实践研究与传播理论创新”。首席管理为赵天晓（党委书记）、唐绪军（所长）；下设 6 个创新工程项目。其中，研究项目 5 项，分别为：(1)“互联网治理与建设性新闻研究”（首席研究员为殷乐）；(2)“新媒体发展研究”（首席研究员为黄楚新）；(3)“基于大数据的网络舆情研究”（首席研究员为刘志明）；(4)“国内外媒体融合机制研究”（首席研究员为孟威）；(5)“中国特色的新闻传播理论研究”（首席研究员为宋小卫）。学术期刊项目 1 项为：“我国新闻传播学一流期刊建设”（总编辑为钱莲生）。

（二）在创新工程工作方面实施的新机制、新举措

在创新工程实施过程中，新闻与传播研究所加强与相关单位合作，积极拓展研究领域。目前正在进行的合作项目共有 5 项：(1) 与上海交通大学新媒体与社会研究中心联合开办“新媒体与国家治理”智库工作坊；(2) 与央视—索福瑞媒体融合研究院共同开展传统媒体与新兴媒体融合发展的研究；(3) 与人民网舆情监测室共同研发部分“国家微传播指数”；(4) 与北京字节跳动科技有限公司（今日头条）共同开展新媒体时代的版权研究；(5) 与青岛报业传媒集团掌控传媒共同筹建青岛实验室，开展地方新媒体发展的研究。

在创新工程实施过程中，新闻与传播研究所加大推荐科研人员赴国外进修、访学和参与学术交流的力度，尤其是对青年学者的扶持力度，扩大他们的国际视野，增强他们的业务能力。积极响应中国社会科学院对新进应届毕业生派遣挂职锻炼的政策实施，有计划地安排他们下基层锻炼，经受考验，积累经验。

（三）在创新工程工作方面取得的新成果

《中国新媒体发展报告（2017)》获“优秀皮书奖”一等奖。《新闻与传播研究》（月刊）系国家社科基金资助期刊、中国人文社会科学（CECHSS）顶级期刊、中文社会科学引文索引（CSSCI）来源期刊、中文核心期刊。继 2015 年获得全国“百强报刊”称号以后，《新闻与传播研究》2017 年再次获得国家新闻出版广电总局第三届全国“百强报刊”称号。

国际研究学部

世界经济与政治研究所

创新工程项目的名称及其首席管理、首席研究员

2017 年，世界经济与政治研究所创新工程项目的首席管理为张宇燕、陈国平。该所共有创新工程项目 9 项，分别为：(1)“国际力量格局变化及我国对外战略研究”（首席研究员为张宇燕）；(2)“中国参与国际安全合作与治理的战略研究”（首席研究员为李东燕）；(3)“世界经济预测与政策模拟研究”（首席研究员为张斌）；(4)“中国参与国际金融体系重建研究”（首席研究员为高海红）；(5)“全球价值链背景下中国对外贸易战略研究”（原首席研究员为宋泓，现变更为东艳）；(6)“中国海外资产安全问题研究”（原首席研究员为姚枝仲，现变更为张明）；(7)“‘一带一路’与中国的外交应对研究”（首席研究员为邵峰）；(8)“能源转型的国际比较研究”（原首席研究员为徐小杰，现变更为王永中）；(9)“中国参与联合国 2015 年后发展议程研究”（原首席研究员为李毅，现变更为姚枝仲）。

俄罗斯东欧中亚研究所

（一）创新工程项目的名称及其首席管理、首席研究员

2017 年，俄罗斯东欧中亚研究所的首席管理为李永全、李进峰。该所共有创新工程项目 9 项，分别为：(1)“俄罗斯的发展道路与国家治理（2016 ~ 2019)”（首席研究员为庞大鹏）；(2)“中俄地区合作研究”（首席研究员为程亦军）；(3)“多极化背景下的中俄关系（2015 ~ 2018)”（首席研究员为柳丰华）；(4)“丝绸之路经济带背景下中亚国家发展形势及其国际秩序研究”（首席研究员为吴宏伟）；(5)“中东欧与国际秩序的演进”（首席研究员为高歌）；(6)“影响当今俄罗斯社会发展的历史问题的争论”（首席研究员为刘显忠）；(7)“欧亚地区战略态势研究（2020 年前)”（首席研究员为薛福岐）；(8)“中白关系史研究（1992 ~ 2017)”（首席研究员为赵会荣）；(9)“俄罗斯最新历史教科书值得注意点”（首席研究员为吴恩远）。

（二）在创新工程工作方面实施的新机制、新举措

2017 年，俄罗斯东欧中亚研究所紧紧围绕中国社会科学院提出的发展战略及三大定位，

结合俄罗斯及欧亚地区研究特点，倾力打造我国俄罗斯及欧亚问题研究的高水平团队，在学科设计、学术团队、智库建设方面实施了一系列创新举措。一是打破原有的学科间壁垒，整合优势学科，打造精品学科。比如，整合涉及俄罗斯问题研究的 5 个研究室，构建“俄罗斯学”。与此同时，重视特殊学科的发展。二是建立学术共同体机制，营造良好的学术氛围，激发科研人员思想火花。三是落实各项绩效考核制度，完善科研学术激励机制。

欧洲研究所

创新工程项目的名称及其首席管理、首席研究员

2017 年，欧洲研究所创新工程的首席管理为罗京辉、黄平。该所共有创新工程项目 8 项，分别为：(1)“欧洲经济竞争力研究”（首席研究员为陈新）；(2)“欧洲政治体制的创新与发展”（首席研究员为李靖堃）；(3)“欧洲国家转型的理论与实践”（首席研究员为周弘）；(4)“欧盟社会治理转型及其启示”（首席研究员为田德文）；(5)“欧洲科技创新与绿色经济增长”（首席研究员为张敏）；(6)“新挑战与欧盟法治建设”（首席研究员为程卫东）；(7)“‘16+1 智库合作’机制创新研究”（首席研究员为刘作奎）；(8)“21 世纪的欧盟与世界”（首席研究员为赵晨）。

拉丁美洲研究所

（一）创新工程项目的名称及其首席管理、首席研究员（总编辑）

2017 年，拉丁美洲研究所进入创新岗位人员共 45 人，其中，聘用编制内人员 41 人（编制内的 41 人中，有 3 人为编辑系列），聘用编制外人员 4 人。首席管理为吴白乙、王立峰；首席研究员为袁东振、张凡、贺双荣、房连泉、杨志敏、岳云霞；总编辑为刘维广。

2017 年，拉丁美洲研究所共设立创新工程项目 7 项。其中，研究项目 6 项，分别为：(1)“中拉整体合作研究”（首席研究员为贺双荣）；(2)“中拉关系及对拉战略研究”（首席研究员为张凡）；(3)“拉美产业发展研究”（首席研究员为岳云霞）；(4)“拉美政治发展、改革与治理研究”（首席研究员为袁东振）；(5)“拉美社会治理的经验与教训”（首席研究员为房连泉）；(6)“拉美区域合作与一体化研究”（首席研究员为杨志敏）。学术期刊项目 1 项为：《拉丁美洲研究》创新工程学术期刊项目（总编辑为刘维广）。

（二）在创新工程工作方面实施的新机制、新举措

1. 以交流研讨促进学术网络建设。坚持“请进来，走出去”的办法，贯彻“开放、协作、

共赢”的理念，实现所内外、院内外和国内外三级学术网络的建设。通过座谈、讲座、报告会、研讨会等形式，就学科前沿问题、研究方法、难点热点问题等进行交流和研讨；积极寻找机会，通过“走出去”，赴国内有关机构、有关国家等进行交流和访问；鼓励具备条件的研究室成员积极申报国家留学基金委项目等赴国外进行访学。

2. 队伍建设。继续人才引进计划的努力，引进国际关系和西班牙语专业中青年学术骨干各1名。强化现有人员学习、深造，有条件、有愿望者可选择长期项目包括攻读学位；加强人才培养，提高科研成果质量。通过创新工程、重点课题资助、外语培训和智库出访计划等多种形式，为青年科研人员成长提供机遇和条件。

3. 建立集体合作和多学科研究方法，培养多学科视角分析和研究的能力，构筑起研究室成员共同的研究方向。

4. 推动研究室建设和创新工程项目相互促进。研究室专业差异较大，涉及政治、经济、历史、文化、语言等不同学科。在通过“创新项目”构筑共同学科方向这一“共性”的同时，继续培养和鼓励研究室学术“个性”的发挥，从而打造不同成员的学术增量和亮点。让不同学科背景的成员在完成“规定动作”的同时，使自身的专业优势和学术兴趣得以发挥，学术潜能得到释放。

亚太与全球战略研究院

（一）创新工程项目的名称及其首席研究员

2017年，亚太与全球战略研究院参加创新工程的总人数为49人，共有创新工程项目8项，分别为：(1)“亚太政治创新项目”（首席研究员为董向荣）；(2)“国际经济关系创新项目”（首席研究员为赵江林）；(3)“亚太社会文化创新项目”（首席研究员为许利平）；(4)“亚太安全外交创新项目”（首席研究员为张洁）；(5)“区域合作创新项目”（首席研究员为王玉主）；(6)“中国周边战略创新项目”（首席研究员为朴键一）；(7)“大国关系创新项目”（首席研究员为钟飞腾）；(8)“新兴经济体创新项目”（首席研究员为沈铭辉）。

（二）在创新工程工作方面实施的新机制、新举措

1. 学科建设与研究室建设

(1) 对不同的学科（研究室）实行分类管理。研究范围不变的研究室以扩大学科优势为目标；研究范围扩展的研究室要加快适应学科转变；新组建的研究室要引进和外聘科研人员，探索新学科的发展方向。

(2) 以创新岗位为平台，鼓励青年研究人员跟踪研究重大战略热点问题与撰写学术论文

（专著）相结合，加快学科建设与人才培养。

（3）鼓励现有研究人员拓展研究领域，加快人才引进步伐，根据项目需求聘用外部人员和博士后，多管齐下开展学科建设。

2. 成果应用

2017 年，亚太与全球战略研究院与其他单位合作，恢复《国际战略报告》，针对我国对外战略中的重大和热点问题进行及时和深入的分析。

3. 人才队伍建设

2017 年，亚太与全球战略研究院努力引进人才，解决新兴学科人才不足的矛盾。

美国研究所

2017 年，美国研究所创新岗位共聘用人员 43 人，其中，研究序列聘用人员 38 人。

创新工程项目的名称及其首席研究员

2017 年，美国研究所共有创新工程项目 5 项，分别为：(1)“美国政策过程中的政治博弈”（首席研究员为倪峰）；(2)“中美经贸关系新格局中的博弈与合作”（首席研究员为王孜弘）；(3)“新世纪以来美国亚太政策的调整与变化”（首席研究员为袁征）；(4)“中美战略安全互动的现状与趋势”（首席研究员为樊吉社）；(5)“美国社会治理的理论与实践”（首席研究员为姬虹）。

马克思主义研究学部

马克思主义研究院

（一）创新工程项目的名称及其首席管理、首席研究员

2017 年，马克思主义研究院创新工程首席管理为邓纯东。2017 年，马克思主义研究院共有创新工程项目 20 项，分别为：(1)“习近平总书记系列重要讲话精神研究”［首席研究员为邓纯东（兼）］；(2)“当代资本主义与世界金融危机研究”（首席研究员为郑一明）；(3)“当代中国特色社会主义与市场经济研究”（首席研究员为余斌）；(4)“社会主义价值体系构建研究”（首席研究员为张建云）；(5)“中华传统文化扬弃研究”（首席研究员为辛向阳）；(6)“中国道路与中国梦研究”（首席研究员为刘志明）；(7)“阶级与阶层的马克思主义分析”（首席

研究员为程恩富）；(8)“马克思主义话语体系梳理研究”（首席研究员为侯为民）；(9)“马克思主义中国化思想通史研究”（首席研究员为金民卿）；(10)“中国特色社会主义思想史研究——2002 年至 2012 年”（首席研究员为贺新元）；(11)“美国经济金融战争与世界经济解体战略”（杨斌研究员负责）；(12)“时代、世界格局与我国发展研究”（首席研究员为栾文莲）；(13)“欧美国家和地区的社会主义研究”（首席研究员为吕薇洲）；(14)“亚非拉国家和地区的社会主义研究”（首席研究员为潘金娥）；(15)“国外马克思主义研究思想发展史”（首席研究员为冯颜利）；(16)“金融危机以来国外左翼思想理论前沿、重点、热点问题研究”（首席研究员为李瑞琴）；(17)“十八大以来党的建设理论创新研究”（首席研究员为陈志刚）；(18)“马克思主义理论教育创新研究”（首席研究员为李春华）；(19)“改革开放以来科学无神论宣传教育的经验和教训”（首席研究员为龚云）；(20)“中国特色社会主义发展规律研究”（首席研究员为桁林）。

（二）在创新工程工作方面实施的新机制、新举措

2017 年，马克思主义研究院以创新工程为基础，积极主办全国性、国际性论坛，宣传马克思主义及其中国化成果，重点宣传习近平新时代中国特色社会主义思想。2017 年，马克思主义研究院共主办 12 个全国性学术论坛，主办“第四届中、俄、中东欧国家发展战略论坛”“第四届中国道路欧洲论坛”“第五届社会主义国际论坛”等国际学术论坛。

当代中国研究所

2017 年，当代中国研究所聘至创新岗位人员总数为 66 人（其中，聘用编制外人员 4 人）。

创新工程项目的名称及其首席管理、首席研究员

2017 年，当代中国研究所创新工程的首席管理为张星星（兼）。该所共有创新工程项目 7 项，分别为：(1)“中华人民共和国史稿第 5 卷（1984 ~ 1991）”（首席研究员为宋月红）；(2)“中华人民共和国史稿第 6 卷（1992 ~ 2002）”（首席研究员为李正华）；(3)“中华人民共和国史稿第 7 卷（2002 ~ 2012）”（首席研究员为郑有贵）；(4)“中华思想通史第 15 卷”（首席研究员为李文）；(5)“中华思想通史第 16 卷”（首席研究员为欧阳雪梅）；(6)“中华人民共和国史编年（1964 年卷、1965 年卷）”（首席研究员为武力）；(7)“中华人民共和国史宣传与传播”（首席研究员为张星星）。

院直属单位创新工程工作

中国社会科学院图书馆（调查与数据信息中心）

2017年，中国社会科学院图书馆共有61人参加创新工程工作。

（一）创新工程项目的名称及其首席研究员（主任馆员）

2017年，院图书馆共有创新工程项目6项，分别为：(1)“图书馆服务创新”（王玉巧任主任馆员）；(2)“近代中文报刊（1894～1949）普查登记与整理保护”（蒋颖任主任馆员）；(3)“中国社会科学院图书馆馆藏纸本文献整理”（张杰任主任馆员）；(4)“图书馆古籍、地方志特色资源管理与数字化”（杨华任主任馆员）；(5)“海量数据库、国家文献中心及综合集成研究信息平台”（杨齐任主任馆员）；(6)“图书馆文献信息研究与刊物转型”（黄长著任首席研究员）。

（二）在创新工程工作方面实施的新机制、新举措

2017年，院图书馆确立了“6+1”创新工程项目设计，即6个创新项目和1项全院网络运维服务工作，具体如下。

(1) 图书馆服务创新项目：构建国家哲学社会科学文献中心协作联盟，通过制定战略合作协议，签署机构用户使用协议，不断发展机构用户。构建国家哲学社会科学文献中心用户服务中心，建立面向最终用户的用户服务机制，以线上服务、快速响应为主，保障各类哲学社会科学研究机构的信息使用，联合共享，推动国家哲学社会科学文献事业的联动发展。继续开展知识产品编制服务，以国家图书馆信息产品形式为样本，设计和编制院馆馆藏资源的最新资讯，服务院内用户。深化中国社会科学院学部委员、院领导和所局级领导、首席专家等送书上门服务，做好主动服务，打造服务品牌。

(2) 近代中文报刊（1894～1949）普查登记与整理保护项目：继续对院图书馆收藏的晚清、民国和民主革命时期中文报刊进行抢救性普查登记与整理保护，摸清家底，形成《中国社会科学院近代中文报刊（1894～1949）普查登记档案手册》；根据普查情况，按照历史价值、学术价值进行筛选并形成《中国社会科学院图书馆馆藏近代珍稀报刊目录》，基于该目录开展馆藏现状的分析，对已进行普查的馆藏近代珍稀报刊提出修复与保护方案；对已普查的馆藏纸本报刊与馆藏数字报刊进行比较，研究纸本报刊的数字化方案；研究近代报刊的开发利用，发挥近代中文报刊的史料价值。

(3) 中国社会科学院图书馆馆藏纸本文献整理项目：抢救和保护国家资产，对院图书馆太阳宫地下书库以及其他待整理的馆藏纸本文献进行整理，发掘珍贵文献，开发特色资源，提高

文献资源的保障率与资源利用率，为国家哲学社会科学文献中心的建设与发展提供强有力的文献信息保障。

（4）图书馆古籍、地方志特色资源管理与数字化项目：落实《中国社会科学院古籍管理规定》；监督指导海量数据库承建单位按照相关要求搭建古籍数字加工平台和检索平台，组织相关古籍专家进行平台需求论证和平台验收，完善古籍数字化加工流程，做好数字加工相关古籍文献的组织、交接检查工作及成品验收、元数据验收工作。推动古籍善本修复工作。

（5）海量数据库、国家文献中心及综合集成研究信息平台项目：推进国家哲学社会科学文献中心权威学术资源建设、服务平台开发、IT 基础设施及安全运维等各项工作，为国家文献中心建设提供科学而可靠的文献服务保障、技术和安全保障。推进哲学社会科学海量数据库建设，实现海量数据库的可持续发展，打造内容丰富、功能齐全、服务深化的国内第一国际一流哲学社会科学海量数据资源平台。开展经济社会发展综合集成实验室建设，加强与院内外的对外合作与交流，开展调查研究、大数据研究与实验室新型方法研究。全力推进数字图书馆相关工作，为全院科研工作提供科学有效、方便快捷的文献保障和知识服务。做好云平台及图书馆各类系统硬件建设，为全院各项工作提供安全、可持续的网络信息环境。

（6）图书馆文献信息研究与刊物转型项目：立足于国家哲学社会科学文献中心建设，围绕加快构建方便快捷、资源共享的信息服务平台，基于国家期刊库、海量数据库、成果数据库等馆藏文献信息与数字资源，对国内外文献计量服务领域的研究现状进行文献调研，并对国内图书馆文献计量服务情况进行实地调研，为图书馆深度信息服务提供前期研究支撑。在此基础上针对院内外及图书馆实际需要，开展针对性的调查研究与文献计量信息服务，提出对策与建议。

（7）网络系统运维管理与平台建设：着力完成基础设施项目建设，继续加强院公共平台的管理。加强网络、网站、邮件等公共平台的安全保障，进一步提高服务质量。通过培训、邮件、手册等多种形式，加大网络安全宣传、教育工作，全面提高院内用户安全意识，为全院提供畅通、稳定、安全的运行环境。做好国家哲学社会科学文献中心、海量数据库、中国社会科学网等重要系统的技术支撑工作，协调好各方面关系，为提升各系统的社会影响力提供有力保障。

中国社会科学杂志社

2017 年，中国社会科学杂志社编制内 47 人进入创新工程（占编制内人员 79%），创新工程聘用编制外人员 150 人。

（一）创新工程项目的名称及其首席管理

2017 年，中国社会科学杂志社创新工程项目的名称为“《中国社会科学报》、《中国社会科学》、中国社会科学网 2017 年创新工程”。首席管理为王利民。

（二）在创新工程工作方面实施的新机制、新举措

为确保创新工程项目顺利实施，杂志社在中共中国社会科学院党组的领导下，坚持正确的政治方向和学术导向，加强意识形态责任制建设，马克思主义和党的意识形态阵地不断巩固；深入学习贯彻习近平总书记系列重要讲话精神和习近平新时代中国特色社会主义思想；不断加强选题策划和学术引领，提炼标识性概念、设置创新性议题；不断完善刊报网一体化的采编工作体制，建立刊报网一体化的考核机制，逐步形成一套符合现代刊报网发展规律，并有杂志社特点的编辑出版体制；不断推进创新工程制度化配套化固定化，奋力打造创新工程“升级版”，建立具有杂志社特色的管理体制机制；不断加强人才体系建设，建设一支与学科体系、年龄结构相协调的人才队伍，在工作实践中发现一批业务骨干，实行编制内外一体化管理，逐步形成人才中坚力量。

郭沫若纪念馆

创新工程项目的名称及其首席管理

2017 年，郭沫若纪念馆参加创新工程的人数为 12 人，创新工程项目名称为“郭沫若文献研究与文化传播的创新”。首席管理为赵笑洁。

郭沫若纪念馆创新工程以郭沫若文献研究与文化传播的创新为目标，努力为各类文化名人纪念馆建立示范中心，使其成为中国社会科学院对外宣传和国际学术文化交流的重要窗口、研究与传播文化名人的示范工程、全面可靠的学术文献资源中心。

2017 年，郭沫若纪念馆创新工程的主要任务包括：《郭沫若全集 · 翻译编》的编注工作，出版《郭沫若研究年鉴 2016》，编辑《郭沫若研究年鉴 2017》，全面收集和整理《郭沫若全集》集外的文章和书信，全国可移动文物普查郭沫若纪念馆馆藏文物信息汇总和数据库建设，郭沫若纪念馆馆藏可移动文物藏品保护工作和不可移动文物安全保障工作，郭沫若生平思想及阶段性创新成果展览展示，等等。

二 高端智库建设工作

中国社会科学院 2017 年智库建设概况

中国社会科学院 2018 年工作会议对全院 2017 年的智库工作作出肯定："以党和国家关注的重大理论和现实问题为主攻方向，中国特色新型智库建设亮点纷呈。" 2017 年为全面落实中央工作安排，紧紧围绕"两会"、党的十九大、"一带一路"高峰论坛和金砖国家会议重大部署，以及配合中国社会科学院 40 周年院庆系列活动等开展智库活动和舆论引导工作，中国社会科学院智库单位和智库办承担了一系列党中央和院党组的重大交办任务。据不完全统计，2017 年全院各专业化智库承办中央及各部委交办的课题 382 项，其中，承担中办、国办交办任务 7 项，承担国家高端智库理事会重大调研项目 8 项，承担中央决策部门委托任务 13 项，认领国家高端智库理事会重点研究选题 87 项；举办国际会议 49 场，开展对外交流活动 542 次。党的十九大以来全院各专业化智库发表习近平新时代中国特色社会主义经济思想有关学术文章 50 余篇。完善了院级专业化智库体系建设，举办了中国社会科学院国家高端智库建设成果展，广泛开展了智库交流，继续通过《研究专报》《信息专报》《简报》等形式组织报送一批智库成果。

（一）承担党中央、国务院和中央决策部门交办的重大研究任务

为党的十九大报告起草开展 8 项重大课题调研。根据全国社科规划办要求，为协助党的十九大报告起草，组织城市发展与环境研究所、世界经济与政治研究所、生态文明研究智库、中国廉政研究中心、社会学研究所、国家金融与发展实验室、国家全球战略智库等单位完成了 8 项重大课题调研，如期提交了研究报告。

组织完成国家高端智库重点研究选题 87 项。截至 2018 年 1 月底，已经向国家高端智库理事会提交成果 68 项。

组织社会保险费征收体制第三方评估。根据国办要求，牵头北京大学、清华大学和中国人民大学等高校进行社会保险费征收体制第三方评估暨调研工作，按期给国办提交了研究报告。

为国家发展和改革委员会决策提供支撑。根据国家发改委要求，围绕"一带一路"倡议、国际产能合作、境外投资、经济外交、"走出去"、跨境并购等关于对外经济合作领域，提供系

列研究成果。智库办经协调经济学部和国际研究学部15个研究（院）所和相关专业化智库，并联络情报研究院，汇总整理《中办·专供信息》50篇，论文、专著等共304篇（部），获得国家发改委高度评价。

开展“促进医养结合政策措施落实情况”第三方评估。经国务院领导同志同意，国务院办公厅6月委托中国社会科学院对“促进医养结合政策措施落实情况”开展第三方评估。副院长蔡昉任负责人，经济研究所副所长朱恒鹏任执行负责人。评估组调研评估了11个省份24个地级市，收集了各地的数据、资料，与民政部、卫计委等部门进行了多次座谈，走访了多个机构、社区。向国务院办公厅提交调研报告及附件等十余万字的材料。

组织宏观经济形势分析研究。智库办每季度举行季度经济形势分析会。组织来自经济研究所、工业经济研究所、农村发展研究所、财经战略研究院、金融研究所、人口与劳动经济研究所和城市发展与环境研究所、数量经济与技术经济研究所和世界经济与政治研究所9个研究所的学者参会。与会专家就该季度经济形势、面临问题、未来经济形势预测以及宏观调整思路与对策等提供建议，经完善形成每季度经济形势分析与预测研究报告上报国办。

完成相关改革等重大交办任务。根据中央领导同志指示，就相关改革问题分别组织院人事教育局、马克思主义研究院、经济研究所、法学研究所、世界经济与政治研究所、人口与劳动经济研究所、社会发展战略研究院等单位领导及专家形成课题组，召开座谈会，如期提交研究报告。

组织专业化智库承担全国人大法工委和国安办、中财办、中农办、发改委等相关决策部门重大研究任务和国家社会科学基金研究专项等13项。

完成中办调研室交办任务。配合中办调研室，协助联系专家学者，提供研究材料，提出对策建议。中办调研室两次发函，分别对生态文明研究智库潘家华等，智库办马援、赵芮予以表扬。

为联合国气候变化波恩会议提供学术支持。生态文明研究智库就气候变化多边进程中应对措施相关议题开展扎实研究，为我国气候变化谈判工作提供了学术支撑。11月联合国气候变化波恩会议期间，该智库王谋代表我国参加应对措施相关议题谈判，坚定维护我国国家利益，作出了积极贡献。国家发改委和外交部联合发函感谢，称“为我国气候变化谈判工作提供了有力支撑”。

（二）配合中央和国家中心工作开展舆论引导

围绕“两会”、党的十九大、“一带一路”高峰论坛和金砖国家会议等重大部署开展舆论引导工作。

配合党的十九大进行舆论引导。党的十九大会议期间，智库办积极组织专家，解读党的十九大提出的重大判断、重大战略。在会议召开的当日即以“开启中国特色社会主义新时代，增强理论自信和战略定力”为题，组织院内邓纯东、程恩富、姜辉、辛向阳、胡乐明5位专家学者从不同的视角撰稿，刊发在《中国社会科学报》专版，代表中国社会科学院国家高端智库积极发声，提升社会影响力和国际影响力。

认真学习和贯彻落实党的十九大精神，紧紧围绕党的十九大报告提出的新理念、新论断，确定的新任务、新举措，紧扣习近平新时代中国特色社会主义思想，组织制定《中国社会科学院2018年度智库研究指南》，包括“习近平新时代中国特色社会主义思想研究、现代化经济体系研究、社会主义民主政治研究、社会主义文化建设研究、民生与社会治理研究、生态文明与美丽中国建设研究、外交与国际战略研究、党的建设研究”共8大类94项。

配合国家主席习近平出访开展智库宣传。为配合习近平对瑞士进行国事访问并出席在达沃斯举行的世界经济论坛2017年年会，受中宣部委托，中国社会科学院与国际贸易与可持续发展中心在世界贸易组织总部共同举办了“创新与发展”研讨会，在瑞士日内瓦联合国总部与联合国社会发展研究所共同举办“创新与可持续发展”研讨会。世界经济与政治研究所智库张宇燕等赴瑞士参加中国社会科学院和国际知名智库的学术交流活动。两次会议受到驻瑞士相关组织、政府官员和学者的广泛关注，中央电视台、新华社、人民网等国内主要媒体进行了报道。

配合“一带一路”高峰论坛开展宣传。中国社会科学院智库围绕“一带一路”高峰论坛共举办或参加“一带一路”主题会议12次，发表论文49篇，专著3部，内部报告40余篇，接受采访或发表演讲12次，多次赴“一带一路”沿线国家调研，开展智库合作交流，取得了丰硕成果。其中，李扬应邀参加“上海合作组织银行联合体”年会，并作了“‘一带一路’倡议的全球化意义”的报告。王灵桂撰写的报告获得中央领导同志的批示。

配合金砖国家领导人峰会开展交流。配合2017年金砖国家领导人峰会，组织相关专业化智库和研究单位开展了一系列研究工作。举办或参加主题会议3次，发表论文5篇，出版专著4部，完成调研报告10篇，多次赴金砖国家调研，开展智库合作交流，取得了丰硕成果。

配合博鳌亚洲论坛举行智库活动。国家金融与发展实验室智库主办2017年博鳌亚洲论坛专场，研究中国经济新常态，系统分析防范和化解金融风险问题。实验室理事长李扬发布了《中国金融与发展报告：管理结构性减速过程中的金融风险》，报告基于连续12年中国国家资产负债表的翔实数据，深度剖析了企业、居民、政府、金融系统、对外等部门的主要风险，并从完善供给侧结构性改革的角度，提出了宏观调控和改革建议。报告一经发布，获得了与会嘉宾的广泛关注与好评。

配合中宣部新疆工作出访，开展新疆问题研究。配合中宣部组织的我国新疆文化交流团赴巴基斯坦、阿富汗交流访问，中国社会科学院选派中国边疆研究所所长邢广程任团长，世界宗教研究所李林随团出访，赢得两国积极反响，作出重要贡献，中宣部发函表示感谢。配合中央新疆工作协调小组开展新疆若干历史问题研究。参与研究的厉声、马大正、邢广程、王立胜等获得该小组的赞扬。

配合中宣部积极开展对外宣传工作。根据中宣部《2017 年智库外宣重点工作方案》的要求，国家全球战略智库举办 7 场国际学术研讨会，以加强与周边国家、“一带一路”沿线国家、金砖国家以及美国、澳大利亚等智库的密切联系，为未来开展中外智库联合研究工作奠定前期基础。

（三）完善全院专业化智库体系建设

成立中俄战略协作高端合作智库。2 月 28 日，中国社会科学院中俄战略协作高端合作智库（简称“中俄战略协作智库”）揭牌仪式暨第一届理事会会议在中国社会科学院俄罗斯东欧中亚研究所举行。中国社会科学院副院长蔡昉、外交部欧亚司副司长姜岩、俄罗斯联邦驻华大使杰尼索夫以及中外多家科研机构和智库代表共 70 余人参加了揭牌仪式。

成立中国—中东欧研究院。4 月 24 日，中共中央政治局委员、中央书记处书记刘奇葆在匈牙利科学院出席了“中国—中东欧研究院”成立暨揭牌仪式。院长王伟光为“中国—中东欧研究院”揭牌。这是面向广大中东欧国家的学术和智库机构，是中国首家在欧洲独立注册运营的研究型智库机构。

雄安发展研究智库挂牌。7 月 17 日，雄安发展研究智库在工业经济研究所举行挂牌仪式，院长王伟光、副院长蔡昉出席会议并讲话。在京津冀协同发展智库上加挂雄安发展研究智库，为雄安新区规划建言献策，积极支持雄安新区建设。

筹建海疆智库挂牌仪式。根据院长王伟光、副院长蔡昉批示，智库办积极沟通财务基建计划局等相关职能局，与海疆智库就《海疆智库工作方案》、《海疆智库管理办法》和《海疆智库经费管理细则》等文件多次展开座谈，并修改了相关文件。

成立中国社会科学院习近平新时代中国特色社会主义思想研究中心。12 月 29 日，中国社会科学院习近平新时代中国特色社会主义思想研究中心成立大会在北京召开。副院长、党组副书记王京清主持会议并宣布中国社会科学院党组成立习近平新时代中国特色社会主义思想研究中心的决定。院长王伟光与中宣部理论局巡视员、副局长王心富为研究中心揭牌。中央纪委驻中国社会科学院纪检组组长、院党组成员邓中华宣布研究中心学术顾问、学术指导委员、特约研究员代表名单。与会领导为学术顾问、学术指导委员、特约研究员代表颁发了聘书。

参与在香港注册香港中国学术研究院。为香港提供智库咨询，服务香港经济、社会、文化发展和竞争力提升。

（四）完善全院专业化智库机制建设

1. 完善智库季度年度例会

完善季度和年度智库工作例会及院务会汇报制度。组织季度智库工作例会，听取 19 家专业化智库对智库建设的建议，在专业化智库之间既剖析问题又借鉴经验。同时，每季度选取 2

家专业化智库和智库办共同向院党组汇报智库工作，并按照院领导的指示及时调整、完善智库工作。

2. 完善智库经费制度

为更好地开展智库交办委托任务和研究项目研究，鼓励多出高质量的智库成果，根据院长王伟光和副院长蔡昉指示，智库办反复修改制定了《中国社会科学院国家高端智库研究项目和交办委托任务管理办法（征求意见稿）》，对《中国社会科学院国家高端智库管理细则（试行）》和《中国社会科学院国家高端智库专项经费管理细则（试行）》中有关智库研究项目和交办委托任务管理办法作出明确规定，细化交办委托任务和研究项目的类型及经费额度、经费使用、项目和任务管理、奖励和失责处罚等。

（五）举办全院国家高端智库建设成果展

为迎接国务院副总理刘延东来中国社会科学院视察及刘延东、刘奇葆出席中国社会科学院40周年院庆活动，各专业化智库积极提供素材、协同合作，智库办组织设计中国社会科学院国家高端智库建设成果展。展览从咨政建言、理论创新、舆论引导、社会服务、公共外交5个方面逐一展开，重点围绕完成党中央、国务院的系列交办任务而开展的系列智库研究和智库活动，以及在重大理论和现实问题研究领域取得的广泛成果，显示中国社会科学院智库建设在阐发中国理论、提炼中国经验、贡献中国智慧，推动中华优秀传统文化和当代中国价值观走向世界，提升中国的对外传播能力和话语体系建设方面发挥的重大作用。中国社会科学院国家高端智库建设成果获得刘延东的肯定。

（六）广泛开展智库交流

深入专业化智库进行智库建设调研。先后参加政治经济学创新智库、京津冀协同发展智库、财经战略研究智库、国家治理智库、西藏智库、中俄战略协作智库等专业化智库举办的各项活动20余次，摸清各专业化智库的动态。

参加中央外办组织召开的智库交流会议。6月15日，中央外办召集相关智库负责人，就加强对口合作举行座谈会。副主任乐玉成主持会议并讲话，副院长蔡昉出席会议。智库办撰写了《中国社会科学院国家高端智库国际交流合作情况》报中央外办。

参加国家高端智库理事会工作会议。7月21日，根据国家高端智库理事会秘书处要求，智库办有关同志参加国家高端智库理事会工作会议，会上充分交流了上半年智库工作情况。

参加第六届沿边九省区新型智库联盟高层论坛。智库办赴吉林省延边市参加第六届沿边九省区智库联盟高层论坛，与来自沿边9个省区社会科学院的领导和专家学者共同探讨新型智库建设的方法和路径，智库办代表中国社会科学院介绍了智库建设经验。

积极开展与其他智库的交流。组织调研国务院发展研究中心、中央党校和军事科学院的相关智库制度情况，接待香港智库考察团（19家香港各类智库单位）、浙江省社会科学院、中共内蒙古自治区委员会党校、厦门市政策研究室和西安市社会科学院等单位到中国社会科学院调研智库建设、开展智库合作。

科研机构高端智库建设工作

历史学部

中国边疆研究所

2017年，中国边疆研究所的“新疆智库”主要做了以下工作。

（1）完成上级交办委托项目3项，完成智库课题研究项目6项，新立项课题40项。

（2）2017年11月22～28日，“新疆智库”邀请来自瑞士、奥地利、意大利、法国、西班牙和美国等欧美国家知名智库的7位涉疆学者来访，组织实地考察，举办多场座谈会；“新疆智库”办公室主任邢广程先后率领中国涉疆文化交流团访问了巴基斯坦、阿富汗、土耳其、比利时等国家。

（3）有20余人次参加中央有关部委涉疆咨询工作和调研活动。报送并被采用的研究报告有21篇，审阅院涉疆稿件23份；主办《新疆调研》14期，刊发“马克思主义报告”3篇、“批判错误思潮报告”3篇；主办“第三届新疆智库论坛暨第三届当代新疆治理研究学术研讨会”和“唯物史观视阈下的中国边疆研究学术研讨会”。

2017年3月，经中共中国社会科学院党组批准，成立中国海疆智库，中国边疆研究所是该专业型智库的责任单位。2017年，“海疆智库”主要做了以下工作。

（1）完成中央海权办委托研究报告3项。

（2）海疆智库专家先后接受中央有关部门涉海问题专项政策咨询8次，完成院交办的全国政协等上级部门有关政策咨询意见回复4次，完成各类课题10项。主办会议和参与会议组织2次，智库人员发表各类涉海理论文章16篇，接受新华社、央视等媒体专访十余次。

（3）先后接待美国、澳大利亚、韩国、新加坡、加拿大等国家驻华使馆官员的来访，智库人员还赴越南等国家以及中国台湾地区开展学术交流。

经济学部

经济研究所

（一）智库建设项目简况

2017 年，经济研究所高端智库的名称为“当代中国马克思主义政治经济学创新智库”。该智库的荣誉理事长为蔡昉，常务副理事长为王立胜。

（二）在智库建设方面的新机制、新举措

1. 组织举办了 7 期“智库名家论坛”。

2. 2017 年 6 月 3 日，“全国中国特色社会主义政治经济学研究中心”挂牌运行。

3. 加强智库建设的探索，创新智库的运行模式。2017 年 5 月 28 日，“当代中国马克思主义政治经济学创新智库山东基地”挂牌仪式在山东曲阜举行。

4. 加强智库运营团队的建设，形成以经济研究所青年学者为主体、外部人员为辅助的高效运营团队。

（三）智库建设的新成果

1.《中国特色社会主义政治经济学研究报告：2016》《中国特色社会主义政治经济学研究报告：2017》，以及与南京财经大学合作的《中国特色社会主义政治经济学学术影响力评价报告》于 2017 年 8 月 17 日在国家会议中心正式发布。《中国特色社会主义政治经济学名家论丛》于 2017 年 12 月 2 日在山东省济南市发布。

2. 加强政治经济学研究新成果的宣传，加强学术交流。（1）加强《马克思恩格斯全集》历史考证版的研究，完成了《〈德意志意识形态〉的编译问题及其影响分析》等论文的写作。（2）加强“中国政治经济学智库”微信公众号建设，发文 860 多篇。（3）组织的“智库名家论坛”在社会上引起较大的反响。（4）发布 11 期《智库动态》，每期 250 余份，主动订阅数量不断增加，提升了智库的影响力。（5）举办了“中国《资本论》研究会纪念《资本论》第一卷出版 150 周年研讨会”“中国特色社会主义政治经济学论坛第十九届年会”“中国特色社会主义政治经济学话语体系学术研讨会”3 次全国性的大型会议，智库的影响力进一步提升。（6）举办了“《习近平关于社会主义经济建设论述摘编》研讨会”“如何加强中国特色社会主义政治经济学研究高端论坛”等多次大型活动。（7）加强国际交流，提升智库的国际影响力。以 2017

年5月与日本马克思主义团体合作会议为契机，加强国际交流，逐步走向国际。(8) 2017年12月16～17日，“习近平新时代中国特色社会主义政治经济学大讲堂”在中国科技会堂开班，来自全国211高校经济学院院长、地方社会科学院经济研究所所长、部分省委党校分管教学工作的副校长参加了会议。

财经战略研究院

智库建设项目简况

2017年，财经战略研究院共设智库项目18项，分别为：(1)“做大做强数字经济，以新动能推动新发展研究”（首席专家为李勇坚）；(2)“新常态新理念下价格工作创新研究”（首席专家为张群群、王振霞）；(3)“供给侧结构性改革中‘补短板’问题研究”（首席专家为钟春平）；(4)“我国短期经济运行中的趋时性、政策性、阶段性因素分析与对策研究”（首席专家为汪红驹）；(5)“教育领域中央与地方财政事权和支出责任划分研究”（首席专家为杨志勇）；(6)“科技领域中央与地方财政事权和支出责任划分研究”（首席专家为于树一）；(7)“发挥财政、金融协同支持农田基本建设研究”（首席专家为杜志雄）；(8)“财政赤字与债务问题研究”（首席专家为何代欣）；(9)“非税收入立法国际比较研究”（首席专家为张斌）；(10)“我国税收负担的国际比较”（首席专家为蒋震）；(11)“中央和地方收入划分总体方案研究”（首席专家为杨志勇）；(12)“行政事业单位资产管理在财政管理中的功能定位研究”（首席专家为杨志勇）；(13)“服务贸易战略地位提升与政策框架问题研究”（首席专家为夏杰长）；(14)“加快我国商贸流通业自主品牌建设，大力促进品质消费”（首席专家为依绍华）；(15)“我国对外投资对国内经济发展的作用与影响”（首席专家为夏先良）；(16)“关于金融安全问题研究”（首席专家为何德旭）；(17)“关于培育外贸竞争新优势问题研究”（首席专家为夏先良）；(18)“当前我国互联网经济（数字经济）发展问题”（首席专家为李勇坚）。

金融研究所

（一）智库建设项目简况

2015年11月10日，中央全面深化改革领导小组第十八次会议批准国家金融与发展实验室为首批25家国家高端智库之一。中国社会科学院学部委员、原副院长李扬为实验室理事长兼首席专家。

国家金融与发展实验室下设中国社会科学院陆家嘴研究基地、国家资产负债表研究中心、中国债券论坛、财富管理研究中心、宏观金融研究中心、金融法律与金融监管研究基地、银行研究中心、支付清算研究中心、资本市场与上市公司研究中心、全球经济与金融研究中心、经济增长与金融发展实验中心、金融科技研究中心、消费金融研究中心、文化金融研究中心、保险发展研究中心等专业研究机构。

（二）在智库建设方面的新机制、新举措

2017 年，国家金融与发展实验室严格按照中宣部社会科学规划办公室和中国社会科学院智库办的指示精神，稳步推进智库建设的各项工作，围绕党和国家的中心工作和经济金融重大问题，扎实开展深度研究、积极发声，影响力不断提升。

城市发展与环境研究所

（一）智库建设项目简况

2017 年，生态文明研究智库共承担并完成 4 项国家和部委交办课题，分别为："推动绿色发展循环发展低碳发展体制机制研究"（负责人为潘家华）；"房地产市场长效机制研究"（负责人为王亚强）；"绿色发展新动能研究"（负责人为潘家华）；"人口城镇化问题研究"（负责人为李恩平）。

（二）在智库建设方面的新机制、新举措

一是加强理论联系实际，积极与地方政府和科研院所加强合作，开展课题合作研究，联合举办学术论坛，继续增强生态文明理论成果对现实经济社会发展的指导意义。二是加强精品成果培育，以国家高端智库交办任务为核心，调配精干力量，明确研究目标和责任，产出系列高质量对策报告。三是加强智库微信公众号维护，安排专人负责对生态文明研究最新成果和咨询的整理与发布，不断增强生态文明研究智库在相关研究领域的影响力和话语权。

（三）智库建设的新成果

1. 围绕党的十九大关于生态文明建设的重要精神，发表系列宣传阐释理论文章。2017 年，围绕党的十九大精神，生态文明研究智库在《人民日报》《经济日报》《光明日报》《经济参考报》《中国环境报》《中国社会科学报》等权威媒体发表了《系统把握新时代生态文明建设基本方略》《社会主义生态文明建设新时代新表述》《系统把握生态文明建设若干科学论断》《生态文明建设尤要在"实践论"中突出"矛盾论"》《从战略高度推进生态文明建设》《推动形成绿色发展方式和生活方式》《提供生态产品　增值生态红利》《树立和践行绿水青山就是金山银山

理念》等多篇高质量宣传、阐释的理论文章。

2. 举办系列高端学术论坛。生态文明研究智库围绕国家重大战略问题，全年主办或参与举办学术论坛十余次，主要有“首届气候变化经济学研讨会”“中国社会科学论坛：低碳发展与生态康养旅游名市建设国际论坛”“‘中国长江论坛’与学术品牌构建研讨会”“乌江流域生态保护与绿色发展高峰论坛”“新时代城镇化的理论构建与政策选择暨中国社会科学院城市经济学科建设座谈会”等。

3. 组织若干精品学术成果发布活动。2017年，生态文明研究智库先后组织了多次学术成果发布活动：“《全球可持续发展报告（2015）》中文版发布会”“《中国房地产发展报告No.14(2017)》发布会”“《中国城市发展报告》发布会”“《应对气候变化报告》发布会”。此外，还撰写出版了《基于生态文明建设的低碳发展评价方法》《国家低碳工业园区建设实践与创新》等国家智库报告。

4. 开展多种形式的国际学术交流活动。2017年，生态文明研究智库围绕2030年可持续发展议程、后巴黎进程、联合国气候变化框架公约等主题，开展了多种形式的国际学术交流活动，拓展国际学术视野，积极引领国际话语权。

5. 加强智库微信公众号建设。2017年，生态文明研究智库为加强信息传播工作，及时发布生态文明研究领域最新科研成果和学术咨询，创建了生态文明研究智库微信公众号，全年发布内容100余篇，在生态文明研究学者圈的学术交流功能日渐显现。

社会政法学部

法学研究所

（一）智库建设项目简况

2017年，法学研究所国际法研究所法治战略研究部作为院国家治理研究智库的重要组成部分，承担与法治建设相关的智库工作任务。法治战略研究部主任为副研究员李忠。

（二）在智库建设方面的新机制、新举措

1. 加强与有关地方和部门的战略合作，或建立科研实践基地。2017年，法学研究所先后与河北省巨鹿县委县政府、北京联合大学政治文明建设研究基地、浙江省宁波市中级人民法院、西北政法大学反恐怖主义法学院、山东省计算中心（国家超级计算济南中心）、中国社会科学院—上海市人民政府上海研究院及上海大学（法学院）、贵州民族大学，山西省普法依法

治理办公室、西南政法大学等签署战略合作协议，或建立科研实践基地。

2. 积极承担有关智库课题。2017 年，法学研究所承担了国家高端智库交办委托课题“运用法治思维和法治方式推进供给侧结构性改革重大问题研究”（负责人为席月民），承担了新疆智库交办委托课题“依法维护新疆稳定和长治久安重大理论和实践问题研究”（负责人为莫纪宏）。

（三）智库建设的新成果

2017 年，法学研究所组织研究人员深入基层调研，开展专题研究，参与决策咨询，接受中央或有关部门的委托完成相关课题，在智库建设方面取得丰硕成果。

1. 接受中央有关部门委托开展了数项研究，分别提交了内部研究报告。委托部门包括：中央政法委、国务院办公厅、中央维护海洋权益工作领导小组办公室、国家互联网信息办公室、最高人民法院等。

2. 按照中央部署参与民法典编纂工作。中国社会科学院是中央确定的民法典编纂重要工作的参与单位之一，法学研究所是具体承担单位。2017 年，法学研究所在这方面的工作主要包括：多次受邀参加全国人大组织的有关工作会议；多次就立法机构立法草案提出修改意见或建议；组织召开有关民法典编纂工作的学术会议 2 次；积极参加《民法总则》通过后的宣传普及工作。

3. 继续发布法治蓝皮书系列报告，蓝皮书的学术影响力和社会影响力继续扩大。除发布 2017 年度法治蓝皮书外，还发布了《中国地方法治发展报告 No.3（2017）》《四川依法治省年度报告 No.3（2017）》。新创了《中国法院信息化发展报告 No.1（2017）》以及该书的英文版。

4. 积极参与中国社会科学出版社“国家智库报告”出版工作。2017 年，法学研究所学者出版了 7 部国家智库报告，分别是《人民法院信息化 3.0 版建设应用评估报告——以山东法院为视角》《人民法院基本解决执行难第三方评估报告（2016）》《探索法治中国建设的地方实践：以珠海市为样本》《中国政务公开第三方评估报告（2016）》《政府信息公开工作年度报告发布情况评估报告（2017）》《四川省依法治省第三方评估报告（2016）》《标准公开的现状及展望——以政府主导制定的标准为样本》。其中，《中国政务公开第三方评估报告（2016）》被中国社会科学院评为优秀智库报告。

国际法研究所

2017 年，法学研究所国际法研究所法治战略研究部作为中国社会科学院国家治理研究智库的重要部分，始终坚持正确的政治方向，牢牢把握智库研究的主攻方向；始终坚持马克思主义指导，坚持正确的政治方向和学术导向；始终坚持为人民做学问，坚持理论联系实际；始终坚持智库建设的高端定位，努力推出一批高质量的智库成果和培养高水平的智库人才。

2017年，法治战略研究部主要围绕以下两个方面开展工作并取得成绩。

1. 以对策建议与政策咨询为主攻方向，撰写了大量要报与研究报告，形成了广泛的社会影响力。坚持问题导向，针对经济社会发展和法治建设中的全局性、战略性、前瞻性问题，尤其围绕中共十八届四中全会全面推进依法治国的战略需求，组织开展研究，在成果转化环节做足功夫，把学术观点转化为可操作的咨政建议。

2. 理论联系实际，注重国情专项调研，深入开展法治宣传、地方法治、国家安全等专题研究，取得了丰硕的研究成果，并推动法治宣传发展。组织开展了一系列有影响、有成效的学术活动，并在多个省市单位建立了智库研究基地，为国际法研究所和法学研究所科研人员进行地方法治建设研究提供了平台。

民族学与人类学研究所

在智库建设方面，民族学与人类学研究所认真做好党和国家部门的交办任务和决策咨询研究，不断提高研究理论、方法和分析工具的创新水平，重视在研究中使用前沿的学术理论与方法，实现基础学术研究与智库研究相互促进，同时提高从实践上升到理论的能力，增强学科话语权，提高综合研判和战略谋划能力。

智库建设项目简况

2017年，民族学与人类学研究所共有国家智库秘书办公室交办的委托项目4项，分别为："当前国际恐怖主义演变的趋势特点及中国的应对"（何星亮主持）；"台湾少数民族源流研究"（陈建樾主持）；"社会保障制度存在的风险及应对措施"（王延中主持）；"西方国家处置分离独立势力的做法及借鉴"（周少青主持）。

社会学研究所

2017年，社会治理研究部在国家治理研究智库的领导下，认真积极落实中国社会科学院部署的相关研究项目，智库建设取得了一定的成绩。

1. 落实国家治理研究智库的工作任务

（1）参加首届"国家治理论坛"。2017年2月11日，参加国家治理研究智库主办的首届"国家治理论坛"。论坛的主题是"劳动就业与社会稳定"。社会学研究所研究员王春光作了题为"农民职业流动与择业态势"的研究报告。

（2）承接国家治理研究智库交办的任务。2017年5月，社会治理研究部认领科研局智库办交办课题4项，并如期完成。

2. 社会形势分析与预测研究

（1）2017年4月，社会学研究所召开2017年社会形势分析及预测讨论会，中国社会科学院副院长李培林分析了中国当前社会形势，评估了2017年社会形势变动走势，并就社会形势总体判断、供给侧结构性改革、社会变迁、社会治理等问题展开讨论，对社会蓝皮书《中国社会形势分析与预测》的编写做出安排。社会学研究所及有关研究人员参会。

（2）2017年12月23日，围绕着《中国社会形势分析与预测》发布，召开“新时代、新形势、新任务”高级论坛。

3. 交办任务及研究课题

（1）2017年，完成国务院办公厅交办的工作任务，每周安排研究人员前往国务院办公厅汇报工作，并提交相关文字材料。

（2）完成了中国社会学院副院长蔡昉交办的“未来三十年中国社会发展的趋势和政策建议课题”，并提交了研究报告。完成了院人事教育局交办的中组部“全国基层党建制度调研课题”。

（3）2017年6月，承接中央农村工作领导小组交办的“农村社会结构变迁与社会建设问题研究”，如期完成了任务。

（4）继续研究2016年中宣部交办的社会科学基金重大项目“当代中国社会结构与阶层变动研究”。

（5）继续推进院科研局国情调研特大项目“精准扶贫精准脱贫百村调研”项目，督促16项子课题开展实地入户调研工作。

新闻与传播研究所

（一）智库建设项目简况

新闻与传播研究所的智库名称为“国家治理研究智库舆情研究部”。2017年3月30日，舆情研究部举行了“中国社会科学院国家治理研究智库舆情研究部”的挂牌仪式和阶段成果发布。

中国舆情调查实验室是新闻与传播研究所新型智库建设的核心部门之一，承担着院“国家治理研究智库”的舆情研究工作，以围绕大局、服务中央和社会发展的大政方针为导向，强化对全局性、前瞻性、战略性、综合性问题的研究，提出有建设性的对策建议和研究成果，努力探索和积累专业化新型智库建设的可复制性经验。目的在于打造舆情大数据的调查与监测机构，在为中央有关部门提供决策建议的同时，为中国社会科学院有关院所和智库提供全方位数据服务。实验室主任由新闻与传播研究所党委书记赵天晓担任，研究员刘志明担任中国舆情调查实验室的首席专家。

2017 年，该智库承担了 7 项中国社会科学院智库办交办的课题，并延续进行“中国舆情指数调查”、“社会舆情指数”、“中国舆情调查大数据系统”和“新媒体与大数据”沙龙等项目；进行“‘放管服’满意度的舆情调查”和“网络思潮和网民意识形态”调查，完成相关的调查报告，并发表相关对策研究文章两篇。

（二）在智库建设方面的新机制、新举措

通过“中国舆情与调查联盟”拓展与同行业的合作，通过深度合作形成合作团队，探索更好的合作机制。截至 2017 年底，共有联盟成员单位 25 家。依托联盟建立的专业委员会可以借助多方专家的智力资源，共谋共建，为智库和实验室建设助力。

通过沙龙搭建交流合作平台。2017 年，继续开启“新媒体与大数据”沙龙，邀请多位专家就“如何运用大数据技术，提升舆情管理能力”“互联网时代的社会心态研究”“社交媒体与网络建模”“大数据时代的社会计算与网络分析”等主题进行了演讲。

积极与社会各界合作。与腾讯公司共同承担的社会舆情指数项目进一步开拓探索性研究，在网民情绪测量、社会心态研究、央媒微传播力研究等方面进行探索。同时，还积极开拓了其他领域的合作。

积极配合“国家治理研究智库”的各项工作，参加智库界举办的各种会议和活动，加强与兄弟单位的合作。

国际研究学部

世界经济与政治研究所

（一）智库建设项目简况

世界经济与政治研究所将自身定位在建设成全球宏观经济和国际经济政策研究领域的世界一流专业智库。该智库主要研究领域为全球宏观经济、国际金融、国际贸易、国际投资、全球经济治理、国际政治与国际战略。在智库建设实施方面，该智库迅速建立了智库研究机制，承担多项智库研究项目，取得一系列智库成果。

2017 年，世界经济与政治研究所承担了国务院和中共中国社会科学院党组交办的 3 项任务，承担了 5 项中国社会科学院国家高端智库重点课题，承担了 30 项中国社会科学院全球战略智库委托的重点课题和一系列部委委托课题。

（二）在智库建设方面取得的新成果

（1）为了配合金砖国家峰会和国家“一带一路”倡议的实施，世界经济与政治研究所组织了一系列国际研讨会：“金砖国家智库圆桌会”“2017中国社会科学院智库论坛：金砖国家的合作与发展国际研讨会”“中白经贸合作智库交流研讨会”；承办了“第七届亚洲研究论坛——‘一带一路’与企业行为：成果、挑战与建议”“亚信非政府论坛第二次会议——落实联合国2030可持续发展议程：亚洲在行动”“国际电联第一次法定数字货币焦点组工作会议”“新兴经济体研究会2017年会暨2017新兴经济体论坛”“第27届亚洲经济论坛”等。

（2）2017年，该智库共发布智库系列报告293篇。其中，定期发布的智库报告有：外部经济环境监测报告93篇，CEEM系列其他研究报告16篇；不定期发布的系列研究报告有：国际金融系列报告（RCIF）33篇，国际贸易系列报告（IGI）62篇，国际投资系列报告（IIS）26篇，世界能源系列报告（WES）10篇，国际战略研究报告（ISP）16篇，全球发展展望（GDP）12篇，世经政所宏观研究系列（MACRO）13篇以及《世界经济与政治月报》12期。

（3）发布国家智库报告4部，分别是《中国海外投资国家风险评级报告（2017）》《金砖国家推动本币国际化：中国经验与合作策略》《中国对外贸易报告2017》《海上丝绸之路调研报告》。

（4）举办了6场成果发布会：2017年1月12日发布《中国海外投资国家风险评级报告（2017）》；2017年3月23日发布《新兴经济体发展2017年度报告》；2017年4月10日发布《对外投资与风险蓝皮书》；2017年4月17日，与中国社会科学出版社联合发布《当代中国世界经济学研究》和《当代中国国际政治学研究》；2017年5月31日，与清华大学清华—青岛数据科学研究院、汤森路透中国区公司联合发布《“一带一路”跨境并购研究报告》及《“一带一路”跨境并购强度指数》；2017年12月18日发布《世界经济黄皮书：2018年世界经济形势分析与预测》《国际形势黄皮书：全球政治与安全报告（2018）》。

俄罗斯东欧中亚研究所

（一）智库建设项目简况

2017年，俄罗斯东欧中亚研究所承担的上级部门交办任务和决策咨询研究项目有：外交部委托课题“大欧亚伙伴关系研究”（李永全主持）。

（二）在智库建设方面的新机制、新举措

建立新型智库平台。2017年2月，中国社会科学院与俄罗斯国际事务委员会合作建立“中国社会科学院中俄战略协作高端合作智库”。该智库行政挂靠在俄罗斯东欧中亚研究所，并设立办公室。该智库平台的建立填补了中国社会科学院在欧亚地区研究领域智库平台缺失的空白。

继续加强国际学术交流平台的建设；继续加强与俄罗斯、中亚及中东欧国家高端智库的交流合作机制；在已有机制平台上，开拓更多与国际著名智库的合作渠道。此外，继续加强与俄罗斯、中亚及中东欧国家政府机构的合作。

加强人才队伍建设。打造一支坚持正确政治方向、德才兼备、富于创新精神的欧亚问题研究队伍。重视智库型学者的培养，尤其重视青年科研人员培养，搭建有利于青年学者成长的学术平台。

欧洲研究所

（一）智库建设项目简况

2017 年，欧洲研究所智库项目有“中国—中东欧国家智库交流与合作网络”（简称“16+1”智库网络），该项目成立于 2015 年 12 月。它是“16+1 合作”总体框架下推进智库合作的总体协调机构，也是国家高端智库建设首批试点单位之一，秘书处设在中国社会科学院欧洲研究所。

（1）智库研究内容

“16+1”智库网络集智库交流、政策咨询、实地调查、合作研究、人才培养及对外宣传于一体，服务于中国与欧洲全面伙伴关系及中国与中东欧“16+1 合作”等需要，积极推动中国同中东欧国家在经济、社会、政治、文化等多领域的密切合作，促进与加强中国对中东欧国家的二轨外交，服务于“一带一路”倡议等，主要从事中东欧国家政治、经济、外交政策跟踪研究；中国与中东欧国家关系研究；中东欧国家参与“一带一路”建设研究；等等。

（2）智库主要责任人

“16+1”智库网络设理事长 1 人，常务副理事长 1 人，副理事长和理事若干人。2017 年，理事长由中国社会科学院院长王伟光担任，常务副理事长由副院长蔡昉担任。“16+1”智库网络下设秘书处，作为常设机构。设立“16+1”智库网络秘书长，秘书长由欧洲研究所所长、研究员黄平兼任。“16+1”智库网络秘书处下设办公室。办公室负责处理中国—中东欧国家智库交流与合作网络的日常业务，执行理事会和秘书处交办的工作，办公室主任由刘作奎研究员担任。

（二）在智库建设方面的新机制、新举措

2017 年，欧洲研究所围绕中国社会科学院国家高端智库建设指示和精神，积极开拓智库工作新领域，完善智库建设，进一步丰富研究成果。

2017 年 4 月 24 日，由中国社会科学院欧洲研究所在匈牙利独立注册的海外智库机构。“中

国—中东欧研究院”在匈牙利布达佩斯正式揭牌成立。中共中央政治局委员、中央书记处书记、中宣部部长刘奇葆出席了“中国—中东欧研究院”成立暨揭牌仪式，并与中国社会科学院院长、“16+1”智库网络理事长、中国—中东欧研究院名誉院长王伟光共同为“中国—中东欧研究院”揭牌。

（三）智库建设的新成果

2017年，“16+1”智库网络积极配合我国外交战略，发挥“智囊”作用，在国内和中东欧国家组织了多次高水平智库学术会议和论坛，主要有如下。

（1）2017年4月24日，“16+1”智库网络在匈牙利布达佩斯主办了“中国和中东欧国家合作：共同面对未来挑战”智库研讨会。来自中国和中东欧各国的专家学者和智库人士，围绕中国和中东欧国家合作面临的共同问题和如何应对共同挑战，展开讨论和交流。

（2）2017年6月5～17日，由国防大学防务学院主办，“16+1”智库网络承办的“中国—中东欧国家防务官员研讨和培训班”在北京举办，中国与中东欧国家学者、防务官员就“中东欧国家国防政策以及地区安全”“地缘政治关系”等内容进行交流探讨。

（3）2017年6月7～9日，“16+1”智库网络与宁波市政府联合举办了“2017中东欧国家华侨华人宁波峰会”，来自中东欧国家的华侨和智库代表参加会议。

（4）2017年6月25日至7月1日，“16+1”智库网络在北京举办了“中东欧国家智库学者培训班”，邀请近20名中东欧国家知名智库学者来华，向其宣介“16+1合作”、“一带一路”建设以及中国当前社会经济发展情况，了解中东欧国家最新合作动向，推动中国与中东欧学者的交流互动。

（5）2017年7月12～13日，由“16+1”智库网络和塞尔维亚国际政治与经济研究所联合主办的“新丝路：进展与挑战”国际学术研讨会在塞尔维亚贝尔格莱德市召开。

（6）2017年8月15日，“16+1”智库网络与商务部中国国际电子商务中心联合在成都举办了“‘一带一路’倡议下的‘16+1’电子商务发展会议”，来自多个中东国家的驻华使领馆、相关智库和学术机构以及国内知名电商企业的代表等280余人参会。会议首次在“16+1机制”中探讨电子商务合作发展议题，引起各方兴趣和关注。

（7）2017年9月14～15日，“16+1”智库网络和波兰国际事务研究所联合主办的“‘一带一路’如何影响‘16+1合作’”国际学术研讨会在波兰华沙召开。中国和中东欧国家学者、政府代表、企业代表等共聚一堂，讨论“16+1合作”与“一带一路”倡议在中东欧的发展。

（8）2017年11月20日，由中国社会科学院、匈牙利外交与对外经济部联合主办，“16+1”智库网络承办的中国—中东欧国家智库网络会议——“‘16+1合作’五年成就”国际学术研讨会在匈牙利布达佩斯召开。来自中国和中东欧国家的智库、媒体、官方的代表近百人，就中国和中东欧国家的投资合作、地方合作、基础设施建设合作、文化交流等问题进行了探讨。

（9）2017 年 12 月 18 ～ 19 日，由中国社会科学院和“16+1 合作”秘书处主办，“16+1”智库网络承办的“第四届中国—中东欧国家高级别智库研讨会”在北京召开。

拉丁美洲研究所

（一）智库建设项目简况

2017 年，拉丁美洲研究所参加院亚太战略研究院高端智库项目 7 项，分别为：(1)“全球经济治理问题”（岳云霞主持）；(2)“中国海外利益保护”（韩晗主持）；(3)“文化交流、文化传播和文化贸易”（魏然主持）；(4)“扩大中国软实力”（高波主持）；(5)“全球治理问题”（谭道明主持）；(6)“夯实海外形象问题”（郭存海主持）；(7)“与发展中国家关系”（谌圆庭主持）。

根据高端智库建设方案，拉丁美洲研究所智库项目的总题目为“中拉发展战略与合作跟踪研究”。研究重点是：新形势下对拉合作面临的机遇、挑战和工作思路；拉美左翼发展新动向对中拉关系的影响及政策建议；中国与拉美整体合作、中拉关系及对拉战略研究；拉美产业发展与中拉产业合作研究。

2017 年，拉丁美洲研究所承担的上级部门交办任务和决策咨询研究项目有：国家发展和改革委员会委托课题“中拉经济合作机制研究”（岳云霞主持）；中国国际扶贫中心委托课题“拉美国家多维减贫经验及启示”（房连泉主持）；中央宣传部国际传播局委托课题“两个世界的相遇：口述中拉文化交流”（郭存海主持）；外交部新闻司委托课题“增强对拉公共外交有效性研究”（郭存海主持）；中国出口信用保险公司委托课题“国家风险报告”（郭存海主持）。

（二）在智库建设方面的新机制、新举措

2017 年，拉丁美洲研究所围绕院建设高端智库的总体目标，以拉美国家发展和中拉合作的重大理论、现实和对策研究为主要目标，围绕中拉战略合作及整体合作问题开展调研和决策咨询服务；注重加强智库型人才建设，重视引导学者型人才向智库型人才转化；鼓励学术研究成果向智库成果转化，提高研究成果的应用价值和服务效果。

1. 明确国家级智库定位，建立及完善与决策部门的联动机制与不定期交流机制，与外交部、国家发展和改革委员会、商务部、中联部等国家部委以及中国驻拉美使领馆建立密切联系，加强信息沟通，为其提供及时的咨询服务，配合国家对拉合作主渠道的重大决策和外交行动。

2. 夯实智库研究基础，积极开展境内外调研，加强对拉美地区区情和国情的了解，增进对我国国情的把握，并通过扩大与各级地方政府和企业的联系，增强研究的现实性和政策建议的可操作性。

3. 拓展智库联系，建立国内外智库合作网络。通过主办或承办拉美学会年会、东亚地区

拉美研究伙伴对话、中拉高层学术对话等国际会议，建立联系国内各类拉美研究机构的学术网络平台，形成在东亚以及拉美地区的智库合作机制。

4. 扩大对外宣传，推动成果的社会化。通过参与各类国际学术会议，开设微信公众号、利用网络新媒体等，持续推出《巴西市场季评》《中阿对话》《中美洲加勒比研究专题资料》《古巴研究文献资料》《墨西哥研究通讯》等电子杂志，拓展学术成果转化为智库成果的途径，提升智库成果的社会影响力，增强拉丁美洲研究所智库学者的话语权。

5. 多元化的成果呈现形式，推动学术成果和智库成果的相互转化与相互促进。通过引导和奖励机制，推动学者有机结合基础研究与智库研究，实现智库的良性和可持续发展。通过智库成果的积累与问题导向式研究方法，推动理论创新。

6. 创新用人机制。建立智库人才培养和转化机制，积极与国内外智库开展人员交流，尝试建立智库特邀研究员和智库访问学者制度，使外部人才“引得进来”，本智库的人员“走得出去”。

马克思主义研究学部

马克思主义研究院

（一）智库建设项目简况

1. 智库名称

马克思主义理论创新智库

2. 理事会组织架构

顾问委员会为陈奎元、刘国光、李慎明、邢贲思、靳辉明、李崇富；名誉理事长为王伟光；理事长为张英伟；常务副理事长为邓纯东；副理事长为程恩富、张星星、尹韵公、张政文、樊建新；秘书长为金民卿；副秘书长为贺新元。

3. 学术委员会

邓纯东、樊建新、侯惠勤、金民卿、辛向阳、张政文、武力、肖贵清、李蓤

4. 主要内容

2017年，马克思主义理论创新智库立足于学术基础理论研究，加强对策建议性研究，在两者结合中推进马克思主义理论创新。围绕这一目标，确定了以下相对稳定的重要研究领域：中国特色社会主义重大实践和理论创新研究；中国马克思主义最新理论创新成果研究（习近平新时代中国特色社会主义思想）；中国传统文化扬弃研究；社会主义价值体系构建研究；当代

中国马克思主义政治经济学研究；马克思主义理论人才培养研究；思想理论领域热点问题研究；当前意识形态形势与对策研究；建构当代中国马克思主义话语权研究（对引进的话语体系进行分析比较研究）；马克思主义中国化基础理论研究（思想通史和创新机制研究）。

（二）在智库建设方面的新机制、新举措、新成果

2017年，马克思主义理论创新智库的中心工作主要集中在以下几个方面。

第一，组织力量完成上级交办的4个国家高端智库课题，分别是“香港回归祖国20年回顾及总结”“新媒体成为影响社会政治生活的重要变量研究”“推进全球互联网治理体系变革研究”“与‘一国两制’相适应的理论体系和话语体系建设研究”。

第二，组织研究宣传习近平总书记“7·26”重要讲话精神。围绕“7·26”重要讲话中提出的“举什么旗、走什么路、以什么样的精神状态、担负什么样的历史使命、实现什么样的奋斗目标”等专题，与人民日报出版社合作，组织智库学者撰写出版了一套丛书，分别为《旗帜》《道路》《精神》《使命》《目标》（2018年1月出版）。据不完全统计，智库学者在《人民日报》《经济日报》《红旗文稿》等“三报两刊”上发表相关理论宣传文章7篇，在其他报刊和主要网络媒体上发表相关理论宣传文章近20篇。为解读“7·26”重要讲话精神，接受媒体采访、做电视节目、到相关单位宣讲20余次。

第三，组织研究宣传党的十九大精神。围绕宣传贯彻党的十九大会议精神开展宣讲、研讨、接受采访等活动。据不完全统计，智库学者发表宣传文章60余篇，接受各种采访和参加电视节目100余人次，宣讲党的十九大报告50余场。

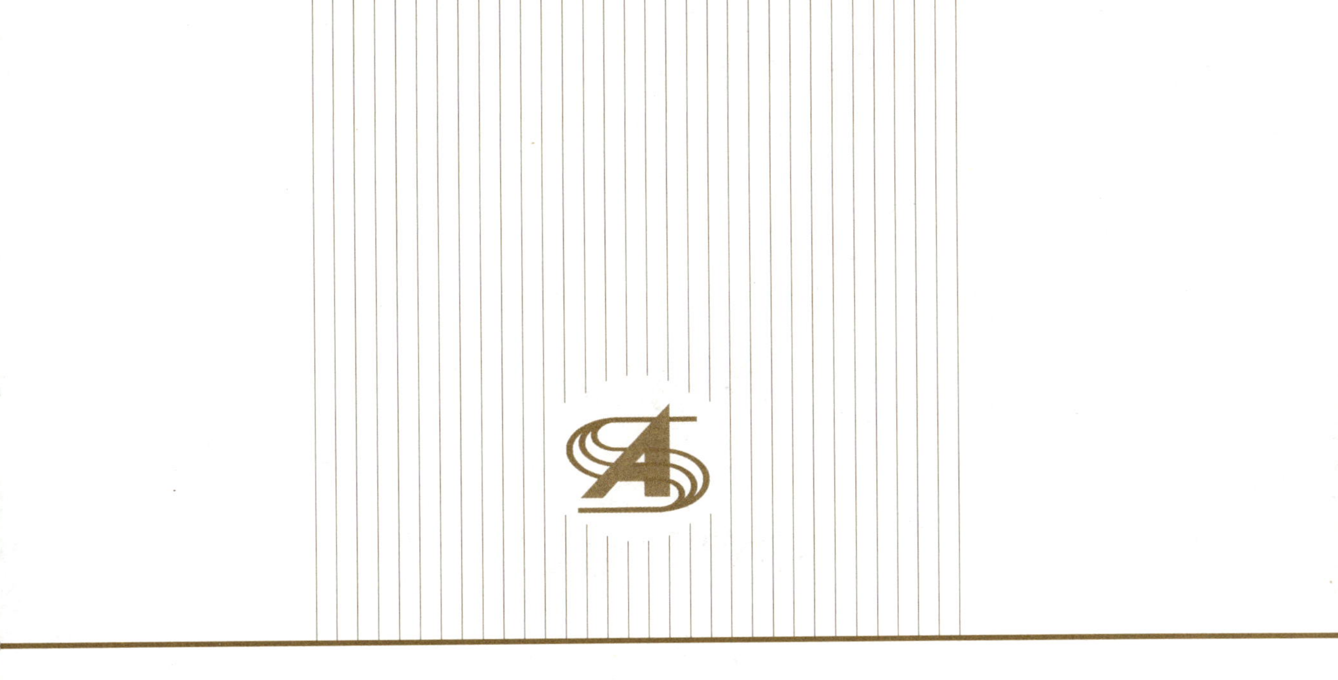

第四编

工作概况和学术活动

GONGZUOGAIKUANG
HEXUESHUHUODONG

一　科研机构工作

文学哲学学部

文学研究所

（一）人员、机构等基本情况

1. 人员

截至2017年底，文学研究所共有在职人员113人。其中，正高级职称人员36人，副高级职称人员34人，中级职称人员28人；高、中级职称人员占在职人员总数的87%。

2. 机构

文学研究所设有古代文学研究室、近代文学研究室、现代文学研究室、当代文学研究室、文艺理论研究室、马克思主义文学理论与文学批评研究室、民间文学研究室、比较文学研究室、台港澳文学与文化研究室、古典文献研究室、数字信息研究室、《文学评论》编辑部、《文学遗产》编辑部、《中国文学年鉴》编辑部、图书馆、办公室、科研处、人事处。

3. 科研中心

文学研究所所属科研中心有：世界华文文学研究中心、中国民俗文化研究中心、比较文学研究中心、马克思主义文艺与文化批评研究中心。

（二）科研工作

1. 科研成果统计

2017年，文学研究所共完成专著16种，545.7万字；论文368篇，428.5万字；论文集11种，626.5万字；古籍整理3种，1596.5万字；普及读物4种，49万字；学术资料2种，575万字；研究报告2种，75万字；译文5种，4.2万字。

2. 科研课题

（1）新立项课题。2017年，文学研究所共有新立项课题5项，均为国家社会科学基金课题："20世纪西方差异性话语的四种类型及其对构建中国特色文论体系的借鉴研究"（金惠敏主持），“白居易接受史研究”（陈才智主持），“新世纪海外华文作家的中国叙事研究”（刘艳主持），“两岸新生代作家比较研究”（霍艳主持），“陶渊明文献集成与研究”（范子烨主持）。

（2）结项课题。2017 年，文学研究所共有结项课题 3 项。其中，国家社会科学基金课题 2 项：“中唐古文与儒学转型研究”（刘宁主持），“清代文人官年与实年丛考研究”（张剑主持）；国家社会科学基金青年课题 1 项：“宋代文学地图数字平台研究”（刘京臣主持）。

（3）延续在研课题。2017 年，文学研究所共有延续在研课题 34 项。其中，国家社会科学基金课题 33 项：“莲池派与晚清民国政治”（王达敏主持），“日常生活理论与当代审美意识形态研究”（金惠敏主持），“中国文学人类学理论与方法研究”（叶舒宪主持），“重回文学的历史现场：社会调查、文本细读与现当代文学中的农村视野”（何吉贤主持），“外交事件和中国现代文学民族话语的发生研究（1919 ～ 1932）”（冷川主持），“中国文学近代化转型史论”（王飚主持），“汉魏六朝集部文献集成研究”（刘跃进主持），“秦汉文学史”（刘跃进主持），“托·斯·艾略特戏剧创作研究”（陆建德主持），“家乡民俗学的理论与实践研究”（安德明主持），“《五经正义》文学思想研究”（王秀臣主持），“法国吉美博物馆所藏伯希和档案整理与研究”（王楠主持），“民营戏剧文学创作现状之研究”（刘平主持），“唐宋诗词中的生态审美与中国文化精神”（王莹主持），“鲁迅仙台医学笔记研究”（董炳月主持），“中华古今骈文通史”（谭家健主持），“晚唐齐梁诗风研究”（张一南主持），“三家《诗》辑佚史研究”（马昕主持），“陶渊明作品互文性研究”（范子烨主持），“香港报刊文学史”（赵稀方主持），“中国小说史”（石昌渝主持），“习近平总书记文艺工作座谈会讲话的理论突破研究”（丁国旗主持），“台湾左翼文艺研究”（李娜主持），“元代笔记丛刊”（杨镰主持），“汉魏两晋乐府曲名研究”（许继起主持），“敦煌吐鲁番道教文献综合研究”（郜同麟主持），“黄药眠年谱整理及其文艺思想研究”（李圣传主持），“乡村儿童的文学教育及阅读推广研究”（费冬梅主持），“20 世纪西方差异性话语的四种类型及其对构建中国特色文论体系的借鉴研究”（金惠敏主持），“白居易接受史研究”（陈才智主持），“新世纪海外华文作家的中国叙事研究”（刘艳主持），“两岸新生代作家比较研究”（霍艳主持），“陶渊明文献集成与研究”（范子烨主持）；院重点课题 1 项：“中华思想通史（现代文艺卷）”（程凯主持）。

（三）学术交流活动

1. 学术活动

2017 年，文学研究所主办的学术会议如下。

（1）2017 年 5 月 11 ～ 13 日，由文学研究所主办，河北省临漳县委、县政府协办的“京津冀文学论坛·邺城文化学术研讨会”在河北省临漳县举行。会议的主题是“中华优秀传统文化与当代邺城文化建设”，研讨的主要议题有“推进京津冀文学一体化发展”“展示、挖掘邺城建安文学及东魏·北齐文化”“推进邺城文化复兴、增强临漳文化软实力”。

（2）2017 年 5 月 26 日，由文学研究所与日本佛教大学联合主办的“全球化时代的人文学科诸项研究——当代中日、东西交流的启发”国际学术研讨会在北京举行。会议的主题是“从文学、思想等领域出发，深入探讨中日关系的历史、现状和未来”。

（3）2017 年 6 月 9 ～ 10 日，由中国社会科学院文哲学部、浙江大学、浙江师范大学联合主办，文学研究所、浙江大学人文学院、浙江师范大学浙学研究院共同承办的“中华文化传承与当代文化创新”学术研讨会在浙江省杭州市举行。会议的主题是“中华文化传承与当代文化创新”，研讨的主要议题有“文化传承与文化创新”“文献发掘与文史研究”“文学批评与文化阐释”。

（4）2017 年 9 月 27 ～ 28 日，由文学研究所、河北省社会科学院和河北大学文学院共同主办的“红色经典与中国文学传统”学术研讨会——第二届“京津冀中青年文学论坛”在河北省雄安新区举行。会议的主题是“发掘红色经典文化，传承延续中华文脉”，研讨的主要议题有“中国文人传统”“古典诗歌精神”“小说叙事方式”“学术发展历史”。

（5）2017 年 11 月 2 ～ 3 日，由文学研究所世界华文文学研究中心、鲁迅文化基金会联合主办的“中俄文学对话会（2017）”在北京举行。会议的主题是“中俄文学交流、对话”，研讨的主要议题有“中俄古典文学、现代文学、当代文学及比较文学学术研讨”“中俄文学相互借鉴与影响”“中俄两国文学的特色及交流历史”“近 40 年中俄优秀文学作品互荐”。

（6）2017 年 11 月 21 ～ 23 日，由华侨大学、香港大学、文学研究所联合主办的“中华文化与丝路文明暨第三届饶宗颐与华学国际学术研讨会”在福建省泉州市举行。会议的主题是“中华文化与丝路文明”，研讨的主要议题有“饶宗颐教授的人生、学术及文艺研究”“中华传统文化专题研究（语言文字、文学与古典文献考据）”“丝绸之路与中外文明交流”“中华文学的现代视野及海外传播”。

（7）文学研究所举办的系列学术讲座如下。

① 2017 年 4 月 18 日，邀请文学研究所研究员李玫在文学研究所作题为“明清传奇以折子戏形式流传对原作接受的影响——以明代汪延讷《狮吼记》为例”的报告。

② 2017 年 5 月 16 日，邀请文学研究所副研究员王楠在文学研究所作题为“伯希和与罗王学派——兼谈中国近代新史学的发端”的报告。

③ 2017 年 6 月 20 日，邀请文学研究所研究员陆建德在文学研究所作题为“比较：文学研究的必由之途”的报告。

④ 2017 年 6 月 20 日，邀请文学研究所助理研究员郑熙青在文学研究所作题为“无权利的精英：字幕和粉丝圈的文化权力”的报告。

⑤ 2017 年 7 月 11 日，邀请文学研究所博士后李明在文学研究所作题为“身体哲学视域下的文气论研究”的报告。

⑥ 2017 年 8 月 29 日，邀请文学研究所副研究员王敏庆在文学研究所作题为“从战神毗沙

门到女妖梅杜萨——北朝至隋唐人面图像意涵初探”的报告。

⑦ 2017 年 12 月 12 日，邀请复旦大学研究员唐雯在文学研究所作题为“从修订本两《五代史》、《旧唐书》说新时代的校勘方法与原则”的报告。

2. 国际学术交流与合作

2017 年，文学研究所共派遣出访 38 批 60 人次（其中，中国社会科学院派遣出访 1 批 6 人次），接待来访 6 批 55 人次（其中，中国社会科学院邀请来访 1 批 1 人次）。与文学研究所开展学术交流的国家有美国、加拿大、俄罗斯、英国、意大利、德国、比利时、捷克、斯洛伐克、日本、韩国等。

(1) 2017 年 1 月 10 日，美国普林斯顿大学东亚研究系主任柯马丁教授在文学研究所作题为“早期中国文本研究的展望”的报告。

(2) 2017 年 3 月 7 日，瑞典斯德哥尔摩大学教授汉斯·英瓦尔·卢斯在文学研究所作题为“张彭春法学与文学思想研究”的报告。

(3) 2017 年 3 月 14 日，日本神户大学教授绪形康在文学研究所作题为“丸山真男思想史研究之最后境界”的报告。

(4) 2017 年 7 月 25 日，美国哥伦比亚大学比较文学与社会研究所所长刘禾教授在文学研究所作题为“文学与知识考古：以《鲁宾逊漂流记》为例”的报告。

(5) 2017 年 12 月 2 日，由文学研究所与日本佛教大学联合主办的“全球化时代的人文学科诸项研究——当代中国、东西交流的启发”国际学术研讨会在日本京都举行。会议的主题是“当代中国、东西交流的历史、现状之启发”，研讨的主要议题有“语言·文学·思想”“历史·文化”“近现代：中国与日本”。

3. 与中国香港、澳门特别行政区和中国台湾开展的学术交流

(1) 2017 年 6 月 13 日，文学研究所举办“学术论坛”讲座，邀请台湾“清华大学”黄一农教授在文学研究所作题为“曹雪芹现存唯一诗、书、画、印俱见的真迹”的报告。

(2) 2017 年 10 月 17 日，文学研究所举办“学术论坛”讲座，邀请台湾“清华大学”杨儒宾教授在文学研究所作题为“飞翔年代：遂古功夫论”的报告。

(3) 2017 年 11 月 7 日，文学研究所举办“学术论坛”讲座，邀请台湾大学教授康韵梅在文学研究所作题为“从唐小说‘传奇’到明戏曲‘传奇’——一个同名转移文学史现象的观照”的报告。

（四）学术社团、期刊

1. 社团

(1) 中国文学批评研究会，会长张江。

2017 年 5 月 24 日，中国文学批评研究会在北京主办“学习习总书记讲话重温延安文艺传统”纪念毛泽东《在延安文艺座谈会上的讲话》发表75周年座谈会。会议的主题是“学习习主席讲话，重温延安传统”，研讨的主要议题有“延安文艺讲话的时代精神”“习近平总书记文艺讲话的理论贡献”。与会专家学者20余人。

（2）中国中外文艺理论学会，会长高建平。

2017年8月19～22日，中国中外文艺理论学会在辽宁省沈阳市主办中国中外文艺理论学会第十四届年会暨“当代中国文论的创新发展”学术研讨会。会议的主题是“当代中国文论的创新发展”，研讨的主要议题有“文论学科体系、学术体系、话语体系的当代构建”、“中国传统文论的创新转化”、“中西文论的交流互鉴”、“文学批评的使命与创新”以及“其他文艺理论相关问题”。与会专家学者近300名。

2017年9月6日，由复旦大学外文学院主办，中国中外文艺理论学会巴赫金研究分会等单位协办的“第16届国际巴赫金学术研讨会”在上海召开。会议的主题是“巴赫金研究的现状及未来发展”，研讨的主要议题有“当代巴赫金思想研究的新趋势、新高度和新方向”“巴赫金核心理论的成因及发展脉络”“巴赫金文论思想在中国的传播及影响”“巴赫金理论在拓展中国文学及思想史研究路径上的意义”。与会专家学者70余名。

（3）中华文学史料学学会，会长刘跃进。

2017年10月7～8日，中华文学史料学学会古代文学史料研究分会在河南省郑州市主办“中华文学史料学学会古代文学史料研究分会2017年年会暨中原文学文献学术研讨会”。会议研讨的主要议题有“中国古代文学史料学学科理论与方法”、“中国古代文学名家、名著史料研究”、“大数据时代文学总集的编纂与研究”、“中原文学文献的梳理与研究”以及“其他文献问题研究”。100多位专家学者参加了会议。

（4）中国近代文学学会，会长关爱和。

2017年10月13～16日，中国近代文学学会、苏州大学文学院在江苏省苏州市主办“2017年中国近代文学学会年会暨近代诗词高层论坛”。会议的主题是“中国近代诗词研究的新视野和新方法”，研讨的主要议题有“近代诗词新史料的发掘整理与研究”“报刊与近代诗词的发展”“近代文学学科建设与学术话语体系”“观念、方法与传承”。与会专家学者80余人。

（5）中国现代文学研究会，会长丁帆。

（6）中国鲁迅研究会，会长孙郁。

2017年10月27～30日，中国鲁迅研究会、鲁迅文化基金会、浙江省鲁迅研究会在浙江省绍兴市主办“纪念新文学革命100周年暨‘鲁迅与新文学’国际学术研讨会”。会议的主题是“纪念新文学革命100周年暨‘鲁迅与新文学’”，研讨的主要议题有“鲁迅文学思想与城市发展建设”“鲁迅研究的拓展、深化”。与会专家学者90余人。

（7）中国当代文学研究会，会长白烨。

2017年10月25日，中国当代文学研究会与国家社会科学基金重大招标项目“世界性与本土性交汇：莫言文学道路与中国文学的变革研究”项目组在北京共同主办“百年中国乡土文学经验：从鲁迅到莫言”国际学术研讨会。会议的主题是“总结百年中国乡土文学创作的成就、特点与研究成果，提出当前乡土文学研究的重点课题、理论创新、未来走向等新路径”，研讨的主要议题有“如何对乡土文学的起源、流变与现状作出多维度、有创见的研究”“总结乡土文学的传统和经验，面对乡土中国的伟大转型”“乡土文学创作及研究如何在当代文明进程中获得新生”。与会专家学者80余人。

2. 期刊

(1)《文学评论》(双月刊)，主编陆建德。

2017年，《文学评论》共出版6期，共计210万字。该刊全年刊载的有代表性的文章有：张伯伟的《现代学术史中的“教外别传”——陈寅恪“以文证史”法新探》，夏晓虹的《晚清“新小说”辨义》，范玉刚的《以人民为中心的创作导向——习近平文艺思想的人民性研究》，高楠的《建构中国马克思主义文学理论的批判理性》，张隆溪的《过度阐释与文学研究的未来——读张江〈强制阐释论〉》，马欣的《本雅明“手工复制时代”的誊写美学》，张一兵的《好莱坞文化殖民的隐性逻辑——斯蒂格勒〈技术与时间〉的构境论解读》，段吉方的《当代西方马克思主义美学的生产转向及其理论意义》，韩清玉的《马克思主义对文艺研究方法论的启示——论T.J.克拉克的艺术批评》，李云雷的《历史新视野中的两个〈讲话〉》，高远东的《经与权的辩证法》，程凯的《政治与文艺的再理解——从胡乔木讲话反观〈在延安文艺座谈会上的讲话〉》。

(2)《文学遗产》(双月刊)，主编刘跃进。

2017年，《文学遗产》共出版6期，共计180万字。该刊全年刊载的有代表性的文章有：许结的《赋体骈句“事对”说解》，葛晓音的《杜甫长篇七言“歌”“行”诗的抒情节奏与辨体》，刘成国的《新见史料与王安石生平行实疑难考》，彭国忠的《吴承恩长兴县丞任新考》，张德建的《“真诗乃在民间”论的再认识》，潘建国的《新见清初章回小说〈莽男儿〉考论——兼谈其与〈獭缘镜〉〈绣衣郎〉传奇之关系》，过常宝的《祭告制度与〈春秋〉的生成》，侯体健的《“江湖诗派”概念的梳理与南宋中后期诗坛图景》，何诗海的《明清时期诗文难易之辨》，商伟的《小说戏演:〈野叟曝言〉与万寿庆典和帝国想象》，陈铁民的《考证古代作家生平事迹易陷入的两个误区——以王维为例》，沈松勤的《明清之际词集评点的理论意义与认识价值》，郑志良的《新见吴敬梓〈后新乐府〉探析》，陈大康的《论近代小说的转载现象》，叶晔的《提学制度与明中叶复古文学的央地互动》，罗时进的《清人焚稿现象的历史还原》，彭玉平的《晚清民国词学的明流与暗流——以“重拙大”说的源流与结构谱系为考察中心》，刘方喜的《“全经”“全人”与中华美学精神》，左东岭的《大文观与中国文论精神》，廖可斌的《古代通俗文学的历史价值和当代意义》，党圣元的《唯物史观与中华文艺思想研究》，王秀臣的《礼乐文明：中华文艺思想的逻辑起点》，夏静的《文艺思想史的新格局》，孙少华的《文艺思想史研究的批判继承与革新创造》，张涌泉的《系统梳理文化遗产，传承发展中华文明》，刘明华的《提升国民国学短板，确立民族文化自信》，朱刚的《传统文化与“中国文学史”研究》，陆胤的《中国文学传统中的“记诵”》，莫砺锋的《关于“会通唐宋”的简单思考》，陈尚君的《唐宋因革与文学渐变》，卢盛江的《用会通的眼光发现和研究新问题》，周裕锴的《通读细读、义例义理与唐宋文学会通研究》，查屏球的《唐宋变革与唐人偶像的宋型化》，李贵的《唐宋文学会通研究的“四文说”》，王兆鹏的《宋代〈赤壁赋〉的“多媒体”传播》，卞东波的《域外汉籍与施顾〈注东坡先生诗〉之研究》，宁雯的《苏轼自然观照中的自我体认与文学书写》。

（五）会议综述

“全球化时代的人文学科诸项研究——当代中日、东西交流的启发”国际学术研讨会

2017年5月26日，由中国社会科学院文学研究所与日本佛教大学联合主办的“全球化时代的人文学科诸项研究——当代中日、东西交流的启发”国际学术研讨会在北京举行。会议的主题是“从文学、思想等领域出发，深入探讨中日关系的历史、现状和未来”。日本佛教大学校长田中典彦和文学研究所所长刘跃进发表了致辞，希望此次研讨会能促进中日学者之间的交流，进而促进中日之间的文化交流。

在研讨会上，日本佛教大学教授中原健二以“论生日——虚岁与周岁”为题发表了主题演讲。其中介绍道，时至宋朝，祝贺生日的聚会、礼物赠答习俗已在士大夫中间普遍流行，他们创作了很多“祝寿诗”“祝寿词”。阅读这些作品，可知在士大夫的生活中，生日已经有相当的分量。刘跃进研究员以“佛教文化影响下的中古文学思潮”为题发表了主题演讲。他首先厘定中古文学的时间上起西汉下至晚唐，以文字之载体——纸张的发明、运用和抄写为依据。他指出，佛教的传入对中古文学界产生了巨大影响，其中最重要的是潜移默化地改变着人们的思想观念，对中古时期两部最重要的文学理论巨著《文心雕龙》和《诗品》有重要影响。与会专家学者还围绕下列议题分享了各自的研究成果。

（1）考古·民俗·教育

黑田彰教授通过对东魏武定元年的翟门生石榻的细致研究，得出翟门生是粟特人的结论，在赵超的研究成果的基础上推进了重要一步。黑田彰教授的论据有三：其一，翟门生有“胡客”之称；其二，拥有粟特人的姓氏——“翟”；其三，担任“萨甫”之官职。部同麟副研究员以佛教题材的俗文学——敦煌变文、讲经文、灵验记、疑伪经等，道教俗文学——敦煌变文《叶净能诗》、各类仙传以及故事性较强的道经，儒家方面的各类《孝子传》及敦煌变文《董

永变文》《舜子传》为对象，介绍了中古时代佛教、道教和儒家俗文学作品中的世俗内容，指出，在宗教、世俗与礼法的联合作用下，中古宗教俗文学呈现了一种有趣的形态：既符合宗教义理和传统礼法，又迎合了人类原始的欲望。

（2）历史·宗教·文化

西川利文教授以手稿为例，比较了中日“日记”文化，认为，两者的共通点是在“历”（具注历）上记写每天的活动，其文化基底都是“术数文化”——根据“历”来占卜每日凶吉。他指出，认为中国没有“阴阳道”一词，由此推论阴阳道是日本之独创的看法过于偏狭，有误判“阴阳道”本质的危险；虽然“阴阳道”能够在日本获得独特发展，但其文化基底仍然是中国古代的“术数文化”。许继起副研究员从制度史角度考察了魏晋南北朝的鼓吹乐与鼓吹礼仪。认为这一时期是乐府鼓吹乐发展的重要时期，鼓吹乐的管理机构、管理模式以及职官设置，虽然对前代多有沿袭，但是魏晋六朝每个朝代亦各相别。大西磨希子教授对奈良国立博物馆藏国宝《刺绣释迦如来说法图》的主题进行了辨析，认为该图出自唐代宫廷工坊，其主题并不在于表现特定的佛教经典内容或场景，而是一幅为武则天登基进行政治宣传的特殊佛教美术品。

（3）近现代：遭遇西方

谭佳副研究员界定了比较神话学的学科范畴，认为该学科起源于 19 世纪麦克斯·缪勒的《比较神话学》，20 世纪经法国神话学家乔治·杜梅齐尔拓展并确立。并从“最早的译介”“最早的出现”“最早的学科化诉求”“最早的个案研究者”“最早的专著”五个方面考证了比较神话学在中国出现之初，存在对日本的大量译介。李冬木教授考察了 1902 ～ 1909 年在日留学期间的经历对“作家鲁迅”的诞生有何影响。李冬木认为，“从周树人到鲁迅”的精神奥秘大多潜藏在留学阶段，“周树人在留学期间与西方思想的相遇，是周树人后来羽化为鲁迅的知性构成的关键”。

（科研处）

“中华文化传承与当代文化创新”学术研讨会

2017 年 6 月 9 ～ 10 日，由中国社会科学院文哲学部、浙江大学、浙江师范大学联合主办，中国社会科学院文学研究所、浙江大学人文学院、浙江师范大学浙学研究院共同承办的“中华文化传承与当代文化创新”学术研讨会在浙江省杭州市举行。会议的主题是“中华文化传承与当代文化创新”。来自全国研究机构、高校及新闻单位的 80 多位专家、学者围绕下列议题展开研讨。

（1）文化传承与文化创新

文学研究所所长刘跃进在大会主旨报告中指出，中华人文精神的核心是以文化天下，物尽其理；道德伦理为其核心价值，包含着中华民族最强大的精神基因。首都师范大学赵敏俐认为，当下中国进入了一个新的文化建设时代。并指出，文化建设的要义是返本与开新，返本意味着重新认识传统文化，开新意味着接受先进文化。中共中央党校范玉刚提出应不断厚植“中国特色”的文化根脉，在中西文明互鉴中明晰“我是谁”，从而增强中国文化自信。

如何实现传统文化的创造转化，是一个十分复杂的问题。文学研究所陆建德指出，文化传承是开放的、动态的，如果过分强调“某一代”“某一方面”文化的价值，就会出现偏离问题。中国文化传统有不同的层面，需要包容不同的声音，和而不同。北京大学廖可斌认为，需要冷静而理性地保护传统文化，不轻易断定何为糟粕、何为精华。对待中华传统文化，首先是珍惜、保护，且有必要构建一个良好的文化生态，减少过度干涉。围绕上述议题，中国人民大学朱万曙、广东外语大学张进、浙江大学胡可先、上海师范大学宋莉华等阐述了各自的观点。

（2）文献发掘与文史研究

国家图书馆詹福瑞思考古文献整理的走向，认为高质量的整理应是思想性与文献考据兼具。浙江大学张涌泉认为，当前应更重视清理与阐释工作，打造中国古代典籍大型书库，深入发掘古代文献中最优秀的文化基因，促进传统文化向当代的转化。马大勇以沈祖棻《涉江词》为切入点，对近代民国词史进行了深入的思考。文学研究所陈才智以白居易为例，探讨其知足自保的人生观念、闲静适世的志趣选择、和光同尘的哲学思想，以阐释古典文学的当代价值。围绕上述议题，复旦大学傅杰、浙江大学徐永明亦发表了各自的观点。

（3）文学批评与文化阐释

中国文论资源的清理与转化是此次会议重点讨论的问题之一。外国文学研究所党圣元围绕中国当代文论观建设，系统阐述了发现传统文论当代价值的五种方法。南京大学汪正龙对中国古典文学中的戏谑及相关概念与西方修辞学的“反讽”作了深入的比较性考察。武汉大学高文强认为，“遗忘”现象的存在及所发挥的积极作用在探索文学创新路径上具有一定意义。

（科研处）

中俄文学对话会（2017）

2017 年 11 月 2 ～ 3 日，由中国社会科学院文学研究所世界华文文学研究中心、鲁迅文化基金会联合主办的“中俄文学对话会（2017）”在北京举行。列夫·托尔斯泰的玄孙、俄罗斯总统顾问委员会顾问弗拉基米尔·托尔斯泰，鲁迅长孙、鲁迅文化基金会会长周令飞，文学研究所所长刘跃进出席开幕式并致辞。来自中俄两国研究机构、文博机构和在京高校的古典文学研究、现当代文学研究、比较文学研究界近 20 位学者，以及作家、汉学家齐聚一堂，以对话的形式进行了学术交流。

致辞中，弗拉基米尔·托尔斯泰就俄罗斯 21 世纪的文学概况作了简短报告，介绍了当前俄罗斯文坛的主要趋势及设立的鼓励措施，是读者在浩瀚文海中选择文学作品的灯塔。周令飞指出，我们不会忘记那些在中国读者中脍炙人口的俄罗斯优秀文学作品，以列夫·托尔斯泰为代表的俄罗斯文学家，他们的智慧和才情，让我们对俄罗斯文学充满了向往和崇敬之情。同时，中国古代的孔子、老子和现代鲁迅等人的优秀文学作品，也在俄罗斯广泛传播。刘跃进以自己为例介绍了俄罗斯文学对中国读者的影响。他回忆说，20 世纪 50 年代出生的一代人，可以说是读着俄罗斯文学长大的，留下了永远不可磨灭的记忆。在他看来，俄罗斯文学的一个伟大传统就是在阅读之后显示的一种崇高感，这种崇高感给人一种信心、一种希望，让人觉得人间还很温暖。希望通过文学来加强、促进中俄两国之间的交流。

以中国文学在俄罗斯、俄罗斯文学在中国、中俄文学的相互借鉴与影响为主题，与会专家学者探讨了中俄两国文学各自的特色以及相互交流的历史。中方学者及报告题目为刘宁的“文学交流视野下李白诗歌的浪漫主义解读”；施爱东的“孟姜女故事的稳定性与自由度”；吴晓都的“比较语境中高尔基文学人学文学观”；董炳月的“鲁迅留日时代的俄国投影——思想与文学观念的形成轨迹”；王锡荣的“鲁迅心目中的苏联”；侯玮红的“当代俄罗斯文学概况及其在中国的研究概况”；王立业的“论巴金与屠格涅夫文学关系的对称性”；李建军的“俄罗斯文学的文化教养与精神品质”；刘平的“以‘戏剧’架起中俄友谊的‘桥梁’——中俄戏剧交流及其相互影响”。俄方学者及报告题目为佳丽·阿莱克斯娃的“托尔斯泰视野中的中国先哲：以托尔斯泰的私人藏书为例”；安德烈·托尔斯泰的“托尔斯泰与体育”；叶卡捷琳娜·托尔斯塔娅的“亚斯纳亚·波利亚纳托尔斯泰庄园博物馆与中国：往昔、现状与发展前景”；谢尔盖·阿克安格洛夫的“莫斯科列夫·托尔斯泰博物馆”；尤里·伊里亚欣的“俄罗斯出版哪些中国作家作品？如何将其更便捷迅速地传达给俄罗斯读者？”。

中俄专家学者经过前期权威遴选，在研讨会上互相推介了近 40 年来中俄两国各 10 部优秀文学作品。俄罗斯著名青年作家谢尔盖·沙尔古诺夫推介的作品是，瓦连京·拉斯普京的《活着，但要记住》、尤里·邦达列夫的《营队请求炮火支援》、瓦连京·卡达耶夫的《我的嵌钻石的王冠》、瓦西里·别洛夫的《凡人琐事》、扎哈尔·普里列平的《萨尼卡》、阿列克谢·伊万诺夫的《地理学家因酗酒丧失自己的地球仪》、埃杜瓦尔德·利莫诺夫的《水之书》、罗曼·先钦的《叶尔特舍夫一家》、谢尔盖·沙尔古诺夫的《没有照片的书》及尤里·卡扎科夫的短篇小说集。中方嘉宾李建军研究员推介的作品是，路遥的《平凡的世界》、陈忠实的《白鹿原》、蒋子龙的《农民帝国》、古华的《芙蓉镇》、阿城的《棋王》、汪曾祺的《晚饭花集》、杨绛的《洗澡》、唐浩明的《曾国藩》、史铁生的《我的遥远的清平湾》、王小波的《黄金时代》。

（科研处）

民族文学研究所

（一）人员、机构等基本情况

1. 人员

截至 2017 年底，民族文学研究所共有在职人员 44 人。其中，正高级职称人员 11 人，副高级职称人员 11 人，中级职称人员 14 人；高、中级职称人员占在职人员总数的 82%。

2. 机构

民族文学研究所设有：南方民族文学研究室、北方民族文学研究室、蒙古族文学研究室、藏族文学研究室、民族文学理论与当代文学批评研究室、中国少数民族文学资料中心、《民族文学研究》编辑部、图书资料室、办公室（含人事管理、科研管理、外事管理、财务管理等）。

3. 科研中心

民族文学研究所共有科研中心 3 个：《格萨（斯）尔》研究中心、口头传统研究中心、少数民族文化与语言文字研究中心。

（二）科研工作

1. 科研成果统计

2017 年，民族文学研究所共完成专著 10 部，261 万字；论文 161 篇，138 万字；学术资料 3 种，35 万字；译著 4 部，122 万字；译文 1 篇，1.8 万字；工具书 3 种，238 万字；论文集 3 种，90.3 万字。

2. 科研课题

（1）新立项课题。2017 年，民族文学研究所共有新立项课题 6 项。其中，国家社会科学基金重大课题 1 项："中国少数民族神话数据库建设"（王宪昭主持）；国家社会科学基金一般课题 1 项："民族文学的传承、创新与影像表达研究"（宋颖主持）；院国情调研重大课题 1 项："人口较少民族濒危语言文化调研"（朝克主持）；院国情调研基地课题 2 项："巴林右旗蒙古族非物质文化遗产现状调研・2016"（斯钦巴图主持），"柯尔克孜族口头史诗传统与变迁——对阿合奇县及周边地区《玛纳斯》史诗传统及柯尔克孜族非物质文化遗产的调查"（阿地里・居玛吐尔地主持）；院青年人文社会科学研究中心青年社会调研课题 1 项："傣族地区宗教传统及多元信仰研究——以德宏傣族为例"（屈永仙主持）。

（2）结项课题。2017 年，民族文学研究所共有结项课题即国家社会科学基金课题 3 项："籍载与口传南方民族四大族源神话研究"（刘亚虎主持），"晚清民国旗人书面文学的现代演变研究（1840 ～ 1949）"（刘大先主持），"国家话语与民间文学的理论建构（1949 ～ 1966）"（毛巧晖主持）。

（3）延续在研课题。2017 年，民族文学研究所共有延续在研课题 16 项。其中，国家社会科学基金重大委托课题 5 项：“中国少数民族语言与文化研究”（朝戈金主持），“《格萨（斯）尔》抢救、保护与研究”（朝戈金主持），“鄂温克族濒危语言文化抢救性研究”（朝克主持），“柯尔克孜百科全书《玛纳斯》综合研究”（阿地里·居玛吐尔地主持），“中国少数民族口头传统专题数据库建设：口头传统元数据标准建设”（巴莫曲布嫫主持）；国家社会科学基金一般课题 3 项：“蒙古族佛经文学口头传统研究”（斯钦巴图主持），“清代达斡尔族乌钦《莺莺传》与满文、汉文《西厢记》关系研究”（吴刚主持），“西部民族地区传统歌会研究”（朱刚主持）；国家社会科学基金青年课题 5 项：“台语民族跨境族源神话及其信仰体系研究”（李斯颖主持），“建构藏族文艺批评史的纲要与路径研究”（意娜主持），“新疆乌恰县史诗歌手调查研究”（巴合多来提·木那孜力主持），“口头传统视阈下藏蒙《格萨（斯）尔》史诗音乐研究”（姚慧主持），“维吾尔族民间达斯坦的口头诗学研究”（吐孙阿依吐拉克主持）；横向课题 3 项：“达斡尔族研究概论”（吴刚主持），“朝阳区历史文化风貌保护规划深入研究——孙河古镇历史民俗资源保护与传承”（毛巧晖主持），“古丝绸之路沿线蒙古族语言文字资源调查与保护利用”（朝克主持）。

（三）学术交流活动

1. 学术会议

2017 年，民族文学研究所主办和承办的学术会议如下。

（1）2017 年 10 月 25 ～ 26 日，由全国《格萨（斯）尔》工作领导小组办公室主办，玉树藏族自治州格萨尔办公室承办的“玉树藏族自治州重大文化工程《格萨尔》项目编审专家会议”在青海省西宁市召开。

（2）2017 年 11 月 11 ～ 12 日，由中国少数民族文学学会、湖南大学主办，湖南大学中国语言文学学院承办的“对话与交流：民族文学的多路径发展——2017 年中国少数民族文学学会年会”在湖南省长沙市召开。会议的主题是“促进少数民族文学的交流与发展”。

（3）2017 年 11 月 18 ～ 21 日，由中国社会科学院文哲学部主办，民族文学研究所及其口头传统研究中心联合承办的“第七届 IEL 国际史诗学与口头传统讲习班：图像、叙事及演述”在北京举行。

2017 年，民族文学研究所共举办“民文沙龙”5 期，题目分别为“名与实之间：满族说部概念之反思”（主讲人高荷红），“神话母体的研究方法”（主讲人王宪昭），“贾姆斯拉诺·策旺所搜集萨满资料的语词特征——口头文学与书面文学关系新论”（主讲人松迪耶娃·叶卡捷琳娜·弗拉基米若夫娜、巴图尔加甫·孟和巴雅尔），“荷马史诗中的理想国”（主讲人黄群），“信息技术在民俗学研究中的应用”（主讲人郭翠潇）。

2. 国际学术交流与合作

2017 年，民族文学研究所共派遣出访 21 批 27 人次，接待来访 2 批 4 人次。与民族文学

2017 年 11 月，“第七届 IEL 国际史诗学与口头传统讲习班：图像、叙事及演述”在北京召开。

研究所开展学术交流的国家有日本、希腊、美国、马来西亚、法国、比利时、图瓦共和国、匈牙利、吉尔吉斯斯坦、哈萨克斯坦、丹麦、阿塞拜疆、尼泊尔、澳大利亚等。

(1)2017 年 2 月 6 ~ 13 日，应澳大利亚科廷大学的邀请，民族文学研究所藏族文学研究室副研究员意娜赴澳大利亚，参加“知识的文化：创意经济与中国主题暑期营 + 会议”活动。其间，意娜讲授课程“当代中国文化创意产业的转型”，并就“数字中国实验室”“文化科技前沿丛书”的选择和合作方式与对方进行了交流。

（2）2017 年 2 月 17 ~ 21 日，应日本成城大学国际地方化研究中心的邀请，民族文学研究所所长朝戈金研究员赴日本东京参加“非物质文化遗产的全球化视野：地方社区、研究者、国家和联合国教科文组织”预备会议，与各国参会者前瞻性地讨论了如何用国际性的视野来检验非物质文化遗产保护工作等问题。

（3）2017 年 3 月 26 日至 4 月 2 日，应国际哲学与人文科学理事会的邀请，民族文学研究所所长朝戈金研究员赴法国，参加计划在比利时召开的首届世界人文大会（由联合国教科文组织、国际哲学与人文科学理事会、比利时列日市政府联合主办）的各项筹备工作，讨论该会议筹备工作中需要解决的各种关键性问题并开展现场调研、考证、洽谈等。

（4）2017 年 5 月 24 ~ 28 日，应国际突厥学研究院的邀请，民族文学研究所研究员阿地里·居玛吐尔地出访哈萨克斯坦，与哈方学者进行跨界民族文化与文学学术观念的对话与交流。其间，出访人员参加了“第二届阿斯塔纳社会科学论坛”。

（5）2017 年 6 月 13 ~ 19 日，应阿塞拜疆国家科学院的邀请，民族文学研究所研究员黄中祥赴阿塞拜疆科学院进行学术交流，与阿方学者展开座谈，收集本土资料，并就中国文学、文化等方面作专题讲座。

（6）2017 年 6 月 15 ~ 19 日，民族文学研究所研究员斯钦孟和受邀赴哈萨克斯坦国立艺术大学，参加第六届“欧亚民族的腾格里信仰文化与史诗遗产：起源与现代”国际研讨会，并在会上作题为“古代胡人（匈奴人）天崇拜与蒙古人的天崇拜”的发言。

（7）2017 年 6 月 25 日至 7 月 2 日，民族文学研究所助理研究员玉兰参加中国社会科学院青年学者访日代表团访问日本，进行学术交流活动。

（8）2017 年 7 月 23 ~ 29 日，应尼泊尔·中国凯拉斯文化促进会的邀请，民族文学研究所研究员俄日航旦等赴尼泊尔首都加德满都，就中尼两国藏学研究、《格萨尔》史诗研究及藏族文学研究等问题进行学术交流，收集了《格萨尔》史诗研究的相关学术资料，并洽谈了双方机构之间的合作事宜。

（9）2017 年 7 月 27 ~ 31 日，应马来西亚新山中华公会的邀请，民族文学研究所研究员巴莫曲布嫫赴马来西亚柔佛州新山市，进行实地调研和交流，对“柔佛古庙民俗庙会”遗产项目的保护实践和代际传承提供学术支持和业务咨询。

（10）2017 年 8 月 4 ~ 14 日，应国际哲学与人文科学理事会的邀请，民族文学研究所所长朝戈金研究员赴比利时，参加由联合国教科文组织、国际哲学与人文科学理事会和世界人文大会基金会联合举办的“第一届世界人文大会”。大会的主题为“全球转型中的挑战与责任”。

（11）2017 年 9 月 2 ~ 6 日，民族文学研究所所长朝戈金研究员随中国社会科学院与澳大利亚人文科学院第六次双边研讨会代表团赴澳大利亚布里斯班，参加“文学、历史与文学史”研讨会。

（12）2017 年 9 月 3 ~ 9 日，应匈牙利科学院民族研究中心的邀请，民族文学研究所研究员阿地里·居玛吐尔地、旦布尔加甫、乌·纳钦赴匈牙利科学院人文研究中心进行学术访问。其间，出访人员收集了大量关于蒙古族史诗《江格尔》与《格斯尔》、柯尔克孜族史诗《玛纳斯》的资料，就中国北方民族史诗研究相关内容与匈方学者开展了学术交流，并在该中心与罗兰特大学中亚系作学术讲座，完成了中国社会科学院与匈牙利科学院合作研究项目“蒙古族及其他北方民族民俗文化研究”的课题任务。

（13）2017 年 8 月 2 日至 10 月 25 日，根据 2017 年度“中国社会科学院小语种与科研亟需人才出访研修资助项目”的相关规定，民族文学研究所助理研究员巴合多来提·木那孜力赴吉尔吉斯斯坦国立大学进修学习。

（14）2017 年 9 月 16 ~ 23 日，应图瓦科学院社会经济与人文科学应用研究所的邀请，民族文学研究所副研究馆员吴英，赴俄罗斯克孜勒市，与图瓦科学院社会经济与人文科学应用研究所、图瓦文化中心、国立大学等机构的专家学者，就图资管理、民俗文化收集等问题展开学术交流活动。

（15）2017 年 9 月 24 ~ 29 日，民族文学研究所副研究员朱刚受联合国教科文组织邀请，代表中国民俗学会赴法国巴黎参加“保护非物质文化遗产审查机构工作会议”。

（16）2017 年 9 月 18 ~ 27 日，应哥本哈根大学的邀请，民族文学研究所研究员斯钦巴图等赴丹麦哥本哈根市，访问丹麦皇家图书馆和丹麦国家图书馆，查阅了蒙古族民俗、文学的相关文献资料。

（17）2017 年 10 月 17 ~ 23 日，应美国民俗学会的邀请，民族文学研究所助理研究员玉兰赴美国明尼阿波利斯市参加“美国民俗学会 2017 年年会”。

(18) 2017 年 10 月 26 ~ 31 日，应马来西亚道教协会的邀请，民族文学研究所研究员毛巧晖赴马来西亚槟城，参加“国际亚细亚民俗学会年会”，并在会上作题为“晋南人生仪礼构建中面花的互赠礼俗研究”的发言。

(19) 2017 年 11 月 8 ~ 13 日，民族文学研究所副研究员意娜应希腊艺术委员会的邀请，赴希腊雅典参加了“第八届国际文化创意与发展论坛”，并作题为“中国非物质文化遗产保护与文创”的主旨发言。

(20) 2017 年 12 月 3 ~ 10 日，应联合国教科文组织非物质文化遗产处的邀请，民族文学研究所研究员巴莫曲布嫫、副研究员朱刚赴韩国济州岛，参加“2017 年保护非物质文化遗产政府间委员会第十二届会议”，参与评审 2017 年度各个缔约国提交的申报项目。

(21) 2017 年 12 月 21 ~ 23 日，应日本民俗学会、神奈川大学历史民俗资料学研究科的邀请，民族文学研究所博士后张多参加了“第 149 回比较民俗研究会（研讨会）”，作题为“社区视角下的文化遗产保护：以云南省红河哈尼梯田为例”的演讲，并与神奈川大学的相关专家学者就中国哈尼族文化研究问题开展交流活动。

3. 与中国香港、澳门特别行政区和中国台湾开展的学术交流

2017 年 12 月 15 ~ 18 日，应台湾淡江大学中文系的邀请，民族文学研究所副研究员刘大先赴我国台湾地区，参加了“2017 两岸现当代文学评论青年学者工作坊——文学性的再反思与重构”。

（四）学术社团、期刊

1. 社团

(1) 中国《江格尔》研究会，会长朝戈金。

2017 年，中国《江格尔》研究会通过扶持《江格尔》流传地区，积极推动了《江格尔》的传承和保护工作。具体来说，为新疆和布克赛尔蒙古自治县文体局“《江格尔》资料与数字中心工程项目”提供设计、策划等智力支持；以通讯的形式召开了两次常务理事会，讨论总结了 2016 年研究会工作的成功经验和存在的问题、如何推动《江格尔》申报联合国教科文组织人类非物质文化遗产名录工作等问题；承接了多家媒体单位的采访、节目制作等工作。

(2) 中国少数民族文学学会，会长朝戈金。

① 2017 年 3 月 20 日，中国少数民族文学学会在京召开了理事会，商讨学会一年的工作计划。

② 2017 年 11 月 11 ~ 12 日，由中国少数民族文学学会、湖南大学主办，湖南大学中文系承办的“2017 年中国少数民族文学学会年会”在湖南省长沙市召开。来自全国 30 余个科研院所与高校的 200 余位学者参会。

（3）中国维吾尔历史文化研究会，会长吐鲁甫·巴拉提。

（4）中国蒙古文学学会，会长额尔很巴雅尔。

2017 年 7 月 24 日，中国蒙古文学学会在内蒙古自治区呼和浩特市举办了著名学者道荣尕先生《蒙古族文学资料汇编》首发式及学术研讨会。

（5）中华诗词发展基金会，主要负责人高全立。

2. 期刊

《民族文学研究》（双月刊），主编朝戈金。

2017 年，《民族文学研究》共出版 6 期，共计 124 万字。该刊全年刊载的有代表性的文章有：户晓辉的《人是目的：实践民俗学的伦理原则》，黄景春的《当代红色歌谣及其社会记忆——以湘鄂西地区红色歌谣为主线》，高健的《从开天辟地到“解放”来了——佤族司岗里神话的历史表述》，李丽丹的《“小红帽”故事的精神分析学研究之批评》，艾哈迈德·斯昆惕的《非物质文化遗产及其遗产化反思》（马千里译），斯钦巴图的《史诗歌手记忆和演唱的提示系统》，张青仁的《结社的断裂与重建：当代北京香会的多元生》，郭翠潇的《口头程式理论在中国的译介与应用——基于中国知网（CNKI）期刊数据库文献的实证研究》，姚新勇、周欣瑞的《“双重二元对立话语逻辑”与百年中国神话学》，何圣伦的《现代语境下少数民族作家汉语写作的身分选择与民族性表达》，杨秀明的《论中国现当代文学中的回汉联姻叙事》，马新亚的《人与自然的契合——论沈从文的人学观念》，杨喻清的《从“小民族写作”和块茎理论看“中国多民族文学视野”》，查洪德的《“华夷一体”：元代文坛特征》，王永的《论金代文坛的文脉之争与文意之论》，高岩的《论元曲的自我经典化》，郭晨光的《南北朝多元文化交流中的“梁鼓角横吹曲”》，孙纪文的《清代少数民族诗人与杜甫诗歌——以满、回、壮为中心》，马志英的《论清中后期云南多民族文学格局的形成——以回族文人交游为中心》，倪博洋的《论元代中后期“北词南渐”之风》等。

（五）会议综述

“中国少数民族口头传统专题数据库建设：口头传统元数据标准建设”开题报告会

2017 年 2 月 6 日，由中国社会科学院民族文学研究所承担的 2016 年度国家社会科学基金重大项目“中国少数民族口头传统专题数据库建设：口头传统元数据标准建设”开题报告会在北京举行。中国社会科学院学部委员、民族文学研究所所长朝戈金研究员出席了报告会。来自中国社会科学院、中国科学院、中央民族大学、北京大学、中国人民大学、文化部民族民间文艺发展中心、国家图书馆、中国标准化研究院、美国印第安纳大学等单位的 14 位专家对此项目进行了评议，共有近40人参加了报告会。

“中国少数民族口头传统专题数据库建设：口头传统元数据标准建设”于2016年11月立项，由中国社会科学院民族文学研究所巴莫曲布嫫研究员担任首席专家，将与中国科学院计算机网络中心合作完成。项目下设三个子课题：“口头传统元数据标准建设”由中国科学院计算机网络中心团队承担，胡良霖研究员担任负责人；“口头传统的田野采集规范与数字化建档规程”和“口头传统数据资源描述模型与著录规则”由民族文学研究所团队承担，负责人分别为吴晓东研究员和王宪昭研究员。

开题报告会上，中央民族大学少数民族语言文学学院教授、博士生导师文日焕担任专家组组长并主持会议。朝戈金研究员代表责任单位致辞。

项目首席专家巴莫曲布嫫对课题的研究状况和选题价值、总体框架和预期目标、研究思路和研究方法、重点难点和创新之处、研究计划和任务分工等内容作了详细介绍。子课题负责人胡良霖研究员、吴晓东研究员、王宪昭研究员就各自子课题任务分工和实施计划分别作了陈述。

会上，来自各领域的专家对该项目的设计、研究方法、实施方案、制度保障、成果产出等方面提出了诸多建议，并指出了项目潜在的创新点和可能遇到的挑战。

中国国家图书馆“中国记忆”项目负责人田苗副研究馆员认为，元数据标准的制定要考虑将来的应用领域以及与其他资源库的融合，在描述著录力度上要考虑经济成本效率。他建议项目开发移动端应用。

中国人民大学信息资源管理学院教授、博士生导师安小米认为，项目的难点在于如何将学术研究与标准工作研究统一，建议以数字连续性管理与知识服务联动机制构建为指导，用大数据思维和手段服务科研。她为项目组提供了可参考的相关国际标准，并建议项目组考虑现有国际标准如何与中国多民族、多语言、多样态的口头传统资源及其体现的文化多样性榫接，在国际话语规则当中体现中国少数民族语言和资源管理方面的特殊性，为国际标准作出中国贡献。

北京拓标卓越信息技术研究院院长、中国国家图书馆ISSN中国国家中心原副主任研究馆员安秀敏认为，该项目非常有特色，开题报告目标清楚、思路清晰、定位明确、内容充实。鉴于这是一套多种类型、多种载体，非常复杂的具有创新性的体系，建议项目组进一步明确标准化对象和要解决的问题，各子课题应采用统一的标准写作模板，为将来的整合奠定基础。

文化部民族民间文艺发展中心主任李松表示，非物质文化领域的标准化研究基础非常薄弱，因此，这个项目非常必要。他认为，项目的难点在于标准化研究对象的多元性，建议项目组从口头传统的一个文类如史诗入手，不同领域的人紧密合作，不断磨合，逐步开展研究工作。

北京大学外国语学院教授、博士生导师陈岗龙首先肯定了该项目的重要意义。他认为，从民间文学和民俗学学术史的维度来看，这个项目是一个标志性的项目，同时也是民族文学研究所十几年数字化建设理论的总结性项目和标志性项目，并强调了准确、规范、科学、可靠的数据对口头传统和少数民族文学乃至整个文学研究的重要意义。他建议项目组处理好三个子课题之间的关系，解决如何在中国标准和国际标准体系下充分展示中国少数民族文化的多样性。

中央民族大学文学与新闻传播学院院长、博士生导师钟进文教授提出，要警惕标准化、规范化对文化多样性的负面影响，认为，少数民族口头传统标准化建设的目的是保护和研究，成果最终要落到其本民族当中去，要反哺本民族，并强调了数据库建设当中精神价值的传播。

中国科学院计算机网络信息中心研究员、大数据应用服务技术北京市工程实验室主任黎建辉认为，自然科学和社会科学界限已经很模糊，这个项目跨学科合作正符合这一趋势。

美国印第安纳大学博士候选人、“塔石音乐 & 档案”创始人魏小石近年来一直在从事民间音乐档案的整理和收集工作。他发现，民间的档案资料有着自己一套比较独特的元数据体系，在归档的时候需要尽量囊括这些信息，需要换位思考“怎样去做基于资料的田野”，在不能带走资料的情况下，应当制定一套相应的数字化标准，将数字化后的资料回馈给社区，让标准服务于本地社区。

专家组组长文日焕对专家发言作了总结。他认为，专家们的评估非常专业、贴切，很诚恳、有针对性地提出了一些问题。文日焕指出，民族文学研究所收集保存了很多口头传统资料，在研究领域能力有所保障，但最缺技术手段，这个项目正好能弥补这一缺陷，对民间文学资料建设具有很积极的引领作用，对整个少数民族资料学的学科建设，有很大意义。他从项目管理角度就如何保障项目顺利实施分享了一些经验，为项目组提供了非常具体而实用的指导意见。

（郭翠潇）

对话与交流：民族文学的多路径发展
——2017 年中国少数民族文学学会年会

2017 年 11 月 11 ～ 12 日，由中国少数民族文学学会、湖南大学主办，湖南大学中国语言文学系承办的“2017 年中国少数民族文学学会年会”在湖南长沙召开。来自 30 余个科研院所与高校的 200 余位学者参会。

第一场主题发言由中国社会科学院民族文学研究所研究员汤晓青主持。中国社会科学院学部委员朝戈金在题为“少数民族文学研究愿景”的发言中，从学科发展上介绍了少数民族文学的发展以及未来的走向，并重点阐述了对于少数民族而言口头诗学的重要性。他结合当下电子时代的文学发展，论述了“鲜活的、发展的、变化的文学现象，不能用僵化的、教科书的观念来解释”，“少数民族文学的研究不仅能推动本学科发展，也能与其他学科在更高层次上对话”。民族文学研究所研究员阿地里·居玛吐尔地在题为“‘一带一路’与《玛纳斯》史诗”的发言中指出，史诗《玛纳斯》的演唱和传承研究在中国已经进入一个新的时代。“玛纳斯学”经过160多年的代际传承，有了长足的发展，已经逐步成为一门国际显学。随着中国与中亚地区各国学术交流的繁荣发展，口头史诗传统的传播和互动成为丝绸之路文化交流的典范。中央民族大学文学与新闻传播学院教授钟进文在题为“中国人口较少民族中的跨境叙事”的发言中指出，我国人口较少民族的作家书面文学中的“集体记忆”具有浓郁的跨境叙事色彩，其跨境叙事的陌生化和神秘化效果又具有另一层面的民族建构意义。他以裕固族、撒拉族、鄂温克族、京族为个案，阐述分析了跨境民族历史与文化的选择性“失忆”、家园意识与强调性“记忆”、跨境历史与文化的选择性“记忆”、“失忆”与“记忆”等。西南民族大学彝学学院教授罗庆春在题为“彝族母语生态诗学探源”的发言中阐述了彝文的创制及其文明的推进、文学的地域性与地域的文学性、彝族母语生态诗学与彝族文学的地域使命、彝族地域文学传统及其现代传承与传播、彝族母语生态诗学的思想根基、彝族母语生态诗学的理论内涵、彝族拥有自成体系的古代母语诗学理论、异域题材与本土写作同步开启、当代彝族诗学的互译性与互文性等，并强调开拓彝族文学研究的新领域、新理论、新方法的意义。罗宗宇在题为“略论《民族文学》的世界眼光”的发言中指出，如果说文学的世界性指的是“在相当的审美层次上，从内容到形式诸方面，世界各民族对某一民族文学作品的认同、共识或共鸣”的话，那么，文学杂志的世界眼光则体现为追求并促进文学世界性的行动，而这也正是《民族文学》适应时代要求，把握和践行世界眼光的体现。苗族作家、骏马奖获得者龙宁英在“骏马奖获奖创作感言”中，结合自身创作体验，阐述了她作为苗族作家，在写作中侧重苗族书写，了解民族历史并到湘西走访，在走访中发现现实中百姓的生活和书本上的记录并不等同。同时，了解到他们对世界、人生、财富、爱情、家庭等的认识都有自己独特的价值观。她期冀在今后的写作中能书写苗族民众的幸福、痛苦和仇恨，因为只有这样，才无愧于自己少数民族作家的身份。

第二场主题发言由钟进文主持。中国社会科学院民族文学研究所研究员王宪昭在题为“论母题方法在瑶族盘瓠神话研究中的应用”的发言中认为：母题方法在神话研究中具有良好基础；母题方法有助于量化与定性分析；母题方法在未来前景广阔。他以盘瓠神话为例，阐述了母题解构与功能，指出，母题研究的未来趋势是要关注和进入网络以及数据库，母题研究在文学研究中的应用前景广阔。他在发言中还介绍了查找中国神话母题W编目的方法。西北民族大学教授多洛肯在题为“明清云贵高原少数民族诗人诗歌创作中的唐诗接受研究——以彝族、白族、纳西族为例”的发言中指出，明清云贵高原的少数民族诗人——特别是彝族、白族、纳西族的诗人“宗唐”倾向较为凸显，他们自觉接受唐诗影响，大量借鉴、学习唐诗经验，这一文化现象可以归纳为对唐诗文字、意象、意境的借用、化用，以及对唐诗体式的效拟和对唐人唐诗的吟咏、文人大家的批点等方面。而且，他们对唐诗的接受并非盲目学习，而是在接受中悄悄融入了本民族独特的气质个性。广西大学教授黄南津在题为“《布洛陀》文本处理与汉译策略比较”的发言中指出，《布洛陀》文本繁多复杂，因为长期在民间流传，保存状况堪忧。

他以 1991 年和 2004 年出版发行的《布洛陀经诗译注》和《壮族麽经布洛陀影印译注》的汉译部分为研究对象，针对其在文本选择、文本文字、标音方式、文本排印体例等方面的异同以及汉译策略进行了比较和分析，希冀能让研究者对这两种文本有一定的认知。中南民族大学文学与新闻传播学院教授杨彬在题为“从自然流露到自觉追求——1980 年代少数民族小说的民族意识表达”的发言中重点关注少数民族的民族意识表达问题。他指出，宗教仪式是少数民族的生活内容之一，创作中须正面、审美地对待宗教意识；民族意识要在爱国的前提下表达，少数民族是中华民族的一员。杨彬同时指出，少部分作家缺乏开放的视野，局限于部分题材，要利用丰富的文化资源，不要用民族性遮盖艺术性。四川大学文学与新闻学院教授陈思广在题为“辞典如何为小说——谈格绒追美的《青藏辞典》”的发言中指出，《青藏辞典》的词条无疑是作家对青藏这一文学辞典颇具典型意象的形象注释，也是作家对辞典体小说文体探索的重要贡献。而这种文体再开拓的文学意义，也必将在中国当代小说史上留下重要的一笔。陈思广同时指出，作为“辞典”，各词条间的逻辑线索有些随性而为，也没有索引和音序，作为“小说”，其形象有些轻描甚或淡化，文学脉络比较随意，影响了其文体创新与扩容性的艺术价值。民族文学研究所研究员吴晓东在题为“蚕蜕皮为牛郎织女神话原型考”发言中指出，牛郎织女神话故事的关键结构是“织女失衣－用牛皮追织女”，并且提出假说——织女的原型是蚕，认为“结茧＝织女纺织”，同时认为故事的成因是蚕头的形状。经过分析最终认为，“织女失去衣服”相当于“蚕蜕去旧皮”，“牛郎踩着牛皮追赶织女”相当于“用牛皮换上蚕皮”，因此，牛郎织女故事寓意整个蚕蜕皮的“异化”过程。

主题发言之后，参会人员就“少数民族文学与口头诗学”“地域写作与少数民族作家文学”“中国少数民族文学学科建设、民族文学理论与方法”“世界文学与中国少数民族文学创作、少数民族文学的影视改编”等专题作了充分的研讨与交流。

（毛巧晖　杨杰宏）

外国文学研究所

（一）人员、机构等基本情况

1. 人员

截至 2017 年底，外国文学研究所共有在职人员 81 人。其中，正高级职称人员 20 人，副高级职称人员 26 人，中级职称人员 21 人；高、中级职称人员占在职人员总数的 83%。

2. 机构

外国文学研究所设有：英美文学研究室、俄罗斯文学研究室、东南欧拉美文学研究室、中北欧文学研究室、东方文学研究室、文学理论研究室、《世界文学》编辑部、《外国文学评论》

编辑部、科研处、办公室、网络数字资料室。

3. 科研中心

外国文学研究所所属学术研究中心有：文学理论研究中心、马克思主义文艺思想研究中心。

（二）科研工作

1. 科研成果统计

2017 年，外国文学研究所共完成专著 3 种，128 万字；译著 11 种，262.7 万字；古籍整理 3 种，142.1 万字；论文集 2 种，64.7 万字；教材 1 种，44.6 万字；学术论文 57 篇，74.5 万字；译文 20 篇，21 万字。

2. 科研课题

（1）新立项课题。2017 年，外国文学研究所共有新立项课题即国家社会科学基金课题 2 项："斯特凡·格奥尔格的诗学研究"（杨宏芹主持），"'观物'与宋代诗学研究"（王晓玉主持）。

（2）结项课题。2017 年，外国文学研究所共有结项课题 4 项："文学与大国兴衰之俄罗斯的经验与教训"（吴晓都主持），"外国文学学术史研究（第 4 期）"（钟志清主持），"外国文学重要思潮研究"（周启超主持），"文学与大国兴衰之日耳曼现代性反思"（李永平主持）。

（3）延续在研课题。2017 年，外国文学研究所共有延续在研课题 12 项。其中，国家社会科学基金重大课题 1 项："经典法国文学史翻译工程"（史忠义主持）；国家社会科学基金一般课题 5 项："七世纪以来日本文学中的广州形象建构研究"（邱雅芬主持），"日本私小说批评史研究"（魏大海主持），"斯特凡·格奥尔格的诗学研究"（杨宏芹主持），"'观物'与宋代诗学研究"（王晓玉主持），"希伯来叙事与民族认同研究"（钟志清主持）；研究室建设项目 6 个，主持人分别为侯玮红、傅浩、徐德林、梁展、刘晖和钟志清。

（三）学术交流活动

1. 学术活动

（1）2017 年 7 月 7 ～ 10 日，由中国外国文学学会主办，上海交通大学外国语学院多元文化与比较文学研究中心承办的中国外国文学学会第十四届双年会暨"文学经典重估与当代国民教育"全国学术研讨会在上海举行。中国外国文学学会领导、国务院学科评议组成员、长江学者特聘教授以及《外国文学评论》等刊物主编等 270 多名专家学者参加了研讨会。

（2）2017 年 8 月 22 日，由外国文学研究所东方文学研究室主办的"'一带一路'背景下的东方文学"学术研讨会在北京举行。会议研讨的主要议题有"中亚、东北亚与西亚文学""印度文学"等。

（3）2017 年 9 月 23 ～ 24 日，由外国文学研究所与广西师范大学文学院共同主办，广西师范大学文学院和《外国文学评论》编辑部、《世界文学》编辑部、《外国文学动态研究》编辑部共同承办的“文学经典重估与中外文学关系”学术研讨会在广西壮族自治区桂林市举行。

2. 国际学术交流与合作

2017 年，外国文学研究所共派遣出访 10 批 11 人次，接待来访 4 批 4 人次。与外国文学研究所开展学术交流的国家有美国、加拿大、印度、英国等。

（1）2017 年 5 月 8 日，根据院国际合作局的安排，外国文学研究所梵文中心接待了印度观察及基金会主席库尔卡尼。

（2）2017 年 5 月 16 日，东方文学研究室邀请英国伦敦大学亚非学院印地语及南亚文学弗朗切斯卡·奥尔西尼教授顺访外国文学研究所。

（3）2017 年 5 月 17 ～ 21 日，外国文学研究所党圣元赴美国，参加“第四届中美文化论坛”。

（4）2017 年 5 月 17 ～ 24 日，外国文学研究所高兴随中国作协代表团赴罗马尼亚、匈牙利两国进行学术访问。

（5）2017 年 6 月 6 ～ 20 日，外国文学研究所陈众议赴墨西哥进行学术访问。

（6）2017 年 6 月 11 ～ 16 日，外国文学研究所钟志清赴以色列进行学术访问。

（7）2017 年 7 月 20 ～ 30 日，外国文学研究所钟志清赴以色列参加“以色列希伯来文学第二届翻译家会议”。

（8）2017 年 7 月 10 ～ 16 日，外国文学研究所党圣元赴加拿大参加“文化间性与人类命运共同体”国际学术研讨会。

（9）2017 年 8 月 26 日至 9 月 25 日，外国文学研究所孙婷婷赴比利时进行学术访问。

（10）2017 年 9 月 2 ～ 6 日，外国文学研究所程巍、徐德林赴澳大利亚参加文学研讨会。

（11）2017 年 10 月 31 日至 11 月 6 日，外国文学研究所张远赴印度参加“印中文化共鸣”国际学术会议。

（12）2017 年 11 月 23 ～ 26 日，外国文学研究所董晨赴韩国参加“第三届中韩人文学论坛”。

（13）2017 年 12 月 5 日，外国文学研究所邀请加拿大籍学者李彦顺访外国文学研究所，并作了题为“文化间性视域下的双语创作”的讲座。

3. 与中国香港、澳门特别行政区和中国台湾地区开展的学术交流

（1）2017 年 4 月 11 日，台湾大学哲学系资深教授蔡耀明先生应邀顺访外国文学研究所，并作题为“佛教经典的‘空观’在说什么”的讲座。

（2）2017 年 11 月 10 ～ 15 日，外国文学研究所戴潍娜赴我国台湾地区参加 2017 太平洋诗歌节。

（四）学术社团、期刊

1. 社团

中国外国文学学会，会长陈众议。

2. 期刊

（1）《外国文学评论》（季刊），主编陈众议。

2017年，《外国文学评论》共出版4期，共计70万字。该刊全年刊载的有代表性的文章有：陈后亮的《"一个另类种群"：〈雾都孤儿〉中的犯罪阶级想象》，梁展的《反叛的幽灵——马克思、本雅明与1848年法国革命中的小资产阶级知识分子》，陈雷的《"我把人造得公平正直"——谈〈失乐园〉中弥尔顿对人类堕落的再现》，郭方云的《"把那地图给我"：〈李尔王〉的女性空间生产与地图赝象》，张海榕的《刘易斯的"巴比特文学地图"与美国城市的空间生产》，朱海峰的《优生学与帝国政治——伍尔夫作品中的优生叙事》，但汉松的《"塞勒姆猎巫"的史与戏：论阿瑟·米勒的〈坩埚〉》，刘晖的《从趣味分析到阶级构建：布尔迪厄的"区分"理论》。

（2）《世界文学》（双月刊），主编高兴。

2017年，《世界文学》共出版6期，共计150万字。该刊全年刊载的有代表性的文章有：鲍勃·迪伦的《鲍勃·迪伦歌词选》（傅浩、戴潍娜译），安东尼·迪科蒂斯的《作为词作家的鲍勃·迪伦》（叶丽贤译），托尼·坦纳的《转变之中：〈劝导〉》（周颖译），李博婷的《写与不写之间：谈奥斯丁的文学创新》，李海英的《华莱士·史蒂文斯在中国的译介》，邱瑾的《从"简姑妈"到美少女？——简·奥斯丁在大众文化中的形象重建》，王树福的《巴别尔与中国：传奇作家的百年译史》。

（3）《外国文学动态研究》（双月刊），主编苏玲。

2017年，《外国文学动态研究》共出版6期，共计60万字。该刊全年刊载的有代表性的文章有：陈众议的《"莎士比亚化"——马克思主义文艺观刍议（二）》，陈婷婷的《如何直面"被掩埋的巨人"——石黑一雄访谈录》，朱晓映的《逃离：后女性主义的自我探索》，赖丹琪的《顺从、抵制、逃离——〈乞女〉中的权力话语凝视与女性主义意识》，马汉广的《文学的事件化——从鲍勃·迪伦获诺奖说起》，陈大为的《戏仿〈哈姆莱特〉——评伊恩·麦克尤恩小说〈果壳〉》，刘丽霞的《后现代语境中的西方朱利安·巴恩斯研究评述》，杨琳的《"塔"中的"女人"：拜厄特小说〈巴别塔〉中女性的生存困境》。

（五）会议综述

2016年度外国文学现状座谈会

2017年6月14～15日，"2016年度外国文学现状座谈会"在北京召开。会议旨在对2016年不同国家和地区的文学概况进行分析梳理，对外国文学现状进行及时追踪和研究，对各种文学体裁、文学奖项以及新老作家的创作进行深度评析和解读，同时，为更好地办好"外国文学年度报告”栏目听取专家学者的意见和建议。来自国内高校及研究机构的20余位专家出席了会议。会议围绕“文学与现实”“‘一带一路’文学”“智能文学”“文学之镜”“难民文学”“年轻作家崛起”等近年文坛热点展开了讨论。

当代外国文学与当今国际社会的形势紧密相连，与会专家学者结合当今国际政治形势、社会现状进行了讨论。阿拉伯语文学研究专家、北京外国语大学教授薛庆国指出，当今人类面临的问题越来越尖锐，如恐怖主义、极端主义、难民问题、种族冲突、环境问题等，许多诗人、艺术家为解决人类社会面临的诸多问题表达了自己的见解。

韩国文学专家薛舟指出，韩国文坛紧密联系现实，韩国每年都会推出社会问题作品集。2014年4月16日，韩国“世越号”客轮沉没。而后，著名作家金卓焕出版了长篇小说《谎言》，拉开了文学艺术界反思“世越号”事件的序幕。

《世界文学》主编高兴认为，东欧作家给我们提供的一个启示是，怎样将现实土壤上升到文学艺术。米兰·昆德拉的小说非常强调“存在”，有其哲学深度。诺贝尔奖提名中，有一些东欧作家被提名，如卡达莱，都是非常值得关注的。

日本文学研究专家、南京工业大学外语学院副院长陈世华认为，人工智能对文学创作产生了影响，以人工智能为素材创作的作品以及人工智能直接创作的作品都大量出现。2016年，日本爆发性创作了以人工智能为题材的作品，人工智能创作的文学作品也通过了星新一文学奖入围评审；2017年，中国的机器人写诗非常火爆。互联网改变了世界，也改变了中国，微信支付震惊了很多国家，很多国家都到中国来考察学习。人工智能能为人们的生活带来什么，能为文学创作带来什么，值得密切关注。

多位与会专家认为，外国文学具有“镜子”功能，“外国”是“中国”的他者，可以起到参照作用。薛庆国指出，以欧美发达国家为镜，我们可以看到自己的许多不足；以阿拉伯世界为镜，我们可以看到自己确实取得了很大进步。在20世纪80年代中期，在埃及的中国人都认为，当时没有一个中国城市比得上开罗。而30年以后，开罗没有变化，中国却已经发生了天翻地覆的变化。如果说，他者是认识自我的一面镜子，为了更客观、全面地了解自我，我们真的需要多面镜子。葡语文学专家闵雪飞指出，巴西作家非常关注“融合”，巴西的民族融合非常好，巴西可以做中国的一面镜子，优秀的作家需要历史感，巴西的很多作家很有历史感。

（科研处）

中国外国文学学会第十四届双年会
暨“文学经典重估与当代国民教育”全国学术研讨会

2017年7月7～10日，由中国外国文学学会主办，上海交通大学外国语学院多元文化与比较文学研究中心承办的中国外国文学学会第十四届双年会暨“文学经典重估与当代国民教育”全国学术研讨会在上海召开。270多名专家学者参加了研讨会。

在研讨会上，中国外国文学学会会长陈众议以“经典重估是时代的需要”为题发表了重要讲话。他认为，“经典重估是时代的迫切需要，也是文学发展的规律使然。首先，中华民族伟大复兴迫切需要与之相适应的经典作品，以便在多元文化语境中主导国家意识，培植民族认同感和向心力。其次，近几十年，西方主导的批评发生了重大转变，经典的边际已然模糊。在这个过程当中，有文学作品的经典化过程，也有传统经典的非经典化过程，换言之，经历了各种‘主义’的狂轰滥炸，经典界限已然模糊不清”。在谈及西方文学经典时，他强调，“对西方的经典谱系，我们理应有肯定的否定或否定的肯定，而不是照单全收，这是因为文学经典终究是民族文化价值和审美的重要载体，是民族认同感和家国情怀的重要基础，也是文明教育的重要内容”。

上海市外文学会会长叶兴国在发言中指出，在国际格局演变的复杂过程中，外国文学经典的重估与国民教育尤为重要，它事关国家崛起和民族复兴，事关文明的交流与互鉴。要让更多人读懂文学经典，读懂中国，读懂世界。

与会专家学者围绕“外国文学经典阐释”“国民教育”“翻译与接受”“多元文化”等主题展开讨论。围绕“文学经典重估与当代国民教育”这一议题，北京大学教授申丹阐述了双重叙事运动如何互为对照、互为排斥、互为补充，在矛盾张力、交互作用中表达出经典作品丰富复杂的主题意义，强调了双重叙事运动对挖掘经典的深刻内涵的重要作用。湖南师范大学教授蒋洪新以“大学与经典阅读”为题，阐述了人学教育的目标和经典阅读的重要性，分析了大学生在经典阅读过程中存在的问题以及如何通过经典阅读适应时代和社会发展的需求。上海交通大学教授彭青龙探讨了英语专业学生的核心素养与文学经典之间的关系。他认为，文学经典阅读是基础，思辨是关键，创新是目标。要大力倡导大学生和研究生广泛而深入地阅读中外优秀作品，尤其是中国文学与文化经典作品。中国社会科学院外国文学研究所研究员程巍在解读“文化殖民”以及“英文系传统”现象的基础上指出，在全球史的复杂关系中，要反思“传统”的建立、动机、知识谱系及其现状，建立更为平衡的批评立场。东北师范大学教授刘建军探讨了文学经典的恒定要素与时代需求，提出了经典阅读及其人文教育在当代社会的新价值与意义。

与会专家学者针对一些具有代表性的文学现象和文学历史进行了深入讨论。浙江大学教授聂珍钊分析了从口头文字到脑文本的思考过程，认为，为了获取脑文本，一个人需要学习和教诲，而文学是教诲的最重要工具。上海交通大学教授王宁论述了中国和英国文学关系的历史、现状及未来，指出，一些一流的古今中国文学作品没有完整的英译本，在实施中国文化和文学走向世界的战略时，应将重点转向这方面的译介和传播。浙江工商大学教授蒋承勇探讨了从“实验小说”到“现代主义”的流程，认为，现代主义之“实验主义”的精神品格与方法论，直接源自自然主义所倡导的“小说实验”。上海外国语大学教授乔国强从“公共领域”与“革命批评”话语的视角，分析了伊格尔顿《批评的功能》中的政治性。南京大学教授何成洲以莎士比亚、易卜生与奥尼尔在当代中国的改编和演出为研究对象，探讨了如何面对和理解跨文化性、文化互动等问题和挑战。中国社会科学院外国文学研究所研究员梁展分析了全球史与世界文学研究的未来。中国人民大学教授郭英剑提出了经典阅读及其人文教育在当代社会的价值与意义。

专家学者们还以经典文学作品为具体文本进行了阐释。清华大学教授王敬慧探究了库切作品《等待野蛮人》与中国的文化渊源，以及库切对文学创作、批评的相关论述。上海交通大学教授尚必武探讨了麦克尤恩《星期六》中的两种文化的互补性。上海交通大学人文艺术研究院教授杨明明认为，应重新审视和重估 18 世纪俄罗斯启蒙文学。

（科研处）

语言研究所

（一）人员、机构等基本情况

1. 人员

截至 2017 年底，语言研究所共有在职人员 78 人。其中，正高级职称人员 24 人，副高级职称人员 26 人，中级职称人员 13 人；高、中级职称人员占在职人员总数的 81%。

2. 机构

语言研究所设有：句法语义学研究室、历史语言学研究一室、历史语言学研究二室、方言研究室、《中国语文》编辑部、当代语言学研究室、语音研究室（语音与言语科学重点实验室）、词典编辑室、《新华字典》编辑室（新华辞书社）、新型辞书编辑室、应用语言学研究室、办公室、科研处。

3. 科研中心

语言研究所院属科研中心有：中国社会科学院辞书编纂研究中心；所属科研中心有：语料库暨计算语言学研究中心。

（二）科研工作

1. 科研成果统计

2017 年，语言研究所共完成专著 7 种，146 万字；论文 133 篇，170.5 万字；教材 4 种，43 万字；译著 1 种，86 万字；工具书 1 种，20 万字；论文集 8 种，236 万字。

2. 科研课题

（1）新立项课题。2017 年，语言研究所共有新立项课题 11 项。其中，国家社会科学基金重大课题 1 项：“汉字谐声大系”（孟蓬生主持）；国家社会科学基金重点课题 1 项：“语言接触视角下的广西汉语方言语音演变研究”（覃远雄主持）；国家社会科学基金一般课题 1 项：“古文字特殊通转研究”（王志平主持）；国家社会科学基金青年课题 1 项：“类型学视域下的吴语路桥方言语法研究”（丁健主持）；所级课题 7 项：“《武王践阼》的杋及杋铭研究”（连佳鹏主持），“基于语文规范标准的字典相关问题的研究处理”（程荣主持），“《清文指要》与《重刊老乞大》对比研究”（陈丹丹主持），“《新华字典》1 ～ 4 版本数字化”（吴杰主持），“《马克思恩格斯全集》中文第二版篇目关键词表”（张弘主持），“当代汉语新词、新义、新用的追踪、整理和研究（2017 年）”（郭小武主持），“面向学生辞书的实用语料库建设与应用研究（一期工程）”（李芸主持）。

（2）结项课题。2017 年，语言研究所共有结项课题 11 项。其中，国家社会科学基金课题 5 项：“汉语语言接触史研究”（曹广顺主持），“汉语使成表达的类型学研究”（项开喜主持），“基于句法语义互动关系的汉语形态句法研究”（张伯江主持），“上古汉语闭口韵与非闭口韵通转关系研究”（孟蓬生主持），“方言自动处理系统功能扩展研究”（李蓝主持）；所级课题 6 项：“事理关系表达与关系谓词研究”（项开喜主持），“上古汉语中的元音链式转移与长短对立”（王志平主持），“《新华字典》版本库及对比系统研发”（张永伟主持），“基于大数据的二语习得用户建模”（胡钦谙主持），“当代汉语新词、新义、新用的追踪、整理和研究（2016 年）”（郭小武主持），“基于《通用规范汉字表》的《现汉》字头及相关条目的研究处理”（程荣主持）。

（3）延续在研课题。2017 年，语言研究所共有延续在研课题 14 项。其中，国家社会科学基金重大课题 4 项：“功能—类型学取向的汉语语义演变研究”（吴福祥主持），“多卷本断代汉语语法史研究”（杨永龙主持），“中国方言区英语学习者语音习得机制的跨学科研究”（李爱军主持），“方志中方言材料的辑录、整理与数字化工程”（李蓝主持）；国家社会科学基金重点课题 4 项：“汉语语用标记形成机制的多视角研究”（方梅主持），“论元选择中的显著性和局部性研究”（胡建华主持），“历史语法视角下的青海甘沟话语法研究”（杨永龙主持），“语法、语义、韵律的互动研究”（贾媛主持）；国家社会科学基金一般课题 3 项：“上古汉语闭口韵与非闭口韵通转关系研究”（孟蓬生主持），“中外法庭辩论的语音特征、策略及对判决的影响力研究”（殷治纲主持），“汉语方言研究的实验语音学理论与方法”（胡方主持）；国家社会科学基金青年课题 3 项：“语义图视角下汉语不定代词、情态词和‘工具—伴随’介词的多功能性研究”（张定主持），“普通话婴幼儿声调范畴的建立机制研究”（高军主持），“基于语料库的汉语应答性成分语义和话语功能研究”（侯瑞芬主持）。

（三）学术交流活动

1. 学术活动

2017 年，语言研究所主办和承办的学术会议如下。

（1）2017 年 3 月 25 日，由语言研究所《当代语言学》编辑部主办，北京师范大学外国语言文学学院承办的“2017 当代语言学前沿：语言、社会及意识形态研讨会”在北京举行。来自国内高校及研究机构的 60 余位学者参会。

（2）2017 年 4 月 8 ~ 9 日，由语言研究所《中国语文》编辑部和浙江大学汉语史研究中心联合主办的“第五届《中国语文》青年学者论坛”在浙江省杭州市举行。论坛主要围绕汉语史研究词汇、语法、音韵、古文字等领域进行了讨论。来自国内高校和科研单位的近 30 位专家学者出席会议。

（3）2017 年 4 月 22 ~ 23 日，由语言研究所和浙江工业大学联合主办，浙江工业大学承办的“汉语语法史研究高端论坛（2017）”在浙江省杭州市举行。论坛研讨的主要议题有“历史语法”“方言语法”“语言接触”“词义的发展演变”等。来自国内高校和科研单位的近 30 名专家学者出席了会议。

（4）2017 年 6 月 10 日，由语言研究所《当代语言学》编辑部、北京外国语大学外国语言研究所共同主办的“甲柏连孜《汉文经纬》语言学思想学术研讨暨座谈会”在北京举行。会议的主题是“甲柏连孜《汉文经纬》的语言学思想”。来自国内高校和研究机构的 60 余位学者参会。

（5）2017 年 6 月 10 ~ 11 日，由全国汉语方言学会、语言研究所《方言》编辑部和安徽师范大学共同主办，安徽师范大学文学院承办的“第二届汉语方言中青年国际高端论坛”在安徽省芜湖市举行。来自中国和日本的 40 余位学者参加会议。会议研讨的主要议题有“汉语方言语音、词汇、语法”“国外汉学著作的语音研究”“汉语历史文献”等。

（6）2017 年 6 月 16 ~ 19 日，由语言研究所、《历史语言学研究》编辑部与西北师范大学联合主办，西北师范大学文学院承办的“历史语言学研究高端论坛（2017）”在甘肃省兰州市举行。来自内地和香港、澳门特别行政区 33 所高校与科研单位的 47 位专家学者参加会议。会议研讨的主要议题有“历史语言学（词汇、语法、音韵、文字）研究”“历史语言学研究的理论与方法”“历史语言学研究的现状与前瞻”等。

（7）2017 年 7 月 15 ~ 16 日，由语言研究所、《中国语文》编辑部、上海外国语大学语言研究院、《外国语》编辑部联合主办的“第三届语言类型学国际学术研讨会”在上海举行。会议的主题是“语言类型学前沿探索与跨语言视野下的语言研究”。来自中国（含台湾地区和香港特别行政区）以及美国、德国、法国、英国、日本、韩国、新加坡等国家和地区的 160 余位学者参加了会议。

（8）2017 年 7 月 22 日，由语言研究所、北京语言大学、中国语言学书院和商务印书馆联合主办的“2017 海内外中国语言学者联谊会——第八届学术论坛”在北京举行。论坛的主题为“本土意识，国际眼光——中国语言学的现状与未来”。来自北美、欧洲、日本和中国（含香港、澳门特别行政区）的 60 余位语言学专家以及中国语言学书院暑期研修班的近 60 名学员参加了论坛。

（9）2017 年 7 月 29 日，由语言研究所《当代语言学》编辑部主办，天津师范大学中国语言学书院、天津汉语国际教育协会承办的“《句法结构》与生成语言学 60 年——学术研讨暨座谈会”在天津举行。会议的主题是“《句法结构》与生成语法”“语言学表征的抽象性”等。来自高校、研究机构的学者以及中国语言学书院暑期研修班的 100 余名学员参加了会议。

（10）2017 年 8 月 14 ～ 16 日，由中国社会科学院主办，语言研究所及简帛语言文字研究学科（历史语言学研究一室）承办的“第三届出土文献与上古汉语研究（简帛专题）学术研讨会暨 2017 中国社会科学院社会科学论坛”在北京举行。来自海内外高等院校以及科研、出版单位的近 60 名学者参加了会议。论坛的主要议题有“上古汉语研究的新进展”、“出土简帛研究”和“出土文献与上古汉语研究的相互结合、相互促进”等。

（11）2017 年 9 月 16 ～ 17 日，由语言研究所历史语言学研究二室、《历史语言学研究》编辑部、复旦大学中文系、《语言研究集刊》编辑部、《当代修辞学》编辑部、上海语文学会主办，复旦大学中文系承办的“汉语史研究国际研讨会”在上海举行。来自法国、日本、中国（含香港特别行政区和台湾地区）的 30 位专家学者参加会议。

（12）2017 年 10 月 11 ～ 12 日，由全国汉语方言学会和南昌大学联合主办，南昌大学客赣方言与语言应用研究中心承办的“全国汉语方言学会第十九届年会暨国际学术研讨会”在江西省南昌市举行。来自国内高校和研究机构的 100 余位专家学者参加了会议。

（13）2017 年 10 月 14 ～ 15 日，由语言研究所、浙江大学汉语史研究中心和重庆师范大学联合主办，重庆师范大学文学院承办的“第四届汉语历史词汇与语义演变学术研讨会”在重庆举行。来自国内多所高校和研究机构的专家学者参加会议。会议研讨的主要议题有“汉语历史词汇”“语义演变的相关问题”。

（14）2017 年 10 月 20 ～ 22 日，由语言研究所《当代语言学》编辑部发起并主办，浙江大学外国语言文化与国际交流学院承办的“第七届当代语言学国际圆桌会议”在浙江省杭州市举行。《当代语言学》编委和来自国内外的语言学前沿学者参加了会议。

（15）2017 年 10 月 20 ～ 23 日，由语言研究所和安徽大学文学院联合主办，商务印书馆协办的“第九届汉语语法化问题国际学术讨论会”在安徽省合肥市举行。来自日本、新加坡和中国（含台湾地区）的 80 余位学者参加会议。会议研讨的主要议题有“语义演变”“话语标记”“构式化与构式演变”“共时语法化、历时语法化与词汇化”等。

（16）2017 年 10 月 30 日至 11 月 1 日，由语言研究所主办，湖北大学文学院承办的“第二届中法语言学论坛”在湖北省武汉市举行。来自中、法两国的 30 位学者出席了会议。会议研讨的主要议题有“语言研究方法论”“语言类型学”“词典编纂”“语言接触与少数民族语言”“方言”“文字学”“形态构词构式”“句法语义”“形式语法”等。

（17）2017 年 11 月 4 日，由语言研究所《当代语言学》编辑部主办，《北京第二外国语学院学报》编辑部承办的“2017当代语言学前沿论坛——语言、认知与心灵”在北京举行。来自北京多个高校的70余位学者与会。

（18）2017年11月16日，中国社会科学院辞书编纂研究中心成立大会暨新时代辞书发展论坛在北京召开。

（19）2017年11月17～19日，由语言研究所历史语言学研究二室、《历史语言学研究》编辑部和百色学院主办，百色学院文学与传媒学院承办的“语言研究新视野”高端论坛在广西壮族自治区百色市举行。来自国内科研院所和高校的学者参加会议。会议研讨的主要议题有“汉语共同语”“汉语方言”“少数民族语言及文字”等。

（20）2017年11月18～19日，由语言研究所《方言》编辑部主办，湖南科技学院人文与社会科学学院、湖南工业大学语言文字工作委员会联合承办的“第二届南方官话国际学术研讨会”在湖南省永州市举行。来自国内的50余名专家学者参加会议。

此外，语言研究所还开展了下列学术活动：（1）举办了学术报告会、系列专题讲座9场；（2）举办了3场语言学沙龙；（3）举办了3场语言学系研究生沙龙；（4）举办了一年一度的“五四”青年学术演讲会；（5）举办了一年一度的高研演讲会。

2. 国际学术交流与合作

2017年，语言研究所共派遣出访14批21人次，接待来访5批17人次。与语言研究所开展学术交流的国家有韩国、匈牙利、美国、日本、瑞典、英国、马来西亚、澳大利亚、法国等。

（1）2017年1月15～18日，语言研究所研究员刘丹青应韩国首尔大学的邀请，赴该校进行学术访问，并在访问期间作有关库藏类型学的学术报告。

（2）2017年3月25日至4月17日，语言研究所研究员沈明应日本爱媛大学的邀请，赴该校进行合作研究，合作研究的项目是“晋语吕梁片音韵史研究”。

（3）2017年6月24～29日，语言研究所研究员刘丹青、胡建华等6人应国际中国语言学学会第25届年会的邀请，赴匈牙利参加年会。

（4）2017年11月2～6日，语言研究所研究员刘丹青应匈牙利罗兰大学孔子学院的邀请，赴该学院进行学术访问，并在第六届“中东欧本地汉语教师培训班”上作题为“汉语语法研究和教学方法”的讲座。

（5）2017年11月23～26日，语言研究所研究员麦耘应韩中人文学科论坛组织委员会的邀请，赴韩国参加“第3届韩中人文学科论坛”。

（6）2017年12月2～9日，语言研究所研究员刘丹青应法国科研中心东亚语言研究所的邀请，赴该研究所进行学术访问，并作了一场语言类型学方面的学术报告。

（7）2017年12月3～10日，语言研究所研究员胡方应美国声学学会第174届学术年会的邀请，赴美国参加年会，并在会上作题为“元音产生的动态理论”的大会发言。

（8）2017年12月9～17日，语言研究所副研究员完权应澳大利亚国立大学的邀请，赴该校参加“第 12 届国际语言类型学年会”，在会上作题为“工作记忆对人类语言结构的限制”的大会发言。

(9) 2017 年 8 月 14 ~ 16 日，日本山梨县立大学教授名和敏光、韩国明知大学教授姜允玉应邀参加在北京举行的“第三届出土文献与上古汉语研究（简帛专题）学术研讨会暨 2017 中国社会科学院社会科学论坛”，并作大会发言。

(10) 2017 年 10 月 1 日，日本同志社大学教授沈力到访语言研究所，进行学术访问，就“语言类型学视觉下的汉日对比研究”这一课题与刘丹青研究员、胡建华研究员进行学术研讨和交流。

(11) 2017 年 10 月 30 日至 11 月 2 日，法国国家研究中心东亚语言研究所教授贝罗贝、巴黎第七大学教授齐冲、法国东方语言文化学院教授徐丹等 10 位境外专家学者应邀到访语言研究所，参加语言研究所主办的“第二届中法语言学论坛”。论坛围绕汉语和少数民族语言的语音、语法、词汇等方面进行探讨，并发掘少数民族语言的学术价值，推进中法语言学研究交流。

3. 与中国香港、澳门特别行政区和中国台湾开展的学术交流

(1) 2017 年 3 月 6 ~ 9 日，语言研究所研究员顾曰国应香港中文大学的邀请，赴香港参加“社科院学者访校计划暨讲座系列”。访问期间作题为“汉字帝国的构建：从甲骨文到数字网页”的学术报告。

(2) 2017 年 4 月 6 ~ 9 日，语言研究所研究员刘祥柏等应“海上丝绸之路的汉语研究国际论坛”的邀请，赴香港参加论坛。

(3) 2017 年 5 月 19 ~ 22 日，语言研究所研究员方梅应香港中文大学的邀请，赴香港参加“汉语语体语法新进展圆桌论坛”，并在大会上作题为“叙述语篇的衔接与视角表达——以‘单说’‘但见’为例”的大会发言。

(4) 2017 年 7 月 14 ~ 18 日，语言研究所研究员孟蓬生应香港浸会大学的邀请，赴香港参加“上古音与古文字研究的整合国际研讨会”。

(5) 2017 年 10 月 17 ~ 20 日，语言研究所研究员刘祥柏应澳门理工大学的邀请，赴香港参加“语言与现代化”学术研讨会，并在大会上作题为“从汉语方言看阴阳入对转”的大会发言。

(6) 2017 年 10 月 25 ~ 29 日，语言研究所研究员王志平应香港浸会大学、澳门大学邀请，赴香港、澳门参加“《清华简》国际学术研讨会”。

(7) 2017 年 11 月 2 ~ 6 日，语言研究所副研究员姜南应台湾佛光大学佛教研究中心的邀请，赴我国台湾地区参加“汉文佛典语言学”国际学术研讨会。

(8) 2017 年 11 月 24 ~ 28 日，语言研究所研究员方梅、王灿龙、胡建华应香港中文大学的邀请，赴香港参加“第六届现代汉语句法语义前沿学术研讨会”。

（四）学术社团、期刊

1. 社团

（1）中国语言学会，会长沈家煊。

2017 年 9 月 9 日，中国语言学会分支机构中国语言学会历史语言学专业委员会正式成立。

（2）全国汉语方言学会，会长刘丹青。

① 2017 年 10 月 11 ～ 12 日，“全国汉语方言学会第十九届年会暨国际学术研讨会”在江西省南昌市召开。会议由全国汉语方言学会和南昌大学联合主办，南昌大学客赣方言与语言应用研究中心承办。来自国内高校和研究机构的 100 余位专家学者参加了会议。

② 2017 年 6 月 10 ～ 11 日，“第二届汉语方言中青年国际高端论坛”在安徽省芜湖市举办。论坛由全国汉语方言学会、《方言》编辑部和安徽师范大学联合主办，安徽师范大学文学院承办。来自中国和日本的 40 余位中青年学者出席论坛。研讨涉及汉语方言语音、词汇、语法以及国外汉学著作的语音研究、汉语历史文献等；研究方法体现了方言研究重调查、重描写的优良传统，也体现了运用实验语言学、地理语言学和语言类型学的方法解释相关方言现象的新的视野。

2. 期刊

（1）《中国语文》（双月刊），主编刘丹青。

2017 年，《中国语文》共出版 6 期，共计 120 多万字。该刊全年刊载的有代表性的文章有：林若望的《再论词尾“了”的时体意义》，方梅的《负面评价表达的规约化》，杨永龙的《词音变化与构式省缩——禁止词“别”的产生路径补说》，孙利萍的《两岸华语后置标记“样子”的语用差异及其成因》，张静芬、朱晓农的《声调大链移——从惠来普宁一带的共时差异看声调的系统演化》，丁邦新的《论汉台语中辨认同源词与借词的方法》，吴福祥的《汉语方言中的若干逆语法化现象》，李无未的《从德国甲柏连孜〈汉文经纬〉（1881）到清末中日〈汉文典〉——近代东西方汉语语法学史“映射”之镜像》，李宇明、施春宏的《汉语国际教育“当地化”的若干思考》，杜翔的《时政类词语的比喻引申与词典释义》等。

（2）《方言》（季刊），主编麦耘。

2017 年，《方言》共出版 4 期，共计 80 万字。该刊全年刊载的有代表性的文章有：邓婕的《湖南泸溪乡话的“倒”及其语法化》，张辉的《豫西南方言中的“讫”》，瞿建慧的《湘西乡话遇摄字的历史层次》，黄淑芬的《〈汕头话读本〉与 19 世纪末潮州方言的语音系统》，盛益民的《绍兴柯桥吴语表任指的不定性标记“随便”》，汪化云的《黄孝方言中“等”的语法化》，庄初升的《濒危汉语方言与中国非物质文化遗产保护》，陶寰的《吴语浊音声母的类型及其音系地位》，凌锋的《基于标准分的跨方言元音系统比较数据规整法》，邓享璋的《内陆闽语的语音变例》，刘新中、梁嘉莹的《新疆木垒方言的单字调——一项基于声学数据的研究》，黑维强、高怡喆的《陕西绥德方言"还"的两种用法及其语法化》，刘海洋的《韵图三四等对立在现代方言中的反映》，邢向东的《"下数"、"解数"同源考》，李姣雷的《湘西乡话咸山摄阳声韵的语音层次》。

(3)《当代语言学》(季刊)，主编胡建华。

2017年，《当代语言学》共出版4期，共计77万字。该刊全年刊载的有代表性的文章有：李明的《从"其"替换"之"看上古—中古汉语的兼语式》，沈园的《形式语义学和实验方法》，顾曰国的《意向性、意识、意图、目的（标）与言语行为——从心智哲学到语言哲学》，李爱军的《普通话不同信息结构中轻声的语音特性》，冯予力、潘海华的《集盖说一定必要吗？——谈集盖说在语义研究中的应用及其局限性》，丁健的《吴语路桥话动前无定受事的句法性质与形成动因》，田海龙、赵芃的《批评话语分析再思考——基于辩证唯物主义的语言与社会关系研究》，潘秋平、张敏的《语义地图模型与汉语多功能语法形式研究》等。

（五）会议综述

第三届出土文献与上古汉语研究（简帛专题）学术研讨会暨2017中国社会科学院社会科学论坛

2017年8月14～16日，第三届"出土文献与上古汉语研究（简帛专题）学术研讨会暨2017中国社会科学院社会科学论坛"在北京举行。

会议由中国社会科学院主办，中国社会科学院语言研究所及简帛语言文学研究学科（历史语言学研究一室）承办。来自海内外高等院校以及科研、出版单位的53名专家学者出席了会议，共提交论文50篇。

会议开幕式由语言研究所研究员孟蓬生主持，语言研究所所长刘丹青研究员、中华书局编审赵诚、语言研究所研究员董琨等分别致辞。

会议讨论的热点主要集中在三个方面：(1) 以出土材料为新线索、新视角来解决传世古书中的疑难词语，或更正前人的误解；(2) 利用古文字或出土文献来研究上古汉语的语音、语法等问题；(3) 对简帛文献字词作专门的考释与解读。

会议展示了出土文献研究和上古汉语研究的新趋势。具体来说有两点。一是上古汉语研究与出土文献相结合为大势所趋。刘丹青指出，传世文献仍有重要研究价值，而出土文献较多地保留了古代语言文字的原貌，是宏大的资源宝库，为包括历史和语言文字学科在内的众多学科提供了广阔的研究空间。二是出土文献的研究逐渐从"字"层面向"语言"层面转移。字形考释固然是古文字研究的基础工作，但通过字形研究语言代表了出土文献研究的重要方向。

闭幕式由语言研究所研究员王志平主持，孟蓬生研究员对会议研讨交流情况作了总结，并简要介绍了中国社会科学院特殊学科“简帛语言文字研究”的概况及其研究规划。

（肖晓晖）

全国汉语方言学会第十九届年会暨国际学术研讨会

2017 年 10 月 11 ～ 12 日，“全国汉语方言学会第十九届年会暨国际学术研讨会”在江西省南昌市举办。会议由全国汉语方言学会和南昌大学联合主办，南昌大学客赣方言与语言应用研究中心承办。来自国内高校和研究机构的 100 余位专家学者参加了会议。

开幕式由南昌大学教授胡松柏主持。全国汉语方言学会会长、中国社会科学院语言研究所所长刘丹青研究员出席会议并致开幕词。

会议分为大会报告、汉语方言资深专家高端论坛和小组发言。大会报告者就“汉语方言文化的传承保护”“如何结合共时和历时材料考察汉语方言词汇的发展演变”“晋语方言四字格”等议题进行了报告。多位方言研究学者在资深专家高端论坛上进行了分组报告。

中国社会科学院语言研究所研究员张振兴在闭幕式上致辞。全国汉语方言学会秘书长、语言研究所研究员沈明宣读了理事会决定，就全国汉语方言学会理事调整、新会员吸纳与会员登记等事项作了说明。

（徐睿渊）

第九届汉语语法化问题国际学术讨论会

2017 年 10 月 20 ～ 23 日，“第九届汉语语法化问题国际学术讨论会”在安徽省合肥市召开。会议由中国社会科学院语言研究所和安徽大学文学院联合主办，商务印书馆协办。来自日本、新加坡和中国（含台湾地区）的 80 余位学者参加会议并宣读论文。安徽大学副校长俞

2017 年 10 月，“第九届汉语语法化问题国际学术讨论会”在安徽省合肥市召开。

本立教授，中国社会科学院语言研究所研究员吴福祥，安徽省文史馆馆长、安徽大学国家重点学科汉语言文字学负责人黄德宽教授出席开幕式并分别致辞。

会议讨论的重点议题是“语法化中的语义演变与功能变化”。吴福祥阐述了语法化、主观化与语义演变的关系；洪波从中国古代哲学的视角概括了词类的认知基础；张谊生、杨荣祥、杨永龙、朱冠明、陈前瑞、卢小群、李小军、宋文辉、范晓蕾、金小栋等也就上述议题阐述了各自的观点。

会议还对当前汉语语法学界关注的热点问题展开了深入讨论。在构式化与构式演变问题上，彭睿以汉语状态变化句为例，讨论了图示性构式的变异性扩展；唐正大以“是时候VP了”为例，探讨了补足语从句化和情态提升；董正存概括了汉语构式变化的两种后果。在语法化与词汇化方面，李宗江梳理了“不错、不假、没错”的词汇化过程；宗守云考察了近代汉语“只顾”的词汇化和语法化。在话语标记方面，蔡维天从生成语法的角度分析了汉语念力词的语法化进程；龙海平探讨了表提醒“你看”的形成；史文磊和李思旭讨论了话语标记的形成机制。

（张　定）

哲学研究所

（一）人员、机构等基本情况

1. 人员

截至2017年底，哲学研究所共有在职人员135人。其中，正高级职称人员44人，副高级职称人员43人，中级职称人员26人；高、中级职称人员占在职人员总数的84%。

2. 机构

哲学研究所设有：马克思主义哲学原理研究室、马克思主义哲学史研究室、马克思主义哲学中国化研究室、中国哲学研究室、西方哲学史研究室、现代外国哲学研究室、科学技术哲学研究室、伦理学研究室、逻辑学研究室、东方哲学研究室、哲学与文化研究室、美学研究室、《哲学研究》编辑部、《哲学动态》与《中国哲学年鉴》编辑部、《世界哲学》编辑部、图书资料室、办公室、科研处、人事处、老干部办公室。

3. 科研中心

哲学研究所院属科研中心有：中国社会科学院社会发展研究中心、中国社会科学院东方文化研究中心、中国社会科学院应用伦理研究中心、中国社会科学院科学技术和社会研究中心、中国社会科学院世界文明比较研究中心、中国社会科学院文化研究中心（2015年5月，中国社会科学院批准在此基础上成立“中国文化研究中心”专业智库）。

（二）科研工作

1．科研成果统计

2017年，哲学研究所共完成中文专著13种，313.8万字；外文专著1种，6万字；译著5种，213.8万字；论文集3种，81.7万字；古籍整理8种，170万字；普及读物1种，21万字；年鉴2种，142万字；论文136篇，146.4万字；译文10篇，15.2万字；理论文章6篇，1.9万字。

2．科研课题

（1）新立项课题。2017年，哲学研究所共有新立项课题6项。其中，国家社会科学基金重大招标课题1项："智能革命与人类深度科技化前景的哲学研究"（段伟文主持）；国家社会科学基金一般课题3项："台湾南部地区灵宝道派拔度科仪研究"（姜守诚主持），"康德心灵哲学研究"（梁议众主持），"STIT逻辑研究"（贾青主持）；国家社会科学基金青年课题1项："先秦诸子道德哲学论辩研究"（王正主持）；院重大委托课题1项："《黑格尔全集》历史考订版(第二期)"（梁存秀主持）。

（2）结项课题。2017年，哲学研究所共有结项课题6项。其中，国家社会科学基金课题4项："柏拉图的知识论研究"（詹文杰主持），"三论宗哲学研究"（成建华主持），"后社会建构论与存在论转向研究"（孟强主持），"中国近世儒学民间化转向的理论与实践研究"（马晓英主持）；马克思主义理论研究和建设工程课题1项："中国特色社会主义核心价值观研究"（崔唯航主持）；院青年人文社会科学中心社会调研课题1项："习近平总书记系列重要讲话精神在基层中实践的比较研究"（崔文芊主持）。

（3）延续在研课题。2017年，哲学研究所共有延续在研课题23项。其中，国家社会科学基金课题17项："世界文化多样性与构建和谐世界研究"（李河主持），"建国以来西方哲学中国化的重要问题及其影响"（谢地坤主持），"百年中国因明研究"（刘培育主持），"提高国民逻辑素质的理论与实践探索研究"（杜国平主持），"大数据时代的哲学理论与社会发展"（谢地坤主持），"《古象雄大藏经》汉译与研究"（李景源主持），"应用逻辑与逻辑应用研究"（杜国平主持），"时间哲学研究"（尚杰主持），"生态学整体论—还原论争论及其解决路径研究"（肖显静主持），"两汉经学的演变逻辑研究"（任蜜林主持），"《剑桥文学批评史》（9卷本）翻译与研究"（王柯平主持），"科技时代的科学'无知'的哲学研究"（段伟文主持），"亚里士多德《修辞术》的哲学研究"（何博超主持），"回归原创之思——'象思维'视野下的中国智慧（英文版）"（王树人主持），"生态学范式争论的哲学研究"（肖显静主持），"逻辑基础问题研究"（刘新文主持），"《1857～1858年经济学手稿》哲学思想研究"（杨洪源主持）；院重大课题1项："印度佛教哲学史"（周贵华主持）；马克思主义理论研究和建设工程课题5项："社会主义市场经济中所有制与分配制度改革的理论与实践"（魏小萍主持），"中国特色社会主义都市社会研究"（强乃社主持），"中国道路：马克思主义哲学中国化的理论自觉与实践自党”（李俊文主持），“从政治哲学看国家治理能力与体系建设”（欧阳英主持），“关于改革开放以来引进的若干西方话语概念的马克思主义研究”（毕芙蓉主持）。

（三）学术交流活动

1. 学术活动

2017年，哲学研究所主办和承办的学术会议如下。

（1）2017年2月4～6日，由哲学研究所主办的“《中外哲学典籍大全》高层次专家座谈会”在广东省深圳市召开。会议研讨的主要议题是“《中外哲学典籍大全》项目的重大意义、项目实施方案和步骤”等。

（2）2017年4月2～3日，由哲学研究所、中国哲学史学会主办，伊川县人民政府承办的“二程与宋明理学”学术研讨会在河南省伊川县召开。来自中国社会科学院哲学研究所、北京大学、清华大学、复旦大学、中山大学等研究机构和高校的40多位学者参加研讨会。

（3）2017年6月10～11日，由哲学研究所、复旦大学马克思主义研究院、上海社会科学院中国马克思主义研究所联合主办，上海社会科学院中国马克思主义研究所“文明比较与中国道路研究”课题组承办的“第三届当代中国马克思主义研究创新论坛”在上海召开。论坛的主题为“中国道路：政党、人民与法治”。

（4）2017年7月24日至8月11日，由哲学研究所与英国皇家哲学研究所、牛津大学中国研究中心共同主办的“中英美暑期哲学学院第21期高级研讨班（哲学与人类学）”在北京举办。

（5）2017年8月19日，由光明日报社、哲学研究所、中共安徽省委宣传部主办，安徽省社会科学院、安徽省社会科学界联合会、中共亳州市委宣传部承办的“2017年中国·亳州老庄思想与协调发展学术论坛”在安徽省亳州市召开。研讨会的主题为“老庄思想与协调发展”。

（6）2017年8月26～27日，哲学研究所与东北师范大学马克思主义部哲学院在吉林省长春市联合举办了“全国马克思哲学青年对话会（2017）”。论坛的主题是“马克思哲学与人类解放问题”。

（7）2017年9月9～10日，由哲学研究所和日本哲学会合作举办的“第五届中日哲学论坛”在日本京都市召开。论坛的主题是“通过思考和对话深化日中交流：哲学作为桥梁的作用”。

（8）2017年10月16～17日，由哲学研究所主办，广西社会科学院承办，广西社会科学院哲学研究所、广西社会科学院马工程基地、广西社会科学院院刊编辑部、广西钦州市社科联协办的全国社科系统第二十八届哲学大会暨“构建中国特色哲学社会科学”理论研讨会在广西壮族自治区南宁市召开。会议的主旨是迎接党的十九大胜利召开，深入学习贯彻习近平总书记在全国哲学社会科学工作座谈会上的重要讲话精神，推进中共中央《关于加快构建中国特色哲学社会科学的意见》的实施，探讨构建中国特色哲学社会科学的理论与实践问题，促进中国特色哲学社会科学事业的发展。

(9) 2017 年 10 月 25 日，哲学研究所在北京举办“哲学所第六届青年学术论坛”。

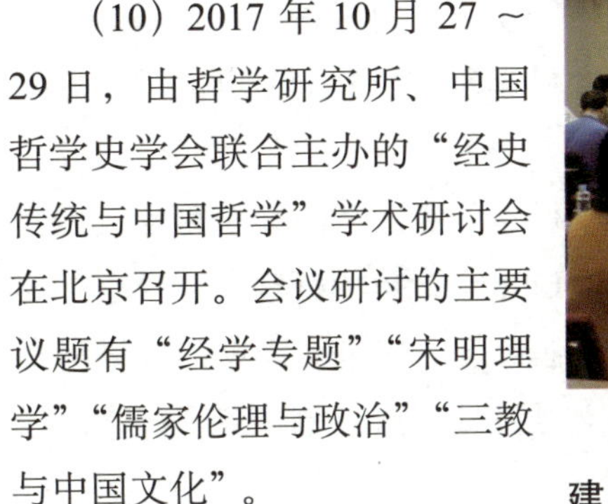

(10) 2017 年 10 月 27 ~ 29 日，由哲学研究所、中国哲学史学会联合主办的“经史传统与中国哲学”学术研讨会在北京召开。会议研讨的主要议题有“经学专题”“宋明理学”“儒家伦理与政治”“三教与中国文化”。

2017 年 10 月，全国社科系统第二十八届哲学大会暨“构建中国特色哲学社会科学”理论研讨会在广西壮族自治区南宁市召开。

(11) 2017 年 11 月 18 ~ 19 日，由哲学研究所主办，成都市金堂县人民政府、成都贺麟教育基金会承办的“中国青年哲学论坛（2017）暨首届贺麟青年哲学奖评审会议”在四川省成都市金堂县召开。会议的主题是“变革时代的哲学探索”。

2. 国际学术交流与合作

2017 年，哲学研究所共派遣出访 36 批 56 人次，接待来访 10 批 13 人次。与哲学研究所开展学术交流的国家有俄罗斯、美国、英国、法国、捷克、匈牙利、荷兰、澳大利亚、白俄罗斯、新加坡、韩国、日本、越南、斯里兰卡、巴西等。

(1) 2017 年 3 月 16 ~ 25 日，哲学研究所研究员张志强应印度科钦双年展组委会的邀请，参加了印度科钦双年展附设“当下历史转换的接点：对亚洲未来的去殖民”学术会议，并在会上作了题为“论章太炎的民族主义”的发言。

(2) 2017 年 4 月 26 日至 5 月 1 日，哲学研究所研究员魏小萍赴匈牙利布达佩斯，参加了“卢卡奇哲学思想研究国际会议”，并在会上作了题为“卢卡奇主体性思想的发展进程研究”的发言。

(3) 2017 年 5 月 15 ~ 21 日，哲学研究所研究员魏小萍应邀赴越南，参加了由越南社会科学院哲学系、弗里德里希·诶尔伯特基金会越南办公室、罗莎卢森堡基金会越南办公室合作举办的“纪念马克思 200 周年马克思分配公正及其当代意义的国际研讨会”，并作了题为“论分配正义的两个抽象原则”的发言。

(4) 2017 年 5 月 25 日，哲学研究所西方哲学学科邀请俄罗斯科学院哲学研究所所长斯米尔诺夫院士到访哲学研究所，并作了题为“民族哲学与文化”的学术讲座。

(5) 2017 年 6 月 20 日至 8 月 28 日，哲学研究所研究员欧阳英受邀到英国剑桥大学做高级访问学者，研究课题为将剑桥大学的创新经验与中国社会科学院的创新经验进行比较研究。

(6) 2017年7月3～8日，哲学研究所副研究员任蜜林赴新加坡，参加了由南洋理工大学和国际中国哲学会主办的“第二十届国际中国哲学大会”，并在会上作了题为“《太一生水》‘青昏’与《老子》‘有’‘无’”的发言。

(7) 2017年9月9～10日，哲学研究所副所长崔唯航、研究员张志强等10人团组应邀赴日本，参加了由哲学研究所、日本哲学会和立命馆大学人文科学研究所共同主办的“第五届中日哲学论坛”。

(8) 2017年9月20日，哲学研究所逻辑学研究室邀请加利福尼亚大学圣地亚哥分校教授Gila Sher到访哲学研究所，并作了题为“The Normativity of Logic”的学术报告。

(9) 2017年10月2～14日，哲学研究所研究员魏小萍赴捷克，参加了捷克布拉格科学院哲学所全球化研究中心举办的“魏小萍《思考中国社会主义经济转型》一书捷克语译本出版仪式和研讨会”。

(10) 2017年10月2日至12月2日，哲学研究所研究员王柯平应邀赴法国波尔多政治学院讲学。讲学的主题为“中国人的思维”。

(11) 2017年10月8～15日，哲学研究所伦理学研究室与中国哲学研究室共同邀请瑞典斯德哥尔摩大学哲学系教授托比昂·滕舍到哲学研究所访问交流，并作了题为“道德哲学的理论与实践的前沿研究”和“东西方文化视域下的杀戮伦理学”的学术报告。

(12) 2017年10月14～18日，哲学研究所研究员张志强应邀赴日本，参加了“关于全球化中国的现代思想与传统之研究”科研费研究课题秋季国际学术会议，并在会上作了题为“如何从中国哲学中探寻人类的生活之道——普鸣《道路》的启示”的发言。

(13) 2017年10月16～23日，哲学研究所副所长崔唯航等5人作为中国代表团成员参加了在白俄罗斯首都明斯克举行的“第一届白俄罗斯哲学大会”并发言；会后，访问了明斯克国立大学、明斯克国立师范大学等研究机构，并对下一步的合作交流进行了研讨。

(14) 2017年10月18日，哲学研究所西方哲学学科邀请德国哲学家、清华大学特聘教授赫费作了关于康德哲学的学术讲座。

(15) 2017年10月18日，哲学研究所逻辑学研究室邀请荷兰科学院院士、阿姆斯特丹大学教授Johan van Benthemw作了题为“Imagine：Logic with Pictures”的学术报告。

(16) 2017年10月30日至11月3日，哲学研究所研究员刘一虹参加由中国社会科学院西亚非洲研究所所长杨光带领的院团组访问了阿拉伯联合酋长国，与阿联酋国立大学、阿布扎比大学、阿联酋外交学院、纽约大学阿布扎比校区的相关负责人会谈，并在迪拜的华人代表举办的文化讲座上，和杨光分别就“中阿文化交流与回儒对话”“‘一带一路’与中东经济”两个主题作了学术报告。

(17) 2017年11月2～5日，哲学研究所研究员李存山和副研究员任蜜林赴日本京都，参加了由日本京都大学、东京大学主办的“东亚语境下作为日本经验的儒学现代性”国际学术会议。李存山作了题为“忠恕之道、和而不同与人类和平发展”的学术报告，任蜜林作了题为“东亚儒学视野下的神秘主义——以朱子为中心”的学术报告。

(18) 2017 年 11 月 11 ~ 15 日，哲学研究所编审黄慧珍赴日本，参加了由日本中央大学在骏河台纪念馆举行的“第六届中日共同国际学术研讨会”，并与日方学者进行了学术交流。

(19) 2017 年 11 月 23 ~ 26 日，哲学研究所研究员徐碧辉等 6 人参加了由中国社会科学院与韩国研究财团在韩国首尔延世大学共同主办的“第三届中韩人文学论坛”。论坛的主题是“温故知新：中韩人文学的历史与未来”。

(20) 2017 年 11 月 29 日至 12 月 4 日，哲学研究所研究员成建华赴斯里兰卡首都科伦坡，参加了“海上丝绸之路的历史交往与亚非欧文明互学互鉴”学术会议，并在会上作了题为“‘一带一路’的先行者——法显在中斯两国人民友好交往中所扮演的角色”的发言。

(21) 2017 年 12 月 19 ~ 24 日，哲学研究所副所长崔唯航研究员等赴阿塞拜疆科学院访问，进行学术交流。

3. 与中国香港、澳门特别行政区和中国台湾开展的学术交流

(1) 2017 年 3 月 10 ~ 13 日，哲学研究所研究员张志强应香港城市大学中文及历史学系学术工作坊的邀请，赴香港参加“晚清革命与改良语境下的中国文化重构与重新定位”学术讨论会，并在会上作了题为“佛教与清季革命——欧阳竟无与近代佛学革命”的发言。

(2) 2017 年 4 月 5 ~ 7 日，哲学研究所研究员赵汀阳应香港特别行政区政府中央政策组首席顾问邵善波先生邀请，在香港特别行政区政府大楼中央政策组会议厅作了题为“天下体系的历史和未来可能性”的学术讲座。

(3) 2017 年 5 月 4 ~ 16 日，哲学研究所副研究员马寅卯应香港汉语基督教文化研究所的邀请，在香港进行了为期两周的学术访问。

(4) 2017 年 10 月 31 日至 11 月 5 日，中国文化研究中心副研究员祖春明赴香港，就“如何利用祖国的历史文化资源做港澳人心的回归工作”课题进行调研和访问。

（四）学术社团、期刊

1. 社团

(1) 中国辩证唯物主义研究会，会长王伟光。

① 2017 年 8 月 4 ~ 6 日，由中国辩证唯物主义研究会、中共中央党校哲学教研部、哲学研究所、中共甘肃省委党校、中共张掖市委联合举办的“习近平总书记系列重要讲话精神和治国理政新理念新思想新战略与马克思主义哲学创新”理论研讨会暨 2017 年中国辩证唯物主义研究会年会在甘肃省张掖市举行。会议讨论的主要议题有“习近平总书记治国理政新理念新思想新战略”“哲学创新问题研究”“理论前沿问题研究”等。与会专家学者 100 余人。

② 2017 年 12 月 15 ~ 17 日，由中国辩证唯物主义研究会、哲学研究所、中共中央党校哲

学教研部、中共深圳市委党校联合举办的“习近平新时代中国特色社会主义思想与马克思主义哲学创新理论研讨会暨第五届马克思主义哲学中国化·深圳论坛”在广东省深圳市召开。会议研讨的议题有“习近平新时代中国特色社会主义思想的哲学基础”“习近平新时代中国特色社会主义思想与马克思主义哲学的创新发展”“中国特色社会主义新时代历史方位研究”“中国特色社会主义新时代社会主要矛盾研究”“中国特色社会主义新时代与马克思主义哲学基础理论研究”“中国特色社会主义新时代马克思主义哲学创新的方法论研究”“中国特色社会主义新时代哲学社会科学话语体系研究”。

（2）中国马克思主义哲学史学会，会长郝立新。

① 2017 年 7 月 23 ~ 24 日，由中国马克思主义哲学史学会、哲学研究所马克思主义哲学史研究室、哲学研究所马克思主义哲学中国化研究室主办，《教学与研究》编辑部协办，北方民族大学马克思主义学院承办的“发展 21 世纪马克思主义哲学”理论研讨会暨中国马克思主义哲学史学会 2017 年年会在宁夏回族自治区银川市举行。会议讨论的主要议题有“21 世纪历史进程与马克思主义哲学发展前景”“21 世纪问题与 21 世纪马克思主义哲学发展主题”“20 世纪马克思主义发展经验和 21 世纪马克思主义哲学发展路径”“当代中国问题与发展当代中国马克思主义哲学”等。参会专家学者 200 余人。

② 2017 年 9 月 15 日，由中国马克思主义哲学史学会、黑龙江大学、佳木斯大学、友谊县人民政府共同主办的“人类命运共同体视域下的生态文明建设与大农业道路”学术研讨会在黑龙江省佳木斯市举行。会议研讨的主要议题有“全球化与人类命运共同体”“生态文明建设的理论与实践”“现代大农业的哲学思考”等。

（3）中国哲学史学会，会长陈来。

2017 年 9 月 8 ~ 10 日，由中国哲学史学会、首都师范大学共同主办，首都师范大学政法学院哲学系和首都师范大学当代儒学研究中心承办的中国哲学史学会 2017 年年会暨“中国哲学的原创、诠释与转型”学术研讨会在北京召开。会议的主题是“中国哲学的原创、诠释与转型”。与会专家学者 100 余人。

（4）中华全国外国哲学史学会，会长张志伟。

① 2017 年 9 月 16 ~ 17 日，由中华全国外国哲学史学会古希腊罗马哲学专业委员会、中国人民大学哲学院联合举办的“陈康先生学术思想研讨会——暨苗力田先生诞辰 100 周年座谈会”在北京举行。会议研讨的主要议题有“陈康先生的印象和苗公的斯宾诺莎缘”“论陈康先生的学术理念”“柏拉图发生论思想初探”等。

② 2017 年 10 月 21 ~ 22 日，由中华全国外国哲学史学会、中国现代外国哲学学会、山东大学哲学系联合举办的中华全国外国哲学史学会、中国现代外国哲学学会 2017 年年会在山东省青岛市举办。年会的主题为“西方哲学：对话、批判与展望”，讨论的主要议题有“古希腊哲学的当代意义”“近代西方哲学形上学与知识论的批判与反思”“德国古典哲学再评价”“中

西哲学的比较与会通”“哲学与宗教之关系探讨”“欧陆哲学与分析哲学之分殊和对话”“当代法国哲学的创新与价值”“现象学与诠释学：内部争论与反思”“分析哲学：哲学的革命抑或哲学的消解”等。与会专家学者 200 余人。

（5）中国现代外国哲学学会，会长尚杰。

① 2017 年 11 月 18 ～ 19 日，由中国现代外国哲学学会法国哲学专业委员会、复旦大学哲学学院联合主办的“第七届中国法国哲学年会”在上海召开。年会的主题为“自然与自由——法国哲学的进路”。与会专家学者 100 余名。

② 2017 年 12 月 16 ～ 17 日，由中国现代外国哲学学会诠释学专业委员会、安徽大学哲学系主办，山东大学中国诠释学研究中心协办的“第 14 届诠释学与中国经典诠释国际学术研讨会暨 2017 年中国诠释学年会”在安徽省合肥市召开。大会的主题是“诠释学与实践哲学”。与会学者 100 余名。

（6）中国逻辑学会，会长邹崇理。

① 2017 年 10 月 14 日，由中国逻辑学会主办，四川师范大学马克思主义学院承办，《四川师范大学学报（社会科学版）》编辑部、四川省逻辑学会及西南交通大学峨眉校区协办的“第八届两岸逻辑教学与学术会议”在四川省峨眉山市召开。会议研讨的主要议题有“逻辑教学与逻辑理论”、“现代逻辑与逻辑哲学”和“逻辑史”。

② 2017 年 10 月 28 日，由中国逻辑学会应用逻辑专业委员会、湖南省逻辑学会学术年会主办，湘潭大学哲学系承办的中国逻辑学会应用逻辑专业委员会和湖南省逻辑学会 2017 年学术年会在湖南省湘潭市举行。会议研讨的主要议题有“语言逻辑”“法律逻辑”“应用逻辑中的数学问题”“逻辑思维培养研究”等。与会专家学者 40 余人。

（7）中国伦理学会，会长万俊人。

① 2017 年 7 月 19 ～ 21 日，由中国伦理学会、上海体育学院主办的“全国第一届体育伦理研讨会”在上海举行。会议的主题是“人民体育与国家责任”。会议研讨的主要议题有“体育理论元理论构建”“学校体育改革中的人文关怀”“高科技风险及科技异化”“竞技场域中的道德秩序”“性别视角下的女运动员公平问题”“传统体育中的伦理意蕴与价值”“国际体育中的道德问题及全球共治”“社会转型时期体育治理中的伦理问题”等。与会专家学者 150 余名。

② 2017 年 12 月 23 ～ 24 日，由中国伦理学会主办的“2017 中国伦理学大会”在北京召开。大会的主题是“新时代与道德建设”，会议研讨的主要议题有“新时代与伦理学发展”“新时代立德树人”“伦理学基础理论”“政治伦理”“健康伦理”等。与会专家学者近 1000 名。

（8）中华美学学会，会长高建平。

2017 年 10 月 27 ～ 29 日，由中华美学学会、北京大学美学与美育研究中心、安徽大学哲学系主办的“朱光潜、宗白华与二十一世纪中华美学——纪念朱光潜、宗白华诞辰 120 周年”国际学术研讨会在安徽省合肥市召开。会议的主题是“朱光潜、宗白华与二十一世纪中华美学”，研讨的主要议题有“朱光潜美学思想研究”“宗白华美学思想研究”“朱宗美学在中国美学话语体系中的意义”等。与会学者近100名。

(9) 国际易学联合会，会长孙晶。

2017年5月20～22日，由国际易学联合会主办，易道文化研究会承办的2017首届“易道文化探源国际高峰论坛”在四川省成都市举办。论坛的主题是“易道文化探源”。与会专家学者300余名。

2. 期刊

(1)《哲学研究》(月刊)，1～8月，代理负责人单继刚；9～12月，常务副主编张志强。

2017年，《哲学研究》共出版12期，共计252万字。该刊全年刊载的有代表性的文章有：汝信的《立足当代实践，走出中西文化二元对立的窠臼》，李德顺的《价值独断主义的终结——从“电车难题”看桑德尔的公正论》，张盾的《政治美学与马克思的人学重构》，马拥军的《历史唯物主义的“实证”性质与马克思的正义观念》，王南湜的《思想对客观性的三种态度：康德、黑格尔与马克思——关于哲学如何切中现实的一个考察》，赵敦华的《〈资本论〉和〈逻辑学〉的互文性解读》，王中江的《早期道家“一”的思想的展开及其形态》，黄克剑的《庄惠之辨》，陈立胜的《如何守护良知？——陆王心学工夫中“自力”与“他力”辩证》，贾红雨的《论黑格尔哲学体系的开端问题》，先刚的《苏格拉底的“无知”与明智》，吴增定的《从现象学到谱系学——尼采哲学的两重面向》，张汝伦的《中国哲学与当代世界》，赵汀阳的《箕子的忠告》。

(2)《哲学动态》(月刊)，主编崔唯航。

2017年，《哲学动态》共出版12期，共计240万字。该刊全年刊载的有代表性的文章有：叶秀山的《胡塞尔先验现象学对欧洲哲学发展的贡献》，王中江整理、金岳霖的《金岳霖政治思想和逻辑著述佚文八篇（上）》，张汝伦的《“轴心时代”的概念与中国哲学的诞生》，甘绍平的《寻求共同的绿色价值》，唐正东的《深化中国〈资本论〉研究的方法论自觉——国外学界对〈资本论〉的政治式阅读及其评价》，王峰明的《〈资本论〉的逻辑、方法与意义——以马克思的劳动价值论为例》，仰海峰的《〈资本论〉与资本主义社会的哲学批判》，王庆丰的《资本形而上学的三副面孔》，吴增定的《“我思”及其主体性——简析胡塞尔在〈第一哲学〉中对于笛卡尔的解释》，唐浩的《身体性自我知识初探》，杨大春的《在乌托邦与异托邦之间：列维纳斯哲学中的人性概念》，先刚的《柏拉图的经验论》，黄作的《重叠的存在—神—逻辑学——论马里翁对笛卡尔形而上学思想的新阐释》，张盾的《创作美学的观念》。

(3)《世界哲学》(双月刊)，主编孙伟平。

2017年，《世界哲学》共出版6期，共计150万字。该刊在原有栏目基础上，新增了“国外马克思主义”“拉丁美洲哲学”“俄罗斯哲学”“阿拉伯哲学”等栏目。该刊全年刊载的有代表性的文章有：R. 略伦特的《拉美马克思主义哲学的七个主要议题》(冯昊青等译)，聂敏里的《古典学的新生：政治的想象，抑或历史的批判？》，K. 韦尔都的《我们这个时代的非洲哲学》（朱慧玲译），倪梁康的《现象学伦理学的基本问题》，徐向东的《法兰克福案例与“闪烁的自由”策略》，吴增定的《胡塞尔现象学中的“本原”问题探究》，邹诗鹏的《阿尔都塞对斯宾诺莎的回溯》，卢德平的《符号的悖论与皮尔士的教义》，G. 谢尔的《逻辑基础问题（上、中、下）》（刘新文译），S. 马耶夏克的《综观和可综观性——论维特根斯坦后期哲学中的两个重要概念》（季文娜译），黄作的《论马里翁对笛卡尔“吾身”概念的阐发——从〈第六沉思〉中的一条暗线谈起》，J. 欣迪卡的《没有知识和信念的认识论》（徐召清译）；H.–G. 伽达默尔的《怀疑的解释学》（何卫平译），詹文杰的《柏拉图〈斐多〉论知识的获得》，余纪元、N. 布宁的《拯救现象：亚里士多德主义的比较哲学方法》，王希的《简述伊斯兰哲学中的“本性共相”问题》，蒉益民的《进化理论能否证明利他主义真的存在？》。

（4）《中国哲学史》（季刊），主编李存山。

2017 年，《中国哲学史》共出版 4 期，共计 100 万字。该刊全年刊载的有代表性的文章有：叶树勋的《“帝道”理念的兴起及其思想特征》，许家星的《“发明正学，又在程朱之前”——刘敞的性与天道之学及其意义》，于佳彬的《〈资本论〉逻辑方法的中国运用——侯外庐的中国逻辑思想史研究》，邓联合的《以〈内篇〉参观之——王船山对庄子与其后学的分疏》，朱雷的《王阳明的一体政治论》，江求流的《道统、道学与政治立法》，陈居渊的《吕维祺〈孝经大全〉的学术思想特色》，李春颖的《张九成对〈大学〉致知格物的心学诠释》，张志强的《当前时代，我们该如何看待中国哲学？》，张卫红的《邹守益戒惧以致良知的工夫实践历程》，周展安的《依他起自性，依自不依他与反公理——试论章太炎从佛学出发的“唯物论”思想》，龚颖的《格林伦理学在日本和中国的早期传播及其思想史意义》，舒大刚、胡游杭的《“蜀学”的特征与贡献》。

（五）会议综述

中英美暑期哲学学院第 21 期高级研讨班

2017 年 7 月 24 日至 8 月 11 日，由中国社会科学院哲学研究所与英国皇家哲学研究所牛津大学中国研究中心共同主办，中国人民大学哲学院承办的中英美暑期哲学学院第 21 期高级研讨班（哲学与人类学）在北京举办。7 月 24 日，“中英美暑期哲学学院第 21 期高级研讨班（哲学与人类学）”开学典礼在中国人民大学举行，第 21 期高级研讨班全体学员、部分外籍授课教师，以及来自北京的部分师生等近 100 人参加了开学典礼。

中英美暑期哲学学院是由中国社会科学院哲学研究所与英国皇家哲学研究所、牛津大学中国研究所（中心）于 1988 年共同创立的非营利性教学机构，已经有 30 年的历史，是国内最著名和持续时间最长的国际合作教学机构。学院的宗旨是通过聘请英国、美国以及其他英语国家和地区的当代著名和活跃的哲学家来华教学和进行交流，使中国的中青年哲学工作者能系统而深入地了解英美和欧洲大陆哲学各学科领域的基本理论、研究状况和发展动向，促进中英美学术交流和三国哲学家的相互理解。目前，暑期学院已举办过20期高级研讨班和6期高级读书班。

此次高级研讨班的主题为“哲学与人类学”，招收正式学员和旁听生共64名。此次高级研讨班邀请了6位授课老师，授课内容主要围绕“哲学与人类学”展开：德国柏林洪堡大学和伦敦大学国王学院哲学系教授 Michael Beaney 的授课内容为“维特根斯坦的哲学人类学”；德国柏林洪堡大学教授 Sharon Macdonald 的授课内容为“埃文斯·普里查德的人类学”；爱丁堡大学哲学系博士 Alix Cohen 的授课内容为“康德的哲学人类学”；波恩大学、芝加哥大学教授 Michael Forster 的授课内容为“哲学和人类学”；英国开放大学教授 Manuel Dries 的授课内容为“尼采的哲学人类学”；丹麦奥胡斯大学教授 Guido Kreis 的授课内容为“卡西勒的哲学人类学”。

（科研处）

第五届中日哲学论坛

2017年9月9～10日，由中国社会科学院哲学研究所、日本哲学会和立命馆大学人文科学研究所主办，中华日本哲学会协办的“第五届中日哲学论坛”在日本京都市立命馆大学（衣笠校区）学而馆举行。论坛的主题是“通过思考和对话深化日中交流：哲学作为桥梁的作用”。此次论坛下设两个分科会，分别为“日中思想传统的重新解释与对现代问题的应用”和“哲学如何引领封闭的世界：身份认同的危机和宽容与整合的可能性”，另设“青年学者分科会”。中国社会科学院哲学研究所研究员王青和日本京都大学教授出口康夫主持了论坛开幕式，哲学研究所副所长崔唯航研究员和日本哲学会会长、一桥大学社会学研究科教授加藤泰史在开幕式上致辞。

加藤泰史教授在致辞中指出，2015年，日本文部科学省发布了一份“6·8通知”，其内容是整顿（即废除、转型）国立大学的人文社会科学院系。他认为，导致这一危机的原因之一是一些人受了“创新”概念的驱使，他们希望通过技术革新在短期内实现经济增长。这一概念还伴随着一种傲慢的想法：由前沿科技引发的社会问题可以利用前沿科技本身、以工学的方式解决。这种想法很可能会带来“教养的解体”。但是，技术革新并不能立刻带来社会变革，而人文社会科学的核心功能是对社会进行反思和批判，因此，如果将人文社会科学从大学的院系当中剔除，偏重自然科学和工学的话，就会让这种反思性、批判性的功能脱离社会。尽管学术环境有不同之处，但是正如此次论坛的主题“通过思索与对话来深化中日交流”一样，持续搭建中日哲学论坛这种学术对话的平台，共同思考、互相切磋，是非常有意义的。最后，加藤教授提议向中日哲学论坛的奠基人卞崇道先生致以深切的哀悼。

崔唯航研究员在致辞中指出，当今世界全球化趋势带来了一系列问题，如生态危机、价值冲突等。在反思这些问题的同时，人们需要从传统文化中汲取智慧的营养。我们处在一个复杂且变化非常快的时代，要成功地开辟未来，需要不同文明之间开展富有建设性的对话。中日两国都具有悠久的文化传统和浓厚的文化积淀，也都面临着现代性的挑战，在新的条件下，继承发扬传统文化的精华，融合新的时代内容，进而实现传统文化的创新性发展和创造性转化，是中日两国面临的重要问题。希望中日两国学者能够通过此次论坛，在平等、深入、理性的思想对话中，相互启发，共同深化对历史、对现实、对未来的理解。崔唯航还向日本哲学会和日本立命馆大学赠送了哲学研究所60周年纪念论文集。

开幕式后，一位中方学者和两位日方学者作了基调演讲。日本哲学会会长、一桥大学社会学研究科教授加藤泰史作了题为“文化与翻译，抑或文化的翻译——围绕翻译的和辻哲郎与赫尔德中期报告”的演讲，围绕翻译中“异化”与“同化”之间的张力，追问文化认同的困惑；哲学所副所长崔唯航研究员作了题为“文明对话与中国哲学话语体系的建构问题”的演讲；日本圣学院大学教授清水正之作了题为“思想史研究与‘关系伦理学’的再度考察”的演讲。

之后，与会学者参加各分科会，中日学者进行了热烈的学术交流。在青年学者分科会中，许多青年学者在文本上下功夫，在端倪处阐发开阔思路。翻译问题、西学东渐、生活哲学、德国哲学构成了这个单元的关键词。

哲学研究所副所长崔唯航研究员在闭幕式上发表了致辞。他讲道，此次论坛通过学术对话，中日学者之间不仅增进了了解，加深了友谊，而且增强了一种文化自觉意识。通过两国学者的思想对话，借助对方的眼睛，来反观自身的优点与不足。思想探讨无止境，学术对话永远在路上，希望中日哲学论坛作为两国哲学界交流和对话的重要桥梁，能够形成机制，一直举办下去。

（科研处）

哲学所第六届青年学术论坛

2017年10月25日，由中国社会科学院哲学研究所主办的“哲学所第六届青年学术论坛”在北京举行。约70人参加了此次论坛。

哲学研究所党委书记孙海泉在论坛致辞中对青年科研人员提出了三点希望。第一，始终坚持正确的方向，勇立时代潮头，深入研究重大时代课题。当前尤其重要的是学习党的十九大报告，党的十九大报告给理论工作者提出了很多研究课题，提供了一个广阔的学术研究舞台，是理论工作者的一项艰巨任务，青年科研人员一定要抓住这一时机。第二，凝神聚气，扎扎实实地做学问、搞研究，哲学所有出成果、出人才的好传统，有好的学术环境，希望大家珍惜好条件，一心一意搞研究。第三，希望大家在学术研究中始终坚持优良的学风，将优良的学风视作学术生命的一部分。青年科研人员的学术道路还很长，一定要在学术生涯中始终坚持优良学风，为多出成果打下坚实基础。

在论坛上，来自哲学研究所马克思主义哲学、中国哲学、西方哲学、东方哲学、逻辑学、科学技术哲学等学科的16名青年学者积极发言、分享学术观点。

青年学者杨洪源基于对马克思和黑格尔的主要论著的考察，系统而全面地梳理了他们的思想关系。他指出，马克思在批判和建构自己思想的历程中，始终强调其辩证法的“新唯物主义”基础和性质，即超越唯物主义与唯灵主义的对立、费尔巴哈式旧唯物主义与黑格尔式唯心主义的对立，并以此来把握资产阶级社会的运行机制和发展趋势，找到社会变革及通往“共产主义”的道路，实现解释现实世界和改变现实世界的统一。

“朱子思想中具有‘主宰’作用的‘理’在流行中往往‘拗不过’‘气’，‘气’影响着‘理’在现实层面的作用的发挥，朱子思想中有‘气强理弱’的一面。”青年学者赵金刚认为，“仅仅看到‘气强理弱’只能解释修养的必要性，而无法解释修养的可能性。朱子思想中还有‘理强气弱’的一面，其与朱子修养论、历史观中的一些重要问题密切相关。”

青年学者詹文杰集中阐释了柏拉图在不同文本中关于文本的讨论。据其介绍，柏拉图在早期对话录中很少谈论“感觉”，而在中期对话录中，随着知识论问题变得越来越重要，感觉也得到了更多的讨论。

与会青年学者还就“反思启蒙与面向中国现实”“荀子与法家关系重估”“论模仿概念”“海德格尔论四重时间”“印度哲学中关于自我问题的争论”“相干逻辑的三种语义解释”“游牧科学、诺莫斯与科学实践”等主题发表了观点。

活动期间，论坛评审委员会委员投票产生了论坛一等奖4名（杨洪源、陈明、赵金刚、詹文杰），二等奖7名（王正、邓定、汪炜、范文丽、周丹、孟强、贾青）。获得一等奖的4名青年学者将代表哲学研究所参加2017年11月中旬在四川省成都市金堂县举行的“中国青年哲学论坛（2017）暨首届贺麟青年哲学奖评审会议”。

（科研处）

中国青年哲学论坛（2017）暨首届贺麟青年哲学奖评审会议

2017年11月18～19日，由中国社会科学院哲学研究所主办，成都市金堂县人民政府和成都贺麟教育基金会承办的“中国青年哲学论坛（2017）暨首届贺麟青年哲学奖评审会议”在四川省成都市金堂县举行。会议的主题是“变革时代的哲学探索”。来自国内高校、科研院所的28位著名专家学者和21名在此届论坛发表主旨报告的青年学者、中国社会科学院哲学研究所相关人员出席了开幕式。开幕式由哲学研究所纪委书记、副所长王海生主持。

中国社会科学院院长、党组书记王伟光出席开幕式并发表讲话。他在讲话中指出，当代中国正经历着历史上最为广泛而深刻的社会变革，也正在进行着人类历史上最为宏大而独特的实践创新。此次会议的主题——“变革时代的哲学探索”，很好地抓住了新时代的一个本质特征。时代的变革和实践的发展，孕育着思想和理论的伟大创造。希望广大哲学工作者要把思想和行动统一到党的十九大精神上来，深入学习领会习近平新时代中国特色社会主义思想，深深植根于中国这块土地，牢牢坚持为人民做哲学这一根本立场，在哲学领域不断拓展新视野、提炼新问题、概括新理论、开辟新境界，奋力开启新时代中国哲学繁荣发展的新征程，为实现中华民族伟大复兴贡献哲学智慧。

王伟光讲道，“115 年前，也就是 1902 年，贺麟先生诞生于金堂，并从这里走向世界。今天我们在此举行中国青年哲学论坛暨贺麟青年哲学奖的评审会议，同时也是对贺麟先生的纪念。”以贺麟先生为代表的那一代学者具有自己鲜明的特点，一方面，他们具有深厚的学术积累，开阔的学术视野，高超的学术造诣，在中西会通方面作出了突出贡献；另一方面，他们又具有一种强烈持久的家国情怀，对中华民族怀有深厚的感情，对民族精神高度敏感，对时代问题深度关切，同时自觉地把个人的学术研究与国家前途和民族命运紧密结合起来，为构建中华民族自己的哲学理论不懈奋斗。这一点对于当代中国哲学工作者来说，尤其可贵。哲学作为人类文明活的灵魂，与民族精神血脉相通。越是民族的，越是世界的，“与大地贴得更近，看天空才会更远”。当代中国哲学工作者一刻也不要忘记我们的国家和民族，一刻也不要忘记我们的价值立场，一刻也不要忘记我们生而为中国人，我们有中国人独特的精神世界和价值观念，只有深深植根于中国这块土地，只有牢牢坚持为人民做哲学这一根本立场，才有可能获得源源不断的力量支撑，才有可能形成自己的特色、自己的风格、自己的气派，才有可能创造出无愧于我们这个伟大时代、无愧于我们这个伟大民族的哲学思想。这是新时代中国哲学应当占据的国家高度、民族高度和人民高度。

开幕式上，中国社会科学院哲学研究所与金堂县人民政府签订了《中国社会科学院哲学研究所与金堂县人民政府合作框架协议》，决定在金堂县建立“贺麟哲学研究基地”，并现场举行了“贺麟哲学研究基地”揭牌仪式。

来自全国的 21 名具有代表性的优秀青年学者围绕“变革时代的哲学探索”展开热烈而充分的交流与交锋，之后，由 28 名中国哲学界知名学者组成的评审委员会现场投票评选出“贺麟青年哲学奖”一等奖获得者 2 名：吴冠军（华东师范大学政治学系教授）、李义天（清华大学马克思主义学院教授）；评选出“贺麟青年哲学奖”二等奖 7 名：赵金刚（中国社会科学院哲学研究所助理研究员）、臧峰宇（中国人民大学哲学院副院长，教授）、谢永康（南开大学哲学院副院长，教授）、杨洪源（中国社会科学院哲学研究所助理研究员）、周黄正蜜（北京师范大学哲学学院副教授）、祁涛（复旦大学哲学学院讲师）、姜佑福（上海社会科学院中国马克思主义研究所副所长，副研究员）。

（科研处）

世界宗教研究所

（一）人员、机构等基本情况

1. 人员

截至 2017 年底，世界宗教研究所共有在职人员 76 人。其中，正高级职称人员 21 人，副高级职称人员 22 人，中级职称人员 22 人；高、中级职称人员占在职人员总数的 86%。

2. 机构

世界宗教研究所设有：马克思主义宗教观研究室、宗教学理论研究室、佛教研究室、伊斯兰教研究室、道教与中国民间宗教研究室、基督教研究室、当代宗教研究室、儒教研究室、宗教文化艺术研究室、《世界宗教研究》编辑部、《世界宗教文化》编辑部、资料室、办公室、科研处。

3. 科研中心

世界宗教研究所院属科研中心有：中国社会科学院基督教研究中心、中国社会科学院佛教研究中心、中国社会科学院道家与道教研究中心；所属科研中心有：儒教研究中心、巴哈伊教研究中心、反邪教研究中心。

（二）科研工作

1. 科研成果统计

2017 年，世界宗教研究所共完成专著 10 种，297.2 万字；学术论文 122 篇，150.48 万字；理论文章 12 篇，4.25 万字；研究报告 11 篇，38.05 万字；学术资料整理 1 种，386.6 万字；译著 1 种，30 万字；译文 2 篇，4 万字；普及读物 4 种，67.6 万字；工具书 2 种，33.5 万字；一般文章 34 篇，28.01 万字；论文集 16 种，548.6 万字；影视 1 部，35 分钟。

2. 科研课题

（1）新立项课题。2017 年，世界宗教研究所共有新立项课题 8 项。其中，国家社会科学基金一般课题 3 项：“近现代中国民族国家建设与儒教的互动关系研究（1895 ~ 1919）”（李华伟主持），“伊斯兰语境下的宗教极端主义研究”（李林主持），“理论苏非学思想体系研究”（王希主持）；国家社会科学基金青年课题 2 项：“海洋文化与中斯佛教交流研究”（司聃主持），“六朝道教变革史考”（王皓月主持）；院国情调研重大课题 1 项：“藏传佛教与社会主义社会相适应问题研究”（赵文洪主持）；院级国情调研基地课题 1 项：“云南与周边国家跨境民族经济社会文化调查”（郑筱筠主持）；所级国情调研基地课题 1 项：“中印孟缅经济走廊之民族宗教热点问题研究”（郑筱筠主持）。

（2）结项课题。2017 年，世界宗教研究所共有结项课题 3 个。其中，国家社会科学基金重点课题 1 项："《剑桥基督教史》（九卷本）翻译"（卓新平主持）；国家社会科学基金青年课题 2 项："西方宗教心理学的最新进展"（梁恒豪主持），"闽西罗祖教调查"（李志鸿主持）。

（三）学术交流活动

1. 学术活动

2017 年，世界宗教研究所主办和承办的学术会议如下。

（1）2017 年 4 月 8 日，由世界宗教研究所巴哈伊研究中心、香港大学社会学系主办，当代宗教研究室协办的"巴哈伊文化里的人性观"工作坊在北京举行。

（2）2017 年 4 月 14 日，由世界宗教研究所当代宗教研究室主办的"当代中国宗教"学术讲座在北京举行。

（3）2017 年 4 月 15 ~ 16 日，由世界宗教研究所、中国宗教学会和南通市民族宗教事务局主办，《世界宗教研究》编辑部、南通市佛教协会等承办的"僧伽大师与佛教中国化"学术研讨会在江苏省南通市召开。

（4）2017 年 4 月 21 日，世界宗教研究所举办了国家社科基金重大项目"中国宗教研究数据库建设（1850 ~ 1949）"学术报告会。北京大学哲学系、北京大学《儒藏》编纂与研究中心助理教授杨浩博士作了题为"中文文本数据库设计优缺点分析及未来展望"的学术报告。

（5）2017 年 5 月 25 日，由中国宗教学会世界宗教研究所伊斯兰教研究室主办的"伊斯兰教与欧美社会"学术研讨会在北京举行。

（6）2017 年 5 月 12 ~ 15 日，由中国宗教学会、世界宗教研究所、南京大学社会人类学研究所、华东师范大学人类学研究所主办的"修行与精神性生活暨第三届宗教人类学工作坊"在浙江省宁波市召开。

（7）2017 年 6 月 16 ~ 18 日，由中国人民大学佛教与宗教学理论研究所和哲学院主办，《世界宗教研究》编辑部、世界宗教研究所佛教研究室、广东东华禅寺协办的"第二届中国现代佛教论坛"在北京举行。论坛的主题是"尉迟酣与中国现代佛教史研究"。

（8）2017 年 8 月 5 ~ 6 日，中国宗教学会、内蒙古自治区宗教事务局、内蒙古师范大学、内蒙古国际文化交流中心、世界宗教研究所在内蒙古自治区呼和浩特市联合举办了中国宗教学会 2017 年年会暨"草原丝路与宗教交流"学术会议。

（9）2017 年 8 月 21 日，由《世界宗教研究》编辑部、中南大学中国村落文化研究中心联合举办的"中国乡村宗教研究"专题研讨会在北京召开。

（10）2017 年 8 月 25 ~ 27 日，世界宗教研究所、中国宗教学会在山东省青岛市主办了"第六届宗教哲学论坛"。论坛的主题为"宗教、伦理与秩序"。

（11）2017 年 8 月 25 ～ 27 日，由世界宗教研究所、兰州大学、西北民族大学、中国宗教学会、中国统一战线理论研究会民族宗教理论甘肃研究基地、甘肃省丝绸之路研究会等单位联合举办的“‘一带一路’建设与文化遗产研究论坛”在甘肃省临夏回族自治州举行。

（12）2017 年 9 月 5 ～ 6 日，由中国社会科学院学部主席团主办，中国社会科学院世界宗教研究所、北京市基督教两会、中国宗教学会联合承办的中国社会科学论坛（2017·宗教学）——“宗教革新与社会发展”国际学术会议在北京举行。

（13）2017 年 9 月 6 ～ 7 日，由世界宗教研究所、中国宗教学会、中国社会科学院佛教研究中心、北京市佛教协会主办，北京延庆泽润寺承办的“宗教中国化视野下人间佛教的未来发展——纪念赵朴初 110 周年诞辰学术研讨会”在北京举行。

（14）2017 年 9 月 9 日，由世界宗教研究所、中国宗教学会、浙江省建筑设计院联合主办，中国建筑工业出版社协办的“《浙江省宗教建筑规范》研讨会暨中国宗教学会宗教建筑文化专业委员会成立会”在浙江省杭州市举行。

（15）2017 年 9 月 16 ～ 17 日，由宗教研究所、中国宗教学会、中国社会学会宗教社会学专业委员会联合举办的“宗教与社会结构——宗教社会学论坛（2017）”在北京举行。

（16）2017 年 9 月 28 ～ 29 日，中国宗教学会、世界宗教研究所、国家社科基金重点课题“一带一路”课题组在北京共同主办了“非洲宗教研讨会”。

（17）2017 年 10 月 7 日，由世界宗教研究所“中国宗教研究数据库建设（1850 ～ 1949）”课题组与上海大学历史系“汉语基督教文献书目的整理与研究”课题组联合举办的“宗教研究与数据库建设国家重大项目联合学术研讨会”在上海举行。

（18）2017 年 10 月 25 日，由世界宗教研究所和河北信德文化学会联合主办的全面“抗战初期‘正定教堂惨案’八十周年”学术座谈会在北京举行。

（19）2017 年 10 月 28 ～ 29 日，由世界宗教研究所、西北民族大学、中国宗教学会、中国统一战线理论研究会民族宗教理论甘肃研究基地、甘肃省丝绸之路研究会联合主办的“丝绸之路黄金段民族文化建设暨第六届东南亚宗教研究高端论坛”在甘肃省临夏回族自治州召开。

（20）2017 年 11 月 7 ～ 8 日，由世界宗教研究所、中国宗教学会、中国人民大学文艺复兴研究院联合主办，《世界宗教研究》编辑部、*Studies in Chinese Religions*（英文季刊《中国宗教研究》）承办的“第二届全球史视阈下的宗教文化研究”国际学术研讨会在北京召开。研讨会的主题为“‘一带一路’与东西方宗教文化交流互鉴”。

（21）2017 年 11 月 18 ～ 19 日，由世界宗教研究所、清华大学宗教与道德研究院共同举办的“中国景教国际学术研讨会（二零一七）”在北京举行。研讨会的主题为“景教徒在华生活与信仰实践”。

（22）2017 年 11 月 19 ～ 21 日，由中国宗教学会主办、世界宗教研究所承办的“第三届全国伊斯兰教学术研讨会”在北京召开。

2. 国际学术交流与合作

2017年，世界宗教研究所共派遣出访21批54人次。与世界宗教研究所开展学术交流的国家有英国、意大利、韩国、日本、南非、埃及、澳大利亚等。

（1）2017年3月26日，世界宗教研究所所长卓新平等赴以色列参加学术会议。

（2）2017年6月21日，世界宗教研究所陈进国、李锋赴日本参加中华传统儒教文化与日本民间团体交流研讨会。

（3）2017年6月25日至7月2日，世界宗教研究所陈粟裕随2017年第一批中国社会科学青年学者访日代表团访问日本。

（4）2017年7月5日，世界宗教研究所郑筱筠赴埃及参加“感知中国——中国西部文化行”活动。

（5）2017年8月10日，世界宗教研究所曹中建等赴南非进行学术交流。

（6）2017年9月19日，世界宗教研究所所长卓新平赴英国牛津大学参加国际研讨会。

（7）2017年11月22日，世界宗教研究所所长卓新平等赴巴西进行学术调研。

（8）2017年12月18日，世界宗教研究所副研究员李维建赴肯尼亚执行“中国社会科学院小语种与科研急需人才出访研修资助项目”。

3. 与中国香港、澳门特别行政区和中国台湾开展的学术交流

（1）2017年3月4日，世界宗教研究所赵文洪等赴我国台湾参加“促进两岸和谐——倾听台湾主流民意”学术研讨会。

（2）2017年10月28日，世界宗教研究所赵文洪等赴我国台湾参加学术研讨会。

（3）2017年11月1日，世界宗教研究所副所长贾俐等赴澳门特别行政区参加学术研讨会。

（4）2017年11月2～5日，由世界宗教研究所巴哈伊研究中心、巴哈伊教澳门总会、澳门城市大学“一带一路”研究中心、全球文明研究中心共同主办的“共建人类命运共同体——从修身齐家到天下一家”国际学术研讨会在澳门特别行政区举办。

（5）2017年11月12日，世界宗教研究所所长卓新平赴香港特别行政区参加学术研讨会。

（6）2017年12月2日，世界宗教研究所研究员尕藏加赴香港特别行政区参加学术会议。

（四）学术社团、期刊

1. 社团

中国宗教学会，会长卓新平。

2017年8月5～6日，中国宗教学会、内蒙古自治区宗教事务局、内蒙古师范大学、内蒙古国际文化交流中心、世界宗教研究所在内蒙古自治区呼和浩特市联合举办了2017年中国宗教学会年会暨“草原丝路与宗教交流”学术会议。100余名专家学者、宗教事务工作者和宗教界人士参加会议。会议研讨的主要议题有“草原丝路与宗教传播”“草原丝路与文明对话”“‘一带一路’与人类共同命运中的宗教”“草原丝路与蒙古宗教”等。

2. 期刊

(1)《世界宗教研究》(双月刊)，主编卓新平。

2017年，《世界宗教研究》共出版6期，共计120万字。该刊全年刊载的有代表性的文章有：卓新平的《科学宣传无神论　保护宗教信仰自由》，吴云贵的《当代宗教极端主义简论》，陈立胜的《中国文化中的宗教宽容精神的四个结构性因素：道、心、圣人与圣经》，陈村富的《马克思主义无神论的形成轨迹和基本思想》，唐晓峰的《马克思主义宗教批判理论及其对当代无神论教育的启示》，方广锠的《谁的“边地情结”？》，学诚的《信仰危机与文化重生——21世纪传统宗教中国化的前景》，张志刚的《丁光训“基督教中国化”思想研究——处境意识、神学思考与道路选择》，金宜久的《伊斯兰教中国化：以汉文伊斯兰著述为例》。

(2)《世界宗教文化》(双月刊)，主编郑筱筠。

2017年，《世界宗教文化》共出版6期，共计182万字。该刊全年刊载的有代表性的文章有：吴云贵的《“一带一路”战略构想中的宗教文化因素》，刘国鹏的《罗马教廷的教会法地位、历史演变及当今变革》，李渤的《普京执政以来的俄罗斯政教关系》，王皓月的《“一带一路”战略实施中的蒙古国宗教风险研究》，何虎生、张杰的《论中国特色社会主义宗教理论体系的层次、内涵及特点》，李维建的《当代非洲宗教生态》，刘义的《“一带一路”背景下土耳其的宗教风险研究》，王帅的《中国东正教的现状与反思——兼论东正教中国化问题》，金宜久的《漫议马复初对伊斯兰教中国化的贡献》，纪华传的《坚持佛教中国化方向的历史根源与时代意义》，黄杰的《返本开新文明互鉴——坚持我国宗教中国化的方向》，穆宏燕的《印度—伊朗“莲花崇拜”文化源流探析》。

(五)会议综述

中国宗教学会2017年年会暨“草原丝路与宗教交流”学术会议

2017年8月5～6日，在庆祝内蒙古自治区成立70周年之际，中国宗教学会、内蒙古自治区宗教事务局、内蒙古师范大学、内蒙古国际文化交流中心、中国社会科学院世界宗教研究所在呼和浩特市联合举办了中国宗教学会2017年年会暨“草原丝路与宗教交流”学术会议。100余名专家学者、宗教事务工作者和宗教界人士围绕“草原丝路与宗教传播”“草原丝路与文明对话”“‘一带一路’与人类共同命运中的宗教”“草原丝路与蒙古宗教”等主题进行了研讨。

中国社会科学院世界宗教研究所所长、中国宗教学会会长卓新平在致辞中说，中国宗教

2017 年 8 月，中国宗教学会 2017 年年会暨“草原丝路与宗教交流”学术会议在内蒙古自治区呼和浩特市举行。

学发展已经进入一个非常关键的时期，前景光明。2016 年 5 月，习近平总书记在哲学社会科学工作座谈会上的讲话，将宗教学列入对哲学社会科学具有支撑作用的学科之一，提出要打造出具有中国特色和普遍意义的学科体系。这说明，宗教学的特殊意义得到了前所未有的重视和彰显。然而，不可忽视的是，社会对宗教的认知仍有误解和分歧，一些偏见和非议甚至干扰了宗教学的健康发展。因此，中国宗教学迫切需要迎难而上、开拓创新。

卓新平指出，中国宗教学的拓展需要建立中国的话语体系，不断完善学术体系、学科体系，健全整体学科建构，建设宗教学的分支学科。他同时表示，中国宗教学会为了学科的系统、深入发展，鼓励学界设立宗教研究的各专业委员会。

青年长江学者、中央民族大学宗教研究院院长游斌在发言中指出，在“一带一路”上，要以国际话语讲述中国宗教故事，阐述中国经验的宗教多元通和模式。向世界讲好中国故事，必须讲好中国宗教故事。中国宗教故事中蕴含着中国智慧所特有的价值与理念。以国际学术话语讲述中国宗教故事，不是说把中国宗教的理念与实践“翻译”成一种国际学术界可以接受的话语体系，而是向世界讲述中国智慧、中国价值，如“神道设教”“和而不同”“因俗而治”“美美与共”“修己安人”等。以这些价值理念为引领，才能做到习近平总书记所强调的，“提炼标识性概念，打造易于为国际社会所理解和接受的新概念、新范畴、新表达，引导国际学术界展开研究和讨论”，因为中国宗教故事中体现的价值和理念，恰恰对当前世界面临的宗教问题具有很强的针对性，具有世界普遍意义。

复旦大学中华文明国际研究中心研究员安伦认为，“一带一路”涉及的国家几乎都是有强烈宗教色彩的国家，统摄其民心的是宗教信仰，如果在宗教上不能与之交流融通，就难以做到民心相通。因此，应积极开展宗教对话，充分利用我国的宗教文化资源，与“一带一路”国家的人民在价值、伦理领域取得相互认同。

与会人士认为，北方草原丝绸之路是一幅波澜壮阔的历史画卷，留下了文化交流的悠长史诗，流传着不同宗教碰撞与沟通的回声，如佛教、祆教、摩尼教、基督宗教、伊斯兰教、道教等的来往交替。评估其宗教因素及其留存的作用，将有利于“以文明交流超越文明隔阂、文明互鉴超越文明冲突、文明共存超越文明优越，推动各国相互理解、相互尊重、相互信任”，发挥宗教服务“一带一路”建设的积极作用。

（科研处）

中国社会科学论坛（2017·宗教学）——“宗教革新与社会发展”国际学术会议

2017年9月5～6日，由中国社会科学院学部主席团主办，中国社会科学院世界宗教研究所、北京市基督教两会、中国宗教学会联合承办的中国社会科学论坛（2017·宗教学）——“宗教革新与社会发展”国际学术会议在北京举行。

在论坛开幕式上，全国人大常委、中国社会科学院学部委员、中国宗教学会会长、世界宗教研究所所长、研究员卓新平，国家宗教事务局副局长陈宗荣，中国社会科学院学部委员、研究员魏道儒，中国社会科学院世界宗教所副所长贾俐，北京市基督教两会主席蔡葵，中国伊斯兰教协会副会长穆可发，中国佛教协会副秘书长桑吉扎西等领导和学者分别致辞。中国社会科学院世界宗教研究所党委书记、研究员赵文洪主持论坛开幕式。

陈宗荣在发言中指出：“宗教顺应社会、服务社会，履行社会责任，是我国宗教坚持中国化方向的必由之路，是正确处理好宗教与社会关系，引导宗教与社会主义社会相适应的必然要求。”卓新平在发言中指出：“在当前世界，尤其是当代中国，宗教的革新精神仍然需要保持，宗教必须积极适应时代发展，并应主动为历史进步、社会改进展示其睿智，作出其应有的贡献。”

来自海内外的100余位专家学者围绕“宗教革新与社会发展”的主题，分别从佛教、基督教与伊斯兰教三大宗教的角度，探讨相关问题。

（科研处）

宗教研究与数据库建设国家重大项目联合学术研讨会

2017年10月7日，“宗教研究与数据库建设国家重大项目联合学术研讨会”在上海举行。该研讨会由中国社会科学院世界宗教研究所“中国宗教研究数据库建设（1850～1949）”课题组与上海大学历史系“汉语基督教文献书目的整理与研究”课题组联合举办。来自国内相关研究机构、高等院校、图书馆以及出版机构的专家学者，就宗教研究与数据库建设等话题展开了深入的讨论和学术交流。

会议由国家社科基金重大项目“中国宗教研究数据库建设（1850～1949）”首席专家、研究员李建欣主持，上海大学副校长、教授段勇发表了致辞。全国人大常委、中国社会科学院世界宗教研究所所长、中国宗教学会会长、中国社会科学院学部委员、研究员卓新平以“历史用数据说话”为题，发表了主旨演讲，他指出4个重点：历史的记载以文献形式留存，文献的当代应用以数据来呈现；回归历史的本来面目需要以史料来支撑，而史料的海选则在数据的表达中得以实现；数据的汇聚基于资料馆藏，弄清相关专业的馆藏，形成其数据表达至关重要；历史用数据来说话，而数据则可使历史得以当代反思，给人带来深思和创新。

研讨会上，“中国宗教研究数据库建设（1850～1949）”课题组成员介绍了项目的进展情况，各子课题小组代表分别以“中国基督教研究数据库建设与研究”“中国伊斯兰教研究数据库建设与研究”“中国宗教艺术研究数据库建设与研究”“中国宗教理论研究数据库建设与研究”为题，介绍了课题进度和基本框架，以及在数据库建设中的各种学术难点和研究重点。与会学者就一些双方课题组感兴趣的话题进行了讨论。最后，李建欣以“中国宗教研究数据库建设的基本设想与中国宗教研究”为题作总结。

大会第二节围绕由教授陶飞亚主持的“汉语基督教文献整理与研究数据库”团队的介绍展开，副教授肖清和、杨雄威、郭红、舒健和杨卫华分别以“明末清初汉基文献的数据库建设与研究”“晚清天主教文献的数据库建设与研究”“晚清新教文献的数据库建设与研究”“民国天主教文献的数据库建设与研究”“民国基督教汉语文献的分布与样态”为题，作学术报告。最后，陶飞亚以“汉基文献数据建设与基督教中国化研究”为题进行总结。与会学者就“汉语基督教文献书目的整理与研究”课题组项目的进展、研究和未来的工作展望进行了分析和讨论。

大会第三节以“智能数据库建设与人文学科研究前景”为主题。中国社会科学出版社总编辑助理、总编室主任陈彪博士，社会科学文献出版社技术主管周虎，上海图书馆徐家汇藏书楼徐锦华博士，广西师范大学出版社周涛就宗教出版与数据库建设、人文研究与数据库建设、数据库汉语资料的开发利用和汉语基督教文献数据库的技术问题等，同与会学者从不同的层面进行了有效的沟通和学科的交融。来自上海大学的梁珊和李强也介绍了海外有关宗教研究，特别是和中国宗教研究相关的机构、网站和数据库现状。

闭幕式上，李建欣和上海大学文学院院长、教授张勇安对此次研讨会给予积极肯定。陶飞亚认为，由两个国家社科基金重大项目举办联席会议是一个创举，并期待未来的进一步合作。相信通过此次研讨，大家对宗教研究数据库的建设会有更全面、更深入的认识，使下一步宗教研究数据库的建设更上一个台阶，对中国宗教研究起到重要的推动作用。

（科研处）

历史学部

考古研究所

（一）人员、机构等基本情况

1. 人员

截至2017年底，考古研究所共有在职人员148人。其中，正高级职称人员36人，副高级职称人员41人，中级职称人员50人；高、中级职称人员占在职人员总数的86%。

2. 机构

考古研究所设有：史前考古研究室、夏商周考古研究室、汉唐考古研究室、边疆民族考古研究室、科技考古中心、文化遗产保护研究中心、考古资料信息中心、考古杂志社。另在西安设有研究室，在洛阳和安阳设有工作站。

3. 科研中心

考古研究所主管的非实体研究中心有：中国社会科学院古代文明研究中心、外国考古研究中心、蒙古族源研究中心、公共考古中心、边疆考古研究中心。

（二）科研工作

1. 科研成果统计

2017年，考古研究所共完成田野考古报告4种，450.2万字；专著10种，574.2万字；译著2种，210万字；学术资料1种，40.1万字；工具书1种，182万字；论文集6种，396.7万字；各研究室、中心发表学术论文共计247篇，476.9万字。

2. 科研课题

（1）新立项课题。2017年，考古研究所共有新立项课题3项。其中，国家社会科学基金重点课题1项："东周墓葬制度研究"（印群主持）；国家社会科学基金一般课题1项："应用木炭分析探索甘青地区新石器—青铜时代环境演变与考古学文化的关系研究"（王树芝主持）；国家社会科学基金青年课题1项："山东砣矶岛大口遗址出土人骨研究"（张旭主持）。

（2）结项课题。2017年，考古研究所共有结项课题3项。其中，国家社会科学基金重点课题1项："汉长安城遗址骨签考古研究"（刘庆柱主持）；国家社会科学基金后期资助课题1项："上古的天文、思想与制度"（冯时主持）；国家自然科学基金青年课题1项："中国新石器时期玉器砂绳切割技术研究"（叶晓红主持）。

（3）延续在研课题。2017年，考古研究所共有延续在研课题20项。其中，国家社会科学基金重大委托课题1项：“蒙古族源与元朝帝陵综合研究”（王巍、孟松林主持）；国家社会科学基金重大课题2项：“河南灵宝西坡遗址综合研究”（李新伟主持），“汉魏洛阳城宫城南区考古发掘报告”（钱国祥主持）；国家社会科学基金重点课题2项：“殷周金文集成·续补”（曹淑琴主持），“偃师商城遗址宫城区的发掘和研究”（谷飞主持）；国家社会科学基金一般课题7项：“河南淅川下王岗2008～2010年考古发掘研究报告”（高江涛主持），“唐大明宫太液池遗址考古发掘报告”（龚国强主持），“秦封泥分期与秦职官郡县重构研究”（刘瑞主持），“汉唐时期青藏高原丝绸之路的考古学研究”（仝涛主持），“山西翼城大河口墓地出土容器内存积土的分析与研究”（赵春燕主持），“先秦时期海岱地区考古学文化的互动与族群变迁”（庞晓霞主持），“殷墟妇好墓出土玉器综合研究”（杜金鹏主持）；国家社会科学基金青年课题6项：“殷墟遗址的动物考古学研究”（李志鹏主持），“广鹿岛贝丘遗址的动物考古学研究”（吕鹏主持），“夏商时期晋陕冀地区的生业与社会”（常怀颖主持），“福建地区旧、新石器时代过渡遗存综合研究”（周振宇主持），“中原地区先秦时期家养黄牛的分子考古学研究”（赵欣主持），“稳定同位素所见郑洛地区4000BP—3500BP先民食谱与家畜饲养方式的特点研究”（陈相龙主持）；国家社会科学基金后期资助课题1项：“礼仪神器与欧亚草原社会世俗生活”（郭物主持）；国家自然科学基金青年课题1项：“陶寺遗址的石器生产技术和石料资源利用：早期城市出现的经济支撑”（翟少冬主持）。

（三）学术交流活动

1. 学术活动

2016年，考古研究所主办和承办的学术会议如下。

（1）2017年1月10日，由中国社会科学院主办，中国社会科学院考古研究所、《考古》杂志社承办的“中国社会科学院考古学论坛·2016年中国考古新发现”在北京举行。

（2）2017年3月2日，“中国社会科学院外国考古研究中心成立仪式暨赴外考古新发现论坛”在北京举行。

（3）2017年3月7日，2017年度考古研究所田野考古队长工作会在北京举行。来自国家文物局、考古研究所的40余位学者和《中国文物报》、《中国社会科学报》、中国考古网等媒体代表参加了会议。

（4）2017年3月28日，“中俄考古现场三维重建技术研讨会”在北京举行。来自俄罗斯新西伯利亚国立大学和考古研究所的30余位学者参加会议。会议的主题是“三维重建技术在考古现场的应用”。

（5）2017年5月13～14日，由考古研究所、河北省文物局、河北省文物研究所和黄骅市人民政府联合举办的“瓮棺葬与古代东亚文化交流国际学术研讨会”在河北省黄骅市举行。

来自中国、韩国、日本等国家的考古文博机构、高等院校的考古文博院系的专家学者以及文史工作者参加了会议。

(6) 2017 年 5 月 27 日，由考古研究所、内蒙古自治区文物局、呼伦贝尔市人民政府主办，“蒙古族源与元朝帝陵综合研究”项目办公室、中国社会科学院蒙古族源研究中心、辽宁师范大学历史文化旅游学院承办的“蒙古族源与元朝帝陵综合研究学术研讨会”在辽宁省大连市举行。来自国内多家科研院所和高校的专家学者、师生代表 80 余人参加了会议。

2017 年 8 月，“蒙古族源与元朝帝陵综合研究”子课题“中国古代北方民族历史与考古系列学术研讨会”在内蒙古大学举行。

(7) 2017 年 8 月 16 日，由“蒙古族源与元朝帝陵综合研究”项目办公室、内蒙古大学历史与旅游文化学院主办的“中国古代北方民族历史与考古系列学术研讨会”在内蒙古自治区呼和浩特市举行。会议商讨了“中国古代北方民族史丛书”编写与出版的相关事宜。来自中国社会科学院考古研究所、内蒙古大学等国内科研机构、高校的相关领导和专家参加了会议。

(8) 2017 年 8 月 21 日，由考古研究所、新疆维吾尔自治区文物考古研究所主办的“新疆维吾尔自治区温泉县呼斯塔遗址现场座谈会”在新疆维吾尔自治区温泉县召开。来自国内科研院所及高校的专家学者参加会议。会议研讨的主要议题有“呼斯塔遗址的发掘成就”“呼斯塔遗址在考古学文化中的价值定位”“博尔塔拉河流域的区域考古学研究”“呼斯塔遗址今后考古发掘与研究中应注重的问题”等。

(9) 2017 年 8 月 27 ~ 28 日，由考古研究所、陕西省考古研究院、日本山口大学东亚比较都城史研究会联合举办的“古代东亚的都城与墓葬国际学术研讨会”在陕西省西安市举行。来自中国、日本、韩国的专家学者 15 人参加了研讨会。

(10) 2017 年 10 月 25 日，由考古研究所主办，洪都拉斯人类学与历史学研究所、日本金沢大学协办的“科潘：比较的视角”国际研讨会在洪都拉斯科潘墟镇召开。来自中国、美国、洪都拉斯、墨西哥和日本的专家学者 30 余人参加了会议。

(11) 2017 年 11 月 3 日，由考古研究所、福建省文物局、三明市人民政府主办，福建博物院、将乐县人民政府承办的“中国东南及环太平洋地区史前考古国际学术研讨会”在福建省将乐县举行。来自中国、美国、加拿大、新西兰、澳大利亚、以色列、日本、印度尼西亚、越南、马来西亚等国高等学府和科研院所的专家学者以及媒体记者近140人参加了会议。

（12）2017年12月7～12日，由中国社会科学院、上海市人民政府联合主办，中国社会科学院—上海市人民政府上海研究院、考古研究所、上海市文物局、上海大学共同承办的“第三届世界考古论坛·上海”在上海举行。此次论坛关注水与古代文明的关系。来自全球各大考古机构、院校的200余位专家学者参加了会议，旨在通过跨文化与比较研究，推进国家间的考古学术交流和研究合作。

（13）2017年考古学研究系列学术讲座（第1～17讲）

①第1讲：“寻找白城卡哈卡玛萨”（主讲人为洪都拉斯人类学与历史研究局局长维吉里奥·佩德雷斯·特拉佩罗教授）。

②第2讲：“我们从哪里来？——关于人类起源与现代人类起源研究的进展与思考”（主讲人为中国科学院古脊椎动物与古人类研究所研究员高星）。

③第3讲：“河南文物考古工作回顾与展望”（主讲人为河南省文物局副局长贾连敏研究员）。

④第4讲：“树皮布考古的世界性意义”（主讲人为香港中文大学教授邓聪）。

⑤第5讲：“生命的食粮与人类的‘盐’语”（主讲人为北京大学教授李水城）。

⑥第6讲：“南蛮向化，还是夷夏相融？——考古解开远古湖南的华夏密码”（主讲人为湖南省文物考古研究所所长郭伟民研究员）。

⑦第7讲：“土耳其科尼亚省赛尔柱王朝库拜德·阿拜德宫装饰壁砖的生产技术”（主讲人为英国伦敦大学学院考古系教授伊恩·弗里斯通）。

⑧第8讲：“甘青地区史前时期的墓葬”（主讲人为西北大学文化遗产学院教授陈洪海）。

⑨第9讲：“中世纪早期粟特古城的格局与建筑——以撒马尔罕和布哈拉为中心”（主讲人为乌兹别克斯坦科学院考古研究所高级研究员赛义多夫·摩门汗）。

⑩第10讲：“驯化季节：农时与食物全球化”（主讲人为英国剑桥大学教授马丁·琼斯）。

⑪第11讲：“论殷墟”（主讲人为中国社会科学院考古研究所研究员唐际根）。

⑫第12讲：“中国青铜器和其他材质文物中的铅料”（主讲人为牛津大学教授马克·波拉德）。

⑬第13讲：“沈从文与纺织考古”（主讲人为中国社会科学院考古研究所特聘研究员王亚蓉高级工程师）。

⑭第14讲：“由公众考古到公众考古学”（主讲人为复旦大学文物与博物馆学系教授高蒙河）。

⑮第15讲：“上古城邑七千年——从上山、兴隆洼文化到秦都咸阳”（主讲人为中国社会科学院考古研究所研究员许宏）。

⑯第16讲：“‘万国玉帛’场景下的再思”（主讲人为中国台北“故宫博物院”研究员邓淑苹）。

⑰第17讲："从八仙洞遗址考古的新发现论东南亚洲旧石器晚期文化的几个问题"（主讲人为历史语言研究所研究员臧振华）。

（14）2017年埃及考古系列学术讲座

2017年1月6日，考古研究所举办埃及考古系列学术讲座。埃及古物部古代埃及文物司司长阿菲菲在会上作了题为"近年来的埃及考古发现"的学术报告。

（15）2017年印度考古系列学术讲座

2017年7月19日，考古研究所举办印度考古系列学术讲座。美国新泽西学院历史系教授刘欣如分别作了题为"印度河文明考古概览"和"印度早期佛教遗址考古发掘与研究"的主题讲座。

2. 国际学术交流与合作

2017年，考古研究所共派遣出访53批90人次，接待来访16批30人次。与考古研究所开展学术交流的国家有：美国、英国、法国、加拿大、墨西哥、新西兰、澳大利亚、日本、韩国、以色列、越南、印度尼西亚等。

（1）2017年1月10～16日，考古研究所副所长朱岩石研究员等赴德国慕尼黑大学参加"4～7世纪中国北方的多样文化"学术研讨会。

（2）2017年3月28日至4月6日，考古研究所汉唐考古研究室主任董新林研究员赴日本早稻田大学，参加"东亚都市和都城的考古学比较研究"学术研讨会。

（3）2017年4月7～14日，考古研究所所长陈星灿研究员赴法国，出席中国社会科学院与大国波尔多政治学院联合设立的"中国研究中心"成立揭牌仪式。

（4）2017年7月23～29日，考古研究所科技中心张雪莲研究员等赴巴西，参加世界科学技术史大会组委会与巴西里约热内卢联邦大学共同举办的"世界科学技术史大会"。

（5）2017年9月18～25日，考古研究所所长陈星灿研究员赴美国哥伦比亚大学，参加"唐氏早期中国研究中心"年度考古学讲座。

（6）2017年10月5～12日，考古研究所所长陈星灿研究员率团出访印度，进行学术考察。

3. 与中国香港、澳门特别行政区和中国台湾开展的学术交流

（1）2017年9月16～19日，考古研究所副所长朱岩石研究员赴澳门特别行政区，在特别行政区政府文化局对考古发掘报告的整理及编写等相关工作进行指导，开展学术交流。

（2）2017年9月17～19日，中国社会科学院学部委员、考古研究所研究员王巍赴香港特别行政区，参加"香港发展：新动力、新前景研讨会暨香港中国学术研究院成立揭牌仪式"。

（3）2017年9月3～11日，考古研究所考古资料信息中心主任巩文等赴香港特别行政区，参观"文明·古都——中华文明起源与中国古代都城考古图片展"。

（4）2017年11月5～8日，考古研究所科技考古中心主任刘建国研究员赴香港中文大学参加"商代古城与大遗址保护"学术会议。

（四）学术社团、期刊

1. 社团

中国考古学会，理事长王巍。

（1）2017 年 4 月 13 ～ 14 日，由中国考古学会文化遗产保护专业委员会、四川省文物考古研究院主办的“江口沉银遗址保护与展示利用学术研讨会”在四川省成都市召开。会议研讨的主要议题有“水下遗址及出水文物保护”“遗址保护利用规划”“遗址博物馆建设”等。与会专家学者约 40 人。

（2）2017 年 4 月 16 日，由中国考古学会环境考古专业委员会、北京联合大学主办的“环境考古”主题研讨沙龙在北京召开。沙龙研讨的主要议题有“中国古代农业形成的环境背景及其与古代文化的关系”“单个遗址和聚落遗址群的古环境分析方法”。与会专家学者约 65 人。

（3）2017 年 4 月 22 ～ 29 日，由考古研究所、中国考古学会公共考古指导委员会、宜宾市文化广电新闻出版局共同主办，考古研究所公共考古中心、四川省文物考古研究院、翠屏区政府、宜宾市博物院、中国考古网承办的第五届“中国公共考古 · 李庄论坛”在四川省宜宾市召开。与会专家学者约 300 人。

（4）2017 年 6 月 9 ～ 12 日，由中国考古学会旧石器专业委员会等单位主办的“首届中国旧石器文化节暨河北泥河湾 2017 年中国文化和自然遗产日活动”在河北省阳原县召开。与会专家学者约 70 人。文化节上举办了全国高校石器模拟打制比赛决赛、人类起源公众科普讲座、非遗节目表演、考古论坛、参观泥河湾博物馆进行 AR 体验等 12 项主题活动。

（5）2017 年 6 月 30 日至 7 月 2 日，由中国旧石器专业委员会、山西省考古研究所主办的“旧石器考古在丁村：进展、研讨、纪念学术论坛”在山西省襄汾县召开。会议的主题是“丁村近年来的重要发现”。与会专家学者约 50 人。

（6）2017 年 7 月 5 ～ 7 日，由中国考古学会文化遗产保护专业委员会、中国考古学会宋辽金元明清考古专业委员会、中国文物保护技术协会考古遗址与出土文物保护专业委员会、考古研究所共同主办，河北省张北县人民政府承办的“历史 · 考古 · 文保——元中都建城 710 年学术研讨会”在河北省张北县召开。会议的主题是“学术界对蒙元历史、城市考古和文化遗产保护领域的最新学术成果与思考”。与会专家学者约 70 人。

（7）2017 年 8 月 2 ～ 4 日，由中国考古学会文化遗产保护专业委员会、考古研究所信息资料中心、郑州市文物考古研究院共同主办的“考古资料与库藏文物科学管理和活化利用研讨会”在河南省郑州市召开。会议的主题是“考古资料与库藏文物科学管理和活化利用”。与会专家学者约 50 人。

（8）2017 年 8 月 22 ～ 24 日，由中国考古学会主办，中国考古学会新石器考古专业委员会、郑州中华之源与嵩山文明研究会、河南省文物考古学会联合承办的“第一届中国考古 · 郑州论坛”在河南省郑州市召开。会议研讨的主要议题有“中国文明探源历程回顾”“早期中国的文化特质”“中心形成”等。与会专家学者约150人。

（9）2017年9月22～24日，由考古研究所、中国殷商文化学会、商丘市人民政府主办，中国考古学会夏商考古专业委员会、中共商丘市委宣传部、商丘市文化广电新闻出版社局共同承办的“豫东考古与夏商考古学研究研讨会”在河南省商丘市召开。会议研讨的主要议题有“豫东考古史”“考古新发现”“考古学文化”“豫东考古”“晚商考古”等。与会专家学者约50人。

（10）2017年9月23～30日，由中共甘肃省委宣传部指导，考古研究所、甘肃省文化厅、甘肃省文联、中共定西市委、定西市人民政府主办的“首届马家窑文化节”在甘肃省临洮县召开。与会专家学者约300人。

（11）2017年10月9～11日，由中国考古学会秦汉考古专业委员会、西安市文物局、阎良区人民政府主办，阿房宫与上林苑考古队、阎良区栎阳城遗址保护办公室、阎良区科技文体广电旅游局承办的“秦汉栎阳城考古学术座谈会”在陕西省西安市召开。会议研讨的主要议题有“秦汉栎阳城遗址考古工作进展情况”“秦汉栎阳城遗址及出土遗物考古成果”。与会专家学者约 40人。

（12）2017年10月11～12日，由中国考古学会新石器考古专业委员会、河南省文物考古研究院、舞阳县文化广电旅游局共同主办的“舞阳张王庄遗址考古发掘现场会”在河南省舞阳县召开。与会专家学者约20人。

（13）2017年10月13日，由中国考古学会宋辽金元明清专业委员会主办，巨鹿县委、县政府承办，北京大学考古文博学院协办的“巨鹿宋城文化专家研讨会”在河北省巨鹿县召开。会议的主题是“巨鹿故城的学术价值”。来自国内科研院所、高校等单位的专家学者约20人参加了会议。

（14）2017年10月14～15日，由中国考古学会新石器考古专业委员会、湖北省文物考古研究所、屈家岭管理处主办的“屈家岭遗址第四次考古发掘专家论证会”在湖北省荆门市召开。会议研讨的主要议题有“屈家岭遗址新发现的红烧土遗迹、联排灶坑、铜矿石、陶器等遗存”“屈家岭文化在文明进程中的地位”“屈家岭遗址的保护利用”等。与会专家学者约30人。

（15）2017年10月21～22日，由中国考古学会旧石器考古专业委员会和沈阳市文化广电新闻出版局共同主办的“沈阳地区旧石器考古进展与突破——中国考古学会旧石器专业委员会年会”在辽宁省沈阳市召开。会议研讨的主要议题有“沈阳地区旧石器时代考古的突破与进展”“沈阳地区旧石器文化面貌及东北地区旧石器时代中晚期和旧、新石器过渡时期文化面貌与内涵”。与会专家学者约80人。

（16）2017年10月27～30日，由中国考古学会人类骨骼考古专业委员会主办，四川大学历史文化学院承办的"'透骨见人'：多维视角探寻多彩的古代人类生活——中国考古学会人类骨骼考古专业委员会年会"在四川省成都市召开。大会研讨的主要议题有"骨骼形态学研究""古人类学研究""古病理学研究""骨骼稳定同位素研究""古 DNA 研究""牙齿人类学以及综合性、专题性、前瞻性的理论思考"等。来自 16 家国内外高校和 8 家科研机构的 55 名专家学者参加了会议。

(17) 2017 年 10 月 28 ~ 29 日，由中国地理学会、陕西师范大学主办，中国考古学会环境考古专业委员会参与的"转型与开放：丝绸之路经济带与西部发展转型——中国地理学会 2017 年（西北地区）学术年会"在陕西省西安市召开。会议研讨的主要议题有"黄河上游喇家遗址史前灾害与堰塞湖溃决关系""史前大洪水与中华文明起源"等。与会专家学者约 200 人。

(18) 2017 年 11 月 4 ~ 5 日，由中国考古学会新石器考古专业委员会、陕西省考古学会主办，陕西省考古研究院、高陵区人民政府、西安市文物局承办的"陕西高陵杨官寨遗址庙底沟文化墓地考古新发现"现场会在陕西省西安市召开。会议研讨的主要议题有"杨官寨遗址半坡四期的制陶作坊区""窑洞式建筑群""庙底沟时期大型环壕聚落""环壕内中心广场的水池遗迹""庙底沟文化大型墓地"等。与会专家学者约 60 人。

(19) 2017 年 11 月 11 ~ 12 日，由中国考古学会两周专业委员会、河南省文物局、信阳市人民政府、河南省文物考古学会主办，河南省文物考古研究院、城市考古与保护国家文物局重点科研基地、河南博物院、信阳市文化广电新闻出版局（市文物局）、信阳博物馆、城阳城址国家考古遗址公园管理委员会承办的"信阳楚墓发现 60 周年暨两周城址考古与保护学术研讨会"在河南省信阳市召开。与会专家学者围绕城阳城及周边区域的最新考古成果，近年来楚墓研究成果，两周城址研究成果介绍，文献、金文、出土简帛研究，两周封建制度的研究，新研究视角和方法等展开学习与讨论，并对近年来两周城址考古与大遗址保护提出了指导性意见和建议。与会专家学者约 90 人。

(20) 2017 年 11 月 11 ~ 12 日，由中国考古学会动物考古专业委员会和中国考古学会植物考古专业委员会主办，动植物考古国家文物局重点科研基地和中山大学社会学与人类学学院承办的"动物、植物与人——生物考古学术研讨会暨第八届中国动物考古学术研讨会、第六届中国植物考古学术研讨会"在广东省广州市召开。与会专家学者从具体遗址的个案研究，区域性的生业经济、人地关系和文化习俗，相关测试方法的（稳定同位素、动物分类学、微痕分析、实验考古等）应用等多个方面展示了近年来国内动物考古和植物考古的最新进展和成果。与会专家学者 110 人。

(21) 2017 年 11 月 12 ~ 15 日，由中国考古学会新石器考古专业委员会、河南省文物局主办，北京大学考古文博学院、河南省文物考古研究院承办的"龙山时代的中原——以墓葬为视角"学术研讨会在河南省郑州市召开。会议研讨的主要议题有"中原龙山文化墓葬""龙山时代的社会组织与葬仪”“龙山时代人群的迁徙与交流”“龙山时代的社会经济”等。与会专家学者约 60 人。

（22）2017 年 11 月 14 ~ 16 日，由中国考古学会文化遗产保护专业委员会、中国文物保护技术协会考古现场与出土文物保护技术专业委员会主办，北京科技大学科技史与文化遗产研究院承办的“考古现场出土遗存提取保护新技术研讨会”在北京召开。来自不同专业的专家学者为考古遗存的提取以及其他信息的提取献计献策，旨在实现共同发展。与会专家学者 100 余人。

（23）2017 年 11 月 25 日，由中国考古学会三国至隋唐考古专业委员会、考古研究所、陕西省考古研究院、西安市文物保护考古研究院、西安市大明宫遗址保管所主办，考古研究所陕西第一工作队、西安市大明宫遗址保管所承办的“隋唐长安城遗址考古与保护专家座谈会”在陕西省西安市召开。会议研讨的主要议题是“60 年来隋唐长安城考古与保护的成果和问题”。与会专家学者 40 余人。

（24）2017 年 11 月 25 日，由中国考古学会人类骨骼考古专业委员会、中山大学主办的“桂林甑皮岩遗址古人类复原现场讨论会”在广东省广州市召开。与会专家学者围绕对甑皮岩遗址出土人骨的复原展示进行了交流和讨论。

（25）2017 年 11 月 25 ~ 26 日，由考古研究所和四川省文物考古研究院主办，中国考古学会公共考古指导委员会承办的“罗家坝遗址与巴文化学术研讨会（中国・宣汉）”在四川省宣汉县召开。会议研讨的主要议题有“罗家坝遗址的考古发现与研究”“罗家坝出土文物与巴文化的关系”“巴文化的历史源流与演化”“罗家坝遗址的文化遗产保护与开发利用”等。与会专家学者约 70 人。

（26）2017 年 11 月 29 日，由山东大学历史文化学院、山东大学文化遗产研究院、首都师范大学历史学院、山东省文物考古研究院主办，中国考古学会环境考古专业委员会参与的“第三届全国青年考古学者论坛”在山东省济南市召开。会议研讨的主要议题有“资源与环境”“经济与技术”“聚落与社会”。与会专家学者约 100 人。

（27）2017 年 12 月 1 ~ 3 日，由中国考古学会新石器时代考古专业委员会、安徽省文化厅、安徽省人民政府参事室、马鞍山市人民政府、中国先秦史学会联合主办的“含山凌家滩遗址发掘 30 周年学术研讨会”在安徽省合肥市召开。会议研讨的主要议题有“凌家滩的聚落考古调查”“玉器无损分析及相关问题”“动物考古综合分析”“史前南北上层的社会交流”“江淮下游的文化格局”“凌家滩遗址的保护与利用”等。与会专家学者约 50 人。

（28）2017 年 12 月 2 ~ 4 日，由北京大学考古文博学院、中国考古学会宋辽金元明清考古专业委员会和广州市文物考古研究院主办的“五代十国考古发现与研究学术研讨会”在广东省广州市召开。会议的主题是“五代十国的城址、墓葬、手工业等”。与会专家学者 60 余人。

(29) 2017年12月16日，由中国考古学会新兴技术考古专业委员会主办，厦门大学考古人类学实验中心和厦门大学人文学院历史系承办的“中国考古学会新兴技术考古专业委员会第三届年会”在福建省厦门市召开。会议研讨的主要议题有“考古测年方法”“古环境重建”“资源考古”“史前贸易和文化交流”“文物保护技术”等。与会专家学者约60人。

(30) 2017年12月18～21日，由中国社会科学院考古研究所、中国考古学会新石器考古专业委员会、河南省文物考古学会、郑州市文物局主办的“第二届中国聚落考古学术研讨会”在河南省郑州市召开。会议研讨的主要议题有“聚落考古的理论和方法”“近年来中国重要聚落考古的新收获、聚落与环境”“多学科合作以及相关理论、方法”等。与会专家学者约100人。

2. 期刊

(1)《考古》(月刊)，主编陈星灿。

2017年，《考古》共出版12期，共计约210万字。该刊全年刊载的有代表性的文章有：刘振东的《汉长安城综论——纪念汉长安城遗址考古六十年》，熊增珑等的《辽宁朝阳市半拉山红山文化墓地的发掘》，何毓灵的《河南安阳市殷墟铁三路89号墓的发掘》，豆海峰的《从出土遗物看商时期南方与中原的文化互动》，刘锁强的《广东郁南县磨刀山旧石器时代遗址发掘简报》，汪盈等的《内蒙古巴林左旗辽上京宫城东门遗址发掘简报》，孙周勇等的《陕西神木县石峁城址皇城台地点》，李裕群的《南朝弥勒造像与傅大士弥勒化身》，朱岩石等的《乌兹别克斯坦安集延州明铁佩城址考古勘探与发掘》，谷飞等的《河南偃师商城宫城第五号宫殿建筑基址》，王小庆的《陕西宜川龙王辿遗址第一地点出土石器的微痕观察》，张小帆的《崧泽文化陶质酒器初探》。

(2)《考古学报》(季刊)，主编陈星灿。

2017年，《考古学报》共出版4期，共计92万字。该刊全年刊载的有代表性的文章有：张闻捷的《周代葬钟制度与乐悬制度》，沈丽华的《邺城地区六世纪墓葬的考古学研究》、陈小三的《长江中下游周代前期青铜器对中原地区的影响》，刘一曼的《花东H3坑甲骨埋藏状况及相关问题》，岳洪彬等的《河南安阳小司空村南两周墓葬》，张昌平等的《盘龙城聚落布局研究》。

(3)《中国考古学》(英文版，年刊) 第17卷，主编陈星灿。

2017年，《中国考古学》(英文版) 共出版1期，共计30万字。该刊刊载的有代表性的文章有：傅宪国等的《海南东南部沿海地区新石器时代遗存》，甘恢元等的《江苏兴化、东台市蒋庄遗址良渚文化遗存》，杨军等的《南昌市西汉海昏侯墓》，刘涛等的《河南洛阳市汉魏故城太极殿遗址的发掘》，周必素等的《贵州遵义市新蒲播州杨氏土司墓地》，付永旭等的《贵州平坝县牛坡洞遗址2012～2013年发掘简报》，陈国梁等的《河南偃师市二里头遗址墙垣和道路2012～2013年发掘简报》。

（五）会议综述

“蒙古族源与元朝帝陵综合研究”
——呼伦贝尔地区少数民族族源神话研究学术成果报告会

2017年6月21日，国家社会科学基金重大委托项目“蒙古族源与元朝帝陵综合研究”子课题——“呼伦贝尔地区少数民族族源神话研究”学术成果报告会在内蒙古自治区呼伦贝尔市召开。与会专家学者听取了该课题取得的阶段性进展，并展开了讨论。

中央民族大学少数民族语言文学系教授汪立珍代表课题组汇报了课题开展以来取得的阶段性成果。该课题主要是对呼伦贝尔地区蒙古族、鄂温克族、鄂伦春族、达斡尔族族源神话进行研究，并对同类神话进行比较研究。2013～2015年，课题组多次深入呼伦贝尔各民族聚居村落进行入户调查与访谈，收集民间传承的族源神话与传说资料，并进行录音、录像等数字化采集工作；2016年，课题组进入各地文化馆、地方史志办，收集呼伦贝尔诸民族的历史文献资料，进行归类整理与比较研究。课题组共收集到呼伦贝尔地区的鄂温克族、鄂伦春族、达斡尔族等民族神话传说102则，7万多字；成吉思汗的神话传说120则，9.6万字，包括成吉思汗出征，成吉思汗与地方河流、山脉等风物的传说，饮食传说，征战用具传说，墓地传说等12大类；地方志资料40多则，4万多字。

汪立珍介绍，该课题突破了以往学术界按照族别、母题等对神话学问题进行单一研究的传统，而是从神话学、民俗学、历史学、民族学等跨学科视野，对呼伦贝尔这一特定区域的族源神话进行系统整理、挖掘和研究，进而系统阐释这一区域诸民族族源神话蕴含的历史文化变迁的轨迹。

与会专家学者认为，蒙古族与鄂温克族、鄂伦春族、达斡尔族等呼伦贝尔民族历史渊源十分密切，而鄂温克等呼伦贝尔民族有语言无文字，有关他们的历史起源等重大问题的历史资料大量保存在神话等民间叙事中。该课题的实施对于探索蒙古族源问题具有重大的现实意义和学术价值。与会代表肯定了该课题研究的专业性、原创性，以及多学科合作的鲜明特点。

（科研处）

第一届中国考古·郑州论坛

2017年8月22～24日，由中国考古学会主办，中国考古学会新石器考古专业委员会、郑州中华之源与嵩山文明研究会、河南省文物考古学会承办的“第一届中国考古·郑州论坛”在河南省郑州市举行。会议的主题是“区域互动与文明化进程论坛”，重点讲述评议近年史前考古新发现和研讨中华文明起源的热点问题。来自国内40多所高校和文博科研院所的100余位专家学者参加了论坛。

中国社会科学院学部委员、中国考古学会理事长王巍在致辞中指出，将“中国考古·郑州论坛”的会址常设郑州，是基于郑州悠久的历史、丰富的文化底蕴，对中国考古学的滥觞之功以及近年来在考古工作中取得的出色成绩的肯定。

在学术研讨中，考古研究所所长陈星灿作了题为“中国文明起源研究的历史概述”的专题报告；中国人民大学教授韩建业作了题为“早期中国的文化特质：连续性”的专题报告；中国国家博物馆研究员戴向明作了题为“简论中国史前社会的阶段性变化及早期国家的形成”的专题报告。论坛打破小组讨论的常例，创新形式，16 位主讲人分别讲述了近年的史前考古新发现成果，研讨了中国文明探源的热点问题，然后由评议专家点评并提出问题。

“中国考古·郑州论坛”是在 2016 年 5 月首届中国考古学大会取得圆满成功后，为推动郑州市及河南省文物考古工作的发展，挖掘和弘扬郑州深厚历史文化底蕴，建设华夏历史文明传承创新区而设立的具有国际文化影响力的常设高端学术论坛。论坛每两年举办一次。

（科研处）

第三届世界考古论坛·上海

2017 年 12 月 7 ～ 12 日，第三届“世界考古论坛·上海”在上海市宝山区举行。论坛由中国社会科学院、上海市人民政府联合主办，中国社会科学院—上海市人民政府上海研究院、中国社会科学院考古研究所、上海市文物局、上海大学承办。来自 36 个国家和地区的 262 名专家学者参会。

论坛开幕式在上海大学宝山校区举行，中国社会科学院、上海市人民政府、国家文物局、上海研究院、考古研究所、上海市文物局、上海大学等单位领导出席了开幕式，上海市市长应勇、国家文物局副局长关强、中国社会科学院院长王伟光在开幕式上致辞，充分肯定了论坛在推动国际考古学界相互融入方面的重要作用，强调了在水资源需求急剧增长的当今社会深入了解当今社会及未来水资源的一系列关键性问题的重要性，强调了在水资源缺乏的严峻形势下，治理水灾害和地方治水的具体实践的紧迫性。

与会专家学者指出，此届世界考古论坛的主题是“水与古代文明”，正是世界各国考古学家当下热门的议题。水与人类的生存和发展息息相关。从日常的饮用、洗浴到礼仪用水，从国家层次的大规模水利基础设施建设到地方水利技术的发展，从隋唐的大运河到古罗马的引水渠，地点不同，时代不同，文化不同，水资源的利用和管理方式也不尽相同。急剧增长的水需求以及水资源的可持续性，是当今世界面临的最大挑战。考古学对于水与人类社会发展的研究，有助于我们深入了解当今社会及未来水资源的一系列关键性问题。

论坛期间举办了 11 场考古学主题论坛演讲、9 场公众考古讲座、10 场中国考古新发现和新研究专场讲座、1场性别与考古实践专题讲座以及50余场分会演讲等。论坛向美国加利福利亚大学考古学教授布莱恩·费根授予了终身成就奖，向20位世界各地的优秀考古学者颁发了重大田野考古发现奖和重大考古研究成果奖。

论坛促进了跨文化与比较研究，探讨了水资源、水管理与古代文明发展之间纵横交错的关系，鼓励了考古学者与其他领域学者在水资源及其管理研究方面的密切合作，加强了中外考古界的学术交流。

（科研处）

历史研究所

（一）人员、机构等基本情况

1. 人员

截至2017年底，历史研究所共有在职人员134人。其中，正高级职称人员37人，副高级职称人员39人，中级职称人员42人；高、中级职称人员占在职人员总数的88%。

2. 机构

历史研究所设有：先秦史研究室、战国秦汉史研究室、魏晋南北朝隋唐史研究室、宋辽金元史研究室、明史研究室、清史研究室、中国思想史研究室、马克思主义史学理论与史学史研究室、历史地理研究室、中外关系史研究室、文化史研究室、社会史研究室、《中国史研究》杂志社、图书馆、人事处、办公室、科研处。

3. 科研中心

历史研究所共有院级非实体研究中心5个：中国社会科学院甲骨文殷商史研究中心、中国社会科学院简帛研究中心、中国社会科学院徽学研究中心、中国社会科学院敦煌学研究中心、中国社会科学院中国思想史研究中心；所级非实体研究中心1个：中国社会科学院历史研究所内陆欧亚学研究中心。

（二）科研工作

1. 科研成果

2017年，历史研究所共完成专著19种，749.4万字；论文集7种，275.4万字；工具书2种，20万字；译著1种，42万字；译文6篇，11.9万字；论文279篇，335.6万字。

2. 科研课题

（1）新立项课题。2017年，历史研究所共有新立项课题18项。其中，国家社会科学基金一般课题3项："殷墟甲骨钻凿布局研究"（赵鹏主持），"11～12世纪初宋辽夏关系与宋辽政治研究”（林鹄主持），“宋代归明人研究”（侯爱梅主持）；国家社会科学基金青年课题3项：“秦汉颜色观念研究”（曾磊主持），“唐代北庭文书整理与研究”（刘子凡主持），“西周诸侯墓葬青铜器用与族群认同研究”（杨博主持）；国家社会科学基金后期资助课题6项：“中国边疆史论”（赵现海主持），“从《唐将书帖》看明清时代的南兵北将”（杨海英主持），“金璋的甲骨收藏与研究”（郅晓娜主持），“官文书与唐代政务运行研究”（雷闻主持），“长白山实地踏查与清代中朝边界史研究”（李花子主持），“明代中国白银货币化研究”（万明主持）；院文库课题4项：“北魏开国史探”（楼劲主持），“《天圣令》与唐代法典及司法研究”（黄正建主持），“清前期宫廷政治释疑”（杨珍主持），“明代的科举与经学”（陈时龙主持）；获院出版资助2项：“吾心自有光明月——王阳明思想原论”（汪学群主持），“甲骨学发展120周年”（王宇信主持）。

（2）结项课题。2017年，历史研究所共有结项课题即国家社会科学基金课题1项：“明代科举体制下的经学与地域研究”（陈时龙主持）。

（3）延续在研课题。2017年，历史研究所共有延续在研课题19项。其中，国家社会科学基金重大课题4项：“中国古文书学研究”（黄正建主持），“‘地图学史’翻译工程”（卜宪群主持），“《宋会要》的复原、校勘与研究”（陈智超主持），“山东博物馆珍藏甲骨文的整理与研究”（宋镇豪主持）；国家社会科学基金重点课题3项：“元代江南镇戍体系研究”（刘晓主持），“新视域中的唐代社会经济研究”（牛来颖主持），“《大唐开元礼》校勘整理与研究”（吴丽娱主持）；国家社会科学基金专题项目课题1项：“习近平历史思想研究”（卜宪群主持）；国家社会科学基金一般课题7项：“海岱早期文明的演进及其与中原的互动研究”（王震中主持），“中国礼学思想发展史研究”（王启发主持），“明代服饰研究”（赵连赏主持），“东林党、复社研究”（张宪博主持），“锦衣卫‘体外监察’与明代社会演进研究”（张金奎主持），“17～20世纪华北地区旗人及其后裔群体研究”（邱源媛主持），“晚唐敦煌文士张球与归义军史研究”（杨宝玉主持）；国家社会科学基金青年课题4项：“蒙元时期的海上‘丝绸之路’研究”（李鸣飞主持），“嘉禾吏民田家莂研究”（凌文超主持），“‘丝绸之路’与女真政治文明研究”（孙昊主持），“战国长城研究”（任会斌主持）。

3. 获奖优秀科研成果

2017年，历史研究所有3项成果获得第四届中国出版政府奖提名奖：卜宪群总撰稿的《中国通史》，卜宪群主编的《中国历史上的腐败与反腐败》（上、下册），张希清、毛佩琦、李世愉主编的《中国科举制度通史》（全五册）。

（三）学术交流活动

1. 学术活动

2017年，历史研究所主办和承办的学术会议如下。

（1）2017 年 5 月 12 日，由历史研究所、韩国成均馆大学东亚学术院共同主办，安徽大学历史系、安徽大学徽文化传承与创新中心承办的“第七届中韩学术年会”在安徽省合肥市召开。年会的主题是“东亚的传统秩序与演变”。来自中韩两国的 30 余名学者参加了年会。

（2）2017 年 8 月 10 ~ 11 日，由中国社会科学院学部主席团主办，历史研究所承办，中国社会科学院简帛研究中心、敦煌学研究中心、徽学研究中心、国家社科基金重大项目“中国古文书学研究课题组”协办的“2017 年中国社会科学论坛（史学）：第六届中国古文书学国际研讨会”在北京召开。研讨会的主题是“中国古文书学研究及最新成果”。来自海内外的 30 余名学者参加了论坛。

（3）2017 年 8 月 24 ~ 25 日，由历史研究所主办的“《宋会要》整理与研究”国际学术研讨会在北京召开。研讨会是国家社科基金重大项目“《宋会要》的复原、校勘与研究”项目的阶段性成果汇报。来自海内外的 60 多位专家学者参加了研讨会。

（4）2017 年 8 月 25 ~ 26 日，由历史研究所与日本东方学会共同主办，河南大学历史文化学院、黄河文明传承与现代文明建设协同创新中心共同承办的“第九届中日学者中国古代史论坛”在河南省开封市召开。论坛的主题是“东亚的国际社会与文化交流”。来自中日两国的 50 余名学者参加了论坛。

（5）2017 年 10 月 21 ~ 22 日，由历史研究所、北京师范大学古籍与传统文化研究院、香港理工大学中国文化学系共同主办，历史研究所承办的“第八届中国古文献与传统文化国际学术研讨会”在北京召开。研讨会的主题是“古文献与中华优秀传统文化核心思想观念”。来自海内外的 30 余名学者参加了研讨会。

（6）2017 年 11 月 24 ~ 25 日，由中国社会科学院、韩国研究财团共同主办的“第三届中韩人文学论坛”在韩国首尔召开。历史研究所继续承担“历史分论坛”的筹备工作。“历史分论坛”的主题是“圣君与圣人的国家：传统时代韩国与中国的理想君主观与国家观”“传统时代中的历史教育”“朝鲜时代——朝鲜与中国的相互认识：以使行与漂流记录为中心”“近现代传统批判与古典研究”。来自中韩两国的 40 余名学者参加了“历史分论坛”的研讨。

（7）2017 年 12 月 1 ~ 2 日，由历史研究所与莆田学院等单位共同主办的“第三届国际妈祖文化学术研讨会”在福建省莆田市湄洲岛召开。研讨会的主题是“妈祖文化与海上丝绸之路研究”。来自海内外的 90 余名学者参加了研讨会。

2. 国际学术交流与合作

2017 年，历史研究所共派遣出访 35 批 53 人次，接待来访 16 批 59 人次（其中，中国社会科学院邀请来访 9 批 19 人次）。与历史研究所开展学术交流的国家有日本、韩国、蒙古国、澳大利亚、美国、加拿大、俄罗斯、荷兰、法国、以色列、土耳其、乌兹别克斯坦、塔吉克斯坦、阿联酋、泰国、越南、尼日利亚等。

（1）2017年1月2 ~ 22日，由历史研究所与韩国成均馆大学东亚学术院共同主办的“2017

年度韩国成均馆大学硕博研究生研修班”在历史研究所开课。研修班的主题是“中国历史及东亚史研究”。来自成均馆大学东亚学术院的13名硕士、博士研究生参加了为期20天的研修。

(2) 2017年2月13～19日，历史研究所社会史研究室主任阿风研究员应法国远东学院邀请赴法国，参加“家庭、组织与经济：中国地方历史研习会”，并发表题为“古文书与明清史研究”的报告；还在法国社会科学高等研究院发表题为“女性与徽州的社会经济”的报告。

(3) 2017年3月1日，历史研究所所长卜宪群研究员在北京会见法国驻华大使馆高等教育与人文社会科学研究合作专员鲍佳佳教授等一行3人。

(4) 2017年3月5～8日，根据所级交流协议，日本大谷大学井黑忍准教授、滨野亮介助教应邀访问历史研究所，并分别发表题为“关于近世、近代华北水利权买卖的考察——以山西、陕西、河南的事例为基础”“明代民间死者仪礼与国家——关于佛教‘瑜伽（教）宗’的整理及相关课题”的学术演讲。

(5) 2017年3月16～19日，历史研究所中国思想史研究室王启发研究员应韩国学中央研究院邀请，赴韩国参加“茶山学国际学术会议”，并发表题为《丁若镛周礼学及相关问题初探》的论文。

(6) 2017年4月12日，历史研究所所长卜宪群研究员在北京会见韩国东北亚历史财团事务总长李贤主一行4人。

(7) 2017年4月26～30日，历史研究所中外关系史研究室主任李锦绣研究员等应文化部邀请赴土耳其，参加由中华人民共和国文化部举办的“第二届土耳其中国学会议”，并发表题为《土耳其历史研究中的汉语史料源考》的论文。

(8) 2017年4月26日至5月2日，历史研究所战国秦汉史研究室副研究员凌文超应哥伦比亚大学唐氏早期中国研究中心的邀请赴美国，参加“2016～2017年度唐氏研讨会”，并发表题为《走马楼吴简中所见徭役制度研究》的论文。

(9) 2017年6月3～7日，历史研究所明史研究室副研究员解扬应以色列特拉维夫大学邀请赴以色列，参加“东亚历史上的金融与货币政策”国际学术研讨会，并发表题为《晚明地方政府的纲银》的学术论文。

(10) 2017年6月22～25日，历史研究所中外关系史研究室副主任李花子研究员应韩国东北亚历史财团邀请赴韩国，参加“东北历史地理研究”国际学术研讨会，并发表题为《历史上的鸭绿江源和图们江源考》的学术论文。

(11) 2017年7月20～26日，根据院级交流协议，泰国皇家理工大学科学与农业技术学院副教授Jirarat Kantakhoo等访问历史研究所，就“中国制盐史”等议题，与历史研究所相关学者进行了交流与探讨。

(12) 2017年8月24～30日，历史研究所中外关系史研究室主任李锦绣研究员应乌兹别克斯坦共和国总理内阁副总理Djamshid Kuchkarov邀请赴乌兹别克斯坦，参加“世界文明史上的中亚复兴”国际会议，并发表题为《从安金藏剖腹看唐与中亚的医学交流》的学术论文。

（13）2017年8月28～30日，应历史研究所邀请，日本东方学会理事长池田知久教授访问历史研究所，并作题为“《老子》中全‘天下’的政治秩序的构想”的学术报告。

（14）2017年9月12～16日，历史研究所所长卜宪群研究员率中国社会科学院代表团赴荷兰，参加“中国人文学术的新视野——文献与研究”国际研讨会暨荷兰莱顿大学图书馆新馆落成仪式。

（15）2017年9月17～22日，根据院级交流协议，历史研究所所长卜宪群研究员、清史研究室主任林存阳研究员等应邀赴加拿大，对阿尔伯塔大学进行学术访问。

（16）2017年9月17～30日，历史研究所副所长杨艳秋研究员随中国社会科学院国际合作局组织的“澳大利亚社会科学研究评价制度与机制创新”培训团赴澳大利亚进行学习访问。

（17）2017年9月20～28日，历史研究所中外关系史研究室主任李锦绣研究员、研究员青格力等应蒙古国国立大学历史系邀请赴蒙古国，参加由蒙古国国立大学主办的“新世纪初蒙古历史文献研究：课题与趋势”国际会议，并分别发表题为《突厥第二汗国发祥地：总材山研究》《关于内蒙古阿尔山新发现回鹘蒙古文摩崖题记》的学术论文。

（18）2017年9月26～30日，根据所级交流协议，历史研究所副所长田波、战国秦汉史研究室主任邬文玲研究员、魏晋南北朝隋唐史研究室陈爽研究员等应邀赴日本，对大谷大学进行学术访问。

（19）2017年10月11～24日，根据院级交流协议，罗马尼亚科学院罗雅西分院雅西考古所高级研究员杜米特拉·达努特访问历史研究所，与中外关系史研究室相关学者进行学术交流。

（20）2017年10月16～29日，根据院级交流协议，波兰科学院考古与人类研究所克拉科夫分所教授哈琳娜·多布勒赞斯卡、副教授帕隆·亚历山大访问历史研究所，与中外关系史研究室相关学者进行学术交流。

（21）2017年11月1～14日，根据院级交流协议，泰国那黎宣大学人文学院助理教授林金珊访问历史研究所，就“试论《宋史·本纪》中的宋真宗（以管理国家为主）”议题，与宋辽金元史研究室的相关学者进行学术交流。

（22）2017年12月13日，历史研究所所长卜宪群研究员在北京会见越南社会科学院历史研究所副所长阮德锐等一行3人。

3．与中国香港、澳门特别行政区和中国台湾开展的学术交流

（1）2017年4月21～27日，应历史研究所邀请，香港理工大学教授朱鸿林访问历史研究所，并作题为“《明儒学案》研究上的问题”的学术演讲。

（2）2017年7月6～10日，历史研究所研究员王震中、文化史研究室副主任刘中玉副研究员应台湾中台科技大学邀请赴我国台湾地区，参加“2017年台中百年庙会七妈会暨两岸妈祖信仰论坛”，并分别发表题为《妈祖信俗与海峡两岸文化认同》《试论新道教与妈祖形象的建构》的论文。

（3）2017 年 7 月 18 ～ 22 日，历史研究所宋辽金元史研究室主任刘晓研究员、历史研究所研究员黄正建应台湾“中研院”史语所邀请赴我国台湾地区，参加“中华法理的产生、应用与转变”国际学术研讨会，并分别发表题为《元朝法律渊源及法律体系的构建》《关于新旧〈唐书〉刑法志的几个问题》的学术论文。

（4）2017 年 11 月 11 ～ 14 日，历史研究所清史研究室研究员杨海英、明史研究室副研究员解扬应香港孔子学院邀请赴香港特别行政区，参加“中国历史文化新研与普及丛书”研撰计划研讨会，并分别发表题为《家国之间：明清之际的山阴州山吴氏家族》《吕坤与明清经世思想研究》的论文。

（5）2017 年 12 月 3 ～ 7 日，历史研究所社会史研究室副研究员邱源媛应香港大学现代语言及文化学院邀请赴香港特别行政区，参加“再谈中国北方”国际学术研讨会，并发表题为《论清代旗人户籍册谱牒化》的论文。

（6）2017 年 12 月 5 ～ 8 日，历史研究所所长卜宪群研究员应三联书店（香港）有限公司邀请赴香港特别行政区，参加“三联书店（香港）有限公司与中国社会科学出版社战略合作签约仪式暨学术研讨会”，围绕《简明中国历史知识手册》《中国历史年表》的合作出版事宜进行研讨。

（7）2017 年 12 月 16 ～ 21 日，历史研究所社会史研究室副研究员邱源媛应台湾“中研院”明清研究推动委员会邀请赴我国台湾地区，参加“‘中研院’2017 年明清研究学术研讨会”，并发表题为《制度与族群：明清华北地区非汉族群的形塑与治理》的论文。

（8）2017 年 12 月 23 日至 2018 年 1 月 6 日，由中国社会科学院“中国香港研究院”、历史研究所共同主办，历史研究所承办的“历史的传承——香港高校本科生冬令营 · 2017”活动在北京举办。来自香港理工大学、香港中文大学、香港科技大学的 13 名学生参加了冬令营活动，历史研究所 14 位具有高级职称的学者任课。

（四）学术社团、期刊

1. 社团

（1）中国殷商文化学会，会长王震中。

2017 年 11 月 21 日，由中国殷商文化学会、《中国史研究动态》编辑部、重庆师范大学主办，重庆师范大学历史与社会学院、中国古代文明与国家起源研究中心承办的“中国早期文明与华夏民族学术研讨会”在重庆市召开。会议的主题是“早期国家和文明起源研究”。来自国内科研院所、期刊编辑部、大专院校的学者师生 50 余人参会。

（2）中国先秦史学会，会长宋镇豪。

2017 年 3 月 6 日，由中国先秦史学会主办，四川省盐亭县人民政府承办的“2017 中国嫘祖文化国际论坛暨中国先秦史学会成立 35 周年年会”在四川省盐亭县召开。论坛的主题是“嫘祖文化研究及其创造性转化”。来自国内外的专家学者近 100 人参会。

（3）中国秦汉史研究会，会长卜宪群。

2017 年 9 月 24 日，由中国秦汉史研究会主办的“洛阳考古与汉魏历史研究学术研讨会暨中国秦汉史研究会高层论坛”在河南省洛阳市召开。会议研讨的主要议题有“洛阳汉魏时期的考古发现”“两汉洛阳地区的经济社会”“秦汉史研究的理论与前沿”。来自国内研究机构、大专院校的学者 60 余人参加了论坛。

（4）中国魏晋南北朝史学会，会长楼劲。

2017 年 8 月 17 日，由中国魏晋南北朝史学会主办的“中国魏晋南北朝史学会第十二届年会暨国际学术研讨会”在河北省邯郸市召开。会议研讨的主要议题有“3 ～ 6 世纪的邺城”“魏晋南北朝政治与经济”“魏晋南北朝民族与区域关系”“魏晋南北朝宗教、社会与文化”“魏晋南北朝史研究的材料、方法”。来自海内外的学者 140 余人参会。

（5）中国明史学会，会长商传。

2017 年 8 月 17 日，由中国明史学会、光明日报社理论部、中共赣州市委宣传部主办的“第十八届明史国际学术研讨会暨首届阳明文化国际论坛”在江西省赣州市召开。会议研讨的主要议题有明代政治、军事、法律、经济、社会、思想，以及阳明学研究。来自海内外的专家学者近 200 人参加了论坛。

（6）中国中外关系史学会，会长丘进。

2017 年 6 月 17 日，由中国中外关系史学会、青海省丝绸之路经济带研究院共同主办的“中外关系史视野下的丝绸之路与西北民族学术研讨会”在青海省西宁市召开。研讨会的主题是“丝绸之路与西北民族”。来自海内外的学者 80 余人参加了研讨会。

2. 期刊

（1）《中国史研究》（季刊），主编彭卫。

2017 年，《中国史研究》共出版 4 期，共计约 120 万字。该刊全年刊载的有代表性的文章有：史金波的《中国历史上民族关系刍议》，乔治忠的《试论史学理论学术体系的建设》，李红岩的《从社会性质出发：历史研究的根本方法》，李华瑞、张倩的《中唐以后至宋朝海路交通的转型》，田澍的《国家安全视阈下的明代绿洲丝绸之路》，张荣强的《甘肃临泽晋简中的家产继承与户籍制度——兼论两晋十六国户籍的著录内容》，刘屹的《移民与信仰——南朝道教墓券的历史背景研究》，范兆飞的《中古士族谱系的虚实——以太原郭氏的祖先建构为例》，杨宝玉、吴丽娱的《唐懿宗析置三节度问题考辨》，陈峰的《简论南宋临安的市井乱象及其根源》。

（2）《中国史研究动态》（双月刊），主编杨艳秋。

2017 年，《中国史研究动态》共出版 6 期，共计 105 万字。

（五）会议综述

第七届中韩学术年会

2017年5月12日，由中国社会科学院历史研究所、韩国成均馆大学东亚学术院共同主办，安徽大学历史系、安徽大学徽文化传承与创新中心承办的“第七届中韩学术年会”在安徽省合肥市召开。年会的主题是“东亚的传统秩序与演变”。来自中国社会科学院、韩国成均馆大学东亚校学术院以及国内外的专家学者30余人参加了年会。

安徽大学党委书记李仁群、中国社会科学院历史研究所所长卜宪群研究员、韩国成均馆大学校东亚学术院院长陈在教授、安徽大学历史系主任周晓光教授先后致辞。

中国社会科学院历史研究所所长卜宪群研究员、王启发研究员，韩国成均馆大学校东亚学术院教授金庆浩、宫嶋博史，分别作会议主题报告。

卜宪群从蕴含着中华政治文化传统、社会政治理想追求与寄托的“盛世”一词入手，解读了中国历史上的盛世概念与内涵。他指出，现代国家治理应总结历史上盛世兴衰的经验教训，挖掘其核心理念，实现其创造性转化与创新性发展，致力于中华民族伟大复兴的中国梦。

王启发认为，近世朝鲜儒学者丁若镛所著《经世遗表》呈现出一种历史主义和经世致用思想指引下的经典解读与诠释，制度继承、变革与创新的系统化、体系化的学说风貌，尽管在形式上表现出一种古典的注疏学样式的书写体例和论证方式，但并不影响其思想所呈现的丰富性和确定性。

金庆浩阐述了古代东亚社会的“同（共存）”与“异（对立）”，探讨了汉代在四夷地区贯彻实施的郡县支配，即将周边民族强行编入汉的统治秩序之内而产生的同构型（同即共存）与试图脱离郡县支配建立独立秩序的异质性（异即对立）的社会现状。

宫嶋博史对16世纪朝鲜人物柳希春与明末人物陈子龙的社会关系网进行了对比研究，并从比较史的角度对日本进行了相关阐述，试图探究东亚社会的相关问题线索。

与会的中国社会科学院历史研究所、韩国成均馆大学东亚学术院以及安徽大学历史系的20余位专家学者在会上发表了学术论文。

（历研）

2017年中国社会科学论坛（史学）：第六届中国古文书学国际研讨会

2017年8月10～11日，由中国社会科学院学部主席团主办，中国社会科学院历史研究所承办，中国社会科学院简帛研究中心、敦煌学研究中心、徽学研究中心、国家社科基金重大项目“中国古文书学研究”课题组协办的“2017年中国社会科学论坛（史学）：第六届中国古文书学国际研讨会”在北京召开。研讨会的主题是“中国古文书学研究及最新成果”。来自国内各科研单位以及日本、韩国等国的专家学者30余人参加了论坛。

故宫研究院文献研究所研究员王素介绍了故宫博物院收藏的殷墟甲骨文的图文整理规范构想。他提出，在整理这批殷商官文书时，除了坚持对保存原貌有利、对反映内容有利、对读者使用有利的出土文献整理宏观三原则外，还要尽量提供只有整理者才知道的原物的信息，尽量处理好细节问题，形成自己的特色。历史研究所研究员黄正建通过阐述敦煌、吐鲁番契约文书中签署形式的变化指出，从“署名”到“画指”再到“押字”，敦煌、吐鲁番契约文书为人们展现了近500年间契约格式的变化。由此可以看出，古文书学与写本文献学等古文献学的重要区别：一是不研究古本典籍，二是重视文书的物质形态以及书式，包括纸张、字体、署名、印章、画押、格式等。而后一点尤其是古文书学区别于其他相关学科的重要特征。北京大学中国古代史研究中心教授荣新江根据现存敦煌、吐鲁番文书原件特别是自己整理或观察敦煌、吐鲁番文书原物的体会，介绍了官文书的书写用字、押署、用印、抄目、时限，以及不同事态下的书写等基本情况，提出要从纸张、书法等新的角度重新认识古文书的史料价值。

日本国立东京大学文学部教授大津透以日本和唐代古文书学比较为视角，论述了日本古代文书在官署中的具体处理方式、它与唐代文书处理方式（三判制）的异同以及对日本历史文化的影响。韩国国立安东大学史学科教授郑震英通过论述16～19世纪韩国“简札”的存在形态与内容，对古文书和文集中的“书”进行了比较探讨。他指出，韩国古代简札的数量极其丰富，但古文书形态的简札在被收录于文集时，其中所包含的多样、具体的内容往往被排除在外。因此，探寻简札的史料价值，应该从古文书的角度而不是文集的角度出发。

与会学者还就如何推动中国古文书学的建立和发展进行了探讨。历史研究所研究员阿风从“文书与正史”“契约与明清社会史研究”“古文书学学科建立”等角度论述了文书对历史研究的意义。他认为，近代以来中国古代史研究的创新与文书史料的发现有着密切的关系，包括甲骨文、简牍、敦煌文书、明清档案，每一次重大的发现都极大地推动了相关研究的进步。其中的大量公私文书一方面充实并修正了正史的记载，另一方面为认识正史以外的古代社会提供了大量的第一手资料。在这些文书的数量足够多、研究足够丰富、积累足够厚重、交流足够频繁的情况下，“中国古文书学”必将取得进一步的发展。

与会学者交流总结了近年来出土文书、传世文书整理研究的新成果，从各自研究领域出发，探讨了古文书的整理规范与研究方法，研讨的内容不仅涉及甲骨文、敦煌吐鲁番文书、秦汉简牍、黑水城文书、民间契约文书、纸背公文等中国古代社会不同历史时期形态各异的文书，也涉及韩国文书和日本文书。

（历研）

第九届中日学者中国古代史论坛

2017 年 8 月 25 ～ 26 日，由中国社会科学院历史研究所与日本东方学会共同主办，河南大学历史文化学院、黄河文明传承与现代文明建设协同创新中心共同承办的“第九届中日学者中国古代史论坛”在河南省开封市召开。论坛的主题是“东亚的国际社会与文化交流”。中国社会科学院历史研究所所长卜宪群研究员、日本东方学会理事长池田知久教授、河南大学副校长张宝明教授、河南大学历史文化学院院长苗书梅教授等来自中日两国高校和学术机构的 50 余位专家学者出席了该届论坛。

卜宪群在《释“治理”》一文中，从“治理”两字的本义以及在后世的演变入手，对“治”与“理”、“治理”、“治道”等词的本义和演变加以考辨。针对以往学界所谓的古代中国只有统治而没有治理的传统观点，卜宪群认为，“治理”并不是当代国家的产物，在中国古代的国家统治中，已经蕴含着明显的“治理”精神；我国历史上的“治理”精神在现代中国社会仍然有十分重要的借鉴意义。

日本御茶水女子大学教授岸本美绪以“鸦片战争的情报和德川末期的日本：《夷匪犯境录》的形成与传播”为题，对《夷匪犯境录》中提及的中英鸦片战争时期的有关史实加以考证，并对该书传入日本的过程以及对日本社会的影响进行了深入分析。早稻田大学教授渡边义浩通过对《三国志》等史籍记载的两位亲魏王的微观考察，细致入微地分析了 3 世纪前后曹魏、蜀汉、孙吴等政权在对外关系领域中对周边政权的争夺过程。

中国社会科学院历史研究所研究员乌云高娃在《13 ～ 14 世纪东亚国际秩序及信息沟通》一文中指出，蒙古汗国的兴起和对外征服对东亚国际秩序产生了很大影响，使蒙古汗国和南宋、日本等之间的信息沟通和文化交流呈现出新的样态。

日本筑波大学教授井川义次提交的论文是《宋明理学向东亚开展以及流入欧美》。他认为，大航海时代的耶稣会士在日本传教过程中获得了大量日本与中国的信息，特别是了解到东亚、西亚共同的信仰是儒教这一情报后，调整传教策略，在很大程度上开始应用儒教的知识框架。中国明史学会会长陈支平通过对明代海上丝绸之路发展模式进行诸多层面的反思，认为明朝对外朝贡体系建立在国与国、地区与地区之间和平共处的核心宗旨之上，并通过经济与文化交流，间接地促进了“世界史”大概念的形成与发展。但明朝仅着眼于政治仪式层面的外交政策，导致 17 世纪以后中国影响力在东南亚的迅速衰落。河南大学教授程民生在《〈清明上河图〉的文化奇观》一文中，用幽默的语言向与会学者详细介绍了传世国宝《清明上河图》丰富的文化内涵与商业价值，并对《清明上河图》的作者、创作背景及年代、流传与展览、社会影响等问题作了详细介绍，总结了《清明上河图》在绘画史、当代文化产业等方面的巨大影响。

（历研）

第三届国际妈祖文化学术研讨会

2017年12月1～2日，由中国社会科学院历史研究所与莆田学院等单位共同主办的“第三届国际妈祖文化学术研讨会”在福建省莆田市湄洲岛召开。研讨会的主题是“妈祖文化与海上丝绸之路研究”。中国社会科学院国际合作局局长王镭、中国社会科学院历史研究所副所长杨艳秋研究员、院学部委员王震中研究员以及来自海内外的学者90余人参加了研讨会。

杨艳秋研究员在开幕式上致辞。她指出，妈祖是海洋和平文化的象征，是海上丝绸之路的文化纽带。妈祖文化是中国民间信仰的重要组成部分，妈祖文化研究增强了两岸及全球华人的民族文化凝聚力。近几年来，中国社会科学院历史研究所与莆田学院共建研究基地，在学科建设、学术创新、人才培养、合办会议等多个层面展开了合作，取得了丰硕的学术成果。希望通过共同探讨妈祖文化，进一步加强世界妈祖文化学术成果交流，促进妈祖学学科的构建和发展。

与会专家学者围绕主题，就妈祖文化资料整理、海外传播、传承发展、遗产保护、创意研究等方面进行了热烈的讨论，不仅有多学科的角度，更有“一带一路”和全球治理的视野，进一步拓宽了研究领域，提升了研究水平。

论坛有18篇论文涉及海外妈祖文化传播，其中8篇论文对妈祖文化在日本的传播进行了论述。来自马来西亚、新加坡、韩国的学者对本国的妈祖文化传播也作了精彩的论述。从这些论述可以看出，妈祖文化在海外的传播具有先是华人远渡重洋，后是妈祖文化当地化，并为所在国家的文化的多元化作出贡献的特点。

还有26篇论文探讨了地域性的妈祖文化，研究范围涉及京杭大运河、浙东、广州、云南、天津，福建的漳州、闽南、福州以及山东、辽宁、上海、台湾等，体现了妈祖文化的巨大魅力与广泛影响。

王镭在闭幕式上的讲话中指出，妈祖文化是在宋代海洋贸易空前繁荣、思想文化活跃的历史大背景下产生的，在当今时代传承和弘扬妈祖文化又呈现出新的重要价值和意义。一是符合推进社会建设完善社会治理的需求；二是推进妈祖文化研究符合“一带一路”建设需要；三是推进妈祖文化研究有利于增强全球华人的文化认同与凝聚力。

总之，妈祖文化所展现的精神内涵，可以成为当今构造人类共同价值观提供理论与实践的文化支撑，可以造福于人类社会，可以成为中华文化走出国门的最好借鉴，成为助推21世纪海上丝绸之路发展的正能量，这是与会中外学者的广泛共识。

（历研）

近代史研究所

（一）人员、机构等基本情况

1. 人员

截至 2017 年底，近代史研究所共有在职人员 130 人。其中，正高级职称人员 36 人，副高级职称人员 35 人，中级职称人员 35 人；高、中级职称人员占在职人员总数的 82%。

2. 机构

近代史研究所设有：政治史研究室、经济史研究室、思想史研究室、社会史研究室、马克思主义史学理论与文化史研究室、中外关系史研究室、革命史研究室、民国史研究室、台湾史研究室、《近代史资料》编译室、《近代史研究》编辑部、《抗日战争研究》编辑部、*Journal of Modern Chinese History*（《中国近代史》）编辑部、图书馆、中国近代史档案馆、信息化建设办公室、科研处、人事处、办公室。

（二）科研工作

1. 科研成果统计

2017 年，近代史研究所共完成专著 10 种，629 万字；论文 125 篇，198 万字；学术资料 9 种，6800 万字；理论文章 5 篇，2 万字；译文 1 篇，1.2 万字。

2. 科研课题

（1）新立项课题。2017 年，近代史研究所共有新立项课题 15 项。其中，国家社会科学基金课题 6 项："《中国近代史大辞典》编纂"（王建朗主持），"清政府治理台湾政策研究"（李细珠主持），"17 ～ 20 世纪喜马拉雅山区域史研究"（扎洛主持），"面向西方的书写：近代中国人英文著述研究"（李珊主持），"关键期的台美分歧研究（1949 ～ 1958）"（冯琳主持），"五年运动与 1930 年代基督教中国化研究"（张德明主持）；一般课题 9 项："中国近代影像资料的搜辑、整理与研究"（卞修跃主持），"革命与教育：大众教育在革命中国的兴起（1927 ～ 1937）"（冯淼主持），"太平天国运动后江南社会秩序的恢复与重建——以同光年间的江苏为研究中心"（顾建娣主持），"章太炎译《斯宾塞尔文集》研究：英文底本、重译、汇校与注释"（彭春凌主持），"近代中国'青年'观念的生成与嬗变"（王康主持），"《近代史研究》选萃"（徐秀丽主持），"近代中国国际通信网的构建与运用（1870 ～ 1930）"（薛轶群主持），"清初八旗兵制研究"（张建主持），"甲午战后清政府的实政改革（1895 ～ 1899）"（张海荣主持）。

（2）结项课题。2017 年近代史研究所共有结项课题 6 项。其中，国家社会科学基金课题 2 项："18 ～ 19 世纪学术家族之研究"（罗检秋主持），"从中立到参战——中国外交与第一次世界大战"（侯中军主持）；所重点课题 4 项："传教士与中国近代'三农'"（赵晓阳主持），"抗战时期名人报刊题词的搜辑与研究”（卞修跃主持），“近代同乡群体与同乡观念”（唐仕春主持），“台湾政治转型研究（1986～2000）”（汪小平主持）。

（3）延续在研课题。2017年，近代史研究所共有延续在研课题30项。其中，国家社会科学基金课题17项：“中国古代政治文化中的民主性因素及其现代价值研究”（耿云志主持），“近代中国社会结构研究”（姜涛主持），“清代满汉关系史”（刘小萌主持），“资产阶级与中国近代社会”（虞和平主持），“20世纪中国近代史研究的走向”（张海鹏主持），“近代国家与农民关系研究”（郑起东主持），“国民党党史馆藏中共党史资料的收集整理与研究”（金以林主持），“近代中国准条约问题研究”（侯中军主持），“中科院近代史研究所与马克思主义史学发展（1949～1966）”（赵庆云主持），“中国近代‘国学’构想的建立：章太炎与明治日本”（彭春凌主持），“近代日本政府的中国留日学生政策”（徐志民主持），“抗战时期国共两党司法比较研究”（胡永恒主持），“台湾统派舆论重镇《海峡评论》研究”（郝幸艳主持），“赴日华人海商与江户时代日本对华观研究”（郭阳主持），“近代日本对南海诸岛的非法侵占及战后中国的接收研究”（李理主持），“晚清日本人来华游记与中国认识研究”（李长莉主持），“战时中英关系史新探（1941～1945）”（张俊义主持）；“抗日战争研究”专项课题6项：“抗日战争及近代中日关系文献数据平台建设”（李培林主持），“抗日战争史国际合作研究”（王建朗主持），“海外有关中国抗战珍稀史料文献收集与整理”（金以林主持），“抗战文献专题目录及同名书目数据库建设”（马忠文主持），“‘慰安妇’问题研究”（刘萍主持），“日本《战史丛书》翻译工程”（高士华主持）；院A类重大课题2项：“中国近代思想通史”（耿云志主持），“英藏赫德档案的整理与研究”（王建朗主持）；所重点课题5项：“中国近代公民教育研究”（毕苑主持），“晚清妇女‘守节’与‘失节’现象研究”（刘佳主持），“中国近代思想史上的学衡派”（宋广波主持），“奇崛与寻常：章乃器传论”（李玉刚主持），“清水安三的中国观察”（闻黎明主持）。

（三）学术交流活动

1. 学术活动

（1）2017年4月22日，由近代史研究所法律史研究群、华中科技大学近代法研究所、华东政法大学法律史研究中心主办，华东政法大学法律史研究中心承办的“第三届近代法律史论坛”在上海召开。来自中国社会科学院以及国内高校的专家学者、博士研究生、硕士研究生等50余人参加了会议。论坛的主题是“局部与全局：近代中国区域法制的时空演进”。

（2）2017年5月20日，由近代史研究所、世界历史研究所、中国国际文化书院、北京大学陈翰笙世界政治经济研究中心共同主办的“纪念陈翰笙诞辰120周年暨陈翰笙学术思想研讨会”在北京举行。来自中国社会科学院、北京大学及美国亚利桑那州立大学等国内外研究机构与高校的专家学者，以及陈翰笙亲属、学生等40余人参会，共同追忆陈翰笙先生的学术人生，总结陈翰笙先生的学术思想及其成就。

（3）2017 年 7 月 8 ～ 9 日，由中国社会科学院历史学部、近代史研究所、中国抗日战争史学会共同主办的“纪念全面抗战爆发八十周年国际学术研讨会”在北京举行。来自中国（含香港和台湾地区）以及日本、韩国、俄罗斯、澳大利亚、英国、丹麦的 120 余位专家学者与会。与会专家学者围绕抗日战争的政治、经济、军事等诸多方面展开了研讨。

（4）2017 年 7 月 14 日，由近代史研究所和美国哥伦比亚大学全球中心（北京）主办的“《顾维钧与抗日战争》展览暨学术研讨会”在北京举行。

（5）2017 年 8 月 21 ～ 22 日，由近代史研究所、近代社会史学会主办，杭州师范大学民国浙江史研究中心、近代史研究所社会史研究中心承办，浙江省“之江社科青年”协办的“地方文献、区域社会与国家治理”暨第七届中国近代社会史国际学术研讨会在浙江省杭州市举行。来自中国（含台湾地区）以及美国、日本、澳大利亚、法国等国家的 130 余位专家学者参加了会议。会议的主题为“地方文献、区域社会与国家治理”。

（6）2017 年 9 月 11 ～ 13 日，由近代史研究所政治史研究室、《近代史资料》编译室与青海民族大学联合主办的“转型与治理：近代中国与西北边疆”学术研讨会在青海省西宁市召开。来自中国社会科学院、青海民族大学、北京大学等单位的 40 余名专家学者参加了会议。会议的主题为“转型与治理：近代中国与西北边疆”。

（7）2017 年 9 月 13 ～ 14 日，由中国社会科学院学部主席团主办，中国社会科学院历史学部、中国社会科学院马克思主义研究学部承办，近代史研究所协办的“中国社会科学院第三届唯物史观与马克思主义史学理论论坛”在北京召开。来自国内高校和科研机构的 100 余位学者参加了会议。会议的主题为“唯物史观与马克思主义史学理论”。

（8）2017 年 9 月 9 ～ 10 日，“第十六届历史认识与东亚和平论坛”在江苏省南京市举行。来自中、日、韩三国的 110 多位专家学者及和平友好人士参加了论坛。会议的主题为“战争的历史记忆·历史和解与东亚和平”。

（9）2017 年 9 月 16 ～ 17 日，由西北师范大学历史文化学院主办，甘肃省西北边疆史地研究中心、西北抗战大后方研究中心等单位协办的“中国抗战大后方研究第二届高端论坛暨大后方政治、经济与社会变迁学术研讨会”在甘肃省兰州市召开。来自国内 60 多家高校与科研院所的 100 余名学者参加了会议，会议的主要议题有“抗日战争的历史地位和重大意义”“抗战大后方的政治与经济”“抗战大后方的社会变迁”“抗战大后方的思想与文化”“抗战大后方的民族与边疆问题”“西北抗战大后方与西南抗战大后方比较”“抗战时期国际交往及国家地位”等。

（10）2017 年 10 月 28 ～ 29 日，由近代史研究所中外关系史研究室和湖南师范大学历史文化学院主办的“中外条约与近代中国”国际学术研讨会在湖南省长沙市举行。来自中国、美国、日本、越南的 80 余名专家学者参加了研讨会。会议的主题是“中外条约与近代中国”。

（11）2017 年 10 月 25 日，由近代史研究所主办的“近代中俄茶贸史”中俄学术圆桌会议在北京召开。中俄国际合作课题“19 世纪中叶至 20 世纪初华中华东地区的中俄茶叶贸易”。会议的主题为“近代中俄茶贸史”。

（12）2017 年 11 月 3 ～ 6 日，由中国社会科学院主办，近代史研究所革命史研究室和山东大学历史文化学院共同承办的中国社会科学论坛（2017・史学）“中共革命的理念、行动及特征”国际学术研讨会在山东省济南市举行。论坛的主题为“中共革命的理念、行动及特征”。

（13）2017 年 11 月 21 ～ 22 日，由近代史研究所、孙中山研究院共同主办的“第五届孙文论坛”在广东省中山市举行。论坛的主题为“时代变迁与孙中山思想的发展与阐释”。

2017 年 11 月，“时代变迁与孙中山思想的发展与阐释——第五届孙文论坛”在广东省中山市举行。

（14）2017 年 11 月 25 ～ 26 日，由近代史研究所民国史研究室主办的“第四届中华民国史高峰论坛”在北京举行。来自中国（含香港和台湾地区），以及日本、美国、韩国等国家的 40 余位专家学者出席会议。论坛的主题为“全球史视野下的民国史研究”。

（15）2017 年 12 月 8 ～ 11 日，由近代史研究所《近代史研究》杂志社和中山大学近代中国研究中心联合举办的“传播媒介与近代中国社会演变”学术研讨会在广东省广州市召开。来自国内高校和科研机构的近 30 位专家学者参加了会议。会议的主题为“传播媒介与近代中国社会演变”。

（16）2017 年 12 月 9 ～ 10 日，由近代史研究所《抗日战争研究》编辑部与杭州师范大学浙江省民国浙江史研究中心联合主办的“第一届抗战区域研究学术讨论会”在浙江省杭州市举行。来自国内高校和科研机构的 40 余位专家学者参加了会议。会议的主题为“抗战区域史研究”。

（17）2017 年 12 月 9 日，由近代史研究所思想史研究室主办的“耿云志先生与中国近代思想文化史研究”学术座谈会在北京举行。来自高校和科研机构的 50 多位学者出席会议。座谈会的主要议题有“耿云志先生与中国近代思想文化史研究”“近代中国思想文化的基本趋向”“近代中国文化转型诸问题”“近代中国的革命思想与和平改革思想”“中国近代思想文化史研究的展望”。

（18）2017 年 12 月 18 ～ 21 日，由近代史研究所与中山大学历史学系共同主办的“全球史视野下的中国近代史——第十九届中国社会科学院近代史研究所青年学术论坛”在广东省广州市举行。来自近代史研究所、中山大学等学术单位的 80 余位学者参加了会议。

2. 国际学术交流与合作

2017 年，近代史研究所共派遣出访 45 批 71 人次，接待来访 31 批 171 人次。与近代史研究所开展学术交流的国家有美国、加拿大、英国、澳大利亚、俄罗斯、西班牙、奥地利、荷兰、日本、韩国、新加坡等。

（1）2017 年 1 月 10 日，近代史研究所邀请韩国高丽大学朴尚洙教授作题为“中国革命与秘密结社：以陕甘宁和苏北的例子为中心”的学术报告。

（2）2017 年 2 月 1 日至 3 月 31 日，应东京大学东洋文化研究所邀请，近代史研究所副研究员彭春凌赴日本，为其主持的课题“清末民初的江南学术变迁与明治日本的关系”查阅资料。

（3）2017 年 2 月 5 ～ 15 日，近代史研究所副所长金以林研究员赴美国，为“海外有关中国抗战珍稀史料文献收集与整理”课题查阅、搜集资料。

（4）2017 年 2 月 14 日，近代史研究所邀请美国 McDaniel College 历史系副教授房琴作题为“谁之江南：城市、区域、抑或全球的历史？”的学术报告。

（5）2017 年 2 月 15 日至 5 月 15 日，应塞维利亚东亚交流中心邀请，近代史研究所副研究员沈巍赴西班牙，为其主持课题“视觉的前线——中国宣传画中的西班牙反法西斯战争”查阅资料。

（6）2017 年 2 月 21 日，近代史研究所邀请日本关东学院大学经济学部教授殷燕军作题为“中日媾和谈判与战争遗留问题”的学术报告。

（7）2017 年 4 月 2 ～ 11 日，应荷兰莱顿大学邀请，近代史研究所编审刘萍、李学通等赴荷兰进行学术访问。

（8）2017 年 4 月 3 日至 6 月 30 日，应美国威尔逊中心的邀请，近代史研究所副研究员褚静涛赴美国，为其承担的国家社会科学基金课题“蒋介石政权的琉球、钓鱼岛政策研究”查阅资料。

(9)2017 年 4 月 27 日，近代史研究所邀请伦敦国王学院战争研究系、战争史研究中心主任，“剑桥二战史”主编约瑟夫·梅奥罗教授作题为“战争研究与剑桥二战史的编撰”的学术报告。

（10）2017 年 5 月 9 日，近代史研究所邀请美国加州大学圣地亚哥分校教授周锡瑞作题为“大革命时期陕西革命运动之特殊性”的学术报告。

（11）2017 年 6 月 10 ～ 17 日，美国得克萨斯大学奥斯汀分校历史系教授李怀印到近代史研究所进行学术访问，并作了题为“世界史视角下的中国近代史诸问题”的学术报告。

（12）2017 年 6 月 19 ～ 29 日，埃默里大学东亚系教授欧阳泰到近代史研究所进行学术访问，并作了题为“马戛尔尼的同行者：乾隆朝最后一个荷兰使团”的学术报告。

（13）2017 年 6 月 29 日至 7 月 3 日，日本华人教授会与中国抗日战争史学会、明治学院大学和平研究所共同召开“卢沟桥事变八十周年国际研讨会”。近代史研究所所长王建朗研究员等参加会议。

（14）2017年7月7日，近代史研究所邀请英国伦敦政治经济学院教授马德斌作题为“1900～1937年民国时期的金融革命：一个制度的视角”的学术报告。

（15）2017年7月18日，近代史研究所邀请美国亚利桑那大学历史系副教授蓝泽意作题为“六十年代的全球毛主义与美国亚洲学的发展”的学术报告。

（16）2017年9月18日，近代史研究所邀请日本东北大学副教授小沼孝博作题为“18～19世纪大清国与浩罕汗国的关系”的学术报告。

（17）2017年9月27～30日，中国史学会副会长王建朗率团赴俄罗斯，参加国际历史科学委员会各国代表会议。

（18）2017年10月9～29日，根据中国社会科学院与澳大利亚富林德斯大学的交流协议，近代史研究所研究员崔志海赴澳大利亚进行访问研究。

（19）2017年11月23～26日，近代史研究所思想史研究室主任邹小站研究员等应邀赴韩国参加“第三届韩中人文论坛”。

（20）2017年11月28日，近代史研究所邀请日本长崎县立大学教授祁建民作题为“山西四社五村水利秩序的社会文化史意义”的学术报告。

（21）2017年11月28日，近代史研究所邀请加拿大英属哥伦比亚大学教授齐慕实作题为“邓拓与晋察冀边区的权力网络——宣传、组织与体制文化”的学术报告。

3. 与中国香港、澳门特别行政区和中国台湾开展的学术交流

（1）2017年2月9～13日，由台湾政治大学主办，中国社会科学院科研局历史学部和近代史研究所协办的“百变民国：1920年代之中国”青年学者论坛在台北市召开。近代史研究所民国史研究室主任罗敏研究员等赴台湾地区参加会议。

（2）2017年5月7～9日，近代史研究所所长助理扎洛研究员应邀赴澳门，参加澳门大学召开的“知识分子与族群问题研究”学术研讨会。

（3）2017年6月15～18日，近代史研究所研究员赵晓阳应邀赴香港，参加香港浸会大学召开的“内战时期的中国教会”第十届近代中国基督教史学术研讨会。

（4）2017年6月20日，近代史研究所邀请台湾“中研院”院士、（台湾）“清华大学”人文社会中心主任、（北京）清华大学长江学者黄一农教授作题为“大数据与红楼梦的对话”的学术报告。

（5）2017年8月28日至9月22日，近代史研究所党委书记周溯源研究员等应邀赴香港，就“招商局简史及其发展新机遇”课题进行调研。

（6）2017年9月24～27日，应香港中文大学邀请，近代史研究所副所长金以林研究员、研究员马忠文赴香港进行学术交流。

（7）2017年9月17～19日，近代史研究所所长王建朗研究员应邀参加由中国社会科学院与招商局联合主办的“香港发展：新动力、新前景研讨会暨香港中国学术研究院成立揭牌仪式”。

(8) 2017年9月12日，近代史研究所邀请台湾“中研院”近代史研究所研究员赖惠敏作题为“清代喀尔喀蒙古的买卖城”的学术报告。

(9) 2017年10月20日，近代史研究所邀请台湾“中研院”人文社会科学研究中心研究员瞿宛文作题为“台湾战后经济发展的源起：后进发展的为何与如何”的学术报告。

(10) 2017年11月3日，近代史研究所邀请台湾“中研院”近代史研究所研究员黄自进作题为“敌友之间的三角习题：蒋介石与日本、中共”的学术报告。

(11) 2017年11月28日至12月1日，应澳门科技大学社会和文化研究所邀请，近代史研究所《近代史研究》编辑部主编徐秀丽参加在澳门召开的“澳门与近代中国——纪念《知新报》创刊一百二十周年学术研讨会”。

(四) 学术社团、期刊

1. 社团

(1) 中国现代文化学会，会长金以林。

2017年11月25～26日，由近代史研究所和中国现代文化学会共同主办的“新文化运动与民族复兴”国际学术研讨会在北京举行。来自北京大学、首都师范大学、华东师范大学、上海大学、辽宁师范大学、近代史研究所和中国台湾地区学术机构，以及日本、韩国的30余位专家学者参加会议。会议的主题为“新文化运动与民族复兴”。

(2) 中国中俄关系史研究会，会长季志业。

2017年8月26日，由中国中俄关系史研究会、《俄罗斯学刊》联合举办的“中国中俄关系史研究会年会暨‘中俄关系的历史与现实’”学术研讨会在黑龙江省哈尔滨市举行。来自中国社会科学院、中国现代国际关系研究院、清华大学等高校与研究机构的专家学者约70人参加了会议。会议研讨的主要议题有“中俄关系的历史与现实”“中俄美关系”“中朝关系”“共产国际”“十月革命”“俄罗斯经济”“俄罗斯安全困境”“中东铁路”等。

(3) 中国孙中山研究会，会长熊月之。

(4) 中国抗日战争史学会，会长王建朗。

① 2017年7月1日，由中国抗日战争史学会和日本华人教授会议联合主办，日本公益财团法人东华教育文化交流财团、《抗日战争研究》编辑部协办的“卢沟桥事变80周年国际学术研讨会”在日本东京举行。研讨会的主题为“如何跨越战争留下的障碍——来自历史研究前沿的信息”。来自中日两国的21位学者与会。

② 2017年8月6～7日，由中国抗日战争史学会和台湾中华民族抗日战争纪念协会共同主办的“中华民族抗日战争史学术研讨会”在江苏省南京市举行。来自海峡两岸的30多名退役将领和近100名专家学者参加了会议。会议研讨的主要议题有“抗日战争历史定位”“抗日战争正面战场”“抗日战争敌后战场”“抗日战争专题研究”等。

（5）中国史学会，会长李捷。

① 2017年12月1～4日，由中国社会科学院、中国史学会共同主办，近代史研究所承办的“唯物史观与民国学术及社会发展研讨会”在北京召开。来自国内高校和科研机构的100余位学者参加了会议。会议围绕“民国时期的学术体制和各学科发展”，反思“民国范”与“民国热”，就“唯物史观的早期传播”“唯物史观对民国学术的影响”“马克思主义史家和史学”等议题展开讨论。

② 2017年12月18～19日，由中国史学会主办，中山大学历史学系承办的“海上丝绸之路”与南中国海历史文化学术研讨会在广东省珠海市举行。来自海内外的近100名专家学者参加了会议。会议的主题为“‘海上丝绸之路’上的贸易与文化”“国家控制下的海洋与海疆”“海洋知识的建构与传播”。

（6）中国社会科学院台湾史研究中心，理事长朱佳木，主任张海鹏。

2017年10月14～15日，由中国社会科学院台湾史研究中心、中华全国台湾同胞联谊会研究室、贵州省台湾同胞联谊会、遵义师范学院共同主办，近代史研究所台湾史研究室、遵义师范学院历史文化与旅游学院承办的“台湾历史与两岸关系”国际学术研讨会在贵州省遵义市举行。会议共收到来自海峡两岸及美国、日本、韩国、新加坡的学者提交的学术论文87篇。会议的主题是“台湾历史与两岸关系”。

（7）近代史研究所社会史研究中心，理事长虞和平，主任李长莉。

2017年10月14～15日，由近代史研究所社会史研究中心、河北大学历史学院与南开大学历史学院共同主办的“传承与交融：华北历史与社会发展”学术研讨会在河北省保定市举行。来自中国多所高校、科研院所与日本长崎县立大学的60余位学者参加了会议。会议的主题是“传承与交融：华北历史与社会发展”。

（8）近代史研究所中国近代思想研究中心，理事长耿云志，主任郑大华。

2017年12月15～16日，由近代史研究所中国近代思想研究中心、湖南人文科技学院联合主办的“纪念刘蓉诞辰200周年暨晚清湘淮人物”全国学术研讨会在湖南省娄底市召开。来自国内的60余名专家学者参加了会议。会议的主要议题有“刘蓉事功及评述”“刘蓉与湘军人物关系”“刘蓉思想”“晚清湘淮人物”等。

2. 期刊

（1）《近代史研究》（双月刊），主编徐秀丽。

2017年，《近代史研究》共出版6期，共计157万字。该刊全年刊载的有代表性的文章有：周月峰的《五四后“新文化运动”一词的流行与早期含义演变》，严海建的《国民政府与日本乙丙级战犯审判》，陈谦平的《抗战胜利后国民政府收复南海诸岛主权述论》，马建标的《历史记忆与国家认同：一战前后中国国耻记忆的形成与演变》，罗志田的《体相和个性：以五四为标识的新文化运动再认识》，张俊峰的《清至民国内蒙古土默特地区的水权交易——兼与晋陕地区比较》，黄道炫的《密县故事：民国时代的地方、人情与政治》，朱浒的《赈务对洋务的倾轧——“丁戊奇荒”与李鸿章之洋务事业的顿挫》，魏文享的《华洋如何同税：近代所得税开征中的外侨纳税问题》，周斌的《1930 年中共推行“会师武汉”计划期间与列强的局部冲突及其影响》，王建朗的《2016 年中国近代史研究综述》，潘晓霞的《温和通胀的期待：1935 年法币政策的出台》等。

（2）《抗日战争研究》（季刊），主编高士华。

2017 年，《抗日战争研究》共出版 4 期，共计 100 万字。该刊全年刊载的有代表性的文章有：金冲及的《山东抗日根据地的独特历程》，贾迪的《1937 ～ 1945 年北京西郊新市区的殖民建设》，阿诺德·苏潘的《德国与奥地利的历史反思》（陈琛译），黄道炫的《刀尖上的舞蹈：弱平衡下的根据地生存》，何铭生、菅先锋的《被忽视的侵略——北欧各国关于日军全面侵华战争初期暴行报告的反应》，赵诺的《抗战相持阶段中共华北根据地干部的进退升降》，何志明的《中共中央、中共代表团与满洲省委：围绕东北抗日统一战线的多边互动（1931 ～ 1936)》，贺江枫的《1940 ～ 1942 年阎锡山与“对伯工作”的历史考察》，程斯宇的《中共华北抗日根据地的整风审干运动》等。

（3）*Journal of Modern Chinese History*（《中国近代史》）（半年刊），主编徐秀丽。

2017 年，*Journal of Modern Chinese History*（《中国近代史》）共出版 2 期，共计 20 万英文字符数。该刊全年刊载的有代表性的文章有：Chen Qianping's “The Nationalist Government's Efforts to Recover Chinese Sovereignty over the Islands in the South China Sea after the End of World War Two”（陈谦平的《抗战胜利后国民政府收复南海诸岛主权述论》），Li Guang's “The United States Government's Deliberations and Actions on the Status of the South China Sea Islands，1943–1951：The Formation of American Policy towards South China Sea Disputes”（栗广的《美国对南海诸岛归属问题的考量与行动（1943 ～ 1951）——兼论美国对南海争端的政策的形成》），Shen Zhihua's “Sharing a Similar Fate：The Historical Process of the Korean Communists' Merger with the Chinese Communist Party（1919–1936）”（沈志华的《同命相连：朝鲜共产党人融入中共的历史过程（1919 ～ 1936)》），Li Guoqiang's “The Origins of the South China Sea Issue”（李国强的《“南海问题”的由来》），Wang Qisheng and Liu Wennan's “Politics and Revolution during the Republican Era - A Social History Perspective：An Interview with Wang Qisheng，December 29，2016”（王奇生、刘文楠的《从社会史的视角考察民国政治和革命——王奇生访谈（2016 年 12 月 29 日）》），Zhang Yingqiang's “The Qingshuijiang Documents：Valuable Sources for Regional History and Cultural Studies of the Miao Frontier in Guizhou”（张应强的《清水江文书：贵州“苗疆”区域历史文化研究的珍贵文献》），Huang Daoxuan's “The United Front in the Context of Politics Based on Personal Relationships：The Story of Mixian County in an

Age of Ambivalence”（黄道炫的《人情政治下的统一战线：漂移时代的密县故事》），Wang Chaoguang's “The Dark Side of the War：Corruption in the Guomindang Government during World War Ⅱ”（汪朝光的《战争中的暗面：抗战时期国民党政权的贪腐》），Hu Yongheng's “Desperate Fighting：Divorce Petitions of Soldiers' Spouses in the Communist Base Areas during the War of Resistance”（胡永恒的《无望之抗争：中共革命根据地的抗属离婚案》）。

（五）会议综述

纪念全面抗战爆发八十周年国际学术研讨会

2017年7月8～9日，由中国抗日战争史学会、中国社会科学院历史学部、中国社会科学院近代史研究所共同主办的“纪念全面抗战爆发八十周年国际学术研讨会”在北京举行。来自中国（含香港和台湾地区）以及日本、韩国、俄罗斯、澳大利亚、英国、丹麦的120余位专家学者与会。

中国社会科学院副院长、学部主席团秘书长李培林研究员出席开幕式并发表讲话；中国抗日战争史学会会长、中国社会科学院近代史研究所所长王建朗研究员，中国抗日战争史学会副会长、南京大学历史学院教授陈谦平，剑桥大学教授顾若鹏分别致辞。

在主题报告阶段，中国社会科学院学部委员、近代史研究所研究员张海鹏的题为“理解抗战必须正视抗日战争中的两个领导中心”的报告对国共两个领导中心观点进行了阐述；英国牛津大学教授拉纳·米特的题为“战后中国：全球秩序的形成与东亚国家的内部动荡（1945～1949）”的报告对战时战后联系的重视进行了分析；台湾政治大学历史学系教授刘维开的题为“《抗日战史》的前世今生”的报告对《抗日战史》出版的来龙去脉进行了追踪；俄罗斯科学院远东研究所研究员玛玛耶娃的题为“苏联与中国：抗日战争期间苏联的对华政策”的报告对战时苏联对华政策进行了深入解析；韩国新罗大学教授裴京汉的题为“中国抗战与韩国独立运动——‘长期抗战’与虹口公园爆炸事件（1932年4月）”的报告对虹口公园爆炸事件影响进行了介绍。

在分组讨论中，与会专家学者围绕抗日战争的诸多方面展开了深入研讨。

（1）从“九一八”事变到“七七”事变前后。无论是“九一八”事变还是“七七”事变，都是抗战学界研究的重点对象。王希亮的《七七事变前日本军权失衡、失控及膨胀的历史轨迹——从“皇姑屯事件”到“二二六事件”》、徐勇的《日本侵华决策计划性与必然性问题再探讨——以日方史料为中心》、殷燕军的《从九一八到七七：“独走”还是有计划的国策战争？》三篇文章，力图还原日本军政高层侵华战略决策的全过程，探讨日本发动全面侵华战争的计划性与必然性。三位学者都认为，日本发动“九一八”事变、“七七”事变绝非“偶然”，是日本军权从失衡、失控走向膨胀的必然结果。

（2）外交与国际关系。这部分内容也是会议讨论比较集中的领域，维尔琴科的《1938 ~ 1939 年苏联对华信用贷款与孙科代表团》、乌里娅诺娃的《苏联媒体对 1937 年中国事变的反应》等 13 篇论文，不仅涉及美、英、苏、法等大国，对北欧和中国周边国家也有关注，议题广泛、深入。

（3）战时国内政治、军事。涉及国民政府、国民党和国共关系的论文有王春林的《“中央与东北全体之主张”：西安事变后刘尚清的主皖》等 12 篇；杨东的《战时中共关于“全面抗战”的概念话语表述》、陈先初的《1940 年代中国共产党人的思想批判和新民主主义话语权的确立》两篇论文涉及国共两党话语权的竞争；军事方面的论文有潘泽庆的《全国抗战爆发后中共军事战略转变新论》等 6 篇，对国共都有涉及。

（4）战时社会众生。这部分论文涉及战时生活的方方面面，主要有李金铮的《民族尊严：从 5 部日记看卢沟桥事变与中国知识精英之反应》等 14 篇文章。这些文章探讨了人们的社会生活和精神生活在战时是如何变化的。

（5）根据地建设及其作用。黄道炫认为，抗日战争转入战略相持阶段后，日军逐渐把主要军事力量用于中国共产党领导的敌后抗日根据地，在恶劣的形势下，能否继续在环境艰苦的敌后坚持，“是关乎中共生存能力的大考”，从结果来看，中国共产党取得了在敌后生存发展的好成绩。把增强、祁建民指出，“九一八”事变后，日本不断扶植伪蒙疆政权，要将其作为建立庞大“防共回廊”的前沿基地，而中共开辟的大青山抗日根据地经过艰苦卓绝的斗争，团结蒙汉人民共同抗战，不但沉重打击了驻蒙日军和伪蒙疆政权，而且有力地牵制了日本“防共回廊”的建设和对苏作战部署，为世界反法西斯战争的胜利作出了重要贡献。

（6）战犯审判及历史认识问题。顾若鹏的论文从日本帝国崩溃角度分析战犯审判问题值得学界关注；久保亨认为，历史认识问题正在不断成为刺激中日双方民族主义的材料，需要双方谨慎处理。

（柴怡赟）

中国社会科学院第三届唯物史观与马克思主义史学理论论坛

2017 年 9 月 13 ~ 14 日，由中国社会科学院学部主席团主办，中国社会科学院历史学部、中国社会科学院马克思主义研究学部承办，中国社会科学院近代史研究所协办的“中国社会科学院第三届唯物史观与马克思主义史学理论论坛”在北京召开。中国社会科学院院长、党组书记王伟光发来题为“努力接受《实践论》《矛盾论》的哲学滋养运用科学的世界观方法论指导实践”的书面报告。中国社会科学院副院长、党组成员张江出席开幕式，并代表王伟光宣读学术报告。

北京大学历史学系教授沙健孙在题为“革命：社会进步和政治进步的强大推动力”的报告中论述了革命在中国近现代历史发展进程中的重要意义与价值。他指出，坚持以科学的历史观为指导，立足于中国实际，系统地掌握和梳理第一手材料，认真地分析和总结历史经验，才能把历史研究扎实地推向前进。

南开大学历史学院教授乔治忠的题为“中国近代史学史的研究应当反思”的报告从史学史学科出发，谈了唯物史观如何成为中国历史的必然选择。

天津师范大学历史文化学院教授庞卓恒的题为“坚持唯物史观的科学品格的必要性”的报告分析了马克思关于“两个必然”和“两个决不会”表述的理论内涵及其关系，强调了坚持唯物史观科学品格的必要性。

中国社会科学院近代史研究所研究员郑大华的题为“正确认识中国近代史上的改良与革命”的报告认为，对中国近代史上“改良”和“革命”的评价应坚持马克思主义的唯物史观，应看到二者既相互对立，又互为条件，彼此依存的关系。

来自国内高校和科研机构的100余位学者参与了会议，围绕“唯物史观视阈下的历史虚无主义批判”“马克思主义理论及其中国化研究”“唯物史观与20世纪中国历史学——史家”“唯物史观与20世纪中国历史学——史学”四个主题分组展开讨论。

（柴怡赟）

中国社会科学论坛（2017·史学）
“中共革命的理念、行动及特征”国际学术研讨会

2017年11月3～6日，中国社会科学论坛（2017·史学）在山东省济南市举行。论坛的主题为“中共革命的理念、行动及特征”。论坛由中国社会科学院主办，中国社会科学院近代史研究所革命史研究室和山东大学历史文化学院共同承办。来自中国社会科学院、中央党史研究室、中央文献研究室、中共中央党校、军事科学院、中国人民大学、华东师范大学、山东大学、南开大学和我国台湾地区学术机构，以及美国、日本、韩国的40余位专家学者参加了会议。中国社会科学院近代史研究所党委书记夏春涛研究员出席开幕式并发表致辞。

论坛收到学术论文39篇，大致集中在以下几个方面。

（1）关于深化中国共产党党史、新民主主义革命史研究。吴志军的《新民主主义革命时期党史研究的继续深化与发展方向》一文就如何在研究理念、选题拓展、话语体系和发展方向等方面，继续推进新民主主义革命时期党史研究的学术创新发表了看法。李金铮在《从“问题”到难题的思维转换：也谈“中共革命胜利来之不易”》一文中指出，应对传统革命史观的思维模式加以改进，对中共革命史进行重新审视，以揭示中共革命的运作形态，进而构建一套更加切合革命史实际的问题、概念和理论。

（2）关于中国共产党革命的宏观认识与评价。王续添的《现代中国使命型政治的起源——对中国共产党革命理念和行动特征的新阐释》一文从“使命型政治”的角度，深入阐释了20世纪中国共产党革命的理念和行动特征。李向前在《革命：中国观念的正、反、合》一文中提

2017年11月，中国社会科学论坛（2017·史学）“中共革命的理念、行动及特征”国际学术研讨会在山东省济南市举行。

出，中国近现代革命的根本理念，在于建立一个美好的新国家、新社会。

（3）关于中国共产党革命的思想资源。杨奎松的《中共语境下无产阶级概念的变化及原因》一文系统梳理了民主革命时期中国共产党党章中关于“无产阶级”和“工人阶级”提法的变动，进而探讨其与当政者的政策取向之间的密切关联。王海光的《〈共产党宣言〉与毛泽东的“相结合”——以文本传播为视角》一文探讨了马列主义与中国革命和毛泽东的“相结合”问题。

（4）关于中国共产党的革命文化宣传。叶维丽在《重读艾思奇》一文中考察了中共理论家艾思奇的思想渊源以及对其一些重要思想观念形成的影响。岳谦厚的《“党报姓党”何以成为可能——〈抗战日报〉的建构逻辑与实践经验》一文讨论了中国共产党在抗日根据地的办报活动和经验。

（5）关于苏区历史的研究。蒋建农的《苏区肃反扩大化错误之我见》、李东朗的《中共中央挽救西北苏区危机述论》分别就苏区的肃反扩大化问题和中共中央到达陕北后如何化解西北苏区肃反危机问题进行了探讨。

（6）关于中国共产党与抗战问题。黄道炫的《“二八五团”下的心灵》一文考察了战时中国共产党对干部婚姻的管控，以及这一管控如何在多种因素共同作用下收到成效。井上桂子的《论在国统区及延安成立“在华日本人民反战同盟”之意义》一文论述了抗战时期在华日本人领导的反战同盟组织在战争期间作出的贡献，以及战后给日本社会和中日关系带来的积极影响。

（7）关于地方革命的发生与发展经过。黄正林对《共进》杂志的创办、共进社群体及马克思主义在陕西的传播、陕西中共党组织的建立等问题进行了梳理。

（8）关于中国共产党组织史和制度史的研究。于化民的《革命史研究的回顾与前瞻》一文考察了中华人民共和国成立前中共中央对于作为新中国根本政治制度的人民代表大会制的理论探索。徐志民在《隐秘的党组织——中共东京支部》一文中利用日文史料，考察了中共东京支部的组织演变、主要活动，以及与日本共产党之间的关系。

（9）关于中共革命与社会动员。周斌的《九一八事变后的学生反日运动与国共斗争》一文对“九一八”事变后中共、国民党等党派与学生反日运动的复杂互动关系进行了剖析。吴启讷的《族群政治观念与实践——国民党与共产党的比较》一文探讨了近代中国在地缘政治与国际关系交错混杂的局势面前，国共两个主要执政党在族群政治观念、族群政治思维、族群政治论述、族群政治设计、族群政治实践方面的异同。

（10）关于中国共产党革命与乡村社会。赵兴胜的《革命史研究如何深入推进的几点思考》一文对当下有关中国共产党乡村革命问题的研究进行了批判性总结。柳镛泰的《二战后中国实行的耕者有田——是土地改革还是土地革命？》一文考察了中共在二战后实行的“耕者有其田”与十年内战期间的土地革命实质的趋同，以及中国共产党将“耕者有其田”称为土地改革的过程和意义。

（柴怡赟）

唯物史观与民国学术及社会发展研讨会

2017年12月1～4日，由中国社会科学院、中国史学会共同主办，中国社会科学院近代史研究所承办的“唯物史观与民国学术及社会发展研讨会”在北京举行。中国社会科学院院长、党组书记王伟光发表重要讲话。王伟光在讲话中指出，民国史研究，必须坚持唯物史观的指导，坚持摒弃历史虚无主义的影响，对于民国具体人物、事件的研究，一定要放在大的历史进程中加以考察、研究。

在主题报告会上，中国社会科学院近代史研究所副所长金以林研究员发表了题为“被网络神化的民国学人”的主题报告。他指出，就民国时期的学术发展水平而言，虽然有个别学者的某些成果达到国际前沿水准，但总体水平还是低的；而人文学科的成果，如果在国内进行阶段性比较的话，今天的总体学术水平已经大大超越了民国。此外，民国时代的高等教育，只有少数人才能享受得到，绝大多数人只能被远远排斥在校园之外。它完全是脱离民众、脱离社会的极端精英教育。

南开大学历史学院教授乔治忠在题为“中国近代史学史的反思”的主题报告中认为，中国史学史研究之丰硕成果背后，存在价值取向、观念体系和具体史家评论等方面较多的偏颇和舛误，有些错误说法已成学界的流行观点，因此，迫切地需要进行认真的审视和反思。在中国近代，史学发展内在矛盾的大框架，是史学图新和守旧的矛盾，这最后促使马克思主义史学成为主导的力量。

北京师范大学历史学院教授张越在题为“民国时期唯物史观史学发展”的主题报告中认为，唯物史观史学在20世纪30年代初的初步形成，社会史论战和郭沫若的《中国古代社会研究》的出版是公认的两大起因。抗战时期，中国马克思主义史学研究队伍不断壮大，并发展为中国史坛独树一帜的史学流派。其中，马克思主义中国化运动和范文澜的《中国通史简编》的完成，是最终促成中国马克思主义史学形成规模的重要事件。

天津师范大学历史文化学院教授庞卓恒在题为"'民国经济十年黄金期'质疑"的主题报告中对1927～1937年是"民国经济现代化十年黄金期"的观点提出质疑。他认为，即使在1927～1937年这10年期间，整个国民经济仍颠簸蹒跚，国内生产总值增长率一波三折，总体上呈停滞甚至衰退趋势。

中国社会科学院近代史研究所研究员郑大华的主题报告"如何正确地认识和评价民国时期的思想流派"认为，民国时期并不存在"宽容"的社会环境。此时期出现众多思想流派有多种原因。中国的马克思主义及中国共产党扣住了时代的主题，又抓住了变革社会的主要力量，从而最终成了历史的选择。

来自国内高校和科研机构的100余位专家学者参加了会议。与会专家学者围绕民国时期的学术体制和各学科发展，反思"民国范"与"民国热"，就"唯物史观的早期传播""唯物史观对民国学术的影响""马克思主义史家和史学"等主题展开了讨论。与会学者经过讨论，对民国学术的实际情形、民国时期唯物史观的深远影响等问题有了更为深入、准确的认识和把握，对如何正确地评价和定位民国学术及其社会发展达成了相当程度的共识。与会者普遍认为，所谓"民国范""黄金时期"，更多是今人的刻意建构，而非历史的实情。实际上，民国当局对于学术、思想、言论的压制相当严厉，民国社会凋敝、失序的一面不容回避。对于民国学术环境、学术和社会发展水平的拔高、美化，对于唯物史观及其指引的学术的漠视和贬低，都不是健康的趋向，应该引起学界的深刻反思。与会者一致认为，有必要通过认真严谨的学术研讨，总结民国学术及社会发展历程中的经验和教训，为中国学术话语体系的建构，为中华民族的伟大复兴和人类学术思想的发展贡献智慧。

（柴怡赟）

世界历史研究所

（一）人员、机构等基本情况

1. 人员

截至2017年底，世界历史研究所共有在职人员80人。其中，正高级职称人员21人，副高级职称人员23人，中级职称人员20人；高、中级职称人员占在职人员总数的80%。

2. 机构

世界历史研究所设有：唯物史观与外国史学理论研究室/《史学理论研究》编辑部、世界古代中世纪史研究室、西欧北美史研究室、俄罗斯东欧史研究室、亚非拉美史研究室、世界史跨学科研究室、《世界历史》编辑部、图书资料室/世界历史数字化研究部、科研组织处、行政综合办公室。

3. 科研中心

世界历史研究所院属科研中心有：中国社会科学院加拿大研究中心、中国社会科学院史学理论研究中心；所属科研中心有：中国社会科学院世界历史研究所日本历史与文化研究中心。

（二）科研工作

1. 科研成果统计

2017年，世界历史研究所共完成专著2种，46.8万字；论文60篇，85.3万字；译著1种，10万字；科普读物1种，21.5万字；一般文章15篇，11万字；译文4篇，3.6万字。

2. 科研课题

（1）新立项课题。2017年，世界历史研究所共有新立项课题7项。其中，国家社会科学基金一般课题1项："印度地方政治的历史考察"（宋丽萍主持）；国家社会科学基金青年课题1项："英美科技人才发展及其政策比较研究（1950～2000）"（张瑾主持）；所级国情调研课题1项："现代化进程中传统文化、现代文化的基本状况——对甘肃文县的调研"（王苏粤主持）；交办委托课题1项："中学历史教学中的问题调研"（张顺洪主持）；所级交办课题3项："中国世界史研究网英文网页的维护更新"（饶望京主持），"世界历史研究所人员资料库建设"（饶望京主持），"世界历史研究所规章制度汇编"（王苏粤主持）。

（2）结项课题。2017年，世界历史研究所共有结项课题8项。其中，国家社会科学基金课题1项："西方全球史学研究"（董欣洁主持）；院交办课题2项："中学历史教学中的问题调研"（张顺洪主持），"世界历史年表（修订）"（王旭东主持）；所级国情调研课题1项："现代化进程中传统文化、现代文化的基本状况——对甘肃文县的调研"（王苏粤主持）；所级重点课题1项："罗马化进程中的文化互动现象研究"（胡玉娟主持）；所级青年课题1项："东正教世界中的19世纪巴尔干民族教会独立运动"（鲍宏铮主持）；所级一般课题2项："妇女在苏联农业集体化进程中的作用"（刘凡主持），"幽州刺史墓墓主身份再探讨"（孙泓主持）。

（三）学术交流活动

1. 学术活动

2017年，世界历史研究所主办和承办的主要学术会议如下。

（1）2017年5月16日，世界历史研究所主办的"马克思主义与世界史研究研讨会"在北京举行。会议的主题是"如何以唯物史观为指导提高我们的世界史研究水平"。

（2）2017年5月17日，世界历史研究所主办的"首届世界史研究青年论坛"在北京举行。论坛研讨的主要议题有"俄罗斯东欧史研究""古代中世纪史研究""西欧北美史研究""史学理论及其他综合研究"。

（3）2017年5月20日，世界历史研究所与近代史研究所、中国国际文化书院、北京大学陈翰笙世界政治经济研究中心联合主办的“纪念陈翰笙诞辰120周年暨陈翰笙学术思想研讨会”在北京举行。

（4）2017年9月4～5日，世界历史研究所承办的“第五届中国—伊朗学术研讨会：中国伊朗文明交往与‘一带一路’国际研讨会”在北京举行。

（5）2017年10月14日，世界历史研究所主办的“世界历史研究所亚非拉论坛（2017）”学术研讨会在北京举行。论坛研讨的主要议题有“西亚非洲专题研究”“东亚专题研究”“日本专题研究”“拉美专题研究”。

（6）2017年10月28～30日，世界历史研究所主办的“第七届全国社会科学院世界历史研究联席研讨会”在四川省成都市举行。会议主题为“‘一带一路’与中国对外经济文化交流史”。会议研讨的主要议题有“世界历史视野下的‘一带一路’”“我国对外经济文化交流”“世界历史专题研究与学科发展”“‘天府文化’与域外世界”。

2. 国际学术交流与合作

2017年，世界历史研究所共派遣出访33批38人次，接待来访11批23人次（其中，中国社会科学院邀请来访2批8人次）。与世界历史研究所开展学术交流的国家有俄罗斯、阿塞拜疆、格鲁吉亚、亚美尼亚、乌兹别克斯坦、塔吉克斯坦、英国、德国、法国、挪威、波黑、捷克、匈牙利、阿尔巴尼亚、保加利亚、希腊、美国、南非、日本、韩国等。

（1）2017年2月24～27日，世界历史研究所汪朝光应日本笹川和平财团的邀请，赴日本出席中日历史共同研究委员会会议。

（2）2017年3月1日至8月31日，世界历史研究所邓超应邀赴德国波鸿鲁尔大学社会运动研究所进修德语，并围绕“德国的新社会运动”课题开展研究工作。

（3）2017年4月16～23日，世界历史研究所王晓菊、侯艾君等应邀赴俄罗斯，出席俄罗斯西伯利亚联邦大学与克拉斯诺亚尔斯克边疆区政府共同主办的“西伯利亚开发新方案”国际论坛及相关学术研讨活动。

2017年10月，“第七届全国社会科学院世界历史研究联席研讨会——‘一带一路’与中国对外经济文化交流史”在四川省成都市召开。

（4）2017年6月26日，世界历史研究所亚洲史学科毕健康以及亚非拉美研究室研究人员与安惠侯大使和中东问题专家马晓霖在北京就“中国与中东”“美国与中东”等问题进行学术交流。

（5）2017年7月11日，世界历史研究所史学理论研究室吴英等与美国弗吉尼亚大学历史系教授阿兰·梅吉尔在北京就“西方史学理论中的新趋向和重大问题”“情感与差异之中的历史根源”等进行学术交流。

（6）2017年7月11日，世界历史研究所跨学科研究室张文涛等和中国人民大学的20余位研究人员与美国新泽西学院历史系教授刘欣如在北京就“历史研究的自然科学方法”进行学术交流。

（7）2017年7月13日至8月20日，世界历史研究所邢媛媛应邀赴德国汉堡大学东北欧研究所，就“18～19世纪俄日两国岛屿问题的历史研究”课题收集资料。

（8）2017年7月16日至8月16日，世界历史研究所张炜应邀为所创新工程项目“多元视角下的古代制度研究”课题赴英国伦敦大学历史研究所收集资料，并与英国同行进行交流。

（9）2017年7月22日至8月22日，世界历史研究所刘兰应邀赴南非斯泰伦博什大学中国研究中心访学并收集资料，并就“种族隔离制度的起源和变迁”课题与南非同行进行了学术交流。

（10）2017年8月29日至9月2日，世界历史研究所李文靖应邀出席在挪威特隆赫姆市举办的“第十一届国际化学史会议”，并作题为“翁贝格与18世纪早期化学基质论到化学合成论的范式转换”的专题报告。

（11）2017年9月23日至10月6日，世界历史研究所研究员王晓菊、侯艾君等赴俄罗斯科学院社会政治学研究所和阿塞拜疆科学院科学史研究所进行学术访问。

（12）2017年10月2～31日，世界历史研究所研究员高国荣应邀赴美国俄克拉荷马大学访学，为创新工程项目“20世纪国外环境治理的历史考察”以及社科基金项目“1930年代美国大平原的土地沙化及其治理研究”收集资料，并与美国同行进行学术交流。

（13）2017年10月5日至12月26日，世界历史研究所王超华应邀赴英国剑桥大学神学院访学，就创新工程“宗教改革时期英格兰的死亡仪式”子课题与英国同行进行学术交流。

（14）2017年10月14日，世界历史研究所马细谱、俄罗斯东欧研究室研究人员与保加利亚科学院巴尔干研究所所长亚历山大·科斯托夫教授及保科院历史所专家玛丽亚娜·马林诺娃·田在北京就新奥斯曼主义思潮的起源及其在当前的一些表现进行学术交流。

（15）2017年10月15～22日，根据中日两国政府达成的协议，世界历史研究所李文明应日本日中友好会馆邀请，参加“中国社会科学青年学者访日代表团”访问日本，访问的主题为“绿色经济”。

（16）2017年11月1日，世界历史研究所亚洲史学科和日本历史与文化研究中心张跃斌以及亚非拉美研究室研究人员与日本立教大学经济学部教授林采成教授在北京就“日本经济的低增长与现状”问题进行学术交流。

（17）2017年11月8日，世界历史研究所俄罗斯东欧研究室王晓菊等与俄罗斯西伯利亚联邦大学教授弗拉基米尔·格利高利耶维奇·达秋生在北京就“1881～1894年中俄关系问题”进行学术交流。

（18）2017年11月23～26日，世界历史研究所张文涛应邀出席在韩国首尔举行的“第三届中韩人文学论坛”，承担论文《内圣外王：儒教构建的帝王典范及其对今日东亚诸国之影响》的评议任务。

3．与中国香港、澳门特别行政区和中国台湾开展的学术交流

（1）2017年2月9～13日，世界历史研究所汪朝光应中国台湾政治大学的邀请，出席在台湾政治大学举办的“百变民国：1920年代之中国”青年学者论坛，担任主持和学术评论。

（2）2017年11月9～13日，世界历史研究所景德祥应邀赴我国台湾地区，出席在辅仁大学举行的“第13届文化交流史：战争、流离与再生文明学术研讨会”，并作题为“德国对两次世界大战的记忆与反思”的主题发言。

（四）学术社团和期刊

1．社团

（1）中国世界近代现代史研究会，会长李世安。

① 2017年10月21～22日，中国世界近代现代史研究会与郑州大学历史学院在河南省郑州市联合举行“中国世界现代史研究会2017年年会暨学术研讨会”。会议研讨的主要议题有“全球化的历史进程”“高校世界历史教学问题”。与会专家学者90余人。

② 2017年11月10～12日，中国世界近代现代史研究会在山东省枣庄市举行“‘一带一路’视阈下的世界现代史研究与教学学术研讨会”。会议研讨的主要议题有“俄国‘十月革命’的历史意义”“‘一带一路’倡议与沿线地区国别史”“现代国际关系史研究”“世界现代史教学的改革与创新”。与会专家学者50余人。

③ 2017年12月1～4日，中国世界近代现代史研究会在浙江省丽水市举行“全球化视野下的民族问题研究”学术研讨会。会议研讨的主要议题有“世界各国民族问题的历史与现状”“中国民族问题的历史与现状”“民族文化及传播”。与会专家学者40余人。

（2）中国世界古代中世纪史研究会，会长侯建新。

2017年10月13～15日，中国世界古代中世纪史研究会在四川省成都市举行“中国世界中世纪史2017年暨学术年会”。会议研讨的主要议题有“欧洲文明研究”“亚非主要文明研究”“中世纪世界各主要文明及关系研究”。与会专家学者95人。

（3）中国非洲史研究会，会长李安山。

2017年10月21～22日，中国非洲史研究会在江苏省扬州市举行“中国非洲史研究会2017年换届大会暨‘一带一路与非洲发展’学术会议”。会议研讨的主要议题有“非洲地区史和国别史”“非洲专题史”“大国与非洲”“非洲经济发展”“‘一带一路’与中非关系”等。与会专家学者90人。

（4）中国美国史研究会，会长梁茂信。

2017年9月23～24日，中国美国史研究会、南开大学历史学院、南开大学世界近现代史研究中心在天津联合举办“‘美国历史上的社会转型’暨纪念历史学家杨生茂百年诞辰学术研讨会”。与会专家学者90余人。

（5）中国日本史学会，会长张键。

2017年7月19～21日，中国日本史学会等单位在云南省昆明市举行“日本社会的转型与中日关系”学术研讨会。会议研讨的主要议题有“日本社会转型问题研究”“日本政治转型问题研究”“日本思想文化转型问题研究”“中日关系史研究”。与会专家学者80人。

（6）中国朝鲜史研究会，会长朴灿奎。

2017年12月1～3日，中国朝鲜史研究会等单位在河南省洛阳市举行“中国朝鲜史研究会2017年学术年会”。会议研讨的主要议题有“朝鲜（韩国）历史研究现状及课题”，分组论题有“古代中朝关系的经验与教训”“俄国十月社会主义革命与朝鲜民族革命”“最近20年来朝鲜半岛国家与中国关系”等。与会专家学者98人。

（7）中国第二次世界大战史研究会，会长徐蓝。

2017年7月28～30日，中国第二次世界大战史研究会在内蒙古自治区呼和浩特市举行“中国第二次世界大战史研究会2017年年会暨学术研讨会”。会议研讨的主要议题有“中国抗日战争与世界反法西斯战争关系”“关于二战的历史记忆”“盟国战后安排对中国领土主权的影响及战后遗留问题”“二战的起源与影响”。与会专家学者90人。

（8）中国英国史研究会，会长高岱。

① 2017年9月8～10日，中国英国史研究会在湖南省株洲市举行“中国英国史研究会第十一届理事会第二次理事会议”。会议的主题是“总结本届理事会第一次全体会议以来研究会的工作和研究会网站与学术期刊建设”。与会专家学者30人。

② 2017年12月8～10日，中国英国史研究会在北京举行“中国英国史研究会2017年学术年会暨新视野下的英国文明史研究”。会议研讨的主要议题有“新视野下的英国文明史研究”，旨在运用新的世界史视野考量自古代至当代英国历史上经济、政治、军事、宗教、外交、社会生活与思想文化等领域中的重要问题，以及涉及英殖民帝国统治的重要问题。与会专家学者50余人。

（9）中国法国史研究会，会长沈坚。

2017年9月4～9日，中国法国史研究会与法国巴黎人文科学之家、巴黎第一大学在华东师范大学的支持下，在上海举行“中法历史文化的诠释、解读与互动”第十三期中法历史文化国际合作研讨班。会议的主题是“文化的流通：欧洲与亚洲”。与会专家学者及学生50余人。

（10）中国拉丁美洲史研究会，会长韩琦。

2017年11月10～12日，由中国拉丁美洲史研究会主办的中国拉丁美洲史研究会第九届会员代表大会暨拉丁美洲史教学与研究研讨会在天津举办。

（11）中国苏联东欧史研究会，会长姚海。

（12）中国国际文化书院，院长张顺洪。

2. 期刊

（1）《世界历史》（双月刊），主编张顺洪。

2017年，《世界历史》共出版6期，共计144万字。该刊全年刊载的有代表性的文章有：王晓德的《美国开国先辈对“美洲退化论”的反驳及其意义》，张杨的《“未来潮流”之争：中国意识形态对抗与20世纪60年代美国的东南亚政策》，肖晓丹的《法国城市工业污染管制模式溯源（1810～1850）》，李宏图的《18世纪苏格兰启蒙运动的“商业社会”理论——以亚当·斯密为中心的考察》，晏绍祥的《雅典陶片放逐法考辨》，庞乃明的《亦真亦幻大秦国：古代中国的罗马帝国形象》，夏亚峰的《美国是帝国吗——对美国政界学界相关争论的辨析》，曹龙虎的《资本主义：一个概念的生成及其使用》，曲升的《从海洋自由到海洋霸权：威尔逊海洋政策构想的转变》，费晟的《“环境焦虑”与澳大利亚殖民地反华话语的构建》，付成双的《文明进步的尺度：美国社会森林观念的变迁及其影响》，李士珍的《沃伦·海斯廷斯与英国在印度的殖民知识生产》，车效梅、郑敏的《丝绸之路与13～14世纪大不里士的兴起》，李鹏涛的《英属中部和东部非洲殖民地的城镇劳动力政策》，王立新的《从历史文明到历史空间：新印度史学的历史地理学转向》，邓云清的《英格兰古典大学改革与大学传统的扬弃》。

（2）《史学理论研究》（季刊），主编汪朝光。

2017年，《史学理论研究》共出版4期，共计100万字。该刊全年刊载的有代表性的文章有：周书灿的《改革开放初期学术界对郭沫若古史分期理论的论辩》，庞冠群的《全球史与跨国史：法国革命研究的新动向》，刘耀辉的《维克托·基尔南的帝国主义理论探析》，庞卓恒的《坚持科学标准　深化史学评论振兴历史科学——30年的回顾、祝福和期盼》，瞿林东的《理论研究与学科体系》，沈斌的《再论马克思的“农业公社”问题——与宋培军、张秋霞两位先生商榷》，邹兆辰的《郭沫若与中国马克思主义史学的诞生与发展》，于沛的《十月革命和世界历史进程——纪念十月革命100周年》，郑大华的《历史教育与民族复兴：抗战时期学术界对历史教育于民族复兴之意义的认识》，肖文超的《西方物质文化史研究的兴起及其影响》，张广智的《中外史学交流的脉络与当代意义》，赵庆云的《范文澜与中国通史撰著》，张越的《论中国近代史学的开端与转变》，宋学勤、李晋珩的《思想“在场”：当代中国社会史研究的基点》，朱英的《章开沅与辛亥革命和中国资产阶级研究》。

（3）*World History Studies*（《世界史研究》）（英文半年刊），主编张顺洪。

2017年，*World History Studies*（《世界史研究》）共出版2期，共计15万英文字符数。设有论文、历史学家介绍、综述和书评等栏目。新增了观点栏目。该刊全年刊载的有代表性的文章有：Guo Dantong's "Relations Between Egypt and Canaan in the Middle Kingdom：A Re-Examination"（郭丹彤的《中王国时期埃及与迦南关系再探讨》），Gao Yi's "The Influence of the French Revolutionary Culture on the Chinese Revolution"（高毅的《法国革命文化对中国革命的影响》），Jia Congjiang's "The Silk Road and Its impact on Economy and Society of the Ancient World"（贾丛江的《丝绸之路对古代世界经济社会的影响》），Wang Xiaode's "Contemporary Research on the History of American Diplomacy in Mainland China"（王晓德的《当代中国大陆的美国外交史研究》），Li Anshan's "The Study of China-Africa Relations in China：A Historiographical Survey"（李安山的《中国中非关系研究：一个历史的考察》），Wang Haili's "Liu Wenpeng's Contribution to the Study of Ancient World History in China"（王海利的《刘文鹏对中国世界古代史研究的贡献》），Xu Hong and Ma Jianchun's "With a Pragmatic Aspiration，to a Comprehensive Scholarship：Review of Zhu Jieqin and His Studies of the History of China's Foreign Relations"（徐虹、马建春的《怀经世致用之志，治汇通中西之学——朱杰勤中外关系史学术评传》）。

（五）会议综述

纪念陈翰笙诞辰120周年暨陈翰笙学术思想研讨会

2017年5月20日，“纪念陈翰笙诞辰120周年暨陈翰笙学术思想研讨会”在北京举行。研讨会由中国社会科学院世界历史研究所、中国社会科学院近代史研究所、中国国际文化书院、北京大学陈翰笙世界政治经济研究中心主办。中国社会科学院学部委员廖学盛、中国社会科学院近代史研究所所长王建朗、中国太平洋学会常务副会长杨绥华分别在研讨会开幕式上致辞，追述了陈翰笙先生的治学点滴，介绍了陈翰笙先生的学术成就及影响。中国社会科学院近代史研究所副所长金以林主持了开幕式，中国社会科学院世界历史研究所副所长汪朝光作总结发言并致闭幕词。

“如果说，文艺复兴时期意大利有达·芬奇那样的博物学家和艺术家，让意大利的艺术延续至今，相比之下，在中国上个世纪，有翰老这样的百科全书式的学者和智慧老人。他的智慧和经验，对于我们后辈来说，是最宝贵的财富。”北京大学常务副校长吴志攀在书面致辞中高度评价了陈翰笙的贡献。廖学盛认为，陈翰笙一心为人民，不为名、不为利，对革命无限忠诚。在廖学盛看来，陈翰笙是一个关心后辈、严格要求后辈，同时又平易近人、对后辈充满关爱的长者。王建朗说，陈翰笙先生对中国革命的胜利、对中国社会的发展和中国学术事业的发展作出了重要贡献。他是一名战士，一名立志改变社会不平等状况的战士；他是一名学者，一名学贯中西、百科全书式的学者。中国国际文化书院顾问俞源指出，今天重温陈翰笙先生革命生涯和学术道路，具有特殊的现实意义。“陈翰笙先生一生淡泊名利，为人师表，坚定理想信念，矢志不渝为中国民族独立、社会进步和人民幸福奋斗。在治学上，注重把马克思主义理论与中国实际结合。”俞源认为，“对于社会科学工作者来说，当今的重要任务之一就是要用各领域学识，积极为落实‘一带一路’倡议建言献策”。

来自中国社会科学院、北京大学及美国亚利桑那州立大学等国内外研究机构与高校的专家学者，以及陈翰笙亲属、学生等 40 余人参会。

（科研处）

第五届中国—伊朗学术研讨会：中国伊朗文明交往与“一带一路”国际研讨会

2017 年 9 月 4 ～ 5 日，“第五届中国—伊朗学术研讨会：中国伊朗文明交往与‘一带一路’国际研讨会”在北京举行。会议由中国社会科学院和伊朗伊斯兰文化联络组织共同主办，中国社会科学院世界历史研究所承办。中国社会科学院副院长蔡昉、伊朗伊斯兰文化联络组织副主席哈拉曼·苏莱曼尼、世界历史所所长张顺洪、伊朗驻华大使阿里·阿斯克里·哈吉出席开幕式并分别致辞。来自中国和伊朗的相关领域的专家学者共计 60 余人参加研讨会。

中国社会科学院副院长蔡昉在开幕式致辞中表示，中国与伊朗都是历史悠久的文明古国，在世界历史演变的长河中占据重要地位。丝绸之路是中伊两国共同创造与维护的商贸之路、文化之路和友谊之路，是两国都万分珍惜的最为美好的共同历史记忆。研讨中伊两国历史特别是中伊相互交往的历史，厘清历史，还原历史真相，并且从历史中汲取智慧与动力，能为中伊两国关系发展和“一带一路”的构建发挥重大作用。一是通过对话，加强学术交流，引起历史共鸣，沟通民心民意，筑牢友好根基；二是通过对话，把脉世界大局，增强政治共识，扩大战略机遇，打造稳定之锚；三是通过对话，克服重重困难，推进“一带一路”，分享发展机遇，促进全球治理。蔡昉希望与会专家通过此次研讨会汲取历史智慧，为中伊两国关系的进一步发展，为亚洲和世界的和平安定，为人类命运共同体的构建贡献思想力量。

此次研讨会议题广泛。前四场讨论从历史学、考古学、哲学、文学、语言学、医学等多学科多视角研讨伊朗文明的形成与特征、中伊文明的相似性、古代丝绸之路上中伊之间的文明交往及伊朗文明对世界历史的贡献等问题。第五场讨论转向现实问题，直面中伊合作与“一带一路”的机遇与挑战，探讨如何推进“一带一路”建设，塑造共同价值观，创新文明交往模式等问题。

（科研处）

第二十届全国史学理论研讨会

2017 年 11 月 4 ～ 5 日，“第二十届全国史学理论研讨会”在北京召开。此次会议是由中国社会科学院《史学理论研究》杂志、中国社会科学院登峰计划“史学理论重点学科”和中国社会科学院史学理论研究中心联合主办的，主题为“当前史学理论与史学史研究中的前沿问题”。来自中国社会科学院世界历史所、北京大学、中国人民大学、复旦大学等高校和杂志社的 90 余位学者参加了研讨会。

大会开幕式由《史学理论研究》常务副主编吴英研究员主持，世界历史研究所副所长、《史学理论研究》主编汪朝光研究员致开幕词。第一场大会发言由吴英主持，有五位学者作了主旨报告：中国社会科学院世界历史研究所研究员陈启能回顾了《史学理论研究》杂志、全国史学理论研讨会和作为一门学科的史学理论研究的创办和发展过程；天津师范大学历史文化学院教授庞卓恒根据马克思的论断强调，历史学是像自然科学一样的科学；复旦大学历史学系教授张广智梳理了中西马克思主义史学交流的历史；中国人民大学历史学院教授牛润珍指出，发掘传统史学的现代价值在于超越历史与现实，将二者融贯为一，把历史置于现实中去考察，用历史研究解决或解释现实中所遇到的问题；四川大学历史系教授何平指出，近几十年来，世界史研究出现了以全球史视野为特征的新范式并探讨了其中三个重要研究分支：全球史、跨国史和跨文化研究。

第二场大会发言由《史学理论研究》副主编景德祥研究员主持，五位学者作了主旨报告。在小组发言和讨论阶段，学者们分四个小组分别就唯物史观与马克思主义史学、中国史学研究中的理论问题、历史书写的理论和方法、西方史学最新思潮和方法等议题进行了讨论。

大会闭幕式上，淮北师范大学历史与社会学院教授李勇、中国人民大学马克思主义学院教授宋学勤、华东师范大学历史系教授孟钟捷和世界历史研究所研究员张旭鹏汇报了各小组的发言和讨论情况，吴英研究员致闭幕词。

（科研处）

中国边疆研究所

（一）人员、机构等基本情况

1. 人员

截至 2017 年底，中国边疆研究所共有在职人员 32 人。其中，正高级职称人员 10 人，副高级职称人员 9 人，中级职称人员 9 人；高、中级职称人员占在职人员总数的 88%。

2. 机构

中国边疆研究所设有：东北与北部边疆研究室、新疆研究室、海疆研究室、西南边疆研究室、马克思主义国家与边疆理论研究室、《中国边疆史地研究》编辑部、办公室。

3. 科研中心

中国边疆研究所设有 5 个所级工作站：中国边疆历史与社会研究云南工作站、中国边疆历史与社会研究东北工作站、中国边疆历史与社会研究新疆工作站、中国边疆历史与社会研究广西工作站、中国边疆历史与社会研究内蒙古工作站；在西藏自治区日喀则市和海南省三沙市分别建立了所级国情调研基地。

（二）科研工作

1．科研成果统计

2017年，中国边疆研究所共完成专著3种，158万字；论文48篇，52万字；研究报告37篇，30万字。

2．科研课题

（1）新立项课题。2017年，中国边疆研究所共有新立项课题10项。其中，院国情调研基地课题1项："'一带一路'倡议下的黑龙江省全方位对外开放研究国情调研"（邢广程主持）；所国情调研基地课题1项："三沙市文物与历史遗迹保护与利用"（李国强主持）；国家社会科学基金"维护我国海洋权益研究专项"课题1项："我国历代海疆治理与海权维护文献整理与运用研究"（李国强主持）；国家社会科学基金课题2项："高句丽史上的族群问题研究"（范恩实主持），"'一带一路'背景下云南茶文化旅游的资源空间结构、地域类型及发展模式研究"（时雨晴主持）；院青年人文社会科学研究中心社会调研课题1项："提升内地新疆高中班学生国家认同感研究"（白帆主持）；院及有关部门委托课题4项："2016年外交政策研究"（邢广程主持），"开展东海、黄海历史问题交流与研讨"（李国强主持），"闭海半闭海沿岸国合作机制案例分析研究"（李欣主持），"当前南海地区安全机制建设研究"（李欣主持）。

（2）结项课题。2017年，中国边疆研究所共有结项课题5项。其中，院及有关部门委托课题3项："辽代以前蒙古草原与东北地区族群关系史"（范恩实主持），"高句丽地方统治制度研究"（范恩实主持），"内蒙古在俄罗斯远东开发战略中的区位合作优势"（初冬梅主持）；院国情调研基地课题1项："'一带一路'倡议下的黑龙江省全方位对外开放研究国情调研"（邢广程主持）；所国情调研基地课题1项："三沙市文物与历史遗迹保护与利用"（李国强主持）。

（3）延续在研课题。2017年，中国边疆研究所共有延续在研课题12项。其中，国家社科基金期刊资助课题1项："中国边疆史地研究"（李大龙主持）；国家社科基金青年课题1项："清末新政时期中央政府对边疆地区的治理与统合研究"（高月主持）；所国情调研基地课题2项："三沙市—国情调研基地"（李国强主持），"日喀则—国情调研基地"（孙宏年主持）；院及有关部门委托课题8项："新疆分裂与反分裂斗争的历史经验与现实问题及对策"（邢广程主持），"我们党治疆方略的经验总结及新形势下面临的新情况新问题"（李国强主持），"如何做好涉疆外宣工作"（许建英主持），"区域政治与经济对南中国海环境合作影响与对策研究"（李国强主持），"内蒙古对苏俄贸易史（1949～2013）"（邢广程主持），"土尔扈特部落史"（阿拉腾奥其尔主持），“民国时期治疆大吏研究”（许建英主持），“英、美新疆政治史研究”（许建英主持）。

（三）学术交流活动

1. 学术活动

2017年，中国边疆研究所主办和承办的学术会议如下。

（1）2017年1月17日，中国边疆研究所举办第1期（总第19期）“中国边疆学讲坛”。讲坛邀请日内瓦高等国际关系研究生院终身教授相蓝欣作了题为“特朗普与国际地缘政治的变化”的报告。

（2）2017年3月5日，中国边疆研究所举办第2期（总第20期）“中国边疆学讲坛”。讲坛邀请西班牙皇家埃尔卡诺研究院高级研究员马里奥·埃斯特万作了题为“欧洲对中国‘一带一路’倡议的反应”的报告。

（3）2017年3月29日，中国边疆研究所举办第3期（总第21期）“中国边疆学讲坛”。讲坛邀请中国边疆研究所研究员马大正作了题为“新疆治理的治本之道思考”的报告。

（4）2017年4月12日，中国边疆研究所举办第4期（总第22期）“中国边疆学讲坛”。讲坛邀请中国社会科学院美国研究所研究员周琪作了题为“特朗普上台后的美国外交政策与中美关系”的报告。

（5）2017年4月12日，中国边疆研究所举办第5期（总第23期）“中国边疆学讲坛”。讲坛邀请外交部档案馆馆长鲁桂成作了题为“边界谈判问题”的报告。

（6）2017年4月19日，中国边疆研究所举办第6期（总第24期）“中国边疆学讲坛”。讲坛邀请东北师范大学历史文化学院教授苗威作了题为“朝鲜半岛历史问题考察”的报告。

（7）2017年5月3日，中国边疆研究所举办第7期（总第25期）“中国边疆学讲坛”。讲坛邀请台湾中国文化大学教授林冠群作了题为“唐蕃关系及其现代启示”的报告。

（8）2017年5月10日，中国边疆研究所举办第8期（总第26期）“中国边疆学讲坛”。讲坛邀请中国边疆研究所编审李大龙作了题为“自然凝聚，碰撞底定——中国疆域形成和发展的轨迹”的报告。

（9）2017年5月24日，中国边疆研究所举办第9期（总第27期）“中国边疆学讲坛”。讲坛邀请云南大学校长林文勋作了题为“略谈边疆研究中的历史观”的报告。

（10）2017年6月17～18日，由中国边疆研究所与陕西师范大学中国西部研究院联合主办的“第五届中国边疆研究青年学者论坛”在陕西省西安市召开。会议的主题是“传承与创新：中国边疆研究的新视野与新思考”，研讨的主要议题为“中国边疆理论研究的新思考”、“历代边疆治理研究”、“西部边疆史地研究”和“西部边疆民族与文化研究”。

（11）2017年8月5日，由中国边疆研究所《中国边疆史地研究》编辑部、新疆研究室联合举办的“历史唯物主义视阈下边疆史地与边疆学座谈会”在北京召开。会议研讨的主题是“边疆史地与边疆学学科建设”。

（12）2017 年 9 月 23 ～ 24 日，由中国边疆研究所、云南大学主办，云南大学历史与档案学院、云南大学《思想战线》编辑部・文科学报编辑部承办的“第五届中国边疆学论坛”在云南省昆明市召开。会议研讨的主题是“连通‘一带一路’的中国边疆：历史、现状与发展”。

（13）2017 年 10 月 12 ～ 14 日，由中国社会科学院主办，中国边疆研究所、内蒙古财经大学承办，内蒙古社会科学界联合会等单位协办的“中国社会科学论坛（2017）：中蒙俄经济走廊与东北亚区域合作国际论坛”在内蒙古自治区呼和浩特市举行。会议研讨的主题是“中蒙俄经济走廊建设的历史、现状以及未来构想”。

（14）2017 年 10 月 13 日，中国边疆研究所举办第 10 期（总第 28 期）“中国边疆学讲坛”。讲坛邀请台北“故宫博物院”研究员陈维新作了题为“清季西南边界（滇缅、滇越、桂越段）变迁探究——以台北‘故宫博物院’典藏外交条约舆图为例”的报告。

（15）2017 年 10 月 20 日，中国边疆研究所举办第 11 期（总第 29 期）“中国边疆学讲坛”。讲坛邀请俄罗斯科学院远东分院远东历史考古民族研究所所长、俄罗斯科学院通讯院士拉林，俄罗斯科学院远东分院远东历史考古民族研究所实验室主任拉林娜分别作了题为“俄罗斯新地缘政治与中俄关系”和“东亚国家（中、日、韩）与俄罗斯太平洋地区青年的价值取向与兴趣（基于社会调查结果）”的报告。

（16）2017 年 11 月 22 日，中国边疆研究所举办第 12 期（总第 30 期）“中国边疆学讲坛”。讲坛邀请黑龙江省社会科学院研究员刘爽作了题为“以‘人类命运共同体’理念推进‘一带一路’国际合作取得新突破”的报告。

（17）2017 年 12 月 27 日，中国边疆研究所举办第 13 期（总第 31 期）“中国边疆学讲坛”。讲坛邀请云南省社会科学院副院长王文成作了题为“中国—孟加拉国战略和思考”的报告。

2. 国际学术交流与合作

出访

2017 年，中国边疆研究所共派遣出访 17 批 33 人次。与中国边疆研究所开展学术交流的国家有美国、韩国、以色列、巴基斯坦、阿富汗等。

（1）2017 年 2 月 26 日至 3 月 3 日，中国边疆研究所所长邢广程带领新疆智库专家学术代表团赴以色列进行学术访问，与以色列外交部、以色列国家行政培训学院等部门的专家学者就国际反恐合作、以色列的少数民族政策等问题进行交流。

（2）2017 年 5 月 3 ～ 10 日，中国边疆研究所所长邢广程率领中国新疆文化交流团访问巴基斯坦和阿富汗，分别与两国政界、媒体、智库和工商界互动，进行涉疆外宣活动。

（3）2017 年 5 月 10 ～ 12 日，中国边疆研究所副研究员侯毅赴越南，参加由越南外交学院与人道主义研究中心举办的“第六届南沙群岛海事互信共建学术研讨会”。

（4）2017年6月18～25日，中国边疆研究所所长邢广程、副研究员阿地力·艾尼赴土耳其、比利时进行学术访问。

（5）2017年6月20～24日，中国边疆研究所研究员阿拉腾奥其尔应邀赴俄罗斯，参加由圣彼得堡大学东方系主办的“第29届国际亚非国家史料学与历史编纂学大会”。

（6）2017年8月14～18日，中国边疆研究所所长邢广程应朝鲜社会科学院邀请赴朝鲜，就高句丽问题进行学术访问。

（7）2017年9月5～9日，中国边疆研究所研究员阿拉腾奥其尔应日本东北大学东北亚研究中心邀请赴日本仙台市，参加“欧亚大陆的移民桥梁：东北亚的政治社会经济、人口和历史视角”学术会议。

（8）2017年9月24～30日，中国边疆研究所所长邢广程、研究员王义康等赴美国约翰霍普金斯大学高级国际研究院中国研究中心访问，就“美国的新疆政策”“反恐”等问题进行交流、调研。

（9）2017年10月15～21日，中国边疆研究所所长邢广程赴俄罗斯索契，参加“第十四届瓦尔代国际俱乐部年会”。

（10）2017年10月29日至11月2日，中国边疆研究所党委书记李国强赴俄罗斯圣彼得堡进行学术访问。在俄期间，李国强先后与俄罗斯科学院东方学研究所、彼得堡大学民族学人类学研究所的学者座谈，就有关中国边疆文献史料的收集整理问题展开交流。

（11）2017年11月1～30日，中国边疆研究所研究员许建英赴美国密苏里圣路易斯大学，进行为期一个月的学术访问。

（12）2017年11月1～4日，中国边疆研究所副研究员范恩实赴韩国，参加“环黄海论坛”并作会议发言。

来访

2017年，中国边疆研究所接待境外来访学者与代表团3批21人次，来访以开展学术交流、洽谈合作事宜为主。接待外国驻华大使馆和境外媒体约见采访16次。

（1）2017年1月18日，中国边疆研究所所长邢广程与美国驻俄罗斯海参崴总领事迈克尔·基斯、美国驻俄罗斯使馆贸易官员本杰明·罗伊、美国驻吉尔吉斯斯坦使馆政治官员、美国驻华使馆政治处二等秘书罗彼得，就“特朗普当选后中美俄关系的发展趋势”等议题进行座谈交流。

（2）2017年3月7日，中国边疆研究所党委书记李国强与澳大利亚驻华大使馆一秘杨维丽就南海问题进行座谈。

（3）2017年3月29日，中国边疆研究所党委书记李国强与韩国驻华大使馆政务部公使衔参赞具泓锡就“一带一路”等议题进行交流。

（4）2017年3月29日，中国边疆研究所党委书记李国强与美国使馆政治处二秘何抒莉就

“美国新政府后的海洋”议题进行交流。

（5）2017 年 4 月 12 日，中国边疆研究所党委书记李国强与韩国东北亚历史财团事务总长李贤主一行，就开展双边学术交流等议题座谈。

（6）2017 年 6 月 7 日，中国边疆研究所党委书记李国强与美国麦肯锡公司资深董事吴子就“中国的边疆”“‘一带一路’建设”“海洋权益”等议题座谈。

（7）2017 年 6 月 15 日，中国边疆研究所党委书记李国强与澳大利亚外交官就“东海、南海问题”座谈。

（8）2017 年 6 月 16 日，中国边疆研究所所长邢广程与美国驻华外交官就新疆反恐等议题进行交流。

（9）2017 年 6 月 21 日，中国边疆研究所党委书记李国强与美国驻华使馆政治处官员就“南海问题”“‘一带一路’建设”等进行座谈。

（10）2017 年 6 月 26 日，中国边疆研究所党委书记李国强与印度著名学者、印度观察家研究基金会主席 Kulkarni，就“‘一带一路’背景下中印边界的相关问题”进行座谈。

（11）2017 年 7 月 21 日，以色列海法大学教授 Shichor 与中国边疆研究所新疆研究室的学者就“西方国家对中国边疆和新疆研究”以及“境外维吾尔人情况”等进行座谈。中国边疆研究所研究员许建英等参加。

（12）2017 年 8 月 24 日，中国边疆研究所副研究员王晓鹏与美国使馆政治处二秘何抒莉进行座谈。

（13）2017 年 11 月 1 日，中国边疆研究所所长邢广程与日本驻华使馆公使石月英雄就“中俄关系”“‘一带一路’倡议”等议题进行交流。

（14）2017 年 11 月 29 日，中国边疆研究所研究员王义康、副研究员阿地力与美国驻华使馆二秘马泰得就新疆反恐等议题进行交流。

（15）2017 年 12 月 21 日，中国边疆研究所党委书记李国强与美国驻华使馆政治处官员就“南海问题”座谈交流。

3. 与中国香港、澳门特别行政区和中国台湾开展的学术交流

（1）2017 年 3 月 9 ~ 13 日，中国边疆研究所党委书记李国强赴台湾南华大学，参加“2017 年中国大陆研究暨展望 2020 年的中国大陆”学术研讨会。

（2）2017 年 4 月 18 日，中国边疆研究所党委书记李国强与台湾南华大学教授孙国祥进行交流。

（3）2017 年 4 月 21 ~ 27 日，中国边疆研究所所长邢广程赴台湾参加台湾“中国边政协会”召开的有关丝绸之路的学术会议，并考察台湾少数民族部落。

（4）2017 年 4 月 22 ~ 23 日，由台湾“中国边政协会”主办，中国社会科学院社会政法学部、中国边疆研究所协办的“2017 丝绸之路今昔与展望”学术研讨会在台北市举行。

（5）2017 年 5 月 3 日，中国边疆研究所举办第 7 期（总第 25 期）“中国边疆学讲坛”。讲坛邀请台湾中国文化大学教授林冠群作了题为“唐蕃关系及其现代启示”的报告。

（6）2017 年 10 月 13 日，中国边疆研究所举办第 10 期（总第 28 期）“中国边疆学讲坛”。讲坛邀请台北“故宫博物院”研究员陈维新作了题为“清季西南边界（滇缅、滇越、桂越段）变迁探究——以台北‘故宫博物院’典藏外交条约舆图为例”的报告。

（四）学术期刊

（1）《中国边疆史地研究》（季刊），主编李大龙。

2017 年，《中国边疆史地研究》共出版 4 期，共计 113 万字。该刊全年刊载的有代表性的文章有：刘清涛的《“宗主权”与传统藩属体系的解体——从“宗藩关系”一词的来源谈起》，周平的《边疆研究的国家视角》，王希恩的《马克思恩格斯的民族主义观》，周竞红的《各民族在交往交流中团结凝聚——兼论十八大以来中国共产党民族团结思想继承与发展》，熊坤新等的《超越边疆：多民族国家边疆治理的新思路》，徐百永的《中国共产党有关西藏政教制度的认知与政策研究》，冯建勇的《中国边疆文化的发展路径与时代意义》，宋培军的《马克思的游牧民族思想及其对中国边疆学建构的意义》，魏存成的《东北古代民族源流述略》等。

（2）《中国边疆学》，主编邢广程。

2017 年，中国边疆研究所与武汉大学国家领土主权与海洋权益协同创新中心共同编辑出版了《中国边疆学》第七辑、第八辑，共计 75 万字。

（五）会议综述

第五届中国边疆研究青年学者论坛

2017 年 6 月 17 ～ 18 日，由中国社会科学院中国边疆研究所与陕西师范大学中国西部研究院联合举办的“第五届中国边疆研究青年学者论坛”在陕西省西安市召开。国内 20 多所院校的 70 多位青年学者参加研讨。陕西师范大学党委书记甘晖、中国边疆研究所党委书记李国强出席开幕式并分别致辞。

李国强指出，当前，我国边疆地区和国内外的形势都发生了很多新变化，党和国家对边疆研究提出了一系列新要求，青年“边疆人”不仅要继承、发扬中国边疆研究“为天地立心、为生民立命、为往圣继绝学、为万世开太平”、“经世致用”和“求真求是”等优良传统，不断夯实边疆研究的理论基础，聚焦中央重大战略部署，深入边疆，了解边疆，而且要勇于创新，创造性地开展边疆研究，不断推进边疆理论学术体系创新、学科体系创新、话语体系创新。

在专题研讨中，与会青年学者以“传承与创新：中国边疆研究的新视野与新思考”为主题，围绕“中国边疆理论研究的新思考”、“历代边疆治理研究”、“西部边疆史地研究”和“西部边疆民族与文化研究”等议题展开讨论。

（科研处）

第五届中国边疆学论坛

2017年9月23～24日，由中国社会科学院中国边疆研究所与云南大学联合主办的“第五届中国边疆学论坛”在云南省昆明市召开。国内近40所高校和科研院所的120余位专家学者参加论坛。中国社会科学院中国边疆研究所所长邢广程、副所长李大路，云南大学党委常委、副校长杨泽宇出席会议并致辞。

邢广程指出，“治国必治边，治边先稳藏”体现了党中央对中国边疆问题的高度关注，加强和深化边疆研究是时代的召唤，是边疆学者的责任。边疆研究不仅应关注历史问题，更应关注现实问题，回应现实热点。从学科建设方面看，目前，中国边疆学学科还没有形成体系，还需学者们在理论、话语体系建构方面继续努力，点面结合、突出重点地深入研究。

与会学者围绕“‘一带一路’建设与区域合作”“高句丽历史与文化”“西南边疆的历史与现状：史料、视野与中国边疆学建构”等议题进行了研讨。

（科研处）

中国社会科学论坛（2017）：中蒙俄经济走廊与东北亚区域合作国际论坛

2017年10月12～14日，由中国社会科学院主办，中国社会科学院中国边疆研究所、内蒙古财经大学承办，内蒙古社会科学界联合会等单位协办的“中国社会科学论坛（2017）：中蒙俄经济走廊与东北亚区域合作国际论坛”在内蒙古自治区呼和浩特市举行。来自中国、俄罗斯、蒙古国、韩国、日本、波兰、英国7个国家的近40位专家学者参会。中国社会科学院国际合作局局长王镭、中国社会科学院中国边疆研究所所长邢广程、内蒙古财经大学校长杜金柱和内蒙古自治区社会科学界联合会主席杭栓柱分别致辞。

邢广程指出，中蒙俄经济走廊是国家六个走廊之一，对东北亚经济的发展和中蒙俄经济发展乃至欧亚经济的发展、区域经济合作都将产生重要影响。中蒙俄区域合作当中，很多问题需要研究，需要探索。怎么能够在中蒙俄互联互通方面做得又通又畅，无论是基础设施建设还是制度法规方面，都是我们需要加强研究的问题。

论坛采取分成若干单元、以单元为基础进行报告与互动的形式进行。与会学者就“对中蒙俄经济走廊的总体评价”“中蒙俄经济走廊与中俄关系”“中蒙俄经济走廊与蒙古国和内蒙古自治区的合作”“中蒙俄经济走廊视域下的各领域合作”等议题进行了研讨。

（科研处）

台湾研究所

（一）人员、机构等基本情况

1. 人员

截至 2017 年底，台湾研究所共有在职人员 66 人。其中，正高级职称人员 10 人，副高级职称人员 18 人，中级职称人员 20 人；高、中级职称人员占在职人员总数的 73%。

2. 机构

台湾研究所设有综合研究室、台湾政治研究室、台湾经济研究室、台湾选举研究室、台湾社会文化与人物研究室、台美关系研究室、科研合作处、《台湾研究》编辑部、资料室、办公室、人事处。

（二）科研工作

2017 年，台湾研究所共完成论文 40 篇，约 35 万字；研究报告 108 篇，52 万字。

（三）学术交流活动

1. 学术活动

2017 年，台湾研究所主办的学术会议如下。

（1）2017 年 1 月 16 日，由台湾研究所与全国台湾研究会共同举办的首届“两岸南南合作与发展论坛”在广西壮族自治区柳州市开幕。来自海峡两岸的 20 余名专家学者参加会议。会议研讨的主要议题有“如何推动台湾南部县市与大陆南部城市间的交流与合作”“促进两岸‘南南合作’与发展”。

（2）2017 年 7 月 6 日，台湾研究所在北京举办 2017 年第二次“两岸政策观察论坛”。来自海峡两岸的专家学者参加会议。会议的主题是“岛内局势及两岸关系走向”。

（3）2017 年 7 月 24 ～ 27 日，由全国台湾研究会、中华全国台湾同胞联谊会和台湾研究所联合主办的“第二十六届海峡两岸关系学术研讨会”在山西省太原市举行。会议的主题是“推动两岸融合，维护和平基础”。来自海峡两岸、港澳地区以及海外的 100 余名专家学者参加了研讨会。

（4）2017 年 11 月 26 日，由台湾研究所与全国台湾研究会、厦门大学台湾研究院、两岸关系和平发展协同创新中心和台湾二十一世纪基金会、台湾中国文化大学社会科学院共同主办的“第四届两岸智库学术论坛”在云南省昆明市召开。论坛的主题是“新形势下两岸关系：挑战与应对”。来自海峡两岸多家智库与学术机构的40余位专家学者参加了会议。

2. 国际学术交流与合作

2017年，台湾研究所共接待来访100余批350人次，与台湾研究所开展学术交流的国家有美国、英国、日本、韩国、法国、新加坡、加拿大等。

(1) 2017年3月28日，日本东京外国语大学副教授小笠原欣幸来台湾研究所作学术交流，并发表题为“特朗普上台后的两岸关系”的演讲。

(2) 2017年4月12日，全球华人促进中国统一委员会大多伦多区主席陈炳丁来台湾研究所访问。台湾研究所副所长朱卫东主持了座谈会，双方就“当前台湾局势及两岸关系”进行了交流。

(3) 2017年4月17日，美国波士顿学院政治系教授Robert Ross来台湾研究所访问。台湾研究所副所长朱卫东主持了座谈会，双方就“中美关系及涉台”议题进行了交流。

(4) 2017年4月18日，美国斯坦福大学民主与法治发展中心教授Larry Diamond来台湾研究所访问。台湾研究所副所长朱卫东主持了座谈会，双方就“两岸关系”“大陆对台方针政策”等问题进行了交流。

(5) 2017年6月14日，美国华盛顿地区台胞访问团来台湾研究所访问，台湾研究所副所长张冠华主持了座谈会，双方就“岛内局势”“两岸侨胞交流”等议题进行了交流。

(6) 2017年9月7日，美国大华府两岸时事论坛社社长潘岭荣一行16人来台湾研究所访问，台湾研究所副所长朱卫东主持了座谈会，双方就“当前台海局势及两岸关系”进行了交流。

3. 与中国香港、澳门特别行政区和中国台湾开展的学术交流

(1) 2017年1月6日，台湾新民党主席乐可铭来台湾研究所访问，与台湾研究所的专家学者就“当前台湾局势及两岸关系”相关议题进行了交流。

(2) 2017年1月17日，台湾《祖国文摘》杂志社学术交流团一行8人来台湾研究所访问。台湾研究所所长助理彭维学主持了座谈会，双方就“当前岛内局势”“社情民意的变化”“两岸关系未来发展”等议题进行了交流。

(3) 2017年3月9日，台湾政治大学外交学系副教授卢业中、台湾淡江大学国际研究院院长王高成、台湾开南大学教授张执中及上海东亚问题研究所副所长胡凌炜一行来台湾研究所访问。台湾研究所所长杨明杰主持了座谈会，双方就“当前台海局势”“两岸民间社会交流”等议题交换了意见。

(4) 2017年4月11日，香港中国评论新闻社社长郭伟峰、常务副社长周建闽等来台湾研究所访问。台湾研究所所长杨明杰主持了座谈会，双方就“当前两岸形势”及“相互合作事宜”进行了交流。

(5) 2017年4月12日，台湾中山大学教授兼孙文南院院长汪明生来台湾研究所访问。台湾研究所所长杨明杰主持了座谈会，双方就“台湾政局”“两岸关系走向”等问题进行了交谈。

（6）2017 年 4 月 19 日，台湾中华青年发展联合会理事长王正率领的“2017 台湾青年学者北京智库参访团”来台湾研究所访问。台湾研究所所长助理彭维学主持了座谈会，双方就“当前台湾及两岸形势”“两岸青少年交流”等议题进行了交谈。

（7）2017 年 4 月 21 日，台湾研究所所长杨明杰在北京会见了台湾淡江大学大陆研究所教授张五岳。双方就“近期岛内及两岸形势”交换了看法。

（8）2017 年 4 月 21 日，台湾南华大学大陆事务学系副教授孙国祥来台湾研究所访问。台湾涉外事务研究中心主任修春萍、政治研究室主任曾润梅等就“当前两岸关系有关问题”与孙国祥进行了交流。

（9）2017 年 4 月 27 日，中国国民党中央候补委员、黄复兴党部咨询顾问邓治平来台湾研究所访问。台湾研究所所长杨明杰主持了座谈会，双方就“近期两岸关系走向”等议题交换了看法。

（10）2017 年 6 月 28 日，台湾政治大学教授叶匡时来台湾研究所访问，并发表了题为“台湾前瞻计划与 5+2 产业”的演讲。

（11）2017 年 7 月 18 日，台湾孙文南院参访团来台湾研究所访问。台湾研究所副所长张冠华主持了座谈会，双方就“当前两岸关系及国民党发展”等议题进行了交流。

（12）2017 年 9 月 19 日，台湾工研院知识经济与竞争力研究中心主任杜紫宸来台湾研究所访问。台湾研究所副所长张冠华主持了座谈会，双方就“台湾政局”及“两岸经贸交流与合作”等问题进行了交流。

（13）2017 年 9 月 21 日，台湾政治大学国际关系研究中心前主任丁树范、前副主任柯玉枝、副研究员杨昊等来台湾研究所访问。台湾研究所副所长张冠华主持了座谈会，双方就“两岸情势的变化与挑战”“东亚区域情势的新进展”等问题进行了交流。

（四）期刊

（1）《台湾研究》（双月刊），主编刘佳雁。

2017 年，《台湾研究》共出版 6 期，共计 70 万字。

（2）《台湾周刊》，主编金奕。

2017 年，《台湾周刊》共出版 50 期，共计 180 万字。

（五）会议综述

首届两岸南南合作与发展论坛

2017 年 1 月 16 日，由中国社会科学院台湾研究所与全国台湾研究会共同举办的首届“两岸南南合作与发展论坛”在广西壮族自治区柳州市开幕。来自海峡两岸的 20 余名专家学者就如何推动台湾南部县市与大陆南部城市间的交流与合作，促进两岸“南南合作”与发展进行了深入探讨。

论坛开幕式由全国台湾研究会常务副秘书长杨幽燕主持。中国社会科学院台湾研究所副所长张冠华，台湾孙文南院院长、中山大学永久聘任教授汪明生，广西壮族自治区柳州市政协副主席罗铭出席开幕式并分别致辞。

张冠华在开幕式致辞中指出，当前，两岸经济关系进入转型“阵痛期”，需要促进两岸经济社会融合发展，让更多人受益，而民进党不承认“九二共识”，导致两岸官方联系沟通和协商机制停摆，民间交流成为两岸经济社会融合发展的主要途径和平台。加强两岸“南南合作”，可成为创新两岸民间交流与合作的尝试。

张冠华认为，可以从以下几个方面探讨“南南合作交流与发展”议题。第一，“南南合作”可视为两岸“次区域合作”的一种形式创新或探索。可以加强两岸中南部地区或两岸相类似地区或部门间的合作为重点，着重推动两岸经济社会融合发展，推进两岸心灵融合。第二，“南南合作”应更强调在经济、社会、人文环境与条件相似区域或部门间实现融合发展，比如，两岸中南部在农业、传统产业、观光、社会文化方面相似度较高，有较大合作空间。第三，加强两岸“南南合作”的民间交流机制与平台。应加强两岸县、市等次区域间以及各部门、领域的民间交流与合作平台，同时扩大现有机制与平台的功能与范围。如大陆的自贸园区可增加与台湾中南部交流与合作的相关内容，扩大两岸社会经济交流范围，更多地向中小企业和青年人倾斜。第四，加强研究与实地调研，研究台湾中南部地区在两岸经济社会交流中的地位、利益等，了解两岸民间的实际想法和看法，探讨两岸“南南合作”的切入点。

台湾孙文南院院长、中山大学永久聘任教授汪明生在致辞时指出：台湾的南北发展不平衡。台湾曾于20世纪90年代提出均衡南北发展的“国建六年计划”，然而却被主政的李登辉阻绝。1998年高雄市在政党轮替以来，产业停滞，人口外流，地方政府则着力选举，无心发展，南北意识差距更加扩大。如今，南北台湾可谓处于现代VS传统乃至后现代VS原始的截然不同的发展阶段。我们应该认清，真正的困境并非表象的经济产业与政治蓝绿，而关键在于30年来在社会条件与发展阶段上所形成的深层结构的“三中一青”问题。

关于两岸“南南合作”，汪明生院长建议，以高雄为突破口，进行两岸城市试点合作。可参考在香港较为立竿见影的CEPA经验，由适合的民间产学在地团体通力配合，让南台湾同胞看到、感到来自大陆的重视、关注，最重要是得到两岸百姓的认可。只要是人心所向，那么，“南南合作”不管遇到什么困难都会很容易得到解决。

广西壮族自治区柳州市政协副主席罗铭在致辞中介绍了柳州市的历史文化、风土人情、工业建设情况。他表示，柳州是一个古老的城市，更是一个包容多元的城市，外来人口占很大比重，这几年很多台胞台商来到柳州，他们在这里置业经商，发展了花卉、农业等多个方面的商业合作，生意越做越大。两岸同胞一脉相承，大家相处得很好。柳州发展到今天，很大程度上得益于外来人口的支持。对于两岸的“南南合作”，柳州十分欢迎，也希望台商能够带更多的朋友到柳州来，共同建设。

（科研处）

第二十六届海峡两岸关系学术研讨会

2017 年 7 月 24 ~ 27 日，由全国台湾研究会、中华全国台湾同胞联谊会和中国社会科学院台湾研究所联合主办的“第二十六届海峡两岸关系学术研讨会”在山西省太原市举行。会议的主题是“推动两岸融合，维护和平基础”。来自海峡两岸、港澳地区以及海外的 100 余名专家学者参加了会议。

全国台湾研究会会长、前国务委员戴秉国在开幕致辞中指出，2016 年 5 月以来，民进党当局拒不承认“九二共识”，不认同“两岸同属一个中国”，顽固坚持“台独”立场，破坏了两岸互动的政治基础。在此情况下，大陆继续积极推动两岸人员往来，促进两岸民间交流合作，陆续出台了一系列便民惠民政策措施，使台湾同胞逐渐享受到与大陆居民基本相同的待遇，这些政策得到了广泛认可。针对民进党上台后企图强化美台实质关系，戴秉国指出，中方坚决反对美台之间任何形式的官方往来和军事联系。他告诫美方要认识问题的严重性，信守中美三个联合公报。针对未来两岸关系发展，戴秉国提出三点意见：坚持“九二共识”、反对“台独”；进一步提升两岸经济合作水平，厚植两岸共同利益；进一步扩大两岸同胞交流往来，深化两岸社会融合发展。

中共中央台办、国务院台办主任张志军在致辞中指出，此届研讨会以“推动两岸融合，维护和平基础”为主题，点出了当前两岸关系的两个关键词，就是“融合发展”和“政治基础”：深化两岸经济社会融合发展是新形势下造福两岸同胞、推动两岸关系持续向前发展的重要途径；坚持体现一个中国原则的政治基础是维护台海和平稳定、确保两岸关系行稳致远的必要条件。面对复杂严峻的台海局势，我们坚持体现一个中国原则的“九二共识”、坚决反对任何形式的“台独”分裂活动的坚定立场不会动摇；推进两岸民间交流合作、深化两岸经济社会融合发展的积极努力不会减弱；为两岸同胞谋福祉、办实事，增进共同利益和亲情的真诚态度不会改变。我们有信心团结两岸同胞，克服困难，排除干扰，继续促进两岸关系发展，维护台海和平稳定，扎实推进和平统一进程。

（科研处）

第四届两岸智库学术论坛

2017 年 11 月 26 日，由台湾研究所与全国台湾研究会、厦门大学台湾研究院、两岸关系和平发展协同创新中心和台湾二十一世纪基金会、台湾中国文化大学社会科学院共同主办的

“第四届两岸智库学术论坛”在云南省昆明市召开。论坛的主题为“新形势下两岸关系：挑战与应对”。来自海峡两岸多家智库与学术机构的40余位专家学者围绕党的十九大报告中涉台部分内容、两岸关系的“危”与“机”、两岸民间交流的经验与启示等议题进行了深入探讨。

海协会副会长李亚飞在致辞中指出，习近平总书记在党的十九大报告中重点阐述了一系列维护和推进两岸关系和平发展的新理念新主张新要求，提出了今后一个时期大陆对台工作的指导思想、目标任务、原则方针和主要措施。这些论述与部署对今后两岸关系发展和对台工作开展都具有十分重要的指导意义。对于新时代中央对台方针政策，李亚飞指出，一是历史、全局地看待新时代两岸关系发展趋势；二是准确、深入地把握新时代两岸关系发展规律；三是精准、务实地研定新时代对台工作重大举措；四是鲜明、坚定地宣示遏阻“台独”的严正立场。

台湾研究所所长杨明杰在致辞中指出，在新的历史时期，两岸关系发展有很多新的历史特点，这就需要研究界更加认真思考风险防范和管控，思考应对新问题的新思路，思考和平统一进程的长期性、复杂性、艰巨性。实践和理论创新没有止境，世界每时每刻都在发生变化，中国每时每刻都在发生变化，智库的首要职责是做到见微知著，知变应变。

杨明杰认为，党的十九大报告指明了两岸关系的历史方位和任务目标，为相关智库提供了知时运、谋大事的历史机遇。我们研究两岸关系时，要始终将“以人民为中心”作为推动两岸关系发展，谋求和平统一的理论指南。“和平统一、一国两制”的根本目的是两岸人民的共同幸福。“以人民为中心”就必须研究破解岛内政党轮替中出现的一轮又一轮政治困境与恶性循环，防止某些政党或组织的利益凌驾于台湾同胞福祉之上，凌驾于两岸人民的稳定和幸福之上。所以，“以人民为中心”是智库研究的宗旨，也是两岸关系的底线和红线。

（科研处）

经济学部

经济研究所

（一）人员、机构等基本情况

1. 人员

截至2017年底，经济研究所共有在职人员131人。其中，正高级职称人员41人，副高级职称人员36人，中级职称人员35人；高、中级职称人员占在职人员总数的85%。

2. 机构

经济研究所设有：政治经济学研究室、《资本论》研究室、宏观经济学研究室、微观经济学研究室、公共经济学研究室、经济思想史研究室、发展经济学研究室、当代西方经济理论研究室、经济增长理论研究室、中国经济史研究室、中国现代经济史研究室、《经济研究》编辑部、《经济学动态》编辑部、《中国经济史研究》编辑部、图书馆、办公室、科研处、人事处。

3. 科研中心

经济研究所院级研究中心有：中国社会科学院全国中国特色社会主义政治经济学研究中心；院属科研中心有：中国社会科学院现代经济史研究中心、中国社会科学院欠发达经济研究中心、中国社会科学院上市公司研究中心、中国社会科学院民营经济研究中心、中国社会科学院公共政策研究中心；所属科研中心有：经济研究所经济转型与发展研究中心、经济研究所决策科学研究中心。

（二）科研工作

1. 科研成果统计

2017 年，经济研究所共完成专著 25 种，535.4 万字；论文集 3 种，92.1 万字；论文 222 篇，102.5 万字；研究报告 4 篇，125.2 万字；古籍整理 4 部，1687 万字；译著 3 种，64.5 万字。

2. 科研课题

（1）新立项课题。2017 年，经济研究所共有新立项课题 15 项。其中，国家社会科学基金课题 4 项："长期照护服务的供给研究"（王震主持），"异质性经济、结构内生与宏观稳定研究"（郭路主持），"我国医院行业市场机制有效性的实证研究"（付明卫主持），"近代中国市场上的外国银元流通研究（1843 ～ 1923）"（熊昌锟主持）；院国情调研重大课题 1 项："厦门企业社会成本调查研究"（朱恒鹏主持）；院国情调研特大课题子课题 4 项："少数民族地区精准扶贫政策研究"（张平主持），"精准帮扶、产业脱贫——河南省社旗县年庄村精准扶贫调研"（彤新春主持），"易地搬迁、特色产业与少数民族地区贫困人口脱贫"（张小溪主持），"贵州省毕节市七星关区龙凤村调研"（赵学军主持）；所国情调研基地课题 2 项："无锡'农民转居民'家庭经济情况典型调查数据库"（赵学军主持），"保定农村农业现代化情况典型调查数据"（隋福民主持）；所重点课题 4 项："中国宏观经济运行监测与政策调控研究"（常欣主持），"中国特色社会主义政治经济学专题研究"（胡家勇主持），"2017 年中国现代经济史学科研究前沿跟踪"（赵学军主持），"中国经济增长机制研究"（袁富华主持）。

（2）结项课题。2017 年，经济研究所共有结项课题 11 项。其中，国家社会科学基金课题 3 项："加快经济结构调整与促进经济自主协调发展研究"（张平主持），"阶梯定价理论及其应用研究"（方燕主持），"推进社会主义民主政治建设的经济学分析"（刘剑雄主持）；院国情调研重大课题 1 项："东中西部城乡社会综合养老体系建设研究"（姚宇主持）；院国情调研基地课题 1 项："厦门企业降成本与创新激励"（张平主持）；所国情调研基地课题 2 项："无锡'农民转居民'家庭经济情况典型调查数据库"（赵学军主持），"保定农村农业现代化情况典型调查数据”（隋福民主持）；所重点课题4项：“中国宏观经济运行监测与政策调控研究”（常欣主持），“中国特色社会主义政治经济学专题研究”（胡家勇主持），“2017年中国现代经济史学科研究前沿跟踪”（赵学军主持），“中国经济增长机制研究”（袁富华主持）。

（3）延续在研课题。2017年，经济研究所共有延续在研课题27项。其中，国家社会科学基金课题21项：“中国特色社会主义政治经济学探索”（王立胜主持），“清代中期长江中游粮食流通与市场整合”（赵伟洪主持），“中国财政分权经济增长研究（1949～1965）”（姜长青主持），“经济思想史的知识社会学研究”（杨春学主持），“中国近代工厂制度与劳资关系研究”（高超群主持），“以政府职能转变促进经济发展方式转换研究”（胡家勇主持），“中国经济史发展的基础理论研究”（叶坦主持），“中国城市规模、空间聚集与管理模式研究”（张自然主持），“大国战略与新中国交通业发展研究（1949～2014）”（彤新春主持），“中国经济增长的结构性减速、转型风险与国家生产系统效率提升路径”（袁富华主持），“医保付费机制创新与公立医院改革研究”（朱恒鹏主持），“清代的‘小差’税关研究”（丰若非主持），“社会制度转型背景下的清代华北地区粮价研究”（马国英主持），“中国近代史（1937～1949）”（刘克祥主持），“中华人民共和国经济史（1958～1965）”（董志凯主持），“推动我国经济持续健康发展的基本要求、根本途径和政策研究”（张晓晶主持），“隋代经济史研究”（魏明孔主持），“中国城乡居民收入代际传递机制比较研究”（杨新铭主持），“经济转型期技术创新的制度影响因素研究”（吴延兵主持），“中国（上海）自由贸易试验区服务业负面清单管理模式研究”（谢谦主持），“人口年龄结构、人力资本与中国创新增长的关系研究”（张鹏主持）；国家自然科学基金课题4项：“‘债务—通缩’风险与货币财政政策协调的定量研究”（陈小亮主持），“开放资本账户、实际汇率重调与经济增长：基于动态CGE模型的研究”（张莹主持），“人口政策、人口结构变迁机会不平等”（孙三百主持），“人口结构变迁视角下的中国房产需求与房价走势”（刘学良主持）；院基础学者资助课题2项：“公司治理理论与实践”（剧锦文主持），“中国中央与地方财政分权研究（1949～1994）”（姜长青主持）。

（三）学术交流活动

1. 学术活动

2017年，经济研究所主办和承办的学术会议如下。

（1）2017年3月28日，由经济研究所主办的“《资本论》研究学科建设中长期发展规划”讨论会在北京举行。会议研讨的主要议题有“《资本论》学科近期研究重点”“学科中长期发展规划和目标”。

（2）2017年4月16日，由经济研究所主办的国家社会科学基金重大课题“中国特色社会主义政治经济学探索”开题及研讨会在北京举行。会议研讨的主要议题有“项目的研究状况和选题价值”“内容框架和研究思路”“研究的目标和成果形式”“研究工作的规划安排”等。

(3) 2017年4月30日，由经济研究所、清华大学社会科学学院经济学研究所主办的“中日政治经济学国际论坛（2017）暨置盐理论与中国经济研讨会”在北京举行。会议研讨的主要议题有“政治经济学前沿理论”“置盐理论的应用与中国经济”。

(4) 2017年5月9日，经济研究所主办的“中国特色社会主义政治经济学学科建设和政治经济学研究室研究规划”讨论会在北京举行。会议研讨的主要议题有“政治经济学的研究对象”“中国特色社会主义政治经济学的基本内容”。

(5) 2017年5月12～15日，由经济研究所、中国经济史学会、中国现代经济史专业委员会等单位主办的“2017年中国现代经济史专业委员会年会”在福建省厦门市举行。会议研讨的主要议题为“改革开放与‘一带一路’建设：路径、制度与经验”。

(6) 2017年5月16日，由经济研究所主办的“经济所人与中国特色经济学的构建——纪念习近平同志‘5·17’讲话发表一周年学术讨论会”在北京举行。研讨会的主题是“贯彻落实习近平总书记在全国哲学社会科学工作座谈会上的讲话精神，探索重大经济理论问题，启动构建中国特色经济学”。

(7) 2017年5月28～29日，由经济研究所、曲阜师范大学等单位联合主办的“第一届中国特色社会主义政治经济学杏坛年会暨当代中国马克思主义政治经济学创新智库山东基地揭牌仪式”在山东省曲阜市举行。会议研讨的主要议题是“社会主义与市场经济结合”。

(8) 2017年6月3日，中国社会科学院全国中国特色社会主义政治经济学研究中心与光明日报社理论部等单位联合主办的“中国特色社会主义政治经济学话语体系学术研讨会”在北京举行。会议研讨的主要议题是“中国特色社会主义政治经济学话语体系构建”。

(9) 2017年7月18日，经济研究所主办的“《习近平关于社会主义经济建设论述摘编》研讨会暨经济研究所建所90周年纪念活动启动仪式”在北京举行。会议研讨的主要议题是“以建所90周年为抓手，加快构建中国特色社会主义政治经济学”。

2017年8月，“经济史理论与研究——吴承明、汪敬虞先生百年诞辰国际学术研讨会”在北京举行。

(10) 2017年8月4～5日，由经济研究所、中国社会科学院科研局、中国经济史学会联合主办的“经济史理论与研究——吴承明、汪敬虞先生百年诞辰国际学术研讨会”在北京举行。会议研讨的主要议题是“中国经济史研究与建构中国特色社会主义政治经济学”。

（11）2017 年 8 月 17 日，由当代中国马克思主义政治经济学创新智库主办的《中国特色社会主义政治经济学研究报告 2016》《中国特色社会主义政治经济学研究报告 2017》《中国特色社会主义政治经济学学术影响力评价报告》发布会在北京举行。

（12）2017 年 11 月 25 ~ 26 日，由经济研究所主办，南京财经大学经济学院承办的“中国特色社会主义政治经济学论坛第十九届年会”在江苏省南京市召开。会议研讨的主要议题有“中国特色社会主义政治经济学”“供给侧结构性改革”“中国经济现实问题”。

（13）2017 年 12 月 2 日，由中国社会科学院当代中国马克思主义政治经济学创新智库、中国特色社会主义经济建设协同创新中心、中共济南市委宣传部共同主办的“强起来的政治经济学话语体系”研讨会暨《中国特色社会主义政治经济学名家论丛》新书发布会在山东省济南市召开。会议的主题是“深入学习贯彻党的十九大精神，加强习近平新时代中国特色社会主义政治经济学研究，为构建中国特色社会主义政治经济学学术体系、学科体系、话语体系贡献力量”。

（14）2017 年 12 月 17 日，由经济研究所主办，《经济学动态》编辑部承办的“纪念改革开放 40 周年暨《经济学动态》复刊 40 周年大型研讨会”在北京召开。会议研讨的主要议题有“新时代中国特色社会主义政治经济学的学科定位”“中国道路：改革、发展与稳定”“新时代中国特色社会主义政治经济学发展方向”“改革开放 40 年经济发展奇迹背后的中国经验”“新时代经济学学术期刊建设”。

（15）2017 年 12 月 16 ~ 17 日，由中国社会科学院当代中国马克思主义政治经济学创新智库、中国社会科学院全国中国特色社会主义政治经济学研究中心共同举办的“习近平新时代中国特色社会主义经济思想研究系列活动——习近平新时代中国特色社会主义政治经济学大讲堂”在北京召开。会议研讨的主要议题有“社会矛盾与新时代的关系”“党的十八大以来新时代中国特色社会主义政治经济学的发展要义”“坚持以马克思主义为指导妥善处理新时代重大关系”。

2. 国际学术交流与合作

2017 年，经济研究所共派遣出访 34 批 67 人次，接待来访 3 批 13 人次（其中，中国社会科学院邀请来访 7 批 13 人次）。与经济研究所开展学术交流的国家有美国、英国、俄罗斯、日本、韩国等。

（1）2017 年 3 月 29 日至 4 月 2 日，经济研究所裴长洪与俄罗斯莫斯科大学学者在莫斯科就“中国企业海外投资与‘一带一路’建设”问题开展学术交流活动。

（2）2017 年 4 月 27 日至 5 月 1 日，经济研究所朱玲与德国联邦经济合作与发展部官员在德国柏林就“农村世界的未来，创新—青年—就业”问题开展学术交流活动。

（3）2017 年 5 月 10 ~ 15 日，经济研究所张平与德国哈根大学东亚宏观经济研究中心学者在德国柏林就“东亚的宏观经济发展和贸易”问题开展学术交流活动。

（4）2017 年 7 月 11 ~ 16 日，经济研究所张莹受邀参加澳大利亚中国经济学会第 29 届年会“中国的新常态增长：机遇与挑战”，并访问科廷大学可持续发展政策研究院。

（5）2017年8月7～11日，经济研究所裴长洪等与日本北海学园大学专家学者在日本东京就“基本保险制度的模式及特点、东北亚经贸关系和经贸发展”等问题开展学术交流活动。

（6）2017年8月8日至9月27日，经济研究所张小溪与英国曼彻斯特大学专家学者在英国伦敦就“国际资本流动”问题开展学术交流活动。

（7）2017年8月28日至9月3日，经济研究所苏金花等在美国华盛顿参加“索菲亚大学中国论坛”，作题为“中国传统经济的历史转型”的专题报告，就中西传统经济制度的差异性等问题与参会学者进行学术交流。

（8）2017年9月14～20日，经济研究所赵学军等与美国创价大学专家学者在加利福尼亚州就“当代中国经济发展道路研究”问题开展学术交流和研究。

（9）2017年9月19～21日，经济研究所张平在韩国釜山参加韩国预托决济院主办的“中韩金融合作高级论坛”，就两国金融领域所面临的重要问题及未来中韩金融合作方向与形式进行研究、交流与探索。

（10）2017年10月1～6日，经济研究所剧锦文出访英国伦敦大学亚非学院金融与管理学院，就“公司治理的理论与实践”与英方学者进行学术交流，并作题为“企业家与企业的转型升级——中国的经验”的学术演讲。

（11）2017年10月15～20日，经济研究所隋福民等与韩国东北亚经济学会学者在韩国首尔就“东北亚的新经济合作”问题开展学术交流。

（12）2017年10月18～24日，经济研究所仲继银等赴英国，参加曼彻斯特大学城市研究所举办的“中国城市研究系列”研讨及交流活动。

（13）2017年11月7～10日，经济研究所党委书记王立胜应越南社会科学院邀请赴越南进行学术访问，参加中国社会科学院国家全球战略智库与越南社会科学院联合举办的“中越智库论坛：中共十九大暨APEC框架下中越合作研讨会”。

（14）2017年11月15～22日，经济研究所赵志君赴澳大利亚进行学术访问，就“收入分配与经济增长和社会福利”问题与澳方学者开展学术交流。

（15）2017年11月16～20日，经济研究所朱玲受邀赴美国纽约，参加“联合国大学世界发展经济研究院理事会议”，并就“全球收入分配”“全球扶贫新战略”问题与参会学者开展学术交流。

（16）2017年12月18～24日，经济研究所李仁贵等与英国伦敦大学亚非学院专家学者在英国伦敦就“新时期中英经济合作发展的现状与展望”问题开展学术交流。

3. 与中国香港、澳门特别行政区和中国台湾开展的学术交流

（1）2017年4月22～27日，经济研究所所长高培勇与台湾中华企业会计协会学者在台北市就“税务、税收制度”问题开展学术交流。

（2）2017 年 8 月 7 ~ 19 日，经济研究所封越健等与台湾“中研院”近代史研究所学者就“所史档案保存与管理”问题开展学术交流并查阅经济研究所所史档案资料。

（3）2017 年 9 月 17 ~ 22 日，经济研究所所长高培勇率中国社会科学院学术访问团一行 13 人赴台湾，参加由中国社会科学院和台湾“中华经济研究院”共同举办的“两岸经济前瞻与关键议题”研讨会，并就“两岸产业发展政策”问题与参会学者开展学术交流。

（4）2017 年 10 月 20 ~ 21 日，经济研究所林盼与香港大学中文学院学者在香港就“二十一世纪的明清：新视角、新发现、新领域”问题开展学术交流。

（5）2017 年 11 月 26 ~ 28 日，经济研究所裴长洪、谢谦赴澳门，参加“中国与葡语国家智库高峰会”，并发表主题为“中国宏观经济形势及‘一带一路’建设”和“中国与葡语国家经贸关系分析”报告。

（6）2017 年 12 月 11 ~ 13 日，经济研究所所长高培勇与香港特别行政区政府中央政策组官员在香港就“中国经济运行与政策”问题开展学术交流。

（四）学术社团、期刊

1. 社团

（1）中国《资本论》研究会，会长林岗。

2017 年 9 月 23 ~ 24 日，“中国《资本论》研究会第十九届年会”在福建省福州市举行。会议的主题是“纪念《资本论》第一卷出版 150 周年”，研讨的主要议题有“《资本论》的历史地位与当代价值”“《资本论》的基本原理和方法”“《资本论》与当代马克思主义政治经济学”“《资本论》与中国特色社会主义政治经济学”“《资本论》与中国经济改革和发展”等，与会专家学者 200 人。

（2）中国经济史学会，会长魏明孔。

① 2017 年 6 月 10 日，中国经济史学会外国经济史专业委员会在天津市举办“世界历史上的经济发展与社会转型学术研讨会”。会议的主题是“世界历史上的经济发展和社会转型”，研讨的主要议题有“近现代世界历史上主要国家的经济结构转型”“近代世界历史上的东西方文化交汇与碰撞”“近现代世界历史上主要国家的社会转型”“当代世界经济的开放发展与融合”。与会专家学者 30 余人。

② 2017 年 9 月 9 ~ 10 日，中国经济史学会在上海市承办“第四届全国经济史学博士后论坛”。会议的主题是“中国经济史学的话语体系构建”，研讨的主要议题有“中国经济长期发展与经济思想演进及其互动关系”“中国经济史学与中国现实经济发展”“经济发展与经济思想变迁的中外比较”。与会专家学者 80 人。

（3）中国经济思想史学会，会长邹进文。

① 2017 年 6 月 10 日，中国经济思想史学会在北京举行“北京大学新商业文明发展论坛”。

会议的主题是“新商业文明发展”，研讨的主要议题有“新时代的商业文明”“企业在新商业时代的发展之道”“企业家精神”。与会专家学者80人。

② 2017年6月26日，中国经济思想史学会中国政治大学商学院、《中国经济史研究》编辑部在北京合作举办“第二届蓟门经济史学论坛暨历史上的企业家精神学术研讨会”。会议的主题是“历史上的企业家精神”。与会专家学者50人。

③ 2017年12月22日，北京大学经济学院中国经济思想史学会在北京举行“北京大学第八届经济思想论坛暨《北大华商评论》首发式——回眸与展望，坚守与创新”。会议的主题是“回眸与展望，坚守与创新”，研讨的主要议题有“加强社会科学创新”“道路自信、制度自信、文化自信、理论自信，从何而来”“新时代、新生活、新财富”。与会专家学者80人。

（4）中国比较经济学研究会，会长钱颖一。

2017年11月10日，中国比较经济学研究会在北京举行“十九大后的经济发展与改革走势讨论会”。会议的主题是“十九大后的经济发展与改革”。与会专家学者60人。

（5）中国城市发展研究会，理事长程安东。

2017年12月25日，中国城市发展研究会在北京举行“中国城市特色产业发展精准扶贫研讨会”。会议的主题是“城市特色产业精准扶贫”，研讨的主要议题有“城市特色产业全产业链发展”“城市特色产业发展与精准扶贫”。与会专家学者50人。

（6）孙冶方经济科学基金会，理事长李剑阁。

① 2017年4月15日，孙冶方经济科学基金会在浙江省杭州市举办“首届中国经济学家高端论坛”。会议的主题是“供给侧结构性改革：深化与展望”，研讨的主要议题有“供给侧结构性改革与宏观经济增长”“供给侧结构性改革中的财税政策”。与会专家学者200人。

② 2017年9月29日，孙冶方经济科学奖第17届（2016年度）评选结果公布。

③ 2017年11月16日，孙冶方经济科学基金会在上海举办“孙冶方经济科学奖第17届颁奖会”。与会专家学者200人。

2. 期刊

（1）《经济研究》（月刊），主编高培勇。

2017年，《经济研究》共出版12期，共计约420万字。该刊全年刊载的有代表性的文章有：黄泰岩的《在发展实践中推进经济理论创新》，贾俊雪的《公共基础设施投资与全要素生产率：基于异质企业家模型的理论分析》，江小涓的《高度联通社会中的资源重组与服务业增长》，李涛、朱俊兵、伏霖的《聪明人更愿意创业吗？——来自中国的经验发现》，荣兆梓的《生产力、公有资本与中国特色社会主义——兼评资本与公有制不相容论》，陈创练、姚树洁等的《利率市场化、汇率改制与国际资本流动的关系研究》，高培勇、林毅夫、李扬等的《学习贯彻“5·17讲话”精神、构建中国特色经济学笔谈——经济所、经济人与中国特色经济学的构建》，裴长洪、刘洪愧的《中国怎样迈向贸易强国：一个新的分析思路》，李扬的《“金融服务实体经济”辨》，黄茂兴、叶琪的《马克思主义绿色发展观与当代中国的绿色发展——兼评环境与发展不相容论》，马勇、陈雨露的《金融杠杆、杠杆波动与经济增长》，蔡昉的《中国经济改革效应分析——劳动力重新配置的视角》，陈彦斌、刘哲希的《推动资产价格上涨能够“稳增长”吗？——基于含有市场预期内生变化的 DSGE 模型》，刘伟、蔡志洲的《完善国民收入分配结构与深化供给侧结构性改革》，杨瑞龙、章逸然、杨继东的《制度能缓解社会冲突对企业风险承担的冲击吗？》，欧阳峣、汤凌霄的《大国创新道路的经济学解析》，郭克莎、杨阔的《长期经济增长的需求因素制约——政治经济学视角的增长理论与实践分析》。

（2）《经济学动态》（月刊），主编杨春学。

2017 年，《经济学动态》共出版 12 期，共计 360 万字。该刊全年刊载的有代表性的文章有：陈彦斌、陈惟的《从宏观经济学百年简史看“宏观经济学的麻烦”》，史丹、汪崇金的《社会合作的行为经济学解释评述》，陈仪、张鹏飞的《资产价格波动与货币政策之争》，汤吉军、戚振宇的《行为政治经济学研究进展》，刘树成的《美国〈总统经济报告〉法制化研究》，杨春学的《私有财产权理论的核心命题：一种思想史式的注解和批判》，高培勇的《治所理念、治所思想与治所战略的探索与调整——加快构建中国特色经济学背景下的经济研究所建设》，郭克莎的《简政放权改革中的政府监管改革》，王国刚的《“去杠杆”：范畴界定、操作重心和可选之策》，张平的《货币供给机制变化与经济稳定化政策的选择》，张晓晶、刘磊的《国家资产负债表视角下的金融稳定》，张林的《吴易风教授访谈录》，袁志刚的《经济增长动能转换与金融风险处置》。

（3）《中国经济史研究》（双月刊），主编魏众。

2017 年，《中国经济史研究》共出版 6 期，共计 240 万字。该刊全年刊载的有代表性的文章有：郑学檬的《唐宋元海上丝绸之路和岭南、江南社会经济研究》，杜恂诚、李晋的《白银进出口与明清货币制度演变》，方宝璋的《试评宋代审计》，卢华语的《唐天宝间江南地区的麻布产量及社会需求》，黄国信的《清代盐政的市场化倾向——兼论数据史料的文本解读》，胡英泽、张力的《清代山西晋水流域的乡村地权与水利——以乾隆四十二年古城营〈九渠地亩册〉为中心》，殷晴的《6 世纪前中印陆路交通与经贸往来——古代于阗的转口贸易与市场经济》，曾雄生的《〈告乡里文〉所及稻作问题》，吴天颖的《富荣盐场年限井—子孙井嬗替考——兼说“地脉日份”广义土地资本化及其他》，熊远报的《在互酬与储蓄之间——传统徽州“钱会”的社会经济学解释》，邱永志的《战争、市场与国家：正统景泰之际通货流通体制的变迁》，郑显文的《宋代官物追偿制度及其债法的变化》，龚宁、龙登高、伊巍的《破冰：天津港冬季通航的实现——基于海河工程局中外文档案的研究》，韩茂莉的《近代山西乡村集市的地理空间与社会环境》，杨在军的《家族财产继承方式与近代工商企业关系研究》，李楠、卫辛的《新中国血吸虫病防治对人口增长影响的实证分析（1953 ~ 1990）》，林矗的《通商口岸、新式教育与近代经济发展：一个历史计量学的考察》，王哲的《历史空间数据可视化与经济史研究——以近代中国粮食市场为例》，余开亮的《清代粮价的空间溢出效应及其演变研究（1738 ~ 1820）》，李勇坚、夏杰长的《1978 ~ 1984年的中国服务业改革：起源、动力与启示》，云翀、魏楚伊的《从“国营”到“国有”：国企治理结构改革的反思与前瞻》。

（五）会议综述

经济所人与中国特色经济学的构建
——纪念习近平同志“5·17”讲话发表一周年学术研讨会

2017年5月16日，由中国社会科学院经济研究所主办的“经济所人与中国特色经济学的构建——纪念习近平同志‘5·17’讲话发表一周年学术讨论会”在北京举行。研讨会的主题是“贯彻落实习近平总书记在全国哲学社会科学工作座谈会上的讲话精神，探索重大经济理论问题，启动构建中国特色经济学”。来自中国人民大学、中国社会科学出版社、经济与管理出版中心、重大成果出版和智库成果出版中心的专家学者百余人参加了研讨会。

研讨会上，中国社会科学院学部委员、经济研究所所长高培勇作了题为“经济所、经济所人与中国特色经济学的构建”主题发言，中国社会科学院经济研究所9位学者分别就中国政治经济学大纲的构建、社会主义与市场经济是否相容、资本形成的中国道路、经济发展新阶段的中国宏观经济学、供给侧结构性改革理论、事业单位改革与经济社会转型、新发展理论与收入分配、互联网创新中的企业与市场关系等理论经济学和应用经济学不同领域中的重大经济理论问题，以及21世纪以来学术界关于我国重要经济理论问题的讨论与探索开展研讨。

2017年5月，“经济所人与中国特色经济学的构建——纪念习近平同志‘5·17’讲话发表一周年学术讨论会”在北京召开。

高培勇在主题发言中提出，经济所和经济所人，应该站在新的历史起点上，植根于中国特殊国情，对中国改革开放和社会主义经济建设的实践作出创新性理论概括，并由此形成一个逻辑上自洽的中国特色经济学理论体系，将构建中国特色经济学作为自己的历史任务、历史责任和历史使命。对于中国特色经济学的框架和构建，高培勇提出了三点认识：首先，中国特色经济学的“特色”，其最根本的要义就是以马克思主义为指导，立足中国实践，解决中国问题；其次，全面而系统地总结好中国的经济改革与发展实践，讲好中国经济的故事；再次，在深入研究和认真分析中国各种经济现象背后总逻辑的基础上，提炼出有学理性的新理论，概括出有规律性的新实践。高培勇表示，经济所要以社会主义现代化建设中的重大理论和现实问题为研究对象，着力理论创新，不断推动中国特色经济学的构建。

研讨会上，中国社会科学院经济研究所党委书记王立胜表示，改革开放近40年来，中国特色社会主义逐渐形成了独特的思想理论体系和实践成果。当前，中国经济发展进入新常态，进入从中高速增长转到微观主体创新阶段，这都要求我们以习近平总书记系列讲话精神为指导，按照习近平总书记在哲学社会科学工作座谈会上的讲话提出的“三个体现”的要求，对中国的经济学做系统的理论总结和建构，要强调经济学研究的基准性、现实性和前瞻性。对此，需要解放思想，立足中国现实，发挥基础理论研究优势，做扎实的研究，用中国理论解决中国问题。经济研究所要推动中国特色经济学的建设，开展“重大经济理论问题研究”。

（科研处）

中国特色社会主义政治经济学话语体系学术研讨会

2017年6月3日，由中国社会科学院全国中国特色社会主义政治经济学研究中心、光明日报社理论部与当代中国马克思主义政治经济学创新智库联合主办的“中国特色社会主义政治经济学话语体系学术研讨会”在北京举行。来自中国社会科学院、中共中央党校、清华大学、北京大学、中国人民大学等国内科研机构与高等院校的近百位专家学者，以及有关媒体、出版界代表出席了会议。

中国社会科学院院长、党组书记王伟光出席会议并作题为“加快构建中国特色社会主义政治经济学”的讲话。王伟光在讲话中提出四点要求：一要认真学习贯彻习近平总书记关于坚持和发展马克思主义政治经济学的重要讲话精神，真学、真懂、真信、真用马克思主义政治经济学；二要立足我国国情和发展实践，坚持和发展马克思主义政治经济学的基本原理，构建当代中国的社会主义政治经济学；三要深入研究世界经济和我国经济面临的新情况新问题，为中国特色社会主义经济建设健康发展贡献中国智慧；四要把全国中国特色社会主义政治经济学研究中心打造成全国性的理论研究阵地、学术交流平台和人才聚集高地。

中国社会科学院副院长、全国中国特色社会主义政治经济学研究中心副理事长、当代中国马克思主义政治经济学创新智库理事长蔡昉指出，中国社会科学院将不断加强与专家学者和合作各方的联系对接，着力打造具有广泛国际、国内影响的一流机构，努力为繁荣和发展哲学社会科学，建设中国特色社会主义政治经济学贡献力量。

光明日报社理论部主任李向军指出，中国特色社会主义政治经济学是马克思主义政治经济学基本原理同中国经济建设实践相结合的理论成果，是指导中国特色社会主义经济建设的理论基础。学习并掌握马克思主义政治经济学基本原理和方法论，有利于我们掌握科学的经济分析方法，把握社会经济发展规律，提高驾驭社会主义市场经济的能力。

中国人民大学校长刘伟认为，当前，中国特色社会主义政治经济学发展到了一个新时期。改革开放近40年来，我们在实践中积累了不少经验与教训，需要从中国自身出发，提高道路自信、理论自信、制度自信、文化自信，创新和发展中国特色社会主义政治经济学。

全国人大教科文卫委员会委员顾海良表示，哲学社会科学发展离不开话语体系、学术体系、学科体系、教材体系建设，它们构成学理上的“系统化”学说。其中，前三者内含于话语体系之中。要建设中国特色“系统化的经济学说”，既要有政治经济学理论的话语体系建设，也要有相应的经济史和经济思想史的话语体系建设。

中国社会科学院经济研究所党委书记、全国中国特色社会主义政治经济学研究中心主任王立胜表示，中国特色社会主义政治经济学已经进入一个新的发展阶段，研究中心和创新智库在今后的研究活动中，要对中国社会科学院领导和各位专家提出的中国特色社会主义政治经济学体系建设的措施和思路进行深入的研究和落实。

（科研处）

《习近平关于社会主义经济建设论述摘编》研讨会暨经济研究所建所90周年纪念活动启动仪式

2017年7月18日，中国社会科学院经济研究所在北京举办“《习近平关于社会主义经济建设论述摘编》研讨会暨经济研究所建所90周年纪念活动启动仪式”。来自中共中央党校、中国人民大学、国务院发展研究中心的专家学者百余人参加了会议。

中国社会科学院院长、院党组书记王伟光出席会议并发表讲话。王伟光在讲话中表示，在中国经济学界，经济研究所涌现了一大批经济学的大家、名家，推出了一大批为党和国家事业发展全局，对马克思主义政治经济学和中国特色社会主义政治经济学理论建设具有重大影响的研究成果。王伟光对经济研究所的未来发展提出了三点要求。第一，认真学习贯彻习近平总书记系列重要讲话精神和治国理政新理念、新思想、新战略，始终坚持马克思主义政治经济学的指导地位。第二，加快构建中国特色社会主义政治经济学，开创当代中国马克思主义新境界。按照院党组“三重镇、一加强”的要求，优化学科建设，加强人才队伍建设，加快构建中国特色社会主义政治经济学的理论体系建设。第三，深入研究我国经济面临的新情况和新问题，以研究我国改革开放重大理论和实践问题为主要方向，总结中国特色社会主义建设的新经验，为党和国家的经济决策服务。

高培勇在致辞中强调，习近平同志《在哲学社会科学工作座谈会上的讲话》以及为中国社会科学院建院 40 周年所发的贺信，对构建中国特色哲学社会科学作出了全面部署，并指明了具体方向。《摘编》一书，是以习近平同志为核心的党中央领导经济工作的一系列新理念、新思想、新战略的集中体现，是中国特色社会主义政治经济学的最新成果，为我们加快构建中国特色社会主义政治经济学奠定了坚实的理论和实践基础。作为中国社会科学院直属的国家级专业研究机构，加快构建中国特色社会主义政治经济学这一宏伟事业是经济研究所义不容辞的责任和义务。

中共中央党校副校长黄浩涛在致辞中表示，当前，我国进入改革开放新时期，经济研究所以对党和国家的强烈的使命感和责任感，发思想之先声，坚持改革方向，直面我国经济发展面临的重大理论问题和实际问题，以深入、扎实的科学研究推出了大量的高水平的理论研究成果和决策咨询成果，产生了重大的和独特的影响。

国务院发展研究中心副主任王一鸣在致辞中认为，经济研究所是我国现代社会科学研究发源地之一。新中国成立后，特别是改革开放以来，经济研究所在我国经济研究领域一直发挥着领军作用。当前，中国经济正经历着深刻复杂的变化。时代呼唤思想解放，需要理论创新。经济研究所应该也能够担负起历史赋予的光荣使命，成就新的辉煌。

中国人民大学校长刘伟在致辞中表示，经济研究所扎根中国大地，坚持从中国社会进步的需要出发，始终关注和解决当代中国如何发展的问题，为中国经济的发展作出了自己的贡献。

在当日举行的经济研究所建所 90 周年纪念活动启动仪式上，王伟光与各位嘉宾和经济研究所历任所长一起为启动仪式揭幕。

（科研处）

纪念改革开放 40 周年暨《经济学动态》复刊 40 周年大型研讨会

2017 年 12 月 17 日，由中国社会科学院经济研究所主办，《经济学动态》编辑部承办的“纪念改革开放 40 周年暨《经济学动态》复刊 40 周年大型研讨会”在北京召开。来自国内各高校、科研单位的 90 多名专家学者和媒体记者 200 多人参加了会议。

2017 年 12 月，“纪念改革开放 40 周年暨《经济学动态》复刊 40 周年大型研讨会”在北京举行。

上午的会议由开幕式和圆桌论坛两个环节组成，与会代表就研讨会的主题展开讨论。

中国社会科学院学部委员、经济研究所所长高培勇认为，立足于经济学领域、站在经济研究的立场上纪念改革开放40年，需要总结40年来的基本轨迹、基本经验和基本规律。作为改革开放40年来的一个富有影响力的经济学学术研究平台，《经济学动态》是国内研究动态和学界动态的发布窗口，也是理论研究最新成果的宣传阵地。今后，中国经济的发展必然需要更多地从中国现实问题中找经验，站在马克思主义基本立场上，吸收国外经济理论中的优秀成分，结合我国传统文化和发展实践，提炼经济发展奇迹背后的中国经验和中国规律。

中国社会科学院学部委员、副院长蔡昉在致辞中指出，《经济学动态》在过去的40年，为改革开放发展鼓与呼，从学理上帮助学术界提高了对经济发展规律的认识，不断解放思想，同时建立和完善了中国人自己的经济学学科。作为理论工作者，应当针对改革开放的伟大实践，提出针对性、系统性的总结，并且能够有针对性地指导我们未来的改革开放。

《经济学动态》原主编冒天启研究员在致辞中首先介绍了创办《经济学动态》的背景、发展历程。冒天启研究员认为，学术期刊应该引领新时代中国特色经济学的发展。

南开大学原副校长逄锦聚教授指出，我国40年的改革开放取得了举世瞩目的巨大成就，伟大的实践需要把实践的经验变成理论，然后以科学的理论指导实践。中国特色社会主义政治经济学重要的使命就是对我们建设现代化强国提出真知灼见，在理论指导下实现我们的宏伟目标。

第一场圆桌论坛围绕“新时代中国特色社会主义政治经济学的学科定位”这一主题。中央民族大学校长黄泰岩教授指出，社会主义是一个不断发展和成熟的过程，我们当前处于社会主义初级阶段。按照新时代的角度讲，社会主义初级阶段也可能区分为不同的阶段。中国人民大学教授杨瑞龙认为，构建中国特色社会主义政治经济学有四个要点：第一，不能照搬照抄；第二，必须要坚持马克思主义立场观点；第三，改革开放中要吸收优秀的文化，不断丰富、充实社会主义理论体系建设；第四，依靠实践，在实践中前进。

第二场圆桌论坛围绕“中国道路：改革、发展与稳定”这一主题。清华大学教授李稻葵指出，一个伟大的经济实践要想产生被广泛接受的经济学思想，需要满足三个条件：第一，经济实践是可持续的，要对其他的国家产生正面的贡献；第二，经济体要有长期政治上的主导性，而且还有长期精神文明的沉淀；第三，需要学科发展的自觉性，把握经济学当前的规律。《经济学动态》期刊应起到学科发展的引领作用。南开大学陈宗胜教授认为，党的十九大重申共同富裕目标，是中国特色社会主义政治经济学一个逻辑的起点和落脚点。美好愿景的实现，需要在“共同”上做文章，要进一步缩小收入差别和城乡差别。

（科研处）

工业经济研究所

（一）人员、机构等基本情况

1. 人员

截至2017年底，工业经济研究所共有在职人员85人。其中，正高级职称人员25人，副高级职称人员24人，中级职称人员24人；高、中级职称人员占在职人员总数的86%。

2. 机构

工业经济研究所设有：工业发展研究室、工业运行研究室、产业组织研究室、投资与市场研究室、资源与环境研究室、能源经济研究室、区域经济研究室、产业布局研究室、企业管理研究室、企业制度研究室、中小企业与创新创业研究室、财务与会计研究室、《中国工业经济》编辑部、《经济管理》编辑部、*China Economist*（《中国经济学人》）编辑部、办公室、科研处、集团联络处、信息网络室。

3. 科研中心

工业经济研究所院属科研中心有：中国社会科学院管理科学与创新发展研究中心、中国社会科学院中国产业与企业竞争力研究中心、中国社会科学院中小企业研究中心、中国社会科学院西部发展研究中心、中国社会科学院食品药品产业发展与监管研究中心；所属科研中心有：中国社会科学院能源经济研究中心、中国社会科学院国家经济发展与经济风险研究中心、中国社会科学院澳门产业发展研究中心。

（二）科研工作

1. 科研成果统计

2017年，工业经济研究所共完成专著27种，675万字；学术论文169篇，253.5万字；研究报告5种，152万字；皮书6种，116万字；论文集1种，60万字；年鉴1种，38万字；理论文章41篇，9.43万字；译著2种，53万字。

2. 科研课题

（1）新立项课题。2017年，工业经济研究所共有新立项课题6项。其中，国家社会科学基金一般课题1项："供给侧结构性改革背景下破解中国式产能过剩问题的路径研究"（梁泳梅主持）；国家社会科学基金青年课题2项："我国绿色发展的产业支撑问题研究"（渠慎宁主持），"美学经济视角下的休闲农业体验化研究"（邱晔主持）；院国情调研重大课题1项："深化国企国资和重点行业改革调研"（肖红军主持）；所级国情调研基地课题2项："浙江省开化县环境治理经验考察"（肖红军主持），"营口市老边区汽保工业园区发展调研"（刘戒骄主持）。

（2）结项课题。2017年，工业经济研究所共有结项课题7项。其中，国家社会科学基金一般课题 1 项："物流成本及其对产业发展、价格水平影响研究"（刘勇主持）；国家社会科学基金青年课题 2 项："国有企业跨国投资与政府监管问题研究"（刘建丽主持），"中国企业社会责任评价与推进机制研究"（肖红军主持）；院国情调研重大课题 2 项："国有企业深化改革与创新调研"（黄群慧主持），"工业去产能与传统制造业创新与升级——以煤炭、钢铁、轻工业为例"（史丹主持）；所级国情调研基地课题 2 项："浙江省开化县可持续发展路径考察"（黄速建主持），"营口市老边区汽保工业园区发展调研"（刘戒骄主持）。

（3）延续在研课题。2017 年，工业经济研究所共有延续在研课题 15 项。其中，国家自然科学基金面上课题 2 项："中国产业政策理论反思、微观机制解析与实施效果评估：基于中国钢铁行业的研究"（江飞涛主持），"竞争性国有企业的混合所有制改革研究"（黄速建主持）；国家自然科学基金青年课题 1 项："双重约束下地方政府土地出让行为对中国双重转型的影响研究"（黄阳华主持）；国家社会科学基金重大课题 3 项："国有企业改革和制度创新研究"（黄速建主持），"稀有矿产资源开发利用的国家战略研究——基于工业化中后期产业转型升级的视角"（杨丹辉主持），"'中国制造 2025'的技术路径、产业选择与战略规划研究"（黄群慧主持）；国家社会科学基金重点课题 3 项："推进中国工业创新驱动发展研究"（吕铁主持），"产业升级与环境管制提升路径互动研究"（李钢主持），"'互联网 +'背景下的中国制造业转型升级研究"（李晓华主持）；国家社会科学基金一般课题 2 项："中国对外贸易中的隐含资源环境要素流动问题研究"（郭朝先主持），"技术集成能力对复杂装备性能的影响"（贺俊主持）；国家社会科学基金青年课题 3 项："生产要素成本上涨对我国产业转型升级影响研究"（叶振宇主持），"新兴产业自主技术标准的导入与培育"（邓洲主持），"自然资源资产负债表编制研究"（胡文龙主持）；所级国情调研基地课题 1 项："浙江省开化县绿色发展经验考察"（肖红军主持）。

3. 获奖情况

2017 年，工业经济研究所获得 2016 年优秀对策信息组织奖。

（三）学术交流活动

1. 学术活动

2017 年，工业经济研究所主办和承办的学术会议如下。

（1）2017 年 6 月 24 日，由中国社会科学院与印度外交部共同主办，工业经济研究所承办的"第二届中印智库论坛"在北京召开。论坛的主题为"中印战略合作与发展伙伴关系"。中印两国数十位专家学者参加了论坛。

（2）2017 年 9 月 21 ~ 22 日，由中国社会科学院与泛美开发银行共同主办，中国社会科学院国际合作局、工业经济研究所、中国社会科学院上海市人民政府上海研究院、泛美开发银行发展机制部共同承办的"第四届中拉政策与知识高端研讨会"在上海举行。来自国内外学术机构、智库机构的百余位专家学者出席会议。

（3）2017 年 12 月 24 日，工业经济研究所在北京举办了“第六届中国工业发展论坛暨面向新时代的中国实体经济学术研讨会”。来自政府部门的负责人、学术机构的专家学者 100 余人参加了会议。会上发布了《中国工业发展报告（2017）》。

2. 国际学术交流与合作

2017 年，工业经济研究所对外学术交流出访 24 批 41 人次，主要是参加国际会议或与外国科研机构进行学术交流、考察访问等，来访 3 批 20 人次。

3. 与中国香港、澳门特别行政区和中国台湾开展的学术交流

2017 年 9 月 18 日，由中国社会科学院和香港中国学术研究院共同主办，工业经济研究所承办的“香港发展：新动力、新前景研讨会”在香港召开。来自内地和香港两地的近 300 位专家学者出席会议。会议围绕“一带一路”与香港发展新机遇、粤港澳大湾区建设与香港产业创业、香港国际金融中心建设与内地合作等议题进行了深入探讨。

（四）学术社团、期刊

1. 社团

（1）中国工业经济学会，会长郑新立。

2017 年 11 月 4 日，中国工业经济学会 2017 年学术年会暨“中国产业发展新动力”研讨会在江苏省南京市举办。会议由中国工业经济学会主办，中国工业经济杂志社协办，南京财经大学承办。来自中国社会科学院工业经济研究所、中央财经大学、首都经济贸易大学、南京财经大学、东北财经大学、上海财经大学、暨南大学等高校的 300 余名专家学者参加了研讨会。

（2）中国企业管理研究会，会长黄速建。

2017 年 8 月 25 日，由中国企业管理研究会、石河子大学、蒋一苇企业改革与发展学术基金联合主办，石河子大学经济与管理学院、经济管理杂志社、中国工业经济杂志社、石河子大学公司治理与管理创新研究中心、中国社会科学院管理科学与创新发展研究中心、中国社会科学院西部发展研究中心联合承办的“‘一带一路’建设与中国企业管理国际化学术研讨会暨中国企业管理研究会 2017 年年会”在新疆维吾尔自治区石河子市召开。来自国内高等院校、研究机构、企业、社会机构、出版媒体等 74 家单位的 200 余位与会代表以及石河子大学经济与管理学院的师生参加了会议。

（3）中国区域经济学会，会长金碚。

2017 年 9 月 23 日，“2017 年中国区域经济学会年会暨区域创新驱动与产业转型升级学术研讨会”在安徽省马鞍山市召开。会议由中国区域经济学会、安徽工业大学和中国工业经济杂志社主办，安徽工业大学商学院、安徽工业大学安徽创新驱动发展研究院、安徽工业大学安徽创新驱动与产业转型升级研究中心承办。大会共收到170多篇论文，来自国内110余家单位的300多位专家学者出席了会议。会议的主题是“区域创新驱动与产业转型升级”。

2. 期刊

（1）《中国工业经济》（月刊），主编黄群慧。

2017年，《中国工业经济》共出版12期，共计380万字。该刊全年刊载的有代表性的文章有：王俊豪、程肖君的《网络瓶颈、策略性行为与管网公平开放——基于油气产业的研究》，郑世林、应珊珊的《项目制治理模式与中国地区经济发展》，黄少卿、陈彦的《中国僵尸企业的分布特征与分类处置》，金春雨等的《美联储货币政策对中国经济的冲击》，金碚的《基于价值论与供求论范式的供给侧结构性改革研析》，王刚刚等的《R&D补贴政策激励机制的重新审视——基于外部融资激励机制的考察》，简泽、谭利萍、吕大国的《市场竞争的创造性、破坏性与技术升级》，洪银兴的《进入新阶段后中国经济发展理论的重大创新》，余泳泽、张少辉的《城市房价、限购政策与技术创新》，刘奕、夏杰长、李垚的《生产性服务业集聚与制造业升级》，张莉、朱光顺、李夏洋的《重点产业政策与地方政府的资源配置》，黄群慧的《论新时期中国实体经济的发展》，覃成林、杨霞的《先富地区带动了其他地区共同富裕吗——基于空间外溢效应的分析》，黄群慧、余菁、王涛的《培育世界一流企业：国际经验与中国情境》，杜勇、张欢、陈建英的《金融化对实体企业未来主业的影响：促进还是抑制》。

（2）《经济管理》（月刊），主编黄群慧。

2017年，《经济管理》共出版12期，共计380万字。该刊全年刊载的有代表性的文章有：张国有的《基于国情的中国未来管理》，吴育辉、吴世农、魏志华的《管理层能力、信息披露质量与企业信用评级》，陆蓉、王策、邓鸣茂的《我国上市公司资本结构“同群效应”研究》，黄文锋、张建琦、黄亮的《国有企业董事会党组织治理、董事会非正式等级与公司绩效》，李彬、郑雯、马晨的《税收征管对企业研发投入的影响——抑制还是激励？》，杨一翁、孙国辉、陶晓波的《国家目的地形象和出境旅游意向》，黄玉梅、储小平的《深化改革背景下中国国有企业总部的价值创造维度》，杨理强、陈爱华、陈菡的《反腐倡廉与企业经营绩效——基于业务招待费的研究》，王兴元、朱强的《原产地品牌塑造及治理博弈模型分析——公共品牌效应视角》，陈运森、黄健峤的《地域偏爱与僵尸企业的形成——来自中国的经验证据》，李海舰、周霄雪的《产品十化：重构企业竞争新优势》，唐礼智、刘玉的《“一带一路”中我国企业海外投资政治风险的邻国效应》，张广海、赵韦舒的《我国城镇化与旅游化的动态关系、作用机制与区域差异——基于省级面板数据的PVAR模型分析》，周青、顾远东、吴刚的《创新管理研究热点的国际比较与学科资助方向——国家自然科学基金项目管理视角的思考》。

（3）*China Economist*（《中国经济学人》）（英文、双月刊），主编黄群慧。

2017年，*China Economist* 共出版6期，共计72万英文字符数。

（五）会议综述

中国工业经济学会2017年学术年会暨“中国产业发展新动力”研讨会

2017年11月4日，中国工业经济学会2017年学术年会暨“中国产业发展新动力”研讨会在江苏省南京市举办。会议由中国工业经济学会主办，中国工业经济杂志社协办，南京财经大学承办。

来自中国社会科学院工业经济研究所、中央财经大学、首都经济贸易大学、南京财经大学、东北财经大学、上海财经大学、暨南大学等高校的300余名专家学者参加了研讨会。开幕式由中国工业经济学会副会长、天津财经大学副校长于立主持；南京财经大学党委书记陈章龙教授，中国工业经济学会理事长、中国社会科学院工业经济研究所党委书记兼副所长史丹研究员分别致辞。

开幕式后，四位专家学者围绕党的十九大以来全国经济发展的新阶段和新任务作了主题报告。中国工业经济学会荣誉理事长吕政研究员论述了新时代的政治经济学、中国社会经济发展道路的自信、我国社会经济发展不平衡、不充分的突出矛盾以及跨过较高收入门槛的目标和途径。江苏省社会科学院副院长吴先满研究员就江苏实体经济发展新动力研究展开阐释，认为，近年来，江苏省非公有制经济总量提升、城镇化水平进一步提高、区域经济协调发展以及百姓富裕的成就显著，民生改革跨上新台阶。中国工业经济学会理事长、工业经济研究所研究员史丹认为，传统的工业化对生态环境造成危害，而工业化又是人类发展、从贫困走向富裕的必经之路，他提出，以清洁可再生能源代替石油天然气能源的第三次能源转型，开发利用可再生能源是能源转型的最终目标。中国工业经济学会副会长、上海海关学院副校长干春晖教授就大国崛起与经济转型升级、利用后发大国的综合优势两方面作了研究分享。

随后，参会学者以“中国产业发展新动力”为主题，围绕产业新动力转换、供给侧与产业发展、产业转型升级、全球价值链、产业组织理论和产业经济学理论的前沿问题进行了讨论。

在第一分会场，江西财经大学教授王自力认为，一体化城市对经济有显著作用，但存在异质性特征。西北大学教授钞小静运用主成分分析方法，研究劳动收入份额的变化如何通过消费者需求弹性等一系列变量来影响经济增长。

在第二分会场，中央财经大学尹志峰认为，伴随着中国经济发展，实用新型制度所带来的学习效应并不足以显著降低发明成本，导致实用新型数量持续过快增长的同时，中国有可能陷入实用新型的“制度使用陷阱”。首都经济贸易大学徐齐利分析了不同行业的前景属性、准入属性及投资属性三者不同组合下市场占先均衡的产能利用效应，进而对占先企业是否导致产能过剩作出回答。复旦大学白让让分析了大企业水平兼并与低效企业退出、产能利用率变化的关系，发现，无论是在数量还是价格竞争下，主要赋予大企业的先动优势，其水平兼并就能产生提高市场集中度、增加产能利用率的作用。

在第三分会场，大连理工大学孙晓华和王昀在题为“绿色生产率与中国工业转型升级潜力”的发言中通过绿色增长的理论框架对现有的绿色生产率测算模型进行了改进，并提出了工业转型升级潜力的测算方法。西南政法大学张权在报告中指出，推动产业结构由中低端向中高端升级是中国经济步入“新常态”后面临的一个难题，其实质是市场优化资源配置的过程；与此同时，政府公共支出在国家产业结构升级的过程中也扮演着重要角色。安徽大学李静指出，中国作为工业大国，是世界产业分工格局中的重要力量，但产业发展水平低，处于全球分工格局的低端。通过“比较优势真空”“比较优势陷阱”等理论分析，李静指出，在人力资本与产业结构错配的情境下，如果过多强调自主创新，而忽视产业结构升级，可能会导致既没有创新也没有产业升级的局面。

在第四分会场，围绕着全球价值链竞争、技术创新模式选择、技术进步和产业升级等问题，与会专家学者进行了深入的讨论。南京财经大学教授杨向阳分析了在不同竞争程度下，国际化参与程度对企业创新模式的影响。在多元 Probit 模型下，研究发现，适度竞争有利于企业自主创新能力，国际化会抑制企业的自主创新，但是有利于协同创新能力的提升。中国海洋大学教授纪玉俊立足大国效应认为，我国可以通过产业集聚与扩散的动态循环推进产业升级。江苏师范大学教授司增绰分析了中国与“一带一路”沿线 65 个国家的贸易关系，认为双边贸易的拓展空间较大。

在第五分会场，围绕着专利制度、互联网经济、技术标准化、反垄断政策等议题，与会专家学者展开研讨。东北财经大学教授李宏舟以日本电网企业为研究对象，指出，实施收入上限规制大约可以节约 12% 的企业总成本。桂林电子科技大学副教授董亮设计了一个可以将专利权与专利价值联系起来的专利保险合约，解决了专利持有者权利和义务失衡的问题。

在第六分会场，西南民族大学经济学院副教授周克通过构建含有农业劳动力流动受阻因子的三部门产业结构变化一般均衡模型，分析了各地区部门生产率变化对该地区产业结构和总生产率的影响，解释了产业结构转型的原因，并从部门生产率和结构转型的角度解释了省际总生产率增长差异的原因。山东大学经济学院余东华通过拓展资源环境约束下的内生增长模型，构建了包括经济增长、技术进步和产业结构变动在内的三驱动内生增长模型，从理论上分析了碳排放的影响因素和驱动力量。他以经济增长、技术进步、产业结构变动角度为三个主要驱动力，构建了三驱动内生增长模型，并借助多维结构评价指标，量化分析了碳排放驱动效应。

（季　霞）

2017年中国区域经济学会年会暨区域创新驱动与产业转型升级学术研讨会

2017年9月23日，“2017年中国区域经济学会年会暨区域创新驱动与产业转型升级学术研讨会”在安徽省马鞍山市召开。年会由中国区域经济学会、安徽工业大学和中国工业经济杂志社主办，安徽工业大学商学院、安徽工业大学安徽创新驱动发展研究院、安徽工业大学安徽创新驱动与产业转型升级研究中心承办。大会共收到170多篇论文。来自全国各地110余家单位的300多位专家学者出席了会议。会议的主题是“区域创新驱动与产业转型升级”。与会代表围绕会议主题展开了深入的研讨。

（1）关于我国区域经济研究的新方向。中国区域经济学会会长、中国社会科学院学部委员金碚研究员指出，当前，工具理性在市场经济中占据主导地位，而如何发挥马克思主义经济学的学术张力，对中国区域经济学的理论和学科根基进行思考，是引领中国区域经济发展进入本真价值理性时代的关键。南京大学原党委书记洪银兴教授认为，经济发达地区的区域经济一体化面临两大课题，即根据经济能量的增强扩大经济空间和毗邻城市同城化缩小地区差距。国务院研究室信息司司长刘应杰研究员指出，我国跨越“中等收入陷阱”的基本路线图是由局部跨越到大部跨越，再到整体跨越。中国区域经济学会副会长兼秘书长、中国社会科学院工业经济研究所陈耀研究员认为，当前，我国区域经济发展实践中面临着包括区域协调的指向性、大城市病、湾区经济、小镇经济和连片特困地区脱贫攻坚五大前沿问题。

（2）关于区域创新驱动发展的战略与模式。国务院发展研究中心刘云中研究员认为，我国培育新动能的区域战略就是要在内陆地区培育新的增长极，推动更加多元化的要素流动，更加深入地参与国内和全球价值链分工。中国区域经济学会副会长、安徽省政协教科文卫体委员会主任韦伟教授在剖析了合肥市创新驱动的实施路径之后认为，转型升级必须坚持发展实体经济不动摇，并把创新摆在首要位置。

（3）关于产业转型升级的内涵与路径。中国社会科学院工业经济研究所副所长李海舰研究员认为，产业转型与产业升级存在区别，产业转型是“做对的”，而产业升级是“做好的”。同时他强调，新经济在经济形态、发展模式、发展阶段、思维方式等若干方面，均具有自己的特性，是智慧经济、共享经济、大数据经济、互联网经济的融合与发展。哈尔滨商业大学郝大江教授认为，区域性要素与非区域性要素间优化配置所实现的效率提升是集聚的内生动力，集聚对区域经济的影响是长期的，将深刻影响产业升级发展。成都信息工程大学曹邦英教授认为，在大量新企业不断壮大和新产业集群开始逐渐形成的过程中，旧有产业集群却面临着不同程度的发展问题，甚至出现瓦解的现象。江西师范大学钟业喜教授认为，“互联网+”对产业转型升级的驱动作用不可低估，特别是“互联网+传统产业”是传统产业转型升级的方向。

（4）关于三大区域发展战略的实施策略。在京津冀协同发展方面，中国区域经济学会顾问、安徽省政府参事程必定研究员强调，建设雄安新区就是治理北京“大城市病”的现实举措。安徽工业大学方大春教授则通过实证研究发现，设立雄安新区有利于整个城市群的均衡发展，增强城市群内经济联系。在长江经济带建设方面，中国区域经济学会副会长、国家发改委国土开发与地区经济研究所原所长肖成金研究员指出，生态优先、绿色发展的指导理念对于长江经济带的发展具有重大意义，为此，要实施主体功能区战略，生态环境上下游共治等举措。中国区域经济学会副会长、重庆工商大学原校长杨继瑞教授则认为，要促进“一带一路”建设与长江经济带战略的协同推进。武汉大学吴传清教授认为，在国家主体功能区战略框架下，要完善长江经济带城镇化地区政策和绩效考评体系。在“一带一路”建设方面，中央民族大学李曦辉教授认为，“一带一路”经济学基础理论研究，应聚焦在马克思主义经济学理论中的国际经济交往理论、资本空间理论和世界历史理论、民族经济学理论等。

（5）关于城镇化和城市群发展模式。中国区域经济学会副会长、四川师范大学党委书记丁任重教授认为，我国逆城市化具有人口逆向流动的局部性、半城市化状态下人口逆向流动的不稳定性、人口逆向流动的蔓延性、城市化主迁移流和逆城市化次迁移流的双轨发展四个典型的本土特征。河南财经政法大学胡星教授的研究发现，现阶段，我国经济、人口、空间城镇化之间呈现低耦合强度、低协调水平状态，空间差异较大，具有明显的东、中、西空间分布格局。南通大学原党委书记、江苏长江经济带研究院院长成长春教授认为，扬子江城市群作为长三角世界级城市群的组成部分，目前面临的对融合发展认识不统一、融合发展动力不够强劲、融合发展领域不够深化、融合发展体制不够完善等问题亟须解决。安徽大学张治栋教授认为，制造业集聚仍是长江经济带推进城镇化的重要动力，应在长江经济带范围内合理配置资源，推动下游产业向中上游转移，以产业集聚带动人口向城镇聚集。

（方大春　洪功翔）

“一带一路”建设与中国企业管理国际化学术研讨会暨中国企业管理研究会2017年年会

2017年8月25日，“‘一带一路’建设与中国企业管理国际化学术研讨会暨中国企业管理研究会2017年年会”在新疆维吾尔自治区石河子市召开。会议由中国企业管理研究会、石河子大学、蒋一苇企业改革与发展学术基金联合主办，石河子大学经济与管理学院、《经济管理》杂志社、《中国工业经济》杂志社、石河子大学公司治理与管理创新研究中心、中国社会科学院管理科学与创新发展研究中心、中国社会科学院西部发展研究中心联合承办。来自国内高等院校、研究机构、企业、社会机构、出版媒体等74家单位的200余位代表以及石河子大学经济与管理学院的师生参加了会议。

会议进行了主题报告和学术研讨活动。在主题报告环节，中国社会科学院工业经济研究所黄群慧研究员、河北经贸大学纪良纲教授、上海国家会计学院李扣庆教授、山东大学徐向艺教授、西安理工大学党兴华教授、石河子大学杨兴全教授、重庆工商大学梅洪常教授、中国社会科学院工业经济研究所李海舰研究员、中央财经大学崔新健教授、山西财经大学杨俊青教授、北京工业大学黄鲁成教授、河南大学魏成龙教授、石河子大学刘追教授13位学者依次作了大会主题发言。分论坛分别围绕“一带一路”倡议与企业“走出去”、“一带一路”建设背景下的改革创新以及“一带一路”建设背景下的管理变革三个议题展开研讨。

（1）中国企业管理国际化的理论探索。与会专家学者认为，在“一带一路”建设带来的全球化、国际化发展的大背景下，企业形态变革迅速，传统意义上的企业正在逐渐消亡，企业需要被重新定义，企业的发展战略需要及时调整，这就需要加快企业管理国际化的理论构建，从而更好地指导管理实践。中国社会科学院工业经济研究所黄群慧研究员在题为“‘一带一路’建设与中国企业管理国际化—工业化进程视角”的主题演讲中指出，从工业化视角看，“一带一路”倡议的提出，表明一个和平崛起大国的工业化进程正在产生更大的“外溢”效应。在工业化、信息化、国际化、全球化推进进程中，中国的管理也要输出，这个过程将对中国企业管理走向国际化发挥重要作用。因此，中国企业管理研究要按照体现“继承性、民族性、原创性、时代性、系统性、专业性”的要求，在不断创新中加快构建中国特色的企业管理科学，形成具有中国特色、中国风格、中国气派的管理理论模式和完善的学科体系，加强“一带一路”建设背景下的企业管理国际化研究正是对这一倡议的学术实践。中国社会科学院工业经济研究所黄速建研究员进一步指出：企业管理国际化的目的在于实现一流的国际化经营绩效，避免巨大的国际化投入遇到低效的资源配置方式；企业管理国际化的前提是树立先进的国际化管理思维，避免生疏的国际布局配上没有卓越思维的头脑；企业管理国际化的关键是构建合理的国际化管理系统，避免国际一流的硬件与要素配上较为落后的管理与控制系统；企业管理国际化的重点是利用适合的、适当的国际化管理方法，避免全球化与信息化时代的战略部署配上石器时代的工具；企业管理国际化的难点在于破解特有的国际化管理悖论，避免特殊的国际化经营情境配上一般性的企业国内运营规则；企业管理国际化的支撑是打造优秀的国际化人才队伍，避免最前沿、最陌生的竞争战略配上用落后知识和技能武装的“将领”和“士兵”。

（2）中国企业管理国际化在“一带一路”建设中的实践。与会专家学者认为，“一带一路”建设为中国企业管理国际化提供了难得的契机，但也充满了挑战，需要有强烈的风险防范意识。“一带一路”沿线国家的政治、经济、文化和法律制度存在巨大差异，如何消除国际化经营过程中面临的各种风险，提高海外经营管理水平和海外投资利益保障能力，使“一带一路”建设在跨文化土地上“软着陆”，实现与当地社会、文化、法治的良性融合，是“走出去”企业面临的一个重要课题。针对“企业管理国际化面临的机遇与挑战”“企业管理国际化与风险管理”“企业管理国际化与产业发展”等议题，山东大学徐向艺教授、上海国家会计学院李扣庆教授、江西科技师范大学汤新发博士等与到会专家学者分享了各自的研究成果。

（3）中国企业管理国际化进程中的改革与创新。与会专家学者指出，在“一带一路”建设助推的国际化经营过程中，中国企业在企业体制、发展模式、产业战略、技术路径、商业模式等方面的每一个改革和创新都蕴含着无限的机遇。中国企业如何把握“一带一路”建设机遇进行企业改革、发展创新、技术创新等成为此次会议探讨的热点问题。

上海科学管理干部学院潘晓燕教授在回溯供给侧改革理论的基础上，分析了我国启动供给侧改革的原因以及实施供给侧改革的意义。随着国有企业改革向“深水区”推进，混合所有制改革的重要性不断提升。石河子大学杨兴全教授对国有企业混合所有制改革是否会影响企业的现金持有水平，是通过哪种机制影响了现金持有水平（融资约束渠道还是治理效应路径），国有企业混合所有制改革对现金持有水平的作用关系是其优化之体现还是恶化之结果，改革下的现金持有最终是否会带来企业价值的提升等问题进行了系统研究。

西安理工大学党兴华教授将微观层面的创新网络中的网络惯例、分裂断层与知识共享之间的关系拓展到“一带一路”建设，探究了“一带一路”建设下的城市创新网络与知识共享。江西财经大学胡海波教授在题为“企业商业生态系统中价值共创演化：数字化赋能视角”的主题演讲中，以医药企业为案例研究对象，基于数字化赋能的视角，从价值—共同—创造三个维度，分析了企业商业生态系统中价值的类型、价值共创的主体及关系、价值共创的演化。

（4）中国企业管理国际化进程中的管理变革。与会专家学者一致认为，“一带一路”建设推动了中国企业向国际化方向发展，在国际化经营背景下，企业生产经营活动面临的不再是稳定的环境，复杂性、多变性和不确定性已成为企业外部竞争环境的主要特征。在这种竞争环境下，企业不仅要根据外部环境调整战略，还要修炼内功，通过管理变革和创新来提高国际化管理水平，增强企业国际竞争力。

与会者针对“国际营销伦理与企业社会责任”“组织管理与公司治理”等议题展开研讨。江西科技师范大学程月明教授探讨了“一带一路”建设背景下企业营销伦理管理驱动企业发展的机制与路径。他认为，企业营销伦理管理具有约束功能、导向功能、激励功能和凝聚功能，能够通过不断提升企业绩效和企业成长性来驱动企业持续发展。南昌工程学院邓丽明教授指出，当前，中国“走出去”的企业在履行社会责任过程中存在不遵守法律、诚信道德缺失、环境保护意识较弱、员工人权保护不足、慈善公益心差、商业反贿赂制度虚无等问题，其中企业自身廉洁治理意识和能力弱是跨国企业履行社会责任的短板，必须要高度重视。石河子大学汤莉教授通过对商业模式构成要素与财务管理活动构成要素进行组合来探讨商业模式创新路径的选择，形成了“创新动因—创新过程—创新结果”的商业模式创新路径研究体系。中国社会科学院工业经济研究所谭玥宁博士将中央企业集团的经理人作为研究对象，研究了经理人继任来源与中央企业绩效之间的关系，分析了不同继任情境对这种关系的影响，并进行了实证检验。

（刘　追　张志菲　姜海云）

附

经济管理出版社

2017年，经济管理出版社秉承“坚持导向、明确定位、立足学术、打造权威、争创一流”的工作目标，在具体工作中以加强马克思主义阵地建设为根本，坚持正确的政治方向和学术导向；以质量建设为中心，推进各项工作科学化、规范化和制度化；以改革创新为动力，进行全面的供给侧结构性改革；以增强学术引领为目标，服务好创新工程和国家高端智库建设，促进理论学术传播，走出一家名优出版社的独特发展路径。

（一）把社会效益放在首位，实现社会效益与经济效益相统一的经营指导思想

2017年，经济管理出版社在工作中一如既往地坚持正确的出版导向，在政治上严格把关，把社会效益放在首位、实现社会效益和经济效益相统一，加强阵地建设、搞好思想引领、推进理论创新，策划出版一批具有社会影响力的精神文化产品，努力打造优秀学术著作的出版平台。

2017年，出版社通过完善“四项保障”，把围绕中心、服务大局的基本职责贯彻到位。

1. 强化选题申报制度，坚持主流意识

通过经常性学习，出版社领导和全体员工对如何正确处理社会效益和经济效益、社会价值和市场价值的关系有了更深刻的认识，在工作中始终围绕大局，坚持主流意识，把握经济发展的主旋律，把选题重点集中在经济体制改革、经济结构调整、产业转型升级、促进社会民生改善等方面，连续几年策划出版了多个体现中国改革开放伟大成就的大型重点项目，充分发挥专业出版社的学术优势。目前已经策划了“改革开放40年”“一带一路”“创业创新”“中国经济地理”等系列立足经济管理专业、体现中国经济面貌的优秀学术著作。

在选题审批制度方面，坚持社长、总编辑负责制，严格遵守国家关于新闻出版的各项规定，把握正确出版导向，认真履行重大选题备案制度和书号实名制管理制度。

2. 强化图书质量管理制度，坚持质量立社，努力打造精品

出版社坚持贯彻“质量立社”的原则，努力完善以质量为中心的出版流程管理，进一步严格执行三审三校制度，坚持关口前移，加强审校印制等环节衔接的紧密性。对编校过程中高发的问题定期整理并进行编辑集中培训，修订相关的审读规范和绩效奖惩措施，从制度上强化图书质量保障体系，打造在内容、装帧、印刷多方面的精品图书。

3. 强化组织和团队建设，构建一支政治成熟、业务过硬的人才梯队

在组织建设上，出版社着力加强和改进新形势下国有文化企业党建工作，充分发挥党组织的政治核心作用，加强职工思想政治工作，积极吸收各方面人才特别是优秀青年员工入党，着

力扩大党员在关键岗位的比例。

在人才队伍建设上，在着力培养成熟业务骨干的基础上引进一批具有专业知识和工作经验的高素质人员充当后备力量。通过员工培训，把社会主义核心价值观的要求贯穿到全社生产经营管理的各环节和全过程，提高全社员工的政治责任意识、业务水平和综合素质，增强企业内生动力。

4．强化基层党组织建设，使党组织充分参与到企业内部的经营管理活动中

在企业经营活动中，强化书记、社长、总编辑协同负责制，形成党组织领导与法人治理结构相结合、内部激励和约束相结合，体现文化企业特点、符合现代国有企业制度要求的经营管理模式。

内部管理依据领导分工职责、权限和议事规则，讨论决定涉及内容导向管理的重大事项及企业运营与发展的重大决策、重要人事任免、重大项目安排和大额度资金使用等事项。建立由书记和总编辑负责的编辑委员会，对涉及内容导向问题的事项行使一票否决权。

（二）出版经营和发展情况

2017年，经济管理出版社继续进行供给侧结构性调整，根据学术出版物的销售特点，对单品种图书印刷数量进行较大幅度的压缩，做到控制印量、减少库存。2017年共出版图书723种，新书品种655种，总印数112万册，总码洋7592万元，全年发行图书95万册，实现销售收入4646万元，税后净利润1033万元。

近年来，出版社在管理和建设工作上目标明确，即集中有限精力打造国内经济类和管理类图书出版名社。在前几年品种高速扩张的基础上进行结构性的优化调整，即选题策划系列化，明确“专、精、特、新”的市场定位，力争打造一个集权威作者、权威编者和权威读者于一体的“三权威”出版社。为此，出版社在组织机构、人力财力、市场营销、创新能力等方面作了如下工作。

在组织和人力资源方面，社内经常性组织编辑进行专业知识和理论动态的学习，同时由出版社提供资源和信息，鼓励编辑外出参与学术会议，与专家、学者共同交流、探讨学术问题和学科发展。

在图书质量方面，编审室负责书稿内容质量的审读和把关，不断增加审读比例和覆盖范围，保证出版社的图书质量保持较高水平。

在市场营销方面，抓好学术图书的馆配工作和网站的图书销售工作，并深入拓展图书销售渠道，探索新的图书营销方式，鼓励编辑参与图书的推广工作，不断加强发行与编辑的协作能力。

在创新能力方面，对出版社管理系统进行全面升级，ERP正式上线，出版社网站全面更新，以全新的面貌服务专业机构和大众读者。

在各方面的努力下，经济管理出版社在经营中始终保持优良的业绩，未出现违规违纪现象，图书质量得到主管单位、作者和读者的一致认可。

（三）重点出版物的出版情况及获得相关奖励情况

通过几年的努力，经济管理出版社打造出的学术权威著作、精品教材和优秀经济管理普及读物三大门类多个系列的品种格局，发挥了自身优势资源上的优势，出版了一大批社会上有影响、经济上有效益的精品学术著作。2017 年出版社 42 个图书项目获得国家和省部级奖项，《全球产业演进与中国竞争优势》获得中国出版政府奖提名奖，《产业技术创新研究系列丛书》《中国管理思想精粹》等入选国家出版基金资助项目；在中国社会科学院创新工程出版工作中，经济管理出版社承担了 14 个出版项目（累计 41 卷）。

（四）领导班子建设、制度建设和队伍建设情况

2017 年，出版社领导班子成员共计 5 名，其中具有正高级职称人员 3 人，副高级职称人员 1 人，中级职称人员 1 人。领导班子成员目标一致、各有分工。

在制度建设上，出版社本着规范化、人性化、创新化的原则，在保证企业持续发展和保障员工权益的基础上，出台了一系列规范、严谨的管理规章制度，这些制度的建立和完善使出版社的工作得以有序开展，员工工作的积极性和主动性得到有效调动，工作效率和企业效益大大提高。

在人才队伍建设和储备上，出版社建立一套完善的学习型组织模式，内部培训与外部深造并重，打造一支高素质、高学历、高执行力的编辑发行队伍。在岗的 72 名员工中具有本科以上学历有 60 人，博士 3 人，硕士 22 人；具备高级职称人员 11 人，中级职称人员 18 人。在任用干部上，本着重能力、轻资历的原则，大胆起用年轻干部，在全社 21 名中层干部中，有 14 名在 45 岁以下，保证了干部队伍的年轻与活力，同时也对年轻员工起到了激励作用。

农村发展研究所

（一）人员、机构等基本情况

1. 人员

截至 2017 年底，农村发展研究所共有在职人员 80 人。其中，正高级职称人员 21 人，副高级职称人员 23 人，中级职称人员 22 人；高、中级职称人员占在职人员总数的 83%。

2. 机构

农村发展研究所设有：乡村治理研究室、农村组织与制度研究室、城乡关系与发展规划

研究室、农村产业经济研究室、贫困与福祉研究室、农村环境与生态经济研究室、农产品市场与贸易研究室、农村金融研究室、土地经济与人力资源研究室、农村信息化与城镇化研究室、《中国农村经济》与《中国农村观察》编辑部、办公室、科研处。

3. 科研中心

农村发展研究所院属科研中心有：中国社会科学院生态环境经济研究中心、中国社会科学院贫困问题研究中心；所属研究中心有：合作经济研究中心、社会问题研究中心、畜牧业经济研究中心。

（二）科研工作

1. 科研成果统计

2017年，农村发展研究所共完成专著5种，128.2万字；皮书及论文集6种，227.7万字；国家智库研究报告3种，70.6万字。

2. 科研课题

（1）新立项课题。2017年，农村发展研究所共有新立项课题29项。其中，国家自然科学基金青年科学基金课题1项："农户生计分化视角下农村宅基地转型及其功能量化研究：以黄淮海农区典型村庄为例"（李婷婷主持）；国家社会科学基金重大课题1项："新形势下中国民工问题研究"（张晓山主持）；国家社会科学基金一般课题2项："中国农地'三权分置'改革的经验总结及效果评估"（郜亮亮主持），"多维视角下农民合作社功能发展演化机理与发展目标再定位研究"（董翀主持）；国家社会科学基金青年课题2项："户籍制度改革与中国城市规模体系优化研究"（年猛主持），"供给侧结构性改革背景下中国农业绿色发展和资源永续利用研究"（马翠萍主持）；其他横向课题23项："供销合作社综合改革试点评估"（魏后凯主持），"涿州市协同发展研讨咨询"（魏后凯主持），"供销总社新网工程建设投资规划（2017～2020）论证"（魏后凯主持），"玉米收储制度改革成效研究"（李国祥主持），"2016年新农村现代流通服务网络工程资金股权投资模式评估"（魏后凯主持），"西城区构建'高精尖'经济结构路径研究"（曾俊霞主持），"农村集体产权制度改革专题研究（农村改革试验区）"（刘同山主持），"涿州市发展改革局涿州市发展战略研究规划编制项目（二次）"（魏后凯主持），"社区主导发展理论及其实践经验对精准扶贫工作的指导借鉴价值研究"（吴国宝主持），"北京市朝阳区农村产业发展研究项目"（魏后凯主持），"北京市朝阳区农村集体经济发展研究项目"（魏后凯主持），"广西促进城乡统筹发展的对策研究"（蔡昉主持），"国有森林资源有偿使用问题研究"（张海鹏主持），"新时期兼顾传统农户和新型农业经营主体支持政策研究"（张晓山主持），"国家奶牛产业技术体系产业经济研究"（刘长全主持），"创新与规范并举，促进农民专业合作社健康发展"（苑鹏主持），"基于大数据的城市副中心功能分区和职住平衡研究"（魏后凯主持），"立足更大尺度空间统筹发展城市副中心产业的有关思路研究”（魏后凯主持），“企业向北京城市副中心的迁移意愿及影响因素研究”（魏后凯主持），“打赢脱贫攻坚战建设新农村示范区战略研究”（闫坤主持），“农业国际合作”（胡冰川主持），“广州在粤港澳大湾区的定位与发展战略研究”（魏后凯主持），“石漠化片区林业精准扶贫项目研究”（王昌海主持）。

（2）结项课题。2017 年，农村发展研究所共有结项课题 25 项。其中，中央农村工作领导小组办公室和中国社会科学院交办、委托课题 4 项：“2017 年中央一号文件贯彻落实情况评估”（魏后凯主持），“中国扶贫开发报告（2017）（扶贫蓝皮书）”（李培林、魏后凯主持），“把小农生产引入现代农业发展轨道的路径研究”（苑鹏主持），“我国农村扶贫标准研究”（吴国宝等主持）；其他横向课题 21 项：“供销合作社综合改革试点评估”（魏后凯主持），“涿州市协同发展研讨咨询”（魏后凯主持），“供销总社新网工程建设投资规划（2017 ~ 2020）论证”（魏后凯主持），“玉米收储制度改革成效研究”（李国祥主持），“2016 年新农村现代流通服务网络工程资金股权投资模式评估”（魏后凯主持），“西城区构建‘高精尖’经济结构路径研究”（曾俊霞主持），“农村集体产权制度改革专题研究（农村改革试验区）”（刘同山主持），“涿州市发展改革局涿州市发展战略研究规划编制项目（二次）”（魏后凯主持），“社区主导发展理论及其实践经验对精准扶贫工作的指导借鉴价值研究”（吴国宝主持），“北京市朝阳区农村产业发展研究项目”（魏后凯主持），“北京市朝阳区农村集体经济发展研究项目”（魏后凯主持），“广西促进城乡统筹发展的对策研究”（蔡昉主持），“国有森林资源有偿使用问题研究”（张海鹏主持），“新时期兼顾传统农户和新型农业经营主体支持政策研究”（张晓山主持），“国家奶牛产业技术体系产业经济研究”（刘长全主持），“创新与规范并举，促进农民专业合作社健康发展”（苑鹏主持），“基于大数据的城市副中心功能分区和职住平衡研究”（魏后凯主持），“立足更大尺度空间统筹发展城市副中心产业的有关思路研究”（魏后凯主持），“企业向北京城市副中心的迁移意愿及影响因素研究”（魏后凯主持），“打赢脱贫攻坚战建设新农村示范区战略研究”（闫坤主持），“农业国际合作”（胡冰川主持）。

3. 获奖情况

2017 年，农村发展研究所获得中国社会科学院 2016 年度优秀对策信息组织奖。

（三）学术交流活动

1. 学术活动

2017 年，农村发展研究所主办和承办的学术会议如下。

（1）2017 年 3 月 30 日，由中国社会科学院城乡发展一体化智库主办，农村发展研究所、贫困问题研究中心协办的“我国农村扶贫标准研讨会”在北京举行。

（2）2017 年 4 月 21 日，由农村发展研究所与社会科学文献出版社联合主办的“中国农村经济形势分析与预测研讨会暨《农村绿皮书（2016 ~ 2017）》发布会”在北京举行。

2017 年 4 月，“中国农村经济形势分析与预测研讨会暨《农村绿皮书（2016 ~ 2017）》发布会”在北京举行。

（3）2017 年 5 月 21 ~ 24 日，由农村发展研究所、河南省社会科学院联合主办，许昌市人民政府协办的“深入推进农业供给侧结构性改革研讨会暨第十三届全国社科农经协作网络大会”在河南省郑州市召开。

（4）2017 年 8 月 28 ~ 29 日，由中国粮食行业协会、农村发展研究所、社会科学文献出版社、贵州省农业委员会、贵州省社会科学院、黔西南州人民政府等单位主办，黔西南州农业委员会、兴仁县人民政府等单位承办的“中国（兴仁）薏仁米博览会：2017 中国—东盟薏仁米国际论坛暨贸易洽谈会”在贵州省黔西南州兴仁县召开。

（5）2017 年 10 月 11 日，由农村发展研究所主办的“2017 年青年学术论坛”在北京召开。

（6）2017 年 12 月 9 日，由农村发展研究所和江西师范大学共同主办，江西师范大学苏区振兴研究院承办的“第一届全国原苏区振兴高峰论坛”在江西省南昌市举行。

（7）2017 年 12 月 15 日，由中国社会科学院城乡发展一体化智库举办的“‘乡村振兴战略’研讨会暨第二次理事会”在北京召开。

（8）2017 年 12 月 27 日，由中国社会科学院主办，农村发展研究所、中国社会科学院贫困问题研究中心、社会科学文献出版社承办的“《中国扶贫开发报告（2017）》（扶贫蓝皮书）发布会暨中国精准扶贫进展与前瞻学术研讨会”在北京举行。

2. 国际学术交流与合作

2017 年，农村发展研究所共派遣出访 25 批 41 人次，接待来访 17 批 48 人次（其中，中国社会科学院邀请来访 2 批 2 人次）。与农村发展研究所开展学术交流的国家有美国、日本、印度、法国、以色列等。

（1）2017 年 2 月 5 ~ 12 日，应英国埃克塞特大学邀请，农村发展研究所苑鹏等赴英国进行“中国社会科学院—英国学术院”学术互访项目。

（2）2017 年 2 月 11 日至 3 月 3 日，应印度社科研究理事会邀请，农村发展研究所杨一介赴印度进行 2016 年度中国社会科学院协议项目访问。

（3）2017 年 4 月 25 日，农村发展研究所所长魏后凯等与印度金德尔全球大学校长库玛等在农村发展研究所就学术合作前景开展学术交流。

（4）2017 年 6 月 7 日，农村发展研究所所长魏后凯等与法国驻华大使馆经济处农业事务参赞李嘉霖等在农村发展研究所就“一带一路”框架下的农业发展合作问题开展学术交流。

（5）2017 年 6 月 29 日，农村发展研究所副所长黄超峰礼节性会见日本农林中央金库综合研究所若林刚志研究员等。

（6）2017 年 7 月 29 日至 8 月 9 日，应英国谢菲尔德大学邀请，农村发展研究所所长魏后凯赴英国执行中国社会科学院“中英合作伙伴项目”，进行学术访问。

（7）2017 年 7 月 30 日至 8 月 5 日，应世界经济秩序论坛邀请，农村发展研究所冯兴元研究员赴美国就“全球贸易政策”问题进行学术访问。

（8）2017 年 8 月 23 日，由中国社会科学院和日本学术振兴会联合主办，中国社会科学院国际合作局、农村发展研究所和日本学术振兴会北京代表处共同承办的“农村转型发展中的农民合作社——中日比较与借鉴”中日学术研讨会在北京召开。来自中日两国农民合作社研究领域的 100 余位学者参加了会议。会后，农村发展研究所曹斌接待并陪同日方专家就中日草莓产业发展问题进行了学术访问。

（9）2017 年 9 月 6 ~ 16 日，应法国畜产研究所邀请，农村发展研究所刘玉满、苑鹏等 5 人赴法国进行法国奶业情况调研。

（10）2017 年 10 月 12 ~ 20 日，应以色列希伯来耶路撒冷大学邀请，农村发展研究所崔红志、苑鹏等 4 人赴以色列，就“以色列农村合作社”问题进行学术访问。

（11）2017 年 10 月 16 ~ 25 日，应匈牙利科学院邀请，农村发展研究所包晓斌执行中国社会科学院与匈牙利科学院的合作协议，赴匈牙利就“生态环境服务的经济价值”课题进行学术访问。

（12）2017 年 10 月 26 日至 11 月 12 日，按照中国社会科学院与瑞典斯德哥尔摩大学的合作协议，农村发展研究所接待了瑞典斯德哥尔摩大学自然地理学系副教授霍坎·贝里博士来访。在此期间，农村发展研究所包晓斌研究员陪同霍坎·贝里博士先后访问了北京市园林绿化局、北京林业大学经济管理学院、中国林科院湿地研究所，就“区域湿地资源管理”“湿地保护区建设”等问题与中方学者进行了学术交流。

（13）2017 年 11 月 5 ~ 12 日，应美国密西根州立大学邀请，创新工程“农民工返乡创业研究”团队张海鹏、陈方赴美国就“区域经济发展”问题进行学术访问。

（14）2017 年 11 月 8 ~ 17 日，应西班牙马德里自治大学邀请，农村发展研究所张玉环执行中国社会科学院与该校的合作协议，赴西班牙就农业保险问题进行学术访问。

（15）2017 年 11 月 12 ~ 19 日，应荷兰瓦格宁根大学邀请，农村发展研究所谭秋成、党国英、赵黎等赴荷兰，就“乡村治理”问题进行学术访问。

（16）2017 年 11 月 26 ~ 30 日，应匈牙利国家银行邀请，冯兴元赴匈牙利参加“匈牙利与人民币国际化”国际会议，并作了题为“‘一带一路’，新外贸模式与人民币国际化”的发言。

（17）2017年11月26日至12月4日，应美国科罗拉多州立大学邀请，创新工程“农业生态补偿机制与政策研究”团队于法稳、操建华、王昌海3人赴美国进行美国农业生态补偿理论与实践学术访问。

（18）2017年11月15日，美国世界粮食奖基金会主席肯尼思·奎因大使到访农村发展研究所。肯尼思·奎因介绍了奖项及基金会情况，农村发展研究所任常青、于法稳等从不同角度介绍了中国“三农”发展的相关情况。

（19）2017年，农村发展研究所新签订国际合作研究项目1项：中国社会科学院亚洲研究中心“中国与韩国的可持续农业发展路径比较”研究项目。

3. 与中国香港、澳门特别行政区和中国台湾开展的学术交流

（1）2017年3月3～6日，农村发展研究所于建嵘在中国台湾参加“第五届‘北海道对话’研讨会”。

（2）2017年5月26日至6月2日，农村发展研究所党国英在中国台湾参加“2017京台社区发展论坛”。

（3）2017年7月16～23日，农村发展研究所张立龙在中国香港参加“暑期科研会议：移民的前沿问题研究”。

（4）2017年9月17～22日，农村发展研究所吴国宝在中国台湾参加“两岸经济前瞻与关键议题”学术研讨会。

（5）2017年11月19～26日，农村发展研究所崔红志、苑鹏与台湾“中央研究院”社会学研究所的谢国雄在中国台湾就中国农村发展及社区建设研究问题开展学术交流活动。

（6）2017年11月21～25日，农村发展研究所翁鸣与香港中文大学黄咏在中国香港就智库发展问题开展学术交流活动。

（四）学术社团、期刊

1. 社团

（1）中国国外农业经济研究会，会长杜志雄。

① 2017年2月20日，中国国外农业经济研究会开始开展年度会员征文活动，并确定征文主题为“制度创新与农业发展：中国经验与国际比较”。征文活动共收到投稿90篇，最终评选出30篇入围论文，并对其中2篇授予一等奖，5篇授予二等奖，9篇授予三等奖。

② 2017年8月25～27日，由中国国外农业经济研究会、华南农业大学经济管理学院、中国农业与农村发展国际网络等单位共同主办的“中国国外农业经济研究会2017年年会暨学术研讨会”在广东省广州市召开。来自牛津大学、荷兰代尔夫特理工大学、日本九州大学、国家发展和改革委员会、中国社会科学院、中国农业科学院、中国人民大学和浙江大学等国内外

科研机构和高校的200多名专家学者参加了年会。学术研讨会的主题为“制度创新与农业发展：中国经验与国际比较”。

（2）中国城郊经济研究会，会长魏后凯。

① 2017年9月22～24日，由中国城郊经济研究会、农村发展研究所、成都市郫都区人民政府和中国社会科学院城乡发展一体化智库联合主办的“城郊经济转型与发展新动能学术研讨会暨中国城郊经济研究会2017年年会”在四川省成都市召开。来自国家发展和改革委员会、国务院发展研究中心、中国社会科学院、中国农业科学院、中国人民大学、复旦大学、苏州大学、天津市社会科学院、江西省社会科学院等科研院校的近100名专家学者参会。

② 2017年5月4日，“中国城郊经济研究会青年企业家培训基地”在“三农异彩工程”广西基地挂牌成立。

③ 2017年8月27日，中国城郊经济研究会培训部设立“国家级（农业）品牌战略系统实验基地”项目；“中国城郊经济服务我国农业品牌战略的人才培育工程”第一期研修班在广西壮族自治区大新县开班。

（3）中国西部开发促进会，会长赵霖。

① 2017年2月26日，中国西部开发促进会常务副会长、秘书长赵霖应邀出席在北京召开的由中国西部开发促进会、中国财政学会公私合作PPP专业委员会、中国技术市场协会等单位指导和参与的“2017政府和社会资本合作发展会议”。会议研讨的主要议题有“PPP资本市场发展趋势”“PPP融资模式创新”“PPP模式下城市服务供应商的机遇与挑战”“推动特色小镇建设”等。

② 2017年4月11日，中国西部开发促进会常务副会长、秘书长赵霖和金昌经济开发区管理委员会领导一同前往国家开发银行，与中国开发性金融促进会相关领导就助力金昌经济开发区城市建设发展的相关事项进行了座谈。

③ 2017年4月23日，由国家发展和改革委员会、中国发展网、中国高科技产业化研究会、中国行业新标杆奖征评委员会共同主办，中华全国总工会中工网、中国西部开发促进会、CCTV精彩视界、中国网联盟中国、中国企业网等协办的“2017首届工匠中国论坛——2016工匠中国年度人物盛典暨2016第二届中国行业新标杆奖盛典”在北京开启。

④ 2017年12月19日，中国西部开发促进会第三届全国会员代表大会暨换届大会在北京举行。会议选举产生赵霖为会长，黄晓勇、潘晨光、金哲、孙柏旭为副会长，高存德等52人为理事。

（4）中国县镇经济交流促进会，会长蔡昉。

2017年，中国县镇经济交流促进会新成立“中国县镇经济交流促进会特色产业专业委员会”、“中国县镇经济交流促进会低碳经济专业委员会”和“中国县镇经济交流促进会旅游发展专业委员会”，按民政部有关规定要求，“中国县镇经济交流促进会新农人联盟”更名为“中国县镇经济交流促进会新农人专业委员会”。

① 2017 年 9 月 15 ~ 16 日，由中国县镇经济交流促进会等主办，浙江省长兴县人民政府承办的“第十届中国村镇银行发展论坛暨首届中国县镇金融高峰论坛”在浙江省长兴县举行。来自中国社会科学院、中国人民银行、中国银监会、财政部、农业部等有关部门的领导、专家学者和全国 28 个省、自治区、直辖市的 240 多家金融机构代表出席会议。论坛的主题是“金融科技的应用和跨界融合”。论坛期间还发布了由中国社会科学院农村发展研究所、中国县镇经济交流促进会、中国村镇银行发展论坛组委会牵头组织编写的《中国村镇银行发展报告（2017）》。

② 2017 年 12 月 1 日，由中国县镇经济交流促进会与中国小额信贷联盟联合主办的“2017年小额信贷创新论坛”在北京举行。来自中国社会科学院农村发展研究所、中国人民银行研究局、国务院发展研究中心金融研究所、中欧国际工商学院、中国村镇银行发展论坛等部门的专家学者出席会议。参会专家学者围绕普惠金融创新展开了研讨和交流。

（5）中国生态经济学学会，理事长谭家林。

① 2017 年 6 月 7 日，由中国生态经济学学会、农村发展研究所主办，西南大学经济管理学院承办的“山区生态经济与绿色发展”学术研讨会在重庆举行。来自中国社会科学院、中国科学院、国家林业局经济发展研究中心、中国林业科学研究院、南京大学等 30 余家科研院所的专家学者以及高校教师和学生代表共计 100 余人参加了研讨会。

② 2017 年 6 月 25 日，由中国生态经济学学会生态经济教育专业委员会主办，中南财经政法大学经济学院承办，中南财经政法大学工商管理学院、湖北大学商学院、湖北农村发展研究中心、湖北省生态经济学会协办的“2017 中国生态经济建设 · 南湖论坛”在湖北省武汉市举行。来自全国 38 所高校、科研机构和地方部门的 160 多位专家学者参加了论坛。

③ 2017 年 9 月 26 ~ 28 日，由中国生态经济学学会循环经济专业委员会和中国生态经济学学会工业生态经济与技术专业委员会主办，安徽理工大学承办的“第十二届全国循环经济与生态工业学术年会”在安徽省淮南市召开。来自全国 30 余所高校、科研院所的专家学者 210 余人参加了大会。

④ 2017 年 11 月 4 日，由中国生态经济学学会海洋生态经济专业委员会和广东海洋大学共同主办，广东海洋大学海洋经济与管理研究中心、经济学院和管理学院共同承办，广东海洋大学科技处和宁波大学东海研究院协办的“2017 中国海洋生态经济发展 · 湛江论坛”在广东省湛江市举行。论坛的主题为“中国海洋生态安全与海洋生态经济发展”。来自国内科研院所、高校、行政管理部门、相关媒体以及各承办单位的近 300 位专家学者及师生代表参加了论坛。

（6）中国林牧渔业经济学会，会长魏后凯。

① 2017 年 4 月 22 ~ 23 日，中国林牧渔业经济学会林业经济专业委员会联合中国林业经

济学会技术经济专业委员会、中国技术经济学会林业技术经济专业委员会在广西南宁共同主办了“第十一届中国林业技术经济理论与实践论坛”。论坛的主题为“对话桉树：经营环境、制度创新与实践”。来自中国林业经济学会、北京大学、北京林业大学、福建农林大学、广西壮族自治区林业厅等单位的专家学者出席论坛。

② 2017 年 6 月 12 ～ 14 日，中国林牧渔业经济学会肉牛经济专业委员会在北京主办了“第二届全国肉牛生产应用技术与产业经济研讨会”。来自全国肉牛及其相关领域的学者、企业家、地方政府主管领导、研究生及媒体记者等共计 550 多人参加了会议。研讨会的主题为“营养与饲养新技术提升肉牛养殖效益”。大会期间还举办了题为“中国肉牛业发展的困境与出路”的企业家论坛。

③ 2017 年 11 月 4 ～ 6 日，中国林牧渔业经济学会渔业经济专业委员会在福建省厦门市召开 2017 年年会。会议的主题是“‘一带一路’背景下中国渔业国际化发展战略”。

④ 2017 年 11 月 10 ～ 13 日，中国林牧渔业经济学会在内蒙古自治区乌海市举办 2017 年年会暨学术研讨会。会议的主题是“中国林牧渔业绿色发展的新思路、新动能”。

2. 期刊

(1)《中国农村经济》(月刊)，主编魏后凯。

2017 年，《中国农村经济》共出版 12 期，共计 180 万字。该刊全年刊载的有代表性的文章有：蔡昉的《改革时期农业劳动力转移与重新配置》，魏后凯的《中国农业发展的结构性矛盾及其政策转型》，李周的《全面建成小康社会决胜阶段农村发展的突出问题及对策研究》，李国祥的《论中国农业发展动能转换》，王会等的《“绿水青山”与“金山银山”关系的经济理论解析》，许建明的《作为全部社会关系的所有制问题——马克思主义视野里的供销合作社集体资产产权性质问题》，龙贺兴等的《成立社区林业股份合作组织的集体行动何以成为可能？——基于福建省沙县 X 村股份林场的案例》，檀学文、李静的《习近平精准扶贫思想的实践深化研究》，罗必良的《论服务规模经营——从纵向分工到横向分工及连片专业化》，徐旭初、吴彬的《异化抑或创新？——对中国农民合作社特殊性的理论思考》。

(2)《中国农村观察》(双月刊)，主编魏后凯。

2017 年，《中国农村观察》共出版 6 期，共计 126 万字。该刊全年刊载的有代表性的文章有：马良灿、哈洪颖的《项目扶贫的基层遭遇：结构化困境与治理图景》，李宁等的《地权结构细分视角下中国农地产权制度变迁与改革：一个分析框架的构建》，付明卫、叶静怡的《集体资源、宗族分化与村干部监督制度缺失》，邓宏图等的《理性的合作与理性的不合作——山西省榆社县两个合作社不同命运的政治经济学透视》，仝志辉的《找回村社共同体：“双过半”困局与村委会选举制度再设计》，姜红利、宋宗宇的《集体土地所有权归属主体的实践样态与规范解释》。

（五）会议综述

我国农村扶贫标准研讨会

2017年3月30日，由中国社会科学院城乡发展一体化智库主办，农村发展研究所、贫困问题研究中心协办的“我国农村扶贫标准研讨会”在北京举行。中国社会科学院副院长、城乡发展一体化智库理事长蔡昉，中央财经领导小组办公室副主任、中央农村工作领导小组办公室副主任韩俊出席会议。来自中国社会科学院、人民日报社理论部、国务院研究室、国家统计局、世界银行、中国人民大学、中国农业大学、北京师范大学等单位的相关领导和专家约50人参加了会议。

目前，社会上有多种关于中国扶贫标准太低的疑虑和看法。为此，受中农办委托，中国社会科学院责成农村发展研究所组织课题组开展了专题研究，在研究基础上撰写了《中国扶贫标准研究报告（初稿）》（以下简称《报告》）。《报告》内容充实，得到与会领导和专家的充分肯定。会议讨论主要围绕《报告》展开，从国际比较和全面建成小康社会的视角，深入探讨我国现行农村扶贫标准的科学性，以及扶贫脱贫与小康社会之间关系。这次会议对《报告》的学术研讨，无论是对国家扶贫工作的决策还是对社会公众全面、客观地认识我国扶贫标准，都将起到重要的作用。

蔡昉指出，贯彻落实党中央提出的“以人民为中心”的发展思想，让老百姓能够在2020年全面建成小康社会时更有获得感，其中重要一点就是扶贫脱贫的效果，讨论扶贫标准具有现实意义。韩俊认为，中央提出了脱贫攻坚总目标，主要是在我国现行扶贫标准下，实现农村贫困人口全部脱贫，这个问题事关重大，社会关注度很高，需要高度重视。

与会代表针对《报告》的主要议题展开了深入研讨，就多个重要问题达成了基本共识。

（科研处）

深入推进农业供给侧结构性改革研讨会
暨第十三届全国社科农经协作网络大会

2017年5月21～24日，由中国社会科学院农村发展研究所、河南省社会科学院联合主办，许昌市人民政府协办的“深入推进农业供给侧结构性改革研讨会暨第十三届全国社科农经协作网络大会”在河南省郑州市召开。来自中国社会科学院以及全国27个省（自治区、直辖市）社会科学院和政府部门、高校及研究机构的相关专家学者约200人参加了会议。与会专家学者紧紧围绕“深入推进农业供给侧结构性改革”这一主题展开深入研讨，提出了一系列具有建设性的意见和建议，并达成了《郑州共识》。

大会开幕式由农村发展研究所所长魏后凯主持，河南省社会科学院党委书记魏一鸣代表主办方致辞，农村发展研究所党委书记闫坤在开幕式上宣读了中国社会科学院院长、党组书记王伟光发来的书面致辞。

在主旨发言阶段，国务院发展研究中心农村经济研究部部长叶兴庆、农村发展研究所所长魏后凯、河南省社会科学院院长张占仓、贵州省社会科学院院长吴大华、湖北省社会科学院院长宋亚平、四川省社会科学院副院长郭晓明等分别阐述了对深入推进农业供给侧结构性改革的思考与建议。

大会发言阶段，来自中国社会科学院、山东省社会科学院、甘肃省社会科学院、江西省社会科学院、湖南省社会科学院、新疆维吾尔自治区社会科学院、重庆社会科学院、吉林省社会科学院、黑龙江省社会科学院、宁夏社会科学院、江苏省社会科学院、安徽省社会科学院、辽宁省社会科学院等全国社科院的14位学者围绕大会主题进行了讨论，形成了丰富的、高质量的研讨成果。

在闭幕式上，魏后凯作大会总结，并提出需要进一步研究的8个方面的问题。大会通过了《郑州共识》。《郑州共识》指出，要进一步提升社科农经协作网络平台的智库功能，继续加强全国社科院系统各单位间有效合作，深入开展农业供给侧结构性改革研究。

（科研处）

“乡村振兴战略”研讨会暨第二次理事会

2017年12月15日，“乡村振兴战略”研讨会暨第二次理事会在北京召开。此次会议由中国社会科学院城乡发展一体化智库主办，农村发展研究所承办。

研讨会以党的十九大精神为指导，围绕“乡村振兴战略”，针对如何实施我国乡村振兴战略展开深入的学术讨论。全国政协常委、经济委员会副主任、中央农村工作领导小组原副组长、办公室原主任陈锡文和中国社会科学院副院长、城乡发展一体化智库理事长蔡昉出席会议并作重要讲话，农村发展研究所所长、城乡发展一体化智库常务副理事长魏后凯和全国人大农业与农村委员会委员、农村发展研究所原所长张晓山主持会议。

在研讨会上，农业部农村经济研究中心主任宋洪远、中国社会科学院学部委员张晓山、中国社会科学院城市发展与环境研究所所长潘家华、江西省社会科学院副院长孔凡斌、中国社会科学院财经战略研究院党委书记杜志雄、国家统计局农村社会经济调查司司长黄秉信、国土资源部调控和监测司巡视员董祚继、北京大学现代农学院教授黄季焜、中国社会科学院社会发展战略研究院院长张翼、中国社会科学院农村发展研究所研究员苑鹏、研究员翁鸣和农业部农村经济体制与经营管理司司长张红宇分别作了发言，他们结合现实问题和具体实践就如何贯彻和实施“乡村振兴战略”，谈了各自的学术观点。

在理事会上，常务副理事长魏后凯作了2017年智库工作汇报。

（科研处）

《中国扶贫开发报告（2017）》（扶贫蓝皮书）发布会暨中国精准扶贫进展与前瞻学术研讨会

2017年12月27日，《扶贫蓝皮书：中国扶贫开发报告（2017）》发布会暨中国精准扶贫进展与前瞻学术研讨会在北京举行。会议由中国社会科学院农村发展研究所、中国社会科学院贫困问题研究中心和社会科学文献出版社承办。会议期间，国内高校和科研机构知名专家学者、中央和地方政府官员、在华国际机构官员就2017年扶贫蓝皮书的主题——中国精准扶贫进展与前瞻，举办了学术研讨会。

中国社会科学院副院长李培林，中央农村工作领导小组办公室原主任段应碧，国务院发展研究中心农村部部长叶兴庆出席会议并分别致辞，中国社会科学院农村发展研究所所长、研究员魏后凯主持会议；《扶贫蓝皮书：中国扶贫开发报告（2017）》主编之一、中国社会科学院贫困问题研究中心主任、农村发展研究所吴国宝研究员介绍总报告；会议同时宣布“中国扶贫研究网”开通。

扶贫蓝皮书由总报告、专题研究报告和案例研究报告三大部分组成。《中国扶贫开发报告（2017）》紧扣党的十九大精神，聚焦于精准扶贫、精准脱贫这个当今中国扶贫开发和脱贫攻坚的主题和基本方略。在精准扶贫实践了4年多、脱贫攻坚战还剩3年多的时间节点，该报告对我国精准扶贫的实践经验和理论贡献进行了归纳总结，分析考察了我国脱贫攻坚取得的进展，探讨了未来3年我国精准扶贫、精准脱贫面临的挑战，并提出了相应的应对策略。

（科研处）

财经战略研究院

（一）人员、机构等基本情况

1. 人员

截至2017年底，财经战略研究院共有在职人员76人。其中，正高级职称人员20人，副高级职称人员19人，中级职称人员29人，高、中级职称人员占在职人员总数的89%。

2. 机构

财经战略研究院设有：办公室、科研处、财政研究室、税收研究室、财政审计研究室、成本价格研究室、流通产业研究室、国际经贸研究室、服务经济研究室、旅游与休闲研究室、城市与房地产经济研究室、互联网经济研究室、综合经济战略研究部马克思主义财经科学研究室、《财贸经济》编辑部、*China Finance and Economic Review*（《中国财政与经济研究》）编辑部、

《财经智库》编辑部、学术档案馆、办公室。

3. 科研中心

财经战略研究院院属科研中心有：财政税收研究中心、旅游研究中心、城市与竞争力研究中心；所属科研中心有：服务经济与餐饮产业研究中心、信用研究中心。

（二）科研工作

1. 科研成果统计

2017 年，财经战略研究院共完成专著 9 种，200 余万字；论文 270 篇，300 余万字；研究报告 6 篇，90 万字；译著 1 种，25 万字；皮书 2 部，50 余万字。

2. 科研课题

新立项课题。2017 年，财经战略研究院共有新立项课题 7 项。其中，国家社会科学基金课题 3 项："税收法定视域下的税法确定性问题研究"（滕祥志主持），"我国中央地方财政事权与支出责任划分的理论与实践研究"（于树一主持），"宏观债务与高杠杆的形成机制及对策研究"（冯明主持）；国家自然科学基金课题 3 项："多中心群网化中国城市新体系的决定机制研究"（倪鹏飞主持），"以奖代补：中国政府间转移支付制度设计中的激励导向及影响评估"（汪德华主持），"基于互联网大数据和重复交易法的中国城市住房价格指数编制研究"（邹琳华主持）；院国情调研重大课题 1 项："中小金融机构服务实体经济：现状、问题与建议"（何德旭主持）。

（三）学术交流活动

1. 学术活动

2017 年，财经战略研究院主办和承办的学术会议如下。

（1）2017 年，由财经战略研究院主办的"NAES 宏观经济形势季度分析会"在北京举行了 4 次会议。会议的主题是"各季度我国宏观经济情况"。

（2）2017 年 4 月 5 日，由财经战略研究院主办的"《中国服务业发展报告 2016：迈向服务业强国》成果发布会暨研讨会"在北京举行。会议研讨的主题是"服务业发展形势和趋势进行研判"。会议还讨论了建设服务业强国的约束条件、目标、时序和主要路径，提出了建设服务业强国的政策建议。

（3）2017 年 6 月 22 日，由财经战略研究院和经济日报社主办的"房价体系与经济转型升级学术研讨暨《中国城市竞争力报告 No.15》发布会"在北京举行。会议研讨的主要议题是"从城市视角看中国经济社会发展格局和趋势"。

（4）2017 年 7 月 10 日，财经战略研究院主办的"《中国金融业高增长：逻辑与风险》报告联合发布会暨研讨会"在北京举行。会议的主题是"促进金融部门与实体经济之间的协调发展"。

（5）2017 年 7 月 19 日，由财经战略研究院等主办的"'休闲·幸福·供给侧'——2016～

2017《休闲绿皮书》发布暨研讨会”在北京举行。会议的主题是“休闲·幸福·供给侧”。

（6）2017 年 8 月 24 日，由财经战略研究院等主办的“中国政府资产负债表 2017 发布会暨政府财务报告学术研讨会”在北京举行。会议的主题是“政府财务报告”。

（7）2017 年 11 月 23 日，财经战略研究院在北京发布《中国县域经济发展报告（2017）》。

（8）2017 年 12 月 23 日，由财经战略研究院和河北大学主办的“财经战略年会 2017：新时代中国财经发展战略”在河北省保定市举行。会议的主题是“新时代中国财经发展战略”。

2. 国际学术交流与合作

2017 年，财经战略研究院共派遣出访 32 批 56 人次，接待来访 10 批 49 人次。与财经战略研究院开展学术交流的国家有美国、英国、德国、日本、韩国、澳大利亚等。

（1）2017 年 2 月 6 ～ 15 日，财经战略研究院姜雪梅应邀赴日本亚洲成长研究所，与戴二彪教授等学者针对城市可持续发展的课题进行学术交流，探讨中国和日本的城市现状和发展经验。

（2）2017 年 3 月 7 ～ 11 日，财经战略研究院宋瑞应世界旅游城市联合会邀请，赴德国柏林，出席德国柏林国际旅游展及世界旅游城市联合会举办的“世界旅游经济趋势论坛和中国旅游市场论坛”等活动。

（3）2017 年 4 月 23 ～ 27 日，财经战略研究院党委书记杜志雄随王伟光院长代表团赴匈牙利进行学术访问。访匈期间，杜志雄参加了中国—中东欧研究院启动仪式暨“中国与中东欧智库合作：携手应对共同挑战”学术研讨会，访问了佩奇大学、佩奇匈牙利科学院地区研究中心以及匈牙利安道尔约瑟夫知识中心等机构，与有关学者进行交流座谈。

（4）2017 年 6 月 4 ～ 9 日，财经战略研究院院长何德旭、依绍华等赴日本进行学术访问。在日期间，何德旭一行应日本中村学园大学校长甲斐谕教授邀请，参加在该校举办的“中日农产品流通与消费升级”研讨会；对位于福冈的农产品中央批发市场、蔬菜直卖所、肉品批发市场等流通机构进行了调研；应日本东洋大学李振讲师邀请，参加在该校举办的“消费升级：推动力量与政策含义”学术研讨会。

（5）2017 年 6 月 26 ～ 30 日，财经战略研究院赵早早赴新加坡，参加“2017 年国际公共政策研究会年会”。

（6）2017 年 6 月 28 日至 7 月 5 日，财经战略研究院张斌、杨志勇等赴俄罗斯，参加由康德波罗的海联邦大学、伏尔加国立技术大学、贝加尔湖州立大学、圣彼得堡国立大学、乌克兰国立经济大学等 10 所大学联合发起的“税收改革理论与实践”国际研讨会，并访问了圣彼得堡国立经济大学等科研机构，在诸多方面寻求合作机会。

（7）2017 年 7 月 11 ～ 16 日，财经战略研究院张德勇、依绍华赴澳大利亚，参加在西澳大利亚大学商学院举办的“中国新常态增长：机会与挑战”国际研讨会。

（8）2017 年 8 月 23 ～ 26 日，财经战略研究院赵瑾应韩国对外经济政策研究院邀请，赴韩国首尔出席“中国区域服务业发展战略与韩中合作”国际研讨会，并作题为“服务贸易：全球走势、中国政策与中韩合作前景”的演讲。

（9）2017 年 9 月 12 ～ 14 日，财经战略研究院汪红驹应邀赴韩国参加“第十一届中日韩三国会议”。

（10）2017 年 9 月 19 日，财经战略研究院宋瑞应世界旅游城市联合会邀请，赴美国洛杉矶参加“世界旅游城市联合会洛杉矶—香山旅游峰会”。

（11）2017 年 9 月 30 日，财经战略研究院夏杰长、李勇坚分别应美国加州大学圣芭芭拉分校及加州州立理工大学邀请，赴美国进行学术访问。

（12）2017 年 10 月 15 日，财经战略研究院宋瑞应世界旅游经济论坛邀请，赴澳门特别行政区参加“世界旅游经济论坛·2017 澳门”，并在“城市合作，共建美好未来”板块发表主题为“以合作共建城市美好未来”的演讲。

（13）2017 年 11 月 5 日，财经战略研究院夏杰长、林森应新加坡国立大学经济系的邀请，赴新加坡进行学术访问。

（14）2017 年 11 月 15 日，财经战略研究院魏翔应美国南部经济学会第 87 届年会邀请，赴美国坦帕市参加该年会并作题为“如何休假？劳动生产率和时间配置”的演讲。

（15）2017 年 11 月 21 日，财经战略研究院宋瑞应新加坡国立大学国际关系办公室副主任 Chang Tou Chuang 博士的邀请，赴新加坡进行学术访问。

（16）2017 年 11 月 21 日，财经战略研究院汪红驹、钟春平等应澳大利亚麦考瑞大学教授王哲邀请，参加在该校举办的“‘一带一路’倡议与中澳经济合作”研讨会，并与澳方专家围绕宏观经济研究和技术讨论合作研究事宜。

（17）2017 年 11 月 26 日，财经战略研究院王朝阳应匈牙利国家银行邀请，赴匈牙利参加由匈牙利国家银行和中国—中东欧研究院联合举办的“匈牙利与人民币国际化”研讨会。在研讨会上，王朝阳以“加入 SDR 后的人民币及其国际化趋势”为题发言。

（18）2017 年 12 月 8 日，财经战略研究院马珺应俄罗斯乌拉尔联邦大学外事副校长 B.C. 别利亚耶夫的邀请，赴俄从事学术访问和合作研究。

（19）2017 年 12 月 15 日，财经战略研究院倪鹏飞应美国哥伦比亚大学邀请，赴哥伦比亚大学做为期 3 个月的访问学者。

3. 与中国香港、澳门特别行政区和中国台湾开展的学术交流

（1）2017 年 4 月 22 ～ 28 日，应台湾中华企业会计协会廖三郎理事长邀请，财经战略研究院张斌、马珺等赴台北市和台中市访问相关机构，并应邀参加台湾会计师事务所、高科技企业举办的座谈会，与台湾专家就两岸税制改革与征管问题展开研讨。

（2）2017 年 5 月 12 ～ 16 日，应台湾政治大学财政系主任林其昂教授邀请，财经战略研究院杨志勇、汪德华等赴台北市，参加“2017 海峡两岸财经合作展望”研讨会，与台湾专家就两岸财税研究合作和财税改革问题展开研讨。

（3）2017 年 6 月 11 ～ 13 日，应《南华早报》邀请，财经战略研究院倪鹏飞赴香港，出席庆祝香港回归二十周年会议，并围绕“香港商机与对外投资”发言。

（4）2017 年 6 月 16 ～ 19 日，财经战略研究院黄浩赴澳门，参加“第 9 届偏最小二乘及相关方法（PLS）国际会议”，并在分会场介绍电子商务在中国的发展情况，以及 PLS 方法在电子商务研究中的作用。

（5）2017 年 6 月 25 ～ 27 日，应香港明天更好基金会总裁邓淑德邀请，财经战略研究院倪鹏飞赴香港，参加“《中国城市竞争力报告》发布会（香港部分）”，并发表题为“香港城市竞争力分析”的演讲。应澳门科技大学社会和文化研究所所长林广志教授的邀请，财经战略研究员倪鹏飞赴澳门，出席“《中国城市竞争力报告》发布会（澳门部分）”，并发表题为“澳门城市竞争力分析”的演讲。

（6）2017 年 7 月 8 ～ 14 日，财经战略研究院邹琳华应 2017 年世界华人不动产学会暨亚洲不动产学会联合国际研讨会主席陈淑美教授邀请，赴台湾参加在台中市举办的“2017 年世界华人不动产学会暨亚洲不动产学会联合国际研讨会”，并宣读学术论文《中国超大城市区域住房子市场的兴起：基于北京房价大数据的分析》。

（7）2017 年 9 月 17 日，财经战略研究院倪鹏飞应邀赴香港，出席由中国社会科学院和招商局集团（香港）有限公司共同主办的“香港发展：新动力、新前景研讨会”，并发表题为“香港：支撑‘一带一路’的新型全球商业都会”的演讲。

（8）2017 年 9 月 17 日，财经战略研究院杨志勇、夏先良随中国社会科学院团组赴台湾参加双边研讨会。

（9）2017 年 11 月 1 日，财经战略研究院倪鹏飞应邀赴香港，出席由博鳌亚洲论坛与香港菁英会共同主办的“2017 博鳌亚洲青年论坛（香港）”，并作题为“香港科技创新与香港未来发展”的发言。

（10）2017 年 12 月 12 日，由香港特别行政区政府中央政策组与中国社会科学院财经战略研究院联合主办，冯氏集团利丰研究中心、香港中国学术研究院协办的“中国经济运行与政策国际论坛 2017”在香港举行。论坛的主题为“十九大之后的中国经济”。专家学者近 300 人与会，会议研讨的主要议题有“新时代中国经济发展”“香港持续繁荣稳定”“金融改革与金融安全”“粤港澳大湾区建设”等。

（四）学术社团、期刊

1. 社团

（1）中国市场学会，会长裴长洪。

① 2017 年 4 月 15 日，由中国市场学会主办的“第十八届中国商品交易市场发展论坛”在

北京召开。论坛的主题是“转型升级、跨境发展、网络助力、合作共赢”。国务院研究室、国务院发展中心、中国社会科学院、国家发改委、商务部、农业部、工商总局等全国商贸流通行业的领导、专家及市场精英近1000人与会。

② 2017年5月30日，中国市场学会流通专业委员会、全国雷锋文化联盟在天津共同举办“2017年首届（天津）新经济形态与流通创新高峰论坛”。会议的主题是“弘扬雷锋精神，践行企业文化，创新铸就辉煌”。来自政府、大学、科研机构及业界的1000余位代表参会。

③ 2017年6月17日，中国市场学会金融服务工作委员会特别指导了在上海举行的“2017年中国新金融投资峰会”。峰会的主题是“新金融、新模式、新发展、新机遇”。

（2）中国成本研究会，会长高培勇。

2017年12月5日，中国成本研究会在北京举行了“学习十九大精神座谈会暨2017年常务理事会会议”。会议的主题是“‘降成本’与现代化经济体系建设”，研讨的主要议题有“‘降成本’的重点领域”“‘降成本’在现代经济体系建设中的重要作用”“成本研究会的未来发展方向”等。与会专家学者30余人。

2. 期刊

（1）《财贸经济》（月刊），主编何德旭。

2017年，《财贸经济》共出版12期，共计310万字。该刊全年刊载的有代表性的文章有：田磊、林建浩、张少华的《政策不确定性是中国经济波动的主要因素吗——基于混合识别法的创新实证研究》，陈甬军、丛子薇的《更好发挥政府在区域市场一体化中的作用》，傅勇、李良松的《金融分权影响经济增长和通胀吗——对中国式分权的一个补充讨论》，陈颐的《儒家文化、社会信任与普惠金融》，徐超、李林木的《城乡低保是否有助于未来减贫——基于贫困脆弱性的实证分析》，刘怡、侯思捷、耿纯的《增值税还是企业所得税促进了固定资产投资——基于东北三省税收政策的研究》，曾康霖、罗晶的《马克思的货币资本积累与现实资本积累理论研究》，何德旭、王朝阳的《中国金融业高增长：成因与风险》，吴晓求的《中国金融监管改革：逻辑与选择》，杨灿明的《减税降费：成效、问题与路径选择》，伏润民、缪小林、高跃光的《地方政府债务风险对金融系统的空间外溢效应》，王弟海、陈理子、张晏的《我国教育水平提高对经济增长的贡献——兼论公共部门工资溢价对我国教育回报率的影响》，荆林波、袁平红的《全球化面临挑战但不会逆转——兼论中国在全球治理中的角色》，夏杰长、倪红福的《服务贸易作用的重新评估：全球价值链的视角》，闫坤、张鹏的《以经济规律特性认识我国新时代发展特征》。

（2）《财经智库》（双月刊），主编何德旭。

2017年，《财经智库》共出刊6期，共计12.6万字。该刊全年刊载的有代表性的文章有：《财经智库》编辑部的《构建和发展中国特色社会主义政治经济学——专访中国社会科学院学部委员刘国光先生》，《财经智库》编辑部的《不断探索中国特色社会主义经济理论——专访中国社会科学院学部委员张卓元先生》，蔡昉的《两个“L”型轨迹——中国经济增长的中期和长期发展》，肖金成、黄征学的《未来 20 年中国区域发展新战略》，中国社会科学院财政税收研究中心“中国政府资产负债表”项目组、汤林闽的《中国政府资产负债表 2017》，冯俏彬的《中国制度性交易成本与减税降费方略》。

（3）*China Finance and Economic Review*（《中国财政与经济研究》）（季刊），主编何德旭。

2017 年，*China Finance and Economic Review*（《中国财政与经济研究》）共出版 4 期，共计 30 万英文字符数。

（五）会议综述

2017 绩效预算比较研究国际研讨会

2017 年 6 月 12 ～ 13 日，由中国社会科学院财经战略研究院主办，零点有数承办的“2017 绩效预算比较研究国际研讨会”在北京召开。

中国社会科学院财经战略研究院院长何德旭研究员、零点有数董事长袁岳出席并致开幕词。来自中国、美国、澳大利亚、荷兰、墨西哥、韩国、印度尼西亚、肯尼亚等国家预算绩效管理相关机构或单位的行业代表等 90 余人与会。

中国发展研究基金会副理事长、秘书长卢迈以“中国绩效预算改革实践与展望”为主题，系统阐述了中国绩效预算改革进展，对未来发展路径进行了展望。美国堪萨斯大学何达基教授围绕“绩效预算：从理论到实践”主题，对绩效预算进行了界定，分析了理论和实践的差距，总结不同研究者的结论，为实践者提供相应指引。审计署审计科学研究所所长姜江华针对 2014 ～ 2016 年审计查出预算安排方面的问题，系统分析了未整改的原因，并提出进一步加强审计整改促进绩效预算管理的建议。财政部预算司预算绩效管理处处长郑涌在主旨演讲中，全面介绍了中国预算绩效管理改革的最新进展，指出存在的诸多不足，并提出深化预算绩效管理的改革思路。中国社会科学院财经战略研究院院长助理、研究员张斌从多年丰富的实践研究切入，构建财政支出绩效评价的制度框架，分析了中期财政规划的必要性与可行性。

与会专家学者围绕“绩效预算、组织能力建设与政治过程”“绩效预算、委托—代理问题与沟通过程”“发达国家绩效预算发展经验与启示”“中国绩效预算改革与第三方绩效评价”四个板块展开讨论。演讲嘉宾对各国实践与经验进行了介绍，充分体现了政府绩效预算在不同国家、不同文化背景下，展现出来的多元化特点。

在“绩效评价第三方发展现状与未来”主题分论坛上，与会代表围绕“绩效预算管理与评价的技术与方法”“绩效预算未来发展与公民参与”等主题进行了深入交流和研讨，并聚焦中国绩效预算实践与优化方案。

（科研处）

马克思主义财经科学发展论坛（2017）

2017年10月31日，“马克思主义财经科学发展论坛（2017）”在北京举行。论坛的主题是“十九大重大财经理论与改革创新研讨会暨马克思主义财经科学研究室启动会”。

论坛开幕式由中国社会科学院财经战略研究院党委书记、副院长杜志雄主持。中国社会科学院财经战略研究院院长何德旭在开幕式致辞中指出，成立马克思主义财经科学研究室是繁荣中国哲学社会科学、健全财经战略研究院学术研究体系的客观需要。该研究室未来首先要重点关注社会主要矛盾的变化，其次要重点研究习近平新时代中国特色社会主义思想，最后是要扎扎实实、一步一个脚印积极而审慎地开展工作。中国社会科学院马克思主义研究院党委书记、院长邓纯东在致辞中认为，在构建中国特色社会主义政治经济学中的财经科学，以及构建以马克思主义为指导的中国特色哲学社会科学学科体系、学术体系、话语体系方面，马克思主义财经科学研究室都能够有所作为。中国社会科学院科研局副局长赵芮在致辞中指出，创新中国特色社会主义理论，让马克思主义在新时代焕发出新的生机与活力，是哲学社会科学工作者在新时代义不容辞的责任。

在研讨环节，经济研究所所长高培勇认为，马克思主义财经科学研究室初建之际，首先可以把改革开放40年、中华人民共和国成立70年马克思主义财经科学的发展轨迹梳理清楚；之后，可以把马克思主义财经科学的基本原理融入中国经济建设这一主线中，形成一条以马克思主义为指导的马克思主义财经科学基本研究线索。中国社会科学院学部委员杨圣明介绍了学习党的十九大报告的五点体会。中国社会科学院学部委员、马克思主义研究学部主任程恩富指出，近40年的改革开放建设成就，主要得益于以马列主义及其中国化的经济理论为指导；周期性的经济危机、贫富严重分化、政府停摆等一系列问题说明西方主流经济学不能真正科学地指导西方经济，用来直接指导中国发展更是不行的。

中国社会科学院农村发展研究所党委书记闫坤对我国目前社会矛盾的本质、化解的突破口作了分析与研究。北京大学马克思主义学院副院长孙蚌珠系统阐述了马克思主义财经科学应该重点研究的问题。中国人民大学经济学院教授邱海平认为，开展马克思主义财经科学研究，以马克思主义为指导和基础来研究我国重大的现实财经问题，反映了财经战略研究院致力于引领中国应用经济学研究的战略意识。

中国社会科学院财经战略研究院财政研究室主任杨志勇、流通产业研究室主任依绍华、互联网经济研究室主任李勇坚、马克思主义财经科学研究室副主任于树一分别结合各自对马克思主义财经科学的认识作了发言。

（科研处）

财经战略年会2017：新时代中国财经发展战略

2017年12月23日，由中国社会科学院财经战略研究院和河北大学主办，河北大学经济学院承办的“财经战略年会2017”在河北省保定市召开。年会的主题是“新时代中国财经发展战略”。中国社会科学院党组成员张英伟、河北大学校副校长康书生和河北省社科联常务副主席曹保刚出席开幕式并致辞。来自党政机关、高端智库、科研院所、高等院校和知名企业的专家学者等200余人参加了会议。

在主题论坛上，中共中央党校副校长王东京教授从扶贫攻坚和经济发展的动能转换角度讲述了供给侧结构性改革与创新驱动。他指出，当前我国政府对宏观经济的管理应该由需求侧转移到供给侧，经济发展进入新常态以后，把消费、投资、出口作为拉动经济增长的“三驾马车”功能应该淡化，而是需要把经济发展动力转移到创新的目标上来；当前中国经济面临的困难，既有总量问题，也有需求不足问题，但更重要的是结构问题和需求不足问题。他还认为，政府应该构建促进企业创新的氛围，国家要加大对科技创新的投入，进一步完善对创新板市场的开放政策。

全国社保基金理事会副理事长王忠民教授分析了金融的社会责任担当。他认为，金融有助于解决经济社会发展中的一系列风险，金融业态和金融机制对大众创业和万众创新具有重要作用。他指出，供给侧改革中的降库存、去杠杆过程隐含着一个重要的逻辑就是能够市场交易，只有市场化才可以把这个问题解决好；二级市场是缓释金融风险的重要途径，金融业必须要不断深化发展，才能够解决实体经济面临的调结构、转方式、兴动能、去杠杆、防风险问题。

中国社会科学院经济研究所所长高培勇研究员介绍了高质量发展背景下的宏观调控体系问题。他认为，当前经济发展进入新时代、新阶段，社会主要矛盾发生了变化，必须要完善宏观调控，发展理念要由高速增长转换为高质量可持续发展。他指出，目前强调的减少财政赤字、降低税费跟以往的提法有所不同，因为防范金融风险尤其是政府债务风险在中央经济工作会议中被放在重要位置。

中国社会科学院工业经济研究所所长黄群慧研究员作了关于经济发展中的不充分不平衡与建设现代化经济体系的报告。他认为，现代化经济体系是与中高速增长质量发展阶段相适应的。他着重指出，第一就是发展动力，以创新作为经济增长的驱动力，源泉是全要素生产率；第二是要具备高端要素的聚集能力和现代产业主导；第三是该体系的运行要按照市场化体制高效配置资源；第四是该体系环境是动态开放的，整个经济要有很好的韧性、适应性和包容性。

中国社会科学院财经战略研究院院长何德旭研究员主要介绍了新时代的金融服务和发展战略。他认为，在新时代社会矛盾发生变化的背景下，金融服务也需要不断改革，未来金融发展的战略目标应该是建设现代化的金融强国，要建立现代金融体系，实现金融的数字化、包容化、普惠化，战略路径依旧是不断深化金融各个领域的改革。

河北大学经济学院院长王金营教授分析了新时代人口发展战略等重要理论与现实问题。他认为，我国未来将面临生育率降低、老龄化严重、劳动力减少、人口负增长的挑战，这样的人口发展状态将会对消费结构和产业结构产生重要影响。因此，他建议制定鼓励生育的政策，增加有效劳动力供给，大力发展健康产业。

在三个平行会议上，与会的专家学者围绕“当前经济运行形势”“深化财政金融体制改革”“创新驱动战略”“京津冀协同发展”“建设贸易强国”“开放型经济体制建设”“跨境电商的新趋势”“服务业统计核算”“服务业高质发展”“乡村旅游”等议题进行了探讨和交流。

（科研处）

金融研究所

（一）人员、机构等基本情况

1. 人员

截至 2017 年底，金融研究所共有在职人员 40 人。其中，正高级职称人员 11 人，副高级职称人员 14 人，中级职称人员 11 人；高、中级职称人员占在职人员总数的 90%。

2. 机构

金融研究所设有：货币理论与货币政策研究室、金融市场研究室、结构金融研究室、国际金融与国际经济研究室、保险与社会保障研究室、法与金融研究室、银行研究室、公司金融研究室、金融实验研究室、《金融评论》编辑部、综合办公室。

3. 科研中心

金融研究所院属科研中心有：投融资研究中心、保险与经济发展研究中心、金融政策研究中心；所属科研中心有：房地产金融研究中心、财富管理研究中心、支付清算研究中心。

（二）科研工作

1. 科研成果统计

2017 年，金融研究所共完成专著 7 种，182 万字；论文 164 篇，550 万字；研究报告 10

种（含皮书5种），304万字；一般文章90篇，18万字；论文集1种，43万字。

2. 科研课题

（1）新立项课题。2017年，金融研究所共有新立项课题25项。其中，国家社会科学基金后期资助课题1项："妇女儿童保险保障的理论分析与实证研究"（郭金龙主持）；国情调研重大课题1项："互联网金融创新与规范发展调研"（周莉萍主持）；国情调研基地课题2项："山东乳山金融生态环境状况考察"（杨涛主持），"农村金融机构资产结构优化调整"（曾刚主持）；所重点课题6项："市场化债转股的实施及其影响研究"（李广子主持），"人民币国际化与宏观金融风险管理"（林楠主持），"从上市公司财务表现看'三去一降一补'政策执行效果"（徐枫主持），"系统性风险与宏观审慎评估体系研究"（尹振涛主持），"系统性风险点的梳理与风险防范机制研究"（郑联盛主持），"国内影子银行潜在风险机制研究"（周莉萍主持）；其他部门与地方委托课题14项：国家发改委委托课题"降杠杆政策的效果评估"（曾刚主持），科技部委托课题"科技体制改革若干重点任务督查评估"（徐义国主持），国务院国资委委托课题"中央企业债务风险和'降杠杆'管理对策研究"（曾刚主持），国家质检总局委托课题"产品质量保险责任及保障机制研究"（胡滨主持），国家林业局委托课题"林业生态价值与绿色金融体系"（陈经伟主持），国家海洋局委托课题"新时期下海洋产业投融资模式与政策研究"（陈经伟主持），中国科协委托课题"金融创新、实体经济增长与产融结合"（邢天添主持），中国银联委托课题"数字货币发展对银行卡支付体系的影响"（杨涛主持），中国银联委托课题"境外主要国家对第三方支付机构的监管政策及变化分析"（杨涛主持），国家开发银行委托课题"走出全球量化宽松"（胡滨主持），中国化工集团委托课题"中国化工集团海外并购与企业整合战略"（胡志浩主持），浙商银行委托课题"2013～2017年中国理财产品市场发展与评价报告"（王增武主持），融资租赁三十人论坛（天津）研究院委托课题"天津深化租赁业务改革创新试点发展研究"（胡志浩主持），宜人恒业科技发展（北京）有限公司委托课题"普惠视角下金融服务实体经济研究"（黄国平主持）；国际合作课题1项：日本野村综研委托课题"普惠金融理论探讨与实践应用研究"（胡滨主持）。

（2）结项课题。2017年，金融研究所共有结项课题16项。其中，国情调研基地课题2项："山东乳山金融生态环境状况考察"（杨涛主持），"农村金融机构资产结构优化调整"（曾刚主持）；所重点课题5项："人民币国际化与宏观金融风险管理"（林楠主持），"从上市公司财务表现看'三去一降一补'政策执行效果"（徐枫主持），"系统性风险与宏观审慎评估体系研究"（尹振涛主持），"系统性风险点的梳理与风险防范机制研究"（郑联盛主持），"国内影子银行潜在风险机制研究"（周莉萍主持）；横向课题9项：杭州市萧山区人民政府金融工作办公室委托课题"萧山区'十三五'金融产业发展规划"（何德旭主持），潍坊高新区投融资管理服务中心委托课题"潍坊高新区技术产业开发区金融顶层架构设计"（郑联盛主持），银行间市场清算所股份有限公司委托课题"区块链技术在金融市场的应用与研究"（杨涛主持），上海和丰永讯金融信息服务有限公司委托课题“中国消费金融创新报告”（曾刚主持），中国银联委托课题“数字货币发展对银行卡支付体系的影响”（杨涛主持），国家海洋局海洋发展战略研究所委托课题“新时期下海洋产业投融资模式与政策研究”（陈经伟主持），国家发改委财政金融司委托课题“降杠杆政策的效果评估”（李扬主持），中国化工集团委托课题“中国化工集团海外并购与企业整合战略”（胡志浩主持），科技部科技评估中心委托课题“科技体制改革若干重点任务督查评估”（徐义国主持）。

（3）延续在研课题。2017 年，金融研究所共有延续在研课题 2 项。其中，国情调研重大课题 1 项：“互联网金融创新与规范发展调研”（周莉萍主持）；所重点课题 1 项：“市场化债转股的实施及其影响研究”（李广子主持）。

（三）学术交流活动

1．学术活动

2017 年，金融研究所主办和承办的学术会议如下。

（1）2017 年 3 月 15 日，由金融研究所主办的第 361 期《金融论坛》在北京举办。论坛的主题为“外汇市场部分未解决、需讨论、需要进一步研究的问题（一）”。

（2）2017 年 5 月 3 日，由金融研究所主办的第 362 期《金融论坛》在北京举办。论坛的主题为“外汇市场部分未解决、需讨论、需要进一步研究的问题（二）”。

（3）2017 年 5 月 24 日，由金融研究所主办的第 363 期《金融论坛》在北京举办。论坛的主题为“法定数字货币的几个问题”。

（4）2017 年 6 月 28 日，由金融研究所主办的第 364 期《金融论坛》在北京举办。论坛的主题为“市场化债转股与银行风险”。

（5）2017 年 9 月 13 日，由金融研究所主办的第 365 期《金融论坛》在北京举办。论坛的主题为“ICO 的融资与监管”。

（6）2017 年 9 月 20 日，由金融研究所主办的第 366 期《金融论坛》在北京举办。论坛的主题为“系统性风险与应对机制”。

（7）2017 年 10 月 11 日，由金融研究所主办的第 367 期《金融论坛》在北京举办。论坛的主题为“适应新常态的经济政策框架与金融服务实体经济的工作重点”。

（8）2017 年 10 月 25 日，由金融研究所主办的第 368 期《金融论坛》在北京举办。论坛的主题为“关于金融风险防范的若干问题”。

（9）2017 年 11 月 8 日，由金融研究所主办的第 369 期《金融论坛》在北京举办。论坛的主题为“我国保险业风险及应对措施分析”。

（10）2017 年 11 月 22 日，由金融研究所主办的第 370 期《金融论坛》在北京举办。论坛的主题为“我国供应链金融的发展与实践”。

2. 国际学术交流与合作

2017 年，金融研究所共派遣出访 17 批 22 人次，接待来访 22 批 73 人次。与金融研究所开展学术交流的国家有：美国、日本、英国、加拿大、匈牙利、韩国等。

（1）2017 年 1 月 6 日，结构金融研究室主任何海峰在北京会见日本三菱东京日联银行小原正达一行 3 人，就双方签订战略合作协议事项进行沟通。

（2）2017 年 2 月 15 日，金融研究所副所长胡滨在北京会见日本野村综合研究所株式会社李智慧、广赖、神宫一行 3 人，就开展合作研究事宜进行洽谈。

（3）2017 年 3 月 1 日，银行研究室主任曾刚在北京会见日本三井住友银行日本综合研究所主任关辰一等，就中国金融和宏观经济情况和日本宏观经济情况交换意见。

（4）2017 年 3 月 10 日，国际金融与国际经济研究室副主任蔡真在北京会见日本大学中国亚洲研究中心教授曾根康雄和日本住宅综合中心主任原野启研究员一行 2 人，双方就“中国房地产市场的现状及发展方向”进行交流。

（5）2017 年 3 月 22 日，银行研究室主任曾刚在北京会见日本大和总研经济研究部主席研究员斋藤尚登、金融研究部研究员矢作大祐（金融所访问学者）、大和证券北京代表处代表赵鹏一行 3 人，双方就“地方政府债务置换”“债转股”“不良贷款处理的现状与今后走势”等议题进行交流。

（6）2017 年 5 月 12 日，公司金融研究室主任张跃文在北京会见日本三井住友银行金融调查部门森口善正等一行 4 人，双方就“中国和日本的宏观经济情况及银行业现状”等方面的议题进行交流。

（7）2017 年 5 月 18 ～ 20 日，结构金融研究室主任何海峰赴美国，参加由 PIFS 和 CDRF 联合举办的“构建 21 世纪金融体系研讨会：中美会议”。

（8）2017 年 6 月 22 ～ 29 日，金融研究所副所长胡滨等应法兰克福大学、匈牙利布达佩斯经济研究所之邀赴德国、匈牙利进行学术访问。

(9)2017 年 7 月 2 ～ 7 日，公司金融研究研究室主任张跃文赴日本三井住友银行进行访问。

（10）2017 年 7 月 3 日，《金融评论》编辑部主任程炼、结构金融研究室主任何海峰在北京会见德国工业联合会一行 3 人，就“中国与欧洲的财政金融政策”“货币和银行政策”“金融市场情况”等进行交流。

（11）2017 年 7 月 13 ～ 17 日，保险与社会保障研究室主任郭金龙应日本大阪产业大学孔子学院之邀赴日本进行学术访问。

（12）2017 年 7 月 19 日，法与金融研究室副主任尹振涛在北京会见日本驻华大使馆金融厅总务企画局国际室人员，就“中国金融监管框架改革”等事项交换意见。

（13）2017 年 9 月 18 ～ 22 日，国际金融与国际经济研究室副主任蔡真等应日本不动产研究所之邀赴日本进行学术访问。

（14）2017 年 9 月 19 ~ 21 日，《金融评论》编辑部主任程炼、结构金融研究室主任何海峰应韩国预托结算院（KSD）之邀，赴韩国参加“中韩金融合作高级论坛”。

（15）2017 年 9 月 20 日，公司金融研究室主任张跃文在北京会见日本瑞穗银行人员，双方就“中国金融改革对银行业的影响”和“去杠杆的最新进展”进行交流。

（16）2017 年 10 月 8 ~ 13 日，金融研究所副所长胡滨赴荷兰、比利时，参加中国社会科学院与欧盟委员会就业、社会事务和包容总司共同举办的“创业、新经济与就业”研讨会。

（17）2017 年 10 月 30 日，银行研究室主任曾刚在北京会见日本邮贮团理事张朝日让治、日本邮贮银行香港代表处根本春夫、三菱日联调查咨询株式会社森下翠惠、三菱日联调查咨询株式会社数井康治一行 4 人，双方就“中国银行现状”“日本邮储银行现状”“微型金融”等议题进行交流。

（18）2017 年 11 月 1 日，结构金融研究室主任何海峰在北京会见韩国 NH 投资证券代表团一行 3 人，双方就“2018 年中国经济展望”“2018 年国内比较有前景的行业及其展望”“中国半导体行业崛起的展望”“IT 投资现状及其发展趋势”等议题进行交流。

（19）2017 年 11 月 2 日，“发展中的普惠金融：实践、创新与国际借鉴”国际研讨会在北京召开。金融研究所副所长胡滨主持会议。《金融评论》编辑部主任程炼、公司金融研究室主任张跃文参加了会议，并与日本野村综合研究所研究理事兼未来创发中心负责人桑津浩太郎、野村综合研究所鹤谷学、日本株式会社 Money Forward 董事兼 FinTech 研究所所长瀧俊雄、日本银行北京代表处和田健治等一行 9 人就“中日普惠金融发展状况”等进行了学术研讨。

（20）2017 年 11 月 26 ~ 30 日，《金融评论》编辑部主任程炼赴匈牙利，参加中国社会科学院与中国—中东欧研究院以及匈牙利中央银行共同举办的“匈牙利与人民币国际化”国际学术研讨会。

3. 与中国香港、澳门特别行政区和中国台湾开展的学术交流

（1）2017 年 9 月 17 ~ 19 日，金融研究所副所长胡滨应邀赴香港，参加“香港发展：新动力、新前景研讨会暨香港中国学术研究院成立揭牌仪式”。

（2）2017 年 9 月 18 ~ 23 日，货币理论与货币政策研究室主任彭兴韵赴台湾，参加中国社会科学院与台湾中华经济研究院联合召开的“两岸经济前瞻与关键议题研讨会”。

（四）学术期刊

《金融评论》（双月刊），主编王国刚（第 4 期起，胡滨担任主编）。

2017 年，《金融评论》共出版 6 期，共计 90 万字。该刊全年刊载的有代表性的文章有：张杰的《为什么选择国有金融制度》，马勇、吴雪妍的《金融发展如何影响经济波动？——基于中国 232 个城市的面板门槛模型研究》，白钦先、张坤的《近现代中国金融研究范式的变迁》，姚舜达、朱元倩的《货币政策、流动性约束与银行风险承担——基于面板门限回归模型》，王国刚的《防控系统性金融风险：新内涵、新机制和新对策》，张菡的《地缘政治事件、金融危机与全球原油价格体系——基于内生结构性突变的实证分析》，张杰的《金融分析的制度范式：问题、理论与中国视角》，何德旭、蒋照辉的《中国银行业逆周期监管架构优化的目标与路径分析》，马勇、张航的《金融因素如何影响全要素生产率？》，王爱俭、杜强的《经济发展中金融杠杆的门槛效应分析——基于跨国面板数据的实证研究》，张成思、计兴辰的《中国货币政策框架转型：分歧与共识》，郭庆云、罗荣华、刘阳的《股票估值难度与基金信息优势》等。

（五）会议综述

金融与发展论坛（第二期）

2017 年 4 月 19 日，由国家金融与发展实验室主办的第二期金融与发展论坛在上海举行。论坛的主题为“管理结构性减速过程中的金融风险”。论坛由中国社会科学院学部委员、国家金融与发展实验室理事长李扬主持，上海市金融服务办公室主任、中共上海金融党委书记郑杨，上海市黄浦区人民政府副区长陈卓夫分别致辞。来自政府部门、研究机构和金融行业的业内人士共计 50 余人参会。论坛围绕“利息负担与债务的可持续性”“我国金融体系的新变化及其影响”“企业部门杠杆率分析”3 个议题展开研讨。会上发布的年度性研究成果《管理结构性减速过程中的金融风险》基于连续 12 年中国国家资产负债表的翔实数据，深度剖析了企业、居民、政府、金融系统、对外等部门的主要风险，并从完善供给侧结构性改革的角度，提出了宏观调控和改革建议。

（科研处）

《中国支付清算发展报告（2017）》发布暨支付清算创新与安全研讨会

2017 年 5 月 18 日，由国家金融与发展实验室、中国社会科学院金融研究所联合主办，VISA 公司、中国银联协办的《中国支付清算发展报告（2017）》发布暨支付清算创新与安全研讨会在北京召开。中国社会科学院学部委员、国家金融与发展实验室理事长李扬主持会议并致辞，中国银联总裁时文朝、VISA 大中华区总裁于雪莉出席会议并分别致辞。来自监管部门、行业协会、金融机构、支付企业、学术机构的专家学者共 100 余人参会。会议围绕支付创新与安全两大主线，从支付清算市场中的风险控制、监管与政策，新技术给支付清算体系带来的机遇与挑战等方面展开演讲与讨论。支付清算数据能在很大程度上反映实体经济的运行情况，基于该数据能够对重要宏观经济变量进行验证和预测，为支付清算行业监管部门、自律组织及其他经济主管部门提供重要决策参考。

（科研处）

中国债券论坛（2017）

2017 年 12 月 23 日，由国家金融与发展实验室联合第一创业证券共同主办的“中国债券论坛（2017）”在北京举行，论坛的主题为“新时代：债券市场回归本源”。论坛上发布了中国债券市场年度报告——《中国债券市场：2017》。中国社会科学院学部委员、国家金融与发展实验室理事长李扬主持会议并致辞；时任第一创业证券股份有限公司总裁的钱龙海出席会议并致辞；财政部副部长朱光耀、中国人民银行金融研究所所长孙国峰分别发表主旨演讲。圆桌讨论环节由国家金融与发展实验室副主任殷剑峰主持。来自政府部门、研究院所、金融机构的相关人士共 50 余人参会。会议以经济、金融工作会议精神为指导，对中国债券市场的最新发展变化进行了全面系统的总结，围绕新时代债券市场发展趋势、降杠杆中的监管政策及其对债券市场的影响、中国的企业杠杆率和美联储缩表进程等议题展开讨论，并展望 2018 年债券市场发展前景。

（科研处）

数量经济与技术经济研究所

（一）人员、机构等基本情况

1. 人员

截至 2017 年底，数量经济与技术经济研究所共有在职人员 67 人。其中，正高级职称人员 20 人，副高级职称人员 19 人，中级职称人员 15 人；高、中级职称人员占在职人员总数的 81%。

2. 机构

数量经济与技术经济研究所设有：经济系统分析研究室、经济模型研究室、环境技术经济研究室、资源技术经济研究室、技术经济理论与方法研究室、数量经济理论与方法研究室、信息化与网络经济研究室、数量金融研究室、综合研究室、产业技术经济研究室、《数量经济技术经济研究》编辑部、网络信息中心、办公室、科研处。

3. 科研中心

数量经济与技术经济研究所院属科研中心有：中国社会科学院中国经济综合集成与预测研究中心、中国社会科学院信息化研究中心、中国社会科学院技术创新与战略管理研究中心、中国社会科学院项目评估与战略规划研究咨询中心、中国社会科学院环境与发展研究中心。

（二）科研工作

1. 科研成果统计

2017年，数量经济与技术经济研究所共完成专著13种，364.5万字；论文115篇，131.4万字；皮书3种，226万字；智库报告1种，10.1万字；译著1种，56.1万字；论文集2种，89.3万字；理论文章24篇，6.6万字。

2. 科研课题

（1）新立项课题。2017年，数量经济与技术经济研究所共有新立项课题7项。其中，国家社会科学基金重点课题1项："基于异质性多区域动态CGE模型的间接税归宿与收入分配效应研究"（娄峰主持）；国家社会科学基金一般课题1项："供给侧改革与需求侧调控关系——基于中国中长期宏观经济计量模型的量化研究"（张延群主持）；国家自然科学基金青年课题1项："供应链环境绩效的测度方法与协调优化"（陈金晓主持）；院国情调研重大课题1项："供给侧结构性改革与创新发展——我国精准扶贫政策实施效果评估"（张涛主持）；院国情调研基地课题1项："湖南省四大经济板块共享经济发展研究"（李平主持）；所级国情调研基地课题2项："嘎鲁图嘎查村庄建设及村民生产生活状况"（李青主持），"城市基层社区治理调研（历城区基地）"（李青主持）。

（2）结项课题。2017年，数量经济与技术经济研究所共有结项课题11项。其中，国家社会科学基金青年课题1项："国家安全视野下水资源管理制度体系研究"（王喜峰主持）；院国情调研特大课题"精准扶贫精准脱贫百村调研"子课题3项："湖南长乐村精准扶贫调研"（李平主持），"探索川西北民族地区精准扶贫精准脱贫之路"（李群主持），"电子商务助力农村精准扶贫研究——以何畈村为案例"（叶秀敏主持）；院国情调研重大课题1项："科技体制改革和科技政策调研"（王宏伟主持）；院国情调研基地课题1项："湖南省四大经济板块共享经济发展研究"（李平主持）；所级国情调研基地课题2项："嘎鲁图嘎查村庄建设及村民生产生活状况"（李青主持），"城市基层社区治理调研（历城区基地）"（李青主持）；院学部委员资助课题1项："宏观经济运行的现实问题研究"（汪同三主持）；院基础学者资助课题2项："经济评价的理论、方法与实证分析"（李群主持），"能源效率、竞争力与低碳发展"（蒋金荷主持）。

（3）延续在研课题。2017年，数量经济与技术经济研究所共有延续在研课题16项。其中，国家社会科学基金特大课题1项："创新驱动发展战略与'双创'研究"（李平主持）；国家社会科学基金重点课题1项："中国潜在经济增长率计算及结构转换路径研究"（李京文主持）；国家社会科学基金一般课题1项："经济新常态下国内外产业关联对我国产业结构调整的影响及对策研究"（李新中主持）；国家社会科学基金青年课题2项："新能源产业技术效率、环境效应与定价机制研究"（陈星星主持），"大众创业对中国经济发展的影响研究"（朱承亮主持）；国家自然科学基金课题面上项目 3 项："面向经济复杂性的行为建模与计算实验及应用研究"（王国成主持），"互联网基础设施对中国经济发展及公民政治参与的影响"（郑世林主持），"中国建设制造强国的行动路径研究"（李金华主持）；国家自然科学基金课题应急项目 3 项："2035 我国经济社会发展预测研究"（李平主持），"2040 中国经济社会发展的需求预测方法研究"（李平主持），"2040 重点产业发展对工程科技的需求分析"（王宏伟主持）；院基础学者资助课题 2 项："经济评价的理论、方法与实证分析"（李群主持），"能源效率、竞争力与低碳发展"（蒋金荷主持）；另有国情调研基地课题 3 项。

（三）学术交流活动

1. 学术活动

2017 年，数量经济与技术经济研究所主办和承办的学术会议如下。

（1）2017 年 4 月 28 日，由中国社会科学院主办，中国社会科学院经济学部、数量经济与技术经济研究所、社会科学文献出版社承办的"《2017 年中国经济前景分析》发布暨中国经济形势报告会"在北京举行。会议主要讨论了 2016 年我国经济运行的基本情况，预测和分析了 2017 年我国经济发展的趋势和存在的问题，并发布经济蓝皮书《2017 年中国经济前景分析》主报告。

（2）2017 年 5 月 23 ～ 27 日，根据承担的中国社会科学院与英国经济社会研究理事会研究中心合作伙伴项目计划，由数量经济与技术经济研究所主办的《ABMs 与实验经济学及应用》研习班在中国社会科学院研究生院举行。授课老师就 ABMs 和实验经济学的背景缘起、原理理论、行为分析、方法技术和软件工具以及发展趋势等方面进行了讲解传授，并分享了在税收征管、金融投资、收入差距、拍卖竞标、沟通心理、偏好诱导、舆论传播、公共政策的模拟和效果评价等领域、可操作性强的实用案例。

（3）2017 年 6 月 26 ～ 27 日，由中国社会科学院主办，数量经济与技术经济研究所承办的"2017 全球能源安全智库论坛"在北京举行。论坛的主要议题是"能源转型——迈向共同安全"。

（4）2017 年 8 月 5 ～ 6 日，由数量经济与技术经济研究所与中国技术经济学会共同主办的"中国技术经济学会第二十四届学术年会暨中国技术经济论坛"在云南省昆明市召开。会议的主要议题是"两个百年目标背景下的技术经济学的使命与贡献"。

（5）2017 年 9 月 16 ～ 17 日，由数量经济与技术经济研究所等主办的"首届环境技术经济前沿研讨会（2017 北方论坛）"在辽宁省沈阳市举行。会议研讨的主要议题有"区域经济格局变化的碳排放影响""新工业革命与产业绿色转型""我国农业绿色转型发展的战略思考""生态文明建设与绿色低碳转型"等。

（6）2017 年 10 月 30 日，由中国系统工程学会社会经济系统工程专业委员会主办，数量经济与技术经济研究所承办的“中国系统工程学会社会经济系统工程专业委员会第12届学术年会”在北京举行。会议研讨的主要议题是“新形势下的中国经济社会系统问题分析”。

（7）2017年11月5～18日，由数量经济与技术经济研究所等主办的第一届“‘一带一路’建设与全球能源互联网发展”国际研修班在北京举行。研修班主要围绕“‘一带一路’建设”“中国经济”“国际能源合作”“全球能源治理”“能源与相关产业”等专题进行培训。

（8）2017年11月27～28日，由数量经济与技术经济研究所模型研究室主办的“数量经济学学科建设论坛”在北京举行。会议的主题是“贯彻落实党的十九大精神加强数量经济学学科建设”。

2．国际学术交流与合作

2017年，数量经济与技术经济研究所共派遣出访22批37人次，接待来访15批100余人次。与数量经济与技术经济研究所开展学术交流的国家有：美国、加拿大、俄罗斯、比利时、英国、日本、新加坡等。

3．与中国香港、澳门特别行政区和中国台湾开展的学术交流

（1）2017年9月11～16日，《数量经济技术经济研究》常务副主编李金华研究员带团赴台湾进行学术访问，就“国际学术前沿动态”“办刊经验和审稿流程”与台湾同行进行了交流。

（2）2017年11月20～26日，数量经济与技术经济研究所研究员李文军等赴香港，与香港科技大学交流有关学科前沿问题。

（四）学术社团、期刊

1．社团

中国数量经济学会，理事长李平。

2017年10月21～22日，由中国数量经济学会、江西财经大学主办，江西财经大学统计学院承办的“中国数量经济学会2017年会”在江西省南昌市召开。会议的主要议题为：（1）数量经济理论与方法；（2）宏观经济运行；（3）货币、银行；（4）资本市场、保险；（5）财政、税收；（6）投资、贸易；（7）区域经济、产业经济；（8）环境、资源；（9）大数据理论与方法；（10）实验经济学及其他学科。

2．期刊

《数量经济技术经济研究》（月刊），主编李平。

2017年，《数量经济技术经济研究》共出版12期，共计约400万字。该刊全年刊载的有代表性的文章有：魏龙、王磊的《全球价值链体系下中国制造业转型升级分析》，张虎、韩爱华、杨青龙的《中国制造业与生产性服务业协同集聚的空间效应分析》，韩峰、谢锐的《生产性服务业集聚降低碳排放了吗？——对我国地级及以上城市面板数据的空间计量分析》，宣烨、余泳泽的《生产性服务业集聚对制造业企业全要素生产率提升研究——来自230个城市微观企业的证据》，季书涵、朱英明的《产业集聚的资源错配效应研究》，李平的《环境技术效率、绿色生产率与可持续发展：长三角与珠三角城市群的比较》，张友国的《中国三大地域间供需双向溢出—反馈效应研究》，刘传明、王卉彤、魏晓敏的《中国八大城市群互联网金融发展的区域差异分解及收敛性研究》，田友春、卢盛荣、靳来群的《方法、数据与全要素生产率测算差异》，刘贯春、张晓云、邓光耀的《要素重置、经济增长与区域非平衡发展》，刘一伟、汪润泉的《收入差距、社会资本与居民贫困》，杨连星、罗玉辉的《中国对外直接投资与全球价值链升级》，谢申祥、张铭心、黄保亮的《反倾销壁垒对我国出口企业生产率的影响》等。

（五）会议综述

2017全球能源安全智库论坛

2017年6月26～27日，中国社会科学院主办，数量经济与技术经济研究所承办的“2017全球能源安全智库论坛”在北京举行。论坛得到美国能源安全理事会、全球安全研究所、中华能源基金委员会和中国社会科学院研究生院国际能源安全研究中心的支持。参加论坛的有来自中国、美国、欧洲、亚太地区重要智库和能源主管部门、能源跨国公司和新能源科技企业的专家学者共计60余人。中国社会科学院副秘书长韩大川代表中国社会科学院致辞。

韩大川认为，“全球能源安全智库论坛”是由中国社会科学院等全球机构发起的全球能源治理领域的国际性智库交流平台，也是中国社会科学院“智库论坛”的系列活动之一。创立以来，在各国政府、智库组织和产业界的大力支持下，已经成为具有全球影响力的能源政策与研究交流平台，在重塑全球能源前景和推动全球能源治理与政策协调方面发挥了积极作用。在过去的一年之中，国内和国际经济与能源形势发生了重大变化。美国新一届政府进行了重要的政策调整，俄罗斯、欧洲、中东、东亚地区都出现了国内政治和地缘政治上的新变化。中国倡导的“一带一路”倡议为低迷的世界经济提供了一个难得的发展机遇，2017年5月在北京举办的“‘一带一路’峰会”为全球经济发展注入了新的活力，沿线国家广泛行动，美国等发达国家也开始积极参与“一带一路”倡议的实施。同时，技术创新带来的互联网+智慧型能源技术不断出现。这些新技术、新的能源利用模式都将对全球和中国的能源前景产生重大而深远的影响。2017年是中国“十三五”的第二年，中国将召开具有历史意义的中共十九大。中国将在以习近平同志为核心的党中央带领下，克服困难，推动供给侧改革，努力实现经济结构的全面转型和提高，并在“一带一路”倡议框架下推动亚太经济与世界经济的融合发展。

论坛召开期间，中国社会科学院数量经济与技术经济研究所2017年创新工程项目“能源安全与新能源技术经济研究”课题组发布了主题报告《中国的能源革命——供给侧改革与结构优化（2017～2050)》。

（科研处）

中国技术经济学会第二十四届学术年会暨中国技术经济论坛

2017年8月5～6日，由中国社会科学院数量经济与技术经济研究所与中国技术经济学会共同主办的“中国技术经济学会第二十四届学术年会暨中国技术经济论坛”在云南省昆明市召开。来自国内高校、科研机构和企业的300余位专家学者参加了论坛，论坛共收到论文60余篇。

会议邀请科技部、中国社会科学院、中国科学院、华北电力大学、华中科技大学、清华大学的专家学者围绕国家重大专项进展与成效、我国经济总量与结构预测、建设世界科技强国的政策思考、中国电力市场化改革、中国式创新等方面进行了主题演讲，并邀请多位学者就创新驱动发展战略、科技强国战略、新时期技术经济学的使命、知识产权与自主创新、复杂科学管理理论与实践、创业与企业管理、生态经济与环境等议题进行专题报告，反映了当前中国技术经济学的前沿动态和热点研究。

论坛设技术经济论坛、复杂科学管理论坛、知识产权论坛、创新创业论坛4个分论坛，主要围绕技术经济理论与方法创新、复杂科学的发展与应用、知识产权的转化与应用、创新网络与创新生态系统等方面进行专题研讨。

2017年8月，“中国技术经济学会第二十四届学术年会暨中国技术经济论坛”在云南省昆明市召开。

有关学者还就国际主流管理学期刊创业研究重点与变化趋势、能源技术和合作与价值评估、神经科学的发展趋势、中国—东盟跨国技术转移等问题作了主题报告。

从提交的论文来看，主要包括绿色生产效率评价、创新网络结构演化、城市能源系统演化模式和路径、创新生态系统研究、企业知识产权管理体系、专利质量评价、可持续发展理论、中国区域经济增长等方面，很好地反映了技术经济学目前研究的前沿和热点内容。

（科研处）

中国系统工程学会社会经济系统工程专业委员会第12届学术年会

2017年10月30日，由中国系统工程学会社会经济系统工程专业委员会主办，中国社会科学院数量经济与技术经济研究所承办的"中国系统工程学会社会经济系统工程专业委员会第12届学术年会"在北京举行。会议研讨的主要议题是"新形势下的中国经济社会系统问题分析"。来自中国系统工程学会社会经济系统工程专业委员会以及社会经济系统工程领域的专家学者50余人参加了会议。

会议开幕式由社会经济系统工程专业委员会常务副理事长曾力生研究员主持。中国系统工程学会社会经济系统工程专业委员会理事长郑玉歆研究员在致辞中回顾了专业委员会的发展历程。他认为，伴随我国社会经济举世瞩目的发展，我国的社会经济系统分析也获得长足发展，学会的研究水平和从事社会经济系统分析研究队伍的规模也取得了长足的进步。党的十九大指出，我国社会主要矛盾已经转化为人民日益增长的美好生活需要和不平衡不充分的发展之间的矛盾，解决好这个主要矛盾离不开系统科学、系统思维及系统分析方法的运用。我国改革已进入深水区，而改革是系统的构建，具有复杂性和多面性。在统筹推进各项改革，提高改革的系统性、针对性和协调性方面，社会经济系统分析大有用武之地。

广东技术师范学院计算机科学学院院长陈潮填教授，中国社会科学院数量经济与技术经济研究所研究员张友国、娄峰，清华大学公共管理学院副教授刘生龙，中国社会科学院数量经济与技术经济研究所副研究员万相昱分别作了题为"新型城镇化建设系统的内涵体系结构模型与要素关系分析""碳排放视角下的区域间贸易模式：污染避难所与要素禀赋""中国经济社会复杂系统CGE模型理论及扩展""效率与公平：高校扩招与高等教育的分位数处理效应""数据驱动的社会科学研究"的学术报告。

新疆大学经济研究所所长何伦志教授在发言中介绍了自己对社会经济系统的理解及对当前学术界使用数量工具现状的看法。

会议还进行了中国系统工程学会专业委员会的换届工作。新任理事长、中国社会科学院数量经济与技术经济研究所研究员李军在讲话中认为，在现在的学科发展的背景下，如何理解有别于自然科学的社会经济所日益呈现出的系统性和复杂性的特征，如何在经济学和社会学中理解和应用各种理论和实证模型，如何利用这些数量工具准确揭示社会经济中的规律性特征、解决这些问题，既是学科发展的需要，也是解决当下社会经济实际问题的需要。他希望与会各位同人在解决这些问题方面发挥更大作用。

（科研处）

人口与劳动经济研究所

（一）人员、机构等基本情况

1. 人员

截至2017年底，人口与劳动经济研究所共有在职人员46人。其中，正高级职称人员10人，副高级职称人员14人，中级职称人员14人；高、中级职称人员占在职人员总数的83%。

2. 机构

人口与劳动经济研究所设有：人口统计与分析研究室、人口与社会发展研究室、劳动与就业研究室、社会保障研究室、人口资源环境经济研究室、劳动关系研究室、人力资源研究室、《中国人口科学》杂志社、《中国人口年鉴》编辑部、办公室。

3. 科研中心

人口与劳动经济研究所院属科研中心有：中国社会科学院人力资源研究中心、中国社会科学院劳动与社会保障研究中心、中国社会科学院老年与家庭科学研究中心；所属科研中心有：中国社会科学院人口与劳动经济研究所迁移研究中心。

（二）科研工作

1. 科研成果统计

2017年，人口与劳动经济研究所共完成专著1种，约19万字；论文80篇，约90万字；工具书1种，111万字。

2. 科研课题

（1）新立项课题。2017年，人口与劳动经济研究所共有新立项课题5项。其中，国家社会科学基金课题2项："家庭、家户和家成员范围、关系与功能比较研究"（王跃生主持），"中国城市劳动力市场的教育—职业错配问题研究"（周敏丹主持）；院国情调研基地课题1项："内蒙古老年长期照护需求调查研究"（钱伟主持）；所国情调研基地课题2项："海宁制造业企业微观调查"（曲玥主持），"四川省成都市养老服务体系与政策"（王桥主持）。

（2）结项课题。2017年，人口与劳动经济研究所共有结项课题7项。其中，国家社会科学基金课题3项："老龄化和城市化背景下的中国社会养老服务体系研究"（林宝主持），"社会转型初期家庭结构和代际关系变动研究"（王跃生主持），"城市第一代独生子女家庭亲子财富流转研究"（伍海霞主持）；国家自然科学基金应急课题1项："贫困地区人口的动态变化对扶贫开发的影响与应对研究"（王美艳主持）；院国情调研基地课题1项："内蒙古老年长期照护需求调查研究"（钱伟主持）；所国情调研基地课题2项："海宁制造业企业微观调查"（曲玥主持），“四川省成都市养老服务体系与政策”（王桥主持）。

（3）延续在研课题。2017 年，人口与劳动经济研究所共有延续在研课题 12 项。其中，国家社会科学基金课题 11 项：“农村劳动力流动与中国城乡居民收入差距”（高文书主持），“中国人口—经济分布匹配性与区域均衡发展的路径选择”（蔡翼飞主持），“非正规劳动力市场中最低工资的实施效果研究”（贾朋主持），“流动人口‘家庭化’至‘稳定化’的发展历程与影响因素研究”（杨舸主持），“户籍制度改革的成本与收益研究”（屈小博主持），“未来劳动力供求总量及结构变化趋势研究”（向晶主持），“人口结构变化对中国经济减速的影响和对策研究”（陆旸主持），“我国人口城镇化与土地城镇化协调发展研究”（熊柴主持），“信息通信技术进步对中国劳动力市场的影响研究”（李雅楠主持），“优化人力资本配置研究”（周灵灵主持），“老年人健康状况动态演变研究”（封婷主持）；国家自然科学基金应急管理课题 1 项：“供给侧结构性改革中的人力资本积累问题研究”（都阳主持）。

（三）学术交流活动

1. 学术活动

2017 年，人口与劳动经济研究所主办和承办的学术会议如下。

（1）2017 年 4 月 8 日，由人口与劳动经济研究所《劳动经济研究》编辑部主办的第六届“中国劳动经济学者论坛”季会在北京举行。会议研讨的主要议题有“农村劳动力迁移”“教育与认知”“女性收入与生育决策”等。

（2）2017 年 4 月 20 ~ 21 日，由中国社会科学院主办，人口与劳动经济研究所承办的“第 22 届亚洲社会科学联合会大会”在北京召开。会议的主题为“共建亚太的绿色与公平”。来自中国、澳大利亚、日本、韩国、越南、斯里兰卡、孟加拉国、菲律宾等国家和我国台湾地区的专家学者参加会议。

（3）2017 年 9 月 16 ~ 17 日，由人口与劳动经济研究所主办，中国社会科学院老年与家庭研究中心协办，重庆师范大学承办的“快速老龄化背景下的养老保障和养老服务业发展学术研讨会”在重庆召开。会议研讨的主要议题有“老龄化现状与趋势”“老年照料问题”“养老保险与养老产业发展”“养老服务业的发展与政策”。

（4）2017 年 10 月 15 日，由人口与劳动经济研究所主办的“养老金改革：国际动态与中国实践”国际学术研讨会在北京召开。会议聚焦国际上公共养老金制度改革理论与实践的最新动态，反思过去 20 多年中世界各国改革的深刻教训，探讨当前中国养老金改革面临的关键问题和改革方向。

（5）2017 年 12 月 8 ~ 9 日，由人口与劳动经济研究所主办，社会保障研究室承办的“中日养老金制度的经验研究”国际研讨会在北京举行。会议的主题是“养老金制度设计中的实际状况及问题”。

（6）2017年12月11～12日，由人口与劳动经济研究所主办，《劳动经济研究》编辑部和中国社会科学院人力资源研究中心承办的“全球化、结构变化与工作任务：新时代的中国劳动力市场”国际研讨会在北京举行。会议研讨的主要议题有“新时代的宏观经济趋势”“新时代的中国劳动力市场”“教育、技术与人力资本”“社会保障与和谐劳动力市场”“创新、技术进步与工作任务”。

（7）2017年12月19日，由人口与劳动经济研究所和社会科学文献出版社共同主办的“《人口与劳动绿皮书：中国人口与劳动问题报告No.18——新经济新就业》发布会”在北京举行。

2. 国际学术交流与合作

2017年，人口与劳动经济研究所共派遣出访23批46人次，接待来访7批40人次。与人口与劳动经济研究所开展学术交流的国家有德国、日本、英国等。

（1）2017年4月5～12日，人口与劳动经济研究所都阳研究员等访问瑞士和法国。先后出席了由国际劳工组织举办的“未来工作的全球政策对话”会议和由中国社会科学院与法国波尔多政治学院共同举办的“城市发展中的包容性政策与路径”学术研讨会。

（2）2017年6月22～23日，人口与劳动经济研究所陆旸副研究员赴荷兰，参加在荷兰海牙举办的“联合国公共服务论坛”和颁奖典礼。

（3）2017年7月6～9日，人口与劳动经济研究所都阳研究员等应瑞士日内瓦高级国际关系及发展学院邀请，访问瑞士日内瓦，参加“就业创造和增长：中国经验和国际证据”研讨会。

（4）2017年7月10～12日，人口与劳动经济研究所都阳研究员等应邀赴波兰华沙，参加由波兰结构研究学院主办的“工作任务和全球化”研讨会。

（5）2017年8月24日至9月26日，人口与劳动经济研究所陆旸副研究员应邀赴美国东西方研究中心做访问学者。访问期间的研究主题为“人口老龄化对经济增长的影响——中国和发达国家的比较”。

（6）2017年9月6～9日，人口与劳动经济研究所程杰副研究员等执行中国社会科学院与日本学术振兴会共同资助的合作研究项目“中国养老金制度的改革：基于日本经验的新构想”，访问日本养老金与老年计划综合研究所，与日本学者就养老金制度的设计问题进行学术交流。

（7）2017年10月15～22日，人口与劳动经济研究所王广州研究员等赴加拿大维多利亚大学进行短期学术交流与访问，与加拿大学者围绕人口统计学的核心研究问题展开学术交流。

（8）2017年10月29日至11月2日，人口与劳动经济研究所王广州研究员等赴新加坡国立大学进行学术访问，与新加坡学者就“亚洲人口与社会经济比较研究”“中国人口快速老龄化与经济增长新常态下的特殊人口问题”进行学术交流。

（9）2017年12月5～6日，人口与劳动经济研究所陈秋霖副研究员赴泰国，参加美国东西方中心、亚洲养老和发展议员论坛、帮助老人国际组织联合举办，联合国人口基金会资助的“有效利用数据推动养老政策制定研讨会”。

（10）2017 年 12 月 9 ～ 13 日，人口与劳动经济研究所高文书研究员赴美国，参加中国国际经济交流中心和美国布鲁金斯学会联合举办的“中美就业圆桌会议”。

3. 与中国香港、澳门特别行政区和中国台湾开展的学术交流

（1）2017 年 3 月 6 ～ 10 日，人口与劳动经济研究所都阳研究员等赴香港科技大学访问，以“岗位工作任务需求和劳动力市场发展的跨国比较”为主题与香港科技大学学者开展学术交流。

（2）2017 年 3 月 27 ～ 30 日，人口与劳动经济研究所王广州研究员赴澳门，参加由澳门城市大学主办的“两岸四地人口与高等教育研讨会”。

（3）2017 年 11 月 20 ～ 24 日，人口与劳动经济研究所党委书记钱伟等访问台湾“中研院”，与“中研院”专家学者就家庭动态社会调查合作项目以及未来合作研究事宜进行讨论。

（四）学术社团、期刊

1. 社团

劳动经济学会。

（1）2017 年 4 月 26 日，由劳动经济学会主办，河南大学经济学院承办的“第一届全国劳动经济学科建设研讨会”在河南省开封市召开。会议研讨的主要议题有“我国劳动经济学科发展和专业建设的基本经验”“我国劳动经济专业人才培养的现状及问题”“新时期用人单位对协调劳动经济学科人才需求的新特点”“劳动经济学科专业的课程设置、教学改革及实践实验教学探索”“外国高校劳动经济学科专业的设置情况与人才培养模式”等。

（2）2017 年 10 月 27 日，由劳动经济学会主办的“全国劳动经济学理论发展与学术传播研讨会暨第三届雄安新区建设公共政策智库论坛”在河北省秦皇岛市举行。会议的主题是“加强劳动经济学理论研究与传播的策略、路径、方式的研究与交流，推进雄安新区劳动经济问题研究”。

（3）2017 年 12 月 2 日，由劳动经济学会主办的“第二届劳动经济学会年会”在浙江省杭州市举行。年会就新常态下中国经济运行过程中的就业、劳动力流动、城市化、人力资源投资、收入分配、反贫困等劳动经济相关的学术议题进行了交流与探讨。

2. 期刊

（1）《中国人口科学》（双月刊）。

2017 年，《中国人口科学》共出版 6 期，共计 108 万字。该刊全年刊载的有代表性的文章有：郑秉文的《扩大参与率：企业年金改革的抉择》，黄强的《中国近十年城镇人口增长的“挂锁”态势分析及启示》，王广州的《中国人口科学的定位与发展问题再认识》，郭志刚的《中国低生育进程的主要特征——2015 年 1% 人口抽样调查结果的启示》，杨伟国的《创新推动人力资本服务新增长》，杨宜勇的《基于满足全体人民美好生活的思考》，邹薇、程波的《中国教育贫困“不降反升”现象研究》，原新等的《人口红利概念及对中国人口红利的再认识——聚焦于人口机会的分析》，苏丽锋的《中国流动人口市民化水平测算及影响因素研究》，宋健、唐诗萌的《1995年以来中国妇女生育模式的特点及变化》，景鹏、胡秋明的《企业职工基本养老保险统筹账户缴费率潜在下调空间研究》，赖德胜、高曼的《地区就业岗位的创造——制造业对服务业的就业乘数效应》，赵曼、王玺玮的《农村公共教育支出与地区经济增长——基于劳动力流动视角的分析》，王桂新、干一慧的《中国的人口老龄化与区域经济增长》，果臻、江莎的《中国人口生育模式的离散趋势研究》，齐明珠、徐芳的《“十三五”期间中国特大城市人口调控机制研究》，翁杰、张锐的《户籍制度影响要素收入分配的机制和效应》，刘昌平、汪连杰的《社会经济地位对老年人健康状况的影响研究》，解垩的《养老金与老年人口多维贫困和不平等研究——基于非强制养老保险城乡比较的视角》。

（2）《中国人口年鉴》（年刊）。

《中国人口年鉴2016》于2017年9月出版，全书106万字。《中国人口年鉴2016》设有文献选载、概况、专论、大事记、附录、数据、索引等栏目；刊登的有代表性的文章有：蔡翼飞、林宝的《中国人口结构变化与劳动力供求中长期趋势分析》，郑真真的《低生育率下的生育行为及影响因素》，杨正喜、吴荻菲的《新常态下劳资群体性事件的演进与政府治理》，中国职工福利保障指数项目组的《中国职工福利保障指数报告（2016）》，陆杰华、郭冉的《2015：中国人口学研究的回顾与评述》，冯珺的《人力资源开发与管理研究述评》，和建花的《部分国家和地区推动性别平等主流化的动向与趋势综述》。

（3）《劳动经济研究》（双月刊），主编蔡昉。

2017年，《劳动经济研究》共出版6期，共计108万字。该刊全年刊载的有代表性的文章有：李培林的《中国跨越“双重中等收入陷阱”的路径选择》，罗楚亮的《城乡收入差距的变化及其对全国收入差距的影响》，向晶、钟甫宁的《中国城乡迁移和流动人口规模重新估计——基于农村整村调查的分析》，崔曼琳、鲁美辰、常芳、王欢、史耀疆的《谁在辍学？——来自中国西部少数民族农村地区的证据》，朱玲的《农业劳动力的代际更替：国有农场案例研究》，都阳、贾朋、程杰的《劳动力市场结构变迁、工作任务与技能需求》，蔡昉、张晓晶的《构建中国特色社会主义政治经济学的指导原则》，于丽、赫倩倩的《儿童早期的伤疤是否长期存在？——大饥荒对退休决策的影响研究》，郑真真的《兼顾与分担：妇女育儿时间及家人影响》，封进、韩旭、何立新的《中国城镇劳动者退休行为及延迟退休的福利效果》，蔡昉的《按照更高要求推进学有所教》，赖德胜的《高质量就业的逻辑》，都阳的《以更高的人力资本水平为新时代的发展提供动力》，余央央、邹文玮、李华的《老年照料对家庭照料者医疗服务利用的影响——基于中国健康与养老追踪调查数据的经验研究》，吴要武、侯海波的《校园欺凌的影响与对策——来自农村寄宿制小学的证据》。

（五）会议综述

第22届亚洲社会科学联合会大会

2017年4月20～21日，由中国社会科学院主办，中国社会科学院人口与劳动经济研究所承办的“第22届亚洲社会科学联合会大会”在北京召开。会议的主题为“共建亚太的绿色与公平”。来自中国、澳大利亚、日本、韩国、越南、斯里兰卡、孟加拉国、菲律宾等国家和我国台湾地区的40位专家学者围绕亚洲和太平洋地区（简称“亚太”）的可持续发展展开了讨论。

中国社会科学院人口与劳动经济研究所副所长汪正鸣在开幕式上致辞。来自澳大利亚的亚洲社会科学联合会秘书长John Beaton在开幕式上作会议介绍。中国社会科学院副院长蔡昉、亚洲社会科学联合会秘书长John Beaton分别围绕“中等收入群体和包容性增长”和“社会科学在可持续发展中的重要性”发表了主旨演讲。

会议的核心议题是包容性增长、可持续发展以及社会科学在发展中的作用。绿色和公平被定义为“可持续发展”的两大基本向度，是此次会议的研讨重点。与会专家学者围绕本国或本地区的发展经历，论述了其发展进程中遇到的机遇、挑战和应对策略，并着重从经济增长模式和宏观调控政策两方面寻求答案。会议主要研讨的内容包括：地区经济和社会不平等、人口发展和绿色经济、对社会科学发展和思维方式的反思等。

（王永洁）

“全球化、结构变化与工作任务：新时代的中国劳动力市场”国际研讨会

2017年12月11～12日，由中国社会科学院人口与劳动经济研究所主办，《劳动经济研究》编辑部和中国社会科学院人力资源研究中心承办的“全球化、结构变化与工作任务：新时代的中国劳动力市场”国际研讨会在北京举行。中国社会科学院副院长、学部委员蔡昉，美国斯坦福大学教授Scott Rozelle发表主旨演讲。

与会的国内外专家学者就“新时代的宏观经济趋势”“新时代的中国劳动力市场”“教育、技术与人力资本”“社会保障与和谐劳动力市场”“创新、技术进步与工作任务”5个议题展开研讨。

与会专家学者分别从“城市化”“消费与投资”“收入分配”“产业结构调整”“新旧动能转换”“宏观经济政策”“对外开放政策”等方面讨论了新时代的宏观经济趋势；讨论了中国企业使用新技术的决定因素和对就业的影响，工作任务与技能需求的变化和发展趋势；从全球化、

科技进步和经济结构三个角度分析了中国劳动力市场技能需求的变化，分析了全球常规型与非常规型工作的分布和变化趋势，论述了当前中国制造业企业和劳动力市场发展的趋势。

（王永洁）

“供给侧结构性改革下的人口就业与可持续发展暨《中国人口科学》创刊30周年”学术研讨会

2017年11月17日，由《中国人口科学》杂志社和广东外语外贸大学经济贸易学院主办的“供给侧结构性改革下的人口就业与可持续发展暨《中国人口科学》创刊30周年”学术研讨会在广东省广州市召开。来自国内高校和社科院系统的专家学者近100人出席了会议。会议共收到论文60余篇。会议研讨的主要议题有“新经济、新形势下的新就业理论与政策”“供给侧结构性改革下的人口、产业与就业新问题”“新常态下的人口城市化问题”。

与会者认为，人口老龄化这一新问题对中国的劳动力市场供给带来了挑战。有学者在借鉴日本经验的基础上，对中国老龄化的应对提出一系列建议。在就业问题上，有学者提出，政府应从基础支撑力、拓展支撑力及供求侧三方面着手，增加人力资本红利，提高创新强度，优化调整产业结构，从而扩大国内有效需求和增加高质量供给。与会者对技术进步与劳动关系、社会保障等劳动科学领域的热点议题进行探讨，中国人口学会会长翟振武在总结发言中指出，供给侧结构性改革带来了新的就业岗位和机会，同时需要对人口、就业政策、社会保障政策等进行调整，以适应改革的需要。

（科研处）

城市发展与环境研究所

（一）人员、机构等基本情况

1. 人员

截至2017年底，城市发展与环境研究所共有在职人员42人。其中，正高级职称人员12人，副高级职称人员12人，中级职称人员13人；高、中级职称人员占在职人员总数的88%。

2. 机构

城市发展与环境研究所设有：城市经济研究室、城市规划研究室、城市与区域管理研究室、环境经济与管理研究室、土地经济与不动产研究室、可持续发展经济研究室、气候变化经济学研究室、《城市与环境研究》中文期刊编辑部、办公室、科研处、人事处、财务室。

3. 科研中心

城市发展与环境研究所院属研究中心有：中国社会科学院可持续发展研究中心；所属研究中心有：中国社会科学院城市发展与环境研究所城市政策与城市文化研究中心、中国社会科学院城市发展与环境研究所人居环境研究中心；院重点实验室 1 个：城市信息集成与动态模拟重点实验室；所级国情调研基地 2 个：北京市东城区东四街道基地（以社区治理为主要调研主题），河南济源基地（以节能减排政策及效果为主要调研主题）；智库 1 个：中国社会科学院生态文明研究智库；中国社会科学院"学科登峰"计划优势学科 1 项：气候变化经济学；重点学科 1 项：城市经济学。城市发展与环境研究所还是中国社会科学院—中国气象局气候变化经济学模拟联合实验室和中国城市经济学会的挂靠管理单位。

（二）科研工作

1. 科研成果统计

2017 年，城市发展与环境研究所共完成专著 2 种，128.4 万字；论文 85 篇，92 万字；研究报告 6 种，174.3 万字；理论文章和对策报告 62 篇，21 万字。

2. 科研课题

（1）新立项课题。2017 年，城市发展与环境研究所共有新立项课题 14 项。其中，国家自然科学基金课题 1 项："农业转移人口的住房多点配置对其持久性迁移的影响：机制与测度"（董昕主持）；院创新工程重大专题项目 1 项："推进新时代中国特色生态文明建设与绿色发展战略研究"（庄贵阳主持）；院国情调研基地项目 1 项："江西省特色小镇发展研究"（王业强主持）；所国情调研基地项目 2 项："典型城市碳排放总量控制政策案例调研"（朱守先主持），"北京东四街道共享空间建设状况调研"（李红玉主持）；所重点课题 3 项："应对气候变化报告 2017"（潘家华主持），"中国城市发展报告 No.10"（潘家华主持），"中国房地产发展报告 No.14"（李春华主持）；其他部门与地方委托课题 6 项：国务院研究室委托的"加强和完善房地产市场调控问题研究"（袁晓勐主持），国家发展和改革委员会委托的"低碳城市建设的政策实践进展与综合评估指标体系"（庄贵阳主持），工业和信息化部委托的"开展国家低碳工业园区试点工作管理"（禹湘主持），中国电建集团成都勘测设计研究院有限公司委托的"梯级水电开发促进地方经济社会发展研究"（单菁菁主持），鲁能集团有限公司委托的"鲁能集团泛产业地产产品线成果专著编写及出版服务"（王业强主持），贵州省社会科学院委托的"贵州推进国家生态文明试验区建设对策研究"（潘家华主持）。

（2）结项课题。2017 年，城市发展与环境研究所共有结项课题 10 项。其中，院党组交办课题 1 项："长江经济带绿色发展战略研究"（李春华主持）；国家社会科学基金课题 2 项："城市生态文明的科学内涵与实践路径研究"（潘家华主持），"中国新能源产业化发展的影响因素及其作用机理研究"（李萌主持）；院国情调研重大课题 1 项："新型城镇化背景下智慧城市建设调研”（李春华主持）；院国情调研基地课题 1 项：“江西省特色小镇发展研究”（王业强主持）；所国情调研基地课题 2 项：“典型城市碳排放总量控制政策案例调研”（朱守先主持），“北京东四街道共享空间建设状况调研”（李红玉主持）；所重点课题 3 项：“应对气候变化报告 2017”（潘家华主持），“中国城市发展报告 No.10”（潘家华主持），“中国房地产发展报告 No.14”（李春华主持）。

（3）延续在研课题。2017 年，城市发展与环境研究所共有延续在研课题 10 项。其中，院党组交办课题 1 项：“2030 年可持续发展研究”（潘家华主持）；国家社会科学基金课题 8 项：“中国西部农村电气化及分布式可再生能源发展的政策分析”（张莹主持），“农民工市民化的成本与收益研究”（单菁菁主持），“气候容量对城镇化发展影响实证研究”（朱守先主持），“北极航道的发展前景、经济影响与中国的参与机制研究”（丛晓男主持），“我国低碳城市建设评价指标体系研究”（庄贵阳主持），“大规模棚户区改造与新型社区共同体建设研究”（李国庆主持），“我国参与国际气候谈判角色定位的动态分析与谈判策略研究”（王谋主持），“新型城镇化投融资模式创新及政策研究”（禹湘主持）；国家自然科学基金项目 1 项：“基于技术异质性与非期望产出的中国城市生产效率提升路径研究”（王业强主持）。

（三）学术交流活动

1. 学术活动

2017 年，城市发展与环境研究所主办和承办的主要学术会议如下。

（1）2017 年 1 月 7 日，由中国社会科学院生态文明研究智库、中国社会科学出版社联合举办的“《全球可持续发展报告（2015）》发布暨研讨会”在北京举行。会议研讨的主要议题有“2030 年可持续发展议程”“生态文明建设理论与实践”。

（2）2017 年 6 月 13 ～ 15 日，由中国社会科学院主办，城市发展与环境研究所、广元市人民政府共同承办的“中国社会科学论坛（2017 · 经济学）低碳发展与生态康养旅游名市建设（中国 · 广元）国际论坛”在四川省广元市举行。会议研讨的主要议题有“低碳发展”“生态康养”“经济转型升级”“生态产业发展”。

（3）2017 年 8 月 19 日，由城市发展与环境研究所、《经济研究》编辑部、《城市与环境研究》编辑部共同主办的“首届气候变化经济学学术研讨会”在北京召开。会议研讨的主要议题有“气候变化经济学”“学科体系建设”“教材体系建设”。

（4）2017 年 10 月 28 日，由中国社会科学院生态文明研究智库、贵州省社会科学院、中共遵义市委统战部联合举办的“乌江流域生态保护与绿色发展高峰论坛”在贵州省遵义市余庆县召开。会议研讨的主要议题有“生态保护”“绿色发展”“流域治理”“梯级水电保护性开发”。

（5）2017 年 12 月 8 日，由城市发展与环境研究所与湖北省社会科学院共同主办的“‘中国长江论坛’与学术品牌构建研讨会”在北京举行。会议研讨的主要议题有“长江论坛品牌建设”“长江经济带发展”“美丽中国建设”。

（6）2017 年 12 月 18 日，由城市发展与环境研究所主办的“新时代城镇化：理论构建与政策选择——2017 年中国社会科学院城市经济学科建设座谈会”在北京召开。会议研讨的主要议题有“新型城镇化建设”“智慧城市发展”“城市经济学科建设”。

2. 国际学术交流与合作

2017 年，城市发展与环境研究所共派遣出访 26 批 32 人次，接待来访 4 批 18 人次。与城市发展与环境研究所开展学术交流的国家有：美国、加拿大、新西兰、澳大利亚、德国、西班牙、法国、意大利、英国、荷兰、瑞士、比利时、葡萄牙、奥地利、日本、柬埔寨、韩国等。

出访

（1）2017 年 1 月 16 ~ 20 日，城市发展与环境研究所潘家华研究员受邀赴瑞士参加“2017 年世界经济论坛年会”，作题为“展望应对气候变化的后巴黎进程”的主题发言，并就全球经济发展、国际气候治理、生态文明建设等主题与参会学者进行学术交流。

（2）2017 年 4 月 1 ~ 10 日，城市发展与环境研究所陈迎研究员等赴荷兰瓦赫宁根大学，参加中荷主题科研合作计划（JSTP）项目“城市建筑的智慧改造”第三次项目合作方会议，分别作题为“中国城市建筑的智慧改造及经验”和“中国绵阳市和荷兰阿姆斯特丹城市建筑节能比较研究”的主题发言，并与荷方代表讨论合作研究计划及相关事宜。

（3）2017 年 7 月 30 日至 8 月 12 日，城市发展与环境研究所单菁菁、李国庆研究员等赴英国，参加“城市转型发展中的人口迁移与融合”中英合作项目研讨会，分别作题为“中国人口迁移的现状、问题与前景”“中国城市的转型与创新发展”“中英人口迁移的对比与借鉴”的主题发言，并就城市转型发展、社会融合、计量方法等主题与英方学者进行学术交流。

（4）2017 年 9 月 5 ~ 12 日，城市发展与环境研究所陈迎研究员受邀赴加拿大蒙特利尔，参加政府间气候变化专门委员会第 46 次全会，审议政府间气候变化专门委员会（IPCC）第六次评估报告的 3 个工作组大纲。

（5）2017 年 9 月 20 ~ 29 日，城市发展与环境研究所庄贵阳研究员受欧盟能源总司邀请，赴比利时、葡萄牙和奥地利 3 国进行学术访问，在研讨会上作题为“中国低碳城市建设实践”的主题发言。

（6）2017 年 11 月 3 ~ 19 日，城市发展与环境研究所王谋副研究员受国家发展和改革委员会应对气候变化司邀请，赴德国波恩参加“《联合国气候变化框架公约》第 23 次缔约方会议”、“《京都议定书》第 13 次缔约方会议”及“《巴黎协定》第一次缔约方会议第二阶段会议”。

国际合作研究项目

2017 年，城市发展与环境研究所延续在研的国际合作研究项目有 3 项：与世界自然基金会合作研究的“城市近零碳排放示范区相关标准体系研究及能力建设”（庄贵阳主持），与英国格拉斯哥大学、谢菲尔德大学等单位合作研究的“城市转型发展中的人口迁移与社会融合”（单菁菁主持），与荷兰瓦赫宁根大学合作研究的“城市建筑的智慧改造”（陈迎主持）。

（四）学术社团、期刊

1. 社团

中国城市经济学会，会长晋保平。

（1）2017 年 4 月 15 日，中国城市经济学会在北京主办中国城市经济学会 2016 年会暨“京津冀协同发展与雄安新区建设”论坛。论坛的主题为“京津冀协同发展与雄安新区建设”。研讨的主要议题有“京津冀城市群协同发展”“雄安新区设立的具体情况”等。与会专家学者约 120 人。

（2）2017 年 9 月 13 日，城市发展与环境研究所、中国商务区联盟、中国城市经济学会、社会科学文献出版社在北京共同主办“《商务中心区蓝皮书：中国商务中心区发展报告 No.3（2016 ~ 2017）》发布会”。会议的主题为“中国商务中心区的发展”。研讨的主要议题有“中国 CBD 创新智慧发展”等。与会专家学者约 50 人。

（3）2017 年 9 月 29 日，中国城市经济学会、城市发展与环境研究所、社会科学文献出版社共同在北京举办中国城市发展高峰论坛，并发布《城市蓝皮书：中国城市发展报告 No.10》。会议的主题是“大国治霾之城市责任”。研讨的主要议题有“城市发展评价报告”“雾霾治理”等。与会专家学者约 50 人。

（4）2017 年 12 月 9 日，中国城市经济学会在北京主办中国城市经济学会 2017 年会暨“实施乡村振兴战略，促进城乡协调发展”论坛。会议的主题为“实施乡村振兴战略，促进城乡协调发展”。研讨的主要议题有“振兴乡村的战略意义与规划实践”“新时期我国区域战略的六大特征及京津冀协同发展”等。与会专家学者约 60 人。

2. 期刊

《城市与环境研究》（季刊），主编潘家华。

2017 年，《城市与环境研究》共出版 4 期，共计 63 万字。该刊全年刊载的有代表性的文章有：解振华的《应对气候变化挑战　促进绿色低碳发展》，庄贵阳、薄凡的《生态优先绿色发展的理论内涵和实现机制》，王业强、朱春筱的《大城市效率锁定的环境效应及其政策选择》，周亚敏、冯永晟的《中国的电价改革与二氧化碳排放——来自市级层面的实证研究与政策启示》，宋迎昌的《京津冀协同发展的回顾及展望——兼论习近平总书记京津冀协同发展战略思想》，王欣的《京津冀协同治理研究：模式选择、治理架构、治理机制和社会参与》，于法稳的《新型城镇化背景下农村生态治理的对策研究》，张莹的《气候变化问题经济分析方法的研究进展和发展方向》，金碚的《论经济发展的本真复兴》，刘建翠、郑世林的《中国城市生产率变化和经济增长源泉：2001～2014年》，禹湘、王苒、武占云的《工业园区碳排放的影响因素——基于国家低碳工业园区试点的研究》，倪鹏飞、王雨飞、丁如曦的《中国大城市综合发展水平的层级与方阵——基于新发展理念的测度与分析》，赵勇、刘金凤、张倩的《东北振兴战略是否促进了经济结构调整？——基于PSM−DID方法的研究》，鲁莎莎、姚月、张大红、米锋、顾艳红、高显俊的《中国林业生态安全综合评估：基于时空格局分析》，史丹、张成、周波、杨璐的《碳排放权交易的实践效果及其影响因素：一个文献综述》。

（五）会议综述

中国社会科学论坛（2017·经济学）：低碳发展与生态康养旅游名市建设（中国·广元）国际论坛

2017年6月13～14日，由中国社会科学院主办，中国社会科学院城市发展与环境研究所和广元市人民政府共同承办的“中国社会科学论坛（2017·经济学）：低碳发展与生态康养旅游名市建设（中国·广元）国际论坛”在四川省广元市召开。来自海内外高等院校和研究机构的专家学者，联合国开发计划署、荷兰国家环境评估署等国际机构和政府部门、知名企业的代表以及新闻媒体代表共200余人参加了论坛。

论坛由一个高峰论坛和三个分论坛组成，旨在通过生态康养旅游与低碳发展的融合，为中国区域和城市转型发展、推进生态文明建设提供宝贵意见和建议。

从发展观念上，专家认为，中国提出的“生态文明”“创新、协调、绿色、开放、共享”等理念是对客观世界发展规律的马克思辩证唯物主义的理解，是人类关于“发展”的文化自觉和理论提升。而低碳发展是建设人类命运共同体高度的生态文明，是创造实现永续发展的一种新型发展方式。

2017年6月，“中国社会科学论坛（2017·经济学）：低碳发展与生态康养旅游名市建设（中国·广元）国际论坛”在四川省广元市举行。

从实践途径上，专家认为有如下方面。（1）应建立自然休养生息、资源共享、红利分享三种机制，让“自然参与分配，分享发展红利”。(2) 坚持问题导向，创建“包容、安全、适应性、可持续”的城市与人类居住环境。(3) 提高绿色低碳转型的深度与广度，在全球层面上深化南南合作、“一带一路”沿线国家合作；区域层面上充分挖掘多样性与比较优势，培育产业集群、创新研发；企业层面上加强零碳商机评估和可持续评估。(4) 坚持政府与市场相结合，以“旅游 +”和“康养 +”战略探索区域与城市发展的新生态观。

论坛取得的主要成果有：一是形成了《低碳发展与生态康养旅游名市建设广元共识》，明确了应坚持低碳发展，转变发展观念，改造和提升工业文明的发展态势；二是把生态康养旅游与生态、低碳发展以及 2030 年可持续发展目标相联系，具有前瞻性和针对性；三是来自不同国家、地区、行业的代表借助论坛加强了交流与沟通，增进了友谊与认知，让低碳发展和生态康养旅游的理念得以广泛传播。

（庄贵阳　陈　楠　李俊禹）

首届气候变化经济学学术研讨会

2017 年 8 月 18 ~ 20 日，依托“中国社会科学院学科建设登峰战略”中的“气候变化经济学”优势学科建设，由中国社会科学院城市发展与环境研究所、《经济研究》编辑部和《城市与环境研究》编辑部共同主办的“首届气候变化经济学学术研讨会”在北京召开。来自科研机构和高等院校的 100 多位专家学者参加了此次研讨会。研讨会共收到应征论文 72 篇，经过严格评审，选出获奖论文 10 篇。参会者就气候变化经济学学科建设、全球气候变化治理局势与中国的应对战略、经济结构变迁对碳排放的影响、国内低碳政策进展、中国减排效应评估与路径研究五大主题展开讨论。

(1) 气候变化经济学学科建设

气候变化经济学学科的建立，既是应对全球气候变化的客观需要，也是指导中国经济转型发展的内在要求。中国社会科学院副院长、学部委员蔡昉强调，气候变化经济学是中国特色社会主义经济学的一个重要组成部分，气候变化经济学的创建应为中国特色社会主义经济学“添砖加瓦”。蔡昉建议深入推进 4 项研究专题：一是从供给侧和需求侧双向推进全球气候治理；二是将供给侧结构性改革与应对全球气候变化相结合，以绿色发展理念指导“三去一降一补”；三是将气候变化从公共产品的角度与国际关系分析和全球战略相结合；四是加强峰值问题的经济学研究，引入广义的成本收益分析，主动引导碳排放转折点早日到来。国家发展和改革委员会气候司副司长陆新明表示，气候变化经济学伴随气候变化问题产生和发展，开展气候变化经济学的研究正当其时；中国社会科学院将气候变化经济学纳入学科建设“登峰计划”，具有战略性和前瞻性，对当下应对气候变化问题具有重大现实意义。中国社会科学院经济研究所所长、学部委员高培勇认为，从公共物品和公共服务的角度看，气候变化和环境问题日益成为人民生活的必需品，气候变化问题也得到了前所未有的重视和关注；此次研讨会的召开意味着中国学者开始着手气候变化经济学的构建工作，这对于中国经济学界乃至全球经济学界而言，都具有里程碑式的意义；经济研究所对构建气候变化经济学同样负有历史责任，要从学理和方法论支撑方面作出自己的贡献，特别是《经济研究》作为经济学领域顶尖的学术刊物，应以特有的方式来推动中国特色气候变化经济学的学科发展。国家气候变化专家委员会主任、国务院参事、科技部原副部长刘燕华认为，气候变化问题既是自然科学问题，更是政治和经济问题，气候变化经济学的研究应从自然、政治和经济等多重角度综合考虑。中国社会科学院学部委员田雪原介绍了海南旅游健康产业的发展，指出，在工业、农业、交通区位等方面不具有优势的情况下，清洁的空气也是财富，阐明了“绿水青山就是金山银山”的真谛。中国社会科学院学部委员汪同三指出，气候变化经济学要注重方法研究，尤其是定量分析方法的运用，气候变化经济学应寻求环境与经济的合理权重，解决好非经济目标和经济目标之间的冲突。中国社会科学院国际合作局局长王镭指出，随着我国生态文明建设的不断推进，推进气候变化经济学的学科建设意义重大。他认为，气候变化经济学既要体现中国特色，又要为现实服务，需要加强学科交叉意识，并注重与“一带一路”建设等重大问题相结合。

中国社会科学院城市发展与环境研究所所长潘家华详细介绍了气候变化经济学的学科属性、学科源流、学科定位、重要领域和未来发展方向。他指出，气候变化经济学是研究气候变化背景下维系和提升气候生产力的理论、制度、机制、方法和政策的学科体系。他强调，从经济学属性认知上讲，气候变化经济学涉及外部性问题、公地悲剧问题、权益问题、发展问题、制度问题、风险问题和社会选择问题；从学科定位来说，气候变化经济学具有交叉性、复合性、综合性、集成性等特征，既包含自然科学与人文社会科学的交叉，又包含社会科学内部多学科的融合。他认为目前，相关研究领域包括气候风险、外部成本、碳市场、国际气候制度、碳预算管理、适应能力和碳公平等，未来可着眼于气候变化实证经济学、气候变化规范经济学、气候风险、气候经济学方法论和气候变化政策等研究，在学科体系、学术体系、教材体系、话语体系上实现创新。

（2）全球气候变化治理局势与中国的应对战略

美国退出《巴黎协定》增强了全球气候治理机制的不确定性，中国一直本着负责任的态度积极应对气候变化，国际社会对中国引领未来气候治理进程充满期待。刘燕华分析了美国“退约”引起一系列全球气候变化格局的重大变化，如共同但有区别的责任分担将在全球发生变化，有关碳金融和碳市场的地区规则和新的气候治理制度安排将会产生，应对气候变化基础设施投资将会增加，绿色经济和绿色政策将得以普及，认为，未来需要加强对气候风险的判断和防范，关注优化排放权等无形资源的分配。薛进军则认为，作为最大的碳排放国家和最大的碳减排国家，绿色低碳“一带一路”与绿色低碳全球化将使中国成为全球化和贸易自由化的最大受益者，这为中国引领全球气候治理提供了机会。

关于应对气候变化的长期战略，学者们表达了各自的观点。邹骥认为，中国的关键任务在于塑造社会价值观、培育持续发展动能、降低社会成本、明确达峰后的长期发展目标及其实现路径等，可从四个维度着手建立应对气候变化中长期战略经济分析框架：一是将库兹涅茨曲线转折点与新动能增长点相结合，据此确立新的发展目标和环境目标；二是构建可测量、可报告、可核查、可信服的减排目标技术路线图；三是依据收入水平、结构水平和结构变化的互动关系，找出减排的驱动因素；四是分析体制、政策和利益相关者行为的演进。张永生认为，气候变化危机本质上是发展范式危机，需要重新定义发展，通过对发展目的、分工组织模式的重新思考，逐步建立起经济、环境、社会、文化和治理“五位一体”相互促进的新发展范式。齐绍洲通过建立门槛模型，深入分析了经济发展、基础设施、金融发展和制度质量对贸易开放绿色技术溢出效应的影响及作用机制，认为贸易开放整体有利于“一带一路”沿线国家绿色全要素生产率的提高，应注重诱发出口贸易中的绿色技术溢出，同时促进沿线国家的制度建设和金融发展。

（3）经济结构变迁对碳排放的影响

经济结构的转变引起了碳排放总量和碳排放转移的变化，也增加了碳排放核算的复杂性。张增凯和林金泰从产业分工视角研究区域碳排放转移的经济距离，认为，分工的深化使贸易形式由最终产品贸易过渡到以中间品贸易为主，碳生产地与消费地相分离使得碳转移路径变得复杂。他们指出，多区域投入产出模型的测算结果表明，中国区域间贸易隐含碳排放占中国碳排放总量的37%，平均碳排放转移长度为1.34。孙华平等探究了全球价值链下中国的隐含碳问题。他们测算出20个代表性国家35个产业的出口净隐含碳及其在全球价值链上的分工位置，进一步以二氧化碳总排放量为被解释变量，以全球价值链参与度、人力资本等为解释变量进行回归，认为，中国是最大的出口净隐含碳国家，出口部门仍处于价值链下游，GDP、全球价值链嵌入程度和产业结构对减排的影响较为显著。

（4）低碳城市试点和碳交易市场建设

低碳城市试点、碳交易试点等政策的推进，夯实了我国低碳发展的制度基础，也推动了气候变化经济学从理论走向实践。庄贵阳详细阐述了低碳城市评价指标体系的架构和方法学。他认为，低碳城市评价指标体系的研究应基于对低碳城市建设效果评估的现实需求，深入挖掘低碳城市的内涵和理想的“目标模式”，并与国际评价标准相对接，考虑不同城市类别，兼顾现状评估与努力程度评估。他介绍了由1个宏观目标和8个重要领域构成的低碳城市评价指标体系：这一指标体系遵循内涵差异性、低碳相关性、政策导向性、自身特色性、区域差异性的原则，最终将服务于国家发展和改革委员会自上而下评估考核、地方政府自评估以及第三方评估。徐晋涛运用合成控制法评估了7个碳交易试点的减排成效。他以2013年为断点，利用1995—2015年的GDP、人口、人均GDP和二产比重等数据预测碳排放，将非试点省份以不同权重合成一个虚拟省份作为参照对象，与各试点省份的碳排放变化趋势作比较。研究结果显示，各试点的碳减排效果差异较大，只有湖北、广东（包含深圳）在交易试点设立后的减排效果明显，这得益于政府重视、环保制度创新和良好的社会环境。他认为，已有试点的表现并不足以支持全国性碳市场的建立，关键在于调动地方政府的积极性。

碳定价、碳排放权初始分配的机制设计和政策效应等问题也受到与会学者的关注。王班班和魏杰将半参数回归模型与反事实情景碳定价模拟相结合，研究了碳定价政策对工业能源消费的潜在效应。该研究发现，中国大部分工业行业的能源消费价格弹性是稳定的，而黑色金属、石化、电力等已被纳入碳市场的行业存在着显著的节能效应；碳价格可能会极大地促进我国工业节能目标的实现，最终的政策效果还需考虑政策交叠、协同效应以及我国未来碳市场制度设计的影响。

魏立佳和彭妍运用实验经济学的方法，通过比较欧盟、北美、中国（广东）和无稳定机制条件下的碳排放权市场的运行情况，探讨了碳配额的价格波动风险及其稳定机制。该研究表明，宏观经济周期和企业的非理性交易会对碳市场的价格波动产生推波助澜的作用；碳价波动下，中国（广东）机制和北美机制能够较好地维持市场的稳定性，而欧盟的数量机制和无管制的市场表现都不尽如人意，低排放企业相对于高排放企业在中国（广东）的碳市场中获得的优势最大。

周鹏和闻雯采用双寡头两阶段博弈模型，分析了竞争性市场环境下企业在面临政府和消费者的双重压力时如何减排和制定产品价格。模型通过逆向推导法求得均衡结果，发现，在激励企业减排行为上，碳交易价格和消费者低碳意识具有加权效应；政策制定者应先提高碳价格，再促进消费者低碳意识的提升，给企业形成碳减排激励的同时，尽可能减少负面经济效益。

（5）中国减排效应评估与路径研究

众多学者基于建模和数据分析等手段，提出涵盖宏观目标和微观主体、生产端和消费端、事前约束和事后评估、行政约束和市场手段等不同层面的减排路径。王铮从库兹涅茨曲线谈及气候变化经济学的来源，分析了气候变化经济学集成评估模型 IAM（integrated assessment model）的三个难题，即技术进步如何起作用、升温下气候因子的作用的函数关系、国家间的贸易或经济相互作用如何影响碳排放。刘昌义等则认为，传统的 IAM 模型在实践和空间尺度上的描述不够精细，而气候系统模式（CSM）过于庞大复杂，且无法与 IAM 有效嵌套匹配，因而需要利用 BCC_CSM 模型重新构建简单气候模式（SCM），与中国气候变化综合评估模型（China climate change IAM）相匹配。

石敏俊认为，新能源发电具有正外部性，在全球层面表现为减少碳排放，在地方层面表现为减少环境污染排放和化学能源依赖；煤电具有负外部性，其外部性成本由资源损耗成本、环境污染损失和碳排放损失构成。通过对二者成本的比较分析，石敏俊指出，煤电的资源损耗成本难以完全内部化，使得可再生能源发电不具备成本竞争的优势；目前“标杆电价＋补贴”的可再生能源政策未能完全体现煤电成本的外部性，也导致可再生能源发电对财政的补贴越陷越深，因此，“绿色证书交易＋区域差别化可再生能源配额制”的可再生能源政策是可行的选择。

在微观主体的减排上，赵忠秀提出从低碳校园、低碳社区等微观主体入手，推进低碳智慧管理。他以低碳校园为例，提出建立基于大数据应用的低碳管理综合服务平台，为校园带来能耗和碳排放实时监控动态分析、用能预警、在线诊断、节能减排、技术更新等一体化的低碳服务，以期同时获得经济、社会和生态效益。

在宏观层面的减排上，姜克隽分析了全球1.5摄氏度目标下我国的能源利用状况、相关技术支撑，以及工业、建筑和交通等各部门的减排途径。他预测，在1.5摄氏度目标下，2060年前，全世界会进入零碳排放，相应的碳预算只有1900亿吨到2300亿吨。中国在2050年可以实现零排放，1.5摄氏度下的能源情境要求全部推进电力化。

（薄　凡　庄贵阳　禹　湘　陈湘艳）

乌江流域生态保护与绿色发展高峰论坛

2017年10月28日，由中国社会科学院生态文明研究智库、贵州省社会科学院、中共遵义市委统战部联合举办的“乌江流域生态保护与绿色发展高峰论坛”在贵州省遵义市余庆县召开。中国社会科学院学部委员金碚、中国社会科学院城市发展与环境研究所所长潘家华、贵州社会科学院院长吴大华、环保部政策法规司原司长彭近新、北京工业大学教授李云燕、贵州大学教授刘济明、贵州省社会科学院历史研究所所长麻勇斌等专家出席论坛并作演讲。

金碚在主旨演讲中以新时代的“主要矛盾”与“主要制约因素”为切入点，深入分析了水源流域突出的多方面“平衡”问题，指出，生态文明的发展体现了人类发展的本真价值，要想突破水源流域地区的“主要制约因素”，必须不断创新绿色经济发展模式，努力完善市场机制与政策治理体系相结合的现代化经济体系。

潘家华在致辞和主旨演讲中指出，中国特色社会主义进入新时代，我们站在新的历史方位，学习贯彻落实党的十九大精神，学习习近平新时代中国特色社会主义生态文明思想，讨论乌江流域的环境保护与绿色发展，这不仅是满足人民日益增长的美好生活需要，也是解决不平衡不充分发展的重大议题。乌江作为长江上游的一条重要支流，有着丰富的水能资源和可供利用的矿产资源，保护好乌江流域的生态对长江流域水安全有着十分重要的意义。他认为，提供生态产品，释放生态红利，须做到以下几点：一是共抓大保护，建立山水林田湖草流域生命共同体；二是保值增值生态资产，释放水生态红利；三是正视水危机，保护水资源。他提出“乌江之长在于水，生态资产水注定”，生态资产的保值增值，生态红利的获取和放大，在于顺应自然，而不在于放纵自然，如此才能使乌江流域经济社会生态长远健康发展。潘家华所长还指出，优质生态产品必须是满足人民日益增长的包括天蓝地绿水净的美好生活需要，实现包括生态上人与自然和谐的平衡发展、生态良好的充分发展。

彭近新在主旨发言中首先深入分析了乌江流域经济发展与环境保护的基础、机遇和挑战。其次，他深刻阐释了生态文明建设中不同参与主体间的协同与合作，指出，应以党政部门为主导引领，确保乌江流域生态保护与绿色发展并重；以企业为主体担当，推进乌江流域绿色发展与环境保护的双赢，并提出多种解决策略和协同模式。

李云燕以生态文明视角下的乌江流域生态保护与旅游发展为主题，从生态文明建设的背景出发，深入分析了乌江流域所具有的生态资源优势及旅游产业发展现状，并提出旅游产业进一步发展的对策建议。她认为，应不断完善生态文明建设绩效考核评价机制，开展生态审计，完善乌江流域生态补偿标准，严守生态保护红线、水资源开发利用控制红线、用水效率控制红线和水功能区限制纳污红线，依托沿江生态资源，大力发展旅游资源的保护性开发。此外，她指出，基于乌江流域独特的生态环境、深厚的文化底蕴、丰富的旅游资源，应树立大文化、大旅游、大生态的理念，用文化擦亮旅游品牌、提升生态水平，用旅游承载文化内涵、展现生态魅力，用生态拓展文化创意、保障旅游发展。

在主题演讲部分，中国社会科学院城市发展与环境研究所环境经济与管理研究室研究员梁本凡，云南省社会科学院院长助理、研究员郑晓云，湖北社会科学院长江经济研究所所长、研究员彭智敏，重庆工商大学长江上游研究中心文传浩，《生态经济》主编冯胜军，四川外国语大学商学院院长李训等专家学者，分别以创新生态产品价格形成机制、乌江流域“全域旅游”与“绿色扶贫”耦合策略研究、汉江流域绿色发展的做法及其启示、乌江流域生态文明建设的战略考量等为主题，进行了主题发言。会上还宣读了《乌江流域生态保护与绿色发展余庆倡议》。

（王 迪）

社会政法学部

法学研究所

（一）人员、机构等基本情况

1. 人员

截至 2017 年底，法学研究所共有在职人员 105 人。其中，正高级职称人员 31 人，副高级职称人员 30 人，中级职称人员 31 人；高、中级职称人员占在职人员总数的 88%。

2. 机构

法学研究所设有：法理研究室、法制史研究室、宪法行政法研究室、民法研究室、商法研究室、经济法研究室、知识产权研究室、刑法研究室、诉讼法研究室、社会法研究室、生态法研究室、法治战略研究室、法治国情调查研究室、院图书馆法学分馆、《法学研究》编辑部、《环球法律评论》编辑部、办公室、科研组织处、人事处（党委办公室）。

3. 科研中心

法学研究所院属科研中心有：人权研究中心、知识产权中心、台港澳法研究中心、文化法制研究中心、国家法治指数研究中心；所属科研中心有：马克思主义法学研究中心、法治宣传教育与公法研究中心、私法研究中心、性别与法律研究中心、欧洲联盟法研究中心。

（二）科研工作

1. 科研成果统计

2017 年，法学研究所共完成中文专著 24 种，317.6 万字；外文专著 3 种，60 万字；论文 156 篇，184.4 万字；国家智库报告 7 部，84.2 万字；古籍整理 2 种，222 万字；译著 1 种，30 万字；教材 1 种，62.8 万字；中文论文集 13 种，269.4 万字；皮书 5 种，176.6 万字。

2. 科研课题

（1）新立项课题。2017 年，法学研究所共有新立项课题 45 项。其中，国家社会科学基金重点课题 3 项："民间规范与地方立法研究"（莫纪宏主持），"知识产权国际保护趋势与中国对策研究"（管育鹰主持），"中国生育福利权制度研究"（冉昊主持）；国家社会科学基金一般课题 5 项："宪法实施的双轨运作机制研究"（翟国强主持），"网络平台治理法律理论构建和应用研究"（周辉主持），"期货市场操纵的规制与监管研究"（钟维主持），"社会主义核心价值观融入法治建设立法修法规划研究"（李忠主持），"新闻作品版权法律保护研究"（管育鹰主持）；学者资助计划课题 1 项：荣誉学部委员岗位项目（杨一凡主持）；院交办委托课题 1 项："政务公开第三方评估"（田禾主持）；院国情调研重大课题 1 项："关于司法公正与司法改革调研"（田禾、吕艳滨主持）；所级基地课题 2 项："用法治方式提升地方治理能力"（陈甦主持），"浙江司法改革与创新"（田禾主持）；院青年人文社会科学研究中心社会调研课题 1 项："司法公平与司法改革调研——以上海、海南和黑龙江司法改革为例"（马可主持）；中国法学会部级法学研究课题 7 项："依法治国 20 年的伟大实践与中国特色社会主义法治理论的创新发展"（李林主持），"'时代正当性'与中国法治建设——从财产法与社会法的变迁切入"（冉昊主持），"治外法权与晚清法律改革问题关系研究"（高汉成主持），"环境司法实践中侵权类型问题研究"（窦海阳主持），"环境污染的刑事治理问题研究"（张志钢主持），"涉电商平台黑灰产业的刑法规制"（杨学文主持），"国家经济安全保障视域下金融犯罪防治与规制研究"（时方主持）；其他部门与地方委托课题 24 项：中央政法委课题"习近平法治思想研究"（李林、莫纪宏主持）；国务院办公厅政府信息与政务公开办公室委托课题"国务院有关部门和省（区、市）人民政府 2016 年政务公开工作有关情况第三方评估"（田禾主持）；中央维护海洋权益工作领导小组办公室委托两项课题（陈甦主持）；国家互联网信息办公室委托课题"中国特色社会主义治网之道的实践及经验总结研究”（支振锋主持）、“个人信息保护立法研究”（周汉华主持）；最高人民法院委托课题“文书公开、流程节点公开第三方评估”（田禾、吕艳滨主持）、“庭审公开第三方评估”（支振锋主持）、“中国近代判例制度及其借鉴意义研究”（张生主持）；国家知识产权局委托课题“中国特色植物新品种保护制度理论与实践研究”（李菊丹主持）；农业部委托课题“农业转基因生物安全监管制度法律审核”（李菊丹主持）、“相关国际条约对我国农业转基因生物安全管理制度的影响研究”（李菊丹主持）、“UPOV1991 年文本中农民权益条款的国际实践分析”（李菊丹主持）、“农产品质量安全监管专项（风险评估）”（李忠主持）；国家新闻出版广电总局委托课题“‘三俗’问题的法律规制研究”（吴峻主持）；司法部委托课题“《法治宣传教育法（专家建议稿）》”（翟国强主持）；全国科技名词委科研规划领导小组办公室委托课题“科技名词规范化立法问题研究”（赵心主持）；广东省人民政府办公厅委托课题“2017 年广东省政务公开第三方评估”（吕艳滨、田禾主持）；海南省人民政府政务服务中心委托课题“海南经济特区政务服务体系建设实证调研”（吕艳滨主持）；海南省人大常委会办公厅委托课题“用好用足海南经济特区立法权研究”（李洪雷主持）；四川省依法治省领导小组办公室委托课题“编写出版四川法治蓝皮书”（吕艳滨主持），“四川省 2017 年依法治省第三方评估”（吕艳滨主持）；贵州省人民政府办公厅委托课题“编写出版《透明政府建设的地方实践——以贵州政务公开实践为样本》”（吕艳滨主持）；北京市人民政府办公厅委托课题“北京市 2017 年政府信息和政务公开评估”（吕艳滨主持）。

（2）结项课题。2017 年，法学研究所共有结项课题 33 项。其中，国家社会科学基金重点课题 1 项：“明清则例研究”（徐立志主持）；国家社会科学基金一般课题 2 项：“立体刑法学”（刘仁文主持），“我国医药卫生体制改革法律问题研究”（董文勇主持）；院交办委托课题 1 项：“政务公开第三方评估”（田禾主持）；院国情调研课题 2 项：所级基地课题“用法治方式提升地方治理能力”（陈甦主持），“浙江司法改革与创新”（田禾主持）；院创新工程学者资助计划课题 1 项：“大陆法系与英美法系财产权结构的基础比较研究”（冉昊主持）；院青年人文社会科学研究中心社会调研课题 1 项：“股权众筹法律制度研究”（刘明主持）；中国法学会部级法学研究课题 1 项：“依法治国 20 年的伟大实践与中国特色社会主义法治理论的创新发展”（李林主持）；司法部国家法治与法学理论研究课题 1 项：“历次刑法修正案评估”（刘仁文主持）；其他部门与地方委托课题 23 项：国务院办公厅政府信息与政务公开办公室委托课题“国务院有关部门和省（区、市）人民政府 2016 年政务公开工作有关情况第三方评估”（田禾主持）；中央维护海洋权益工作领导小组办公室委托两项课题（陈甦主持）；最高人民法院委托课题“编写出版‘中国法院信息化’蓝皮书”（田禾主持），“‘中国法院信息化’第三方评估报告研究”（田禾主持），“关于基本解决执行难对策研究”（田禾主持）；民政部委托课题“民政部政务公开和政府信息依申请公开现状及对策研究”（田禾主持）；农业部委托课题“农村集体经济组织在《民法总则》中的立法对策研究”（孙宪忠主持），“‘一带一路’有关国家植物新品种保护制度及实施情况研究”（李菊丹主持）；文化部委托课题“全面落实依法治国战略中的文化法治建设战略研究”（周汉华主持）；国务院港澳事务办公室委托课题“香港特别行政区危害国家安全犯罪之防治研究”（刘仁文主持）；国家工商行政管理总局委托课题“消费者个人信息保护三国研究成果转化”（周汉华主持）；国家新闻出版广电总局委托课题“部分国家广播影视法律文件概览研究”（吴峻主持）；国家邮政局委托课题“邮政行政执法规范与保障研究”（李洪雷主持），“县级邮政管理机构职权与执法研究”（周辉主持）；中国证监会委托课题“完善证券期货刑事犯罪法律制度研究”（刘仁文主持）；北京市人民政府办公厅委托课题“北京市2016年政府信息和政务公开第三方评估”（田禾主持）；四川省依法治省领导小组办公室委托课题“编写出版四川法治蓝皮书（2016）”（田禾主持），“四川省2016年依法治省第三方评估”（田禾主持）；贵州省人民政府委托课题“2016年贵州省省直部门及各市（州）政府透明度第三方评估”（田禾主持）；山东省高级人民法院委托课题“编写出版《法院信息化3.0版建设应用评估报告——以山东法院为视角》”（田禾主持）；深圳市人大常委会委托课题“深圳经济特区城市更新中的房屋拆迁法律问题研究”（李洪雷主持），“深圳经济特区立法研究”（李洪雷主持）。

（3）延续在研课题。2017年，法学研究所共有延续在研课题57项。其中，国家社会科学基金课题23项：“中国现代法学与法学教育的创建与发展研究”（金英主持），“债权总则的建构：历史、功能与体系研究”（谢鸿飞主持），“斯拉夫法的历史发展及对社会主义法系形成的影响”（刘洪岩主持），“反垄断法法益立体保护研究”（金善明主持），“西法东渐的思想史逻辑研究”（支振锋主持），“世界刑事诉讼的四次革命”（冀祥德主持），“可持续发展与中国民法典立法的价值取向”（渠涛主持），“版权资本运营法律问题研究”（杨延超主持），“秦汉刑事证据文明研究”（张琮军主持），“社会法总论重大理论问题研究”（余少祥主持），“人权的普遍性与主体性问题研究”（黄金荣主持），“光绪三十二年《刑律草案》整理与研究”（孙家红主持），“‘公平、合理和无歧视’专利许可规则的构建与适用研究”（赵启杉主持），“法律理学研究”（胡水君主持），“认罪认罚处理机制研究”（祁建建主持），“民间规范与地方立法研究”（莫纪宏主持），“知识产权国际保护趋势与中国对策研究”（管育鹰主持），“中国生育福利权制度研究”（冉昊主持），“宪法实施的双轨运作机制研究”（翟国强主持），“网络平台治理法律理论构建和应用研究”（周辉主持），“期货市场操纵的规制与监管研究”（钟维主持），“社会主义核心价值观融入法治建设立法修法规划研究”（李忠主持），“新闻作品版权法律保护研究”（管育鹰主持）；院党组交办委托课题1项：“民法典编纂”（陈甦主持）；院国情调研重大课题2项：“地方法治研究”（李林、莫纪宏主持），“关于司法公正与司法改革调研”（田禾、吕艳滨主持）；中国法学会部级法学研究课题7项：“民法典编纂与商事通则立法：基于商法‘法典化’的视角”（夏小雄主持），“‘时代正当性’与中国法治建设——从财产法与社会法的变迁切入”（冉昊主持），“治外法权与晚清法律改革问题关系研究”（高汉成主持），“环境司法实践中侵权类型问题研究”（窦海阳主持），“环境污染的刑事治理问题研究”（张志钢主持），“涉电商平台黑灰产业的刑法规制”（杨学文主持），“国家经济安全保障视域下金融犯罪防治与规制研究”（时方主持）；司法部国家法治与法学理论研究项目 1 项：“网络共同犯罪的司法认定疑难问题研究”（杨学文主持）；其他部门与地方委托课题 23 项：中央政法委课题“习近平法治思想研究”（李林、莫纪宏主持）；国家科学技术名词审定委员会课题“法学名词规范化研究与发布”（李林主持）；全国科技名词委科研规划领导小组办公室委托课题“科技名词规范化立法问题研究”（赵心主持）；最高人民法院委托课题“网络信息保护及网络犯罪问题研究”（刘仁文主持），“文书公开、流程节点公开第三方评估”（田禾、吕艳滨主持），“庭审公开第三方评估”（支振锋主持），“中国近代判例制度及其借鉴意义研究”（张生主持）；国家互联网信息办公室委托课题“中国特色社会主义治网之道的实践及经验总结研究”（支振锋主持），“个人信息保护立法研究”（周汉华主持）；国家知识产权局委托课题“中国特色植物新品种保护制度理论与实践研究”（李菊丹主持）；农业部委托课题“农业转基因生物安全监管制度法律审核”（李菊丹主持）；“相关国际条约对我国农业转基因生物安全管理制度的影响研究”（李菊丹主持）、“UPOV1991 年文本中农民权益条款的国际实践分析”（李菊丹主持），“农产品质量安全监管专项（风险评估）”（李忠主持）；国家新闻出版广电总局委托课题“‘三俗’问题的法律规制研究”（吴峻主持）；司法部委托课题“《法治宣传教育法（专家建议稿）》”（翟国强主持）；广东省人民政府办公厅委托课题“2017 年广东省政务公开第三方评估”（吕艳滨、田禾主持）；海南省人民政府政务服务中心委托课题“海南经济特区政务服务体系建设实证调研”（吕艳滨主持）；海南省人大常委会办公厅委托课题“用好用足海南经济特区立法权研究”（李洪雷主持）；四川省依法治省领导小组办公室委托课题“编写出版四川法治蓝皮书”（吕艳滨主持），“四川省 2017 年依法治省第三方评估”（吕艳滨主持）；贵州省人民政府办公厅委托课题“编写出版《透明政府建设的地方实践——以贵州政务公开实践为样本》”（吕艳滨主持）；北京市人民政府办公厅委托课题“北京市 2017 年政府信息和政务公开评估”（吕艳滨主持）。

（三）学术交流活动

1. 学术活动

2017 年，法学研究所主办和承办的学术会议如下。

（1）2017 年 1 月 7 日，由中国社会科学院知识产权中心主办的“中日知识产权相关问题比较研究”研讨会在北京举行。会议研讨的主要议题有“知识产权损害赔偿的司法裁判规则”“专利确权授权行政程序”“注册商标不使用制度”“知识产权人才培养”等。

（2）2017 年 1 月 8 日，法学研究所、中国法学会网络与信息法学研究会在北京举办“第 1 次网络与信息法治圆桌会议暨《电子商务法》草案研讨会”。会议的主题是“电商法的核心焦点问题”。

（3）2017年1月14日，由法学研究所主办的“国家监察体制改革”专家研讨会在北京举行。会议研讨的主要议题有“国家监察体制改革的顶层设计”“与司法体制改革的协调”“与反腐体制的衔接”等。

（4）2017年1月16日，由中国社会科学院主办，中国社会科学院科研局、中国社会科学院法学研究所、中国社会科学院国际法研究所、中国社会科学出版社共同承办的“中国社会科学院创新工程2016年度重大成果系列发布会（依法治国研究成果专场）”在北京举行。

（5）2017年2月12日，由《环球法律评论》编辑部主办的“监察体制改革与法治”学术研讨会在北京举行。会议研讨的主要议题有“监察体制改革的重点与方法”、“监察体制改革的宪制意涵”、“监察体制改革与司法体制改革”和“监察体制改革中的权力监督”。

（6）2017年3月25～26日，由《法学研究》编辑部与中国法学会婚姻法学研究会共同主办，江西省高级人民法院承办的《法学研究》2017年春季论坛——“亲属法的传承与现代化”理论研讨会在江西省南昌市召开。会议研讨的主要议题有“婚姻家庭立法的价值取向”“民法典婚姻家庭编的立法、监护制度、亲子关系、夫妻财产法”等。

（7）2017年3月26日，由福州大学和中国社会科学院法学研究所联合主办的“法典编纂与案例制度研究学术研讨会”在福建省福州市召开。会议研讨的主要议题有“民法典编纂相关法律问题”“中国传统法律文化与民法典编纂”“民法典编纂与商事立法”“民法典编纂与知识产权立法”“各部门法典型案例及法律实务探讨”等。

（8）2017年3月29日，由中国法学会网络与信息法学研究会主办，中国社会科学院文化法制研究中心、中国社会科学院法学所网络与信息法研究室（筹）承办的“第二次网络与信息法治圆桌会议暨网络监管研讨会”在北京召开。会议的主题是“网络监管中的实际问题”。

（9）2017年3月31日，由中国法学会网络与信息法学研究会主办，中国社会科学院文化法制研究中心、中国社会科学院法学所网络与信息法研究室（筹）、新治理智库联盟承办的“第三次网络与信息法治圆桌会议暨网络平台规则研讨会”在北京举行。

（10）2017年4月22日，由法学研究所主办的“网络犯罪司法前沿问题”学术研讨会暨最高人民法院司法研究重大课题“网络信息保护及网络犯罪问题研究”开题会在北京举行。

（11）2017年7月26～27日，由中国社会科学院民法典编纂项目组、中国社会科学院法学研究所私法研究中心主办，中国社会科学院法学研究所民法研究室承办的“中国民法论坛（2017）——民法典分则各编立法研讨会”在北京召开。会议的主题是“民法典分则编纂中的理论和实践问题”。

（12）2017年8月12日，由法学研究所与法学所马克思主义法学研究中心联合主办的“习近平法治思想暨依法治国二十年理论研讨会”在北京举行。会议研讨的主要议题有“习近平法治思想”“中国法治建设20年来的成就、经验和问题”。

(13) 2017 年 8 月 22 ～ 23 日，由法学研究所、中共甘肃省张掖市委、张掖市人民政府和中国民主法制出版社联合主办的“第五届全国新时期法治宣传教育暨‘谁执法谁普法’专题研讨会”在甘肃省张掖市举行。

(14) 2017 年 8 月 26 日，由中国社会科学院、全国博士后管委会、中国博士后科学基金会共同主办，中国社会科学院博士后管委会、中国社会科学院法学研究所和最高人民法院中国应用法学研究所联合承办的第六届中国法学博士后论坛在北京举行。论坛的主题是“回顾与展望：开创法治中国建设新局面”。

(15) 2017 年 8 月 27 ～ 29 日，由中国社会科学院法学研究所、芬兰赫尔辛基大学法学院、坦佩雷大学法学院共同主办的第八届“中芬比较法研讨会”在芬兰召开。会议研讨的主要议题有“儿童法的发展”“交通法的近期发展”“政府采购”“环境法的发展”“宪法中的环境权利”。

(16) 2017 年 9 月 9 日，由法学研究所主办的“第八届中国社会法论坛”在北京召开。论坛的主题是“《劳动合同法》十周年：回顾与展望”，研讨的主要议题有“《劳动合同法》的回顾与总结”“劳动合同的订立与解除”“《劳动合同法》与就业及权利救济”“劳动合同的履行与效力”。

(17) 2017 年 9 月 22 日，由中国社会科学院法学研究所和日本早稻田大学比较法研究所共同主办的中日比较法研讨会“宪法原则在私法领域的应用”在北京举行。会议研讨的主要议题有“宪法视野下的宪法与私法的关系”“民法视野下的宪法与私法的关系”“宪法原则与劳动法”。

(18) 2017 年 9 月 20 日，由法学研究所主办，中国社会科学院法学研究所法治宣传教育与公法研究中心承办的“首届中央国家机关‘谁执法谁普法’专题研讨会”在北京举行。会议研讨的主要议题有“党的机关、国家机关、人民团体、大型国企如何贯彻落实‘谁执法谁普法’普法责任制”“普法工作中遇到的问题、难点”。

(19) 2017 年 9 月 27 日，由法学所国际法所妇工委、法学所性别与法律研究中心共同主办“儿童权利与性别平等”学术研讨会在北京举行。会议研讨的主要议题有“我国当前儿童福利保障的现状”“儿童最佳利益视角下的收养法律改革”“法律上的劳动概念——性别的视角”“从《消歧公约》审视中国的生育政策”。

(20) 2017 年 10 月 12 日，由法学研究所主办的“党内法规制度体系建设学术研讨会”在北京召开。会议研讨的主要议题有“党内法规制度体系的理论基础”“依法治国与依规治党”“构建党内法规制度体系”“党内法规制定体制”。

(21) 2017 年 10 月 14 ～ 15 日，由中国社会科学院法学研究所主办，刑法研究室承办的“历次刑法修正评估与刑法立法科学化理论研讨会——纪念 97 刑法颁行二十周年”在北京举行。会议研讨的主要议题有“刑法立法观的变迁”“刑法修正案的反思”“刑法立法模式”“刑法立法的扩张”“经济刑法的变革”“刑罚结构的完善”“新兴罪名的立法”。

(22) 2017 年 10 月 27 ～ 29 日，由中国社会科学院知识产权中心、中国知识产权培训中心主办的“创新与竞争：网络时代的知识产权研讨会”在北京举行。会议研讨的主要议题有

“网络时代的知识产权”“著作权法相关问题”“专利与竞争相关问题”“商标法相关问题”“反不正当竞争法相关问题”。

（23）2017 年 11 月 5 日，由法学研究所主办，《环球法律评论》编辑部、中国法学会行政法学研究会政府规制专业委员会协办，中国社会科学院宪法与行政法优势学科承办的“中国法治政府创新高峰论坛（2017）：新时代法治政府建设的理论与实践研讨会”在北京举行。会议研讨的主要议题有“新时代行政立法的完善”“新时代的行政审判体制机制创新”“新时代的依法行政体制机制创新”“新时代的行政法学理论创新”。

（24）2017 年 11 月 7 日，由中国社会科学院法学研究所、波兰华沙大学中国法律与经济波兰研究中心、波兰雅盖隆大学法学院共同主办的第三届中波比较法研讨会“立法、法典化与解法典化”在北京举行。会议研讨的主要议题有“法典化与解法典化”“法典化与立法理念和立法技术”“法典化与立法和司法热点问题”。

（25）2017 年 11 月 17 ～ 18 日，由中国社会科学院主办，中国社会科学院法学研究所承办的中国社会科学论坛“法治道路与国家治理现代化”在北京举行。

（26）2017 年 11 月 17 ～ 19 日，由中国社会科学院知识产权中心主办的“专利许可与市场竞争相关法律问题”研讨会在北京举行。会议研讨的主要议题有“标准必要专利实施中的许可费争议”“专利滥用的反垄断规制”等。

（27）2017 年 12 月 7 日，《地方法治蓝皮书（2017）》发布会在北京召开。来自国际贸易仲裁委员会、贵州省人民政府办公厅、上海海事法院、江苏省高级法院等实务部门的领导、部分院校的专家学者等参加了发布会。

（28）2017 年 12 月 17 日，由法学研究所、中国法学会网络与信息法学研究会和腾讯集团数据与隐私保护中心共同主办的“2017 大数据合作与合规峰会”在北京举行。

（29）2017 年 12 月 23 日，由中国法学会网络与信息法学研究会主办，中国社会科学院法学研究所承办的中国法学会网络与信息法学研究会第二次会员代表大会暨 2017 年年会在北京召开。年会的主题为“网络信息法治建设新格局、新展望”。

2. 国际学术交流与合作

2017 年，法学研究所共派遣出访 55 人次，接待来访 60 人次，全年正式的外事活动 30 余场。与法学研究所开展学术交流的国家有：英国、德国、法国、意大利、芬兰、俄罗斯、匈牙利、美国、加拿大、墨西哥、日本、韩国、印度、泰国等。

（1）2017 年 1 月 20 日至 2 月 19 日，法学研究所研究员刘仁文受芬兰赫尔辛基大学法学院邀请赴赫尔辛基大学进行学术访问。

（2）2017 年 3 月 2 ～ 5 日，法学研究所研究员谢增毅受日本东京大学法学院邀请，赴日本参加“社会包容／融入与社会保障法”国际研讨会。

（3）2017 年 3 月 24 ～ 28 日，法学研究所研究员孙宪忠应日本静冈大学地域法实务实践中心邀请，赴日本参加“中国民法典的制定——民法总则的制定意义”中日学术研讨会。

(4) 2017 年 3 月 27 ~ 31 日，法学研究所研究员徐卉应泰国法政大学法学院德国—东南亚公共政策与善治研究中心的邀请，赴泰国参加以“非法证据排除”为主题的国际研讨会。

(5) 2017 年 4 月 12 ~ 16 日，法学研究所副研究员赵磊应韩国圆光大学法学院邀请，赴韩国益山市参加“中日韩比较商事及刑事法制的最新动向”国际会议。

(6) 2017 年 4 月 25 ~ 29 日，法学研究所国际法研究所联合党委书记陈甦研究员等应俄罗斯联邦立法和比较法研究所邀请，赴莫斯科参加“第六届欧亚反腐败论坛”。

(7) 2017 年 5 月 3 日至 2018 年 5 月 3 日，法学研究所研究员叶自强赴澳大利亚，就证据法和民事诉讼法进行学术访问。

(8) 2017 年 5 月 4 ~ 8 日，法学研究所副所长莫纪宏研究员作为国际宪法学协会副主席赴意大利罗马参加国际宪法学协会执委会会议。

(9) 2017 年 6 月 26 日至 7 月 22 日，法学研究所研究员周汉华作为高级访问学者赴美国耶鲁大学法学院访学，研究分享经济法律问题，并就中国法治改革与发展为学生进行专题讲座。

(10) 2017 年 8 月 16 日至 9 月 16 日，法学研究所研究员冉昊经申请获批院与印度社科理事会合作协议项目，赴印度德里大学、金德尔全球学院等，对印度城镇化过程中的农村土地权利系统变化及农民土地权利保护进行比较研究。

(11) 2017 年 8 月 27 ~ 30 日，法学研究所所长李林研究员率团出访芬兰，参加第八届“中芬比较法研讨会”。

(12) 2017 年 8 月 31 日至 9 月 1 日，法学研究所所长李林研究员率团赴丹麦进行学术交流与访问。

(13) 2017 年 10 月 5 ~ 9 日，法学研究所所长李林率团访问加拿大蒙特利尔大学，举行“中国社会科学院—蒙特利尔大学中国研究中心”成立揭牌仪式。随后，双方举行了以“私法和公法的法治新发展：中加的视角”为主题的首届中加比较法研讨会。

(15) 2017 年 10 月 12 ~ 15 日，法学研究所研究员李明德等应日本知识产权研究所邀请，赴日本东京参加中日知识产权研讨会。

(16) 2017 年 10 月 23 ~ 28 日，法学研究所研究员谢增毅应匈牙利佩奇大学法学院邀请，赴匈牙利参加“经济全球化对劳动法体系影响——欧洲和匈牙利劳动法的未来”国际会议。

(17) 2017 年 11 月 5 ~ 9 日，应中英协会的邀请，法学研究所研究员孙宪忠随中国法学会团组赴英国参加第二届“中英法治圆桌论坛”。

(18) 2017 年 11 月 7 ~ 12 日，法学研究所副所长莫纪宏研究员作为国际宪法学协会副主席赴墨西哥，出席国际宪法学协会执委会会议，并出席国际宪法学协会圆桌会议。

(19) 2017 年 11 月 20 ~ 24 日，法学研究所副研究员赵磊应日本亚细亚大学法学院邀请，赴日本参加中日法学学术交流活动。

（20）2017 年 11 月 26 日至 12 月 3 日，法学研究所研究员周汉华率团访问加拿大蒙特利尔大学中国研究中心，并参加“全面依法治国新征程”研讨会。

（21）2017 年 11 月 30 日至 12 月 4 日，法学研究所研究员刘仁文应德国弗莱堡大学邀请赴德国参加“中国刑事司法制度研究”国际会议。

3. 与中国香港、澳门特别行政区和中国台湾开展的学术交流

（1）2017 年 1 月 20 ~ 23 日，法学研究所副所长莫纪宏研究员应澳门大学邀请，赴澳门参加“第四届两岸四地法律发展研讨会”。

（2）2017 年 3 月 1 ~ 7 日，法学研究所研究员陈欣新应中央人民政府驻澳门特别行政区联络办公室邀请，赴澳门开展有关调研工作。

（3）2017 年 3 月 8 ~ 10 日，法学研究所副所长莫纪宏研究员等应邀赴香港，就进一步完善《香港特别行政区基本法》实施问题进行实地考察和学术访问。

（4）2017 年 5 月 10 ~ 13 日，法学研究所副研究员支振锋赴香港参加“中国模式、中国道路”研讨会。

（四）学术社团、期刊

1. 社团

中国法律史学会，会长吴玉章。

2017 年 9 月 8 ~ 10 日，由中国法律史学会主办，中国人民大学法学院和山西大学法学院承办的中国法律史学会 2017 年年会在山西省太原市召开。年会的主题为“中国传统司法的智慧”。来自全国各地的 200 余位专家学者参加了年会。

2. 期刊

（1）《法学研究》（双月刊），主编陈甦。

2017 年，《法学研究》共出版 6 期，共计 185 万字。该刊全年刊载的有代表性的文章有：陈柏峰的《党政体制如何塑造基层执法》，张文显的《新思想引领法治新征程——习近平新时代中国特色社会主义思想对依法治国和法治建设的指导意义》，谢海定的《中国法治经济建设的逻辑》，顾培东的《当代中国法治共识的形成及法治再启蒙》，左卫民的《认罪认罚何以从宽：误区与正解——反思效率优先的改革主张》，梁根林的《刑法修正：维度、策略、评价与反思》，卜元石的《重复诉讼禁止及其在知识产权民事纠纷中的应用——基本概念解析、重塑与案例群形成》，吕忠梅、窦海阳的《修复生态环境责任的实证解析》，徐键的《建设用地国有制的逻辑、挑战及变革》，裴桦的《夫妻财产制与财产法规则的冲突与协调》，王迁的《广播组织权的客体——兼析“以信号为基础的方法”》，谢增毅的《劳动力市场灵活性与劳动合同法的修改》，司玉琢、李天生的《论海法》，陈治的《地方预算参与的法治进路》，武亦文的《保险法因果关系判定的规则体系》。

(2)《环球法律评论》(双月刊)，主编周汉华。

2017年，《环球法律评论》共出版6期，共计161万字。该刊全年刊载的有代表性的文章有：徐晓峰的《论以分离原则为基础的财产权交易规则——法国法的原貌与中国法的未来》，金晶的《合同法上格式之战的学说变迁与规范适用》，崔建远的《行政合同族的边界及其确定根据》，程啸的《损益相抵适用的类型化研究》，叶姗的《增值税法的设计：基于税收负担的公平分配》，江山的《论协议型企业联营的反垄断规制》，吴雨豪的《论作为死刑替代措施的终身监禁》，张建伟的《法律正当程序视野下的新监察制度》，熊秋红的《监察体制改革中职务犯罪侦查权比较研究》，刘品新的《印证与概率：电子证据的客观化采信》，时延安的《死刑、宪法与国家学说——论死刑废除的理论路径选择》，张文显的《推进全球治理变革，构建世界新秩序——习近平治国理政的全球思维》，苏力的《公民权利论的迷思：历史中国的国人、村民和分配正义》，李林的《开启新时代中国特色社会主义法治新征程》，蒋传光的《邓小平法制思想与中国法治建设的里程碑》，泮伟江的《法律的二值代码性与复杂性化约》，马怀德的《〈国家监察法〉的立法思路与立法重点》，秦前红的《监察体制改革的逻辑与方法》，叶泉的《论沿海国岛礁建设的边界、效应及中国的应对》。

(五)会议综述

中国民法论坛(2017)暨民法典分则各编立法研讨会

2017年7月26～27日，中国民法论坛(2017)暨民法典分则各编立法研讨会在北京召开。论坛以民法典分则各编立法研讨为主题，由中国社会科学院民法典编纂项目组、中国社会科学院法学研究所私法研究中心主办，中国社会科学院法学研究所民法室承办。近百位民法学界知名专家学者参加会议。会议围绕“中国社会科学院民法典分则各编草案建议稿”的相关条文，就民法典分则编纂中的理论和实践问题进行研究讨论。

中国社会科学院法学研究所所长李林研究员在论坛开幕式致辞中指出，市场经济的发展和法治社会的进步，使得民法受到日益广泛的关注，法学界应当求大同存小异，并尽量使用社会熟悉的语言和表述，使社会各阶层、各领域的人士都能更好地了解、理解和认可民法典，并支持民法典编纂工作，促使民法典尽快出台。中国民法学研究会会长、中国人民大学常务副校长王利明教授就民法典编纂中的重大理论问题作了主题发言。全国人大代表、中国民法学研究会常务副会长、法学所孙宪忠研究员指出，我国稳定的政治环境和长期的经济发展为民法的发展提供了历史机遇，全面依法治国战略的深入推进更使得法治建设取得了里程碑式的成就；经过几十年的发展，中国民法学已经摆脱了对于国外法律理论的依赖，走上了独立发展的道路，形成了自己的思想和特点，这为民法典的编纂创造了坚实的社会基础和理论条件。

论坛共分五个主题，分别对民法典分则物权编、侵权责任编、合同编、亲属编和继承编进行研讨，每个主题又分为若干个专题开展深入研讨。

（科研处）

习近平法治思想暨依法治国二十年理论研讨会

2017年8月12日，由中国社会科学院法学研究所与中国社会科学院法学研究所马克思主义法学研究中心联合主办的“习近平法治思想暨依法治国二十年理论研讨会”在北京举行。50余位专家学者参加会议。会议学习研讨了习近平法治思想，回顾、分析和总结了中国法治建设20年来的成就、经验和问题。

开幕式首先由中国法学会副会长兼学术委员会主任张文显教授致辞。他在致辞中总结了习近平法治思想对中国法治的八个重大贡献：一是把法治提升到人类社会、人类政治文明史和社会现代化的一个基本问题的高度；二是指明了中国特色社会主义法治道路；三是把中国特色社会主义法治的精神、法治体系的建设纳入了中国特色社会主义的总体战略部署；四是在国家治理体系、治理模式和治理方式现代化当中来定位中国的法治建设，特别是定位中国特色社会主义法治体系；五是指明了奉法强国的前景；六是阐明了中国社会主义法治的核心问题；七是阐释了法治建设领域一系列重大的理论实践问题；八是阐述了法治领域的一系列辩证法。

中国社会科学院学部委员、法学研究所所长李林研究员在致辞中表示，法学研究所组织此次研讨会，是为了推进马克思主义法治的中国化，思考在继承和发展中国共产党几代领导人的法律理念情况下，如何创新中国特色社会主义法治理论体系，深入研究习近平法治思想是我们今天重要的考虑和基点之一。他提出了理论上可以进一步思考和研究的五个问题：一是习近平法治思想的提法；二是如何提炼、总结和概括习近平法治思想；三是在功能上如何理解习近平法治思想的科学性、实践性、创新性和重大意义；四是如何对当下全面依法治国有关方面进行总结分析和评价；五是如何在党的十九大提出具有前瞻性、战略性的建设法治中国的思路。

与会专家围绕习近平法治思想的科学内涵和重大意义、依法治国二十年回顾与前瞻等进行了深入研讨，提出了许多很有见地的理论观点。

（科研处）

第六届中国法学博士后论坛 “回顾与展望：开创法治中国建设新局面”

2017年8月26日，为纪念我国哲学社会科学（法学）博士后制度实施25周年，第六届中国法学博士后论坛在中国社会科学院学术报告厅举行。论坛的主题为“回顾与展望：开创法治中国建设新局面”。论坛由中国社会科学院、全国博士后管委会、中国博士后科学基金会共同主办，中国社会科学院博士后管委会、中国社会科学院法学研究所和最高人民法院中国应用法学研究所联合承办，腾讯研究院协办。来自最高人民法院、中国法学会、人力资源和社会保障部、中国社会科学院等中央有关部门的领导及全国法学界、法律界的专家学者和法学博士后160余人出席了论坛。论坛上还特别举行了中国社会科学院首届“十大杰出法学博士后”的颁奖仪式。中国社会科学院副院长、学部委员李培林研究员，最高人民法院副院长姜伟教授，中国法学会副会长、学术委员会主任张文显教授等领导出席了开幕式及颁奖仪式。

李培林在致辞中指出，中国社会科学院是1992年首批设立哲学社会科学领域博士后流动站的单位之一。2015年，在人社部组织的全国博士后流动站评估工作中，中国社会科学院法学等9个一级学科博士后科研流动站被评为“优秀”，是全国参评学科获优率最高的单位。他希望：第一，面向党的十九大以后党和国家新的历史定位，来提高法学研究的站位；第二，要更加关注中国法治发展的重大实践和理论问题；第三，更加强调中国特色社会主义法治的理论创新；第四，要更加重视培养中青年法学理论家。姜伟指出，要坚持正确政治方向，增强法学研究的政治责任感；要积极回应实践需求，全面推进法治中国建设；要发挥论坛的平台作用，不断推出高质量的研究成果。张文显指出，展望法治中国建设的全局，预判依法治国的目标和任务，应该立足于法治发展和法治现代化的规律，立足于我国法治建设已经取得的成就和经验，立足于我国法治建设目前依然存在的突出问题，立足于世界范围内法治现代化的基本趋势。

在专家专题演讲环节，“十大杰出法学博士后”获得者作了专题演讲。贵州省社会科学院院长吴大华教授，西北政法大学副校长王瀚教授，华东政法大学法学院教授马长山分别作了学术演讲。

（科研处）

“历次刑法修正评估与刑法立法科学化”理论研讨会

2017年10月14～15日，由中国社会科学院法学研究所主办，刑法研究室承办的“历次刑法修正评估与刑法立法科学化理论研讨会——纪念97刑法颁行二十周年”在北京举行。来自中国社会科学院、北京大学、清华大学、中国人民大学、中国政法大学、武汉大学、吉林大学等科研机构和高校的专家学者，全国人大常委会法工委、最高人民法院、最高人民检察院、公安部、司法部、北京市人民检察院、江西省人民检察院等立法和司法机关的有关领导和专家，以及《检察日报》《人民法院报》等媒体记者近百人参加了会议。

中国社会科学院法学研究所所长李林研究员，最高人民法院副院长李少平，最高人民检察院检委会专职委员陈国庆，中国人民大学法学院荣誉一级教授高铭暄，北京大学法学院教授储槐植，北京师范大学刑事法律科学研究院院长、中国刑法学研究会会长赵秉志教授，北京大学法学院教授陈兴良，中国社会科学院国际法研究所研究员、中国刑法学研究会常务副会长陈泽宪等作了主旨发言。大家一致认为，97刑法颁行是我国法学界尤其是刑法学界一个具有里程碑意义的事件，对新刑法颁行以来的历次刑法修正作一系统回顾和评估，对促进我国未来刑法立法的科学化，具有重要意义。

在主旨发言阶段之后，大会共分七个单元进行了主题研讨，分别是“刑法立法观的变迁”“刑法修正案的反思”“刑法立法模式”“刑法立法的扩张”“经济刑法的变革”“刑罚结构的完善”“新兴罪名的立法”。

（科研处）

国际法研究所

（一）人员、机构等基本情况

1. 人员

截至2017年底，国际法研究所共有在职人员34人。其中，正高级职称人员8人，副高级职称人员9人，中级职称人员14人；高、中级职称人员占在职人员总数的91%。

2. 机构

国际法研究所设有：国际公法研究室、国际私法研究室、国际经济法研究室、国际人权法研究室、科研与外事管理处、《国际法研究》编辑部、人事处、办公室和图书馆与法学研究所合署办公。

3. 科研中心

国际法研究所所属科研中心有：国际刑法研究中心、海洋法与海洋事务研究中心、竞争法研究中心。

（二）科研工作

1. 科研成果统计

2017年，国际法研究所共完成专著4种，127.6万字；教材1种，31.6万字；译著1种，50.3万字；国家智库报告1种，13.2万字；普及读物1种，10万字；论文集1种，31.9万字；学术论文34篇，23万字；一般文章5篇，1.25万字；译文5篇，6.25万字。

2. 科研课题

（1）新立项课题。2017年，国际法研究所共有新立项课题7项。其中，院国情调研重大课题1项："国际比较视野下的互联网金融创新与规范发展调研"（廖凡主持）；国情调研研究所课题1项："泸水市经济发展与生态保护的法律问题"（黄晋主持）；外单位委托课题5项："航行和相关权利争端案（哥斯达黎加诉尼加拉瓜）等案例分析研究"（国家海洋局国际合作司课题，何田田主持），"国际法中专家证据问题研究"（国家海洋局海洋发展战略研究所课题，何田田主持），"《公约》三大机构的职权及其相互关系问题研究"（国家海洋局海洋发展战略研究所课题，赵建文主持），"保障首都功能实现的立法研究"（北京市法学会课题，刘小妹主持），"非公有资本进入互联网新闻信息服务领域风险评估研究"（中央网信办课题，廖凡主持）。

（2）结项课题。2017年，国际法研究所共有结项课题8项。其中，国情调研研究所课题1项："泸水市经济发展与生态保护的法律问题"（黄晋主持）；院国际合作研究课题1项："中意经社会权利合作"（柳华文主持）；外单位委托课题6项："国际司法实践中当事方诉求变更的研究——以菲律宾南海仲裁案为例子"（中国法学会世界贸易组织法研究会课题，何田田主持），"多边贸易体制下的数据跨境流动规则研究"（国家互联网信息办公室课题，孙南翔主持），"以拆迁安置为由干扰基层换届选举的法律问题对策研究"（四川省什邡市司法局课题，莫纪宏、刘小妹主持），"历史性权利在专属经济区划界中的地位和作用"（中国法学会课题，张卫华主持），"互联网规制的国际贸易法律问题研究"（中国法学会课题，孙南翔主持），"中国在国际海洋秩序建设中的角色定位"（国家海洋信息中心，罗欢欣主持）。

（3）延续在研课题。2017年，国际法研究所共有延续在研课题6项。其中，国家社会科学基金课题4项："中国接受国际人权条约个人申诉机制的挑战与机遇"（赵建文主持），"国际人权民事诉讼中的国家豁免"（李庆明主持），"海外利益法律保护的中国模式研究"（刘敬东主持），"国际条约在中国法律体系中的地位分析与制度设计研究"（戴瑞君主持）；外单位委托课题2项："中国应对WTO网络安全争端法律问题研究"（孙南翔主持），"《公约》三大机构的职权及其相互关系问题研究"（赵建文主持）。

（三）学术交流活动

1. 学术活动

2017年，国际法研究所主办和承办的重要的学术会议如下。

（1）2017年4月7日，由最高人民法院"一带一路"司法研究中心主办，最高人民法院"一带一路"司法研究基地（中国社会科学院法学研究所、国际法研究所）承办的"最高人民法院'一带一路'司法研究中心研究基地年度座谈会"在北京举行。

（2）2017年5月16日，国际法研究所举办学术讲座，美国哥伦比亚大学法学院中国法中心主任李本教授以"中国法院判决的大数据化：如何把文本作为数据"为题发表演讲。来自所内外的专家学者70余人参加了讲座。

（3）2017年5月19～20日，红十字国际委员会与国际法研究所在北京联合举办了“纪念日内瓦四公约1977年《附加议定书》通过40周年”国际研讨会。来自政府部门、立法机关、解放军有关单位、国内外智库和学术机构以及红十字国际委员会的代表、专家和学者近百人参会。

（4）2017年9月18日，国际法研究所邀请德国柏林能源与管制研究所所长Franz Saecker教授在北京举办主题为“国际投资争端解决——欧洲路径”的学术讲座。

（5）2017年10月28日，由中国社会科学院重点建设学科、国际法研究所国际经济法研究室主办的“WTO法研究的中国视角”研讨会暨张月姣大法官《亲历世界贸易组织上诉机构》新书发布会在北京举行。

（6）2017年11月4日，《国际法研究》编辑部在北京举办了“贯彻党的十九大精神，繁荣中国国际法学”研讨会。来自理论与实务界的专家，以及众多刊物编辑40余人参加了研讨会。

（7）2017年11月5日，由国际法研究所、中国国际经济贸易法学研究会国际金融法专业委员会联合主办的“互联网金融创新与规范发展：国际经验与中国路径”研讨会暨中国国际经济贸易法学研究会国际金融法专业委员会2017年学术年会在北京举行。相关高校、研究机构和实务部门的40余位专家学者参加了会议。

（8）2017年11月14日，国际法研究所在北京举办“国际仲裁的表达形态：法国的路径”专题学术讲座。主讲人为来访的巴黎政治大学教授、国际著名仲裁员Emmanuel Gaillard。

（9）2017年12月2～3日，由中国社会科学院主办，国际法研究所承办、最高人民法院“一带一路”司法研究基地协办的中国社科论坛暨第十四届国际法论坛：“新时期的国际法：变革、创新与发展”在北京举行。来自国内外知名高校、研究机构和实务部门的70余位专家学者参加了论坛。

（10）2017年12月5日，由中国社会科学院重点建设学科国际经济法研究室和最高人民法院“一带一路”司法研究基地共同主办的“中国仲裁法的国际接轨”暨第一届中国社会科学院国际法研究所仲裁法圆桌会议在北京召开。相关理论和实务部门专家以及国内著名仲裁员约20人参加了会议。

2. 国际学术交流与合作

2017年，国际法研究所共派遣出访24批31人次，接待来访8批15人次。与国际法研究所开展学术交流的国家有：新加坡、印度、挪威、荷兰、日本、墨西哥、意大利、捷克、俄罗斯、保加利亚、美国、英国、澳大利亚、韩国、瑞典、加拿大、法国、德国等。

（1）2017年2月14日，国际法研究所所长陈泽宪研究员在北京会见了来访的红十字国际委员会东亚地区代表处副主任文森特·奥斯力一行。双方就进一步加强在国际人道法领域的交流与合作进行了商谈。

（2）2017年8月9日至11月8日，国际法研究所副研究员王翰灵赴美国科罗拉多大学法学院、公共政策学院及丹佛大学法学院从事访问研究。在美期间，王翰灵按计划从事有关项目研究，收集最新的研究资料，并与美国有关单位的专家进行了交流和研讨。

（3）2017年8月25～26日，国际法研究所研究员柳华文等赴韩国首尔参加亚洲国际法学会第六届双年会。会议由亚洲国际法学会主办，亚洲国际法学会韩国分会及韩国外交部共同承办。会议的主题为"不确定时代的亚洲与国际法"。

（4）2017年9月16～29日，国际法研究所编辑部副主任李西霞参加中国社会科学院与墨西哥国立自治大学的院级合作交流项目，赴墨西哥国立自治大学法律研究所，围绕墨西哥自由贸易协定中劳工标准问题进行研究。

（5）2017年11月10～15日，国际法研究所研究员陈泽宪率领国际法研究所代表团出访美国，先后访问了兰德公司、科罗拉多州最高法院法律工作者援助办公室、丹佛大学国际法与比较法研究中心、丹佛大学法学院和科罗拉多州行政法院。与相关专家学者就高端智库建设、司法援助、"一带一路"倡议等议题进行了学术交流。

（6）2017年11月23日，红十字国际委员会代表团访问国际法研究所，与该所研究人员进行了座谈。代表团成员包括红十字国际委员会国际法与政策部副主任Dominique Loye、红十字国际委员会东亚地区代表处法律顾问Larry Maybee等专家学者。双方围绕"中国国际人道法""'一带一路'倡议""国际合作交流的主要方式"等议题进行了研讨。

（7）2017年12月4～9日，国际法研究所研究员陈泽宪一行出访澳大利亚。代表团先后访问了悉尼大学法学院国际法中心、悉尼大学残疾人研究中心、澳大利亚人权委员会、澳大利亚洛伊国际政策研究所、澳大利亚新南威尔士州智障人士法律服务中心等单位，与相关专家学者就"学术期刊建设""残疾人权益保障""司法网络建设"等议题进行了学术交流。

（四）学术期刊

《国际法研究》（双月刊），主编陈泽宪。

2017年，《国际法研究》共出版6期，共计110.6万字。该刊全年刊载的有代表性的文章有：鲁洋的《论"一带一路"国际投资争端解决机构的创建》，胡正良、孙思琪的《我国〈海商法〉修改的基本问题与要点建议》，梁咏的《国际投资仲裁中的涉华案例研究——中国经验和完善建议》，黄世席的《全球气候治理与国际投资法的应对》，漆彤、芮心玥的《论"一带一路"民商事争议解决的机制创新》，张文广的《"一带一路"倡议背景下的国际海事司法中心建设》，涂广建的《我国涉外民事诉讼文书送达制度之考问及续造》，孙劲的《论构建中国全方位对外投资条约体系》，叶斌的《〈欧盟与加拿大全面经济贸易协定〉对投资者诉国家争端解决机制的司法化》，李庆明的《论域外民事判决作为我国民事诉讼中的证据》，沈涓的《国际民事诉讼中滥用诉权问题浅析》。

（五）会议综述

纪念日内瓦四公约1977年《附加议定书》通过40周年国际研讨会

2017年5月19～20日，红十字国际委员会与中国社会科学院国际法研究所在北京联合举办了“纪念日内瓦四公约1977年《附加议定书》通过40周年”国际研讨会。来自政府部门、立法机关、解放军有关单位、国内外智库和学术机构以及红十字国际委员会的代表、专家和学者近百人参会。

1977年通过的两个《附加议定书》是规制武装冲突的一个里程碑。当今，它们所载的规则仍像40年前一样与现实密切相关。两个《附加议定书》对落入敌方之手的各类人员的基本保证作出了明确规定，编纂并发展了关于作战手段和方法的规则，致力于在战胜敌人的军事必要性与出于人道原因对战争加以限制之间实现微妙的平衡。研讨会围绕敌对行为这一主题，研讨议题涵盖一系列当前国际人道法的重点问题——包括两个《附加议定书》所取得的主要成就及当前挑战，有关敌对行为的原则与规则及其在现代战争中的适用，新科技与战争，在当代武装冲突中加强对平民的保护，惩治违反日内瓦四公约及其附加议定书的行为，确保对国际人道法的尊重与中国的贡献等。

研讨会上，红十字国际委员会东亚地区法律顾问Larry Maybee、红十字国际委员会名誉委员伊夫·桑多、中华人民共和国外交部条约法律司副司长马新民、上海复旦大学法学院教授张乃根、西安政治学院大校王海平、外交学院教授张爱宁、上海交通大学凯原法学院教授马天赐、中国人民解放军军事科学院大校王祥山、美国罗格斯大学教授Adil Haque、西安政治学院军事法系教授宋新平大校、解放军国防大学教授王梅大校等相关专家学者作了发言。

（科研处）

“WTO法研究的中国视角”研讨会
暨张月姣大法官《亲历世界贸易组织上诉机构》新书发布会

2017年10月28日，由中国社会科学院重点建设学科、国际法研究所国际经济法研究室主办的“WTO法研究的中国视角”研讨会暨张月姣大法官《亲历世界贸易组织上诉机构》新书发布会在北京举行。来自国内著名高校、研究机构的有关领导和专家学者近50人参加了会议。

研讨会上，WTO上诉机构前主席张月姣大法官以“亲历世界贸易组织上诉机构”为题作了主旨发言。张月姣大法官在对上诉机构成员选聘程序、WTO 争端解决机制的危机进行介绍后指出，在多边贸易体系下，中国的声音能够得到更好的支持，中国的诉求能够得到更好的反映，中国的利益能够得到更好的保护。清华大学中美关系研究中心研究员周世俭指出，反倾销规则对中国的最大歧视是非市场经济地位问题，该问题应得到有效和及时的解决。最高人民法院民四庭审判长沈红雨指出，WTO 体制对中国司法和中国法治具有促进作用，在继往开来的新时代，中国人在国际舞台上的地位将进一步得到提升。

在闭幕式上段，中国社会科学院国际法研究所国际经济法研究室主任刘敬东研究员指出，当前，大量的国际经济法概念和术语进入党的十九大报告，诸多新的课题和问题亟待研究。中青年国际法学者及实务界应向张月姣大法官等前辈学习，不断将中国国际法理论水平推向新高度。

（科研处）

中国社科论坛暨第十四届国际法论坛“新时期的国际法：变革、创新与发展”研讨会

2017 年 12 月 2 ～ 3 日，由中国社会科学院主办，中国社会科学院国际法研究所承办，最高人民法院“一带一路”司法研究基地协办的中国社科论坛暨第十四届国际法论坛“新时期的国际法：变革、创新与发展”在北京举行。来自中国（含港台地区）、美国、英国、德国、澳大利亚、意大利、丹麦、挪威、瑞典等国知名高校、研究机构和实务部门的 70 余位专家学者参加了论坛。

中国社会科学院法学研究所、国际法研究所联合党委书记，国际法研究所代所长陈甦研究员主持论坛开幕式。中共中央纪委驻中国社会科学院纪检组组长、院党组成员邓中华同志致开幕词。邓中华在致辞中强调，当今国际社会面临诸多挑战和不确定因素，迫切需要国际法来加以规范；党的十九大报告指出，世界正处于大发展大变革大调整时期，和平与发展仍然是时代主题，中

2017 年 12 月，中国社科论坛暨第十四届国际法论坛“新时期的国际法：变革、创新与发展”在北京举行。

国愿同各国一道，推动人类命运共同体建设；中国将继续发挥负责任大国作用，积极参与全球治理体系变革和建设，为国际法创新作出更大贡献。中国外交部条约法律司参赞胡斌在发言中指出，党的十九大开启了全面建设中国特色社会主义现代化强国的新时代，中国的强国追求将坚持走和平发展道路，推动构建人类命运共同体，建设相互尊重、公平正义、合作共赢的新型国际关系。

会议期间，围绕“构建人类命运共同体与全球治理”“‘一带一路’倡议”“国际私法理论与实践”“国际贸易及国际投资法的新发展”“国际人权法的变革”“海洋及海事争端”等一系列国际法前沿热点问题，中国社会科学院国际法研究所前所长陈泽宪研究员、美国哥伦比亚大学法学院教授乔治·贝尔曼、北京理工大学法学院院长李寿平教授、对外经济贸易大学法学院院长石静霞教授、清华大学法学院教授车丕照、香港中文大学法学院教授邬枫、德国马普比较私法与国际私法研究所研究员伦纳·库尔姆斯、瑞典斯德哥尔摩大学法学院教授斯迪克·塞亚德、北京大学国际法学院教授苏珊·芬德尔、中国人民大学法学院教授朱文奇、丹麦人权研究所所长乔纳斯·克里斯托佛森教授、悉尼大学法学院教授戴维·金利等众多国内外知名国际法学者相继作了发言。

为学习贯彻宣传习近平新时代中国特色社会主义思想和“共商、共建、共享”的全球治理观，论坛从国际法角度作出学术回应并担当理论研究的重任，为国际争端解决机制的创新和发展提供新的思路，并最终落实到党的十九大提出的构建人类命运共同体理念，使中国与世界其他国家的共同发展符合人类对和平、安全、发展、自由的永恒追求。

（科研处）

政治学研究所

（一）人员、机构等基本情况

1. 人员

截至 2017 年底，政治学研究所共有在职人员 42 人。其中，正高级职称人员 11 人，副高级职称人员 10 人，中级职称人员 15 人；高、中级职称人员占在职人员总数的 86%。

2. 机构

政治学研究所设有：马克思主义政治学研究室、政治学理论研究室、行政管理学研究室、政治制度研究室、比较政治研究室、政治文化研究室、《政治学研究》编辑部、信息资料室、综合办公室。

3. 科研中心

政治学研究所所属科研中心有：马克思主义政治学研究中心、公共管理研究中心。

（二）科研工作

1. 科研成果统计

2017 年，政治学研究所共完成专著 4 种，124.6 万字；论文 87 篇，83.9 万字；皮书 2 种，86.5 万字；理论文章 13 篇，3.09 万字；译文 3 篇，3 万字。

2. 科研课题

（1）新立项课题。2017 年，政治学研究所共有新立项课题 6 项。其中，国家社会科学基金课题 1 项："扶贫领域腐败问题及治理研究"（王红艳主持）；其他部门与地方委托课题 5 项："公务员制度"（冯军主持），"中央相关改革任务"（房宁主持），"年轻干部思想状况研究"（房宁主持），"青年参与公共事务研究"（田改伟主持），"英国农业可持续发展战略研究"（陈明主持）。

（2）结项课题。2017 年，政治学研究所共有结项课题 6 项。其中，国家社会科学基金课题 1 项："中国版'政治发展力指数体系'研究"（房宁主持）；院高端智库项目国务院新闻办课题 1 项："如何构建对外政治话语体系，讲好中国政治故事、政党故事，更好传播党中央治国理政新理念新思想新战略"（郭静、王红艳主持）；院新疆智库课题 1 项："我国周边极端主义态势及其防范研究"（房宁主持）；院青年中心社会调研课题 1 项："政府责任清单制度、权力清单制度跟踪研究与分析"（付宇程主持）；其他部门与地方委托课题 2 项："中央相关改革任务"（房宁主持），"青年参与公共事务研究"（田改伟主持）。

（3）延续在研课题。2017 年，政治学研究所共有延续在研课题 4 项。其中，国家社会科学基金课题 1 项："扶贫领域腐败问题及治理研究"（王红艳主持）；其他部门与地方委托课题 3 项：马克思主义理论研究和建设工程项目"新世纪以来中国特色社会主义政治学话语研究"（陈承新主持），马克思主义理论研究和建设工程项目"韩国的民主转型及对我国政治发展的启示"（陈海莹主持），农业部横向课题"英国农业可持续发展战略研究"（陈明主持）。

（三）学术交流活动

1. 学术活动

2017 年，政治学研究所主办和承办的学术会议如下。

（1）2017 年 1 月 10 日，政治学研究所主办的"政治发展研究部揭牌仪式"在北京举行。

（2）2017 年 2 月 28 日，政治学研究所主办的"'民族地区经济社会发展综合调查项目的进展与体会'学术讲座"在北京举行。主讲人为民族学与人类学研究所所长王延中。

（3）2017 年 3 月 7 日，政治学研究所主办的"'对国家政治体制改革和发展的一些思考'学术讲座"在北京举行。主讲人为全国政协委员、香港特区政府中央政策组首席顾问邵善波。

（4）2017 年 3 月 14 日，政治学研究所主办的"政治学研究所 2017 年第一期青年学术论坛”在北京举行。会议研讨的主要议题为“学术意识和社会责任：从‘两报一刊’文章创作谈起”，主讲人为支振锋。

（5）2017年5月12～14日，《政治学研究》编辑部主办的“国家理论与国家治理现代化学术研讨会”在北京举行。

（6）2017年6月19日，政治学研究所主办的“‘学术论文的审读与编辑’学术研讨会”在北京举行。美国克莱姆森大学教授胡晓波作题为“美国政治学界学术论文写作及规范编辑发表”的主旨演讲。

（7）2017年6月26～28日，政治学研究所主办的“政治学所集体学习习近平‘5·17讲话’，并创新工程中期总结学术研讨会”在北京举行。

（8）2017年6月27日，政治学研究所主办的“‘全球转型与中国智库建设的未来’学术讲座”在北京举行。主讲人为中国人民大学重阳金融研究院执行院长王文。

（9）2017年6月28日，政治学研究所主办的“‘习近平治国理政思想的基本要义’学术讲座”在北京举行。主讲人为中国社会科学院马克思主义研究院马克思主义发展部主任辛向阳。

（10）2017年7月5日，政治学研究所主办的“‘互联网大数据与人工智能漫谈——大数据系列讲座之一’学术讲座”在北京举行。主讲人为中国科学院计算机研究所研究员徐君。

（11）2017年7月12日，政治学研究所主办的“‘大数据与社会科学研究——大数据系列讲座之二’学术讲座”在北京举行。主讲人为清华大学孙茂松、中国社会科学院社会学研究所李炜、社会发展战略研究院陈华珊。

（12）2017年7月18日，政治学研究所主办的“政治学研究所2017年第二期青年学术论坛”在北京举行。会议研讨的主要议题有“‘一带一路’的政治安全：伊斯兰国家的管控体系”，主讲人为中国社会科学院西亚非洲研究所马文珍。

（13）2017年8月15～16日，政治学研究所主办的“‘一带一路’与亚美尼亚发展现状国际学术研讨会”在北京举行。会议研讨的主要议题有“当代亚美尼亚历史”“当代亚美尼亚政治”“当代亚美尼亚经济”“当代亚美尼亚社会”“当代亚美尼亚外交”等。

（14）2017年8月29～30日，政治学研究所主办的“‘福利国家的过去、现在与未来’国际研讨会”在北京举行。会议研讨的主要议题有“福利国家的理论和实践”“福利国家的发展历程”“福利国家的主要做法”“福利国家的存在问题”“福利国家的经验教训”等。

（15）2017年9月6日，政治学研究所主办的“政治学研究所2017年第三期青年学术论坛”在北京举行。会议研讨的主要议题有“亚美尼亚调研：发展阶段与前景分析”，主讲人为徐海燕。

（16）2017年9月26～27日，由中国社会科学院和厦门海沧台商投资区管委会联合主办，政治学研究所与厦门市海峡两岸交流基地共同承办的“海峡两岸社情民意新趋势学术研讨会”在福建省厦门市举行。会议研讨的主要议题有“大数据、人工智能技术在社会调查中的应用”“台湾民意调查机构的运作模式”“当前台湾民意调查机构关注的主要问题和成果应用”“大陆社情民意调查的技术和实施方式”“大陆民意调查的热点问题和成果应用”“两岸民意调查的比较研究”等。

（17）2017 年 10 月 27 ～ 29 日，由《政治学研究》编辑部与西北政法大学政治与公共管理学院、西北政法大学中华法系与法治文明研究院联合主办的“‘面向未来的中国政治学：学科融合与方法创新’学术研讨会”在陕西省西安市举行。

（18）2017 年 10 月 28 日，政治学研究所主办的“贯彻党的十九大精神与中国政治学发展学术研讨会——暨《政治学研究》新一届编委会成立大会”在上海举行。会议研讨的主要议题有“构建新时代中国特色社会主义政治学的时代背景、研究议题与建构路径”等。

（19）2017 年 11 月 5 日，政治学研究所主办的“马克思主义政治学论坛（2017）”在北京举行。会议研讨的主要议题有“马克思主义政治学与中国特色社会主义道路”“中国特色社会主义基础上的马克思主义政治学基本原理、基本方法与学科体系、学术体系、话语体系的构建”“党的十九大与马克思主义政治学的新发展”“马克思主义与党的建设”“马克思主义政治学与中国道路和‘中国模式’”“马克思主义政治学与中国的国家治理”“马克思主义政治学与西方政治理论、话语体系的关系”等。

（20）2017 年 11 月 10 ～ 11 日，政治学研究所主办的“深入学习、宣传、贯彻十九大精神暨《政治学研究》2017 年中青年作者座谈会”在贵州省贵阳市举行。

（21）2017 年 11 月 11 ～ 12 日，政治学研究所主办的“第四届‘中国地方政府治理与社会治理’学术研讨会”在北京举行。会议研讨的主要议题有“地方政府治理与社会治理”“社会治理与社会改革”“民主与政治参与”“社会自治与社会组织发展”“乡村研究理论与方法”“政府治理与社会治理创新”等。

（22）2017 年 11 月 29 ～ 30 日，政治学研究所主办的“第二届中国民主发展论坛”在北京举行。会议研讨的主要议题有“中国民主创新与地方治理”“学习十九大精神，推进中国民主发展”“人大民主创新与地方治理”“协商民主创新与地方治理”“社会组织发展与地方多元治理”“新型城镇化与地方治理”“中国民主理论的创新与发展”“民主创新与地方治理的国际比较”等。

（23）2017 年 12 月 19 日，政治学研究所主办的“政治学研究所 2017 年第四期青年学术论坛”在北京举行。会议研讨的主要议题有“多学科研读党的十九大精神”。

2. 国际学术交流与合作

2017 年，政治学研究所共派遣出访 9 批 13 人次，接待来访 14 批 19 人次。与政治学研究所开展学术交流的国家有：美国、德国、日本、韩国、泰国、新加坡、越南、白俄罗斯、亚美尼亚、乌克兰等。

来访

（1）2017 年 3 月 7 日，政治学研究所房宁等与日本使馆政务公使石川浩司、仲谷明洋在政治学研究所进行学术交流。

（2）2017 年 4 月 14 日，政治学研究所冯钺等与新加坡驻华使馆一秘林伟扬、杜玮琪在政治学研究所就“新加坡和中国发展近况”进行学术交流。

（3）2017 年 6 月 19 日，《政治学研究》编辑部与美国密苏里圣路易斯大学廖雨果助理教授在政治学研究所就“学术论文写作与编审”问题进行学术交流。

（4）2017 年 6 月 23 日，政治学研究所房宁等与泰国兰实大学政治学院院长、国家战略研究所所长刘冠能教授，泰国驻华使馆二秘等一行在政治学研究所就“非西方政治学概念的发展”等议题进行学术交流。

（5）2017 年 9 月 19 日，政治学研究所周庆智与中国现代国际关系学院白俄罗斯总统办公厅信息分析中心主任阿列克谢·杰尔宾、副主任亚历山大·戈尔杰伊奇克及翻译一行在政治学研究所就“中国政治文化”等议题举行座谈。

出访

（1）2017 年 1 月 19 ~ 24 日，政治学研究所冯钺赴美国访问，参加特朗普就职典礼以及特朗普就职期间在华盛顿举办的系列活动并进行调研。

（2）2017 年 2 月 16 ~ 25 日，政治学研究所房宁、涂锋应美国克莱姆森大学教授胡晓波的邀请，赴美访问。在美期间，实地考察了美国新总统上任后的各项政策举措，评估其施政重心与效果；了解美国政界、学术界、知名智库等社会各界对新政府的反应；回顾总结 2016 年美国大选中所呈现出来的一些新现象、新问题。

（3）2017 年 5 月 10 日至 6 月 23 日，政治学研究所徐海燕与亚美尼亚科学院东方研究所在亚美尼亚就执行《列国志·亚美尼亚》修订项目进行交流。

（4）2017 年 6 月 25 日至 7 月 2 日，政治学研究所张徉参加中国社会科学院青年访日团赴日本进行学术访问。

（5）2017 年 11 月 7 ~ 10 日，政治学研究所房宁应越南社会科学院邀请，赴越南进行学术访问，参加“越中智库论坛：中共十九大暨 APEC 框架下中越合作研讨会”，并作题为“中国的政治发展道路”的发言。

（6）2017 年 11 月 18 日，政治学研究所房宁应法属波利尼西亚大学邀请，赴该校进行学术访问，参加“亚太地区安全蕴含哪些权利”国际学术研讨会，并作题为“自媒体时代的社会安全及政治心理问题”的发言。

（7）2017 年 12 月 10 ~ 19 日，政治学研究所房宁赴乌克兰敖德萨、白俄罗斯访问。

（8）2017 年 12 月 16 日，政治学研究所田改伟等赴日本，与日本驹泽大学学者就“中日政党政治与政治发展”作学术交流。

3. 与中国香港、澳门特别行政区和中国台湾开展的学术交流

（1）2017 年 5 月 10 ~ 13 日，政治学研究所田改伟、樊鹏赴香港，参加香港特区政府中央政策组主办的有关“中国模式、中国道路”的研讨会。

（2）2017 年 12 月 9 ～ 12 日，政治学研究所冯钺赴澳门，参加澳门发展策略研究中心 20 周年庆祝活动。

（四）学术社团、期刊

1. 社团

（1）中国政治学会，会长李慎明。

① 2017 年 7 月 14 ～ 16 日，中国政治学会在安徽省芜湖市举行“中共十八大以来中国的政治发展与政治学学术研讨会”。会议的主题是“中共十八大以来中国的政治发展与政治学”，研讨的主要议题有“国家治理体系和治理能力现代化”“中国特色社会主义协商建设”等。与会专家学者 47 人。

② 2017 年 9 月 16 ～ 17 日，中国政治学会在吉林省长春市举行“中国政治学会 2017 年年会暨‘深入学习习近平总书记系列重要讲话精神　推动中国特色社会主义政治学创新发展’学术研讨会”。会议的主题是“深入学习习近平总书记系列重要讲话精神　推动中国特色社会主义政治学创新发展”，研讨的主要议题有“政治学的新形势与新任务”“政治学新的发展阶段与新的研究视野”等。与会专家学者 95 人。

③ 2017 年 11 月 16 日，中国政治学会在广西壮族自治区南宁市举行“深入学习贯彻党的十九大精神研讨会”。会议的主题是“深入学习贯彻党的十九大精神”，研讨的主要议题有“新时代重大战略判断”“新时代多党合作”等。与会专家学者 90 人。

（2）中国政策科学研究会，会长腾文生。

2017 年 12 月 6 ～ 8 日，中国政策科学研究会在海南省三亚市举行“2017 三亚国际能源论坛”。会议的主题是“绿色能源与低碳经济”，研讨的主要议题有“调整能源产业结构”。与会专家学者 150 人。

（3）中国红色文化研究会，会长刘润为。

① 2017 年 7 月 1 ～ 2 日，中国红色文化研究会在北京举行“纪念十月革命 100 周年学术研究会”。会议的主题是“纪念十月革命胜利 100 周年”，研讨的主要议题有“‘十月革命’的历史意义与当代价值”“当代世界社会主义与中国特色社会主义新发展”等。与会专家学者 50 人。

② 2017 年 4 月 21 日，中国红色文化研究会在北京举行“批评长篇小说《软埋》的研讨会”。会议的主题是“批评长篇小说《软埋》”。与会专家学者 36 人。

2. 期刊

《政治学研究》（双月刊），主编房宁。

2017 年，《政治学研究》共出版 6 期，共计 120 万字。2017 年，该刊新设置了“构建中国特色政治学学科体系、学术体系、话语体系”专题和“国家理论专题研究”专题。该刊全年刊载的有代表性的文章有：周平的《政治学构建须以知识供给为取向》，桑玉成的《关于政治学的主题与政治学基本问题的思考》，刘训练的《西方古代政体学说的终结》，庞金友的《当代西方国家失败理论的路径与逻辑》等。

（五）会议综述

“‘一带一路’与亚美尼亚发展现状”国际学术研讨会

2017年8月15～16日，由政治学研究所主办的“‘一带一路’与亚美尼亚发展现状”国际学术研讨会在北京举行。会议开幕式由上海合作组织大学中方校长办公室主任任雪梅教授主持。与会专家学者围绕当代亚美尼亚历史、政治、经济、社会、外交等问题展开讨论，以期为进一步深入研究亚美尼亚国情奠定基础。

中国社会科学院政治学研究所所长房宁在会议开幕式致辞中指出：中国与亚美尼亚共和国并不相邻，但对于中国而言，亚美尼亚并不陌生，中国与亚美尼亚交往的历史最早可以追溯到古“丝绸之路”时代。中国与亚美尼亚共和国自1992年建立大使级外交关系以来，特别是中国提出“一带一路”倡议以来，双边高层互访不断，经济、人文等领域的合作取得了丰硕的成果。随着合作的进一步深化，客观上也增加了深入了解的需求。从学术研究的角度上讲，深入全面了解一个国家的国情是社会科学工作者进行研究的基础。由于人类的社会生活、社会实践因各国国家的历史和现实条件的差异而有所差别，但是人类社会又具有普遍的发展规律，不同国家和民族的社会生活、社会事件又具有共性。所以，认识社会的发展趋势需要比较研究。通过比较研究，在差异性中发现问题，在重复性中寻找规律。迅速发展变化的时代，当今中国前所未有的创新与实践，要求我们以更为宽广的视野分析、发掘欧亚大陆上各个国家的多元历史文化、多种发展道路、多样化的经验。

来自亚美尼亚科学院东方学研究所、亚美尼亚共和国驻华大使馆、中国社会科学院国际合作局、中国社会科学院社会科学评价中心、中国社会科学院相关科研院所以及国内其他科研院所的学者、留学生等共计30人与会。

（科研处）

“福利国家的过去、现在与未来”国际研讨会

2017年8月29～30日，由中国社会科学院政治学研究所主办的“福利国家的过去、现在与未来”国际研讨会在北京举行。中外学者就福利国家的理论和实践进行了深入交流，以期为我国社会保障事业的进一步发展提供理论参考。

中国社会科学院国际研究学部副主任周弘对欧洲公共养老保险参数改革进行了介绍。周弘

认为，中国与欧洲的体制很不相同，难以简单类化和照搬，但是，欧洲的实践对于中国具有重要启迪意义。参数改革需要精细化设计和计算，可从缴费和支出两个方面考察参数的合理性和可行性，每项指数的设立都需要认真推敲其指导原则和实际效果之间的关联，不可大而化之。欧洲经验还告诉我们，控制支出并非养老金参数改革的唯一目标。公共养老金设立的初衷是减少贫困，如果在控制支出的同时加大了贫困，就有违初衷了。通过对现行养老金进行参数化和更加公平合理的微调，使公共养老金制度更加健康、合理、可持续地造福人民才是目的。

与会的欧洲学者分别对捷克近期养老金制度改革、德国养老金参数改革、瑞典的退休金制度改革以及意大利近 10 年来社会安全体制改革作了详尽介绍。学者指出，开始于欧洲的福利国家政治理念和制度政策实践，使欧洲国家保持了社会稳定，促进了欧洲的社会发展。随着冷战结束和新自由主义在全球的扩张，资本力量摆脱了民族国家的束缚，欧洲福利国家制度遇到了一定的困境。目前，欧美各国纷纷致力于推进福利国家制度的改革与调适。

日本一桥大学名誉教授、清华大学客座教授渡边雅男从经济、政治、社会三个层面详细阐述了福利国家危机内在的本质问题，并论述了日本福利制度变迁的动因。一桥大学社会学研究所教授白濑由美香认为，日本社会福利支援的重点从现金支援向如何帮助申请者回归社会转移。被导入生活保障制度的自立支援项目中，提出了包括就业自立、日常生活自立、社会关系自立等多种自立形式。这样的自立概念表明，日本的社会保障政策不仅是针对经济贫困进行支援，而且至少在理念上考虑了社会包容力的重要性。

中方专家对欧美国家福利制度进行了理论解读，对中国福利制度的历史与现状进行了深入分析。改革开放以来，中国不断探索如何为民众提供更为优良的社会福利保障。尤其是近年来在扶贫领域取得了重要的成就，为世界减少贫困、促进人类的共同福祉贡献了中国样本和中国经验。中国社会科学院政治学研究所副研究员王红艳认为，扶贫领域取得如此大的成就，关键在于中国政府在扶贫领域制定了一套相对稳定和成熟的集中力量办大事的机制并将之运用了起来。这是社会主义优越性的体现，而事实也雄辩地证明了这一机制的有效性。

中国社会科学院国际合作局局长王镭、政治学研究所所长房宁、日本一桥大学副学长中聪野在开幕式上分别发表了讲话。来自日本、英国、德国、法国、瑞典、捷克、意大利以及中国的 40 多位专家学者参加了研讨。

（科研处）

“海峡两岸社情民意新趋势”学术研讨会

2017 年 9 月 26 ～ 27 日，“海峡两岸社情民意新趋势”学术研讨会在福建省厦门市举行。会议由中国社会科学院和厦门海沧台商投资区管委会联合主办，中国社会科学院政治学研究所与厦门市海峡两岸交流基地共同承办。来自海峡两岸的学者、业内专家和多家媒体记者 40 余人参会。会议由中国社会科学院欧洲研究所前党委书记罗京辉主持，海沧台商投资区人大常委会主任江根云、中国社会科学院政治学研究所所长房宁先后致辞。研讨会设六个单元，与会者围绕以下三大主题作了交流与研讨。

一是社情民意调查方法。整体来看，两岸社情民意调查方法大致相同，可分为电话调查（简称电访）、网络调查、面对面访谈（简称面访）以及大数据分析四大类。

二是显性民意与隐性民意。在会议讨论过程中，两岸学者都关注到一个重要议题：显性民意与隐性民意。显性民意是指公开化的民意，是已经通过各种渠道表达出来的观点和意见；隐性民意则是指尚未通过公开渠道表达出来却真实存在的民意。

三是社情民意调查发展趋势。与会学者主要就调查主题的新趋势、调查主体的发展趋势期待、调查方法的改进期待这三个方面进行了研讨。

在研讨会总结中，房宁指出，我们坚持和发展中国特色社会主义，但个性始终离不开共性，差别也只是阶段性的，发展过程中需要更多地了解别人的经验。别人在前进的道路上遇到过什么问题，是怎么解决的，对我们而言都是无价之宝。至少在未来的二三十年，我们要细心观察、虚心倾听、耐心学习其他国家和地区的发展经验，以实现“两个一百年”奋斗目标。

（科研处）

中国政治学会2017年年会暨“深入学习习近平总书记系列重要讲话精神推动中国特色社会主义政治学创新发展”学术研讨会

2017年9月16～17日，由中国政治学会主办，吉林大学行政学院、东北师范大学政法学院、吉林大学廉政研究与教育中心、吉林省政治学会共同承办的中国政治学会2017年年会暨“深入学习习近平总书记系列重要讲话精神　推动中国特色社会主义政治学创新发展”学术研讨会在吉林省长春市召开。中国政治学会会长李慎明及上百名专家学者与会。

李慎明会长代表学会致辞并作大会主题演讲。李慎明会长在致辞中指出，政治学作为一门经世致用之学，更加需要适应新的形势和任务的要求，紧随时代步伐，站在历史高度，坚持正确的政治方向、理论方向和学术方向，从理论与实践的结合上总结和提升马克思主义中国化的经验，在与政治建设和政治发展的互动中找准中国特色、中国风格、中国气派政治学繁荣发展的着力点，为全面建成小康社会提供更多更有力的精神动力和智力支持，为构建中国特色政治学的理论体系、学术体系和话语体系而不懈努力，力争向党和人民交出一份满意的答卷。

与会专家学者在研讨会上深入学习习近平总书记系列重要讲话，尤其是“7·26”重要讲话精神，围绕会议主题进行了讨论。研讨的主要内容有：(1) 习近平总书记系列重要讲话的社会主义政治学意蕴；(2) 中国特色社会主义政治学学科体系、学术体系与话语体系的构建；

(3) 中国政治学理论发展的前沿问题及政治实践；(4) 中国特色社会主义政治学的核心范畴与研究方法。

在讨论中，学者们还探讨了中国政治学研究方法等问题。学者们普遍认为，中国政治学研究出现的“碎片化”“行政学化”的趋向，更多地应该从中国政治学研究队伍的更新换代的角度来理解。政治学毕竟是一门面向现实、以解决现实问题为导向的学科，随着有海外教育背景的青年学者的大量加入，政治学研究的实证化、数量化导向越来越明显也是题中应有之义。在中国未来很长一段时间里，规范研究和实证研究应齐头并进，只有形成百家争鸣、百花齐放的局面，才能造就中国政治学研究的真正的春天，才能为中国政治发展作出应有的贡献。

（科研处）

民族学与人类学研究所

（一）人员、机构等基本情况

1. 人员

截至2017年底，民族学与人类学研究所共有在职人员141人。其中，正高级职称人员39人，副高级职称人员44人，中级职称人员42人；高、中级职称人员占在职人员总数的89%。

2. 机构

民族学与人类学研究所设有：民族理论研究室、民族经济研究室、民族社会研究室、民族文化研究室、民族历史研究室、世界民族研究室、新疆历史与发展研究室、藏学与西藏发展研究室、资源环境与生态人类学研究室、影视人类学研究室、民族语言研究室、民族语言应用研究室、民族语言实验研究室、民族文字文献研究室、《民族研究》编辑部、《民族语文》编辑部、《世界民族》编辑部、《人类学民族学国际学刊》编辑部、图书馆、网络信息中心、办公室、科研处、人事处。

（二）科研工作

1. 科研成果统计

2017年，民族学与人类学研究所共完成专著41种，1564万字；论文178篇，215万字；理论文章17篇，4.4万字。

2. 科研课题

(1) 新立项课题。2017年，民族学与人类学研究所共有新立项课题32项。其中，国家社会科学基金课题8项：“基于《世界语言结构地图集》的中国少数民族语言类型研究”（李云兵主持），“少数民族权利保护与国家安全问题的国别比较研究”（周少青主持），“当代欧洲民族分离主义与民族—国家建构研究”（刘泓主持），“近代中国语文运动及其国家认同研究”（黄晓蕾主持），“行国政治与北族王朝国家治理问题研究”（陈晓伟主持），“中华民族语言认同研究”（张军主持），“历史人类学知识传统的形成与建构：美国民族史学研究”（刘海涛主持），“中日古代拔牙风俗比较研究”（何星亮主持）；另有其他课题24项。

（2）结项课题。2017年，民族学与人类学研究所共有结项课题25项。其中，国家社会科学基金课题8项：“多民族国家协调民族关系包容文化差异的制度设计研究”（王建娥主持），“我国少数民族地区的贫困与反贫困研究——基于社会保障反贫困的视角”（王延中主持），“蒙古语族语言词汇数据库及词汇比较研究”（斯钦朝克图主持），“数字多媒体记录——汶川县羌语资料库的开发与应用研究”（黄成龙主持），“国外萨满教研究的历史与发展现状研究”（孟慧英主持），“明清时期甘宁青地区民族迁徙与民族融合研究”（秦永章主持），“我国城市少数民族流动人口及其管理研究”（张继焦主持），“清代语言政策史研究”（黄晓蕾主持）；国情调研课题3项：“西藏全面建成小康社会及相关重大现实问题研究”（王剑锋主持），“科尔沁左翼中旗蒙古族萨满文化调研基地”（色音主持），“宁夏永宁县闽宁镇精准扶贫实施与成效评估”（丁赛主持）；交办课题2项：“双语教学与新疆教育发展的战略及影响研究”（王锋主持），“对西藏和四省藏区党外知识分子统战工作有关问题研究（中央统战部交办）”（尹虎彬主持）；另有横向课题12项。

（3）延续在研课题。2017年，民族学与人类学研究所共有延续在研课题14项：“教育部人文社科规划项目”（马亚辉主持），“马克思主义经典作家民族国家理论与实践研究”（张三南主持），“重构与变迁：满蒙祖先崇拜比较研究”（姜小莉主持），“四川纳日人传统音乐的民族志研究”（周特古斯主持），“亚洲北方草原音乐文化的跨境研究”（杨红主持），“贵州实施精准扶贫　创建国家扶贫开发攻坚示范区研究”（董强主持），“伏羲福兮：黄河蛇曲国家地质公园沿岸地区空间转型研究”（赵巧艳主持），“西藏唐卡的造像量度传习体系调查及研究”（刘冬梅主持），“滇西边境集中连片特困地区精准扶贫研究”（付耀华主持），“藏传佛教绘画的造像量度传承与实践研究”（刘冬梅主持），“《五经正义》文学思想研究”（王秀臣主持），“法国吉美博物馆所藏伯希和档案整理与研究”（王楠主持），“民营戏剧文学创作现状之研究”（刘平主持），“‘十三五’期间民族地区社会扶贫发展对策研究”（亓光勇主持）。

（三）学术交流活动

1. 学术活动

2017年，民族学与人类学研究所主办的学术会议如下。

（1）2017年5月11～13日，由中国民族研究团体联合会、国家民族事务委员会民族问题研究中心、内蒙古师范大学主办，内蒙古师范大学民族学人类学高等研究院承办，中国民族理论学会和中国民族学学会协办的“民族区域自治制度的理论与实践暨庆祝内蒙古自治区成立70周年学术研讨会”在内蒙古自治区呼和浩特市举行。会议的主要议题有“我国民族区域制度的建立、完善”“内蒙古和谐繁荣发展及模式”“民族工作先进经验”“民族团结进步经验”“法制建设与依法工作”“城市民族关系”“内蒙古农牧业发展”等。

（2）2017年9月23日，由民族学与人类学研究所与中南民族大学联合主办，《民族研究》编辑部与中南民族大学经济学院承办的“民族地区精准扶贫与精准脱贫学术研讨会”在湖北省武汉市举行。来自国内高校和科研单位的专家学者、师生代表110余人参加了研讨会。

（3）2017年10月12～13日，由中国民族语言学会语言类型学专业委员会主办，安徽中医药大学承办，上海外语教育出版社协办的“中国民族语言学会类型学专业委员会首届学术年会”在安徽省合肥市举办。来自国内高校和科研机构的80余位专家学者出席了会议。

（4）2017年11月22～25日，由中国社会科学院西藏智库主办的“共享与发展：喜马拉雅区域研究国际研讨会”在北京召开。

（5）2017年12月9～10日，“中国民族语言学会民族语文应用专业委员会首届学术研讨会”在北京举行。

2017年12月，“中国民族语言学会民族语文应用专业委员会首届学术研讨会”在北京举行。

（四）学术社团、期刊

1. 社团

（1）中国民族研究团体联合会，会长王延中。

2017年1月18日，由中国民族研究团体联合会主办的“《社会保障绿皮书：中国社会保障发展报告（2017）》发布会暨社会保障反贫困研讨会”在北京举行。该会议的主题是“社会保障反贫困”。

（2）中国民族理论学会，会长陈改户。

2017年7月15～16日，由中国民族理论学会主办的中国民族理论学会2017年学术研讨会暨中国民族理论学会第十届理事会换届会在内蒙古自治区鄂尔多斯市召开。会议的主题为“中国特色解决民族问题正确道路的坚持和完善”。会议收到论文60余篇。

（3）中国民族学学会，会长杨圣敏。

① 2017 年 6 月 15 ～ 19 日，由中国民族学学会主办的 2017 年中国民族学学会高层论坛“‘一带一路’建设与区域、民族与发展”学术研讨会暨常务理事会在甘肃省兰州市举行。

② 2017 年 7 月 13 ～ 17 日，由中国民族学学会主办，青海民族大学民社院承办的中国民族学学会 2017 年年会“民族学人类学中国学派：理论与实践学术研讨会”在青海省西宁市举行。

③ 2017 年 8 月 18 ～ 20 日，由中国民族学学会主办，宁夏社会主义学院承办的“2017 年民族地区社会治理理论与实践创新高端论坛”在北京举行。

（4）中国民族史学会，会长方勇。

2017 年 10 月 28 ～ 29 日，由中国民族史学会和贵州师范大学联合主办的“中国民族史学会第九届会员代表大会暨第二十次学术研讨会”在贵州省贵阳市召开。会议的主题为“中国民族史学科体系的创新与发展”。来自 40 余所高校及科研单位的 90 余位学者参加了会议，会议收到论文 85 篇。

（5）中国民族语言学会，会长尹虎彬。

（6）中国世界民族学会，会长郝时远。

2017 年 12 月 16 ～ 17 日，由中国世界民族学会、《世界民族》杂志社主办，浙江大学社会科学部承办的 2017 年度专家咨询会议在浙江省杭州市召开。

（7）中国民族古文字研究会，会长尹虎彬。

2017 年 9 月 22 ～ 24 日，由中国民族古文字研究会与中央民族大学中国少数民族语言研究院共同主办，西昌学院协办的“第七届中国少数民族古籍文献国际学术研讨会”在四川省西昌市召开。来自海内外的 70 余位民族文字文献领域的学者参加了会议。会议研讨的主要议题有“少数民族古籍的解读”“民族语文的考证和民族文字文献所反映的历史、文化内涵”等。

（8）中国突厥语研究会，会长黄行。

2017年12月25～26日，由中国突厥语研究会主办，北京外国语大学亚非学院承办的“中国突厥语研究会第十三届年会”在北京举行。与会学者围绕古近突厥语词汇、语音、形态、语用、方言、语法化等语言本体研究和翻译、语言文化、语言政策以及“一带一路”语种建设等语言应用问题进行了讨论。

（9）中国西南民族研究学会，会长那金华。

2017 年 4 月 15 ～ 17 日，由中国西南民族研究学会与长江师范学院共同主办的“长江经济带与西南民族地区发展论坛”学术讨论会暨中国西南民族研究学会第九届常务理事会在重庆召开。

2. 期刊

（1）《民族研究》（双月刊），主编王延中。

(2)《世界民族》(双月刊)，主编方勇。

2017 年，《世界民族》共出版 6 期，共计 108 多万字。

(3)《民族语文》(双月刊)，主编尹虎彬。

2017 年，《民族语文》共出版 6 期，共计 70 万字。该刊全年刊载的有代表性的文章有：《再论汉语的特点是什么——从景颇语反观汉语》《从区域语言学到区域类型学》《语言与环境：嘉戎语动词的方位指向》《邕宁等壮语阴调类再分化的原因》《回辉话的内爆音：对音法类型学和演化音法学的意义》《母语类型的多维干扰——维吾尔语重音模式匹配汉语声调的机制》等。

(4) *International Journal of Anthropology and Ethnology*(《人类学民族学国际学刊》)，主编王延中。

(五) 会议综述

长江经济带与民族地区发展论坛
暨中国西南民族研究学会常务理事会

2017 年 4 月 15 ~ 17 日，由中国西南民族研究学会和长江师范学院联合主办的“长江经济带与西南民族地区发展论坛”学术讨论会暨中国西南民族研究学会九届四次常务理事会在重庆市召开。来自国内 21 所高等院校、科研院所和政府机构的 80 多位专家学者参加了会议。

在中国西南民族研究学会九届四次常务理事会上，会员代表审议并通过了新的《中国西南民族研究学会章程》；经过表决，一致选举那金华、袁晓文任会长，曾少聪任秘书长，李平凡任常务副会长。聘请何耀华任名誉会长，陈国安任学会顾问。

“长江经济带与民族地区发展论坛”开幕式由中国西南民族研究学会常务副会长、云南民族大学教授和少英主持；长江师范学院党委书记彭寿清、中国社会科学院民族学与人类学研究所党委书记方勇、名誉会长何耀华分别致辞。论坛共收到论文 59 篇。会议围绕以下两个方面的问题进行了交流和探讨。

对长江经济带发展的研究，主要围绕三个领域展开。第一，从宏观层面讨论长江经济带建设的战略意义，基于统筹协调机制，提出民族地区政策响应的重点是建立生态功能区补偿机制、对城市布局进行点轴结构规划、政策法规体系对接、枢纽经济发展。第二，从宏观层面和微观案例研究长江经济带的生态文明建设和绿色发展问题。提出长江经济带传统产业的生态改造问题，用案例分析藏区生态文明与绿色发展的逻辑体系，话语结构与生态保护的实践路径。第三，区域发展与扶贫问题。区域发展集中讨论了“一带一路”背景下越南边民劳务合作，攀西地区经济发展与稳定问题，重庆土地整治与流转问题。提出了文化旅游对长江经济带建设的重要意义，对发展文化旅游产业提出了具体建议。与会代表指出，应该分清文化产业与文化事业的界限，避免文化资源开发小、散、乱的问题，探讨了文化产业扶贫困境，西南地区旅游发展战略与沿海发达地区的比较问题等。扶贫问题集中讨论了藏区精准扶贫项目的过程评估、目标体系、路径等，分析了武陵山区贫困农户的扶贫参与意愿及影响因素问题。

对西南少数民族文化的研究讨论集中在两点。第一，对历史文化的研究范围很广，不仅关注土司制度、改土归流、职官制度，而且讨论了历史上的政治生态构建、民族政策调整、民族交流与融合、民族关系、少数民族社会变迁、苗疆边墙等。第二，对民族文化的研究涵盖土家族、壮族、藏族、侗族、瑶族等少数民族，集中讨论了布洛陀文化、巴楚文化、渝东南文化，均特别注意了民族语言的保护、民族文化的传承与创新。

会上，对民族学人类学学科理论方法的关注也是重要内容，有对民族政策创新与发展进行的研究，也有对现代学科知识体系建构的探讨，还有对人类学区域研究的回顾与前瞻，表现出继承西南民族研究优良传统，不断进行理论创新的特点。

参会学者的研究成果既重视田野考察和文献材料引用，也密切关注了国家发展战略，实现了理论与实践的结合；论文内容丰富，涉及民族学、人类学、历史学、生态学、语言学、经济学、地理学等，呈现跨学科、交叉学科的态势，展现出较高的理论水平、宽广的学术视野，不少论文紧密关注当前民族地区的发展问题，具有积极的现实意义，体现了学者对国家战略的回应及西南民族研究学者的学术自觉。

学会顾问、贵州省民族研究院研究员陈国安在闭幕式上回顾了中国西南民族研究学会成立36年以来的重要节点，希望学会在未来继续推动民族学人类学学科理论建设，继承过去的优良传统，为西南民族研究作出更大贡献。

（科研处）

中国民族语言学会语言类型学专业委员会首届学术年会

2017年10月12～13日，由中国民族语言学会语言类型学专业委员会主办，安徽中医药大学承办，上海外语教育出版社协办的“中国民族语言学会类型学专业委员会首届学术年会”在安徽省合肥市举办。来自国内高校和科研机构的80余位专家学者出席了会议。

中国民族语言学会会长、中国社会科学院民族学与人类学研究所副所长尹虎彬研究员在开幕致辞中指出，多民族的中国是语言资源的富集区，是从事语言研究的宝地。20世纪50年代以来，许多著名学者进行了大规模的语言调查，涌现了十分丰富的民族语言研究成果，出版了多套价值很高的丛书和大量的专著、论文、研究报告等。但是，这些资料都不能直接地或者廉价地成为我们今天的研究资料。论据的质量决定了研究的质量，学术研究始终会面对时代的挑战。所以，创新是引领学术发展的第一动力。而创新性的学术是建立在扎实和严谨的学科研究基础上的，要树立学科意识，就是要强调理论和方法的创新性探索，抓住具有前瞻性的课题或者问题进行集中攻关研究。语言类型学就是这样一个具有创新性的新领域。尹虎彬希望各位专家学者能够关注学术组织、学术会议的品牌效应，能够积极投身于中国民族语言研究事业中去，形成团结协作的合力，共同推进民族语言学各个领域的研究，为进一步推进民族语言学的学科建设贡献力量，开拓中国民族语言研究的新局面。

中国社会科学院语言研究所所长刘丹青研究员在致辞中强调，语言类型学的核心方法论就是跨语言研究，从比较看特征，以类型统语种，于差异见共性。中国境内语言资源极其富饶，除了分布广泛、方言复杂的世界大语种汉语，还有多达140多种的少数民族语言，不同民族语言内部又有大量方言。这一语言格局本身就构成了跨语言、跨方言比较的资源宝藏，而且也是国际语言类型学开掘得很不够、学术潜力巨大的语言区域。语言类型学范式和视角的引入，为中国民族语言开拓出了一片广阔的新天地，提出了众多值得民族语言学界关注的新课题、新领域，当然，比较的范围也将逐渐从中国境内语言向周边乃至全球的人类语言拓展，为民族语言的调查研究提供新的更具客观性、兼容性和可比性的语法调查框架。现在，类型学的视野，在民族语言研究中，已经从语法领域为主延伸到语音和词汇领域，并形成了语言类型学与历史比较语言学和语言接触研究（或区域语言学）的良性互动，从而为民族语言研究的发展繁荣提供了重要的新契机。

会议邀请刘丹青、洪波、江荻、李兵、丁石庆、周国炎、薄文泽、李大勤、王双成、王锋、黄成龙等十余位国内语言类型学研究领域的知名专家举办了专题讲座，同时设立三个分会场共5个小组进行专题研讨，涉及近40种语言。共有70余位学者进行了分组报告，内容涉及致使结构专题、汉语方言、语音类型、历史语言学、形态句法、语言规划研究、语言资源保护等多个领域。

（科研处）

当前世界民族问题的热点与新趋势学术研讨会

2017年10月21～22日，由中国社会科学院民族学与人类学研究所世界民族研究室主办的“当前世界民族问题的热点与新趋势”学术研讨会在北京举行。国内民族学与人类学、政治学、历史学、社会学、国际关系学、宗教学、管理学等学科从事世界民族研究领域的数十位专家学者参加了会议。

中国社会科学院民族学与人类学研究所副所长尹虎彬研究员，中央民族大学中国民族理论与民族政策研究院院长、中国世界民族学会副会长青觉教授以及民族学与人类学研究所世界民族研究室前室主任朱伦教授先后致辞。

尹虎彬介绍了民族学与人类学研究所世界民族研究室的发展历程、专业研究领域以及取得的成果，并结合当前世界多极化、经济全球化、文化多样化、社会信息化深入发展的时代背景，对此次学术研讨会和世界民族研究室今后的发展提出了要求。他希望与会学者能够本着“研究世界、服务中国”的学术交流理念，相互交流，相互学习，也希望世界民族研究室在已有科研成果的基础上将理论研究与实证研究并举，不断提高自身的学科建设水平和综合能力，取得更好的成绩。青觉教授从党的十九大报告中关于民族工作的表述出发，对当前时期民族问题研究工作的重心进行了逐一梳理。他指出，现今世界民族研究课题应该在进行议题、概念、范式等比较研究的同时，进一步体现中国特色社会主义民族治理的经验、风格与气派。在继承发展现有中国民族理论的基础上，应用马列主义和中国民本主义的哲学体系，逐渐在世界民族研究中形成具有中国话语的研究范式和方法论。

在大会主旨报告阶段，多位学者围绕“当代世界民族问题的热点与新趋势”这一主题发表了他们的看法，报告人及报告题目分别为田德文：“欧洲民族国家的困境”；严庆：“冲突与动荡：以人民的名义——一种新的民粹主义对当前世界民族问题的影响”；姜毅：“欧亚地区跨界民族与地缘政治安全”；扎洛：“清代中国与哲孟雄的边界——洞朗对峙的历史背景”；贾仲益：“跨境民族与国家安全：中国民族政策及其实践的反思”；孔田平：“非自由民主：匈牙利‘试验’及其影响”；周少青：“共识不足影响当下国际反恐的有效性”；方素梅：“‘一带一路’视野下的中国西藏与尼泊尔”；包刚升：“西方政治的新现实？族群宗教多元主义与自由民主政体的新挑战”；王军：“民主化进程中的世界民族热点问题”；常士訚：“中心——边缘结构的报复：欧洲多元文化主义危机的一种解释”；李秉忠：“库尔德人建国活动的趋势及其影响”；祁进玉：“中韩关系及其展望——兼论中国崛起及其对周边关系的影响”；丁隆：“中东剧变以来政治伊斯兰演变与发展趋势”；陈国庆：“中缅跨境佤族的现状与国家安全相关问题刍议”；沈德昌：“当前印度对西藏的政策”；吴洪英：“‘一带一路’倡议与拉美对接”；张海洋：“中国的‘世界民族问题’——认知和研究”；朱伦：“加泰罗尼亚问题与有限自治权”。

在研讨阶段，中央民族大学教授王军、外交学院《外交评论》主编陈志瑞、中央民族大学教授严庆、中央民族大学教授关凯以及中国社会科学院《民族研究》编辑部编审马俊毅、《世界民族》编辑部主任包胜利等专家学者，从各自不同的学理视角切入，对会议报告内容进行了点评。他们认为，研讨会主题明确，重点突出，会议报告人围绕“当前世界民族问题的热点与新趋势”这一会议主题，重点从欧洲民族分离主义新动向、宗教冲突与恐怖主义、民族国家治理、跨界民族与国家安全、“一带一路”倡议的国际反响以及种族主义对民族国家治理的影响等新颖角度切入，以专业理论为基础，立足可靠的文献资料，结合个案研究的方法，阐释分析了当前世界民族问题的现状和存在问题，及时展现了当前世界民族问题的最新动态，让与会者对其发展趋势与活动特点有了进一步的认识和把握，从而为我国的民族政策与民族理论研究提供了重要参考。

（科研处）

中国民族史学会第九届会员代表大会暨第二十次学术研讨会

2017 年 10 月 28 ～ 29 日，由中国民族史学会和贵州师范大学联合主办，贵州师范大学历史与政治学院承办的“中国民族史学会第九届会员代表大会暨第二十次学术研讨会”在贵州省贵阳市举办。会议包括学会换届和学术研讨两项议程。学术研讨会的主题为“中国民族史学科体系的创新与发展”。来自国内 40 余所高校及科研机构的近百名学者参加了会议，提交论文 85 篇。

大会开幕式于 28 日举行。贵州师范大学副校长赵守盈教授致欢迎辞，中国民族史学会副会长黎小龙教授致开幕词，中国社会科学院民族学与人类学研究所党委书记方勇教授代表中国民族史学会主管单位讲话。中国民族史学会副会长兼秘书长刘正寅研究员宣读了中国民族史学会顾问、中国社会科学院荣誉学部委员杜荣坤研究员的贺信。开幕式由贵州师范大学历史与政治学院院长阳黔花教授主持。

开幕式后，大会进行学术主旨报告，由中国民族史学会副会长、烟台大学原党委书记崔明德教授主持。九位学者围绕会议主题发表了自己的最新研究，分别是：中国社会科学院民族学与人类学研究所史金波研究员《西夏文社会文书对中国史学的贡献》，宁夏大学陈育宁教授《西夏文化的形成及其特征》，南京大学华涛教授《唐以后一千年中国民族关系的特点与意义》，西南大学黎小龙教授《阴阳五行观与两汉民族思想初探》，内蒙古大学齐木德道尔吉教授《蒙古国〈封燕然山铭〉摩崖调查记》，贵州师范大学徐晓光教授《清水江杉木贸易发端问题新探》，中国社会科学院中国边疆研究所李大龙编审《阐述中华民族形成和发展的视角、理论与方法》，中国社会科学院民族学与人类学研究所刘正寅研究员《从扎萨克制到伯克制：清朝西域治理的制度设计及其调适》，云南大学罗群教授《“国家福利”——民国时期云南边地垦殖与边疆开发研究》。

大会分三组进行学术研讨。与会专家围绕会议主题，分别从民族史学理论、民族政治史、民族经济史、民族文化史、民族关系史等诸多方面展开，既有个案研究，又有理论探索，从多层面多视角展开论述，反映了中国民族史研究的最新动态与发展前沿。学术研讨会最后由中国民族史学会副会长、南京大学华涛教授作学术总结。

大会的另一议程为选举产生新一届理事会及新的学会领导集体。首先由会员代表大会选举产生了第九届理事，随后由新一届理事会议选举出新一届学会领导集体。中国社会科学院民族学与人类学研究所党委书记、副所长方勇教授当选为会长。

在大会闭幕式上，新会长方勇教授致辞。他希望中国民族史学会今后能够努力搭建学术平台，促进民族史学的发展与交流。

（科研处）

中国突厥语研究会第十三届年会

2017年12月25～26日，由中国突厥语研究会主办，北京外国语大学亚非学院承办的“中国突厥语研究会第十三届年会”在北京举行。

会议的主题为“突厥语族语言研究与‘一带一路’国家语言状况”。来自国内科研院所、高等院校以及出版单位的近百位专家学者参加了年会。

中国突厥语学会会长黄行研究员主持开幕式，北京外国语大学副校长贾文键教授、中国民族语言翻译局局长阿力木·沙比提、民族出版社原副总编艾尔肯·哈德尔、中央民族大学突厥语学专家胡振华教授等作大会致辞。

黄行会长首先介绍了中国突厥语研究会在中国民族研究团体中的地位和作用，回顾成立以来的主要成就，希望能够在今后的学术研究方面为国家作出更多的贡献。北京外国语大学贾文键副校长在致辞中向与会代表介绍了该校在“一带一路”框架下服务国家发展，开展新语种特别是突厥语系语种建设的现状和规划。他表示，突厥语研究会所做的事业与北外的事业高度契合，期待突厥语学界与北外通过多种渠道加强交流合作，北外愿为促进双方共同发展作出贡献。阿力木·沙比提局长在致辞中强调了在全球化和“一带一路”背景下，推动和发展民族语言研究和翻译的重要意义。艾尔肯·哈德尔在致辞中表示，中国各民族共同创造了灿烂的中华文明，加强语言文字研究，可以更好地推动国内各个民族及我国与周边国家和谐文明发展。胡振华教授在致辞中简要回顾了20世纪50年代起开展的四次语言调查、文字创制工作的情况及其与北外的渊源，特别鼓励新一代学者脚踏实地、承前启后，为民族语言文化研究和民族团结作出新的贡献。

年会设大会主旨报告环节，并设两个分会场展开讨论。中国突厥语学会副会长、中央民族大学哈萨克语言文学系主任张定京教授主持大会主旨报告环节，中国社会科学院民族学与人类学研究所副研究员木再帕尔、新疆伊犁师范学院教授乌鲁木齐拜·杰特拜、北京外国语大学阿塞拜疆籍专家阿利耶夫博士以及张定京教授作主旨报告。

（科研处）

社会学研究所

（一）人员、机构等基本情况

1. 人员

截至2017年底，社会学研究所共有在职人员79人。其中，正高级职称人员16人，副高级职称人员27人，中级职称人员25人；高、中级职称人员占在职人员总数的86%。

2. 机构

社会学研究所设有：社会理论研究室、社会调查与方法研究室、家庭与性别研究室、组织与社区研究室、农村与产业社会学研究室、青少年与社会问题研究室、社会发展研究室、社会政策研究室、社会心理学研究室、社会人类学研究室、廉政建设与社会评价研究室、《社会学研究》编辑部、《青年研究》编辑部、办公室、科研处。

3. 科研中心

社会学研究所院属科研中心有：社会政策研究中心、私营企业主群体研究中心、国情调查与大数据研究中心、中国廉政研究中心；所属科研中心有：社会调查与数据处理研究中心、社区信息化研究中心、社会—文化人类学研究中心、社会心理学研究中心、农村环境与社会研究中心。

（二）科研工作

1. 科研成果统计

2017年，社会学研究所共完成专著11种（含合著），390万字；论文122篇，148.4万字；论文集3种，110万字；理论文章17篇，5.1万字；译著2种，50.4万字。

2. 科研课题

（1）新立项课题。2017年，社会学研究所共有新立项课题7项。其中，国家社会科学基金一般课题1项："社会分层视角下反腐败政策的政治效应研究"（徐法寅主持）；国家社会科学基金青年课题3项："情感劳动作为文化生产模式的社会学研究"（梅笑主持），"城乡环境治理的科技社会学理论与案例研究"（张劼颖主持），"社会心态视角下主观社会阶层对公众参与的影响与机制研究"（谭旭运主持）；所国情调研基地课题3项："绿色减贫——宁夏南部山区反贫困研究"（赵克斌、王晓毅主持），"养老政策的社区执行力"（夏传玲主持），"江苏太仓市常丰社区创新社会治理调研"（王春光主持）。

（2）结项课题。2017年，社会学研究所共有结项课题4项。其中，国家社会科学基金课题3项："宁夏中南部地区生态移民社会适应与后续产业发展研究"（赵克斌主持），"医养结合的社区实践"（夏传玲主持），"江苏太仓市常丰社区创新社会治理调研"（王春光主持）；国家社会科学基金青年课题1项："中等收入群体的发展趋势和消费模式研究"（朱迪主持）。

（3）延续在研课题。2017年，社会学研究所共有延续在研课题22项。其中，国家社会科学基金重点课题1项："我国社会心态测量指标研究"（杨宜音主持）；国家社会科学基金一般课题7项："社会转型期家庭变迁理论研究"（吴小英主持），"社会转型期的职业分类研究"（田丰主持），"70后、80后、90后文化代际文化差异与网络参与的关系研究"（赵联飞主持），"寻找和建构转型期中国的家庭政策体系"（马春华主持），"日常生活研究的方法论"（赵锋主持），“社会转型中公益与民情关系的人类学研究”（李荣荣主持），“中国股票市场稳定发展的社会机制研究”（杨典主持）；国家社会科学基金青年课题12项：“网络时代的社区参与和社区治理研究”（肖林主持），“人口变动对队列人口福利的影响及政策回应研究”（马妍主持），“梁漱溟与费孝通乡土重建思想比较研究”（张浩主持），“新工人的社区生活形态与劳资关系的地方性差异研究”（汪建华主持），“民国时期劳工社会学的学科建构与当代意义研究”（闻翔主持），“社会共识形成和作用机制研究”（高文珺主持），“文化符号消费和生产视角下的转型时期阶层分化的文化建构研究”（孟蕾主持），“以社区服务为切入点的城市新熟人社区建构研究”（史云桐主持），“社会理论传统的重构及其对当代中国的现实意义研究”（陈涛主持），“同居问题成因、特征和趋势研究”（於嘉主持），“旧城改造与城市基层社会治理研究”（施芸卿主持），“我国网络借贷的地方治理模式研究”（向静林主持）；国情调研重大课题2项：“中国西部农村基础教育现状研究”（孙壮志、李春玲主持），“社会基层治理调研”（陈光金、王春光主持）。

（三）学术交流活动

1. 学术活动

2017年，社会学研究所主办和承办的学术会议如下。

（1）2017年4月10日，由社会学研究所主办，社会政策研究中心承办的“第三届亚洲社会政策与反贫困国际学术会议”在北京举办。来自中、日、韩三个国家社会政策领域的专家学者对社会政策与反贫困的理论和实践经验进行了深入讨论，就三国反贫困研究作阶段性总结，并对下一步开展联合课题研究进行协商。

（2）2017年6月24～28日，由中国社会科学院、全国博士后管理委员会、中国博士后科学基金会联合主办，中国社会科学院博士后管理委员会、社会学研究所、中国社会科学院社会发展战略研究院、浙江师范大学法政学院共同承办的“第十二届中国社会学博士后论坛暨第四届社会学青年论坛”在浙江省金华市举行。论坛的主题为“以新发展理念引领社会治理现代化”。

（3）2017年7月15～16日，由中国社会学会主办，上海大学、上海市社会学学会等单位联合承办的“中国社会学会2017年学术年会”在上海召开。会议的主题是“迈向共建共享的全面小康社会”。

（4）2017年8月19日，由中国社会学会社会政策专业委员会、社会学研究所、江西财经大学联合主办，江西财经大学人文学院、社会工作与管理研究中心承办的“中国社会学会社会政策研究专业委员会年会暨第十三届社会政策国际论坛”在江西省南昌市召开。会议的主题为“共享发展与社会政策创新”。

（5）2017年10月28日，由社会学研究所主办，山东社会科学院承办的“中国社会发展阶段特征与未来趋势研讨会暨全国社会科学院系统社会学所所长会议”在山东省莱芜市召开。会议的主题是“中国社会发展阶段特征与未来趋势”。

(6) 2017年12月22日，由新华社半月谈杂志社、中国社会科学院科研局、社会学研究所、社会科学文献出版社联合主办的“2017中国社会发展高峰会暨2018《社会蓝皮书》发布”在北京召开。

2. 国际学术交流与合作

2017年，社会学研究所共派遣出访55批112人次，接待来访20批74人次（包含顺访8批14人次）。与社会学研究所开展学术交流的国家有：英国、美国、加拿大、法国、德国、瑞士、瑞典、挪威、奥地利、捷克、西班牙、俄罗斯、乌克兰、哈萨克斯坦、南非、埃塞俄比亚、澳大利亚、新西兰、智利、阿根廷、日本、韩国、新加坡、泰国等。

(1) 2017年1月9日，社会学研究所《社会学研究》编辑部主任杨典副研究员应邀参加中国社会科学院团组，赴瑞士参加中国社会科学院和国际贸易与可持续发展中心共同举办的“创新与发展”研讨会，参加中国社会科学院与联合国社会发展研究所共同举办的“创新与可持续发展研讨会”，并作题为“中国社会政策创新：精准扶贫与中国梦”的主题发言。

(2) 2017年2月5日，社会学研究所副所长赵克斌等赴法国里昂，参加中国社会科学院与法国国家科研中心ILA实验室共同举办的“中法后西方社会学理论与田野研究实验室双边学术研讨会”。会议的主题是“不平衡、人口流动与市民身份”，双方学者就城市发展中的经济不平衡、移民、社会融合等问题进行研讨，并讨论进一步开展合作研究。

(3) 2017年2月22日，社会学研究所党委书记、副所长孙壮志研究员等应乌克兰基辅塔拉斯—舍甫琴科国立大学和德国弗莱堡马普学院邀请，赴乌克兰和德国进行学术访问。访问期间，与基辅塔拉斯—舍甫琴科国立大学学者围绕“社会发展新思路：治国理政中的廉政功能与作用”开展研讨，进行学术交流；与弗莱堡马普学院学者以“中德反腐败：一个比较视野”为主题进行座谈研讨。

(4) 2017年4月10日，社会学研究所《社会学研究》编辑部主任杨典等赴法国波尔多政治学院，参加社会学研究所与波尔多政治学院共同举办的主题为“社会发展中的包容性政策与路径”的学术研讨会。

(5) 2017年4月20日，社会学研究所副所长赵克斌等应邀赴捷克访问，并与捷克科学院社会学研究所联合举办“社会发展与社会政策”学术研讨会。

(6) 2017年4月26日，社会学研究所社会政策研究室主任王春光研究员等应澳大利亚新南威尔士大学社会政策研究中心李秉勤教授邀请，赴澳大利亚参加“社会政策与技术创新研讨会”。

(7) 2017年5月1日，社会学研究所党委书记、副所长孙壮志研究员等应美国乔治华盛顿大学埃利奥特国际事务学院邀请，赴美国参加该学院主办的“美国和俄罗斯在中亚及其邻近地区的关系”研讨会。孙壮志在会上作题为“丝绸之路经济带建设与中亚的繁荣发展”的主题发言。

(8) 2017年6月8日，社会学研究所所长陈光金研究员等应英国巴斯大学死亡和社会研究中心的邀请，赴英国巴斯大学访问，参加巴斯大学死亡和社会研究中心2017年年会。

(9) 2017年6月22日，社会学研究所农村公共事务治理项目组首席研究员王晓毅等应美国科罗拉多州立大学邀请，赴美国进行农业技术推广体系研究，与美国科罗拉多州立大学农业社会发展研究领域的学者举行座谈，就各自的学术观点进行探讨和交流。

(10) 2017年7月13日，应哈萨克斯坦总统图书馆邀请，社会学研究所党委书记、副所长孙壮志研究员等赴哈萨克斯坦进行学术访问，与哈萨克斯坦总统图书馆、总统直属战略研究所、祖国之光党总部、社会政策研究与评估机构等进行了座谈与交流。

(11) 2017年7月23日，社会学研究所青少年与社会问题研究室副研究员吕鹏应杜伊斯堡－埃森大学东亚高级研究院的邀请，赴该研究院进行学术访问。

(12) 2017年8月10日，社会学研究所《社会学研究》编辑部主任杨典副研究员应北美华人社会学家协会主席舒晓灵博士的邀请，参加在加拿大举办的文化分论坛。

(13) 2017年9月3日，社会学研究所副所长王春光研究员随中国社会科学院代表团赴澳大利亚布里斯班，参加“第三届中—昆亚太论坛”。

(14) 2017年10月29日，社会学研究所副所长赵克斌等前往乌克兰敖德萨国立海事大学，参加由社会学研究所和乌克兰敖德萨国立海事大学联合举办的“第三届‘一带一路’沿线国家社会发展研讨会”。双方学者围绕“家庭社会学”“经济社会学”“消费社会学”“网络社会学”“青年社会学”等研究领域进行学术交流；会后，社会学研究所学者出席了中国社会科学院与乌克兰敖德萨国立海事大学建立的“中国社会科学院—敖德萨国立海事大学中国研究中心”揭牌仪式。

(15) 2017年11月7日，社会学研究所所长陈光金研究员等应泰国玛希隆大学人口和社会研究所邀请，赴泰国参加“泰国和中国的人口、社会变迁和社会治理”研讨会，与泰方学者探讨青年、老年人口、消费文化、社会分层以及社会治理等问题。

(16) 2017年11月16～29日，社会学研究所农村与产业研究室王晓毅研究员应瑞典斯德哥尔摩大学前人文地理系主任魏麦思院士邀请，执行中国社会科学院与瑞典斯德哥尔摩大学的交流协议，赴瑞典进行学术访问。

(17) 2017年12月8～17日，社会学研究所组织与社区研究室副主任肖林副研究员等应英国卡迪夫大学社会科学学院院长Tom Hall的邀请，执行与英国卡迪夫大学共同申请并获得的中国社会科学院—英国学术院“牛顿先进奖学金”项目，赴英国卡迪夫进行学术访问。

(18) 2017年12月17日，社会学研究所所长陈光金研究员等参加中国社会科学院访问代表团，应西班牙国家研委会邀请，赴西班牙马德里参加“中国—西班牙社会变迁学术研讨会”。

3．与中国香港、澳门特别行政区和中国台湾开展的学术交流

（1）2017 年 4 月 21 日，社会学研究所《青年研究》编辑部副主任赵联飞副研究员应澳门发展策略研究中心邀请，赴澳门就“澳门中产阶层”的现状和政策需求进行实地调研和学术研讨。

（2）2017 年 5 月 22 日，社会学研究所青少年与社会问题研究室主任李春玲研究员应香港教育大学邀请，赴香港参加“中国与俄罗斯中等收入群体：成长与挑战”研讨会，并在会上作题为“中国与俄罗斯中等收入群体：成长与挑战”的主题发言。

（3）2017 年 5 月 28 日，社会学研究所《青年研究》编辑部副主任赵联飞副研究员应澳门发展策略研究中心邀请，赴澳门参加以“澳门中产阶层现状和政策”为主题的多场内部专题研讨会。

（4）2017 年 10 月 10 日，社会学研究所家庭与性别研究室主任吴小英研究员等应台湾“清华大学”当代中国研究中心主任沈秀华教授邀请，赴台湾进行“家庭研究与家庭政策的两岸学者对话”主题学术访问。

（四）学术社团、期刊

1．社团

（1）中国社会学会，会长李友梅。

2017 年 7 月 14 ～ 15 日，“中国社会学会 2017 年学术年会”在上海召开。年会的主题是“迈向共建共享的全面小康社会”。来自全国各相关机构的学者 1700 余人参加了年会。会议共收到论文 1600 余篇。

（2）中国社会心理学会，会长许燕。

2017 年 7 月 15 日，中国社会心理学会在贵州省贵阳市召开“中国社会心理学会 2017 年学术年会”。会议的主题是“健康中国，健康社会”。来自海峡两岸暨香港的 450 余名专家学者参加了会议。

2．期刊

（1）《社会学研究》（双月刊），主编陈光金。

2017 年，《社会学研究》共出版 6 期，共计 144 万字。该刊全年刊载的有代表性的文章有：应星的《事件社会学脉络下的阶级政治与国家自主性——马克思〈路易·波拿巴的雾月十八日〉新释》，陈占江的《迈向行动的环境社会学——基于反思社会学的视角》，熊春文的《农业社会学论纲：理论、框架及前景》，成伯清、李林艳的《激情与社会——马克思情感社会学初探》，边燕杰的《论社会学本土知识的国际概念化》，王宁的《社会学本土化议题：争辩、症结与出路》，何蓉的《因开放而科学——恩格斯的社会主义思想及其现实基础》，周晓虹的《江村调查：文化自觉与社会科学的中国化》，文军、吴越菲的《流失“村民”的村落：传统村落的转型及其乡村性反思——基于15个典型村落的经验研究》，张海东、杨城晨的《住房与城市居民的阶层认同——基于北京、上海、广州的研究》，李强的《从社会学角度看现代化的中国道路》，李友梅的《中国社会治理的新内涵与新作为》，翟学伟的《爱情与姻缘：两种亲密关系的模式比较——关系向度上的理想型解释》，李路路、石磊的《经济增长与幸福感——解析伊斯特林悖论的形成机制》，杜月的《制图术：国家治理研究的一个新视角》，蒙克的《“就业—生育”关系转变和双薪型家庭政策的兴起——从发达国家经验看我国“二孩”时代家庭政策》，吴莹的《空间变革下的治理策略——“村改居”社区基层治理转型研究》，李棉管的《技术难题、政治过程与文化结果——“瞄准偏差”的三种研究视角及其对中国“精准扶贫”的启示》，张佩国的《传统中国福利实践的社会逻辑——基于明清社会研究的解释》等。

（2）《青年研究》（双月刊），主编陈光金。

2017年，《青年研究》共出版6期，共计106万字。该刊全年刊载的有代表性的文章有：宋健、范文婷的《高等教育对青年初婚的影响及性别差异》，刘利鸽的《婚姻挤压下农村残疾男性的婚恋机会和婚姻策略》，唐承祚的《强势普遍主义与弱势再生产——高校学生干部身份获得的机制检验》，蒋亚丽的《父母期望、学校类型与流动儿童学习成绩》，尉建文、韩杨的《社会资本对灾区民众心理健康的影响——基于汶川地震灾区的追踪数据研究》，时昱的《当代中国大学生创业意愿与创业实践——基于全国12所高校调查数据的经验发现》，张月云、同钰莹、刘保中的《独生与非独生青少年社交能力比较研究》，孙力强、杜小双、李国武的《结构地位、社会融合与外地户籍青年留京意愿》，毕向阳的《心理资本、情绪适应与大学生网络成瘾——基于性别差异的完全效应调节模型分析》，李荣彬的《子女性别结构、家庭经济约束与流动人口生育意愿研究——兼论代际和社会阶层的影响》，许琪、许庆红、乔天宇的《留守父母对子女流动范围的影响》，李丁的《共青团组织推动高校学生社团发展与治理的历程研究》，余泓波、吴心喆的《我国大学生对民主评价的差异分析——以中国、美国、日本、印度为评价对象》，郭志刚、田思钰的《当代青年女性晚婚对低生育水平的影响》，徐浙宁的《城市“二孩”家庭的养育：资源稀释与教养方式》。

（五）会议综述

中国社会学会2017年学术年会：迈向共建共享的全面小康社会

2017年7月15～16日，由中国社会学会主办，上海大学、上海市社会学学会等单位联合承办的“中国社会学会2017年学术年会”在上海大学召开。年会的主题是“迈向共建共享的全面小康社会”。

中国社会科学院副院长、党组成员、学部委员李培林，上海市委宣传部副部长燕爽，上海大学校长金东寒等领导出席开幕式并讲话，开幕式由上海研究院常务副院长文学国主持。

李培林在开幕式上的讲话中指出，此次年会的主题是“迈向共建共享的全面小康社会”，这是改革开放以来几代中国社会学人所秉承的“志在富民”的学术追求。现在，我国距离到2020年全面建成小康社会只有3年多时间了，全面小康社会是怎样一种社会呢？那是一个人均GDP达到约1万美元中上收入的社会，那是一个城镇化水平达到约60%的实现巨大转型的社会，那是一个城乡居民的恩格尔系数下降到30%以下的生活宽裕的社会，那是一个构建起覆盖全民的基本社会保障安全网的社会，那也仍将是一个发展中大国的发展中的社会，那还是一个我们将在新的起点上提出新的阶段性发展目标和发展步骤的社会。

李培林强调，尽管全面建成小康社会胜利在望，但从长远发展来看，我国走向现代化的道路依然很长，面临着各种难题。第一是如何让农民普遍富裕起来的难题。我国城乡差距太大，这是我们走向现代化的软肋，也是我国面对的最大发展难题。第二是如何实现共同富裕的难题。改革开放以来，我国国民收入差距不断扩大，到2008年到达顶点，近若干年来持续缩小，但十分缓慢，2016年又出现微小反弹。所以，缩小收入差距、建设公平正义的社会，是我国社会学要认真关注的问题。第三是如何促进中等收入群体成长、扩大消费的难题。通过扩大中等收入群体，促进大众消费，使国内消费成为经济长期持续发展的稳定支撑，这对一个大国来说，尤其重要。第四是创新社会治理的难题。我们既面对就业、教育、医疗、养老、社会治安等利益矛盾问题的社会治理，也面临食品药品安全、环境脆弱、价值观念冲突、社会心态焦虑等引发的难以预测的新型社会风险；既面临如何保持社会活力的问题，也面对怎样保持和谐稳定的问题。第五是处理好福利增长和经济发展关系的难题。随着居民收入水平的持续提高和生活改善，人们的各种个性化、多样化的福利诉求也不断攀升。但经济发展是周期性波动的，而福利通常是刚性增长的，要吸取一些国家的教训，防止空头承诺，防止政府财政和债务危机带来的政治风险，特别是要防止民粹福利主义绑架民意。

李培林最后指出，这一类的发展难题还有很多，我国社会学者要继承老一辈社会学家优良传统，关注社会发展中的重大问题，关注民生，关怀底层，做到在共建中共享，在共享中共建。要加强理论创新，形成中国社会学不忘本来、面向未来的理论体系、学科体系和话语体系。要加强社会学研究方法的创新，发挥社会学证实、解释和预测的优势。

李培林号召全国社会学工作者脚踏实地、潜心研究，不辜负党和人民的重托，不辜负时代的期望，用更优异的学术成果，创造社会学的美好未来。

中国社会学会新任会长李友梅致开幕词。她指出，此次年会主题为“迈向共建共享的全面小康社会”，这是社会学工作者长期耕耘和为之努力的志之所在。党的十八届五中全会提出了共建共享的新发展理念，这是在深刻总结国内外发展经验教训、分析国内外发展大势的基础上形成的，是针对我国发展中的突出矛盾和问题而提出的当代中国发展之道。从理论和实践的结合上把握我国社会进步与国家发展的规律，让世界全面地认识中国、认识中国所选择的现代化道路，是社会学同仁义不容辞的责任。她着重谈了三点思考：第一，迈向共建共享的全面小康社会是实现中国特色社会主义现代化的重要条件；第二，当前中国社会学学科建设面临新要求和新任务；第三，中国社会学会不辜负时代重任。

开幕式后，李成、宋林飞、张文宏、张小军 4 位社会学专家分别作了题为“多元共享与走向世界前沿的中国社会学研究——一个海外学者的评估”“现代化的中国实践与话语体系”“当代中国社会结构变迁与社会流动”“文化多样性视角下的民族发展”的主题演讲。除大会主题学术演讲外，年会还安排了“社会发展与结构变迁国际学术研讨会”“青年博士论坛”“特大城市社会治理论坛”等 59 个分论坛。

此届年会共收到论文 1600 余篇。来自全国各相关机构的学者 1700 余人参加了年会。年会还进行了优秀论文、优秀论坛的评奖活动。

（科研处）

中国社会发展阶段特征与未来趋势研讨会
暨全国社会科学院系统社会学所所长会议

2017 年 10 月 28 日，中国社会发展阶段特征与未来趋势研讨会暨全国社会科学院系统社会学所所长会议在莱芜市召开。该次会议由中国社会科学院社会学研究所主办，山东社会科学院承办。会议的主题是“中国社会发展阶段特征与未来趋势”。中国社会科学院党组成员、副院长李培林出席开幕式并讲话。山东社会科学院党委书记唐洲雁、中国社会科学院社会学研究所所长陈光金分别致辞。山东社会科学院院长张述存主持了开幕式。

李培林在会上作了题为“新时代发展的历史性变革和挑战——学习党的十九大报告精神”的主旨演讲。李培林指出，党的十九大最重要的成果，就是提出了习近平新时代中国特色社会主义思想，这将成为我们全面决胜建成小康社会和开启社会主义现代化新征程的指导思想和行动纲领。李培林认为，中国发展进入新时代，意味着我国实现了从站起来、富起来到强起来的历史性跨越，意味着开辟了走向社会主义现代化的新征程，意味着人民美好生活的追求发生了深刻变化。新时代未来发展具有几个新趋势：第一，中国将步入高收入国家行列；第二，创新驱动和产业结构升级的效应将会逐步显现；第三，中国将成为服务业和消费大国；第四，乡村振兴将成为潮流；第五，新的人口红利正逐步形成；第六，社会保障将实现全国统筹；第七，绝对贫困消除后，将实行解决相对贫困的新征程。

唐洲雁在致辞中指出，刚刚闭幕的党的十九大，是在全面建成小康社会决胜阶段召开的一次重要会议，会议明确提出中国特色社会主义进入了新时代。广大哲学社会科学工作者必须坚持以习近平新时代中国特色社会主义思想为指导，充分认识新时代社会主要矛盾的变化，分析研判新时代中国社会发展阶段的特征和趋势。社会学研究工作者应以增进人民福祉为根本目的，参与、研究、制定社会发展的战略和发展的政策，紧紧围绕党的十九大报告提出的社会建设领域的目标任务，开展理论和实践的研究。

陈光金在致辞中指出，习近平总书记在党的十九大报告中对新时代作了高度凝练的概括，在这个伟大的新时代，社会学大有可为，也应当大有作为。我国社会学的大发展，是时代的需要，是人民的需要，也是我们党的需要。面对这一伟大的要求，中国社会学界要振奋精神，发奋努力，积极投身到这一伟大的时代洪流中，扎实开展对历史和现实问题的研究，不断创新学术理论和研究方法，努力构建学术体系、话语体系，建设好与社会发展相关的新型智库，为党和国家建言献策，为化解各种可能的社会矛盾作出学科应有的贡献。

会议邀请了中国社会科学院学部委员、中国宗教学会会长卓新平研究员，山东社会科学院副院长袁红英研究员，中国社会科学院社会学研究所副所长王春光研究员作大会主题报告。三位嘉宾分别围绕“当代中国宗教研究中的几个热点问题”、“打造省情数据库，提升新型智库水平和能力”以及“精准扶贫政策执行的实践逻辑”等主题进行了演讲。与会专家还围绕“共享发展和精准扶贫”“社会服务与社区治理”进行了分组讨论和交流。专家们认为，习近平总书记在党的十九大报告中对坚决打赢脱贫攻坚战和打造共建共治共享的社会治理格局作了专门论述，这为社会学工作者提供了思想理论指引和发挥作用的广阔舞台。专家们表示，党的十九大吹响了我国发展进入新时代的号角，社科院系统和社会学工作者要以党的十九大精神为指引，以更加昂扬的精神面貌和奋发有为的精神状态，更加深入地调查和研究社会现实，加强中国特色新型智库建设，为党和政府的科学决策服务，为人民日益增长的美好生活需要服务，在全面建设社会主义现代化国家的新征程中贡献力量。

（陈建伟）

社会发展战略研究院

（一）人员、机构等基本情况

1. 人员

截至 2017 年底，社会发展战略研究院共有在职人员 29 人。其中，正高级职称人员 6 人，副高级职称人员 10 人，中级职称人员 9 人；高、中级职称人员占在职人员总数的 86%。

2. 机构

社会发展战略研究院设有：发展战略与政策研究室、社会建设与管理研究室、组织与制度变迁研究室、社会责任与公共服务研究室、马克思主义社会发展理论研究室（国家治理研究室）、社会保险与福利政策研究室、《社会发展研究》编辑部、办公室。

3. 科研中心

社会发展战略研究院管理的院属科研中心有：中国社会科学院社会景气研究中心。

（二）科研工作

1. 科研成果统计

2017年，社会发展战略研究院共完成专著3种，97.5万字；学术论文40篇，82.4万字。

2. 科研课题

（1）新立项课题。2017年，社会发展战略研究院共有新立项课题8项。其中，国家社会科学基金重大课题1项："社会分层、社会流动与社会活力问题研究"（张翼主持）；院重大国情调研课题1项："经济下行压力下老工业基地企业城镇职工生活状况调查"（张翼主持）；所级国情调研基地课题2项："精准扶贫与生态扶贫调查"（沈红主持），"社区治理和服务创新实验区发展调研（2017）"（葛道顺主持）；交办课题4项："专业技术人员教育培训研究"（张翼主持），"国家治理体系和治理能力现代化下的机关事务工作研究"（张翼主持），"智利华人华侨移民调查"（张翼主持），"新疆社会保障与社会稳定"（张翼主持）。

（2）结项课题。2017年，社会发展战略研究院共有结项课题5项。其中，所级国情调研课题2项："精准扶贫与生态扶贫调查"（沈红主持），"社区治理和服务创新实验区发展调研（2017）"（葛道顺主持）；交办课题3项："专业技术人员教育培训研究"（张翼主持），"国家治理体系和治理能力现代化下的机关事务工作研究"（张翼主持），"智利华人华侨移民调查"（张翼主持）。

（三）学术交流活动

1. 学术交流

2017年，社会发展战略研究院承办的会议如下。

（1）2017年7月15～16日，社会发展战略研究院承办的"中日韩国际高端学术论坛：社会发展与结构转型"在上海大学召开。

（2）2017年8月25～28日，社会发展战略研究院和福州大学承办的"2017年第二届海峡两岸社会议题研究工作坊"在福州举办。工作坊的主题是"转型社会中的移民与社区"。

2. 国际学术交流与合作

2017年，社会发展战略研究院共批准出访19批，累计33人次先后到德国、捷克、日本、法国、比利时、埃塞俄比亚、孟加拉国、智利、老挝、马来西亚、印度等国家开展国际交流。

（四）学术期刊

《社会发展研究》（季刊），主编张翼。

2017 年，《社会发展研究》共出版 4 期，共计 100 余万字。

新闻与传播研究所

（一）人员、研究机构等基本情况

1. 人员

截至 2017 年底，新闻与传播研究所共有在职人员 43 人。其中，正高级职称人员 9 人，副高级职称人员 11 人，中级职称人员 18 人；高、中级职称人员占在职人员总数的 88%。

2. 机构

新闻与传播研究所设有：马克思主义新闻学研究室、传播学研究室、媒介研究室、网络学研究室、信息室、编辑室（含《中国新闻年鉴》编辑部和《新闻与传播研究》编辑部）、综合办公室。

3. 科研中心

新闻与传播研究所院属非实体研究中心有：新媒体研究中心；所属非实体研究中心有：媒介传播与青少年发展研究中心、传媒发展研究中心、世界传媒研究中心、传媒调查中心、广播影视研究中心；实体中心有：北京新闻与公关发展中心。

（二）科研工作

1. 科研成果统计

2017年，新闻与传播研究所共完成专著3种，73.3万字；外文专著1部，13.5万字；论文77篇，约 55 万字；译著 1 种，30 万字；译文 1 篇，1.4 万字；学术论文集 6 种，141 万字；蓝皮书 1 种，38.1 万字；研究报告集 1 种，68.3 万字；理论文章 8 篇，2.5 万字；参与音像资料（电视片）制作 3 种，共计 10 集；年鉴 2 部，340 万字；学术期刊 12 期，144 万字。

2. 科研课题

（1）新立项课题。2017 年，新闻与传播研究所共有新立项课题 8 项。其中，国家社会科学基金特别委托课题 1 项：“中产阶层对舆论场的影响研究”（孟威主持）；国家社会科学基金青年课题 1 项：“中国共产党新闻宣传观念变迁与发展路径研究”（叶俊主持）；院青年学者资助课题 1 项：“国际电视节目本土化与跨文化传播研究”（冷淞主持）；所级国情调研基地课题 1 项：“中国社会转型期农村传播生态和地方文化建设研究”（赵天晓主持）；院青年人文社会科学研究中心社会调研课题 1 项：“中国社会科学国际化的现状、困境与发展：以新闻传播学为例”（苗伟山主持）；院马克思主义理论研究和建设工程课题 1 项：“习近平关于党的新闻舆论思想研究”（唐绪军主持）；院重大社会调查课题 1 项：“中国舆情指数调查（2017）”（唐绪军主持）；院级重大信息化课题 1 项：“互联网视听舆情智库”（唐绪军主持）。

（2）结项课题。2017 年，新闻与传播研究所共有结项课题即所级国情调研基地课题 1 项：“中国社会转型期农村传播生态和地方文化建设研究”（赵天晓主持）。

（3）延续在研课题。2017 年，新闻与传播研究所共有延续在研课题 6 项。其中，国家社会科学基金特别委托课题 1 项：“媒体社会责任报告制度研究”（宋小卫主持）；国家社会科学基金一般课题 4 项：“移动终端谣言传播与社会认同影响及对策研究”（雷霞主持），“中国网络广告发展史（1997 ~ 2016）”（王凤翔主持），“冷战时期两岸文宣研究（1949 ~ 1991）”（向芬主持），“移动传播的现状、前景及其影响和对策研究”（黄楚新主持）；全国科学技术名词审定委员会委托课题 1 项：“新闻学与传播学名词审定”（唐绪军主持）。

（三）学术交流活动

1. 学术活动

2017 年，新闻与传播研究所主办和承办的学术会议如下。

（1）2017 年 3 月 30 日，由新闻与传播研究所主办的中国社会科学院国家治理研究智库舆情研究部揭牌仪式在北京举行。

（2）2017 年 4 月 6 日，由新闻与传播研究所主办，浙江省记协协办，缙云县委县政府承办的“《中国新闻年鉴》第 36 届全国工作会议”在浙江省缙云县召开。来自中央新闻媒体、全国各省（区、市）新闻单位资料中心的代表共 50 人参加会议。会议的主题是“总结《中国新闻年鉴》2016 年卷编辑出版工作，研讨 2017 年卷的编撰工作”。

2017 年 4 月，“《中国新闻年鉴》第 36 届全国工作会议”在浙江省缙云县召开。

（3）2017 年 5 月 7 日，“新闻学与传播学名词审定委员会终审会议”在北京召开。新闻学与传播学名词审定委员会委员、编写委员及助审专家 20 余人出席会议。

（4）2017 年 6 月 10 日，由新闻与传播研究所、中国社会科学出版社主办，郑州大学新闻与传播学院承办的《中国新闻传播学年鉴》第二届编辑出版研讨会在郑州大学举行。

（5）2017 年 6 月 14 日，由新闻与传播研究所和腾讯公司安全管理部联合主办的“中国社会舆情指数研讨沙龙”在北京举行。此次沙龙发布涉及网民社会情绪、网民媒介接触、腾讯平台 2017 年上半年舆情态势／热点舆情、腾讯新闻网民态度等方面的研究成果和调查数据。来自新闻传播、社会心理、公共治理等领域的专家学者参加了会议。

（6）2017 年 6 月 26 日，由新闻与传播研究所和社会科学文献出版社联合举办的“《中国新媒体发展报告》（2017）发布暨新媒体发展研讨会”在北京举行。会议的主题为“共享・智能・移动”。

（7）2017 年 6 月 27 日，中国社会科学院新媒体研究中心、舆情实验室联合中国社会科学院国家治理研究智库、腾讯指数研究中心、人民网舆情监测室、《新闻与写作》杂志社以及中国舆情调查与研究联盟成员机构共同举办的“新媒体与大数据沙龙”2017 年第 4 期（总第 11 期）在北京召开。

（8）2017 年 7 月 20 日，由新闻与传播研究所、中国社会科学出版社、中国老区建设促进会、中国扶贫开发服务有限公司共同主办，中国社会科学院舆情调查实验室与中国扶贫旅游开发有限公司承办的《中国旅游扶贫发展指数报告》新书发布会在北京举行，会上同时启动了中国旅游扶贫第一互联网平台“秘行”新版上线仪式。

（9）2017 年 9 月 23 ～ 24 日，由中国新闻史学会、新闻与传播研究所、华中科技大学新闻与信息传播学院联合主办，中国传媒大学出版社协办的“信息传播技术与中国历史——第三届中国新闻史青年学者论坛”在湖北省武汉市举行。

2. 国际学术交流与合作

2017 年，新闻与传播研究所共派遣出访 16 批 18 人次，接待来访 1 批 2 人次。与新闻与传播研究所开展学术交流的国家有法国、美国、澳大利亚等。

（1）2017 年 5 月 15 日至 10 月 15 日，受《环球时报》奖学金资助，新闻与传播研究所助理研究员苗伟山赴美国艾默里大学进行访问交流。访问期间，苗伟山进行了互联网治理项目的文本数据采集和数据分析工作，同时参与该校暑期的研究方法课程。

（2）2017 年 5 月 16 日，澳大利亚迪肯大学传播与创意艺术学院院长 Matthew　Allen 教授等顺访新闻与传播研究所，商讨建立学术合作关系的相关事宜。

（3）2017 年 5 月 24 ～ 31 日，新闻与传播研究所助理研究员孙萍赴美国圣地亚哥，参加“2017 年国际传播学年会”，并发表题为“现代中国的信息技术实践——程序员、技术和组织再解析”的演讲。

（4）2017 年 7 月 23 ～ 28 日，新闻与传播研究所研究员黄楚新受中国驻坦桑尼亚大使馆文化处邀请，参加了在坦桑尼亚达累斯萨拉姆举行的“中非网络新媒体论坛”。论坛的主题为“创新驱动，媒体变革”。

（5）2017 年 7 月 27 日至 8 月 9 日，新闻与传播研究所副研究员向芬赴美国斯坦福大学进行学术访问。

（6）2017 年 11 月 14 ～ 20 日，新闻与传播研究所研究员唐绪军、殷乐等受邀赴美国达拉斯，参加“美国全国传播协会 2017 年度会议”。

（7）2017 年 11 月 20 ～ 24 日，新闻与传播研究所研究员唐绪军、殷乐赴加拿大多伦多约克大学，参加关于互联网治理和社交媒体的双边会谈，并进一步探讨新闻与传播研究所与约克大学下一年度合作的相关事宜。

3. 与中国香港、澳门特别行政区和中国台湾开展的学术交流

（1）2017 年 4 月 5 ～ 8 日，新闻与传播研究所研究员卜卫受邀赴香港，参加由香港中文大学新闻与传播学院举办的“中国流动人口议题传播研讨会”，并作了题为“媒介素养教育、创新推广与当代新社会运动——对近十年 70 个媒介工作坊的多个案例分析”的发言。

（2）2017 年 5 月 31 日至 6 月 3 日，新闻与传播研究所研究员黄楚新受邀赴香港，参加由香港浸会大学主办的“中国报业和融合挑战”国际会议，并作了题为“当前中国媒体融合发展状况及趋势”的主题报告。

（3）2017 年 7 月 2 ～ 10 日，新闻与传播研究所助理研究员孙萍赴台湾，参加由台湾“清华大学”组织承办的“两岸人类学营”。该人类学营的主要课程为“民族志与非虚构写作”“古典与当代亚洲民族志阅读比较”“非虚构写作与出版”“跨学科的民族志写作经验分享”等。

（4）2017 年 7 月 3 ～ 11 日，新闻与传播研究所助理研究员曾昕赴台湾，参加由台湾政治大学举办的“两岸青年传播学者交流会”。交流会的议题主要包括“新媒体环境下的媒介融合”“新媒体定量研究方法”“新媒体设计与互动”“游戏制造”等。曾昕发表了题为“青少年亚文化视角下的政治议题参与”的演讲。

（四）学术社团、期刊

期刊

（1）《新闻与传播研究》（月刊），主编唐绪军，执行主编钱莲生。

2017 年，《新闻与传播研究》共出版 12 期，共计约 180 万字。该刊全年刊载的有代表性的文章有：刘涛的《新概念新范畴新表述：对外话语体系创新的修辞学观念与路径》，齐爱军的《我国马克思主义新闻理论体系建构的知识演进路径考察》，王灿发、邢祥的《马克思、恩格斯舆论思想内涵研究》，胡靖的《遮蔽与解蔽：突破马克思主义新闻观的理解困境》，吴飞、龙强的《新闻专业主义是媒体精英建构的乌托邦》，王凤翔的《对基于良心自由的西方新闻观的批判》，苑秀丽的《准确理解马克思的新闻出版自由思想》，叶俊的《美国的新闻干预主义：起源、本质及其作用机制》，李晓静的《社交媒体用户的信息加工与信任判断——基于眼动追踪的实验研究》，林升栋、刘琦婧、赵广平的《貌合神离：中英文同款广告的符号和眼动分析》等。

在学术传播方面，该刊进一步完善“新闻与传播学术前沿”微信公众号，每月按时推出封面文章和目录篇目，摘录文章精华，推送内容提要；在数字化建设方面，继续完善在线投审稿系统；在学术成果评价方面，举办了第5次优秀论文评选活动，评出10篇优秀论文，以在全国新闻与传播学界倡导“认认真真做研究、扎扎实实写论文”的良好学风，为学界树立榜样。

该刊系国家社科基金资助期刊、中国人文社会科学（CECHSS）顶级期刊、中文社会科学引文索引（CSSCI）来源期刊、中文核心期刊。继2015年获得全国“百强报刊”称号以后，2017年，《新闻与传播研究》再次获得国家新闻出版广电总局第三届全国“百强报刊”称号。

（2）《中国新闻年鉴》（年刊），主编钱莲生。

《中国新闻年鉴》（2017）是该刊连续编辑出版的第36卷，全书共计210万字。该卷正文内含“重要文献”“事业发展”“学术成果”“综合资料”四大板块，共19编。卷首图片记录了2016年党和国家领导人对新闻界的亲切关怀以及重大报道、重要活动、事业发展、友好往来、重要会议等的精彩瞬间。

在栏目设置方面，“重要文献”板块包括“要文”“典章”2编；“事业发展”板块包括“综述”“中央主要新闻媒体、社团概况”“各地新闻事业概况”“港澳台新闻传播业概况”“新媒体”5编；“学术成果”板块包括“习近平新闻思想研究专题”、“高峰论坛”、“新论”、“经验与思考”、“新书”和“调查”6编；“综合资料”板块包括“评奖与表彰”、“人物”、“机构”、“统计”、“纪事”和“附录”6编。

在条目编写方面，“要文”选摘了党和国家领导人及新闻管理界主要负责人2016年对新闻事业的新指示、新要求和新阐释；“典章”选摘了2016年度有关部门颁布的法规、发布的部门规章和规范性文件。“综述”全面反映了2016年我国在新闻舆论工作、新闻报刊管理、广播电视业、网络媒体与网络传播等方面取得的新成就，特别刊发了中宣部新闻局提供的《中国新闻舆论工作2016年综述》；“中央主要新闻媒体、社团概况”“各地新闻事业概况”“港澳台新闻传播业概况”着重记载了中央主要新闻媒体（社团）、全国省（区、市）、港澳台地区2016年新闻传播事业的基本情况。“习近平新闻思想研究专题”摘录了新闻传播业界、学界撰写的学习习近平关于新闻舆论工作等重要讲话的体会文章；“高峰论坛”摘选了新闻界部分负责人关于舆论导向、融合发展、经营管理、队伍建设等方面的专门论述；“新论”摘登了2016年中国新闻学界的重要研究成果，包括论文摘编和论点摘编；“经验与思考”记录了新闻传媒人在重大报道、栏目创新、直面新媒体、经营管理和队伍建设等方面值得借鉴的做法与思考。

该卷在卷首编制了《本刊所涉缩略语释读》。全书210万字，2017年12月出版。

（3）《治学例话——全国新闻传播学优秀论文品鉴》（第四辑），主编唐绪军。

该书是第四届（2015年度）全国新闻传播学优秀论文遴选成果的结集。收录了尹建国的《我国网络有害信息的范围判定》，刘海龙的《连续与断裂：帕克与传播研究芝加哥学派神话》，左亦鲁的《告别“街头发言者”——美国网络言论自由二十年》，胡泳的《互联网与“观念市场"》，潘忠党、於红梅的《阈限性与城市空间的潜能——一个重新想象传播的维度》，陈楚洁、袁梦倩的《社交媒体，职业"他者"与"记者"的文化权威之争——以纪许光微博反腐引发的争议为例》，李红涛、黄顺铭的《新闻生产即记忆实践——媒体记忆领域的边界与批判性议题》，复旦大学信息与传播研究中心课题组的《可沟通城市指标体系建构：基于上海的研究(上、下)》，倪延年的《论民国新闻事业的起源、发展历程及历史评价问题》，詹佳如的《十八世纪中国的新闻与民间传播网络——作为媒介的孙嘉淦伪奏稿》10篇优秀论文。这些论文是从当年发表的上万篇新闻传播学论文中筛选出来的，反映了2015年度中国新闻传播学研究的真实水平。

全书33.3万字，2017年12月由中国社会科学出版社出版。

（五）会议综述

新闻学与传播学名词审定委员会终审会议

2017年5月7日，新闻学与传播学名词审定委员会终审会议在北京召开。审定委员、编写委员及助审专家共26人出席了会议。会议由中国社会科学院新闻与传播研究所党委书记、副所长赵天晓主持。

会议开始时，赵天晓简要回顾了新闻学与传播学名词审定工作自筹备以来的进展情况。新闻学与传播学名词审定委员会主任唐绪军研究员向大会作主题报告。他从过程、程序、方法、成果4个方面，回顾了名词审定工作3年多来的历程和取得的成果：就过程来说，新闻学与传播学学科的名词审定工作经历了2009年和2013年的两次启动，后一次启动持续至今。在程序上，名词审定工作经历了初创准备、形成工作机制、定名与定义、提升定义质量和评估完善5个阶段。在方法上，名词审定工作采用了内部与外部相结合的办法，对名词稿进行了多层级把关和审定。在成果上，新闻学与传播学名词审定委员会勾勒出了能够反映学科现状的学科树，确定了21个分支学科，总共收词3226条，并为这些词定名定义。在3年多的审定过程中，委员会也有诸多创新之举：编辑发送了13期用于内部交流的电子刊物《工作通报》；创建了新闻学与传播学名词审定交流网，组建了名词审定委员会工作微信群；在《新闻与传播研究》开辟专栏发表了34篇有关名词审定的研究成果。唐绪军最后说："名词审定工作要经得起当代的推敲和后代的审视，这是我们这一代人的责任，需要我们小心翼翼，慎思明辨。现在到临门一脚了，我们最后还得把审定稿修改好，圆满完成这项工作。"

名词审定委员会副主任王怡红研究员、宋小卫研究员在会上分别介绍了名词审定稿复读与英文终审的情况，并就审定稿中存在的问题向审定委员会提出以供讨论决定。

全体与会者围绕名词审定稿中的收词是否还有遗漏、中英文定名是否准确、名词定义如何贯彻简明性原则等问题展开了讨论，就部分内容达成一致意见，提出了进一步修改完善的建议。温昌斌主任对大家讨论内容中所涉及的新词收录原则、名词定义要领、审定工作进度等问题作了回应和指导。

（王怡红）

《中国新媒体发展报告》（2017）发布暨新媒体发展研讨会

2017 年 6 月 26 日，由中国社会科学院新闻与传播研究所和社会科学文献出版社联合举办的以“共享·智能·移动”为主题的“《中国新媒体发展报告》（2017）发布暨新媒体发展研讨会”在北京举行。新闻与传播研究所党委书记、副所长赵天晓主持会议。来自中国国际广播电台、人民网、央视市场研究部、清华大学、中国人民大学、北京师范大学、中国传媒大学、中国青年政治学院、上海大学等单位的专家学者以及媒体代表出席了会议。

中国社会科学院科研局副局长赵芮代中国社会科学院副院长、党组成员李培林致辞。

李培林认为，此次发布会和研讨会的主题“共享·智能·移动”较为准确地概括了过去一年中国互联网和新媒体发展的基本特点。2016 年，分享经济被写入了政府工作报告，以分享经济、共享经济为代表的新互联网经济发展方式进入发展成长期。在新一轮传播技术的推动下，在国家战略和政策的引导下，我国新媒体领域的发展生机勃勃，体制机制不断优化创新。我们要紧紧抓住历史机遇，通过顶层设计与战略规划在新媒体领域实现领先发展。

中央网信办网络新闻信息传播局副局长孙凯出席会议并致辞。他在致辞中说，当今世界，网络信息技术日新月异，网络新媒体全面融入社会生活，深刻改变着全球经济格局与利益格局、传播格局与安全格局。为此，就网络与新媒体的研究提出了三点建议：(1) 服务服从国家发展大局；(2) 把握网络传播规律；(3) 加强网络治理研究。

《中国新媒体发展报告》主编、中国社会科学院新闻与传播研究所所长唐绪军研究员在发布会上介绍了《中国新媒体发展报告》(2017) 的主要内容。该书分为总报告、热点篇、调查篇、传播篇和产业篇五个部分，汇集了国内 42 位专家学者的研究成果。总报告概括了 2016 年以来中国新媒体发展的六大态势，提出了十大展望；22 篇分报告分别对中国新媒体发展中的热点、难点和焦点问题作了探讨与分析，内容涉及中国媒体融合、网红经济、政务微博矩阵、虚拟现实、新闻无人机、互联网国际舆论、视频付费、网络电影、网络直播、网络信息安全、电视媒体融合发展、新媒体版权、政府网络传播等。

在新媒体发展研讨会上，与会专家学者就中国新媒体发展的态势以及发展中的热点、难点和焦点问题进行了分析与研讨。《中国新媒体发展报告》副主编黄楚新研究员主持了研讨会。

（黄楚新）

信息传播技术与中国历史——第三届中国新闻史青年学者论坛

2017年9月23～24日，由中国新闻史学会、中国社会科学院新闻与传播研究所、华中科技大学新闻与信息传播学院联合主办，中国传媒大学出版社协办的“信息传播技术与中国历史——第三届中国新闻史青年学者论坛”在湖北省武汉市召开。华中科技大学新闻与信息传播学院院长张昆教授、复旦大学新闻学院副院长孙玮教授、中国社会科学院新闻与传播研究所副研究员向芬出席开幕式并分别致辞。

复旦大学新闻学院教授黄旦和华中科技大学光学与电子信息学院教授缪向水在会议上发表了主题演讲。黄旦教授演讲的题目是“重新理解报刊时间——再谈中国报刊史书写”。黄旦教授指出，报刊史要反映报刊实践，这就指向如何理解报刊实践。一般认为，新闻实践就是指新闻业务或新闻实务；报刊实践是新闻机构或个人对报刊的使用；报刊实践是报刊通过其活动来反映现实的运作；报刊实践是在既定的社会结构中进行，有什么样的社会背景就有什么样的报刊活动。黄旦教授指出，我们要改变我们原有的静态的、根据报道推论的研究方式，提出新的视野和新的问题。缪向水教授以“信息存储技术的昨天、今天和明天”为题，从其学科领域讲解了史料的基础——信息存储技术发展的前世今生，并与参会学者分享了一些前沿领域的突破性研究，让大家看到了信息存储技术发展的无限前景。

论坛分为五场专题讨论，分别是“传播媒介与组织”“传播媒介与报人实践”“媒介技术与传播观念”“媒介技术与中国政治”“媒介、思想与文化”。论坛结束后，华中科技大学新闻与信息传播学院教授唐海江主持了以“信息传播技术视野下的中国”为主题的圆桌论坛。

（向　芬）

国际研究学部

世界经济与政治研究所

（一）人员、机构等基本情况

1. 人员

截至2017年底，世界经济与政治研究所共有在职人员112人。其中，正高级职称人员29人，副高级职称人员33人，中级职称人员32人；高、中级职称人员占在职人员总数的84%。

2. 机构

世界经济与政治研究所设有：全球宏观经济研究室、国际金融研究室、国际贸易研究室、国际投资研究室、经济发展研究室、国际政治理论研究室、国际战略研究室、国际政治经济学研究室、马克思主义世界政治经济理论研究室、全球治理研究室、世界能源研究室、《世界经济》编辑部、《世界经济与政治》编辑部、《国际经济评论》编辑部、《中国与世界经济》（英文）编辑部、《世界经济调研》编辑部（内刊）、《世界经济年鉴》编辑部、办公室、科研处、党委办公室（人事处）、资料信息室。

3. 科研中心

世界经济与政治研究所所属非实体研究中心有：国际金融研究中心、全球并购研究中心、世界经济史研究中心、公司治理研究中心、发展研究中心、国际经济与战略研究中心。

（二）科研工作

1. 科研成果统计

2017 年，世界经济与政治研究所共完成中文专著 12 种，328.4 万字；外文专著 1 种，10 万字；译著 7 种，144.7 万字；工具书 1 种，158.5 万字；皮书 2 种，62 万字；论文集 4 种，102.3 万字；国家智库报告 4 种，46.6 万字；论文 267 篇，243 万字；研究报告 2 种，38.4 万字；译文 5 篇，4.6 万字；理论文章 16 篇，2.9 万字。

2. 科研课题

（1）新立项课题。2017 年，世界经济与政治研究所共有新立项课题 5 项。其中，国家社会科学基金课题 1 项：“‘一带一路’建设与全球治理格局演变研究”（姚枝仲主持）；国家自然科学基金课题 2 项：“基于动态异质面板模型的可再生能源创新驱动政策传导机制及效果评估研究”（董维佳主持），“中国应对‘双反’调查的策略研究与政策建议”（宋泓主持）；国情调研研究所基地课题 1 项：“‘一带一路’战略下胶州市的发展定位和比较优势研究”（陈国平主持）；所重点课题 1 项：“新兴国家政党发展研究：以南非为例”（沈陈主持）。

（2）结项课题。2017 年，世界经济与政治研究所共有结项课题 5 项。其中，国家社会科学基金课题 3 项：“全球经济治理结构变化与我国应对战略研究”（张宇燕主持），“国际组织分析的社会学路径研究”（袁正清主持），“未来十年金砖国家合作的发展趋势及影响因素研究”（徐秀军主持）；国情调研研究所基地课题 1 项：“‘一带一路’战略下胶州市的发展定位和比较优势研究”（陈国平主持）；马克思主义理论研究和建设工程课题 1 项：“习近平文献（1989 ~ 2014 年）的引文研究”（石新香主持）。

（3）延续在研课题。2017 年，世界经济与政治研究所共有延续在研课题 26 项。其中，国家社会科学基金课题 10 项：“亚太区域一体化美国路线图与亚洲路线图的竞争性和相容性及中国对策研究”（东艳主持），“新安全观视野下新兴国家参与全球治理的制度性权力建构及其路径选择”（任琳主持），“低碳经济下金砖国家产业发展与经济增长模式研究”（马涛主持），“经济史与国际比较视角下以中国为代表的新兴大国经济转型中的产业发展选择研究”（李毅主持），“跨境制度匹配、对外直接投资与中国价值链升级研究”（李国学主持），“我国预防腐败体制机制的国际借鉴研究”（彭成义主持），“联盟政治与中美新型大国关系的冲突管控研究”（杨原主持），“TPP 对亚太价值链和中国参与亚太价值链分工的双重影响评估研究”（苏庆义主持），“亚投行与现有多边开发机构的竞争性与互补性研究”（刘玮主持），“中国与非洲国家建立合作共赢利益共同体研究”（徐晏卓主持）；国家社会科学基金中华外译课题 1 项：“《中国与世界经济》英文刊”（余永定主持）；国家自然科学基金课题 3 项：“企业动态视角下中国内需变动影响出口增长的机制及政策应对研究”（高凌云主持），“人民币有效汇率重估及中国对外竞争力再考察——基于 GVC 视角的分析”（杨盼盼主持），“国外科学基金项目科研人员薪酬法律制度研究”（韩冰主持）；所重点课题 12 项：“中国的印度洋战略区安全构想”（主父笑飞主持），“泛太平洋战略经济伙伴关系协定与中国的对策”（张琳主持），“中国出口的专业化之路及其影响因素”（高凌云主持），“中国对外金融资产负债失衡与金融调整”（肖立晟主持），“后起国家走向制造强国的产业路径研究：中国产业可持续发展的一项国际比较”（李毅主持），“BIT、制度非中性与‘走出去’战略”（贾中正主持），“基于大宗商品计价的人民币国际化研究”（陆婷主持），“全球公域治理研究”（任琳主持），“中国对外直接投资与经济转型升级”（王碧珺主持），“美国对外援助的国内政治影响”（肖河主持），“基于全球价值链视角的人民币有效汇率”（杨盼盼主持），“全球价值链背景下中国国际分工地位现状及提升对策研究”（苏庆义主持）。

（三）学术交流活动

1. 学术活动

2017 年，世界经济与政治研究所举办的重要学术会议如下。

（1）2017 年 4 月 19 ~ 20 日，由中国社会科学院亚洲研究中心和世界经济与政治研究所主办，世界经济与政治研究所承办的“第七届亚洲研究论坛”在北京召开。会议的主题是“‘一带一路’与企业行为：成果、挑战与建议”。

（2）2017 年 6 月 28 日，由中国人民外交学会主办，世界经济与政治研究所承办的“亚信非政府论坛第二次会议在北京举行。会议的主题是“亚信 25 年：为了亚洲的安全与发展”。

（3）2017 年 9 月 21 日，由世界经济与政治研究所、中国国际文化交流中心和新兴经济体研究会共同主办的“2017 金砖国家智库圆桌会”在北京举行。

（4）2017 年 9 月 22 日，由中国社会科学院学部主席团主办，世界经济与政治研究所、新兴经济体研究会、中国国际文化交流中心承办的“2017 中国社会科学院智库论坛”在北京举行。论坛的主题是“金砖国家的发展与合作”。

（5）2017 年 9 月 26 ～ 27 日，由西南财经大学、世界经济与政治研究所、国际关系学院联合主办的第八届国际政治经济学论坛暨“新型全球化：国际政治经济学视角”学术研讨会在四川省成都市举行。

2017 年 9 月，“2017 中国社会科学院智库论坛：金砖国家的发展与合作”在北京举行。

（6）2017 年 10 月 12 ～ 13 日，由世界经济与政治研究所与国际电信联盟（ITU）共同主办的“国际电联第一次法定数字货币焦点组工作会议”在北京召开。

（7）2017 年 11 月 6 日，由世界经济与政治研究所与白俄罗斯科学院经济所联合主办的“白俄罗斯投资环境与深化中白经贸合作圆桌会议”在北京召开。

（8）2017 年 11 月 17 ～ 19 日，由世界经济与政治研究所、日本佐贺大学、韩国全南国立大学、斯里兰卡 Peradeniya 大学、泰国 Kasetsart 大学、印度尼赫鲁大学联合举办的“第 27 届亚洲经济研讨会”在广西壮族自治区桂林市举行。研讨会的主题是“包容性增长与亚洲经济融合：‘一带一路’视角”。

（9）2017 年 12 月 18 日，由世界经济与政治研究所和社会科学文献出版社共同主办的“2018 年《世界经济黄皮书》《国际形势黄皮书》发布会”在北京举行。

2. 国际学术交流与合作

2017 年，世界经济与政治研究所共派遣出访 127 批 188 人次，接待来访 255 批 600 多人次。其中，执行 2017 年度院级对外学术交流协议出访 6 批 6 人次，接待执行院级对外学术交流协议的来访学者 4 批 9 人次；赴境外长期进修 6 人。与世界经济与政治研究所开展学术交流的国家有：美国、加拿大、俄罗斯、墨西哥、澳大利亚、英国、法国、德国、瑞士、希腊、荷兰、阿根廷、日本、韩国、越南、埃及、印度、新加坡、土耳其、埃塞俄比亚、坦桑尼亚等。

2017 年，重要对外学术交流活动如下。

（1）2017 年 1 月 9 ～ 13 日，为配合习近平总书记出访瑞士，受中宣部委托，世界经济与政治研究所所长张宇燕研究员随中国社会科学院代表团赴瑞士参加中国社会科学院和国际贸易与可持续发展中心共同举办的“创新与发展”研讨会。

（2）2017 年 2 月 20 日，世界经济与政治研究所所长张宇燕研究员会见法国阿基坦大区大学与学术机构联盟主席马文森、法国波尔多政治学院院长伊夫·德罗伊一行，双方探讨学术交流合作事宜。

（3）2017年3月27日至4月5日，世界经济与政治研究所所长张宇燕研究员一行6人赴埃塞俄比亚、坦桑尼亚、埃及进行学术访问，就“一带一路”建设过程中的风险及重点难点问题与外方学者进行交流。

（4）2017年5月8日，世界经济与政治研究所所长张宇燕研究员等会见印度观察家基金会孟买分会主席库卡尼，就双方合作事宜进行交流。

（5）2017年5月28日至6月1日，世界经济与政治研究所所长张宇燕研究员、研究员宋泓应德国基尔世界经济研究所和德国发展研究所的邀请，参加在柏林召开的T20峰会。

（6）2017年6月10～17日，应美国世界粮食奖基金会的邀请，世界经济与政治研究所所长张宇燕研究员赴美国参加“中美智库研讨会”和“中美高端智库经贸对话会”。

（7）2017年7月10～19日，世界经济与政治研究所所长张宇燕研究员应邀率外交部代表团赴文莱、马来西亚和缅甸，执行交流访问任务，就“一带一路”等问题与外方专家学者进行交流。

（8）2017年8月29日，世界经济与政治研究所所长张宇燕研究员会见原日本银行研究局局长、现神户大学教授高桥亘一行，双方就安倍经济学、长期性经济停滞等问题进行交流。

（9）2017年8月30日，世界经济与政治研究所所长张宇燕研究员会见中国社会科学院2017年国际青年学者研修班一行29人，就中国经济、外交以及“一带一路”建设等进行交流。

（10）2017年9月19～24日，受中宣部委托，世界经济与政治研究所所长张宇燕研究员率中国社会科学院代表团赴阿根廷，参加“中阿智库研讨会”，并访问阿根廷智库。

（11）2017年10月17～18日，世界经济与政治研究所所长张宇燕研究员赴智利圣地亚哥，参加“第四届中拉智库论坛”。

（12）2017年10月26日，世界经济与政治研究所所长张宇燕研究员等会见泛美开发银行贸易与一体化部门首席经济学家安东尼·艾斯特威得欧多一行，双方就经济形势进行了交流。

（13）2017年10月26～29日，世界经济与政治研究所所长张宇燕研究员应邀赴德国柏林，参加由中国驻德国使馆举办的“中德‘10+10’高级别经济学家圆桌会议”。张宇燕以“中国的供给侧结构性改革与全球治理”为题发言并接受德国《商报》的采访。

（14）2017年11月6日，世界经济与政治研究所所长张宇燕研究员等会见美国全国州议会会议主席、南达科他州参议员德布·彼得斯率领的代表团一行，双方就中国经济发展、中美经贸合作及两国基础设施合作前景等问题进行交流。

（15）2017年11月7日，世界经济与政治研究所研究员王德迅等会见日本财务省财务综合政策研究所土井俊范所长一行，双方就中国在党的十九大后的形势、目前的经济形势和前景等问题进行交流。

（16）2017年11月21日，世界经济与政治研究所国际贸易研究室主任东艳研究员等会见俄罗斯战略研究所亚洲及亚太研究中心主任康斯坦丁·科卡列夫一行，就中俄关系、中俄地区合作等问题进行交流。

（17）2017年11月27日，世界经济与政治研究所所长张宇燕研究员、副所长姚枝仲研究员等会见中国—葡语国家经贸合作论坛常设秘书处秘书长徐迎真、副秘书长丁恬，就双方的合作事宜进行交流。

（18）2017年12月1日，世界经济与政治研究所所长张宇燕研究员等会见美国马萨诸塞州（麻州）议会代表团一行，双方就中国经济政策、国际经济政策及中国外交政策等问题进行交流。

（19）2017年12月1日，世界经济与政治研究所全球宏观经济研究室主任张斌研究员等会见纽约联邦储备银行市场部Patrick Douglass一行，双方就中国的货币政策和金融市场展望、中国的汇率改革、美国和全球金融市场的展望等问题进行交流。

（20）2017年12月13日，世界经济与政治研究所所长张宇燕研究员等陪同蔡昉副院长会见美国驻中国大使泰里·布兰斯塔德先生一行，双方就中美经贸关系等进行交流。

2017年，开展的国际合作研究项目如下。

（1）世界经济与政治研究所经济发展研究室副主任毛日昇副研究员承担院与荷兰教育文化科学部等7个机构联合开展的JSTP项目研究，项目名称为“如何组织小农户生产高附加值的食品——合作、信任和农村发展”。

（2）世界经济与政治研究所国际金融研究室与俄罗斯战略研究所开展合作课题“金砖国家本币国际化”的研究。

（3）世界经济与政治研究所经济发展室主任徐奇渊副研究员执行中国社会科学院—瑞士苏黎世大学学术互访项目，项目名称为“人民币国际化对中国金融安全的影响与对策”。

（4）世界经济与政治研究所马克思主义国际政治经济学研究室副研究员李燕执行中国社会科学院与白俄罗斯科学院合作研究课题，课题名称为“‘一带一路’战略中的中白工业园：发展战略与未来前景”。

（5）世界经济与政治研究所金融研究室主任刘东民副研究员与俄罗斯战略研究所就关于推动金砖国家实现本币国际化开展合作研究。

（6）世界经济与政治研究所经济发展室主任徐奇渊副研究员等执行与中国—东盟中心合作研究项目，项目名称为“东盟与中国数据手册”。

此外，2017年，世界经济与政治研究所获得资助的9个列国志调研与交流项目有：“联合国”、“世界银行”、“八国集团”、“国际海事组织”、“金砖国家组织”、“世界贸易组织”、“亚太经合组织”、“国家能源署”和“二十国集团”。

3. 与中国香港、澳门特别行政区和中国台湾开展的学术交流

（1）2017年6月14日，世界经济与政治研究所副研究员肖立晟会见德意志银行香港分行主任、亚洲汇市策略师 Perry Kojodjojo，双方就人民币汇率和资本流动等问题进行交流。

（2）2017 年 9 月 13 日，世界经济与政治研究所党委书记陈国平等会见台湾中华经济研究院大陆经济研究所所长刘孟俊一行 6 人，双方就“一带一路”倡议、两岸经贸关系等问题进行交流。

（3）2017 年 11 月 21 ~ 23 日，应澳门城市大学澳门社会经济发展研究中心的邀请，世界经济与政治研究所《世界经济与政治》编辑部主任袁正清研究员赴澳门参加由澳门城市大学澳门社会经济发展研究中心举办的座谈会。座谈会的主题是“中国澳门、东北地区、葡萄牙经济转型比较研究”。

（4）2017 年 12 月 19 ~ 21 日，世界经济与政治研究所研究员倪月菊应澳门特别行政区政府中国与葡语国家经贸合作论坛常设秘书处辅助办公室的邀请赴澳门，就“中国—葡语国家经贸合作论坛成立十五周年成效与展望第三方评估”招标方案，与澳门特别行政区政府中国与葡语国家经贸合作论坛常设秘书处进行商讨。

（四）学术社团、期刊

1. 社团

（1）中国世界经济学会，会长张宇燕。

① 2017 年 2 月 9 日，由《国际经济评论》编辑部、中国世界经济学会共同主办的“国际重大问题深度关注”系列讲座“中国公共财政可持续性”（高培勇主讲）在北京召开。

② 2017 年 2 月 26 日，由中国世界经济学会、上海浦山新金融发展基金会联合主办的“十年展望——浦山基金会首届年会暨‘浦山奖’颁奖大会”在上海召开。

③ 2017 年 3 月 9 日，由《国际经济评论》编辑部、中国世界经济学会共同主办的“国际重大问题深度关注”系列讲座“特朗普执政后美、中、俄三边关系问题及走势”在北京召开。

④ 2017 年 3 月 25 ~ 26 日，由中国世界经济学会和云南师范大学经济与管理学院联合举办的“世界货币体系寻锚与改革方向”研讨会在云南省昆明市召开。会议的主要议题有“世界货币体系寻锚”“世界货币体系改革”等。

⑤ 2017 年 4 月 15 ~ 16 日，由中国世界经济学会主办，南开大学跨国公司研究中心、河南财经政法大学联合承办的“第六届国际投资论坛”在河南财经政法大学举行。会议的主题是“国际投资治理体系与中国双向直接投资升级战略”。

⑥ 2017 年 5 月 19 日，由中国世界经济学会和上海社会科学院世界经济研究所联合举办的“2017 年中国世界经济学会国际金融论坛”在上海举行。会议的主题是“全球化新阶段：国际金融形势与挑战”。

⑦ 2017 年 5 月 23 日，由中国世界经济学会、《国际经济评论》编辑部联合举办的“特朗普执政后美国经济新趋势与十九大前后中国经济新常态”主题研讨会在北京举行。

⑧ 2017 年 7 月 7 日，由中国世界经济学会与北方工业大学联合主办，北方工业大学经济管理学院、石景山发展研究中心、石景山区委区政府研究室承办，辽宁大学转型国家经济政治研究中心、《商业研究》杂志社协办的“2017 世界经济新常态与老工业基地转型学术会议”在北京召开。

⑨ 2017 年 8 月 24 ~ 26 日，由辽宁大学转型国家经济政治研究中心、复旦大学新兴市场经济研究中心、中国世界经济学会转轨经济专业委员会、《国际经济评论》编辑部联合举办的“后危机时期的俄罗斯经济：结构改革与发展前景”学术会议在辽宁省沈阳市召开。

⑩ 2017 年 8 月 26 日，由中国世界经济学会、浙江大学中国跨境电子商务研究院和浙江执御信息技术有限公司主办，浙江大学“大数据＋跨境电子商务”创新团队（马述忠工作室）和浙江大学国际商务研究所承办的“‘一带一路’背景下互联网企业‘走出去’学术研讨会暨第三届中国跨境电子商务论坛”在浙江省杭州市举行。

⑪ 2017 年 9 月 23 ~ 24 日，由中国世界经济学会与上海对外经贸大学主办，上海市教委知识服务平台——国际贸易中心战略研究院、上海世界经济学会国际贸易专委会、上海国际贸易学会联合承办的“中国世界经济学会（2017）国际贸易论坛暨全球化变局：国际贸易新形势、新挑战与新对策学术研讨会”在上海召开。

⑫ 2017 年 9 月 28 日，由《国际经济评论》编辑部、中国世界经济学会共同主办的“国际重大问题深度关注”系列讲座“中国结构性改革回顾与展望”在北京召开。

⑬ 2017 年 10 月 21 ~ 22 日，由中国世界经济学会主办，武汉大学经济与管理学院世界经济系、武汉大学美国加拿大经济研究所、《武汉金融》杂志社共同承办的 2017 年中国世界经济学会年会暨“全球化变局与中国对外开放新挑战”理论研讨会、中青年论坛在湖北省武汉市举办。

⑭ 2017 年 10 月 28 ~ 29 日，由中国世界经济学会、复旦大学世界经济研究所共同主办的“世界经济新格局与中国式增长暨首轮中美全面经济对话成果研讨会”在上海召开。

（2）新兴经济体研究会，会长张宇燕。

① 2017 年 8 月 14 日，由新兴经济体研究会与黑龙江省社会科学院共同主办的“新兴经济体研究会理事会会议暨新兴经济体合作的机遇与挑战学术研讨会”在黑龙江省哈尔滨市召开。会议的主要议题有“世界政治经济新形势”“新兴经济体发展新机遇与经贸合作展望”“‘一带一路’背景下金砖国家深入合作与前景展望”等。

② 2017 年 11 月 3 日，由新兴经济体研究会、中国国际文化交流中心和广东工业大学共同主办，广东省新兴经济体研究会等单位承办的“2017 新兴经济体智库圆桌会议”在广东省广州市举行。圆桌会议的主题是“新兴经济体合作与可持续发展”。

③ 2017 年 11 月 3 ~ 5 日，由新兴经济体研究会、中国国际文化交流中心和广东工业大学共同主办，广东省新兴经济体研究会等单位承办的“新兴经济体研究会 2017 年会暨 2017 新兴

经济体论坛”在广东省广州市举行。会议的主题为“2030可持续发展目标与‘一带一路’建设”。

2. 期刊

（1）《世界经济》（月刊），主编张宇燕。

2017年，《世界经济》共出版12期，共计264万余字。该刊全年刊载的有代表性的文章有：盛丹、刘竹青的《汇率变动、加工贸易与中国企业的成本加成率》，饶品贵、岳衡、姜国华的《经济政策不确定性与企业投资行为研究》，许家云、毛其淋、胡鞍钢的《中间品进口与企业出口产品质量升级：基于中国证据的研究》，毛日昇、余林徽、武岩的《人民币实际汇率变动对资源配置效率影响的研究》，郑东雅、皮建才的《中国的资本偏向型经济增长：1998～2007》，魏浩、李翀、赵春明的《中间品进口的来源地结构与中国企业生产率》，吕越、黄艳希、陈勇兵的《全球价值链嵌入的生产率效应：影响与机制分析》，诸竹君、黄先海、宋学印的《劳动力成本上升、倒逼式创新与中国企业加成率动态》，樊茂清的《中国产业部门产能利用率的测度以及影响因素研究》，彭支伟、张伯伟的《中间品贸易、价值链嵌入与国际分工收益：基于中国的分析》，田巍、余淼杰的《汇率变化、贸易服务与中国企业对外直接投资》，谭小芬、张文婧的《经济政策不确定性影响企业投资的渠道分析》。

（2）《世界经济与政治》（月刊），主编张宇燕。

2017年，《世界经济与政治》共出版12期，共计216万字。该刊全年刊载的有代表性的文章有：张宇燕的《纷繁复杂世界的背后》，冯昭奎的《科技革命发生了几次——学习习近平主席关于“新一轮科技革命”的论述》，苏长和的《互联互通世界的治理和秩序》，陈志敏、周国荣的《国际领导与中国协进型领导角色的构建》，刘若楠的《大国安全竞争与东南亚国家的地区战略转变》，达巍的《美国对华战略逻辑的演进与“特朗普冲击”》，卢凌宇的《研究问题与国际关系理论的“重要性”》，朱锋的《特朗普政府对朝鲜的强制外交》，肖河的《中国外交的价值追求——“人类共同价值”框架下的理念分析》，张蕴岭的《东盟50年：在行进中探索和进步》，张文木的《“一带一路”与世界治理的中国方案》，肖晞的《构建中国特色大国外交理论体系的框架》，李向阳的《“一带一路”建设中的义利观》，蔡拓的《世界主义的新视角：从个体主义走向全球主义》，李巍、朱红宇的《外交关系与人民币离岸市场的发展》，蔡昉的《金德尔伯格陷阱还是伊斯特利悲剧？——全球公共品及其提供方式和中国方案》，寿慧生、张超的《美国不平等的政治经济学分析》，庞珣的《全球治理中“指标权力”的选择性失效——基于援助评级指标的因果推论》，王林聪的《中东安全问题及其治理》。

2017年，《世界经济与政治》获中国出版政府期刊奖提名奖，中国百强期刊奖。

（3）*China & World Economy*（《中国与世界经济》）（英文双月刊），主编余永定（从2017年第5期起主编变更为张宇燕）。

2017年，*China & World Economy*（《中国与世界经济》）共出版6期，共计60万英文字符数。该刊全年刊载的有代表性的文章有："Rebalancing China's Economy：Domestic and International Implications" /*Guonan Ma*，*Ivan Roberts*，*Gerard Kelly*（马国南、伊万·罗伯茨、杰拉德·凯利的《中国经济再平衡：国内和国际的启示》），"Exchange Rate Regime，Financial Market Bubbles and Long-term Growth in China：Lessons from Japan" / *Gunther Schnabl*（冈瑟·史内博的《中国的汇率制度、金融市场泡沫和长期增长：来自日本的经验》），"China's Foreign Trade：A 'New Normal'" / *Francoise Lemoine*，*Deniz Unal*（弗朗索瓦丝·莱莫恩、德尼·于纳尔的《中国的对外贸易："新常态"》），"Renminbi Internationalization in the New Normal：Progress，Determinants and Policy Discussions" / *Cheng Li*，*Xiaojing Zhang*（李成、张晓晶的《新常态下的人民币国际化：发展、决定因素和政策探讨》），"Effects of China's Structural Change on the Exports of East Asian Economies" / *Hyun-Hoon Lee*，*Donghyun Park*，*Kwanho Shin*（李玄勋、朴东炫、申宽浩的《中国结构性改革对东亚经济体出口的影响》），"Trade Destruction and Trade Diversion：Evidence from China" / *Piyush Chandra*（皮尤什·钱德拉的《贸易制裁和贸易转移：来自中国的证据》），"Consumption Structure of Migrant Worker Families in China" / *Guangzhong Cao*，*Kai Li*，*Ruimin Wang*，*Tao Liu*（曹广忠、李凯、王瑞民、刘涛的《中国农民工家庭的消费结构》），"Social Capital and Total Factor Productivity：Evidence from Chinese Provinces" / *Ailun Xiong*，*Hans Westlund*，*Hongyi Li*，*Yongjian Pu*（熊艾伦、汉斯·韦斯特隆德、李宏毅、蒲勇健的《社会资本和全要素生产率：来自中国省级的实证分析》），"The Belt and Road Initiative in China's Emerging Grand Strategy of Connective Leadership" / *Giovanni B. Andornino*（乔凡尼·安东尼的《"一带一路"倡议是中国整合领导的新兴大战略》），"'Crossing the River by Feeling the Gold'：The Asian Infrastructure Investment Bank and the Financial Support to the Belt and Road Initiative" / *Giuseppe Gabusi*（朱塞佩·嘎布斯的《"摸着黄金过河"：亚洲基础设施投资银行和金融对"一带一路"倡议的支持》），"Location Determinants of China's Outward Foreign Direct Investment" / *Shujie Yao*，*Fan Zhang*，*Pan Wang*，*Dan Luo*（姚树洁、张帆、王攀、罗丹的《中国对外直接投资的区位决定因素》），"China's Path to Overcoming the Double Middle-income Traps" / *Peilin Li*（李培林的《中国克服双重中等收入陷阱的路径》）。

（4）《国际经济评论》（双月刊），主编张宇燕。

2017年，《国际经济评论》共出版6期，共计114万字。该刊全年刊载的有代表性的文章有：朱民的《世界经济：结构性持续低迷》，余永定、肖立晟的《完成"811汇改"：人民币汇率形成机制改革方向分析》，卢锋、殷剑峰等的《动荡中的分化：美国与中国经济》，宋泓的《特朗普上台后美国贸易及相关政策的变化和影响》，盛斌、黎峰的《中国开放型经济新体制"新"在哪里？》，张宇燕、牛贺的《特朗普的成功及其限度：兼论中美经贸关系》，刘作奎、陈思杨的《"一带一路"欧亚经济走廊建设面临的风险与应对》，程伟的《俄罗斯经济新观察：危机与转机》，刘元春、李舟、杨丹丹的《金融危机后非常规货币政策工具的兴起、发展及应用》，隆国强的《全球经济治理变革的三个判断》，张斌、王雅琦、邹静娴的《从贸易数据透视中国制造业升级》，余淼杰、崔晓敏的《经济全球化下中国贸易和投资促进的措施》，高海红的《亚洲区域金融合作：挑战和未来发展方向》，叶荷的《世界需要新的开放观》，姚枝仲的《世界经济面临四大挑战》，黄海洲、张广斌的《全球经济增长动力变化与全球货币体系调整》，王洪川、胡鞍钢的《包容性增长及国际比较：基于经济增长与人类发展的视角》，李向阳的《特朗普经济政策评估》，邹治波的《中美俄三角关系演变的内在机理与现实》，王勇的《“垂直结构”下的国有企业改革》，刘守英的《中国土地制度改革：上半程及下半程》，黄益平的《防控中国系统性金融风险》，丁工的《人类命运共同体的构建与中国战略机遇期的存续》。

（5）《世界经济年鉴 2016》（年刊），主编张宇燕。

《世界经济年鉴 2016》于 2017 年 9 月出版，全书共 158.5 万字。该书主要内容分为 11 个板块，包括学科板块 10 个群和附录板块。其中，学科板块群包括世界经济学板块和 9 个子学科板块，后者所涉及的子学科包括全球宏观经济学、国际贸易学、国际金融学、国际投资学、世界经济统计学、国际发展经济学、国际政治经济学、马克思主义国际政治经济学、全球经济治理学。附录板块包括统计数据和关键词索引。

《世界经济年鉴 2016》的代表文章有：张宇燕、姚枝仲的《2015 ~ 2016 年世界经济形势分析与展望》，杨盼盼、席殊旻的《2015 年全球宏观经济学综述》，东艳、李春顶的《2015 年国际贸易学综述》，李远芳的《2015 年国际金融学综述》，王碧珺、李曦晨的《2015 年国际投资学综述》，刘仕国的《2015 年世界经济统计学综述》，孙靓莹、宋锦、杨灿、朱丹丹的《2015 年国际发展经济学综述》，刘玮的《2015 年国际政治经济学综述》，欧阳向英的《2015 年马克思主义国际政治经济学综述》，田慧芳的《2015 年全球经济治理学综述》。

（五）会议综述

第七届亚洲研究论坛
——“一带一路”与企业行为：成果、挑战与建议

2017 年 4 月 19 ~ 20 日，由中国社会科学院亚洲研究中心、世界经济与政治研究所共同主办，世界经济与政治研究所承办的“第七届亚洲研究论坛——‘一带一路’与企业行为：成果、挑战与建议”在北京召开。论坛的主题是“‘一带一路’与企业行为：成果、挑战与建议”。论坛共分为 7 节：(1)“一带一路”建设：政府角色与金融支持；(2)“一带一路”建设：代表性国企的全球拓展；(3)“一带一路”建设：代表性项目；(4)“一带一路”建设：代

表性民企的全球拓展与样本项目；(5)“一带一路”建设：国内重点核心区与园区建设；(6)“一带一路”研究：成果、困难与改进（Ⅰ）；(7)“一带一路”研究：成果、困难与改进（Ⅱ）。来自中国、俄罗斯、韩国、越南等国政府机关、研究机构和高校的专家学者参加了论坛。

2017 年 4 月，“第七届亚洲研究论坛——‘一带一路’与企业行为：成果、挑战与建议”在北京召开。

中国社会科学院副院长、学部委员蔡昉和世界经济与政治研究所所长张宇燕出席会议并分别致开幕词。张宇燕在发言时指出：“一带一路”倡议已经获得 100 多个国家和国际组织的积极响应和支持，“一带一路”的“朋友圈”正在不断扩大。目前，“一带一路”倡议重点已经由设计与交流转为落实与经营，如果说与沿线国家各级政府建立高层次、多渠道、常态化的合作机制是推进“一带一路”倡议的重要动力，那么，各类国有企业、私营企业、金融机构和社会组织就是落实“一带一路”建设的主力军。其中，企业发挥的作用最为关键。

与会专家基于各自实地调研所掌握的一手资料，从学术研究、政策制定、企业实践等角度，对企业建设“一带一路”的成果以及企业行为展开讨论与评估，并对企业面临的问题提出了改进建议。

此届论坛提供了一个较高层次的对话交流平台，通过不同国家、机构学者们的深入讨论，深化了对“一带一路”倡议和企业行为的认识和理解，为企业建设未来的发展设计了多种方案。

（郗艳菊）

第八届国际政治经济学论坛暨“新型全球化：国际政治经济学视角”学术研讨会

2017 年 9 月 26 ～ 27 日，由西南财经大学、中国社会科学院世界经济与政治研究所和国际关系学院共同主办的第八届国际政治经济学论坛暨“新型全球化：国际政治经济学视角”学术研讨会在四川省成都市召开。来自国内科研和教学单位的 70 余位专家学者参加了会议。

西南财经大学中国金融研究中心主任王擎主持开幕式，西南财经大学副校长尹庆双、国际关系学院党委书记刘慧和中国社会科学院世界经济与政治研究所所长张宇燕分别致辞。辽宁大学教授程伟、北京大学教授王正毅、中国社会科学院亚太与全球战略研究院研究员高程、中国人民大学国际关系学院教授田野和西南财经大学中国金融研究中心主任王擎围绕会议主题分别作了题为“经济全球化与美中俄大三角”“新型全球化与 IPE 理论创新”“美国主导的全球化进程受挫与中国的战略机遇”“经济全球化与劳工反建制主义的兴起”“从金融自主权看中国金融安全”的主题演讲。

与会专家学者围绕国际政治与金融安全、“一带一路”与新型全球化、经济全球化与“逆全球化”、全球化与国际安全、国际政治经济学理论创新与全球化新型议题五大专题进行了交流与讨论，深入探讨了全球化进程面临的新形势背景下国际政治经济学相关理论、方法、应用和政策分析的新进展以及国际政治经济学学科发展的机遇与挑战，并为我国未来一个时期如何更好地参与和引领全球化进程提出了诸多建设性的意见与建议。

（郗艳菊）

新兴经济体研究会 2017 年会暨 2017 新兴经济体论坛

2017 年 11 月 3 ~ 5 日，由新兴经济体研究会、中国国际文化交流中心和广东工业大学共同主办，广东省新兴经济体研究会等单位承办的“新兴经济体研究会 2017 年会暨 2017 新兴经济体论坛”在广东省广州市举行。论坛的主题为“2030 可持续发展目标与‘一带一路’建设”。来自澳大利亚、巴西、中国、印度、印尼、尼泊尔、俄罗斯、南非、瑞士等国 60 多所高校、研究单位和政府机构的专家学者参加了会议。在开幕式上，广东工业大学副校长陈立中教授、南非驻华大使馆大使多拉娜·姆西曼和中国社会科学院世界经济与政治研究所所长兼新兴经济体研究会会长张宇燕研究员分别致辞。

论坛设有“全球化与全球经济形势”、“新兴经济体与可持续发展目标”、“新兴经济体与‘一带一路’建设”和“新兴经济体与全球治理”四个主题论坛，“全球经济新变局与新兴经济体新前景”、“新兴经济体可持续发展的动态及前景”、“‘一带一路’的理论、政策及实践”和“金砖国家深化合作与可持续发展”四个专题分论坛。

会议除了四个主题论坛和四个专题分论坛，还召开了“新兴经济体研究会 2017 年会”，审议了新兴经济体研究会 2017 年度工作报告，并为论坛获奖论文作者颁奖。该届论文集选题涉及新兴经济体与“一带一路”、全球治理、“全球化”等重大议题方面的研究，旨在全方位解读和剖析新兴经济体改革创新、战略调整、合作互动、增长潜力和发展前景，为推进理论创新和解决现实问题提供新的发展思路。

（郗艳菊）

俄罗斯东欧中亚研究所

（一）人员、机构等基本情况

1. 人员

截至2017年底，俄罗斯东欧中亚研究所共有在职人员86人。其中，正高级职称人员25人，副高级职称人员26人，中级职称人员21人；高、中级职称人员占在职人员总数的84%。

2. 机构

俄罗斯东欧中亚研究所设有：俄罗斯政治社会文化研究室、俄罗斯经济研究室、俄罗斯外交研究室、中亚研究室、战略研究室、乌克兰研究室、中东欧研究室、俄罗斯历史与文化研究室、《俄罗斯中亚东欧研究》编辑部、院图书馆国际研究分馆、科研处、办公室。

3. 科研中心

院属智库及研究中心有：中国社会科学院中俄战略协作高端合作智库、中国社会科学院“一带一路”研究中心、中国社会科学院俄罗斯研究中心、中国社会科学院上海合作组织研究中心。

（二）科研工作

1. 科研成果统计

2017年，俄罗斯东欧中亚研究所共完成专著10种，392.2万字；论文175篇，145.5万字；研究报告134篇，33.2万字；一般文章159篇，101.6万字。

2. 科研课题

（1）新立项课题。2017年，俄罗斯东欧中亚研究所有新立项课题1项，即国家社会科学基金青年课题“二战前后苏联政治宣传研究”（陈余主持）。

（2）结项课题。2017年，俄罗斯东欧中亚研究所共有结项课题4项。其中，院重点课题3项：“俄罗斯发展报告（2017年）”（李永全主持），“中亚国家发展报告（2017年）”（孙力主持），“上海合作组织发展报告（2017年）”（李进峰主持）；中俄联合课题1项：“欧亚全面伙伴关系”（李永全主持）。

（3）延续在研课题。2017年，俄罗斯东欧中亚研究所共有延续在研课题7项。其中，国家社会科学基金课题3项：“中俄关系通史（6卷本）”（李静杰主持），“低碳经济时代中美发展清洁能源的合作与冲突及我国对策研究”（徐洪峰主持），“战后苏美对战败国日本的条约安排、执行及历史影响：1945—1956”（赵玉明主持）；国家专项课题1项：“20世纪俄罗斯历史档案文集”（李静杰主持）；所重点课题3项：“当代俄罗斯黑海战略研究”（刘丹主持），“外高加索三国对外政策与实践”（吕萍主持），“隔阂与偏见：俄罗斯犹太民族问题研究”（于卓超主持）。

（三）学术交流活动

1. 学术活动

2017年，俄罗斯东欧中亚研究所主办和承办的学术会议如下。

（1）2017年2月28日，中国社会科学院中俄战略协作高端合作智库揭牌仪式暨第一届理事会会议在北京举行。

（2）2017年4月6日，“友好25周年合作新起点：中国与亚美尼亚建交25周年学术研讨会”在北京举行。

（3）2017年4月16～29日，中国社会科学院丝绸之路研究院“‘一带一路’建设与欧亚地区联动发展”国际研修班在北京举办。

（4）2017年5月18日，“第七届俄罗斯东欧中亚青年论坛”在北京举办。

（5）2017年6月28日，亚信第二次非政府论坛“区域融合发展以及亚信非政府论坛的作用”专题圆桌会议在北京举行。

（6）2017年7月1～2日，“俄罗斯学国际研讨会”在江苏省南京市召开。

（7）2017年7月10～13日，第三届“丝绸之路天山论坛”在新疆维吾尔自治区乌鲁木齐市举办。

（8）2017年11月30日，“第九届俄罗斯东欧中亚与世界高层论坛（2017）”在北京举行。

2. 国际学术交流与合作

2017年11月，“第九届俄罗斯东欧中亚与世界高层论坛（2017）”在北京举行。

2017年，俄罗斯东欧中亚研究所共派遣出访52批80余人次，接待来访7批十余人次。与俄罗斯东欧中亚研究所开展学术交流的国家有：俄罗斯、美国、哈萨克斯坦、乌兹别克斯坦、吉尔吉斯斯坦、塔吉克斯坦、阿塞拜疆、亚美尼亚、格鲁吉亚、印度、巴基斯坦、日本、韩国、乌克兰、白俄罗斯、波兰、保加利亚、罗马尼亚、爱沙尼亚等。

（1）2017年3月29日至4月5日，俄罗斯东欧中亚研究所中亚研究室主任吴宏伟研究员在吉尔吉斯斯坦共和国首都比什凯克与吉尔吉斯斯坦总统战略研究所、比什凯克人文大学研究人员就中吉关系、“一带一路”建设问题开展学术交流活动。

（2）2017 年 5 月 28 ～ 30 日，俄罗斯东欧中亚研究所所长李永全研究员、俄罗斯政治社会与文化研究室主任庞大鹏研究员、战略研究室主任薛福岐研究员与俄罗斯国际事务委员会在莫斯科就中俄关系、学术合作等问题开展交流活动。

（3）2017 年 6 月 13 ～ 28 日，俄罗斯东欧中亚研究所乌克兰研究室主任赵会荣研究员在白俄罗斯首都明斯克与白俄罗斯科学院就中白关系、中白工业园建设问题开展学术交流活动。

3. 与中国香港、澳门特别行政区和中国台湾开展的学术交流

2017 年 1 月 4 日，台湾南华大学社会科学院代表团郭武平教授（院长、代表团团长）一行到访俄罗斯东欧中亚研究所，与俄罗斯东欧中亚研究所所长李永全、科研处处长王晓泉、中亚室副主任张宁研究员，俄罗斯经济室副主任高际香研究员就中国台湾地区俄罗斯问题研究现状开展学术交流活动。

（四）学术社团、期刊

1. 社团

中国俄罗斯东欧中亚学会，会长李永全。

2017 年 11 月 30 日，中国俄罗斯东欧中亚学会在北京举行“第九届俄罗斯东欧中亚与世界高层论坛（2017）”。会议的主题是“俄罗斯东欧中亚与当代世界”，研讨的主要议题有“2017 年欧亚地区战略态势”“2017 年俄罗斯政治、经济与外交形势”“2017 年俄罗斯东欧中亚的前沿问题研究”。与会专家学者 150 人。

2. 期刊

（1）《俄罗斯东欧中亚研究》（双月刊），主编李永全。

2017 年，《俄罗斯东欧中亚研究》共出版 6 期，共计 121.3 万字。该刊全年刊载的有代表性的文章有：程伟的《普京的选项：经济颓势下的外交强势》，潘志平的《对丝绸之路经济带与中俄合作研究的评估》，邓浩的《中亚和外高加索地区形势的演变及其走向》，庞大鹏的《俄罗斯的政治稳定：社会基础与制度保障》，张昊琦的《当代俄罗斯政治精英的代际更替》，姜琍的《英国脱欧对欧盟和中东欧国家的政治影响》，高歌的《入盟十年：保加利亚和罗马尼亚的政治不稳定》，曲岩的《“规范性力量欧洲”的理念与实践：以罗马尼亚入盟为例》，郝赫的《简析俄罗斯政治权力体系架构的特点及其挑战》，李淑华的《斯大林时期书刊检查制度》，陈余的《俄罗斯科学院改革：缘起、进程与反响》，肖斌的《地区极性、现象偏好与中国对中亚的外交哲学》，赵会荣的《“一带一路”学术研究的现状、问题与展望》，赵玉明的《中亚地区水资源问题：美国的认知、介入与评价》，韩克敌的《特朗普的对俄政策与美俄关系的四个维度》，崔铮的《俄罗斯科技发展制约因素与优先政策选择》，张聪明的《俄罗斯经济转轨：尚未完成的任务》，姜振军的《俄罗斯国家粮食安全状况及其保障措施分析》，阎德学的《治理结构与相互认知：帝国与周边关系的比较研究》，邢伟的《欧盟的水外交：以中亚为例》。

（2）《欧亚经济》（双月刊），主编高晓慧。

2017 年，《欧亚经济》共出版 6 期，共计 96.2 万字。该刊全年刊载的有代表性的文章有：程亦军的《从普京国情咨文看俄未来经济政策取向》，李自国的《“一带一路”：成果、问题与思路》，张宁的《“一带一路”建设中中国企业在欧亚经济联盟面临的贸易制裁问题》，孙壮志等的《上海合作组织扩员与成员国间的经济合作》，姜毅的《对发展中俄边境地区口岸经济的思考》，徐向梅的《经济困境下逆势发展的俄罗斯农业》，高际香的《俄罗斯固定资产投资问题解析》，朱红根的《波兰会计发展与转型研究》，肖斌的《金融支持中哈产能合作：基于集聚效应的思考》，郭晓琼的《中俄金融合作的最新进展及存在的问题》，徐洪峰、王海燕的《中俄能源合作的新进展及存在的制约因素》，孙珊的《哈萨克斯坦汇率波动问题解析》，孔田平等的《已“入盟”中东欧国家经济发展及英国“脱欧”对其影响》，李福川的《俄罗斯联邦的土地关系》，陈小沁的《2035 年前俄罗斯石油工业调整与展望》，崔金梅、石微巍的《新时期中俄贸易影响因素实证分析》，初冬梅、刘毅的《俄罗斯远东开发新举措与中俄沿边区域合作——以“一带一盟”对接为视角》，赵玉明的《日本学界视野下的“一带一路”》，张琰的《国际能源市场低迷背景下的土库曼斯坦经济》，邓羽佳、秦放鸣的《哈萨克斯坦新劳动法：背景与影响》。

（五）会议综述

第七届俄罗斯东欧中亚青年论坛

2017 年 5 月 18 日，由俄罗斯东欧中亚研究所青年工作组、中国社会科学院俄罗斯研究中心主办的“第七届俄罗斯东欧中亚青年论坛”在北京召开。论坛主题为“多元视角下的俄罗斯东欧中亚”。来自北京大学、中央民族大学、南开大学、现代国际关系研究院以及中国社会科学院全球与亚太战略研究院、西亚非洲研究所、欧洲研究所、美国研究所、世界经济与政治研究所等高校及研究机构的 50 余名学者参会。

俄罗斯东欧中亚研究所所长李永全在开幕词中对青年论坛的召开表示祝贺。他表示，青年论坛是青年成长和锻炼的舞台，也是连接学界青年人才的窗口。他还以俄罗斯为例，探讨了如何从多学科、多视角来进行国别研究。李永全指出，十月革命影响了整个 20 世纪世界历史的发展，苏联解体影响了整个世界地缘政治版图，同样，俄罗斯的复兴进程也正在影响着世界。俄罗斯是什么样的国家，俄罗斯往何处去，东方还是西方？全世界都在观察，俄罗斯自己也在思考。李永全强调，研究俄罗斯离不开文化。文化反映的是一个民族的精髓，民族的性格，因此，加强对俄罗斯文化历史的研究，尤其是社会变迁在民族文化中的反映，是了解俄罗斯社会发展、了解俄罗斯人思维和行为特征的重要手段。

在第一单元“历史与文化视野下的欧亚空间”的专题研讨中，北京大学哲学系教授徐凤林辨析了东正教神学中的自由概念；中央民族大学副教授袁剑介绍了世界史学者安德烈·贡德·弗兰克的中亚观。

在第二单元“欧亚研究中的理论生产”的专题研讨中，世界经济与政治研究所副研究员徐进探讨了国际关系理论与欧亚问题研究之间的内在联系；欧洲研究所副研究员赵晨从政治理论史的角度探讨了如何对欧盟政治进行研究；南开大学副教授刘丰辨析了国际问题研究中的学术性和政策性。

在第三单元“欧亚研究中的他者视角”的专题研讨中，有五位学者依次进行了发言。全球与亚太战略研究院研究员沈铭辉结合“一带一路”阐述了中国的区域经济合作；全球与亚太战略研究院研究员张洁详细梳理了中国周边安全形势评估这一课题的进展；美国研究所研究员樊吉社系统总结了冷战解体以来美国对俄罗斯的认知；西亚非洲研究所研究员唐志超以伊朗、伊拉克、沙特等地区大国为例，分析了中东视野中的俄罗斯；欧洲研究所助理研究员曹慧谈到了近年来欧盟与俄罗斯的合作与分歧。

三个单元的主题发言后，在自由发言环节，李勇慧研究员就俄罗斯与亚太地区合作、徐坡岭研究员就俄罗斯经济形势进行了陈述。

在会议的总结发言中，俄罗斯东欧中亚研究所党委书记李进峰重点谈到了理论与实践相结合的问题。他指出，青年人才理论知识丰富，但可能在理论与实践结合上存在一些问题。因此，可以通过青年论坛这种方式，促进青年人之间的交流与思想碰撞，提高对现实问题的了解，促进理论与实践结合，进而促使青年人学术责任感和国家使命感的提升。同时，青年人应勇于进行理论创新。当前，对青年人才而言，新丝绸之路经济带的前景如何，风险何在，既是一个紧迫的学术命题，也为国家现实所需，期待青年人对此进行认真、深入的思考。

（赵玉明）

欧洲研究所

（一）人员、机构等基本情况

1. 人员

截至 2017 年底，欧洲研究所共有在职人员 54 人。其中，正高级职称人员 11 人，副高级职称人员 13 人，中级职称人员 16 人；高、中级职称人员占在职人员总数的 74%。

2. 机构

欧洲研究所设有：经济研究室、欧盟法研究室、社会文化研究室、欧洲政治研究室、科技研究室、中东欧研究室、国际关系研究室、《欧洲研究》编辑部、图资信息室、办公室。中国欧洲学会秘书处挂靠在欧洲研究所。

3. 科研中心

欧洲研究所院属科研中心有：国际发展合作与福利促进研究中心、西班牙研究中心、中德合作研究中心；所属科研中心有：马克思主义与欧洲文明研究中心。

（二）科研工作

1. 科研成果统计

2017 年，欧洲研究所共完成中文专著 6 种，154.2 万字；外文专著 5 种，119.2 万字；译著 3 种，41.2 万字；论文集 3 种，50.5 万字；论文 84 篇，62.92 万字；国家智库报告 4 种，其中，中文版 3 种，34.4 万字，英文版 1 种，10.8 万字；皮书 1 种，29 万字。

2. 科研课题

（1）新立项课题。2017 年，欧洲研究所共有新立项课题 8 项。其中，国家社会科学基金课题 4 项："欧洲'选举年'后美欧关系走向及对我影响"（黄萌萌主持），"'一带一路'战略框架下中国与中东欧国家合作模式研究"（孔田平主持），"'一带一路'战略框架下中欧产能合作研究"（杨成玉主持），"欧盟投资法院制度及中国应对研究"（叶斌主持）；国情调研基地课题 2 项："金砖峰会后厦门城市国际化策略"（黄平主持），"苏州工业园区产学研合作模式与前景"（张敏主持）；国情调研重大课题 1 项："欧洲贸易保护主义新动向及其对我国经济发展的影响"（程卫东主持）；所重点课题 1 项："欧洲发展蓝皮书（2017 ~ 2018）"（黄平主持）。

（2）结项课题。2017 年，欧洲研究所共有结项课题 4 项。其中，国情调研基地课题 2 项："厦门城市国际化的策略研究"（黄平主持），"'一带一路'战略下的中欧科技创新合作"（张敏主持）；国情调研重大课题 1 项："社区综合养老服务体系建设"（田德文主持）；所重点课题 1 项："欧洲发展蓝皮书（2016 ~ 2017）"（黄平主持）。

（3）延续在研课题。2017 年，欧洲研究所共有延续在研课题，即国家社会科学基金课题 9 项："海洋争端国际仲裁的新发展与中国对策研究"（刘衡主持），"城市化进程中欧洲国家的社会住房政策研究"（李罡主持），"中东欧国家在丝绸之路经济带战略构想中的地位与风险评估"（刘作奎主持），"新产业革命背景下欧盟工业智能化绿色化发展及其启示研究"（孙彦红主持），"东西德统一的历史经验研究"（周弘主持），"法国多元文化主义的当代困境及其治理研究"（张金岭主持），"德国在欧盟地位和作用的变化及中国对欧政策研究"（杨解朴主持），"欧洲养老金制度改革及对我国的借鉴意义"（彭姝祎主持），"'一带一路'背景下中国与一体化组织的外交政策研究”（贺之杲主持）。

3. 获奖情况

2017 年，欧洲研究所获 2016 年度中国社会科学院优秀对策信息组织奖。

（三）学术交流活动

1. 学术活动

2017 年，欧洲研究所主办的重要会议如下。

（1）2017 年 5 月 16 日，由中国欧洲学会中东欧研究分会主办，欧洲研究所和“16+1”智库网络秘书处承办的“第四届中国—中东欧国家关系政策论坛”在北京举办。论坛期间还举行了《匈牙利看“一带一路”与“16+1 合作”》新书发布会。

（2）2017 年 6 月 14 日，由欧洲研究所、中国欧洲学会、社会科学文献出版社共同举办的“‘2017 年中欧大使论坛’暨《欧洲蓝皮书：欧洲发展报告（2016 ~ 2017)》发布会”在北京举行。

（3）2017 年 7 月 9 ~ 10 日，由国务院新闻办公室主办，上海社会科学院、德国全球与地区问题研究所、欧洲研究所、德国贝塔斯曼基金会共同承办的“世界中国学论坛欧洲分论坛”在德国柏林举办。论坛的主题是“中国与全球化：新阶段、新挑战”。

（4）2017 年 7 月 31 日，由欧洲研究所与“16+1”智库交流与合作网络主办的“纪念《发展权利宣言》签署 31 周年”座谈会在北京举行。

（5）2017 年 8 月 29 日，由中国欧洲学会意大利研究分会主办的《变化中的意大利》新书发布会在意大利驻华使馆文化处举办。

（6）2017 年 10 月 27 日，由欧洲研究所、中国社会科学院中德合作中心、中国人民对外友好协会以及德国阿登纳基金会在北京联合举办了“全球化新挑战背景下的‘一带一路’倡议与中德合作”国际研讨会。国内外专家学者及研究生 50 余人参加了会议。

（7）2017 年 11 月 14 ~ 15 日，由欧洲研究所、中国欧洲学会德国研究分会、中国社会科学院中德合作中心联合主办的“德国和欧洲的未来”国际研讨会在北京召开。会议的主要议题有“德国和欧洲的新挑战”、“历史记忆与政治新构建”、“德国经济与中德、中欧关系”以及“国际视角中德国在欧盟的地位和作用”。

（8）2017 年 11 月 27 日，由中国社会科学院、中国—中东欧研究院以及匈牙利中央银行共同举办的“匈牙利与人民币国际化”国际学术研讨会在匈牙利布达佩斯举行。来自中国和中东欧国家的约 70 名学者出席了研讨会。会议研讨的主要议题有“人民币国际化与金融改革”“人民币国际化在欧洲的进展”“匈牙利央行人民币项目和布达佩斯人民币国际化倡议”“中东欧视角下的中国和匈牙利金融合作”。

（9）2017 年 12 月 13 ~ 14 日，欧洲研究所与欧洲知名智库“欧洲对外关系委员会”在北京联合举办“中欧对话：现实与未来”学术研讨会。会议研讨的主要议题有“中欧局势的新进展”“新技术及其对国家和全球治理的影响”“主要经济领域中的挑战与改革”“大国关系与多边主义”等。

2. 国际学术交流与合作

2017 年，欧洲研究所共派遣出访 50 批 90 人次，接待来访 22 批 100 人次。与欧洲研究所开展学术交流的国家有：英国、德国、美国、法国等。

（1）2017 年 4 月 2[illegible]日，中国—中东欧研究院、中国社会科学出版社与匈牙利安塔尔知识中心共同签署了关于图书出版的三方合作备忘录。

（2）2017 年 4 月 26 日，中国—中东欧研究院与匈牙利国际事务与贸易研究所签署合作备忘录。

（3）2017 年 5 月 23 日，德国著名外交及国际政治研究专家，现任德国汉堡国防军大学国际政治研究所所长的施塔克教授拜访欧洲研究所，并举办题为“德国视角下的欧盟前景”学术报告会。

（4）2017 年 7 月 18 日，德国工业联合会执行委员会委员 Stefan Mair 博士顺访欧洲研究所，与欧洲研究所所长黄平等就中欧关系举行座谈。

（5）2017 年 7 月 18 日，比利时根特大学根特国际问题研究所教授斯温·比斯考夫顺访欧洲研究所，举办题为“捍卫欧洲的前途”的讲座。

（四）学术社团、期刊

1. 社团

中国欧洲学会，会长周弘。

① 2017 年 4 月 14 ~ 15 日，由中国欧洲学会主办，安徽大学欧盟研究中心和南京大学欧洲研究中心承办的“《罗马条约》60 周年：欧洲一体化的困境与挑战”学术研讨会暨中国欧洲学会 2017 年学术年会在安徽省合肥市举行。来自高校和科研机构的 110 多名专家学者参加了会议。会议的主要议题有“英国脱欧与欧洲一体化的未来”“中欧经贸合作及外交关系”“法德核心与欧洲一体化”“欧洲难民危机和民粹思潮的复兴”“欧洲联盟的双边与多边外交”“欧洲社会发展专题”等。

② 2017 年 6 月 14 日，中国欧洲学会、欧洲研究所和社会科学文献出版社联合主办的“‘2017 年中欧大使论坛’暨《欧洲蓝皮书：欧洲发展报告（2016 ~ 2017）》发布会”在北京举行。会议的主题为“欧盟 60 年：成就，困境与反思”。

③ 2017 年 10 月 15 ~ 19 日，中国欧洲学会与台湾欧盟研究会共同举办的“第七届海峡两岸欧盟研究学术论坛：英国脱欧之后之欧盟内部关系”在台湾举行。海峡两岸的专家学者参加会议。会议研讨的主要议题有“欧盟统合未来整体发展趋势”“德国对欧盟发展的影响及角

色”“中东欧国家与欧盟关系”“欧盟统合对外部因素的影响”“从经贸视角看欧盟发展及会员国政策”“欧盟发展的内部关系及非传统安全视角”等。

（1）中国欧洲学会欧洲经济研究分会

① 2017 年 2 月 14 日，中国欧洲学会欧洲经济研究分会联合经济研究室和《欧洲研究》编辑部在北京举办了“欧洲经济增长：潜力和挑战”学术研讨会。来自中国社会科学院以及相关研究机构的约 20 名学者与会。

② 2017 年 7 月 4 ～ 6 日，中国欧洲学会欧洲经济研究分会、经济研究室和《欧洲研究》编辑部在北京合作举办了主题为“欧洲经济一体化的困境与欧洲经货联盟改革”学术研讨会。来自中国社会科学院以及相关研究机构的约 20 名学者与会。

③ 2017 年 10 月 26 日，在中国欧洲学会欧洲经济研究分会和经济研究室共同组织下，欧盟驻中国代表团公使衔参赞 Peter　Weiss、经济与金融事务部金融参赞 Ionut　Raduletu、欧盟委员会经济与金融总司国际处处长 Norbert　Wunner 及中国事务部主任 Rupert　Willis 等一行 5 人到访欧洲研究所。Norbert　Wunner 作题为“全球金融危机后的十年：2017 年的欧元区”的主题报告，来自中国社会科学院以及相关研究机构的专家学者近 40 人参会。

（2）中国欧洲学会欧洲政治研究分会

2017 年 10 月 15 日，由《欧洲研究》编辑部、中国欧洲学会欧洲政治研究分会、中国欧洲学会欧洲一体化历史研究分会联合主办的“欧洲政治和社会变迁与欧洲一体化的未来”学术研讨会在北京召开。会议的主要议题有“欧洲政治和社会变迁”“欧洲大国与欧洲一体化的未来”“欧洲一体化的发展前景”等。来自中国社会科学院等研究机构、高等院校的 40 位专家学者与会。

（3）中国欧洲学会欧洲法律研究分会

① 2017 年 11 月 24 ～ 26 日，由中国欧洲学会欧洲法律研究分会主办，中国人民大学苏州校区承办的“中国欧洲学会欧洲法律研究分会第十一届年会”在江苏省苏州市举行。年会的主题为“新时代背景下中欧关系与欧洲法的展望”。来自科研机构、全国各大知名法律院所的近 70 名专家学者参加了年会。

② 2017 年 12 月 15 日，中国欧洲学会欧洲法律研究分会与中国欧洲学会英国研究分会、北京外国语大学英国研究中心共同主办了“英国脱欧进程及其多重影响”学术研讨会。来自高校和科研单位的约 20 名专家学者参加了会议。

（4）中国欧洲学会欧洲一体化历史研究分会

① 2017 年 10 月 15 日，中国欧洲学会欧洲一体化历史研究分会、中国欧洲学会欧洲政治研究分会、《欧洲研究》编辑部合作协办了“欧洲政治和社会变迁和欧洲一体化的未来”学术讨论会。

② 2017 年 10 月 21 日，由中国欧洲学会欧洲一体化历史研究分会主办的“欧洲一体化历

史研究分会年会”在北京举行。来自中国社会科学院等研究机构以及高校的专家学者30余人与会。会议的主题是“欧洲一体化的历史与现状”。

（5）中国欧洲学会英国研究分会

2017年6月23日，由中国欧洲学会英国研究分会、北京外国语大学英国研究中心、《欧洲研究》编辑部共同主办的“英国脱欧、民粹主义与欧洲一体化的未来”学术研讨会在北京举行。会议的主要议题为“英国脱欧的进程与影响”“民粹主义与欧洲政党政治及全球化的关系”“欧洲一体化和英国的未来”等。来自中国社会科学院等多家研究机构以及多所高校的30位专家学者与会。

（6）中国欧洲学会法国研究分会

① 2017年5月13～14日，由中国欧洲学会法国研究分会、复旦大学法国研究中心主办的“法国总统大选及内政外交走势研讨会暨中国欧洲学会法国研究分会2017年年会”在上海举行。来自多家研究机构、高校的40余名专家学者围绕2017年法国总统大选涉及的“政治格局演变”“政党生态”“政治文化与民粹主义”“法国外交与欧洲一体化”等热点问题展开讨论。

② 2017年11月10日，由中国社会科学院欧洲研究所、中国欧洲学会法国研究分会联合举办的“法国社会形势”研讨会在北京召开。来自多家研究机构、高校和媒体的法国问题研究学者40余人参加了会议。会议主要讨论了2017年法国政党分化、马克龙政府新政等。

（7）中国欧洲学会德国研究分会

① 2017年3月15日，由中国欧洲学会德国研究分会与北京外国语大学联合举办的“当前德国与世界形势”报告会在北京召开。北京外国语大学德语系40余位师生参加了报告会。

② 2017年5月17日，中国欧洲学会德国研究分会与北京外国语大学在北京联合举办了“欧盟现状与未来”学术报告会。来自京内各科研机构的50余位专家学者参加了报告会。

③ 2017年6月30日至7月1日，中国欧洲学会德国研究分会与同济大学在上海联合举办了《德国发展报告（2017）》发布会、中国欧洲学会德国研究分会第16届年会暨主题为“动荡欧洲背景下的德国及中德关系”的学术研讨会。

④ 2017年10月19日，由中国欧洲学会德国研究分会、中国社会科学院欧洲研究所、中国社会科学院中德合作中心联合主办的“德国大选与中德关系”学术研讨会在北京召开。来自北京各科研机构和高校的50余位专家学者以及研究生参加了会议。

⑤ 2017年10月27日，由中国欧洲学会德国研究分会、中国社会科学院欧洲研究所、中国社会科学院中德合作中心、中国人民对外友好协会以及德国阿登纳基金会联合主办的“全球化新挑战背景下的‘一带一路’倡议与中德合作”国际研讨会在北京召开。国内外专家学者及研究生50余人参加了会议。

⑥ 2017年11月15～16日，由中国欧洲学会德国研究分会、中国社会科学院欧洲研究所、中国社会科学院中德合作中心联合举办的“德国与欧洲的未来”国际研讨会在北京召开。国内

外专家学者及研究生 80 余人参加了会议。

（8）中国欧洲学会意大利研究分会

2017 年 6 月 2 日，中国欧洲学会意大利研究分会主办的学术沙龙在北京举办。来自国内科研单位、高校和意大利语界的专家学者共 20 余人参会。

（9）中国欧洲学会中东欧研究分会

2017 年 5 月 16 日，由中国欧洲学会中东欧研究分会主办，中国社会科学院欧洲研究所和“16+1”智库网络秘书处承办的“第四届中国—中东欧国家关系政策论坛”在北京举办。会议期间还举行了《匈牙利看“一带一路”和“16+1 合作”》新书发布会。

2. 期刊

《欧洲研究》（双月刊），主编黄平。

2017 年，《欧洲研究》共出版 6 期，共计 150 万字。该刊全年刊载的有代表性的文章有：丁纯、张铭心、杨嘉威的《“多速欧洲”的政治经济学分析——基于欧盟成员国发展趋同性的实质分析》，周弘的《欧洲国家公共养老金改革的路径选择：结构还是参数？》，周庆安、吴燕妮的《身份认同困境下的话语构建——从难民危机报道看欧洲身份认同》，戴炳然的《对欧洲一体化历史进程的再认识——以马克思主义哲学为方法论的一些思索》，程卫东的《理想主义还是新帝国主义？——当代国际法宪政化理论批判》。

（五）会议综述

“中国—中东欧研究院”在匈牙利成立揭牌

2017 年 4 月 24 日，由中国社会科学院和“16+1”智库交流与合作网络主办的“中国—中东欧研究院成立暨揭牌仪式”在匈牙利布达佩斯举行。中共中央政治局委员、中央书记处书记、中宣部部长刘奇葆出席了揭牌仪式，并与中国社会科学院院长、“16+1”智库网络理事长、中国—中东欧研究院名誉院长王伟光共同为“中国—中东欧研究院”揭牌。

揭牌仪式前，刘奇葆部长会见了匈牙利科学院院长并与他进行了简短会谈，王伟光院长等陪同会见。刘奇葆部长对匈牙利科学院和院长本人对建立中国—中东欧研究院的支持表示感谢，双方对该院建立在布达佩斯给予了充分肯定。

匈牙利科学院院长拉斯洛·洛瓦斯、中国驻匈牙利大使段洁龙、安塔尔·约瑟夫知识中心主席安塔尔·彼得等代表出席仪式并讲话。中国和中东欧 16 国智库代表、政府官员、企业和媒体代表 100 多人参加了揭牌仪式。中国社会科学院欧洲研究所所长、中国—中东欧研究院院长黄平主持了揭牌仪式。

作为中国第一家在欧洲独立注册的智库，中国—中东欧研究院是贯彻落实习近平总书记关于文化“走出去”的重要体现。中国—中东欧研究院的成立是中国—中东欧国家合作、智库交流进程中的一个重要标志，它的成立将积极推进中国与中东欧国家间的人文交流、学术交往和政策沟通。中国—中东欧研究院的成立是中国智库建设中的一项创举。

中国社会科学院院长王伟光在成立大会暨揭牌仪式上的讲话中指出，随着中国与中东欧国家各领域合作的日益深入，迫切需要智库和学术机构针对新形势、新问题拓展和深化研究与交流。“中国—中东欧研究院”应运而生。这是“16+1”智库网络发展迈出的重要步骤，也标志着中国与中东欧国家人文学术交流迈上了新的台阶。

揭牌仪式之后举行了主题为“中国和中东欧国家合作：共同面对未来挑战”的智库研讨会。来自中国和中东欧各国的专家学者和智库人士围绕中国和中东欧国家合作面临的共同问题以及如何应对共同的挑战展开了深入讨论和交流。

（科研处）

第四届中国—中东欧国家关系政策论坛

2017 年 5 月 16 日，“第四届中国—中东欧国家关系政策论坛”在北京举办。会议由中国欧洲学会中东欧研究分会主办，中国社会科学院欧洲研究所和“16+1”智库网络秘书处承办。来自政界、学界和媒体代表约 60 人与会。中国—中东欧国家合作事务特别代表霍玉珍大使出席会议开幕式，并作了题为“‘16+1 合作’：成就与挑战”的主旨发言。外交部前驻外大使、中国欧洲学会中东欧研究分会会长李国邦在开幕式上对霍玉珍大使莅临参会表示感谢，并希望中东欧研究分会能成为一个高级别对话平台，为决策者、智库学者提供一个开放的交流机会，汇集学术智慧，为“16+1 合作”建言献策。

霍玉珍在发言中表示，“16+1 合作”实施 5 年来，取得了令人瞩目的成就，在基建、金融、贸易等领域合作成果丰硕。同时她也指出，“16+1 合作”不是在真空中运行，不得不面对一系列复杂的国际形势和地区形势，面临诸多挑战。中国社会科学院欧洲研究所所长、“16+1”智库网络秘书长黄平在论坛评论环节表示，“16+1 合作”运行 5 年来，取得了众多积极成果。刚刚举办的“一带一路”国际合作高峰论坛为“16+1 合作”注入了新的动力。

论坛期间，黄平所长主持了由欧洲研究所研究员、经济研究室主任、中东欧研究分会秘书长陈新主编的《匈牙利看“一带一路”和“16+1 合作”》新书发布会。匈牙利驻华大使齐丽在发言中表示，中匈关系发展进入新的历史时期，在“一带一路”国际合作高峰论坛期间，中匈两国缔结了全面战略伙伴关系，为双边关系和“16+1 合作”注入新的动力。该书的出版正逢其时，通过此书，人们可以清晰地了解匈牙利是怎么看待“一带一路”和“16+1 合作”的。陈新研究员表示，该书的特色之一就是完全是匈牙利人的研究成果，从匈牙利人的角度来看待“一带一路”，这在以往的研究成果中并不多见。

在学术研讨环节，来自外交部、中国社会科学院、中国国际问题研究院、北京大学、北京外国语大学、同济大学、上海对外经济贸易大学、河北经贸大学、宁波海上丝绸之路研究院等政界、学界和媒体代表相继发言，并就“一带一路”“中东欧”“16+1 合作”等问题展开了讨论。

（科研处）

第四次中国—中东欧国家高级别智库研讨会

2017 年 12 月 18 日，由中国社会科学院主办，“16+1”智库网络、国际问题研究院、中国世界政治研究会合办，中国—中东欧国家合作秘书处支持，中国社会科学院欧洲研究所具体承办的“第四次中国—中东欧国家高级别智库研讨会”在北京举行。中华人民共和国外交部副部长、中国—中东欧国家合作秘书处秘书长王超，中国社会科学院副院长、“16+1”智库网络常务副理事长蔡昉，保加利亚驻华大使格里戈尔·波罗扎诺夫等出席研讨会开幕式并发表讲话。研讨会的主题为“中国—中东欧国家合作：未来五年展望”。来自中国及中东欧 16 国的政府官员、知名智库负责人、专家学者以及媒体代表近 300 人参加了开幕式。

王超在发言中回顾了 2017 年“16+1 合作”取得的重要进展和喜人成绩，介绍了 2017 年 11 月举行的“16+1”领导人布达佩斯会晤达成的共识、描绘的“16+1 合作”未来发展蓝图。他指出，推动“16+1 合作”提质升级，下一阶段的工作重点要认准方向，牢牢把握跨区域合作平台的定位，深入推进务实合作，推动“16+1 合作”整体全面发展。在中欧整体关系的大框架下开展合作，深化“一带一路”框架下的战略对接，开拓更多务实合作项目，围绕“16+1”地方年掀起合作新热潮。

蔡昉在发言中指出，在中国特色社会主义的建设过程中，中国共产党探索了三大规律，第一个是中国共产党执政规律，第二个是社会主义建设规律，第三个是人类社会发展规律。应该说，过去 40 年，中国改革开放发展和分享的过程，实际上是这三大规律的重要思想实践源泉。人口红利是个禀赋（非洲有人口红利，印度也有人口红利），但只有在经济发生改革和开放时，而且走对了发展道路的时候，才可能把人口红利转化为经济增长的源泉。

开幕式上还发布了《“16+1 合作”五年回顾》（中英文），并展示了若干种与“16+1 合作”相关的智库报告。

在研讨会主论坛上，中国住建部前副部长、中国欧盟协会副会长陈大卫，斯洛文尼亚外交部战略研究和分析司司长斯坦尼斯拉夫·拉什昌，中国国际问题研究院副院长董漫远，塞尔维亚世界政治与经济研究所所长布拉尼斯拉夫·乔尔杰维奇，拉脱维亚国际事务研究所所长安德里斯·斯普鲁茨依次发表主旨演讲。

研讨会另设 3 个分论坛，分别是“16+1 合作”如何助力“一带一路”建设、未来 5 年如何推动“16+1合作”行稳致远、“16+1合作”如何推动中欧更加紧密合作。与会专家学者系统梳理了过去5年“16+1合作”所取得的系列成就，并全面、深入地探讨了未来5年合作的发展前景。与会代表一致认为，“16+1合作”过去5年成果丰硕，契合了中国和中东欧各自的发展需求，具有较强的发展动力。未来5年，双方在经贸、投资等领域仍有较大的发展潜力。

（科研处）

西亚非洲研究所

（一）人员、机构等基本情况

1. 人员

截至2017年底，西亚非洲研究所共有在职人员58人。其中，正高级职称人员14人，副高级职称人员17人，中级职称人员21人；高、中级职称人员占在职人员总数的90%。

2. 机构

西亚非洲研究所设有：中东研究室、非洲研究室、国际关系研究室、社会文化研究室、《西亚非洲》编辑室、信息室、办公室、科研处、人事处。

3. 科研中心

西亚非洲研究所院属科研中心有：海湾研究中心；所属科研中心有：南非研究中心。

（二）学术交流活动

2017年，西亚非洲研究所共派遣出访35批60人次，与西亚非洲研究所开展学术交流的国家有：美国、法国、德国、荷兰、意大利、瑞士、比利时、日本、新加坡、哈萨克斯坦、拉脱维亚、土耳其、伊朗、以色列、阿联酋、黎巴嫩、埃及、摩洛哥、埃塞俄比亚、坦桑尼亚、加纳、毛里求斯、安哥拉、肯尼亚、南非、乌干达、津巴布韦等。

出访

（1）2017年3月，西亚非洲研究所研究员李智彪率团赴肯尼亚、埃塞俄比亚进行学术访问，出席“投资软实力：中非智库合作”和“工业化、城镇化与中非合作”国际研讨会。

（2）2017年4月，西亚非洲研究所副研究员刘冬赴土耳其参加“土耳其第二届汉学和中国学会议”。

（3）2017年6月，西亚非洲研究所所长杨光随外交部代表团出访埃塞俄比亚，出席“习近平主席著作《摆脱贫困》推介会暨第六届中非智库论坛”会议。

（4）2017年11月，西亚非洲研究所研究员朱伟东等赴乌干达，以“中非经贸关系可持续发展的法律保障”为题进行学术调研。

（5）2017 年 11 月，西亚非洲研究所副所长李新烽率团赴南非、津巴布韦，以“中国移民在非洲的发展状况”为题进行学术调研。

来访

（1）2017 年 3 月 6 日，以色列学术代表团到访西亚非洲研究所，就“当前中东局势”“中国与以色列关系”“美国特朗普政府的政策走向”等问题与西亚非洲研究所学者进行学术交流。

（2）2017 年 5 月 22 ～ 25 日，伊朗国际关系研究院院长谢赫勒斯莱米和副院长戴赫什里应邀访问西亚非洲研究所，与西亚非洲研究所学者就“中东问题”和“中国与伊朗关系”等问题进行学术交流。

（3）2017 年 5 月 24 日，伊朗伊斯兰共和国外交部副部长拉希姆普尔、伊朗驻华大使阿里・阿斯加尔一行对西亚非洲研究所进行学术访问。其间，拉希姆普尔副部长就中伊关系发表演讲。

（4）2017 年 6 月 23 日，沙特阿拉伯费萨尔国王伊斯兰研究中心秘书长沙特・萨利赫・撒汗博士一行访问西亚非洲研究所。

（5）2017 年 8 月 31 日，“中非新闻交流中心”项目非洲记者团一行来西亚非洲研究所进行交流与研讨。

（6）2017 年 9 月 12 日，“中国媒体与社会发展”学术访华团的 14 名非洲国家成员到西亚非洲研究所交流访问。

（三）学术社团、期刊

1. 社团

中国中东学会，会长杨光。

（1）2017 年 4 月 12 ～ 13 日，由上海社会科学院国际问题研究所、中国中东学会、上海市世界史学会主办，中国社会科学院海湾研究中心协办，上海社会科学院国际安全学科创新团队承办的“中东地缘政治变局与中国特色大国中东外交研讨会”在上海举行。来自北京、上海、陕西、河南、云南、福建、宁夏等地研究机构和高校的专家学者近 50 人与会。会议的主要议题有“中东变局与地区地缘政治格局的演进”“美国总统特朗普执政前后大国（集团）在中东的博弈竞合”“‘伊斯兰国’动向与中东热点问题应对”“新时期中国特色大国中东外交”等。

（2）2017 年 6 月 10 日，由上海外国语大学中东研究所、中国中东学会、上海社会科学院国际问题研究所、上海国际问题研究院、上海社会科学院西亚北非研究中心、上海市国际关系学会和上海大学土耳其研究中心联合主办的“第一届上海中东学论坛”在上海举行。论坛的主题为“区域国别研究视角下的中国与中东关系”。

（3）2017 年 7 月 11 ～ 12 日，第三届“丝绸之路天山论坛”在新疆维吾尔自治区乌鲁木齐市举行。论坛由新疆国际经济文化发展中心联合中国中东学会等多家机构共同举办。来自沙特阿拉伯、卡塔尔、阿尔及利亚、法国、埃及、阿塞拜疆、土耳其、巴林、伊朗等国的专家学者以及国内研究机构的专家学者60余人参加了论坛。

（4）2017年10月14～15日，由中国中东学会与陕西师范大学历史文化学院联合举办的“中东格局变迁背景下的土耳其历史和国家治理”国际学术研讨会在陕西省西安市举行。来自国内外的70余名专家学者参加了会议。

2. 期刊

《西亚非洲》（双月刊），主编杨光。

2017年，《西亚非洲》共出版6期，共计67万字。该刊全年刊载的有代表性的文章有：牛新春的《美国中东政策：开启空中干预时代》，唐志超的《俄罗斯与土耳其关系的内在逻辑与发展趋势》，张春的《涉非三方合作：中国何以作为？》，梁益坚的《非盟地区治理：非洲相互审查机制探微》，阿里·穆萨·以耶、李臻的《泛非主义与非洲复兴：21世纪会成为非洲的时代吗？》，勒本·内尔森·莫洛、沈晓雷的《南苏丹的和平进程与国际社会的作用》，张倩红、刘洪洁的《国家创新体系：以色列经验及其对中国的启示》，李靖堃的《英国与欧盟中东政策的未来走向：以英国脱欧为视角》。

（四）会议综述

庆祝建院40周年暨建所55周年学术报告会

2017年6月6日，中国社会科学院西亚非洲研究所在北京举办“庆祝建院40周年暨建所55周年学术报告会”。报告会由中国社会科学院西亚非洲研究所党委书记王正主持。

中国社会科学院西亚非洲研究所所长杨光在报告会上回顾了西亚非洲研究所的光辉历史，指出，西亚非洲研究所是在毛主席的关怀下成立的，历任院领导都很重视西亚非洲研究所的发展。过去几十年，西亚非洲研究所抓住了院历次机制体制改革的重大契机，实现了几次飞跃式的发展，取得了一些重大成就。杨光还指出，以习近平同志为核心的党中央高度重视中国哲学社会科学的发展，正在着力推进中国的哲学社会科学体系建设和新型智库建设，这不但向西亚非洲研究所的科研工作提出了新的要求，也为西亚非洲研究所的发展提供了新的机遇。在当前这个最好的历史机遇期，从事西亚非洲研究工作大有可为。杨光最后表示，虽然我们已经取得了一些成绩，但与党中央的要求和人民的期待还有一定的差距，在今后的工作中，我们还要继续努力，力争为中国的西亚非洲研究事业作出更大的贡献。

王正指出，西亚非洲研究所的建设与发展是与中国社会科学院40年来的建设与发展密切相连的，没有40年来中国社会科学院不断营造的良好环境和氛围，以及各类制度建设和条件建设，我们也不可能取得今天的发展成就。他要求大家在科研工作中要不辱使命，为人民做好学问；要进一步加快西亚非洲研究所的学科体系与话语体系建设，增强我们的学术影响力、决策影响力、社会影响力和国际影响力；要争取各项工作再上一个新台阶，为党的十九大献礼。

中东研究室主任唐志超、非洲研究室主任李智彪、国际关系研究室主任王林聪和社会文化研究室主任李文刚先后回顾了各自学科的发展历程、取得的主要学术成就和作出较大贡献的专家学者，表示一定要按照习近平总书记的要求及党中央的指示精神，立足中国、面向西亚非洲，以重大现实与理论问题为方向，做好学问、带好队伍、不辱使命。

（科研处）

第三届“中国与伊斯兰文明：交融与互鉴”国际学术研讨会

2017年7月4～5日，由中国社会科学院与伊斯兰合作组织（OIC）下属的伊斯兰历史、艺术与文化中心（IRCICA）联合主办，中国社会科学院国际合作局和西亚非洲研究所承办的第三届“中国与伊斯兰文明：交融与互鉴”国际学术研讨会在北京举行。来自土耳其、埃及、巴基斯坦等国家以及中国社会科学院、中国对外经贸大学、中央民族大学、北京第二外国语学院、中国伊斯兰协会、新华社、人民日报社等的专家学者70余人参加了会议。

中国社会科学院副院长蔡昉在致辞中指出，中国与伊斯兰世界的友好交往源远流长，中华文明与伊斯兰文明和平共处、交融互鉴、共同发展，不仅促进了两大文明的进步，而且增进了全人类的福祉。中国与伊斯兰国家是古代丝绸之路的重要建设者和贡献者，双方的关系既是不同文明之间良好关系的典范，又是“丝路精神”的最佳诠释。在国际体系转型、世界充满不确定的今天，中华文明与伊斯兰文明的对话具有极其重要的意义。一是通过对话，增进相互理解，促进相互尊重、相互信任，向世界提供文明友好交往的新范例；二是通过对话，挖掘丰富的思想资源，倡导中道和平、扬正抑邪，形成共同的价值理念；三是通过对话，加强双方的政策沟通，汇聚共识，共建“一带一路”，共同推进全球治理变革，推动中国与伊斯兰世界的共同发展和共同繁荣。希望与会专家通过此次研讨会推进中华文明与伊斯兰文明的交融互鉴，为共建“一带一路”提供真知灼见，为中国与伊斯兰世界的共同发展和共同繁荣，为实现人类命运共同体贡献思想力量。

伊斯兰历史、艺术与文化中心主席哈里特·埃瑞在致辞中指出，中国社会科学院与伊斯兰历史、艺术与文化中心已于2012年和2015年联合举办了两次学术研讨会，并取得了丰硕的成果。此次会议具有重要的学术意义和现实价值，并将为双方机制化交流注入新的动力。双方通过联合研讨，致力于揭示中国与伊斯兰世界之间那些不为人知的交流历史，展现双方交流的广阔性与深入性，并且探讨双方的古代交往对当代的意义。当前，中国与伊斯兰世界能够以“一带一路”倡议为契机，正在寻求相互理解和共同进步，其意义深远。

研讨会共分五个时段。第一时段围绕“中国与伊斯兰世界的历史交往”议题，以历史的视野展现中国与伊斯兰国家之间密切联系，探讨双方在历史上长期保持友好交往的动力和原因。北京第二外国语学院原校长周烈教授、土耳其米玛·悉楠美术大学历史系艾哈迈特·斯塔吉尔教授、中国对外经贸大学外语学院杨言洪教授、中国社会科学院西亚非洲研究所研究员殷罡、土耳其萨卡里亚大学历史系教授阿兹米·奥兹坎、中国社会科学院世界历史研究所研究员毕健康等围绕上述议题阐述了各自的研究成果。

第二时段围绕“中国与伊斯兰世界的文明互鉴”议题，深入探讨中国和伊斯兰世界在语言、思想、宗教、文献等领域的交流，两大文明交往所产生的重要影响，两大文明互鉴的历史经验对于当代世界不同文明之间交往的重大意义。中央民族大学哲学系教授杨桂萍、中国社会科学院世界宗教研究所伊斯兰教研究室主任李林副研究员、北京第二外国语学院教授肖凌、中国社会科学院历史所研究员李锦绣、《人民日报》主任编辑王南等就上述议题阐述了各自的研究成果。

第三时段以“地区治理：中国与伊斯兰世界”为议题，围绕西亚、北非、中亚等地区发展等问题，讨论中国和伊斯兰国家可以分享地区治理的经验并加强地区治理的合作。巴基斯坦全国历史与文化研究所前所长库拉姆·卡迪尔教授、新华社世界问题研究中心研究员吴毅宏以及中国社会科学院西亚非洲研究所中东研究室主任唐志超研究员等就上述议题阐述了各自的研究成果。

第四时段聚焦“‘一带一路’共建：中国与伊斯兰世界”议题，探讨中国和伊斯兰国家究竟如何重振“丝绸之路”以及共建“一带一路”的途径、方式和前景。埃及外交部前副部长艾扎特·萨德、中国社会科学院边疆研究所研究员徐建英、西亚非洲研究所研究员余国庆等就上述议题阐述了各自的研究成果。

第五时段围绕“国际体系转型：中国与伊斯兰世界”议题，分析了在当前国际体系转型、国际竞争日益激烈且充满不确定性的背景下，中国和伊斯兰世界在应对各种挑战、解决当前国际问题、推动国际体系转型等方面如何开展合作，如何构建公平合理的国际新秩序。中国社会科学院西亚非洲研究所所长助理兼国际关系研究室主任王林聪研究员、土耳其伊斯坦布尔麦迪奈叶特大学国际关系研究系教授泽叶奈普·厄兹登·奥克塔夫、中国社会科学院西亚非洲研究所研究员朱伟东等就上述议题阐述了各自的研究成果。

（科研处）

“2017年中东形势暨新时代中国的中东外交”研讨会

2017年12月13日，“2017年中东形势暨新时代中国的中东外交”研讨会在北京举行。会议由中国社会科学院西亚非洲研究所“中东热点问题”和“大国中东战略”创新组、“当代中东研究”和“大国与中东”课题组、西亚非洲研究所《西亚非洲》编辑部主办，中国社会科学院海湾研究中心协办。来自国内研究机构、高等院校以及新闻单位的40余位中东界的知名专家学者参加了会议。会议的主要议题有“2017年中东局势特点和走向”“大国中东政策与中东格局”“新时代中国与中东关系”等。

中国社会科学院西亚非洲所党委书记王正研究员在欢迎辞中指出，当今时代要构建新型国家关系，构建人类命运共同体，中东地区的稳定和发展对我国构建“一带一路”具有重大影响，廓清中东局势，把握大国中东政策，对分析中东国家内外关系等方面都具有重要意义。

会议第一时段，学者们围绕“伊斯兰国”被击溃后的形势、中东地区新旧格局交替以及大国中东政策转变等问题展开了讨论。中国驻埃及前大使、中国中东问题特使吴思科指出，2017年中东地区变化巨大，主要体现中东地区阵营化、碎片化加剧以及“伊斯兰国”被击溃但面临反恐转型危险。中国中东学会副会长、宁夏大学中国阿拉伯研究院院长李绍先研究员对中东地区的复杂形势作了分析研究。中国国际问题研究院副院长董漫远研究员指出，“伊斯兰国”虽然已经被击溃，但世界并没有变得更安全。中国社会科学院西亚非洲所研究员殷罡详细分析了2017年中东地区各国的变局及其发展趋势。上海国际问题研究院外交所所长李伟建研究员对中东形势处于变局以来的调整作了分析研究。中国现代国际关系研究院中东研究所所长牛新春研究员研究指出了中东地区的主要变化。

会议第二时段，学者们主要探讨了中东地区的“冷战化”趋势、美国在耶路撒冷问题上表态的影响以及中东各国的转型等问题。上海外国语大学中东研究所所长刘中民教授详细阐述了1979年伊朗伊斯兰革命至今的几个分期及其特点。北京大学国际关系学院教授王锁劳对中东变局呈现的阶段性作了分析与研究。内蒙古民族大学世界历史所所长王泰教授认为，中东地区呈现秩序的新调整、地区权力博弈出现新态势、内部治理面临新挑战等特点。中国现代国际关系研究院副研究员田文林分析了中东转型的问题。北京第二外国语大学阿拉伯语学院教授肖凌以黎巴嫩问题为例，指出阿拉伯世界的新变化。

会议第三时段，学者们围绕大国中东政策与中东格局等问题进行了探讨。中国社会科学院西亚非洲所中东研究室主任唐志超研究员评价了俄罗斯的中东政策。中国社会科学院世界历史研究所研究员毕健康阐释了美、以、沙三角与中东乱局的关系。中国社会科学院西亚非洲研究所副研究员王建分析了特朗普关于耶路撒冷决定的目的和影响，他认为特朗普的做法是为了实现其之前的承诺，也为2018年美国中期选举争取选民。中国社会科学院西亚非洲所研究员余国庆阐述了欧盟在中东热点问题上的作用。

会议第四、第五时段，学者们集中讨论了“新时代中国与中东关系”。新华社中东总分社前社长吴毅宏认为，构建新时代中国与中东关系，需要把握俄罗斯、美国势力在中东的现状。北京外国语大学阿拉伯语学院教授张宏分析了新时代中国与中东关系构建应坚持的基本原则。

上海外国语大学中东研究所副所长孙德刚教授分析了当前中东安全事务的几大议题、动因以及中国参与该地区安全事务的原则和立场。上海社会科学院研究员余建华分析了中东大国博弈的新态势。陕西师范大学历史文化学院副院长李秉忠副教授指出，目前，恐怖主义与库尔德问题是影响土耳其内政外交的主要因素。北京语言大学中东学院院长罗林教授分析了海湾国家目前面临新的问题，认为需要重视沙特、阿联酋等海湾国家的外交方针和政策。中国社会科学院西亚非洲研究所博士魏亮认为，新时代，应当注意美国和伊朗两个影响伊拉克局势的国家及其各自在伊拉克进行反恐斗争的目的。宁夏大学中国阿拉伯研究院副院长金忠杰教授分析了“一带一路”背景下正在兴起的摩洛哥“中国热”现象。《人民日报》主任编辑王南对“否决权”问题与新时代中国在中东地区利益的维护发表了个人见解。上海国际问题研究院副研究员金良祥对鲁哈尼政府外交政策的新发展及其对中伊关系的挑战发表了见解。

（科研处）

拉丁美洲研究所

（一）人员、机构等基本情况

1. 人员

截至2017年底，拉丁美洲研究所共有在职人员52人。其中，正高级职称人员12人，副高级职称人员13人，中级职称人员18人；高、中级职称人员占在职人员总数的83%。

2. 机构

拉丁美洲研究所设有：拉美经济研究室、马克思主义理论与拉美政治研究室、国际关系研究室、拉美社会文化研究室、综合理论研究室、拉美一体化研究室、《拉丁美洲研究》编辑部、信息资料室、行政办公室。

3. 科研中心

拉丁美洲研究所设有所属研究中心5个：墨西哥研究中心、中美洲和加勒比研究中心、古巴研究中心、巴西研究中心、阿根廷研究中心。

（二）科研工作

1. 科研成果统计

2017年，拉丁美洲研究所共完成专著1种，26.9万字；论文66篇，70万字；研究报告63篇，35万字；译著2种，43.7万字；黄皮书1种，42.2万字；论文集2种，26.3万字。

2. 科研课题

（1）新立项课题。2017年，拉丁美洲研究所共有新立项课题7项。其中，院皮书课题1项；

“拉丁美洲和加勒比发展报告（2016 ~ 2017）”（袁东振主持）；院国情调研广州基地建设及基地课题 1 项：“广东与拉美合作：环境评估”（岳云霞主持）；委托课题 5 项：国家发展和改革委员会委托课题“中拉经济合作机制研究”（岳云霞主持），中国国际扶贫中心委托课题“拉美国家多维减贫经验及启示”（房连泉主持），中共中央宣传部国际传播局委托课题“两个世界的相遇：口述中拉文化交流”（郭存海主持），外交部新闻司委托课题“增强对拉公共外交有效性研究”（郭存海主持），中国出口信用保险公司委托课题“国家风险报告（14 个拉美国家的风险报告）”（郭存海主持）。

（2）结项课题。2017 年，拉丁美洲研究所共有结项课题 8 项。其中，院皮书课题 1 项：“拉丁美洲和加勒比发展报告（2016 ~ 2017）”（袁东振主持）；院国情调研广州基地建设及基地课题 1 项：“广东与拉美合作：环境评估”（岳云霞主持）；院青年人文社会科学研究中心课题 1 项：“资源性产业的中拉产能合作与转移：以江西铜业秘鲁收购案为例”（史沛然主持）；委托课题 5 项：国家发展和改革委员会委托课题“中拉经济合作机制研究”（岳云霞主持），中国国际扶贫中心委托课题“拉美国家多维减贫经验及启示”（房连泉主持），外交部新闻司委托课题“增强对拉公共外交有效性研究”（郭存海主持），中国出口信用保险公司委托课题“国家风险报告（14 个拉美国家的风险报告）”（郭存海主持），北京第二外国语学院合作课题“实培计划”（杨志敏主持）。

（3）延续在研课题。2017 年，拉丁美洲研究所共有延续在研课题 6 项。其中，国家社会科学基金重大课题 2 项：“中拉关系及对拉战略研究”（吴白乙主持），“非西方国家政治发展道路研究”子课题五“拉美国家政治发展道路研究”（袁东振主持）；国家社会科学基金一般课题 3 项：“拉美 21 世纪社会主义研究”（袁东振主持），“中国与拉丁美洲国家经贸关系研究”（谢文泽主持），“古巴社会主义模式‘更新’研究”（杨建民主持）；中共中央宣传部国际传播局委托课题 1 项：“两个世界的相遇：口述中拉文化交流”（郭存海主持）。

（三）学术交流活动

1. 学术活动

2017 年，拉丁美洲研究所主办和承办的主要学术会议如下。

（1）2017 年 2 月 28 日，拉丁美洲研究所在北京举办拉美经济讲堂第一讲，中国社会科学院城市与环境发展研究所所长潘家华就“生态文明转型的经济学理论认知与全球气候治理”这一主题与拉丁美洲研究所的科研人员进行了交流。

（2）2017 年 3 月 8 日，拉丁美洲研究所在北京举办“拉美左翼与社会主义论坛”系列研讨会 2017 年度首场会议。会议的主题是“拉美左翼与社会主义的新动向”。

（3）2017 年 4 月 5 日，拉丁美洲研究所邀请清华大学公共管理学院国际战略与发展研究所所长楚树龙教授在北京作主题为“特朗普执政趋势与中美关系走向”的讲座。

（4）2017年4月12日，拉丁美洲研究所邀请阿根廷知名媒体人伍志伟在北京举行了题为“从纪录片《南方人》寻找南方：阿根廷华裔的身份认同与文化冲突”的讲座。

（5）2017年4月19日，拉丁美洲研究所在北京举办“墨西哥形势及中墨关系研讨会”。

（6）2017年4月24日，拉丁美洲研究所在北京举办《绚丽多彩的现代拉丁美洲文化》新书发布会。

（7）2017年4月26日，拉丁美洲研究所邀请北京师范大学金砖国家合作中心主任王磊副教授在北京作了题为“金砖国家合作与中国的金砖外交战略”的学术讲座。

（8）2017年5月3日，拉丁美洲研究所、中国社会科学出版社和智利驻华使馆联合主办的《智利女总统巴切莱特：绽放的铿锵玫瑰》中文版首发式在北京举行。

（9）2017年6月15日，拉丁美洲研究所邀请美国梅里马克学院政治学教授李和就“特朗普时代的美拉关系及当前中拉关系”在北京举办专题座谈。

（10）2017年6月30日，拉丁美洲研究所在北京举办《拉美黄皮书：拉丁美洲和加勒比发展报告（2016～2017）》发布会。

（11）2017年7月25日，拉丁美洲研究所在北京举办“中巴建交的影响及未来的中国与未建交国关系”研讨会。

（12）2017年8月29日，拉丁美洲研究所邀请西亚非洲研究所研究员贺文萍在北京作了题为“中非合作：基础、路径及效果”的讲座。

（13）2017年11月8日，拉丁美洲研究所在北京举办题为“中国海外投资战略：基于对拉美地区的考察”的座谈会。

（14）2017年11月15日，拉丁美洲研究所在北京举办题为“中国与拉美国际关系之‘道’”的讲座。主讲人为阿根廷拉普拉塔大学中国研究中心主任司芙兰博士。

（15）2017年11月27日，拉丁美洲研究所在北京召开“拉美左翼与社会主义论坛第五次会议暨‘纪念菲德尔·卡斯特罗逝世一周年’学术研讨会”。

（16）2017年12月1日，拉丁美洲研究所在北京举办“新时期的中国—巴拿马关系：挑战与前景”研讨会。

（17）2017年12月13日，拉丁美洲研究所在北京召开“当前拉丁美洲形势”研讨会。

2. 国际学术交流与合作

2017年，拉丁美洲研究所共派遣出访9批24人次（其中，自主组织出访团组5个），接待来访71批287人次；组织国际学术研讨会5个，涉外学术座谈会39个；签署所级对外交流框架协议1个。

重要的对外学术交流活动如下。

（1）2017年3月23日，根据中联部拉美局工作安排，阿根廷创新阵线主席、前总统候选人马萨（2015年大选排名第三）来拉丁美洲研究所作题为“迈向未来的中阿全面战略伙伴关系”的演讲。

（2）2017 年 4 月 20 ～ 29 日，中国社会科学院副院长李培林率团访问捷克、阿根廷和智利。拉丁美洲研究所参与该团部分出访组织工作，拉丁美洲研究所所长吴白乙等参团前往上述国家访问。

（3）2017 年 5 月 4 ～ 22 日，拉丁美洲研究所派出 4 人团组赴美国和墨西哥，深入调研中、美、拉（墨）三边关系问题。团组访问了美、墨共 19 个政府机构、智库、高校、商会、国际组织以及中国驻美、墨的外交机构和人员。

（4）2017 年 5 月 16 日，来华出席“一带一路”国际合作高峰论坛并对中国进行国事访问的阿根廷总统毛里西奥·马克里访问中国社会科学院，并发表题为“中国和阿根廷友谊 45 周年”的演讲。拉丁美洲研究所协助国际合作局进行了组织工作。

（5）2017 年 6 月 19 ～ 28 日，拉丁美洲研究所拉美经济学科一行 4 人出访德国和法国，与两国智库和高校就区域一体化、国际产能合作以及中拉合作等问题进行交流。

（6）2017 年 7 月 18 ～ 30 日，拉丁美洲研究所拉美政治和拉美国际关系两个重点学科组成 6 人学术团组赴巴西三大主要城市圣保罗、巴西利亚和里约热内卢进行学术访问，与巴方政府机构、知名高校、顶级科研机构和智库举行了 15 场学术座谈会和交流会。

（7）2017 年 11 月 8 日，由联合国拉美经委会、拉丁美洲研究所和世界经济与政治研究所联合举办的联合国拉美经委会《2017 年拉美国际贸易展望》年度报告发布会在北京举行。联合国拉美经委会国际贸易和一体化部长马里奥·西墨里出席会议。

（8）2017 年 11 月 16 ～ 17 日，由拉丁美洲研究所、中山大学国际翻译学院、澳门大学社会科学学院共同主办的第二届“东亚地区拉美研究伙伴对话”国际会议在广东省举行。会议旨在落实第一届会议“上海共识”，讨论东亚和拉美地区形势发展，加强东亚地区拉美研究机构的整体合作。

（9）2017年12月6日，拉丁美洲研究所所长吴白乙会见苏里南外交部部长波拉克–拜赫勒。苏驻华使馆临时代办、外交部常秘、外交部礼宾司司长、国家新闻局新闻官等 6 人出席。

（四）学术社团、期刊

1．社团

中国拉丁美洲学会，会长李捷。

2017 年 6 月 29 ～ 30 日，中国拉丁美洲学会、拉丁美洲研究所、中国社会科学杂志社、巴西圣保罗州立大学、智利安德烈斯·贝略大学、阿根廷科尔多瓦国立大学在北京联合主办“第六届中拉学术高层论坛暨中国拉美学会学术大会”。会议的主题是“结构性转型与中拉关系前景”，研讨的主要议题有“拉美的发展与中拉关系前景”“拉美经济社会及文化特性与中拉合作”“拉美政治转型与对外关系调整”“当前中国和拉美的经济结构性改革”“拉美政治格局转换及其对改革的影响”“‘一带一路’框架下如何增强中拉务实合作”等。

（1）中国拉丁美洲学会中美洲加勒比分会

① 2017 年 6 月 15 日，中国拉丁美洲学会中美洲加勒比分会在北京召开“特朗普时代的美拉关系及当前中拉关系”座谈会。

② 2017 年 7 月 11 日，中国拉丁美洲学会中美洲加勒比分会在北京召开“当前台拉关系和两岸关系”座谈会。

③ 2017 年 7 月 17 日，中国拉丁美洲学会中美洲加勒比分会在北京召开“当前的拉美政治和对外关系”座谈会。

④ 2017 年 7 月 25 日，中国拉丁美洲学会中美洲加勒比分会在北京召开“中巴建交的影响及未来的中国与未建交国关系”研讨会。

（2）中国拉丁美洲学会墨西哥分会

① 2017 年 4 月 19 日，中国拉丁美洲学会墨西哥分会在北京召开了“墨西哥形势及中墨关系研讨会”。

② 2017 年 7 月 12 日，中国拉丁美洲学会墨西哥分会邀请墨西哥国立自治大学中墨研究中心教授恩里克·杜塞尔，在北京举办主题为“特朗普新政对拉美及墨西哥经济的影响”的讲座。

2. 期刊

《拉丁美洲研究》（双月刊），主编吴白乙。

2017 年，《拉丁美洲研究》共出版 6 期，共计 96 万字。该刊全年刊载的有代表性的文章有：高波的《变化的世界迷茫的拉美——2016 年拉美地区形势回顾与前瞻》，吴白乙的《全球化与“一带一路”视角下的中拉发展战略对接》，牛海彬的《试析中拉整体合作的机制化路径》，张春宇等的《中国在拉美的直接投资对中拉双边贸易的影响》，宋利芳的《WTO 框架下的墨西哥对华反倾销及中国的对策》，楼宇的《中国对拉美的文化传播：文学的视角》，[哥伦比亚] 莉娜·卢纳、陈岚的《哥伦比亚和平进程：历史背景、发展和展望》，张凡的《拉美区域合作和一体化的国别基础、互补与竞争》，[英] 莱斯利·贝瑟尔、陈晨的《从思想史和国际关系史的视角看巴西与拉丁美洲的关系》，刘天来的《巴西有法律约束力判例制度研究》，[巴西] 路易斯·克里格、魏然的《联合国 2030 年议程下拉美地区的环境发展》，张琨的《智利天主教救助机构的工作与社会的转变——从和平协作委员会到团结公会》，崔守军、张政的《经济外交视角下的中国对拉美基础设施建设》，袁东振的《拉美民众主义的基本特性及思想文化根源》，董经胜的《拉丁美洲的民粹主义：理论与实证探讨》，周志伟的《巴西参与金砖合作的战略考量及效果分析》。

（五）会议综述

第六届中拉学术高层论坛暨中国拉美学会学术大会

2017 年 6 月 29 ~ 30 日，中国拉丁美洲学会、中国社会科学院拉丁美洲研究所、中国社会科学杂志社、巴西圣保罗州立大学、智利安德烈斯 · 贝略大学、阿根廷科尔多瓦国立大学在北京联合主办“第六届中拉学术高层论坛暨中国拉美学会学术大会”。来自中国、巴西、阿根廷、智利和秘鲁的近百名学者参加了学术研讨会。

会议的主题是“结构性转型与中拉关系前景”，下设“拉美的发展与中拉关系前景”、“拉美经济社会及文化特性与中拉合作”以及“拉美政治转型与对外关系调整”3 个分议题。参会学者结合会议主题，重点围绕当前中国和拉美的经济结构性改革、拉美政治格局转换及其对改革的影响，以及“一带一路”框架下如何增强中拉务实合作等议题展开讨论。

（1）中国和拉美的经济结构性改革

中国拉丁美洲学会会长李捷发表大会致辞并就“中国的改革与发展”作专题报告。他强调指出，中国的未来发展好坏，关键看能否破解 5 个方面的问题，即市场、资本、法治、共享、共处。要解决上述 5 个方面的问题，关键是改革。无论是中国还是拉美，均面临结构性改革的挑战。然而，结构性改革成效不一，其中或有“橘生南枳生北”之故，但究其根本，拉美的增长困境在哪里，适宜推行何种结构性改革，恐怕才是关键。不少学者认为，拉美增长困境源于“拉美生产结构转型升级过程‘断裂’”，但也有学者认为，拉美国家的“福利赶超”抑制了经济增长的潜力。

（2）拉美政治格局转换及其对改革的影响

推进经济结构性改革很大程度上取决于顶层设计和有序运作，政治体制和制度安排是影响经济改革的关键变量之一。与会学者认为，当前，拉美政治制度面临的主要挑战体现为包容性不足、制度能力滞后、危机化解能力差和缺乏公众信任，上述问题直接限制了经济结构性改革，其出路在于政治制度的改革创新，破解其脆弱性难题，消除传统政治文化中的消极因素，提高其效率和执行力，增强其包容性。政治格局转换无疑是影响结构性改革的另一个深层政治因素。

（3）拉美对外关系调整及中拉关系发展前景

中拉关系是此次大会的重点议题和聚焦点。中外学者分别从“机遇”和“挑战”两个视角探索进一步推进双方务实合作的有效路径，实现中拉关系可持续发展。与会专家大多认为，未来中拉关系的发展趋势是值得乐观的，因为当前拉美各国均面临两大任务，即推动经济复苏以尽快走出危机，以及继续实施结构性改革。与此同时，拉美各国也面临发展动力不足、需求不振等困境，因此，加强对华合作是拉美国家的明智选择。

（郭存海）

第一届拉美和加勒比国家共同体（拉共体）—中国高级别学术论坛暨第四届中国—拉共体智库论坛

2017年10月17～18日，“第一届拉美和加勒比国家共同体（拉共体）—中国高级别学术论坛暨第四届中国—拉共体智库论坛”在智利圣地亚哥举行。会议由中国社会科学院拉丁美洲研究所、智利安德烈斯－贝洛大学、联合国拉美和加勒比经济委员会联合主办。来自中国和拉美的数十位专家学者为推进中拉各领域合作建言献策。

智利外交部部长穆尼奥斯在论坛开幕式上说，中拉论坛第二届部长级会议将于2018年1月在智利举行，这将成为一个历史里程碑，并将进一步深化拉中关系，此时召开拉中高级别学术论坛非常重要。

穆尼奥斯指出，拉中合作在各领域均有巨大潜能，联合国2015年制定了2030年可持续发展议程，为中国和拉美携手共同发展提供了平台。他说，近年来，中国与拉美的贸易往来呈现良好的增长态势，拉美也应向中国出口附加值更高的产品，并向中国增加投资。

中国社会科学院拉丁美洲研究所所长吴白乙说，此次中国和拉美智库对话，是为2018年1月的中拉论坛第二届部长级会议提供政策建议。中拉合作可降低经济全球化可能带来的副作用，释放中拉发展的潜能。

与会专家讨论了“中国经济改革对拉美的影响”“中拉双边贸易、金融与投资关系”“中拉基础设施建设合作、互联互通和‘一带一路’建设”“创新驱动战略与中拉科技合作前景”“中拉产能合作”“中拉未来关系”等议题，并为中拉论坛第二届部长级会议贡献智力支持。

（刘东山）

第二届“东亚地区拉美研究伙伴对话”国际会议

2017年11月16～17日，由中国社会科学院拉丁美洲研究所、中山大学国际翻译学院、澳门大学社会科学学院共同主办的第二届“东亚地区拉美研究伙伴对话”国际会议在广东省举行。会议旨在落实第一届会议“上海共识”，讨论东亚和拉美地区形势发展，加强东亚地区拉美研究机构的整体合作，为2018年实现与拉美地区相关智库和研究机构对接、召开东亚拉美地区智库论坛作准备。来自日本、韩国、俄罗斯、巴西、阿根廷等国家以及国内各省市、地区拉美研究机构的近60位代表出席会议。

会议围绕“全球化和逆全球化背景下的东亚与拉美形势”、“东亚、拉美区域合作新发展”、“东亚、拉美区域一体化发展”以及“‘东亚拉美研究伙伴对话’机制与中拉跨地区智库合作构建”等问题进行了深入交流和探讨。与会代表认为，当前，国际政治经济形势复杂多变，东亚和拉美双方在推进经济社会发展、调整经济结构、提升国际竞争力、加强科技创新、人才交流培养等领域面临着共同的诉求，多重利益更多地交会，东亚地区拉美研究学术机构亟须构建合作机制，与拉美地区的亚洲研究智库网络对接，最终建立“东亚—拉美合作论坛”框架下的智库论坛。

会议取得如下成果。(1) 实现了上届会议“上海共识”的相关承诺，推进了东亚地区拉美研究伙伴开展持续交流与对话。(2) 深入探讨东亚拉美区域合作及一体化进展，为东亚拉美智库论坛提供思路和方向。(3) 继续推动东亚地区拉美研究伙伴对话机制与拉美地区的亚洲研究网络及其他国际学术网络的对接，推动双方学术上深层次的交流与合作。(4) 建立了东亚拉美研究伙伴对话网站，为双方提供线上咨询、讨论、成果分享、发布以及会议注册通知等多方位服务。

（郑　猛）

拉美左翼与社会主义论坛第五次会议暨“纪念菲德尔·卡斯特罗逝世一周年”学术研讨会

2017年11月27日，拉美左翼与社会主义论坛第五次会议暨“纪念菲德尔·卡斯特罗逝世一周年”学术研讨会在北京召开。研讨会由中国社会科学院拉丁美洲研究所、古巴驻中国大使馆主办，拉丁美洲研究所政治重点学科、政治研究室和古巴研究中心承办。来自中国社会科学院、中国外交部、中联部、共青团中央、中国人民对外友好协会、欧美同学会、中国政法大学、中国现代国际关系研究院等单位的相关负责人、专家学者，来自古巴、委内瑞拉、玻利维亚和厄瓜多尔等国的外交使节，新华社、中央电视台、中国国际广播电台、《今日中国》杂志社、古巴拉美通讯社等新闻媒体记者，中科曙光等单位企业界人士共60多人参加了会议。

2017年11月，拉美左翼与社会主义论坛第五次会议暨“纪念菲德尔·卡斯特罗逝世一周年”学术研讨会在北京召开。

研讨会由开幕式、主题发言、提问与会议总结四部分组成。中国社会科学院拉丁美洲研究所所长吴白乙研究员主持会议，中国社会科学院党组成员张英伟，古巴驻华大使米格尔·拉米雷斯，中国社会科学院信息情报研究院院长、世界社会主义研究中心副主任张树华研究员等到会并致开幕词。曾与菲德尔·卡斯特罗一同工作过的中国前驻古巴大使徐贻聪、刘玉琴、张拓，拉丁美洲研究所副所长袁东振研究员及相关学者在大会上发言。

与会者认为，菲德尔·卡斯特罗作为古巴社会主义的缔造者和建设者，面对美国的孤立和封锁政策，带领古巴人民坚定不移地走社会主义道路，为古巴共产党的建设，为古巴社会主义理论建设、制度建设积累了丰富经验。卡斯特罗始终坚持独立自主的外交政策，并根据古巴的国内外形势调整外交工作的重点，既有独立自主的坚定性，又表现出灵活的策略，给古巴和世界人民留下了丰富的精神财富。

与会学者还指出，菲德尔·卡斯特罗是古巴人民的伟大领袖，是古巴社会主义的缔造者和建设者，开创了古巴党和国家建设的制度、理论和道路，取得了社会主义建设的伟大成就。卡斯特罗还是一位伟大的国际主义者，始终不渝为不结盟运动和“南南合作”奔走呼号，为广大发展中国家伸张正义，为推动世界社会主义运动作出了巨大贡献。他生前一直致力于中古友好，是中古友好关系的奠基者。在他的推动下，古巴成为第一个同新中国建交的拉美国家。在他和中国几代领导人的共同努力下，中古两国成为真诚互信的好朋友、好同志、好兄弟。与会中方学者表示，愿同古巴同志密切合作，继续做好卡斯特罗思想研究，加强两国学术交流，努力推进中古两党、两国友好关系持续稳定向前发展。

（韩　晗）

亚太与全球战略研究院

（一）人员、机构等基本情况

1. 人员

截至2017年底，亚太与全球战略研究院共有在职人员60人。其中，正高级职称人员14人，副高级职称人员15人，中级职称人员23人；高、中级职称人员占在职人员总数的87%。

2. 机构

亚太与全球战略研究院设有：亚太政治研究室、国际经济关系研究室、亚太安全与外交研究室、亚太社会文化研究室、区域合作研究室、中国周边与全球战略研究室、大国关系研究室、新兴经济体研究室、全球治理研究室、周边环境监测实验室、《当代亚太》编辑部、《南亚研究》编辑部、英文期刊编辑部（筹建中）、网络与资料室、科研处、行政办公室。

3. 科研中心

亚太与全球战略研究院牵头成立或挂靠的全国性社团组织有：中国亚洲太平洋学会、中国南亚学会；由亚太与全球战略研究院管理或代管的研究中心有：南亚文化研究中心、澳大利亚—新西兰—南太平洋研究中心、亚太经济合作组织与东亚研究中心、地区安全研究中心、东北亚研究中心、东南亚研究中心。

（二）科研工作

1. 科研成果统计

2017 年，亚太与全球战略研究院共完成专著 7 种，188.4 万字；论文 105 篇，93.1 万字；研究报告 19 种，496.1 万字；译文 1 篇，0.8 万字；论文集 4 种，109.4 万字。

2. 科研课题

（1）新立项课题。2017 年，亚太与全球战略研究院共有新立项课题 2 项。其中，国家社会科学基金青年课题 1 项："借助'一带一路'构建中国的全球环境治理战略研究"（周亚敏主持）；所级国情调研基地课题 1 项："国际化发展与城市外交——深圳经验"（郭立军主持）。

（2）结项课题。2017 年，亚太与全球战略研究院共有结项课题 1 项：所级国情调研基地课题"国际化发展与城市外交——深圳经验"（郭立军主持）。

（3）延续在研课题。2017 年，亚太与全球战略研究院共有延续在研课题 5 项。其中，国家社会科学基金重点课题 1 项："'一带一路'与世界经济体系构建研究"（赵江林主持）；国家社会科学基金一般课题 3 项："气候变化与亚太水资源安全治理研究"（李志斐主持），"后全球金融危机时期新兴经济体国家风险形成机制研究"（李天国主持），"美国'亚太再平衡'战略对中国地缘政治的影响及其应对"（孙西辉主持）；国家社会科学基金青年课题 1 项："排放权力与巴黎气候大会之后的中国气候战略"（谢来辉主持）。

（三）学术交流活动

1. 学术活动

亚太与全球战略研究院主办和承办的学术会议如下。

（1）2017 年 2 月 25 日，"10+3"产能合作国际研讨会在北京召开。

（2）2017 年 4 月 27 日，"'一带一路'：深化沟通与务实推进"国际研讨会在北京举行。

（3）2017 年 5 月 22 ~ 23 日，"中美关系研讨会暨中美智库联合报告发布会"在北京举行。

（4）2017 年 6 月 8 ~ 9 日，"2017 年金砖国家智库论坛：金砖国家发展战略对接——迈向共同繁荣的路径国际学术研讨会"在北京举行。

（5）2017 年 12 月 16 ~ 17 日，"东亚峰会与东亚合作"国际学术研讨会在广西壮族自治区南宁市召开。

2. 国际学术交流与合作

2017 年，亚太与全球战略研究院共派遣出访 93 批 133 人次，与亚太与全球战略研究院开展学术交流的国家有：新加坡、日本、俄罗斯、泰国、印度尼西亚、美国、韩国、朝鲜、乌兹别克斯坦、越南等。

出访

（1）2017年3月29日至4月1日，亚太与全球战略研究院郭继光研究员出访新加坡，参加新加坡南洋理工大学拉惹勒南国际问题研究院组织的亚洲非传统安全年度会议“气候变化与亚太地区的可持续发展”研讨会。

（2）2017年4月25～29日，亚太与全球战略研究院钟飞腾、李成日赴日本北海道大学等相关机构进行学术访问。

（3）2017年5月8～12日，应韩国亚洲大学邀请，亚太与全球战略研究院王俊生赴韩国参加“‘一带一路’与东北亚区域合作研讨会”，并对亚洲大学中国政策研究院进行学术访问。

（4）2017年6月22日至7月4日，亚太与全球战略研究院叶海林、高程赴俄罗斯，对俄罗斯科学院普里马科夫世界经济与国际关系研究所等机构进行学术访问。

（5）2017年6月26日至7月9日，亚太与全球战略研究院周方冶赴泰国国家研究理事会进行协议访问。

（6）2017年8月20～27日，亚太与全球战略研究院许利平等赴印度尼西亚科学院相关研究机构进行学术访问。

（7）2017年9月10～14日，亚太与全球战略研究院董向荣、周方冶赴泰国兰实大学相关研究机构进行学术访问。

（8）2017年9月19～23日，亚太与全球战略研究院王晓玲赴韩国庆南大学进行学术访问。

（9）2017年9月28日至10月1日，亚太与全球战略研究院王俊生赴韩国亚洲大学进行学术访问。

（10）2017年10月10～23日，亚太与全球战略研究院刘小雪赴斯里兰卡探路者基金会等相关学术机构进行学术访问。

（11）2017年10月17～21日，亚太与全球战略研究院朴键一等赴日本国际论坛等机构进行小型调研团项目访问。

（12）2017年11月6～10日，亚太与全球战略研究院党委书记王灵桂等赴越南社会科学院参加“中共十九大暨APEC框架下中越合作研讨会”，并进行学术访问。

（13）2017年11月13～20日，亚太与全球战略研究院朴键一、李永春赴朝鲜社会科学院等机构进行学术访问。

（14）2017年11月16～24日，亚太与全球战略研究院叶海林等赴乌兹别克斯坦塔什干大学等机构，参加会议并进行学术访问。

（15）2017年12月10～14日，亚太与全球战略研究院张洁等赴越南外交学院进行学术访问。

（四）学术社团、期刊

1. 社团

（1）中国亚洲太平洋学会，代理会长李向阳。

2017 年 11 月 10 ～ 12 日，中国亚洲太平洋学会 2017 年年会暨“国际格局变动下的亚太与中国”学术研讨会在上海举行。会议由同济大学、中国亚太学会联合主办，同济大学中国战略研究院、同济大学政治与国际关系学院、同济大学亚洲太平洋研究中心、上海市国际关系学会共同承办。来自国内数十家高校和科研机构的近 120 位亚太问题研究学者参加了会议。会议的主题是“国际格局变动下的亚太与中国”，会议研讨的主要议题有“全球格局与亚太格局的变革及其影响”“新格局下的中国与亚太关系”“亚太地区的竞争与合作”“亚太地区主要大国战略走向”“中国亚太战略的丰富与发展”等。会议共收到论文 50 篇。

（2）中国南亚学会，会长李向阳。

2017 年 10 月 13 ～ 14 日，2017 年中国南亚学会年会暨“中国与南亚的互动：战略意图与政策效果”学术研讨会在山东省青岛市举行。年会由中国南亚学会主办，山东大学政治学与公共管理学院、山东大学南亚研究中心承办。会议的主要议题有“‘一带一路’与中国南亚周边战略：关联和协调”“中印边界问题”“印度外交政策与中印关系”“南亚地区经济合作与区域一体化进程”“‘一带一路’与中国南亚人文和地方交流”“南亚与西藏：国际问题研究与边疆问题研究的结合”。来自国内研究机构的专家学者近 160 人参加了会议。

2. 期刊

（1）《当代亚太》（双月刊），主编李向阳。

2017 年，《当代亚太》共出版 6 期，共计 115.2 万字。该刊全年刊载的有代表性的文章有：范佳睿、翟崑的《规范视角下的“中国—东盟命运共同体”构建》，杨怡爽的《跨界发展：从 21 世纪海上丝绸之路到亚洲生产网络的边界扩展》，李捷的《“一带一路”沿线国家群体性反华事件探析》，孙西辉、金灿荣的《小国的“大国平衡外交”机理与马来西亚的中美“平衡外交”》，戚凯、刘乐的《“21 世纪海上丝绸之路”建设的海事保障与中国角色》，冯永琦、黄翰庭的《“一带一路”沿线国家对中国产品市场的依赖度及中国的对策》，朱永彪、魏月妍的《上海合作组织的发展阶段及前景分析——基于组织生命周期理论的视角》，薛志华的《上海合作组织扩员后的发展战略及中国的作为——基于 SWOT 方法的分析视角》，付宇珩、李一平的《资本主义世界体系结构性危机中的“一带一路”倡议——基于亚洲秩序变迁与中国现代国家构建经验的反思》，潘忠岐的《中国人与美国人思维方式的差异及其对构建“中美新型大国关系”的寓意》，潘玥的《中国海外高铁“政治化”问题研究——以印尼雅万高铁为例》，施张兵、吴玉兴的《中国高铁外交的特征与实践研究——基于雅万高铁的案例分析》，宋汝欣的《中国推进高铁“走出去”面临的政治风险及其作用机制分析》，顾春光、翟崑的《“一带一路”

贸易投资指数：进展、挑战与展望》，涂波、金泰完、张元的《论印度在中国“一带一路”区域合作倡议下的战略困境——以“边缘人”为理论基础》，叶海林的《莫迪政府对华“问题外交”策略研究——兼论该视角下印度对“一带一路”倡议的态度》。

(2)《南亚研究》(季刊)，主编李向阳。

2017年，《南亚研究》共出版4期，共计64万字。该刊全年刊载的有代表性的文章有：朱翠萍的《“一带一路”战略的南亚方向：地缘政治格局、印度难点与突破路径》，孙西辉、金灿荣的《地区大国的“大国平衡”外交：以印度为例》，张立、王学人的《从地区主义视角看孟中印缅经济走廊建设》等。

(五)会议综述

“推动产能合作　实现共同发展”——“10+3”产能合作国际研讨会

2017年2月25日，由中国社会科学院亚太与全球战略研究院和深圳前海蛇口自贸片区管委会主办，中国—东盟区域发展协同创新中心、中国社会科学院APEC与东亚合作中心、华侨大学海上丝绸之路研究院、深圳市前海开发投资控股有限公司等单位协办的“10+3”产能合作国际研讨会在深圳市召开。来自“10+3”各国官产学诸领域的专家学者以及深圳各部门代表约200人参加了会议。研讨会的主题为“推动产能合作　实现共同发展”。中国社会科学院副院长张江，深圳市政府党组成员、前海管理局局长杜鹏和越南社会科学院副院长裴日光出席开幕式并分别致辞。

与会专家学者围绕下列议题展开研讨。

(1)关于“一带一路”倡议和国际产能合作。马来西亚战略与国际问题研究所所长丹斯里在发言中表示，马来西亚吸引投资政策的重点放在高技术以及知识密集型、技术密集型产业上。他认为，中国不应该走西方先污染后治理的老路，而应该是科技创新生产方式，找到更加绿色环保的生产方法，确保共同的可持续发展。国家发改委宏观经济研究院经济所副所长孙学工在发言中表示，国际产能合作是“一带一路”建设中非常重要的内容，其基本原则有三，第一是企业主导，第二是绿色与可持续发展，第三是双向开放。泰国财政部财政政策办公室高级顾问皮斯特·帕潘在发言中指出，泰国政府积极采取措施对接“一带一路”倡议，增加与周边国家的互联互通性，已经做好准备进行国际产能合作，采取政策措施推动国际产能合作。

华侨大学海上丝绸之路研究院常务副院长许培源教授和辽宁大学转型国家经济政治研究中心主任刘洪钟教授亦围绕上述议题发表了自己的观点。

(2)关于经济发展与产能合作。中国社会科学院工业经济研究所所长黄群慧研究员在发言中指出，从工业化视角看，“一带一路”倡议的提出，表明一个和平崛起的大国的工业化进程正在产生更大的“外溢”效应，中国的工业化经验将对大多数“一带一路”国家具有借鉴意义。随着我国进入工业化后期，劳动密集型产业与以东南亚部分国家为代表的工业化初期国家进行深度合作潜力很大。东京电机大学未来科学部人间科学系列经济学教授阿部知一博士在发言中表示，日本实现产能合作的形式主要是经济合作或者经济援助，帮助发展中国家发展工业一般都是以基础设施为导向。越南社会科学院中国研究所副所长黄世英博士在发言中指出，越南需要中国产业集群协同越南的发展。越南现在规划 5 个产业集群，中国企业可以按照规划来进行产能合作。柬埔寨发展研究所副研究员文星河在发言中表示，柬埔寨应该利用东盟“10+3”各国产能合作机会，吸收技术转移、吸引更多的外国直接投资，同时为制造业创造更理想的环境。

(3) 关于产业园建设与产能合作。韩国对外经济政策研究院副院长郑衡坤博士、新加坡裕廊集团国际总规划师（中国项目）孙国伟、印度尼西亚战略与国际问题研究中心雷蒙德·阿扎博士在发言中详细介绍了各自国家在产业园建设和产能合作方面的具体做法和成功经验；红豆集团柬埔寨西哈努克港经济特区有限公司副董事长戴月娥、江苏社会科学院世界经济研究所所长张远鹏、广西大学中国—东盟研究院副院长梁淑红、中国社会科学院亚太与全球战略研究院张中元等亦围绕上述议题发表了自己的观点。

(4) 关于产能合作与企业实践。从企业层面来说，“10+3”国家的企业间可以进行哪些合作？针对这一问题，马来西亚巴生中华总商会署理会长梁家兴博士在发言中指出，近年来，中国生产成本日益上升，制造业产能过剩，中国有资金，企业也要走出去，而东盟有 6.2 亿劳动力，基础设施落后，又缺乏资金，因此，中马双方的企业存在很大的合作空间。梁家兴同时为中马国际产能合作提出了策略建议。广州伊藤忠商事有限公司总经理外口荣一在发言中表示，“10+3”产能合作离不开政府的支持，但从企业的角度，民心相通是很重要的因素。招商局港口股份有限公司副总经理李玉彬在发言中表示，应构建以企业为主体的市场化新机制，依托重要的交通枢纽，打造贸易一体化综合服务平台；构建参与国际贸易的新规则。

（科研处）

2017 年金砖国家智库论坛：金砖国家发展战略对接——迈向共同繁荣的路径

2017 年 6 月 8 ～ 9 日，由中国社会科学院国家全球战略智库、光明智库、国际关系学院联合主办的“2017 年金砖国家智库论坛”在北京召开。会议的主题是“金砖国家发展战略对接——迈向共同繁荣的路径”。来自金砖国家的 20 位政府官员和专家学者，就金砖国家发展与合作的背景与条件，金砖国家发展战略对接的内容与路径、经验与做法展开讨论，并就新形势下如何促进金砖国家间发展战略对接提出对策建议。

中国社会科学院副院长、国家全球战略智库理事长蔡昉在开幕式致辞中表示，金砖五国要把握国际大势，加强协调和配合，共同推动新兴市场国家和发展中国家在国际事务中发挥更大作用，在国际治理中占据更加主动、有利的地位。光明日报社副总编辑沈卫星指出，过去10年，金砖国家以经济合作为主线，建立起覆盖政治、经济、人文交流与合作的全方位、宽领域、多层次的伙伴关系，但不稳定因素仍然存在，金砖五国应加强宏观经济政策协调，把握新兴领域合作机遇。国际关系学院院长陶坚认为，当前世界经济发展急需新的动力，金砖国家要维护和发展开放性的世界经济，推进建立更加公正、合理、透明的国际经贸投资规则体系，积极参与全球治理，为发展中国家提供更多的公共产品。中国现代国际关系研究院原院长陆忠伟表示，金砖五国应加强沟通、求同存异，树立金砖合作的道路自信，不断优化机制建设，把金砖合作建成全球治理新思想的发源地。

对于金砖国家的合作前景和角色作用，与会专家进行了研判与展望。印度前驻华大使、印度世界事务委员会总干事苏里宁认为，金砖国家能够成为连接南北、横跨东西的桥梁，各国应共同协商，在整合过程中共同前进，实现包容、透明、平等、互利的发展。巴西前驻华大使、巴西国际关系研究中心董事会成员罗伯特·阿布德努尔表示，金砖五国都是世界上重要的发展中国家，各国合力能为全人类作出更多贡献，应继续开展沟通和对话，加强在贸易投资和公共政策等领域的合作，实现成员国的相互促进与发展。

（科研处）

“东亚峰会与东亚合作”国际研讨会

2017年12月16～17日，由中国社会科学院和东盟与东亚经济研究中心（ERIA）主办，中国社会科学院亚太与全球战略研究院和中国东盟区域发展协同创新中心承办的“东亚峰会与东亚合作”国际研讨会在广西壮族自治区南宁市召开。来自东亚和东南亚各国的学者以及国内研究机构和高校的专家学者代表约100人参加了会议。会议的主题为“共同促进东亚发展”。

广西大学副校长范祚军教授主持会议开幕式。中国社会科学院国际合作局局长王镭、东盟与东亚经济研究中心主席西村英俊、广西大学校长赵跃宇出席开幕式并分别致辞。中国社会科学院学部委员张蕴岭作了题为“反全球化背景下的东亚合作新趋势”的主旨演讲。

张蕴岭教授在主旨演讲中指出，当前，全球及东亚局势正在发生深刻变化。长久以来，在东亚很难建立一个统一的东亚共同体身份认识，原因在于：东亚的各个国家的政治体制不同；东盟强调东盟的中心地位，希望把东盟作为一个核心；东亚各国之间发展的不平衡使得区域性的身份认知很难在各个成员国之间达成共识。他认为，推动东亚合作比较好的方式应该是以“功能性的方法”来实现，即它应该是基于考虑各方利益、鼓励各种各样能够促进区域和平与发展的倡议，推动东亚区域一体化继续向前发展。经济上的合作依然是东亚合作的核心，而经济领域的合作挑战就是如何能够形成一体化的持续框架，这需要有清晰的规划和计划方案，以实现建立一个东亚的经济共同体的目标。东亚经济共同体建设应该探索适合自己的模式，建立起一个更加广泛和全面的经济连接，构建全面开放的经济体系。

2017 年 12 月，“东亚峰会与东亚合作”国际研讨会在广西壮族自治区南宁市召开。

在研讨会上，中外专家学者围绕“变革时代下的东亚合作”“东亚峰会国家的合作倡议”“协调合作倡议，实现区域繁荣”“‘一带一路’与亚非经济走廊倡议的合作”等多个议题进行深入交流和研讨。

（1）关于东亚合作面临的问题和挑战。

与会专家学者认为，随着东亚的崛起，东亚经济成为全世界经济增长的引擎，这为促进东亚区域经济合作提供了宝贵机遇，同时我们也共同面临以下挑战：①反全球化浪潮不利于区域一体化发展；②美国的亚洲政策的不确定性；③东亚地区主要合作机制进展缓慢；④不同合作倡议间缺乏协调；⑤东亚地区国家经济发展的不平衡；⑥缺乏强有力的领导推动一体化的进程。

（2）关于东亚地区不同合作倡议的利益诉求。

与会专家学者认为，东亚地区进入了一个快速发展变化的时代，东亚的力量结构、利益结构、制度机构以及地区发展观念都发生了变化。在这个地区变化转型的时期，各个地区的国家都根据各自的背景以及各自的战略考虑，提出了各自的发展和合作倡议，这些倡议既表达了相关国家关于继续发展与合作的一些规划，也展示了自己在地区发展中的利益诉求。

（3）关于“一带一路”倡议推动区域一体化发展。

与会专家学者认为：①“一带一路”是中国为全球经济一体化贡献的中国解决方案；②“一带一路”是以发展为导向、具有多边合作特点的发展倡议；③应推动各方发展战略与“一带一路”倡议的有效对接；④应促进亚非自由走廊与“一带一路”倡议的合作与协同。

（4）协调合作倡议，实现区域繁荣发展。

与会专家学者就“优化区域一体化进程”“以东盟为中心，推动东亚合作”“坚持以人为本原则，推动东亚合作可持续发展”“以开放的心态，加快区域一体化建设”“提升发展倡议的包容性”“加强政府间政策的协调，促进政策协同的一体化”“深化多边合作机制，发展多边、去中心的网络化合作框架”等方面进行了深入探讨。

（科研处）

美国研究所

（一）人员、机构等基本情况

1. 人员

截至2017年底，美国研究所共有在职人员53人。其中，正高级职称人员13人，副高级职称人员14人，中级职称人员18人；高、中级职称人员占在职人员总数的85%。

2. 机构

美国研究所设有：美国政治研究室、美国经济研究室、美国外交研究室、美国社会文化研究室、美国战略研究室、《美国研究》编辑部、《当代美国评论》编辑部、综合办公室。

3. 科研中心

美国研究所院属科研中心有：中国社会科学院世界政治研究中心、中国社会科学院世界社保研究中心；所属学会和科研中心有：中华美国学会、中国世界政治研究会、中国社会科学院军备控制与防扩散研究中心。

（二）科研工作

1. 科研成果统计

2017年，美国研究所共完成专著2种，52.1万字；译著3种，134.4万字；译文1篇，1.5万字；论文集2种，72.1万字；理论文章6篇，1.5万字；权威期刊论文2篇，3.8万字；核心期刊论文39篇，38万字；一般期刊论文46篇，32.8万字。

2. 科研课题

（1）新立项课题。2017年，美国研究所共有新立项课题，即国家社会科学基金课题3项：“美国社会转型与外交政策调整研究（1886～1916）”（魏红霞主持），“南海争端中美国的战略定位与政策手段研究”（齐皓主持），“服务‘一带一路’倡议的中国印度洋战略研究”（沙治平主持）。

（2）结项课题。2017年，美国研究所共有结项课题1项：国家社会科学基金课题“美国国会涉华关键议员行为研究”（刁大明主持）。

3. 获奖情况

2017年，美国研究所获得2016年度中国社会科学院优秀对策信息组织奖。

（三）学术交流活动

1. 学术活动

2017 年，美国研究所主办和承办的学术会议如下。

（1）2017 年 2 月 17 日，由中国社会科学院国际研究学部和中国社会科学院科研局主办，美国研究所承办的“国际研究领域的重大理论与现实问题”学术研讨会在北京召开。近 100 位学者与会。会议研讨的主要议题有“国际问题研究的重大理论问题”“当前世界重要形势与发展趋势”等。

（2）2017 年 5 月 27 日，美国研究所、中华美国学会和社会科学文献出版社联合主办的“《美国研究报告（2017）》（《美国蓝皮书》）发布式暨‘特朗普政府内外政策评估’学术研讨会”在北京举行。

（3）2017 年 8 月 29 ～ 30 日，美国研究所、中国现代国际关系研究院、复旦大学美国研究中心联合主办的“第五届美国问题研究青年论坛（2017）”在北京举行。会议研讨的主要议题有“美国内政问题”“美国外交与战略”“中美关系”。来自全国高校和研究机构的青年学者近 50 人参加论坛。

（4）2017 年 11 月 5 ～ 8 日，美国研究所、中华美国学会与五邑大学在广东江门联合举办了“中华美国学会 2017 年年会暨‘中美关系的历史、现状与未来——从美国华工谈起’学术研讨会”。来自国内高校及研究机构的近百名专家学者与会。

2. 国际学术交流与合作

2017 年，美国研究所共派遣出访 28 批 38 人次，接待来访 24 批 43 人次。与美国研究所开展学术交流的国家有：美国、日本、马来西亚、英国、澳大利亚、韩国、朝鲜、新加坡、俄罗斯、新西兰等。

（1）2017 年 1 月 19 ～ 21 日，美国研究所樊吉社应邀参加了 2017 年瑞辛纳对话和亚太核不扩散与裁军领袖网络地区会议。

（2）2017 年 3 月 24 ～ 27 日，美国研究所李文赴马来西亚槟城，参加“首届‘槟城论坛’：‘一带一路’与东南亚”，并在会议上作了题为“‘一带一路’引领中国东盟合作稳步发展”的学术报告。

（3）2017 年 3 月 29 日至 4 月 2 日，美国研究所陶文钊参加国际历史科学大会执行局会议，讨论第二十三届国际历史科学大会（将于 2020 年在波兰举行）的主题和议程。

（4）2017 年 5 月 17 ～ 20 日，美国研究所王欢应美国纽约大学美中关系研究中心邀请，赴美调研纽约市城市治理，对纽约市内多个政府实体和机构的官员以及学者、企业人士和社会组织成员进行访谈，并参加纽约市议会和社区委员会的相关会议。

（5）2017 年 6 月 21 ～ 25 日，美国研究所李枏赴韩国首尔，参加韩国政治学与社会国际会议。

（6）2017 年 7 月 31 日至 8 月 3 日，美国研究所樊吉社赴日本广岛县，参加了圆桌会议的所有议程，会议研讨的主要议题有“搭建无核国家与有核国家在核裁军问题上的桥梁”、“超越核威慑”和“实现东北亚无核化”等。

（7）2017 年 10 月 5 ～ 6 日，美国研究所郑秉文赴意大利罗马，参加“第三届名义账户养老金计划改革研讨会”，并就“中国名义账户养老金计划”作了发言。

（8）2017 年 11 月 28 日至 12 月 5 日，美国研究所副所长倪峰率团对华盛顿进行了为期一周的访问。访问期间，代表团与美国布鲁金斯学会、美利坚大学、约翰·霍普金斯大学尼采国际问题研究院、北大西洋理事会等机构的研究员围绕“特朗普访华”“朝核问题”“印太战略”等问题进行了交流。

（9）2017 年 11 月 28 日至 12 月 14 日，美国研究所袁征、洪源等一行 5 人，先后赴美国俄亥俄州代顿市、华盛顿特区和纽约市进行学术交流。

3. 与中国香港、澳门特别行政区和中国台湾开展的学术交流

2017 年 5 月 28 日至 6 月 3 日，美国研究所副所长倪峰率代表团赴台湾访问了多家高校研究机构和智库，与台湾同行进行学术交流。

（四）学术社团、期刊

1. 社团

（1）中华美国学会，会长黄平。

（2）中国世界政治研究会，会长黄平。

（3）中国社会科学院世界政治研究中心，主任黄平。

（4）中国社会科学院世界社保研究中心，主任郑秉文。

（5）军备控制与防扩散研究中心，主任刘尊。

2. 期刊

（1）《美国研究》（双月刊），主编郑秉文。

2017 年，《美国研究》共出版 6 期，共计 132 万字。该刊全年刊载的有代表性的文章有：张蕴岭的《美国亚太区域经济战略解析》，夏立平的《全球共生系统理论与构建中美新型大国关系》，张毅的《分裂的美国》，张业亮的《另类右翼的崛起及其对特朗普主义的影响》，孔祥永、李莉文的《“机会均等”与“结果平等”的悖论：特朗普崛起的逻辑》，潘亚玲的《美国政治文化的当代转型》，潘忠岐的《例外论与中美战略思维的差异性》，彭成义、张宇燕的《美国的官员财产申报与公示制度》，王少泉、董礼胜的《美国腐败指数曲线的波动及原因》，徐国琦的《第一次世界大战期间的西线华工与中美“共有的历史”》，何维保的《“通俄门”事件的起因、发展及影响》，高仕银的《美国政府规制计算机网络犯罪的立法进程及其特点》，韩召颖、岳峰的《金融危机后美国的新孤立主义思潮探析》，潘锐、马萧萧的《美国卡特政府汇率政策制定的政治经济逻辑》，李枏的《论美国非政府组织在朝鲜的援助与活动》，李恒阳的《美国大选中的网络安全问题》，周士新的《“亚太再平衡”战略下的美新伙伴关系》，周鑫宇的《美国应对外部威胁的战略传统与当前对华政策》，王欢、刘辉的《特朗普执政对国际环境的影响》。

（2）《当代美国评论》（季刊），主编吴白乙。

2017 年 9 月，《当代美国评论》（季刊）创刊发行。2017 年，《当代美国评论》共出版 2 期，共计 31 万字。该刊全年刊载的有代表性的文章有：王缉思的《特朗普的对外政策与中美关系》，陶文钊的《建交以来的中美关系：回顾与思考》，王文峰的《美国对华战略共识与特朗普政府对华政策》，鹿音的《中美战略稳定关系的演进》，吴日强的《中美如何避免核军备竞赛》，倪峰的《特朗普政府内外政策探析》，刘琳的《美菲防务关系的演变与发展前景》，肖鹏的《政治权力结构视角下的美国国安会变迁》，王玮的《谁治理美国：选举人团的选择及其后果》，陈宪奎的《自媒体传播与特朗普胜选》，潘亚玲的《美国政治文化转型与特朗普变量》，孙成昊、陈宇的《特朗普执政后的美俄关系：态势与前景》，[美] 傅泰林的《美国对南海有关争议的政策：1995 ~ 2017》（齐皓译），[美] 史文的《超越美国西太平洋主导地位：稳定中美均势的必要》（樊吉社译）。

（五）会议综述

“国际研究领域的重大理论与现实问题”学术研讨会

2017 年 2 月 17 日，由中国社会科学院国际研究学部和中国社会科学院科研局主办，中国社会科学院美国研究所承办的“国际研究领域的重大理论与现实问题”学术研讨会在北京召开。近 100 位与会学者围绕国际问题研究的重大理论问题、当前世界重要形势与发展趋势以及多个国际热点问题等进行了研讨。

会议期间，与会学者围绕“不确定性国际环境下的确定性寻求”“全球化与中国战略”“世界经济面临的主要挑战”“大国关系的调整与趋势——以中俄美三角关系为视角”“美国特朗普政府的内政政策走向及中美关系”“拉美政治的新生态”“中国经济与世界经济”“特朗普政府对台政策趋向及我应对之策”“特朗普执政后的西太平洋海上安全态势”“日本国家战略调整背景下对外政策走向”“中东局势的发展”等议题进行了充分的交流与讨论。

中国社会科学院国际学部主任张蕴岭研究员在总结发言中指出，当前国际问题研究主要体现为四个主题：第一个主题是全球问题，即人类生存环境的问题日益严峻；第二个主题是国际秩序，即美国的全球领导力趋于萎缩之际，未来的国际秩序、地区秩序、国家间的秩序究竟如何变动；第三个主题是世界发展，即未来世界发展的动力、发展的模式、发展的结构等；第四个主题是综合性的国际重大理论问题和现实问题，目前主要关注的有美国政治、“一带一路”建设、人民币国际化、拉美政治生态、日本战略调整、中东政策、中东欧发展和非洲走向等。

（科研处）

《美国研究报告（2017）》（《美国蓝皮书》）发布式暨“特朗普政府内外政策评估”学术研讨会

2017年5月27日，由中国社会科学院美国研究所、中华美国学会和社会科学文献出版社联合主办的《美国研究报告（2017）》（《美国蓝皮书》）发布式暨“特朗普政府内外政策评估”学术研讨会在北京举行。来自中国社会科学院美国研究所、中国社会科学院世界经济与政治研究所、现代国际关系研究院、中国国际问题研究院、北京大学国际关系学院、中国人民大学国际关系学院、清华大学国家战略研究院、中共中央党校国际战略研究院等多家单位的学者与会。与会者对2016年的美国政治、经济、外交、社会、科技和中美关系进行了回顾和总结，对特朗普政府的内外政策进行了评估。

中国社会科学院副院长李培林在发言中提出了三个值得深思的问题。第一，应该用一种什么样的分析框架来研究特朗普主义的政策取向？传统的“左右分野”的框架，似乎很难解释通美国的新型贸易保护主义；“阶级政治”的框架，又很难说明特朗普一边组建企业巨头政府，一边又举着为民立命的旗号并得到中下层的支持；而所谓“多元政治”框架，也似乎只是一种理论的遁词。那么，应该用一种什么样的分析框架来解释特朗普的政策逻辑？第二，欧美民粹主义在未来究竟会走向何方？当前，欧美的新型民粹主义一时形成了浪潮，并在大选中频频得势，使得过去经济全球化的主要推手似乎成了反全球化的贸易保护主义推手，这究竟是一个短期的潮流还是一个长期的趋势？如果那些促使形成民粹主义潮流的经济政治社会层面的基本问题在未来都无法得到令人满意的解决，那么，这场民粹主义的浪潮将以何种方式收场或演变，并会产生怎样的长远影响？第三，今后怎样了解民意和预测大选结果？这次美国大选的结果，使一些政治和知识精英的预测名誉折损，也对传统的民意调查方法造成强烈质疑。在新媒体迅猛发展的今天，主流媒体塑造和引领民意的垄断地位受到严重挑战。而以选民意向表达为对象的民意调查，也难以反映选民实际政治参与的积极程度。所以，把非结构化的大数据分析方法引入社会科学研究已是非常迫切的工作，要尽快破题。

（科研处）

中华美国学会2017年年会
暨“中美关系的历史、现状和未来——从美国华工谈起”学术研讨会

2017年11月5～8日，中国社会科学院美国研究所、中华美国学会与五邑大学在广东江门联合举办了“中华美国学会2017年年会暨‘中美关系的历史、现状和未来——从美国华工谈起’学术研讨会”。来自中国社会科学院、北京大学、北京师范大学、中山大学、暨南大学、厦门大学、五邑大学的近100名专家学者与会。与会专家学者围绕“美国华工”“美国内政”“美国外交”“美国及中美关系史”“中美关系”五个议题进行了充分的交流和讨论。

中国社会科学院美国研究所副所长倪峰研究员阐述了他对当前中美关系的看法。他指出，中美关系已经进入新时代，这种“新”主要体现在非常规变量和常规变量两个方面。就非常规变量而言，特朗普的对外战略和对华政策思维在四个维度上发生了变化：第一，不再突出强调意识形态问题；第二，不再热衷于做现行世界秩序的维护者；第三，不再热心于地缘战略操盘和竞争；第四，大幅提升经济利益在对外及对华政策中的占比。就常规变量而言，中美两国力量对比“美强中弱”的态势近年来加速逆转，美国对此愈发焦虑，对华认知趋同且更加负面，中美关系中竞争性因素增加的趋势在双边贸易、台湾问题、美国亚太战略等方面都有所体现。他认为，特朗普反传统的对华政策结构对中国而言既是挑战，也是机遇。随着中美关系成熟度的提高和各种对话机制的完善，制约消极因素的积极力量是增长的，对中美关系的前途应该抱有信心。

会议期间，专家学者还对铁路华工村落的历史文化进行了实地考察，对中国华工参与美国经济建设并推动家乡发展的历史有了直观的认识。

此次学术研讨会对中美关系、美国内政外交、美国铁路华工等议题的研究起到了积极的促进作用，与会专家学者一致认为，目前，中国处于一个新的时期、新的阶段，随着中国国际地位的不断提升，新型中美关系将建立于合作共赢的基础上。

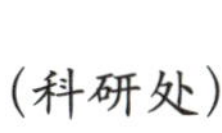
（科研处）

2017年11月，“中华美国学会2017年年会暨‘中美关系的历史、现状和未来——从美国华工谈起’学术研讨会”在广东省江门市举行。

日本研究所

（一）人员、机构等基本情况

1. 人员

截至2017年底，日本研究所共有在职人员45人。其中，正高级职称人员10人，副高级职称人员10人，中级职称人员17人；高、中级职称人员占在职人员总数的82%。

2. 机构

日本研究所设有：日本政治研究室、日本外交研究室、日本经济研究室、日本社会研究室、日本文化研究室、《日本学刊》编辑部、网资室、综合办公室。

3. 科研中心

日本研究所所属非实体研究中心有：日本政治研究中心、中日经济研究中心、日本社会文化研究中心、中日关系研究中心。

（二）科研工作

科研成果统计

2017年，日本研究所共完成专著、译著8种，250万字；论文46篇，55万字。

（三）学术交流活动

1. 学术活动

2017年，日本研究所主办和承办的学术会议如下。

（1）2017年5月16日，由日本研究所主办，《日本学刊》编辑部承办的第三届“日本研究论坛”在北京举行。

（2）2017年6月9日，由日本研究所和社会科学文献出版社共同举办的“《日本经济蓝皮书：日本经济与中日经贸关系研究报告（2017）》发布会暨学术研讨会”在北京举行。

（3）2017年6月20日，由中华日本学会、日本研究所和社会科学文献出版社共同举办的“《日本蓝皮书（2017）》发布会暨日本形势研讨会”在北京举行。

（4）2017年6月20日，由日本研究所和日本国际交流基金会北京日本文化中心主办，《日本学刊》编辑部承办的“中国的日本研究——成果与方法研讨会暨《中国的日本研究著作目录（1993～2016）》发布会”在北京召开。

（5）2017年11月24日，日本研究所与社会科学文献出版社联合主办的“《不忘初心，走向未来——纪念中日邦交正常化45周年学术论文集》出版新闻发布会暨日本形势研讨会”在北京召开。

(6) 2017年12月8日，由日本研究所日本社会研究室主办的“2017年日本社会热点问题讨论会”在北京举行。

2. 国际学术交流与合作

2017年，日本研究所共派遣出访15批29人次，接待来访60批200人次。与日本研究所开展学术交流的国家有日本等国。2017年11月，日本研究所与日本皇学馆大学签署了为期3年的交流合作协议，以加强双方互访和学术交流。

(1) 2017年4月29日，由日本研究所、全国日本经济学会和中日经济研究中心联合举办的“日本供给侧结构性改革研究”国际学术研讨会在北京召开。

(2) 2017年8月26～27日，由中国社会科学院主办，日本研究所承办的“中国社会科学论坛：纪念中日邦交正常化45周年国际学术研讨会”在北京举行。

(3) 2017年11月12日，由日本研究所与日本皇学馆大学联合举办的“东亚视角下的宗教与传统文化研究回顾与展望”国际学术研讨会在北京举行。

(四) 学术社团、期刊

1. 社团

(1) 中华日本学会，会长李薇。

① 2017年10月20日，由中华日本学会主办，日本研究所《日本学刊》编辑部、东北师范大学《外国问题研究》编辑部承办的“第七届全国日本研究杂志研讨会”在吉林省长春市举行。会议的主题是“日本研究杂志与中日关系新形势下的日本研究”。来自《日本问题研究》《日本学》《日本学刊》《日本研究》《日本研究集林》《东北亚论坛》《东北亚学刊》《外国问题研究》《现代日本经济》《南开日本研究》等杂志编辑部的负责人在会上发了言。

② 2017年10月21～22日，由中华日本学会、东北师范大学共同主办，日本研究所协办的“中华日本学会2017年年会暨‘日本视域中的东亚问题’学术研讨会”在吉林省长春市召开。会议旨在了解日本人的历史观，把握日本人看待东亚问题的方式方法，用知己知彼的学术观察方法，理性、清晰和客观地进行日本问题研究。

③ 2017年11月25日，由中华日本学会、日本研究所日本文化研究室、中国社会科学院中日社会文化研究中心联合举办的“2017年日本社会文化发展动态学术研讨会”在北京召开。会议研讨的主要议题有“日本社会意识发展动态”“日本哲学思想发展动态”“日本语言文学发展动态”“日本历史文化发展动态”。

(2) 全国日本经济学会，会长李培林。

① 2017年4月29日，日本研究所、全国日本经济学会和中日经济研究中心联合举办的“日本供给侧结构性改革研究”国际学术研讨会在北京召开。50多名国内学者与会。

② 2017年6月17日，由全国日本经济学会主办，黑龙江省社会科学院、日本研究所承办

的“中日经贸合作45周年回顾与展望：全国日本经济学会2017年会暨学术研讨会”在黑龙江省哈尔滨市举行。会议的主题是“中日经贸合作45周年回顾与展望”，会议研讨的主要议题有“中日经贸合作45周年回顾与展望”“中日经贸合作的新机遇、新挑战与新模式”“变化中的世界经济与日本经济走势”“黑龙江省深化对日合作的机遇、风险与路径”。来自中国社会科学院、北京大学等国内知名高校和研究机构的100余名专家学者出席会议。

2. 期刊

《日本学刊》(双月刊)，主编李薇(2017年第1～3期)、高洪(代)(2017年4～6期)。

2017年，《日本学刊》共出版6期，共计102万字。该刊全年刊载的有代表性的文章有：冯昭奎的《中日关系的“进”与“退”——基于“区分开来”原则预测的可能前景》，吴怀中的《“特朗普冲击”下的日本战略因应与中日关系》，张蕴岭的《日本的亚太与东亚区域经济战略解析》，武寅的《论中日战略博弈的性质与作用》，廉德瑰的《日本会议与日本右倾政治分析》，刘江永的《论大选后安倍的修宪政治及影响》，[日]小林庆一郎的《债务问题与经济长期停滞——基于对日本经济的再认识》(叶琳译)，倪峰的《美国与东亚关系的历史考察——兼论中美日三国互动及地区影响》等。

(五)会议综述

“日本供给侧结构性改革研究”国际学术研讨会

2017年4月29日，由中国社会科学院日本研究所、全国日本经济学会和中日经济研究中心联合举办的“日本供给侧结构性改革研究”国际学术研讨会在北京召开。70多名中日专家学者出席研讨会。

2017年4月，“日本供给侧结构性改革研究国际学术研讨会”在北京召开。

中国社会科学院日本研究所代所长高洪、日本国驻华大使馆商务公使岩永正嗣分别在开幕式上致辞。中国社会科学院副院长、学部委员蔡昉以及国务院发展研究中心原副主任刘世锦教授分别作了题为“中国的供给侧结构性改革”和“经济转型与供给侧改革”的基调报告。

蔡昉在报告中指出，推进供给侧结构性改革是中国“十三五”时期经济工作的主线。如何进一步落实“三去一降一补”政策，提高全要素生产率，实现经济结构转型升级，是深化供给侧结构性改革的重点。日本泡沫经济崩溃后，面临着企业雇佣、债务和设备“三过剩”的局面，银行不良债权问题严峻。日本为解决这些问题而进行了供给侧结构性改革，其经验教训对中国继续深化供给侧结构性改革具有一定的参考意义。

研讨会设立“日本供给侧改革综合分析”“日本供给侧改革的经验与教训”“日本供给侧改革启示”三个议题，中日双方与会代表围绕日本泡沫经济崩溃后房地产证券化、日本产业政策体制、日本处理不良债权问题、日本企业处理“三过剩”问题、日本技术创新、医疗保险制度改革、农业供给侧结构性改革等重点、热点问题进行了深入的讨论与交流。

（刘　瑞）

中国社会科学论坛：纪念中日邦交正常化45周年国际学术研讨会

2017年8月26～27日，由中国社会科学院主办，中国社会科学院日本研究所承办的“中国社会科学论坛：纪念中日邦交正常化45周年国际学术研讨会”在北京举行。中国社会科学院党组书记、院长王伟光出席在人民大会堂举行的开幕式并致辞。日本驻华大使横井裕代表日本方面致贺词。原国务委员、中日友好协会会长唐家璇，日本众议院原议长河野洋平出席会议并分别作基调报告。中日双方友好人士、专家学者及媒体代表等160余人出席了该届论坛。中国社会科学院副院长蔡昉主持了大会开幕式。

王伟光对中日关系的现状作出了深刻分析，就发展中日关系提出了推动中日关系稳定改善和发展的总规矩——即从中日邦交正常化45周年的历史经验中汲取养分，在“信”“实”“合”三个字上下功夫的重要观点。“信”即政治互信、诚实守信；“实”即脚踏实地、重在落实；“合”即务实合作、创新合作。

中日友好协会会长唐家璇在基调报告中分析了两国关系走过的风雨历程，指出，45年来，中日关系成就显著，但发展历程从来不是一帆风顺的，走过不少弯路，遭遇过十分严峻的挑战。特别是进入21世纪以来，受内外环境变化的影响，两国间一些深层次问题趋于突出，加上日方在有关敏感问题上采取错误举措，导致中日新老矛盾集中爆发，利益碰撞更加激烈，两国战略互信明显缺失，国民感情降至低点。

作为著名知华友华政治家，日本众议院原议长、日本国际贸易促进协会会长河野洋平在基调报告中重申了他坚持一个中国立场，正确认识过去的历史，希望健康稳定地发展与中国关系的一贯主张。

开幕式上，中国社会科学院日本研究所所长高洪宣读了作为国家对日研究智库的“发展中日关系的六点基本见解”：(1) 正视历史，面向未来；(2) 恪守原则，积累互信；(3) 经济合作，互利共赢；(4) 加强往来，和谐共处；(5) 求同存异，化解矛盾；(6) 平等相待，世代和平。

研讨会包含“中日民间交往与文化交流”“中日关系从历史走向未来”“中日经济发展与经贸合作”“中日地方交流与企业合作”四个单元。与会专家学者针对中日邦交正常化45年来两国在政治、经济、社会文化等领域的合作进行了全方位的深入探讨，剖析当前中日关系面临的问题与困难，探寻如何推动双边关系早日回到正常轨道的路径方略。

（科研处）

中华日本学会2017年年会暨“日本视域中的东亚问题”学术研讨会

2017年10月21～22日，由中华日本学会、东北师范大学主办，东北师范大学历史文化学院、东北师范大学东亚文明研究中心（东亚研究院）承办，中国社会科学院日本研究所协办的中华日本学会2017年年会暨“日本视域中的东亚问题”学术研讨会在吉林省长春市举行。

随着全球一体化和区域多元化的快速发展，东亚世界正发生着巨大的变化。然而，自近代以来，东亚地区却冲突不断，热战与冷战先后登场，影响至今。历史上曾经有过彼此“认同”关系的东亚诸国，为什么在全球化时代反而丧失了这种“认同”？为什么构建“东亚共同体”的设想总是停留在“设想”的层面而鲜有推进的可能？何以在东西方冷战早已告停的今天，东亚各国间的猜忌和敌视非但未尝消歇反而有增无减？其中，日本从近世到近现代的价值取向、东亚认识及其军事政治行动，构成了上述问题的重要原因之一。为了对相关问题进行深入探讨，此次研讨会邀请全国日本政治、外交、安保、经济、社会、语言、文化、思想等领域的专家，围绕“日本视域中的东亚问题”进行了跨学科的深入探讨。

2017年10月，中华日本学会2017年年会暨“日本视域中的东亚问题”学术研讨会在吉林省长春市举行。

中华日本学会会长李薇研究员、东北师范大学副校长韩东育教授、中国社会科学院日本研究所所长高洪研究员、中国中日关系史学会副会长徐启新先后在开幕式上讲话。中华日本学会副会长、南开大学世界近现代史研究中心教授杨栋梁，东北师范大学副校长韩东育教授，复旦大学日本研究中心主任胡令远教授，建川博物馆馆主樊建川分别作了基调报告。

（中华日本学会秘书处）

和平发展研究所

（一）人员、机构等基本情况

1. 人员

2017年，和平发展研究所共有在职人员5人。

2. 机构

和平发展研究所设有：发展政治室、经济室、安全室、人物室、信息资料室、综合办公室。

（二）科研工作

科研成果统计

2017年，和平发展研究所共完成专题报告20篇，22万字；一般文章20篇，15万字。

（三）学术交流活动

1.2017年1月，和平发展研究所所长廖峥嵘出席中国国际经济关系学会理事会并作大会专题发言。

2.2017年4月，和平发展研究所所长廖峥嵘出席中国国际经济关系学会研讨会并作大会专题发言。

3.2017年5月，和平发展研究所所长廖峥嵘组团出访欧洲，先后访问斯德哥尔摩国际和平研究所、德国墨卡托基金会中国问题研究中心、欧洲外交关系委员会柏林办事处等研究机构。

4.2017年7月，和平发展研究所所长廖峥嵘出席财政部厦门国家会议学院“一带一路”财经发展研究中心成立大会。

5.2017年7月，和平发展研究所所长廖峥嵘出席清华大学“世界和平论坛”。

（四）学术期刊

《和平发展观察》（不定期刊），执行主编廖峥嵘。

2017年，《和平发展观察》共出版14期，共计9万余字。该刊全年刊载的有代表性的文章有：廖峥嵘的《对当前美国经济形势、政策的思考》、陈向阳的《特朗普对朝政策及我对策》、陈向阳的《美国大选后的政治生态走向》、何胜的《特朗普主政白宫对越影响初探》等。

马克思主义研究学部

马克思主义研究院

（一）人员、机构等基本情况

1. 人员

截至2017年底，马克思主义研究院共有在职人员124人。其中，正高级职称人员26人，副高级职称人员33人，中级职称人员52人；高、中级职称人员占在职人员总数的90%。

2. 机构

马克思主义研究院设有：马克思主义原理研究部（下设马克思主义基本原理研究室、马克思恩格斯思想研究室、列宁斯大林思想研究室、思想政治教育研究室），马克思主义中国化研究部（下设毛泽东思想研究室、中国特色社会主义理论体系研究室、党建党史研究室、马克思主义无神论研究室），马克思主义发展研究部（下设马克思主义发展史研究室、经济与社会建设研究室、政治与国际战略研究室、文化与意识形态建设研究室），国际共产主义运动研究部（下设国际共产主义运动史研究室、当代世界社会主义研究室、当代世界资本主义研究室），国外马克思主义研究部（下设国外左翼思想研究室、国外共产党理论研究室、西方马克思主义研究室），期刊网络中心（下设《马克思主义研究》编辑部、《国际思想评论》编辑部、《世界政治经济学评论》编辑部、《马克思主义文摘》编辑部、《马克思主义理论研究与学科建设年鉴》编辑部、网络室），办公室，科研处，人事处。

3. 科研中心

马克思主义研究院院属科研中心有：中国社会科学院马克思主义经济社会发展研究中心、中国社会科学院科学与无神论研究中心、中国社会科学院国家文化安全与意识形态建设研究中心。

（二）科研工作

1. 科研成果统计

2017年，马克思主义研究院共完成专著17种，443万字；论文230篇，210万字；译著1种，25.4万字；译文1篇，0.5万字；普及读物2种，26.6万字；论文集9种，420万字；皮书1种，33.7万字；年鉴1种，122.8万字。

2. 科研课题

（1）新立项课题。2017 年，马克思主义研究院共有新立项课题 7 项。其中，国家社会科学基金课题 2 项：“列宁帝国主义理论与新帝国主义理论的比较与启示”（周淼主持），“中国特色社会主义文化软实力建设路径研究”（唐庆主持）；中宣部中特中心重大项目、马克思主义理论研究和建设工程重大课题 1 项：“加强党内监督与建设廉洁政治研究”（邓纯东主持）；国情调研课题 4 项：“宁波全面从严治党努力建成高水平全面小康社会调研”（邓纯东主持），“贯彻落实新发展理念现状调研”（桁林主持），“新型社会组织健康发展状况调研系列之四——新型社会组织成员思想引导情况调研”（余斌、朱燕主持），“实现文化事业与文化产业协调发展的关键因素”（张小平、陈建波主持）。

（2）结项课题。2017 年，马克思主义研究院共有结项课题 13 项。其中，国家社会科学基金课题 3 项：“新的历史时期提高党的建设科学化水平实证研究”（冯颜利主持），“当代中国马克思主义发展与创新的规律和机制研究”（谭扬芳主持），“马克思主义中国化的思想逻辑”（金民卿主持）；国情调研课题 7 项：“倡导社会主义核心价值观与培育良好社会风尚”（樊建新主持），“宁波全面从严治党努力建成高水平全面小康社会调研”（邓纯东主持），“新型社会组织健康发展状况调研系列之四——新型社会组织成员思想引导情况调研”（余斌、朱燕主持），“实现文化事业与文化产业协调发展的关键因素”（张小平、陈建波主持），“多措施扶贫，精准发力脱贫：湖南临湘官田村调查”（冯颜利主持），“中越边境地区扶贫与富民固边调研——广西靖西市龙邦镇大莫村案例”（潘金娥主持），“西南少数民族地区村庄精准扶贫工作研究”（宋丽丹主持）；青年科研启动基金课题 3 项：“中俄学者关于斯大林模式的评析”（杨朴伟主持），“马克思早期作品中共产主义思想研究”（朱亦一主持），“后危机时代浙商经济再发展的探析——政治经济学视角的观察与思考”（王艳阳主持）。

（3）延续在研课题。2017 年，马克思主义研究院共有延续在研课题 4 项。其中，国情调研课题 1 项：“贯彻落实新发展理念现状调研”（桁林主持）；院青年科研启动基金课题 3 项：“当代国外剩余价值理论和剥削问题研究”（韩冬筠主持），“分享制的国际比较”（王珍主持），“建国初期人民法庭研究”（孟庆友主持）。

（三）学术交流活动

1. 学术活动

2017 年，马克思主义研究院主办和承办的学术会议如下。

（1）2017 年 4 月 15 日，由中国社会科学院马克思主义理论学科建设与理论研究工程领导小组主办，马克思主义研究院承办的“第四届中国社会科学院毛泽东思想论坛”在北京举行。会议的主题是“毛泽东与中国共产党的理论创新”。

（2）2017 年 4 月 22 日，由马克思主义研究院与浙江工业大学共同主办的“习近平治国理政新思想论坛（2017）”在浙江省杭州市召开。会议的主题是“习近平治国理政思想与马克思主义的新发展”。

（3）2017 年 5 月 13 日，由中国社会科学院马克思主义理论学科建设与理论研究工程领导小组主办，马克思主义研究院和华侨大学共同承办的“中国社会科学院第五届科学社会主义论坛”在福建省泉州市举行。会议的主题是“十月革命 100 周年与科学社会主义的发展”。

（4）2017 年 5 月 21 日，由马克思主义研究院与广东财经大学共同主办的“第四届执政党建设理论与实践论坛”在广东省广州市举行。会议的主题是“关于党内政治生活问题研究”。

（5）2017 年 5 月 27 日，由马克思主义研究院与苏州科技大学联合主办的“第四届全国国外马克思主义研究论坛（2017）”在江苏省苏州市举行。会议的主题是“国外马克思主义研究与当代发展”。

（6）2017 年 6 月 18 日，由马克思主义研究院与西华师范大学联合主办的“第八届马克思主义中国化学术论坛”在四川省南充市举行。会议的主题是“改革开放以来党的理论创新研究”。

（7）2017 年 6 月 24 日，由马克思主义研究院与兰州大学共同主办的“习近平系列重要讲话学术论坛”在甘肃省兰州市举行。会议的主题是“‘四个自信’与当代中国发展和中国梦的实现”。

（8）2017 年 7 月 1 日，由马克思主义研究院与西南科技大学共同主办的“‘四个自信’与 21 世纪中国马克思主义创新发展学术论坛”在四川省绵阳市召开。会议的主题是“‘四个自信’与 21 世纪中国马克思主义”。

（9）2017 年 7 月 8 日，由马克思主义研究院与贵州师范大学共同主办的“第十届全国马克思主义院长论坛”在贵州省贵阳市召开。会议的主题是“习近平总书记治国理政新理念新思想新战略研究”。

（10）2017 年 7 月 15 ～ 16 日，由马克思主义理论学科建设与理论研究工程领导小组主办，中国社会科学院科学与无神论研究中心、中国无神论学会与广西大学联合承办的“中国社会科学院第五届科学无神论论坛”在广西壮族自治区南宁市召开。会议的主题是“科学无神论宣传教育：理论与实践”。

（11）2017 年 7 月 21 日，由马克思主义研究院与中国政法大学共同主办的“2017 年全国马克思主义基本原理研讨会”在北京召开。会议的主题是“《资本论》与马克思主义基本原理体系研究”。

（12）2017 年 8 月 26 日，由马克思主义研究院与山东社会科学院共同主办的“第五届国际共产主义运动论坛”在山东省济南市召开。会议的主题是“社会主义的历史与现实”。

（13）2017 年 8 月 26 ～ 27 日，由中国社会科学院马克思主义理论学科建设与理论研究工程领导小组主办，马克思主义研究院和东北大学联合承办的“第五届中国社会科学院马克思主义哲学论坛”在辽宁省沈阳市举行。会议的主题是“马克思主义哲学在当代中国的创新之路”。

（14）2017 年 8 月 30 日，由马克思主义研究院与中共中央对外联络部研究室共同主办的“发展中国家社会主义：历史、现状与前景”学术研讨会在北京召开。会议的主题是“发展中国家社会主义：历史、现状与前景”。

（15）2017 年 9 月 23 ～ 24 日，由中国社会科学院马克思主义研究学部、马克思主义理论学科建设与理论研究工程办公室、经济社会发展研究中心、马克思主义研究院原理部以及厦门大学马克思主义学院共同主办的“第六届全国马克思主义经济学论坛暨第七届全国马克思主义经济学青年论坛”在福建省厦门市召开。会议的主题是“面向 21 世纪的《资本论》”。

（16）2017 年 9 月 28 日，由马克思主义研究院与山西农业大学共同主办的“列宁党建思想与全面从严治党学术研讨会”在山西省太谷县召开。会议的主题是“列宁党建思想与全面从严治党”。

（17）2017 年 10 月 14 日，由马克思主义研究院与中国石油大学（华东）共同主办的“2017 年全国思想政治教育学术研讨会”在山东省青岛市召开。会议的主题是“马克思主义理论教育与思想政治工作创新”。

（18）2017 年 10 月 21 ～ 22 日，由马克思主义研究院与贵州大学共同主办的“第十届全国马克思主义青年学者论坛”在贵州省贵阳市举行。会议的主题是“马克思主义视域下的中国与世界”。

（19）2017 年 11 月 2 日，由马克思主义研究院主办的“学习贯彻党的十九大精神”研讨会在北京举行。会议的主题是“深入学习贯彻党的十九大精神”。

（20）2017 年 3 月 23 日、4 月 19 日、9 月 23 日、10 月 21 日，由马克思主义研究院主办的“社会透视——马克思主义视角”青年学术沙龙分别召开第 14 次、第 15 次、第 16 次、第 17 次活动。主题分别是“学习铁路工人的奉献精神——北京铁路局动车段调研座谈会”“北京市房山区新农村建设调研座谈会”“面向 21 世纪的《资本论》研讨”“马克思主义视域下的中国与世界”。

2017 年，马克思主义研究院共举办马克思主义系列学术研讨会 14 场。

2. 国际学术交流与合作

2017 年，马克思主义研究院完成对外学术交流活动 23 批次，其中出访 14 批 39 人次，来访 9 批 10 人次，接受使馆约见 6 次，举办国际会议 4 场。

（1）2017 年 4 月 22 ～ 23 日，由马克思主义研究院国际共产主义运动研究部、厦门大学马克思主义学院、福建省社会科学研究基地厦门大学中国特色社会主义研究中心、厦门大学马克思主义与中国发展研究所、《马克思主义研究》杂志社等单位联合举办的“社会主义改革与马克思主义本土化”国际学术研讨会在福建省厦门市举行。来自越南社会科学翰林院、越南胡志明国家政治学院、老挝国家社会科学院以及中国社会科学院、中共中央党校、中国人民大学、厦门大学等高校、科研院所的40多位马克思主义学者以及新闻媒体代表参加会议。

（2）2017年6月3～12日，马克思主义研究院院长、党委书记邓纯东率代表团赴波兰、塞尔维亚、俄罗斯参加“第四届中俄、中东欧国家发展战略论坛”。论坛由马克思主义研究院与俄罗斯科学院经济研究所、俄罗斯制度创新中心、波兰维斯杜拉大学、塞尔维亚诺维萨德大学孔子学院等单位联合主办，分别在波兰的华沙、塞尔维亚的贝尔格莱德、俄罗斯的莫斯科、圣彼得堡举办了四场国际学术会议。

（3）2017年6月8日，尼泊尔政策研究学会主席、尼泊尔前驻华大使马斯基到访中国社会科学院马克思主义研究院并作学术报告，主题为“尼泊尔共产主义运动”。

（4）2017年8月31日至9月4日，马克思主义研究院副院长樊建新率代表团赴日本，参加由日本社会主义协会举办的“现代社会问题研究会2017年度研究集会”并在会上发言。

（5）2017年9月11日，由中联部和马克思主义研究院共同主办的“十月革命和马克思主义本土化论坛”在北京召开。印度共产党、全印前进同盟、尼泊尔共产党、尼泊尔农工党、孟加拉国共产党、孟加拉国工人党、孟加拉国民族社会党、斯里兰卡人民解放阵线等南亚4国15个左翼政党代表一行30人应邀参加会议。国内外100名参会学者共同研讨十月革命以来南亚左翼政党推动马克思主义本国化的理论创新等问题。

（6）2017年10月1日，马克思主义研究院潘金娥赴美国约翰·霍普金斯大学国际关系研究院进行学术访问。

（7）2017年10月5～14日，马克思主义研究院院长邓纯东率代表团赴西班牙、法国、意大利参加“第四届中国道路欧洲论坛”。论坛由马克思主义研究院与西班牙、法国、意大利相关机构组织共同主办，分别在圣地亚哥－德－孔波斯特拉、巴黎、罗马召开，由三场大会、四次座谈会组成。会议的主题是“‘一带一路’倡议下的中欧合作”。

（8）2017年10月19日，莫斯科国立大学教授布兹加林、柳德米拉、科尔加诺夫到访马克思主义研究院，并作学术报告，报告的主题为“当代俄罗斯政治思潮”和“当代俄罗斯民众对苏联解体和社会主义制度的看法”。

（9）2017年10月26～30日，马克思主义研究院原理部主任余斌前往日本中央大学访问，并在日本中央大学经济研究所现代资本主义分析研究会和经济理论学会共同举办的研讨会上作题为“斯拉法的错误与所谓马克思主义基本定理”的学术报告。

（10）2017年11月1～10日，马克思主义研究学部主任程恩富赴芬兰、俄罗斯，参加“世界政治经济学学会第十二届论坛——‘十月革命：推进世界经济与民生改善’”。论坛由世界政治经济学学会、莫斯科金融政法大学、俄罗斯《选择》杂志社、欧洲转型国际联盟、德国卢森堡基金会、芬兰赫尔辛基大学联合主办。来自中国、俄罗斯、日本、印度、美国、加拿大等20多个国家的300多名学者出席了论坛。

（11）2017 年 11 月 21 ～ 25 日，马克思主义研究院副院长樊建新率代表团赴老挝万象参加“2017 中国社科论坛——第五届社会主义国际论坛”。论坛由马克思主义研究院、越南社会科学翰林院哲学所、老挝社会科学院共同主办，老挝社会科学院承办。论坛的主题为“马克思主义与社会主义建设”。来自中国、老挝、越南的专家学者以及老挝党和国家政府部门公职人员共 120 多人参加了论坛。

（12）2017 年 11 月 25 日至 12 月 2 日，应加拿大多伦多大学罗特曼管理学院、美国马萨诸塞大学阿姆斯特分校之邀，马克思主义研究院院长邓纯东率“关于当代资本主义”课题组赴加拿大多伦多、美国波士顿进行学术访问。

（13）2017 年 12 月 1 日，在中联部相关工作人员的陪同下，葡萄牙共产党全国总书记处书记率葡共干部考察团到访马克思主义研究院，马克思主义研究院副院长樊建新率发展部刘志明、曾宪奎，国外部于海青，共运部李凯旋等接待葡共一行，双方就中共党建、意识形态等问题进行了深入交流，并约定合作办会等事宜。

（14）2017 年，马克思主义研究院贺钦得到国家留学基金委资助，赴美国内华达大学留学，留学期限 10 个月。

（15）2017 年，马克思主义研究院范春燕得到国家留学基金委资助，赴美国亚利桑那大学留学，留学期限 12 个月。

（四）学术社团、期刊

1. 社团

（1）中国历史唯物主义学会，会长侯惠勤。

2017 年 11 月 4 ～ 5 日，由中国历史唯物主义学会、中国社会科学院国家文化安全与意识形态建设研究中心、福建师范大学共同举办，福建师范大学马克思主义学院承办的“2017 年中国历史唯物主义学会年会”在福建省福州市举行。会议的主题是“历史唯物主义与天下大势”，研讨的主要议题有“历史唯物主义与习近平新时代中国特色社会主义思想”“当前历史唯物主义的若干重大理论和现实问题”“新时代如何坚持唯物史观”“新时代意识形态面临的挑战及应对”等。与会专家学者 130 人。

（2）中华外国经济学说研究会，会长程恩富。

2017 年 10 月 28 ～ 29 日，中华外国经济学说研究会在江苏省徐州市召开“中华外国经济学说研究会第 25 届学术年会”。会议的主题是“外国经济学说与‘一带一路’建设”，研讨的主要议题有“当代外国经济学说比较研究”“《资本论》第 1 卷与当代资本主义经济”“外国经济思想发展演变研究”“中国经济发展与经济全球化”“贸易保护主义与逆经济全球化”“‘特朗普经济学’与‘中国方案’”等。与会专家学者 140 人。

（3）中国社会主义经济规律系统研究会，会长程恩富。

2017年6月10～11日，中国社会主义经济规律系统研究会在天津市召开“中国社会主义经济规律研究会第27届学术年会”。会议的主题是“中国特色社会主义政治经济学创新与民生导向型改革开放”，研讨的主要议题有“中国特色社会主义政治经济学的研究对象和方法”“中国特色社会主义政治经济学概念和范畴体系创新”“中国特色社会主义政治经济学规律体系研究”“中国特色社会主义政治经济学的民生理论研究”“住房、养老、医疗、教育、就业理论与政策研究”“保护生态环境与雾霾治理研究”“食品药品安全与监管研究”“收入分配与共同富裕理论与政策研究”等。与会专家学者120人。

（4）中国无神论学会，理事长朱晓明。

2017年12月2～3日，中国无神论学会、中国社会科学院科学与无神论研究中心、中国科学院大学马克思主义学院在北京联合主办“中国无神论学会2017年学术年会”。会议的主题是“学习贯彻党的十九大精神，坚持马克思主义无神论大原则”，研讨的主要议题有“坚持无神论原则，把握宗教工作的正确方向”“中国特色社会主义新时代的科学无神论思想”“邪教及膜拜团体问题研究”“抵御境外宗教渗透”等。与会专家学者近60人。

2. 期刊

（1）《马克思主义研究》（月刊），主编邓纯东。

2017年，《马克思主义研究》共出版12期，共计321.6万字。该刊新增了“中国特色社会主义政治经济学”“纪念十月革命100周年”“党的建设”“国外共产党”“国外各界评析十九大”栏目。该刊全年刊载的有代表性的文章有：梁柱的《要旗帜鲜明地坚持马克思主义的指导地位》，田心铭的《试论科学无神论学科中的基本矛盾》，李济广的《科学社会主义制度的基本内涵是生产资料公有制》，李怡、肖昭彬的《“以人民为中心的发展思想”的理论创新与现实意蕴》，周文、赵方的《中国“一带一路”倡议下的中非合作是“新殖民主义”吗？》，张剑的《生态帝国主义批判》，陈明凡的《解析历史虚无主义思潮的政治属性》，竭长光的《驳西方马克思主义对“自然辩证法”的曲解》，陈科、周丹的《“普世价值”批判与社会主义价值共识的凝聚》，张雷声的《论中国特色社会主义政治经济学的发展与创新》，孙立冰、丁堡骏的《论中国特色社会主义及其基本经济原则》，周绍东、王松的《〈资本论〉与中国特色社会主义政治经济学：逻辑起点与体系构建》，［日］渡边雅男的《〈千与千寻〉折射的〈资本论〉意蕴》等。

（2）*International Critical Thought*（《国际思想评论》）（英文季刊），主编程恩富、［美］大卫·斯维卡特、［法］托尼·安德列阿尼。

2017年，*International Critical Thought*（《国际思想评论》）共出版4期，共计60万英文字符数。该刊全年刊载的有代表性的文章有：姜辉的《21世纪的世界社会主义：新格局、新特征、新趋势》，李慎明的《十月革命开辟了世界历史的新纪元》，程恩富、刘子旭的《十月革命对于苏联经济社会发展的历史价值：评析苏联经济发展与剧变原因》，余斌、郭志伟的《为什么列宁选择“十月革命”而不是“七月革命”？》，袁志秀、张志丹的《对新自由主义意识形态的批判：以哈耶克为例》，禚明亮的《二十一世纪的马克思主义——采访维克托·沃利斯》，张海鹏、李国强的《论〈马关条约〉与钓鱼岛及琉球问题》，[法] 佩吉·拉斐尔·康塔夫·菲耶的《西方视角的中国特色社会主义民主：来自法国左翼知识分子和法国共产党的观点》，[美] 约翰·贝拉米·福斯特的《地球系统的危机与生态文明：马克思主义的视角》，[英] 威廉·罗宾逊的《关于全球资本主义的争论：跨国资产阶层和跨国治理机制》，[意] 多米尼克·洛苏尔多的《中国转向资本主义了吗？——对资本主义过渡到社会主义的思考》，[英] 朱尔斯·汤森德的《对碎片化的容忍：对诺曼·杰拉斯对后马克思主义批评的进一步思考》，[英] 威廉·杰弗里斯的《中国对西方的挑战：可能性与现实性》，[捷] 马瑞克·赫鲁贝奇的《俄罗斯革命的未来遗产：参与式政治经济》，[美] 大卫·科茨的《十月革命100周年：回顾与展望》，[澳] 罗兰·波尔的《十月革命之后：社会主义国家理论的讨论》，[俄] 亚历山大·布兹加林的《十月革命与共产主义革命理论：社会创造性、文化与暴力》，[波黑] 戈兰·马克维奇的《苏联立宪制度的创新之处：权力的统一原则》，[塞内加尔] 萨缪尔·阿明的《1917 年十月革命开启了世界转型的时代》等。

(3) *World Review of Political Economy*（《世界政治经济学评论》）（英文季刊），主编程恩富。

2017 年，*World Review of Political Economy*（《世界政治经济学评论》）共出版 4 期，共计 60 万英文字符数。该刊设立了论文、书评、人物、理论前沿等栏目。该刊全年刊载的有代表性的文章有：余江、简新华的《中国经济走势的政治经济学分析：中国经济增长连续 5 年下降的原因与对策》，杨斌的《股灾、新市场失灵与特大全球经济、金融危机》，王彬彬、李晓燕的《大数据、平台经济与市场竞争：一种信息时代计划主导型市场经济体制的初步构建》，谢富胜、陈瑞琳的《底层阶层的最低工资的收入效应：在中国是正效应吗？》，[英] 保罗·考克肖特的《斯拉法的再生产价格与生产价格的比较：概率与收敛》，[加] 拉朱·达拉斯的《大卫·哈维的剥夺性积累理论：马克思主义视角的批判》，[澳] 托马斯·科斯蒂根、德鲁·科特尔、安吉拉·基斯的《作为世界储备货币的美元：其对美国霸权的意义》，[西班牙] 阿尔贝托·马蒂内斯·德尔加多的《国家的碎片化与弱化：全球控制的工具》，[墨西哥] 塞尔吉奥·奥多涅斯、卡洛斯·桑切斯的《拉美的“新发展主义”、国家行动与跨国家安排：多极化有何影响？》，[英] 罗伊·格里弗的《价格弹性与充分就业：新古典之错》，[法] 马克·皮尔金顿的《全球精英能否为新的跨国记账单位铺平道路？对货币数量性的思考》，[沙特] 阿卜杜拉·谢克的《代理制就业的政治经济学：灵活性还是剥削？》，[印度] 加斯比尔·辛格的《全球化条件下印度的就业创造：资本主义的不良影响》，[美] 艾萨克·克里斯蒂安森的《医疗的商业化及其后果》，[俄] 谢尔盖·博德鲁诺夫的《俄罗斯国民经济体系的现代化：再工业化的潜力》，[斯里兰卡] 瓦里哥玛杰·拉卡斯曼的《斯里兰卡税收的政治经济学》，[加] 德鲍拉·德尔哥索夫的《吉尔吉斯斯坦通往欧亚经济联盟之路：苹果为何如此重要？》，[英] 卡尼姆·西迪基的《金融化与经济政策：发展中国家的资本控制问题》，[捷克] 马雷克·赫鲁贝奇的《评杰瑞·哈里斯著〈全球资本主义与民主的危机〉》，[芬兰] 迈克尔·基尼的《美元霸权终结：美国衰落的回归》等。

(4)《马克思主义文摘》(双月刊)，主编邓纯东。

2017年，《马克思主义文摘》共出版6期，共计120万字。该刊全年刊载的有代表性的文章有：王伟光的《坚持以唯物史观指导史学研究》，邓纯东的《十八大以来党和国家事业的历史性变革与历史性成就》，程恩富的《要高度重视马克思主义阶级分析方法》，侯惠勤的《"普世价值"的理论误区和制度陷阱》，樊建新的《社会思潮与文化安全》，金民卿的《坚持理论自主性是构建中国特色哲学社会科学的重要前提》，陈宝生的《敌对势力的渗透首先选定的是教育系统》，吕薇洲的《20世纪下半叶社会主义流派在欧洲的历史演进》，陈晋的《毛主席为什么对自己的文章有信心》，林泰、代红凯的《十八大以来中国共产党对社会思潮的引领》，陈学明的《西方左翼学者看资本主义》，姜辉的《习近平治国理政思想的理论贡献》，徐世澄的《十月革命后拉美共产主义运动发展》，[俄]根纳季·久加诺夫的《中国飞跃发展符合全人类利益》等。

(5)《科学与无神论》(双月刊)，主编杜继文。

2017年，《科学与无神论》共出版6期，共计70万字。该刊全年刊载的有代表性的文章有：朱晓明的《坚持马克思主义无神论是大原则》，吴云贵的《再谈国法与教法教规》，朱维群的《不坚持无神论就不是马克思主义者》，加润国的《马克思主义政党的宗教政策——列宁〈论工人政党对宗教的态度〉研究》，龚云的《宗教热对主流意识形态构成严重挑战》，王伟光的《坚持马克思主义无神论是大原则》。

(五) 会议综述

第四届中国道路欧洲论坛

2017年10月6日、9日、13日，由中国社会科学院马克思主义研究院与西班牙、法国、意大利相关机构共同主办的"第四届中国道路欧洲论坛"分别在圣地亚哥-德-孔波斯特拉、巴黎、罗马召开。论坛的主题为"'一带一路'倡议下的中欧合作"。"中国道路欧洲论坛"创办于2014年，旨在加强中欧学术交流，增加欧洲社会对中国的了解，促进双方的友谊合作。

马克思主义研究院院长、党委书记邓纯东在论坛上指出，习近平主席提出的"一带一路"倡议既不是殖民主义者开拓海外市场的计划，也不是马歇尔计划的翻版或新自由主义的全球化扩张，而是一种新型的全球化战略。"一带一路"的原则是共商共建共享，坚持平等互利，不是零和博弈，不搞意识形态输出，不搞利益集团，而是为了世界人民的福祉。当前世界出现了和平赤字、发展赤字、世界治理赤字的问题，我们必须构建人类命运共同体，摒弃过去单极化的思维、冷战思维，抛弃霸权主义，构建新的全球治理秩序。一段时期以来，欧洲一些新闻媒体对中国国内情况的报道有不准确、不全面之处，对欧洲人民了解中国产生了误导，希望通过这个论坛能够澄清一些误解，促进双方的了解。

与会学者就“中欧合作与全球化模式”“中国与欧洲价值观”“‘一带一路’倡议及其前景”“劳动权保障、全球治理与国际安全问题”“中国道路”等话题展开了深入讨论。

论坛中方代表有 41 人，分别来自中国社会科学院、教育部、山东社会科学院、南京大学、国防科技大学、中共中央编译局、中国政法大学、郑州大学、山东交通学院、南京师范大学、浙江工业大学、安徽大学、河南师范大学、东北师范大学、大连理工大学、大众日报社、桂林社会科学界联合会；西班牙、法国、意大利的代表各有 60 ～ 80 人参会。

（陈志刚）

第十届全国马克思主义青年学者论坛

2017 年 10 月 21 ～ 22 日，由中国社会科学院马克思主义研究院与贵州大学联合主办，《马克思主义研究》编辑部与贵州大学马克思主义学院联合承办，《贵州社会科学》编辑部等机构协办的“第十届全国马克思主义青年学者论坛”在贵州省贵阳市召开。会议的主题是“马克思主义视域下的中国与世界”。中国社会科学院马克思主义研究院院长、党委书记邓纯东，副院长樊建新，贵州大学党委副书记骆长江，南京师范大学教授、长江学者王永贵，贵州大学马克思主义学院党委书记罗玉达、院长张国安，《马克思主义研究》编辑部主任谭晓军，《马克思主义与现实》常务副主编黄晓武，《贵州社会科学》执行主编黄旭东等专家同来自全国 70 多所高校以及科研机构的 120 多位青年学者参加了论坛。

与会学者认为，党的十八大以来，党中央高度重视意识形态工作，对新形势下如何维护意识形态安全提出了一系列新观点、新要求。维护意识形态安全，核心就是要坚持马克思主义对哲学社会科学的指导。

与会学者认为，中国特色社会主义道路是将马克思主义与中国社会发展实践相结合的成功范例。尤其是党的十八大以来，以习近平同志为核心的党中央提出了一系列新思想、新战略，形成了一系列新成果，如中国特色的扶贫思想、把人民对美好生活的向往作为奋斗目标等国家治理思想，以及“一带一路”“人类命运共同体”“共享发展”等全球治理思想，在实践中继续推进了中国特色社会主义道路的发展，在理论上继续推动了马克思主义中国化的进程。

与会学者认为，新时代中国特色社会主义的发展，在理论上离不开马克思主义中国化，在文化上离不开中国特色社会主义文化的发展。社会主义的文化自信与文化发展，已成为马克思主义研究的重要内容。

与会学者认为，研读马克思主义经典，是青年学者正确领悟马克思主义立场、观点与方法的基础功夫。

论坛充分展示了青年学者在马克思主义中国化领域的重要成果，显示了中国特色社会主义新时代青年学者具有的正确学术风范与学术追求。参与论坛的专家、学者们以马克思主义的立场、观点、方法并结合党的十九大精神分析当前中国特色社会主义建设过程中出现的意识形态、文化建设、社会治理、全球治理等问题，具有较强的问题意识与时代气息；注重对党和国家政策的解读与发挥，关注马克思主义在高校的发展，体现了学者的责任感与使命感；注意将马克思主义中国化放在全球化、网络化、中华民族崛起的大背景下来考察，显示了我国马克思主义青年学者具有开阔的学术视野、较强的独立思考能力与学术创新精神。

（范方红）

第五届社会主义国际论坛

2017 年 11 月 22 ~ 23 日，第五届社会主义国际论坛在老挝万象举行。论坛由老挝社会科学院、中国社会科学院马克思主义研究院、越南社会科学翰林院哲学所共同主办，老挝社会科学院承办，论坛的主题为“马克思主义与社会主义建设”。来自中国、老挝、越南的专家学者以及老挝党和国家政府部门公职人员共 120 多人参加了此届论坛。古巴共和国驻老挝大使玛利亚・德拉孔塞晋西翁・穆纽兹・普利耶多、朝鲜民主主义人民共和国驻老挝大使李常根出席会议。

来自中国社会科学院、中国人民大学、大连理工大学、厦门大学、广西师范大学、贵州大学、华中师范大学、贵州师范大学、云南农业大学、老挝社会科学院、越南社会科学翰林院的 30 多位专家学者围绕论坛主题作了发言和交流。

与会学者认为，马克思主义在各国和地区社会主义实践（革命、建设、改革、发展）的应用过程，就是把马克思主义的基本原理，特别是其灵魂——立场、世界观、方法论同各国所处的国际环境、时代背景和本国具体实际相结合，形成具有本国特色和时代特征的马克思主义理论与实践形态的过程。

马克思、恩格斯、列宁对人类社会经济发展的基本看法及其设想在各国社会主义经济建设中起到了直接的理论指导和科学预见作用。与会专家学者一致肯定了马克思主义在各国社会主义经济发展中的应用，特别是公有制对于社会主义的意义。

马克思、恩格斯、列宁关于人类未来政治发展的设想中，不仅包括对阶级消灭、国家消亡的论述，也包括对民主发展、民族融合等问题的论述。与会者结合本国实际，充分肯定了马克思列宁主义在健全人民民主国家、发展政治制度和促进团结中的指导作用。

马克思、恩格斯、列宁对未来共产主义社会人类文化的发展所提出的设想，为社会主义国家进行社会主义文化建设提供了基本价值取向和最终奋斗目标。与会者都十分强调马克思主义在培育社会主义文化价值观方面的作用。

马克思主义在指导各国社会主义实践的过程中，自身也得以不断丰富和发展。在中国共产党第十九次全国代表大会上，习近平总书记首次提出的“新时代中国特色社会主义思想”是马克思主义中国化的最新成果。与会专家学者对此展开了充分交流。

在四个单元的讨论环节中，三国的专家学者对上述四个议题所涉及的经济发展、党建、环境、反腐败、意识形态建设、人力资源建设、教育等共性问题进行了深入、广泛、坦诚的交流和讨论。与会学者一致认为，当今时代，马克思列宁主义理论对于社会主义发展仍具有重要的指导意义。

（潘西华）

当代中国研究所

（一）人员、机构等基本情况

1. 人员

截至2017年底，当代中国研究所共有在职人员83人。其中，正高级职称人员16人，副高级职称人员15人，中级职称人员21人；高、中级职称人员占在职人员总数的63%。

2. 机构

当代中国研究所设有：办公室、科研办公室、第一研究室（政治史研究室）、第二研究室（经济史研究室）、第三研究室（文化史研究室）、第四研究室（社会史研究室）、第五研究室（外交史及港澳台史研究室）、第六研究室（理论研究室）。其中办公室下辖秘书档案处、人事保卫处、财务处、行政管理处和老干部工作处5个处级单位，负责管理服务中心。科研办公室下辖学术处、宣传教育处、图书资料室、信息中心和《当代中国史研究》编辑部5个处级单位。

3. 科研中心

当代中国研究所所属科研中心有：当代中国政治与行政制度史研究中心、当代中国文化建设与发展史研究中心、“一国两制”史研究中心、新中国历史经验研究中心。

（二）科研工作

1. 科研成果统计

2017年，当代中国研究所共完成专著8种，290.3万字；论文119篇，126.5万字；研究报告87篇，20.3万字；论文集3种，116万字；影视63部（185集），5550分钟。

2. 科研课题

（1）新立项课题。2017 年，当代中国研究所共有新立项课题，即国家社会科学基金课题 5 项："西藏和平解放研究"（宋月红主持），"国有文化企业转型社会企业的战略与对策研究"（潘娜主持），"新中国成立后党领导哲学社会科学文献整理与研究（1949 ～ 1966）"（储著武主持），"节约运动与新中国国家建设研究（1949 ～ 1965）"（孙钦梅主持），"习近平总书记关于政府和市场关系的新思想新战略研究"（张新宁主持）。

（2）结项课题。2017 年，当代中国研究所共有结项课题 1 项：北京市委托课题"新中国成立以来北京的科技发展"（张蒙主持）。

（3）延续在研课题。2017 年，当代中国研究所共有延续在研课题 9 项。其中，国家社会科学基金课题 8 项："'大跃进'时期的农田水利建设"（王瑞芳主持），"中国当代社会史的理论与方法研究"（李文主持），"中国社会主义道路的探索和毛泽东思想的发展"（田居俭主持），"新中国治水史"（王瑞芳主持），"新中国成立以来党维护国家海洋权益的历史经验研究"（吴超主持），"国外当代中国社会史研究评析"（王爱云主持），"改革开放历史经验研究"（荆惠民、武力主持），"国家治理现代化进程中的治安治理研究"（钟金燕主持）；院重大课题 1 项："无产阶级专政的历史经验研究"（朱佳木主持）。

（三）学术交流活动

1. 学术活动

2017 年，当代中国研究所主办和承办的学术会议如下。

（1）2017 年 9 月 23 ～ 24 日，由当代中国研究所、宁夏社会科学院和中华人民共和国国史学会联合主办的"第十七届国史学术年会"在宁夏回族自治区银川市举行。会议的主题为"新中国治国理政历史经验"。

（2）2017 年 10 月 28 日，当代中国研究所召开"党的十九大与新时代中国特色社会主义"座谈会暨所党组理论学习中心组扩大会。

（3）2017 年 11 月 4 日，由当代中国研究所、广西民族大学联合主办的"改革开放与中共十九大"学术研讨会在广西壮族自治区南宁市召开。

2. 国际学术交流与合作

2017 年，当代中国研究所共派遣出访 4 批 7 人次，接待来访 1 批 2 人次。

出访

（1）2017 年 1 月 15 ～ 22 日，受日本日中友好会馆的邀请，当代中国研究所博士马艳随"中国社会科学青年学者访日代表团（2017 年第一期）"访问日本，并撰写了题为《"一带一路"战略背景下中国养老产业发展的走向——从日本养老产业发展经验得到的启示》出访报告。

（2）2017 年 9 月 17 ～ 30 日，受悉尼大学的邀请，当代中国研究所狄飞作为中国社会科学院 2017 年“澳大利亚社会科学研究评价制度与机制创新”出国（境）培训项目代表团团员赴澳大利亚悉尼、堪培拉参加了培训。

（3）2017 年 10 月 15 ～ 22 日，受日本日中友好会馆的邀请，当代中国研究所博士周红随“中国社会科学青年学者访日代表团（2017 年第二期）”访问日本，并撰写了题为《日本民族的文化以及日本的绿色经济》的出访报告。

（4）2017 年 11 月 5 ～ 14 日，受乔治·华盛顿大学和哈佛大学邀请，当代中国研究所研究员欧阳雪梅、李文等访问美国。访问期间，欧阳雪梅和李文分别在哈佛大学费正清东亚研究中心作了题为“改革开放以来的中国文化变迁”和“21 世纪以来中国社会结构演变的新趋势和新挑战”的学术讲座。

来访

2017 年 7 月 11 ～ 15 日，俄罗斯科学院远东研究所高级研究员玛玛耶娃和威尔琴克履行当代中国研究所与俄罗斯科学院远东研究所的双边学术交流协议到访当代中国研究所，就 20 世纪 50 年代苏联为中国工业化基础创建提供的援助与合作、1917 年俄国十月革命及其对中国民族解放与共产主义运动的发展所起到的作用与影响等问题与当代中国研究所相关研究人员进行座谈。

（四）学术社团、期刊

1. 社团

中华人民共和国国史学会，会长朱佳木。

（1）2017 年 1 月 18 日，中华人民共和国国史学会党支部成立。

（2）2017 年 2 月 27 日，中华人民共和国国史学会在北京举办了“纪念毛泽东《关于正确处理人民内部矛盾的问题》发表 60 周年”学术报告会。

（3）2017 年 6 月 5 ～ 6 日，中华人民共和国国史学会、中国社会科学院“陈云与当代中国”研究中心、黑龙江省社会科学院、陈云纪念馆在黑龙江省哈尔滨市联合举办了主题为“陈云与新中国的治国理政经验”的第十一届“陈云与当代中国”学术研讨会。

（4）2017 年 6 月 13 日，中华人民共和国国史学会、中国社会科学院“陈云与当代中国”研究中心在北京联合召开“纪念陈云同志诞辰 112 周年座谈会”。

（5）2017 年 8 月 21 ～ 26 日，中华人民共和国国史学会、教育部高等学校社会科学发展研究中心在云南省昆明市联合举办了第七期“中华人民共和国国史高级研修班”。

（6）2017 年 8 月 26 日，中华人民共和国国史学会、新华社中国图片社、中共深圳市委宣传部、学习出版社在广东省深圳市联合主办了“首届中国图片大赛颁奖典礼暨典藏作品展开幕式”。

（7）2017 年 9 月 23 ～ 24 日，当代中国研究所、中华人民共和国国史学会和宁夏社会科学院共同主办的主题为“新中国治国理政历史经验”的第十七届国史学术年会在宁夏回族自治区银川市召开。

（8）2017年11月10日，中华人民共和国国史学会在北京召开了“学习党的十九大精神座谈会”。

2. 期刊

《当代中国史研究》（双月刊），主编张星星。

2017年，《当代中国史研究》共出版6期，共计120万字。该刊第1期开设“学习贯彻中共十八届六中全会精神笔谈”（5篇），第5期开设“喜迎党的十九大”（2篇）、第6期开设“学习贯彻中共十九大精神笔谈”（8篇），第1、2、3、6期继续设立“马克思主义中国化”专栏（9篇），第3期刊载“治国理政新理念新思想新战略”（2篇）。“国家社科基金研究成果”栏目刊发国家社科基金项目阶段性成果（9篇）。

该刊全年刊载的有代表性的文章有：朱佳木的《贯彻总结改革开放前后两个时期的历史经验与中国特色社会主义进入新阶段——学习习近平“7·26”重要讲话精神》，张星星的《全面落实新时代党的建设总要求》，邸乘光的《牢牢把握党的基本路线这条生命线、幸福线——深入学习习近平关于坚持党的基本路线的重要论述》，沈雁昕的《中共十八大以来的历史性成就》，李正华的《中共十八大以来党对社会主义初级阶段基本路线的坚持和发展》，佘君、高正礼的《20世纪50年代工会问题之争与马克思主义中国化》，宋学勤的《社会主义改造与工人福利问题探析——以北京市为中心的考察》，孙泽学的《关于“和平解放台湾”方针研究的几个问题》等。

（五）会议综述

纪念毛泽东《关于正确处理人民内部矛盾的问题》发表60周年学术报告会

2017年2月27日，中华人民共和国国史学会在北京举办了“纪念毛泽东《关于正确处理人民内部矛盾的问题》发表60周年”学术报告会，会议邀请中共南京市委党校陆剑杰教授作题为“毛泽东的学术地位和《关于正确处理人民内部矛盾的问题》的学术实践价值”的报告。会议由中华人民共和国国史学会副会长、中共中央文献研究室原副主任杨胜群主持。中华人民共和国国史学会会长、中国社会科学院原副院长朱佳木出席了报告会。出席报告会的还有中华人民共和国国史学会常务理事、军事科学院军事历史研究部原副部长齐德学，中华人民共和国国史学会秘书长、当代中国研究所副所长张星星，中华人民共和国国史学会常务理事、当代中国研究所副所长武力和中国社会科学院世界历史研究所所长张顺洪，陈云纪念馆馆长徐建平，以及相关研究机构的学者、研究生和媒体记者，共70余人。

陆剑杰教授在报告中指出，习近平总书记关于毛泽东既是伟大的马克思主义理论家，又是伟大的哲学家、思想家、社会科学家的评价，非常中肯，恰如其分。《关于正确处理人民内部矛盾的问题》是毛泽东的又一篇重要哲学著作，这篇著作不仅对马克思主义哲学进行了创造性发展，而且在政治哲学上也有诸多贡献，例如：揭示了社会主义中国的政治发展规律，阐明了社会主义条件下共产党人的政治价值观，提出了民主既是目的又是手段等观点，从而使《关于正确处理人民内部矛盾的问题》成为新中国成立后中国共产党人治国理政的第一个纲领性文献，同时具有重要的当代价值。我们应当认真总结正确处理人民内部矛盾的经验，尤其是改革开放以来的新鲜经验，切实研究当代中国社会的矛盾运动，写出一部新的讨论正确处理人民内部矛盾的著作。

杨胜群在主持报告会时指出，陆剑杰教授以《关于正确处理人民内部矛盾的问题》和毛泽东同志的其他一些重要著作为范例，较为系统地梳理了毛泽东哲学思想对马克思主义哲学的创造性发展和贡献，尤其对习近平总书记关于毛泽东是伟大的哲学家、思想家和社会科学家的评价作出了深入解读，非常富有创意，为我们进一步研究毛泽东的思想和生平，全面评价毛泽东的著作和学说，提供了全新的视角和高度。

朱佳木在报告会结束时作了即席讲话。他指出，国史学会之所以把纪念《关于正确处理人民内部矛盾的问题》发表60周年作为2017年的第一场学术活动，除了因为它在新中国历史和马克思主义发展史上具有重要地位之外，还因为我们在当前形势下重温这部著作具有重要的现实意义。新中国60多年的实践说明，什么时候按照《关于正确处理人民内部矛盾的问题》的基本精神办，我们国家的发展就顺利，反之就会遭受挫折。因此，任何时候都不能混淆两类不同性质的矛盾，既不要把人民内部矛盾当成敌我矛盾，也不要把敌我矛盾当成人民内部矛盾。凡属于人民内部的争论问题，只能用民主的方法、说服教育的方法去解决。但正如习近平总书记所说："历史虚无主义的要害是从根本上否定马克思主义指导地位和中国走向社会主义的历史必然性，否定中国共产党的领导。"因此，我们对于这股思潮，必须坚决抵制、敢于亮剑。国史学会作为马克思主义在意识形态领域的坚强阵地，一定要模范响应党的十八届六中全会的号召，切实抓好思想理论准备工作和意识形态工作，为迎接党的十九大胜利召开贡献力量。

（科研处）

陈云与新中国的治国理政经验
——第十一届"陈云与当代中国"学术研讨会

2017年6月5～6日，由中国社会科学院"陈云与当代中国"研究中心、黑龙江省社会科学院、陈云纪念馆、中华人民共和国国史学会联合举办的主题为"陈云与新中国的治国理政经验"——第十一届"陈云与当代中国"学术研讨会在黑龙江省哈尔滨市举行。

2017 年 6 月，陈云与新中国的治国理政经验——第十一届陈云与当代中国学术研讨会在黑龙江省哈尔滨市召开。

中共黑龙江省委常委、宣传部部长张效廉，中国社会科学院原副院长、“陈云与当代中国”研究中心理事长、中华人民共和国国史学会会长朱佳木，中华人民共和国国史学会顾问、中共中央组织部原部长张全景，“陈云与当代中国”研究中心副理事长、军事科学院原军事历史研究部副部长齐德学，中共黑龙江省委副秘书长、黑龙江省社会科学院党委书记武凤呈出席开幕式并讲话。陈云的子女以及入选论文作者和有关部门负责人、媒体记者近百人出席了开幕式。开幕式由黑龙江省社会科学院院长朱宇主持。

张效廉在欢迎词中代表黑龙江省委向第十一届“陈云与当代中国”研讨会的召开表示了热烈祝贺，回顾了陈云为解放战争胜利和新中国成立初期东北老工业基地建设作出的不朽功勋，并介绍了黑龙江省情和党的十八大以来经济社会发展的情况。

朱佳木在开幕词中指出，东北解放战争时期陈云曾在哈尔滨战斗过，为创建北满根据地作出过重要贡献。作为党的第一代和第二代中央领导集体的重要成员，他在新中国成立、建设和改革开放初期，积累了大量治国理政的宝贵经验。研究这些经验，对于我们深入理解和贯彻以习近平同志为核心的党中央治国理政的新理念新思想新战略，具有重要促进作用。

朱佳木在扼要论述了陈云治国理政的基本经验以及总结经验的基本方法后强调，这些经验虽然主要形成于 20 世纪 50 年代至 80 年代，而现在无论社情、国情、政情、党情还是世情都发生了很大变化，许多当年突出的问题，现在已经不突出甚至反过来了。但是，只要认真学习习近平总书记关于五大发展理念、以人民为中心的发展思想，以及“四个全面”战略布局等问题的一系列论述，我们就不难看到，陈云治国理政经验中的许多基本理念、主要思想、重大原则，今天仍然有着重要的现实意义。

张全景在讲话中说，陈云在 70 多年的革命生涯中，经历了我们党领导的革命、建设、改革各个历史时期，参与了党中央一系列重大决策的制定和实施，发挥了不可替代的作用，建立了卓越功勋。我们今天学习和继承他的宝贵思想和治国理政经验，对于做好当前各项工作，推进国家治理体系和治理能力现代化建设，赢得具有许多新的历史特点的伟大斗争具有重要指导意义。

齐德学在讲话中说，陈云的治党治国思想是一座十分丰富的宝库，不但在新中国近 70 年的历史上发挥了重要指导作用，而且在当前和今后贯彻落实以习近平同志为核心的党中央治国理政思想、实现“四个全面”战略布局和“五位一体”总体布局、不断推进国家治理体系和治理能力现代化、全面建设社会主义现代化强国中，仍具有重要的现实价值和深远的历史价值。

研讨会共收到 100 多篇应征论文，经过专家组成的评委会评审，入选论文 60 多篇。11 位入选论文作者先后作了大会发言。在分组讨论中，与会者交流了学习和研究陈云思想生平的心得体会。

闭幕式上，三个小组的代表分别介绍了各组的讨论情况，中华人民共和国国史学会秘书长、当代中国研究所副所长张星星作了会议学术总结，陈伟力代表陈云家属讲了话。

（科研处）

新中国治国理政历史经验
——第十七届国史学术年会

2017 年 9 月 23 ～ 24 日，由中国社会科学院当代中国研究所、中华人民共和国国史学会和宁夏社会科学院共同主办的“第十七届国史学术年会”在宁夏回族自治区银川市召开。年会以“新中国治国理政历史经验”为主题，旨在为深入学习贯彻习近平总书记系列重要讲话精神，全面、系统、深入研究总结新中国成立以来特别是党的十八大以来的治国理政经验，迎接党的十九大胜利召开。来自高校、科研机构的入选论文作者和有关部门负责人、媒体记者 80 余人出席了开幕式。开幕式由宁夏社会科学院院长张廉主持。

中国社会科学院党组成员张英伟在致开幕词中说，我们党在领导革命、建设、改革的进程中，一贯重视学习和总结历史经验，一贯重视借鉴和运用历史经验。党的十八大以来，以习近平同志为核心的党中央反复强调“历史是最好的教科书”，“治理国家和社会，今天遇到的很多事情都可以在历史上找到影子，历史上发生过的很多事情也都可以作为今天的镜鉴”。此届年会以“新中国治国理政历史经验”为主题，就是要引领和促进国史研究进

2017 年 9 月，“新中国治国理政历史经验——第十七届国史学术年会”在宁夏回族自治区银川市召开。

一步把治国理政历史经验研究摆在更加突出的位置，从中国特色社会主义伟大实践中挖掘新材料、发现新问题，提炼出有战略性、前瞻性的新理论，概括出有规律性的新经验，为实现中华民族伟大复兴中国梦作出新的更大贡献。

中共宁夏回族自治区党委常委、宣传部部长赵永清在致欢迎词中说，国史学术年会是一项面向全国、旨在促进国史学科建设的制度性学术交流活动，是史学界的盛会。中国社会科学院当代中国研究所、国史学会在宁夏举办以“新中国治国理政历史经验”为主题的学术年会，充分体现了对宁夏的关注与重视，既是对宁夏哲学社会科学事业发展的有力鞭策，也是对新中国治国理政经验在宁夏生动实践的充分肯定，为我们学习借鉴全国各地研究成果、促进包括地方当代史研究在内的各项工作，提供了很好的机会。

中华人民共和国国史学会会长、中国社会科学院原副院长、当代中国研究所原所长朱佳木在年会上发表了题为“贯通总结改革开放前后两个时期的历史经验与中国特色社会主义进入新阶段”的讲话。他指出，新中国成立至今已满68年，党的十八大也整整走过了5年。习近平总书记在“7·26”重要讲话中指出：“党的十八大以来，在新中国成立特别是改革开放以来我国发展取得的重大成就基础上，党和国家事业发生历史性变革，我国发展站到了新的历史起点上，中国特色社会主义进入了新的发展阶段。”这一论述不仅表明党的十八大以来的5年中国特色社会主义进入了新的发展阶段，而且意味着国史也由此掀开了新的一页、开始了新的发展时期。总结历史经验是史学研究的重要目的和主要内容，也是为政者应当重视的一项工作。党的十八大以来，以习近平同志为核心的党中央在贯通总结改革开放前后两个历史时期的经验方面取得了一系列重大进展，对于推动中国特色社会主义进入新的发展阶段起到了重要作用。国史研究工作者要充分理解和把握习近平总书记重要论述精神，深入研究我国社会发展的阶段性特征，就要把迄今68年国史的各个时期，尤其是改革开放前后两个历史时期统一起来认识，把它们的经验贯通起来总结，力求拿出更多有价值的研究成果，为新阶段的进一步发展提供智力支持，作出更大贡献，迎接党的十九大胜利召开。

中华人民共和国国史学会顾问、中共中央组织部原部长张全景在题为“坚持全面从严治党开创治国理政新局面”的讲话中指出，党的十八大以来，以习近平同志为核心的党中央提出的一系列新理念、新思想、新战略是符合历史发展实际的，深化了我们党对共产党执政规律、社会主义建设规律、人类社会发展规律的认识，是对马克思主义的创新发展，是马克思主义中国化的最新成果。“办好中国的事情关键在党，关键在党要管党、从严治党”，这是党领导新民主主义革命、社会主义革命和建设、改革事业不断从胜利走向胜利的基本经验，也是完成党的新的历史使命的重要保证。我们要大力加强思想政治建设，筑牢思想基础；强化忧患意识，打好意识形态领域的主动仗；大力加强民主集中制建设，健全党内政治生活；努力提高发展党员和选拔干部工作的质量和水平，继续开创治国理政的新局面。

研讨会上，14位入选论文作者先后作了大会发言，与会者在分组讨论中交流了学习和研究国史的经验和方法，三个小组的代表还分别汇报了本组的讨论情况。中华人民共和国国史学会秘书长、当代中国研究所副所长张星星作了会议学术总结，当代中国研究所副所长武力主持了闭幕式。

（科研处）

信息情报研究院

（一）人员、机构等基本情况

1. 人员

截至 2017 年底，信息情报研究院共有在职人员 43 人。其中，正高级职称人员 11 人，副高级职称人员 12 人，中级职称人员 16 人；高、中级职称人员占在职人员总数的 91%。

2. 机构

信息情报研究院设有：《要报》总编室、经济编研室、社会政法编研室、文史哲编研室、国际编研室、智库与舆情、期刊编研室、综合处。

3. 科研中心

信息情报研究院院属非实体研究中心：世界社会主义中心、中国特色社会主义理论体系研究中心。

（二）科研工作

科研成果统计

2017 年，信息情报研究院共完成专著 1 种，20.6 万字；论文 27 篇，16.5 万字。

（三）学术交流活动

2017 年，信息情报研究院主办的学术会议如下。

2017 年 10 月 14 ～ 15 日，由中国社会科学院主办，中国社会科学院世界社会主义研究中心、中国特色社会主义理论体系研究中心、信息情报研究院等单位承办的“第八届世界社会主义论坛”在北京召开。论坛的主题是“大发展大变革大调整的时代特征与中国特色社会主义”。

（四）学术期刊

1.《国外社会科学》（双月刊），主编张树华。

2017 年，《国外社会科学》共出版 6 期，共计 156 万字。该刊全年刊载的有代表性的文章有：冯颜利的《国外马克思主义研究中公平正义思想的价值与局限》，彭均国、王桂艳的《生态社会主义抑或生态资本主义？——萨拉·萨卡生态正义观述评》，刘杉的《2016 年西方当代中国研究新发展探析》，徐家林、孙莉的《计划与自由：哈耶克社会主义批判理论的再批判》，刘军、马晴的《美国主流智库对“一带一路”倡议的认知探析——基于布鲁金斯学会、卡内基基金会及美国进步中心的研究》，仇华飞、张艳丽的《美国学者对中国文化战略研究的新视角》，张金岭的《法国家庭政策的制度建构：理念与经验》，徐庆超的《北极全球治理与中国外交：相关研究综述》，刘慧的《弹性治理：全球治理的新议程》，徐忱、程同顺的《食物主权：全新的政治学概念》，高彦彦、臧雷振等的《民主化水平与国家创新能力：对波普尔假说的实证审视》等。

2.《第欧根尼》（半年刊），主编肖俊明。

2017年，《第欧根尼》共出版2期，共计32万字。该刊全年刊载的有代表性的文章有：[意] 卢卡·马里亚·斯卡兰蒂诺、[意] 路易吉·贝林圭尔著，萧俊明译的《当代教育中的人文科学》；[韩] 南京熙著，李红霞译的《礼或曰仪式礼节：儒家人类行为哲学导言》；[意] 沃尔夫冈·卡尔滕巴赫尔著，贺慧玲译的《都市人类学的定位：一种思想史的路线图》；[科特迪瓦] 塔内拉·博尼著，马胜利译的《什么是有尊严的生命？》；[韩] 姜永安著，杜鹃译的《第一代韩国现代哲学家论哲学》；[美] 杰罗姆·克拉泽著，萧俊明译的《民族志：弥合质性-量性之分》；[德] 米夏埃尔·布特、[英] 彼得·奈特著，贺慧玲译的《弥合鸿沟：阴谋论研究的未来》。

3.《世界社会主义研究》（上半年为双月刊、下半年为月刊）

2017年，《世界社会主义研究》共出版9期，共计135万字。该刊全年刊载的有代表性的文章有：王伟光的《深入学习贯彻习近平总书记重要讲话精神 全面推进我国哲学社会科学话语体系建设》，张全景的《金融帝国主义世界体系终将走向崩溃》，[俄] 奥·亚·季马林的《列宁的帝国主义观点和现代全球化》，吕薇洲、秦振燕的《世界社会主义论坛彰显中国特色社会主义的影响力和引领力》，[英] 马丁·雅克的《新自由主义的死亡与西方政治危机》，王志刚的《坚持党的基本路线确保国家安全——学习习近平总书记系列重要讲话精神的体会》，葛元仁的《走与工农相结合的道路是坚持和发展社会主义的需要——对知识青年上山下乡的再认识》，于鸿君的《壮大公有制才能实现社会公平》，李淑清的《哈佛大学在俄罗斯经济“改革”中的作用》，姜辉的《21世纪中国特色社会主义的世界意义》，张云声的《毛泽东对走社会主义道路实现中华民族复兴的贡献》，李慎明的《认真学习坚决贯彻以习近平同志为核心的党中央治国理政新理念新思想新战略》，张俭松、张伟英的《历史虚无主义在文化市场上演进的三段历程》，朱继东的《走出对阶级斗争的三个认识误区》，辛向阳的《准确把握人民群众物质文化需要的新变化》，金民卿的《深刻理解中国特色社会主义进入新发展阶段的内涵和意义》，龚云的《中国特色社会主义是改革开放以来党的全部理论和实践的主题》，郑有贵的《基于发展为了人民的根本立场构建中国特色社会主义政治经济学》，朱佳木的《习近平新时代中国特色社会主义思想的鲜明特色——党的十九大报告学习体会》，[俄] 亚·弗·罗曼诺夫的

《中国传统大同理想与当代世界》，张延忠的《正确认识长征与毛泽东的关系——纪念毛泽东诞辰 124 周年》等。

（五）会议综述

第八届世界社会主义论坛

2017 年 10 月 14 ～ 15 日，为迎接党的十九大的胜利召开，由中国社会科学院主办，中国社会科学院世界社会主义研究中心、中国特色社会主义理论体系研究中心、信息情报研究院等单位承办的“第八届世界社会主义论坛”在北京召开。论坛的主题是“大发展大变革大调整的时代特征与中国特色社会主义”。

中国社会科学院院长、学部主席团主席王伟光为大会提供了书面发言，中国社会科学院原副院长、世界社会主义研究中心主任李慎明作主题发言。中共中央组织部原部长张全景、中央马克思主义理论研究和建设工程咨询委员会主任徐光春、中宣部理论局副局长邵文辉、国防大学原政治委员上将赵可铭、中信改革发展研究基金会理事长孔丹、中国社会科学院党组成员张英伟、中国社会科学院原副院长汝信、中国社会科学院原副院长朱佳木、中共中央党史研究室原副主任沙健孙、国防大学原副政委兼纪委书记李殿仁等领导同志，以及来自亚、非、拉和欧美等地共 16 个国家的知名学者、社会活动家，以及 20 个共产党组织的代表，结合世界政治经济格局及中国特色社会主义的最新发展进行了深入研讨。

李慎明在题为“国际金融危机与世界大发展大变革大调整”的发言中指出，今天全世界范围内的贫富两极分化，必然带来明天全世界各国人民的反抗，这是全球范围内的大变革大调整的根本动力；全球人类社会大变革大调整的结果，就必然推动着整个人类社会的大发展。从根本上说，这是中国特色社会主义的最大的国际机遇，也是准备进行具有许多新的历史特点的伟大斗争的最为显著的特点。

与会的中外学者一致认为，党的十八大后，以习近平同志为主要代表的中国共产党人不仅坚持和丰富发展了中国特色社会主义，而且还坚持丰富和发展了马列主义、毛泽东思想。其主要内容包括始终坚持用辩证唯物主义和历史唯物主义的立场、观点和方法看待形势；始终坚持把马克思主义的普遍真理与中国具体实际相结合的原则；始终坚持以人民为中心的发展思想；始终坚持党的领导和全面从严治党；始终坚持走和平发展和合作共赢道路又坚定地维护国家核心利益等。

（综合处）

中国社会科学评价研究院

（一）人员、机构等基本情况

1. 人员

截至2017年底，中国社会科学评价研究院共有在职人员31名，其中编制内人员21人，编制外聘用人员10名。在编人员中，正高级职称人员2人，副高级职称人员5名，中级职称人员5名；高、中级职称人员占在编人员总数的57%。

2. 机构

中国社会科学评价研究院内设机构共8个，分别为综合办公室、评价理论研究室、机构与智库评价研究室、期刊与成果评价研究室、人才与学科评价研究室、评价数据研究室、公共政策评价研究室和评价成果编辑部。

（二）业务概况

1. 综合办公室。主要负责评价研究院的日常工作运行；负责协调评价研究院与中国社科院各职能部门的关系，联络各内设机构，充分发挥枢纽调度作用；负责评价研究院规章制度的制定与实施；履行党务、科研、人事、财务计划与经费管理、外事、资产与房产管理、对内对外的综合事务等管理职能。

2. 评价理论研究室。主要负责系统研究、总结、深化信息计量与科学评价的理论与方法，跟踪国内外最新发展动态，扩展应用领域；建设信息计量与科学评价学科，搭建学术研究与交流平台；构建哲学社会科学评价体系，为其他业务部门提供理论、方法基础，为国家重大方针政策提供理论、方法支持。

3. 机构与智库评价研究室。主要以国内外的智库、高校、科研院所、出版社、国有大中型企业等各类机构为主要研究对象，研制创建符合各类机构特性的，具有科学性、权威性、指导性、针对性、可操作性，兼顾整体通用性与差异性的评价指标体系，通过运用该评价指标体系，对该类机构开展多维度、多层级、多领域、跨学科的系统分析与综合评价，秉承“评估评价是发展指挥棒”的宗旨开展相关研究，在把控该类机构所在产业的发展全局与现状的基础上，旨在为决策部门的考核与遴选工作提供重要的参考依据，并为该机构所在产业的长远发展与规划提供有益的指导。研究成果以《全球智库评价报告》、《中国智库评价报告》以及各国别智库分报告、中国高校发展报告等形式定期发布。

4. 期刊与成果评价研究室。主要负责构建中国人文社会科学期刊、全球华文期刊综合评价指标体系，制定评价标准，定期发布期刊评价报告及相关指标统计分析报告；研制英文人文社会科学期刊评价指标体系，发布英文期刊指标统计分析报告；负责图书等人文社会科学科研成果的宏观评价研究及微观评价指标的研制，发布不同层级、不同类别的优秀成果评级报告，为人才评价、项目评价等提供参考依据。

5. 人才与学科评价研究室。主要负责研究人才成长规律，构建人才评价指标体系，为职称评审、申报奖项等社会需求提供评价检索认证服务，组织实施人才评价项目；研究哲学社会科学的发展动态，厘清学科特点与发展规律，构建学科评价指标体系，开展学科评价。

6. 评价数据研究室。主要承担中国人文社会科学引文数据库（CHSSCD）、中国人文社会科学学术文摘数据库等评价数据库的建设与研究工作；通过研究探索与学术交流，开展数据库系统、数据研究与应用及科学计量学与评价指标等方面的研究工作；制定引文库数据著录规范标准，定期优化来源期刊范围，确保引文数据库来源期刊的质量，为其他业务部门提供评价所需的数据信息，为评价报告的研发提供创新动力与智力支持，起到孵化器的作用。

7. 公共政策评价研究室。主要从事公共服务领域评价的价值、标准以及相关程序规则等方面的研究，开展教育、科技、文化、卫生等公共服务领域公共政策实践的评价。

8. 评价成果编辑部。主要从事《中国社会科学评价》（季刊）、《评价通讯》（内刊）、《工作月报》以及院内相关研究成果的编辑、出版和发行工作。

（三）主要学术活动

2017 年，中国社会科学评价研究院以转型谋规划，以学习促提升，以党建带队伍，以国标树权威，以创新助发展，以外联扩影响，各项工作稳步发展。

1. 以转型谋规划。2017 年 7 月 21 日，根据中编办的批复，中国社会科学评价研究院正式挂牌成立。按照《中国社会科学评价研究院的章程》筹划发展规划，评价研究院相关部门已经有了较详细的工作设想，班子已经逐步勾画出未来五年的发展规划，重要的发布项目，工作的路线图。年底前，评价研究院完成相关组织的构建，包括中层干部的任命，完成相关手续的变更。

2. 以学习促提升。评价研究院注重学习，包括对政治理论学习、院里会议精神的学习以及业务知识的学习。

按照从严治党的总体要求，认真开展“三项纪律”“三严三实”“两学一做”等教育学习活动。评价研究院党委加强党组织理论学习，学习习近平总书记系列讲话精神、习近平总书记“5・17”讲话精神等，特别是认真学习落实习近平总书记讲话精神中关于学术评价的表述，贯彻落实院党组加强社会科学评价工作的任务，全面推进创新工程和学术评价名优工程。树立正确的意识导向，把评价工作中的导向问题列为工作重中之重。尤其是在认真学习党的十九大的相关会议精神中，班子成员带头撰写了近 10 篇学习文章。

评价研究院认真学习贯彻中国社会科学院相关工作会议精神，梳理有关评价研究院发展建设的规划，明确了评价研究院 2017 年度工作规划，并根据工作规划会议细化各部门的年度工作任务，以期切实加强理论学术传播阵地建设，努力开创评价研究院的事业新局面。6月中旬于密云党校召开学习贯彻习近平总书记在哲学社会科学座谈会上重要讲话精神专题培训班，全体人员广泛参与，献计献策，谋划发展。

在业务学习方面，评价研究院一贯坚持专家讲座、小型专家座谈会与内部交流学习。专家讲座和专家座谈会一般是邀请国内外知名的学者到中心传经送宝，先后邀请了荷兰专家、国内知名学者、院里管理专家开展了多次学术讲座，邀请香港特别行政区专家、国内期刊专家、国内智库专家等进行了多次交流。同时，研究部门定期举行内部学习交流，沟通信息，相互学习。广泛开展国际与国内的交流，走出院门，到全国各地，与研究机构、智库、编辑部等进行了深入细致的交流。

3. 以党建带队伍。评价研究院把加强组织纪律建设作为工作重心，强化主体责任与监督责任，推进意识形态责任制，将学习贯彻习近平总书记系列讲话精神与评价研究院工作相结合，建设具有“四个意识”、具有正确政治方向的科研队伍，保障中国社会科学评价研究院在正确的道路上快速发展。

评价研究院党委加强党组织建设，发挥党委在政治方向、组织纪律方面的引导，发挥先锋模范作用，推进廉政建设，强化廉洁意识，班子成员带头做好表率，认真遵守廉洁自律各项规定。

评价研究院充分发挥纪委的监督职能，在数据招投标项目、重大研究课题，以及考勤工作中，实时监督，做好保驾护航的工作。

评价研究院认真召开领导班子民主生活会，按规定做好党建工作。评价研究院领导带头讲党课，两位副院长分别担任了两个支部的书记，让每位党员轮流组织支部会议，调动每一位党员的积极性。2017年，在密云党校组织全体人员进行了政治学习活动，全体党员重温入党誓词，不仅所有党员备受鼓舞，而且让非党员同志也感受到了党组织的神圣。组织全体党员去廉政教育基地和爱国教育基地进行学习，评价研究院第二支部与郭沫若纪念馆的行政支部进行了结对子。

贯彻民主集中制。评价研究院重大事项都要经过临时党委会或者主任／院长办公会讨论或决定，2017年先后召开临时党委会／主任／院长办公会：就人才引进、创新工程等重大工作事项集体决策，切实贯彻民主集中制。

4. 以国标树权威。评价研究院工作目标为：以“制定标准、组织评价”为宗旨，以“健全体系、完善标准”为责任，着力构建中国人文社会科学权威评价体系，制定科学、透明的评价规则、标准，努力申报国家标准；积极参与国际学术评价标准制定，努力掌握国际学术评价话语权；作为强化社科院科研管理工作的重要组成部分，发挥统筹评价监督功能；探索构建中国评价学科框架体系，逐步形成一个相对完整的学科体系，完善我国的评价理论，指导我国的评价实践，培养专业化的评价人才队伍；打造对科研成果、科研项目、科研机构、学者以及相关机构委托的评估业务等进行评价的平台。

为了落实习近平总书记“5·17”讲话精神，在反不良学风方面，中宣部部署了14项工作，其中评价研究院承担了构建中国人文社会科学期刊评价标准的任务。评价研究院以此为契机，积极推进中国人文社会科学期刊的评价标准工作。

5. 以创新助发展。评价研究院自创立以来，一直秉承创新、开放的精神。首创了我国人文社会科学期刊评价指标AMI体系并继续丰富完善，全面启动在全国高校建设专家委员会，为2018年中国人文社会科学期刊第二轮评价工作做好准备。同时，探索英文期刊评价指标体系等，继续修订完善评价指标体系，形成较为完备的评价指标体系群。

继《全球智库评价报告》之后，2017年启动了国内高端智库评价研究项目。评价研究院已经根据智库分类，分别制定了国内智库评价指标体系，根据该指标体系，开展实地调研、问卷发放等工作，顺利完成了国内智库评价项目，在2017年11月发布国内智库评价报告。

在纪检、图书馆、人文公司、信管办等单位支持下，继续完成近2000种中文期刊的引文数据库的采购任务，建设全国最大的人文社会科学期刊引文数据库。2017年11月完成了英文期刊引文数据库的招投标工作，此外，积极筹建全球智库分析系统，以求全面、准确地完成数据库建设的目标，为评价项目的开展奠定数据支撑。

6. 以外联扩影响。评价研究院承接全国社科规划办的重大委托项——“社科研究领域哲学社会科学成果评价体系与奖励制度研究”，已经完成修改稿，正进一步完善主报告，做好结项工作；与广电总局开展较为全面的合作，广电总局承诺在相关数据方面支持评价研究院的评价工作，2017年11月，承担了广电总局有关评价的课题研究任务；与中组部测评中心合作，配合中直管理局机关党委，完成对相关人员的思想状况的调研工作。

完成中宣部相关部门交办的相关评价课题任务两项，确立了评价研究院在智库评价与期刊评价方面的领先地位；与国务院参事室开展项目合作，每季度完成相关智库评价与智库研究动态研究报告，并且得到国务院参事室的专门表扬；承接了中央网信办委托的保密课题研究；先后完成了国家发改委、工信部委托的第三方评估课题，在公共政策评估方面，迈出了可喜的一步。

评价研究院科研人员2017年发表一批学术论文，数次在央视、新华社等中央级媒体接受访谈，积极参加各种研讨会，科研人员参加专项学习班3人次，提升了研究水平，扩大评价研究院的学术影响。

推进与地方相关机构的合作，与贵州省社科联合作在贵州建立了研究基地，联合举办了“绿色发展与智库建设”的国际研讨会；与南京体育学院、中南民族大学、山西省科协等机构探索和推进相关合作。

（四）会议综述

第四届全国人文社会科学评价高峰论坛

2017年11月10日，由中国社会科学评价研究院主办的第四届全国人文社会科学评价高峰论坛在北京举行。论坛的主题为“中国特色新型智库现状、评价及经验总结”。

中共中国社会科学院党组成员张英伟、全国哲学社会科学规划办公室主任余志远出席论坛并致开幕词。来自全国哲学社会科学规划办公室、中国社会科学院、部委所属专业性智库、各省市级地方社科院和党校行政学院、各高校智库、企业智库、社会智库的近100名国内智库专家出席论坛。

论坛上，中国社会科学评价研究院院长荆林波发布了《中国智库综合评价AMI研究报告(2017)》(以下简称《报告》)。《报告》中“中国智库综合评价AMI指标体系”的设计是我国智库综合素质的集中反映，是推动中国特色新型智库发展的有益探索，将为相关部门遴选国内智库提供重要的参考依据，为国内智库产业的发展提供有益的借鉴与启示。

《报告》将中国智库划分为综合、专业、社会、企业四大类别，以总报告和四类智库的分报告形式全方位、多角度地勾勒出中国智库发展的全貌，对中国智库的现状作出了评价分析，总结了“四梁八柱”的建设经验，对未来新型智库的发展提出了政策建议。具体而言，《报告》是基于项目组收集的2335条含重复智库信息的外部数据进行的添减、整理、统计和研究，整个数据的筛选过程经历了从外部数据、考察数据、样本智库数据到最终的参评智库数据多个步骤，并从遴选出的531家参评智库中评选出了166家进入“中国智库综合评价核心智库榜单”。

（综合处）

二　院职能部门及党务部门工作

办公厅

2017年，在院党组的正确领导下，办公厅认真贯彻落实中央精神，深入学习贯彻习近平新时代中国特色社会主义思想，坚决贯彻落实院党组重大决策部署，认真履行院党组的参谋和助手、全院综合服务和管理运转枢纽、院重大决策部署总督办的职责，按照“三三五一”的工作思路，开拓进取、扎实工作，各项工作取得了新进展新成绩。

（一）圆满完成全院性重大工作任务

1. 扎实做好迎接党的十九大胜利召开相关工作。为完成中央交办“七项课题”“四项重点课题”研究任务，办公厅组织开展重大理论和实践问题研讨，定期组织工作协调会，起草课题总报告并上报中央有关部门，得到中央领导同志充分肯定。同时，按照中央要求，起草报送我院党组对党的十九大报告（征求意见稿）、党章修正案（征求意见稿）和中央纪委工作报告（征求意见稿）的意见和建议，起草报送《中国社科院有关专家对十九大报告反映情况的报告》和其他与十九大相关的重要文稿。开展我院净化舆论环境专项整治工作任务，加强对院属新闻媒体单位的监督和管理，为迎接党的十九大召开营造良好的舆论环境。

2. 推动兴起党的十九大精神学习贯彻热潮。党的十九大召开之后，办公厅立即起草印发了《中共中国社会科学院党组关于学习宣传贯彻党的十九大精神工作方案》，起草并印发《中共中国社会科学院党组关于学习贯彻党的十九大精神的通知》，举办全院学习传达党的十九大精神所局级领导干部大会，向中央有关部门分别报送全院学习贯彻党的十九大情况报告，协调落实总体方案确定的各项工作任务，组织中央重要报刊发表院领导学习党的十九大报告体会文章，组织主流媒体对院领导宣讲党的十九大报告活动进行宣传报道，刊发学习党的十九大理论宣传文章，推动了全院学习贯彻工作向纵深发展。

3. 圆满完成院庆40周年系列活动组织工作。按照充分体现“5·17”重要讲话精神，突出中国社会科学院学术特色的要求，组织召开了院庆40周年大会；完成一系列同院庆相关的重要文稿起草工作；编印《习近平关于哲学社会科学论述摘编》；完成院庆40周年活动主题展览布展工作；开展新闻媒体宣传工作，形成了有声有色的立体宣传阵势；编辑出版了10位院历届主要负责同志纪念文集；编辑出版《中国社会科学院建院40周年》大型画册；编辑出版5本《学术名家自述》。

4. 为创办中国社会科学院大学做了大量前期准备工作。创办中国社会科学院大学是党中央交给我院的一项重大任务。在中国社会科学院大学启动创办初期，按照院党组部署，起草并向中央全面深化改革领导小组办公室报送了《关于创办中国社会科学院大学的请示》《关于中国社会科学院接收中国青年政治学院本科办学、创办中国社会科学院大学的请示》《关于申请创办中国社会科学院大学相关事项的请示》《创办中国社会科学院大学实施方案的报告》等文件；起草并向国办报送了《关于创办中国社会科学院大学的情况报告》；起草并向教育部报送了《中国社会科学院、共青团中央关于成立中国社会科学院大学的论证报告》。做好同团中央、青岛市政府就大学创办的综合协调工作，组织大学创办工作领导小组例会，组织了中国社会科学院大学成立暨揭牌仪式大会。

5. 继续加强“四个文件”的贯彻落实督办工作。积极协调四家牵头单位推进各项工作落实，编发8期《“四项长期任务”落实工作简报》。对院属相关单位“四项长期任务”实施工作情况进行调研，有力地推动了“四个文件”的贯彻落实。

（二）全面履行院党组参谋助手、全院综合服务和运转管理枢纽、重大决策部署总督办的职责

1. 院党组的参谋和助手作用进一步发挥。围绕全院重大决策部署出台，开展深入调研，了解院属各单位和干部职工的意见建议，掌握思想动向，为党组科学决策提供咨询服务和支撑。组织厅内外同志成立理论学习小组，密切跟踪分析思想理论和意识形态新动向，加强分析研判，为院党组决策分析提供服务。2017年，办公厅起草上报党和国家有关部门的重要材料数十篇，重要交办文稿十余篇，院领导讲话、理论文章数十篇，同时向中央报送多份报告、资料、说明、意见建议。起草并印发院党组《关于加强和维护党的政治纪律的实施意见》《中共中国社会科学院党组关于深入贯彻落实〈中共中央政治局贯彻落实中央八项规定实施细则〉的实施办法》，制定《关于进一步完善党组会议和院务会议制度的补充规定》，认真做好院党组会议、院务会议、院长办公会议、改革创新例会、督办例会会务服务工作。

2. 全院综合服务和管理运转枢纽职责更好地履行。创新工作协调机制和服务方式，推动全院工作科学规范高效有序运转。牢固树立全心全意为基层服务、为科研一线服务、为科研人员服务的思想。组织完成了年度工作会议、暑期专题培训班、名优工程建设工作会议等一系列大型会议活动。制定了《关于重要会议、重要文件精神传达落实的管理规定（试行）》等一系列规章制度，优化简化工作运转流程，提高办文办会办事的质量和效率，保障全院日常工作运转高效有序。2017年，办理院内外文件7000余件，收发机要文件、资料10万余件（次），编发会议纪要、通报200余期。

3. 院党组重大决策部署总督办责任落实到位。通过实行台账管理、动态跟踪、定期反馈、办结销号等举措，建立完善了中央和院党组重大决策部署贯彻落实督查督办工作机制，不断把工作重点和力量向抓落实集中。围绕贯彻落实党中央、国务院一系列重大决策部署、中央和院领导重要批示事项、党组会院务会院长办公会等会议决策事项和工作任务抓督查督办，保证院党组重大决策部署和各项工作任务落实落地。全院重要事项督办落实率达 98% 以上，保障了党中央、国务院和院党组重大决策部署落地见效。

（三）日常管理工作运转有序

1. 机要保密和档案管理工作扎实推进。印发《中国社科院关于加强和改进新形势下保密工作的实施意见》，建立健全保密工作制度体系，全面开展涉密人员审查，持续深入开展领导干部、涉密人员保密教育培训。为中共十九大报告、“两会”《政府工作报告》征求意见，以及院党组中心组学习、暑期专题培训班、所局主要干部学习班等数十次会议、活动提供涉密文件资料服务和保密工作保障。继续贯彻落实《关于加强和改进新形势下我院档案工作的意见》，对院属各单位执行情况进行督查。

2. 新闻宣传工作不断加强。牢牢把握正确政治方向和舆论导向，着力提升院新闻宣传工作质量和水平，充分发挥新闻媒体作用，及时报道全院重要活动；加强对院属新闻媒体单位的监督和管理，建立院新闻媒体单位例会制度；推进文化安全工作，建立政治责任追究制度，加强思想舆论阵地的管理。加强与中央主流媒体的联系合作，建立常态化沟通联络机制。

3. 安全保卫、值班、维稳工作稳步开展。完成重大会议活动的安全警卫任务，全力抓好内部治安防范工作，进一步加强院部车辆出入及停放管理，印发《关于所局主要领导干部出席全院重要会议活动及外出请销假规定（暂行）》，实现对离京审批备案的动态管理。完成《双周要报》编发、信息编辑等工作。印发《关于构建我院国家安全人民防线的工作方案》，加强院内重点人员的管控工作。

4. 完成《院年鉴》编辑工作。院年鉴与院史工作处克服任务重、时间紧、人手少等各种困难，高质量圆满完成各项工作。

（1）高质量完成《院年鉴》2016 年卷编辑工作和 2017 年卷征稿工作。院年鉴处在编辑工作中始终坚持正确的政治方向和学术导向，时刻用政治家办刊的理念严格要求编辑人员，在稿件编审过程中，始终遵循党中央精神和院党组精神，讲政治、讲大局、讲导向，认真审核、严格把关，围绕“质量为王”这个“核心”，按照“精选精编出精品”的标准，努力做到七个“精心”。其一，精心制定征稿大纲。在征稿大纲中新增加了《年度专题：创新工程工作和新型智库建设工作》，特辟专章专节记录和反映我院和院属各单位在创新工程方面和新型智库建设方面所采取的新机制新举措和取得的新成果。其二，精心准备征稿系列文件。修订了《〈院年鉴〉条目撰写要求》《〈院年鉴〉语言文字体例规范》等系列征稿文件。其三，精心开展征稿工作。通过发放纸质版、电子版征稿通知及征稿系列文件，全方位展开全院征稿工作。其四，用学术精神和科研作风精心编辑稿件。其五，精心进行校对和统稿工作。其六，精心落实领导审阅意见。编辑部以“踏石留印、抓铁有痕”的精神，认真细致地落实院领导的审稿意见。其七，精心与出版社对接。通过以上环节，确保了《院年鉴》导向正确、中心突出、真实准确、质量第一。

(2) 圆满完成了中宣部交办的《中国社会科学院2016年概况》的供稿任务，受到中宣部有关领导和部门的肯定。

(3) 编辑出版《中国社会科学院建院40周年》大型画册，为院庆40周年献礼。

(4) 策划组织编辑出版《学术名家自述》丛书5本。

(5) 为院内外有关部门提供院年鉴及院史资料审稿、写作指导及查询服务数十次。

5. 其他日常工作进展顺利。完成秘书处、研究室、新闻处工作职责的调整工作，完成信息化管理办公室职责划转和代管人员的接收工作，职能部门和直属单位创新工程绩效考评工作，全国人大代表意见建议、全国政协委员提案答复工作，完成计划生育、综合科技统计、无偿献血等工作。

(四) 办公厅自身建设效果明显

突出抓好思想建设、效能建设、制度建设、能力建设、队伍建设，努力建立一支团结紧张、严肃活泼、工作高效、凝聚力强的团队。

1. 加强党的建设。坚持办公厅中心组学习制度，深入开展“两学一做”学习教育，创新主题党日活动形式。落实党风廉政建设责任制，厅领导班子明确所承担的关于全面从严治党的主体和监督责任。严明政治纪律和政治规矩，持续推进作风建设，坚持民主集中制，严格民主生活会制度。深入贯彻落实中央八项规定精神，承担《中国社科院职能部门纪律建设监督职责清单》职责范围内监督责任。

2. 加强人才队伍建设。围绕打造一支政治强、业务精、作风正、纪律严的干部队伍，不断增强办公厅的凝聚力和战斗力。倡导能干事、干好事的风气，树立“有为才有位”的思想。坚持“工作实绩优先、老中青兼顾、群众认可”的原则，择优选拔干部，加大引进人才和岗位交流力度。

3. 加强优化工作流程建设。深入开展“查细节、摆问题、找原因、补措施、创实效”活动。对各项规章制度进行梳理，减少低效重复，优化制度机制，再造工作流程。强化制度刚性约束，以制度促落实，以规范强管理，以优化流程求效率。通过每周召开的厅务会，点评各项工作中存在的问题，做到即知即改，立行立改。

科研局／学部工作局／创新办

2017年是党的十九大胜利召开之年，中国社会科学院建院40周年，也是中国社会科学院顺利实施创新工程第二个五年计划、加快构建中国特色哲学社会科学的重要一年。科研局／学部工作局／创新办在院党组的坚强领导下，全面贯彻落实习近平总书记在全国哲学社会科学座谈会上发表的"5·17"重要讲话精神、致中国社会科学院建院40周年贺信精神、《关于加快构建中国特色哲学社会科学的意见》精神以及党的十九大精神，认真实施院党组和院年度工作会议、北戴河暑期工作会议、从严治党建设等一系列部署，积极进取，开拓创新，深入推进实施创新工程，积极探索新型智库建设，健全完善学部机制，夯实各学科研究基础，不断加强科研管理体制机制和制度建设，较好完成了院党组部署的各项工作，取得了较好的成绩。

（一）围绕中心，服务大局，组织落实一系列重大科研课题，推出一大批高质量科研成果，为党和国家重大决策发挥思想库智囊团作用

1. 深入研究宣传阐释习近平新时代中国特色社会主义思想。完成国家社会科学基金重大委托项目"习近平治国理政新思想研究"的研究，推出12卷专题研究成果。根据贯彻党的十九大精神要求，研究拟定"习近平新时代中国特色社会主义思想内涵研究""伟大斗争、伟大工程、伟大事业、伟大梦想内涵及关系研究"等19项重大研究领域指南选题。结合习近平总书记致中国社会科学院建院40周年贺信，组织立项12项"贯彻落实习近平总书记贺信精神"重大专项课题研究。推出《马克思主义中国化的当代理论成果——学习习近平总书记系列重要讲话精神》、"中国道路为什么能成功"丛书等一系列优秀成果。

2. 认真组织完成党中央、国务院交办的各类研究任务。协调组织研究力量高质量完成中办、国办、深改办、国安委、中财办、中宣部、发改委、科技部、教育部等一系列重大交办和委托任务，研究成果多次获得中央领导批示及相关部委来函致谢。比如，根据党中央部署，组织开展7项有关党的十九大报告的调研论证研究，为党的十九大报告的科学论述提供理论支撑；接受国务院办公厅、国务院扶贫办、国家安全委员会等单位委托，组织相关研究单位进行研究，提交高质量研究成果，为国家决策、经济建设提供科学论证；完成国务院交办的季度经济形势分析与预测研究任务；配合金砖国家峰会和"一带一路"峰会，组织协调相关研究所开展调研；在"一带一路"国际合作高峰论坛展示院重大国情调研项目"一带一路"研究丛书中英文版研究成果，引起广泛关注；按照中宣部要求，组织国际研究学部专家学者参加"中华文化走出去全球战略布局"征求意见会，提供咨询意见；落实院党组交办任务，组织相关领域专家学者撰写并出版四卷本《重要理论与现实问题研究》丛书；根据院党组指示要求，制定《中国社会科学院贯彻落实〈中共中央关于加快构建中国特色哲学社会科学的意见〉精神工作方案》，并结合《贯彻落实习近平总书记在哲学社会科学工作座谈会上的重要讲话精神总体方案》和

《关于学习贯彻习近平总书记贺信精神的通知》，一并纳入科研局督办院属各单位工作事项中。

3. 充分发挥各级智库的功能作用，及时回应党和国家解决重大现实问题的关切。承接国家高端智库重点研究选题 87 项，已提交 32 项成果。完成国办交办的“社会保险费征收体制”第三方评估、“促进医养结合政策措施落实情况”第三方评估。完成相关决策部门和全国社科规划办交办的系列重大研究任务。

配合中央和国家中心工作开展舆论引导。围绕“一带一路”高峰论坛共举办或参加“一带一路”主题会议 12 次，发表论文 49 篇，专著 3 部，内部报告 40 余篇，组织专家学者接受采访或发表演讲 12 次。配合金砖国家领导人峰会开展系列研究工作，举办或参加主题会议 3 次，发表论文 5 篇，出版专著 4 部，完成调研报告 10 篇。配合中宣部组织我国新疆文化交流团赴巴基斯坦、阿富汗交流访问。

（二）组织一系列重大学术活动，积极开展学术交流合作，发挥学术引领和学术支撑作用

1. 以院庆 40 周年为契机，深入学习贯彻习近平总书记“5·17”重要讲话精神和贺信精神。根据院党组部署，院学部主席团主办庆祝建院 40 周年系列学术报告会（6 场），围绕“重大基础理论与现实问题”、“学科前沿、学术热点和难点问题”和“本学科回顾与展望”等主题，向党中央、国务院和全社会汇报全院 40 年来在理论研究、学科建设中取得的成就，共有 42 位学部委员、研究所领导作专题报告，全院干部职工 800 多人参加会议。中新社、光明网、人民网、中国网、中国经济网、中国社科网、中国社科报、中国青年报等 34 家媒体作专题报道。组织 10 位学部委员撰写习近平总书记致中国社会科学院建院 40 周年贺信读后感；组织 11 位学部委员和专家学者撰写院庆 40 周年纪念文章。

2. 以繁荣中国学术、发展中国理论、传播中国思想为主题，举办各学科领域学术研讨会。组织召开“第二届世界文化论坛”，以“世界文化多样性与中国特色社会主义文化”为主题，深入探讨中国和世界在文化发展上面临的挑战。组织召开第三届“唯物史观与马克思主义史学理论论坛”，深入研究史学理论界的重大理论及热点问题；召开“纪念全面抗战爆发八十周年国际学术研讨会”，围绕全面抗战的有关问题展开研讨。举办中国社会科学院论坛——第六届中国古文书学国际研讨会，总结近年来出土文书、传世文书整理研究新成果，推动“中国古文书学”的深入研究。组织历史学部第十六届史学理论研讨会，就南海历史文化及海上丝绸之路等问题进行学术研讨；举办“中华文化传承与当代文化创新”学术研讨会，就传统文化创造性继承与创新性发展的路径与方法、文献发掘与文史研究、文学批评与文化阐释等问题展开深入交流；深入贯彻中央对台工作大政方针，促进两岸文化交流，社会政法学部与台湾中边协会、台湾“中研院”等研究机构先后举办了“‘一带一路’：历史视野与现实展望”学术研讨会和第二届“海峡两岸社会议题研究工作坊：转型社会中的移民与社区”，取得了良好效果，为深

化两岸交流、广泛团结台湾学界作出了积极贡献；举办“中华复兴与中国道路”研讨会，围绕“中国特色外交思想”“中国特色大国外交”“大国关系与大国外交”“‘一带一路’与外交创新”等议题进行了深入研讨，在民族复兴道路上寻找新的外交坐标；组织召开2017年度经济、国际学科研究所联席会议，加强所际之间的交流与合作。

3. 深化院际合作功能，不断开拓学术交流与科研合作双赢局面。协调组织中国社会科学院与厦门、上海、郑州、贵州等地联合开展大型合作项目研究。协调举办与黑龙江、贵州、广西、云南、宁夏等省区合作的院省高层论坛。研究制定《中国社会科学院共建研究院管理办法》。协调郑州市人民政府与中国社会科学院签署《中国社会科学院支持郑州市人民政府战略合作协议》，成立“中国社会科学院郑州市人民政府郑州研究院”。协调院学部委员、知名所长积极参与院学部委员厦门工作站暨厦门社科普及周活动。主持编纂出版《全国社会科学院年鉴（2016）》，搭建全国省区市社科院交流平台。

（三）以实施“登峰战略”为中心，加快构建中国特色哲学社会科学学科体系

1. 加大学科资助力度，统筹学科布局。贯彻落实习近平总书记“5·17”重要讲话精神，打造具有中国特色的学科体系、学术体系和话语体系，实施《中国社会科学院学科建设“登峰战略”资助计划管理办法》。组织各研究单位撰写《学科前沿研究报告（2013～2015）》，全面评估各学科发展状况，引领学科发展方向。调整学科布局，统筹安排世界社保中心、社会发展战略研究院、拉丁美洲研究所学科设置。

2. 激励学科带头人，实施学者资助计划。充分发挥资深学科带头人在学科建设中的支撑和引领作用，制定《中国社会科学院“登峰战略”资深学科带头人资助计划实施办法》，重点支持有一定国际影响力、国内知名、具有领军才能和优秀团队组织能力，在国家经济社会发展的重大理论和现实问题领域，在重要学术前沿领域取得突出成就的资深专家学者。

3. 进一步完善项目管理体系，着力提升项目管理的科学性和规范性。总结研究所创新工程项目管理工作经验，完成《中国社会科学院研究所创新工程项目实施情况报告》，提出加强和改进研究所创新工程项目管理工作意见；研究制定《中国社会科学院研究所创新工程项目（研究类）管理办法》，加强研究所创新工程项目管理；规范横向课题管理，实施《中国社会科学院横向课题管理办法实施细则（试行）》。

2017年，全院共立项国家社会科学基金项目121项，其中专题研究类项目2项、特别委托项目4项、重大项目7项、重点项目15项、一般项目44项、青年项目31项、后期资助项目17项、成果文库1项。另有2个项目经专家评估后获得滚动资助。全院共获得国家社会科学基金资助总额3245万元。共受理国家社会科学基金项目结项申请87项，组织院内外专家338人为55个项目进行通讯鉴定；全国社科规划办批准全院结项项目37项，其中31项为良好以上等级，优良率83.8%。发挥院内专家在国家哲学社会科学研究和咨询工作中的作用，协

调院内 330 位专家参加社会科学基金年度项目通讯评审，发放评审材料 8874 份。

2017 年，国情调研共评审立项 90 项国情调研项目，其中国情调研重大项目 13 项，院级调研基地项目 12 项，所级调研基地项目 54 项，按系统组织的国情考察项目 11 项。稳步推进"精准扶贫精准脱贫百村调研"国情调研特大项目，分两批共资助立项 102 项子课题。组织召开"国情调研基地建设研讨会暨调研成果发布会"，总结 12 个院级国情调研基地建设工作经验，交流基地调研成果；编辑出版《中国国情报告（第三辑）》。

2017 年，全院备案管理的各类在研项目共计 1481 项（院重大 14 项、创新专项 4 项、交办委托 47 项；国情调研 112 项；国家社科 751 项；研究所项目 553 项）。

4. 完善学术成果出版后期资助机制，宣传推介创新工程重大成果。2017 年，全院科研人员共完成专著 300 多部，学术论文 4000 多篇，研究报告、论文集 200 多部。其中，既有《中国社会科学院批判错误思潮系列文选》《马克思主义中国化最新成果研究报告》等马克思主义中国化的研究成果，也有《2018 年中国经济形势分析与预测》《2018 年中国社会形势分析与预测》《中国战略性新兴产业论》等经济社会发展现实问题研究成果，还有《中国古代历史图谱》《文选旧注辑存》等厚重的人文历史研究成果。

2017 年，全院对创新工程学术出版资助项目预算管理机制进行了调整，按照财政部预算管理要求，协调院、研究所、出版社三方出版管理工作对接。完成学术出版资助文库项目（117 项）、出版社大型学术出版后期资助项目（9 项）、皮书项目（41 项）、中国社会科学博士后文库项目（33 项）、"走出去"项目（10 项）的评审资助工作，累计资助经费 3000 多万元。组织出版社申报国家各类出版项目资助，打造学术出版平台和品牌，获得改革发展项目库文化产业专项基金（2 项）、国家出版基金项目（11 项）、国家古籍整理出版项目（3 项）资助经费 1200 多万元。

支持研究所召开新书发布会，发布《中国近现代稀见史料丛刊》《中国智库综合评价 AMI 研究报告（2017）》《应对气候变化报告（2017）》等成果。组织召开"中国社会科学院创新工程 2017 年度重大成果系列发布会"（5 场），包括基础研究重大成果、应用对策研究重大成果综合性发布会、2018 年中国经济形势分析与预测、2018 年中国社会形势分析与预测等专题发布会。

加强重大出版选题的审核，严把出版物政治关和质量关。组织召开院属出版社室主任以上人员会议，传达全国出版工作会议精神，强化重大出版选题审核把关工作要求。全年审核发放书号 5000 多个，调阅三审档案 4000 多种，审核出存在问题的图书 100 多部，送审备案选题 110 多个，有效地把好图书出版政治方向关、学术质量关。

加强图书出版质量监督检查。组织 2017 年图书出版编校质量检查，抽查院创新工程资助图书及辞书、社科、文艺、教辅类出版物的内容质量和编校质量，抽查图书 64 种，合格率超过 90%。组织开展"三审三校"制度执行情况专项检查，对院属出版单位"三审三校"制度建设和执行情况进行检查。

5. 加强期刊思想政治建设，狠抓期刊审读、学术质量和管理，院属期刊地位和影响力进一步巩固。组织院属期刊认真学习贯彻习近平总书记系列重要讲话精神和党的十九大精神，举办全院学术期刊主编培训班，对全院84种期刊100余名编辑人员作专题培训。

积极争取刊号资源，协助院属单位新办2种学术期刊。组织院属期刊参加北京市2016年度报刊核验。以优异成绩通过财政部期刊专项经费绩效考核。协助做好国家社会科学基金资助期刊管理工作。解决院属期刊拖刊问题。支持新办学术期刊发展，将《财经智库》《世界社会主义研究》纳入创新工程增补期刊名录。

加强和改进开展期刊审读工作，全院召开4次期刊审读会议，累计审读期刊600本，共计2.5亿字，向编辑部反馈审读意见8000多条，印发《期刊审读意见通报》4期。

开展院属学术期刊编辑人员工作与思想状况调研。召开学术期刊评价座谈会。举办主题为“学术期刊微信公众号的建设与运营”的编辑人员沙龙活动。

推荐院属32种报刊参加第三届全国“百强报刊”评选。组织院属16种期刊参加法兰克福书展。推荐16种院属期刊纳入期刊“走出去”项目库。

6. 加强学术社团管理、规范非实体研究中心建设。开展院内全国性社会组织年检，严把初审质量关。启动约谈机制，约谈2016年度获得“基本合格”社团负责人，指出存在问题和原因，落实整改要求。资助学术社团开展工作，74个社团共获得专项经费365万元。举办2017年中国社会科学院主管全国性学术社团负责人培训班。完成对全院172个非实体研究中心2016年度检查及2017年度主管单位创新工程准入的审核工作。协助成立中国辞书编纂研究中心。编印《中国社会科学院社团、非实体研究中心管理工作文件汇编（2017版）》。

（四）加快构建具有中国社会科学院特色的国家高端智库体系

1. 按照中国特色新型智库建设战略部署，调整充实智库建设格局。协调筹建中俄战略协作高端合作智库、雄安发展研究智库、中国—中东欧研究院、海疆智库。按期组织季度智库工作例会，向院党组（院务会议）汇报智库工作，并按照院领导的指示及时调整、完善智库工作；深入专业化智库进行调研，参加政治经济学创新智库、京津冀协同发展智库、财经战略研究智库、国家治理智库、西藏智库等专业化智库举办的各项活动20余次。

2. 加强智库制度建设。研究制定《中国社会科学院国家高端智库研究项目和交办委托任务管理办法》细化智库项目和交办委托任务的五个类型及经费额度、经费使用、项目和任务管理、奖励和失责处罚等。审核把关专业化智库制定的《海疆智库工作方案》《海疆智库管理办法》《海疆智库经费管理细则》等管理办法。

3. 宣传推介智库成果和建设经验，扩大智库影响。举办全院国家高端智库建设成果展。从咨政建言、理论创新、舆论引导、社会服务、公共外交五个方面完成了院国家高端智库建设试点以来的主要成果展，获得刘延东同志的肯定。

广泛开展智库交流。参加中外办组织召开的智库交流会议，参加国家高端智库理事会工作会议，参加第六届沿边九省区智库联盟高层论坛。积极开展与其他智库的交流，组织调研国务院发展研究中心、中共中央党校和军事科学院的相关智库制度情况，接待香港19家智库的考察以及浙江社会科学院、中共内蒙古党校、厦门市政研室和西安社会科学院等单位到中国社会科学院调研智库建设、开展智库合作。

（五）完善创新工程制度体系，提高执行力，打造创新工程升级版

1. 加强制度建设，完善创新工程制度体系。全面梳理现有创新工程文件体系，汇总整理职能部门新制定和新修订文件。新制定6个文件，编印《中国社会科学院哲学社会科学创新工程文件汇编（2015～2017）》《中国社会科学院哲学社会科学创新工程领导讲话与文件汇编（2017年1～7月）》，先后多次印制创新工程相关制度文件汇编，并为院2017年度暑期工作会、创新工程专项工作会议、年度考核评价和下年度创新工程准入工作会和科研管理培训会提供了40余万字的学习材料。

2. 强化管理，提高创新工程制度执行力。完善创新工程管理，强化创新单位和创新岗位准入审核，严格把关，把意识形态工作与创新工程管理紧密结合起来，落实到创新单位和创新岗位准入、创新报偿发放等工作中。严格执行创新工程“九项制度刚性约束”。协调推进创新工程考核评价，着力强化创新工程实施效果。

3. 创新工程示范性引导力进一步提升。通过多年的创新工程实践，中国社会科学院创新工程在全国哲学社会科学界树立了标杆，先后有40多家兄弟省市社会科学院、高校和科研院所来院交流学习，多家兄弟单位相继实施了哲学社会科学创新工程，以中国社会科学院创新工程方案为模板，在科研组织、人才激励、经费管理、体制机制创新等方面进行了制度设计和实践创新，哲学社会科学创新工程在构建中国特色哲学社会科学进程中发挥出越来越重要的引领示范作用。

（六）进一步发挥学部的学术指导、咨询协调功能，学部自身建设得到稳步加强

1. 稳步推进学部各项工作机制。制定《中国社会科学院学部委员增选工作方案》，提出2017年学部委员增选工作的时间表、路线图以及需要研究的问题。梳理即将退休的学部委员承担重大研究项目情况，配合人事教育局开展学部委员延迟退休备案工作。组织实施学部委员（荣誉学部委员）资助计划，鼓励学部委员参与创新工程研究项目。

2. 围绕中央交办任务和国家经济社会建设的需求，组织开展一系列重大理论和现实问题研究。根据国务院要求，组织经济学部和国际学部有关学者三次召开2017年经济形势分析与预测讨论会，评估2018年经济走势，并形成报告报国办。根据国家发改委要求，围绕“一带

一路”倡议、国际产能合作、境外投资、经济外交、“走出去”、跨境并购等对外经济合作领域，提供系列研究成果。经济学部和国际学部 15 个研究院（所）和相关专业化智库，报送研究报告 50 篇，完成论文、专著等共 304 篇（部）。组织学部委员赴重庆进行学术调研，深入了解重庆地方经济社会发展情况。继续做好学部委员专题文集的组稿及出版工作，完成学部委员学术自传出版的后续工作。继续办好学部各类出版物，提升《国际思想评论》国际学术影响力。组织编辑出版《中国社会科学院文学哲学学部集刊》和《中国社会科学院国际研究学部集刊——“一带一路”与中国发展战略》，进一步引领和推动学科发展。

（七）完善话语体系建设协调机制，创新工作模式，构建中国特色哲学社会科学话语体系

积极协调组织成员单位开展话语体系的研究，完善协调会议办公室工作机制，组织召开话语体系建设协调会议成员单位 2017 年工作会议，总结 2016 年工作，制订 2017 年工作计划，有力推动话语体系建设。坚持以马克思主义为指导的话语体系建设方向，加强选题规划编制，统筹推进话语体系建设研究工作，为党的十九大的胜利召开营造良好舆论环境。策划筹办高端研讨会，交流研讨话语体系建设研究成果，先后在青岛、上海分别举办了第四届“全国哲学社会科学话语体系建设理论研讨会”和“中国哲学社会科学话语体系建设——浦东论坛”。编辑刊发《哲学社会科学话语体系建设研究动态》稿件 24 篇。打造哲学社会科学话语体系建设研究学术出版品牌，宣传推介话语体系建设研究成果，遴选出具有代表性的学术论文 40 余篇，编印《话语体系建设研究辑刊》（第 3 辑）。

（八）加强局内建设，不断完善政治、业务学习和青年培养制度，局风建设和工作效率不断创造新佳绩

健全局长办公会、局务会、局专题会等会议制度；协助组织召开“十月革命与中国特色社会主义”等国家级、院级重大理论研讨会；完成各项院内文稿的起草、整理和报送工作，做好局内相关人员的人事调整、调动、挂职及外事出访工作；按时完成局内督办相关工作。根据财政部预算制度要求，编制 2017 年度科研项目经费预算，编制 2018 ～ 2020 年支出规划和 2018 年部门预算、2018 年“二上”科研项目经费预算细化分配方案等计划类文件；开展“四项经费”管理使用情况自查自纠；对全局职工住房档案进行数据核实和住房数据核实，完成职工配售配租住房等相关工作；完成学部委员、荣誉学部委员学术期刊征订、春节慰问金发放等相关工作。

注重干部培养，进一步完善双周学习和青年学习制度。十余次邀请院内外知名学者就时事热点问题为全局职工授课；邀请局内青年同志就自身专业与爱好进行青年讲座，多次联合其他所局单位组织青年活动，全面提升各方面素质。组织全局开展公园健步走、参观郭沫若纪念馆

等活动；积极参加院“喜迎十九大、颂歌献祖国”职工文艺展演、院羽毛球比赛、门球比赛等文体活动。

加强局内信息化建设，规范局内外网站运维与管理、网站信息整理和审批及系统维护工作。规范文件流转程序，提高办文办事效率。2017 年共受理公文 1603 件；局发文 187 件、院发文 21 件、发函 58 件；整理完成 2016 年文书档案共 68 盒，1503 件，清理上缴 2016 年机要文件 333 件；并完成保密、维稳等相关工作。

人事教育局

2017 年，人事教育局在院党组领导下，学习贯彻党的十九大精神，重点学习贯彻习近平新时代中国特色社会主义思想，持续开展“两学一做”学习教育，加强自身建设、改进工作作风，全面提高人事人才工作制度化、科学化、规范化水平，为实现中央对中国社会科学院的“三个定位”目标要求，推动构建中国特色哲学社会科学和中国特色新型智库建设，提供了有力的组织保障和人才支持。

（一）深入学习贯彻以习近平同志为核心的党中央关于人事人才工作的新部署新要求

1. 认真抓好中央精神特别是习近平总书记系列重要讲话的传达学习。组织全局党员干部集体观看十九大开幕式，聆听王京清副院长十九大精神辅导报告，学习《党的十九大报告辅导读本》；集体学习习近平总书记“5·17”重要讲话精神、“7·26”重要讲话精神、致中国社会科学院 40 周年院庆的贺信精神。传达学习中央关于深化人才发展体制机制改革、深化职称制度改革等新精神新要求。

2. 深入开展习近平人才工作重要论述专题学习研究。承担中央人才工作协调小组交办任务、国家社科基金委托交办项目“习近平关于人才工作重要论述研究”，出版《聚天下英才而用之——学习习近平关于人才工作重要论述的体会》，并举办“《聚天下英才而用之》新书发布会暨首届全国人才学博士后论坛”。

3. 积极做好人事人才工作相关问题研究。组织开展了中组部委托课题《年轻干部思想状况研究》《中外执政骨干选拔与培养研究》《专业技术人员教育培训研究》、中宣部委托课题《宣传思想文化系统事业单位领导人员队伍建设情况专题调研》《宣传干部政治理论和党性教育研究》、人社部交办任务《哲学社会科学研究人员职称制度改革指导意见》等多项研究起草工作。

（二）深化人事人才管理机制改革

1. 推进机构编制调整。一是为贯彻中央深改组有关部署，以中国社会科学院研究生院为基础，整合中国青年政治学院教学资源，创办中国社会科学院大学（中国社会科学院研究生院）。成立事宜已获教育部、中央编办正式同意批准设立。二是为贯彻中央加强哲学社会科学评价体系建设部署要求，经与中央编办、财政部反复沟通协商，成立中国社会科学评价研究院。成立事宜已获得中央编办批复，并完成了内设机构及岗位设置的批复手续。三是为贯彻中央关于加强哲学社会科学文献中心建设有关部署要求，以院图书馆为基础，联合教育部、国家新闻出版广电总局有关部门共同组建“国家哲学社会科学文献中心”，向中央编办申请为中国社会科学院图书馆（调查与数据信息中心）加挂“国家哲学社会科学文献中心”牌子。四是完成院信息化管理办公室改制工作，改制后的院信管办为处室级机构，由院办公厅代管，承担全院信息化建设规划、项目与经费管理、名优工程建设组织协调等职能，将原信管办承担的全院网络安全监管等相关职能划转院图书馆。五是对办公厅、农发所、经济所、法学所、语言所、图书馆、杂志社等 18 家单位等内设机构进行了调整优化，共撤销处室级机构 6 个，增设机构 32 个，更名或重组机构 26 个。

2. 完善干部选拔培养监督机制。一是规范领导干部兼职管理。研究制定《所局领导离任离职兼任有关职务的管理办法》，对院属单位所局级领导人员离任离岗后担（兼）任的有关职务及审批要求作出详细规定。二是完善挂职实践锻炼管理机制。制定《关于规范挂职实践锻炼人员管理的若干规定》《挂职借调人员创新岗位聘用管理办法（试行）》。三是严格干部教育培训管理。研究制定《中国社会科学院干部教育培训质量考核评估方案（试行）》《中国社会科学院培训费管理办法》，进一步严格培训质量评估和加强培训经费管理。四是完善先进集体、先进个人评选工作。根据中央有关文件精神和院领导指示，完成先进集体，科研岗位先进个人，管理、科研辅助工勤岗位先进个人奖励 3 个办法的修订工作。五是规范干部选拔任用。依据中央规定，着手修订完善《〈关于改进和完善选人用人制度　加强领导班子和人才队伍建设的意见〉实施细则》，研究制定《中国社会科学院改进管理岗位设置及聘用暂行办法》，逐步完善选人用人制度。

3. 完善专家评价激励服务机制。一是深化职称制度改革。调整院职称外语和计算机应用能力考试有关政策，不再将职称外语和计算机应用能力考试作为申报职称的必备条件，由用人单位自主确定评审条件。二是加大对专家学者的联系服务力度。研究制定《关于组织开展“关爱专家身心健康”系列活动的工作方案》，贯彻落实中央要求和院党组对专家学者的关心关爱。三是落实“扩大高校和科研院所自主权”试点工作。推荐法学所作为试点单位，参与科技部等七部委联合开展的“扩大高校和科研院所自主权　赋予创新领军人才更大人财物支配权、技术路线决策权”试点。四是加强专家重要事项报告制度。根据中组部进一步加大知名专家联系服务力度要求，将中央直接联系专家、学部委员和荣誉学部委员纳入知名专家名单，形成了中国社会科学院 243 人的知名专家名单，作为向中组部重点报告对象。制定了学部委员、所局领导干部生病住院探视、去世慰问制度，并按照标准发放慰问金。

4．推动薪酬和养老制度改革。一是做好实施绩效工资工作。研究制定《中国社会科学院实施事业单位绩效工资方案》，将报偿纳入绩效工资总量，已上报人社部、财政部，待批准后实施。二是做好院事业单位在职人员养老保险工作。目前各单位已经全部完成首次参保登记，完成申报2016年度、2017年度缴费工资、人员增减变更及信息补充采集工作，完成首次征缴数据确认。待财政资金到位后，将全面启动正式征缴。三是开展杰出专家延迟退休备案工作。研究提出院2017年底前年满70周岁未满75周岁学部委员延迟退休至75周岁的建议，形成《关于中国社会科学院学部委员首次集中延迟退休的备案报告》，报人社部备案。四是落实国家离退休政策。会同财计局、离退局，开展离退休人员补贴标准调整工作，完成离退休补贴及退休人员基本养老金补发。五是开展津补贴及报偿发放检查工作。作为“四项经费”检查组成员单位，对42个院属各单位津补贴、报偿发放情况和调整退休人员基本养老金补发情况进行检查。组织院属各单位开展“吃空饷”问题自查自纠，形成院防治“吃空饷”问题长效机制建立情况自查报告。

5．提高人事人才管理的科学化水平。一是加强指纹考勤管理。对《中国社会科学院职能部门和有关直属单位考勤工作管理办法》进行修订，并组织开展为期3个月的指纹考勤专项检查工作。二是规范创新工程岗位聘用。会同创新办研究制定《创新岗位跨序列聘用管理办法》《挂职借调人员创新岗位聘用管理办法（试行）》，制定了创新工程岗位跨序列聘用和挂职借调人员参加创新工程聘用的实施办法。三是加快信息化建设。推进“一卡通”系统建设。

（三）加强管理干部队伍建设

1．做好干部的调整备案。一是做好所局领导考察调整。根据院党组部署，对院内部分单位所局领导干部进行了考察和调整，全年共调整49名所局级干部，其中，提拔任职15人（提任正局级领导3人，副局级领导12人），平级交流14人，免职20人。二是做好处（室）干部审批备案。全年审批备案处级干部、研究室正副主任及科级以下干部共155人。其中，聘任处级干部66人、聘任研究室主任及副主任65人、聘任科级以下干部24人。

2．完善干部的管理服务。一是完善对中管干部的服务。配合中组部完成了中管干部的年度考核和干部选拔任用的“一报告两评议”工作，做好院内中管干部个人有关事项报告表填报和中管干部兼职、因私出国（境）等管理工作。在与中组部、国安部的反复协调下，进一步明确了领导干部兼职管理的流程，简化审批程序。顺利完成了院内中管干部兼任“香港中国学术研究院”有限公司职务等学术兼职的备案过程。二是加强所局级领导干部日常管理。每季度对院直机关落实《关于加强院属单位领导班子建设的若干规定》的情况进行汇总，每月汇总统计院属研究单位党委书记、行政副所长坐班情况；依据干部管理权限，对领导人员因公出国（境）进行审批；做好所局级干部档案的日常管理工作。三是做好挂职干部的选派和接收工作。2017年，共选派挂职或社会实践锻炼干部57人，其中第九批援疆干部3人，到甘肃省等地挂职干部26名，到职能部门挂职或实践锻炼人员23人，到上海研究院帮助工作5人。此外，从2017年起与外交部签署联合培养干部人才协议，分批组织国际研究学部及其他相关研究所的优秀科研人员到我国驻外使（领）馆工作（2017年派出8名）。以干部挂职为载体，扩大与地方的合作，与甘肃省嘉峪关市开展战略合作，联合举办丝绸之路（嘉峪关）文化产业发展论坛。接收来自贵州、云南的2名干部，甘肃省宣传思想文化系统10名干部和专业技术人员到院内有关单位挂职或研修。四是做好干部档案的管理服务工作。对院内所局级干部、职能部门中层干部、代管单位干部人事档案专项审核工作发现的问题进行梳理汇总，完成了全院所局级干部档案专项审核工作的信息认定。全年审核干部档案散件986份；借阅干部档案273卷；转递干部档案6卷；移交干部档案105卷；接收干部档案112卷。

3．严格干部的考核监督。一是组织开展所局级领导班子和领导干部考核测评。对全院56个单位领导班子和190余名领导干部进行了民主测评。二是开展干部试用期满考核。对2016年提任的8名所局级干部进行试用期考核。三是组织完成全院年度考核工作。完成全院57家单位考核工作，参加考核人员共3474人。四是做好领导干部因私因公出国境管理工作。实现了全院登记备案范围内876人的因私出国（境）证件的集中管理，对164人次因私出国（境）、220多人次的因公出国（境）进行审核备案。五是组织开展了院党组“一报告两评议”及反馈结果通报工作。以书面形式报告了院党组2016年度选人用人工作情况，组织全院197名所局级以上干部和职能部门正处长级干部对院党组2016年选人用人工作情况和新提拔的30名所局级干部进行民主评议，并按要求将结果进行反馈。

4．加强干部的教育培训。一是加强干部培训课程建设。受中组部委托，组织院内专家承担全国干部教育培训好课程评审工作，完成了165门好课程的审核工作，得到了中组部高度评价。二是组织推荐干部和专家参加中央组织的各类院校学习培训。全年共组织推荐77人次参加中共中央党校省部级干部进修班、中共中央党校培训班（进修班）、专题进修班和党性修养班、哲学社会科学教学科研骨干研修班和高层次专家研修班等。三是举办新任所局级干部培训班。组织全院40名新任所局级干部在重庆红岩干部党性教育基地参加为期7天的培训，培训以“加强党性修养，提高领导能力”为主题，突出增加了现场教学和研讨交流环节。

5．加强人事干部队伍建设。一是组织院内人事干部前往全国组织干部学院，参观中央组织部部史部风展，聆听全国组织干部学院副院长张新刚的讲解报告，提升全院组工干部的责任感和使命感。二是开展人事政策业务培训。组织召开全院人事人才统计培训班、事业单位养老保险经办工作培训班、领导干部报告个人有关事项两项法规政策宣讲暨2017年填报工作部署会、创新工程人事工作培训会，帮助院属单位人事干部掌握相关政策、提高业务能力。三是编印工作手册。编印《创新工程人事工作培训会学习材料》《薪酬与社会保障政策一问一答》《领导干部填报个人有关事项报告表相关问题解答》等材料，供全院人事干部学习使用。

（四）加强专业人才队伍建设

1. 做好人才的引进接收。一是组织开展人才引进院级专家评审。组织完成了第13届、第14届、第15届人才引进院级专家评审，共评审通过175人，其中研究岗位116人，编辑岗位14人，图资网络岗位13人，财会岗位11人，管理岗位21人。二是组织开展全院管理岗位人员统一引进。根据第7次院务会议精神，院内重启管理岗位人才引进工作，由院统一组织引进，人事教育局协调开展。已完成第一批管理岗位人才引进工作。三是落实中央交办的军转干部接收安置任务。2017年，共完成接收9名军转干部，超额完成军转干部安置任务。四是积极招收培养博士后优秀人才。2017年，全院博士后进站181人，其中包括3名世界排名前100位高校的优秀留学博士；2017年培养出站博士后252人，出站后留院属各研究所工作11人。

2. 优化人才的培养使用。一是组织专业技术职务任职资格评审。组建第十届院所两级职称评审委员会。经过院所两级学术评审、两级党组织把关和两级公示，全院全年共评定241人的任职资格，其中正高级80人，副高级116人，中初级45人。二是开展专业技术岗位分级聘用工作。指导院属41家单位开展所级分级聘用工作，对本单位三级以下岗位人员进行评审聘用；组织召开二级岗位院级专家评审，最终24人获得通过，通过率为77.4%。三是举办新入院人员培训班。组织117名新入院人员在密云绿化基地和红旗渠干部学院进行了为期15天的培训。四是培养西部地区学术领军人才。完成2016～2017年度5位“西部之光”和“少数民族特培”访问学者培养任务，接收9名访问学者来院开展研修工作。

3. 落实人才的选拔推荐。一是落实国家重大人才工程。向中宣部、人社部等部委推荐了37名业绩突出、成果显著、贡献较大的优秀专家，其中8位专家最终入选2017年国家百千万人才工程，并被授予“有突出贡献中青年专家”荣誉称号，3人入选新一批全国新闻出版行业领军人才。二是推荐专家建言献策参政咨询。推荐54人作为国家行政学院学科评审专家；向人社部推荐1人为留学人员和专家服务中心全国留学人员回国创业高级研修班授课专家；配合研究生院，向国家教材委员会办公室推荐20人为委员或专家人选；向中国博士后科学基金会推荐1人担任第六届理事会副理事长，1人担任理事。

4. 加强人才的联系服务。一是开展服务关爱专家身心健康系列活动。举办“健康大讲堂”（第1期），开展专家义诊活动。二是做好2017年专家休假疗养工作。12月中旬，组织院内专家学者赴云南省西双版纳州休假疗养。三是向中组部及时报送《哲学社会科学和文学艺术知名专家名单》内专家的重要事项和情况。2017年向中央组织部报告了12名专家的病重住院或逝世情况报告。

5. 完善博士后培养管理。一是打造“中国社会科学博士后文库”品牌。完成第六批文库征稿及评审工作，共评选出33部书稿，淘汰率达82%。据不完全统计，第一批至第四批文库出版的151部著作中，已有29部获得国内重大奖项，如孙冶方金融创新著作奖、董必武法学成果奖、胡绳青年学术奖等。提升文库“优秀博士后学术成果”证书颁发单位层级，从过去由全国博士后管委会办公室颁发，调整为由全国博士后管委会（省部级）颁发。二是组织中国博士后科学基金申报。组织中国博士后科学基金申报。组织全院171位博士后申报第61批、第62批基金资助，经评审，共有41人获得232万元资助；组织全院73位博士后申报“第九批中国博士后科学基金特别资助”，经评审，共有14人获得210万元资助。三是举办博士后论坛。举办“第十二届中国社会学博士后论坛”“首届全国工商管理学博士后论坛”“全国首届人才学博士后论坛”“第六届中国法学博士后论坛”“第四届全国经济史学博士后论坛”等。四是规范博士后管理。对博士后合作导师资格条件、申报工作程序等进行调整，增补博士后合作导师55人；清理超期在站博士后，限期出站87人，退站处理16人。

2017年9月，中国社会科学院举办“关爱专家身心健康系列活动启动大会暨健康大讲堂（第1期）”活动。

（五）加强自身建设

1. 深入开展“两学一做”学习教育。一是制定并向全院印发了《关于深入推进“两学一做”学习教育　加强自身建设的实施方案》，提出要以优秀组工文化为抓手，以加强人事教育局自身建设为目标，将人事教育局打造成以人为本的“干部之家”、热情温暖的“学者之家”、和谐向上的“组工之家”。二是举办干部能力素质建设系列活动。通过以“寻根道承　见贤思齐”为主题的学习交流系列活动，提高全局同志的公文写作能力和语言表达能力，达到“站起能讲、坐下能写、遇事能办”的要求。三是建立“处室联系学部”机制，一个处室定点联系一个学部，每半年至少进行一次深入调研，了解各单位全面建设情况，征求专家学者、干部职工对院内组织人事工作的现实需求和意见建议。四是营造文化氛围。将党的十九大精神、历代中央领导人对人事工作的重要指示以及中央有关组织人事工作的精神制作成展板，悬挂在会议室及走廊，弘扬“政治坚定、公道正派、廉洁勤奋、求实创新”的组工文化，培养“忠诚、干净、担当”的良好品质。五是举办集体生日活动。举办茶话会，为过生日的同志集体送上一个生日蛋糕、一束鲜花、一封慰问信，让大家感受组织的温暖。

2. 加强制度建设。研究制定《人事教育局关于完善制度措施　推动工作落实的方案》《人事教育局干部行为规范》《人事教育局工作人员考核方案》等，并编印《中国社会科学院人事教育局制度手册》，搭建了人事教育局自身建设“四梁八柱”制度机制。

3. 做好干部调整。经请示院领导同意，就人事教育局空缺的3个六级管理岗位和4个综合管理六级职员岗位在全局范围进行民主推荐。经过严格规范的选拔推荐程序，新聘任3名六级管理岗位人员和3名六级职员岗位人员。接收2名新入职人员，分别安排到人才规划处和专家与职称处工作。

4. 改进工作作风。在全局范围开展改进工作作风活动，要求全局同志牢固树立组织人事工作就是为专家学者、干部职工服务的理念，加强调查研究、耐心解答咨询，以满腔热情的态度，马上就办的速度，办法想尽的程度，实实在在地为全院干部职工办实事、做好事、解难事。

国际合作局

2017年，国际合作局坚持正确的政治方向和学术导向，坚持服务科研、服务大局的工作方针，发挥中国社会科学院学术资源和对外交流网络优势，紧密配合国家对外工作大局，加强完善外事管理，努力推动全院对外学术交流迈上新台阶。

2017年，全院共审批出访项目1317批2535人次；邀请来访项目226批1615人次；横向来访55批238人次，使馆约见221批。办理护照425本，签证2309人次，港澳通行证182本。派遣长期出访研修项目45人次。新签、续签20个对外交流合作协议和备忘录。

（一）配合国家对外工作大局，组织实施高端对外学术和智库交流

2017年，国际合作局在院党组领导下，从全局高度积极筹划和组织对外交流活动，紧密配合我国重大外交活动，发挥中国社会科学院国家高端智库在对外工作大局中的作用。

(1) 习近平主席和哈萨克斯坦总统纳扎尔巴耶夫见证中国社会科学院与哈首任总统图书馆签署合作协议。2017年6月8日，在习近平主席和哈萨克斯坦总统纳扎尔巴耶夫见证下，中国社会科学院院长王伟光与哈首任总统图书馆馆长阿塞姆别科夫在哈萨克斯坦共同签署《中国社科院与哈萨克斯坦首任总统图书馆合作协议》，启动中哈智库交流的新机制。为配合习近平主席访哈，中国社会科学院与哈首任总统图书馆在阿斯塔纳共同举办《纳扎尔巴耶夫总统文集》中文版发布式和两场学术研讨会。

(2) 习近平主席和越共中央总书记阮富仲见证中国社会科学院与越南社会科学翰林院交换双方共同签署的学术交流合作协议。2017年11月12日，在习近平主席和越共中央总书记阮富仲的见证下，中国社会科学院院长王伟光和越南社会科学翰林院院长阮光舜在越南交换双方签署的《中国社会科学院和越南社会科学翰林院学术交流合作协议》。根据协议，双方将推进

开展合作研究、学者互访、共同举办研讨会和培养青年学者等一系列学术交流与合作活动。

(3) 中国社会科学院代表团在瑞士举办研讨会并接受媒体访谈，为习近平主席出访瑞士营造良好氛围。2017 年 1 月，中国社会科学院代表团赴瑞士出席中国社会科学院与瑞士国际贸易与可持续发展中心共同举办的“创新与发展：促进国际贸易投资合作”研讨会。中外专家学者针对创新与经济增长、宏观经济政策、产业结构调整、国际贸易与投资、劳动力与社会保障等议题展开深入研讨。中宣部副部长、国务院新闻办主任蒋建国出席会议并作主旨发言。代表团专家学者接受媒体访谈，为高访营造良好氛围。

(4) 习近平主席出访芬兰期间，中国社会科学院与芬兰大学联盟主席签署双方科学合作谅解备忘录。2017 年 4 月，中国社会科学院院长王伟光率院代表团赴芬兰，与芬兰大学联盟主席签署双方科学合作谅解备忘录。根据此次备忘录，双方将共同设立和举办中芬创新创业论坛。代表团还访问了芬兰大学联盟现任主席机构奥卢大学，就双方开展学术交流及研究合作进行规划和磋商。

(5) 李克强总理出访匈牙利期间，中国社会科学院在匈牙利与匈牙利国家银行签署双方研究合作谅解备忘录。2017 年 11 月，中国社会科学院院长王伟光率代表团赴匈牙利，在两国总理见证下代表中国社会科学院与匈牙利国家银行签署双方研究合作谅解备忘录。代表团还出席了中国社会科学院与匈牙利国家银行举办的“匈牙利与人民币国际化”研讨会，并访问相关研究机构，就加强中匈在人文社科领域的交流合作进行商讨。

（二）精心组织安排全院重大对外交流活动

(1) 中国社会科学院重要代表团成功出访，推动对外交流合作迈上新台阶。中国社会科学院院长王伟光率代表团出访摩洛哥、埃塞俄比亚、肯尼亚三国，与三国重要智库学术机构签署学术交流协议；出访巴基斯坦，围绕中巴经济走廊建设以及智库在“一带一路”建设中的作用进行一系列重要会谈；出访亚美尼亚、格鲁吉亚和阿塞拜疆，与亚美尼亚科学院和格鲁吉亚科学院签署交流合作协议，出席首届中阿经济发展与合作研讨会。院领导李培林、蔡昉等率团出访捷克、阿根廷、智利、瑞士、法国、葡萄牙、德国、日本、印度、白俄罗斯、哈萨克斯坦等国家，推动了中国社会科学院与各国高端科研机构、高教组织及知名智库等的交流合作。

(2) 接待国外重要人士及合作伙伴机构代表团来访，进一步提升交流水平，夯实合作基础。2017 年，阿根廷总统毛利西奥・马克里，希腊外交部部长尼克劳斯・科恰斯，意大利前总理达莱马，法国波尔多政治学院院长伊夫・德鲁瓦，法国阿基坦大区大学及学术机构联盟主席马文森，爱丁堡皇家学会主席乔瑟琳・贝尔・博内尔，芬兰科学院院长海基・曼尼拉，赫尔辛基大学校长尤卡・科拉和奥卢大学校长琼科・尼尼迈基，爱尔兰中国研究所所长杜根，荷兰科学研究组织社会科学部主任威曼・德尔，俄罗斯科学院副院长谢尔基延科，越南社会科学翰林院副院长范文德，印度孟买观察家基金会主席库尔卡尼，伊斯兰历史、艺术与文化中心主任哈里特·艾伦，肯尼亚非洲政策研究所所长卡戈万加，日本大和综研副理事长川村雄介等来中国社会科学院访问。中国社会科学院还先后接待了伊朗伊斯兰文化与联络组织、老挝社科院、印度国际事务委员会、非洲社科研究发展理事会、南非国家人文与社会科学研究所、欧盟城市研究联合会、芬兰赫尔辛基大学、泛美开发银行、澳大利亚人文科学院、澳大利亚昆士兰大学、福特基金会、加拿大蒙特利尔大学、加拿大大学联合会、美国世界大型企业研究会、俄罗斯国际事务委员会等机构负责人率领的代表团来访。

（3）拓展高层次、多渠道交流网络。2017 年，中国社会科学院新签、续签协议、备忘录 20 个，其中包括：中国社会科学院与哈萨克斯坦首任总统图书馆合作协议、中国社会科学院与亚美尼亚科学院合作协议、中国社会科学院与格鲁吉亚科学院合作协议、中国社会科学院与肯尼亚肯雅塔大学双边学术交流协议、中国社会科学院与非洲政策研究所双边学术交流协议、中国社会科学院与非洲社会科学研究发展理事会双边学术交流协议、中国社会科学院与日本大和综研双边学术交流协议、中国社会科学院与越南社会科学翰林院学术交流合作协议、中国社会科学院与澳大利亚麦考利大学学术合作协议、中国社会科学院与奥卢卡大学科学合作协议、中国社会科学院与匈牙利科学院 2017 ～ 2019 年科学合作协议执行计划、中国社会科学院与澳大利亚社会科学院 2018 年合作研究项目谅解备忘录、中国社会科学院与泛美开发银行谅解备忘录、中国社会科学院与芬兰大学联盟科学合作谅解备忘录、中国社会科学院与英国埃克塞特大学共同建立中国研究中心合作谅解备忘录、中国社会科学院与意大利那不勒斯东方大学合作谅解备忘录、中国社会科学院与匈牙利国家银行研究合作谅解备忘录、中国社会科学院与法国波尔多政治学院共同建立中国研究中心合作谅解备忘录、中国社会科学院与爱丁堡皇家学会合作研究学术互访项目合作备忘录、中国社会科学院与美国世界粮食奖基金会合作备忘录等。截至 2017 年底，中国社会科学院已与国外科学院、智库、国际组织、高教机构等签署 170 多个交流协议、合作备忘录，为中国社会科学院研究所和科研人员提供了与国外开展学术交流的畅通渠道和高层平台。

（4）双边多边国际学术会议精彩纷呈。2017 年，全院立项举办国际会议 150 余场。国际合作局在院级对外合作机制下重点支持举办了一系列专题国际研讨会，包括：“投资软实力：中非智库合作研讨会”“第四届中拉政策与知识高端研讨会”“中阿智库研讨会：发展战略与全球治理”“第三届中昆亚太论坛”“建设可持续发展的绿色家园——首届人类命运共同体国际合作中山论坛”“第一届中芬创新创业研讨会”“第七届亚洲研究论坛”“第十一届中日韩三边学术研讨会”“中马战略合作论坛”“中韩人文学论坛”“第二届中白学术论坛”“第三届中国与伊斯兰文明：交融与互鉴国际学术研讨会”“中国与伊斯兰文明交往与‘一带一路’国际学术研讨会”“农村转型发展中的农民合作所——中日比较与借鉴国际学术研讨会”“工业化、城镇化与中非合作研讨会”“中国人文学术的新视角——文献与研究学术研讨会”“创业、新经济与就业研讨会”“语言保护与传承工作坊”“全球化时代的民族志田野：挑战与机遇研讨会”“第三届中国西班牙社会变迁研讨会”等。这些专题国际会议层次高、研讨深入，增进了中外相互沟通与理解，得到与会者的高度评价。

（三）积极开展与台、港、澳交流，发挥学术纽带作用，服务国家和平统一大业

（1）对台港澳地区学术交流活跃。2017 年，中国社会科学院对台港澳的学术交流继续保持活跃的态势。交流总量：206 批 804 人次。其中赴台湾交流：71 批 190 人次；赴香港交流：62 批 143 人次；赴澳门交流：31 批 60 人次。台湾来访：25 批 335 人次 ；港澳来访：12 批 76 人次。

（2）搭建两岸交流平台，“海峡两岸交流基地”正式授牌，扩展和深化对台学术交流。中国社会科学院台港澳研究中心与厦门市石室书院在福建省厦门市海沧区石室书院设立国家级海峡两岸交流基地。2017 年 6 月 18 日，在福建省厦门市海沧区石室书院举行“海峡两岸交流基地授牌仪式”。中国社会科学院副院长张江，福建省委常委、宣传部部长高翔出席授牌仪式并致辞。中国社会科学院、福建省省委、厦门市市委、厦门市海沧区委区政府有关领导，海峡两岸暨澳门的嘉宾共 300 余人参加授牌仪式。

（3）准确贯彻“一国两制”方针，成立香港中国学术研究院，深化与港澳学术交流。2017 年 6 月 27 日，香港中国学术研究院完成在港注册。香港中国学术研究院旨在汇集香港与内地学术及社会资源，在人文社会科学领域开展人员互访、学术讲座、课题研究、成果推广、专业培训等各种研究与交流活动，促进两地学术界沟通与合作，增进港人对中华历史文化和国家发展的了解认识，为香港政、商、学各界提供智库咨询，服务香港经济、社会、文化发展和竞争力提升。香港中国学术研究院成立后，在香港举办包括研讨会、考古图片展、《理解中国》丛书繁体字版签约等学术文化交流活动。2017 年 12 月中旬，应香港特别行政区政府中央政策组的邀请，中国社会科学院王伟光院长率团赴香港访问，参加由香港特区政府中央政策组、中国社会科学院财经战略研究院主办的“中国经济运行与政策国际论坛（2017）”并致辞。访港期间，中国社会科学院院长王伟光分别与香港特别行政区行政长官林郑月娥和中央政府驻港联络办领导会晤。2017 年 2 月，中国社会科学院副院长蔡昉应邀在招商局以“中国与世界经济展望——对企业创新发展的含义”为题演讲，与中央政府驻港联络办领导会谈。9 月，中国社会科学院副院长蔡昉赴香港参加“香港发展：新动力、新前景研讨会”，并赴香港中文大学进行学术访问，就内港两地经济发展、社会政策、青少年工作等深入交流。

（4）发挥中国社会科学院学术优势，与台港澳学术机构联合召开高水准的学术交流活动。2017 年 9 月 25 日，张江副院长与澳门大学校长刘伟共同参加中国社会科学院大学与澳门大学建立“文学理论与文化研究基地”签约仪式。双方就充分发挥基地作用，着力开展文学理论与文化研究为主的研究任务等进行了深入交流。2017 年，中国社会科学院先后举办 14 次大中型学术交流活动，交流内容涉及社会、文化、经济、文学、历史、边疆、民族等多个领域，包

括“中华民族抗日战争史学术研讨会”“‘一带一路’：历史视野与现实展望学术研讨会”“汉民族与陕西文化两岸学术研讨会”“两岸经济前瞻与关键议题学术研讨会”“海峡两岸社情民意新趋势学术研讨会”“台湾历史与两岸关系国际学术研讨会”“海峡两岸暨香港人文社会科学论坛”“中国经济运行与政策国际论坛 2017”等。

（四）推进体制机制改革，提高管理工作水平

（1）贯彻落实中国社会科学院《关于重要会议、重要文件精神传达落实的管理规定》。牢固树立“四个意识”，确保中央和中国社会科学院重要会议、重要文件精神得以坚决及时贯彻落实。根据国家和中国社会科学院的相关工作部署，认真学习传达重要文件精神，落实院党组会、院务会、院长办公会等重要会议精神和工作部署，做好中央和院交办的工作任务，按期完成院工作要点、院改革创新工作要点和国际合作局工作要点相应工作。

（2）编印《中国社会科学院对外学术交流文件汇编》《院级国际合作交流项目指南（2017版）》。梳理和汇编中国社会科学院外事管理各项规章制度，印发《中国社会科学院对外学术交流文件汇编》，为全院外事干部开展管理工作提供参考，提高管理工作的规范性和效率。修订《创新工程经费用于对外学术交流的管理规定（修订版）》，提高单位创新工程经费支持国际合作交流的比例。印发《中华人民共和国境外非政府组织境内活动管理办法》《境外非政府组织代表机构登记和临时活动备案办事指南》，转发《财政部外交部关于调整因公临时出国住宿费标准等有关事项的通知》，认真贯彻落实中央有关规定。

（3）完善局内部管理规章制度。对局内部制度进行梳理，新制定国际合作局《网站、电子信箱、微信群等互联网信息安全管理规定》《政府采购管理办法》《证照申办专车使用管理办法》等，修订并完善了会议制度、休假制度、领导请销假制度等，严格执行因私护照管理、印章管理、公文流转管理办法和制度。

（4）严格执行主管领域规章制度。严格按照国家有关规定，贯彻落实《中国社会科学院因公出国（境）人员审批管理办法》、《中国社会科学院关于进一步规范因公临时出国管理的规定》和《中国社会科学院关于进一步加强因公出国（境）管理的意见（修订版）》，进一步做好因公临时出国（境）人员的审批、备案、公示等工作，定期统计汇总相关情况，规范出访计划、备案、报告制度，进一步提高因公出国（境）管理水平。

（5）认真履行监督检查职责。强调政治纪律、外事纪律和保密纪律。严格执行中国社会科学院《关于在对外学术合作中加强外事管理和防渗透工作的规定》，在对外交往中贯彻党的路线、方针和政策。加强全院所局级领导干部、职能部门和直属单位主要负责人因公出国（境）管理。加强与纪检监察、组织人事及财务部门的沟通协调，明确管理职责，严格监督问责。根据院工作安排完成因公出国（境）专项检查、四项经费自查自纠等多项监督检查工作。

(6) 加强外事经费预算管理。严格执行财政部有关因公临时出国、外宾接待和在华举办国际会议经费管理办法，不断适应经费管理的新形式、新要求，强化预算编制、执行、监督工作。完成2016年度国际交流合作专项经费绩效外部评价工作，编制《国际合作与交流专项经费项目申报书（2018 ～ 2020年）》，督促院属单位2017年国际交流合作经费预算执行工作。

(7) 认真审核创新工程经费用于对外学术交流的项目计划。2017年，32个研究院所提出了创新工程经费用于对外学术交流的专项申请。国际合作局依据《关于创新工程用于对外学术交流的管理规定（修订版）》，认真审核，经科研局、财计局会签后，回复各申请单位，确保全院2017年创新工程人均总额拨付经费用于出访交流工作规范、有序进行。

(8) 完成院创新工程2017年度外文科研成果审核工作。根据院创新工程工作部署，成立外文科研成果审核小组，按照院创新办相关规定要求，对各研究单位报送的2017年度外文科研成果进行审核认定。

（五）加强党的建设，打造有凝聚力、战斗力的工作团队

(1) 严格履行全面从严治党主体责任。国际合作局党总支结合院党组工作部署，开展学习党的十九大精神、习近平总书记“5·17”等系列讲话精神、习近平总书记致中国社会科学院建院40周年贺信精神等。组织全体党员和入党积极分子聆听院领导、局领导分别就上述内容进行的宣讲，并组织研讨。组织全体党员观看《将改革进行到底》《永远在路上》等专题片。组织全局相关同志参加院各项学习实践活动。推进“两学一做”学习教育常态化、制度化，坚定党员干部理想信念和政治方向，增强政治意识、大局意识、核心意识和看齐意识。贯彻执行党委中心组学习制度，通过集体学习、自学、研讨座谈等多种形式，提升领导班子和党员干部的理论水平。坚决贯彻中央八项规定精神，持续深入改进学风、文风和工作作风。落实“三会一课”制度，2017年召开15次党员会议，领导干部带头讲党课。

(2) 切实履行全面从严治党监督责任。按照院工作部署和要求，国际合作局纪检小组切实履行监督执纪问责的职能，推动党风廉政建设工作。制定《国际合作局2017年党风廉政建设和反腐败工作职责及主要任务分解》，进一步明确责任，把握对外学术交流的政治方向和学术导向。落实《中国社会科学院职能部门纪律建设监督责任清单》（以下简称《清单》）任务，对《清单》中“因公出国（境）的监督管理”“邀请境外人员来访的监督管理”“与境外机构开展交流合作的监督管理”“国际研讨会（论坛）的监督管理”四个方面工作严格监管，局主要责任同志按期在纪律建设督办小组例会上汇报落实《清单》的相关情况。按季填写《院属单位全面从严治党工作情况季报表》。2017年，国际合作局纪检小组参与对院属各单位开展三批因公出国（境）情况检查，年底前实现了检查工作院属单位全覆盖。共检查院属58个单位，涉及因公出国（境）571批1103人次。

（3）发挥党支部战斗堡垒和党员先锋模范作用。局党总支高度重视发挥党支部的战斗堡垒和党员先锋模范作用，认真制定党总支和党支部年度工作计划，对开展的各项工作任务明确责任主体，定期汇报检查。加强党支部思想建设，提高全局党员干部对全面从严治党重要性的认识，增强严守党的纪律的自觉性。按照"坚持标准，保证质量，改善结构，慎重发展"的方针，积极稳妥做好党员发展工作，按照计划和组织程序，国际合作局两位同志成为中共预备党员。同时，国际合作局党组织认真做好积极分子教育、培养、培训工作，建立健全入党积极分子档案，推荐人员参加院"第三十二期入党积极分子培训班"。

（4）组织全院外事干部培训班。按照院 2017 年干部统一培训计划，为进一步提高全院外事管理干部综合素质和外事管理工作水平，12 月 6 日举办"加强制度执行力、提升外事管理水平——2017 年度外事管理培训班"。副院长蔡昉、中央纪委驻院纪检组副组长公茂虹、国际合作局领导出席并作报告，国际合作局、财计局相关业务处室负责同志对业务领域的政策、规定以及问题进行解读。院属各单位负责外事工作的所局领导和外事干部参加。

（5）制定国际合作局保密工作要点，落实保密工作责任制。按照《国际合作局保密阶段性检查工作方案》，进行保密工作阶段性检查，修改完善保密工作内部管理制度，建立保密工作监督检查长效机制。加强外事管理岗位人员保密意识，以保密工作为专题在全局范围内开展保密党课教育活动。严格按照《中国社会科学院保密工作考核标准》进行自查自评，严格执行涉密人员上岗前的培训、审核和备案工作。完成国际合作局保密计算机检查、网络信息安全监督检查。

财务基建计划局

2017 年，财务基建计划局在院党组的领导下，坚持正确的政治方向、价值取向，积极探索适合哲学社会科学研究的经费等管理制度，认真按照院工作会议要求，全力推进哲学社会科学创新工程，努力提高服务科研能力和保障水平，较好地保障了全院经费、资产、办公用房等方面的需求，圆满完成了院领导交办的各项任务。

（一）夯实工作基础，保障全院各项事业经费需求

1. 全力落实经费指标

为充分保障全院科学事业费及创新工程需求，积极与财政部沟通，2017 年，财政部核定中国社会科学院科学事业费 216365.70 万元，比 2016 年增加 13430.5 万元，增幅 6.62%。核定住房改革支出 7285 万元，比 2016 年增加 335 万元。经费的稳步增长，为全院科研事业及创新工程的发展提供了坚实的基础。

2. 提高预算编制水平

积极贯彻落实"一本预算管一年"的思想，严格执行财政预算规定，落实审计整改意见。

通过规范编制程序、改进编制方法、完善审核手段、建立考评机制等措施，预算编报质量明显提高，圆满完成了2017年预算批复、调剂工作，以及2018年预算编制工作。

（1）严格按照规定要求批复预算，及时公开。深入贯彻落实财政部关于预算管理科学化、精细化的有关要求，建立和完善“全口径”预算管理体系，对院属各单位总收入、总支出进行全口径批复，并对有关二级项目进行了细化，并对预算批复文本做了进一步完善。及时完成全院预算公开工作，做到了数据完整准确，文本精确无歧义。

（2）改进预算管理，规范预算调整。一年来，严格按照财政部规定，加强与职能部门协商，改进有关专项经费安排方式，预算编制水平有了明显提高。2017年预算调整以尽量减少调剂为原则，以满足各单位实际需要为前提，经多次与财政部主管部门沟通协商，较好地完成对院属各单位预算调剂工作。

（3）扎实做好2018年预算编报。为扎实做好2018年预算编制工作，2017年，财计局提前启动“一上”全院预算编报布置工作，首次对各单位进行“上不封顶”的需求测算，满足各单位实际科研需求；联合有预算分配权的职能局进行审核分配，推动“自下而上”的预算编报模式。“二上”前期提前召开重点单位动员会，启动重点项目的准备工作，确保“一本预算管一年”的要求落实到位。

3. 推动预算绩效管理

认真贯彻落实财政部关于预算绩效管理工作的有关指示，切实将实施预算绩效管理作为预算科学化、精细化管理的核心内容，落实工作责任，建立绩效指标体系，试点范围稳步拓展，预算绩效管理工作取得了阶段性成果。

（1）组织首次绩效自评。组织院属各单位对2016年所有财政项目进行了首次自评，使各单位意识到了预算执行和预算填报之间的差距，对各单位加强预算管理起到了促进作用。

（2）完善绩效目标设置。组织绩效中介机构对各单位绩效目标填报人员进行培训，并对各单位绩效指标文本进行了两轮的审核。培训和一对一审核反馈相结合的方式，大幅度提高了全院绩效目标设置水平。

（3）建立单位整体绩效评价试点。2017年，通过对全院预算单位的绩效评价工作，大大提高了各单位对项目预算绩效管理的重视，对发现的管理漏洞，及时提出了完善管理的措施。选取美国研究所为试点，首次对单位整体支出绩效进行评价，积极探索预算绩效管理的方式和途径。

4. 做好预算执行管理

2017年，财政部进一步严格对预算执行的管理，严格按照预算下达指标，各单位不得超预算执行，并要求加快以前年度结余结转的消化使用。为加强预算执行管理，财计局将各单位预算执行检查工作包干到人，确定了每一个人的联系单位，做好从预算编制、预算执行计划编制到日常预算执行的各项工作。从年初开始督查执行进度，定期分析执行情况，向院属各单位通报执行进度。这些做法，有效地保证各单位当年预算执行进度达到预定目标，也为今后的加强预算管理工作创造了良好基础。

5. 做好决算编制

根据财政部对2016年决算工作提出的要求，财计局进一步理顺单位内部工作程序，对全院会计、出纳进行了有针对性的培训，调动全体财务部门和相关部门人员参与决算工作的积极性，充分发挥他们在决算编审中的作用，确保了决算编制质量并在规定的时间完成了全院的决算公开工作。中国社会科学院2016年决算获得财政部决算工作考评“优”的成绩。

住房资金是全院职工住宅建设维护和住房消费的重要保障。2017年，财计局建立了全院住房改革支出预、决算工作微信群，通过微信平台，对决算报表编报和审核过程进行全程指导，同时也为各单位在决算编报工作中的相互交流提供了一个平台，微信工作群的建立得到了院属各单位相关部门的广泛好评。

6. 保障创新工程顺利开展

根据创新工程有关文件规定，财计局认真审核全院2017年创新报偿、智力报偿、学者资助经费、研究经费等，确保预算准确、完整。在正式预算下达前、与试点单位正式签约之前，就提前安排了部分启动经费，保证了各单位的经费支出。认真及时做好用款计划申报，确保了创新工程经费及时、准确地拨付到各单位。

7. 加强银行账户监管

2017年，继续加大对银行账户的监管力度，对以前年度遗留的、新增开设的、变更账户的，进行了梳理。截至2017年底，应纳入结算中心的账户数为215个，实际已纳入结算中心的账户数为207个，完成率为96%。

在资金运作方面，为使全院有限的资金得到最大化的利益，多次与中国工商银行、招商银行进行沟通，提高利率，完成相关存款业务，实现利益最大化，并及时拨付各单位利息。

8. 组织申报修缮购置专项项目

认真组织完成全院2018年18个项目修缮购置专项项目申报及后期项目现场评审工作，协调基建办提供项目预算，开展预算评审，最大化地争取修缮购置专项资金，改善全院科研条件，为院属单位科研环境改善提供资金服务保障。

9. 积极配合中国社会科学院大学经费划转，努力争取资金保障

2017年，教育部同意中国社会科学院创办中国社会科学院大学（以下简称“社科大”），由于财政经费投入渠道的变化，社科大财政预算工作面临诸多新情况、新困难，为保障社科大各项工作顺利开展，财计局积极配合社科大，多次与财政部有关部门沟通，为2018年社科大事业的顺利开展提供资金保障。

10. 完成东坝资金筹措工作

为保证中国社会科学院东坝职工住宅的建设工作，制定《关于东坝项目土地出让金资金筹措方案》，并向院属42个二级预算单位发《关于协助办理资金归集业务的函》、向院属12个二级预算单位、3个院管企业发《借款函》，在短时间内归集资金63255万元，及时完成了土地出让金的缴款工作，保证了全院重点工程的资金需求。

（二）加强制度建设，提高财务保障能力

为贯彻落实中央关于深化改革创新、形成充满活力的科技管理和运行机制的要求，按照《关于完善中央财政科研项目资金管理等政策的若干意见》和《关于进一步做好中央财政科研项目资金管理等政策落实工作的通知》要求，结合全院创新工程实施，不断加强制度建设，规范财务管理，提高财务保障能力。

1. 不断完善财务制度

督促院属各单位制定完善《横向课题管理办法》《社科基金管理办法》等制度，推动院属各单位做好政策落地、制度建设相关工作，切实落实“放管服”。

为进一步做好预决算工作，制定《关于预算执行与创新工程研究经费挂钩的管理办法》《中国社会科学院部门决算工作考核暂行办法》《中国社会科学院预算管理工作考核评比办法(试行)》。

2. 推进机关财务改革

全力推进机关预算改革，指导督促职能局履行预算编制和执行的主体责任。为落实中办国办财政科研项目资金“放管服”精神，从根本上解决机关工作人员提出的“报销难”问题，编写出版并向院有关单位发放《机关财务报销指南》，规范财务支出事项，积极宣传经费管理规定，指导报销业务，取得较好的效果。制定《关于加强职能部门横向课题管理的规定（试行)》《机关公车改革交通费报销规定》，协助制定《东坝项目管理及审签流程》，逐步完善机关各项财务工作。

调整工作流程，适应各项改革需要。继续推进公务卡改革和支票网银结算，尽量减少现金使用，保证支出真实。改进管理办法，通过微信群方式，及时宣传有关国家和社科院财务管理规定，为院机关各部门提供优质服务。

3. 积极组织收入上解工作

通过对相关出版社、相关单位进行收入的情况调研，制定《中国社会科学院院属有关单位上解收入暂行办法》。积极与相关单位沟通，努力增加上解值班，签订上解任务书，督促其收入的上缴，有效地保证了“09补”、长征基金等自有资金的需求。

4. 推进财务平台一体化建设

为进一步完善社科院内控制度建设，提高管理效率，改变目前社科院现有信息数据独立分散、无法共享的现状，启动全院财务管理信息化统一平台的建设，已完成初期调研、设计、招标等相关工作，为2018年全面启动财务平台一体化系统做好基础工作。

5. 完善会计委派（代理）工作

制定《关于改进会计事务中心工作的意见》，进一步规范会计委派（代理）工作。针对财务工作中发现的问题，通过走访、座谈和撰写规范财务管理建议书等形式及时与被委派（代理）单位领导沟通，有效规避了财务风险。

充分利用有关税收优惠政策，通过与税务局和被委派（代理）单位多次沟通，为代理单位合理避税。

6. 加强会计队伍建设

按照院领导加强社科院会计队伍建设的要求，财计局印发了《中国社会科学院会计委派管理办法（试行）》，规范社科院会计委派工作，建立对财会人员的问责和监督机制。

以“严肃财经纪律，加强预算管理，推动社科院财务工作转型与发展”为主题，举办了“中国社会科学院 2017 年财会人员专项培训班”，院属二级预算单位全体在岗财务人员共计 130 余人参加，培训内容紧贴实际工作，培训效果显著。

（三）统筹安排科研办公用房，提高职工住房保障能力

财计局多方努力，不断完善科研办公用房使用方案，统筹协调，通过调整办公用房、承租办公用房等方式，不断改善科研办公环境。在职工住房保障方面，以“让科研人员居有所住”为目标，加大配售配租力度，加强单身公寓管理，不断增强职工住房保障力度。

1. 合理布局办公用房

为使科研办公用房使用更加科学合理，财计局在制定办公用房分配方案前，通过对办公用房的摸底、核查，了解相关单位科研办公用房使用情况后，认真制定科研办公用房调整方案，按照院领导指示，协调相关单位对科研办公用房进行腾退、调整。为确保经济片办公楼改造加固工程的进度，积极与经济片相关单位沟通腾退平房，协调完成院部 1 号楼以及图书馆办公用房的腾退调整；协调边疆所完成办公用房调整及搬迁。

2. 努力改善办公环境

为配合经济片办公楼装修，经多次考察，完成租用国谊宾馆作为办公周转房的相关工作；核查中冶大厦 12 层和版本图书馆办公用房使用情况，积极推进续租工作；与梓峰大厦承租方沟通，协调在梓峰大厦办公的相关单位，认真做好退租梓峰大厦办公用房的善后工作。

通过租用中冶大厦、梓峰大厦、版本图书馆、国谊宾馆和承延楼等科研办公用房，缓解了边疆所、社发院、金融所、人口所、杂志社等单位办公用房紧张问题，改善了科研办公环境。

3. 改善职工住宅条件

（1）大力推进配售配租工作。中国社科院职工住房的配售配租是院领导关心、科研人员和职工关注的大事，为确保配售配租工作顺利进行，财计局制定了《职工住宅配售配租工作方案》，通过对社科院旧小区自有住宅情况进行摸底、对职工开展打分排序，完成配售配租 132

套职工住房。此次职工住房的配售配租，为社科院二十多年来未分配政策性住房的广大科研人员和职工办了件大好事，尤其是通过配租，缓解了年轻科研人员买房资金短缺，孩子上学难的问题。

（2）筹备东坝配售相关工作。为做好社科院东坝职工住宅项目配售前期准备工作，财计局会同机关纪委、基建办，组织召开职工住房评估竞争性磋商谈判会议。国管局认可的四家房地产评估公司分别就本公司的资质、履历和以往做过的项目进行介绍，参会人员在四家公司两轮报价的基础上，经过认真讨论，最后确定保诚联合（北京）房地产土地评估有限公司作为社科院东坝职工住宅配售项目的评估公司。

（3）认真做好住房补贴申报工作。职工住房的补贴审核、申报工作，也是科研人员和职工关注的大事。2017 年财计局向院属各单位印发《关于开展职工住房补贴发放自查自纠的通知》，对发现的问题及时改进；努力向国管局争取 2016 年度未申报成功的职工住房的补贴，确保职工利益免受损失。审核职工住房补贴 80 人。

（4）继续协助办理职工住宅产权相关事宜。职工产权证的办理，涉及广大职工的切身利益，这项工作历史遗留问题较多，还存在 10 年前未办理的产权证欠账问题，财计局继续积极与国管局、不动产中心等部门沟通，努力推进通州天桥湾等住房产权证的办理进度。

在办理社科院职工央产房上市手续审核时，财计局以认真负责的态度，办理出具供暖物业结清证明，处理职工住房超标等问题。2017 年共办理职工住宅上市 120 多户，为非本院职工且住社科院产权房，建立住房档案 38 户，处理超标住户 36 户，收取超标款 111 万多元。

4. 加强单身公寓管理

为加强社科院单身公寓的管理，保障单身公寓科学、合理、有序地使用，制定《单身公寓清理腾退、入住工作方案》，并向院属各单位印发《关于清理腾退单身公寓的通知》，对单身公寓进行清理腾退，使单身公寓的使用率得到提高，缓解了科研人员居住紧张情况。2017 年共办理腾退 96 人，办理单身宿舍入住手续 153 人，办理续租 53 人，收取租金 70 多万元；安排访问学者入住 19 人。

5. 推进建设节约型机关

向北京市发改委报送 2016 年度碳排放核查报告和相关数据统计资料，并通过了第三方机构进行碳排放核查。在国管局节能司对社科院 2016 年度节能工作的考核中获得了 80 分以上的优良成绩。

（四）充分发挥资产效益，保证国有资产保值增值

为做好社科院国有资产管理工作，财计局明确职责，发挥资产管理平台对资产验收、转移和处置等环节跟踪功能，较好地履行了国有资产监管职能。全力维护国有资产对外投资权益，保证国有资产保值增值。严格执行政府采购法及国家相关规章制度，对社科院政采工作进行指

导监督。

1. 组织开展政府资产报告工作

做好政府资产报告编制，为贯彻落实党中央、国务院关于进一步深化财税体制改革的要求，按照财政部部署，财计局组织召开社科院2016年政府资产报告培训会，完成了《社科院院2016年政府资产报告》，编报的政府资产为文物资产，经国家认定的不可移动文物2处，可移动文物56622件；涉及文物保管的单位2户，分别为考古研究所和郭沫若纪念馆。

2. 认真编报社科院资产年度报表

完成并向国管局报送《中央行政事业单位通用资产配置计划报表（2017年）》《中央行政事业单位国有资产年度决算报表（2016年）》《中国社会科学院2016年度资产报表》。资产决算、资产年度报告、通用资产配置计划是国有资产信息质量和应用水平的体现，根据年度统计结果，财计局可以掌握各单位资产管理的现状及不足，及时督促全院对资产管理实施合理计划、有效管理及高效使用。

3. 规范政府采购行为

完成太阳宫小区电梯设备采购竞争性谈判评审工作、“中国社会科学院国际合作局全自动电子护照保管柜采购项目竞争性磋商”。完成全院2016年政府采购信息统计报表汇总并报送财政部。审核并备案院属各单位政府采购计划1100项，合计金额1850万元。

4. 开展文物清理核实工作

为加强社科院文物资产管理，摸清全院文物资产家底，财计局组织开展全院可移动文物清理核实工作。制定《中国社会科学院可移动文物清理核实工作方案》，完善“文物图书资料档案管理系统”。通过实地调研、对各单位收藏的文物实物、文物图书资料档案管理系统填报情况逐一核对，语言所清理核实可移动文物12件、当代所清理核实可移动文物6件、世历所清理核实可移动文物3套（4件）、杂志社清理核实可移动文物1套（2件）。

5. 稳步推进公务用车改革

完成院机关本级公车改革工作并发放公务交通补贴；印发了《中国社会科学院各研究所及直属单位公务用车制度改革实施办法》，已批复完成院属事业单位公车改革22家；完成对社科院所属13家国有企业制定的企业公务用车制度改革方案的初审工作。

督办有关单位制定了《应急用车使用管理办法》、《离退休干部服务用车使用管理办法》和《机要通信用车使用办法》。

6. 全面开展企业国有资产监管

按时向财政部报送《关于中国社会科学院所属企业2016年度财务会计决算和国有资产统计报表》《中国社会科学院所属企业2017年企业经济效益月度快报》，向国资委报送《关于2016年度中国社会科学院所属企业国有资产营运情况分析》《关于中国社会科学院2016年度企业国有资产统计报表》。其中，2016年度决算工作获得财政部的通报表扬。组织社科院所属国有企业进行有关“三重一大”决策建设制度的检查工作；完成对社科院所属社科出版社、社科文献出版社企业负责人2016年度企业经营业绩评价考核的审核工作。

积极配合开展中央党政机关和国有企事业单位培训疗养机构改革工作，为保障社科院权益，向中央国家机关培训疗养机构改革工作小组报送“关于保留社科院密云绿化基地的情况汇报”补充报告。

7. 做好租赁经营项目管理

为确保租赁经营项目的顺利履约执行，妥善处置多起各类纠纷和突发事件，尤其是2017年北京市开展的拆违整治工作几乎涉及了全院所有的租赁经营项目，严重影响了租赁经营项目的执行。财计局通过多方沟通协商，圆满完成全院10处房产租赁合同项目的房租收缴工作，足额收缴房租共计1591万元。完成社科院安定路甲28号出租房产项目的续签租赁工作。

（五）严格落实工作责任制，做好地下空间安全管理

认真落实《中华人民共和国人民防空法》，按照中央国家机关人防办工作部署和要求，精心组织，严格落实工作责任制，注重发挥人防工程平战结合的双重功能，保障人防工程安全使用。

1. 严格落实人防工作责任制

按照中央国家机关人防办关于落实人防工作责任制的文件要求，社科院人防委与中央国家机关人防委签订《2017年中央国家机关人民防空工作责任书》。为进一步提高管理单位责任意识，督促履行监管责任，确保地下空间使用安全，财计局有关部门与院地下空间管理单位续签《中国社会科学院地下空间使用管理委托书》及四项责任书。

2. 全力做好地下空间综合整治

开展地下空间综合整治工作，是加强地下空间使用安全的重要举措。地下空间综合整治工作从2011年9月开始至2017年底结束，2017年既是最后阶段也是难点阶段。社科院老旧地下空间多且位置分散，管理难度大，为完成好人防综合整治每个阶段的工作计划，社科院人防委定期向委托管理单位了解工作进展情况，利用法律手段解决清退问题。2017年完成清退不符合使用条件用于居住人员的地下空间6处，达到综合整治的预期目标。两次接受中央国家机关人防办对社科院地下空间使用管理和综合整治工作的检查，社科院综合整治工作得到上级主管部门的充分肯定。

3. 规范地下空间建设和改造管理

按照《中央国家机关人民防空工程建设与拆除审核暂行办法》的程序，积极参与并协助建设单位到中央国家机关人防办办理各种建设报批手续和人防竣工验收工作。协助院基建办完成对院部拟新建人防工程车库可行性研究评估和院内地下空间的测绘工作。指导研究生院完成新校区单身职工宿舍的建设报批工作，参加中央国家机关人防办对此项目的竣工验收工作，督促

研究生院完成竣工验收的整改工作，直至人防工程验收合格。

4. 加强地下空间的安全管理

实行地下空间日常安全巡视检查计划，检查人员坚持定期检查，对发现的安全隐患、不符合使用规定的地下空间向委托管理单位下发限期整改通知书。对《中国社会科学院地下空间防汛应急预案》进行完善和补充，督促地下空间管理单位制定《2017年防汛应急预案》，准备防汛物资，落实防汛队伍，发现渗漏问题及时到达现场协助处理问题，保证汛期的安全。

重大政治活动期间对地下空间也提出更高的安全要求，2017年党的十九大召开期间，人防办除下发做好地下空间安全工作通知书外，还组织人员进行专项检查和抽查，保证了社科院地下空间的使用安全。

5. 推广防空安全教育

为增强国防观念和防空防灾意识，提升对防空袭报警音的识别能力，2017年9月初人防办按照中央国家机关人防办的通知精神，在人员流动性大的食堂发放防空袭报警音通告，通过宣传活动，使人民防空实行“长期准备、重点建设、平战结合”的方针更加深入人心，社科院人防办也将人防宣传作为一项长期工作，让更多的人理解人防工作，支持人防工作，推动全院更好地开展人防工作。

（六）积极配合审计整改工作，加强纪律建设

为更好地落实纪律建设监督职责，按照院纪律建设督办小组的工作要求，认真做好纪律建设工作，大力配合审计整改工作。

1. 编制纪律建设清单

在中纪委驻院纪检组的统一领导下，制定财计局纪律建设清单，共计三大类21项纪律建设任务，明确了各处室的工作目标。

2. 完成纪律督办工作

2017年，共收到《纪律检查建议书》32期，已完成29期；收到纪律督办事项19项，已完成15项；收到信访转办函7件，已完成6件。根据《中国社会科学院职能部门纪律建设监督职责清单》要求，为加强社科院政府采购工作监督与管理，印发了《关于做好政府采购工作内部控制建设的通知》，要求院属各单位将政府采购工作纳入本单位内控制建设内容，明确权责，完善工作流程，规范政府采购管理行为。完成“对服务中心违规采购医务室电梯”有关事项的核实；督办图书馆追回历史所古籍事项，截至2017年底，历史所应追回的42种古籍中，已追回7种古籍，6种古籍予以销账（因借阅人离世，且家属已按相关规定赔偿），尚未追回古籍29种。

3. 实行专人联络制度

认真配合、积极协调相关项目的审计整改工作，建立专项整改任务联络人负责制，认真制

定整改方案，按时报送整改情况，确保整改工作落实到位。全面做好办公用房核查整改工作，完成住房补贴自查自纠，并组织召开住房补贴培训班，进一步规范住房补贴发放工作。

4. 发挥职能监督

指导欧洲研究所制定完成“中国—中东欧研究院经费管理实施办法”。完成对服务局、图书馆、方志办等单位的相关问题的调查、取证、审核等工作。督促民族所完成“大调查”的整改汇报工作。组织全院 45 个二级预算单位完成了 2016 年决算报表的账表一致性的自查工作，加强了各单位在财务管理方面的工作。

5. 开展四项经费检查

积极参加四项经费检查工作，财计局抽出 4 人担任检查小组组长，2 名局领导担任带队领导，抽调 12 名会计人员参加检查工作。通过检查，充分发挥了财务监督作用，纠正了有关问题，规范了财务工作。

（七）加强内部建设，提高工作效率

财计局全体职工在院党组的领导下始终坚持正确的政治方向，服从大局、不断提升综合素质，为我院的科研事业发展与基础设施条件改善尽心尽力。

1. 加强全面从严治党

认真学习党的十八大、十九大精神，严格履行管党治党的主体责任和监督责任，通过党总支会、局长办公会、局务会、全局职工大会以及上党课的形式，继续开展“两学一做”学习教育，着力解决党员队伍在思想、组织、作风、纪律等方面存在的问题，把全面从严治党要求落实到每个支部、每个党员，使全体党员进一步增强政治意识、大局意识、核心意识、看齐意识。

2. 抓好廉政建设

深入贯彻落实中央八项规定，严格遵守“三项纪律”，认真梳理财计局在履行职责范围内纪律建设责任清单，根据院年度工作会议确定的反腐倡廉建设工作职责，抓好反腐倡廉建设主要任务的分解落实。

3. 做好财务人才引进工作

根据院引进人才计划，采用多元化招聘手段，严格按照院引进人才办法和招聘程序的要求，高效、及时地完成了 2017 年上半年和下半年的招聘引进工作，满足了经济所、情报院等 6 家单位的财务岗位的需求，保障了院财务管理工作的正常运行。

4. 推动内部建设

完成局工青妇换届工作。充分发挥工青妇作用，增强集体凝聚力。积极组织职工参加院羽毛球团体赛，并取得乙组第三名的优异成绩，成功晋级甲组；组织全局青年团员与“紫光阁”计划来社科院实习大学生开展联谊活动，组织全局职工参观考古研究所博物馆，丰富职工精神文化生活。

5. 做好保密工作

配合办公厅保密办、信管办，做好财计局文书档案、计算机、网络等保密管理工作。局保密工作领导小组严肃对待保密办布置的各项工作，不断强化工作职责，全局职工保密意识有所增强，保密工作稳步开展。

6. 努力提高工作效率，强化协调保障职能

充分发挥协调督办作用，做好局内工作完成情况的汇总上报，为领导科学决策提供依据。局各业务处室相互配合，认真完成各类督办事项；做好公文登记、扫描及流转工作，保证公文有序、及时传阅，做到公文安全管理。

及时与财计局指纹考勤人员和人事教育局进行沟通，按时核对指纹考勤全勤人员名单，确保财计局职工出勤率达到创新工程的指标要求。

离退休干部工作局

2017年，离退休干部工作局全面贯彻落实中办、国办《关于进一步加强和改进离退休干部工作的意见》，围绕中心，服务大局，牢牢把握为党和人民的事业增添正能量的价值取向，不断加强离退休干部思想政治建设和党支部建设，严格按照院领导“五个一样”“四个一流”的工作要求，以“三用”“四能”为标准，切实落实离退休干部政治待遇和生活待遇，扎实推进工作人员队伍建设，全面提升服务管理水平，离退休干部满意度明显提高。

（一）学习贯彻党的十九大精神，加强离退休干部思想政治建设和党支部建设

2017年，离退休干部工作局邀请原副院长李慎明、朱佳木，历史研究所所长卜宪群分别作全国“两会”精神、习近平总书记系列重要讲话精神、党的十九大精神学习辅导报告会，组织老同志参加中央和国家机关老同志专题报告会；开展“畅谈十八大以来变化，建言十九大”访谈座谈及征文活动，邀请原副院长汝信作专题访谈，召开专题座谈会，收到老同志征文63篇，并推荐刊发。各单位组织老同志召开“建言十九大”座谈会，为党的十九大胜利召开营造良好氛围。老专家协会召开学习习近平总书记“5·17”重要讲话和贺信精神座谈会；各离退休干部活动站开展以“喜迎十九大、营造邻里和谐”为主题的茶话会。

离退休干部工作局还组织离退休干部党支部书记参加院学习贯彻党的十九大精神报告会；举办离退休干部党支部书记培训班，听取中纪委七次全会精神学习辅导报告，组织赴山东省胶东（威海）党性教育基地，聆听红色胶东精神专题报告，参观中国甲午战争博物馆和有关纪念馆，围绕贯彻落实习近平总书记“5·17”重要讲话和贺信精神，研讨交流进一步加强和改进离退休干部党支部建设工作；推进“两学一做”学习教育常态化制度化，引导离退休干部党支部开展“学党章党规、学系列讲话，做合格党员”形式多样的主题党日活动，坚持定期召开全

体党员大会、支委会、党小组会以及党课学习的组织生活制度和支委普遍联系老同志制度；按月给离退休干部党支部书记（委员）发放工作补贴。

（二）发挥离退休专家学者的学术优势，为党和人民事业增添正能量

离退休干部工作局严格规范老年科研评审管理，坚持正确的政治方向和学术导向，完成2017年度老年科研基金资助项目和第七届离退休人员优秀科研成果奖评审工作，批准科研项目10项、学术出版资助项目27项，第七届离退休人员优秀科研成果奖一等奖5项、二等奖15项、三等奖13项。完成老年科研项目结项评审和在研科研项目年检工作；对56位离退休专家学者2016年度在“四报一刊”和有关学术期刊上发表的104篇理论文章、对策研究报告和学术论文给予25.7万元的后期资助；进行了2018年度老年科研基金科研项目、出版资助项目申报评审工作。与首都图书馆联合组织10场“社科讲堂”文明探源考古主题系列讲座。

（三）组织全院离退休人员开展庆祝建院四十周年系列活动

离退休干部工作局举办离退休干部庆祝建院四十周年座谈会，副院长、党组成员蔡昉出席座谈会并讲话，原副院长汝信等8位老同志作了专题发言。承办院庆四十周年文艺演出，各老年文体协会275人次参演，展现中国社会科学院四十年取得的辉煌成就。开展以庆祝建院四十周年“学讲话、谈变化、作贡献”为主题的征文、诗词和书画作品征集活动，编印《我与中国社会科学院》征文集、《春风化雨硕果丰》诗词集，与院工会联合举办庆祝建院四十周年书画展和摄影展。

（四）加强和改进离退休人员服务保障，不断提高老同志的获得感

春节前夕、老年节期间共走访371人，全年看望住养老院老同志87人。核查院属各单位落实老同志生活待遇情况，确保老同志长征基金、高龄补贴、离休护理费和老红军补助等费用按时足额发放。全年发放补助经费4375.295万元，其中：高龄补助567人计184.34万元，长征基金补助3477人计3859.005万元，离休干部护理费323人计237.06万元，老红军补助2人计4800元。为院直机关离退休人员调整离退休补贴，为75位老同志变更医疗单位，方便老同志就诊看病。

指导院属各单位建立关爱档案，为“因病致困、因事致困、因养致困”的老同志制定帮扶计划。对全院患病老同志进行调查摸底，全院患重大疾病人员548人，为深入推进特困老同志的精准帮扶提供依据。全年“两困”补助284人计94.41万元，其中：生活困难220人计29.54万元；医疗困难补助64人计64.87万元（其中院长基金补助34人计55.8万元）。邀请首都医科大学教授杨凤池作老年心理讲座；组织居住在建国门辖区内的老同志走进社区卫生服务中心，开展“健康知识讲座进社区，关爱老同志健康生活”的活动。

（五）丰富离退休人员的精神文化生活，不断提高老同志的幸福感

举办离退休人员迎春茶话会，组织第29届老年运动会，开办离退休人员书画基础学习班。组织老同志赴新疆、山东乳山、吉林、辽宁健康休养。

加大老干部活动中心、宿舍区离退休干部活动站基础设施建设力度，为老年协会增添设备，为老同志参加活动提供更多便利。充实完善各老年协会规章制度，组织建设更加规范化、制度化。各老年协会、活动站工作再上新台阶。

（六）加强组织领导，强化自身建设，提高离退休干部工作服务管理水平

召开院离退休干部工作领导小组会议，审议通过2016年度离退休干部工作目标管理考核达标结果和2017年度离退休人员科研项目、学术出版资助项目、第七届离退休人员优秀科研成果奖专家评审意见。召开院离退休干部工作会议，表彰第七届离退休人员优秀科研成果奖、院老干部工作先进集体和先进工作者。举办离退休干部工作人员培训班，学习中央和院党组有关文件精神，听取有关居家养老专题报告，了解掌握离退休干部工作业务政策和要求，交流离退休干部工作先进集体的工作经验。

举办全局学习贯彻习近平总书记在哲学社会科学工作座谈会上重要讲话和贺信精神专题培训班。健全党总支会议、局长办公会议、局务会议、全局大会等会议制度。坚持民主集中制原则，“三重一大”事项集体决策，自觉维护领导班子团结，认真开展批评和自我批评，提高党性修养。加强党支部建设，坚持“三会一课”组织生活制度，深入开展“两学一做”学习教育，赴平谷开展主题党日活动。坚持联系片制度，发挥对各单位的业务指导和服务作用。加强离退休干部工作制度建设，及时维护更新数据库管理工作，编发《离退休干部工作简讯》5期，《老年科研》简报4期，上传局网页信息106条4.1万字。组织参加院羽毛球、门球比赛，开展5次青年活动、4次妇女活动。

直属机关党委
直属机关纪委

2017年，直属机关党委在院党组和中央国家机关工委的领导下，以马克思列宁主义、毛泽东思想、邓小平理论、“三个代表”重要思想、科学发展观、习近平新时代中国特色社会主义思想为指导，以迎接党的十九大召开和学习宣传贯彻党的十九大精神为主线，以党的政治建设为统领，深入贯彻落实中央全面从严治党要求，着力推进“两学一做”学习教育常态化制度化，全面推进我院党的政治、思想、组织、作风、纪律和制度建设，不断提高党的建设质量，为实施创新工程、构建中国特色哲学社会科学，提供了坚强保证。

（一）深入开展迎接和学习宣传贯彻党的十九大各项工作，强化“四个意识”，坚决维护党中央权威和集中统一领导

1. 精心组织迎接党的十九大召开的各项工作

（1）认真做好中国社会科学院出席党的十九大代表推选工作。党的十九大召开前，按照中央统一要求和部署，召开直属机关三届委员会二次全委（扩大）会议，专题研究部署中国社会科学院出席党的十九大代表候选人推荐提名工作。全院有 487 个党支部的 5868 名党员参与，基层党组织参与率为 100%，党员参与率为 92.6%，达到了中央要求。经过推荐提名、征求意见、组织考察、名单公示等各个环节，圆满完成了中国社会科学院出席党的十九大代表推选的各项工作。共有 5 名同志当选为党的十九大代表。

（2）深入开展以迎接党的十九大为主题的系列活动。组织全院党员干部参观由中宣部等四部委联合主办的“砥砺奋进的五年”大型成就展，立体化、多角度、全方位地感受党的十八大以来党和国家事业发生的历史性变革；在全院基层党组织中广泛开展以“迎接党的十九大，做合格党员”为主题的党日活动；举办“喜迎十九大，颂歌献祖国”职工文艺汇演，表达全院职工迎接党的十九大胜利召开的喜悦之情。

（3）积极营造迎接党的十九大召开的浓厚氛围。一是深入学习习近平总书记“7·26”重要讲话精神。习近平总书记“7·26”重要讲话，为开好党的十九大奠定了重要的政治基础、思想基础、理论基础。院党组高度重视，带头学习研讨，并发出学习通知，要求以讲话精神为指导，迅速兴起迎接党的十九大热潮。二是院属单位采取多种形式，深入宣传党的十八大以来党和国家及中国社会科学院各项事业取得的成就和经验。《中国社会科学报》用两版篇幅报道中国社会科学院自党的十八大以来在党建工作方面取得的成绩，引起良好反响。三是密切关注社会动向对干部职工思想的影响，加强政治意识教育，不断提高政治敏锐性和政治鉴别力。

2. 精心组织学习宣传贯彻党的十九大精神

（1）认真传达学习党的十九大精神。院党组高度重视党的十九大精神的学习宣传贯彻工作，多次召开党组会议，研究部署全院学习宣传贯彻工作，党组书记、院长王伟光就学习宣传贯彻工作提出明确要求。10 月 16 日，院党组下发《关于做好学习宣传贯彻党的十九大精神有关工作的通知》。10 月 18 日，组织安排各单位党员干部职工收听收看开幕实况。党的十九大闭幕后，院党组立即召开中心组学习扩大会议，王伟光主持会议，传达党的十九大精神和习近平新时代中国特色社会主义思想，并就全院学习贯彻工作作出部署。副院长、党组副书记王京清，中纪委驻院纪检组组长、党组成员邓中华分别传达了中央有关精神。

（2）举办全院所局级和处室干部培训班。11 月 7 ~ 9 日、21 ~ 23 日，院内分别举办了两期学习宣传贯彻党的十九大精神所局级领导干部培训班。王伟光作动员讲话。与会同志就如何学习宣传贯彻落实好党的十九大精神、推进全面从严治党等问题进行研讨，进一步加深了对党

的十九大精神的理解，增强了学习贯彻党的十九大精神的自觉性。举办处室干部千人大培训，对研究室主任、党支部书记开展集中培训，推动学习党的十九大精神在各学科、各支部落地生根。

（3）推动兴起学习宣传贯彻党的十九大精神热潮。全院各级党组织充分利用宣讲会、专题报告会等方式，迅速兴起学习热潮，努力把全院党员干部职工的思想和行动统一到党的十九大精神上来。

一是深入开展宣讲。党的十九大召开后，院里成立了以王伟光同志为团长，所有党组成员为主要组成人员的学习宣传贯彻党的十九大精神宣讲团，到院属各单位开展宣讲。王伟光带头分别在党组扩大会议、所局级主要领导干部培训班、中国社会科学院大学宣讲党的十九大精神。王京清在院职能部门作宣讲报告；院党组其他成员分别结合各自专业领域和工作分工，深入开展宣讲。

二是深入学习研讨。院属单位党委中心组把学习党的十九大精神作为重要内容；党委书记带头讲党课，推动全体党员深入学习；各单位党支部通过结对共建、重温入党誓词等开展学习研讨；院党校第43期干部进修班举办学习党的十九大精神研讨会；举办院统战成员学习贯彻落实党的十九大精神暨统战智库建设研讨班；举办院青年学者学习贯彻党的十九大精神专题研讨会和院马克思主义经典著作青年读书班。通过学习研讨，全院党员干部职工“四个意识”进一步增强，维护党中央权威和集中统一领导的自觉性更加坚定。

三是深入研究宣传。中国社会科学院积极宣传阐释党的十九大精神。院领导接受中央新闻媒体约稿或采访数十次，深入宣传阐释党的十九大精神和习近平新时代中国特色社会主义思想。院内专家学者也积极撰写文章，进行理论阐释。科研部门围绕全会精神，列出重点选题，组织力量开展深入研究。院内新闻媒体开设专栏，组织刊发阐释文章，营造浓厚的学习氛围。

（二）深入学习贯彻习近平新时代中国特色社会主义思想，坚定政治信仰，确保正确的政治方向和学术导向

根据院党组部署，直属机关党委精心组织全院干部职工深入学习习近平新时代中国特色社会主义思想，坚持读原著、学原文、悟原理，不断强化理论武装工作。2017年以来，认真组织学习党章、《准则》和《条例》，增强党章党规意识；深入学习习近平总书记中共十八届六中全会讲话、“5·17”重要讲话和致中国社会科学院建院40周年贺信、“7·26”重要讲话、党的十九大报告等，坚定政治信仰，坚持用习近平新时代中国特色社会主义思想统领全院各项工作。

1. 认真做好院党组理论学习中心组相关工作。根据要求，制定院党组理论学习中心组学习计划，精心做好党组理论学习中心组学习的总结、报送和宣传工作，充分发挥党组理论学习中心组的带头示范作用。印发《中共中国社会科学院党组贯彻落实〈中国共产党党委（党组）理论学习中心组学习规则〉实施办法》，进一步强化党委中心组理论学习。首次编辑出版院属单位党委理论学习中心组学习成果汇编——《加快构建中国特色哲学社会科学》。该书以学习

习近平总书记“5·17”重要讲话为主题，共收录学习体会文章65篇，30余万字，充分体现了中心组学习的成果和质量。

2. 持续抓好“关键少数”的理论学习。一是连续7年举办所局级主要领导干部读书班。王伟光作开班动员讲话，王京清作总结讲话。院党组成员驻会指导。读书班重点学习了列宁《帝国主义论》，学习习近平总书记系列重要讲话和中共十八届六中全会精神，进一步增强了所局领导干部的政治纪律和政治规矩意识。二是连续4年举办全院处室级干部千人理论大培训。分六期对全院1000多名处室干部进行轮训，集中学习研讨习近平总书记系列重要讲话精神。上述两项培训得到了中央领导同志的充分肯定。抓实“关键少数”产生了良好示范效应，带动党员干部和科研人员联系实际，全面系统学习。

3. 圆满完成各类培训任务。围绕学习习近平总书记系列重要讲话精神，分别举办了院党校处级干部进修班、新任党支部书记培训班、入党积极分子培训班等。根据中宣部要求，开展学习习近平总书记“5·17”重要讲话全员培训，院属单位认真组织，圆满完成了培训任务。

（三）坚持思想建党和制度治党同时发力，扎实推进全面从严治党，增强管党治党主体责任意识

院党组高度重视全院党建工作，采取有力措施把中央全面从严治党要求落到实处。2017年以来，中国社会科学院党建工作多次得到中央督导组、中央国家机关工委的充分肯定。工委副书记陈存根到中国社会科学院调研检查工作时认为：“中共中国社会科学院党组认真贯彻落实中央全面从严治党要求和工委《实施方案》，认识明确、措施具体、要求严格、推进有力、成绩突出，在中央国家机关各部门中走在了前列。”

1. 举办推进全面从严治党专题培训班。7月24～28日，院党组举办2017年度深入学习贯彻习近平总书记“5·17”重要讲话、致中国社会科学院建院40周年贺信精神暨推进全面从严治党专题培训班。王伟光作题为“全面从严治党，加快构建中国特色哲学社会科学”的开班动员讲话和“一切为了十九大，一切围绕十九大”的总结讲话。王京清作题为“坚定不移推进全面从严治党，以优异成绩迎接党的十九大胜利召开”的报告。会议总结了党的十八大以来中国社会科学院党建工作的经验和做法，凝聚了从严管党治党的共识，增强了全面从严治党主体责任意识。

2. 开展全面从严治党大调研。根据院党组安排，直属机关党委牵头成立6个调研检查组，分赴院属单位开展全面从严治党大调研，这是几年来全院规模最大、范围最广、调研内容最全的一次党建大调研。共召开座谈会47次，527人次参加座谈，收回有效问卷753份。调查显示，98.8%的干部职工对全院贯彻落实全面从严治党总体效果评价“很好”或“比较好”。这次调研取得了丰硕成果，既发现了各单位党建工作的典型做法，又查找出存在的问题，对推动全院党建工作再上新台阶起到了积极作用。

3. 加强全面从严治党制度建设。积极做好院属单位贯彻落实院党组《关于落实全面从严

治党　切实加强党的建设的意见》及实施细则的督促检查工作。院党组制定印发《中共中国社会科学院党组贯彻落实〈中国共产党问责条例〉实施办法（试行）》和《中共中国社会科学院党组巡察工作实施办法（试行）》，建立严格的责任追究机制。把党委书记讲党课情况纳入创新工程考核，实行一票否决。

4. 积极做好党组织书记党建述职评议考核工作。院党组成员认真听取全院15家单位党组织书记现场述职，并作出点评。至此，院党组织书记党建现场述职评议考核三年计划已全部完成。王京清代表直属机关党委向工委作书面述职。直属机关党委常务副书记崔建民向院属单位党组织书记、职能部门党员代表现场述职。各单位党组织书记向本单位党员述职。通过党建述职评议考核，激发了各单位党组织书记做好党建工作的政治责任感。

（四）推进“两学一做”学习教育常态化制度化，突出政治功能，夯实基层党组织建设

1. 深入推进全院“两学一做”学习教育常态化制度化。根据中央和院党组统一部署，向全院印发实施方案。召开工作推进会，传达学习习近平总书记重要指示精神，王伟光作动员部署。成立院“两学一做”督导组，对院属单位进行督促指导。党员领导干部以普通党员身份参加所在支部活动，全体党员积极参与，学习教育呈现良好态势。全院学习教育工作得到了中央督导组的肯定。

2. 严格党内政治生活。2016年院党组民主生活会坚持“四必谈”，党组成员谈心谈话104人次；党组班子征求到意见10大类38条；认真撰写对照检查材料，会上严肃开展批评与自我批评，会后形成整改意见，并就党组民主生活会情况向全院通报。院属单位按照要求召开了民主生活会，对敏感问题不回避，坦诚说明，达到了统一思想、增进团结的目的。院属单位党支部开展专题组织生活会和民主评议党员，组织生活质量显著提高。

3. 加强研究所党委领导班子建设。督促院属各单位党委严格按照《中国社会科学院研究所党委工作条例》和《中国社会科学院研究所所长工作条例》开展工作。做好研究所党委和纪委换届工作，完善换届程序，严格换届流程，全年共有5家单位完成换届工作，11家单位完成委员增补工作，批准成立中国社会科学院大学临时党委。

4. 加强基层党支部建设。一是加强基层党组织书记培训。印发轮训工作方案，细化责任分工，保证培训效果。二是规范支部活动。印发《关于进一步规范我院基层党组织活动有关规定的通知》，对支部活动作出规范。三是创新支部活动方式。鼓励党支部开展院内院外结对共建活动，受到广大党员欢迎。四是做好失联党员排查和规范处置工作。五是做好党费收缴使用管理工作。六是做好全院社会组织党组织党建工作。全院111家社会组织实现了党的组织全覆盖，其中，22家单独建立党支部，89家建立联合党支部。七是做好发展党员工作。八是做好节日慰问困难党员工作，全年共发放慰问金118800元。

5. 党员信息化工作稳步推进。一是按照中组部要求高质量完成了全院党员和党组织信息采集工作。二是首次建立基层党支部信息数据库。三是推广使用“支部工作”App，提高党建信息化水平。

（五）加强社会主义核心价值观建设，积极为职工办好事，思想道德水平显著提升

1. 成功举办全院第四届道德建设论坛。论坛以“著作等身与著作等心”为题，王伟光出席论坛并讲话，李培林主持论坛。论坛引起很大反响，人民网、光明网、中新网、中国社科网等进行了报道。

2. 精神文明创建工作取得突破性进展。社会学研究所获得“第五届全国文明单位”荣誉称号，成为建院以来首次获得该殊荣的单位，标志着中国社会科学院精神文明建设工作取得突破性进展。持续开展机关作风评议，并将评议结果在全院通报。继续做好信访工作。

2017 年 3 月，中国社会科学院社会学研究所获得“第五届全国文明单位”荣誉称号。

3. 圆满完成“挑战杯”全国大学生课外学术科技作品竞赛评审工作。2017 年，中国社会科学院首次作为主办单位与共青团中央等 4 家单位共同组织开展第十五届“挑战杯”全国大学生课外学术科技作品竞赛。竞赛期间，共组织近 100 名专家对 533 件文科作品进行评审，圆满完成了评审工作。

4. 扎实做好职工子女入学工作。着力构建职工子女入学工作长效机制，落实好与东城、朝阳区教委合作协议。全年共帮助院内职工 99 人解决子女入学问题，受到干部职工好评。

5. 积极做好职工住宅配售工作。根据院党组安排，制定院《东坝职工住宅配售方案》及实施细则，成立职工住宅配售委员会，组织编写《职工住宅配售问答》，积极做好院职工住宅配售相关工作。

（六）巩固拓展落实中央八项规定精神成果，强化纪律执行，党的纪律意识进一步增强

1. 严格落实中央八项规定精神。一是做好院属单位贯彻落实新修订的《中共中国社会科

学院党组关于贯彻落实〈十八届中央政治局关于改进工作作风、密切联系群众的八项规定〉的意见》情况的监督检查。二是向中共中央办公厅、工委报送全院贯彻执行中央八项规定精神的情况。

2. 落实督办要求开展专项工作。一是加强纪律教育。举办“反腐败国际合作”专题报告会，邀请国家预防腐败局副局长、中纪委国际合作局局长刘建超作“反腐败国际合作”专题报告。举办“以案释纪明纪　严守纪律规矩”青年学者座谈会，增强纪律意识。二是开展违规购买消费高档白酒自查自纠工作，形成情况报告报送驻院纪检组。三是制定院《关于领导干部操办婚丧喜庆事宜实行报告制度的暂行规定》。四是印发《关于院属单位党组织在编辑出版工作中加强政治把关的意见》。五是向驻院纪检组报送党的十八大以来全院开展巡视巡察情况、纠正“四风”等情况报告。

3. 努力推进财经审计工作。一是加强制度建设。制定印发院《领导干部经济责任审计规定实施细则（试行）》《经费检查管理办法（试行）》等。二是开展内部审计工作。完成对2016年领导干部经济责任审计报告的反馈工作。进行2017年院属所（院）局级领导干部经济责任审计工作。三是开展“四项经费”检查工作，形成情况报告报送院党组。

（七）加强党对统战和群团工作的领导，创新方式方法，推动统战和群团工作再上新台阶

1. 扎实做好统战工作。加强院统战工作长效机制建设，在研究所党委设置统战委员，强化责任分工。组织中国社会科学院全国人大代表、政协委员、党外专家开展国情调研。编发中国社会科学院全国人大代表和全国政协委员议案、建议和提案集。召开中国社会科学院全国人大代表和全国政协委员座谈会。院统战处被中央统战部评为“党外知识分子建言献策信息工作先进单位”。

2. 深入推进工会工作。开展工会工作调研，走访18个院属单位工会组织，了解基层工会开展工作、经费使用、职工困难等情况。在院属单位开展经费专项核查。组织开展丰富多彩的文体活动，职工参与率和积极性显著提高。开展困难职工补助，共发放补助金近45万元。

3. 创新青年工作。创新方式，加强对团员青年的思想引导。创建团委微信公众号，关注用户1500余人。开展学雷锋志愿服务活动，取得良好效果。组织院第一届光·影手机摄影大赛，吸引了众多职工参与。组织首届社科院青年网络书画展。

4. 积极做好妇女工作。开展“家风建设在行动——传家训、立家规、扬家风”活动。向困难女职工发放慰问金91000元。慰问院内9个有残疾子女的职工家庭。“我为国家工作　家人为我自豪”活动获中央国家机关“主题家庭日优秀案例”奖。

（八）加强直属机关党委自身建设，强化政治理论学习，党务干部队伍素质显著增强

1. 坚持学习制度。及时传达学习中央和院党组精神，提高党务干部政治素质，在思想上政治上行动上同以习近平同志为核心的党中央保持高度一致。

2. 严明组织纪律。完成党总支和工会换届工作。严格落实党内生活各项制度，引导党员干部增强组织观念，自觉遵循组织程序，严格执行请示报告等制度。

3. 提高办刊水平。认真办好《社科党建》《统战学习活页》《党的工作简报》等，不断提高办刊质量。

4. 提升工作能力。按照全面从严治党要求，不断提高党务干部工作能力，推动党建工作创新发展。

（九）直属机关党委创新工程工作

2017 年 12 月，直属机关党委按照《中国社会科学院职能部门和部分单位创新工程实施方案（试行）》的文件要求，顺利完成了竞聘工作。按照院创新办审批结果，2018 年度我单位共有 23 位同志进入创新工程，其中常务副书记崔建民、直属机关纪委书记王晓霞为首席管理。

基建工作办公室

2017 年，基建工作办公室在院党组、后勤服务保障临时联合机关党委的领导下，认真落实创新工作任务，以改善全院职工住房和科研办公条件为抓手，坚持优质、高效、安全、文明、廉洁的原则，较好地完成了各项工作任务。

（一）党风廉政建设工作

1. 切实履行党风廉政建设主体责任和监督责任

一是强化第一责任意识，基建办党总支负责人为单位第一责任人，带头履行全面从严治党主体责任，牢固树立“四个意识”，始终把纪律意识挺在前面；积极履行第一责任人的政治职责，及时传达中央精神，坚决执行院党组决策部署，充分发挥领导核心作用。二是认真履行政治领导责任，认真组织学习贯彻党的理论和路线方针政策，及时将党的十八大、十九大精神及院党组重要会议、文件精神传达到全办党员干部。三是坚持党委中心组学习制度，基建办领导班子自觉学习党章、党规、习近平总书记系列重要讲话精神并撰写学习体会文章。四是严把选人用人关，认真执行《党政领导干部选拔任用工作条例》以及中国社会科学院干部选拔任用有关规定，按照干部选拔任用要求和程序，及时将优秀的业务骨干充实到领导岗位。五是健全主

任办公会议事制度，带头执行民主集中制。制定基建办主任办公会议事规则，严格执行“三重一大”集体决策制度。六是自觉执行《准则》《条例》，带头执行《中国共产党廉洁自律准则》《中国共产党纪律处分条例》及中央八项规定精神，模范遵守党纪国法特别是严守党的政治纪律和政治规矩，接受中央纪委驻院纪检组和群众的监督。七是自觉履行监督职责，根据院党组关于印发《中国社会科学院党组关于深入贯彻落实〈十八届中央政治局关于改进工作作风、密切联系群众的八项规定〉的实施意见》的通知精神，基建办制定了贯彻落实通知的实施办法。八是完善监督机制，加大对关键岗位和重要环节的风险防控，成立基建办工程项目招标审核小组，对自主招标项目进行监督，防止一个人说了算，确保权力在阳光下运行，从而进一步提升预防预控能力。

2. 加强作风建设，筑牢拒腐防变的思想道德防线

深入贯彻习近平总书记系列重要讲话和治国理政新理念新思想新战略，紧密联系基建办实际，始终把思想教育作为首要任务，坚持用党章党规规范党组织和党员行为，用习近平总书记系列重要讲话精神武装头脑、指导实践、推动工作。

建立常态化学习机制，开展常规教育，提高思想认识。开展对干部理想信念、政治纪律、执业纪律、职业道德等方面进行教育。坚持领导带头、全员参与，党员领导干部当好表率、率先垂范，全体党员干部积极主动参加；突出理想信念、纪律作风主题，重点抓好学习宣传和思想教育，切实增强党员干部的“四个意识”。通过系统学习党章、党规、习近平系列重要讲话，党员干部的理论水平不断提高。

开展主题教育，强化思想自觉。一是紧紧围绕保持和发展党的先进性和纯洁性，以“为民、务实、清廉”为主题，深入开展群众路线教育。二是落实“三严三实”总体要求，教育党员干部时刻牢记“严以修身、严以用权、严以律己，谋事要实、创业要实、做人要实”强化思想自觉。三是深入开展“两学一做”学习教育，在基建办营造学习党章、党规，争做优秀共产党员的氛围。四是贯彻落实习近平总书记“5·17”重要讲话精神和致我院建院40周年贺信精神，将习近平总书记讲话精神与工作结合起来，以学促做。五是开展党风廉政警示教育。组织党员干部集中观看《打铁还需自身硬》《巡视利剑》等纪录片，教育党员干部“防微杜渐、警钟长鸣、守住底线、远离高压线”，推动全面从严治党向纵深发展，营造风清气正的工作氛围。

3. 开展形式多样的主题党日活动

组织开展了“以案释纪明纪，严守纪律规矩”主题警示教育活动、“忆抗战，学党史，做合格共产党员”参观抗日战争纪念馆主题党日活动，特别是参观“砥砺奋进的五年”大型成就展，党员干部们为五年来国家取得辉煌成绩感到震撼和自豪，更加坚定了共产主义信念，增强了坚持走中国特色社会主义道路理论制度文化自信。通过开展形式多样的活动，极大地增强了基建办党总支的凝聚力和战斗力。

组织开展家风建设在行动活动——“传家训、立家规、扬家风”，继承中华民族的优良传统，发扬中华民族的传统美德。

4. 落实“三会一课”制度，总支书记带头讲党课

基建办党总支坚持定期召开党员大会、党小组会、支部委员会。会议明确主题，突出政治学习和教育，坚持问题导向，注重党性锻炼。坚持总支书记、支部书记讲党课。

（二）制度建设工作

1. 落实审计和巡视整改任务

2014 ～ 2015 年度，国家审计署对基建办组织实施的相关基建项目进行了审计，审计未发现重大违规问题，但也指出了基建工作中存在的问题。为此，基建办认真整改，并将整改情况与驻院审计组进行了沟通。2016 年、2017 年分别组织开展全院基本建设项目自查自纠工作，并对自查自纠中发现的问题进行整改。

2. 建章立制，规范基本建设工作程序

根据中央纪委驻院纪检组纪律建设工作要求，基建办制定了纪律建设职责清单并对清单进行任务分解。为“完善规章制度，加强监督管理，巩固扩大巡视审计整改成果，建设风清气正的科研环境”工作要求，基建办制定并印发了《中国社会科学院基本建设项目立项审批管理暂行办法》和《中国社会科学院工程项目招标管理及监督办法（试行）》。

加强对全院基本建设工作的指导。基建办举办了基本建设业务培训班和“两个办法”贯彻落实培训班，邀请业内专家授课、答疑解惑。编辑出版了《基本建设制度汇编》，该汇编收集了常用的国家建设法律、法规、条例及院内基本建设相关制度，为院基建工作人员提供了便捷可靠的工具书。

（三）基建工程

1. 推动东坝职工住宅建设项目

该项目规划建设占地面积 56487 平方米，总建设规模 218800 平方米，总户数 1314 套。几年来，在院党组的支持下，基建办在项目征地、规划、设计、审批、可行性方案、工程招投标、资金筹措（朝阳区政府 25200 万元资金已划拨至院里）等方面加大了工作力度。2017 年度该项目取得突破性进展，于 2017 年 4 月完成施工招投标；9 月 7 日，北京市住建委批复了施工许可证；9 月 25 日，院党组批准召开开工动员会，下达了开工令，工程进入实质性开工阶段。

2. 中心档案馆及科研附属用房翻改建项目

该项目经国家发改委、财政部批准立项，建设规模 14976 平方米，项目总投资 10039 万元。项目于 2013 年 6 月开工，2014 年底竣工交付使用，缓解了院档案用房和科研用房紧张状况，科研办公环境得到进一步改善。

3. 科研与学术交流大楼项目

经中央领导同意，国家发展和改革委员会批准立项，拟在贡院东街建设科研与学术交流大楼，拟建规模 62320 平方米，批复项目征地拆迁补偿投资 85000 万元。2011 年 3 月，院里启动拆迁工作，目前已完成拆迁 90%。近期，为配合中央京津冀一体化协同发展和非首都功能疏解政策要求，积极支持地方政府工作，经院党组研究决定，按照北京市最新的总体规划要求，该项目在北京其他区域另行选址建设，选址和置换工作正在有序推进。目前已基本确定在朝阳区金盏乡划拨 26540 平方米土地，可规划建设约 80000 平方米。

4. 大力推动中国社会科学院大学项目建设

一是扩建研究生宿舍项目。基建办于 2015 年 3 月向国家发改委申请项目立项并得到批复，总建筑规模 34199 平方米，总投资暂定 17000 万元。在院领导亲自与北京市领导的协调下，该项目被列入北京市“一会三函”重点项目，近期基建办积极与规划等有关部门协调，征地、规划、设计方案、方案确定等手续有序推进中。

二是大会堂项目。根据研究生院需求申请，基建办于 2017 年 7 月批准立项，总建设规模 22000 平方米，计划投资 22000 万元。积极协调北京市规土委领导，该项目被列为“重点关注”推进项目，目前已由北京市规土委批转到房山区规土委，继续进行后续审批程序。

三是考古文博学院。项目总建设规模 120591 平方米，计划投资 80000 万元。基建办协助人文公司对该项目向国家发改委申报立项、设计方案的审定，对项目相关招投标等事宜进行了技术指导。

四是中国社会科学院大学后续规划项目。为满足中国社会科学院大学未来发展需要，经院党组批准，近期基建办制定了初步发展规划，规划中共涉及项目 14 个，总建设规模 234900 平方米，计划总投资 194100 万元，对 14 个项目已合并向国家发改委申报立项。

五是中国社会科学院大学青岛校区项目。按照院领导要求，对中国社会科学院大学青岛校区规划设计方案提出修改意见。

（四）房屋修缮工程

五年来，在院党组的支持下，基建办认真执行财政部年度修缮计划，落实院领导交办的修缮任务，累计完成各类修缮项目约 50 项，总投资约 31000 万元。其中投资额 1000 万元以上的大中型修缮 6 项，总投资 18525 万元，涉及修缮面积 15800 平方米；一般修缮项目 40 余个，总投资约 12475 万元。

1. 已竣工大中型修缮项目

一是国际片文物修缮和院落综合整治项目，该项目经国家发改委和北京市文物局批准，于 2013 年 7 月完成整体文物保护性修缮和庭院综合整治，修缮面积约 21000 平方米，其中庭院整治 8700 平方米，总投资约 2300 万元。

二是国家方志馆展前综合整治项目。该项目经财政部批准立项，于 2015 年陆续展开施工，2017 年 9 月完成各项整治并通过验收。项目改造面积约 11000 平方米（含庭院），总投资约 1200 万元。

三是院部科研大楼装修改造项目。该项目经财政部批准立项，于 2014 年陆续展开施工，该项目分东、中、西三段，2016 年 7 月完成最终改造并投入使用，总投资 7235 万元，装修面积约 45000 平方米。

四是院庆 40 周年系列改造工程。经院党组批准，为庆祝社科院建院 40 周年系列活动，基建办相继组织完成学术报告厅加固改造项目、图书馆二层和三层布展改造、贵宾接待室改造、图书馆屋顶及外立面防水修缮等，共投资约 2390 万元，涉及改造面积约 21000 平方米。

五是望京研究生院旧址综合修缮工程。经财政部批准立项，该项目于 2016 年至 2017 年陆续完成供暖系统、给排水系统、屋面防水等改造，总投资 1200 万元，涉及改造面积约 60000 平方米。

六是院部电力增容项目。经财政部批准立项，该项目于 2013 年 7 月启动，分东、西两路施工，2016 年上半年完成东路改造并正式通电，西路改造正在有序推进中，总投资 4200 万元。

2. 推进并完成的其他一般修缮项目

经财政部和院领导批准，基建办分别组织完成了中国社会科学出版社西楼和庭院环境改造工程、法学研究所办公区整体改造、民族学与人类学研究所办公用房改造、院部食堂改造、郭沫若纪念馆综合修缮、通州博士后公寓改造等工程 40 余项，完成总投资约 12475 万元。

3. 推进老旧小区改造项目

2016 年 7 月，按照院领导指示，基建办全面接管老旧小区改造工作，现已组织完成车公庄和昌运宫小区的改造工作，并已通过北京市有关部门验收，总投资 7953 万元，改造面积 53969 平方米，涉及住户 700 户。

按照国管局工作安排，2017 年，基建办推动了东罗圈 11 号院、建外永安南里、劲松九区、花园东路 16 号院、皂君东里、东厂北巷 2 号楼共 6 个老旧小区的改造，目前已全部完成招投标工作并取得开工许可证，陆续展开施工，上述项目总投资 12376 万元，改造面积 70302 平方米，涉及住户 890 户。

三　院直属单位工作

中国社会科学院大学（中国社会科学院研究生院）

（一）人员、机构等基本情况

1. 人员

截至 2017 年底，中国社会科学院大学（中国社会科学院研究生院）（以下简称“研究生院”）共有在职教职工 418 人，其中正高级职称人员 41 人，副高级职称人员 101 人，中级职称人员 148 人；高、中级职称人员约占在职人员总数的 69%。校（院）所属的 40 个教学系（大学 4 个学院 7 个专业）有指导教师 1605 人，其中，博士生导师 616 人，硕士生导师 989 人。

2. 机构

中国社会科学院大学（中国社会科学院研究生院）设管理机构 16 个、教学机构 17 个、教辅机构 3 个。管理机构：校办公室（党委办公室）、党委组织部（人事处）、宣传统战部、团委、纪委办公室、教务与科研处、研究生工作处、本科生工作处、学位办公室、招生与就业处、国际交流与合作处、财务处、后勤处、保卫处、综合协调办公室、基建处。教学机构：马克思主义学院、人文学院、经济学院、政法学院、管理学院、考古与文博学院、媒体学院、国际关系学院、公共外语教研部、体育教研部、计算机教研部、国际教育学院、工商学院、公共政策与管理学院、文法学院、继续教育学院、东盟学院。教辅机构：图书馆、网络中心、学报编辑部。

截至 2017 年底，研究生院固定资产值 83181.85 万元，收入合计 44056.66 万元，其中，财政补助 20149.01 万元，上级补助 128.64 万元，事业收入 22869.04 万元，其他收入 909.97 万元。

截至 2017 年底，在校本科生共计 3289 人，其中，良乡本部校区 388 人，西三环学区 2901 人。同期，在校研究生共计 4126 人，其中，博士研究生 1598 人，硕士研究生 2528 人；专业学位硕士研究生 1418 人；港澳台研究生 61 人，其中博士研究生 54 人，硕士研究生 7 人；外国留学研究生 28 人，其中博士研究生 26 人，硕士研究生 2 人。

另有继续教育课程班学员 3683 人，其中，课程班学员 2278 人，高级课程班学员 1405 人。

（二）招生就业及教学管理工作

1. 招生就业工作

2017年招收第一届本科生392人；招收研究生1340人，其中，科学学位研究生630人（博士研究生454人，硕士研究生176人），专业学位研究生710人。2017年，研究生院硕士研究生统考报名3620人，录取886人（含接收推免生87人）；博士研究生报名2536人，录取454人。2017年，研究生院录取硕士生中学术型硕士生176人，专业学位硕士生710人。

2017年组织的就业指导类活动主要包括：一是开展职业素质测评活动，帮助毕业生科学地认识自己，准确地进行职业定位，共计400多人参加测评；二是与院外专业培训机构合作，免费为毕业生开办了为期8天的“公务员考试辅导培训班”；三是针对应届毕业生缺少职业经验、缺乏求职知识的问题，充分利用北京高校毕业生就业指导中心的资源，举办了简历制作、面试技巧、求职英语、职业Office等就业指导讲座6场；四是广泛开展了人性化、个性化的日常的就业指导与服务，为毕业生提供就业政策、就业知识、就业技巧等方面的指导咨询1000多人次。

2. 学位授予与学科专业设置工作

2017年6月研究生院学位评定委员会第十届五次会议审议决定，共授予学位1196人，科学学位研究生518人，其中获博士学位研究生287人、硕士学位研究生231人（含以同等学力申请学位73人），专业学位硕士研究生678人。截至2017年6月，研究生院共授予学位16111人，其中博士学位5149人，硕士学位6393人，硕士专业学位4569人。

在学科建设方面，研究生院设置6个学科门类，15个博士学位一级学科、17个硕士学位一级学科，111个博士学位二级学科（含21个自主设置的博士学位二级学科）、117个硕士学位二级学科（含21个自主设置的硕士学位二级学科），有北京市重点学科建设5个。

3. 教学与教学管理工作

2017年，研究生院审核各系及专业学位教育中心开设课程1688门，通过学生问卷调查对院内开设的公共课、专业基础课和选修课进行了教学质量评估，共评估了70门课程的304位老师。根据《中国社会科学院研究生院优秀教学奖奖励办法》的规定，通过课程教学质量评估，评选出了2016～2017学年获得优秀教学奖的5名教师。

4. 优秀博士学位论文评选工作

2017年6月，研究生院评选表彰了15篇“2017年研究生院优秀博士学位论文”的作者、导师及相关教学系。“研究生院优秀博士学位论文”评选工作始于2004年，14年来共有109篇博士学位论文被评为“研究生院优秀博士学位论文”。

5. 博士后管理工作

研究生院博士后流动站2017年招收博士后研究人员共计7人，其中国家资助博士后5人

（其中 3 人为本站招收，2 人是与上海研究院合作招收），项目博士后 2 人。2017 年，研究生院分别与上海研究院和中诚信博士后工作站签订了合作协议，并开始进行了招收和培养相关工作。

（三）学生教育管理工作

2017 年，研究生院进一步抓好研究生党、团组织建设，开展学生评优等丰富多彩的主题活动。2017 年开展全校规模的学生党建活动 6 次，组织支部委员培训 277 人次；研究生党总支严把发展党员质量关，2017 年 309 名同学加入入党积极分子培训班，优中选优共发展预备党员 281 人；认真做好推优评优工作，评选出 2017 年度优秀研究生 448 人，优秀研究生干部 185 人，推选出 48 名 2017 年度中国社会科学院研究生院“北京市优秀毕业生”。

2017 年研究生院建立健全研究生管理制度，加强对研究生会工作的领导，大力开展社会实践，倡导研究生的创新精神和实践能力，丰富校园文化，增强研究生思想政治教育的针对性和实效性。2017 年中国社会科学院研究生院首次参加中央国家机关大学生“紫光阁”实习计划，选派 4 名同学参加该实习计划；开展北京市博士研究生挂职工作，推荐 9 名博士研究生成功挂职。2017 年运营研究生院广播电台、社科学子、社科小院等新媒体，积极培育意识形态阵地，组织开展“喜迎十九大——我的青春，我的梦”主题征文活动、校园歌手大赛等活动；组织学生参加第十五届“挑战杯”全国大学生课外学术科技作品竞赛，第十二届“外研社杯”全国大学生英语辩论赛等活动。

2017 年研究生院积极完善奖助学金管理体系，提高资助育人能力。2017 年向北京市人力资源和社会保障局推荐 2017 年度城乡低保家庭毕业生求职补贴 2 人；为了解决本院研究生在读期间因家庭经济困难或其他特殊原因而产生的临时生活困难，完成 2016 年研究生特困补助申报评审工作，按照等级实行梯度差异困难补助研究生 148 人。

完成 2016 年度学业奖学金、国家奖学金以及陈佳贵经济管理学术精英奖学金的评审和发放工作。其中，获得 2016 年度研究生院二三年级奖学金 591 人，2016 年度国家奖学金 87 人，2016 年度陈佳贵经济管理学术精英奖学金提名奖 5 人（荣誉奖空缺）。2017 年研究生院首次享受国家生源地助学贷款，为 50 名研究生办理了生源地贷款业务，解决了贫困研究生学习和住宿问题，确保学生正常求学。完成 2017 年度研究生院新生奖学金、学业奖学金、国家奖学金的评审及发放工作。其中，获得 2017 年度新生奖学金 392 人；获得 2017 年度二三年级奖学金 692 人，2017 年度国家奖学金 88 人；为培养学生自立自强精神，帮助家庭经济困难学生顺利完成学业，奖助学金管理办公室 2017 年为网络中心、基建处、教务处等部门招聘三助岗位学生 80 余人。

（四）专业硕士学位教育工作

2017 年，中国社会科学院研究生院不断深化、优化体制机制改革，新增设了第八个专业学位项目——“汉语国际教育”专业学位，并通过整合自身现有教育教学资源，成立了工商学院、公共政策与管理学院、文法学院3个学院。

1. 工商学院

工商学院是在整合研究生院原工商管理硕士教育中心和金融硕士教育中心资源基础上成立的高端智囊型工商学院，以培养具有“世界眼光、本土经验、人文素养、社会责任”的高端应用型人才为使命，通过整合社科院科研学术资源和优质的校友资源，实行校内、校外导师共同培养的“双导师”制，在提高学生理论知识的同时，培养学生的实践能力，逐渐呈现出品牌突出、多学科交叉、师资雄厚、高品质课程、实战性强的五大优势。

（1）工商管理硕士（MBA）教育中心。2017年，MBA教育中心获得了第十七届中国MBA发展论坛“十大优秀联合会”、腾讯网“2017年度品牌价值商学院”、新浪网“2017中国品牌知名度MBA院校”、新华网“2017年度品牌影响力MBA院校”、第五届MBA全国案例精英赛华北分赛区季军等荣誉。MBA教育中心统考报名共计324人，录取158人。158名学生参加论文答辩，通过率为94.9%，毕业150人，就业率89.33%。年底在校生人数为335人。

MBA教育中心狠抓教学环节基本建设与质量监控，进一步推进专业内涵建设。教学管理方面，优化专业建设，调整课程结构，加强和完善各项教学制度建设；课程开设方面，结合MBA学生的实际需求，开设了创业管理、创业投资理论与实务等专业课程及相应选修课程；注重实践教学，积极开展MBA第二课堂，与国内外知名企业联手参与企业诊断、策划咨询等实践活动；学风建设方面，抓考风正学风。积极改革考试内容和方法，建立适合的命题、监考、阅卷等管理制度。

2017年，成功举办了“光明优倍”杯第十五届中国MBA创业大赛北方赛区决赛；组织“东方绮丽杯”第五届MBA案例大赛并选拔两支队伍参加全国案例精英赛；组织学生参加企业模拟挑战赛、亚太地区商学院沙漠挑战赛等文体和学术活动。共评选出新生奖学金12人、国家奖学金6人、学业奖学金26人。成功派遣各2名交换生赴荷兰蒂尔堡大学和我国台湾地区暨南国际大学学习；成功派遣学生赴美参加杜兰大学EMBA国际周项目学习，并协助接待杜兰大学EMBA学生团来华开展学术交流、课程学习和企业参访等活动。与美国密苏里州立大学、法国SKEMA商学院及中国香港特别行政区岭南大学成功签署协议，合作开展双学位项目。

（2）金融硕士（MF）教育中心。2017年，金融硕士（MF）教育中心统考报名共计60人，录取66人，其中包含推免生9人，一志愿考生11人，调剂考生46人；62名学生参加论文答辩，通过率100%；毕业62人，就业率为100%。年底在校生人数为15人。

金融硕士（MF）教育中心顺利完成各项工作任务。新增一门专业必修课程《金融计量经济学》，该课程强调将计量技术有效地应用于处理金融领域中的真实数据和问题，为金融硕士在将来利用模型来解决实际问题提供帮助；新增3名理论导师，所聘导师在金融市场、金融与发展、PPP模式等方面具有较深厚的理论积淀，为我院培养优秀的应用型、复合型金融硕士注入了新鲜动力；加强学生管理工作，重视学生思想政治教育和贴心为学生服务。

金融硕士（MF）教育中心秉承公开、公正、公平原则，完成了2016级金融硕士学业奖学金和2017级金融硕士新生奖学金的评比工作。其中，2016级金融硕士2人获国家奖学金、2人获一等学业奖学金、5人获二等学业奖学金、11人获三等学业奖学金；2017级金融硕士1人获一等新生奖学金、2人获二等新生奖学金、3人获三等新生奖学金。

2. 公共政策与管理学院

公共政策与管理学院遵循国际最先进的公共管理学科和教育模式办学，着力打造国内一流、国际知名的教育、学术、政策研究平台。学院目前拥有政府政策与公共管理系、税务硕士教育中心与公共管理硕士教育中心3个教学部门，现拥有国民经济学与政治学两个一级学科博士点，拥有社会政策、社会治理、行政管理、社会保障、人力资源管理五个二级学科博士点，以及MPA和税务硕士两个专业硕士学位点。下设社会组织与公共治理研究中心、税收政策与管理研究中心、领导力研究中心等多个研究中心。

（1）政府政策与公共管理系。2017年政府政策与公共管理系新增博士生导师15名，硕士生导师1名，多为我国著名经济学专家，并担任重要的领导工作岗位。该系创新管理思路和工作方法，服务协调好导师的工作。新增“信息系统与经济管理”“环境经济学”“卫生经济学”“区域经济”等8个专业方向，创新多种办学形式和教学模式，有针对性地对不同班次学生进行管理和培养方案的设计，创新研究生培养工作平台。摸索创新研究生培养和管理模式，培养高层次专门人才。

该系利用现有师资的英语优势和国际交流经验，在原有基础上，进一步加大全英语和双语开设教授专业课的力度。在教材、课件、授课、课堂讨论、课程作业、课程考试等环节，部分或全部采用英语，增加了学生用英文阅读文献、用英文进行学术写作和学术讨论的能力，为撰写英文学术论文、参与国际学术交流奠定坚实基础。

（2）税务硕士（MT）教育中心。2017年，税务硕士教育中心计划招收45名学生，实际招生44人，圆满完成本年度招生计划。其中，推荐免试的报考人数为17人，实际录取人数为10人；统考报考人数（含调剂考生）共计75人，录取35人（实际报到34人）。45名学生参加论文答辩，通过率100%，毕业45人，就业率为100%。年底在校生人数为88人。

2017年，在研究生院领导的关心以及全国税务硕士专业学位研究生教育指导委员会的指导下，税务硕士教育中心各项工作取得显著成效，开创了招生、教学、学位、实践就业等各项工作的新局面。其中，在教学培养过程中，根据税务硕士的培养需求，优化培养方案，调整课程体系，丰富课程教学师资，为2017级研究生新开设了《数量分析方法》《中国经济问题》《经济学前沿》三门课程，教学效果有明显提升。

2017 年 5 月 19 ～ 21 日，税务硕士教育中心与融智华尔街（北京）创业投资有限责任公司联合推出的“中国税务律师高端培养项目”成功举行。2017 年，税务硕士教育中心积极组织学生参加各种有意义的比赛和活动，组织同学参加各类行业研讨会，该中心 2016 级学生陈卓恒参加“第二届全国中青年税收学术研讨会”的论文成果喜获二等奖；2016 级学生王丽娜与导师合著的论文《环境保护税会计核算相关问题研究》在《税务研究》2017 年第 12 期发表刊登。此外，税务硕士教育中心顺利完成了 2017 年 2016 级国家奖学金与致通振业奖学金的评选工作。

（3）公共管理硕士（MPA）教育中心。2017 年，公共管理硕士教育中心计划招收 150 名学生，报考人数 269 人，实际招生 142 人。151 名学生参加论文答辩，142 人通过答辩，通过率 94%，毕业 140 人，就业率为 93.93%。年底在校生人数为 201 人。

2017 年，公共管理硕士教育中心从招生、教学、学科建设、培训等多项工作齐下手，积极围绕着“打造中国最顶级的 MPA 专业学位教育品牌”这一核心战略目标，有侧重、有层次地开展工作。教学培养方面，在原培养方案的基础上，深入践行“培养具有公共精神高效领导者”的办学理念，深化以领导力为核心的培养理念深入实施。学科建设方面，重点策划《领导力八讲》《个人领导力》《决策、问责与公共参与：公共政策热点案例启示录》3 本研究成果；且在 2017 年 5 月，公共管理硕士教育中心在研究生院领导的带领下，全力支持本院申请公共管理一级学科博士点，在申报过程中承担了收集材料、组织专家会议、撰写申报材料等大量工作。

2017 年初，公共管理硕士教育中心组织策划了《中国社会组织报告（2016 ～ 2017)》社会组织蓝皮书发布会，参会人员达 100 余人，并组织媒体进行宣传报道。5 月，组织接待香港浸会大学优秀师生来京访学活动。11 月，组织 21 名优秀社科 MPA 研究生、校友对香港浸会大学进行访问。此次访问将开启社科 MPA 与香港浸会大学社科科学院 2017 ～ 2018 年度的京港互访活动，也是两校连续第四年的互访活动。此外，公共管理硕士教育中心还举办了 4 次领导力研习营活动，16 次内部集体学习活动，以及顺利完成 2017 年 2016 级国家奖学金与专业学位奖学金的评选工作。

3. 文法学院

文法学院在整合研究生院原社会工作硕士教育中心、文物与博物馆硕士教育中心以及法律硕士教育中心的基础上，依托中国社会科学院社会学研究所、考古研究所、历史研究所、法学研究所和国际法研究所而建立，致力于汇集全国优秀教学资源，着力打造优质培养平台，将文法学院建设成为国内师资雄厚、信誉良好、品质优秀的人才培养基地。现有任课教师 150 余名（含 8 名中国社会科学院学部委员、8 名国家文物鉴定委员会委员），研究生导师 140 余名（含兼职导师），目的是培养具有扎实理论基础和突出专业技能的相关专业优秀研究生，经过十余年的发展，现有在校生 500 余名，毕业研究生 1000 余名，在全国有着重要的影响力。

文法学院社会工作专业以培养“以人为本、助人自助、公平公正”为理念和目标，文物与博物馆专业“以文运开以载道，博物明以会通”为指导思想，以培育“一流管理人才、研究人才、教育人才”为己任，全方位地吸收国内外社会工作硕士教育先进的教学内容和教学方法，在教学上注重通才培养与专项发展并重，精心安排必修课，开设大量选修课，有效地丰富了研究生的知识体系。文物与博物馆专业对内依托中国社会科学院考古研究所、历史研究所等，对外依托故宫博物院、国家博物馆、国家图书馆、恭王府博物馆、首都博物馆等，上述7个单位的专家学者广泛、深入、持续地参与到研究生的课堂教学、专业实践、论文指导等环节。

此外，文法学院非常重视国际和地区交流与实践，社工专业目前不仅与法国、美国、英国、芬兰等国家以及我国香港特别行政区和我国台湾地区的多所高校、政府部门和社会组织等建立了合作关系，还在北京、广州、深圳等地的政府部门、相关事业单位、社会组织和社会工作服务机构建立了专业实习基地，聘请高水平的督导，为学生提供充足和高质量的专业实习。文博专业在境内推出了包括3座国家级博物馆、全部11座中央和地方共建博物馆、7座高水平特色博物馆在内的定点流动课堂制度，在境外推出了日本、我国台湾地区文博专题研修制度，两年之内完成全部授课和研修任务，成为全国独树一帜的培养模式。

（五）继续教育工作

2017年，继续教育学院共计招生1751人，其中课程班1147人，高级课程班604人；结业人数共计773人；截至2017年底在校生人数为3683人，其中课程班2278人，高级课程班1405人。

2017年，继续教育学院根据市场需求不断创新开发热门实用的专业课程，新增加了旅游管理等市场空缺的专业；深挖教学内容，严格筛选授课教师，保有高水平教育质量，掌握学生的思想动态和学习需求，严格依法依规办学；积极发展继续教育，在保留原有教学特色的基础上，开展院校之间、各专业之间、国内国外的特色教师、特色课程的深度合作，丰富学生的知识层面，开拓学生的知识视角。

（六）科研工作

1. 科研成果统计

2017年，研究生院共完成专著3种，950千字；学术论文58篇，505.83千字；研究报告2种，612千字；译著1种，110千字；一般学术文章2篇，6千字。

2. 科研课题

（1）新立项课题。2017年，研究生院获批立项的科研项目共19项。其中，社科院国情调研课题2项（均为所级调研基地项目）：“四川省雅安市荥经县天凤乡基地项目——乡村治理体系与治理能力建设研究——对四川省雅安市荥经县天凤乡追踪调研”（董礼胜主持），“广西柳州汽车城人力资源调研基地项目——广西柳州汽车城企业人力资源发展中的校企合作情况调查”（任朝旺主持）；社科院青年中心调研课题2项：“新媒体时代高校学生思想政治教育研究”（李提主持），“少数民族地区农村基层选举情况调研——以广西三江侗族自治县安马村为例”（赵凡主持）；研究生院院级课题15项：“当代中国外国文论接受研究：1949～2015”（张政文主持），“高校创业教育研究”（赵燕主持），“易经生态思想解析”（周勤勤主持），“湖南湘西苗族傩文化研究”（石力主持），“从仕进理念变迁看秦汉时期的儒法之争”（袁宝龙主持），“农村劳动力的主观幸福感研究”（王炜主持），“20世纪以来文艺理论关键词的数据分析研究”（赵玉敏主持），“双一流背景下的高校智慧图书馆建设研究”（李楠主持），“社会科学科研单位党风廉政风险分析”（张初霞主持），“清初贰臣心态与小说创作”（杨琳主持），“试论日本江户时代实学思想的形成轨迹”（李晓东主持），“北京城区步道建设的问题与对策”（刘潇潇主持），“对人文社会研究机构复合型人才管理的初步探索”（王亮主持），“文物与博物馆专业硕士培养方案优化”（刘强主持），“供给侧结构性改革背景下中小企业转型发展研究”（杨小科主持）。

（2）结项课题。2017年，研究生院共有结项课题23项。其中，社科院国情调研项目2项（均为所级调研基地项目）：“四川省雅安市荥经县天凤乡基地项目——乡村治理体系与治理能力建设研究——对四川省雅安市荥经县天凤乡追踪调研”（董礼胜主持），“广西柳州汽车城人力资源调研基地项目——广西柳州汽车城企业人力资源发展中的校企合作情况调查”（任朝旺主持）；研究生院重点课题1项：“世界能源发展报告（2016）”（黄晓勇主持）；研究生院专题研究课题与个人自选项目19项：“经济大国的寂寞”（黄晓勇主持），“推进天然气人民币战略的路径探析”（黄晓勇主持），“当代中国文论‘关键词’构建的基本途径”（张政文主持），“德国智库的运营机制及启示”（刘潇潇主持），“掌控话语权的锁钥”（周勤勤主持），“企业环境绩效影响因素分析”（杨晓科主持），“中国城市创业指数（2015）”（杨晓科主持），“面向社会组织的专业志愿服务：一个初步的分析”（何辉主持），“先秦时期边疆思想的产生与演变”（袁宝龙主持），“中国能源转型对个人生活方式的挑战”（周兴君主持），“中国工程机械产业与拉美的合作：问题与对策”（赵红宝主持），“中国创业企业实践”（赵卫星主持），“美国伍德罗·威尔逊国际学者中心的发展理念和运行机制分析”（周军兰主持），“中国共享型住宿业的创新与挑战”（任朝旺主持），“我国显失公平的立法瑕疵及重构”（张初霞主持），“论“庚子之变”后的母子一心”（刘强主持），“公共物品的供给效率与政府职能转变研究”（孙晓主持），“‘互联网＋高校图书馆’融合发展模式探讨”（李楠主持），“湖南湘西苗族傩文化研究”（石力主持）；交办课题1项：“中国社会科学院大学思想政治系列职称评定方案”（张政文主持）。

（3）延续在研课题。2017年，研究生院共有延续在研课题7项。其中，国家社会科学基金课题2项：“抓住和用好本世纪第二个十年我国发展重要战略机遇期的若干重大问题研究——面向未来的我国大国经济发展战略”（重大招标项目，刘迎秋主持），“患者隐私权法律保护研究”（一般项目，龚赛红主持）；社科基金子项目1项：“马克思主义理论话语权建设研究”（张政文主持）；国情调研特大项目子课题2项：“精准扶贫精准脱贫百村调研——精准扶贫创新机制研究——以湖南花垣县十八洞村为例”（刘艳红主持），“精准扶贫精准脱贫百村调研——贫困山区的现代化突围——广西三江侗族自治县洋溪乡安马村情况调研”（赵燕主持）；研究生院院级课题2项：“世界能源发展研究”（黄晓勇主持），“中国社会组织研究”（蔡礼强主持）。

（七）国际学术交流与合作

2017年，研究生院教职工出访13批次，接待来访21批次，共涉及75人次。国家留学基金委建设国家高水平大学项目中，提名32人，获选25人。2017年中国社会科学院国际青年学者研修班共招收了来自23个国家的30名学员。

2017年，研究生院先后承办了“发展中国家治国理政总统顾问研讨班”（部长级官员培训项目）等9期援外培训项目，共邀请到来自亚洲、非洲、欧洲、北美洲、南美洲、大洋洲的36个国家298名官员和学者来华参加研修活动，为研究生院历年来援外培训工作举办项目、培养人数最多的一年。中外合作办学方面全面扩张，研究生院与美国杜兰大学合作举办金融管理硕士项目5周年，二期20人于2017年9月顺利毕业（另有8人未修满学分延后毕业），三期学生共计59人（含深圳地区）已完成部分课程的学习。项目四期、五期同时开展招生录取工作，截至2017年11月共录取72人（含深圳部分，其中12人将于2018年注册入学），并向教育部申请2017年起扩大招生名额20个，总名额达60人。

（八）图书馆概况

图书馆建筑面积10700平方米，馆藏总量为43.2万余册，其中，中文图书33万册，外文图书4.75万多册，中外文期刊5.45万余册，形成了以人文和社会科学文献为主体，兼有自然科学技术文献等多种类型、多种载体的综合性馆藏体系。

2017年，中外文新书入藏总量为21676册，其中中文图书20785册，外文图书891册。全年订购中文期刊1063种，中文报纸89种，外文期刊84种。加工入库期刊合订本1918册。全年共接待读者265620人次，借还书总量为135514册次。2017年，笃学讲堂共举办各类活动63场次，接待人数3117人，其中学术讲座19场，图书馆电子资源和服务讲座8次，配合研究生院其他部门组织各类典礼和相关活动7场，笃学讲堂周末影院29场。

（九）学术期刊

《中国社会科学院研究生院学报》（双月刊），主编张政文，执行主编林维。

2017年，该刊继续实行期刊“五统一”（统一管理、统一经费、统一印制、统一发行、统一入库）和双向匿名审稿制度，加强党委对学报的领导，整合资源、降低成本、改进服务、提高质量和效益。单月出版，共出6期，刊发的有代表性的文章有：林祖华的《马克思恩格斯的民生思想及其当代启示》，罗文东的《中国共产党对马克思主义政党学说的坚持和发展》，金民卿的《习近平新时代中国特色社会主义思想的发生逻辑》，邸乘光的《“四个全面”与习近平新时代中国特色社会主义思想》，孙彩红的《习近平关于政府与市场关系思想的特征及实践价值》，陈树文、林柏成的《试论习近平治国理政思想的内在逻辑格局：合规律性与合目的性的统一》，孙霄汉的《共同价值与中华民族伟大复兴》，王树人（老树）的《中国道思之我思》，李景林、云龙的《教化——儒学的精神特质》，任蜜林的《从本体论到工夫论：董仲舒的气论思想》，李存山的《中华民族的耕读传统及其现代意义》，周勤勤的《王阳明思想的全方位探讨与阳明学的当代传承发展——第五届知行论坛暨文化复兴与阳明学的当代传承发展国际学术大会综述》，唐代兴的《“天人合一”观之原点辨正》，黄晓勇的《推进天然气人民币战略的路径探析》，刘永佶的《中国政治经济学的主题：规定中国现实经济矛盾系统》，白暴力、王胜利的《供给侧改革的理论和制度基础与创新》，黄志刚的《财富创造与供给侧改革》，王晓红的《我国企业对外直接投资现状及对策研究》，余斌的《中国特色社会主义公共经济政策研究》，何干强的《应当重视〈资本论〉宏观经济理论的研究和应用》，王郅强、林昂扬的《“为官不为”的表现、诱因及其治理路径》，邱海平的《中国特色社会主义政治经济学的理论属性》，李亚军、张亮的《延迟退休背景下青年就业促进政策的作用——OECD国家经验及对我国的启示》，钟瑛的《陈云财政金融思想与实践及其现实启示》，宋瑞的《我国旅游业全要素生产率研究——基于分行业数据的实证分析》，姬虹的《特朗普移民新政的影响与走向》，张中元、沈铭辉的《中国—东盟自由贸易区对双边贸易产品结构的影响》，李文的《特朗普任期内美国内外政策调整与中美关系》，李永全的《中俄关系回顾与展望——纪念〈中俄睦邻友好合作条约〉签署十五周年》，吴恩远、郭文的《论普京的文化强国战略》，郑世保的《论我国在线解决纠纷机制的完善》，李媛媛的《国家文化治理视域下的现代公共文化服务体系发展趋势研究》，高楠的《〈《政治经济学批判》导言〉的启示：建构文学理论面对文学实践的中介范畴》，李健的《感物创造艺术意象的美学机制》，姚文放的《王艮“尊身论”对舒斯特曼“身体美学”的支持和超越》。

（十）会议综述

刘延东到中国社会科学院调研座谈

2017年3月23日，中共中央政治局委员、国务院副总理刘延东来到中国社会科学院调研座谈。她在调研中强调，要深入学习贯彻习近平总书记系列重要讲话精神和治国理政新理念新思想新战略，坚持以马克思主义为指导，树立以人民为中心的研究导向，紧紧围绕解决我国经济社会发展和我们党执政面临的重大理论和实践问题，为加快构建中国特色哲学社会科学再立新功。

刘延东先后参观了中国社会科学院智库成果展、研究生院校史馆，并与中国社会科学院部分单位负责同志座谈，听取意见建议。刘延东在参观中国社会科学院研究生院的建校和发展历程时，深情回忆起与研究生院老领导的工作交往，对中国社会科学院研究生院培育出众多为国家与社会发展作出突出贡献的人才给予了积极评价。在中国社会科学院研究生院校区沙盘模型前，王伟光向刘延东介绍了研究生院的总体规划和硬件情况。刘延东认真听取，对中国社会科学院研究生院近年建设成绩表示了肯定，并希望研究生院越办越好。

中国社会科学院院长、党组书记王伟光，副院长、党组副书记王京清，副院长、党组成员张江，中央纪委驻院纪检组组长、党组成员张英伟，副院长、党组成员蔡昉等陪同调研并出席座谈。

（社科大）

中国社会科学院经济发展问题国际青年学者研修班开班典礼

2017 年 8 月 21 日，中国社会科学院创新项目、第六期“中国社会科学院经济发展问题国际青年学者研修班”开班典礼在中国社会科学院举行。中国社会科学院副院长蔡昉、国际合作局副局长胡乐明，以及来自“一带一路”沿线 20 多个国家的 30 名学员参加了开班典礼。

蔡昉在致辞中充分肯定了国际青年学者研修班的重要意义和研究生院连续六年举办该项目的成功经验。他指出，国际青年学者研修班在展示中国社会科学院人文社会科学研究成果，提升中国社会科学院国际学术领域话语权和知名度等方面发挥了重要作用。蔡昉还介绍了中国当前经济发展的新形势和新特点，希望各位学员利用聆听中国社会科学院相关领域专家讲座的机会，更加深入地了解中国经济社会发展的真实情况。

来自乌克兰的娜塔莉女士和巴基斯坦的巴图尔女士作为学员代表发言，她们都表示很高兴能够参加此次国际青年学者研修班，并对组织此次研修班的中国社会科学院研究生院和国际合作局表示感谢，希望通过此次研修班能够更加直观地了解中国的经济发展情况。

（社科大）

中国社会科学院大学成立大会暨 2017 级新生开学典礼

2017 年 9 月 12 日，中国社会科学院大学成立大会暨 2017 级新生开学典礼在中国社会科学院大学（中国社会科学院研究生院）举行。中国社会科学院院长、党组书记、中国社会科学院大学校长王伟光，中共中央政策研究室常务副主任、中宣部副部长王晓晖，共青团中央书记处常务书记贺军科，中国社会科学院副院长、党组成员、中国社科大第一副校长张江，国家发展和改革委员会社会发展司副司长蔡长华，财政部科教司副司长童爱萍，中国科学院大学常务副书记、副校长董军社，中央团校党委书记倪邦文等领导同志出席典礼。来自清华大学、中国人民大学、北京师范大学、北京航空航天大学、北京理工大学等高校的领导，以及北京团市委、房山区政府及房山公安分局的领导出席成立大会。

2017 年 9 月，中国社会科学院大学成立大会在北京举行。

成立大会在升旗仪式后拉开帷幕。王伟光校长、王晓晖副部长共同为大学揭牌，贺军科书记、张江第一副校长陪同揭牌，张江第一副校长为大学授校旗，王新清副校长，王兵副书记接校旗。贺军科书记、王伟光校长先后发表讲话。

（社科大）

哈佛大学教授萧庆伦和叶志敏到访中国社会科学院大学并作专题学术讲座

11 月 14 日，美国哈佛大学萧庆伦、叶志敏教授以及中国社会科学院人口与劳动经济研究所党委书记钱伟一行访问中国社会科学院大学并为师生作题为“失败的美国医疗卫生体制：一个制度经济学解释”的专题讲座。

萧庆伦是美国哈佛大学公共卫生学院教授、中国国务院医改专家咨询委员会首批顾问、美国科学院院士、美国参议院经济顾问，主要研究领域为医疗体制、保险精算等。叶志敏教授是哈佛大学公共卫生学院经济与政策教授、中国卫生合作项目部主任、世界银行和世界卫生组织经济顾问，主要研究领域为系统性医疗政策设计、实施和评估，对医疗服务提供者和患者行为影响的建模和评估等。

萧庆伦教授首先介绍了美国与其他主要发达国家在医疗卫生方面的情况，然后以制度经济学的方式深入地讲述了美国医疗卫生体制的基本政策、发展情况和存在的问题，切实地表明为何美国的医疗卫生体制是失败的。叶志敏教授就萧庆伦教授的讲座进行评议。她从制度、利益相关方和组织体制三方面进行比较分析，并辅以公立医院和私立医院体制对比，表达了现阶段医疗体制改革的困难。讲座结束后，萧庆伦、叶志敏教授和在座师生就医疗卫生体制改革相关问题进行交流与互动。

（社科大）

中国社会科学院图书馆（调查与数据信息中心）

（一）人员、机构等基本情况

1．人员

截至2017年底，中国社会科学院图书馆（调查与数据信息中心）（以下简称“图书馆”）共有在职人员87人。其中，正高级职称人员2人，副高级职称人员26人，中级职称人员30人，高、中级职称人员占在职人员总数的67%。

2．机构

图书馆设有：办公室、人事处（党办）、科研处、项目与资产管理处、文献信息研究室（知识定制部）、规划建设部、数字资源部、综合集成实验室、网站运维部、网络安全部、信息咨询部、采编部、期刊部、典藏部、古籍特藏部。

3．科研中心

图书馆下设一个院级非实体中心“中国社会科学院互联网发展研究中心”，也是中国社会科学情报学会秘书处所在地。

（二）图书馆工作

2017年，中国社会科学院图书馆（调查与数据信息中心）坚持正确的政治方向和学术导向，加快推进名馆、名库、名网建设等主要工作，全力开展国家哲学社会科学文献中心建设、全院古籍清理核实、服务高端智库等重点工作，各项工作不断迈上新台阶。

1．加强党风廉政建设，为工作再上新台阶保驾护航

图书馆党委按照中央和院党组的统一部署，及时传达、学习和贯彻党的十八大精神和党的十九大精神，深入贯彻习近平总书记系列重要讲话精神和治国理政新理念新思想新战略，坚定政治信仰，加强道德修养，提升思想素质，改善工作作风，落实全面从严治党“两个责任”，营造风清气正的工作氛围，促进图书馆各项工作顺利开展。

图书馆狠抓队伍建设、制度建设和纪律建设，继续严格执行“三公开一加强”“四个一”“先批后办、不批不办、批了再办、办就办好”“先验后收、不验不收、验后付款、验后入资产”等一系列规定，实施纪委监督、第三方审计等一系列措施，就采购招标、经费使用、资产管理等进行严格把关，努力做到工作公开透明、程序规范，预防腐败问题滋生，在全院四项经费检查、经费审计中受到肯定和好评。图书馆还牢固安全意识，通过设置各种应急预案，确保防火防汛防盗及保障网络信息安全等不出问题。

2. 落实中央要求，扎实推进国家哲学社会科学文献中心建设

为贯彻习近平总书记2016年在哲学社会科学工作座谈会上的重要讲话中明确提出的“要运用互联网和大数据技术，加强哲学社会科学图书文献、网络、数据库等基础设施和信息化建设，加快国家哲学社会科学文献中心建设，构建方便快捷、资源共享的哲学社会科学研究信息化平台”的要求及中宣部工作部署，在中共中国社会科学院党组的大力支持下，在院属各单位的通力合作下，图书馆依托中国社会科学院深厚的资源优势和全院“一库一网一平台”的信息化建设经验、哲学社会科学海量数据库建设成果，用短短三个月的时间建成国家哲学社会科学文献中心并于2016年12月30日正式上线运行。一年来，国家哲学社会科学文献中心发展迅速，面向国内外提供开放性、公益性和权威性的综合性人文社会科学开放获取文献信息资源与服务。

国家哲学社会科学学术期刊数据库于2013年建成，该库借助国家哲学社会科学文献中心建设的重大机遇实现跨越式发展，2017年新收录中文学术期刊近500种，新上线论文60余万篇。截至2017年底，该库签约中文学术期刊总量约2000种，上线学术论文总量约700万篇。除国家哲学社会科学学术期刊数据库外，国家哲学社会科学文献中心还建有外文学术期刊数据库、中国社会科学院科研成果数据库等特色资源数据库，提供外文学术期刊8000种及部分外文图书、古籍等文献资源。

图书馆利用多渠道、多领域、多形式，积极传播中国学术声音，在海内外推广宣传国家哲学社会科学文献中心及其子库国家哲学社会科学学术期刊数据库。截至2017年底，该中心注册个人用户约70万人，签约国内外机构用户约1200家，实现点击量超过1亿次、检索次数近1200万次、文献下载量超过1500万篇，受到国内外研究机构和研究人员的好评。

根据中宣部部署，完成并上报《国家哲学社会科学文献中心建设总体方案》。

3. 重视古籍管理与保护，启动中国社会科学院古籍清理核实工作

中共中国社会科学院党组高度重视文物古籍保护工作，近几年在完善领导体制、加强制度建设、改善文物古籍保存条件等方面做了大量工作。2017年12月1日，院务会议审议批准实施《中国社会科学院古籍清理核实工作实施方案》。为确保国有珍贵资产安全，为下一步全院古籍保护和开发利用提供准确的数据支持，全院争取用一年时间对院属各单位收藏的古籍进行全面清理核实。

2017年12月20日，中国社会科学院古籍清理核实工作启动动员大会在院部召开，院党组成员张英伟同志就开展全院古籍清理核实工作作动员讲话。全院古籍清理核实工作领导小组副组长，中国社会科学院图书馆党委书记、馆长王岚主持会议并通报了《中国社会科学院古籍清理核实工作实施方案》的主要内容和要求。会后，院属各古籍收藏单位着手开展本单位古籍清理核实工作。

4. 大力推进纸本资源建设，构建本院特色纸本藏书体系

在纸本图书建设方面，图书馆重视本院特色馆藏文献的完整性和系统性，以及研究藏书的权威性和相对系统性，少量择优采购与社会科学相关的人文科学类图书、自然科学类图书，以参考工具书为优先。在图书采购流程中严格遵守我院图书采购总代理制，经专家选书和研究人员荐书等主要形式开展中外文图书采访与编目工作。2017 年采访购入中文图书 11483 册、外文图书 2874 册，并完成编目入库。截至 2017 年底，院图书馆纸本藏书总量约 167 万册。

在纸本期刊建设方面，2017 年订购中文期刊 1360 种，外文期刊 763 种。

在学位论文收藏方面，2017 年收集加工哲学社会科学学位论文近 4 万册。截至 2017 年底，图书馆收藏全国 59 所高校的哲学社会科学学位论文总量约 50 万册。

2017 年下半年还完成 1800 册馆藏地方志志稿普查登记工作和多套丛书共 2000 函古籍的分编工作。

图书馆还建成全院古籍收藏中心，为古籍收藏提供安全可靠物理环境，在国务院副总理刘延东同志调研时受到好评。

5. 大力推进海量库和数字资源建设，为科研人员提供数据支撑

努力构建丰富全面且具特色的数字资源文献保障体系，为院内研究人员开展各领域研究提供了坚实的保障。图书馆主要开展海量库和馆藏资源数字化建设、商业型数字资源引进、网络开放资源整合等工作，同时面向全院科研人员提供相关用户服务。

第一，在海量库和馆藏资源数字化建设方面，哲学社会科学海量数据库一期建设基本完成。海量库相关子库数据不断充实，为科研人员提供数据支撑。其中，馆藏文献数据库整合各类资源元数据 1 亿 2000 万多条；科研成果数据库上线成果数据近 14 万条；社会调查数据库包含 7 个调查项目的共享数据；古籍善本数据库收录古籍 179 种 2354 册，完成 10 种 130 册共计 370 多万字的全文识别，古籍修复工作正在进行中。

第二，在商业型数字资源引进方面，执行院里关于数字资源长期永久使用的精神，按照馆内提出的“所里提需求、馆里下订单、人文公司去采购”工作流程，积极开展数字资源引进工作，特别是加大力度引进院智库和创新工程研究项目急需的资源。2017 年引进商业数据库约 89 个，目前在用数据库近 150 个。

第三，在网络开放资源整合方面，查找整理国内外网络开放获取数据库资源，提供给科研人员选择和使用。

6. 深化读者线上线下服务，探索智库服务机制

图书馆继续坚持取消本馆全部收费项目的政策，面向全院科研人员提供免费服务，贯彻“九大服务理念”，不断提升服务满意度。2017 年，图书馆共接待到馆读者超过 2 万人次；开展馆际互借 82 人次 220 册；全书复制 42 人次 59 册；申请期刊论文及图书章节 19 人次 64 篇，其中通过文献传递获取 15 篇，免费获取 47 篇；为中央领导精选图书约 200 种 500 余册。为了便于研究人员了解和使用数字资源，图书馆结合研究人员实际需求，以多种形式推介资源，包括小型沙龙、使用培训等活动。通过QQ群在线服务、微信、邮件咨询服务、电话咨询服务解答科研人员关于数字资源使用和资源引荐等相关问题。搭建和开通远程访问系统，方便研究人员随时随地查阅图书馆引进的数字资料。

2017年将智库服务列为重点工作之一，组建了智库服务团队，制定了智库服务手册，并为院内智库开展重点服务，承接上级单位的服务任务，取得较好效果。

2017年还开展实施2个社会调查项目，包括新承接社会学研究所委托的“2017年中国大学生就业、生活及价值观追踪调查”项目，开展与有关高校的项目联络、问卷回收、数据复核与录入等工作。做好政治学所上年度委托的社会调查项目“中国公民服务参与表达参与问卷调查”结项工作。

7．加快基础设施和信息化建设步伐，提供强有力信息技术保障服务

图书馆作为全院信息化建设单位，坚决落实我院信息化机制体制改革各项要求，积极开展基础设施和信息化建设工作。2017年，完成骨干网络基础设施升级改造，将原主干单线网络结构平滑升级为双线负载的网络结构，重新优化了网络区域结构和防火墙策略；实现双链路出口改造工程，将出口带宽提升至1G；配合中国社会科学院大学建设，利用双路复用技术保障了大学的用网需求，敷设、优化信息点近3000个，有效提升了网络的稳定性和可扩展性；完成科研楼西段等办公区域800多个信息点数的综合布线工作，确保建设区域内办公用网的上网速度和稳定性；建成4号机房，加强全院4个机房的运维管理；优化邮件系统服务，强化邮件系统安全，确保了邮件系统的正常使用，不断提高用户满意度；加强网络安全管理，开展全院网络安全管理员培训，到重点科研院所宣讲网络安全知识，部署天眼、鹰眼等安全设备，增强信息安全防御能力，配合公安部等单位及时有效处置了相关问题；落实审计署部署，完成院信息化建设审计工作。

8．全力做好技术保障，为名网建设提供坚实支撑

2017年，图书馆完成院内外网站发布平台的日常运维、安全保障和技术支持工作，保障了网站平台及其所支撑的中国社会科学网及院属各单位共80余个站点及托管的全院600余台网络设备、服务器、存储等设备的正常稳定运行。在各种国家重大活动时期，如“两会”、“一带一路”高峰论坛、党的十九大期间，做好院网站平台的重点保障工作，修订完善应急预案，组织相关运维公司进行了院网站平台的重点保障工作，通过实行驻场值守、加强巡检、增加各种安全保障措施、及时处理相关发现问题等措施，保证了我院网站未发生任何安全事故，受到公安部十一局、北京市公安局内保局的肯定和好评。

9．加快综合集成实验室建设，推进科研手段创新

图书馆不断完善实验室管理规范和评估流程，组织完成9个批次的实验室内容建设评估和后期资助，共产生成果数据库3个，计算机软件2个，专著18部，翻译丛书8部，研究报告集 7 部，论文集 2 部，调查报告、论文、要报等 231 篇，《快讯》244 期及《工作论文》182 期。还启动综合集成实验室调研工作，成立专门的部门负责相关建设。

（三）科研工作

1. 科研成果统计

2017 年，图书馆共出版专著 1 部，29.2 万字；论文 5 篇，1.92 万字。完成研究报告 7 部，20.4 万字。

2. 科研课题

（1）新立项课题。2017 年，院图书馆共有新立项课题 3 项，其中，院国情考察课题 1 项："图书馆转型与国家哲学社会科学文献中心建设"（王岚主持）；所级国情调研基地课题 2 项："'一带一路'战略下敦煌市图书馆的文化扶贫"（王岚主持），"山东武城优秀传统文化传承与普及调研"（王玉巧主持）。

（2）结项课题。2017 年，图书馆共有结项课题 3 项。其中，院级国情考察课题 1 项："新形势下的图书馆转型与发展"（王岚主持）；所级国情调研基地课题 2 项："'一带一路'战略与敦煌市图书馆的功能与定位"（蒋颖主持），"山东武城优秀传统文化保护与传承调研"（王玉巧主持）。

（3）延续在研课题。2017 年，图书馆共有延续在研课题 6 项。其中，院长委托课题 1 项："汉英新词语词典"（黄长著主持）；院重大课题 1 项："世界语言大辞典"（黄长著主持）；所重点课题 4 项："'走出去'战略与我院学者国际论文统计分析"（刘振喜主持），"图书馆危机管理研究"（魏进主持），"院图书馆岗位设置及考核办法研究"（赵慧主持），"论图书馆行政管理规章制度的建设"（王清君主持）。

3. 获奖优秀科研成果

2017 年，周霞的论文《文献计量学视域下的国家社科基金项目成效分析——以 2012 ～ 2016 年项目论文成果为例》获中国社会科学情报学会 2017 年学术征文一等奖；郭哲敏的论文《数字化转型背景下的学术图书馆文献资源建设》获中国社会科学情报学会 2017 年学术征文二等奖；任全娥的论文《图书情报智库的实施类型与案例分析》、杨华的论文《民国文献的整理与保护初探》、刁勇的论文《人文社会科学研究型图书馆军事（E）类核心藏书的确定》、刘怡飞的论文《英文古旧图书数字化对象探讨：以中国社会科学院图书馆为例》，均获中国社会科学情报学会 2017 年学术征文三等奖。

（四）学术交流活动

国际学术交流与合作

2017 年，图书馆共派出访问组团 5 批 20 人次，参加院组团出访 1 批 1 人次。在来访接待方面，接待临时来访 4 批 11 人次，接待院属单位接待外宾访问图书馆约 3 批 10 人次。

（1）出访活动

① 2017 年 7 月 3 ～ 7 日，图书馆办公室主任王清君一行 5 人对韩国庆北大学进行为期 5 天的工作访问。根据双方签订的所级交流协议，2017 年由该馆在韩国庆北大学举办中国社会科学图书展览，书展重点展出了中国社会科学院研究人员近 3 年出版的政治、经济、文化、外交等各领域的最新研究成果近 500 册。书展结束后，展出图书赠送给对方研究使用。

② 2017 年 8 月 20 ～ 24 日，图书馆馆长王岚一行 4 人对冰岛国家与大学图书馆进行为期 5 天的工作访问。其间，代表团与冰岛国家与大学图书馆进行了工作交流，代表团还顺访了冰岛大学社会科学系。

③ 2017 年 8 月 27 ～ 31 日，图书馆副馆长蒋颖一行 5 人对加拿大不列颠哥伦比亚大学图书馆进行为期 5 天的工作访问。代表团主要访问了加拿大不列颠哥伦比亚大学图书馆的主馆、亚洲图书馆和法学图书馆，就馆藏资源建设、信息技术应用、用户服务、馆藏布局等进行了深入交流。其间，代表团还顺访了温哥华公共图书馆。

④ 2017 年 9 月 18 ～ 22 日，图书馆常务副馆长何涛一行 5 人对俄罗斯科学院社会科学信息研究所进行为期 5 天的工作访问。其间，代表团与俄罗斯科学院社会科学信息研究所共同举办了中国社会科学图书展览，并授予对方国家哲学社会科学文献中心机构用户。代表团还顺访了俄罗斯科学院远东研究所、俄罗斯国立图书馆等机构，就馆藏资源建设与管理等内容进行了工作交流。

（2）来访活动

① 2017 年 9 月 25 日，图书馆馆长王岚等会见欧盟使团代表盖琳等一行对院图书馆进行工作访问。

② 2017 年 10 月 24 日，图书馆馆长王岚等与加拿大不列颠哥伦比亚大学图书馆研究馆员刘静进行工作座谈。

③ 2017 年 10 月 25 日，图书馆馆长王岚等在该馆会见施普林格出版集团中国地区销售总监崔晓莹一行 6 人。

④ 2017 年 12 月 26 日，图书馆馆长王岚等在该馆会见欧盟中国联合创新中心周瑞雪等一行。

（3）其他对外学术交流工作

2017 年，图书馆作为国务院新闻办“中国之窗”的成员馆之一，协助国务院新闻办做好图书对外宣传推广工作。积极利用现有文献交流渠道，积极协助对方推进“中国馆”项目。

2017 年，图书馆继续开展中国社会科学院与有关国（境）外学术机构的学术期刊交换工作。该馆向40余家国（境）外机构邮寄赠送以中国社会科学院主办出版为主的期刊约2000册。

（五）学术社团

中国社会科学情报学会，理事长庄前生。

（1）2017年10月29日，由中国社会科学情报学会与中国科技情报学会联合主办的“情报学与情报工作发展论坛（2017）”在江苏省南京市召开。会议对中国情报学以及情报工作的相关内容展开研讨，形成了《情报学与情报工作发展定位南京共识》。

（2）2017年11月8～10日，由中国社会科学情报学会与中国社会科学院图书馆主办，南京大学、南京农业大学承办的“深入学习贯彻党的十九大精神　迎接社会科学情报学发展的新时代”中国社会科学情报学会2017年学术年会在江苏省南京市召开。

（六）会议综述

中国社会科学情报学会2017年学术年会

2017年11月9日，以“认真学习贯彻党的十九大精神　迎接社会科学情报学发展的新时代”为主题的中国社会科学情报学会2017年学术年会在江苏省南京市召开。来自全国社科院系统、高校系统、党校系统、部队系统、公共图书馆系统等从事社科情报理论研究和实践工作的130余位专家学者及学会会员出席大会。年会由中国社会科学情报学会、中国社会科学院图书馆主办，南京大学与南京农业大学共同承办。

南京大学校长助理范从来、中国社会科学院图书馆副馆长张大伟以及中国社会科学情报学会名誉理事长、中国社会科学院学部委员黄长著为大会致开幕词。开幕式由中国社会科学情报学会常务副理事长兼秘书长、中国社会科学院图书馆副馆长蒋颖主持。

会议包括9场专家报告。南京大学信息管理学院院长孙建军、武汉大学信息管理学院院长方卿、北京大学信息管理系主任李广建、中国人民大学报刊资料中心主任武宝瑞、中国科技信息研究所工程中心常务副主任刘耀、南京大学中国社会科学评价中心副主任闵红平、中国人民大学信息资源管理学院教授周晓英、国防大学政治学院教授周军、中国社会科学院图书馆规划建设部主任杨齐等进行了主题演讲。专家们就学科建设与发展、实践应用与服务等主题与参会者分享了各自的新观点、新思想。大会还设立了图书馆学情报学前沿与热点、年会优秀论文报告两个分论坛，12位优秀学者和获奖论文代表交流了各自的研究成果和心得。

会议期间，学会理事会举行年度工作会议，蒋颖代表学会秘书处作2017年度工作报告。会议还讨论了理事变更，进行了新增理事选举。各位理事纷纷为中国社会科学情报学会的不断创新和发展出谋献策。

会议还公布了中国社会科学情报学会2017年学术征文评审结果，黄长著等学会领导和专家为获奖代表颁发了奖状。

（蒋　颖）

中国社会科学院古籍清理核实工作启动动员会议

2017 年 12 月 20 日，中国社会科学院古籍清理核实工作启动动员会议在北京举行。中国社会科学院党组成员张英伟出席会议并作动员讲话。

会议指出，各单位党委班子特别是主要领导，要高度重视这次古籍清理核实工作，对重要性、必要性和紧迫性要有充分认识，将这项工作作为贯彻党的十九大精神、贯彻习近平总书记“5·17”讲话精神的重要举措，切实负起主体责任，以高度认真、负责、严肃的态度，把这次古籍清理核实工作做实、做好，保证按时完成；要加强分工协作，积极努力做好古籍清理核实工作。古籍清理核实涉及全院多家单位，需要大家相互合作，共同努力。按照院务会议要求，全院古籍清理和核实工作，由院图书馆牵头组织，财计局负责督办指导；要坚持实事求是原则，确保古籍清理核实工作质量。古籍清理核实最重要的是保证数据的真实性和准确性；要以古籍清理核实为契机，建立古籍保护长效机制。不但要把现有古籍逐册登记，形成一套中国社会科学院古籍清理核实档案，同时也要解决好相关遗留问题。按照《中国社会科学院古籍清理核实工作实施方案》的要求，扎扎实实抓好这项工作。

院古籍清理核实工作领导小组副组长，图书馆党委书记、馆长王岚通报了古籍清理核实工作实施方案有关安排。他表示，院党组高度重视此次古籍清理核实工作，成立了全院古籍清理核实工作领导小组，负责此次古籍清理核实工作的统一协调和组织把关。此次古籍清理核实工作计划用 1 年时间完成。此次古籍清理核实工作有三个目标：一是摸清家底，二是规范管理，三是建成制度，使我院古籍工作真正做到心中有数、管理有据、研发有序。

中国社会科学院收藏的可移动文物是中华民族的宝贵财富，亦是全院重要的学术资源。为进一步做好可移动文物保护工作，建立健全相关规章制度，启动了可移动文物保护规定的制定工作，在反复调研和深入讨论基础上，制定了《中国社会科学院可移动文物保护暂行规定》。全院 18 家古籍收藏单位的主要领导和相关同志参加会议。

（潘玥斐）

中国社会科学杂志社

（一）人员、机构等基本情况

1. 人员

截至 2017 年底，中国社会科学杂志社共有编制内在职人员 58 人。其中，正高级职称人员 12 人，副高级职称人员 15 人，中级职称人员 20 人；高、中级职称人员约占编制内在职人员总数的81%。另有聘用制人员246人。

2. 机构

中国社会科学杂志社设处级机构18个。其中，采编业务部门12个，分别为马克思主义部、哲学部、社会科学部、文学部、史学部、国际部、对外传播中心、新刊编辑部、《中国社会科学报》编辑中心、《中国社会科学报》新闻中心、社科网采编中心、网络安全与新媒体中心；业务支撑部门3个，分别为总编室、研究室、事业发展部；行政管理部门3个，分别为办公室、人事处（党办）、财务资产部。

（二）报刊编辑工作

1.《中国社会科学报》（周一、周二、周三、周四、周五出版），总编辑张江。

2017年，《中国社会科学报》全年共出版242期，每周44个版（包括社科院专刊4个版），每月96万字。编辑部在以习近平同志为核心的党中央和党的十九大精神指引下，在院党组和编委会的领导下，坚持正确的办报方向，以重大现实理论问题为主攻方向，全面落实院党组的指示与部署，切实贯彻中国社会科学院“哲学社会科学创新工程”和“报刊出版馆网库志学术评价”名优工程建设战略部署，圆满完成全年各项编辑出版任务。

（1）主动设置议题，突出学术引领。《中国社会科学报》主动设置议题，提出标识性概念，深入研究马克思主义基本理论，深化研究标志性历史事件的重大理论问题和改革发展实践中的重大现实问题，策划专题重点报道，如开设“学习习近平7·26重要讲话精神”“砥砺奋进的五年”“学界喜迎十九大”“喜迎建院40周年”等专栏，组织系列报道、特别策划、独家报道等形式，进行学术引领。围绕重大社会热点，组织特别策划，展开深入的学理阐释，正确引导舆论。组织刊发了《习近平新时代中国特色社会主义思想指引中国新征程》《“5·17”讲话与中国特色哲学社会科学建构》《构建当代中国马克思主义文论话语体系》《完善机制建设　深化金砖合作》《决胜小康建设　跨越中等收入陷阱》《中国哲学社会科学的继承与创新》《网络安全与思潮引领》《当代智库使命与中国智库建设》《中国社会科学院迎来建院40周年》等20余期特别策划，体现了中央精神，及时正确引导了舆论。

（2）办好精品版面和栏目。正确处理资讯版、学科版、副刊版面的关系。资讯版突出重点、热点学术主题，注重协调国内学术新闻与国际学术新闻的关系，恰当处理学科、地域、作者队伍的平衡，努力体现学术信息成果的前沿性与整体性，增强可读性与丰富性。

下力气办好重点版面与栏目。“学海观潮”“评论”“争鸣”“学术评价”“智库”“对话”“马克思主义月刊”“国际月刊”等版面，努力体现学术前沿，反映热点问题，正确引导舆论，使学科版面与栏目在走向成熟的过程中，体现出以马克思主义理论为指导的内涵。

（3）重视报网视频联动，立体化展现报道效果。为适应移动互联网的发展趋势，《中国社会科学报》于2017年6月推出时长5分钟以内、更适合手机等移动客户端播放的短视频节目，并在微博、微信等新媒体平台上进行视频节目推广，截至11月底视频播放量已突破1000万次。自2017年10月起，为更好地学习贯彻党的十九大精神，《中国社会科学报》结合主报有关报道推出“学习贯彻十九大精神”系列节目，采用多种节目形式进行宣传和报道，其中，社科播报7期，短视频栏目“领航新征程”5期、“学习贯彻十九大精神系列访谈”9个。

中国社会科学杂志社与中央新影国际传媒有限公司合作，拍摄制作完成约40分钟的中国社会科学院建院40周年大型宣传片，通过多媒体方式，全方位、立体化回顾和总结了我院建院40年来，特别是近10年来取得的成就和经验。在该宣传片的基础上，策划、剪切和制作完成了约10分钟的中国社会科学院英文版宣传片。

（4）《中国社会科学报》英文数字报稳步发展。2017年，英文数字报共发行50期，报纸选题策划力度加大，版面与栏目设置更加丰富，报道形式日益专业化，表现风格趋于成熟，翻译水平明显提高，影响力得到进一步的提升。

（5）继续坚持开门办报，加强国内外学术交流与合作。努力提高层次、扩大影响。进一步扩大与全国各高等院校、科研机构，尤其是各通讯员单位的合作与交流。同时，在深化与“双一流”高校开展学术联系的基础上，不断扩展与国内新型智库、地方社科院的交流与合作。有越来越多的高校和科研机构将《中国社会科学报》刊发的文章列入学术评价体系。

2.《中国社会科学》（月刊），主编张江。

2017年，《中国社会科学》共出版12期，约330万字，总发稿量123篇。

围绕学习贯彻落实习近平总书记“5·17”重要讲话和致中国社会科学院建院40周年贺信精神，《中国社会科学》组织刊发了《努力建设马克思主义理论阵地，发挥为党和国家决策服务的思想库作用——庆祝中国社会科学院建院40周年》。为深入推进党中央治国理政新理念新思想新战略的学理研究，《中国社会科学》组织刊发了专题《十八大以来党中央治国理政专题研究》；围绕学习贯彻落实党的十九大精神，组织刊发了《当代中国马克思主义的最新理论成果——习近平新时代中国特色社会主义思想学习体会》。在马克思主义基础理论研究方面，刊发了《马克思与政治美学》《〈乌托邦〉在中国的百年传播——关于翻译史及其版本的学术考察》《重新发现唯物史观中的法与正义》《社会主义国家政党政治百年探索》等理论文章。围绕“治国理政”“社会变迁与治理”“全球治理”“文化自信”等理论和学术热点问题，组织刊发了《乡村社会变迁与治理》《“全球治理与战略互信”笔谈》《“文学作品意义之源”笔谈》《“文化自信与当代文学发展”笔谈》等一系列专题和笔谈，努力提炼“标识性”概念。刊发了《城市社会：文明多样性与命运共同体》《当代中国马克思主义哲学创新范式图谱》《国际产能合作与重塑中国经济地理》《中国经济改革对社会主义政治经济学根本性难题的突破》等文章，对当前经济、社会和国际关系发展中具有战略性、全局性意义的重大理论和现实问题进行深入的理论探讨，直接服务于新时代中国特色社会主义建设伟大实践，为党和政府决策提供了参考。

3.《历史研究》（双月刊），主编李红岩。

2017年，《历史研究》共出版6期，刊发稿件72篇，约180万字。该刊全年刊载的有代表性的文章有：张江的《评“人人都是他自己的历史学家”——兼论相对主义的历史阐释》，关永强、张东刚的《“斯密型增长”——基于近代中国乡村工业的再评析》，梁晨等的《民国上海地区高校生源量化刍议》，张广翔的《伏尔加河大宗商品运输与近代俄国经济发展（1850～1913）》，谢维扬的《中原王朝政治的形成对中国早期历史进程的影响》，易建平的《环境限制程度与史前中国社会—政治演进速度》，薛冰清的《威尔克斯事件与跨大西洋视野下的北美独立运动》，朱浒的《同治晚期直隶赈务与盛宣怀走向洋务之路》等。

4.《中国社会科学评价》（季刊），主编张江。

2017年，《中国社会科学评价》共出版4期，总发稿量45篇，约79万字。该刊全年刊载的有代表性的文章有：边燕杰的《全球化、中国立场、中国贡献》，陈波的《哲学研究的两条路径：诠释与创新》，肖宏等的《从文献大数据看近十年我国哲学社会科学学术发展状况（2006～2015）》，陈云松、贺光烨、吴赛尔的《走出定量社会学双重危机》，董立河的《思辨的历史哲学及其对于历史学的价值》，文军的《社会转型与转型社会：发展社会学的中国观照及其反思》，韩庆祥的《当代中国发展的现实逻辑与马克思主义哲学创新》等。

5.《中国文学批评》（季刊），主编张江。

2017年，《中国文学批评》共出版4期，总发稿量71篇，约94万字。该刊全年刊载的有代表性的文章有：李遇春的《传奇·反讽·寓言——迟子建长篇近作〈群山之巅〉的文体选择》，罗振亚的《“世界性”眼光与中国现当代文学评价问题——评顾彬〈二十世纪中国文学史〉》，贺仲明的《沙上筑塔，岂可安稳——简评顾彬〈二十世纪中国文学史〉》，王元骧的《反映论文艺观：我的选择和反思》，毛宣国的《汉字与中华美学精神》，张志忠的《故事·现代性·长篇小说·价值尺度——与顾彬论中国当代文学》，段崇轩的《一位被淡忘的“山药蛋派”中坚作家——李古北和他的小说创作》，李世涛的《詹姆逊马克思主义研究的身份问题》，史红的《中国服饰与中华美学精神》，赵炎秋的《文化自信与文艺的发展繁荣》等。

6.《中国社会科学文摘》（月刊），主编李红岩。

2017年，《中国社会科学文摘》共出版12期，总发稿1371篇，共计295万字。该刊全年刊载的有代表性的文摘有：李扬的《中国特色政治经济学植根于中国的实践之中》，张江的《公共阐释论纲》，高楠的《当代中国马克思主义文论研究的问题性建构》，沈家煊的《从语言看中西方的范畴观》，贺雪峰的《中国农村反贫困问题研究》，蔡昉的《中国经济改革效应分析》，张文显的《习近平治国理政的全球思维》，杨洁勉的《中国特色大国外交理论的构建方向》，邹军的《全球互联网治理：未来趋势与中国议题》等。

7.*Social Sciences in China*（《中国社会科学》英文版，季刊），主编张江。

2017 年，*Social Sciences in China* 共出版 4 期，发表论文 49 篇。

8.《国际社会科学杂志》（中文版），季刊，主编王利民。

2017 年，《国际社会科学杂志》（中文版）共出版 4 期，共计 58.7 万字。该刊围绕“全球化及其反向运动”“进化、风险与不确定性”“理解现代人道主义”“社会正义与包容性发展”等主题发表译文稿件 42 篇。该刊全年刊载的有代表性的文章有：彼得·范伯盖吉克的《一次还不够！——看待世界贸易崩溃和逆全球化的经济史视角》（杨桃译）；克里斯汀·福布斯的《金融“逆全球化”了吗——且看资本流动、银行和披头士乐队》（张大川译）；帕斯卡尔·皮克的《人属与确定性的终结》（谈方译）；特尔莫·皮埃瓦尼的《不确定性在进化中的至上地位》（许树龙译）；迈克尔·巴内特的《人道主义行为：有多人道？》（沈晓雷译）；世界经济论坛管理委员会成员理查德·萨曼斯等的《直面包容性增长和发展的挑战》，国际社会科学理事会、瑞士社会发展研究院起草，并由这两家机构与联合国教科文组织共同发表的《〈世界社会科学报告（2016）——挑战不平等：通往公平世界的途径〉（概要）》（李光辉译）等。

9.《中国社会科学内部文稿》（双月刊），主编孙麾。

2017 年，《中国社会科学内部文稿》共出版 6 期，总发稿 82 篇。该刊全年刊载的有代表性的文章有：米加宁、章昌平、李大宇、林涛的《第四研究范式：大数据驱动的社会科学研究转型》，谢立中的《未来中国城镇化率最高能达到什么水平？》，郭冉的《当下中国的职业流动与阶层固化》，李实、万海远的《中国居民财产差距的扩大趋势》，黄凯南、林毅夫的《警惕和防范供给侧结构性改革中的风险错配》，景怀斌、林艳、傅承哲、丁太平的《国家认同及其结构变迁》，郭夏娟、涂文燕的《公职人员腐败容忍度调查报告》。

10.中国社会科学网，总编辑罗文东。

2017 年，中国社会科学网根据中央网信办的指导、按照院党组的统一部署，始终坚持以学术视角关注重大理论与现实问题，深入解读中央精神，重点加强了学科频道和名牌栏目建设，对社科网首页进行结构性改版升级，不断强化信息发布、学术交流、资源整合和检索评价四大功能，同时积极推进报、刊、网、论坛、视频学术平台的深度融合，进一步加快子网迁移工作，“两微一端”和学科矩阵建设成效显著，学术影响力和理论传播力不断提升。坚持“开门办网”思路，通过强化重大学术理论议题设置、举办重大主题学术论坛等，与高校、科研单位积极开展多层次合作，线上线下交互能力切实加强，服务国内社科界的理论传播功能有效提升，为中国学术“走出去”有力搭建了综合性成果传播与交流平台。打造形成了学科门类齐全，囊括全院所（局）网站，富有学术思想性、理论权威性、资料知识性的学术理论网站集群。

截至 2017 年底，中国社会科学网共发布文章 318809 篇，其中原创稿件 54065 篇。围绕重大理论与实践工作，组织策划了 79 个重大专题上线，新建学科频道 11 个、专题栏目 16 个，制作微视频 244 个，音频、H5、图解等作品 168 个。中国社会科学网主办了各学科高端学术论坛5个，参加学术会议研讨53人次。与2016年同期相比，中国社会科学网发布原创文章增长65%，PC端总阅读量突破4200万PV，总累计达7亿PV。

2017年，中国社会科学网手机网、微信公众号、中国社科App、官方微博、今日头条号、企鹅号、一点资讯号等移动端的阅读量，均实现了2～3倍快速增长，影响力不断扩大。微博账号粉丝数达641388人，微信公众号粉丝数达58856人，今日头条号粉丝数达108567人。

中国社会科学网策划上线的党的十九大精神重大宣传专题获得中央网信办发函表扬。2017年第1季度至第3季度，有4篇学术理论文章获得中央网信办优秀理论文章奖，7个融媒体作品获优秀创新传播奖；51篇重点理论文章被中央网信办全网推送，转载总量达1000余次。

2017年中国社会科学网获得中央网信办优秀组织奖。社科网网易平台号被网易评选为年度最具时代精神的中央政务机构。社科网一点资讯平台号被评为年度最具影响力政务一点号。经问卷调查，中国社会科学网的受众满意度达90.39%以上。

（三）科研工作

1. 科研成果统计

2017年，中国社会科学杂志社完成学术/理论文章22篇，17.5万字。

2. 科研课题

（1）新立项课题。2017年，中国社会科学杂志社共有新立项课题8项。其中，院国情考察课题1项："创新传播方式与增强国际话语权调研"（李红岩主持）；国家社科基金后期资助课题2项："共产国际与中国苏维埃政权"（耿显家主持），"北朝婚姻形态与皇权政治"（张云华主持）；院马克思主义理论研究和建设工程课题1项："学术理论报刊建设与国家意识形态安全"（王广主持）；委托交办课题4项："'以习近平同志为核心的党中央治国理政新理念新思想新战略重要理论文章'摘编"（罗文东主持），"加强思想理论网上阵地建设研究"（罗文东主持），"传播解读十九大精神项目"（颜兵主持），"'一带一路'倡议下郑州建设国家中心城市——中原文化传播暨城市软实力提升问题研究"（赵培杰主持）。

（2）结项课题。2017年，中国社会科学杂志社共完成课题结项3项。其中，院国情考察课题1项："创新传播方式与增强国际话语权调研"（李红岩主持）；国家社科基金青年课题1项："近代外国在华直接投资与中外竞争研究"（梁华主持）；委托交办课题1项："网络时代社会思潮引领问题研究"（张征主持）。

（3）延续在研课题。2017年，中国社会科学杂志社共有延续在研课题2项。其中，国家社科基金青年课题1项："现代性视阈中的马克思与齐美尔货币理论比较研究及其当代社会意义研究"（李凌静主持）；国家社科基金后期资助课题1项："对现代社会的复杂性理解：马克思与韦伯比较研究"（郑飞主持）。

（四）学术交流活动

1. 国内学术会议

2017年，中国社会科学杂志社主办和承办的国内学术会议如下。

（1）2017年3月25日，由中国社会科学杂志社、中国人民大学苏州校区联合主办的“德治与法治——第二届法学与哲学的对话”高层论坛在江苏省苏州市举行。会议的主题为“德治与法治”。

（2）2017年4月8日，由中国社会科学网主办的“实施网络强国战略 建设网络良好生态”研讨会在北京举行。

（3）2017年4月15日，由《中国社会科学》编辑部、福州大学共同主办的“供给侧结构性改革与经济发展新动力研讨会”在福建省福州市举行。

（4）2017年4月22日，由中国社会科学杂志社、北京语言大学共同主办的第六届中国语言学研究方法与方法论问题学术讨论会在北京举行。会议的主题为“大数据视野下的语言学研究新趋势”。

（5）2017年4月22～23日，由中国社会科学杂志社、上海师范大学、复旦大学共同主办的“历史阐释的真理之源”学术研讨会在上海举行。

（6）2017年5月13日，由中国社会科学杂志社、中国政法大学共同主办的第三届法学前沿论坛在北京举行。会议的主题为“法治实践发展与法学理论研究”。

（7）2017年5月13～14日，由《中国社会科学》编辑部、中山大学哲学系共同主办的第二届中国社会科学青年哲学论坛在广东省广州市举行。会议的主题为“如何在古典学中‘做哲学’”。

（8）2017年5月27日，由中国社会科学杂志社、同济大学共同主办的第二届中国战略论坛在上海举行。会议的主题为“新全球化时代的战略互信与价值共识”。

（9）2017年7月16日，由中国社会科学网主办的2017网络文化前沿学术研讨会在北京举行。会议的主题为“繁荣网络文化，建设精神家园”。

（10）2017年8月4～5日，由《历史研究》编辑部、上海师范大学人文与传播学院共同主办的第四届青年史学家论坛在上海举行。会议的主题为“历史研究的理论自觉”。

（11）2017年8月4～6日，由中国社会科学杂志社、《学术研究》杂志社共同主办的“公共阐释：中国阐释学的理论建构”学术研讨会在广东省广州市举行。

（12）2017年8月5～7日，由中国社会科学杂志社、《学术研究》杂志社共同主办的“阐释学与历史学”学术研讨会在广东省广州市举行。

（13）2017年9月2～3日，由中国社会科学杂志社主办，上海财经大学人文学院承办的第十七届全国马克思哲学论坛在上海举行。会议的主题为“经济变革中的哲学问题”。

（14）2017年9月15日，由《历史研究》编辑部、东北师范大学历史文化学院共同主办

2017 年 9 月，“经济变革中的哲学问题——第十七届全国马克思哲学论坛”在上海举行。

的第十一届历史学前沿论坛在吉林省长春市举行。会议的主题为“认知与阐释：历史认识的客观性与真理性”。

（15）2017 年 9 月 16 日，由《中国社会科学》编辑部、北京大学社会学系共同主办的第四届社会学前沿论坛在北京举行。会议的主题为“历史社会学与中国社会”。

（16）2017 年 9 月 22 日，由中国社会科学网、中国人民大学马克思主义学院、21 世纪马克思主义研究协同创新中心共同主办的“社科高校行暨学习贯彻习近平总书记‘7·26’重要讲话精神学术报告会”在北京举行。

（17）2017 年 9 月 22 日，由中国社会科学杂志社、山东社会科学院共同主办的第六届全国人文社会科学期刊高层论坛在山东省枣庄市举行。会议的主题为“中国特色人文社会科学期刊发展道路”。

（18）2017 年 9 月 30 日，由《中国社会科学》杂志社和复旦大学经济学院共同主办的“2017 年财政学前沿暨中国财税体制改变与财政政策研讨会”在北京举行。

（19）2017 年 10 月 10 ～ 12 日，由中国社会科学杂志社主办的“中国阐释学的理论建构”学术研讨会在北京举行。

（20）2017 年 10 月 21 日，由中国社会科学杂志社主办的“公共阐释与历史阐释”学术研讨会在北京举行。

（21）2017 年 10 月 27 ～ 29 日，由中国社会科学杂志社主办，天津社会科学院承办的“阐释的澄明”学术研讨会在天津举行。

（22）2017 年 10 月 28 ～ 29 日，由中国社会科学杂志社、南京师范大学共同主办的第五届中国社会科学跨学科论坛在江苏省南京市举行。会议的主题为“重新理解‘发展’”。

（23）2017 年 11 月 3 日，由中国社会科学杂志社、中国文学批评研究会共同主办的《中国文学批评》创刊三周年座谈会在天津举行。

（24）2017 年 11 月 3 ～ 5 日，由中国社会科学杂志社、中国文学批评研究会共同主办的第四届“当代中国文论：反思与重建”高端学术论坛在天津举行。会议的主题为“中国传统文论的传承与创新”。

（25）2017年11月4～5日，由中国社会科学杂志社、武汉大学哲学学院共同主办的第五届“中哲、西哲、马哲专家论坛”在湖北省武汉市举行。会议的主题为“哲学在当代中国的创新性发展”。

（26）2017年11月7～9日，由中国社会科学杂志社主办，苏州大学政治与公共管理学院承办的“中国公共管理的方法论建构”学术研讨会在江苏省苏州市举行。

（27）2017年11月17～18日，由《中国社会科学》编辑部、广东省社会科学院共同主办的“产业结构优化与结构升级”研讨会在广东省广州市举行。

（28）2017年11月24日，由中国社会科学杂志社、山东社会科学院共同主办的第十一届中国社会科学前沿论坛在山东省临沂市召开。会议的主题为“以习近平新时代中国特色社会主义思想为指导，加快构建中国特色哲学社会科学”。

2017年11月，“第十一届中国社会科学前沿论坛——以习近平新时代中国特色社会主义思想为指导　加快构建中国特色哲学社会科学”在山东省临沂市举行。

（29）2017年12月7～9日，由《中国社会科学》编辑部、厦门大学中国能源政策研究院和能源经济与能源政策协同创新中心共同主办的“能源环境视角的经济包容性增长学术研讨会暨《2017中国能源发展报告》发布会”在福建省厦门市举行。

（30）2017年12月9日，由中国社会科学网、北京高校中国特色社会主义理论研究协同创新中心（北京外国语大学）和北京外国语大学马克思主义学院共同主办的“发展二十一世纪中国的马克思主义——2017年马克思主义学科高端论坛”在北京举行。

（31）2017年12月17日，由教育部社会科学委员会政治学、社会学和民族学学部和中国社会科学网共同主办的“深入学习贯彻党的十九大精神与加快推进中国特色政治学、社会学和民族学发展”学术研讨会在北京举行。

2. 国际学术会议

（1）2017年6月29～30日，由中国社会科学杂志社、中国拉丁美洲学会、中国社会科学院拉丁美洲研究所、巴西圣保罗州立大学、智利安德烈斯·贝略大学以及阿根廷科尔多瓦国立大学共同举办的第六届中拉学术高层论坛暨中国拉美学术大会“结构性转型与中拉关系前景”在北京召开。

2017 年 10 月，“第五届中德学术高层论坛——全球化与逆全球化”在北京召开。

（2）2017 年 10 月 12 ~ 13 日，由中国社会科学杂志社、德国波恩应用政治研究院、北京大学中国社会与发展研究中心共同举办的第五届中德学术高层论坛在北京召开。

3. 国际学术交流

（1）2017 年 3 月 5 ~ 15 日，中国社会科学杂志社副总编辑李新烽随院代表团赴摩洛哥、肯尼亚、埃塞俄比亚，访问摩洛哥王国科学院、摩洛哥穆罕默德五世大学等机构，就建立学术联系、加强学术交流与合作进行座谈；出席中国社会科学院与非洲政策研究所在肯尼亚首都内罗毕举办的中非智库合作研讨会；出席中国社会科学院与非洲社会科学研究发展理事会在埃塞俄比亚举办的中非城镇化、工业化和中非合作研讨会，拜访非盟总部。

（2）2017 年 7 月 2 ~ 9 日，中国社会科学杂志社副总编辑李红岩随张江副院长出访英国、意大利。

（3）2017 年 10 月 9 ~ 13 日，中国社会科学杂志社副总编辑孙辉赴英国伦敦参加国家新闻出版广电总局组团、中国期刊协会组织、国际期刊联盟举办的“第四十一届世界期刊大会”。

（4）2017 年 10 月 10 ~ 16 日，中国社会科学杂志社副总编辑罗文东等应古巴哈瓦那市国际政治研究中心“劳尔·罗阿·加西亚”高等研究院的邀请，赴古巴参加第三届战略研究会并发言。

（5）2017 年 10 月 29 日至 11 月 2 日，中国社会科学杂志社林跃勤、晁天义赴美国纽约参加国家新闻出版广电总局组团、中国期刊协会组织的“学术类期刊数字与在线出版管理座谈会”。

（6）2017 年 11 月 7 ~ 16 日，中国社会科学杂志社副总编辑吕薇洲在尼泊尔加德满都参加由尼泊尔政策研究学会举办的“十月革命一百周年：当代影响”学术研讨会，并访问尼泊尔工人与农民党中央总部；在印度德里访问印度共产党中央总部，参加由乔安 - 安得西卡里社会科学研究所举办的“十月革命研讨会”，前往印度加尔各答，访问全印进步同盟中央委员会、印共（马）西孟加拉邦委员会。

（7）2017 年 11 月 26 日至 12 月 16 日，中国社会科学杂志社副总编辑李红岩赴美国参加国家新闻出版广电总局组织的“媒介融合背景下传统媒体应对策略培训班”。

4. 与中国香港、澳门特别行政区和中国台湾开展的学术交流

（1）2017 年 6 月 13 ~ 19 日，中国社会科学杂志社副总编辑罗文东率队赴台湾参加国家新闻出版广电总局批准、中国期刊协会举办的 2017 年“第七届两岸期刊研讨会暨期刊展”。

（2）2017 年 9 月 17 ~ 18 日，中国社会科学杂志社李永杰随院代表团赴香港参加“香港发展：新动力、新前景研讨会暨香港中国学术研究院成立揭牌仪式”并执行报道任务。

（3）2017 年 11 月 22 ~ 24 日，中国社会科学杂志社路育松赴澳门参加由澳门理工学院举办的“2017 年学术期刊发展座谈会”。

（五）会议综述

第十一届历史学前沿论坛
——认知与阐释：历史认识的客观性与真理性

2017 年 9 月 15 ~ 16 日，以“认知与阐释：历史认识的客观性与真理性”为主题的“第十一届历史学前沿论坛”在吉林省长春市举办。中国社会科学杂志社常务副总编辑王利民代表中国社会科学院副院长、党组成员、中国社会科学杂志社总编辑张江致辞。中国社会科学杂志社副总编辑孙麾、东北师范大学副校长韩东育出席开幕式并讲话。来自中国社会科学院、东北师范大学等全国 40 余所科研机构与高校的 80 余名专家学者，围绕会议主题展开深入讨论。

1. 坚持马克思主义立场

历史研究的根本宗旨是把握历史大势、揭示历史规律，为人类提供经验借鉴。历史唯物主义是把握历史大势、揭示历史规律的唯一科学理论。南开大学历史学院教授李金铮认为，历史研究方法的内外互补十分重要：“要想赢得国际学术话语权，确立学术自信，只有采取‘外向’和‘内向’及其相互作用的视角才能实现。”其中，外向视角就是遵守现

2017 年 9 月，“第十一届历史学前沿论坛——认知与阐释：历史认识的客观性与真理性”在吉林省长春市举办。

代学术体系和学术规范，以高超的学术水平和学术成果争得国际话语权；内向视角则是由中国学者寻求本土历史资源，建立一套为国际学术界所认可的规则，掌握话语权。他强调，以中国特色、中国标准引领现代学术方向，掌握国际学术话语权是中国学术发展的重要目标，也是获得学术自信的根本之路。

2. 在历史长河中接近历史真相

科学的历史阐释是理性的公共行为，符合公共阐释的特征。最近中国学者提出的公共阐释论，为建构新时期的历史阐释学提供了学科理论基础。

“人类对于自身历史的认识能力，既受到主客观历史条件的局限，也会随着人类社会进步和发展不断提高，从而在历史长河中逐步接近历史真相，并且丰富和深化对于人类历史发展动力和深层次结构的认识。”上海师范大学人文与传播学院教授周育民如是说。他认为，历史研究者只能在历史潮流之中把握历史，这是历史学科不同于其他学科的特点，也是“历史真相”的一部分。

华东师范大学人文社会科学学院历史学系教授张耕华认为，历史书写的素材总要以“真”为选取标准：无论是有关历史的单个判断，还是有关史实的理解和解释，或者是组织素材进行历史叙事，学者都要对史实之“真”、理解之“真”、解释之“真”、叙事之“真”，进行充分有效的鉴别。

3. 注重运用新方法新视角

作为研究人类社会发展一般规律的科学，历史记录的是大势，是对历史规律的探索和确证，而非碎片化的个人经历和记忆。论坛上，多位专家学者运用新方法新视角对一些历史问题重新进行了阐释。

南京大学历史学院教授张生将空间生产理论引入南京大屠杀研究，分析该事件中空间的生产与再生产以及历史记忆问题。他认为，在南京大屠杀的空间里，中立国人道者进行了空间生产的尝试，他们创建的南京国际安全区，展现了战争环境里个人努力所能达到的高度和空间生产的功能；而侵华日军南京大屠杀遇难同胞纪念馆构建了一个缅怀历史、体现和平理念的空间，2014 年起，我国连续在这一空间中举行“南京大屠杀死难者国家公祭”，使得空间的政治性获得新的时代意义。

韩东育通过分析“封贡体制”的制度渊源与东亚伸展始末提出，对封贡过程中无数委曲繁复事端的成功应对，体现了传统中华伦理及其制度在驾驭区域关系、维护区域稳定等方面曾经拥有的价值优势和掌控艺术。他指出，“封贡体系”既是促进东亚共同或相近价值体系的形成、实现“文明共享”、提升人的质量这一重要目标的必经程序，同时也为秩序所及的时间和空间布设了一个培育异己力量的理念框架。

（赵徐州）

第五届中德学术高层论坛

2017 年 10 月 12 ～ 13 日，由中国社会科学杂志社、德国波恩应用政治研究院、北京大学中国社会与发展研究中心共同主办的第五届中德学术高层论坛在北京召开。论坛的主题是“全球化与逆全球化”。来自中、德两国高校和科研机构的数十位学者与会，围绕“一带一路”倡议与新全球化、全球治理的新机制、万物互联与人类社会新秩序、逆全球化与人类命运共同体、多边贸易秩序和新贸易保护主义的兴起、集体安全措施与亚欧的国际安全经验六大分议题展开充分讨论。

开幕式上，中国社会科学院副院长、党组成员，中国社会科学杂志社总编辑张江对大会召开表示祝贺。德国波恩应用政治研究院院长波多・洪姆巴赫教授，中国社会科学院学部委员、国家金融与发展实验室理事长李扬，北京大学中国社会与发展研究中心主任邱泽奇教授作主题报告。

1. 全球化是不可逆的历史潮流

李扬指出，全球化是一个不可逆的历史潮流。具体可以从全球化的四个要素进行分析。第一，市场经济本质就是全球化的，是在全球分工的基础上，以比较利益为基础，把全世界连为一个生产体系。这样一种全球体系是高效率的。当前出现的若干逆全球化现象，实质上只是对这个进程的某些方向、某些范式、某些结果进行调整。第二，全球化的载体是各种各样的跨国公司，正是跨国公司促进了产品、资本、劳动力和信息的深度交流，并通过产品内分工，打破了国境的禁锢，将国际化深化为全球化。第三，科学的进步和发展是全球化的不竭动力。全球化的方向、路径和深度，就是在一次又一次的科学技术革命的推动下，不断发展变化的。第四，全球化有一套全球治理机制，包括全球治理的机构和规则。当前的全球治理机制是第二次世界大战之后建立起来的，在经济领域至少有世界银行、国际货币基金组织、联合国相关机构、经济合作与发展组织等，这些治理机制保证了全球化顺利运行。

“今天，立场成为问题；过去，它曾被认为是不变的恒量。”洪姆巴赫坦言，就在一年前，我们没有想过今天会谈论“去全球化”：在 2016 年的第四届中德学术高层论坛上，我们没有计划谈论新的贸易保护主义，没有计划谈论欧盟强大的离心力问题，也没有计划讨论划界、国家自利主义和外来仇恨的心态等议题，更加不会料到，一个西方领导人被选进一个摇摆的路线中，还把艰难获得的国际合作结果通过推特抛进“垃圾堆”中。

“但是，我们也看到了另一种积极的变化。”邱泽奇说，“那就是人类在反思第一次全球化的经验和教训，并以积极的姿态，在迎接和拥抱新的、第二次全球化。”他指出，作为其中的一个样式，由中国倡导的“一带一路”正得到越来越多的积极支持；“一带一路”并没有人们曾经担心的、在第一次全球化中大行其道的“支配性”和掠夺性，更多的是合作，更多的是发展的机会，更多的是世界多样性之间的彼此尊重、相互合作和支持。

2．“一带一路”提供全球化新范式

学者们一致认为，当前的逆全球化景象是全球化处于转型期的表现。而世界格局的变化，是促使全球化做出调整的内在动力。

洪姆巴赫对此表示认同，“全球化会提高效率、增加产出，进而从总体上增加人类的福祉；但是，当前，人们要求的是调整全球化的范式，使其向着有利于自己的方向发展”。李扬认为，不能忽略全球化过程中的分配问题。全球化本质上确实是一个共赢的经济过程，但是，有一些国家有可能拿到很多，另外一些国家可能只拿到很少。久而久之，就会引发国际纷争，进而产生质疑。美国特朗普政府强调美国优先，基本上抛弃了多边主义，而回到了双边规则。但是，如此调整，并不意味着美国要去全球化，相反，它是在新的形势下寻求一个美国优先的、新的全球化方式。同理，英国脱欧也是要寻找一个有利于英国的全球化参与方式。正是在这个大变动的国际背景下，中国提出了自己的全球化主张，这就是“一带一路”倡议。这是一个全新的全球化方略，如今已获得越来越多国家的支持和响应。

3．世界呼唤新的安全合作

在当前西方金融危机和欧债危机阴影延宕、西方经济尚未完全复苏、安全问题层出不穷的背景下，德国联邦安全政策研究院副院长沃尔夫冈·鲁第施豪泽就共同安全协议和国际安全问题，谈了欧洲的经验。他认为，在冷战结束之后，对于“和平红利”的巨大期望并不总是会得到满足。欧洲的共同安全协议对于和平的认识介于“陶醉”和“清醒”之间。欧洲的安全系统处于危险之中。与此相反，在亚洲有关共同安全的对话越来越多。无论是在欧洲还是在亚洲，都存在各种错综复杂、成员重叠的安全政策和经济政策研究机构群体。在不同的历史经验、不同准备的基础上，共同安全协议以及支持机构其实是一种对部分国家主权的放弃，是一条需要跨越的历史鸿沟。

学者们还围绕互联网技术发展对全球化的影响、产品因素与人口因素在全球化中的作用、精英流动与难民问题的区分等具体议题展开了深入讨论。

（张君荣）

第四届“当代中国文论：反思与重建”高端学术论坛

2017年11月3～5日，由中国社会科学杂志社与中国文学批评研究会主办的第四届“当代中国文论：反思与重建”高端学术论坛在天津举行。来自中国社会科学院、清华大学、北京大学、中国人民大学、浙江大学等科研院所和高校的30余位专家学者会聚一堂，围绕“中国传统文论的传承与创新”这一主题进行了深入的学术探讨与思想交流。中国社会科学院副院长、党组成员、中国社会科学杂志社总编辑张江教授出席会议并作主题发言，天津市政协副主席、天津师范大学校长高玉葆教授出席会议并致辞。

1. 立足阐释的公共性

张江在主题发言中指出，20 世纪中叶以来，所谓“阐释”或“诠释”，已成为西方哲学、文学、历史学及其他诸多学科的核心话题，对阐释的研究早已独立成学，发展为当代学术的基础性学科。特别是经由胡塞尔、海德格尔、伽达默尔、保罗·利科等人的精心研究和深入阐述，阐释学确已成为几乎无处不议、无处不用的“显学”。20 世纪 80 年代之后，经由中国学者奋力开拓，西方阐释学的译介与研究也已广泛传播，成为中国学术界各方介入甚深、难以绕开的核心话题。毫无疑问，这是重要的学术进步，没有这个过程，我们既无法以现代眼光认知和检视中国传统阐释学理论，也无法建立我们自己即当代中国的阐释学。但是，张江认为，只有西方的研究是不够的，由于思维方式上的差异，以西方理论和话语为中心，研究和建立本民族的阐释理论，无异于沙上建塔。因此，中国阐释学何以构建，起点与路径在哪里，方向与目标是什么，功能与价值如何实现，是我们必须面对和解决的迫切问题。对此，张江表示，我们应当坚持以中国话语为主干，以古典阐释学为资源，以当代西方阐释学为借鉴，假以对照、选择、确义，由概念起，而范畴、而命题、而图式，以至体系，最终实现传统阐释学观点、学说的现代转义，建立彰显中国概念、中国思维、中国理论的当代中国阐释学。

中国社会科学院研究员党圣元表示，中与西、古与今、科学与人文、传统与现代、理论与现实等，这些看似对立或相关的存在物，都不是二元对立和简单相关的，它们是一个对话与交流的整体。当然，理解与对话是一个活动过程，对话各方也有自身的发展过程，且在理解过程中表现为不同的面貌，作为理解与视野融合的结果，我们对中国传统文论精义的探究，就不是一个能够毕其功于一役的简单动作，而是一个不断阐释的过程，并且用以阐释的方法也应该是多样化的。它并不是一个封闭的体系，更不是一个完美无缺的系统。因此，我们可以说，传统文论的研究，是一个意义不断生成的过程，我们所能得出的任何结论以及体系构建，也只不过是一个历史性、阶段性的成果，而不可能是最终的、封闭的、“科学”的结论。吉林大学教授张福贵认为，强制阐释论本身不能作为一种强制阐释来理解，对于强制阐释论本身的理解也要超越主观预设，要将其作为一种逻辑与方法的理解。这是促使学术自觉与学者成熟的普遍法则。强制阐释论需要世界认同，必须融入人性和人类意识，完成从自信到他信的过程。此外，他还提出，我们所创造的文论体系必须是兼含世界性价值与个人意识的理论体系，这样我们的方案才能够被世界认同，才具有公共性，而这种公共性的价值体系又离不开个人性的思想创造。中国社会科学院大学教授张政文认为，阐释学历经百年兴衰直至 21 世纪的今天，依然有许多思想者在不断反思阐释学的失误、重构阐释学的品质，尝试在新的时代中复兴阐释学。其中，强制阐释论借助中国传统思想文化资源，提出了阐释即理性、阐释即公意、阐释即共享的“公共阐释论”，为重建当代阐释学提供了中国方案。凡此种种皆表明，从认识论到阐释学的思想史解构与重建表达了人与自然、人与社会、人与精神的关系谱系，从认识的普遍性到阐释的公共性，昭示了人类在共同理性、共同普遍性和共同命运体中实现文明进步、文化发展的思想必由之路。

2. 科学认识各方理论资源

学无中西，学无古今，这是与会学者达成的一致共识，也是中西、古今文论深度融合可能达到的最理想的境界。在这一呼吁下，应该如何面对古代与现代、西方与本土的各种资源，实现传统文论的现代转化，这是学者们密切关注的议题之一。

面对传统，中国社会科学院研究员高建平认为，文化的传统绝不是要为西方的“看客”而保存，而是在为自身而保存，为我们的未来而保存。他注意到，自 19 世纪末以来，中国对西方思想的引入存在一种“冲击与反应”的模式。在西方出现了一些新的观念、研究方法和学科，传到非西方国家，在当地引起各种反应。中国的现代化进程，也曾被人这样描述。面对这种模式，我们所产生的“反应”主要就是来自传统的反应，也就是说这种模式促成了传统的出场，也促成了立足于传统的“过去的向度”，但是这种“反应”本身就暗示着非西方文化在面对西方文化冲击时所具有的某种被动性。他认为，关于世界文化结构的思考，要走出这种以西方为中心的模式，克服这种以西方为中心的放射性想象，构建起一种无中心却又相互联系的网状想象，这种想象方式正体现出我们面对传统的主动性问题。在他看来，仅有过去的向度，我们的对话就仍是被动的，只有走出“反应”的模式，走向交流对话模式，将“未来的向度”引入传统文论的传承与创新中，我们才能掌握主动，从而更好地激活传统，催生新的理论生长点。

3. 在新语境下寻求滋补与完善

当代中国正在进行着前所未有的社会实践，许多新的情况和问题浮出水面，如何重新认识文论发展的新语境，回归现实与问题，从而带动中国文论的建设与发展，与会学者从不同角度与立场表达了自己的看法。

传统文论的传承与创新是一个既古老又常新的命题，高建平研究员在总结发言中说，此次会议以此为中心，邀请了一些前辈与优秀的青年学者参加，与会者从各个角度对此次会议主题进行了阐释与延伸，提出了很多颇具启发性的见解，也使我们清楚认识到传承与创新在中国文论构建与发展中的重要性与可行性。他认为，中国文论的发展既需要传承，也需要创新，二者是相互补充、相互促进的：只有传承，才能创新；只有创新，才能传承。总而言之，用创新来引领传承，用前进来解决前进中的问题，这才是我们学术的发展之道。

（王婷婷）

服务中心

2017 年，服务中心按照“基础抓好全面从严治党工作落实、核心强化服务保障水平能力提升、重点推动安全管理工作措施到位”的工作思路，完成了全年工作任务。

（一）抓好全面从严治党工作的落实

一是召开了“两学一做”领导班子专题民主生活会，针对党员干部提出来的和本届班子找出来的问题，进行对照整改，开展了批评和自我批评，党内政治生活进一步严肃。

二是制定并落实党委中心组理论学习计划，全年集中学习 13 次，中心组成员理论素养明显增强。

三是制定并落实《服务局推进“两学一做”学习教育常态化制度化实施方案》，用习近平总书记系列重要讲话精神武装头脑、用党章党规规范各党支部和党员行为，全局党员干部“四个意识”进一步增强、“四个自信”进一步坚定。

四是完善了服务局关于贯彻落实《十八届中央政治局关于改进工作作风、密切联系群众的八项规定》并严格执行，反“四风”行为进一步固化。

五是在党校密云校区分两批组织开展了学习贯彻习近平总书记“5·17”讲话精神和致中国社会科学院建院 40 周年贺信精神专题培训，为科研工作和科研人员“办实事、做好事、解难事”的思想自觉和行动自觉明显增强。

六是分两次在大兴和昌平组织开展“以案释纪明纪、严守纪律规矩”和“以史为鉴坚守底线、风清气正服务科研”的主题党日活动，守纪律、讲规矩意识进一步强化。

七是制定了《服务局学习贯彻党的十九大精神工作方案》，全局同志将学习贯彻党的十九大精神的成果稳步推进，落实在工作中。

八是全年完成 5 名处级干部和 3 名正科级选拔晋升、3 名正处长局内岗位交流，发展党员 4 人，组织建设进一步加强。

九是继续坚持为甘肃省敦煌市郭家堡中学贫困学生捐资助学，爱心捐助持续进行；帮扶困难职工、党员、慰问病困职工 14 人次；为全局 93 名职工发放生日蛋糕；完成节日慰问品的发放工作；为局内 6 名退休职工办理了独生子女父母年老时一次性奖励；与北京眼镜厂联合开展为全院职工配眼镜工作（130 人次）；组织参加乒乓球、羽毛球、门球、40 周年院庆书画摄影展、健步走等活动；完成《工会经费收支决算报表》《2017 年度基层工会调查表》《基层工会经费收缴报告表》《中央国家机关困难职工情况统计表》《2016 年服务局工会财务自查自纠报告和自查表》，积极发挥工青妇组织作用。

（二）强化服务保障能力

一是物管服务有效推进。完成了良乡党校楼接收、施工改造及学员入驻接待工作；落实了全院 58 台锅炉的降氮改造及施工工作；配合基建办完成了 4 个老旧小区的外墙保温、室内管线、电梯更换工作，其余小区改造正在推进；全年完成院部维修 1273 次、各辖区维修 4205 次。

二是交通保障安全及时。编订下发了《驾驶员应知应会手册》，完成了院属单位公、私车及驾驶员信息普查、统计登记工作；落实了公务用车改革制度，上缴了11台封存车辆、解聘了5名驾驶员，为院领导专车、正部级退休领导专车和应急保障车辆办理了通行证；完成了“两会”、院庆、暑期工作会议、处级干部培训等重大活动的车辆保障任务，全年车辆共出行3.6万余台次，安全行驶110万公里。

三是保障工作周到细致。院部餐厅承接了研究生院党校学员餐厅管理运营工作，配合学校推广特色食品；增加了点菜宝、微信支付和二维码点餐系统；对多年没有修缮的餐厅进行了装饰和室内粉刷；经过多方多次协调，保留了餐厅后边的临时应急保障用房；荣获了中国烹饪协会颁发的《2016年度百家好食堂》荣誉证书，为服务局赢得了荣誉。

会议服务部配合基建办完成了学术报告厅及周边区域装修改造工作；对第一、第二贵宾室，第五会议室进行了装修，并加班加点配备了办公用具和专业设备；全年接待会议956批次，服务参会人员3.5万余人次。

医务室制定并认真落实《药品采购制度》和《医疗器械采购制度》；联合人事局、财计局开展了“关爱专家身心健康”系列活动；完成了医改、取消了药品加成、完成了国际片医务室装修改造工作；开展了为行动不便的离退休老干部、老学者送药上门服务活动；完成了院内重要活动、重要会议的随队医疗保健工作；组织抽血送检4次、完成全院幽门螺旋杆菌、科研人员和离退休老干部心脑血管预警和甲状腺专项检查；完成了2180人次的春季健康体检和1278人次的妇科专项体检工作；全年收到留言120多条，表扬信8封。

社科文印部为院内各所局共印制各类文件、资料88.8万余册，其中院年度工作会议和暑期工作会议分别印刷5450册和3490册，比2016年同期印刷量增长2%左右，资产管理指标、安全管理指标、员工管理指标均达到了相关要求。

四是机关各处（室）尽职尽责。办公室规范了全局文件格式和报送程序；开短会、说短话、简办事有效落实；提倡办公自动化，实现了文件网络传输和网上办理，精简了各种会议简报；健全了《户籍管理制度》，完善了户籍信息档案；制定并实施了《迎接党的十九大胜利召开后勤服务保障工作方案及应对突发事件预案》；严格执行服务局督查工作管理实施细则；接收会计档案307份，查阅283份、整理1620份；文书档案386份，收文180份、上报文96份。

党务人事处完成了年度干部、职工晋升、岗位交流、调入调出工作；完成了2017年度创新岗位竞聘、智力报偿标准、创新报偿标准、后期资助档次标准等核定工作；完成了2016年度创新工程后期资助绩效考核、30%智力报偿、30%创新报偿标准核定、年终考核、未进创新工程人员绩效奖励、优秀人员奖励标准核定工作；完成了20名任免调配人员工资、6名退休人员退休费、物业取暖费、降温费标准核定，局公积金基数、社保费基数的调整及标准核定工作；完成了局机关干部职工法定节假日、重大会议期间值班、汛期值班的加班费统计核算工作；完成了行政处无食堂补助的发放工作；完成了局在编在岗人员缴费工资基数标准测算及中央国家机关信息系统数据录入工作；完成了2016年度和2017年度局在编在岗人员工资标准的申报、2014 年 10 月至 2017 年 7 月局所有变动人员增减员手续、服务局首次参保手续的办理工作；完成了 2016 年度人社部人事人才信息数据系统填报、2017 年度服务局事业法人年检工作；完成了局考勤管理工作。

业务管理处完成了涉及9个部门和4个下属单位及交由院人文公司管理的党校北戴河校区、党校密云校区和代管院机关合计 3806 件固定资产的盘点工作，其中拟报废资产 229 件，变更资产 128 件，代管院机关 823 件；完成了 2017 年度《服务局全院办公设备附属设施及家具购置项目》、2016 年度《院党校专业楼学员餐厅》、《2017 年度院党校专业楼项目》中的采购工作，共计 1600 余万元，其中 3100 件计 710 多万元资产已入管理平台；全年报废处置账内资产 239 件，总金额 268 万元，其中包括 25 台车辆，账外资产 289 件；全年变更资产 189 批次，共计资产 620 件；完成了《2016 年资产决算报表》、《2016 年度政府资产报告》、服务局 2016 年度内控报表及内控报告、6 个经济活动流程图及修改意见稿、编报了《服务局 2016 年资产报表》和全局软件清查统计工作。

综合管理处编制了《服务局纪念中国社会科学院建院 40 周年活动后勤保障方案》；举办了全院纪念全国爱国卫生运动 60 周年大会暨食品卫生安全培训班；组织院属食堂单位管理人员参加中央国家机关食品安全业务培训班；为迎接党的十九大胜利召开和北京“一带一路”全球峰会，制作了不锈钢旗杆和五彩旗，更新了宣传广告栏；完成机关食堂和研究生院餐厅创建健康食堂相关工作；完成共和国部长植树组织协调工作；完成全院干部职工植树组织工作，全院所局级以上领导 106 人参加，植树 600 株；完成纪念中国社会科学院建院 40 周年系列活动环境绿化美化工作；完成迎接党的十九大胜利召开大院环境整治、绿化美化、垃圾分类等工作，特别是精心设计制作的庆祝党的十九大花坛景观在中央电视台新闻联播中播放，受到领导肯定。

行政管理处解决了与友邻单位中国人民大学和国际片西北门外路面硬化问题；规范了大院车辆定位定点有序停放、完成了对大院有害生物的灭杀工作；协调院基建办更换了国际片大院 42 盏路灯及 3 个所的门头灯；安装了人员车辆识别系统；重新更换了收发室收发柜、完善了户口管理工作。

服务监管处在院部机关 24 个单位开展了 2017 年度后勤服务满意度调查；全年妥善处理群众来信 20 余件，来电来访十余次。

（三）推动安全管理工作措施到位

安全工作稳中求进。严格落实安全责任制，签订了安全责任书；在全局范围内开展了主题为“强化安全意识、落实安全责任、消除安全隐患、营造安全环境”的“百日安全专项活动”；组织开展了消防、交通安全培训，进行了保密教育；强化了消防监控安全管理，确保了“两会”、北京“一带一路”全球峰会、院庆活动、党的十九大期间消防安全；完成院部 41 台电热水器、3 台蒸箱的打碱工作；清理了院部科研楼、档案楼堆放的 40 余车次垃圾物品；与指定的厨余垃圾处置公司签署服务合同，切断了地沟油生产途径，解决了机关食堂餐厨垃圾处置问题；与中国再生资源处置公司签署服务合同，解决了办公垃圾处置问题；利用十一长假对餐厅内部电路进行了维修改造、更换了国际片大院消防器材（灭火器 390 个，手推式灭火器 5 个）；完成公开招标和邀请式招标各 1 次、竞争性谈判招标 3 次，工程预算审计 2 次、工程决算审计 25 次；院安委会办公室利用板报、展板、电子栏等媒体宣传行车注意事项，提醒驾驶员行车常识，杜绝了交通事故发生；全年召开了 12 次安全工作会议、到局属各部门检查了 24 次，做到了有布置、有检查、有讲评。

（四）创新工程工作的主要措施和安排

2017 年，服务局在编在岗 94 人，进入创新岗位 75 人，占全局总人数的 80%。首席管理为林旗。

根据院党组关于“管理科学化、服务社会化、保障现代化”及后勤管理体制机制改革的总体目标及要求，积极探索服务局体制改革创新。

1．加强物业管理，探索加快物业服务社会化改革的新路子，按照国管局文件精神，逐步推进物业服务社会化进程，加强试点探索，以点带面，共同营造管理有序、服务完善、文明祥和、平安和谐的居住环境。

2．做好医务室改造升级工作。加强医疗硬件建设，营造良好就医环境；整合院内医疗资源，拓展医疗服务项目，开设中医科；建立医保定点体系，满足职工就医需求。

3．充分利用我院现有资源，加强会议管理，改革收费方式，增加收费项目。

4．拓展文印服务项目，培养专业人才，提高服务质量和创收能力。

5．办好机关食堂，创新饮食花样，增加服务项目，提高餐饮服务保障质量。

6．完成公车制度改革相关工作。坚持社会化、市场化方向，加快推进公务用车制度改革，合理有效配置公务用车资源，创新公务交通分类提供方式，保障公务出行，降低行政成本，积极推进廉洁型机关和节约型社会建设。切实实现公务出行便捷合理、交通费用节约可控、车辆管理规范透明、监管问责科学有效，基本形成符合我院实情的新型公务用车制度。

郭沫若纪念馆

（一）人员、机构等基本情况

1．人员

截至 2017 年底，郭沫若纪念馆共有在编人员 15 人。其中，正高级职称人员 1 人，副高级职称人员 3 人，中级职称人员 2 人；高、中级职称人员占在编人员总数的 40%。

2. 机构

郭沫若纪念馆设有研究室、文物与陈列工作室、公众教育与资讯中心、办公室。

（二）科研工作

1. 科研成果统计

2017 年，郭沫若纪念馆共完成论文集 3 种，50 万字；论文 26 篇，30 万字。

2. 科研课题

2017 年，郭沫若纪念馆共有延续在研课题即国家社会科学基金一般课题 1 项：“郭沫若翻译作品版本演变研究及语料库建设”（张勇主持）。

（三）学术交流和展览宣传活动

1. 专题展览、公众教育及宣传活动

2017 年，郭沫若纪念馆举办或参与举办展览及文化活动如下。

（1）2017 年 1 月 31 日至 2 月 26 日，郭沫若纪念馆在该馆举办“致敬茅盾——纪念茅盾诞辰 120 年入职商务印书馆 100 年图片文献展”。

（2）2017 年 2 月 28 日至 3 月 19 日，郭沫若纪念馆与密云博物馆在密云共同推出“布幅上的国粹——少年儿童手绘布艺展”。

（3）2017 年 4 月 10 日至 5 月 12 日，郭沫若纪念馆在该馆举办“探索 · 传播 · 开拓——郭沫若翻译作品文献史料展”。

（4）2017 年 5 月 16 ~ 30 日，郭沫若纪念馆与北京市文物局图书资料中心共同推出“传承与创新——名人与古籍展”。

（5）2017 年 9 月 12 ~ 19 日，郭沫若纪念馆在该馆推出“博物馆人（之友）眼中的外国文创展”。

（6）2017 年 11 月 16 日至 12 月 25 日，郭沫若纪念馆在该馆推出“时代印记——郭沫若诞辰 125 周年纪念展”。

（7）2017 年 5 月至 11 月，郭沫若纪念馆“为了中华文明的发展——名人 · 名作 · 名物”主题展在北京交通运输职业学院、北京市交通委、北京十一中分校、北京市文汇中学、北京市天坛南里小学巡展。

2. 国际学术交流与合作

2017 年，郭沫若纪念馆共派出 3 批 6 人次，参加对外学术研究和交流合作方面的活动，全年接待外国游客和国际友好人士共计 450 余人。与郭沫若纪念馆开展学术交流、展览合作的国家有加拿大、埃及、罗马尼亚等。

（1）2017 年 4 月 1 ~ 5 日，郭沫若纪念馆副馆长刘曦光等应加拿大英属哥伦比亚大学亚

洲学院的邀请，前往加拿大举办了“郭沫若生平思想展·加拿大展”。展览开幕式结束后举行了“漫谈 20 世纪中国文化名人的精神内涵及现实意义”的学术研讨会。来自不列颠哥伦比亚大学亚洲系的师生、中外文化友好人士 50 余人参加了展览活动和学术研讨。

（2）2017 年 5 月 20 ~ 24 日，郭沫若中国研究中心派出郭沫若纪念馆张宇、王静等组成的代表团访问苏伊士运河大学。在访问期间，代表团布置了常设的“中华文化名人郭沫若展厅”和郭沫若展览，与埃方学者就“郭沫若与埃及”进行了座谈，召开了研究中心主编的阿拉伯文书籍审稿会，举办了纪念郭沫若诞辰 125 周年诗歌朗诵大赛等，并就下一步的工作计划与埃方进行了商谈。

（3）2017 年 11 月 1 ~ 5 日，郭沫若纪念馆馆长赵笑洁、文物与陈列工作室梁雪松应罗马尼亚锡比乌卢奇安布拉卡大学邀请，出席该校与孔子学院联合举办的“教育与文化中的优越性与可持续性”国际研讨会暨锡比乌孔子学院 10 周年校庆活动。在活动中，代表团介绍了与苏伊士运河大学联合创办“郭沫若中国研究中心”的合作经验，举办了小型展览——“郭沫若展”。

3. 学术社团

中国郭沫若研究会，执行会长蔡震。

（四）会议综述

北伐前后的郭沫若——中国郭沫若研究会第三届青年论坛

2017 年 4 月，“北伐前后的郭沫若——中国郭沫若研究会第三届青年论坛”在海南省海口市召开。

2017 年 4 月 21 ~ 22 日，“北伐前后的郭沫若——中国郭沫若研究会第三届青年论坛”在海南省海口市召开。论坛由中国郭沫若研究会、《历史研究》编辑部、海南师范大学文学院、《海南师范大学学报》编辑部等单位联合主办。来自全国 30 余所高校、科研机构以及学术杂志社的 50 多位郭沫若研究领域的专家、学者参加了论坛。

论坛开幕式由海南师范大

学文学院院长邵宁宁教授主持，海南师范大学副校长过建春教授致欢迎词，《历史研究》杂志常务副主编周群、中国郭沫若研究会副会长魏建教授分别为论坛致辞。中国郭沫若研究会执行会长蔡震研究员为论坛作题为“北伐与郭沫若的人生轨迹”的主题演讲。论坛闭幕式由中国郭沫若研究会秘书长李斌副研究员主持，北京大学中文系商金林教授、中国社会科学院郭沫若纪念馆原馆长郭平英女士分别就郭沫若翻译的《鲁拜集》、郭沫若南昌起义撤退途中就任潮海关负责人的情况作了主题演讲。

论坛围绕“北伐前后的郭沫若”这一中心议题，共收到了30余篇有着较高学术质量的论文。论文主题集中于北伐前郭沫若思想的马克思主义转向、北伐前后郭沫若的行状以及思想动态、郭沫若与北伐相关的作品在世界范围内的译介与接受，以及郭沫若与海南等多个方面，与会专家学者分别从文学、历史、政治、文献学等多个维度对这些议题进行了研究和阐释。

（李　斌）

四　院直属公司工作

中国社会科学出版社

（一）人员、机构等基本情况

1. 人员

截至2017年底，中国社会科学出版社共有在职人员212人。其中，正高级职称人员20人，副高级职称人员13人，中级职称人员50人；高、中级职称人员占在职人员总数的39%。

2. 机构

中国社会科学出版社现下设马克思主义理论出版中心、哲学宗教与社会学出版中心、历史与考古出版中心、文学艺术与新闻传播出版中心、政治与法律出版中心、经济与管理出版中心、国际问题出版中心、重大项目／智库成果出版中心、国际合作与出版部、年鉴与文摘分社、大众分社、数字出版中心、信息中心、质检部、校对科、出版部、营销中心、物流部、社科书店、总编室、办公室、人力资源部、党群工作部和财务处。

（二）出版工作

1. 坚持正确的出版方向

2017年，中国社会科学出版社坚持用党的十九大精神和习近平新时代中国特色社会主义思想武装头脑，提高政治把关能力，严格遵守出版纪律和有关法律法规。坚持马克思主义新闻出版观，守好党的学术出版阵地。严格执行“三审三校”制度和重大选题备案制度，加强对敏感选题的管理。

出版更多马克思主义理论优秀成果，巩固全国马克思主义理论成果出版重镇地位。2017年新申报“中国社会科学院马克思主义理论学科建设与理论研究工程”系列丛书23种；2017年，该系列丛书新出版了“马克思主义专题研究文丛”10种，“基础理论系列”6种，“研究报告系列”4种，“批判文选系列”2种。

《新大众哲学》发行5万套。完成原版的2次删减工作，简明本已出版。《马克思主义中国化最新成果》，累计印数超过8000册。还出版了《马克思主义中国化最新成果研究报告》（邓纯东主编,4卷）等成果。2018年是马克思诞辰200周年，《思想巨人马克思》（靳辉明著）、《马克思政治哲学思想探析》（欧阳英著）、《青年马克思政治哲学思想研究》（刘同舫、陈晓斌著，入选国家哲学社会科学成果文库）等优秀成果相继出版。

敢于亮剑，出版更多与错误思潮作斗争的图书，发挥党和国家意识形态主阵地的作用。中国社会科学院主持的资产阶级错误思潮批判文选系列，继《中国社会科学院历史虚无主义批判文选》《新自由主义批判文选》等出版后，又推出《资产阶级民主观批判文选》《资产阶级新闻观批判文选》2种。

2. 主题出版成果

（1）积极推进“习近平新时代中国特色社会主义思想”学习丛书的出版。党的十九大召开后，各位作者根据党的十九大精神对书稿作了进一步修改完善。出版《聚天下英才而用之：学习习近平关于人才工作重要论述的体会》。

（2）“理解中国”丛书在海内外的影响力继续提升。该丛书已出版中文版15种，并翻译成英文、西班牙文、阿拉伯文、日文、俄文等多语种在海外发行。该丛书获得“中华外译”“经典中国”“丝路书香”“图书对外推广计划”“中国社会科学院创新工程”等各种国家重点外译项目的关注。

（3）策划出版“中国制度”研究丛书。该丛书旨在对中国特色社会主义制度的历史渊源、实践基础、基本内容、内在逻辑、特点和优势以及未来的发展目标、步骤等有关重大问题进行深入研究与探讨，以阐明中国特色社会主义制度的优越性，彰显中国制度自信。现已出版《中国基本经济制度》《中国基本分配制度》《中国基本社会保险制度》《中国法律制度》《中国政治制度》5种。

（4）策划出版“简明读本”系列。该丛书由学有专攻的学者编写，读者对象为全国各级党政干部和广大党员群众。已出版《简明中国历史读本》《简明世界历史读本》《简明中国宗教史读本》《中华文化简明读本》，推出《中国历史极简本》和《世界历史极简本》。

3. 大型学术精品项目不断推进

（1）“剑桥史”系列。2017年继续推进《剑桥古代史》《新编剑桥中世纪史》《剑桥基督教史》《剑桥哲学史》的翻译出版工作；《剑桥古代史》7卷在中国社会科学院创新工程2017年度重大成果发布会上发布；《剑桥基督教史》翻译结项。

（2）“当代中国学术思想史”大型丛书精装重印。共出版《当代中国边疆学研究（1949～2014）》（马大正著）等35种，法学学科新发展系列丛书出版19种。这是国内唯一系统完整地展现当代中国哲学社会科学学术发展史的大型丛书。

（3）“中国社会科学年鉴”系列。学术年鉴是中国社会科学院唯一的学术编年史系列出版物，自2014年启动以来，中国社会科学年鉴系列已达29种。

（4）“两希文明哲学经典译丛”（20种）精装出版，其中17种为修订重印,3种为新译首版。

2017年出版的精品图书还有:《世界佛教通史》(14卷)、“中国社会科学院学部委员学术思想自传”、李铁映著《思语迹——李铁映自选集》、蔡昉著《发展新常态下中国经济体制改革探究》《新常态·供给侧·结构性改革:一个经济学家的思考和建议》、张江著《作者能不能死:当代西方文论考辨》、蔡美彪编著《元代白话碑集录(修订版)》、黄宝生译注《罗怙世系》、韩江苏和石福金著《殷墟甲骨文编》,以及《中国何以稳定:来自田野的观察与思考》、《中国的和平发展道路》、《20世纪中国戏剧史》(上下册)、《第一哲学原理的科学体系》、《亚欧语言基本词比较研究》(全5卷)等。

此外,社科学术文库和当代中国学者代表作文库、学部委员文集、院老学者文库、中国社会科学博士文库、中国社会科学博士后文库等传统大型项目顺利推进。“当代中国文学批评史”丛书(10卷本)、院重大课题《苏联通史》(8卷)、《外国历史大事集》(10卷)、《中国政治思想通史》(13卷)、《新编中国文化海外传播史》(6卷)等重点项目也都顺利推进。

4.“走出去”工作再上台阶

(1)版权输出快速增长,多种图书获得版权输出奖励。2017年新签约72项,与国外合作出版图书29种。入选国家新闻出版广电总局“图书版权输出奖励计划”10种(英文图书,申报14种),“理解中国”丛书中的《中国的民主道路》、《中国经济改革的大逻辑》、《破解中国经济发展之谜》及《中国社会巨变和治理》获得重点奖励,《社会矛盾论》《中国传统哲学纲要》等5种获得普遍奖励。《宋辽西夏金社会生活史》《中国外交六十年(1949～2009)》获2016年度输出版优秀图书奖。中国社会科学出版社社长赵剑英被评为2016年度版权输出引进的典型人物。

(2)积极探索建立海外分社。2017年新成立法国分社,成为中法、中欧学术界、出版界加强互动、增进交流的重要桥梁。

(3)加强与中国香港、澳门出版社交流与合作。与香港联合出版(集团)有限公司、香港商务印书馆有限公司进行了业务会谈。输出三种图书中文繁体字版权,并与三联书店(香港)有限公司签订战略合作协议。

(4)申报外译资助项目成绩优异。2017年获得各种外译资助项目达36项。

5.数字出版工作快速推进

(1)数字产品开发快速推进。中国社会科学文库、中国社会科学年鉴数据库、中国近代影像资料库等均已上线运行。中国社会科学年鉴数据库在第十一届新闻出版业互联网发展大会评选中获“优秀知识资源”荣誉。

(2)主办“全国百家名社数字出版物交易平台战略合作圆桌会议”。会议由中国社会科学出版社与中国出版协会、中国新闻出版传媒集团共同发起并主办。

(3)积极申报数字出版大型项目。申报《哲学社会科学学术年鉴资源中心与动态出版系统》项目,入选新闻出版改革发展项目库与文化产业发展专项资金项目。中国社会科学出版社还入选国家新闻出版广电总局第二批专业数字内容资源知识服务模式试点单位，参与国家知识服务工程建设；入选国家新闻出版广电总局电子凭单交易数据对接系统二期试点单位，参与国家出版大数据工程。

6. 大众出版稳步前进

2017 年，大众分社推出了“金刚石丛书”（政治经济学经典）、“新知”系列（智识与思想前沿）和“人文”系列（全球史与文化）三个主题图书系列。出版一批具有市场影响力、社会评价比较好的图书，如《商业奇才》、《经济思想简史》和《宪则经济学》三本书分别入选“百道好书榜”推荐榜单；《尔虞我诈》获《出版人》杂志整版报道；《市场的合作与秩序》入选“新京报 · 腾讯年度好书榜单”经济类十大好书；《经济思想简史》入选北大光华管理学院的推荐阅读书目；“中国南方侵华日军细菌战研究丛书”（七种），入选“十三五”国家重点出版规划。

（三）建设高端智库成果发布平台

1. 着力打造“中社智库”出版品牌

“中社智库”包括国家智库报告、地方智库报告、智库丛书、年度报告四个系列。截至 2017 年底，共推出 160 余种国家智库报告，近 20 种地方智库报告，40 种智库丛书及十余种年度报告。与中国社会科学院 30 多家研究所和智库单位签订了合作协议。

2. 策划“一带一路”研究系列图书

现已出版《“一带一路”视野下亚非经济圈的构建与发展》《“一带一路”合作空间拓展：中拉整体合作新视角》等近 60 种图书（包括中文版和英文版）。2017 年 5 月，在北京召开的“一带一路”国际合作高峰论坛上，中国社会科学出版社出版的国家智库报告系列有 18 种、1000 余册中英文报告由中宣部送到会上现场展示，占到了全国上会图书总数的三分之一，引起参会各国代表团的关注。

（四）学术交流活动

1. 学术活动

2017 年，中国社会科学出版社主办和承办的学术会议如下。

（1）2017 年 3 月 15 日，中国社会科学出版社在第 46 届英国伦敦书展上举行了“《理解中国》丛书新书发布暨学术交流会”。交流会的主题是“大变革时代的中国的价值观”。

（2）2017 年 5 月 3 日，中国社会科学出版社出版的《智利女总统巴切莱特：绽放的铿锵玫瑰》一书在北京举行首发仪式。

（3）2017 年 5 月 18 日，“‘一带一路’与新全球化”论坛暨中国社会科学院国情调研重大项目“一带一路”研究丛书中英文版发布会在北京举行。

（4）2017年6月5～6日，由中国社会科学出版社主办的学术图书“走出去”海外影响力推广研讨会在北京召开。会议邀请专家学者、国外合作出版社代表、作者、译者等对中国社会科学出版社已出版或即将出版的外文图书进行点评，并对“理解中国”丛书及其他学术著作的海外传播给出指导。

（5）2017年6月12日，国家社会科学基金党的十八大以来党中央治国理政新理念新思想新战略研究专项工程资助项目“习近平治国理政新思想研究”结项研讨会在中国社会科学院召开。中国社会科学院院长、项目首席专家王伟光，中国社会科学院副院长蔡昉出席会议并讲话。

（6）2017年6月13日，由中国社会科学出版社出版，著名戏剧理论家、中国戏曲学院教授、南京大学文学院博士生导师傅谨教授著述的《20世纪中国戏剧史》新书发布会在北京举行。

（7）2017年6月26日，由中国社会科学院欧洲研究所、中国社会科学院16+1智库网络和中国社会科学出版社共同主办的“‘16+1合作’助力‘一带一路’倡议”新书发布会在北京举办。发布会共发布由中国社会科学出版社出版的两本智库报告《中国—中东欧国家智库交流与合作进展与评价报告（2015～2016）》和《欧洲与“一带一路”倡议：回应与风险（2017）》。

（8）2017年7月1日，由中国特色社会主义经济建设协同创新中心与中国社会科学院经济学部联合主办，中国社会科学院科研局、中国社会科学出版社、国家金融与发展研究室协办的“《中国经济学年鉴2014～2015》出版发布暨中国特色社会主义政治经济学学术研讨会”在北京举行。

（9）2017年8月23日，中国社会科学出版社在第24届北京国际图书博览会上举办“哲学社会科学中的中国”多语种成果发布会。发布会集中展示了中国社会科学出版社“走出去”系列学术精品，包括“理解中国”丛书、“中国制度”丛书、“简明中国”丛书、“当代中国学术史”丛书、“中国社会科学院学部委员专题文集”等多语种图书。

（10）2017年8月24日，由中国社会科学出版社主办的“一带一路”倡议下的国际出版合作座谈会在北京国际图书博览会上举行。来自中国、俄罗斯、墨西哥、新加坡等国的知名出版机构代表和专家学者参加会议。会议的主题是“发挥研究成果及图书产品在‘一带一路’中的推动与促进作用”。

（11）2017年9月26日，由中国社会科学院科研局、中国社会科学出版社联合举办的“加快构建中国特色哲学社会科学研讨会暨《全国社会科学院年鉴》出版研讨会”在北京召开。

（12）2017年11月20日，由中国社会科学院世界社保研究中心、中国证券投资基金业协会和中国社会科学出版社共同举办的“学习贯彻落实十九大精神暨《世界社会保障法律译丛》发布会”在北京召开。

（13）2017年11月30日，由中国社会科学院财经战略研究院和中国社会科学出版社共同举办的“中国社会科学院财经战略研究院重大成果发布会——《中国城市营销发展报告(2017)》”在北京举行。会议发布了由中国城市营销报告课题组完成的2016～2017年度的《中国城市品牌发展指数（CBDI）报告》。

(14) 2017年12月13日，国家能力与社会稳定研讨会暨《中国何以稳定》发布会在北京举行。会议由中国社会科学出版社、香港大学政治与公共行政学系联合举办。

2. 国际学术交流与合作

(1) 2017年1月8～15日，中国社会科学出版社社长带队出访法国、西班牙，访问了波尔多国立建筑景观设计学院、波尔多蒙田大学、波尔多大学出版社、波城大学、波城大学出版社、波尔多政治学院、阿基坦大区大学及学术机构联盟、新阿基坦行政大区、西班牙大众出版社、马德里自治大学东亚研究中心等十余家学术机构，开展了多场学术讨论会，正式启动法国波尔多分社筹建工作。

(2) 2017年2月21日，法国波尔多政治学院院长、阿基坦大区大学及学术机构联盟主席、CED博士一行到访中国社会科学出版社，双方就在法国波尔多政治学院设立中国社会科学出版社法国分社签署了合作协议。

(3) 2017年4月10日，中国社会科学出版社法国分社成立揭牌仪式在法国波尔多政治学院举行。来自中国社会科学院以及法国波尔多政治学院的代表约30人与会。会议期间举行了“中国社会科学院—法国波尔多政治学院·中国研究中心”揭牌仪式，中国社会科学院副院长蔡昉率领中国专家学者代表团出席揭牌仪式并发表讲话。

(4) 2017年5月5日，法国阿基坦大区大学及学术机构联盟主席马文森先生到访中国社会科学出版社。

(5) 2017年5月11～18日，中国社会科学出版社智利分社智方负责人到访中国社会科学出版社。

(6) 2017年8月23日，由中国社会科学出版社主办的“剑桥史”系列图书续约仪式在北京举行。中国社会科学院原副院长、《剑桥古代史》《新编剑桥中世纪史》翻译工程首席专家武寅，中国社会科学出

2017年4月，中国社会科学出版社法国分社成立揭牌仪式在法国波尔多政治学院举行。

版社社长赵剑英，剑桥大学出版社学术出版全球总监 Mandy Hill 出席并致辞。

（7）2017 年 11 月 6 日，日本北海商科大学西川博史教授到访中国社会科学出版社。

（8）2017 年 11 月 13 日，智利前驻华大使费尔南多·雷耶斯·马塔到访中国社会科学出版社。

（9）2017 年 11 月 14 日，阿根廷爱德华多·丹尼尔·奥维多博士到访中国社会科学出版社。

（10）2017 年 12 月 13 日，中国社会科学出版社总编辑魏长宝在中国社会科学出版社会见了俄罗斯科学院研究员、汉学家布罗夫教授及中央编译局俄罗斯专家凤玲女士。双方就《中国的价值观》俄文版翻译工作进行了交流。

3. 与中国香港、澳门特别行政区开展的学术交流

2017 年 12 月 6 日，中国社会科学出版社社长赵剑英赴香港、澳门，出席“中华文化的核心理念”学术座谈会暨中国社会科学出版社与三联书店（香港）有限公司战略合作签约仪式并发表讲话。

社会科学文献出版社

2017 年，社会科学文献出版社坚持以党的十九大精神和习近平总书记在哲学社会科学座谈会上的重要讲话以及致中国社会科学院建院 40 周年贺信精神为指引，深刻领会习近平新时代中国特色社会主义思想，牢牢把握正确出版导向，以融合发展为目标，以学术出版五大能力和八大平台建设为抓手，扎实做好出版经营工作，再次实现社会效益和经济效益的双丰收。

（一）深入学习贯彻习近平新时代中国特色社会主义思想，全面从严治党向纵深发展

2017 年新一届机关党委带领全社员工深入学习贯彻党的十九大精神和习近平新时代中国特色社会主义思想，党建工作有声有色。

党委主体责任明确落实，党委委员与管理班子交叉任职，使党的领导融入社科文献治理各环节；党建工作紧跟时代步伐，通过蔡昉副院长讲党课、党委领导讲党课、主题党日等多种形式，加强党员的理论学习和教育引导；支部建设积极创新，8 个支部发展 2 名新党员，与中国银行和我院人事教育局建立两个共建党支部，支部建设得到上级机关和全社党员好评；党群工作开创新局面，合唱团、职工摄影大赛等各类员工活动丰富多彩。在党委领导下，积极履行企业社会责任，连续三年发布企业社会责任报告，“百社千校”活动及社区共建获得好评。

（二）事业发展和工作业绩

1. 生产经营各项指标稳中有升

2017 年，社会科学文献出版社继续保持了平稳快速的发展态势，出版图书 2435 种，同比

增长17%，其中新书1737种，再版重印698种。出版皮书413种；统一印制发行学术期刊80种。全年新书出版字数约5.8亿字；造货码洋3.7亿元，同比增长18%。全年数字化加工图书2151种，文字处理量达9亿字。数字出版实现直接收入2400多万元。全年总收入2.84亿元，同比增长10%，利润1651万元。

2017年办公用房面积达到9500平方米。到2017年底，社科文献总资产4亿元，同比增长10.8%，实现了国有资产的保值增值。

2. 重视社会效益，打造优质精品

2017年，社会科学文献出版社出版国家出版基金项目2项、古籍整理项目1项、哲学社会科学成果文库项目5种。两个项目入选新闻出版改革发展项目库，同时获得财政部文化产业发展专项资金资助800万元。在国家社科基金后期资助项目申报中，社会科学文献出版社推荐入选率连续两年达到50%。谢寿光社长获得第四届中国出版政府奖优秀出版人物奖；《中国近代商会通史》《"一带一路"数据库》分别获得第四届中国出版政府奖图书奖提名奖和网络出版物奖提名奖。3种图书入选第十二届文津图书奖推荐图书。2017年，社会科学文献出版社出版的图书登上《新京报》《中华读书报》等重磅好书榜单百余次。

3. 学术资源建设工程走向制度化

2017年，社会科学文献出版社继续全面推进学术资源建设，成功与13家知名院校签署了战略合作协议，实现了包括图书出版、数据库建设和科研服务平台搭建、国际传播、话语体系建设在内的全方位合作，进一步加大了优质学术资源整合力度。11月24日在厦门召开第一次学术资源建设基地工作交流会，来自16家单位30多位嘉宾共享合作经验与成果，共探学术资源建设发展模式与方向。2017年，社会科学文献出版社入选院内大型学术出版项目4项，一般资助项目20项，老年学者文库12项，博士后文库5项，共完成出版院创新工程115种。

4. 融合发展取得长足进步

（1）融合发展项目成果丰硕

2017年，社会科学文献出版社颁布印发了《融合发展项目工作手册》，为融合发展提供便捷有效的工作指引。全面提升科研服务的能力和水平，成功签署9个数据库与科研服务平台项目，并有5个上线发布，不断由传统出版向知识服务转型。

（2）数字出版开创新局面

2017年，4条产品线8个数据库产品建设向纵深发展，社会科学文献出版社首个移动端产品——皮书数据库App正式上线，销售引流作用明显；全面建成"台湾大陆同乡会文献数据库"，并在学术价值挖掘和市场销售推广方面取得突破性进展。数据库产品销售收入再创新高，同比增长30%，在开拓党校系统、政府和科研机构等新渠道上取得重大进展。微信公众号——社科数托邦、数字产品手册、会议营销活动亮点纷呈。

（3）国际出版取得新突破

2017年，社会科学文献出版社签署外文版合作出版合同121份，繁体版出版合同17份。16种图书和一个系列（9种图书）入选全国社科规划办“中华学术外译”项目，17种图书入选新闻出版广电总局“丝路书香”工程，5种图书入选总局“经典中国国际出版”工程；7种图书入选院创新工程“中译外”项目，15种图书入选中宣部“对外推广计划”，6种图书入选总局“外国人写作中国项目”。

2017年，社会科学文献出版社再次被商务部评定为“2017～2018年度国家文化出口重点企业”，“当代中国社科图书国际交流平台”项目被认定为“2017～2018年度国家文化出口重点项目”。

（4）信息化建设再上新台阶

2017年，社会科学文献出版社有效推进信息化基础架构改造，完成“企业统一资源平台”及“社科文献大数据管理平台”的落地。

2017年，社会科学文献出版社作为国内首家出版社签署ORCID（学者国际唯一标识）倡议书，助力中国学者及成果扩大国际影响力，并初步建成具有29种语言自动翻译能力和全球学术信息采集能力的人文社科多语种学术服务平台，为学界提供综合学术服务。2017年还新增“查思客数字学术服务平台”等4个系统产品的软件著作权登记，实现数字知识产权增值。

5. 以皮书专业化二十年为契机，全面加强皮书智库平台建设

2017年，社会科学文献出版社全年皮书工作围绕“皮书专业化二十年”展开：第十八次全国皮书年会隆重召开，影响深远；皮书话语体系建设力度更大；皮书评价、评奖体系进一步完善，全方位实施皮书的精细化管理；通过中国皮书网、皮书高级研修班等线上线下平台，积极推广优秀皮书的研创经验；皮书博物馆建成并对外开放。

6. 以集刊为抓手，打造学术论文出版平台，扩大学术集刊品牌影响力

2017年，社会科学文献出版社集刊规模进一步扩大，馆藏覆盖近400家，已成为全国拥有集刊品种数和南大CSSCI收录品种数最多的出版社。第六届集刊年会成功举行，反响热烈。集刊投约稿平台正式上线，并获得第十一届新闻出版业互联网发展大会“融合出版创新奖”。中国集刊网规模进一步扩大，并与集刊投约稿平台完成对接。

7. 深化期刊资源整合，探索学术期刊营销新模式

2017年，期刊运营中心以社科期刊网公众号建设为抓手，推送文章609篇，总用户12176人，并与各刊公众号形成联动机制，建立学科广泛、传播快捷、投递精准的期刊营销推广平台。在纸质期刊销售持续下滑的大环境下，全院期刊发行收入保持稳定并略有增长，全年实现收入2200多万元。

8. 优化流程管理，提升编辑与生产能力

2017年，社会科学文献出版社以统一资源平台上线为契机，对现有编辑流程进行升级改造，推行编审分开，强化稿件预处理工作。济南编辑中心加工能力稳步提升，文稿编辑字数突破 1 亿字。发布了《设计管理办法》，进一步理顺设计管理和工作流程，实施设计“三审制”。细化大型项目、重点项目管理，积极应对天气原因造成的生产管控，合理调配，确保全社生产任务的顺利完成。

9. 深入推进市场营销整合与转型

2017 年，社会科学文献出版社成立市场营销工作委员会，积极开拓营销模式，深度挖掘营销潜力，营销手段不断集成创新，全年实现销售收入 1.03 亿元，同比增长 17%。多次荣获“全国优秀馆配出版社”称号，馆配市场占有率稳居前十，在人文社科类出版社中位列前茅。

10. 全面深化人力资源工程建设

2017 年，社会科学文献出版社人力资源结构进一步优化。颁布编辑分类分级制度体系，全面推动编辑转型，编辑专业化分工进一步明确。切实加强人才培养体制机制，全年完成员工培训 1296 人次，品牌特色培训课程获得好评。完成企业年金建立工作，员工福利体系进一步完善。2017 年内部管理和服务能力稳步提升，完成制度修订 68 项、流程优化 74 条。新版《社科文献规章制度汇编》发布，标志着社会科学文献出版社内部治理能力再上新台阶。

（三）会议综述

第十八次全国皮书年会：皮书专业化二十年（1997 ~ 2017）

2017 年 8 月 4 ~ 5 日，由中国社会科学院主办，社会科学文献出版社、青海省社会科学院共同承办的“第十八次全国皮书年会：皮书专业化二十年（1997 ~ 2017）”在青海省西宁市召开。中国社会科学院院长王伟光，中共青海省委副书记、省长王建军，国家新闻出版广电总局副局长吴尚之，中共青海省委常委、宣传部部长张西明，中国出版协会常务副理事长邬书林，国家哲学社会科学规划办公室主任佘志远，青海省人民政府秘书长、办公厅主任张黄元，中国社会科学

2017 年 8 月，“第十八次全国皮书年会：皮书专业化二十年（1997 ~ 2017）”在青海省西宁市召开。

院国际合作局局长王镭，社会科学文献出版社社长谢寿光，青海省社会科学院院长陈玮等领导出席开幕式。开幕式由中国社会科学院副院长李培林主持。

中国社会科学院院长王伟光以“多出高质量的中国特色新型智库成果，为实现中华民族伟大复兴的中国梦提供智力支撑”为主题发表讲话。他指出，当代中国正经历着我国历史上最为广泛而深刻的社会变革，必将给理论创造、学术繁荣提供强大的动力和广阔的发展空间。我国哲学社会科学工作者应发思想之先声，为党和人民述学立论、建言献策，努力建设具有中国特色、中国风格、中国气派的哲学社会科学和新型智库，增强我国哲学社会科学的国际影响力，担负起繁荣中国特色哲学社会科学的光荣使命。二十年来，皮书不仅为中国社会科学院推进中国特色新型智库建设，发挥党和国家“思想库”“智囊团”的作用作出了重要贡献，也为广大哲学社会科学工作者开展应用性研究、服务于中国特色社会主义建设提供了宽广的智库成果出版与传播平台。对于皮书的长远发展规划，他提出了五点意见：第一，要聚焦使命任务，在服务党和国家决策方面发挥更大作用；第二，要强化品牌意识，在皮书质量提升和学术规范方面取得更大进步；第三，要抓好海外推广，在增强我国哲学社会科学国际影响力方面作出更大贡献；第四，要打造良好平台，在助推哲学社会科学人才培养和青年科研人才成长方面体现更大价值；第五，要创新管理机制，为皮书工作和皮书发展提供更好保障。

（文献社）

太平洋岛国研究智库平台暨聊城大学太平洋岛国系列丛书发布研讨会

2017年9月7日，由聊城大学和社会科学文献出版社联合主办的“太平洋岛国研究智库平台暨聊城大学太平洋岛国系列丛书发布研讨会”在社会科学文献出版社举行。

聊城大学校长蔡先金在致辞中指出，聊城大学在坚持服务区域社会经济发展的基础上，积极响应“一带一路”倡议，集中全校之力、汇集全校之智，创建了太平洋岛国研究中心，开辟出了一条新的服务国家和社会之路。另外，与国内传统出版行业信息化和数字出版转型的引领者——社会科学文献出版社携手，创办了国内首个关于太平洋岛国研究的资源整合、成果发布与合作交流平台——“太平洋岛国研究智库平台”。智库平台的建成将进一步丰富太平洋岛国研究学科的数字化资源、提高专业文献资源的利用率，更好地服务于研究工作。社会科学文献出版社社长谢寿光在致辞中指出，社会科学文献出版社与聊城大学的合作始于新版《列国志》太平洋岛国系列，在此基础上形成了包括集刊、皮书、数据库在内的全方位合作体系，而“太平洋岛国研究智库平台”的建成则是社会科学文献出版社与聊城大学战略合作过程中具有里程碑意义的重大成果，也将成为学术出版机构与高校合作建设数字化平台的典范。社会科学文献出版社正在全力打造中国最大的国别区域与全球治理研究资源整合与成果发布平台，推动学科建设与发展，助力特色智库建设，服务国家对外战略需求。

（文献社）

“阅读日本书系”百种图书出版座谈会

2017 年 10 月 9 日，由社会科学文献出版社、笹川日中友好基金联合举办的“阅读日本书系”百种图书出版座谈会在北京举行。来自中日两国的资深专家学者就近年图书的出版、书系的发展影响，以及如何进一步加深中日双方的了解进行了交流。中国社会科学院副院长蔡昉，日本财团会长、笹川和平财团名誉会长笹川阳平，社会科学文献出版社社长谢寿光，文化部原副部长刘德有等出席了座谈会。

中国社会科学院副院长蔡昉在致辞中表示，2017 年是中日邦交正常化 45 周年。这 45 年里，中日两国关系经历了复杂、波折的严峻考验，得到了长足发展，留下了不少有益经验和启示。在新的历史时期，双方应当立足大局和长远，把握和平、友好、合作的大方向，在行动上扎实努力。出版活动是民间交流活动的重要一环，出版者承载着社会责任，肩负着历史使命。在双方的共同努力下，中日两国在出版文化交流方面已经取得了一定成绩。蔡昉表示，期待中日两国出版界和学术界今后能够推出更多不同形式的交流活动，出版更多有利于增进两国民众互相了解、有利于中日两国关系健康发展的出版物，为中日两国的友好作出贡献。

（文献社）

中国人文科学发展公司

（一）人员、机构等基本情况

（1）人员状况。截至 2017 年底，人文公司共有人员 27 人。其中在编在岗人员 12 人，机关聘用人员 15 人（不含所属企业聘用人员）。正式职工中，局级干部 2 人，处级干部 5 人，科级以下干部 4 人，工人 1 人。

（2）机构设置。公司设有办公室、财务部、进口图书部、中文图书部、电子资源部 5 个部门。所属院党校密云校区、北戴河校区、社科博源宾馆、双业科兴物业管理中心、社科光大、玉泉营建材市场、安信捷、北京人文科工、社会科学成果开发中心、中咨公司、哲社企业信息咨询有限公司 11 个企事业单位。

公司设总经理（党总支书记）1 人，副总经理 3 人。

（3）主要任务。公司按照院领导提出的“管理服务、经营创收”要求，不断拓展业务范围。主要任务：一是全院图书采购总代理、信息化建设任务；二是院所属有关经营性资产的经营任务；三是院内会议服务保障任务；四是完成院赋予的燕郊“学者之家”项目前期手续的办理等任务。

（4）财务状况。公司实行的是院财务会计代理制，院里对公司及所属企业派出会计，公司负责出纳人员管理。2017 年度向院里上缴 2000 万元。

（二）年度工作

（1）认真完成院各类会议、培训班的服务接待任务。坚持为科研服务的宗旨，院党校密云校区、北戴河校区、王府井访问学者公寓等服务性单位，认真按照院培训计划，圆满完成所局级领导学习马克思主义经典著作、习近平总书记“5·17”重要讲话精神培训班、暑期专题培训班、学习党的十九大精神培训班、研讨班及新入院职工教育培训等服务接待任务。全年共完成各类会议培训 138 批次，服务接待 34532 人次。

（2）认真落实图书总代理及其相关工作。一是始终坚持“服务第一”的宗旨，努力完成图书采购总代理工作，为全院科研工作和创新工程提供有力保障。图书总代理业务在院图书馆和各所图书馆的大力支持下，严格执行社科院图书采购实施细则和人文公司图书采购内部流程的相关规定，拓宽图书进货渠道，努力降低采购成本，保证图书采购质量，截至 2017 年 11 月底，共完成图书代理 3540 万元的图书采购任务。二是投资建设图书采购信息管理平台，为简化流程及监督管理起到了重要作用。三是增加服务项目，组织社会公司力量，完成了图书馆赋予的 2000 万元数据库加工任务。

（3）完成信息化项目招标服务性工作。在院机关纪委、信管办、财计局等相关单位监督下，积极配合项目建设单位，按照相关法律法规，认真履行招标职能。2017 年，公司招标小组先后完成 11 个信息化项目的招标工作，招标金额 2000 万元，确保了每个项目的公开透明、合规合法。

（4）双业科兴物业管理中心不断提升管理水平。充分利用研究生院原址优势资源，认真做好客户宣传、沟通、协调工作，维护公司合法权益及最大利益，建立了较为稳固的客户关系。顺利完成全年合同签订、费用收缴等项物业服务工作，提升综合服务品质，取得了较好的经济效益，完成上缴任务 1000 万元。

（5）社科玉泉营建材市场完成商户清退工作。2017 年，根据京津冀协同发展领导小组意见，玉泉营建材市场被列为关停转型对象。根据院领导指示，积极配合政府的非首都功能疏解任务，努力做好商户清退疏解引导工作，于 2017 年 9 月 15 日关停建材市场，清退疏解商户 100 余家，受到当地政府的表扬。

（6）安信捷办公用品销售公司认真做好服务保障工作。围绕“服务兼创收”的功能定位，秉承“安全、可信、快捷”的服务经营理念，按照院内单位的实际需求做好商品定制，积极打造服务型企业，挖掘院内服务市场，尝试开拓院外资源，2017 年完成上缴任务 10 万元。

（7）燕郊“学者之家”项目针对新的建设定位稳步推进。根据院里对该项目新的建设（考古文博学院）定位要求，在院领导的大力支持下，该项目管理团队（哲社公司）通过加强与燕郊高新区管委会工作协调，在相关部门积极配合下，于 2017 年 8 月取得立项核准；通过与华夏顺泽投资集团协商，签署补充协议，完成向中国社会科学院捐赠 3 亿元建设资金到位工作。

（8）积极探索改革创新的方法路子。一是积极盘活闲置企业，积极利用院科研成果、学术交流等优势资源、通过发挥组织和桥梁作用，取得了部分经济效益；二是制定《关于人文公司创新经营理念，促进市场化发展改革方案》，着手探索图书网络销售的路子，开展座谈、积极借鉴相关经验做法，为增加市场份额做好思想上和精神上的准备；三是玉泉营建材市场商户清退后，着手做好争取土地置换和联系新合作伙伴、开拓市场工作。

（三）创新工程的实施和公司管理新举措

2017 年，人文公司在实施创新工程和提升管理水平等方面的指导思想和要求是：认真学习贯彻党的十八届六中全会和党的十九大精神，学习贯彻习近平总书记系列重要讲话精神，积极落实院党组和分管院领导的工作部署和安排，以院工作会议、党风廉政建设工作会议精神为各项工作的总统领和总指引，加强党组织建设，抓好服务经营工作，探索科学管理模式，完善各项管理制度，圆满完成院赋予的各项工作任务。

（1）创新工程年度规划。将学习贯彻党的十八届六中全会和党的十九大精神引向深入。认真学习习近平新时代中国特色社会主义思想，做到三个结合。一是领导班子、中心组学习与各单位、各支部学习相结合，确保全会精神和党组要求落到实处。二是学习党的十八届六中全会和党的十九大精神与促进各项工作结合起来。用党的十八届六中全会和党的十九大精神指明工作方向，解决公司中存在的问题。三是面上学习与制定落实《中国共产党廉洁自律准则》《中国共产党纪律处分条例》的具体措施结合起来，真正落实好《准则》和《条例》的相关要求。

认真学习贯彻院工作会议和党风廉政建设工作会议精神。按照院赋予的工作任务，分解任务，明确职责，制定落实措施，确保年度任务圆满完成。

加强党组织建设。根据院党组和中央纪委驻院纪检组要求，2017 年 11 月对公司党支部、党总支、纪检小组进行了改选，改选后公司总经理和党总支书记“一肩挑”，更加重视对全面工作的总负责和总协调。落实“三会一课”制度，真正落实院党组《关于落实全面从严治党　切实加强党的建设的意见》等“四个文件”精神。切实履行全面从严治党的主体责任和监督责任，充分发挥党组织的战斗堡垒作用、领导干部的以上率下作用和党员的先锋模范作用。

加强经营管理工作。一是召开经营工作会，就挖掘潜力、开拓市场、科研成果转化等进行专题研究和探索；二是参照院创新工程的总体要求，制定公司绩效管理办法，建立奖惩机制；三是根据院下达的创收任务指标，向公司所属经营单位分解任务，完成创收上解任务，确保国有资产的增值保值，为院作贡献；搞好公司财务决算和明年工作预算。

做好研究生院燕郊校区项目的推动工作；配合财计局做好院培训机构的保留及改革工作；

根据北京市疏解政策的相关要求，做好玉泉营建材市场的转型改造升级工作；配合院基建办做好研究生院老校区改造及王府井访问学者公寓地下车库的改造工作。

做好图书采购总代理工作和信息化项目的实施，为院科研工作和创新工程提供有力保障；做好密云绿化基地、北戴河培训中心及王府井访问学者公寓等承办院各种会议、培训班的后勤服务保障工作，提高服务质量。

加强制度建设。通过制定或修订日常管理、请示报告、财务管理、考勤、外聘职工管理、安全管理等制度，提高科学化、规范化管理水平。

加强工、青、妇工作。关心职工文化生活、关心职工身心健康及家庭困难，调动职工积极因素。

（2）改革工作创新要点。继续推进图书采购总代理制，理顺流程。与院图书馆等密切配合，在中外文图书、数据资源采购方面引入市场规则，降低成本，提高服务水平。

为信息化建设项目做好招投标协调工作，合规合法。院图书馆、信管办等单位，做好信息化项目招投标工作，认真落实院里安排的其他重点项目。

稳定社科博源宾馆的经营效益。强化管理，降低成本，提高中层管理能力和员工素质，加大销售力度，开拓市场增长空间。

发挥密云绿化基地院内重要学习培训场所的作用。充分发挥新建综合楼的优势，全面承接院内各种培训任务，积极引进社会培训资源，严控成本支出，在经营规模和效益上实现突破。

提升双业科兴物业管理中心服务水平和效益。稳定望京研究生院老校区承租老客户，提高经营管理水平，增收节支、开源节流，为国有资产保值增值作出更大贡献。

落实北京市的疏解政策和丰台区的具体要求，拟对玉泉营建材市场（社科光大公司）进行硬件升级改造提升硬件标准和经营业态，提升经营管理水平，完善经营措施，重点做好老客户的疏解工作。

提升北戴河培训中心的经济效益。利用新盖楼房的优势，加大利用外部资源，采取措施延长经营期限，争取多为公司为院里作贡献。

积极推进燕郊“学者之家”重新启动工作。协调处理好各种关系，配合燕郊开发区有关部门、合作单位，学习国家法律法规，吃透相关政策精神。

加强党建工作，把党总支、党支部建设好。加强党章等学习和党风廉政建设，适时进行党总支换届选举，认真开展“三会一课”和上级党组织安排的各种活动。

加强公司全面建设，在公司经营工作中重点落实意识形态责任制，加强“一岗双责”，强化主体责任，贯彻落实《关于新形势下党内政治生活的若干准则》和《中国共产党党内监督条例》的相关要求。

五　院代管单位工作

中国地方志指导小组办公室

（一）人员、机构等基本情况

1. 人员

截至 2017 年底，中国地方志指导小组办公室（以下简称“中指办”）共有在职人员 43 人。其中，35 人为参照公务员法管理人员（含院管局级干部 3 人），8 人为事业编制人员。

2. 机构

中指办为参照公务员法管理的事业单位，加挂国家方志馆牌子，管理方志出版社。中指办（国家方志馆）共有内设机构 10 个，即方志处、年鉴处、规划处、信息处、期刊处、科研处、秘书处、人事处（机关党委办公室）、国家方志馆馆藏部、国家方志馆综合部。

（二）学习贯彻落实党的十九大精神，全面推动地方志事业转型升级

1. 深入学习贯彻落实党的十九大精神

中指办组织各种形式的学习宣传、贯彻落实活动，全面系统学习习近平新时代中国特色社会主义思想，深刻领会、准确把握党的十九大的精神实质和丰富内涵。坚持用习近平新时代中国特色社会主义思想武装头脑、指导实践、推动工作，明确地方志事业发展的历史新方位，在地方志进入新时代之际，全面推动地方志事业转型升级。

2017 年 10 月 26 日，中指办召开全体人员会议，传达、学习、贯彻党的十九大会议精神。10 月 29 ~ 30 日，举行“转型升级：地方志走进新时代”主题系列会议，深入贯彻落实党的十九大精神。会议要求要高度重视、充分认识党的十九大召开在中华人民共和国发展史、中华民族发展史上和人类发展史上的重要意义和历史地位，深刻领会习近平新时代中国特色社会主义思想的深刻内涵和本质及其提出的历史价值与意义，充分认识党的十九大报告中提出的建设社会主义文化强国、不断铸就中华文化新辉煌、加强中外人文交流、提高国家文化软实力等重要论述在全国地方志事业转型升级过程中的指导意义，全面认识方志人在建设社会主义文化强国过程中所肩负的新使命、新担当。11 月 10 日，邀请中国社会科学院马克思主义研究院副院

长金民卿以“中国特色社会主义新时代的政治宣言和行动纲领”为题，宣讲党的十九大精神，深入阐释中国特色社会主义进入新时代的深刻内涵以及在开启全面建设社会主义现代化国家新征程中的战略安排和战略目标。

2. 认真传达学习贯彻落实中国社会科学院重要会议、重要文件精神，加强思想作风建设

组织学习贯彻中国社会科学院重要会议、重要文件精神的各项学习活动。2017 年 6 月 15 ～ 17 日，在中国社会科学院北戴河培训中心举办专题培训班，深入学习习近平总书记在哲学社会科学工作座谈会上的重要讲话精神和习近平总书记致中国社会科学院建院 40 周年的贺信精神。传达学习中纪委有关会议精神、中共中国社会科学院党组文件精神、中国社会科学院学习贯彻十八届中央纪委七次全会精神、中国社会科学院党风廉政建设工作会议精神，推动全面从严治党向纵深发展。

（三）继续强化顶层设计，推动构建全国地方志事业发展大格局

1. 领导重视，描绘地方志事业发展蓝图

2017 年，中国社会科学院院长、中国地方志指导小组（以下简称“中指组”）组长王伟光，中国社会科学院副院长、中指组常务副组长李培林通过出席地方志重要会议、重要活动、赴各地进行工作调研、在京听取地方志工作汇报等方式继续谋划和指导全国地方志事业转型升级、跨越发展。王伟光出席地方志重要活动 6 次，李培林出席 17 次。中指组领导先后到海南省、青海省等地开展地方志工作调研，在北京先后听取了重庆、山东、新疆、浙江、福建、宁夏、西藏等省（自治区、直辖市）地方志工作汇报。在这些重要活动中，王伟光、李培林对各地贯彻落实国务院《地方志工作条例》和“一纳入、八到位”等情况作出指示，强调要确保如期完成《全国地方志事业发展规划纲要（2015 ～ 2020 年）》规定的“两全目标”，实现从“一本书主义”到“十业并举”，在全国范围内从一项工作向一项事业全面转型升级。要发展繁荣中国特色社会主义方志文化，树立方志文化自信，为建设中国特色社会主义文化强国服务。要充分发挥地方志存史、资政、育人功用，服务党委政府中心决策，服务经济社会发展，服务人民群众。

2. 地方志被纳入国家经济和社会发展规划，明确地方志发展方向

2017 年 1 月，中共中央办公厅、国务院办公厅印发《关于实施中华优秀传统文化传承发展工程的意见》，在重点任务中明确要求“做好地方史志编纂工作，巩固中华文明探源成果，正确反映中华民族文明史，推出一批研究成果”，将地方志工作纳入中华优秀传统文化传承发展工程。5 月，中办、国办印发《国家“十三五”时期文化发展改革规划纲要》，强调“加强中国共产党党史、中华人民共和国史编修，加强地方史编写和边疆历史地理研究。完成省、市、县三级地方志书出版工作。开展旧志整理和部分有条件的镇志、村志编纂”，将地方志工作纳入社会主义文化强国建设任务之中，明确地方志在建设社会主义文化强国任务中的意义和

价值。

3. 立足实际，着眼未来，提出地方志“两个一百年”奋斗目标

中指办紧扣中国共产党决胜“两个一百年”奋斗目标的历史征程，为把以习近平同志为核心的党中央团结带领全国各族人民实现中华民族伟大复兴中国梦的过程真实记录并传承下去，提出地方志“两个一百年”奋斗目标。具体指在2020年全面建成小康社会之时，实现省省、市市、县县有志有鉴的“两全目标”，开创一项世界文化创举；在21世纪中叶中华人民共和国成立100周年即建成富强民主文明和谐美丽的社会主义现代化强国之际，实现中华人民共和国国志、省市县三级志书，乡镇志、村志、社区志和地方综合年鉴全覆盖。围绕这一目标，中指办将2017年确立为地方志工作的督查年、落实年，狠抓《规划纲要》的贯彻落实。

4. 制定系列全国性规划文件，指导地方志事业科学发展

2017年，中指办领导班子科学研判地方志事业发展情况，为事业发展谋篇布局。1月，制定印发《全国年鉴事业发展规划（2016～2020年）》，6月，制定印发出台《方志馆建设规定（试行）》等全国性规范文件，指导年鉴事业和方志馆事业全面、协调、可持续发展。

研究制定《地方史工作规定》《地方史编写基本规范》等指导全国地方史编写工作的规范性文件。起草《关于做好地方史编写工作的若干规定（讨论稿）》，并召开会议进行讨论。4月9日，在北京召开《关于做好地方史编写工作的若干规定（讨论稿）》征求意见会，为制定全国地方史编写工作的规范性文件提出宝贵意见和建议。11月15～16日，在北京召开《地方史工作规定（征求意见稿）》等文件征求意见会，对《地方史工作规定（征求意见稿）》《地方史编写基本规范（征求意见稿）》等文本进行深入讨论。

在二轮修志收尾阶段、三轮修志启动前的关键时期，中指办着手制定资料收集、总纂编写、审核出版等环节相关制度，规范修志工作，为扎实推进质量建设打好基础。4月18日，召开专门会议，征求《关于加强地方志资料工作的若干意见（讨论稿）》《关于编辑志书资料长编的若干要求（讨论稿）》意见。5月10～13日，召开全国第二次《汶川特大地震抗震救灾志》编纂工作经验交流会暨修志工作研讨会，就《汶川特大地震抗震救灾志》编纂工作经验以及《地方志资料工作规定（征求意见稿）》《关于编辑志书资料长编的若干要求（征求意见稿）》进行充分研讨。11月17日，召开《地方综合年鉴编纂出版规定（试行）》修订讨论会议，进一步规范年鉴编纂出版工作。

5. 全面总结工作经验，指导未来发展

第五届中指组成立以来，全国地方志工作取得很大成绩，积累了宝贵经验。地方志工作紧紧围绕党和国家利益要求，以经济社会发展和人民诉求为中心，深化地方志改革，创新地方志发展，在全国范围内全面推动地方志事业转型升级，全国地方志事业发展形势和地方志工作者精神面貌发生深刻变化，全国地方志事业步入新时代。12月25～27日，在山东省济南市召开2018年全国地方志机构主任工作会议和第二次全国地方志工作经验交流会，全面系统总结第五届中指组成立以来全国地方志工作取得的成绩和经验，部署全国地方志系统未来五年工作。

（四）握牢"总抓手"，积极稳妥推进全国地方志重大工程

1. 民族地区与贫困地区志书出版资助工程

中指办将《八一镇志》纳入援助西藏地方志工作的一项重要内容。2017年1月4日，召开《八一镇志》篇目论证会暨写作任务分配会，全面启动《八一镇志》编写工作。中国社科院、中指办拨出专门项目经费，成立专项工作小组，支援西藏编纂《八一镇志》。8月1～2日，在新疆维吾尔自治区伊犁哈萨克自治州伊宁市召开全国地方志系统援藏援疆工作座谈会，正式启动全国地方志系统援藏援疆工作，协助西藏、新疆推进"两全目标"工作。2017年，中指办确定资助出版5～8部志书，实际资助出版11部。自工程启动以来，共资助出版15部志书。

2. 中国志书精品工程

按照《中国志书精品工程工作流程》《中国志书精品工程行文规范》《中国志书精品工程评审办法》相关规定，2017年6月2日，在北京召开中国志书精品工程专家评审会，经过打磨修改、匿名投票、全国公示，在申报的《常州市志》《赣州市志》2部志书中评选《常州市志》入选中国志书精品工程。10月29日，在江苏省常州市举行中国精品志书《常州市志（1986～2010)》表彰会。2017年受到表彰的精品志书还有《北辰区志（1979～2009)》。

3. 中国年鉴精品工程

按照《中国年鉴精品工程实施方案》的要求，2017年1月5～6日，在北京召开中国年鉴精品工程第二次专家评审会，对《山西年鉴（2016)》等7部中国年鉴精品工程试点单位编纂的年鉴稿进行评审。3月16日，在北京召开中国年鉴精品工程研讨会议暨《中国年鉴发展报告（2016)》征求意见会议，讨论《中国年鉴精品工程实施方案（征求意见稿)》与《地方综合年鉴框架设计基本类目（征求意见稿)》，并就《中国年鉴发展报告（2016)》稿征求意见。6月7日，印发《中国年鉴精品工程实施方案》，确保中国年鉴精品工程顺利推进。8月8日，在黑龙江省齐齐哈尔市召开2017年全国年鉴工作会议暨年鉴研究会年度会议、精品年鉴与年鉴编纂创新研讨会，总结交流"年鉴全覆盖"推进工作，讨论修改《地方综合年鉴编纂出版规定（试行)》，并围绕精品年鉴与年鉴编纂创新开展学术探讨。11月15日，在北京召开中国年鉴精品工程2017年第一次专家评审会议，分别对《南京年鉴（2017)》等4部中国年鉴精品工程试点单位年鉴稿和《辽源年鉴（2017)》等19部年鉴稿共计23部年鉴稿进行评审，并提出修改意见和建议。12月14日，在北京召开中国年鉴精品工程2017年第二次专家评审会议，对《广东年鉴（2017)》等10部年鉴稿进行评审。

4. 中国名镇志文化工程

名镇志编写方面，2017年1月4日，在北京召开《八一镇志》篇目论证会暨写作任务分

配会，全面启动编写工作。3月中指办专家组赴乌镇指导《中国名镇志·乌镇志》的编纂工作，优化篇目设计。10月志书顺利出版，这是第二批中国名镇志丛书的精品力作。12月3日，《中国名镇志·乌镇志》精彩亮相第四届世界互联网大会（乌镇峰会），作为大会特别礼物赠予国内外重要参会嘉宾，并获准在大会重要位置摆放志书中英文版。这是极具中国特色的地方志书首次以中英文双语版本的形式亮相重大国际会议。12月12日，在贵州省黔东南州举行第二届全国名镇论坛暨第二批中国名镇志丛书出版座谈会，向入选第二批中国名镇志的26个镇授牌和颁发证书。截至2017年12月底，全国已有200部镇志申报加入名镇志文化工程，第一批出版11部镇志，第二批出版26部镇志，共37部。

名镇影像志拍摄方面，2017年9月，中指组出台《关于做好影像志工作的意见》，全面推动影像志工作发展。4月22日，在江苏省周庄镇启动中国名镇志文化工程中国名镇影像志拍摄工作。9月22日，在福建省龙岩市上杭县古田镇举行《中国影像志·福建名镇》暨《八闽历史文化名镇名村影像志》开机仪式。启动中国影像方志拍摄工作，与中央电视台合作拍摄《中国影像方志》，并在央视连续播出18期，向世界展示独特的中国方志文化。

5. 中国名村志文化工程

中国名村志文化工程是地方志紧紧围绕国家利益、围绕服务经济社会发展、围绕服务人民群众进行开拓创新方面的又一重要举措。该工程于2016年11月正式启动，2017年，通过成立高规格的领导机构、完善健全工作机制、推进形成规模效应、创新手段扩大社会影响等多项举措，有效地推动了该工程的顺利开展，并取得阶段性成果。3月8日，在上海市金山区举办中国名村志文化工程篇目论证会暨编纂业务培训班，提出以堪存堪鉴、堪读堪传为标准编好名村志，同时举行"中国名村志文化工程丛书编纂责任状"签字仪式。12月29日，在北京举办首届全国名村论坛，介绍中国名村志文化工程阶段性工作成果，推出首批中国名村志。会议播放了中国名村志文化工程宣传片，部分参会代表分享了村志编纂经验及文化建设成果，会议还向首批中国名村志编纂单位授牌并颁发证书。

2017年12月，第二届全国名镇论坛暨第二批中国名镇志丛书出版座谈会在贵州省黔东南州举行。

6. 全国地方志"一体两翼"用志工程

2017年3月16日，在北京召开《中国年鉴发展报告（2016）》征求意见会议，就《中国年鉴发展报告（2016）》稿征求意见。3月17日，在北京召开《中国地情报告（2017）》编写研讨会，围绕报告定位、组织方式、篇目框架、记述要素、体量等方面深入研讨，着重解决篇目框架、必选项目的记述要素等关键问题。6月1日，在北京召开《中国方志发展报告（2016）》初稿评审会，就全面提升书稿质量提出宝贵意见，会议要求各位撰稿人要围绕报告定位、篇目框架、标准规范等深入交流研讨，使《中国方志发展报告》能够从不同角度展现地方志工作的风采。10月11日，召开中指办“一体两翼”工程专家聘任仪式暨《中国地情报告（2017）》编纂研讨会，充分发挥专家智囊作用，提升工程进展质量。10月25日，在北京召开《中国地情报告（2017）》编纂业务研讨会，交流介绍各地志书编纂工作基本情况，总结审查验收工作的主要做法、基本经验，指出审查验收存在的问题及对策路径。12月29日，在北京召开首届中国地情论坛，介绍《中国地情报告（2017）》编辑出版情况，发布中国历史文化名镇保护性发展评估指数，并对中国历史文化名镇保护性发展评估指数主题设定的意义、保护性发展评估指标体系和评估结果进行解读。

7. 全国信息方志与数字方志建设工程

全国信息方志与数字方志建设工程自2015年8月正式启动以来，取得较快发展。2017年2月，印发《全国信息方志与数字方志建设工程实施方案》，制定了至2020年总体工作目标，确定工程建设主体内容，为全国各地信息方志与数字方志建设奠定基础。7月召开全国地方志系统信息化工作会议暨信息化研究会年度会议，明确2017年地方志信息化工作思路和工作重点。

（1）协同推进中国方志网、中国地情网、中国国情网建设。优化和拓展中国方志网功能和栏目，更好地服务地方志事业发展，中国方志网顺利通过国务院办公厅四个季度的政府网站普查；中指办分别于3月、5月、6月在北京召开3次中国地情网二期建设研讨会，不断修改完善网站设计和各项功能，12月1日，中国地情网二期正式上线运行，实现了从“国家省市县四级的联通”到“国家省市县乡村六级的覆盖”、从“全国地情网站集群”到“地情信息服务平台”的转变提升。12月30日，在北京召开中国国情网建设专家研讨会，对网站的设计风格、框架结构、功能模块、栏目设置等内容展开讨论并给予指导。

（2）稳步推进数字方志馆建设。国家数字方志馆自2016年5月揭牌以来，平台建设稳步推进。2017年完成国家数字方志馆一期项目建设，搭建国家数字方志馆平台。北京、江苏、陕西、湖南等省份数字方志馆已经建成并投入运营，一些市县的数字方志馆陆续建成上线。

（3）持续加强新兴媒体建设。充实完善方志中国微信和方志中国手机报发布内容和形式，2017年发布方志中国微信296期，方志中国手机报30期，出版《中国方志》报6期。

8. 方志馆研究建设及全国地方志专业出版基地建设工程

（1）深入开展方志馆建设和理论研究工作。中指办、国家方志馆积极推动国家方志馆基础设施建设。2017年4月21日，在江苏省苏州市举办首届全国方志馆馆长论坛，总结交流方志馆建设经验。6月12日，印发《方志馆建设规定（试行）》，明确规定方志馆建设规划与规

2017 年 9 月，第二次全国方志馆工作会议暨方志馆业务培训班在浙江省丽水市召开。

模、方志馆建筑选址与设计、方志馆建筑标准与机构人员等方面的内容，指导全国方志馆建设。9 月 1 ～ 4 日，在浙江省丽水市召开第二次全国方志馆工作会议暨方志馆业务培训班，强调方志馆建设在全国地方志事业发展和社会主义文化强国建设中具有重要地位和作用，并对方志馆工作提出新要求。11 月 24 ～ 25 日，在广东省广州市举行“中国梦·方志情”首届全国方志馆讲解员大赛，进一步提升方志馆服务能力和水平。

2017 年，完成国家方志馆“魅力中国”展览布展工作。“方志中国”展览全年共接待参观来访 68 批 550 余人次。国家方志馆先后接待山东省东营市志办、安徽省铜陵市志办等 40 家单位，为各地建设方志馆提供业务咨询和指导。先后共召开 5 次国家方志馆黄河分馆展陈设计评审与研讨会议，指导黄河分馆高水平建设。同时，初步完成国家方志馆长江分馆选址工作。

2017 年，接收苏州市地方志办公室、新疆维吾尔自治区地方志编委会、内蒙古自治区地方志办公室等单位赠书。完成 1211 册年鉴的编目、加工、上架工作。

2017 年，完成《中国方志馆研究》创刊工作，并出版《中国方志馆研究》（第一辑）。《方志馆概论》《方志馆发展史》《中国历代方志导读》等相关著述的编写工作顺利开展。

（2）大力推进全国地方志专业出版基地建设。方志出版社全面落实《方志出版社发展规划纲要（2014 ～ 2020 年）》要求，与积极配合中指办大力推进全国地方志专业出版基地建设。2017 年 2 月，成立方志出版社图书经营销售中心，提高方志出版社图书发行水平，并提升在业界的影响力，使图书发行沿着专业化、多元化的路径迈上新台阶。5 月，方志出版社与东营市史志机构建立全面战略合作关系，助推东营市的志书、年鉴以及地情书的编纂出版工作再上新台阶。6 月，举行方志出版社专家委员会委员聘任仪式暨专家座谈会，聘请专家参与到方志出版社图书编辑、图书质检、图书推广和编辑培训等工作。

9. 中国地方志学科建设与人才队伍建设工程

（1）方志学科建设方面，不断加强与中国社会科学院大学的沟通与合作，开设方志学专业，为研究、传承和发展地方志打下坚实的学科基础，提升地方志的学科地位和学术话语权。继续与中国社会科学院研究生院联合举办公共管理硕士（MPA）（地方志方向）专业学位研究生班。与高校、科研机构合作培养博士后科研人员，提高方志学科地位和研究层次。2017年10月，举行方志出版社博士后科研工作站揭牌仪式，首届方志学博士后进站。方志学博士后科研工作站的设立在中国地方志发展历史上具有里程碑意义。

（2）人才队伍建设方面，第一，持续开展对西藏、新疆、新疆生产建设兵团地区地方志事业的帮扶工作，选派1名正处级干部到新疆生产建设兵团地方志办公室挂职。第二，不断加大方志人才培训力度，2017年5月19～23日，在陕西省延安市举办2017年度第一期全国地方志工作机构新任负责人培训班，9月11～16日，在贵州省遵义市举办2017年度第二期全国地方志工作机构新任负责人培训班，全面提高省市县三级地方志工作机构新任负责人业务水平，提升方志队伍整体素质。6月13～16日，在山西省晋城市举办2017年全国地方史志期刊主编培训班，提升史志期刊主编的编辑业务水平和综合素质，为打造更高水平、更好质量的史志期刊奠定人才基础。7月18～22日，在西藏自治区山南市举办第二期援藏志鉴编纂业务培训班，围绕志鉴编纂的基础知识、质量控制、志鉴稿点评等编纂实务进行培训。9月1～4日，在浙江省丽水市举办全国方志馆业务培训班，提升方志馆从业人员业务能力。10月29～31日，在江苏省常州市举办第二期全国年鉴主编培训班，从年鉴的框架设计、资料收集、内容编写等方面进行重点培训。同时召开中国地方志学会方志学分会2017年年会、《中国年鉴研究》创刊发布座谈会。11月24～26日，在广东省广州市举办第二期全国地方志信息化业务培训班，提高地方志信息化工作者的业务素质和综合能力。第三，利用专家集聚效应，打造高端专家队伍，充分发挥专家库领头作用。7月，启动“中国地方志专家库”工作，倾心打造方志专家库和年鉴专家库两个子库。

10. 中国方志文化走向世界工程

（1）实施中华文化“走出去”战略，推介一批高质量地方志成果。2017年12月3日，首部中英文版名镇志《中国名镇志·乌镇志》亮相第四届世界互联网大会（乌镇峰会），推动中华优秀传统文化走向世界。

（2）召开国际性会议，扩大方志文化影响力。2017年9月19～20日，在北京举行走向世界的中国方志文化国际学术研讨会。来自中国、美国、德国、日本、越南等国家和地区的代表150多人与会。各国专家学者相聚一堂讨论中国方志文化，不同的观点交流碰撞，激荡出新的思想火花。

（3）深化同我国台湾地区和欧美文化机构的交流与合作，宣传中国方志文化，讲述中国故事，传播中国声音，推动中国方志文化走向世界。2017年5月22日，德国下萨克森州政府对华合作顾问迪特·舒伯特访问中指办，双方就进一步加深中德文化交流与合作达成共识。6月19～28日，中国地方志欧洲学术交流团先后赴德国、法国、英国开展学术交流，学习借鉴图书馆、博物馆建设，文献资料收藏、收集等方面的经验，着手建立长期合作与交流机制，推动方志文化在欧洲的传播。12月18～22日，中国地方志学术交流团赴台湾地区交流地方志文献工作，双方以方志为媒，进一步加深了了解，并学习互鉴宝贵经验。

11. 民族地区与贫困地区年鉴资助工程

除了上述全国“十大工程”，民族地区与贫困地区年鉴资助工程也是中指办正稳步推进的重点工程。2017 年 5 月，制定《民族地区与贫困地区年鉴资助工程实施方案》。6 月，正式启动民族地区与贫困地区年鉴资助工程。11 月，《宣化区年鉴（2016）》《杭锦年鉴（2015 ~ 2016）》等 9 部年鉴入选民族地区与贫困地区年鉴资助工程 2017 年首批资助名单。

（五）围绕国家利益、经济社会发展和人民群众需要，大力开拓创新

1. 以国家利益为导向开拓创新

启动国家社科基金抗日战争研究专项工程项目《中国抗日战争志》及中国地方抗日战争志工程。2017 年 2 月 6 日，在北京召开《中国抗日战争志》研究实施方案研讨会，讨论拟订《〈中国抗日战争志〉课题研究方案》《〈中国抗日战争志〉编纂规范》等文件，并修改《〈中国抗日战争志〉编纂工作实施方案（征求意见稿）》。2 月 16 日，在北京召开《中国抗日战争志》课题研究讨论会。4 月 8 日，在北京召开《中国抗日战争志》项目暨中国地方抗日战争志工程启动会，确定《中国抗日战争志》编纂委员会、中国地方抗日战争志工程委员会及学术委员会成员名单。5 月 20 ~ 21 日，在陕西省延安市召开《中国抗日战争志》分卷《大事记》《人物志》《文献辑录》编写（纂）研讨会。7 月 13 日，在山东省龙口市召开《中国抗日战争志・军事志》编写研讨会，对各分卷编写进行充分论证，保证该工程顺利实施。

围绕维护我国在南海海洋权益，召开南海主权与地方志论坛，推进《中国南海志》《三沙市志》编纂工作。1 月 14 ~ 15 日，在海南省海口市召开“南海主权与地方志论坛”，通过整理、挖掘历朝历代和当代关于南海的史料，以志书为载体，全面梳理中国人民发现、开发利用、管辖南海的资料，用事实证明南海诸岛自古以来就是中国的领土，神圣不可侵犯，充分发挥地方志在维护我国海洋主权中的作用。

2. 以经济社会发展为中心开拓创新

启动中国名镇志、中国名村志、中国名山志、中国名酒志等文化工程，启动中国影像方志、中国名镇影像志拍摄工作等。2017 年 4 月 17 日，在北京召开《中国名酒志文化工程实施方案》征求意见会，就该实施方案的框架、内容、文字等展开讨论。4 月 19 日，在江苏省宿迁市启动中国名酒志文化工程，同时启动名酒志编纂工作。6 月 14 ~ 15 日，在江苏省扬州市召开中国名街志、名山志、名水志编纂工作研讨会，讨论并修改完善《中国名街志文化工程实施方案》《中国名山志文化工程实施方案》《中国名水志文化工程实施方案》。9 月 10 日，在第七届中国（贵州）国际酒类博览会期间举行中国名酒志文化工程新闻发布会，介绍中国名酒志文化工程开展情况。10 月 25 日，在青海省西宁市召开中国名水志文化工程实施方案论证会，对修改后的《中国名水志文化工程实施方案》再次进行论证。12 月 26 日，在山东省济南市启

动中国名山志文化工程，并组织编纂《泰山志》《黄山志》等一批名山志。

3. 以人民为中心开拓创新

谋划编纂社区志、居民小区志，建立村史馆、村情网，拍摄中国名镇、名村影像志等，利用“三网一馆两平台”建设，让地方志走进寻常百姓家，提供更加丰富和多元的精神文化产品以满足人民群众对美好生活的需求。

（六）强化地方志系统制度建设，全面提升服务能力与水平

1. 加强制度建设，固本培元

2017 年 1 月 10 ～ 11 日，召开地方志事业顶层设计暨中国地方志指导小组办公室制度建设研讨会，对涉及地方志事业顶层设计的“定职能、定职责、定岗位、定措施”的“四定”方案，以及中指办党务人事、行政后勤、财务基建、保密与安全、科研、网络与宣传等方面的制度进行讨论，促进各项制度的修改完善。4 月 26 日，召开全国地方志系统考核奖励、专项报酬等工作专题研讨会，充分研讨《全国地方志系统考核奖励管理办法（试行）》《中国地方志指导小组办公室、国家方志馆专项工作专家库管理办法（试行）》，并对该两项办法的整体框架、主体内容、政策界限、逻辑关系、考核范围等内容进行深入讨论。7 月 6 日，召开《全国地方志系统考核奖励管理办法（试行）》专家论证会议，进一步科学论证《全国地方志系统考核奖励管理办法（试行）》。

2. 完成年度全国地方志系统统计工作，服务大局

开展年度全国地方志系统统计工作，对各地“两全目标”完成情况和工作进度、方志馆建设、信息化建设、机构及人员等方面进行全面了解，系统整理汇总、核对全国地方志系统报送的相关数据，并及时发布在中国方志网上，为全国地方志系统有效开展工作提供数据参考。

（七）深化地方史志期刊改革，提升地方志理论研究水平

1. 打造精品方志期刊

2017 年 8 月 1 日，在新疆维吾尔自治区伊犁哈萨克自治州伊宁市召开 2017 年全国地方史志期刊工作会议，对史志期刊工作提出明确要求，要求组织队伍对当前地方志事业发展的重点和热点问题进行研讨，加大地方史研究力度，完善期刊编校机制，扩大期刊编辑培训范围，丰富期刊编辑培训体系等，充分发挥地方史志期刊的独特优势。

围绕“名优工程建设”，研究和优化《中国地方志》全年方志理论研究选题，突出重点栏目建设，加强审稿、用稿、组稿管理，提高期刊编校质量。为加强期刊质量管理，年内完成《中国地方志》刊期变更工作，自 2018 年起由月刊改为双月刊。编纂完成并出版《中国地方志年鉴（2016）》，改进和优化《中国地方志年鉴（2017）》框架设计，注重突出年鉴的年度特色和专业特色。9 月 8 日，在北京召开《中国年鉴研究》创刊号样刊征求意见会议，对《中国年

鉴研究》创刊号样刊进行审读和修改。10 月 29 日，《中国年鉴研究》正式创刊，并召开创刊发布座谈会，研究期刊的学术定位、编辑视野、栏目设置、组稿选题、引领学科建设、提高影响力以及培育高水平作者队伍等议题。

2. 推出系列科研成果，提升科研水平

2017 年 8 月 22 日，在内蒙古自治区通辽市召开第二次全国地方志科研工作会议，交流各地科研工作，提出方志科研工作者要坚定方志文化自信，拓展地方志科研工作领域；从方志理论研究和方志学学科体系建设、科研人才队伍建设和学术交流合作、科研管理工作和科研成果宣传推介等方面加大地方志科研工作力度。

志鉴理论研究逐渐深入，出版《方志百科全书》《志载地域、自然的理论与实践 2014 年新方志论坛论文集》《修志问道　以启未来：2015 年新方志论坛论文集》《方志理论学习通典》，编纂完成《中国方志发展史》《方志馆概论》等理论著作。

（八）发挥中国地方志学会作用，促进方志学术繁荣发展

1. 搭建学术交流平台，发挥学会带头引领作用

继 2016 年成立了中国地方志学会信息化研究会、年鉴研究会、方志馆研究会、史志期刊研究会、方志学研究会 5 个分支机构之后，2017 年继续扩大分支机构数量，7 月 9 日，成立中国地方志学会编辑出版研究会，推进和提升地方志编纂、编辑出版的水平和质量。

2. 召开学术会议，推动方志学术大发展

2017 年 5 月 26 日，在重庆召开地方志转型升级理论与实践探索——第七届中国地方志学术年会。会议对地方志转型升级的内涵，以及如何认识、定位、构建地方志转型升级作了详细阐述，并对发挥方志理论研究和方志学学科建设在转型升级中应有的作用提出更高要求。7 月 9 日，在辽宁省丹东市举行中国地方志学会编辑出版分会学术交流活动。会议举办讲座，邀请知名专家学者作报告，提升志书编辑质量。8 月 8 日，在黑龙江省齐齐哈尔市召开中国地方志学会年鉴分会 2017 年度会议。会议提出要加强理论研究阵地建设、人才队伍建设、自身建设、组织建设和制度建设，推动年鉴研究会创新发展。10 月 29 ~ 30 日，在江苏省常州市召开中国地方志学会方志学分会 2017 年年会。会议围绕“转型升级：地方志走进新时代”主题，就方志学学科建设、地方志功能拓展、地方志资源开发利用、村镇志编纂、发扬“仙人掌精神”等多个方面进行深入交流与研讨，并对如何加强方志理论研究及方志学学科建设献计献策。

第五编

科研成果

KEYANCHENGGUO

文学哲学学部

文学研究所

《乾嘉情文理论研究》

杨子彦（副研究员）

专著　225 千字

中国社会科学出版社　2017 年 2 月

“缀文者情动而辞发，观文者披文以入情”。情文关系是文学研究基本和核心的问题，存在于文学活动的所有环节。诗言志，思无邪，兴观群怨，温柔敦厚，“发乎情，止乎礼义”，发愤著书，缘情绮靡，性灵说等重要理论，无不是从各种角度对情文关系进行的阐发。乾嘉作为中国传统文化的聚集时期，对情文理论予以了系统总结和发展。该书以乾嘉情文理论为研究对象，从性与理、情与幻、性情与格调、情感与虚构等多种角度对此进行了深入研究。

《反法西斯战争中的“隐蔽力量”：以丁玲〈我在霞村的时候〉及其翻译为例》

熊鹰（助理研究员）

专著　170 千字

清华大学出版社　2017 年 3 月

该书通过对丁玲的小说集《我在霞村的时候》20 世纪 40 年代英译本翻译出版情况的梳理，勾画出丁玲文学在中国及世界反法西斯战争中的独特位置，以及丁玲所处的那个广阔的跨文化网络。1945 年由龚普生翻译并在印度出版的英文小说集《我在霞村的时候》汇集了来自中国、美国和印度的反法西斯力量，出版后的小说集又为推动世界更好地了解抗战中的中国、为争取包括美国和印度在内的国际援助作出了贡献，丁玲的文学和其他诸多因素一起成为反法西斯运动中强大的“隐蔽力量”。

《虚构的仪式》

徐刚（副研究员）

专著　250 千字

北京大学出版社　2017 年 3 月

该书以文本细读为主，引入文化研究和相关理论视野，对贾平凹、莫言、张洁、阎连科、刘震云、马原、格非、刘慈欣等作家的作品作出别具路径的解读，另对蒋一谈、阿乙、张悦然、孙频、马金莲等作家的整体创作也进行了深入的分析。该书认为，小说以具有某种仪式感的虚构方式，展示最有力量的思想、关于人性的最透彻的知识以及对人的复杂性的最精妙的描绘，而批评则正是对这种仪式的鉴赏和评判。在这个意义上，批评似乎具有了某种神圣的力量。作者旨在清晰地阐释小说这种“虚构的仪式”背后所潜藏的“同时代性”，力求深入作家作品的精神世界，辨认出当代叙事的时代感和共在感，探索当代文学的发展前景。

《白居易》

陈才智（研究员）

专著　150千字

五洲传播出版社　2017年4月

唐代诗人白居易的诗品、人品对后世具有巨大影响。他前期主张为政治为人生的文学观，是平民知识分子的代表；后期乐天知命，对孟子“穷则独善其身，达则兼济天下”加以实践、发挥和改造，成为后代知识分子重要的思想财富，其人格范式滋养了中国后世文人的精神家园。他上承陶渊明，下启苏东坡，是中国文人人格范式中的重要一环。白居易不仅对中国文学有深远影响，而且其声誉更远播海外。作者在对白居易其人其诗作了系统研究的基础上，认为白居易所独具的诗性智慧富于启迪，令人深思；其人其诗所含蕴的知足保和的人生观念、闲静适世的志趣选择、和光同尘的哲学思想，对当代人也有很大的参考价值。

《博弈：女性文学与生态》

田美莲（副研究员）

专著　339千字

中国社会科学出版社　2017年9月

该书从多重生态视角，考察了20世纪80年代以来女性文学与生态之间的博弈，探寻女性自我的生存与发展状态，并关切女性与自然、男性、文学、社会、文化、性别等环境之间的关系。作者从梳理中国女性生态写作的背景与资源，到剖析女性生态写作的现状与发展轨迹，再到甄别与西方生态女性写作的本质差异，揭示了中国女性写作的美学形态与内在切换，审视了女性生态写作主体姿态，进而重申女性生态写作的路标——以生态审美反思自身及社会现实与女性现实，承纳本土文脉与生态智慧，恪守与自然、男性、社会圆融和谐的生态法则与女性原则，走向女性生态美学与生存秩序的构建，重铸新女性现实主义精神。

《陈忠实的蝶变》

李建军（研究员）

专著　380千字

二十一世纪出版社　2017年9月

该书以著名小说家陈忠实和他的长篇杰作《白鹿原》为蓝本，通过细致的文本解读和缜密的实证分析，深入地梳理了陈忠实艰苦而辉煌的文学历程，分析了影响他思想变化和创作升华的复杂原因，揭示了他不断超越自我的精神“蝶变”和创作《白鹿原》的经验，因而，该书既可以当作关于他的研究专著来看，也可以当作他的别样形态的精神传记来读。

《中国美学经典·魏晋南北朝卷》（上下册）

刘方喜（研究员）

专著　730千字

北京师范大学出版社　2017年8月

魏晋南北朝，从曹丕称帝（220）、三国分立到西晋一统，从南北分治到隋代一统（589），历时约370年，是中华民族剧烈的分化重组和大融合时期。首先，三国鼎立，标志着汉代一统分裂为三个不同的政治—美学空间，其中曹魏和东吴具有重要的时代意义：曹魏的三曹（曹操、曹丕、曹植）、七子（孔融、陈琳、王粲、徐幹、阮瑀、应玚、刘桢）的美学，代表整个时代主流的变化；东吴的江东经营，开创了江南美学的新路。西晋一统，三张（张载、张协、张亢）、二陆（陆机、陆云）、两潘（潘岳、潘尼）、一左（左思），领导着新的美学风尚。该书对魏晋南北朝美学的审美观念、各门艺术、审美风尚以及中国美学的发展规律，以古文献的原貌呈现出来。

《日常生活的苦难与希望：实践民俗学田野笔记》

户晓辉（研究员）

专著　569千字

中国社会科学出版社　2017年10月

该书暂时悬置了实证民俗学，完全转向了实践民俗学。作者反求诸己，以率理性而为的姿态，不仅以相对通俗的哲学笔调写出了故乡人的生与死、爱与恨、善与恶、苦难与希望，而且运用条件还原法，从经验现象反观先验条件，把先验逻辑转化为具体的实践研究方法，凸显出“好生活”不可或缺的目的条件。

《马克思主义文艺理论在中国》

丁国旗（研究员）

专著　248千字

中国社会科学出版社　2017年10月

该书主要探讨中华人民共和国成立后60多年来，马克思主义文艺理论在我国的发展研究情况，内容涉及马克思主义文艺理论在中国的译介、马克思主义文艺理论在中国的接受与发展、马克思主义文艺理论的中国研究、存在的问题等。该书主要包括中华人民共和国成立后前30年的研究、新时期以来的研究、俄苏文论在中国、西方马克思主义文论在中国等几个方面，较为客观地梳理了马克思主义文艺理论在我国发展的基本风貌、各阶段重要的理论贡献、所引发的论争以及所呈现的规律与特征等。

《当代西方文论批判研究》

张江（教授）　丁国旗（研究员）

专著　360千字

中国社会科学出版社　2017年1月

该书从几个代表性理论主张和思想特征切入，对当代西方文论自身存在的问题和局限进行了梳理和辨析，揭示其本质特征及流弊所在。该书认为，对待当代西方文论，必须克服以西方文论为准则的现象，重视和加强对中国文艺发展经验、民族文论传统的总结和研究，努力建构坚守中华文化立场、立足当代中国实践，具有中国特色、中国风格、中国气派的文艺理论。

《蒙古突厥史诗人生仪礼原型》

乌日古木勒（研究员）

专著　270千字

民族出版社　2017年1月

蒙古—突厥史诗描述了一个男人成长的故事，反映了一个男人从生理性的诞生到社会、文化性的诞生过程中所经历的各种严酷考验。可以说，蒙古—突厥史诗是英雄成长的故事，阐明了英雄特异诞生，成年后因求婚或征战离开父母，独自去遥远的他乡，接受种种考验，并通过死亡和复活的再生经历，成亲或战胜敌人，凯旋的成年礼民俗模式。

该书通过对蒙古—突厥史诗求子、英雄特异诞生、英雄接受考验和英雄再生四组母题的人生仪礼民俗模式原型的探讨，进一步阐明了蒙古—突厥史诗的特征及其起源问题。

《隐形手与无弦琴——市场语境中的艺术生产研究》

陈定家（研究员）

专著　256 千字

中国社会科学出版社　2017 年 7 月

该书以艺术生产理论和审美意识形态论为指导，对改革开放以来市场经济条件下艺术审美现状、发展趋势及其所带来的影响作了系统的阐释和分析。该书探讨了市场语境下艺术生产所面临的诸多问题，如对艺术生产与一般生产的共同规律和特殊规律、市场经济冲击下作家地位的变化、作家文化价值观念的变化、艺术雅俗的分化与融合、艺术如何顺应市场经济体制的需要走向市场，又适应文艺自身的发展规律超越市场等作了论述，为解决市场语境下艺术生产中的种种问题提供了理论基础。

《文本催眠术：历史 · 主体 · 形式》

陈思（助理研究员）

论文集　190 千字

北京大学出版社　2017 年 3 月

该书收录了作者近年来文学史和文学批评论文十余篇，既解读了高晓声、陈建功、路遥、贾平凹等经典作家的经典文本，又探讨了包括“80 后”作家在内的新锐小说家的创作现状，试图归纳出一种以形式为切入、以理论为参照、以历史为旨归的批评方法。该书分为三部分：第一部分从历史的宏观维度出发，触及经典和当下小说文本的社会史背景、地方性特征、作家现实感、生活资源等话题；第二部分从主体的理论层面，探讨文学文本对于主体的描绘与想象，侧重对特定历史条件下、特定人群的主体状态的敏锐观察；第三部分从形式批评的技术层面，就当下小说一些值得注意的技术特征作了分析。

《早读过了》

杨早（副研究员）

文集　220 千字

商务印书馆　2017 年 3 月

该书辑录作者 10 年来近百篇关于阅读、文学、大众文化等方面的文化评论、书评与短书札文字。在对中国近现代舆论史、传媒史的关注，并由此进入对中国近现代文学与文化史的研究之外，作者还热衷实践对大众阅读的推广。除对专业领域内过眼新书多有评论推介外，还尝试将专业视角对准当下，对当下出版、媒体与阅读生态都有观察与评论。

《文学蓝皮书：中国文情报告》(2016 ~ 2017)

白烨（研究员）

研究报告　200 千字

社会科学文献出版社　2017年5月

该书设长篇小说、中篇小说、短篇小说、纪实文学、散文、诗歌、戏剧、网络文学、文学理论批评9个专题，对年度的文学创作、文学现象、文学论争与文学事件等，进行了全面的梳理与概要的描述。翔实的文坛资讯，精到的学术提炼，尤其是对一些焦点性现象与倾向性问题的捕捉与评说，凸显了年度文学的客观走向、基本风貌及其发展演进中的主要特点与存在的主要问题。

民族文学研究所

《鄂温克民间故事》

朝克（研究员）

专著　176千字

社会科学文献出版社　2017年10月

该书为挽救已经进入濒危之前期阶段的鄂温克语，从20世纪80年代开始，作者多次深入偏远农村牧区，搜集鄂温克族用鄂温克语讲述的、纯粹的鄂温克民族故事。在该书中，作者从民间文学视角，将收集、整理、翻译的37篇鄂温克语民间故事及神话传说，分为《人与动物的故事》《爱情和家庭的故事》《英雄的故事》《萨满信仰和神仙的故事》四大部分进行阐述。

《鄂温克族精神文化》

朝克（研究员）

专著　310千字

社会科学文献出版社　2017年11月

该书系国家社科基金重大委托项目“鄂温克族濒危语言文化抢救性研究”的子课题。作者根据调研资料、历史文献资料等，对鄂温克族精神文化世界进行了客观的探索性研究。全书分为鄂温克族思想文化、文学文化、民歌与舞蹈、谚语文化、节日文化、信仰文化、禁忌文化以及鄂温克语的宝贵精神财富八个章节，对鄂温克族的世界观、人生观、宗教信仰进行了分析。

《鄂温克语名词形态论》

朝克（研究员）

专著　281千字

中国社会科学出版社　2017年5月

该书通过名词形态论研究，打造出名词类词研究理论框架，提出名词形态论学术范畴的数形态论、格形态论、领属形态论、级形态论等全新理论观点，探索了濒危民族语言名词形态论研究的新路子。

《鄂温克语动词形态论》

朝克（研究员）

专著　356千字

中国社会科学出版社　2017年3月

该书运用语法形态论、动词形态论及濒危语言学理论，对动词、形动词、副动词、助动词等动词类词的态、体、式、时、人称、形动、副动、助动等的形态变化现象展开全面系统的研究，并在我国阿尔泰语系语言里提出了动词类词这一分类理论和研究框架，以及动词形态论学术观点。

《史诗学论集》

朝戈金（研究员）

论文集　328千字

中国社会科学出版社 2016 年 12 月

该书是“中国社会科学院学部委员文集”之一种，是作者代表论文的合集。该书作者在蒙古史诗、中国史诗学等方面有很高的建树。该书选取了作者在史诗学研究领域的理论及具体史诗方面的文稿等共 18 篇。

《东巴经籍文献中的口头程式句法研究》

杨杰宏（副研究员）

论文 10 千字

《中央民族大学学报（哲学社会科学版）》2017 年第 1 期

口头程式句法在东巴经籍文本中广为分布，口头程式密度较高，且呈现出诗行、名词性修饰语、专有名词等不同程式类型，这些程式句法与东巴叙事传统存在着极为密切的指涉性关系。口头程式是东巴口头及书写传统的主要表达单元，书面文本源于口头文本，为口头叙事的提词本。该文认为，以书面文本形式保留下来的东巴经籍基本上保留了口头传统特征，属于典型的口头记录文本。

《越界：1958 年新民歌运动的大众化之路》

毛巧晖（研究员）

论文 10 千字

《民族艺术》2017 年第 3 期

1958 年的新民歌运动，由毛泽东发起，自上而下席卷全国，这一运动的参与人群、创作数量、创作速度都可说“史无前例”，堪称全民卷入文艺。在这一大众化运动中，民间文学出现了大繁荣，民歌带动了诗风的改变，打破了“民间艺人”与“作家”的阈限，新型的“农民诗人”成为社会主义“文艺战线上的先锋”，他们与作家共同抒写新的政治生活与劳动生活，作家文学和民间文学的“目标受众”都发生了转换。民间文学这次进入主流的“越界”，使民间文学的价值与功能也发生了变化，它改变了其作为民众表达和交流思想情感的存在意义，成为国家话语的反映与应对。该文对上述历史及其影响作了分析与研究。

《“一带一路”与口头史诗的流布和传播——论中国—吉尔吉斯斯坦〈玛纳斯〉史诗传统及其互动交流》

阿地里·居玛吐尔地（研究员）

论文 16 千字

《西北民族研究》2017 年第 3 期

《玛纳斯》及其口头演唱传统从 19 世纪以来就成为我国与中亚地区民间文化交流的重要内容，我国和中亚地区的这种口头演唱传统彼此推动和促进，绵延不断。其间，史诗传承人群体玛纳斯奇发挥了不可替代的纽带作用。近年来，随着“玛纳斯学”逐步成为一门国际显学，中国与吉尔吉斯斯坦两国的学术交流更是呈现出繁荣发展的局面，使口头史诗传统的传播和互动成为丝绸之路文化交流的典范。该文试图对此文化现象作一系统的梳理和分析，以呈现跨国民间文化交流的历史脉络和发展特征，为当前正在不断推向深入的“一带一路”倡议和丰富文明交流互鉴的讨论，提供一条可资借鉴的路径。

《中国史诗研究的学科化及其实践路径》

巴莫曲布嫫（研究员）

论文　5.5 千字

《西北民族研究》2017 年第 4 期

21 世纪以来，以中国社会科学院民族文学研究所学人引领的史诗研究在口头传统的学术格局中形成了全新的定位，并在本土化实践中从偏重民间文学的文本研究走向口头诗学的田野研究。回观中国史诗学的制度化经营，学科专业化的主导原则和实践路径也在推动学科发展的过程中超越了既有边界，使人文学术的知识生产呈现出跨界重组的动态图景。该文对中国史诗研究的学科化及其实践路径作了系统的分析与研究。

《中国创世神话母题（W1）数据目录》

王宪昭（研究员）

工具书　900 千字

中国社会科学出版社　2017 年 9 月

该书是在王宪昭的《中国神话母题 W 编目》（中国社会科学出版社 2013 年版）基础上形成的创世神话类型母题数据目录。该目录对应的是《中国神话母题 W 编目》中的“W1：世界与自然物”，并由原来的 3 级母题升级为 5 级母题，数量由原来的 4607 个扩展为 12583 个。该书适用于神话学研究、母题学研究、文学研究、宗教学研究、民族学研究、民俗学研究以及人文学科数据库建设中的有关创世问题研究。

《口述与书写：满族说部传承研究》

高荷红（副研究员）

专著　265 千字

暨南大学出版社　2017 年 12 月

该书运用田野研究和文本分析相结合的方法，试图探讨 21 世纪在电子媒介大力冲击的情况下，不同民族如何传承其传统文类的问题。该书不局限于满族说部这一特定的研究对象，还涉及如生活在东北地区的锡伯族长篇叙事故事、回族千则故事家的讲述，还有苗族史诗《亚鲁王》等，从媒介的角度分析了口述与书写的差异背后技术的变革以及后续影响。

《〈格萨尔〉手抄本、木刻本结题目录：1958 ~ 2000》

李连荣（副研究员）

专著　918 千字

中国社会科学出版社　2017 年 1 月

该书为 1958 ~ 2000 年国内搜集并保存于青海《格萨尔》研究所、西藏社会科学院《格萨尔》研究中心、云南社会科学院民族所、云南迪庆藏学研究院、中国社会科学院民族文学研究所、中央民族大学图书馆、中央民族图书馆、四川民委民族研究所《格萨尔》办公室、西北民族大学图书馆等处的 100 多部 400 多册《格萨尔》手抄本与木刻本的解题目录。

外国文学研究所

《西班牙文学：中古时期》

陈众议（研究员）　宗笑飞（研究员）

专著　454 千字

译林出版社　2017 年 3 月

该书由西哥特拉丁文学、阿拉伯安达卢斯文学、西班牙语早期文学三部分组成，记述了从西班牙王国雏形时期的宗教化文学到穆斯林占领时期乃至“光复战争”后期的世俗化倾向，并延伸至“黄金世纪”前夕，经与古代印第安文学碰撞、化合，催生出更加绚烂的文学景观的历史。该书是陈众议主编的“西班牙与西班牙语美洲文学通史”丛书的重要组成部分。

《在现实与历史交汇处沉思——当代思想视野中的文学理论问题探析》

党圣元（研究员）

专著 470千字

辽海出版社 2017年2月

该书坚持以问题意识为导向，理论联系实际，强调现实关怀与当代意义。以问题意识为导向，就是要面对中国当代的文艺研究状况、对文化思想和社会文化现实进行提问，使当代文论介入当代文学思想和文学思潮的话语实践之中，介入文化产业、审美文化、图像阅读等文化现象中，推动文论研究从过去的形而上学诉求转向现实优先的关切，从理论世界转向生活世界，在此基础上，对当代中国的文艺化现象和发展经验进行卓有成效的分析和理论提炼。该书出入于古今之间，联类古今，形成古今互视、古今对话。通过古今的互视与对话，达到以古鉴今、以古视今，实现古今之间的视界融合，达到对所关注问题的认识，既有现实的高度，又有历史的深度。

《阿拉伯安达卢斯文学与西班牙文学之初》

宗笑飞（研究员）

专著 360千字

当代中国出版社 2017年5月

该书分为两大部分，第一部分系统梳理了8～15世纪阿拉伯占领伊比利亚半岛时期的阿拉伯文学；第二部分运用文本细读和平行比较的方法，分析了其对西班牙早期文学特别是世俗文学的影响。作者在系统梳理阿拉伯8～15世纪安达卢斯文学的同时，将其与西班牙早期文学进行了文本比较，书中涉及的许多阿拉伯诗歌体裁以及西班牙文学作品均系国内首次提及，为推动东学西渐的研究弥补了缺失的一环。

《“莎士比亚化”——马克思主义文艺观刍议》（二）

陈众议（研究员）

论文 11千字

《外国文学动态研究》2017年第2期

该文认为，马克思主义文艺观并不简单。它关涉文艺的基本问题，大到世界观与方法论、价值观与审美性，小到人物塑造和环境描写、情感抒发和细节刻画等诸多领域。这是由马克思主义唯物史观的高度所决定的。该文从“莎士比亚化”和“席勒式”切入，并围绕情节和主题的关系，就马克思主义经典作家的文艺观评乆一二，意在提请同行、读者，看看身边有无堪称“莎士比亚化”的时代经典。

《唯物史观与中华文艺思想研究》

党圣元（研究员）

论文 7千字

《文学遗产》2017年第3期

该文指出，我们有各种中国文学史、中国文学理论批评史、中国文学思想史、中国美学思想史，以及各种中国古代绘画、书法、音乐等艺术门类的理论批评史，而鲜有综合性的、整体性的、通史性的文艺思想史。作为一个整体性的、具有范式意义的“文艺思想”范畴，还没有真正建构起来，在“思想共同体”层面上进行的理论、学术话语实践则开展得尤其不够。因此，该文认为，“中华文艺思想”作为一个理论性概念，其创辟和得以确立，将从我们开展《中华文艺思想通史资料长编》《中华文艺思想通史》项目研究工作而起步。我们在研究过程中所得、在研究成果中所呈现之关于其内涵、外延、内部结构及其关系，以及我们在研究和书写中所体现出的学术理念与方法论，既关系到这一颇为宏巨的项目研究之学术成败，也同时要接受来自学界的对“中华文艺思想”这一概念、范式建构之检视和评判。

《十月革命：一种文化视角的回溯与思考》

吴晓都（研究员）

论文　10 千字

《文艺理论与批评》2017 年第 5 期

马克思在《法兰西内战》中阐明巴黎公社的历史意义时有一句众所周知的名言：“工人的巴黎及其公社将永远作为新社会的光辉先驱受人敬仰。”该文指出，马克思主义创始人的这句名言对于评价列宁领导的十月革命的创举也完全适用。虽然十月革命距今已整整一百年，列宁和他领导的布尔什维克建立的世界上第一个社会主义国家也不复存在，但是，十月革命及其后由列宁开创的社会主义建设实践就像一首伟大的史诗，依然在人类社会发展史和文化史上熠熠生辉。

《辜鸿铭的受辱：民族主义与创伤记忆》

程巍（研究员）

论文　30 千字

《山东社会科学》2017 年第 1 期

辜鸿铭在 1921 年底所写的英文自传中将他 1881 年在新加坡与马建忠的见面作为“一生中的重大事件”，他由此“重新变成了中国人”。但该文通过考证“当事另一方”的马建忠及与之同行的吴广霈的日记，可知这场会面不过是辜鸿铭的文学虚构。“重新变成中国人”并非经由一个仪式性“事件”完成的，而是一系列大大小小的事件的累积，其中最为关键的事件却可能因其带来的永志难忘的身体受辱感而被压抑在记忆深处，并不时以激烈的变相形式作用于他的批评文字：当辜鸿铭为自己受西方殖民者凌辱的国土辩护时，作为国家的身体的国土就变成了他自己曾经受辱的身体，他从这种意象重叠中感到一种切肤之痛。

《十月革命与俄罗斯现实主义文学》

侯伟红（研究员）

论文　9 千字

《文艺理论与批评》2017 年第 5 期

作为 20 世纪最重大的政治事件之一，1917 年在俄国圣彼得堡爆发的十月革命，不仅改变了俄罗斯的历史进程，而且对整个世界的发展产生了深远影响。20 世纪 30 年代末，在苏联官方历史文献中正式确定了“伟大的十月社会主义革命”这一用语。然而百年来，在不同的社会语境下，出于不同的立场与观点，这场由一个阶级推翻另一个阶级的社会政治运动被以不同的方式进行解读，并赋予了不同的内涵。该文对上述现象以及十月革命与俄罗斯现实主义文学作了系统的分析与研究。

《白银时代俄国的“反契诃夫学”》

徐乐（副研究员）

论文 12千字

《外国文学研究》2017年第3期

该文指出，完整意义上的“契诃夫学”不但应当从正面，而且也应当从反面加以建构。该文聚焦于20世纪初俄国“白银时代”尤为典型的“反契诃夫学”，力图以全景方式展现这一时代的文化领袖们整体上的反契诃夫情绪；同时，作者以安年斯基、阿赫玛托娃、梅列日科夫斯基、吉皮乌斯等主要的“反契诃夫学家”为重点，从文学批评、美学范式、社会评价、精神价值角度剖析“白银时代”的文学精英排斥契诃夫遗产的深层原因，由此，不但可以更深刻地领悟契诃夫的创作特质，而且可以反观“白银时代”的时代主题和审美诉求。

《犹太人的“回归圣经”》

钟志清（研究员）

论文 12千字

《学海》2017年第5期

旧约圣经乃古代犹太人创造的经典，也是其信仰之源与生活之道。但在犹太人流亡欧洲时期，《塔木德》逐渐取代了圣经，成为犹太人信仰的基础，与圣经原典发生偏离。直到18世纪下半叶，以门德尔松为代表的德国犹太启蒙主义者为更好地融入西方社会，复兴民族文化遗产，唤起犹太人对圣经的兴趣，开始重译圣经。19世纪，一些欧洲犹太学者在欧洲现代圣经批评日新月异而犹太人对圣经知之甚少的语境下，倡导“回归圣经”。其意义既包括“回归圣典”，即研读与阐释圣经文本；也包括“回归圣经时代”，即复兴或重建圣经时代的某种历史与精神特质，乃至回归孕育圣经的那片土地。该文对上述历史作了梳理与研究。

《反叛的幽灵：马克思、本雅明与1848年法国革命中的小资产阶级知识分子》

梁展（研究员）

论文 29千字

《外国文学评论》2017年第3期

该文尝试从马克思和恩格斯对1848年法国革命中的小资产阶级知识分子的批判入手，将他们置于革命年代的政治交往和表征斗争的过程之中，并以本雅明对波德莱尔的解释为参照，探讨这个群体在生活态度、政治态度与文化选择上的同一性。

《渥雷·索因卡学术年谱》

黄怡婷（助理研究员）

论文 27千字

《东吴学术》2017年第1期

该文详细梳理了非洲第一位诺奖作家渥雷·索因卡的创作生平，对他的每一部作品进行了研究现状归纳和影响批评，力争做到内容翔实，脉络清晰。该文对索因卡的文学生平进行的较为系统的陈述，可为研究索因卡创作的同行提供一个索引。

《“科学”作为文学研究的方法——夏目漱石〈文学评论〉考论之一》

庄焰（助理研究员）

论文　12千字

《外国文学》2017年第1期

作为日本明治时期的代表性文人、明治日本“文明开化”运动的亲历者和思考者，夏目漱石在其文论著作中，结合文学对现代文明的基本理论以及日本语境中的文明开化之路进行了大量的深入探讨，并表达了自己对日本文学发展的看法。该文以夏目漱石在其早期英国文学批评著作《文学评论》一书中倡导的外国文学研究方法为引，探讨他对盛行于明治后期文坛的科学主义之看法。

语言研究所

《规约化与立场表达》

方梅（研究员）　乐耀（副研究员）

专著　280千字

北京大学出版社　2017年10月

该书以话语功能语言学和互动语言学的研究范式为背景，对海外话语立场研究的重要文献和汉语的相关研究进行了系统性梳理。作者探讨了汉语中言者立场表达的常见形式、立场表达形式的来源，以及立场表达的特点；通过一系列具有代表性的个案，分析了汉语立场表达在话语中的浮现特征、话语条件、语用推理机制，以及立场表达构式在规约化过程中的若干理论性问题。

《语言类型学》

刘丹青（研究员）

专著　320千字

中西书局　2017年12月

该书对当代语言类型学的理论框架、研究范式和方法以及基本范畴作了全面的讲解与分析，尤其是对语言类型学中的两大核心问题——语序类型学和蕴含性共性进行了深入浅出的介绍与剖析。该书还介绍了21世纪语言类型学的最新发展，包括语言库藏类型学的创立背景和主要研究课题等。

《安徽泾县查济方言》

刘祥柏（研究员）　陈丽（副编审）

专著　168千字

中国社会科学出版社　2017年8月

该书主要描写、分析吴语宣州片铜泾小片的吴方言——安徽泾县桃花潭镇古村落查济村、厚岸村的吴方言，详细记录了该方言的语音系统（声韵调、连读变调）、4000条左右的常用词汇、100多条反映语法特点的例句和一些长篇口语标音语料。这些语料全部由实地调查所得，能够反映该方言的基本面貌。该书还通过古今语音比较，归纳出方言语音的演变规律和结构规律，重点分析了古全浊声母的演变和两字组连读变调这两个极具特点又较为复杂的问题。

《〈繁花〉语言札记》

沈家煊（研究员）

专著　450千字

二十一世纪出版社集团　2017年3月

该书以茅盾文学奖获奖作品《繁花》的语言为研究对象，从语言学的基本认识出发，分列十数个专题，从汉语腔、混合语、流水句、话题链、零句的多样性、并置性、韵致性等角度，对《繁花》的语言进行分析和解读，揭示汉语的本质特点。

作者用并置性概念深化了流水句的研究，并基于此前对零句和流水句关系的论述，借用“刘别谦定理”，分析了流水句的并置、名动的并置、名词谓语句中主谓的并置等现象；用韵致性概念深化了韵律句法的研究，从传统的话本腔中发现了真正属于汉语的韵致性，并从连断、音节、抑扬、数目、伸缩、节奏等角度细致分析了汉语的韵律特征。

《意向性、意识、意图、目的（标）与言语行为》

顾曰国（研究员）

论文　30 千字

《当代语言学》2017 年第 3 期

该文指出，语言学家习惯上都认为语言符号（如说出来的话、写下来的句子）本身是有意义的。深究起来，这个认识是错的。语言符号本身是毫无意义的。凡是我们听到或看到我们不懂的语言或文字时，我们是得不到任何意义的。人们在用母语交流时的确有意义，其意义是人脑赋予语言符号。说出的话是音串，写下的字是墨迹，这些物质的东西怎么会产生精神上的意义？语言使用者如何借助这些物质的东西传达自己的用意？这两个是困扰西方心智哲学和语言哲学百年的棘手问题。该文聚焦牛津日常语言哲学家的研究，围绕意向性、意识、意图、目的和言语行为五个概念，对上述两个问题作了研究、论述。

《普通话不同信息结构中轻声的语音特性》

李爱军（研究员）

论文　20 千字

《当代语言学》2017 年第 3 期

轻声是普通话的特色之一。轻声的语音特征或者声学相关量是否与所处的信息结构相关？它们在不同信息结构或者语境中的声学模式有什么变化？在不同语境中，影响轻声产出编码的哪些特征贡献更大？该文围绕这些问题，考察了普通话轻声在不同信息结构中的声学特性。

该文将普通话两音节轻声词和其对立的非轻声词置于五种不同的信息结构中，分析了轻声的语音产出编码方式。统计分析发现，轻声声学特征与信息结构、轻声前字调和轻声底层调等相关。在这些特征中，音高和时长作用最大；在单念的时候，音高的作用大于时长；在语流中，轻声相关量不但与信息结构相关，还与轻声的底层调相关；与非轻声词相比，轻声词除了轻声音节的音高变化，其前字音域明显拉大，从而使前后音节产生更大的轻重对比。

《从“其”替换“之”看上古——中古汉语的兼语式》

李明（研究员）

论文　30 千字

《当代语言学》2017 年第 1 期

一般所说的兼语式，兼语位置上，先秦本用“之”，但从战国末期始，“之”可以为“其”替换。该文意在从此现象入手，利用历史资料以及历时的演变，对兼语式、控制结构、使役句等复杂问题进行探讨。该文视上古—中古汉语的兼语式为控制结构，在将其与其他类似结构进行区分之后，把上古—中古汉语中的兼语式分解为4类，并逐一说明各类的结构，以及兼语位置“其”替换“之”的情况。

兼语式、使役式等问题，不仅是汉语历史语法也是整个句法研究的重大问题。该文利用形式句法的分析，有比较扎实的材料，有利于人们进一步认识上古汉语至中古汉语的语法演变。

《汉语方言语法调查问卷》

刘丹青（研究员）　唐正大（副研究员）等

论文　15千字

《方言》2017年第1期

该文是一个小型的简明语法调查方案，调查内容包括构词法与形态、词类与句法、语义与语用等方面。该问卷囊括和浓缩了现代语言学尤其是田野语言学最为关注的一系列重要范畴、结构和框架，保证了所调查结果在跨语言研究中的可用性，同时又增加了一些为汉语及其方言所特有的范畴和结构，很好地统一了共性和个性。该问卷已作为国家语委语言保护工程的语法调查标准问卷。

《对用统一标准划分方言的反思——以“浊音标准”为切入点》

麦耘（研究员）

论文　16千字

《中国语文》2017年第2期

汉语方言的划分是汉语学界非常重要的问题。学界一直倾向于用一组统一的标准来划分方言，有的学者甚至主张只使用一个“浊音标准”。该文根据实际语料说明，不仅是使用单一标准，即使是使用一组标准，也不可能在同一层级上一次性地把所有大方言区划分开来。各个方言在历史上分化的年代节点和创新节点各不相同，且是多层级的而非一次性的分化。要正确地反映方言分化和发展的历史真实，必须找到各方言独特的分化条件。在方言划分上追求操作简易会曲解汉语方言历史的复杂性，故适用于所有方言的统一标准是不存在的。作者还就汉语方言六大片的分化条件简略地提出了自己的意见。

《量词重叠的句法》

隋娜（副教授）　胡建华（研究员）

论文　17千字

《中国语文》2017年第1期

该文使用新描写主义的方法，从微观句法语义层面揭示了量词的重叠机制。该文发现，在量词重叠之后，重叠形式在宾语位置上表现出较为复杂的分布限制，有些可以出现在宾语位置，有些则不能。量词重叠式不能与全称量化词“每”共现，也不能与数词自由搭配。该文指出，量词重叠式可分为两类，其生成机制不同，句法地位也不同。表全称量的量词重叠在表层句法中推导生成，带有话题特征，是名词短语扩展投射的功能性成分；表示模糊多量义的量词重叠式在词汇句法中生成，为一个述谓性成分，在句法结构中，附加到名词短语之上，是附加语。

《谈以“生”“死”为参照的几个时间词语》

王灿龙（研究员）

论文　18千字

《中国语文》2017年第5期

该文主要研究与“生”“死”相关的几个时间词语的来源、语义及语用功能等方面的情况。作者指出，人的“出生”“死亡”这两个事件将时间流分成几个不同的部分，以二者为参照的时间词语分别是“生前”、“生后”、“死前”和“死后”。逻辑上，“生后”所表示的时间应该与“死前”所表示的时间重合；“生前”表示“出生之前”，“死后”表示“死亡之后”。但实际上，“生前”表示“在生之日”，与理论上的推衍不一致；“死前”仅表示死亡之前的邻近时间。“死后”不与“死前”对称，所表示的时间可短可长。“身后”是表示“死亡之后”的另一个词。就现代汉语来说，只有“生前”和“身后”是词，“死前”和“死后”均为短语（“生后”罕用）。该文重点分析了这些词语的生成理据和表义特点等，并重点比较了“生前”和“死前”的诸多不同，证明这两个词不具有同义关系，纠正了以往的一些错误观点。

《汉语方言中的若干逆语法化现象》

吴福祥（研究员）

论文　22千字

《中国语文》2017年第3期

该文利用方言资料，讨论汉语中与介词相关的四种逆语法化过程，即“并列连词＞伴随介词”、“处所介词＞处所动词”、“与格介词＞给予动词”和“比较介词＞比拟动词”。考察发现，这四种逆语法化现象在世界其他语言中极为罕见。为什么汉语会发生这类跨语言罕见的逆语法化现象？该文从话语规约、形态类型、句法类型以及整体类型学特征等四个方面对上述四种逆语法化现象进行了解释。主要结论是：上述四种逆语法化演变的发生与汉语独特的类型特征密不可分，甚至可以说，这四种特异的语法演变本质上导源于汉语特异的结构类型。

《词音变化与构式省缩——禁止词“别”的产生路径补说》

杨永龙（研究员）

论文　15千字

《中国语文》2017年第6期

该文通过综合分析历时语料和语音变化，重新考察了明清以来北方汉语中常见的表禁止的否定副词“别”的来源和产生过程，在前人研究基础上提出了新的解释。作者认为，“别”的产生途径是“不要”变音为“别要”，然后省缩为“别”。其完整过程经历三个阶段：(i) 词汇化——从“不”“要”连用，词汇化为表禁止的“不要”；(ii) 词音变化——“不要”变读为“别要”（“别－”是“不－”的变音）；(iii) 省缩——“别要”省缩为“别”。

《“并”在中古译经中的时间副词用法及其来源》

赵长才（研究员）

论文　15千字

《中国语文》2017年第2期

在中古汉译佛经中，“并”具有在未然

语境中表示先发生的动作行为或事件时间的副词用法，相当于“先”或“且”。该文着重对这种用法的“并”在译经中的使用情况进行描写，在此基础上探讨“并”表时间用法的来源。作者对表示动作行为或事件先发的时间副词“并”所出现的话语环境及判定方法进行了全面考察，对其引申用法也作了描述；采用类同引申理论对“并”在译经中的表先发时间的副词用法作出了比较合理的分析和解释，推断“并”之新用法的产生可能是受到“且”同类用法影响的结果，即，类同引申导致了“并”表先发时间这一副词义项的产生。

哲学研究所

《唯物史观与中国特色社会主义理论的确立》

李景源（研究员）

论文　10千字

《哲学动态》2017年第9期

该文认为，深入探讨改革开放和唯物史观的本质联系，对于自觉坚持和发展中国特色社会主义具有重要意义。从历史维度来看，无论是政治家和思想家，还是理论工作者，都最终通过唯物史观辨明了探索和研究中国特色社会主义中的各种迷茫和困惑。我们不仅以“历史之问”开启了改革开放的伟大征程，还辨明了社会主义历史发展中的阶段性和长期性。在全面深化改革的新的时代背景下，我们应以史为鉴，坚持中国特色社会主义道路自信、理论自信、制度自信、文化自信，并善于从哲学理论层面向世界说明中国，建立起对中国特色社会主义发展道路的自主解释话语体系，进一步推进马克思主义中国化、时代化、大众化。

《四种分叉》

赵汀阳（研究员）

专著　63千字

华东师范大学出版社　2017年5月

“万物为什么存在而不是不存在？”这个问题自古代以来，就萦绕在中西思想家心头。该书从时间、语言、道德、意识这四个维度，对这个古老问题进行了新颖而深刻的解读，从而揭示了存在与非存在、可能性与必然性问题，并不仅仅是学院派技术性的讨论，它们更关乎人类生存的独特性、历史性与伦理尊严。

《最后的、非科学性的附言》

王齐（研究员）

译著　615千字

中国社会科学出版社　2017年8月

该书是克尔凯郭尔最重要的哲学著作，他对“存在”“生存”“单一者”“主体性真理”“内心性”“时间与永恒”“自由与必然”“理智与信仰”等概念和关系的探讨均在该书中展开，为20世纪哲学和神学提供了重要的思想资源。译著依丹麦文最新学术版本，不仅纠正了英译本中的诸种错误和偏颇，还提供了大量学术性译者注和概念对照表，为读者理解原文提供了语言、哲学、历史和文化等方面的指导，努力使经典著作翻译成为汉语西方哲学研究工作中不可或缺的组成部分。

《可能世界的名字》

刘新文（研究员）

专著 179千字

中国社会科学出版社 2017年3月

该书研究哲学逻辑基础理论中模态逻辑的主流新分支“混合逻辑”和“核证逻辑”，并把这两个分支组合成一个系统，得到了“混合的核证逻辑”这一新的哲学逻辑分支。该书建立起“极小的混合核证逻辑系统”，从而解决了世界著名逻辑学家梅尔文·费汀在2010年提出的这个问题。

《中国近世道教送瘟仪式研究》

姜守诚（研究员）

专著 460千字

人民出版社 2017年2月

该书立足于传世文献资料与田野调查材料，援引多种方法进行跨学科、立体式的综合研究，深入发掘文本的丰富内涵，系统勾勒出北宋以来道教送瘟信仰及其仪式的发展和演变。该书对当地颇具特色的王醮仪式的思想渊源、传播沿革、文献依据及科仪现状进行了讨论分析，将传世文献与田野调查完美结合。

《现代主义之后的设计》

梁梅（研究员）

专著 250千字

华中科技大学出版社 2017年11月

该书全面地阐述了20世纪60年代以来设计的变化与潮流，论述了在消费社会、大众文化和后现代思潮背景下，设计领域所出现的、与现代主义设计相区别的设计理念和设计现象，讨论了设计作为人类思想的物质表达方式和人们生活方式的载体，其紧随时代潮流的表达方式，列举了具有代表性的设计师和设计作品，分析了作品背后的观念和思想，并通过对多元化时代设计的论述，讨论了设计的未来发展趋势。

《威廉姆斯》

陈德中（研究员）

专著 100千字

陕西师范大学出版社 2017年5月

威廉姆斯（1929～2003）被公认是当代道德哲学屈指可数的大师之一，他复兴了道德哲学，尤其是他对功利主义和康德伦理学的批判，对道德和道德要求本质的探究，主导了近30年来西方伦理理论的思维。他主张道德哲学应该回答“我们应该怎样生活”的问题，而不是“我的责任是什么”的问题；认为以理性反思为核心的哲学思考虽然有其力量，但稍有不慎就有可能破坏个人的完整性。另外，威廉姆斯还主张价值上的多元主义和政治中的现实主义，认为人类终究处在一种永恒的竞争与冲突状态，认为那种希冀通过理性的反思寻找到一劳永逸地解决人类冲突的努力注定是一种徒劳。该书重点对威廉姆斯的道德哲学主张与思想进行了阐述，主要从性情说与完整的人生计划、偶然的历史与有历史的哲学以及多元主义与竞争的政治三个方面来评述其深邃的哲学思想，并且以客观的视角进行赞誉和批评。

《意大利文艺复兴伦理学》

徐艳东（副研究员）

专著　254千字

中国社会科学出版社　2017年4月

该书从文艺复兴时期意大利独特的时空背景和精神形态出发，运用结构主义的方法，借鉴了大量符号学、精神分析、神话学、人类学和社会学方面的研究内容，以对自由、理性、道德、尊严、人权、正义等概念的解析为叙述主脉，结合对但丁、马基雅维利思想的比较对照，全方位、全景式地展现了意大利文艺复兴时期伦理学的基本样态与理论风格。

《希腊数学哲学研究》

郝一江（助理研究员）

专著　308千字

中国社会科学出版社　2017年3月

该书完成了两个方面的研究工作：一是研究数学哲学与哲学流派的相互关系与内在关联，分析整理当代数学哲学的基础学派，逻辑主义、形式主义、直觉主义、结构主义，研究这些学派的相互关系与内在关联。二是研究希腊哲学与当代哲学的相互关系与内在关联，比较希腊哲学关于空间的本体论，以及结构主义关于空间的语言哲学，比较三段论的词项逻辑与弗雷格的谓词逻辑，比较亚里士多德关于思想的认识论与海德格尔关于思想的解释学。该书研究希腊数学哲学与当代数学哲学的相互关系与内在关联，包括欧几里得的《几何原本》与罗素的《数学原理》、希尔伯特的《数学基础》、布劳维尔的《数学基础》、布尔巴基的《数学基础》的渊源关系。

《维特根斯坦心理学哲学研究》

张励耕（助理研究员）

专著　204千字

中国社会科学出版社　2017年4月

该书以维特根斯坦的心理学哲学为对象，重点考察了维特根斯坦在“面相观看”与“意义体验”问题上的理论，尝试用“语言游戏”的方法来阐明心理学家们所犯的“语法错误”。全书首先解释了维特根斯坦对沃尔夫冈·科勒、威廉·詹姆士和约瑟夫·雅斯特罗等人所作的批评；随后，重构他关于“看”的两种用法的论证，以及关于内在、外在关系相区分的理论；在此基础上，再探讨语词意义与图画面相之间的关联。

《物化问题与德国古典哲学的内在矛盾：论卢卡奇的批判方式》

崔唯航（研究员）

论文　9.5千字

《马克思主义哲学论丛》2017年第2期

该文认为，卢卡奇通过对商品拜物教的剖析，揭示了物化现象的生存本性，即人的存在方式正在被形式化统治下的物的存在方式所替代。康德哲学与物化现象构成了一种共谋关系；康德之后的德国哲学致力于消解物自体，走向统一性；黑格尔哲学试图在彼岸世界完成思辨意义上的统一，但不能扬弃现实世界的物化现象。卢卡奇发现了无产阶级的重要作用，为实现统一找到了推动力，但他依然停留在观念层面上的推演，对问题只能是一种理论的解决，而不是现实的解决。

《"哲学的启蒙"与批判的理性——叶秀山先生对"启蒙"的一种读法》

李河（研究员）

论文　15 千字

《哲学动态》2017 年第 1 期

该文认为，将福柯与叶秀山对康德启蒙思想和批判哲学的论述进行对比阅读，会发现二人的路向很不一样：如果说福柯对康德的启蒙给出了"福柯解读法"，则不妨说叶秀山也给出了"叶氏解读法"；如果说"福柯解读法"丰富了"启蒙的哲学"，那么"叶氏解读法"则重点关注了"哲学的启蒙"。进而言之，叶秀山终身从事的哲学史研究都是以"哲学的启蒙"为圭臬的。他从这个角度来评价康德和德国古典哲学，也从这个角度权衡现代哲学。正是这个观念使叶秀山心目中的哲学注定是向未来开放的；他的"哲学的启蒙"同时又是"希望的哲学"。

《寻求共同的绿色价值》

甘绍平（研究员）

论文　15 千字

《哲学动态》2017 年第 3 期

该文认为，全球性环境问题和全球性的网络连接，从实质内容和技术可能性上把世界迅速打造成一个命运共同体，这一命运共同体的未来生存取决于一种与生态文明相适应的共同的绿色价值的建构。在以收缩性现代化取代扩张性现代化的历史境遇下所倡导的绿色价值，体现为一种调节当代人与未来人之间关系的处事规范或原则，它坚持自主自控、至简知足和恬静怡心的导向，强调当代人的生存不得妨碍未来人的生存，因而是一种可持续的生活方式与观念主张。这一由全人类共建共享的绿色价值理念，通过更新社会富裕和生活质量的内涵，建构起一种环境友好的、对未来负责的、全新历史条件下的启蒙文化，从而促使社会发展的主导目标乃至人类文明模式与方向发生总体性的变化。绿色价值并不是生态伦理学的专利，而应该是这个时代的"绝对命令"，这个社会的最大政治，这个世界的集体聚焦，以及整个人类的共同追求。

《伦理学的"奇点"——关于"毫无意义"的纯粹善良》

尚杰（研究员）

论文　9 千字

《辽宁大学学报（哲学社会科学版）》2017 年第 2 期

该文认为，伦理学的"奇点"指的是人的天性中既超越功利又脱离理性思辨的纯粹善良现象。在世俗眼光看来，这种纯粹善良的心理和举止是毫无意义的，甚至是不可思议的，属于日常生活中的琐碎细节，从而没有看到它们是超越功利性算计的纯粹私人感情。这种感情无法用善恶或者是非将它们做一种逻辑上的分类，它们是极其微妙的感受，给人以难以言表的幸福感，它们是贴近日常生活的，想象赋予庸常的日常生活以生动活泼的意义，震撼人的心灵，具有伦理学意义上的美感。

《批判还是修缮：如何面对资本逻辑的悖论——〈21 世纪资本论〉的理论局限分析》

魏小萍（研究员）

论文　12 千字

《哲学研究》2017 年第 3 期

该文认为，皮凯蒂在《21 世纪资本论》一书中以经济大数据为依据，讨论了在国民财富的分配中，资本利润率总是大于国民经济总增长率（r>g）的现象，这导致了资本的增长比整体经济增长更快，以此论证在西方现代（资本主义）民主社会体制下，随着经济发展，社会财富在拥有资本的少数人手上逐渐集中的发展趋势。皮凯蒂将批判的锋芒指向这一趋势，认为这在一定程度上是对现代民主社会劳动致富价值观的否定，并且导致这一价值观向承袭制的回归。该文认为，皮凯蒂的这一论证从某种角度印证了马克思的基本观点：剩余价值在资本一端以利润的方式被积累。然而，与马克思的批判锋芒指向资本主义生产关系不同，皮凯蒂的研究归宿是修缮资本主义制度，提倡不仅用资本累进税，甚而用全球资本累进税的方式来抑制资本利润的无限累进幅度。在资本全球化而世界体制并不存在的情况下，人们只能将皮凯蒂的这一设想看作一种乌托邦。

世界宗教研究所

《英国公地制度研究》

赵文洪（研究员）

专著　326 千字

社会科学文献出版社　2017 年 1 月

该书比较全面深入地探讨了英国公地制度，内容包括：有关公地制度的基本概念；公地制度中的私有与公有、私人与公共之间的产权关系；公地共同体的治理方式；公地制度与穷人之间的关系；公地共同体中公有与私有、公共与私人之间长期的斗争和博弈；彻底摧毁公地制度的圈地运动及其经济社会后果；西方自 18 世纪以来对公地制度正反两方面的评价；作者对这一制度的评价等。

《析经求真：陆修静与灵宝经关系新探》

王皓月（助理研究员）

专著　367 千字

中华书局　2017 年 1 月

该书以《真文赤书》《人鸟五符》《玉京山步虚经》《诸天自然内音玉字》等四部经典为中心，考察东晋、南朝时期相关道教经典的内容和关系，通过经典思想的演进推测经典编纂的顺序和时期，进而分析陆修静改编《灵宝经》的动机和方式，对六朝时期道教的形成及道教的道派进行重新认识。

《迁就与限制：美国政教关系研究》

董江阳（研究员）

专著　570 千字

生活·读书·新知三联书店　2017 年 3 月

政教关系问题，通常被称为“西方历史重要的主题”，在美国尤甚，有人甚至认为整个美国史就是一部政教关系问题的探索与试验史。该书依据大量历史事实和法院判例，深入系统地研究了美国政教关系——在历史中的探索与发展，在司法中的应用与实践，以及在理智中的解释与反思。该书注重原著原典，追溯历史起源，探察宗教缘由，立足具体诉讼案例，解析司法原则与动向，结合历史、宗教与法律，对美国政教关系问题，作出了全方位、跨学科性的系统研究。

《西藏宗教》

尕藏加（研究员）

专著　162 千字

五洲传播出版社　2017 年 1 月

该书指出，从整体上认识西藏宗教，应该从了解苯波教开始，因为苯波教是青藏高原固有的一种古老宗教，它带有浓郁的地域性文化特色。同时，苯波教又是藏族传统文化的重要组成部分，佛教未传入青藏高原之前，苯波教文化乃是藏族地区唯我独尊的正统宗教文化。生根于远古时代的苯波教，经历了藏族古代社会所经过的一切历史和演变过程，对早期藏族社会的文明进步起到了推动作用。同样，在后期藏传佛教的形成过程中，具有广泛的群众基础的苯波教，也充当了不可替代的主要角色。

《新疆民族宗教研究书目》

刘志（副研究员）

专著　320 千字

新疆生产建设兵团出版社　2017 年 6 月

该书是对新中国成立以来有关新疆民族宗教研究的书目汇编。该书收录了普通类图书 3000 余种，涉及中国图书馆分类法 22 个基本大类中的 17 个基本大类，书目相对集中在：B（哲学、宗教）、D（政治、法律）、H（语言、文字）、I（文学）、J（艺术）、K（历史、地理）。所收录图书的研究领域主要是民族学、宗教学。民族学研究书目涉及民族问题与民族理论、少数民族经济、少数民族语言文字、少数民族历史、少数民族文学艺术、少数民族教育等；宗教学研究书目涉及宗教学理论、宗教概况、伊斯兰教、佛教、摩尼教、祆教、萨满教、宗教文化艺术等。

《马克思主义宗教观研究（2014）》

曾传辉（研究员）主编

论文集　308 千字

社会科学文献出版社　2017 年 5 月

该书收录了 2014 年马克思主义宗教观研究领域里具有代表性的原创论文 20 余篇，分别围绕时政论述、经典研究、学术前沿等方面展开，既有理论思辨和史实考证，又联系实际，兼具学术价值和现实意义。

《救劫：当代济度宗教的田野研究》

陈进国（副研究员）

专著　452 千字

社会科学文献出版社　2017 年 4 月

近现代中国社会掀起了一场影响深远的民间教派（道门、教门）运动，并快速地传播到港澳台地区及海外华人社会。作者深入福建、广东、江西、港澳台地区及东南亚地区等进行长期田野调查，从梳理“济度宗教”范畴入手，对上述地区的民间教派作了分析研究。作者认为，在民间教派的存在方式中，以“济度”（济世度人）为主导的精神传统，是其得以持续成长的关键。讨论济度宗教“存神过化”的方式、特性、结果，有助于综合地思考华人精神世界中的修行模式及其跨越性的意义。

《中国宗教报告 2016》

邱永辉（研究员）

专著　258 千字

社会科学文献出版社　2017年8月

该书“总报告”强调从全球文化战略的高度定位中国宗教，制定宗教文化战略；着眼“一带一路”建设，制定中国宗教文化“走出去”战略，以切实增进“一带一路”建设中的人文交流，促进文明互鉴。“各大宗教报告”中的报告在对相关宗教的总体情况进行总结评述的基础上，均重点探讨了本年度突出的问题。“热点报告”特别关注了中国少数民族基督教信仰的新趋势。“专题报告”则是对广东潮汕地区基督教现状的考察和反思。

《宁静与浩瀚》

戈国龙（研究员）

专著　210千字

中央编译出版社　2017年9月

该书站在现代哲学的视野审视中国传统文化，从心灵的宁静和境界的浩瀚来说明人个体身心成长的目标，并融合传统与现代各家学说，探讨个体生命成长的途径、方法，在现代学术背景下，重构生命哲学的价值和意义。

历史学部

考古研究所

《辉县路固》（上、中、下）

中国社会科学院考古研究所编

田野考古发掘报告　605 千字

文物出版社　2017 年 11 月

2006 年 4 月至 2007 年 12 月，中国社会科学院考古研究所安阳工作站于南水北调中线工程干渠——河南新乡市辉县路固村西发掘了一处墓地，有汉代墓葬 148 座，宋代墓葬 30 座，另有少量明代墓和清代墓。汉代墓地范围内有汉代建筑基址、陶窑、水井和灰坑。汉代墓葬出土遗物有陶器、铜器、铁器、银器、铅器、铜镜、钱币、玉器、石器、琉璃器、玛瑙器、骨器、漆木器和粉块等。该报告在对上述考古发掘作了详细的阐述与研究的基础上指出，路固汉代墓葬群的发掘，是豫北地区汉代墓地规模较大和较为系统的一次发掘，墓葬间的空间布局清楚，出土遗物丰富，为豫北地区的汉代墓葬制度研究提供了重要资料。

《枝江关庙山》（共 4 册）

中国社会科学院考古研究所编

田野考古发掘报告　7920 千字

文物出版社　2017 年 11 月

枝江关庙山遗址为包含大溪、屈家岭、石家河三种考古学文化的一处新石器时代遗址，系全国重点文物保护单位。该书详细阐述了枝江关庙山遗址的发掘、研究情况。1978 ～ 1980 年发掘 2053 平方米，在主要的堆积层大溪文化遗存中，发现的主要遗迹有房址 25 座、灰坑 143 个、成人墓和婴幼儿瓮棺葬 110 座，还有残居住面、残垫层、红烧土场地、灰沟等，出土遗物 3000 多件。该书指出，关庙山的发掘，总体上为大溪文化的面貌内涵、文化类型、分期年代、聚落构成、经济技术、房屋建筑、葬制习俗、精神文化以及与相关考古学文化的关系等诸多方面增添了新资料、新认识。

《乌兹别克斯坦安集延州明铁佩城址考古勘探与发掘》

中国社会科学院考古研究所、乌兹别克斯坦科学院考古研究所

田野调查发掘简报　25.5 千字

《考古》2017 年第 9 期

从 2012 年开始，中国社会科学院考古研究所与乌兹别克斯坦科学院考古研究所合作，对明铁佩城址进行了五次大规模考古

勘探与发掘。发掘显示，明铁佩城址是包括内、外两重城垣的大型城址。发现的重要遗迹和遗物，为建立该城址及其所处的费尔干纳盆地出土遗物的时代序列和城址的年代研究提供了重要资料。该文详细阐述了对明铁佩城址的考古勘探、发掘与研究情况。

《洪都拉斯科潘遗址 8N—11 号贵族居址北侧晚期建筑》

中国社会科学院考古研究所科潘工作队

田野调查发掘简报　30 千字

《考古》2017 年第 9 期

通过田野发掘、研究，该文指出，8N—11 号贵族居址是科潘遗址除王宫外的最高等级建筑，主体是一处封闭的方形院落，四面为石砌高台建筑。对院落北侧建筑的发掘表明，科潘王国晚期，北侧建筑由中部有两层台基的主建筑和东、西两侧附属建筑组成。中部台基的 13 组墨西哥纪年和交叉火炬雕刻，说明此贵族家庭与王室有密切联系。

《河南安阳小司空村南两周墓葬》

中国社会科学院考古研究所安阳工作队、山东大学历史文化学院

论文　30 千字

《考古学报》2017 年第 3 期

2005 年春、夏和 2007 年秋，为配合安阳市殷都区小司空村村民住宅建设，中国社会科学院考古研究所安阳工作队在小司空村西南进行了钻探、发掘，取得了重要的收获，有先商、晚商、两周、宋和明清等时期的文化遗存，其中墓葬最为丰富。共清理墓葬 116 座，包括殷墓 42 座、西周墓 21 座、东周墓 46 座、宋墓 1 座、明清墓 6 座。该文论述了这次钻探、发掘的详细情况，并报道了其中的两周墓葬。该文认为，小司空村南区文化层堆积较为简单，两周墓葬大多开口在耕土层或扰土层下，其下打破晚商文化层，或直接打破生土层。

《先秦城邑考古》

许宏（研究员）

专著　905 千字

金城出版社、西苑出版社　2017 年 12 月

该书对 70 余年来的城邑考古材料和考古学史进行了系统梳理，收录了 1000 余座城邑资料，对先秦城邑 7000 年的演变脉络进行了概括。该书贯穿了作者明确的史观，有不同于以往的概念界定和叙事框架（纵贯前仰韶时代、仰韶时代、龙山时代、二里头—西周时代、春秋战国时代），在若干问题上有独到的认识。尤其是提出了包含环壕聚落在内的新的“城邑”概念，总结出了“大都无城”等早期城邑、都邑布局模式和文化传统。该书附有《先秦城邑考古中文文献存目》5000 余条，囊括 1929 年至 2017 年的发现与研究成果。其中的“大数据”分析，使得对城邑形制的深度梳理、对城邑的时空变化轨迹、城邑与气候环境和社会结构之关系的把握，对华夏城邑群空间构成的勾画等成为可能。

《埃及考古十三讲》

王巍（研究员）　陈星灿（研究员）　执行主编

刘国祥（研究员） 郭子林（副研究员）主编
文集 280千字
中国社会科学出版社 2017年9月

2016年，作为中国社会科学院创新工程重大项目“赴埃及考古和研究”的一个重要环节，中国社会科学院考古研究所组织和聘请了国外和国内的6位埃及学家作了13场学术报告，对埃及学和埃及考古的若干重要问题进行讲解。讲座主题包括埃及学和埃及考古的历史与现状，古埃及的年代学，古埃及语言文字的解读与研究，古埃及人的王权统治、宗教观念和神庙建筑，生死观和丧葬习俗，族群与身份认同，女性地位，以及埃及几个重要考古遗址的考古发现，等等。这些主题涉及当前国际埃及学和考古学研究的热点和前沿问题，基本上涵盖了埃及学研究的主要领域。该书将这13场讲座的内容整理成文字材料，呈献给广大读者。

《中国天文考古学》

冯时（研究员）
专著 673千字
中国社会科学出版社 2017年5月

该书以考古发掘资料、古代器物和古文献资料为基础，综合考古学、古文字学、古文献学、民族学和天文学研究，系统探讨了中国自新石器时代以降的天文考古学问题，揭示了古代先民在天文学领域所取得的突出成就，阐释了科学技术与传统文化的相互作用和影响，以及天文学起源与文明起源的相互关系，从理论与实践两方面初步建立起中国天文考古学体系，为研究中国文明的起源开辟了新的途径。

《商代青铜器铭文研究》

严志斌（研究员）
专著 618千字
上海古籍出版社 2017年4月

该书对存世的5454件商代青铜器铭文进行了全面的清理，运用考古学方法将零散的资料系统化，以断代分期为先导，确立了明确的时空框架，使立论建立在科学的基础上。该书选题涉及层面多，讨论了相应时间段中铭文的字形字体、语法及商代的族氏、职官、诸妇、诸子的金文称谓所反映的商代社会结构、宗法制度、族氏关系、方国地理等问题。如中商器铭的甄别、复合族氏之宗氏与支族的辨识、诸妇称谓中父族与夫族名号的区分，以及商代金文的语言学研究等。

《中国考古学：旧石器时代晚期到早期青铜时代》

陈星灿（研究员）
专著（合著）646千字
生活·读书·新知三联书店 2017年9月

该书介绍了旧石器时代晚期到早期王朝时代最基本的考古学材料，探讨了中国早期文明发展的某些基本问题。该书认为，中国走向文明之路是一个长期、坎坷和复杂多样的历程。这个文明经历了环境剧变的挑战、复杂社会的兴衰、社会冲突和政治纷争以及出乎意料的社会转型和外来影响。

《中国考古学国际化的历程与展望》

王巍（研究员）
论文 15千字

《考古》2017 年第 9 期

该文梳理了中国考古学国际化的历程，指出，中国考古学自诞生之日起，一直到20世纪末，其研究热点主要是围绕中国文明而展开，对考古学的深入理解、对世界其他地区的研究远远不够。在国际考古学界，中国考古学家在有关中国考古的相关内容之外，几乎没有话语权。中国作为一个拥有古老文明的现代国家，在成为世界考古强国方面还有很长的一段道路。进入21世纪之后，这种形势发生了很大的变化。随着我国综合国力的增强和国际交流的扩大，中国考古学家的学术视野不断扩展，从周邻国家和地区扩展到世界几大古老文明的中心区，更多学者参加国际会议或访问国外考古遗址，多次在国内主办大型高水平的国际学术研讨会，考古科研机构积极组队赴国外进行考古发掘，中国考古学的国际地位不断提高。

《南朝弥勒造像与傅大士弥勒化身》

李裕群（研究员）

论文　13.5 千字

《考古》2017 年第 8 期

该文指出，公元五六世纪，江南地区弥勒下生信仰盛行，供奉弥勒下生像的龙华寺兴起，龙华会亦风靡一时。现存南朝时期的弥勒造像在江南地区见于浙江新昌宝相寺摩崖龛像和江苏南京栖霞山石窟，四川地区有茂县比丘玄嵩造像碑和成都西安路比丘法海造像。南朝东阳傅大士曾以弥勒应身现世，吸引信众，并首创转轮经藏。

《汉长安城布局的形成与〈考工记·匠人营国〉的写定》

徐龙国（研究员）

论文（合著）　45 千字

《文物》2017 年第 10 期

该文作者曾对中国古代都城城门门道进行过专门研究。据目前所见，古代都城城门门道设置多少并不一致，主要有一门一道、一门二道、一门三道、一门五道等几种形制。其中，一门三道是除一门一道外流行时间最长、发现最多的形制，春秋战国时期初露端倪，西汉时期形成定制，自此以后成为中国古代都城城门的基本形制。一门三道城门形制也是《考工记·匠人营国》的重要内容，它与《匠人营国》具有密切的关系。关于《匠人营国》写定于何时，它所描述的都城形制何时出现，是确有蓝本还是凭空想象，这些问题一直是学术界争论的焦点。该文意在通过城门门道形制的发展演变及汉长安城布局形制的形成，探讨《匠人营国》所载都城形制的渊源，并据此对《匠人营国》写定时间及它与汉长安城的关系进行探讨。

《论商周陶模和范上的“定位线”》

常怀颖（副研究员）

论文　25.5 千字

《考古学报》2017 年第 2 期

在陶模、范表面刻画不具有花纹铸造意义的阴线，用以准确控制翻范时范与模间、浇铸合范时外范间、范与芯间相对位置的标识，可称为“定位线”。据功能具体差别，可分为模上定位线与范上定位线两大类。该文在对商周陶模、范上了“定位线”作了较为系统研究的基础上认为，先秦时期，陶模、范上定位线的使用延续较长，技术逐步成熟，这反映了中国块范法铸铜技术的传承有序和不断革新发展。

《邺城地区六世纪墓葬的考古学研究》

沈丽华（助理研究员）

论文 31.5 千字

《考古学报》2017 年第 1 期

邺城地区在 6 世纪前后经历了从北朝晚期京畿地区到隋唐普通州郡的转变，该文运用考古类型学方法对这一时空内发现的近 160 座墓葬材料进行了综合分析研究，并注意考察这批墓葬的时空变化规律和演变原因。文中分别对邺城地区 6 世纪墓葬形制、随葬品组合和典型随葬品形式进行了类型学分析，并在此基础上将其分为东魏至北齐初、北齐中后期、北周至隋三期。根据分析认为：邺城地区 6 世纪墓葬在 577 年前后空间分布的变化，与邺城、相州的都市兴替密切相关。577 年以前，墓葬区距邺城较近，集中分布于今天的漳河以北、滏阳河以南和漳河以南、洹河以北的岗坡地上。577 年以后，墓葬区南移，集中分布于安阳市老城西北洹河两侧。邺城地区北朝晚期墓葬形制与隋代存在较大差异，带较大封土的大型墓葬和壁画墓在隋以后基本消失，但在平面形制上隋墓基本承袭了北朝晚期墓葬。邺城地区东魏、北齐墓葬和隋墓中随葬品组合具有明显的因袭关系，随葬品组合内各种类间的比例关系和部分随葬品形制随时代发展发生了较为明显的变化。隋唐丧葬制度无疑是南朝、东魏北齐和西魏北周丧葬制度的全面融合，邺城地区所体现的东魏、北齐丧葬制度是隋唐丧葬制度的重要渊源之一。

历史研究所

《中国上古的帝系构造》

吴锐（研究员）

专著 693 千字

中华书局 2017 年 1 月

该书所说的帝系，包括两种：一种是传说中的远古圣王世系，如黄帝、尧、舜；另一种是实际建立过王朝的皇家世系，如夏、商、周、秦、汉、新、魏、晋，作者试图厘清中国上古时代的帝系是如何构造完成的。书中讨论的年代范围从传说中的夏代（公元前 1994 年至前 1523 年）到三国（220 年至 280 年），长达 2275 年，而以汉代以前为主，即所谓“上古”。这一时期，正是由部落到国家再到大一统帝国的形成时期，帝系是破解上古史最重要的线索，考辨帝系是重建中国上古史的中心任务。作者认为，上古史的突破在夏文化，夏文化是历史学和考古学的难题。国际学术界研究草原民族、草原帝国，无不追溯到匈奴。该书提出还可以由匈奴追溯到夏族。很多人认为考古是最接近自然科学的学科，因而是最可信的。该书侧重文献，认为不做艰苦细致的分析文献材料的工作，盲目与考古对应，容易造成新的伪史。

《反省与重建：新中国成立后历史人物评价问题的理论考察》

高希中（助理研究员）

专著　190 千字

中国社会科学出版社　2017 年 1 月

历史人物是历史活动的主体，历史人物评价是史学研究的重要问题之一。该书按照历史人物评价标准的逻辑分类方式，系统叙述了新中国成立后在历史人物评价理论与实践方面的主要成果及其存在的问题，并对其中的不同学术观点进行了比较和进一步的探究。该书主张重视历史人物评价的道德标准，并希望引起学界对这一问题的重视。

《〈清续文献通考·经籍考〉研究》

李立民（助理研究员）

专著　280 千字

中国社会科学出版社　2017 年 2 月

该书是一部以目录学研究为主，结合学术史、思想史和社会史等多维度交叉研究的著作。作者从内容体例、分类体系、史料来源等方面考察了《清续文献通考·经籍考》的得失，又从学术史、思想文化内涵等方面论述了《清续文献通考·经籍考》的学术价值，以及其所反映的时代思潮与文化特征。该书体现了传统目录学的治学宗旨，用史源学的方法，钩沉索隐、纠谬补缺，订正刘锦藻引据之失及其按语不妥之处，以求更为准确地叙录清中后期传世典籍的状况。

《齐长城研究》

任会斌（助理研究员）

专著　210 千字

湖南人民出版社　2017 年 3 月

齐国既为春秋五霸之首，也是战国七雄之一，地位显赫，同时齐国还开了中原地区诸侯修筑长城之先河。齐长城作为中国规模最大、年代最为久远的地面军事防御工程遗址，是古代高超土石建筑技术和战国纷繁兵事的见证，愈来愈受到学界的关注。该书贯彻“取地下之实物与纸上之遗文互相释证”之原则，在对齐长城相关史料进行全面收集整理的基础上，结合“清华简”“骉羌钟铭”等新出资料，多角度对齐长城进行了一次全面的审视和研究。该书首先系统整理了保存于方志、通史、碑刻、简帛、专著、诗文、笔记之中的齐长城史料，进而在明确“长城”特征和内涵、齐长城端头地望、经行道里、规模结构、相关遗址等前提下，利用新出材料，详细论证了齐长城建置缘起和建置年代两大问题，并就“济水长城”“越迁都琅琊”“齐长城性质”“齐长城与防关系”“孟姜女研究”“杞国地望”等相关问题进行了详细论述。

《走进历史的原野——史学续论》

彭卫（研究员）

专著　305 千字

中国社会科学出版社　2017 年 7 月

该书选录了作者 1987 ~ 2016 年撰写的史学理论和史学史领域的论文 26 篇，内容涉及历史认识论、历史方法论、史学史和学术评论等方面。首先，在历史学的意义方面，作者通过对中外历史学发展脉络的梳理，以及对历史学学科特质和内在逻辑的分析，指出历史知识常青的可能性——不仅来自不同时代人们对往昔岁月历史残片的缀合，也来自对现实问题的领悟与回答，来自将历史知识在思想层面上的升华，从而一切历史既是当代的和思想的历史，也是实践的历史。历史学的主要意义在于用历史智慧启蒙人类的心灵，提高人类的判断力和道德感。其次，在历史方法论和史学评论方面，作者在国内学界较早和较为明确地提出了历史心理分析和历史学评论的基本内涵与理论层次。

《北魏开国史探》

楼劲（研究员）

专著　320 千字

中国社会科学出版社　2017 年 9 月

该书主要提出以下主要观点：一是在北魏前期基本史料的解读上提出了一些构想；二是提出了“儒家化北支传统”这一命题；三是在北魏基本政治结构及胡、汉关系格局的认识上有所推进；四是对北魏建立的思想背景及相关史事作了进一步考订。作者认为，目前，关于北魏开国史的研究尚存在以下不足：其一，对拓跋早期及北魏开国之际史料的解读还缺乏共识，尚待建立、完善相对客观并可以帮助判断有关史事虚实或扭曲之况的参照系；其二，在“汉化”“封建化”这两个对北魏和北朝史研究具有基础意义的范畴上，其内涵和表述都还存在着不少问题，有必要深入讨论其前提、内涵及限度所在；其三，尚未建立起拓跋代国到北魏建立的内在联系，亟须揭示这一历史过程的多个侧面，明确其间继承和发展的脉络线索；其四，还有不少重要史实和领域存在悬疑或空白，尤其是一些因研究预设有误而导致的问题，更应走出认识误区，澄清研究的前提，尽可能取得进展。作者认为，以往的相关研究有片面之处，应对关注不够的问题作进一步的深入考察，增进对其的认识。

《西班牙的汉学研究（1552 ~ 2016）》

张铠（助理研究员）

专著　500 千字

中国社会科学出版社　2017 年 9 月

西班牙的汉学研究在海外汉学的整体研究中曾经贡献卓著。但由于西班牙自 17 世纪中叶开始国势日衰，以致西班牙汉学研究中的优秀成果多已被历史尘埃所覆盖。该书认为，通过对西班牙来华传教士汉学成就的再研究，廓清西班牙汉学研究对海外汉学整体研究的全局性影响，可以说是研究东西方文化交流史的聚焦点之一，尤其在当代，研究西班牙汉学的发展历程具有重要的现实意义。近代史中，中国的国家形象在马可·波罗之后，首先是由西班牙来华传教士介绍到西方的。通过他们的笔端，展现出在儒家文明基础上建构的中华帝国的高大的国家形象，而且中华帝国伟大的国家形象立即在欧洲引起极大的反响，并在欧洲掀起了一股“中国热”。西班牙的汉学研究进程，实际上也是中国国家形象走向世界的历史进程。因此，在我们强调中华文化“走出去”的今天，该书对于加强中国与西班牙的友好关系具有现实意义。

《韩国木简研究》

戴卫红（副研究员）

专著　280 千字

广西师范大学出版社　2017 年 10 月

20 世纪初以来，大量简牍在中国陆续问

世。之后，朝鲜、韩国、日本等其他亚洲国家也相继有数量不等的简牍出土，这表明在亚洲历史上曾存在一个以中国为中心的简牍时代和简牍文化圈。从时代上看，中国简牍为最早，日本木简最晚，韩国木简年代为6世纪前期至8世纪。虽然韩国木简出土数量有限，但其时间、记录内容及形制表明，在古代东亚木简的传播过程中，尤其是中国大陆向日本列岛的传播中，韩国木简充当了重要的交流媒介。该书分为上、下两编，上编主要介绍韩国木简的发现及主要内容，韩国、日本、中国学术界对于韩国木简研究的现状，韩国木简研究团体及其组织的学术活动；下编主要利用韩国最新出土的百济、新罗时期的木简，讨论其所反映的户籍、仓库制度，百济时期的地方行政体制、职官制度以及贷食制度，简牍文化在中、日、韩等东亚诸国间的传播及其衍变再生过程等。作者全面、系统、准确地向中国学术界介绍了韩国木简发现、整理与研究的情况，开了中国学者深入研究外国出土简牍的先河。

《传法紫宸：敬宗之师昇玄先生刘从政考》
雷闻（研究员）
论文　15千字
《中华文史论丛》2017年第1期

该文利用保存在《唐文粹》中的《刘从政碑》及近年新发现的道教墓志，勾勒了晚唐道门领袖刘从政的一生。作者指出，刘从政所传承的是上清别派，其源头可追溯到上清宗师潘师正的好友——嵩山太一观的刘道合。虽然不及司马承祯一系的显赫，但《刘从政碑》依然强调了从自身上溯至东晋杨羲“凡十四世”的传法谱系。刘从政一生主要在两京之间活动，他在洛阳居住近30年，其得意弟子如郑过真、韩贞璀等遍布在圣真观、玄元观等重要的道观之中。不过，他取得全国性影响是在敬宗初年奉诏前往长安之后。宝历二年八月二十九日，敬宗尊刘从政为师，正式举行了入道仪式。刘从政因此获得了先生号及朝廷官职，成为天下道门领袖。文宗即位后，他被放归东都，成为太微宫大德。在朝廷看来，刘从政与赵归真之流存在着根本差别，因此，当其弟子在两京立碑之时，身为朝廷重臣名士的冯宿、柳公权才会为其撰、书碑文。刘从政与朝廷的关系，是盛唐上清派道教与皇室密切关系的继续，未可仅以投机钻营的“政治道士”责之。

《政制、政治与政事：也谈海昏侯的立废》
卜宪群（研究员）
论文　6千字
《江西师范大学学报》2017年第2期

南昌海昏侯墓考古资料公布以后，学界从不同视角对相关问题进行了探讨，具有启发意义。其中，刘贺立废是不是霍光擅政专权的结果仍有探讨的空间。该文对霍光立刘贺的原因、刘贺“行淫乱”的内涵与实质以及昌邑群臣被诛原因等问题进行了辨析，以期更全面地了解这一历史事件。该文认为，无论刘贺还是宣帝，他们被霍光立为皇帝的根本原因均是血缘上与昭帝的“亲近”关系，不能仅仅用霍光擅政专权来解释；刘贺被废的根本原因，是他“淫乱”的思想和行为与当时政治大势及霍光执政理念之间的冲突；昌邑群臣200余人连坐被诛是西汉“法治”与“霸道”精神的体现。总之，从主要原因来说，霍光废黜刘贺事件并不是个人或集团之间的矛盾，而是关乎国家大政方针与政治基本走向的斗争。

《镇戍八闽——元福建地区军府初探》

刘晓（研究员）

论文　22千字

《历史研究》2017年第2期

元灭南宋后，在淮、江以南南宋故地推行较严密的军事镇戍制度。其中，隶属江浙行省的福建地区常驻镇戍军府共有八翼，这八翼军府的番号分别为亳州、郢复、湖州、福州新军、漳州新军、邵武汀州新军、建宁新附军与左副新刷土军万户府。该文指出，元朝政府在福建地区的镇戍军配置是极不均衡的，主要表现为以点带面，辐射全闽。其中福州、建宁、泉州三地为重点镇戍区，驻扎兵力达60000户。作者认为，元朝政府之所以选择上述三地重点布防，主要因福州历来为八闽中心，元朝在此亦建有宣慰司都元帅府、肃政廉访司等重要机构；建宁虽处内地山区，但位于今福建、江西、浙江三省交界处，历来就是所谓“盗贼”频发之地，元代也曾多次发生过大规模反叛；泉州则为元代海外贸易最重要的港口。至于漳州、邵武、汀州、兴化、延平五路防务，则主要通过两个建制较小的新军万户府及从其他万户府抽调军人分镇来实现，其中兴化路曾出现过由亳州万户府与福州新军万户府“相参署事”的“福兴镇守万户”。元福建地区的镇戍军人以客军（主要为汉军）为主，土军（新附军）为辅，其中上万户府级的亳州万户府与郢复万户府并为元朝福建镇戍军的两大主力。

《〈新安志〉的史源考察》

阿风（研究员）

论文　15千字

《安徽大学学报（哲学社会科学版）》2017年第2期

该文指出，在现存的宋代方志中，徽州人罗愿编纂的淳熙《新安志》因其“叙述简括，引据亦极典”，被认为是宋代方志的典范之作。《新安志》有如此成就，与罗愿善于搜集、整理与考证各种文本史料有着密切的关系。《新安志》的基础史料是文书（计簿）、正史国典与旧图经，特别是有关地方沿革、户口、贡赋等重要内容，《新安志》主要是依据这些“信史”来编纂的。而诗文、金石之文、故老所传等都是作为辅助史料。这些史料一方面可以成为正史、旧志记载的辅证，另一方面，这些史料记载了很多与地方社会密切相关的古迹、祠庙、僧寺、邱墓、神仙的故事，可以丰富地方社会的历史。这些史料采辑的原则与清代学者章学诚所概括的方志“三书”原则颇为契合。罗愿的《新安志》能够合理区分并善于使用各种文本史料，包括很多细节性问题，都非常娴熟，无愧于“方志专家、史家绳尺”。淳熙《新安志》一方面填补并修正了徽州早期历史的记载，另一方面，其“立言之法”也泽及后世。宋代以后的徽州能够成为文献之邦，《新安志》实具开拓之功。

《明代人口政策如何因时而变》

张兆裕（研究员）

论文　5千字

《人民论坛》2017年第15期

该文指出，明代社会的逐步繁荣，与其人口政策能够顺应时代发展要求有很大关系。明代最早的人口管理制度是户帖制度，随后又在全国建立了黄册制度，用于登记人口并作为征发徭役的依据。黄册制度与同时建立的里甲制度束缚了百姓的活动，与社会发展的要求产生矛盾，日益增多的逃亡与流民成为严重的社会现象。明政府为此在永乐年间开始调整人口政策，在强调流民复业的同时，允许一部分流民附籍，在流入地纳粮当差。此后，附籍的政策范围逐步放宽，从弘治时期开始，民籍、军籍、匠籍都可以附籍。附籍使人口的流动有了政策保护，改变了逃移者的生存状态，从而为明代中期以后社会的稳定繁荣奠定了基础。作者认为，明代人口政策改变的原因，首先是人口脱籍的潮流不可逆转；其次是赋役的改革为政策调整提供了更多的可能。明代从中期开始逐步实现了丁田合一，以银代役，徭役与人丁的直接关联被大大减弱，使人口管理中的复业不再成为唯一选项。因此，主客观因素决定明政府采取了灵活的政策。

《试析1907～1909年日本界定的“间岛”地理范围》

李花子（研究员）

论文　10千字

《近代史研究》2017年第3期

1877年朝鲜贫民开垦钟城附近（中国光霁峪）的图们江沙洲，称为“间岛”或“垦岛”，此为“间岛”名称的最早出处。日俄战争结束以后，日本借口“保护”朝鲜人向图们江以北渗透时，借用了“间岛”概念，不但在延边龙井村设立了“统监府间岛派出所”，还界定了“间岛”假定区域，并通过设立宪兵分遣所来圈定势力范围。但是，由于中方边务公署的牵制和斗争，日方的扩张企图部分受挫，这间接影响了日本外务省不得不减缩“间岛”范围。1909年中日《间岛协约》（又称《图们江中韩界务条款》）规定的朝鲜人杂居区范围即“间岛”范围，基本涵盖了图们江以北的朝鲜人分布区（延、和、汪三县）。而二道松花江流域（东间岛西部）被排除出“间岛”范围，这一方面是中方的边务公署斗争的结果，另一方面与日本外务省承认以图们江为界，从而抛弃错误的土门、豆满二江之说有关。总之，“间岛”一词是在朝鲜垦民中自然形成的地理概念，是对图们江、鸭绿江以北地区的泛称，随着日本势力的介入，特别是日本利用朝鲜越境垦民进行渗透和扩张，打上了日本侵略的影子。因此，中国历代政府都拒绝或者禁止“间岛”概念的使用和流布。该文对上述历史作了梳理与研究。

《美国国会图书馆藏1882年日本人所绘盛京城镇地图初探》

孙靖国（副研究员）

论文　12千字

《陕西师范大学学报》2017年第4期

该文对美国国会图书馆所藏的一套由日本军官伊集院兼雄在中国盛京地区盗绘而成

的地图（完成于1882年）进行了研究。认为，此套地图为较早运用近代测绘技术绘制而成的反映东北地区城市的地图，不仅反映了盛京（今沈阳市）、新民屯（今新民市）、法库门（今法库县）、田庄台（今盘锦市田庄台镇）、十三站（今凌海市石山镇）、广宁（今北镇市）、大东沟（今东港市）、凤凰城（今凤城市）、铁岭、开原（今开原市老城区）、兴京（今新宾满族自治县）、大孤山（今东港市孤山镇）、秀岩（今岫岩满族自治县）、辽阳等14座不同等级、不同规模的城市或集镇的形态与内部格局，还涉及这些城镇附近的地形、军事设施以及水陆交通状况，对于研究这些城镇的早期形态和复原中国近代城市发展历程及城市形态的演变，具有重要的学术意义。

《〈长沙走马楼三国吴简·竹简（捌）〉所见州中仓出米簿的集成与复原尝试》

邬文玲（研究员）

论文 10千字

《出土文献研究》2017年第16辑

走马楼简牍整理组《长沙走马楼三国吴简·竹简（捌）》（文物出版社2015年版）中有一类出米记录，简文显示仓吏为黄讳、潘虑，邸阁左郎中为郭据，邸阁右郎中为李嵩。根据先前公布的长沙走马楼吴简资料以及相关研究可知，黄讳、潘虑系州中仓的仓吏，郭据、李嵩分别为州中仓的邸阁左、右郎中。因此，这类出米记录应是州中仓的出米记录。整理者已经发现和指出几组可以编联的出米记录简册，但未进行全面的梳理和编联。该文在原有基础上，从简文内容、书写笔迹、简材形态、编绳痕迹、揭剥图位置等几个方面入手，继续尝试对这些出米记录简进行集成和编联复原，共获得17组完整的出米记录。

《〈越绝书〉与公羊学》

郑任钊（副研究员）

论文 10千字

《史学月刊》2017年第12期

《越绝书》是一部以记载古代吴、越史地为主的地方史志，考其文字，可以发现许多与公羊学有关的内容。《越绝书》中与公羊学有关的内容主要集中于《外传本事》《吴内传》《德序外传记》《篇叙外传记》等篇中。该文通过对相关篇章文字的梳理，将《越绝书》展现的公羊大义主要概括为三点：一是《越绝书》接受了公羊学“以《春秋》当新王”之义，认为孔子“作《春秋》以继周”，以《春秋》作为接替周朝的一代，在《春秋》中立新王之法，并“据鲁以王”；二是《越绝书》继承了《公羊传》在君臣关系上的立场，提出“去止，事君之义也”，“君无道，臣仇主”，明确主张臣可向君复仇，称赞伍子胥向楚王复仇的正义性；三是《越绝书》认同公羊学“天下无王，霸主当兴”的理论，并据此评价越王勾践是有霸主之德的“贤君”。该文认为，《越绝书》至少是部分篇章与公羊学有着非常深厚的学术渊源。

近代史研究所

《中国近代民族复兴思潮研究——以抗战时期知识界为中心》（上、下册）

郑大华（研究员）
专著 996千字
中国社会科学出版社 2017年10月

该书以抗战时期的知识界为中心，对中国近代民族复兴思潮作了全面的研究，具体包括“民族复兴思潮的历史考察”“民主政治与民族复兴”“经济建设与民族复兴”“学术研究与民族复兴”“民族文化与民族复兴”等部分。作者认为，近代以来，尤其是九一八后抗日战争时期的民族复兴思潮留给我们的启迪，有以下四个方面：第一，民族复兴不是汉族或某个少数民族的复兴，而是包括汉族和所有少数民族在内的整个中华民族的复兴；第二，民族复兴不是复古，而是中华民族的浴火新生或再生；第三，民族复兴是一项系统工程，不能片面强调某一方面，更不能将民族复兴等同于文化复兴；第四，要实现民族复兴，就必须调动一切积极因素，实现全国的大联合、大团结。

《当代中国晚清政治史研究》

崔志海（研究员）等
专著 449千字
中国社会科学出版社 2017年5月

该书依据60年来国内晚清政治史研究所走过的学术轨迹，对晚清政治史中的10个专题史研究分别作了回顾和总结。这10个专题史依次为“鸦片战争史”“第二次鸦片战争史”“太平天国史”“洋务运动史”“中法战争史”“中日甲午战争史”“戊戌变法史”“义和团运动史”“清末十年新政史”“辛亥革命史”。该书采取“以问题为中心”的学科史学术写作方法，从纵横两个维度对各个专题史的研究进行了学术梳理。

《变局与抉择：晚清人物研究》

李细珠（研究员）
专著 288千字
北京师范大学出版社 2017年6月

晚清时期，传统中国面临数千年未有之变局，国人如何自处，国家何去何从，便成为时人思考的沉重话题与必须面对的难题。该书从实际统治者慈禧太后，到大名鼎鼎的高官曾国藩、倭仁、李鸿章、刘铭传、张之洞、张人骏、袁世凯，再到中下层士人管庭芬、魏源、容闳、谭嗣同，全方位地考察了近代初期传统士人面对西力东侵与西学东渐挑战在传统与近代之间徘徊的心路历程，以及从洋务自强到变法新政时期清廷高层与地方大员面对千古变局的回应，呈现了晚清大变局中各类人物不同抉择的复杂面相。

《戊戌时期学术政治纷争研究——以“康党”为视角》

贾小叶（副研究员）
专著 398千字
社会科学文献出版社 2017年5月

该书以“康党”为切入点，借助大量翔实的资料，如维新运动重要参与者的文集、全集、日记等资料，当时的报刊如《知新报》《清议报》《湘报》《中外日报》《新闻报》《国闻报》等，系统梳理了戊戌时期学术、政治纷争的流变、内涵及其后果，脱出了以往以“新旧”二元对立解读戊戌纷争的窠臼，较为全面立体地揭示了戊戌政治与学术纷争的多元面相和真实内涵。

《天变与日常：近代社会转型中的华北泰山信仰》

李俊领（助理研究员）

专著　335千字

社会科学文献出版社　2017年4月

在近代华北社会中，泰山信仰既是清廷实施“神道设教”的政治手段，又是民众应对日常生活困境的文化传统。由于西方文明的刺激，近代中国出现了社会转型与文化焦虑，泰山信仰礼俗自清末以降不断遭到知识界的批判、基督宗教的敌视与政府的强制改造。在内外交困之中，泰山信仰仍滋润着华北民众的日常生活，并呈现更为丰富的文化面相。该书将文献分析与田野调查相结合，从区域社会与日常生活的角度探讨了近代华北泰山信仰的演进及其境遇，从一个侧面揭示了近代华北社会变迁的路径与机制。

《社会文化史30年》

李长莉（研究员）　唐仕春（副研究员）主编

专著　450千字

中国社会科学出版社　2017年6月

该书对中国近代社会文化史研究的理论与方法、晚清士人与近代知识分子、近代社会风尚与民间伦理的演进、近代生活方式与民众观念的变迁、近代公共空间与公共时间、近代的祀典与仪式、近代修身教科书与公民教育、社会文化史视野中的民初京剧、废除旧历运动与二元社会以及近代社会秩序与民间社会的治理等作了系统的梳理分析与研究。

《近代中外关系史研究》（第7辑）

张俊义（研究员）　陈红民（教授）主编

论文集　353千字

社会科学文献出版社　2017年9月

该书共收录论文16篇。其中，8篇论文为“第六届中外关系史国际学术研讨会”参会论文。论文内容涉及近代中国不平等条约的法律关系，中外条约贸易组织的基础、推广与限制，清朝同外国签订的条约与章程在外政次序上的意义，晚清中朝边界纠纷，日俄战争后的中国对日外交，晚清陈兰彬的出使日记《使美记略》考略，“一战”后美国对“中日山东问题”后续效应的观察与评估，维新政府时期的日语殖民教育等方面的内容；特设专栏《蒋介石资料数据建设专题》收录了2篇论文，内容涉及对人民出版社和中华书局编辑的四卷本未刊资料集《蒋介石言论集》的解读、俄罗斯20世纪蒋氏父子传记资料的收集整理与研究；此外，该书还收录了一篇优秀博士生论文，内容涉及九一八事变前的中日法权交涉。该书的《学术综述》栏目聚焦了2016年召开的“第六届近代中外关系史国际学术研讨会”。

《近代法律人的世界》（《近代法律史研究》第2辑）

中国社会科学院近代史研究所法律史研究群编

论文集　330千字

社会科学文献出版社　2017年9月

该书从“人”入手，讨论法学家的人生经历、近代史上重要人物的法学思想、法官群体的构成及其司法实践、法律人的社会交往等主题。各篇文章在时间上覆盖了清代中后期、晚清、民初、20世纪三四十年代，对近代司法、法律人进行了细致深入的研究。

世界历史研究所

《巴勒克拉夫全球史研究》

董欣洁（副研究员）

专著　218千字

中国社会科学出版社　2017年10月

该书系统地梳理了英国史学家杰弗里·巴勒克拉夫在全球史领域的研究实践，探讨了什么是全球史；分析了巴勒克拉夫的全球史观的提出、全球史视野中的欧洲历史、对全球史理论与方法的探索、对全球史的宏观阐释框架；然后，在以欧盟为例考察经济全球化时代国际政治本质的现实基础上，在从马克思世界历史理论出发研究全球史的理论基础上，总结了巴勒克拉夫作为20世纪中期西方全球史的首倡者对全球史发展的学术贡献及其历史局限。

《列国志·巴勒斯坦》（第二版）

姚惠娜（副研究员）

专著　330千字

社会科学文献出版社　2017年12月

该书以最新的官方数据和作者实地考察为基础，修订了原著50%以上的内容，比较准确、系统、全面地介绍了巴勒斯坦的基本情况，分析了巴勒斯坦问题的历史演变和现实困境，对巴勒斯坦的国家建构、政治变迁、地方治理、经济发展、商业环境、法制建设、军事改革、教育科研、医疗卫生及社会文化等问题进行了较为深入的研究。

《英属北美殖民地烟草种植园经济研究》

张红菊（研究员）

专著　247千字

中国社会科学出版社　2017年3月

烟草种植园经济既是英属北美殖民地经济最为重要的组成部分，也是美利坚文明形成的一个重要条件和不可或缺的组成部分。该书以历史唯物主义和辩证唯物主义为指导，对英属北美南部殖民地的种植园经济作了较为全面的考察和研究，深入地阐述了美国早期种植园经济的起源、发展和特征，并着重从历史学、经济学角度对其中的土地制度、劳动制度、管理制度等重要问题进行了剖析。

《环境限制程度与史前中国社会——政治演进速度》

易建平（研究员）

论文　10千字

《历史研究》2017年第5期

卡内罗（Robert L. Carneiro）是当今人类学泰斗，其“限制理论”是影响最大的国家形成动因论。该理论认为，地理环境未受到严格限制的地区存在着“漏口”，人口压力较轻，社会—政治结构的演变也就相应迟缓些。该文对史前中国“大”城（市）形成演变历史的材料进行检验，得出的结论是，较为严格意义上的地理限制环境，比起存有人口可以更为容易迁走“漏口”的不那么严格意义上的限制环境，对于人类复杂社会的演进，并不一定会像卡内罗所言，促使其更早出现，但很有可能加快其进展速度。

《亚述帝国时期的阿拉伯人——以楔形文字文献为中心》

国洪更（研究员）

论文 19千字

《世界民族》2017年第3期

该文指出，亚述帝国时期，阿拉伯人主要生活在叙利亚—阿拉伯沙漠中，曾频繁地反抗亚述人的侵略扩张，后来逐渐分散到地中海东岸乃至两河流域腹地，但沙漠中的绿洲仍是其最终的据点。亚述帝国的楔形文字文献频繁提及阿拉伯人，涉及其活动区域、生产方式、权力架构和神灵崇拜等情况。虽然亚述人并非有意系统地记录阿拉伯人的情况，但相关楔形文字史料作为一手材料，可以成为验证其他史料可靠性的重要参照对象，也可能为释读早期的阿拉伯语铭文提供一些有用的线索。

《古代两河流域人新年礼俗、观念及其政治功能的演进》

刘健（研究员）

论文 13千字

《贵州社会科学》2017年第10期

古代两河流域新年最早是庆祝春季和秋季丰收的节日，经过2000余年的发展，逐渐融合了各种礼俗传统，在国家事务中发挥着重要的作用。该文主要研究不同时期节日的演变特点、新年观念的变迁及其所承载的政治功能。根据楔形文字文献的记载以及相关研究成果，作者认为，其与中国新年存在相似的“除旧布新”的传统观念，它并非简单的洒扫庭除行为，还包含着对各级各类人员的考核、甄别，是古代两河流域新年节的一大特色。

《古罗马的仪式与政治：以罗马共和时期为中心的考察》

胡玉娟（研究员）

论文 18千字

《郑州大学学报（哲学社会科学版）》2017年第6期

该文指出，古代罗马国家的政治活动具有戏剧性特点，它以广场、会场、竞技场、剧院、神庙、祭坛、通衢大道等公共空间为舞台，以民众为观众，以政治家为演员，以服饰、仪仗、纪念碑等为权力象征。政治场域的冲突同时在宗教舞台上象征性地展演出来，宗教无时无刻不介入社会冲突与政治纷争，罗马国家宗教礼仪制度与政治的互动关系及其演变从另一个角度可与社会变迁和制度变革相互印证。该文以罗马共和早期的等级冲突、共和中期的派系竞争和共和晚期的个人专权为例，分析罗马共和政治的仪式性和表演性特征。该文认为，古罗马共和时期的政治仪式是一把双刃剑，压迫者固然借此达到统治目的，被压迫的人们也会以此来进行反击。仪式与政治的这种辩证关系，为传统的罗马政治史研究注入了新的洞见，也弥补了制度史、社会史研究范式中盲点，从而使平民反抗权威、争夺权力的力量和策略得到重新评价。

《革命话语与概念的初现：法国旧制度末期关于税收特权问题的辩论》

黄艳红（研究员）

论文 22千字

《世界历史》2017年第6期

18世纪50年代后，法国舆论界展开了有关税收特权的辩论，此间，高等法院等特权机构扮演了重要角色。但它们在抗议王权的新税制、为等级—团体社会的特权制度辩护时，使用的权利、自由等概念，其表现形式是多样的、复数的，不同的群体有不同的权利和自由，这种局面是历史形成的。到1780年前后，相关辩论中逐渐发展出一种超越个别性、忽视历史先例、基于普遍理性和平等原则的新政治话语，这也是传统概念的单数化和抽象化，而自由与平等这对概念也从不兼容转变为并立关系。该文对上述历史作了梳理与研究。

《古埃及人的隼鹰崇拜与王权运作》

郭子林（副研究员）

论文 12千字

《东北师大学报（哲学社会科学版）》2017年第3期

古埃及人遗留下来很多隼鹰雕像、浮雕以及文字史料，提供了古埃及人关于隼鹰崇拜的大量信息。该文指出，从史料来看，古埃及人虽然对隼鹰进行多种形式的崇拜，但仍以荷鲁斯崇拜为主。古埃及人之所以将隼鹰崇拜为荷鲁斯，根本原因是这种充满神秘力量的鸟可以用来创造王权的神圣性。埃及国王在王衔、国王雕像以及神庙和坟墓浮雕中将隼鹰神荷鲁斯作为主要元素，甚至在国王的各种仪式中将荷鲁斯作为重要成员，其目的是宣扬王权的神圣性、保障王权的持续发展。隼鹰崇拜与王权运作的关系能够长久持续下来，与古埃及文化的内在特征有很大关系。

《启蒙时代历史哲学的科学起源》

张文涛（副研究员）

论文 13千字

《甘肃社会科学》2017年第2期

该文指出，历史哲学是对人类自身命运的沉思与探索。这种沉思与探索，始终伴随人类前进的每一个步伐。启蒙时代的历史哲学，是在16～17世纪科学革命影响下产生的。弗朗斯西·培根明确提出了科学研究的目标，并改进了研究方法；伊萨克·牛顿则是科学实践的一个辉煌典范。该文认为，正是由于培根与牛顿等人的影响，人们开始了对自身命运的大规模的深入性研究，并取得非凡成就。然而，培根的方法与牛顿的经典力学，并非启蒙时代人们通常认为的那样具有普遍适用性，而是存在着自身的局限性。20世纪的科学进展，使人们认识到问题的复杂性所在。新的科学进展并不是对培根与牛顿学说的否定，而是一种更高程度的完善。

《中印边界问题的前世今生与中国的和平发展》

孟庆龙（研究员）

论文 18千字

《四川大学学报（哲学社会科学版）》2017年第4期

该文指出，决定中国和平发展国际成本的两个主要国家是亚洲之外的美国和亚洲大陆的印度。中印边界问题对于中国的健康发展具有重要影响。对于英国统治印度时期遗留下来的边界问题的态度和处理方法，在很大程度上决定着中印两国关系的发展走向。作者认为，妥善应对这一棘手问题，是整个亚洲和平发展的重要前提和保证，关系到中国“一带一路”倡议的进程。因此，把边界问题的过去和现状以及与此相关的问题梳理清楚实属必要。近年来，印度外交日趋灵活，力图“实”“势”兼谋，博取更大利益，这对我国来讲既是挑战，也是机遇。我们应抓住各种有利时机，排除干扰，在继续有效管控边界问题的同时，积极争取推动中印关系全面发展，为中国的和平发展营造良好的外部环境。

《20 世纪中期美国联邦政府对空气污染控制的干预与强化》

金海（研究员）

论文　12 千字

《河南师范大学学报（哲学社会科学版）》2017 年第 4 期

该文对 20 世纪中期美国联邦政府对空气污染控制的干预及强化历程作了分析与研究。作者指出，20 世纪 50 ~ 70 年代，美国在空气污染控制方面经历了一个联邦政府干预不断扩大的过程。这个过程表明，政府干预的扩大与人们对空气污染问题的性质以及环保目标重要程度的认识密切相关。空气污染问题成为全国性问题以及环境保护成为独立于经济发展的重要目标是联邦政府在空气污染控制领域有效扩大干预行动的前提。反过来，20 世纪 50 ~ 70 年代联邦政府干预的不断加强，则为 20 世纪 80 年代后期美国空气污染问题的基本解决提供了必要条件。

《唯物史观：一门真正的实证科学》

吴英（研究员）

论文　12 千字

《史学集刊》2017 年第 6 期

该文通过对马克思创建唯物史观初衷的考察、对唯物史观通过实证研究揭示人类社会发展规律的考察以及对唯物史观在不断变化的现实中接受检验并发展自己的考察，阐明唯物史观是一门真正的实证科学，具有随着时代变迁而不断发展的科学本性。与此同时，有鉴于唯物史观所建构的对人类社会的系统认知体系揭示了人类社会发展演进的规律，它同样具有历史哲学的品格。

经济学部

经济研究所

《经济新常态下的中国财税：中国财政政策报告 2015/2016》

高培勇（研究员）

专著 258 千字

中国财政经济出版社 2017 年 3 月

该书以中国经济新常态为背景，对我国国家治理现代化、经济发展新常态、经济结构调整、生态文明、国际经济秩序、人口老龄化、新型城镇化等多个领域进行了论述，指出了其中存在的问题和未来发展趋势。在此基础上，作者从我国财税改革的角度，提出了相应的政策建议和思路。

《从传统文明向现代产业的历史跨越——中国沉香产业发展报告》

裴长洪（研究员）

专著 228 千字

中国社会科学出版社 2017 年 3 月

因沉香是极为珍稀的香料资源和珍贵药材，具有极高的医药价值和商业价值。该书从沉香的历史文化、种植、加工、医用价值、行业发展等方面进行了全方位介绍，以沉香的经济价值为主线，纵观整个产业的发展，借古谈今，对沉香产业的发展进行了完整的梳理。

《中国特色社会主义政治经济学研究报告（2017）》

王立胜（副研究员）

专著 340 千字

济南出版社 2017 年 8 月

该书围绕习近平总书记在 2015 年 11 月中央政治局第 28 次集体学习时概括的八大理论，确定了中国特色社会主义政治经济学的八个基本专题，以“问题导向”和“目标设定”的视角锁定八个专题的研究，研究内容聚集中国社会主义建设的实践，是中国经济建设领域形成的独有的理论研究序列。

该书对 2017 年度中国特色社会主义政治经济学的发展作了系统的总结和评述，系统梳理了近年来中国特色社会主义政治经济学的研究成果，旨在全面把握中国特色社会主义政治经济学的研究进展。

《中国城乡居民基本医疗保险制度整合研究》

朱恒鹏（研究员）

专著 119 千字

中国社会科学出版社 2017年2月

党的十九大报告作出"中国特色社会主义进入新时代，我国社会主要矛盾已经转化为人民日益增长的美好生活需要和不平衡不充分的发展之间的矛盾"的重要论断。我国当前正在进行的城乡居民基本医疗保险制度整合，即整合城镇居民基本医疗保险与新型农村合作医疗，正是解决城乡发展不平衡问题，推进共享发展成果的重大举措。该书基于实际调研和公开数据，研究了涉及这一制度整合的一系列问题，具体内容包括"制度整合的基础与紧迫性""影响不同地区制度整合进展差异的因素""不同地区制度整合的经验与模式""部分地区的'三保合一'探索"等。

《中国贫困人口的食物保障和社会保护》

朱玲（研究员）

专著 309千字

中国社会科学出版社 2017年1月

在经济市场化和全球化的形势下，贫困农牧户突破贫困陷阱的一个重要途径，是提高生产经营和通过市场交易获得收入的能力。然而，他们的居住区偏僻，远离城镇，基础设施薄弱，可供交易的农林牧产品的市场风险大。因此，需要公共基础设施投资和市场组织建设。该书着重从微观层面讨论农牧户如何适应市场化的社会经济环境，改善资源配置，进入市场并提高收入。作者认为，贫困人口的一个显著特征就是欠缺就业和创业能力，即使拥有少许资产，往往也因为缺少经营能力和抗风险能力而难以摆脱贫穷。因此，改善人力资源，投资于贫困人口的健康、教育和培训，提高这一群体的体质和智力，不仅有助于缓解现时的贫困，而且有助于防范和减少未来的贫困。

《提高宏观调控水平与保持经济平稳较快发展研究》

刘霞辉（研究员） 袁富华（研究员）

专著 545千字

中国社会科学出版社 2017年9月

该书立足于工业化向城市化转型的国际比较和理论分析，对中国长期增长的一些重要问题进行了探讨。围绕结构性条件变化和增长阶段转换问题，该书首先对结构性减速、转型过程资源错配的风险等理论问题进行了分析；以此为基础，该书探讨了中等收入向高收入水平迈进的发展路径，并从财政、金融和体制改革方面给出了一些有针对性的政策建议。

《薛暮桥笔记选编：1945 ~ 1983》

徐建青（研究员） 董志凯（研究员）

赵学军（研究员）

专著 1443千字

社会科学文献出版社 2017年9月

薛暮桥是我国著名的经济学家，参与过解放区的经济工作，以及新中国经济建设和制度变革的重大决策。薛暮桥不仅为中国的经济学发展，而且为中国的经济发展和改革开放作出了重要贡献。该书所选的笔记从一个侧面反映了从解放区、新中国成立直至改革开放初期的几十年里，中国经济建设和制度变革的历程。笔记记载了计划经济时期经济决策的大量信息以及改革开放初期在经济理论和实践方面的探讨摸索，对于研究新中国经济变迁历程，以及中国特色社会主义政治经济学理论的发展，具有很高的史料价值和学术价值。

《治所理念、治所思想与治所战略的探索与调整》

高培勇（研究员）

论文　14.2 千字

《经济学动态》2017 年第 5 期

该文立足于加快构建中国特色经济学的宏观背景，以中国社会科学院经济研究所的建设为范例，全面而系统地讨论了经济研究机构的治理理念、治理思想和治理战略。得出的主要结论是：学科建设是研究所的基础和支柱，要从根本上确立学科建设在治所工作中的基础和支柱地位；人才最重要，人才比成果更重要，研究所最重要的工作是成就和培养人才；学科带头人以及由其领衔的学科是研究所的“压舱石”；以学术为本位、以人才为中心的良好学术生态，是研究所赖以吸引人才、成就和培养人才的基本支撑；出有用、能用、管用的高质量成果，是科学研究的目标所在；应当坚持学术研究与智库研究并重且互为依托、相互支撑；学术研究须坚持问题导向，围绕党和国家关注的重大理论问题而展开；智库研究也须有理论思维，应当在寻求理论支撑中形成智库成果；构建中国特色经济学与学术研究和智库研究系“一体两翼”，可以从构建中国特色经济学的各项基础性工作入手，全面推进学术研究和智库研究；为了实现作为经济研究机构的整体行为目标，很有必要在确立使命意识、职业意识、产品意识和影响力意识的基础上，凝聚共识。

《货币供给机制变化与经济稳定化政策的选择》

张平（研究员）

论文　9.6 千字

《经济学动态》2017 年第 7 期

该书指出，我国改革开放实践证明，货币供给与经济增长阶段性变化有着很强的同步性特征。在经济赶超阶段，货币供给以“信贷中介”激励资本形成，促进经济增长，货币供给结构反映出我国外向型经济的高速发展，即外汇占款成为央行资产最主要部分，决定央行货币释放。21 世纪后，房地产推动了资产抵押的货币需求。进入新常态后，外汇占款不断下降，货币供给靠国内短期流动性资产创设对冲长期外汇资产下降。以“通道”推动的金融创新，提高了货币乘数和信用杠杆，但没有优化资源配置，反而加大了市场波动。由此可见，随着我国经济已经进入新的发展阶段，货币供给目标要从赶超期的“又快又好”转向新常态下的“稳中求进”，要逐步建立以公债为基础的央行资产，形成新常态下货币、财政和统一监管的宏观稳定化政策以及管理框架，推动经济走向成熟。

《中国式分权下的偏向性投资》

吴延兵（研究员）

论文　16.2 千字

《经济研究》2017 年第 6 期

该文基于政府官员“经济政治人”假

设，论证中国式分权下市场参与者的投资行为逻辑，为中国粗放型经济增长之谜提供一种解释。作者认为，在垂直集中官员治理模式下，中央政府因信息所限，难以有效约束地方官员“重生产，轻创新”的自利性投资偏好。在经济分权体制下，地方政府及其官员掌控着巨量经济资源，拥有干预市场资源配置的经济和行政权力，形成政府主导型经济。结果是，地方官员的自利性投资偏好能够借助政府的“有形之手”，作用于各类市场参与者的投资行为，致使整个社会投资呈现“重生产，轻创新”的偏向。该文运用省级面板数据检验理论假说，结果表明，在中国式分权下，财政分权度越高，地方政府、企业和社会的创新性支出占生产性支出的比重越低。该文的研究对于促进中国经济由粗放式向集约式转型具有政策参考价值：一是要加强对地方官员的横向监督，抑制地方官员的自利性投资偏好和短期化行为；二是应减少地方政府对经济的行政干预，真正让市场在资源配置中起决定性作用。

《城市劳动力市场中户籍歧视的变化：农民工的就业与工资》

孙婧芳（副研究员）

论文　14.2 千字

《经济研究》2017 年第 8 期

针对劳动力市场供需关系的变化，该文采用跨期数据，基于户籍制度导致的二元结构，将刘易斯劳动力迁移理论与双重劳动力市场理论相结合，从就业隔离和工资歧视两个角度，分析、讨论了劳动力市场歧视的变化。作者对 2001 年、2010 年城市本地劳动力和农民工所面临的就业机会和工资的变化进行了研究。研究发现，农民工的教育回报率大幅提高，与相同学历的城市本地劳动力的教育回报率相似。农民工的工资决定机制与城市本地劳动力趋同。2010 年农民工面临的就业隔离比 2001 年大幅下降，而且在各部门内部，小时工资的歧视也大幅下降。然而，当农民工进入公有单位时依然受到较强歧视，就业隔离依然存在。

《乾隆时期长江中游米谷市场的空间格局》

赵伟洪（助理研究员）

论文　8.4 千字

《中国经济史研究》2017 年第 4 期

该文选取湖南、湖北、江西三省作为一个整体区域，打破了以往以行政区划为界限考察区域市场的局限，对长江中游地区流通要道上的 23 府州米谷市场进行了重点考察。区别于当下偏重利用量化分析工具的研究方式，该文提出结合流通运道与粮价考察区域市场整合的新思路，并取得了如下发现：其一，区域市场沿着粮食流通的运道向外延伸形成整合市场，并打破了省级行政界限的束缚；其二，乾隆时期，长江中游地区主要粮食输出区并非人们印象中那样，简单地以汉口、九江为中心构成整合市场；其三，新发现两条重要辅路，同长江主干道一起，勾勒出长江中游粮食市场的空间格局。

《人口流动与养老金地区差距：基于回归的不平等分解》

王震（研究员）

论文　13.6 千字

《劳动经济研究》2017年第1期

该文分析和探讨了人口流动与地区养老金差距之间的关系。该文指出，在当前人口大规模流动常态化的情况下，区域化的基本养老保险制度将会导致老年风险与应对风险的保障体系之间的冲突，其结果就是，未来，大量老年风险将对本就脆弱的中西部农村社会保障体系产生严重冲击。若这种风险转移逐年积累，而缴费贡献却没有逐年积累（用于发放当地退休职工养老金），将会对整个社会稳定产生重大影响。作者给出了流动人口对地区养老金差距影响的实证证据，旨在为下一步的政策调整、构建适应大规模人口流动的社会保障体系提供政策依据。

《垂直生产结构、利率管制和资本错配》

陈小亮（编辑）

论文　15.6千字

《经济研究》2017年第10期

该文指出，政府补贴、自然垄断定价权和行政进入壁垒的存在，使中国形成了以“上游国企垄断、下游非国企竞争”为特征的垂直生产结构，并引发企业之间的资本错配。该文构建了含有垂直生产结构和利率管制的动态一般均衡模型，研究了资本错配产生的机理。该文并不是简单套用国外模型，而是在已有模型的基础上，加入了“中国化”的元素，使所构建的模型能够解释中国的现实问题。尤其是该模型对垂直生产结构和利率管制的刻画具有一定的创新性，为该领域的后续模型化研究提供了参考基准。

《中国出口技术含量动态变迁及国际比较》

倪红福（副研究员）

论文　13千字

《经济研究》2017年第1期

该文指出，随着全球价值链分工体系的深入发展，生产过程日益分散化和碎片化，这势必导致这样一种情况发生，即：一国（地区）出口的产品并不全部是由本国生产的。基于此，该文尝试提出一种基于生产工序的技术含量新测度方法。研究发现：(1) 自1995年以来，中国出口确实出现了一定的自身技术水平升级和优化，中国整体和各行业技术含量呈现增长态势，表现出向发达国家平均水平的弱收敛趋势；(2) 从各行业技术含量相对排名位次来看，中国出口的技术含量几乎锁定在世界最低端，远低于美日等发达国家，根本无法对美日等发达国家构成技术威胁。

该方法是反映全球价值链增加值创造效率的新测度方法，为正确认识中国的产业在全球价值链中地位提供了依据，也为后续实证研究提供了基础数据。

农村发展研究所

《中国农村发展报告——以全面深化改革激发农村发展新动能》

魏后凯（研究员）　闫坤（研究员）

研究报告　289千字

中国社会科学出版社　2017年7月

该书采取文献研究、案例研究、实证研究相结合等的方法，分析了目前中国农村发展的现状和问题，提出了深化农村改革、促进农村发展的对策建议。该书主要内容包括总报告、综合篇、经济发展篇、社会发展篇、生态环境篇。

《中国扶贫开发报告（2017）》

李培林（研究员）　魏后凯（研究员）

吴国宝（研究员）主编

研究报告　390千字

社会科学文献出版社　2017年12月

精准扶贫，既是当今中国扶贫开发的主题和脱贫攻坚的基本方略，也是中国继开发式扶贫之后对国际减贫事业作出的又一个重要贡献。该书建构了精准扶贫政策分析框架，总结了2013年以来中国精准扶贫的实践和成效，分析了中国脱贫攻坚面临的挑战，并提出了打赢脱贫攻坚战的政策建议。

《中国农村经济形势分析与预测（2016～2017）》

魏后凯（研究员）　黄秉信（研究员）主编

研究报告　259千字

社会科学文献出版社　2017年4月

该书是由中国社会科学院农村发展研究所和国家统计局农村社会经济调查司共同组织编撰的年度系列研究报告，该书包括三个部分：(1) 总报告。总报告重点分析了2016年中国农业农村经济的运行特点、市场状况和重要进展，对2017年的发展趋势和主要指标进行了预测，并对农业供给侧结构性改革进行了剖析。(2) 专题篇。专题篇对2016年农村居民收入与消费以及主要农产品，渔业、林业及其国际贸易的发展状况和2017年走势进行了深入分析。(3) 热点篇。热点篇对与农业供给侧结构性改革和绿色发展密切相关的新型农业经营体系、农产品质量安全、粮食收储制度、农民工返乡、乡村旅游等热点问题进行了探讨。

《农业经济学》

李周（研究员）　杜志雄（研究员）

朱钢（研究员）主编

教材　479千字

中国社会科学出版社　2017年10月

该教材系统地介绍了农业经济学的基本原理、理论和方法，内容主要包括农业经济学发展和前沿、农业经济学基础理论、与农业经济学相关的经济学知识、农业经济学研究方法和工具。该书不仅系统地教授学生农业经济学以及相关学科的基础理论，以期提高学生的理论素养；同时教授学生运用理论解决实际问题的方法，培养和提高学生思考问题和解决问题的能力。

《中国农村发展研究报告No.10》

魏后凯（研究员）主编

论文集　549千字

社会科学文献出版社　2017年9月

该文集收录了中国社会科学院农村发展研究所科研人员2013～2015年发表的重要学术论文，展示了该所在农村改革与发展研究领域的科研成果和科研水平。该书立足中国国情、农情，努力把理论研究、实证分析、政策完善与法律修订有机结合起来，其内容涵盖了城镇化与农村发展、粮食安全与农业发展、农村改革与农民组织、农民福祉与社会进步、生态安全与可持续发展五大领域，对深化新时期中国特色的农业农村发展道路研究具有理论与决策参考价值。

《农业转型升级与农村全面发展》

魏后凯（研究员）　王兴国（研究员）主编

论文集　318千字

社会科学文献出版社　2017年5月

该书以中国农业转型升级与农村全面发展为主线，对农村土地产权制度、农业转型升级、粮食安全与风险防范、精准扶贫与精准脱贫、城乡发展一体化等重大现实问题进行了深入探讨；同时，介绍了各地的有益探索和创新经验。

《中国“三农”研究》

魏后凯（研究员）主编

论文集　226千字

中国社会科学出版社　2017年7月

该文集由中国社会科学院城乡发展一体化智库《研究专报》(2016）汇集而成。在大量实证调查的基础上，作者从不同维度和专业视角，对中国“三农”问题进行了剖析。其中，对某些重要的、热点的问题进行了专题性研究，兼具理论研究与政策分析的特点。

《支持制造强国战略的财税政策研究》

闫坤（研究员）

专著　174千字

中国社会科学出版社　2017年2月

在当今世界以工业互联网、智能制造为主题的新一轮技术创新浪潮和产业变革中，“中国制造2025”明确了制造业在中国经济社会中的基本功能和定位，明确了未来中国制造业的总体发展方向和路径，并将引领中国迈入制造强国行列。为了让这个10年的行动纲领切实付诸行动，实现它的预期目标，还需要深入研究要从中发挥怎样的作用，应该且能够提供怎样的财政税收政策支持——该书的出发点和落脚点即是试图为这一问题寻求答案。

《中国城乡发展一体化指数（2017）——以全面建成小康社会为目标》

朱钢（研究员）　张海鹏（副研究员）

陈方（助理研究员）

专著　324千字

社会科学文献出版社　2017年9月

该书通过作者编制的城乡发展一体化实现程度评价指数指标体系，以2007年（党的十七大明确提出形成城乡经济社会发展一体化新格局之年）为起点，以设定的2020年全面建成小康社会下的城乡发展一体化目标值（即实现目标）为衡量标准，测度中国及30个省份（不包括西藏和港澳台地区）2010～2015年城乡发展一体化实现程度和进展，反映中国及各省份城乡发展一体化现状，描述各省份城乡发展一体化实现程度在全国的排序与变化。在此基础上，对中国及各省份城乡发展一体化实现程度与进展以及存在的问题进行评价，指出各省份在城乡发展一体化目标实现过程中存在的主要短板。

《农民的价值世界》

廖永松（研究员）

专著　266千字

中国社会科学出版社 2017年5月

该书梳理了有关农民价值观研究的基本理论和方法，以革命老区遵义市为期两年的田野调查为基础，分析了当代中国农民的价值结构和优先序。该书认为，农民已卷入市场经济的大潮流，他们在持有传统中国的孝顺、重视家庭伦理观的同时，也具有一定的开拓创新精神，表现出传统与现代相结合的价值特征。但是，总体上文化水平低、缺乏应有的知识和技能以及城乡分割的二元体制限制了农民现代性的形成。该书建议：适时修改宪法层面对工农联盟的描述，着力构建工农平等、人人平等的新型社会关系和统筹、融合发展的城乡关系；引导社会彻底改变对农民的意识形态偏见，提升农民对社会主义核心价值观的认同感；通过大规模的制度建设，充分调动亿万农民的能动性和创造性，为建设具有中国特色的社会主义事业再立新功。

《基层公共文化设施建设和管理研究》

魏后凯（研究员）等

研究报告 185千字

中国社会科学出版社 2017年8月

2015年9月，国务院办公厅委托中国社会科学院作为第三方机构，对“基层公共文化设施建设、使用和管理”政策措施落实情况开展评估。作为第三方评估执行机构，农村发展研究所，组成评估组并制定了评估工作方案。评估组梳理了近年来国家颁布的关于基层公共文化设施建设、使用和管理的相关政策措施，与文化部等部门进行了座谈，并分专题组赴河南、海南、浙江、云南、广东、甘肃等省进行调研。项目评估组与各省、县（市）相关部门进行了座谈，对每个县（市）的2个乡镇、1个街道、4个行政村作了关于《基层公共文化设施建设、使用和管理》的问卷调查，撰写了关于基层公共文化设施建设、使用和管理的政策措施落实情况的总报告及8个专题报告。该书是在此基础上完成的，是这次评估研究的延续和深化。

《中国农户家庭资产负债表与农村普惠金融建设》

孙同全（副研究员）等

研究报告 306千字

中国社会科学出版社 2017年2月

农村普惠金融的供给侧改革须以对需求特征的准确把握为前提。农户家庭资产负债表以金融机构的视角反映了农户家庭生产和生活的财务状况，将借贷双方放在同一个逻辑框架内，有助于加深对农村金融的供需关系以及基本运行规律的理解。该报告使用农业部“全国农村固定观察点调查系统”2009年至2013年2万多农户的调查数据，测算了不同收入组农户以及借款户与非借款户的家庭资产负债状况，通过对家庭资产结构、资产负债率、收入偿债率、储蓄率、家庭外投资构成、家庭信用资产价值及其影响、借款来源与用途结构等方面的分析，解释了农村普惠金融的特点、发展障碍以及建设的基本路径和方向。

《中国村镇银行发展报告2017——建设智慧型社区微银行》

杜晓山（研究员） 孙同全（副研究员）等

研究报告　215千字

中国社会科学出版社　2017年9月

针对造成村镇银行发展分化的重要原因是部分村镇银行市场定位不清，没有认识到社区微银行的性质，不能深入社区服务小微企业和城乡居民这一问题，该书利用参加“全国村镇银行综合业务发展情况排名活动”调研的116家村镇银行提供的数据以及中国银监会公布的数据，重点分析了村镇银行发展的分化状况，并运用社区银行理论，分析了村镇银行的社区微银行特性和“立足县域，服务小微”的基本市场定位；着重分析了国内现有的村镇银行运用金融科技的各种做法和效果，分析了存在的困难、努力解决的方向并提出了建立智慧型银行的做法。该书还为政府与村镇银行及其发起行更好地推动村镇银行发展，提高我国农村金融发展水平，推动普惠金融目标的实现提出了建议。

财经战略研究院

《中国金融业高增长：逻辑与风险》

何德旭（研究员）　王朝阳（副研究员）等

研究报告　125千字

中国社会科学出版社　2017年8月

该书指出，2015年以来，中国金融业呈现出高增长态势，这种高增长是传统宏观调控手段与中国经济新常态的特征不匹配、金融创新快速推进与监管改革相对滞后不协调、股票市场剧烈波动与房地产价格新一轮上涨相结合等诸多矛盾的集中体现。特别值得警惕的是，金融业的这一轮高增长是在制造业快速下滑的背景下发生的，意味着金融稳定、可持续发展的基础正在丧失，预示着风险爆发的可能性正在提高。

该书以金融业的统计口径和增加值核算方法为基础，分别从货币因素、股票市场、房地产市场、国际比较等视角入手，探究中国金融业高增长的逻辑链条，阐述金融部门与实体经济的互动关系，分析金融高增长背后的风险，并提出相应的政策建议。

《中国政府资产负债表2017》

杨志勇（研究员）　张斌（研究员）等

专著　126千字

社会科学文献出版社　2017年10月

该书立足国情，积极探索符合中国实际的政府资产负债表框架，并根据公开数据试算了中国政府的资产和负债规模，最终得出中国政府资产足以覆盖可能的负债、中国财政状况总体健康的结论。透过该书，我们可以更理性地看待中国政府的财政状况，从而更全面地理解中国财政；可以更全面地理解中国政府资产负债表编制中的特殊难题，也可以更全面地了解现代财政制度建立中的难题。

《创意经济——上海经济增长新动能》

夏杰长（研究员）等

研究报告　173千字

社会科学文献出版社　2017年12月

该书由7章组成，分别为导论、上海创意经济概况、上海创意产业集聚发展分析、上海创意产业联动研究、推动上海创意人才高地和创意城市建设、发达国家创意经济发展经验、促进上海创意经济发展政策与建议。作者首先从中国和上海两个层面分析了该书的研究背景，随后立足上海，着重剖析创意经济对经济增长的作用机制，从而提出把创意经济作为上海经济增长新动力的战略思路和实施路径。

《涨跌停、融资融券与股价波动率——基于AH股的比较研究》

王朝阳（副研究员）　王振霞（副研究员）

论文　75 千字

《经济研究》2017 年第 4 期

该文综合比较 A 股市场、中国台湾市场与美国、中国香港市场的波动率，从宏观层面初步证明，实施涨跌停制度并没有让市场变得更加稳定。基于 AH 股的微观分析发现，涨跌停制度是 A 股市场个股股价高波动率的重要原因；在实施涨跌停的 A 股市场，融资融券制度的引入在现阶段也加剧了股价波动。与传统观点认为散户占比高是市场剧烈波动的原因不同，该文还发现，大户交易者才是 A 股市场高波动率的诱因，而散户占比高只是提供了更合适的土壤。作者认为，促进中国股市健康发展，需要进一步完善交易制度，让市场发挥决定性作用；注重监管协调，更好地发挥政府作用；重视对大户投资者交易行为的监管；严厉打击违法交易行为，建立公开、公正、公平的市场环境。

《财政压力、产能过剩与供给侧改革》

席鹏辉（助理研究员）

论文　85 千字

《经济研究》2017 年第 9 期

该文指出，中国产能过剩问题自 20 世纪 90 年代末开始凸显，中央政府不断出台化解产能过剩的相关政策，但效果不符预期，这一问题值得深思。该文以地市增值税分成变化为切入视角，分析这一财力冲击对地方政府的财政激励效应。实证结果表明，地市政府积极应对增值税分成减少所形成的财政压力，努力发展能够带来大量增值税的产能过剩行业、企业。该文研究证实这种“压力式”的财政激励使历次化解产能过剩政策的效果不佳。作者认为，财政压力是中国产能过剩形成和化解难问题的关键性因素。这一观点对于供给侧改革具有重要启示。

《农民工与中国高储蓄率之谜——基于搜寻匹配模型的分析》

冯明（助理研究员）

论文　70 千字

《管理世界》2017 年第 4 期

该文构建了一个包含农村部门、城市正规部门和农民工部门的 3 部门模型，并引入“搜寻匹配模型”和“纳什讨价还价模型”，从理论上刻画农民工部门的工资决定机制以及劳动力刘易斯转移对国民储蓄率的影响。该文认为，农民工部门要素报酬分配机制对储蓄率水平存在正向影响。通过数值模拟发现，“结构效应”和“农民工部门市场地位效应”两种影响结合起来能够解释 1992 ～ 2012 年我国国民储蓄率上升 13.21 个百分点中的 7.36 个百分点，解释力度为 55.7%。如果不考虑其他因素的变化，模型预测结果显示，仅劳动力部门间转移这一因素将使我国的国民储蓄率到2030年比现在下降约12个百分点。

《行政审批改革、交易费用与中国经济增长》

夏杰长（研究员）　刘诚（助理研究员）

论文　65千字

《管理世界》2017年第4期

中国有繁杂的行政审批却取得了高速增长的经济奇迹，不禁让我们反问：放松审批的改革有益于促进经济增长吗？通过对市场准入的博弈分析，该文认为，行政审批改革可以通过减少企业交易费用而促进经济增长。行政审批可以抑制社会成本，对中国经济发展有一定的推动作用；而中国渐进性的审批改革确实可以推动经济增长，其微观机制是减少了企业的交易费用。该文通过2000～2013年地级市数据和2010～2014年中小板上市公司数据实证检验了有关命题，并采用IV、安慰剂检验等方法验证了结论的稳健性。

金融研究所

《转折与变局：中国经济金融大趋势》

彭兴韵（研究员）

专著　275千字

中信出版社　2017年3月

该书集中反映了作者对中国经济和金融正在发生的变革的看法。全书共分上、中、下三篇。上篇是从实体经济的角度来理解和阐述中国经济新常态中的转变与变局，由《转折：中国经济新常态》、《侧重供给面的“供需结合”稳增长》、《结构不合理，难有新常态》、《去库存与经济新均衡》和《新技术革命造就经济大变局》等5章组成。中篇是分析转折与变局中的金融结构、金融风险与货币政策，由“金融结构新趋势”、“化解金融风险的新途径”、“信用债券市场新生态”、“货币调控新体系”和“中央银行贷款新工具”等5章组成。下篇从开放视角分析中国经济与金融的转折与变局，由“人民币汇率新机制”、“中国外汇储备新走向”、“全球金融新治理的中国方案”、“中国国际资本流动新格局”和“低油价重塑全球货币资本新版图”等5章组成。

《金融风险之点和可选防控之策》

王国刚（研究员）等

专著　329千字

中国社会科学出版社　2017年6月

该书由21章组成，分别是“防控系统性金融风险：新内涵、新机制和新对策”“银行业业务结构变化与风险分析”“基金业风险特征和应对之策”“保险业风险分析及政策建议”“影子银行体系潜在风险及防范”“支付清算体系存在的风险及防范”“票据市场的风险、成因及对策”“财富管理市场潜在风险及其防范措施”“互联网金融的风险和防范举措”“信托市场的风险点和防控政策建议”“国债市场的风险点和防控举措”“债券市场风险点及政策建议”“股票市场风险与防控举措”“期货市场的风险点及其防控措施”“金融租赁风险之点与防控举措”“高房价成因、风险及对策”“上市公司治理风险和防控举措”“金融控股集团风险和防控举措”“外汇市场主要风险点和防控举措”“金融的国际风险和应对之策”“防控金融风险的法制建设”。

《家族财富管理：策略、产品与案例》

王增武（副研究员）

专著 227千字

社会科学文献出版社 2017年7月

该书指出，家族信托、家族办公室、私人董事会与家族委员会等名目繁多的财富管理新模式逐渐进入国内财富管理客户的视野。然而，国内居民对财富市场还存在诸多认识误区，金融机构在提供财富管理服务时依然以单一产品销售为主。财富管理未来发展要义是机构在全面分析客户基本信息和个性化需求的基础上，向其提供“风险管理”导向的量身定制的金融／非金融跨界综合解决方案。该书从理论与实践、国际与国内、历史与现代等维度，在借鉴国际经验和历史镜鉴的基础上，以经济金融相关理论为支撑建立国内家族财富管理的分析范式。主线是微观客户服务的客户分析策略、财富增值的资产配置策略、财富传承的权益重构策略以及家族企业的家业治理策略，辅以中观的私人银行、家族信托和保险公司等机构开展财富管理业务的机构模式、业务模式和赢利模式等。

《长寿风险及其管理的理论和实证分析》

郭金龙（研究员）等

专著 281千字

经济管理出版社 2017年8月

该书从金融保险视角对长寿风险进行研究，强调金融市场能够为长寿风险管理提供工具和方法，如企业和保险公司可以通过优化投资组合、进行保险或再保险以及资本市场转移等多种具体应对策略管理长寿风险；个人可以通过购买商业养老保险、购买长期护理保险、进行住房反向抵押、优化投资组合等多种方式管理面临的长寿风险。与此同时，该书还总结梳理了德国、日本等国家的长寿风险管理经验，特别是运用金融手段的管理经验，尤为值得我们学习与借鉴。长寿风险及其管理是当今中国乃至全世界的一个重大理论与现实问题。该书探索性地建立了中国长寿风险及其管理的理论体系，实证分析了我国的长寿风险及其管理状况，并结合国际上的理论研究和实践经验提出了有针对性的政策建议。

《中国上市公司质量评价报告（2016～2017）》

张跃文（研究员） 王力（研究员）主编

研究报告 267千字

社会科学文献出版社 2017年1月

该书由总报告《经济转型期的上市公司质量》和分报告一《各市场板块上市公司质量评价》及分报告二《重点行业上市公司质量评价》组成。作者运用自主构建的中国上市公司质量评价指标体系，采集了2500余家非金融类上市公司2013年以来的财务数据和公开披露的非财务信息，从价值创造能力、价值管理能力和价值分配能力三个角度对这些上市公司的质量进行评价，并计算了每一家上市公司的质量得分和所属等级；评述了A股主板、中小板和创业板上市公司的总体质量，以及17个主要行业的上市公司质量。评价结果表明，A股上市公司质量仍然有比较大的提升空间，目前需要重点加强对创新能力、保护投资者权益和履行企业社会责任等方面的重视和能力建设。

《中国支付清算发展报告（2017）》

杨涛（研究员）主编

研究报告　370千字

社会科学文献出版社　2017年6月

该书由总报告和专题报告组成。总报告全面分析了我国支付清算体系的发展历程、现状特点、存在问题和发展趋势，并且运用量化分析工具考察了支付清算体系运行与宏观经济变量、区域经济与金融发展、金融稳定与金融风险、货币政策的内在关联等；专题报告跟踪分析了国内外支付清算体系的发展状况、热点与难点，系统梳理了近年来以支付经济学为主线的学术文献，并翻译了美联储发布的《美联储支付研究报告(2016)》。作者旨在分析国内外支付清算行业与市场的发展状况，把握国内外支付清算领域的制度、规则和政策演进，发掘支付清算相关变量与宏观经济、金融及政策变量之间的内在关联，动态跟踪国内外支付清算研究的理论前沿。

《复杂金融网络中的风险传染与救助策略：基于中国金融无标度网络上的SIRS模型》

胡志浩（副研究员）等

论文　17千字

《财贸经济》2017年第4期

该文将传播动力模型SIRS引入无标度的金融网络中，探讨了模型参数——感染率、治愈率、免疫失效率和网络紧密度对风险传染的影响。该文指出，具有无标度性的金融网络中，风险感染总是存在；风险传染会呈现“超调”现象，即感染比例会在短期内超越均衡值；危机中，增强金融机构的治愈能力比预防机构被感染和增强机构免疫能力的效果更好；减少机构之间的紧密性会降低危机的传染程度，但同时也延长了危机持续的时间。通过公开的中国大额支付系统数据，作者近似地构造了具有无标度特征的中国金融网络，并进行了风险传染和救助的数值模拟。该文认为：采取救助措施时，多次适量救助是更优的策略，可以大幅降低危机峰值的“超调”现象；救助应该从危机加速度出现转折的时刻开始，从度大的机构逐渐向度小的机构过渡。

《马克思主义政治经济学汇率分析：基于文献的评述》

林楠（副研究员）

论文　30千字

《金融评论》2017年第2期

该文指出，汇率作为要素市场的重要价格，是有效配置国内国际资金的决定性因素。参照马克思“生产的国际关系、国际分工、国际交换、输出和输入、汇率”的分篇顺序，从本质上看，汇率是“更为复杂的经济关系”。相对于西方汇率分析，马克思主义政治经济学汇率分析在三方面能够较好地实现“一体同观”：(1) 开放经济随时间推移的实际收入决定和消费配置；(2) 纳入时间维度并兼顾商业周期与经济增长；(3) 金融系统与实体经济相协调下汇率与国际收支综合考量。如何在人民币国际化新背景下结合“新常态”和“供给侧结构性改革”，构建马克思主义政治经济学汇率分析新框架，将成为未来研究的可能方向。

《全球负利率政策：操作逻辑与实际影响》

周莉萍（副研究员）

论文　15 千字

《经济学动态》2017 年第 6 期

2008 年国际金融危机以来，全球部分央行试验性地实行了负利率政策，对货币政策理论和实践、资产定价体系都形成了冲击。该文从全球负利率政策的基本背景入手，探讨了中央银行负利率政策的操作逻辑和实际影响，以及对中国的启示。总体来看，多国负利率政策的基本操作逻辑是，使超额存款准备金利率成为基准利率下限，增强央行对金融周期的调控能力；同时，也降低央行的持币成本。从实施效果来看，负利率政策在全球产生了外溢效应，对固定收益金融产品的收益率产生了负面影响，对商业银行利差收益产生负面影响，也削减了储蓄者的福利，在短期之内，没有明显拉动经济快速回暖。该文认为，在其总体效果并不明确的情况下，国内央行应高度关注具有试验性质的负利率政策，客观认识负利率政策的效果。

《财产险公司特征对经营绩效的影响：基于〈保险公司经营评价指标体系〉》

王向楠（助理研究员）

论文　19 千字

《保险研究》2017 年第 8 期

2015 年 8 月，中国保监会制定发布的《保险公司经营评价指标体系（试行）》为财产险公司法人设定了 3 类 12 个评价指标。该文研究财产险公司在这 12 个绩效指标上的“得分”（而非指标原始值）与公司基本情况、业务特点、财务状况和公司治理等方面的 11 个特征变量的关系，其对风险保障、综合纳税、增加值和现金流的分析是已有相关文献中少见的。作者还收集了 2006 ~ 2016 年 71 家财产险公司的相关数据，根据 12 个绩效指标的性质及其记分规则，采用线性回归模型和二元离散选择模型，发现了一系列具体实证结论，并进行了解释。

《全球大宗商品市场前景展望及应对策略》

黄国平（研究员）等

论文　11 千字

《财经问题研究》2017 年第 8 期

目前，全球经济呈现温和复苏态势，美国经济持续好转，中国经济在稳增长与供给侧改革双重推动下显现企稳迹象，全球大宗商品市场迎来转机，市场供需关系发生本质性变化，价格开始触底反弹。在此背景下，该文的基本判断是全球大宗商品需求端将大概率保持低速增长趋势，供给端也将进一步缩窄，国际大宗商品价格在可预见的未来呈现上升趋势，波动频率可能加快，波动幅度亦会扩大。同时，中国因素对国际大宗商品价格的影响将进一步增强。作者认为，为有效应对和冲销全球大宗商品市场波动对中国经济社会的负面冲击，应加快经济结构调整，促进增长模式转变，积极稳步实施以争取国际定价主导权为中心的有效战略与举措。

《我国渐进式存款利率市场化对居民储蓄的影响：以银行理财产品为例》

蔡真（副研究员）

论文　15千字

《中国社会科学院研究生院学报》2017年第2期

该文收集了2007～2014年我国银行理财产品的信息，将其归类整理后形成31个省份的年度面板数据，在控制住一些重要变量后考察了银行理财产品的收益率对居民储蓄的影响。该文认为：银行理财产品收益率与居民储蓄之间存在显著的负向关系，并且期限越短的产品负向关系越显著。结合我国银行理财产品主要以货币市场为定价参照的事实，该文认为，我国的存款利率市场化是以银行理财产品为形式、以货币市场为载体逐步推进的。

数量经济与技术经济研究所

《中国战略性新兴产业论》

李金华（研究员）等

专著　451千字

中国社会科学出版社　2017年8月

该书对中国战略性新兴产业的发展在空间分布上已初显的格局作了论述，较为系统深入地探讨了培育和发展中国战略性新兴产业的行动路径。该书认为：要加强对战略性新兴产业发展态势的跟踪，加强对世界产业发展新趋势的研判，警惕全球产业发展的偏向和不确定；要加强对新产品市场培育的研究，构筑战略性新兴产品市场风险的防御体系；应在中央政府领导下进行宏观的战略性新兴产业空间大布局，战略性新兴产业的发展应契合中国建设制造强国的路径。该书提出，发展战略性新兴产业，建成制造强国是中国的一项伟大事业。实现这一宏伟目标，归根结底需要人才，需要全体劳动者的努力。没有优秀的国民，没有一流的技术和管理人才，再好的理论指导，再宏伟的目标蓝图都是空中楼阁，都不可能变成现实；必须加快构建起世界领先的制造业文化体系，这是中国发展战略性新兴产业，实现制造强国目标的根本条件和首选之路。

《中国科技动态可计算一般均衡模型理论及应用》

娄峰（研究员）

专著　231千字

中国社会科学出版社　2017年10月

该书在科技研发（R&D）理论、经济系统理论、可计算一般均衡理论以及协调发展理论等基础上，定性论述了中国科技研发对经济作用机理、科技经济社会复杂系统相互作用机制以及构建科技动态CGE模型的必要性和意义。同时，作者结合中国宏观和投入产出数据，构建了一个中国科技动态一般均衡模型CGE模型（CN-DCGE），详细刻画了生产、科技、贸易、居民收支、企业、政府、均衡、社会福利、动态等模块的运行机理和方程推导，论述了社会核算矩阵（SAM）构建和外省变量和参数标定的方法和过程，并应用此模型进行了多种政策模拟分析。

《环境技术效率、绿色生产率与可持续发展：长三角与珠三角城市群的比较》

李平（研究员）

论文 31千字

《数量经济技术经济研究》2017年第11期

该文同时运用基于松弛的方向性距离函数和Luenberger生产率指数测度和分析长三角及珠三角城市群环境经济绩效的区域差异。通过相关研究该文认为：纯技术进步和技术规模变化两个指标对生产率增长的贡献均非常显著，规模效率变化的贡献较小，而纯效率变化的贡献很小甚至为负值。长三角城市群相比珠三角城市群更倾向于“高投资率”模式，考虑环境因素后，珠三角城市群内部的环境技术效率水平更趋于分化，非平衡性加深。长三角城市群的整体水平略高于珠三角城市群，表明其他因素的贡献抵消了长三角城市群技术效率水平落后的负效应。

《中国三大区域间供需双向溢出——反馈效应研究》

张友国（研究员）

论文 25千字

《数量经济技术经济研究》2017年第5期

该文基于中国东、中、西三大区域投入产出模型，建立供需双向溢出—反馈效应指标，编制相应投入产出表，对三大地域间需求侧综合、分需求类型及部门的产出、增加值和劳动报酬溢出—反馈效应，供给侧综合及分部门的产出、消费、资本形成、出口和总需求溢出—反馈效应，进行实证分析。该文认为：各地区各类溢出和反馈效应在2002～2010年总体上升，但仍须提高；东部各类溢出乘数明显小于中部和西部；同一区域不同效应的主导部门往往差异很大；不同区域的同类需求侧主导部门通常明显不同，但同类供给侧主导部门却很相似。

《全要素生产率增长中的技术效应与结构效应——基于中国宏观和产业数据的测算及分解》

蔡跃洲（研究员） 付一夫（博士）

论文 25千字

《经济研究》2017年第1期

宏观全要素生产率增长可分解为代表普遍技术进步的技术效应和要素流动配置的结构效应。该文利用中国宏观及产业数据，在增长核算基础上将TFP增长分解为技术效应和结构效应，据以对改革开放以来不同阶段中国经济增长的来源进行了细致剖析。该文认为：(1) 得益于后发优势，1978～2014年，中国经济增长整体质量较高，增长动力约三分之一来自技术水平的普遍提升，而结构效应的作用仅为技术效应的五分之一。(2) 2005年以后，中外技术差距的缩小导致后发优势逐步衰减，技术进步对经济增长的支撑作用迅速下降；而结构效应对经济增长的贡献度不断提高，并维持了较高的TFP增长率；该趋势在第二、第三产业尤为突出，这也是工业化和城市化推进的结果。(3) 国际金融危机后，产能过剩的钢铁、水泥所属领域和“金融与保险”“房地产”等细分行业技术停滞或倒退，却积累了更大比重的要素，存在要素资源配置“逆技术进步倾向”；要素驱动特征不断强化，至2014年才出现扭转迹象。该文认为，宏观和产业TFP增长是未来保持中国经济中高速增长、提高经济增长质量的重要支撑。短期内应着力优化产业结构，将要素资源引导到技术和效率水平更高的细分行业，借助结构效应实现TFP增长；中长期则要实施好创新驱动发展战略，切实推动各行业技术进步。

《管好用好国有土地　加快实现普遍住房保障》

郑玉歆（研究员）

论文　10千字

《理论探索》2017年第4期

该文基于马克思地租理论和土地国有化等的论述，对我国为什么要坚守城镇土地国有的底线，以及我国城镇出现的土地私有化趋势、不良后果及面临的选择进行了分析，并对发挥我国土地国有的优势、加快在我国建立普遍住房保障的必要性和重大意义进行了讨论。基于此，该文提出了应加强对国有土地公共性质的认识，改变用过度市场化的方法去配置国有土地资源，应体现土地使用权分配的公平正义，以及要进一步强化发展为人民的执政理念等建议。

《中国全要素生产率增长潜力分析——从历史和改革的视角》

张延群（研究员）　张沥元（硕士）

论文　6千字

《中国科技论坛》2017年第11期

该文从制度性改革的角度对未来中国全要素生产率（TFP）增长的潜力和驱动因素进行了分析。首先，该文对改革开放以来快速增长的TFP、驱动因素以及对经济增长的贡献度进行了回顾，指出过去的驱动因素已经减弱，甚至消失，进一步的制度改革将成为促进TFP增长的新动力；其次，该文对促进TFP增长的改革和政策措施进行了综述，并对政策实施过程中的风险和不确定性进行了分析；最后，该文将中国的TFP发展水平与美国、日本和韩国进行了比较，指出目前中国TFP还处于较低水平，未来还有很大的提升空间，同时，中国较高的R&D投入以及不断提高的人力资本将为TFP的增长提供坚实的基础。

《新工业革命行动计划下中国先进制造业的发展现实与路径》

李金华（研究员）

论文　16千字

《吉林大学社会科学学报》2017年第3期

该文指出，新工业革命时代是一个真正意义上的工业民主化时代。与世界制造强国相比，中国先进制造业在生产效率、复杂技术产品、创新驱动能力、全球顶级品牌等许多方面还存在较大差距。为建设制造强国，实施“中国制造2025”，作者认为：(1）中国需要加快科技人才和管理人才的引进和培养，形成综合培养、综合学习、综合训练的育人环境，增强学生在应用多个学科知识解决问题的能力；(2）要高度重视国外优秀技术人才、管理人才的引进，实行差异化的人才招募、培养和保留策略，最大限度地集聚全球顶级人才来华工作；(3）对于前沿技术产品主导的行业，要加大研发投入，进而提升全产业链和产业集群的创新能力、竞争能力；(4）对于品牌产品主导的行业，要重视品牌价值的维护和传播，提高品牌的快速响应和防护能力；(5) 开展先进制造领域标准化建设的国际化合作，积极加入全球先进制造行业标准的制定，推动标准引领智能制造发展；(6) 开展制造领域的国际合作，实现前沿尖端制造技术的重点突破。

人口与劳动经济研究所

《人口与劳动绿皮书：中国人口与劳动问题报告 No.18》

张车伟（研究员）主编

研究报告　211 千字

社会科学文献出版社　2017 年 12 月

该书阐述新经济的概念和特征，测算其对我国经济增长和就业的贡献；论述新经济发展背景下，新就业的基本特征和发展状况，并指出新经济下工作和劳动关系的新变化；描述分享经济发展带来的新的就业形态，以及由此引发的政策问题；以滴滴网约车平台为案例，研究网约车司机的人群特征和工作特征，并分析平台经济对去产能职工安置的影响。该书还阐述了新经济下我国自主创业的现状与对策，以及技能需求和技能培养问题，并研究创新产业的支持政策体系以及网约车平台的监管问题。

《生育意愿与生育行为——江苏的现实》

郑真真（研究员）　张春延

专著　193 千字

社会科学文献出版社　2017 年 7 月

该书以在江苏六县市开展的“江苏群众生育意愿与生育行为研究”的基线调查和两次跟踪调查数据为研究依据，研究阐述了符合各类生育政策群众的生育观念、生育意愿、生育计划以及生育行为，了解社会、经济、政策／制度等因素在宏观、家庭和个人层面对生育意愿的影响，通过跟踪研究，厘清了在中国的社会经济和生育政策背景下生育意愿与生育行为之间的关系及其影响因素，分析了生育行为对未来生育水平可能产生的影响。

《城乡已婚者主要生命阶段家户结构分析——以 1982 年以来人口普查数据为基础》

王跃生（研究员）

论文　18 千字

《人口研究》2017 年第 4 期

该文对 1982 年以来 4 次人口普查数据作了梳理与研究，指出城乡已婚者在主要生命阶段的居住方式既有相同或相似表现，也有差异。2000 年和 2010 年，城市新婚者多组成独立生活单位，农村新婚者与父母同住比例最高。1982 年和 1990 年，城乡初育妇女均以在核心家户生活为主导。至 2000 年，城市 20 岁组初育妇女中的核心家户比例下降，25 岁组依然以核心家户为主；2000 年，农村这两个年龄组初育妇女中的核心家户比例均较之前明显下降。在养育子女阶段，1982 年和 1990 年，不同年龄组多子女妇女中有较高比例的标准核心家户。城乡 4 个时期夫妇“空巢”峰值均在 65 岁组，有配偶老年夫妇独住峰值在 75 岁组及上下，独住逐渐成为主要居住方式。城乡丧偶老年人的家户并未出现普遍“解体”，与已婚子女同住仍是主要做法，但“解体”趋向逐渐增强。

《中国人口科学的定位与发展问题再认识》
王广州（研究员）
论文　22 千字
《中国人口科学》2017 年第 3 期

该文在回顾人口科学研究主要脉络和发展历史的基础上，指出中国人口科学发展面临基础研究薄弱、跟风现象严重、学风浮躁等问题，原始数据共享障碍、研究创新能力缺乏的状况与大数据时代的要求还有很大差距。该文认为，大数据时代中国人口科学研究者需进一步加强数学、概率论与统计学和计算机科学等基础训练，研究主题应集中在人口结构性问题和低生育水平下的人口变动规律方面。作者结合国际学术发展前沿，指出中国人口科学研究在基础数据、研究方法和分析技术等方面的学术创新方向；明确了人口科学研究为相关定量社会科学和国家重大发展战略规划提供支撑的定位，以及在国家智库建设中的作用与地位。

《群体性失业对健康的短期与长期影响——来自中国 20 世纪 90 年代末下岗潮的证据》
陈秋霖（副研究员）　傅虹桥（硕士）
胡钰曦（博士）
论文　10 千字
《中国人口科学》2017 年第 5 期

该文使用 1997 ~ 2006 年中国健康与营养调查（CHNS）、2011 年中国健康与养老追踪调查（CHARLS）数据，通过中国 20 世纪 90 年代国有企业下岗潮的外生冲击与工具变量法，根据工厂倒闭（或下岗、被辞退、岗位取消）识别出被动失业，对群体性失业对健康的短期和长期影响作了分析与研究。研究结果显示：群体性失业不仅对健康产生短期的负面影响，也对健康有长期、持续的负面影响；但该影响对男性显著，对女性不显著。该文还指出，群体性失业主要通过非经济因素（心理因素与不健康行为）影响健康。

《“全面两孩”政策下育龄女性的生育行为与家庭幸福感——从生育服务和托幼资源视角的观察》
王磊（研究员）
论文　12 千字
《西南民族大学学报（人文社会科学版）》2017 年第 6 期

该文基于 2016 年中国家庭幸福感热点问题调查数据，分析了生育服务、托幼资源、二孩生育等与育龄女性家庭幸福感的关系。在此基础上，该文指出，育龄女性对于医院生育服务的评价与其家庭幸福感之间具有正向相关关系；3 岁以下子女的日常照料对育龄女性家庭幸福感影响显著；接受过高等教育的城市 30 ~ 39 岁育龄女性是 2016 年生育二孩和已经怀孕即将生育二孩的突出人群，她们对优质生育服务和妇幼保健服务的需求强烈。作者建议：为充分挖掘“全面两孩”政策的生育促进作用，国家、政府和社会亟须为育龄女性特别是为高龄孕产妇家庭提供数量更充足和质量更优的生育服务和托幼资源。

城市发展与环境研究所

《可再生能源城市理论分析》
娄伟（副研究员）
专著　930 千字

社会科学文献出版社　2017 年 6 月

可再生能源城市作为一个新兴概念，缺乏准确的概念界定，在操作层面上也缺乏相应的评价标准，加之相关研究不足，导致目前可再生能源城市的认定、规划以及发展、传播等都比较混乱。如果城市决策者对可再生能源城市的内涵、建设路径、重要性缺乏必要的认识，在可再生能源城市的建设中就容易出现偏差甚至背离。因此，加强可再生能源城市理论研究具有实践意义。

该书在研究方法上主要结合回答“建设可再生能源城市的驱动力是什么？”“何为可再生能源城市？”“如何建设可再生能源城市？”等三个核心问题来研究可再生能源城市理论，系统完整地构建了可再生能源城市的理论体系，并创新性地提出了一些新的理论及观点。

《自然参与分配的价值体系分析》

潘家华（研究员）

论文　10 千字

《中国地质大学学报（社会科学版）》2017 年第 4 期

该文认为，自然尤其是生命有机体有自我生长增值的功能。如果社会对自然的索取超越了自然的生长增值的产出水平就会导致环境污染、生态破坏、资源衰减。自然有劳动付出，需要得到某种形式一定比例的自然和社会劳动的产品回报。生态补偿是以保护的名义对生态资产所有权者机会成本的支付，并非严格意义上的对自然劳动或生长的产出的回报。对自然回报的形式包括让自然休养生息、社会劳动成果替代自然产品或服务、社会劳动的收益直接投入生态修复、生态应急保障和保留自然一定比例的自然产品。维系生态系统各生命成员的自然简单再生产的底线，就是自然参与分配的最低标准，也就是生态红线。生态文明的可持续发展范式要求自然分享一定比例的自然和社会劳动的产出，构建生态安全的长效机制。

《转型发展推动金砖国家环境合作》

潘家华（研究员）

论文　12 千字

《拉丁美洲研究》2017 年第 4 期

该文认为，传统工业文明的生产和生活方式面临严峻的生态环境制约而难以持续，这已成为国际社会的共识。进入 21 世纪，世界进入加速转型发展的轨道。转型发展即环境友善、生态中性的发展，对此需要明确发展边界，转变发展方式，环境成为转型发展的关键所在。正如工业革命进程一样，世界文明转型的进程不可能同步，因此必须要有引领。美国作为全球最大的经济体却不愿承担引领全球转型发展的重任，欧盟在引领和推进全球转型发展方面力不从心，金砖国家作为新兴经济体的主体力量，在转型发展方面表现出巨大的活力和责任担当。金砖国家均面临巨大的环境压力，同时，金砖国家的发展阶段、地缘区位、资源禀赋等使金砖五国具有巨大的环境合作潜力。金砖国家在全球地缘政治和世界经济中的地位，意味着其转型发展在保护全球环境进程中具有引领地位和责任。金砖国家需要完善机制、深化合作，推动 2030 年可持续发展目标和巴黎协定目标的实现。

《北极西北航道潜在经济影响及中国对策——基于全球多区域可计算一般均衡》

丛晓男（助理研究员）

论文　17千字

《世界经济与政治》2017年第2期

针对当前西北航道经济影响评估研究偏重技术经济分析而弱于宏观经济分析的现状，该文在开发全球多区域可计算一般均衡模拟系统的基础上，对西北航道的潜在经济影响开展了模拟分析。模拟结果显示，西北航道的使用有利于全球经济增长，但不同国家或地区受益程度出现差异，包括中国在内的东亚地区、北美、欧盟等成为较大受益方，尤其是东亚国家受益最为明显。从较长时期来看，西北航道的价值在于对各经济体的连通而非对“北极市场”的连通。对此，中国需要在气候变化大背景下、从战略高度重新认识西北航道的价值，并秉持“和平、合作、开放、共享”基本理念，充分利用西北航道的地缘局势，加强与东亚、欧盟等国家或地区的合作，推进西北航道的和平、可持续利用，积极维护在北极地区的正当权益。

《制度变迁的关联性与户籍制度改革分析》

盛广耀（研究员）

论文　14千字

《经济学家》2017年第4期

制度变迁的关联性既是分析户籍制度改革问题不可忽视的重要因素，也是当前落实国家户籍制度改革方案需重点关注的问题。该文认为，制度之间存在层次、时间和结构等方面特征的关联性，它们以多种方式作用于制度系统的演化过程，影响着制度变迁的绩效。户籍制度改革的动因、路径和方式均受到制度关联性的影响。在改革动因上，户籍制度改革是对计划经济向市场经济制度转轨的适应性改变；在改革路径上，则表现出历时关联下的渐进性和过渡性特征；在改革方式上，利益剥离与利益扩散是今后打破不合理制度关联的现实选择。户籍制度改革的有效性有赖于政府部门对制度关联性因素的认知共识以及能否据此采取一致的行动。在户籍制度改革问题中考察制度变迁的关联性影响，可以更加深入地认识中国户籍制度改革的过程和问题，为更有效地推进新一轮户籍制度改革提供研究参考。

《国家资产负债表视角下的金融稳定》

张晓晶（研究员）　刘磊（博士）

论文　14千字

《经济学动态》2017年第8期

该文全面梳理了国际主流的资产负债表研究方法，从最初国际货币基金组织所倡导的以金融部门资产负债表为主的研究，到当前国民财富方法的最新进展。该文结合资产负债表研究的理论发展，提出了对金融稳定性研究的总体框架思路：(1) 对无效投资的甄别以及由此产生的对金融危机的延时预警；(2) 矫正传统方法对金融危机损失的过高估计；(3) 避免在应对危机过程中的过度反应。这三点分别在事前、事中和事后提出了对传统对策的一定矫正。该文还结合中国当前国家资产负债表的实际情况，提出了增强金融稳定性和化解金融风险的具体思路：(1) 在净国民财富框架下的偿付能力是应对危机的“压舱石”，需给予更大重视；(2) 防范金融危机的重点工作在于实体经济，尤其是企业部门的无效投资问题；(3) 完善宏观监管框架的完善，通过资产负债表方法做到在银行真实坏账率上升前提前预警；(4) 在加强宏观审慎管理时，既要审慎，同时也应避免对风险反应过度，避免出现“化解风险的风险”。

《气候变化问题经济分析方法的研究进展和发展方向》

张莹（助理研究员）

论文　12 千字

《城市与环境研究》2017 年第 2 期

气候变化是一个全球尺度的环境问题，同时也是一个经济问题。现有经济分析方法和模型工具无法合理地解决各种不确定性问题，也难以准确刻画技术进步以及极端气候灾害带来的经济损失和损害，因此有可能低估气候变化给全球经济带来的负面影响。为了解决上述问题，近年来，经济学者开始尝试将分析传统经济问题时使用的动态一般均衡模型和智能体模型等新工具用于分析气候变化问题，评估应对气候变化行动产生的成本和收益。该文梳理了气候变化问题经济分析主要采用的模型工具，回顾了不同类型模型的发展历程，并总结了其结构特点。

《住房限购政策对一线城市住房价格的影响分析》

尚教蔚（副研究员）

论文　13 千字

《中共福建省委党校学报》2017 年第 12 期

自 2010 年起，住房限购政策在一线城市开始出台并实施。无论是现在还是实施初期，住房限购政策一直是学者们关注和重视的内容。该文立足 4 个一直实施住房限购政策的一线城市，通过建立模型定量分析，对它们实施的住房限购政策进行分析和总结，指出住房限购政策对一线城市住房价格的影响，并提出住房限购政策的可行性、规律性和特殊性。

《科技创新驱动区域协调发展：理论基础与中国实践》

王业强（副研究员）　郭叶波（副研究员）

赵勇（副研究员）

论文　18 千字

《中国软科学》2017 年第 11 期

在经济新常态下，中国经济增长的动力机制迫切需要从传统的投资驱动模式切换到创新驱动模式，因此，如何推进实施科技创新驱动区域协调发展战略，在理论和实践上都具有十分重要的战略意义，需要进一步总结和探索。该文首先梳理了科技创新与地区差距的关系，进而对科技创新驱动区域协调发展的模式路径、动力机制和政策工具进行了论述。基于对中国科技创新驱动区域协调发展的实践评价，该文提出了关于新时期科技创新驱动区域协调发展的“分区分级分类”战略思路，以及构建“弓箭型”区域科技创新空间网络体系，并提出了实行差别化区域科技创新引导政策。

《京津冀雾霾协同治理的理论基础与机制创新》

庄贵阳（研究员）　周伟铎（博士）　薄凡（博士）

论文　8 千字

《中国地质大学学报（社会科学版）》2017

年第5期

该文指出，由于区域大气环境问题具有整体性、复杂性、长期性、公共性的特性，需要打破行政区域限制，改变传统的属地治理模式。协同治理具有多元化主体、自组织结构、各子系统间竞争合作以及共同制定规则等理论内涵，与雾霾治理的特性相契合，因此，京津冀雾霾的有效防治应当树立系统性思维，实现联防联控、协同治理。该文根据协同治理理论特征与雾霾治理特性的契合点，识别出“顶层设计、目标的一致性程度、利益分配、信息共享”是推动京津冀协同雾霾治理系统演进的序参量；结合京津冀地区雾霾治理的现实挑战，得出理论上的序参量在治理实践中具体表现为关键性机制。该文认为，通过“府际协作、成本分担、监督问责、多元主体参与”四方面机制的创新，促进北京、天津、河北三个区域治理子系统的互动合作，才能最终实现京津冀地区雾霾治理整体效应的最大化。

《工业园区碳排放的影响因素——基于国家低碳工业园区试点的研究》

禹湘（助理研究员）　王苒（助理研究员）　武占云（助理研究员）

论文　10千字

《城市与环境研究》2017年第3期

工业是中国能源消耗和碳排放的主要领域，工业园区是中国工业集聚发展的主要形式之一。为促进工业园区的低碳转型，工业和信息化部、国家发展和改革委员会于2013年联合组织开展国家低碳工业园区试点工作。该文以参与试点工作的18家工业园区为样本，采用STIRPAT模型分析了产业结构、能源结构、科研投入等因素对工业园区碳排放的影响。该文认为，园区生产总值是影响碳排放的重要因素，且二者呈现倒“U”形关系，证明了环境库兹涅茨曲线效应的存在；能源强度与园区碳排放显著正相关；产业结构和科研投入对园区碳排放影响也十分显著，且均表现为负相关关系；可再生能源的使用对减少园区碳排放的效果还不明显。该文认为，应采用差异化的低碳发展路径来提高工业园区的能源利用效率，降低园区碳排放的总量和强度。

社会政法学部

国际法研究所

《自由贸易协定中的劳工标准》

李西霞（助理研究员）

专著 323 千字

社会科学文献出版社 2017 年 3 月

该书从国际法层面全面梳理了全球贸易自由化背景下国际贸易与劳工标准关系的不同理论，并对将国际贸易与劳工标准挂钩的相关实践进行了概括。作者主要探讨欧洲联盟、美国和加拿大这三个主要经济体自由贸易协定中的劳工标准的实体性权利和劳动争端解决机制以及其建构依据和发展特征，并揭示其发展趋势；同时分析了中国自由贸易协定纳入劳工条款的制度安排，进而提出构建我国可接受的自由贸易协定中的劳工标准的对策性建议。

《人权领域的国际合作与中国视角》

陈泽宪（研究员）主编 柳华文（研究员）副主编

论文集 319 千字

中国政法大学出版社 2017 年 6 月

该书是中国社会科学院国际法研究所和意大利国家研究委员会共同开展“中意《经济、社会和文化权利国际公约》和千年目标的实施研究”院级合作项目的成果。该书收录了“人权观与人权事业”“联合国人权机制”“国际条约及其实施机制”“发展与人权”“妇女、儿童、老年人与人权”“社会治理与人权”等方面的前沿热点论文，反映了中国人权研究领域不断取得的新成果。

《上海自贸试验区建设推进与制度创新》

廖凡（研究员） 黄晋（副研究员）

张文广（副研究员） 李庆明（副研究员）

专著 353 千字

中国社会科学出版社 2017 年 8 月

该书紧扣上海自贸试验区“先行先试”和积累“可复制可推广”经验这一主题，在扎实的调研基础上，从贸易、投资、金融、航运、仲裁等方面对上海自贸试验区的建设推进工作和机制创新情况进行了梳理和总结，并提出了完善建议。该书分为六章，第一章概述上海自贸试验区建设推进的总体情况，其余五章分别介绍上海自贸试验区在贸易、投资、金融、航运和商事仲裁领域的建设推进和制度创新情况。

《我国“互联网+党建”新模式成效斐然》

陈甦（研究员） 刘小妹（副研究员）

论文 4.7千字

《人民论坛》2017年第1期

该文认为，当前，互联网党建不仅形成了“五大平台、两大体系”的党建网站建设格局，更呈现出新媒体党建平台蓬勃发展的趋势：党建微博遍地开花、基层党组织微信平台越来越多、移动客户端（App）党建平台颇具成效。互联网党建工作表现出管理服务便捷化、教育培训灵活化、信息发布集约化、交流沟通扁平化、党建决策科学化、党风监督实时化的新特点，逐步塑造了党建工作的新模式。

《欧盟自由贸易协定中的劳工标准及其启示》

李西霞（助理研究员）

论文 20.1千字

《法学》2017年第1期

该文认为，自1995年起，欧盟开始系统地将劳工标准纳入其与第三国的贸易关系中，逐渐在普惠制方案、自由贸易协定及其他类型的国际贸易协定中纳入劳工标准。在构建自由贸易协定劳工标准的过程中，欧盟形成了独特的模式，其劳工条款不具有执行力，且拒绝用贸易制裁的方法解决劳工争端。欧盟自由贸易协定劳工条款的设计与安排可为在“一带一路”倡议背景下构建我国自由贸易协定中的劳工标准提供借鉴。

《从强制型到权威型：中国司法的范式转变——以法理学教材为主线》

田夫（副研究员）

论文 17.6千字

《法商研究》2017年第6期

该文认为，1949年以来，中国司法经历了某种范式性转变。法理学教材中的法律适用理论为这种转变奠定了最一般的理论基础，从而可以将中国司法理论的转变概括为从强制型司法到权威型司法的转变。强制型司法的母体是20世纪40年代和20世纪50年代苏联的法律适用理论，中国法理学在继承这一理论母体的基础上，形成了强制型司法，它具有强制性、工具性和阶级性。从20世纪80年代下半期到20世纪90年代中期，强制型司法逐渐演变为权威型司法。权威型司法具有权威性、目的性和专业性。当前，权威型司法仍面临着一些需要解答的问题，因而也存在进一步完善的空间。

《“一带一路”法治化体系构建研究》

刘敬东（研究员）

论文 18千字

《政法论坛》2017年第5期

该文认为，当前，“一带一路”建设已成为全球经济发展的重要推动力，其制度建设和发展模式为世界瞩目，被视为全球经济治理的重要组成部分。历史经验和教训告诉我们，“一带一路”的推进过程离不开法治的保障，只有选择法治化发展道路、构建科学的法治化体系，实现国内法治与国际法治的良性互动，才能确保“一带一路”建设的长期、稳定、健康发展。“一带一路”法治化体系的构建，应遵循平等互利、规则导向以及可持续发展的基本原则，着眼于国际法和国内法两大领域：一方面，融合现代国际法、吸纳国际经贸规则发展的最新成果，结合“一带一路”建设特点，创新现有的国际经贸法律体系；另一方面，借鉴各国的先进法律经验，不断改进并完善我国对外经贸法律制度以及涉外民商事法律制度。该文指出，公正、高效的争端解决机制对“一带一路”法治化体系不可或缺，应本着平等协商、谈判解决争端、坚持运用现代国际法规则及公认的国际商事规则、推动“一带一路”国家之间司法合作的基本原则，构建一套多层次、立体化、国际机制与国内机制相结合的经贸争端解决机制，从而为“一带一路”建设打造稳定性、可预见性的法治环境，为新世纪的全球经济治理树立典范。

《哈罗德·J. 伯尔曼：美国当代法律宗教学之父》

钟瑞华（助理研究员）

论文　35.2 千字

《比较法研究》2017 年第 5 期

美国著名法学家哈罗德·J. 伯尔曼，因在法律与宗教跨学科研究领域的开拓性贡献而被誉为“法律宗教学之父”。该文指出，哈罗德·J. 伯尔曼的代表作《法律与宗教》《法律与革命》（两卷）等，均属该领域的奠基性作品，对于世俗化法学研究范式的返魅、法律宗教学学术标准的设定、法律宗教学学科地位的最终确立发挥了关键性作用。伯尔曼及其著述，是研究美国乃至西方当代法律宗教学的起点。

《投资者—国家争端解决机制的新发展》

廖凡（研究员）

论文　14 千字

《江西社会科学》2017 年第 10 期

该文认为，顺应国际投资格局及规则的演变，《跨太平洋伙伴关系协定》（TPP）的投资章节在投资者—国家争端解决机制（ISDS）的设计上呈现出一些新的特点，在若干细节上体现出对东道国主权权益的适当关切，包括启动投资仲裁的限制、仲裁员选任的要求、赔偿范围和费用承担的规定以及其他章节中的相关例外条款等。尽管如此，ISDS 机制向投资者倾斜的主基调并未改变，表现在上诉机制依然缺位、“岔路口”条款设置不够彻底、可供投资者选择的仲裁机构和规则更加多样化，以及 ISDS 仲裁裁决的执行同国家间争端解决机制相挂钩等。在可以预见的将来，发达国家投资者利用国际仲裁挑战发展中国家的东道国规制权，仍将是 ISDS 机制运行中的“主旋律”。

《中国缔结的双边条约在特别行政区的适用——兼评世能诉老挝案上诉判决》

戴瑞君（副研究员）

论文　17 千字

《环球法律评论》2017 年第 5 期

该文认为，中国根据“一国两制”基本方针对中国缔结的双边条约适用于特别行政区的制度作了特殊安排。这一切合港澳实际的精巧设计在总体运行平稳的同时也遭遇了实践挑战。在“世能诉老挝案”中，新加坡最高法院上诉庭判定，《中国—老挝双边投资保护协定》适用于澳门特别行政区。这一判决与中国对国际条约适用于特别行政区的制度预期相悖。该判决在适用“条约边界移动”“关键日期”解释条约的“嗣后协定”等国际法规则和概念时存在明显错误，多处推理论证也因违反逻辑而不具说服力。但该案所折射出的关于国际条约适用于特别行政区的制度安排对第三方的效力问题不容回避，中国有必要尽快采取措施解决这一问题。

《试论TPP劳工标准、其影响及中国的应对策略》

李西霞（助理研究员）

论文　16.3千字

《法学杂志》2017年第1期

2016年2月4日，TPP协定由12个成员国正式签署。该文认为，TPP劳工标准的最大特征是具有可强制执行力，适用磋商基础上的强制性争端解决机制，以贸易制裁或经济制裁为后盾，这意味着任何劳工争端最终都会延伸为贸易纠纷问题。虽然中国尚未加入TPP，但TPP劳工标准实施后的扩大适用给我国带来的负面影响应引起我国高度重视并应分别在微观、中观和宏观层面上采取应对措施，以防患于未然，更好地保护我国经济和贸易利益。

《构建公正合理的“一带一路”争端解决机制》

刘敬东（研究员）

论文　15千字

《太平洋学报》2017年第5期

该文认为，构建“一带一路”争端解决机制是一项具有重大意义的系统工程，是“一带一路”法治建设中极为关键的一步，需要统筹国际、国内两大资源，需要国际法治与国内法治的良性互动，需要国际争端解决机制与内国司法的相互配合。构建“一带一路”争端解决机制，既要立足于现有国际上多边性、区域性、双边性争端解决机制，推动“一带一路”沿线国家协商建立创新性经贸争端解决机制，又要充分运用内国司法机制和商事海事仲裁机制，形成一套多层次、立体化、相互配合、良性互动的争端解决格局。

《TBT协定下的贸易自由与国家安全关切——基于中国网络安全和信息化措施的应用》

孙南翔（助理研究员）

论文　15千字

《北方法学》2017年第5期

该文认为，在互联网贸易日益自由化和便利化之际，与信息技术产品相关的国家安全隐患愈发引起各国关注。绝大多数国家采用强制性的技术法规保障敏感行业的国家安全。在WTO框架下，TBT协定核心义务体现为：成员方技术法规的采用、制定和适用不应构成超过实现国家安全目标所必要的贸易障碍，并且，除非国际标准对实现合法目标是无效或不适当的，否则，成员方应将其作为国内技术法规的基础。作者指出，通过对涉及TBT协定义务争端解决的实证分析，中国信息技术产品与标准化战略并未违反TBT协定的实体性义务。然而，在修改或更新信息技术产品法规时，中国应力求实现程序正义。同时，我国应积极参与国际标准的制定，避免因国家安全关切产生信息技术行业的加拉帕戈斯化现象。

《关于在儿童中开展人权教育的思考》

柳华文（研究员）

论文 12千字

《人权》2017年第4期

该文认为，人权教育是尊重和保障人权的基础性工作，在儿童中开展人权教育具有尤其重要的意义。儿童作为一个特殊的群体，又分为不同的发展阶段，各阶段对人权教育的要求并不相同。儿童权利是儿童人权教育的重要内容，传播人权的基本价值、理念和原则等是儿童人权教育的重要任务。为此，要在教育的源头上加强能力建设和教材建设，要重视法律与人权教育的关系，特别是要准确和平衡地把握和开展人权教育，要结合生活和实践开展人权教育，要努力将家庭教育、学校教育和社区教育有机地结合起来，还要重视媒体在人权教育中的重要作用。

《全球移民治理的人权方法——从碎片化到整合的艰难进程》

郝鲁怡（副研究员）

论文 10千字

《深圳大学学报（人文社会科学版）》2017年第4期

该文认为，尽管国际移民问题是全球性挑战，管控移民的国内政策与法律规则却体现了国家的单边性质，而保障移民权利的国际法律规范亦散乱不整，难以引导安全、有序的国际移民行为。全球移民治理人权方法是对现有移民法律规范机制的调适，以整合、连贯的方式应对国际移民问题。这一方法将保障个人的权利、尊严与基本自由置于移民治理的中心，强调移民权利与国家义务的相互依存与关联关系，确认原籍国、过境国和目的地国对移民权利保护负有共同责任与义务。可持续发展、国际合作以及监督与问责机制是落实全球移民治理人权方法的有效进路。

《国际民事诉讼中滥用诉权问题浅析》

沈涓（研究员）

论文 19.7千字

《国际法研究》2017年第6期

该文认为，国内民事诉讼和国际民事诉讼都存在滥用诉权问题，国际民事诉讼中的滥用诉权有着不同于国内民事诉讼中滥用诉权的特殊表现，如当事人在与争议无关的国家进行诉讼，当事人在多国重复诉讼。国际民事诉讼中也有着特殊的对滥用诉权的预防和救济方法，如协调各国管辖权规则冲突，运用“一事不再理”和“不方便法院”原则，拒绝承认外国判决等。

《自贸试验区战略司法保障问题研究》

刘敬东（研究员）

论文 17千字

《法律适用》2017年第9期

该文认为，法治化是自贸试验区战略的核心要求和目标之一，司法是实现自贸试验区法治化发展目标的必要保障。经过三年多的探索和研究，自贸试验区战略涉及的司法理论问题逐渐清晰，各相关人民法院立足实践、不断创新，取得了许多可复制、推广的经验，最高人民法院以支持创新、鼓励创新、探索创新、勇于创新为指导思想，颁布了《关于为自由贸易试验区建设提供司法保障的意见》，这是自贸试验区战略司法保障工作的重要阶段性成果。该文指出，自贸试验区现已分布于我国不同发展水平、处于不同地理位置的更广泛地区，彼此之间差异性越发明显。层出不穷的创新制度、发展变化的商事交易方式、不断涌现的经济形态将会使现有的民商事审判规则、涉外案件审判规则、民事程序规则以及审判体制面临更大的挑战。及时总结自贸试验区司法经验和司法规律，推动既顺应国际上先进的自贸试验区法律制度发展趋势又适合中国自贸试验区发展特点的司法制度建构，这是人民法院一项长期而艰巨的任务。

政治学研究所

《民主社会的理论建构》

房宁（研究员）　周少来（研究员）

专著　380 千字

中国社会科学出版社　2017 年 5 月

该书指出，民主社会是现代化进程中政治发展的历史产物，东亚民主的生成是东亚各国社会结构变迁、政治力量博弈和人民参与互动的政治成果，其各具特色的生成路径、制度体系和民主化过程，都可以为中国的政治发展提供镜鉴。作者认为，中国民主是中国现代化发展的内在构成，有其独特的历史条件、发展阶段和制度架构，在治理中扩大参与，在参与中推进民主，以期在现代化与民主化互动共进中提升民主的品质。

《中国基层社会自治》

周庆智（研究员）

专著　315 千字

中国社会科学出版社　2017 年 10 月

该书指出，当前中国的基层治理结构有自治空间，但没有自治权，是单中心（集权）权威秩序，不是多中心（分权）自治秩序。作者认为，基层社会自治的建构，一是自治权的法律保障，即明确社会自治权以及公民与国家之间、不同层次的自治体之间的权利内涵和边界；二是政府、社会、市场等领域的多中心公共治理主体的型构；三是重构主体社会。去除社会对国家的依附性，自治原则才可能建立起来。从基层总体治理上看，建构基层社会治理的自治权力结构体系，从权威社会走向自治社会，具有社会利益组织化和社会秩序维系的制度创新意义。

《“政治正确性”之争——2016 年美国总统大选研究报告》

房宁（研究员）等

专著　178 千字

中国社会科学出版社　2017 年 10 月

该书指出，2016 年大选是美国进入后金融危机以来的首次“开放式”大选，此次选举选出新任总统、副总统、参众两院的国会代表，以及 12 个州的州长。大选在政治极化、族裔矛盾凸显、社会矛盾激化、美国国际影响力下降的背景下举行，相较以往具有更多的复杂性、冲突性和不确定性。最终，共和党候选人唐纳德·特朗普战胜民主党候选人希拉里·克林顿，成为美国第 45

任总统，这一选举结果令很多美国人难以接受。毕竟，特朗普长期以来是美国政治的“圈外人”，无论是其从政经验还是在大选中“出格”的言论和政治理念，都使他很难胜任美国总统这一角色。作者认为，作为一场非常特殊的选举，2016年大选因其曲折的过程、巨大的争议性以及“特朗普”现象，成为认识美国国家现状以及内政外交的“风向标”，具有非同寻常的历史意义和政治意义。

《社会转型与国家强制：改革时期中国公安警察研究》

樊鹏（副研究员）

专著 393千字

中国社会科学出版社 2017年3月

该书认为，改革开放以来，以公安警察为代表的国家强制力发展，其制度安排先后经历了以行政分权为主和以行政集权为主的两个阶段，无论是灵活放权还是适度集权，都是中国国家强制能力变化的表征，从实质效果来看，这两个阶段的制度安排均在不同意义、不同程度上提高了中国的国家强制能力。在这一制度变迁的表征背后，中国开始逐步由一个原本建立在较低程度财税开支基础上的“低度强制力”国家向相对较高强制能力的国家形式演变。同时，伴随着中国国家强制能力的转变，中国国家维护社会稳定的传统治理模式也在发生改变。在客观描述中国国家强制能力变化的基础上，作者深入探究了国家强制能力变迁背后的影响因素和发生机制，提出了相应的理论解释。

《中国政治参与报告》（2017）

房宁（研究员） 周庆智（研究员）

研究报告 426千字

中国社会科学出版社 2017年8月

该书的主报告系统分析和阐述了当前中国基层社会自治的发展和实践探索，以及当前中国政治参与的类型、特点与趋势；专题报告比较全面地分析和阐述了当前中国政治参与各个领域的实践发展和制度创新；数据报告通过大样本数据对中国公民服务参与、表达参与和社团参与的基本状况作出评估和分析，对公民群体和阶层政治参与的政治价值和政治文化进行了分析；案例报告从当前典型案例中观察和分析了当前中国基层政治参与的特点和趋势。

《当代中国的民主发展与政治参与——现代化进程中的民主化生成视角》

周少来（研究员）

论文 22千字

《江苏师范大学学报》2017年第1期

该文指出，国家的现代化道路限定了民主化进程，进而限定了政治参与方式。民主化作为现代化的内在构成，是在现代化进程和架构之下开展的；而政治参与作为民主化建设的核心内容和根本标志，也是在民主化进程中展开和实施的。从这个意义上说，现代性的民主化扩展过程，实质上就是公民争取政治参与权利的过程。中国的民主化进程一直从属和依附于国家的现代化进程，中国的政治参与则伴随着民主化进程而渐次推进，这进一步深化和扩展了国家的民主化进程。但是，由于公民政治参与的结构性失衡，在发展过程中形成了过度代表和代表不足、个体化参与和组织化参与、个案性参与和制度性参与等二元并立的矛盾问题，严重制约和阻碍着当代中国政治参与的提升和民主化的推进。该文认为，身处现代化转型关键时期的中国，必须从政治现代化和政治革新的高度，凭借顶层设计的执政党力量，以组织化、制度化和法治化的方法路径，全面推进和保障中国公民的政治参与。

《当前中国民粹主义思潮的社会政治含义》

周庆智（研究员）

论文　20 千字

《政治学研究》2017 年第 5 期

该文指出，从社会动员的意义上看，各种形态的民粹主义兴盛与社会权利不平等密切相关，能够区别的特征，在于它反映出来的社会政治含义。当今中国的民粹主义，具有鲜明的时代特点，一是源于历史和现实因素，且两种因素相互交织，比如民族中心主义史观、精英阶层一定程度的权贵化与腐化以及底层民众的衰落；二是源于混乱的社会思潮和国家主义价值取向，比如极“左”或极右思潮、狭隘民族主义。该文认为，防止民粹主义毁坏秩序和阻止民粹主义演变为大众政治，一是要推行法治主义，二是要消除社会权利不平等。但从根本上讲，根除民粹主义滋生土壤需要在社会自治的基础上完成社会治理转型和实现公平正义。

《论基层社会自治》

周庆智（研究员）

论文　21 千字

《华中师范大学学报》2017 年第 1 期

该文指出，当前的基层治理结构有自治空间，但没有自治权，是单中心（集权）权威秩序，不是多中心（分权）自治秩序。该文认为，基层社会自治的建构，一是自治权的法律保障，即明确社会自治权以及公民与国家之间、不同层次的自治体之间的权利内涵和边界；二是政府、社会、市场等领域的多中心公共治理主体的型构；三是重构主体社会。去除社会对国家的依附性，自治原则才可能建立起来。

《传统“家政文化”与当前中国乡村治理》

赵秀玲（研究员）

论文　14 千字

《求索》2017 年第 1 期

该文指出，当前，在国家和地方治理中，传统家规、家训、家风等越来越受到重视。但学界对相关概念的运用比较混乱，而以“家政文化”概括这些与家庭治理相关的内容，更具有整体感、包容性和规范化。“家政文化”在中国古代意义重大，是乡村治理与国家政治之基石。近年来，“家政文化”在乡村治理中的作用日益凸显，它承载着社会主义核心价值观的内容，有利于反腐倡廉和制约乡村干部腐败，但也存在明显不足。这就需要用现代性眼光激活传统，用社会主义核心价值观尤其是法治思维重建新时代的“家政文化”。

《俄罗斯围绕历史问题的政治较量》

徐海燕（研究员）

论文　8千字

《西部学刊》2017年第1期

该文认为，历史是民族国家的宝贵记忆。俄罗斯在思想领域主要受到西方和平演变势力、俄罗斯国内异己势力、独联体和东欧部分国家反俄势力的干扰。为了在精神领域进行拨乱反正、构筑“精神长城”，抵御来自内外部的挑战，俄罗斯吹响了历史之战号角，加快推进了教育体系的国家化、法治化；主导历史阐释权、评判权；推进历史教研的标准化建设等。在这场看不见硝烟的反精神殖民的战役中，俄罗斯正在找回苏联解体初期日渐疏离的国家认同。在日后俄罗斯作为现代民族国家建设进程中，国家认同将获得越来越多的精神支持。

《公共服务供给的瓶颈与绩效特征》

王阳亮（助理研究员）

论文　10千字

《改革》2017年第5期

作者基于2008～2015年我国31个省（自治区、直辖市）的统计数据，综合数据的时序特征和截面特征，指出我国公共服务供给的瓶颈在于供给效果增长乏力，公共服务供给绩效在省域间存在地区差距，并且显示出地理分化和集聚性。地区间公共服务供给绩效差异一方面与经济发展水平相关，另一方面也与地方政府的治理能力相关。该文认为，“十三五”期间，我国公共服务供给侧改革应以改善供给效果为中心目标，建立结果导向的激励机制，调整公共服务供给的责任结构，通过向社会组织购买服务降低部分公共服务的管理层次，增强公共服务的专业性和回应性，提升人民群众的获得感。

《西方民主的衰败与中国民主的蓬勃生机》

田改伟（研究员）

论文　4千字

《红旗文稿》2017年第9期

该文指出，从十月革命后俄国成立第一个社会主义国家开始，世界上两种制度、两种意识形态的斗争和竞争就从来没有停息过。20世纪80年代末90年代初，随着苏联的解体和苏共的下台，世界社会主义运动陷入低谷，资本主义民主制度在两种制度的竞争中取得了前所未有的胜利，被有的学者称为“历史的终结”。然而，进入21世纪，尤其是2008年以后，随着国际金融危机的蔓延，西方民主制度呈现出不可遏制的衰败趋势。与此同时，中国发展取得的成就举世瞩目，中国政治制度呈现出来的生机和活力，引起国际社会越来越多的关注，不少人都在探讨此现象背后的原因。该文认为，一时之胜决于力、长久之胜决于理。2017年是俄国十月革命100周年，在一个世纪的时间内，资本主义制度和社会主义制度的这种此消彼长，很好地诠释了这个道理。国家政治发展的实践是由一定的政治理论指导，并反过来检验这种理论的有效性和正确性。不同的政治逻辑所构建的理论与实践，呈现出来的结果也不尽相同。经历百年后，中西方民主的这种形势转变，从深层次上看，两种政治制度建构和运行所遵循的政治逻辑是其兴衰的重要因素。

《权力清单与地方政府职能转变——以苏州市相城区为例》

孙彩红（副研究员）

论文 13千字

《甘肃社会科学》2017年第2期

权力清单是推动政府职能转变的重要政策举措，它要求依据法律法规梳理各项权力，实现政府职能法治化与规范化。但是，从地方政府实践观察，权力清单存在的问题包括权力边界不清、权力清单制度化不足、下放权力的衔接以及事后监管缺位等是一些带有普遍性的问题。该文指出，从地方政府职能转变的结果上看，权力清单改革还没有达到预期政策目标，基层治理尚未得到明显改善。因此，地方政府要把权力清单与政府职能转变实质性地关联起来，核心是明确不同主体的权力边界，切实由审批职能向监管职能转变，发挥社会组织的服务功能，调整和完善评价机制与责任机制。

《民主的中国模式》

房宁（研究员）

论文 10千字

《中央社会主义学院学报》2017年第4期

该文指出，中国民主政治建设以历史环境为起点，立足经济区域发展、资源分布不平衡的基本国情，以满足现代化、跨越式发展的需要为引领。它所取得的主要经验是，保障人民权利与集中国家权力相统一，以协商民主为主要方向，在经济社会发展中逐步扩大人民权利，采取问题推动和试点推进策略。该文认为，今后要通过分层次扩大有序政治参与、推进和提高协商民主、加强权力制约和民主监督，积极稳妥地推进民主政治建设。

《论当代中国农村基层民主的机制创新》

肖立辉（副研究员） 孟令梅（副研究员）

论文 12千字

《理论学刊》2017年第4期

该文指出，当代中国农村基层民主的发展是历史发展逻辑和实践逻辑相统一的结果。在健全基层民主制度、丰富基层民主形式过程中，机制创新将制度创新、体制创新、方式方法创新有效地勾连在一起，成为创新体系中重要的一环。从实践来看，“动力在民、拍板在官”，基层民主创新的产生离不开基层治理的需求、基层群众的诉求与基层政权良性回应三者的有机统一；基层民主创新的巩固离不开基层治理的制度化、规范化；基层民主创新的发展与推广离不开更高层级政权的主导与推进。只有充分尊重基层民主创新的规律，按规律办事，才能使基层民主有序平稳地健康发展。

《政治参与、政治沟通对公共服务满意度影响机制的性别差异——基于6159份中国公民调查数据的实证分析》

郑建君（副研究员）

论文 17千字

《清华大学学报（哲学社会科学版）》2017年第5期

该文通过对6159名中国公民进行的调查，考察了政治沟通在政治参与和公共服务满意度关系中调节作用的性别差异。该文认为：（1）政治参与对公共服务满意度具有显著的正向影响，且政治沟通显著调节着政治参与和公共服务满意度的关系。(2) 政治沟通在调节政治参与和公共服务满意度的关系时，具有显著的性别差异，即政治沟通状况的提升，并未显著增强政治参与对女性公民公共服务满意度的正向影响，但可以显著地增强政治参与对男性公民公共服务满意度的正向影响。

《英国公共养老金结构性改革中的参数因素》

郭静（副研究员）

论文　12 千字

《欧洲研究》2017 年第 5 期

英国是少数实现了公共养老金计划结构性改革的欧洲国家之一，但这并非表明在英国养老金改革进程中参数改革的作用小、地位低。该文对英国公共养老金结构性改革中的参数因素作了全面系统的分析与研究，指出，参数改革不仅是公共养老金结构性改革的配套措施，而且为公共养老金计划的结构性改革准备了条件，参数改革是公共养老金计划发展的常态化措施。在人口老龄化、经济活力、财政约束和政治约束的四重压力下，英国公共养老金制度的设计者不断研究和调整改革公共养老金的主要参数、计算方法以及参数之间的相互关系，以实现公共养老金计划的目标功能。

《使人大运转起来：乐清“人民听证”的实践及启示》

韩旭（副研究员）

论文　11 千字

《新视野》2017 年第 1 期

当前全面深化改革至关重要的一项任务，就是推进国家治理体系和治理能力现代化。要完成这一任务，首先就是要建构起一整套与现代化发展内在要求相适应的管理国家和社会公共事务的制度体系。其中，如何将人民代表大会制度的应有作用充分发挥出来，又是极为重要的一个环节。通过对乐清实践的分析，该文认为，浙江省乐清市“人民听证”制度建设的实践为此提供了一个富有启发性的范例。其基本经验是以加强人大对“一府两院”的监督为切入点，通过充分发挥人大代表的作用，加强人大监督的权威性，为扩大有序政治参与提供新途径。这种通过发挥人大代表作用开展监督的方式，为推进协商民主提供了一种新思路。而人大的地位和作用的加强，也为中国特色社会主义民主政治建设注入了强劲的动力。

《西方政制危机的历史根源与发展趋势》

冯钺（副研究员）

论文　8 千字

《人民论坛·学术前沿》2017 年第 13 期

该文认为，近年来西方的经济危机实则源于政治问题。了解西方政治制度存在的问题不能只着眼于近数十年西方的发展历程，而应从其历史根源性上进行分析，西方政制的本质是为了维护精英阶级的利益，这个本质在其产生和发展的过程中始终未变。西方政治制度的核心问题在于它的不平等性，当经济遇到问题，繁荣不再时，原来边缘化的阶级问题便有可能再次凸显。西方国家经过几百年的上升期和繁荣发展期，以资本主义为主要支撑的西方政治制度对各种社会问题愈发缺少平衡能力，有可能对其造成破坏性的影响。

民族学与人类学研究所

《西夏经济文书研究》

史金波（研究员）

专著　822 千字

社会科学文献出版社　2017 年 3 月

该书作者在长达 20 年解读大量西夏文草体文书的过程中，摸索、探讨西夏文草书的特点和规律，该书即作者的研究成果。该书将上百件西夏文草书文献转录成西夏文楷书，并进行译释，其主要内容为西夏经济文书，特别是西夏文文书，包括户籍、租税、粮物、商贸、契约等，都是 12 ～ 13 世纪珍贵的档案文书。作者通过全面、系统整理、译释大量西夏经济文书，对西夏经济进行了深入研究，高度概括了西夏晚期黑水城地区社会经济生活丰富多样的场景。

《西夏风俗》

史金波（研究员）

专著　698 千字

上海文艺出版社　2017 年 4 月

该书结合宋、元文献中有关西夏的史料，重点开发和利用出土文献和文物，系统、全面地阐述了西夏风俗。该书的“导论”论述了西夏风俗形成的历史背景、政策和风俗观念；正文 14 章分门别类地论述了西夏风俗的方方面面；“结语”探讨了西夏风俗的基本特征、社会影响和历史作用。作者搜罗了大量资料，并利用相关文物诠释西夏风俗。该书中有作者发现的大量多种类型的西夏文社会文书，包括经济文书、军事文书以及告牒、律条、书信等第一手资料；作者精选 400 余幅图片，为读者提供了形象的西夏风俗画面。

《西夏文社会文书对中国史学的贡献》

史金波（研究员）

论文　18 千字

《民族研究》2017 年第 5 期

该文认为，近代出土的大批西夏文社会文书的发现和刊布，为历史文献缺乏的西夏学增添了新的资料，催生了西夏社会文书学的诞生。这批社会文书填补了 11 ～ 13 世纪中国社会文书的空白，不少文书为中国政治史、军事史、经济史提供了很多新的、原始性资料。这些文书不仅对西夏社会研究具有重要意义，为补充中国历史上西夏社会的缺环作出了明显的贡献，而且因同时代宋、辽、金王朝与西夏有着密切的关系，它还具有整个时代的典型意义，特别是其中的一些文书在中国古代史上也是独特或稀见的珍品，也为中国史学提供了新的资料。

《文化人类学调查与研究方法》

何星亮（研究员）

教材　498 千字

中国社会科学出版社　2017 年 4 月

该书为综合论述文化人类学调查与研究方法的专著。全书分 3 篇 18 章，上篇“田野调查方法”分析了田野调查的特点与功能、形成与发展、基本原则和类型以及田野调查报告的撰写等；中篇是“研究方法”，阐释文化人类学的研究类型、选题与设计、理论与概念的构建、假设构建、范式构建和各类研究方法；下篇“专题研究”收录有《中西学术研究之异同》《人类学研究的中国化与国际化》《关于人文社会科学学术创新的若干问题》等5篇专题论文。该书的主要目的是希望研究者能够创立自己的新理论、新范式、新方法、新概念和新观点，对创新作了较为系统的分析。

《关于构建中国特色人类学与民族学的若干问题》

何星亮（研究员）

论文　14千字

《中南民族大学学报》2017年第5期

该文指出，加快构建中国特色的人类学与民族学，主要基于以下原因：一是盲目崇拜西方学术现象较为严重；二是人类学与民族学研究具有地域性；三是研究对象不同；四是研究者的知识结构不同；五是西方人类学大多数理论都是未经检验证明的一种假设；六是外来学科的本土化是世界各国的普遍现象。该文同时指出，构建中国特色人类学和民族学，一是要树立“学术自信”意识；二是应立足中国，构建新理论和新方法；三是要会通中西，取长补短；四是要熟悉、怀疑、批判西方理论和方法；五是基础研究与应用研究相结合；六是要借鉴自然科学的理论和方法；七是大传统与小传统研究相结合；八是科学分析和人文学分析相结合。

《构建中国特色哲学社会科学的现实意义》

何星亮（研究员）

理论文章　2千字

《人民日报》2017年6月5日理论版

该文认为，在我国哲学社会科学诸学科中，经济学、法学、社会学、人类学、心理学等学科是20世纪初从西方移植过来的。由于是移植的，就存在如何中国化的问题。也就是说，不能全盘照搬西方理论和方法，而要有中国特色。习近平总书记指出，“一个没有发达的自然科学的国家不可能走在世界前列，一个没有繁荣的哲学社会科学的国家也不可能走在世界前列”，并强调要“着力构建中国特色哲学社会科学”。当代中国正经历着我国历史上最为广泛而深刻的社会变革，也正在进行着人类历史上最为宏大而独特的实践创新。在这一背景下，构建中国特色哲学社会科学具有重要的现实意义。

《民族地区社会保障反贫困研究》

王延中（研究员）等

专著　250千字

经济管理出版社　2017年1月

贫困问题与反贫困依然是我国面临的重大理论与实践课题。为了实现2020年全面建成小康社会的目标，实现7000万人脱贫是党和政府的重大政治任务。扶贫开发与社会保障制度是反贫困的两大利器。该书从社会保障的角度，分析研究社会保障制度在反贫困中的功能机理，利用调查数据验证民族地区社会保障制度在缩小收入差距、提升反贫困效果方面的功能作用。研究表明，社会保障制度反贫困效应是客观存在的，农村社会保障制度的反贫困效应更加明显，干部群众对于社会保障反贫困总体比较满意。当然，民族地区社会保障制度的反贫困效应总体上看还比较低，社会保障制度面临的挑战与存在的问题也不容忽视。该书结合国际经验与我国实际，对“十三五”时期完善社会保障制度提出了政策建议。

《中国社会保障：公平与共享》

王延中（研究员）等

专著　182 千字

社会科学文献出版社　2017 年 10 月

该书立足改革开放以来中国社会保障制度的改革与转型历程，着重研究了社会保障制度必须以公平与共享作为出发点，通过大量实证数据论证了社会保障制度发挥作用的内在机理、作用贡献与存在的主要问题，提出了社会保障制度更好发挥作用的改革思路与相关建议。

《民族学理论研究与学科建设的若干问题》

王延中（研究员）等

论文　16 千字

《中央民族大学学报》2017 年第 4 期

在对民族地区经济社会发展现状实地调查的基础上，结合民族学学术讨论与学科建设实际，该文提出民族理论研究的八大问题，包括民族关系与民族团结、中华民族共同体建设、民族区域自治制度的发展与完善、发展民族文化与建设中华文化共有精神家园、提升民族地区内在发展动力、注意民族政策的协调性、加强民族学学科与学术话语体系建设、建设民族学新型智库等。该文认为，民族学必须围绕党和国家中心工作，加强重大理论与应用对策研究，适时提出符合实际和现实需要的话语体系和学术概念，建立包容开放的民族理论体系，指导民族政策的适时调整，为解决新时期的民族问题作出更大的贡献。

《内蒙古民族团结进步理论与实践》

周竞红（研究员）

专著　270 千字

社会科学文献出版社　2017 年 5 月

该书以马克思主义民族理论和中国共产党解决中国民族问题具体历史实践为切入点，在中国政治发展的历史进程中观察和研究内蒙古民族关系演变过程，揭示中国共产党在民族民主革命和社会主义建设等不同历史阶段，以民族平等、民族团结为目标，积极探索民族团结进步的制度建设，使内蒙古成为民族团结进步的模范的历史过程。在此基础上，该书总结内蒙古自治区成立 70 年来民族团结进步的经验，为进一步巩固和发展内蒙古民族团结进步提供参考。

《民族政治学：加拿大的族裔问题及其治理研究》

周少青（研究员）

专著　300 千字

中国社会科学出版社　2017 年 10 月

加拿大是世界上民族结构最为齐全、民族问题最为复杂和典型的国家之一。该书围绕加拿大民族国家形成和发展的历史过程，深入系统地研究了加拿大的“民族问题”、“民族政策”以及“国家（民族）认同”等问题，在此基础上总结了加拿大联邦国家在应对和处理民族问题方面的经验和教训并指出其对中国的镜鉴意义。

《多民族国家民族事务治理现代化》

马俊毅（编审）

专著　290 千字

社会科学文献出版社　2017 年 9 月

该书以马克思主义为指导，呈现政治学、法学、社会学、民族学等多学科交叉研究的特点，包含信息量大。该文联结了国外最新研究成果，内容涉及多民族国家建构、政治过程、制度建设、国家治理、群体权利、公民权利、人们的个体发展与认同、社会团结、共同体建构等理论和实践层面的重要议题，为民族事务治理现代化提供基础理论研究。

《企业发展与民族团结：民族地区企业社会责任理论与实践》

刘玲（副研究员）

专著　330 千字

社会科学文献出版社　2017 年 5 月

该书从企业社会责任的角度切入，探讨民族地区企业社会责任履行对民族关系的正向影响、对民族团结形势的总体影响。在对企业社会责任进行一般理论探索的同时，作者将研究视角聚焦于民族地区，试图从我国多民族国情出发，考察民族地区企业社会责任的制度因素和制度环境，以期更好地把握影响社会责任理念和行动的制度因素，进而从组织与制度互动的角度为制度的坚持和完善提供理论与实践依据。

《加拿大多民族国家构建中的国家认同问题》

周少青（研究员）

论文　28 千字

《民族研究》2017 年第 2 期

该文指出，多民族国家构建的特殊历史过程和民族（族群）成分的高度异质性，使加拿大多民族国家的国家认同呈现出非常复杂的面相：历史上，加拿大土地上的四个未来战士民族或族群，即法裔民族、英裔民族、土著民族及新移民群体有着各自不同的民族或“国家”认同；“二战”后，加拿大的国家认同逐渐演变为各民族或族群对加拿大联邦的认同。为了调和或解释这几大民族尤其是三大少数民族（族群）矛盾的，甚至具有结构性冲突的国家认同，加拿大史学界提出了有限认同的说法。它是加拿大国家认同状况的总结和写照，体现了加拿大人在处理国家认同方面的灵活性和以实用主义为基调的政治智慧。

社会学研究所

《时空社会学：拓展和创新》

景天魁（研究员）等

专著　475 千字

北京师范大学出版社　2017 年 3 月

时空社会学是一门新兴学科。该书从学术史的角度系统梳理了近年来的研究成果和相关文献，重回有关时间和空间的经典理论，力图对时空社会学的概念进行再认识、再补充，使其更科学、更准确。该书的重点在于及时总结近几年时空社会学研究的新成就、新路径，以期完善一套理解中国现代社会、分析我国社会变迁的时空视角，使这一学科更加定型化。全书共分五章。第一章讨论时空社会学的定义，第二章论述时空社会学的经典理论背景，第三章、第四章分别阐释空间社会学的理论及其发展脉络和对时间社会学的拓展研究，第五章就中国现实的具体社会问题展开多项案例分析。

《中国社会学：起源与绵延》（上、下册）

景天魁（研究员）等

专著　747 千字

社会科学文献出版社　2017 年 10 月

该书旨在论证荀子“群学”就是中国古已有之的社会学，亦即中国古典社会学。为此，作者从浩瀚史海中精选了 4 个基础性概念和 30 个基本概念，构成了群学概念体系，以此作为证明群学存在性的根据，也是其历史绵延性的载体。作者认为，立足于群学概念体系，才能遵照学术积累规律，使中国社会学具备实现中西会通的必要条件，才能明确中国社会学的基因和特色，才能形成和彰显中国社会学的独特优势，从而论证了荀子群学及其概念体系是实现 21 世纪中国社会学崛起的历史基础。

《移民空间的建构》

王春光（研究员）

专著　194 千字

社会科学文献出版社　2017 年 12 月

该书是对在异域他乡打拼的一个中国移民群体——巴黎温州人——持续进行 10 多年社会学跟踪调研的展现。

研究发现，与过去相比，巴黎温州人群体不论在产业形态、居住位置还是在组织形态、交往方式以及代际关系等方面，都有了明显的变化，集中体现在他们的行动空间与过去有了显著的差异。

该书从空间重构的视角，深入刻画了巴黎温州人在中法之间、在群体内部的社会地位空间格局，以及这种格局对他们的社会融合具有的意义和价值。

《共同缔造与海沧社会治理》

王春光（研究员）等

专著　206 千字

社会科学文献出版社　2017 年 7 月

在贯彻厦门市委、市政府倡导的“美丽厦门・共同缔造”战略过程中，海沧区找到了解决社会治理问题的金钥匙，快速在区域、街道和村居社区这三个层面出台了多项政策，鼓励各级政府创新治理，鼓励村居社区自下而上参与到共同缔造项目中来，并引入社会组织参与社会治理，使得“共同缔造”理念变成行动，极大激发了社会参与的积极性，推进多元治理，形成了良好的社会建设格局。该书从社会治理角度出发，解析海沧区实行“美丽厦门・共同缔造”战略的理念和实践过程及其对多元治理结构的作用。作者认为，虽然这些做法尚处于起步阶段并存在改进的空间，但其中的理念和实践对全国社会建设有一定的示范价值。

《迈向社会治理的基层实践》

王春光（研究员）等

专著　361 千字

经济管理出版社　2017 年 2 月

生存、安全、健康是社会管理要坚持的

基本的理念，如果社会管理无法实现基本的理念，将会引发社会混乱；自由、发展和幸福是社会管理要达到的更高要求，因此也是对社会管理提出的更高要求。

在实现管理理念的过程中，社会、社区、家庭、企业等在不同方面扮演着不同的角色，具有不同的功能，实现不同的理念。

该书主要研究社会事业、民生事业、社会服务和福利是如何在基层的社会管理中得以实现和发展的，是否能实现生存、安全、健康、自由、发展和幸福的价值观。社会管理理念很重要，好的理念可以引领社会管理模式的变迁，很好地满足人们的需求。

《生态移民与精准扶贫——宁夏的实践与经验》

王晓毅（研究员）等

专著　328千字

社会科学文献出版社　2017年9月

该书主要以在宁夏地区开展的实地调查为基础，综合了定性和定量研究，以生态移民与精准扶贫为主题，分析了宁夏生态移民，特别是“十二五”期间生态移民的生存状况。该书分为生态移民社会经济实证研究、生态移民社会适应与社会融入、生态移民区的精准扶贫、精准扶贫与生态移民社会治理等四编，系统地阐述了生态移民对反贫困的贡献，也揭示了移民过程中所存在的一些问题，如自发移民问题、移民村的空置问题和移民的就业问题等。

《精神文明与社会心态：北京市西城区的实践》（社会心理建设丛书）

王俊秀（研究员）

专著　246千字

社会科学文献出版社　2017年7月

该书是中国社会科学院社会学研究所社会心理学研究中心多年来在北京市西城区开展的系列研究的集合，旨在探索社会治理的社会心理学路径，特别探索社会心理学理论和研究方法为社会治理服务。具体而言，该书采用社会心态研究的理论和方法探讨北京市西城区居民社会心态基本状况，包括：(1) 居民社会心态的基本特点——幸福感、安全感、社会信任、社会情绪、社会价值观等；(2) 居民对公共环境的满意度；(3) 居民对与环境相关的政府工作的满意度；(4) 居民基本生活满意度；(5) 居民对社会稳定的评价；(6) 居民创新与创业的意愿及对创业环境的评价；(7) 居民利他主义、集体主义、工作价值观等社会价值观；(8) 居民子女教育和社会道德等。基于量化分析，该书提出精神文明建设的策略及相关政策建议。

《性别偏好与性别选择：少数民族出生人口性别比问题研究》

张丽萍（研究员）

专著　276千字

中国社会科学出版社　2017年4月

合理的性别结构是人口结构良性循环的必要条件。由于风俗习惯的特殊性和通婚范围相对较小等问题，偏远贫困地区的少数民族性别比升高的后果将更加严重，因此，研究少数民族性别偏好与性别选择及出生人口性别比问题具有非常重要和独特的意义。该书通过对人口普查原始个案数据的定量分析，采用育龄妇女递进生育状态空间的方法，测量生育性别偏好存在的普遍性及其严重程度；使用间接估计方法，重构了少数民族人口生育转变的历史轨迹和出生性别比升高的过程。在田野调查中作者发现，性别选择背后是家庭人口再生产的需求，而这种再生产有其性别结构，一儿一女的生育意愿是家庭规模简单再生产的前提条件，可以满足家庭中继承、养老等需求。而对子女性别进行人为选择，导致了宏观的出生性别比偏高。通过深入访谈证实，在现代性别选择技术不可及时，溺弃婴问题依然存在。该书将数据模型分析与实地的田野调查资料结合起来研究性别偏好与性别选择问题，在人口学范式中融入了人类学的文化视角，丰富了同类研究。

《你我田野：倾听电影人类学在中国的开创》

鲍江（研究员）

专著　540 千字

民族出版社　2017 年 1 月

该书提出人类学研究对象从“他者”转向“你我”。电影人类学是美美与共的超理性知识，探索并展示跨文化背景中的人，以影视作品为主要的成果形式，开创于 20 世纪 50 年代的中、法、美等国家。该书以《中国少数民族社会历史科学纪录影片（1957 ~ 1981 年）》课题（一共完成 21 部胶片电影作品，是国内外学界公认的电影人类学在中国的开创经典）中的两部作品《丽江纳西族的文化艺术》《永宁纳西族的阿注婚姻》为线索，通过与影片主创人员杨光海、王承权、袁尧柱的访谈，展开以人生史和人生境界为两翼的两代电影人类学学者的跨世纪对话。该书定位于电影人类学这门新兴学科，在视听媒介普及的 21 世纪，对关注综合媒介表达在本学科领域使用的其他人文科学学者也有参考价值。

《中国社会质量研究：理论、测量和政策》

崔岩（助理研究员）

专著　240 千字

社会科学文献出版社　2017 年 5 月

该书介绍了发起于欧盟的社会质量理论，并讨论了当前主要发达国家普遍存在的经济发展和社会发展不平衡，从而导致虽然公众的物质生活水平逐渐提升，但是对社会评价和满意水平却不断下降的现象。同时，结合当前社会存在的社会信任危机、道德水平下降、信仰缺位等问题，论述了提高社会整体发展质量的重要性。该书对当前我国的社会质量进行了指标化评价，从社会经济保障、社会凝聚水平、社会包容程度、社会公众赋权等几个层面讨论了我国社会质量整体水平，并认为，当前我国社会经济保障水平不断提高，公众满意水平有所提升，但是，当前社会缺乏具有凝聚力的核心价值观，公众现代性水平和包容性不高，社会参与、政治参与程度较低，政治冷漠现象普遍存在，在一定程度上限制了我国社会整体发展水平。最后，该书就社会质量理论研究对当前我国国家治理能力现代化的意义进行了进一步的讨论。

社会发展战略研究院

《村庄婚姻圈变迁及影响机制分析——以华北 F 村为例》

张翼（研究员）　尹木子（讲师）

论文　14 千字

《北京社会科学》2017 年第 1 期

该文通过分析华北 F 村 200 对夫妻调查数据，运用定序 ordinal logistic regression 方法从人口流动、结婚变量和个人特质三个方面解读了在城市化背景下村庄婚姻圈变迁的影响因素。该文认为，F 村男性村民出生年代越晚，结婚年代越近，通婚范围越远；同时，择偶时间、方式、家庭背景和村庄非农化水平成为影响通婚范围的主要因素。与前人研究结果相比，教育程度、是否外出打工等社会性因素并不对通婚范围构成直接影响，而是通过择偶时间发挥作用。

《经济下行背景下劳动关系的变化趋势与政策建议》

张翼（研究员）等

论文　14 千字

《中国特色社会主义研究》2017 年第 1 期

该文认为，在经济下行背景下，当前我国劳动关系主要呈现出工人就业“短工化”、矛盾纠纷“频发化”、行动诉求“短期化”的新趋势。实体经济转型的困境、欠薪治理体系的不完善、工人群体代际构成的变化等，共同催生了当前劳动关系的紧张趋势。为将各项相关矛盾管控在安全范畴，该文建议：应从经济保障、制度健全、舆情监测等方面完善劳动纠纷治理体系；从降低企业税负成本和管理成本而非劳动力成本的视角，提升企业市场竞争力；进一步完善工会基层组织的维权机制，回应新生代农民工的发展诉求；基于当前农民工的流动性特征，简化司法程序，完善社保制度，提高统筹层次，建立全国统一的劳动力市场，有效化解可能衍生的各类劳动关系矛盾。

《我国公共服务采购：从行政驱动到依法治理》

蒿道顺（研究员）

论文　12 千字

《国家行政学院学报》2017 年第 3 期

该文以国务院《“十三五”推进基本公共服务均等化规划》出台为契机，探讨了我国公共服务采购发展现状和存在问题，阐述了我国公共服务采购转型的结构性任务，提出了优化采购体系并向依法治理转型的发展路径。该文认为，逐步建构公共服务采购的法律法规体系，是有效保护公共资源、调整公共服务消费、促进服务生产和购买效率提升的重要保障。

《权益受损对政府信任的影响机制分析》

高勇（研究员）

论文　11 千字

《北京社会科学》2017 年第 9 期

该文认为，权益受损对于政府信任的影响可以分为直接性影响、传播性影响与归因性影响。权益受损的经历会使当事人的政府信任度明显下降，这是其“直接性影响”。除此之外，它还会影响其他社会成员对相关信息的选择性接受，影响到其他权益受损者对于自身经历的归因，从而对政府信任度产生“传播性影响”与“归因性影响”。基于“中国社会态度与社会发展问卷调查(2015)”数据，利用多水平模型统计方法，上述判断得到了验证与支持。

《“村里人”还是“城里人”——上楼农民的社会认同与基层治理》

吴莹（副研究员）

论文　13千字

《江海学刊》2017年第3期

在快速的城市化过程中，“撤村并居”、回迁上楼造就了大量的上楼农民。从社会认同的视角对上楼农民进行考察可以发现，其身份认同、群体认同和组织认同开始具有新的特征。该文认为，原村民身份认同广泛存在，并且在不同性别、教育程度和年龄群体之间这种身份认同并没有显著差别。在群体认同方面，各类社会交往活动的频率在上楼前后并没有明显变化，但交往的对象却有一定区别。同时，上楼农民对于城乡两套基层治理组织的重要性都保持高度认可，并在社区公共事务方面表现出过度依赖。这些新的特征影响了上楼农民对回迁社区的归属感，并由此对回迁社区的基层治理带来新的挑战。

《社会法上的积极国家及其法理分析》

余少祥（副研究员）

论文　9千字

《江淮论坛》2017年第3期

该文认为，由于私法和市场经济不能自动消除贫困、失业、贫富分化、收入分配不公等现象，不能自发地实现社会公正，必须由国家介入才能解决，由此催生了社会法“国家干预与私法自治相结合”的法律机制。作为积极国家法律实践的产物，社会法行政执法机制的理论来源是积极自由、积极权利和人权学说，与其他法律部门有很大的不同，其主要特征是国家给付、国家干预与市场机制相结合，积极执法与消极执法相结合。

新闻与传播研究所

《传播学底层研究的范式更迭与当代探索》

沙垚（助理研究员）

论文　8.5千字

《江淮论坛》2017年第2期

底层是20世纪以来无法绕开的主题，但是20世纪末以来，底层是作为问题重新进入国人视野的。该文将底层叙事作为研究对象，着重讨论了对于底层叙事的范式更迭。该文认为，传播学所关注的底层叙事先后经历了“关注底层”范式和“底层发声”范式，前者通过大众媒介号召社会各界关注底层，并致力于底层的发展与现代化；后者通过媒介赋权，让底层发出自己的声音，表达主体性诉求。该文提出了“我们范式”，即知识分子与底层群体，或者更为本质地说，脑力劳动者与体力劳动者在新时期重新建立起一种联结，这种联结即传播。这一提法对于弥合当代城乡关系、缓解社会矛盾具有实践性意义。

《从转型社会到新常态社会的青春片——中国当下青春片的去政治化研究》

张建珍（副研究员）　吴海清（教授）

论文　9.1千字

《电影艺术》2017年第3期

该文以近年来我国电影领域中有较大影响、创作比较丰富、类型颇为成熟的青春片作为研究对象，分析这些影片对私人空间的建构、对个体社会性自由的表现、对市场成功的叙述以及对消费主义的热衷。该文提出，青春片这些文化特征不仅是电影资本推动的结果，也是新常态社会对社会结构、个体身份的想象和意义赋予。由此，青春片就形成了去政治化特点，这使其同20世纪30年代以来的青春成长电影在激进的社会转型语境之中强化青春成长的政治化有了区别。

《“非洲中心性”（Afrocentricity）：概念缘起及其意涵演化》

季芳芳（副研究员）

论文　6.7千字

《新闻与传播研究》2017年第6期

美国学者摩勒菲·克梯·阿澈梯借助“非洲中心性”概念对跨文化传播学科中欧美中心主义的立场进行了反思，提出要以非洲文化为基础建构有关非洲人思想与行为的理论，而作为研究范式的“非洲中心性”也启发了“亚洲中心性”等概念的提出。该文通过梳理“非洲中心性”概念的意涵、概念演化以及概念面临的挑战，指出这一概念的提出及其术语化，不仅意味着新的研究范式，同时也与传播学理论本土化等命题密切相关。通过对这个概念的探讨，可以展示这个学科不同范式的研究路径，以及相应范式已经取得的工作成果，对开展不同路径的跨文化传播研究而言具有启发意义。

《全球视野　中国实践——首届中外合作互联网治理论坛论文集》

唐绪军（研究员）主编

论文集　253千字

中国社会科学出版社　2017年6月

互联网已经全面融入社会生产生活，深刻改变着全球经济格局、利益格局和安全格局。互联网在人们生活中所占的比重越来越大。但与此同时，伴随而来的问题也越来越多。这些问题日益成为互联网发展的障碍和威胁，而这些问题要想得以根本解决绝非一国之力能够完成的。互联网连通世界，就需要世界各国携手治理。该书收录了以“全球视野，中国实践”为主题的“首届中外合作互联网治理论坛”的部分发言和论文，从实践与探索、规制与模式、伦理与隐私、调查与数据、文化与技术等层面对全球互联网治理进行了多元探讨。

《电视媒体的“互联网化”观察：基于视听内容的视角》

冷凇（副研究员）

论文　8.6千字

《现代传播》2017年第8期

该文以新媒体冲击下传统电视媒体生产内容的转变为研究对象。首先，作者论述了面对新媒体的冲击，电视行业正在接受着互联网思维的全面改造，并在内容自制、宣传推广、跨屏互动、话题传播等方面呈现出互联网化的趋势；随后，作者分析了媒介融合时代传统电视与视频网站之间发生的主体重合、标准趋近、文化交融的三大现象，并归纳了“移动宣推促进热议、网络评价倒逼收视、跨屏互动增加粉丝、视频拆条精准到达、边看边买拉动营销”等核心观点，深度解析了“传统电视互联网化”的媒介融合路径。该文还指出，智能手机的普及催生了手机与电视加深互动的趋势，手机正在“将电视观众变为用户”，不断强化“在场感”与“参与感”；娱乐与消费体验在跨屏购买中也得到了共振满足；并阐释了网络评价对电视收视效果的反向拉动等功能。

《党的十八大以来网络媒体监管思路与体系的变化》

贾金玺（助理研究员）

论文　7千字

《中国出版》2017年第9期

该文相对系统地梳理了党和政府在党的十八大以来互联网监管理念和手段的变化，指出，党的十八大以来，党和政府对互联网的媒体属性有了更深的认识，随之在管理理念和管理领导体制上作出了重要调整。在管理手段上，更加注重法律法规体系的完善、行政手段的灵活运用、国际合作的强化以及自律体系的构建。通过这一系列的调整，最终构筑起一个相对完善的网络媒体监管体系。

《对基于良心自由的西方新闻观的批判》

王凤翔（副研究员）

论文　16千字

《新闻与传播研究》2017年第9期

该文认为，西方新闻观强调言论出版自由是新闻自由的基础，而忽略了良心自由是传播文化与新闻实践之本。该文以哲学视角、历史眼光、批判意识与问题导向，澄清了西方新闻观在理论界的认识误区与实践谬误。

《透过资本看媒体权力化——境外资本集团对中国网络新媒体的影响》

黄楚新（研究员）　彭韵佳（硕士）

论文　12千字

《新闻与传播研究》2017年第10期

随着国家传媒市场资本准入政策的宽松，中国网络新媒体行业开始成为新的投资蓝海，境外资本源源不断地流入给中国网络新媒体的发展提供了持续动力。但与此同时，我们也应关注到中国网络新媒体平台已经形成用户获取信息资讯入口垄断的趋势。该文从资本、媒体与权力的角度入手，分析境外资本的大规模注入给我国网络新媒体所带来的潜在风险，并提出相应的应对策略。

国际研究学部

世界经济与政治研究所

《2017 年世界经济形势分析与预测》

张宇燕（研究员）主编

孙杰（研究员）副主编

专著　342 千字

社会科学文献出版社　2017 年 1 月

该书认为，2016 年世界经济增速进一步放缓，就业增长放慢。大宗商品价格触底反弹，但仍在中低价位运行，全球物价水平有所回升，通货紧缩压力下降。国际贸易更加低迷，国际直接投资活动有所放缓，全球债务水平继续上升，国际金融市场持续动荡。世界经济面临许多重大挑战，这些挑战包括：全球潜在增长率下降，金融市场更加脆弱，美国成为世界经济不稳定的来源，贸易投资增长乏力，收入分配与财富分配越来越不平等，反全球化趋势日益明显。这些因素将抑制世界经济强劲、可持续、平衡和包容增长。同时，地缘政治风险、难民危机、大国政治周期、恐怖主义等问题也仍然在影响世界经济的稳定与发展。该书预计，2017 年按 PPP 计算的世界 GDP 增长率约为 3.0%。

《全球政治与安全报告》（2017）

张宇燕（研究员）主编

李东燕（研究员）副主编

专著　278 千字

社会科学文献出版社　2017 年 1 月

该书以专题的形式阐述了 2016 年国际政治与安全的现状，进行原因解释并提出预测和对策建议。作者全面阐释了国际形势的总体发展，提供了有关大国关系、全球重大冲突与军事形势、全球恐怖主义与反恐斗争、能源政治、反腐败、全球能源安全、网络安全、国际移民难民问题以及国际组织等方面的专题报告。该书还对美国、英国、法国、德国、日本、中国、俄罗斯、印度、巴西等 9 个国家的国力和影响力进行了评估。作为年度热点受到关注的有 2016 年发生的美国大选、英国脱欧、联合国秘书长遴选、中菲南海仲裁案等热点问题和中国海外利益维护、西亚北非局势。

《中国的和平发展道路》

张宇燕（研究员）　冯维江（副研究员）

专著　226 千字

中国社会科学出版社　2017 年 2 月

该书从历史、理论和现实等维度，解释

了为什么当代中国的发展，对外目标是促进和平，实现条件是维持和平，最终效果是巩固和平。该书指出，从历史看，中国文化中“重和”是主流的和整体的，“尚争”是暂时的和局部的。从理论看，中国走上改革开放之路以来的经济发展，从制度经济学角度的解析来看，基本沿循了“斯密—奥尔森—熊彼特”增长模式，即发掘市场规模效益、恰当确定政府定位和不断扩大创新的作用。中国经济增长虽然有许许多多的特殊性，但也不失市场经济一般发展的基本共性，要求一个相对稳定有序的国内外市场环境。从现实看，中国面临工业化、城镇化的重任，从计划到市场，从人治到法治，实现现代化的治理，跨越中等收入陷阱，这些都需要在和平的国际环境下开展。中国是经济全球化和既有国际秩序的受益者，中国与现成国际秩序之间不存在根本冲突。不仅如此，中国发展的结果是与外部市场日益融为一体，中国将更加关心共同安全和世界和平，并更愿为此提供公共产品。在当今世界范围内全球化趋势出现一定的退潮迹象的背景下，中国在国际层面还很有担当地高举全球化大旗，成为全球化潮流的有力支持者。

《大国无战争时代的大国权力竞争：行为原理与互动机制》

杨原（助理研究员）

专著　329千字

中国社会科学出版社　2017年1月

在1945年之前那个战争频发的时代，崛起国对权力的追逐明明有可能威胁其他大国的生存，可是为什么防御性联盟的出现却总是滞后和迟缓？而在1945年之后这个大国无战争的时代，霸权战争已不再是大国崛起的可选战略，为什么防御性联盟却反而总是积极和超前地出现？冷战后，美国没有遭遇制衡的最直观原因是中国等其他大国与美国的实力差距太过悬殊，而美国持续扩大和强化自身同盟阵营的最流行解释是中国的崛起威胁到了美国的实力地位，那么，中美实力差距究竟是悬殊还是接近？为什么中美实力差距可以“忽大忽小”？该书发现并解释了这些困惑，并揭示了这些困惑产生的原因。

《大国博弈的演进逻辑：基于武器、治理和文明的视角》

赵远良（编辑）

专著　260千字

中国社会科学出版社　2017年1月

中美两国为什么能脱离霍布斯式博弈而进入洛克式政治结构状态？作者认为：国际社会存在霍布斯式、康德式和洛克式这三种博弈类型，且表现出由低级向高级演进的趋势。其中，武器级别、治理方式与文明类型这三个变量是推动大国博弈从霍布斯式博弈演进至洛克式博弈的关键因素。中美两国间的博弈是洛克式博弈，因而处于洛克政治结构当中。核武器的止战功能、治理世界手段的变迁、中华文明的崛起、中美相互依赖的固化等因素决定了中美关系可以超越“修昔底德陷阱”。该书提出了一个分析大国博弈的理论框架，对理解和把握大国关系，特别是分析中美关系具有参考价值。

《贸易投资开放、汇率调整与中国经济发展》

毛日昇（副研究员）

专著　308 千字

中国社会科学出版社　2017 年 3 月

该书主要从贸易投资开放对产业和贸易结构升级、贸易投资开放以及汇率调整对中国劳动力市场影响、汇率调整对投资和贸易结构影响三个层面，阐述了国际市场环境变化和冲击对国内实体经济发展的影响作用。作者基于扩展的理论分析框架来阐述贸易投资开放、汇率调整对中国实体经济发展的影响；基于微观企业、产品、细分行业层面数据来验证相关的理论推论和影响机制；强调了外部市场竞争因素对企业出口行为、就业市场的动态转换影响。

《中国海外投资国家风险评级报告》（2017）

中国社会科学院世界经济与政治研究所

研究报告　95 千字

中国社会科学出版社　2017 年 4 月

中国已经是全球第二大对外直接投资国，仅次于美国。2016 年，中国对外直接投资再创新高的同时，中国企业海外投资面临的外部风险也在显著提升。因此，做好风险预警，进而准确识别与有效应对相应的风险，是中国企业提高海外投资成功率的重要前提。该书从中国企业和主权财富的海外投资视角出发，构建了经济基础、偿债能力、社会弹性、政治风险和对华关系 5 大指标共 41 个子指标，全面地量化评估了中国企业海外投资所面临的战争风险、国有化风险、政党更迭风险、缺乏政府间协议保障风险、金融风险以及东道国安全审查等主要风险。该评级体系将 57 个评级国家纳入样本，全面覆盖了北美洲、大洋洲、非洲、南美洲、欧洲和亚洲，占到中国全部对外直接投资存量的 85%。这 57 个评级样本中还包括了 35 个“一带一路”沿线国家，占中国对所有“一带一路”沿线国家海外直接投资规模的 97.14%。

***Boao Forum for Asia Development of Emerging Economies Annual Report 2017*（《博鳌亚洲论坛新兴经济体发展 2017 年度报告》）**

张宇燕（研究员）主编

研究报告　198 千字

对外经济贸易大学出版社　2017 年 3 月

该书以新兴 11 国为主要研究对象，重点分析了 2016 年新兴经济体在经济增长、就业与收入、物价与货币政策、国际贸易、国际直接投资、大宗商品、债务和金融市场等方面的新情况和新进展，并对 2017 年新兴经济体的经济形势进行了展望。该书指出，得益于大宗商品价格缓慢回升以及经济政策调整与改革的成效逐步释放，2016 年新兴经济体的经济增速大幅下滑势头得到抑制，总体呈现缓中趋稳的发展态势。该书认为，新兴经济体经济增长出现向好势头，并在全球治理中的话语权得到进一步提升，但仍将面临劳动生产率增速放缓、收入分配差距扩大、债务水平攀升、外汇市场大幅波动、保护主义不断升级、外部经济环境的不确定性等各种风险和挑战。

《规则内化与规则外溢——中美参与全球治理的内在逻辑》

徐秀军（副研究员）

论文　28 千字

《世界经济与政治》2017 年第 9 期

该文认为，在全球治理领域，国家之间的博弈日益表现为规则制定权的竞争。对美国而言，由于实力相对衰落，长期以来对全球治理的规则外溢型参与推行起来的难度日益加大，在其全球治理路径未进行根本性调整的情况下，美国仍将延续在全球治理问题上的逆势行动。对中国而言，随着实力的崛起，通过规则内化参与全球治理的约束日益凸显，因而拥有推动全球治理规则体系改革和引领新规则建立的诉求。在此过程中，以美国为代表的发达国家与以中国为代表的新兴国家在全球治理规则上的“制定—接受”关系逐步发生转变，全球治理也将因此进入新一轮的激烈竞争与博弈。

Renminbi Exchange Rate: Peg to A Wide Band Currency Basket（《人民币汇率：盯住宽幅货币篮》）

余永定（研究员）　张斌（研究员）

张明（研究员）

论文　7 千字

China & World Economy（《中国与世界经济》）2017 年第 1 期

该文认为，2015 年 8 月 11 日的央行汇改引起了世人关注，但随后汇率的暴跌使得央行事实上放弃了原定改革方案。“8·11”以市场化为目标的汇改最终蜕变为爬行盯住美元的汇率制度。央行频繁调整汇率中间价定价机制，事实上重新增强了汇率形成机制的不透明性与央行的干预程度。该文认为，自由浮动无疑是人民币汇率改革的最终目标，而与当前的汇率形成机制相比，盯住宽幅货币篮的机制将是更好的过渡机制，该机制能够把汇率的灵活性与稳定性较好地结合起来，并为汇率形成机制的彻底市场化作好准备。

《人民币实际汇率变动对资源配置效率影响的研究》

毛日昇（副研究员）　余林徽（副教授）

武岩（助理教授）

论文　21 千字

《世界经济》2017 年第 4 期

该文主要考察人民币实际汇率变化对制造业企业成本离散度的影响，进而明确汇率变化对制造业资源配置效率的影响。近十多年来，人民币汇率发生了明显的升值和贬值变化趋势，明确汇率变动对资源配置效率的影响机制和作用大小具有重要的现实意义和政策参考价值。该文从理论上明确了实际汇率变化通过出口开放、进口竞争以及进口中间品对资源配置效率的影响机制；结合最细分的行业实际有效汇率指数，从多个角度全面系统地检验了实际汇率变化对行业内部成本加成离散度的影响机制；验证了实际有效汇率变动对资源配置效率影响的不对称性并给出了详细的解释。

《中国外交的价值追求：“人类共同价值”框架下的理念分析》

肖河（助理研究员）

论文　18 千字

《世界经济与政治》2017 年第 7 期

该文依据习近平总书记于 2015 年 9 月在联合国大会提出的“人类共同价值”这一突破性理念以及其他相关讲话，系统地总结了以

“和平、发展、公平、正义、民主、自由”这六项普遍政治理念为核心的中国外交的价值追求。该文指出，这一价值体系是中华文明的传统精华、当代中国的发展经验与世界各国人民的普遍价值追求的统一，是中国增强国际话语权的重要尝试。在内容上，人类共同价值强调和平与发展在价值追求中的基础和首要作用，倡导公平正义的国家间交往原则，强调为世界各国及其公民在国内和国际政治中的民主与自由提供坚实的物质和制度保障。

《亚洲离贸易一体化还有多远》

李春顶（副研究员）

论文 12 千字

Journal of Comparative Economics（《比较经济学杂志》）2017 年第 4 期

该文构建了贸易一体化的距离指标，并量化测度了亚洲地区的各类区域贸易协定距离亚洲贸易一体化的远近。亚洲的一体化进程比北美和欧洲要慢得多，还没有一个全面的贸易一体化安排；但近年来的大型贸易协定快速发展，如跨太平洋伙伴关系协定（TPP）、区域全面伙伴关系协定（RCEP）、中日韩自贸区等，这些贸易协定离亚洲的全面贸易一体化还有多远？该文基于著名的德布鲁（Debreu，1951）距离函数实证测度了亚洲的贸易一体化与现实以及各类区域贸易协定的距离长度。

俄罗斯东欧中亚研究所

《俄国政党史：权力金字塔的形成与坍塌》（上、下卷）

李永全（研究员）

专著 560 千字

社会科学文献出版社 2017 年 1 月

该书详尽地论述和分析了 20 世纪人类社会历史发展中两个重大事件——十月革命和苏联解体。上卷以 19 世纪末 20 世纪初的俄国为背景，通过分析研究俄国各政党产生的历史条件、纲领、策略，通过对各政党的分析和比较，揭示了布尔什维克党诞生、发展和成功的历程，以及布尔什维克一党制的确立和金字塔式的权力结构的形成过程，从一个侧面考察了苏联模式的形成及其特点；下卷以 20 世纪 80 ～ 90 年代苏联在经过发展、兴盛和停滞之后的社会政治经济形势为背景，通过对戈尔巴乔夫本人和其推行的改革，以及当时苏共所作所为详略得当的分析，揭示了导致苏共权力金字塔坍塌的种种偶然和必然的因素。研究显示：苏联共产党曾是苏联政权的核心，是苏联宪法确立的社会领导和指导力量，从某种意义上来说，苏联共产党的历史就是苏联的历史，而没有苏联共产党起领导作用的苏联也就只能面对解体的命运了。

《中亚安全与稳定研究》

吴宏伟（研究员）主编

专著 423 千字

社会科学文献出版社 2017 年 2 月

该书对影响中亚安全和稳定的主要因素进行了深入分析和探讨，着力研究了中亚安全问题与中亚国家政治体制、经济发展、社会进步、国际形势、大国因素的关系，梳理了近年来中亚地区安全与社会稳定的整体现状与未来可能的发展趋势。

《俄罗斯发展报告（2017）》

李永全（研究员）主编

专著　265 千字

社会科学文献出版社　2017 年 6 月

该书认为，2016 年，俄罗斯对内求稳定，对外思进取，总体上保持了稳定有序的发展势头。突出表现在：国家杜马选举成功举行，政治稳定可持续；经济形势略有好转，长期增长缺乏动力；大国外交风格凸显，与西方关系依旧微妙；中俄关系稳中有进，期待“一带一盟”结伴而行。

《上海合作组织发展报告（2017）》

李进峰（研究员）主编

专著　305 千字

社会科学文献出版社　2017 年 6 月

该书分析了当前国际和地区形势以及复杂的地缘战略格局变化，解读了国际、地区热点问题和重大事件对上合组织发展的影响，对上合组织发展现状进行了系统梳理，对 2016 年以来上合组织在能源、人文、金融、军事安全等领域的合作情况进行了介绍，对上合发展中遇到的重大问题如扩员问题、自贸区问题、在“一带一盟”对接中的作用、成员国对上合组织看法等进行了深入的探讨，提出了许多有参考价值的建议。

《中亚国家发展报告（2017）》

孙力（研究员）主编

专著　328 千字

社会科学文献出版社　2017 年 6 月

该书认为，2016 年，中亚国家在确保稳定的前提下，继续推进有限的、可控的政治改革，积极寻求经济企稳回升方略，同时为国家发展营造和平稳定的外部环境。在政治领域，发生了一系列引人关注的重大事件，特别是乌兹别克斯坦首任总统卡里莫夫突然病逝，再次引发了人们对中亚国家政治稳定的关注，也触动中亚一些国家进行一系列政治调整和改革；在经济领域，随着能源价格小幅上涨，各国经济出现企稳回升迹象，各国均开启了新一轮工业化进程，但中亚国家经济结构性问题仍然没有得到有效解决，希望在丝绸之路经济带建设的框架下推动本国国家发展战略得到落实；在外交领域，虽然没有像 2015 年那样引起大国的“青睐”，但各国秉持的“大国平衡外交”继续推进，中亚国家关系发生了新的变化；在安全领域，发生了一些暴力恐怖事件，南亚与中东的恐怖主义和极端主义对中亚地区的影响呈现上升趋势，但并没有改变中亚国家安全形势总体可控的基本特征。

《“一带一路”建设发展报告（2017）》

李永全（研究员）主编

专著　213 千字

社会科学文献出版社　2017 年 6 月

该书分为总报告、国际合作篇、国内区域篇、专题篇四部分。该书指出，“一带一路”建设成绩初现。“一带一路”对国内而言是发展战略，而对于国际社会则是合作倡议。沿线国家互利合作潜力巨大，国家发展战略对接是合作成功的重要条件。“一带一路”体现的是新型合作模式，追求的是互利共赢，共同发展，共同繁荣，希望共同构建人类命运共同体。

《俄罗斯的“大欧亚伙伴关系”》

庞大鹏（研究员）

论文 22 千字

《俄罗斯学刊》2017 年第 2 期

该文指出，从“大欧洲”到“大欧亚”的历史脉络表明，“大欧亚伙伴关系”实际上反映了俄罗斯在国际格局中战略定位的发展变化，本质上是俄罗斯欧亚战略思想的延续和现实表达，这既是对俄罗斯国际定位和身份认同的最新解读，也是俄罗斯对当前形势和面临挑战的积极应对，意在经济发展、国家安全、外交突围与摆脱危机。通过论述“大欧亚伙伴关系”的背景与内涵，该文指出了中国应从中俄关系的大局着眼，以我为主，既要积极争取自身的经济利益，更要考虑中俄共同发展的整体利益和长远利益，全面客观地审视“大欧亚伙伴关系”对“丝绸之路经济带”的影响。

《对中国与白俄罗斯关系的分析与思考》

赵会荣（研究员）

论文 9 千字

《国外理论动态》2017 年第 11 期

该文采用层次分析法对中白关系背后的国际体系、地区体系、民族国家和决策者因素进行分析，揭示了双边关系之所以能够良性运行的原因，并对今后如何促进双边关系继续发展提出政策建议。该文指出，未来双方需要在政治、经济、旅游、交通、人文等领域不断拓展共同利益空间。为维护共同利益安全，双方需要以诚相待，加强互信；始终坚持平等、互利、共赢原则；把政治关系与经济关系剥离开，遵循市场规律开展经济合作；强调务实和效率；团结一致，共同应对外部挑战。

《俄罗斯经济转型：新自由主义的失败与社会市场经济探索》

徐坡岭（研究员）

论文 21 千字

《俄罗斯东欧中亚研究》2017 年第 3 期

该文分析了俄罗斯最终抛弃新自由主义的原因，认为其直接原因：一是“休克疗法”导致国力下降和社会贫困化；二是政府在转型中被寡头资本俘获。深层次原因则在于“休克疗法”转型方案缺乏严谨的实践逻辑。最重要的是，新自由主义的基本主张无法帮助转轨国家和后发展国家保护本国利益不受国际垄断资本损害。俄罗斯最终回归社会市场经济，是对上述教训反思的结果。该文在理论上证明了新自由主义对俄市场化转型的破坏性，对国内新自由主义思潮具有批判意义。

《中哈经济对接的成果与前景》

张宁（研究员）

论文 13 千字

《俄罗斯学刊》2017 年第 2 期

该文分析了中哈“一带一路”和“光明大道”战略对接的成果、难题与前景，认为，尽管成绩很多，未来仍有巨大提升空间。在两国均努力实现 2050 年发展目标的大背景下，宜将当前的以五通对接为主的“一带一路”与“光明大道”对接提升为长期的“百年梦”和“2050 年战略”对接。

欧洲研究所

《欧洲发展报告（2016 ～ 2017）》

黄平（研究员） 周弘（研究员）
程卫东（研究员）主编
专著 290 千字
社会科学文献出版社 2017 年 6 月

该书从政治、经济、社会与对外关系四个方面对欧盟形势进行了全方位的回顾与分析，重点关注英国退欧公投、德国的地位与作用以及德国自身政治生态的变化、意大利的修改宪公投、西班牙的“政府悬空”与大选，以及法国的“黑夜站立”运动等；探讨欧洲一体化在银行业联盟与能源联盟领域的重要发展、在应对恐怖主义方面的政策及其进展，以及引起广泛关注的民粹主义问题；对 2016 年的中欧关系进行了整体回顾与分析，并对两个具有典型性的事件——欧盟对华“市场经济地位”问题和中欧钢铁贸易案进行了评析。

《变化中的意大利》

孙彦红（副研究员） 罗红波（研究员）
专著 292 千字
社会科学文献出版社 2017 年 8 月

近年来，意大利经历的变化，全面而深刻。除去由该国内部发展惯性使然的“渐进性演变”之外，还充满着由外部国际环境带来的“被动”之变，这些变化与意大利政府作出的“因应”之变，错综复杂地交织互动，共同塑造了今日意大利经济、社会、政治、外交、文化与教育领域的主要特征，且将继续成为未来意大利发展的动因。该书从经济社会、政治外交、文化教育等多视角剖析近年来意大利发生的重要变化，并探讨新形势下中意关系发展的新特点与新趋势。

《英国脱欧：进展与前景》

李奇泽（助理研究员）
专著 266 千字
人民出版社 2017 年 8 月

该书共分为六章：第一章将英国与欧盟的关系变化划分为五个阶段，即主张联合阶段、对抗一体化阶段、加入欧共体阶段、合作与分歧阶段和正式脱欧阶段；第二章论述了英国脱欧前与欧盟及主要成员国的经贸关系；第三章从就业、人民福利、金融业、社会投资和整体经济走势等角度，分析了英国脱欧对英国自身以及对欧盟的影响，主要研究了英国脱欧对双方经贸关系的影响；第四章分析了英国脱欧之后双方可能采取或借鉴的经贸模式；第五章分析了英国脱欧后将要面临的贸易谈判以及双方经贸关系的走向；第六章分析了脱欧之后的英国在世界经济中的地位以及英国脱欧对英美经贸关系的影响、对中英经贸关系的影响、对全球的影响等。

《从敌人到盟友：英国对德政策研究（1943 ～ 1955）》

鞠维伟（助理研究员）
专著 293 千字
社会科学文献出版社 2017 年 1 月

“二战”后如何处置战败国德国的问题，

不仅关系着战胜国的利益，也将对战后世界国际格局产生重大影响。英国作为反法西斯同盟中的一员，在有关处置德国的政策上有着不同于其他同盟国的特点。1943 ~ 1955 年这 12 年间，英国政府参与了战后处理德国各项政策的讨论与制定，并亲身参与了对德占领、分裂德国以及帮助联邦德国加入西方同盟等各项有关德国的事务。通过该书关于英国对德政策的研究，可清晰地了解和认识英国外交政策的制定和实施以及“二战”后欧洲国际关系格局的演变。

《“一带一路”倡议下中国对外直接投资与出口贸易转型升级》

杨成玉（助理研究员）

专著 211 千字

中国社会科学出版社 2017 年 6 月

在“一带一路”倡议下，中国对外直接投资不断深化与出口贸易增长放缓形成一定程度的不协调，提升出口产品技术复杂度以促进出口贸易转型升级的时机已经到来。如何利用对外直接投资促进出口贸易转型升级已成为亟待解决的现实问题。该书通过对中国在“一带一路”倡议下的现状分析，结合实证方法，解释了中国对外直接投资对出口贸易转型升级的促进作用与机理，以期为“一带一路”倡议下对外直接投资与出口贸易之间的协调发展提供理论支持。

《中国与欧盟的相互认知——媒体的视角》

李靖堃（研究员）

译著 180 千字

社会科学文献出版社 2017 年 7 月

现在中国和欧盟之间存在着巨大的误解，对于中国和欧盟双方而言，提升彼此的可见度是发展双边关系的一项首要任务。该书关注中国媒体对欧盟的报道以及中国公众对欧盟的看法，关注欧盟媒体对中国的报道以及欧盟公众对中国的看法，并对多媒体时代中国和欧盟面临的机遇和挑战，以及大众传媒对中欧关系产生的影响进行了探讨。

《“一带一路”与欧洲》

黄平（研究员） 赵晨（副研究员）

专著 215 千字

时事出版社 2017 年 3 月

随着世界范围内各种挑战的增多，欧洲越来越认识到解决全球性问题需要中国的积极参与和合作，务实态度日益占据上风。自中国提出“一带一路”倡议始，便得到了欧洲各界的普遍关注和积极研究。该书从经济、文化、社会及安全领域探讨了欧洲对“一带一路”倡议的思考，分析了欧洲市场、技术、资金和经验在这一倡议中的积极作用和未来发展空间，将“一带一路”倡议与欧洲发展规划、国际产能合作、“欧洲投资计划”等相对接，同时探讨了难民危机等热点问题。

《英国与欧盟中东政策的未来走向：以英国脱欧为视角》

李靖堃（研究员）

论文 20 千字

《西亚非洲》2017 年第 5 期

在英国 2016 年 6 月举行的全民公投中，有超过半数的投票者赞成脱离欧盟。2017 年

6月19日，英国与欧盟正式启动脱欧谈判。英国脱欧不仅将对英国和欧盟自身的发展产生深远影响，也将给各自的外交政策带来一定变化。中东地区在英国和欧盟的外交政策中向来占有重要位置，未来双方均将努力保持并希望扩大在该地区的影响。尽管英国和欧盟中东政策的基本原则和根本利益诉求应该不会发生实质性改变，但会根据形势的变化对具体政策进行一定程度的调整。同时，这种调整也有可能给英国与欧盟在该地区的关系带来一些新的变量和不确定性。由于英国和欧盟在中东问题上既存在利益的契合，又存在利益的冲突，这决定了双方未来在该领域既有合作，又有竞争。该文对上述问题作了分析与研究。

《气候安全研究：以欧盟为视角》

赵晨（副研究员）　曹慧（助理研究员）

论文　10千字

《新视野》2017年第1期

当前，无论是欧盟层面，还是成员国层面，气候变化已被视为一种“威胁放大器”。该文指出，在欧盟内部，由于缺乏共同安全及防务政策，欧盟正发展出一种以民事力量（气候外交）为主、军事力量为辅的多边主义气候安全观。在欧盟未来的气候规划战略中，欧洲对外行动署和欧盟委员会将扮演重要的角色，而气候外交是欧盟发挥其民事力量作用的主要途径。

《法国家庭政策的制度建构：理念与经验》

张金岭（副研究员）

论文　15千字

《国外社会科学》2017年第4期

该文指出，法国的家庭政策起源较早，在经历了不断调整、转型与完善的变革后，其政策目标从最初关注人口再生产、维系家庭稳定等，逐步拓展到全面实现人的基本权利、追求社会公正等多重目标，并在不同时代背景下通过具体政策变革积极回应现实中的家庭与社会问题。其政策内容以体现货币补贴的诸多家庭补助为主，辅以税费减免政策，并建立面向家庭设立的制度安排、服务机制与设施建设等。作为一套具有普惠性特征又施行目标群体特殊照顾的政策体系，法国家庭政策表现出一定的灵活性，形成了国家主导、社会参与的制度格局，实现了广泛的协作机制，为立法革新、政策调整、制度完善奠定了基础。

《不平等时代的全球治理》

赵晨（副研究员）

论文　11千字

《国际论坛》2017年第5期

冷战结束后30多年，全球经济的不平等差距急剧增大，贫困人口增加，中产阶级的财富严重缩水。分配不均导致西方政治上出现了民粹主义和反全球化运动。但由于技术进步，在资本可以自由流动的全球化时代，不平等问题依然只能依靠加强国际政治层面的全球治理来缓解。该文指出，“平等”是中国全球治理观的核心特征。在不平等时代，中国在国内已形成一些具有自身特色的管控经济不平等问题的做法，现有必要将其介绍给其他国家，为降低全球总体不平等贡献自己的智慧和力量。

《脱欧公投视角下的英国民主政治困境》

李靖堃（研究员）

论文　10 千字

《国际论坛》2017 年第 5 期

2016 年 6 月，英国就是否继续留在欧盟举行全民公投，结果有超过半数的投票者支持脱欧。这一结果将不可避免地对英国的国内政治产生深远影响。该文认为，英国脱欧暴露了英国民主政治中长期存在的一些深层次问题，其中最突出的有：作为英国宪政基础的议会主权原则面临着挑战；精英民主政治由于民粹主义的兴起陷入困境；传统政党政治在内部团结和未来发展方向等问题上遇到了前所未有的危机。这些问题将长期困扰英国政治，同时也反映了欧洲目前普遍面临的一些困境。

《理想主义还是新帝国主义？——当代国际法宪政化理论批判》

程卫东（研究员）

论文　14 千字

《欧洲研究》2017 年第 5 期

冷战结束后，一些西方特别是欧洲的国际法学者主张国际法宪政化，将宪法的一些价值与原则引进国际法，以增强国际法对国家及其行为的约束力。该文认为，从马克思主义关于法的社会基础、法的本质以及国家观等角度来分析，国际法宪政化在理论上均存在重大缺陷，国际法宪政化缺乏必要的社会基础，同时也是对国际法性质与国家本质的一种误读。世界主义的国际法宪政化理论并没有充分反映现实中国家的复杂的利益计算，只是一种近于乌托邦的理想，而规范性的国际法宪政化则是一种变相的欧洲／西方中心论。无论哪种形式的国际法宪政化理论，都不是国际法改革的方向。国际法改革还是应该植根于国际社会的实际情况，从更好地在新形势下实现国际法的功能角度出发，去完善、创设国际法规则。

《瑞典公共养老金模式的嬗变：结构改革与参数因素》

郭灵凤（研究员）

论文　10 千字

《欧洲研究》2017 年第 5 期

20 世纪 70 年代以来，欧洲福利国家纷纷对年金体系进行了程度不等的改革。不同于大多数国家的参数改革，瑞典的公共年金体系在 20 世纪 90 年代经历了重大的结构性变革。该文着重介绍瑞典公共年金制度的结构性变化，同时考察其中的参数因素，主要内容分为三个方面：第一，分析造成这场结构性改革的经济环境、人口因素和政治格局变化；第二，对比公共年金制度改革前后的结构和参数变化；第三，讨论改革的结果和公众对改革的争议。

《法国的叙利亚政策析论》

赵纪周（助理研究员）

论文　15 千字

《欧洲研究》2017 年第 2 期

叙利亚是战后法国全球战略构建以及在中东发挥大国角色的重要支点。“阿拉伯之春”爆发后，法国对叙利亚采取了“民主改造”、抛弃巴沙尔政权的干预政策，不断加强同沙特等海湾国家的关系。该文回顾了法叙关系的发展历史，检视了法国在叙利亚内战中的政策，并分析了影响法国对叙政策演变的主要因素。该文认为，过多的政策目标和自身实力的限制，使法国难以发挥与自身实力并不匹配的大国影响，法国未来仍可能在叙利亚政策方面深陷力不从心的困境。

《国际金融危机背景下欧洲金融结构的转型》

胡琨（研究员）

论文　19千字

《欧洲研究》2017年第4期

该文指出，长期以来，尽管各成员国之间差异巨大，但欧盟金融结构总体上呈现银行主导的特征。国际金融危机冲击下欧洲金融体系的动荡表明，欧盟银行主导的金融体系并不完美。一方面，对银行业的过度依赖会因银行监管和市场出清机制的不足导致系统性风险累积，增加金融系统的脆弱性；另一方面，又因缺乏一个替代性机制缓冲经济基本面所受到的冲击，难以为经济复苏提供必要的金融支持。因此，欧盟在通过银行业联盟确保银行体系稳定的同时，着手借助资本市场联盟的建设推动资本市场发展，欧盟金融体系也因此启动了从银行主导向银行与市场并重的重大结构转型。

《法国养老金改革的选择：参数改革及效果分析》

彭姝祎（副研究员）

论文　11千字

《欧洲研究》2017年第5期

面对由人口结构变动引发的养老金赤字加剧、中长期内难以持续的难题，法国从20世纪90年代初起，对养老金制度进行了持续的改革。由于结构改革阻力巨大，难以推进，因此，改革以调整缴费率、退休年龄以及领取全额养老金的年龄等技术参数为主，目的是削减巨额养老金赤字，推动养老金制度走上可持续发展的道路。法国权威部门经评估指出，改革的增收减支效果明显，养老金制度的中期可持续目标有望实现。与此同时，改革在短期内不会对法国养老金制度的“充足性”造成破坏性冲击，该制度仍能提供较高水平的收入替代与保障。但从长期来看，一定程度的冲击在所难免，养老保障水平将下降，养老保障网的安全性将随之降低，这一变化将为法国适当加强基金制的养老支柱，优化养老金结构，进而从根本上确保养老金制度的可持续开辟空间。该文对法国养老金制度的改革历程作了分析与研究。

《波兰的创新发展》

贾瑞霞（副研究员）

论文　6.4千字

《科学管理研究》2017年第4期

该文对波兰的创新能力予以分析，剖析了推动波兰创新发展的若干动力，并认为，波兰国家战略与政策是扶持本国创新的重要保障；多个政府及社会机构协调保证创新政策及资金的有效配置；经济形势的向好、社会资源的充裕以及欧盟资金的支持，都是波兰创新不断发展的动力。

《欧洲民粹主义政党崛起的原因与走势》

田德文（研究员）

论文 12千字

《当代世界与社会主义》2017年第2期

该文认为，在欧债危机背景下，反精英、反建制、反官僚的民粹主义政党的崛起对欧洲国家的政治格局产生了冲击。欧洲民粹主义政党崛起的直接原因是欧洲很多人对“共识政治”状态下的主流政党失去了信心与信任，深层原因则是20世纪80年代后“自由资本主义”回归欧洲引发的社会反弹。在欧洲选举政治框架中，民粹主义政党上台后一般都会趋于“主流化”；同时，主流政党也会吸收很多具有民粹主义色彩的政策主张。欧洲民粹主义政党的崛起对西方意识形态、欧洲一体化和经济全球化都可能产生重要影响。

《德国外交文化解析——以德国的叙利亚政策为例》

黄萌萌（助理研究员）

论文 12千字

《欧洲研究》2017年第2期

第二次世界大战结束后，经历了公民教育与历史反思的德国在外交文化领域发生嬗变。两德统一后，摆脱了冷战格局束缚的德国在国际上的地位逐步提高，西方盟友对德国承担更多国际经济、政治与安全责任的期待也相应上升。在此背景下，德国外交文化的内在特征出现调整趋向：军事领域的“克制文化”、“联盟团结”与“多边主义”原则以及“承担更多国际责任”之间此消彼长的态势有所加剧。然而，德国政界加强国际参与的意愿与民众对承担国际责任及使用武力的谨慎态度仍在反复拉锯。该文以德国的叙利亚政策为例，对德国的外交文化作了分析与研究，并认为，德国在叙利亚战争中的外交政策反映出的正是冷战结束以来德国外交文化的延续与调整的特点。

《国际金融危机中的德国公私合作制论析——基于国家角色变迁的视角》

李以所（助理研究员）

论文 15千字

《欧洲研究》2017年第1期

2008年因次贷危机引发的国际经济危机常被归咎于市场失灵，要求强势管控的大政府回归的呼声甚嚣尘上。该文以经济危机爆发前后德国的公私合作制实践为研究对象，对战后德国的国家角色变迁进行了梳理，依托担保国家理念对政府提供公共产品和服务的方式进行了总结和反思，并认为政府失灵也并不能说明市场就是万能，市场失灵后也不必召唤一个无所不能的大政府再次归来。公私合作制就是担保国家理念的实现模式，是在市场神话和万能国家之间的恰当选择；在体制性的经济危机中，要继续推进和完善公私合作制，不应予以简单否定。

《叙利亚内战中的欧盟：实力、理念与政策工具》

赵晨（副研究员）

论文 14千字

《欧洲研究》2017年第2期

叙利亚内战造成第二次世界大战后最大的一场人道主义灾难，以“人道主义”为名进行干预的欧盟却逐渐在这场冲突中沦为

"次要角色"。该文从欧盟的实力、理念和政策工具三个视角解析了这一过程。该文指出，首先，欧盟的硬实力不足使其在美国收缩中东战略的形势下难以成为与俄罗斯、伊朗对抗的西方力量；其次，欧盟激进化的世界主义外交理念因为过于脱离地缘政治现实而缺乏足够的竞争力；最后，欧盟的民事外交政策工具在叙利亚这一特殊场域未能发挥足够的效力。

《欧洲反全球化浪潮的表现及原因》

贺之杲（助理研究员）

论文　10 千字

《新视野》2017 年第 4 期

该文认为，反全球化、逆全球化、一体化是全球化进程的伴生物，全球化对地区的影响表现为抑制或激发地区中存在的潜在性因素。欧洲一体化既保证了欧洲的全球地位，也是抵抗全球化的变体。当前的欧洲反全球化潮流成为不容小觑的一股力量，与反对欧洲一体化并驾齐驱，成为影响欧洲经济、社会和政治生态的因素。欧洲反对全球化浪潮体现在对贸易政策的质疑、对难民政策的反对、民粹主义政党的兴起和反全球化与反一体化并行。全球化与一体化的机会和风险被不均衡地分配在社会之间及社会内部，真实的或感知的相对剥夺感与异化感给欧洲民众带来的双重压力是欧洲反全球化浪潮的主要动因。再加上多重危机背景下，欧盟无力应对全球化带来的经济社会挑战，欧盟及其成员国在应对反全球化浪潮时，既要关注社会认可，又要关注社会资源再分配。

《美国非常规就业研究——兼论社会福利改革的影响》

张浚（研究员）

论文　15 千字

《美国研究》2017 年第 4 期

在过去几十年里，美国的非常规就业与全球非常规就业同步增长。该文认为，导致非常规就业增长的最根本原因是科技进步和经济全球化带来的就业方式的变化。同时，制度改革也发挥了重要影响。在美国的社会保障体系和社会福利制度改革过程中，整体的社会福利改革更加侧重于削减而不是调整，改革没有使社会保障体系更加适应新的就业方式，进而更好地为劳动者提供保障，以应对新的生产方式下的社会风险。因此，这些改革措施不仅使一些目标人群（如低收入的单身母亲）加入了非常规就业行列，而且人数不断增加的非常规就业的劳动者更多地暴露在市场风险之中，他们的社会权益缺乏保护、生活状况恶化的趋势也逐步呈现。未来，如何在加强劳动力市场的灵活性、刺激就业的同时，为非常规就业者提供更好的社会保障以抵御市场风险，将是美国社会政策改革面临的重要挑战。

西亚非洲研究所

《非洲发展报告 No.19（2016～2017）：非洲工业化与中国在非洲产业园区建设》

张宏明（研究员）主编

研究报告　376 千字

社会科学文献出版社　2017 年 7 月

该书由主报告、专题报告、地区形势、热点问题、市场走向和文献资料六部分内容构成。鉴于产业园建设业已成为目前和今后一个时期非洲工业化及中国对非经贸合作特别是产能合作的重要载体，契合中国“一带一路”倡议精神和非洲“2063年议程”战略目标，符合中非双方的利益诉求，该书的专题设定为“非洲工业化与中国在非洲产业园区建设”。该“专题”栏目由1篇主报告和9篇专题报告构成。主报告全面阐述了中非共建产业园的演化脉络及其发展趋势、面临的机遇和挑战，以及应对策略或措施；专题报告则从不同行业的视角阐述了中国在非洲产业园区的建设或经营情况，并就存在的问题提出应对之策。

该书的“地区形势”“热点问题”“市场走向”“文献资料”栏目比较全面、系统地分析了2016年非洲政治、安全形势和热点问题，探讨了非洲经济形势和市场走向（包括贸易、投资、工程承包、国际援助等），剖析了大国对非洲关系特别是中非关系的新动向，并对其发展趋势进行了研判。

《中东发展报告No.19（2016～2017）：“后美国时代”的中东格局》

杨光（研究员）主编

研究报告 357千字

社会科学文献出版社 2017年10月

该书重点就当前中东格局以及大国对中东政策的变化与调整进行了阐述。该书的主报告为《大国竞争新态势与中东新格局——美国领导缺失下的中东地缘政治新图景》。该书还围绕本年度中东热点问题发展以及中国与中东国家的经贸关系进行了全景扫描。

《跨国石油公司社会责任与尼日利亚的可持续发展》

朴英姬（副研究员）

论文 26千字

《西亚非洲》2017年第1期

该文指出，跨国公司社会责任是一个动态概念，其内涵和形式都会随着社会发展而不断演进。跨国公司社会责任理念的提出旨在寻求商业和社会并行发展的最佳模式。作者认为，一直以来，跨国石油公司在尼日利亚履行社会责任的弱化是石油社区与跨国石油公司之间冲突频发的主要根源。相对于从石油开发中获得的巨额收益而言，跨国石油公司在履行社会责任方面的投入显得微不足道，也无法弥补石油开发活动对当地环境、社会和经济发展造成的损害。

《坦赞铁路如何重振》

贺文萍（研究员）

论文 5千字

《世界知识》2017年第4期

2017年1月7～11日，中国外交部部长王毅秉承中国外交坚持了27年的传统，开启了新年外交的首访非洲之旅。在王毅外长访问的非洲五国（马达加斯加、赞比亚、坦桑尼亚、刚果共和国、尼日利亚）中，赞比亚和坦桑尼亚两国因“坦赞铁路”而被更多中国人所熟悉。该文指出，无论是有着40年历史的坦赞铁路，还是刚刚运营的亚吉铁路，必须与时代发展的特点相契合，才能走出自身的“繁荣之路”。

《试论我国承认与执行外国判决的反向互惠制度的构建》

朱伟东（研究员）

论文　11千字

《河北法学》2017年第4期

互惠原则是外国判决承认和执行中的一项重要原则。该文指出，由于该原则所具有的难以克服的缺陷，近年来，许多国家的立法明确废除了该原则，或对该原则的适用施加了一定的限制或规定了例外条件。一些国家的法院在实践中很少适用该原则，或在适用该原则时采用宽松、自由的解释。我国法院一直以来都适用严格的正向互惠的做法，这不但与国际趋势背道而驰，而且会使我国法院判决的承认和执行面临越来越孤立的境地，从而不利于中国与其他国家开展经贸往来。

《“一带一路”背景下的中非粮食安全合作：战略对接与路径选择》

安春英（研究员）

论文　16千字

《亚太安全与海洋研究》2017年第2期

进入21世纪以来，全球粮食供给状况得到较大改善，而非洲地区粮食安全状况严峻，非洲是世界上唯一粮食不足、人口持续上升的大陆。为此，非洲国家提出旨在通过发展农业消除饥饿与贫困的农业发展战略——《非洲农业综合发展计划》，它现已成为国际社会与非洲农业与粮食安全合作的政策文件。该文认为，基于《非洲农业综合发展计划》，中国应把保障非洲国家的粮食安全作为中非农业合作的重点，帮助非洲国家提升农业技术水平，提高其自身农业发展与粮食安全保障能力。

《作为国际法规范的“保护的责任”——以国际法渊源为基准》

史晓曦（助理研究员）

论文　14千字

《国际政治研究》2017年第5期

该文指出，在联合国的大力推动下，“保护的责任”作为一个重要概念，正进入国际社会成员针对集体行动的讨论之中。然而，这个新理念是否已经成为一项国际法规范则尚存争议。按照传统的国际法理论，“保护的责任”在法律效力、规范认同等各个方面都存在缺陷。但是，依据国际法渊源的理论，“保护的责任”原则可以从人权公约中找到其法律效力来源，特别是《联合国宪章》以及《关于防止及惩治种族灭绝罪公约》等国际法文件。此外，由于“保护的责任”已经通过了联合国大会的审议，并且在重大国际决策中成为各个国家绕不开的议题，因此可以说，“保护的责任”包含在正处于发展中的国际社会的基本价值中。总之，“保护的责任”是一种国际政治话语策略，而不是一个无法律效力的、空洞的政治修辞。

《俄罗斯与土耳其关系的内在逻辑与发展趋势》

唐志超（研究员）

论文　18千字

《西亚非洲》2017年第2期

该文指出，俄罗斯与土耳其双边关系历史悠久，可追溯至16世纪伊始的旷日持久的俄土战争。第一次世界大战至苏联解体，俄土关系经历了对峙、亲密、摩擦、回缓与务实合作等不同发展阶段。随着冷战的结束，尤其是进入21世纪以来，俄罗斯和土耳其两国关系发生历史性逆转，走上战略合作之路。这一时期，俄、土之间由合作到对抗、再由冲突到合作的迅捷转变，不仅说明双方共同利益基础牢固以及彼此需求的迫切性和现实性，也显示出俄土关系的战略性和坚韧性。

《非洲反建制主义的勃兴——对当前非洲政治变迁的另一种解读》

沈晓雷（助理研究员）

论文　25千字

《国际政治科学》2017年第2期

该文指出，反建制主义已经成为当前国际上最为流行的一种政治现象。非洲国家也存在各种类型的反建制主义行为，这其中包括横扫突尼斯、埃及和利比亚等国所谓的“阿拉伯之春”运动，布隆迪、卢旺达和刚果（布）等国领导人的“第三任期”问题，津巴布韦的土地改革和本土化政策，以及南非的排外行为等。

《“一带一路”倡议实施中的宗教风险探析——非洲基督教的视角》

郭佳（助理研究员）

论文　9千字

《世界宗教文化》2017年第3期

该文指出，“一带一路”倡议实施中，非洲基督教风险主要表现为三个方面：其一，基督教文化塑造了非洲人的价值观念，中西方价值观念的不同容易对“一带一路”人文交流造成隔阂；其二，基督教会在政治领域的参与可能对非洲政治走向产生一定影响，从而为“一带一路”倡议在非洲的实施带来不确定因素；其三，基督教与伊斯兰教教派冲突及个别基督教极端势力会对“一带一路”建设造成阻碍。在当前非洲基督教整体较为温和的情况下，价值观层面上的基督教人文风险更为突出。

《法国开拓非洲市场的成效、动因和前景》

张宏明（研究员）

论文　8.4千字

《国际经济合作》2017年第6期

进入21世纪，法国开拓非洲市场的努力取得积极成效：非洲在法国外贸中比重下降的趋势得到扭转，对非贸易额稳步提升且高于同期法国外贸总额增幅，对非贸易出超在一定程度上收窄了法国对外贸易逆差。该文认为，上述进展系由多重因素促成：非洲政治经济形势的新变化、大国在非洲竞争的新态势，特别是法国对非洲的新需求，促使巴黎对待非洲的看法和态度发生了变化，经济合作成为法国对非工作的重中之重，而拓展非洲市场又是施策重点。

《为“一带一路”构筑法治保障网》

朱伟东（研究员）

论文　6千字

《人民论坛》2017年第19期

该文认为，中国应从双边、区域、多边

角度加强与“一带一路”沿线国家在经贸投资、民商事刑事司法协助、国际商事仲裁、打击跨国犯罪和腐败行为等领域的司法合作，为“一带一路”倡议的顺利实施构筑牢固的法治保障网，推动全球治理体系变革。

《美国的中东伙伴危机持续加深》

唐志超（研究员）

论文　6千字

《世界知识》2017年第15期

该文指出，自2017年6月5日沙特阿拉伯、阿联酋、巴林和埃及四国以卡塔尔“支持恐怖主义”和“破坏地区安全”为由，宣布与卡塔尔断交并对卡塔尔实施禁运封锁后，此场断交危机愈演愈烈。6月23日，上述四国通过科威特向卡塔尔转交了旨在解决危机的13点要求文件（其中包含切断与恐怖组织的联系、关闭半岛电视台、撤回驻伊朗外交人员、终止所有与伊朗的军事合作、停止在境内建设土耳其军事基地等）。该文对此场危机的发展趋势作了分析与研究。

《南非与其他金砖国家合作的成效与前景》

徐国庆（副研究员）

论文　8千字

《海外投资与出口信贷》2017年第4期

该文指出，南非加入金砖国家合作机制，促进了南非与其他金砖国家的战略互动、经贸合作与人文交流。面对当前国际环境的不确定性与国内社会经济发展困境，南非祖马政府不但试图借助中国等金砖国家的良好发展机遇，拓展领域合作，完善经济结构，增加就业；而且希望推动金砖国家互信，巩固合作基础，趁势扩大金砖国家在全球治理中的地位。未来南非可发挥其独特的地缘、经济等方面的优势，配合金砖国家合作倡议，增强政策协调，加强各领域合作，推进涉非议程，以此稳定国内局势，减少国内反对派与西方势力的干扰。

《俄罗斯对非洲政策的演进及中俄在对非关系领域的合作》

徐国庆（副研究员）

论文　15千字

《俄罗斯学刊》2017年第4期

两极格局时期，出于扩大势力范围、挑战美国霸权等因素的考虑，苏联重视与第三世界国家的关系，将发展对非洲关系置于较重要的地位。冷战结束初期，非洲一度成为俄罗斯外交忽视的区域。21世纪以来，面对非洲国际政治经济影响力的提升，俄罗斯出于恢复大国地位、融入全球经济体系的需要，逐渐调整对非政策，开始注重在深化对非合作机制的基础上，利用能源、军备等领域的优势，推动俄非政治、经济与防务等领域的务实合作。

《俄罗斯、伊朗对中亚地区“一带一路”建设的影响及对策》

马文琤（副研究员）等

论文　6.7千字

《当代世界》2017年第8期

该文认为，俄罗斯、伊朗两国对“一带一路”在中亚地区的建设均有重要影响。其中，俄罗斯通过建立集体安全条约组织、建设欧亚经济联盟以及开展双边外交等方式不断增强其在中亚的影响力；伊朗始终将阿富汗作为其向中亚发展的战略支点，并在“伊核协议”达成后通过申请加入上合组织、与欧亚经济联盟合作、促进里海油气开发等方式加强与中亚地区的合作。

《非洲国有企业发展与“一带一路”背景下的中非产业合作》

杨宝荣（研究员）

论文 11 千字

《国际经济合作》2017 年第 8 期

经历了 20 世纪 90 年代以来的私有化改革，非洲国有企业在国民经济发展中仍发挥着重要作用，并重新受到非洲国家政府的重视。非洲国家政府对待国有企业的态度反映了非洲市场环境的变化特点。该文认为，基于非洲市场环境和产业链特点以及中国企业“走出去”的实践，非洲国有企业应是中国“一带一路”产业合作的重要对象。中非产业合作与非洲国有企业对接是实现中非合作战略目标，践行“命运共同体”理念的重要体现。

《本土化政策对津巴布韦投资环境的影响》

吴传华（助理研究员）

论文 10 千字

《国际经济合作》2017 年第 8 期

本土化是津布韦穆加贝政府提出的一项重要经济政策，旨在消除殖民主义影响，将资源和经济主权掌握在本国手中。该政策的核心是外资企业必须将 51% 以上的股份转让或者预留给津巴布韦本地人，并为此制定通过了《本土化与经济授权法》等一系列法律法规。2007 年至 2017 年，本土化政策在备受争议和诟病中走过了 10 年历程。该文考察了津巴布韦本土化政策的背景、具体内容、实施情况，并对本土化政策对津巴布韦投资环境的影响进行分析。

《中国经验与非洲发展：借鉴、融合与创新》

贺文萍（研究员）

论文 20 千字

《西亚非洲》2017 年第 4 期

中国在改革开放 30 多年里成功使 7 亿多人摆脱贫困，并一跃成为仅次于美国的世界第二大经济体。正在渴求摆脱贫困和实现发展的非洲国家迫切希望了解、学习和借鉴中国在经济发展和政治治理方面的经验。该文认为，总体来看，两个方面的中国经验值得非洲国家关注：一是实行渐进式改革，摆正了改革、发展与稳定三者的关系，以与时俱进的“发展观”统领发展大局；二是拥有强有力的、致力于发展的政府、富有远见卓识的领导人以及正确的政策。

《新形势下中国对非洲文化传播本地化道路刍议》

吴传华（助理研究员）

论文 5 千字

《对外传播》2017 年第 8 期

该文指出，中国与非洲虽在地理上相距遥远，但中非传统友谊历久弥新。近年来，随着中非友好合作关系不断深入发展，中非文化交流与合作亦呈现出蓬勃发展的喜人之势，中国对非洲的文化影响力不断上升，对非洲的文化传播能力逐步增强。作者认为，在新形势下，“一带一路”倡议的提出和推进为中非关系发展注入了新的时代内涵和前进动力。“一带一路”既是经贸合作之路，也是文化交流之路，为扩大和深化中非文化交流与合作带来了前所未有的历史机遇。

《马克龙时代法国中东政策初探》

余国庆（副研究员）

论文　6千字

《当代世界》2017年第9期

该文指出，作为对中东有重要影响并在中东有重要战略利益的欧盟国家，法国对中东的政策对欧盟有着重要的“引领”作用。马克龙当选法国总统，有利于法国外交和中东政策的延续性，但也面临着应对国内外反恐局势、与相关大国及地区国家进行政策协调的挑战。

《“一带一路”倡议：加强中国与沙特经济合作的契机》

陈沫（副研究员）

论文　14千字

《宁夏社会科学》2017年第5期

为推动“一带一路”倡议在丝绸之路沿线国家的落实，中国寻求与这些国家经济合作的模式。中东重要产油国沙特在经济发展受到国际油价迅速下跌的冲击下，提出了调整经济发展的新政策。该文认为，结合沙特经济发展重点与中国“一带一路”倡议的契合点，中沙双边经济合作在能源、产能合作及金融等方面具有合作的契机。

《“一带一路”安保体系建设势在必行》

王洪一（副研究员）

论文　2.6千字

《中国投资》2017年第10期

自2013年习近平总书记提出“一带一路”倡议以来，世界各国积极响应，踊跃参加相关合作。随着2017年“一带一路”高峰论坛的召开，这一倡议成为引领当前国际合作的重要内容。在此背景下，中国企业抓住机遇，纷纷制定相应的国际化战略，“走出去”步伐进一步加快。基于此，该文认为，治安风险的防范和应对成为“走出去”的风险防范的重中之重，建设中国自己的“一带一路”安保体系势在必行。

拉丁美洲研究所

《当代中国拉丁美洲研究》

中国社会科学院拉丁美洲研究所

专著　269千字

中国社会科学出版社　2017年6月

中国的拉美研究与国际政治经济形势的变化、中拉关系的发展和中国自身的发展进程密切联系，是对发展中国家现代化进程理论与实践的建设性补充。当前，中国等新兴经济体都面临着经济社会可持续发展问题，同时还肩负着参与全球治理、携手构建广泛的利益共同体的共同担当。对拉美和加勒比区域的针对性研究不仅丰富了中国拉美研究的内涵，而且为中国全面建成小康社会提供了有益的借鉴。中国的拉美研究在长期的发展过程中，形成了较为鲜明的研究传统与特色，产生了大量为党和国家政治、经济、社会、文化和外交事业作出积极贡献的研究成果。该书追寻着中国拉美研究发展的历史脉络，以拉美研究各学科领域为对象，通过对学术思想、学术争鸣、理论演进和方法探索等多角度的综述考察，反映了中国拉美学科发展的重点、难点、热点和方向，对于未来中国区域国别研究，特别是拉美和加勒比地区与国别研究具有基础性和参考性的意义。

《“一带一路”合作空间拓展：中拉合作新视角》

中国社会科学院拉丁美洲研究所

研究报告　145 千字

中国社会科学出版社　2017 年 5 月

作为地域广阔、人口众多的发展中地区，拉丁美洲和加勒比地区是中国实施全面对外开放战略的重要支点。特别是 21 世纪以来，伴随着经济全球化的逐步深入，中国与拉美的经贸关系获得了前所未有的跨越式发展。该书指出，随着 2015 年初中拉论坛的建立并召开以及 2016 年中国对拉美第二份政策文件的发布，中拉整体合作也正式进入机制化的新阶段。通过座谈、访谈、实地考察和学术研究，该书作者对中拉整体合作、产能合作、基础设施合作、中国主要省份与拉美经贸关系等问题有了更深刻的认识和理解。作者对“一带一路”倡议在中拉合作空间上的有益探索，符合我国提高对外开放水平的整体战略，具有现实意义。

《拉丁美洲和加勒比发展报告（2016～2017）》

袁东振（研究员）主编　刘维广（编审）副主编

研究报告　422 千字

社会科学文献出版社　2017 年 6 月

该书共分为“主报告”“形势报告”“中拉关系专题报告”“国别和地区报告”“附录”五部分，系统介绍了 2016 年以来拉丁美洲和加勒比地区诸国政治、经济、社会、外交等方面的新变化、新趋势，解读拉美各国的差异性和特殊性，剖析拉美国家在政治、经济和社会发展中的新难题，总结和思考中拉关系的机遇与挑战。

面对逆全球化趋势，拉美国家在参与全球治理方面面临新的挑战和不确定性。该书旨在构建一个全球经济治理演进的分析框架，阐述拉美国家作为新兴经济体在全球经济治理中的地位、它们参与全球经济治理体系的困难与诉求，以及全球经济治理框架下中拉经济合作的新机遇。拉美在未来世界经济增长和全球发展中具有重要地位，一直是全球经济治理较为活跃的参与者，当前正积极寻求发展战略的调整。中拉经贸合作正在为适应上述变化而进行深度结构性改革，以期在发展中迎来更大机遇。此外，巴西、阿根廷、哥伦比亚、委内瑞拉等国形势的变化及发展趋势也是该书重点关注的内容。

《全球化与“一带一路”视角下的中拉发展战略对接》

吴白乙（研究员）

论文　21 千字

《拉丁美洲研究》2017 年第 6 期

该文指出，中外发展战略对接是实施“一带一路”倡议、促进区域经济融合和市场机制接轨的一项创新性政策。作为“21 世纪海上丝绸之路”延伸地区，拉丁美洲能否与中国同步发展，共同应对经济全球化新旧动能转换及中拉合作结构、能力不对称所带来的挑战，关键在于双方加深共识，借助对接的压力传导，清理各自内部不合理、不适时的制度，构建新型政策沟通平台，在更高水平上为扩大双方务实合作提供机制化保障，从而进一步释放合作效能，实现彼此经济社会发展目标与政策的联通、兼容、共济。作者认为，从更大意义上说，中拉合作关系的调整是世界范围内生产力和生产关系再平衡的一部分，是新一轮全球化及全球治理的题中应有之义。推动中拉发展战略对接既可从根本上缓解和缩小双方制度竞争力的差异，也能使各自的比较优势和市场资源得到更便捷、合理的匹配和衔接，最终形成更加紧密的“命运共同体”。尽管由于双方体制、观念和文化差异是对接的现实难点，但只要坚持这一正确方向，有效地利用外部压力和既有的合作基础，顺势而为，中拉合作提质升级终会聚沙成塔，梦想成真。

《理解拉美主要国家政治制度的变迁》

袁东振（研究员）

论文　20千字

《世界经济与政治》2017年第10期

最近几年，拉美一些国家相继出现制度性或体制性危机，再次凸显该地区国家政治制度的脆弱性和缺陷，引发了人们对拉美国家政治制度变迁趋势、挑战与出路等问题的深度思考。该文指出，拉美国家在构建政治制度的道路上一直在艰难探索，从最初普遍复制欧洲经验和移植美国模式，到逐渐结合本国特殊国情，探索政治制度的新模式、新形式和新出路。在民主政治建立、发展和巩固进程中，拉美国家的政治制度趋于成熟、完善、有效、稳定和多样化，制度框架趋于完备，宪政体系日益巩固，政党制度和选举制度趋于成熟，政府制度趋于稳定，制度形式由单一趋于多元，制度建设更加符合本国特殊政情和国情。但拉美国家的政治制度仍面临多重挑战，制度自身有一定程度的脆弱性，制度能力相对滞后，制度的可信度不高，一些国家政治体制运转甚至有失灵的风险。拉美国家需要通过进一步改革和创新，破解和消除制度的脆弱性和缺陷，提高制度的效率和执行能力，消除传统政治文化中的负面因素，走出庇护主义和保护主义盛行的历史传统，减少制度性因素对国家发展和对外交往的约束。

《拉美地区主义视角下的中拉整体合作》

张凡（研究员）

论文　15千字

《世界经济与政治论坛》2017年第5期

随着21世纪初中国与拉美国家关系的迅猛发展，中拉双方“整体合作”提上了议事日程。作为整体合作的基础和前提，拉美地区建设将发挥重要作用。拉美地区主义实践经历了伴随进口替代工业化的“地区一体化”、“开放地区主义”和“后自由主义地区主义”三个阶段，表现出鲜明的时代和地域特征，在具有广泛、灵活特点的同时又呈分化、重叠趋势。该文认为，中拉整体合作意味着拉美地区进程与中拉关系演变出现交集，但整体合作应定位为中拉“全面合作”的有机组成部分和未来发展方向，其路径与全面合作的“立体”模式有别，其成败取决于拉美国家协调、统一步伐，但不妨碍双方全面合作的持续展开。中拉整体合作将在拉美充分利用外部条件追求自主与发展的诉求中探索前行之路，但复杂的地缘政治环境、国别差异、新常态带来的挑战以及制度和地区主义逻辑的不同也会制约整体合作的顺利发展。

《中共十八大以来中国对拉美的政策与实践》

郭存海（副研究员）

论文　15千字

《拉丁美洲研究》2017年第2期

党的十八大以来，以习近平同志为核心的党中央在和平与发展的旗帜下，以中国梦统筹国内国际两个大局，通过加强外交顶层设计和布局，全面推进中国特色大国外交。这种特色最鲜明的体现是习近平总书记倡导的以合作共赢为核心的新型国际关系，努力构建全球伙伴关系网络，同时借助文明交流互鉴，将追求中国梦同他国梦、地区梦相契合，以携手打造人类命运共同体。在此理念指引下，发展中国家，特别是拉美地区成为中国特色大国外交的亮点。习近平总书记在约4年时间里先后3次出访拉美，并将与6个拉美主要国家的关系提升至全面战略伙伴关系，凸显拉美在中国外交新格局中的重要地位。该文对党的十八大以来中国对拉美的政策与实践作了分析与研究，指出2015年中拉论坛机制的建立和2016年第二份对拉政策文件的发布，意味着中国对拉外交的日益成熟和完善，也预示着中国拥有了一个确定的对拉政策长远目标，即构建平等互利、共同发展的中拉全面合作伙伴关系。这是中国对拉政策的基石，也是中国对拉外交实践的方向。

《古巴关于社会主义发展模式的探索》

杨建民（研究员）

论文　16千字

《当代世界与社会主义》2017年第2期

自1959年革命胜利以来，古巴在探索社会主义发展模式方面进行了数次变革、探索与争鸣，先后进行了社会主义改造、严格的计划经济、“革命攻势”、经济领导和计划体制、“和平时期的特殊阶段”等多次对社会主义发展模式的探索，丰富了社会主义建设的理论与实践。劳尔在接替卡斯特罗担任最高领导职务后，提出了“更新”社会主义模式并正式启动“更新”进程。该文认为，劳尔就古巴长期经济困难的原因、党的工作重点、关于平均主义以及对外关系等方面提出了更加合乎实际的新思想、新举措，推动了古巴的“更新”进程，但其在计划与市场的性质等方面较以往仍然没有实质性突破。目前，古巴在“更新”进程的目标模式方面仍然存在争论，这些争论直接影响着改革的方向。

《北美自由贸易协定重新谈判的政治经济学分析》

杨志敏（研究员）

论文　18.3千字

《西南科技大学学报（社会科学版）》2017年第6期

该文指出，事实证明，23年来“北美

自由贸易协定”(NAFTA)运行的总体经济效应显著。它不但构建了一个以法制原则为核心内容的“区域性公共产品”，而且对成员国尤其是墨西哥的经济制度建设和外向型经济发展作出了积极贡献。而NAFTA重谈，不仅在于它的先天不足，还在于后天形势发展所需；不仅涉及经济问题，还与政治问题相连。但“NAFTA 1.0”版升级至“NAFTA 2.0”版的谈判进程较为复杂，结果具有不确定性。观察NAFTA重谈之意义，一方面在于事件本身具有的重要性；另一方面，可为当前和未来我国升级或谈判下一代自由贸易协定带来启示。

《跨越“中等收入陷阱”：巴西与韩国比较研究》

岳云霞（研究员）　史沛然（助理研究员）

论文　9千字

《国家行政学院学报》2017年第2期

巴西和韩国在经历了中等收入阶段的初期趋同后，发展轨迹出现分化，前者困于中等收入陷阱，而后者则成为高收入国家。该文认为，高质量的增长是韩国成功的核心经验，而巴西的困境来自增长不足且波动较大。由此，在外向型发展模式下，发展中国家应理顺经济传导机制，配合以适当的政策纠偏，还应适时进行调整与转型，以规避中等收入陷阱。

《中国对拉美的文化传播——文学的视角》

楼宇（助理研究员）

论文　12千字

《拉丁美洲研究》2017年第5期

近年来，随着中拉政治和经济关系的日益密切，发展相对滞后的文化关系也被迅速提上政策日程。就中国而言，发展对拉文化关系既有助于中拉民心相通，也有助于增强中国在拉美的文化软实力，提升中国在拉美的国家形象。文学是文化的重要载体之一，具有直抵人心的力量，加强中国文学对拉传播被认为是实现这一目标最普遍、最有效的途径之一。该文在阐述文化软实力和文学交流关系的基础上，系统梳理了中国文学作品对拉传播的现状，并在比较拉美文学作品在华传播的基础上，分析了当前中国文学对拉传播存在的“数量差”、“时间差”、“语言差”和“影响差”等失衡现象。最后，针对上述问题，作者提出了增强中国文学对拉传播有效性的一些建议，如加强机构和项目的规范协调以形成对拉传播合力，拓展传播渠道和推动立体合作出版，改进人才培养模式并适时推行分流化教学，优化传播内容以增强传播效应等，以期发挥文学作为促进中拉人民相互理解和情感沟通融合剂的作用。

《巴西参与金砖合作的战略考量及效果分析》

周志伟（研究员）

论文　21千字

《拉丁美洲研究》2017年第4期

该文认为，巴西对金砖合作持积极参与的态度，这既源于其国家身份的定位，也与自21世纪以来巴西优先发展南南合作的外交安排密切相关，还与新兴大国群体性崛起以及国际体系转型存在重要关联。巴西积极参与金砖合作的战略考量主要在于金砖合作机制为巴西实现国家发展提供了重要的外部路径，为巴西的国际参与提供了重要的多边合作平台。从参与效果来看，巴西在金砖合作中实现了自身的政策目标，不仅强化了与几大重要新兴大国的经贸纽带，收获了“经济红利”，还提升了巴西的国际影响力。2016年巴西政权更迭后，新政府的外交政策发生了调整，外交在政府工作中的地位被边缘化。但由于巴西通过金砖合作已收获了诸多显性红利，加之多边主义一直是巴西外交的重要传统，巴西仍将延续在全球治理层面与新兴国家之间的合作。相较而言，在政局仍不稳定的局面下，巴西对金砖国家强化政治安全合作的政策倡议会更为谨慎，涉及贸易、投资的发展合作仍为巴西参与金砖合作的优先考量。

《论拉丁美洲国家减贫战略新特征》

宋霞（副研究员）

论文　14千字

《开发研究》2017年第4期

该文指出，正确认识与衡量绝对贫困和相对贫困是治理贫困问题的前提。21世纪拉丁美洲国家的减贫战略在以往减贫政策的基础上，应用多维与混合方法对绝对贫困和相对贫困加以衡量，将教育、就业、养老、健康、数字融入等社会政策融合、协同到减贫大战略中，关注减贫政策的新维度；同时，从宪法、法律和机构层面上对脱贫权利及与脱贫相关的社会权利提供保障，成立专门负责减贫战略的政府机构，减贫开支亦试图不受政府更迭和经济周期影响，从而体现出融合性和制度性新特征。但无论单维还是多维，无论孤立还是融合协同，仅仅停留在政策层面上的减贫战略无法根除贫困，尤其是相对贫困。

《太平洋联盟兴起的外部动因与内部约束——基于新制度经济学视角》

芦思姮（助理研究员）

论文　13千字

《西南科技大学学报（哲学社会科学版）》

2017年第4期

近年来，太平洋联盟在拉美区域一体化进程中发展势头强劲，成为该地区探索区域性长效合作与深度融合的重要尝试。该文认为，从新制度经济学视角看，这一新制度被创设的主要驱动因素在于外部动因、内部约束两个维度。太平洋联盟成员国在发展模式、政策偏好等层面的趋同性不仅有利于在新制度创设阶段降低交易成本，也助推了制度运行阶段形成相对合理的利益分配结构，从而激励各国在集体行动中维系组织合作并承担相应的责任。而太平洋联盟的这些初始制度禀赋，更能够契合中拉产能对接进程中资本“引进来”与“走出去”的切实要求。

亚太与全球战略研究院

《未来5～10年中国周边环境评估》

李向阳（研究员）

专著　321千字

社会科学文献出版社　2017年5月

能否构建一个良好的周边环境对中国的政治社会稳定、经济的可持续发展至关重要，同时也是中国实现和平发展或和平崛起的前提。该书从多学科的视角，对未来5～10年中国的经济实力、中国周边的经济环境、政治环境、安全环境、区域合作环境、对华认知趋势等进行了综合评价与分析。该书认为，一方面，中国的和平崛起将面对来自守成大国的打压、实力相近国家的阻扰和中小国家的担忧；另一方面，随着中国在亚洲乃至全球影响力的上升，中国的周边环境必然呈现改善或向好的趋势。

《“一带一路”倡议与东盟利益诉求》

王玉主（研究员）

专著　380千字

中国社会科学出版社　2017年5月

2013年中国提出的“一带一路”倡议，是新时期中国加强和深化中国与国际社会合作关系的重要举措。东盟国家作为中国的近邻和重要合作伙伴，其对“一带一路”倡议的认知和利益诉求是其参与这一重要倡议、与中国构筑更深层次的互利共赢关系的基础。对于中方来说，只有准确把握东盟各国对“一带一路”倡议的利益诉求，才能有利于中方根据各国的实际需求制定具有针对性的合作安排。该书从知彼的角度入手，分别从东盟十国的实际利益关切入手，分析了这些国家对“一带一路”倡议的基本认识以及对参与“一带一路”合作的利益诉求。由于东盟各国经济发展水平不同，各国的政治制度、政治文化、社会舆论环境也有很大差异，同时对国际政治大环境的认知也不相同，该书在研究中分别采取了政策解读、文献研究、专家访谈、问卷调查等多种手段，对东盟十国内部各不同利益群体对“一带一路”倡议的认知进行了分析，并以此为基础，对各国的“一带一路”利益诉求进行阐释，指出了在不同国家推动“一带一路”合作应关注的重点，为中国在东盟各国推动“一带一路”合作提供了一份认知和利益诉求图。

《发展型安全》

钟飞腾（研究员）

专著　345千字

中国社会科学出版社　2017年4月

该书阐述了20世纪80年代以来的中国大战略，认为中国大战略的特色是兼顾发展与安全，将发展经济与维护国家安全统一起来，由发展而不是权力定义安全。与西方国际问题研究的理论化成果忽视发展不同，该书强调由人均GDP衡量的发展水平对于理解中国崛起是至关重要的。发展型安全的一个核心理念是，经济增长本身不会自动带来和平。作为一个崛起国的大战略，需要处理好增长与安全链条上的两大类阶段性挑战。随着海外利益的拓展，中国将越来越追求陆海均衡，超越传统的地缘政治博弈，成为亚洲共同发展的稳定锚。

《变革时代的中国角色：理论与实践》

王俊生（副研究员）

专著　246千字

中国社会科学出版社　2017年8月

该书主要分为三部分。第一部分主要分析中国外交所面临的国际环境与国内环境，以及在此基础上如何界定中国的国家利益；

第二部分主要从中国周边外交看中国角色；第三部分主要从“中国与发展中国家关系、与新兴经济体关系、与大国关系”三个层面论述与研讨中国外交的实践与角色调整。结语部分则通过分析近代历史上大国崛起时在对外战略上的经验教训。

《“一带一路”建设中的义利观》

李向阳（研究员）

论文 12千字

《世界经济与政治》2017年第9期

该文指出，义利观是一种具有中国特色的经济外交理念，源于中国传统文化的合作共赢，与亲诚惠容、人类命运共同体具有内在的一致性。奉行正确的义利观是中国实现和平发展的必然要求，也是“一带一路”的一个基本要义。正确的义利观不仅决定了“一带一路”存在的合法性，而且决定了它发展的可持续性。没有义，“一带一路”将失去应有之义；没有利，“一带一路”最终将不可持续。在这种意义上，“一带一路”的成功与否取决于正确的义利观能否真正得到贯彻。政府是“一带一路”的倡导者，企业是其主要参与者，贯彻正确的义利观的核心是协调政府与企业、政府与市场的关系。简言之，政府要以市场为基础，引导企业在实现利润最大化的前提下完成国家的战略目标。为此，我们既需要全面把握义利观在“一带一路”框架下的具体表现形式，又需要探索符合正确义利观理念的治理结构与运行机制。

《印度推进“孟不印尼”合作：诉求与挑战》

吴兆礼（副研究员）

论文 12千字

《国际问题研究》2017年第2期

该文以中国推动“一带一路”倡议为依托积极推进与南亚地区经济走廊建设为背景，对印度莫迪政府主导的“孟不印尼”次区域合作的战略诉求与未来政策取向进行了认证研究。研究认为，莫迪政府推进“孟不印尼”次区域合作，其战略诉求主要体现为：通过渐进方式分阶段实现南盟一体化目标，服务“邻国第一”政策，以重塑其地区影响力，满足其邻国发展诉求而开辟新合作路径，为应对中国在南亚地区“一带一路”倡议影响提供新动能。然而，受地区国家在基础设施现状、满足投资需求的能力、政局稳定性、国家间信任基础以及传统与非传统安全等因素影响，“孟不印尼”次区域合作尽管取得一定进展，但合作进程较为曲折，其未来成效也有待观察。该文认为，为实现中国与南亚国家的合作共赢，无论是中国还是印度，都需要在合作理念、参与途径以及维护地区平衡与稳定等多个层面加以系统规划，其中加强战略沟通与战略理解尤为重要。

《中国—东盟反恐合作：挑战与深化路径》

张洁（研究员）

论文 15千字

《国际问题研究》2017年第3期

该文重点研究了东南亚地区恐怖主义活动的现状，以及中国与东盟反恐合作取得的进展。该文指出，来自中国与东盟的恐怖分子正在出现合流，主要表现在两方面，一是借道东南亚前往中东的中国偷渡者数量在增加，二是少数中国籍极端分子与东盟国家的恐怖组织共同在东南亚地区从事暴力活动。恐怖活动的新特征将中国与东盟国家的安全利益紧密联系在一起，要求双方重视反恐问题在地区安全对话中的紧迫性，加大政治关注与物质投入，采取更有效的反恐合作措施，推动相关机制构建。

《“一带一路”、新型全球化与大国关系》

钟飞腾（研究员）

论文　20千字

《外交评论》2017年第3期

该文指出，“一带一路”沿线的绝大多数国家都属于中低收入国家，其面临的主要挑战是如何实现发展。中国和“一带一路”沿线国家可以推动以基础设施建设、制造业为核心的工业化和发展中国家合作为主要内容的新型全球化。中国具备全球首屈一指的制造业贸易能力，东部地区形成了一个相当于两个“二战”后美国经济规模大小的富裕经济地带。在战略上，中国倡导共商、共享与共建原则，“一带一路”具有深厚的带动力。预计2030年前后，“一带一路”沿线中低收入国家有24亿人将转变为中高收入人口，而届时，中国有14亿人口将成为高收入人口。尽管富裕起来的中国在战略上的确构成对美国的重大挑战，但“一带一路”也为中美两国创造了合作共赢的机遇。中国应统筹“一带一路”与“新型大国关系”，从战略上更好地维护中国的国家利益。

《巴黎气候大会的成功与国际气候政治新秩序》

谢来辉（助理研究员）

论文　15千字

《国外理论动态》2017年第7期

该文主要研究2015年12月巴黎气候大会成功达成全球气候治理的基础性制度框架的原因，并在理论上分析全球治理成为可能的原因。通过回顾从哥本哈根到巴黎的气候谈判进程，该文分析了美国、欧盟和中国等主要力量在塑造这一结果中的角色以及各自的得失。结果显示，中美欧等大国之间的力量均衡促成了从京都模式到巴黎模式的最终转型；在这个过程中，发展中国家为了达成协议，向美国等西方发达国家作出了重要的妥协。该文提出，在全球气候治理问题上，广大发展中国家优先选择了秩序，而不是公正。其中中国提出以人类命运共同体的理念来参与全球治理，是一个重要的政治哲学上的转变。因此，该文指出，当前的转型在一定程度上以牺牲公正为代价，缺乏权力的发展中国家为了大会成功实现全球治理作出了妥协，西方国家特别是美国是主要的受益者。这一结论有利于对相关谈判实践提供更加清晰的判断。

《欧盟对中亚地区水治理的介入性分析》

李志斐（副研究员）

论文　20千字

《国际政治研究》2017年第4期

中亚地区是欧盟水外交的重点目标区域。欧盟在中亚地区以合作方式建立起了复合型的水治理框架，通过在政治和技术层面“双管齐下”、投资水基础设施建设、推行一体化水治理政策来积极介入水治理事务。欧盟对于中亚地区水治理事务的介入服务于欧盟整体中亚战略，同时兼具规范性价值和利益性价值的双重考虑，注重在中亚内部内化欧盟水治理规则和模式，提升在中亚地区可持续发展的存在感与影响力。该文从国际关系角度对欧盟中亚水治理介入行为进行了系统的分析，通过分析欧盟的“所作所为”和战略布局，探索未来中国如何更有效地参与亚太地区的水资源安全治理，如何在主观、技术和政治层面推动中国周边水外交战略体系的建构，提升自身在亚太水治理中的参与力度与地位，从而更好地服务于中国外交战略的实施。

《超越“竞争性援助”：“21 世纪海上丝绸之路”建设与太平洋岛国经济发展的新思考》

秦升（助理研究员）

论文　10 千字

《太平洋学报》2017 年第 9 期

“竞争性援助”是自 20 世纪 90 年代以来太平洋岛国接受外来援助的最突出特征，是援助国和受援国在援助过程中互动的结果。援助国希望通过加大援助获得高于其他援助国的影响力而获得在国际政治、经济发展、自然资源等方面的利益；受援国希望通过政治外交手段最大程度地获取援助国的援助，使自身的社会经济得到最大程度的发展。与太平洋岛国共建“21 世纪海上丝绸之路”是创新援助方式、超越“竞争性援助”的崭新路径。“21 世纪海上丝绸之路”建设在广度上超越了经济援助，提供了以战略对接为前提的从基础设施建设到绿色可持续发展，从人文交流到生态保护的整体规划，是集系统性、可持续性和长期性于一体的动态合作过程；在深度上超越了传统的经济合作协定，不预设经济合作前提条件，不附加政治改革条款，尊重太平洋岛国的文化历史、发展现状、资源禀赋，因“国”而异，从岛国人民的真实需要和合作共赢的思路出发探索援助模式，中国有能力超越“竞争性援助”，实现援助、建设、合作、发展的良性循环，与太平洋岛国共同完成发展模式的创新与蜕变。

《中韩贸易 25 年：转折点或新起点？》

沈铭辉（研究员）

论文　10 千字

《东北亚论坛》2017 年第 5 期

该文指出，中韩建交 25 周年以来，中韩贸易已高度集中于电子、机电设备和化工产品，这一结果是由中韩在这些产品全球价值链上的优势地位所决定的，贸易商品结构和流向是由两国相对位置所决定的，并决定了中韩之间的长期贸易逆差。该文采用双重差分思路，从数据中识别中韩贸易发生的变化，并发现在宣布部署“萨德”前，韩国对华贸易和出口表现都要优于中国整体贸易表现；而后，韩国对华贸易和出口表现都差于中国整体表现。该文指出，“萨德”入韩改变了中韩贸易发展的良好态势，从贸易视角看，韩国低估了其对中国的非对称经贸依赖关系，而高估了韩国在全球价值链上对中国的优势。

《父母资助对城市子女住房费用的影响——基于韩国家庭面板数据的实证研究》

李天国（助理研究员）

论文　16 千字

《人口学刊》2017 年第 5 期

该文使用 1998 ~ 2008 年韩国劳动面板调查数据分析父母的收入和资产对子女新婚居住形式与费用的影响，从而考察代际关系与住房支出的联系。分析结果显示，当不区分男女样本进行回归时，子女的收入、教育水平和地区变量等一般认为会影响住房费用的因素在统计上均不显著。这表明，新婚夫妇在筹备婚房的过程中所承担的责任往往并不相同。将男女样本分别进行回归时发现，父母资产水平对新婚夫妇居住费用产生显著影响，特别是新婚夫妇中男方的住房方式受到父母资产的影响程度高于女方。这反映出婚房筹备方面男性承担主要费用的实际社会现象。而且比起父母当前收入，父母居住的住宅价格对新婚夫妇住宅价格产生更显著的影响，说明父母资产在婚房筹备上起到重要作用。该文指出，城市居民的住房状况不仅涉及年轻人生活质量，也通过代际关系影响老年人的资产与收入，是关乎民生的重大社会问题。我国政府也面对同样的问题，应该加快建立和完善多层次城镇住房供应体系，对不同收入家庭实行不同的住房供应政策。发展租赁市场作为补充，建立购租并举的住房制度。住房政策与供应模式的创新与改革将有助于解决城市居民购房能力不足的问题，对推动国内消费模式的变化与长期持续中高速经济增长都将产生深远影响。

美国研究所

《扩大参与率：企业年金改革的抉择》

郑秉文（研究员）

论文　20 千字

《中国人口科学》2017 年第 1 期

该文分析了目前企业年金制度存在的主要问题及其后果，并认为，参与率过低是企业年金发展的最大威胁，其后果既不利于提高替代率，也不利于实现构建多层次社会保障体系的目标。在养老保险顶层设计的关键时刻，应将扩大参与率作为改革重点。在对过去 10 年英、美等发达国家养老金改革历程总结回顾的基础上，作者对其改革重点、实施手段和历史贡献进行了归纳，并认为，当前是企业年金改革的重要“时间窗口”，其中，扩大企业年金参与率尤为重要。该文提出了 5 个核心措施和 5 个辅助措施，在对其逐一分析、比较的基础上，对这两组改革措施之间的相互关系、实施难点、未来前途进行了判断。

《机关事业单位职业年金“委托代理”中的风险与博弈》

郑秉文（研究员）

论文　18 千字

《开发研究》2017 年第 4 期

机关事业单位养老金并轨改革后由两层构成，即统账结合的基本养老保险和职业年金。该文指出，与企业年金相比，职业年金的治理结构中增设了“代理人”，社会保险经办机构行使“代理人”的职能。作为事业单位的社会保险经办机构介入进来之后，职业年金的“委托代理”关系趋于复杂化。从理论上讲，与企业年金相比，这种委托代理模式将有可能导致出现四种新的情况：信息不对称问题更为突出；账户管理导致额外的财政风险；单位缴费采取“虚账”管理形式给“代理人”带来一些困难；未来“虚账”带来巨大财务风险并给“代理人”带来挑战。该文在对这四个问题进行翔实、量化分析的基础上，为完善顶层设计提出了政策建议，以期在职业年金制度正式运转起来时能够采取一定的规避措施，以确保机关事业单位人员的切身利益，使财政风险最小化。

《奥巴马主义的变奏——奥巴马政府执政后期的对外政策》

倪峰（研究员）

论文　12千字

《现代国际关系》2017年第2期

该文指出，以2014年为时间节点，正当奥巴马政府开始投入全力打造“奥巴马主义”外交遗产的时候，国际局势和美国国内政治的一些重大变化使“奥巴马主义”遭遇了严峻挑战。为此，奥巴马政府不得不在打造“奥巴马主义”遗产与回应挑战、质疑之间维持艰难的平衡。一方面，奥巴马坚持“奥巴马主义”的基本要义，坚守对外干预的门槛；另一方面，对挑战和质疑作出回应。两者动态的调适构成了奥巴马政府执政后期美国全球战略的基本线索，但奥巴马政府的努力进一步凸显了“奥巴马主义”的困境。“奥巴马主义”与特朗普的外交主张之间并非完全的南辕北辙，在“收缩”“内顾”等主张上存在着内在一致性。

《美国与东亚关系的历史考察——兼论中美日三国互动及地区影响》

倪峰（研究员）

论文　19千字

《日本学刊》2017年第5期

该文从体系变迁和实际互动两个层面，在对长达200多年的美国与东亚关系的历史进行了梳理后发现，两者之间经过四个阶段的互动，从异质体系的碰撞逐步转变为同质体系的互构，从中心与边缘的关系逐步转变为双核竞争。该文指出，美国在东亚国际关系中刻下了深刻印记，无论是“门户开放”还是双边同盟体系，都将长期影响美国与东亚关系的演变。美国与东亚的关系，到了一个需要深度调适的节点。如何使这种调适向良性方向发展，太平洋沿岸各国需要以一种更为平等、包容的方式共同探索和谐共处的未来。而在国与国的互动过程中，中美日三国无疑是最关键的角色。

《从奥巴马到特朗普：美国对台政策的调整与变化》

袁征（研究员）

论文　11千字

《台湾研究》2017年第4期

该文指出，随着中国大陆实力的不断增强，奥巴马政府处理对台问题趋于谨慎，并未明确将台湾纳入“亚太再平衡”战略当中。面对台海两岸围绕“九二共识”的争议，美国对蔡英文公开表述的两岸政策持基本肯定的态度，主张两岸进行不附加条件的对话。在当前中美战略博弈日趋加剧的态势下，特朗普入主白宫给中美关系带来更多的变数。未来美国对台政策将难以突破既有的“一个中国”政策框架，但特朗普政府会视中美关系和海峡两岸情势提升美台关系，加大对台湾的支持力度，逐步侵蚀“一个中国”的政策。

《特朗普政府对朝政策逻辑与朝核问题前景》

樊吉社（研究员）

论文 13 千字

《现代国际关系》2017 年第 7 期

该文尝试梳理特朗普执政以来在朝核问题上的言论，分析特朗普政府应对朝核问题的逻辑，探讨朝核问题的发展前景。作者指出，继 2016 年两次核试验、20 余次导弹试验之后，朝鲜在 2017 年并没有因为外部压力放缓导弹试验的部分，其外交姿态仍然保持强硬底色。特朗普上台后，明确表示放弃前任总统在朝核问题上的“战略耐心”政策，拟对朝采取“极限施压”政策。当欠缺弃核意愿的朝鲜遭遇决意迫使朝鲜放弃核项目的特朗普政府，朝核问题是将回归谈判轨道，或延续僵局状态，还是进入对抗时期？对此，作者认为，朝核问题的发展前景不仅取决于美朝两国的政策，同样也将受到各国对朝政策的深刻影响，各国围绕朝核问题的博弈似将进入一个新的阶段，中国也面临更多的挑战。

《特朗普政府移民新政的影响与走向》

姬虹（研究员）

论文 9 千字

《中国社会科学院研究生院学报》2017 年第 5 期

该文以穆斯林禁令为例，对特朗普执政以来的移民政策进行了分析。同时，通过对移民政策影响的评估和未来政策走向的研判，作者认为，当前移民政策助长了美国社会对穆斯林的恐惧和仇恨，引起了司法和行政部门、州和联邦政府之间的纷争，也打击了特朗普本人的权威。尽管目前移民改革还处于变化过程中，更多的政策有待出台，但政策收紧是大势所趋。

《中美经济对比中的民生与效率——以产值统计为基础分析》

王孜弘（研究员）

论文 10 千字

《四川大学学报（哲学社会科学版）》2017 年第 5 期

该文指出，30 余年来，中美经济实力对比发生了较大的变化。无论是按美元现价计算的国内生产总值位居世界第二，还是按购买力平价计算的国内生产总值已超越美国，成为世界第一，都展示了中国经济的崛起与规模的庞大。而人均国内生产总值与就业者人均国内生产总值的增长则分别体现了中国民生基础的改善与投入效率的提高。但同改革开放前夕比较，中国人均国内生产总值及就业者人均国内生产总值与包括美国在内的主要发达国家的差距却依然明显甚至有所扩大。但这未必反映出民生与效率的实际差距，重要原因之一是在中国特殊的人口结构及受此影响的消费方式下，产值统计对中国建设成就与财富增长有低估倾向。对中国而言，经济结构的调整比产值的提高更为重要。在结构调整尚未完成之前，还需防止以出口促进增长过程中通过运用比较劣势提升了产值，实际上却使经济实力受损的现象出现。

《防止九一一式恐怖袭击与反暴力极端主义》

张帆（研究员）

论文　23千字

《美国研究》2017年第4期

该文指出，“防止九一一式恐怖袭击”和“反暴力极端主义”是美国国内防止恐怖袭击的两种战略模式。“防止九一一式恐怖袭击”和“反暴力极端主义”分别旨在防止外来和本土伊斯兰极端主义者制造的恐怖袭击。由于美国反恐部门及决策者对这两类恐怖袭击的威胁认知有所不同，导致两种模式在防止恐怖袭击的措施上存在较大差异，并进而导致政府作用在这两种模式中的具体表现形式有所不同。美国反恐部门较为一致地认为，在当前反恐形势下，“防止九一一式恐怖袭击”模式仍有存在的必要，近年来对“反暴力极端主义”模式的强调并不意味着“防止九一一式恐怖袭击”模式的过时或消失。目前，上述两种模式并存于美国国内防止恐怖袭击事务。

《复杂性递增的美国外交行为系统》

王玮（副研究员）

论文　18千字

《世界经济与政治》2017年第4期

该文尝试建立1798～2017年美国377次使用武力、2094次缔结条约的外交活动数据集，论证美国外交系统复杂性递增的基本假设，并探索美国外交系统对个人参与者设定的边界。该文认为，美国外交行为系统是一个复杂系统，对外关系活动者在其中相互联系，彼此影响，维持着系统的运行和发展。外交思想和外交行动的历史沉积造就了外交行为系统的复杂性，而不断涌现的新元素让系统复杂性逐步递增。思想观念和行为活动交互作用，形成权力政治、强制合作、集体安全和规范合作等四种基础性外交方案。该文发展的理论框架描述了一个非人格化的美国外交系统，个人参与者在其中受到强大的约束和限制。

《论美国非政府组织在朝鲜的援助与活动》

李枏（副研究员）

论文　14千字

《美国研究》2017年第2期

美国非政府组织长期以来一直在朝鲜进行人道主义援助，积极开展民间交流。这些非政府组织通过与朝鲜政府进行谈判和协商，建立起了一系列针对朝鲜的人道主义援助机制。该文指出，通过开展援助行动，一方面，这些组织可以大量了解朝鲜的内部状况，为美国政府提供朝鲜的准确信息；另一方面，这些组织成为美朝“二轨外交”的重要媒介，为未来美朝关系的缓和和修复发挥了重要的辅助作用。即使在美朝双边关系陷入低谷的时候，美国政府也依然允许非政府组织赴朝鲜开展人道主义援助和民间交流。美国非政府组织在朝鲜的援助行动具有鲜明的政治化特征。

《美国大选中的网络安全问题》

李恒阳（副研究员）

论文　17千字

《美国研究》2017年第4期

2016年的美国大选跌宕起伏，最后以

特朗普的获胜画上句号。该文在对美国大选中的网络安全问题进行了分析与研究的基础上认为，网络安全问题一直伴随此次大选的进程，并对最后的选举结果产生了重要的影响。希拉里的“邮件门”事件、民主党全国委员会文件被泄露事件，以及地方选举机构遭黑客攻击事件等都在大选的过程中备受关注。大选中的网络攻击事件对美国的民主制度造成了冲击，该文指出，多种因素导致美国的选举更容易受到数字攻击的破坏。为了应对选举中的网络攻击，奥巴马政府对俄罗斯政府进行了外交和经济制裁。未来，美国将进一步采取措施维护选举中的网络安全。美国将提升投票机和投票系统的安全性能，加强对黑客的防御、侦查和威慑，加强与盟友在选举领域里的国际合作。

《“通俄门”事件的起因、发展及影响》

何维保（助理研究员）

论文　19千字

《美国研究》2017年第5期

该文指出，“通俄门”是美国国内各种政治力量进行政治斗争的产物，它产生于2016年大选期间，起源于斯蒂尔的报告。在政治极化的大背景下，民主党积极利用“通俄门”来打击特朗普与共和党，其他反特朗普力量也想借此来削弱特朗普执政的合法性。共和党没有全力阻止对“通俄门”的调查，加上主流媒体的推波助澜等原因，进一步导致“通俄门”事件不断发酵。“通俄门”加大了美俄关系改善的阻力，特朗普行政团队的建设和国内政策议程的推进也因此受到影响，它也加剧了美国的政治极化和社会分裂。

《美国社会的犯罪与犯罪治理》

高英东（助理研究员）

专著　240千字

中国社会科学出版社　2017年10月

该书跟踪美国社会热点问题，对目前美国犯罪问题的总体状况、特点、新的变化和趋势等进行了全面梳理，着重研究和分析了当今美国社会最为突出和对公众与社会生活影响最为重大的一些犯罪问题。全书以考察美国公民权利与犯罪控制之间存在的矛盾冲突为视角，从探索美国社会与文化各主要因素的发展、变化对犯罪问题的影响入手，以剖析联邦司法制度和立法举措的利弊得失为切入点，分析和阐述了美国社会犯罪问题的产生、特点、症结与变化等，梳理和介绍了当前美国联邦和地方政府，并对美国犯罪问题与犯罪治理的前景进行了分析和展望。

《美国的外交历程：奥巴马政府时期大事纵览》

李晓岗（副研究员）

专著　530千字

中国社会科学出版社　2017年4月

该书以编年的方式，记录了自2009年1月至2017年1月美国总统奥巴马执政时期的外交活动，内容涉及美国外交以及政治、经济、军事、文化、社会等方面的涉外事件。该书资料来源于白宫、国务院、国防部等涉外政府部门网站以及美国和中国主要媒体对美国外交事件的报道。该书对奥巴马8年执政时期的外交政策的演变轨迹有一个比较清晰的梳理、记录。既可以作为备查的资料书，便于查找某年某月某日美国发生了某外交事件，也可以作为研究的参考书，以提供研究线索。

日本研究所

《日本蓝皮书：日本研究报告（2017）》

杨伯江（研究员）主编

专著 429千字

社会科学文献出版社 2017年4月

该书对2016年国际变局冲击下的日本政治、经济、社会的总体形势进行了全方位的分析评估，重点围绕日本的海洋战略、中日海空危机管控等相关问题进行多方面的专题研究，对日本修宪动向、中日关系以及日本东北亚次区域外交、东南亚外交、对非经济外交、联合国外交、少子老龄化对策、“差距社会”中的相对贫困化、冲绳基地斗争及其影响等作了监测分析，并对2017年日本国内外形势及中日关系走向作了初步展望。

《日本经济蓝皮书：日本经济与中日经贸关系研究报告（2017）》

张季风（研究员）主编

专著 380千字

社会科学文献出版社 2017年6月

该书以“‘特朗普冲击’与区域经济合作中的日本因素”为专题，为了保持蓝皮书内容上的连续性，继续保留“日本经济热点追踪”和“中日经贸关系现状与走势”两个栏目，此外，还设有“‘特朗普冲击’对日本经济的影响”、“中国自贸区发展中的日本因素”、“日本与南亚、东南亚区域合作”和“比较与借鉴”4个栏目。该书以总报告为基础，对日本经济、中日经济关系进行了分析，特别是对特朗普当选美国总统对日本经济和中日经济关系的影响以及未来区域经济合作等备受关注的问题进行了多角度、全景式的深度分析，收录了大量来自日本政府权威机构的长期经济数据。

《日本平成经济通论》

张季风（研究员）

专著 344千字

社会科学文献出版社 2017年6月

该书用辩证唯物主义和历史唯物主义的方法论，对平成时期（从1989年开始）动荡起伏的日本经济进行了综合分析。全书共由九章构成，第一章以日本“失去的二十年”的“虚”与“实”为切入点，对经历了20年低迷期的日本经济的基本状况作出客观分析；第二章重点从总供给和总需求两方面，特别是从经济循环周期角度对日本经济陷入长期低迷的原因进行了深入分析；第三章和第四章分别探讨了日本财政和金融问题；第五章总结分析了日本应对国际金融危机的经验与教训；第六章分析了东日本大地震对日本经济的冲击以及大震后的反思与灾后重建构想；第七章对民主党政权的经济政策与效果进行了探讨；第八章深入分析了“安倍经济学”及其政策效果；第九章在对日本经济面临的难题以及发展动力、潜质进行梳理分析的基础上，对日本中、长期的经济发展作出预测。

《不忘初心，走向未来——纪念中日邦交正常化45周年学术论文集》

高洪（研究员）主编

论文集　310千字

社会科学文献出版社　2017年12月

该文集主要分为6个部分，即“致辞与讲话”“中日邦交正常化的时代意义”“民间交往与文化交流”“中日关系的历史、现状与未来”“中日经济发展与经贸合作”“中日地方交流与企业合作”，从政治、经济、文化、历史、地方交流等角度回顾了中日邦交正常化以来中日关系的发展历程。其中，既有邦交正常化历史亲历者的所见所闻、所感所想，也有交往的历史经验，对当下和未来构筑中日新型关系提出了有益的见解与建议。

马克思主义研究学部

马克思主义研究院

《马克思主义中国化最新成果研究报告》（2013卷、2014卷、2015卷、2016卷）

中国社会科学院马克思主义研究院组织编写
邓纯东（研究员）主编
辛向阳（研究员）副主编
研究报告集 948千字
中国社会科学出版社 2017年11月

为深入学习贯彻习近平新时代中国特色社会主义思想，深刻领会把握其基本观点、精神实质、思想精髓和核心要义，中国社会科学院马克思主义研究院精心策划，组织精干力量，紧扣习近平总书记每年系列重要讲话的重点内容设立专题，逐年深入研究，并撰写相关文章汇编成册，该系列报告即是把马克思主义的学术研究、理论宣传和现实应用有机结合起来的代表之作，期望能够帮助广大干部群众进一步学好马克思主义，学好习近平新时代中国特色社会主义思想，真正领会其所反映的当代中国共产党人的政治品格、价值追求、精神风范，并将之转化为清醒的理论认识和自觉的行动指南，服务于中国和世界社会主义事业。

《30位著名学者纵论哲学社会科学》

中国社会科学院马克思主义研究学部
论文集 676千字
中国社会科学出版社 2017年10月

2016年5月17日，习近平总书记在哲学社会科学工作座谈会上讲话和2017年5月17日致中国社会科学院成立40周年的贺信中都强调要“丰富和发展21世纪马克思主义和当代中国马克思主义”，这是以习近平同志为核心的党中央再次发出的重要号召，也是我们广大哲学社会科学工作者的心声和宏伟目标，必须继续多层面地丰富和发展马克思主义。为了学习贯彻习近平总书记在哲学社会科学工作座谈会上重要讲话精神，中国社会科学院马克思主义研究学部组织撰写了这部研究文集，展示了30位著名马克思主义社会科学家的研究成果。

《推动祖国统一、贯彻“一国两制”政策需要明确和把握好的几个认识问题》

邓纯东（研究员）
论文 6千字
《思想理论教育导刊》2017年第4期

该文提出，推动祖国统一、贯彻“一国两制”政策需要把握好几个认识问题。概括地说，第一，我们对台的所有政策举措归根结底都是为了实现祖国的完全统一。是否有利于推进祖国统一，是衡量一切对台政策及工作的最高标准。第二，在香港特区工作中，明确“一国两制”实施的前提是“一国”，实行“两制”要有利于“一国”。第三，对形形色色分裂祖国的活动要进行坚决的斗争，要公开批判“台独”“港独”势力，旗帜鲜明地支持推动祖国统一、贯彻“一国两制”政策的组织和个人。

《马克思主义政治经济学基础理论研究》

程恩富（教授）等

专著　480千字

北京师范大学出版社　2017年6月

该书从宏观维度及学术理论上再现了马克思主义经济学理论研究的前沿观点及热点问题，反映了马克思主义经济学理论研究的新进展和新成果。该书的主要内容包括：马克思主义政治经济学的总体发展论：对象、方法与内容；劳动价值论：要素、财富与劳动；剩余价值论：生产、流通与分割；地权地租论：制度、理论与演变；经济增长论：图式、模型与周期；持续发展论：人口、资源与环境；产权制度论：私有、公有与混合；公平分配论：收入、财富与效率；内外开放论：分工、保护与合作：竞争垄断论：内涵、分类与优势；制度趋势论：比较、共存与演化等。

该书深入探讨了马克思主义的全要素创造财富理论，而且坚持并突出了活劳动创造价值的基本观点，对劳动生产率与价值量的变动、剩余价值在当代的变化与特点、城市地租理论的新进展、人口和失业理论、经济危机的新现象和特点等进行了探讨，对一些所谓流行的理论和错误观点进行了批驳。

《论社会主义初级阶段的本质、过程和方向把握》

李崇富（教授）

论文　14千字

《马克思主义研究》2017年第10期

该文提出，党中央和邓小平关于“社会主义初级阶段”的确定和创新，在中国特色社会主义理论和实践中都占有基础性地位，从而坚持和发展了科学社会主义。该文根据习近平总书记“7·26”重要讲话关于社会主义初级阶段的新论断，对社会主义初级阶段的本质、过程和方向把握作了理论解读，认为：我国社会主义初级阶段在本质上是一种不完全、不成熟、不发达、“事实上不够格”的社会主义，是为完全进入共产主义社会第一阶段而奠基的“准社会主义”；社会主义初级阶段不断变化的特点及其发展过程，体现为邓小平设计的“三步走”发展战略。为此，党的“基本路线管一百年”，用以引领社会主义初级阶段的发展方向，维护公有制为主体、多种所有制经济共同发展的基本经济制度，使之由“相对性主体”朝着“实质性主体”发展，才能为社会主义初级阶段前进到更高阶段奠定根本性的经济基础。

《深入理解和把握稳中求进工作总基调》

樊建新（研究员）　杨静（研究员）

理论文章　3.6千字

《人民日报》2017年7月5日第7版

该文认为，党的十八大以来，面对错综复杂的国际形势和艰巨繁重的国内改革发展稳定任务，以习近平同志为核心的党中央把坚持稳中求进工作总基调作为做好经济工作的方法论和治国理政的重要原则，统筹推进"五位一体"总体布局，协调推进"四个全面"战略布局，树立和落实新发展理念，开创了中国特色社会主义事业发展新局面。坚持稳中求进工作总基调的提出，体现了新时期我们党对共产党执政规律、社会主义建设规律、人类社会发展规律的深刻把握和娴熟应用，不仅为做好经济工作确立了正确的方法论，而且对坚持和发展中国特色社会主义具有重要指导意义。

该文从"坚持稳中求进工作总基调是新时期中国特色社会主义事业发展的内在要求""科学认识和准确把握稳和进的辩证关系""把稳中求进工作总基调落实到实践中"三个方面进行了阐述。

《核心，凝聚强大中国力量》

金民卿（研究员）

专著　132 千字

江西教育出版社　2017 年 10 月

该书在强调贯彻核心意识之重要性的同时，把坚定正确的政治方向、深入研究后得出的理论分析和生动通俗的表达风格结合起来，从确立核心的理论和历史依据是什么、确立核心的现实根据和民心基础是什么、核心的个人素质和能力基础是什么、核心的历史重托和责任担当有哪些等方面，对核心意识的主要问题进行了回答，为人们全面准确地把握和坚定不移地维护党中央和全党的核心提供了重要的思想参考。

《契约理论批判》

余斌（研究员）　许敏（讲师）

论文　16 千字

《经济纵横》2017 年第 3 期

该文认为，2016 年诺贝尔经济学奖得主哈特和霍姆斯特罗姆在其《契约理论》中分别讨论了代理模型、劳动契约和不完全契约，企图用数学模型和公式来构建他们的理论。但其研究重蹈了恩格斯在《反杜林论》中曾经提到的杜林的错误，模型完全脱离了现实中正常人的行为。例如，在代理模型中，他们提出，委托人应在高产出状态下给代理人支付更少；在劳动契约中，他们企图要求，不管工人愿不愿意给资本家干活，都要给资本家带来同样的收入；在不完全契约中，他们安排不履行协议的买者仅仅失去少量订金，就可白白得到协议品及其收益。因此，哈特和霍姆斯特罗姆的契约理论，既不能简单用于指导中国改革实践，又不宜成为马克思主义政治经济学创新发展的来源之一。

《关于中国现代化道路》（俄文）

贺新元（研究员）著　宋磊译

论文　7 千字（中文字数）

《彼得堡大学学报（社会学版）》2017 年第 3 期

该文认为，中国近代以降，各方政治力量相继登上历史舞台，试图救民族于危亡、图国家于独立，经过近 80 年的努力，虽然都归于失败，但却为正确道路的选择进行了积极探索。正是立足于这些探索，才有了对马克思主义的正确选择和中国共产党的诞生，进而才有了中国现代化的真正开始。中国现代化不是西方式的，而是在中国共产党领导下，以马克思主义为指导的社会主义现代化；中国在革命、建设和改革开放中逐步探索、发展与形成的这条与西方现代化完全不一样的现代化道路，就是中国特色社会主义现代化道路。该文指出，这条道路至今还是一个未完成的方案，前进道路上必然还会出现挫折与反复甚至是失败，这是一个不容回避的现实问题。为此，该文认为，中国在继续现代化过程中至少必须汲取三个方面的资源：第一，从20世纪社会主义实践的历史经验教训中汲取营养，这是来自社会主义方面的；第二，从15世纪以来资本主义所走过的道路及其所取得的经验教训中获得启示，这是来自资本主义方面的；第三，从战后新独立的发展中国家走过的道路与遇到的困境中找到灵感，这是来自发展中国家方面的。但是，汲取来的资源必须与中国自己的文化（包括传统文化、革命文化、建设文化与改革开放文化）特别是具有5000多年历史的悠久文明相结合，以创造出能够完全支撑中国走向社会主义现代化强国的强大文明。

《列宁的社会主义革命道路思想及其当代意义》

刘志明（研究员）

论文　13千字

《湖南师范大学社会科学学报》2017年第5期

该文认为，列宁的社会主义革命道路思想就其内容来说，是推翻资产阶级统治，建立无产阶级专政和社会主义制度；就其实现形式来说，暴力革命是一般规律，具有普遍性，和平革命是“罕见的例外”，具有特殊性。但是，对列宁社会主义革命道路思想论及的一些重大问题如无产阶级专政、革命与改良的关系以及社会主义革命策略等的认识，迄今都还存在不少误解、曲解，因此，全面、科学地把握列宁在这几个问题上的思想观点，对于准确深入地把握列宁社会主义革命道路的思想，十分必要。科学把握列宁社会主义革命道路思想，对推动世界社会主义运动的复兴，对我们进行具有许多新的历史特点的伟大斗争，坚持和发展中国特色社会主义伟大事业，推进党的建设伟大工程，都具有重要意义。

《马克思主义本土化的国际经验与启示》

潘金娥（研究员）等

专著　430千字

社会科学文献出版社　2017年9月

该书立足于马克思主义唯物史观，以第一手资料为依托，全面梳理了世界主要社会主义国家和地区马克思主义本土化发展的过程和实践现状。在此基础上，该书对世界各国马克思主义本土化进行了纵向的历史总结和横向的国际比较，总结出了几条历史规律、经验和教训，以期为马克思主义中国化提供有益的启示。其中，马克思主义本土化的历史规律包括：(1) 马克思主义在具备社会主义革命土壤的条件下播种和成长；(2) 马克思主义的创新和发展根植于各国的社会主义实践；(3) 马克思主义的创新在曲折的道路中发展。马克思主义本土化的国际经验和教训有：(1) 马克思主义本土化是理论与实践相统一的过程；(2) 马克思主义本土化是继承与创新相统一的过程；(3) 马克思主义本土化与马克思主义政党的自身建设过程相统一；(4) 苏东马克思主义本土化的历史教训警钟长鸣。马克思主义本土化的国际启示有：(1) 要在普遍性与特殊性相结合中坚持和发展马克思主义，做到理论与实践相统一；(2) 要立足于国情建设社会主义，而不能超阶段建设社会主义；(3) 要独立自主地探索具有本国特色的社会主义发展道路，而不是照搬照抄别国经验。

《俄罗斯对苏联解体的新审思》

李瑞琴（研究员）

论文　9.8千字

《世界社会主义研究》2017年第6期

该文认为，当代俄罗斯重申苏联解体的巨大地缘灾难，凸显了俄罗斯对其地缘政治环境的忧虑与寻求多极化世界格局的迫切诉求；重申苏联解体的非必然性，凸显了国家为此付出巨大代价而不得恢复发展的历史追问；再诉苏联解体的经济灾难，凸显了俄罗斯经济面临巨大困境而难寻出路的严峻局面；再诉对苏联的怀念之情，凸显了民众对苏维埃社会主义制度人民本质的怀念。俄罗斯各界得出结论：苏联垮台与社会制度无本质联系，曾经与苏联政治经济制度高度相似的中国成功进行了改革；苏联解体不仅使独联体各国蒙受巨大的经济损失，而且使俄罗斯变成了一个延长西方资本主义衰退腐朽生存期的特殊供血者。苏联解体不仅是独联体地区，更是世界人民的巨大地缘灾难。

当代中国研究所

《中国改革开放的历史经验》

张星星（研究员）主编

论文集　495千字

当代中国出版社　2017年9月

该书是第十六届国史学术年会的论文集，共收入会议文稿和入选论文47篇。该书集中围绕“中国改革开放的历史经验”的会议主题，着重就深入学习贯彻习近平总书记系列重要讲话精神，认真研究总结改革开放的历史经验；坚持改革开放的正确方向，坚定不移走中国特色社会主义道路；推进国家治理体系和治理能力现代化，不断完善中国特色社会主义制度；坚定不移推进改革开放，积极拓展中国特色社会主义经济发展道路；切实增强文化自信，坚持中国特色社会主义文化发展道路；创新社会事业、社会治理和生态文明建设，让改革发展成果更多更公平惠及全体人民；坚定不移走和平发展道路，推动构建以合作共赢为核心的新型国际关系等问题，作了系统、深入的研究。该书深刻阐述和论证了改革开放是党在新的时代条件下带领人民进行的新的伟大革命。历史实践充分证明，改革开放是党和人民事业大踏步赶上时代的重要法宝，是党和国家保持生机活力的关键，是当代中国最鲜明的特色，也是当代中国共产党人最鲜明的品格。

《新中国产业结构演变研究（1949～2016）》

武力（研究员）主编

专著　510千字
湖南人民出版社　2017年6月

经济发展方式转变和产业结构升级是当前中国经济发展最根本、最重要的问题。该书运用唯物史观，从国情出发，采取“长时段”视野，对1949～2015年中国产业结构演变中的大国因素进行系统考察，重点研究新中国产业结构演变的进程、后发大国在产业结构演进中的特点及其成因，以期从理论上丰富经济史、产业经济学、新结构经济学对工业化与产业结构演变的认识，从实践上为中国新型工业化道路的发展、经济成功转型、实现“双中高”目标以及全面建成小康社会提供借鉴。

《中国经济运行分析（1953～1957）》
武力（研究员）主编
专著　448千字
中国社会科学出版社　2017年10月

1953～1957年是新中国实施第一个五年计划和顺利完成社会主义改造的历史时期。在这个历史时期，中国经济是怎样运行的？是怎样从多种经济成分并存和计划管理与市场调节共用的新民主主义经济转向单一公有制和计划经济的？这是该书研究和叙述的主要内容。该书的特点是在分析经济运行机制转变时，将经济因素和非经济因素的影响并重，对赶超型的社会主义工业化战略影响与对社会主义制度保障了高积累及其条件下的社会稳定作用进行了比较深入的分析；同时还对以毛泽东为核心的党的第一代领导集体抓住苏联全面援助中国的战略机遇期给予充分肯定；对1956年党的八大前后的社会主义经济体制的探索及其中断原因进行了比较深入的分析。

《产业与科技史研究（第一辑）》
武力（研究员）主编
论文集　300千字
科学出版社　2017年3月

为贯彻2015年5月7日习近平总书记在哲学社会科学座谈会上提出的发展繁荣哲学社会科学的要求，中国现代经济史和科技史两个学科共同发起并开展了围绕科技与产业史结合的研究，以期促进哲学社会科学研究与自然科学研究有机结合、高度融合，创造出一片新的天地，开辟出一个新的学术发展空间，实现“1+1大于2”的目标。该书认为，2012年以来，随着中国进入经济新常态，中国工业化与科技发展面临两大重要问题：一是产业结构升级和供给侧结构性改革，二是创新，创新的核心是科技发展。这既是中国工业化面临的两个最重要的问题，也是哲学社会科学和自然科学要共同解决的问题。哲学社会科学和自然科学都有必要进入更深入的探讨，不只是探讨经济体制、产业政策以及政府与市场的关系，更应该探讨科技创新、发展以及应用和普及的规律。

《1977～1982：实现转折，打开新路》
程中原（研究员）　李正华（研究员）
张金才（研究员）
专著　510千字
人民出版社　2017年10月

该书以1977～1982年这段实现转折、打开新路的新中国历史为研究对象，通过对这一阶段中重大历史事件、重要历史人物等的研究和分析，揭示了历史转折的来龙去脉和伟大意义，凸显了邓小平等在历史转折关头所起的重大作用及人民群众的创造力，总结了历史经验，探寻了执政规律。

《新常态下经济转型升级研究》

郑有贵（研究员）主编

调研报告 389千字

当代中国出版社 2017年9月

基于资源型城市转型发展为重点的调研，该书对在12个地市调研中发现的资源型城市转型发展内生能力弱、煤炭资源开采中体制机制的负导向、农业转型升级对政府强依赖、国有企业混合所有制改革和职工持股改革难题、凯恩斯主义和供给学派排他式主导政策选择的缺陷等问题展开了研究。作者从历史、现实、理论等多个维度，将宏观分析与案例分析结合，有针对性地回答了新常态下推进供给侧结构性改革中产业转型升级、城市转型发展、转型动力机制等方面的若干重大实践和理论问题，形成了有新意的判断和对策思路。

《1976：从四五运动到粉碎“四人帮”》

程中原（研究员） 夏杏珍（研究员）

刘仓（副研究员）

专著 290千字

人民出版社 2017年8月

1976年，中国再次面临两种中国之命运决战的关头。党的十大以后，“四人帮”反党集团阴谋篡夺党和国家的最高权力。他们利用毛泽东的错误判断，掀起“批邓、反击右倾翻案风”。1976年初，周恩来总理逝世后，“四人帮”压制群众的悼念活动，诋毁、反对周总理。丙辰清明节前后，爆发了怀念周恩来、拥护邓小平、反对“四人帮”的群众抗议运动。以天安门事件为代表的四五运动，表达了中国人民要求实现社会主义现代化和社会主义民主的强烈愿望。华国锋、叶剑英、李先念等中共中央政治局多数同志，坚定了解决“四人帮”的决心和信心。在天安门事件被镇压后，“四人帮”加强“批邓、反击右倾翻案风”的力度。毛泽东逝世以后，“四人帮”加紧篡夺党和国家最高领导权的步伐。在此危急关头，华国锋、叶剑英和李先念等得到中央政治局多数同志的支持，代表党和人民的意志愿望，果断采取特殊手段，对“四人帮”进行隔离审查，一举粉碎了“四人帮”反党集团，挽救了党，挽救了革命。两种中国之命运的决战，以党和人民的胜利与“四人帮”的覆灭而告终。“文化大革命”结束以后，中国历史进入新时期。作者对上述历史作了分析与研究。

《生命叙事与时代印记——新中国15位劳模口述》

姚力（研究员）主编

专著 236千字

人民出版社 2017年9月

评选和表彰劳动模范，继而宣传和弘扬劳模精神，是中国共产党创造和运用的一种有效的社会动员方法。它产生在革命战争年代，与中国共产党的无产阶级政党性质相契合，与人民当家作主的主张和劳动光荣的价值观异曲而同工。在人民群众书写的社会主义建设史中，发挥了激发生产热情和干劲，培育积极向上的社会主义道德风尚的巨大作用。该书以新中国成立以来的劳模表彰为研究对象，通过15位劳动模范的口述史，生动展现了劳动模范的生命故事和精神风貌，折射出其背后的时代主旋律和国家大历史。

《苏联对华援助研究 1949～1960 年》

周红（助理研究员）

专著　200 千字

经济科学出版社　2017 年 8 月

该书对 20 世纪 50 年代苏联对华提供大规模全面援助的历史过程进行了整体性和系统性研究，分析苏联对华援助的缘起、探讨援助的动因、梳理援助实施过程、评述援助的成效及其影响以及苏联援华的历史局限性和带来的一系列弊端。该书认为，新中国在苏联援助的帮助下实现了跨越式发展，并强化了“一边倒”的外交政策，击败了以美国为首的西方主要资本主义国家的封锁、禁运政策，进而巩固了新中国政权。新中国在受援过程中对坚持独立自主、自力更生与积极利用外来援助的关系进行了有益探索。

《历史虚无主义的破产》

宋月红（研究员）主编

论文集　365 千字

当代中国出版社　2017 年 5 月

该论文集分为“坚持以唯物史观为指导”“批驳历史虚无主义”“抵制历史虚无主义”“发展党史国史研究”四个部分。所辑研究成果主要针对当前历史虚无主义思潮对历史研究、党史国史研究的消极影响，深刻剖析这一错误思潮产生的社会环境条件与认识根源，特别是其在历史研究、党史国史问题上的主要表现、实质与危害，并根据历史事实，坚持正确的历史观，运用科学的历史认识论和方法论，进行深入批驳，澄清历史是非，还历史本原。作者认为，坚持以马克思主义唯物史观为指导研究历史和党史国史，既要不断加强马克思主义史学理论研究和建设，又要旗帜鲜明地批驳和抵制历史虚无主义思潮。

《赋税论》

邱霞（副研究员）

译著　100 千字

华夏出版社　2017 年 4 月

《赋税论》是被马克思称为英国古典政治经济学之父的威廉·配第的最重要的著作，在西方财政学史和政治经济学史上负有盛名，最早成书于 1662 年。该译本是根据 1899 年重印版翻译而成，原文为英语古文，译文力求忠于原著原貌。全书的中心问题是：政府应怎样征收和使用赋税，才能促进财富生产，增加国家经济实力。书中讨论了在国家公共支出费用不尽合理的情况下，为保证税收来源的稳定性，应从税制上进行改革，做到“公平”、“确定”、“简便”和“节省”，以从根本上减轻人民负担；同时，还从根源上探讨了价格、工资、地租、货币和利息等政治经济学的基本理论问题。

信息情报研究院

《21 世纪中国特色社会主义的世界意义》

姜辉（研究员）

论文　6 千字

《世界社会主义研究》2017 年第 4 期

该文认为，进入 21 世纪以来，中国与世界的关系发生了根本性变化。今天的中国，前所未有地走到世界舞台的中心，前所未有地接近实现中华民族伟大复兴的目标，前所未有地具有实现这个目标的能力和信心。在这样的大背景下，我们坚持和发展中国特色社会主义，必须具有世界眼光，必须培育世界胸怀，必须作出世界贡献。中国特色社会主义开辟了科学社会主义在 21 世纪新发展的“高度现实性和可行性的正确道路”，创造性回答了“如何治理社会主义社会”的历史课题，为人类发展开辟了一条现代化新路，为人类社会发展提供了中国方案。我们必须站在这样的高度深刻认识中国特色社会主义的世界意义。

《新时代中国特色社会主义在世界社会主义发展史上的重大意义》

姜辉（研究员）

论文　3.5 千字

《国外理论动态》2017 年第 11 期

该文认为，党的十九大报告明确使用了“世界社会主义”的概念，阐述了中国特色社会主义对世界社会主义发展的重大意义。这表明，中国特色社会主义不再是局限于本国的事业，而是作为 21 世纪世界社会主义最为重要、最有作为的组成部分，发挥着重要影响、作出原创性贡献的伟大事业，是为人类对更好社会制度的探索提供全新选择、贡献中国方案的伟大事业。

《习近平治国理政思想的创新特质》

辛向阳（研究员）

论文　9 千字

《科学社会主义》2017 年第 5 期

该文认为，习近平治国理政思想提出了一系列相互联系、相互贯通的新理念新思想新战略，形成了一个系统完整、逻辑严密的科学理论体系。习近平治国理政思想作为中国特色社会主义理论体系的最新成果，具有鲜明的创新品格，即在坚持马克思主义中发展马克思主义，坚持问题导向、在解决现实问题中实现理论创新，以对时代特质与趋势的精准把握来推进理论创新，在坚持历史大逻辑中实现理论创新的新飞跃。

《略论提升中国文化软实力的道与术》

唐磊（副研究员）

论文　9 千字

《哈尔滨工业大学学报（社会科学版）》2017 年第 6 期

该文认为，中国在发展软实力的路径选择上以文化为先导，提倡与西方软实力话语有所区别的“文化软实力”概念，这是基于中国丰厚的文化底蕴和推崇“人文化成”的价值观。中国最根本的软实力来源于自力更生与追求和平的发展模式。在提升国家文化软实力的操作层面，需要重视更新公共外交的方式方法，知己知彼，善用巧力。软实力提升非朝夕之功，需要有耐心和定力，有时还要在国家核心利益与一时形象得失之间做出取舍。

《决胜全面小康社会实现中国梦的行动纲领》

姜辉（研究员）

论文　4千字

《世界社会主义研究》2017年第7期

该文认为，习近平总书记在省部级主要领导干部专题研讨班重要讲话，立足党和国家事业历史性变革的新起点，着眼中国特色社会主义进入新的发展阶段，科学把握我国发展的历史方位，对决胜全面小康社会、实现第一个百年目标作出新部署，对踏上建设社会主义现代化新征程、激励全党全国各族人民为实现第二个百年奋斗目标而努力发出动员令。深入学习贯彻习近平总书记重要讲话精神，就要深刻把握实现“两个一百年”奋斗目标的新形势新要求，为实现中华民族伟大复兴的中国梦继续不懈奋斗。

院直属单位

中国社会科学院大学（中国社会科学院研究生院）

《当代中国文论“关键词”构建的基本途径》

张政文（教授）

论文　7.3 千字

《文艺争鸣》2017 年第 1 期

该文认为，只有通过对理论学科知识形态的关键词进行不断的清理、激活、重构与创造，才能推动理论学科理论的知识形态建构和发展。在当前增强文化自觉、自主、自信的时代情境中，推进当代中国文论的关键词建设不仅是构建中国特色社会主义文学理论话语体系的核心意涵和重大任务，是疗治当前文论对现实文学实践失聪、哑语症候的当务之急，也是确立当代文论合法性、重拾中华民族文艺自信的必由之路。由于当代文论的主要话语和关键表达功能即“关键词”没有实现理论转场，未能深根于中国本土当代审美经验场中，造成当代文论疏离中国审美实践、理论失语和功能失效的后果，并据此提出了针对性的意见建议。

《推进天然气人民币战略的路径探析》

黄晓勇（教授）

论文　12 千字

《中国社会科学院研究生院学报》2017 年第 1 期

该文从经济学的视角剖析了形成天然气人民币的市场动力和政治逻辑，认为其主要的市场动力在于“天然气市场的供需不平衡＋比较优势集聚”，而且主要的政治逻辑在于天然气作为“气体能源时代”的主导所具有的“金融属性＋权力属性”。在此基础上，通过分析天然气人民币战略推进的可行性、推进过程中需要采取的具体措施及面临的挑战与机遇，探求推进天然气人民币战略的有效途径。

《刑事裁判文书繁简分流问题研究》

王新清（教授）

论文　20 千字

《法学家》2017 年第 5 期

该文认为，实现裁判文书繁简分流是最高人民法院《四五改革纲要》提出的一项改革任务。刑事裁判文书繁简分流的根本原因，是目前我国刑事裁判文书同质化现象比较严重，与刑事诉讼法规定的多元化审判程序不匹配，不利于司法资源的优化配置。“控辩双方在审判中的对抗程度”是审判程序、裁判文书繁简分流的决定因素，审判程序类型是决定刑事裁判文书繁简分流的直接标准。“简式裁判文书”适用于“合意式审判程序”，其释法说理以简单的形式进行，只要把有关事项，特别是对“认罪认罚”“控辩协议”等事情进行真实的记载。

《抗战时期中国共产党如何吸引和塑造青年——以安吴青训班为例》

秦国伟（讲师）

论文　8.6千字

《中国青年社会科学》2017年第6期

安吴青训班是抗战时期中国共产党在国统区创办的一所战时青年培训学校。它以抗日民族统一战线的方针政策动员和吸引青年加入学校，在抗战的道路上与中国共产党同向同行。在统一战线方面，青训班的主要做法是：在指导思想上突出抗日民族统一战线；在课程上坚持抗日上前线的方向，突出军事教育；在政治教育方面宣传三民主义和统一战线，拥护国民政府的领导；在以先进性塑造青年方面，与时代强音同频共振，朝气蓬勃；作风上平等民主，以青年为本；坚持党的领导，以模范行动引领青年。

《先秦时期边疆思想的产生与演变》

袁宝龙（副研究馆员）

论文　9.4千字

《云南社会科学》2017年第5期

该文认为，现代边疆理论，一般把边疆解释为靠近国界之处或国家的边远之地。边疆的含义是指相对中央而言的偏远区域，而非简单的界线。面状或线状，是边疆与边界的根本区别。只有产生了领土的概念，才有可能产生真正的边疆意识。也就是说，领土概念的产生是边疆意识以及边疆出现的先决条件。追根溯源，早期边疆意识的产生与族群意识的出现以及族群的形成息息相关，中国古代边疆意识与族群意识之间形成了一种共生互促的关系，两条发展轨迹并行不悖，互荣共进，一同见证了古代边疆思想的演进过程。

《宋江招安悲剧的历史文化反思》

井玉贵（副教授）

论文　11.2千字

《汉语言文学研究》2017年第3期

该文认为，立边功是《水浒》故事演变的最大推动力，招安便是服从于这一指向的必要手段。梁山“替天行道”的暴力行为，造成与权奸集团不可调和的矛盾，由此导致强大的梁山集团竟比不上那些被招安的绿林好汉。自以为招安便可实现草泽报国宏愿的宋江，一旦陷身官僚体制，只能落得悲剧下场。跟历史上“勇悍狂侠”的真人宋江相比，《水浒》中“儒化”的宋江之悲剧性在于，招安成功之日便是其失败之时。

《城市群协同治理的国际经验比较——以体制机制为视角》

蒋敏娟（副研究员）

论文　9.4千字

《国外社会科学》2017年第6期

管理体制和组织机制是推动城市群协同发展的基础，也是制约城市群一体化发展的主要障碍之一。借鉴发达国家主要城市群协同治理进程中关于组织与管理模式方面的经验，对于促进我国城市群的协同治理具有重要的意义。根据各国中央政府干预程度的不同，发达国家主要城市群协同治理模式可以分为三种：政府主导协同模式、混合协同模式和自治协同模式。该文在分析国外各种协同治理模式典型案例的基础上，从体制和机制的视角提出其对我国城市群协同治理的若干启示，包括建立纵向与横向相结合的区域协调管理体制，鼓励多元主体的广泛参与，推动城市群协同治理的立法保障，以及建立合理的利益激励与补偿机制等。

《监察委员会与其他国家机关的关系》

马岭（教授）

论文　19 千字

《法律科学》2017 年第 6 期

该文认为，全国人大及其常委会对监察委员会应有立法权，各级人大及其常委会对同级监察委员会成员应有任免权，对其工作应有监督权。中央监察委员会主任应由全国人大选举（而非决定）产生，即提名人属于人大主席团（而非国家主席）。在宪法规定的人民法院、人民检察院和公安机关办理刑事案件的原则条文中，应增加监察机关。由于我国监察机关的性质接近行政权，因此，监察权应纳入行政诉讼范畴；许多国家对涉及人身和财产的调查权需经法院审查和批准，这值得我们借鉴。检察机关的监督对象应由过去的监督公安、法院、监狱等延伸至监察机关，为此，检察院应保留批准逮捕权，对监察委员会违法行为的纠正权，对其移送案件的审查权等。

《德国智库的运营机制及启示》

刘潇潇（编辑）

论文　16 千字

《中国社会科学评价》2017 年第 2 期

德国智库已有百余年历史，在过去 20 年中获得了较大的发展。从资金来源上看，大部分德国智库依赖政府拨款；从研究领域上来看，专业智库占主流，研究内容与德国政府关注的焦点一致；从分布上看，德国智库所处地区相对分散；从人员来看，德国智库规模普遍较小；从观点输出来看，德国智库主要有学术出版、媒体传播以及直接为决策者提供政策咨询三大渠道；从组织形式来看，德国智库大多注册为协会、基金会或股份有限公司。该文认为，传统的德国智库大体可分为学术型智库和代言型智库两类。20 世纪 70 年代开始，在美国智库的影响下，新型智库开始涌现。虽然德国和中国的政治体制、历史文化都有很大差异，但两国的智库体现出高度的相似性。德国智库在逾一个世纪的发展历程中，形成了一些值得我国智库借鉴的特色。

《“互联网＋高校图书馆”融合发展模式探讨》

李楠（副研究馆员）

论文　8 千字

《中国社会科学院研究生院学报》2017 年第 1 期

该文主要分析了高校图书馆在“互联网＋”战略背景下的发展机会与挑战，明确了“互联网＋”与高校图书馆的创新与发展之间的关系；进而提出了“互联网＋高校图书馆”融合发展的基本思路，设计高校图书馆在“互联网+”生态体系和建设中的定位和目标；最后，结合高校图书馆建设发展的实践，提出了“互联网+高校图书馆”的融合发展模式，并且以落实“互联网+”行动计划为目标，面向实践层面，具体探讨了“互联网+高校图书馆”融合发展的具体推进策略。

中国社会科学杂志社

《推进国家治理体系和治理能力现代化》

罗文东（编审）

理论文章　3.2千字

《光明日报》2017年5月12日第2版

该文认为，推进国家治理体系和治理能力现代化的战略抉择，是对全面深化改革所面临的目标和任务作出的新的科学判断，是对马克思主义国家学说的创造性运用和发展。全面把握国家治理体系和治理能力现代化的科学内涵，是贯彻落实各项改革举措、不断推动社会主义制度自我完善和发展的关键。始终坚持国家治理体系和治理能力现代化的正确方向，必须解决往什么方向走的根本问题、制度模式的选择问题，坚定中国特色社会主义的道路自信和制度自信。不断巩固国家治理体系和治理能力现代化的思想基础，必须解决好价值体系问题，大力培育和弘扬社会主义核心价值体系和核心价值观，坚定中国特色社会主义的理论自信和文化自信。

《中国道路的哲学现实性品格》

孙麾（编审）

理论文章　3千字

《光明日报》2017年8月14日第15版

马克思主义哲学从中国所处的世界本身的原理中为世界阐发新的原理，为中华民族全面迈向现代化开辟出具有高度现实性和可行性的正确道路提供了切中现实的方法论。全面深化改革，党的十八大以来在资源配置、国家治理、依法治国、从严治党等方面以“赶上了时代”的气度，形成了中国特色社会主义制度安排的现代基本架构。在一系列制度、理论创新中，逐渐突破了传统意识形态的话语牢笼，最终以“命运共同体”的人类情怀，受到世界的广泛关注。马克思主义中国化，不单纯是理论的中国化，更是先进理论指导下的实践模式、历史创造的中国化，中国特色与中国道路，理论创新与实践创新的统一与互动，为世界多元现代文明结构作出了中国独特的贡献。中国特色社会主义正是在传统向现代转型的必然逻辑中显示了它的历史独创性并塑造了新的文明形态。因此，中国道路的学术表达，首要的是在中国道路的必然展开环节、历史逻辑制约、文化主线构成及发展深层矛盾所交织的中国问题场域展现自主的思维能力和思想定力。

《哲学社会科学学术期刊建设面临的问题与应对之策》

王广（副编审）

论文　11千字

《武汉大学学报（人文科学版）》2017年第5期

该文认为，加强哲学社会科学学术期刊

建设，对加快构建中国特色哲学社会科学具有重要的理论意义与实践价值。当前我国学术期刊建设成就显著，在刊发科研成果、推动学科发展、培养学术人才、促进学术交流等方面作出了突出贡献。但同时也要看到，面对经济全球化、网络化、信息化的发展态势，学术期刊建设还存在着一系列亟待解决的问题。主要表现为部分学术期刊政治方向和学术导向意识弱化；总体上高水平学术期刊比重偏低，许多期刊学术质量亟待提高；期刊结构欠佳，低质化、同质化等现象突出；国际化方向定位模糊，SSCI 盲目崇拜严重；对数字化准备不足，面临新媒体严峻挑战；编辑队伍日趋边缘化，编研水平亟待提高。针对这些问题，需要从思想理论建设、体制机制改革、国际学术对话、扶强保重倡优等方面采取切实措施，进一步加强我国学术期刊建设，为加快构建中国特色哲学社会科学提供强大的学术平台和思想通道。

《学术期刊发展与学术话语建构的时代理据》

李放（副教授）

论文　5 千字

《国家行政学院学报》2017 年第 1 期

该文认为，在中国特色社会主义创新实践迫切需要哲学社会科学繁荣发展提供智力支持的时代背景下，我们正处于时代创新思想与思想建构时代紧密结合的关键时期，以服务于思想中的时代与时代中的思想双重发展为指向，学术话语研究与学术媒体的知识生产全过程，共同承载着“思想传播”与“智力供给”的双重责任。学术成果的生产，必须富有真问题的发现与探究过程的智慧表达。学术成果的传播，必须符合学术与政治是命运共同体的时代表达。学术期刊只有深入理解、把握中国特色社会主义时代发展和党中央治国理政新实践新理念的创新内涵，才能在重大选题培育和学术议题设置上做好学术生产与传播工作，真正彰显中国特色学术话语建构的当代价值。

《21 世纪以来共产国际与中国苏维埃政权建设关系研究述评》

耿显家（副编审）

论文　9.5 千字

《中州学刊》2017 年第 3 期

中国苏维埃政权建设既是中国共产党在政权建设上的初步实践，也是共产国际在指导中国革命过程所取得的一项重要成果。共产国际与中国苏维埃政权建设的关系问题，无疑是中共党史研究领域值得深入探讨的一个重要话题。改革开放以来，特别是进入 21 世纪以来，学界依据“共产国际、联共（布）与中国革命档案资料丛书”等新近解密的档案资料以及《建党以来重要文献选编》等新近出版的文献资料，对共产国际与中国苏维埃政权建设之间的关系进行了新的解读和探讨，并取得了一些成果。然而，从总体上看，还存在微观研究相对薄弱、政权建设研究创新性成果不多、对地方苏维埃政权建设关注不够等不足。该文对进入 21 世纪以来学界在共产国际与中国苏维埃政权建设之关系研究方面的主要成果进行了回顾和梳理，对其成就和不足进行了简要分析，认为可以从研究范式和研究视角、具体制度研究、地方苏维埃政权研究等三个方面，进一步深化对这一问题的研究。

《记忆二重性和社会本体论——哈布瓦赫集体记忆的社会理论传统》

刘亚秋（副编审）

论文　23千字

《社会学研究》2017年第1期

该文认为，迄今为止，记忆研究处于一种无中心、无范式的状态，也很少有学者去思索“记忆是什么”这一更具本体的问题。该文重提哈布瓦赫，强调理解记忆的社会理论维度；提出从神圣—世俗的记忆二重性角度去理解哈布瓦赫集体记忆理论。哈布瓦赫将记忆神圣性置于世俗性之上，并因此提出社会框架论，呼应了涂尔干的社会神圣性概念，表达了其社会本体论关怀。哈布瓦赫以群体概念具体化了涂尔干的大写的抽象社会概念，并以集体记忆的方式回应了涂尔干在《宗教生活的基本形式》中提出的基本问题。这一研究也是对集体欢腾和礼物交换概念的进一步发展和充实。

《经济变革中的哲学问题及其研究路径》

王海锋（副编审）　李潇潇（副研究员）

论文　8.2千字

《中国社会科学报》2017年9月28日第6版

该文认为，在改革成为中国共产党的鲜明旗帜和当代中国的时代特征的历史新时期，紧扣时代的主题，梳理改革开放以来中国马克思主义哲学思想创新的逻辑演进史，总结理论创新的历史经验，将时代中的问题凝练为哲学中的问题，发展21世纪中国的马克思主义哲学，是推进中国哲学当代形态构建的时代要求和理论责任。该文认为，改革开放以来，中国马克思主义哲学的研究呈现出三个意识：问题意识、批判意识、创新意识。与之相对应，实现了三个理论自觉。一是基于马克思哲学，自觉构建新的分析框架，形成新的话语方式。二是基于马克思哲学，自觉建构批判的思想路径。三是基于马克思哲学改变世界的本质，自觉在中国现实中开发新的原理。

《政治经济学批判：马克思意识形态批判的新维度》

王海锋（副编审）

论文　13千字

《天津社会科学》2017年第1期

该文认为，在马克思哲学思想发展的历程中，政治经济学批判占据着重要的地位。马克思的政治经济学批判是其意识形态批判的延续和开辟的新维度。通过对作为资产阶级意识形态的政治经济学的批判，马克思深入资本主义的生产过程之中，剖析了资本主义的整体结构，从而把对人类历史的研究推进到对作为“现实历史”的资本主义社会的考察，由此发展和丰富了历史唯物主义的世界观。具体来讲，在政治经济学批判中，马克思通过对社会现实的理解，对私有财产和拜物教的批判，真实地找到了批判资本主义社会的切入点——资本主义的社会现实；展开了对“现存的一切进行无情的批判”，并在“批判旧世界中发现新世界”的真实路径——私有财产；揭示了隐藏在“物与物的社会关系”背后的“人与人的社会关系”的秘密——拜物教；探索到了现实的人受到奴役和压迫的抽象实体——资本。在这个意义上，政治经济学批判本质上就是马克思的意识形态批判的继续和拓展。

《制度文明的文化基因》

王博（编辑）

理论文章 2千字

《人民日报》2017年2月13日第16版

该文认为，中国古代的法和西方现代的法的精神有云泥之别。法对于中国社会的意义，也不能和西方相提并论。伦理本位是中国传统文化不能否认的特色，重视法律的伦理内涵也是传统制度文明的特色。这种特色在社会制度构建上更是趋向求稳定。这样一来，有人提出，在科学技术快速发展的当代，我们不能任由西方国家把持世界话语权，中国不能只在西方法治后面亦步亦趋，在制度构建中需要表达中国特色。这就需要我们更加深入了解中国制度文明背后的文化基因。最后结论启示：机械的临摹只能制造出赝品，最具生命力的制度形态一定扎根于本土文化之中。

郭沫若纪念馆

《文化名人和文化景观——2016年北京八家名人故居联盟活动纪实》

赵笑洁（副研究馆员）主编

张勇（研究员）执行主编

学术资料集 20千字

中国社会科学出版社 2017年4月

该书是“8+”名人故居纪念馆共同编撰的综合性博物馆学术书籍，共设有理论前沿、影像手札、走进故居、志愿之声、经典案例、文创天地、资讯动态等栏目。

学术研究是近年来北京“8+”文化名人故居提升自我、拓展空间的重要途径，为此“理论前沿”集中推出了9篇探讨有关文化名人故居在“新时代”理论下，如何跨区域发展、改变展陈方式以及服务社会等方面的学术论文，这些论文角度新颖，论述详细，不仅有博物馆学学理层面的阐释，还有文化名人故居发展中现实问题的剖析，具有较强的针对性和现实性。“影像手札”继续呈现了文博人在巡展路上的所思所感，他们用策展人的眼光呈现出独有的文化反思。每年都有很多志愿者服务于文化名人故居之中，为此“志愿之声”栏目的设置，就专为传递文化名人故居中“最可爱的人”的心声。“文创天地”以图文并茂的形式，集中展示“8+”文化名人故居共同开发和各自研创的文化创意产品，使文化名人的精神内涵更加丰富多元。

《河上肇早期学说、苏俄道路与郭沫若的思想转变》

李斌（副研究员）

论文 18千字

《文学评论》2017年第6期

该文认为，郭沫若通过翻译河上肇《社会组织与社会革命》及与孤军社论战，批判地接受了河上肇的部分理论，清算了河上肇早期学说对中国革命的消极影响，逐步完成了向马克思主义者的转变。与河上肇等人不同，郭沫若认同列宁理论、憧憬十月革命，认为在帝国主义侵略下，中国应走苏俄道路，通过社会革命建立无产阶级领导的“新国家”，然后发展国家资本主义，为共产主义做准备，而个人应以高度的组织纪律性，像“蚂蚁”一样积极投入无产阶级集体的革命实践中去。郭沫若此时确定的思想观念、革命信仰和行为准则，终其一生未尝改变。

《博物馆文化视域下的文学经典阅读方式的变革》

张勇（研究员）

论文　12 千字

《中国博物馆》2017 年第 1 期

该文认为，文学经典阅读的弱化已经成为社会的热点，转变文学阅读方式已经成为迫在眉睫的事情。而文学名人故居博物馆因其特有的文化属性，无论是在创作空间的建构，还是文化景观的构造等方面都是切入文学阅读的重要途径。这对于全面理解文学作品本有的意义、厘清作家创作的意图等方面都具有重要的作用和价值，同时也可以提升博物馆的内在文化价值和当下意义。

《郭沫若〈李白与杜甫〉著述动机发微》

李斌（副研究员）

论文　16 千字

《首都师范大学学报（社会科学版）》2017 年第 4 期

《李白与杜甫》是郭沫若最后一部学术著作，出版后引起广泛争议，贬多褒少，论者或以为其迎合了特定的政治氛围，或在“政治／文学”的二元对立框架下，认为其总结了著者人生，表达出对局势的反省。在还原该著论争语境的基础上，该文认为，郭沫若在萧涤非等人的杜甫研究中，敏锐地发现了以排斥叛逆、张扬规训为特征的意识倾向是千年来一以贯之的，他故意唱反调，通过塑造别样的李杜形象来展示历史的复杂性，并以李白为镜像，体现出他对自己被描绘成“个人主义”的漫画形象的感慨和忧愤。

《对“非郭沫若”认识装置的反思》

李斌（副研究员）

论文　12 千字

《文艺理论与批评》2017 年第 5 期

郭沫若研究在 20 世纪 80 年代以来的遇冷，跟“非郭沫若”认识装置有关。“去革命化”“现代化范式”“为学术而学术”“纯文学”是这种认识装置形成的主要原因。以学术和文学创作为革命和现实生活服务的革命者郭沫若，被排除在这种认识装置之外，在相关的文学史和史学史研究中被割裂、放逐、抛弃。同时，郭沫若研究受“非郭沫若”认识装置的影响，一些成果出现了偏差。反思“非郭沫若”认识装置，需要反思 20 世纪 80 年代以来的社会思潮，但又不是回到“革命史范式”，而是突破专业分工，重建一种更具包容性和整体感的研究范式，从而寻求知识分子跟政治、社会、阶层、种族、媒体等构建新型关系的另一种可能性。

第六编

学术人物

XUESHURENWU

一　中国社会科学院博士学位研究生指导教师（2017～2018）

系别	姓名	出生年月	学科专业	主要研究方向
马克思主义学院	于　沛	1944.05	中国史	史学史与史学理论
	卫兴华	1925.10	政治经济学	马克思主义政治经济学
	王　宁	1955.07	文艺学	马克思主义文学理论
	王希恩	1954.06	马克思主义民族理论与政策	马克思主义民族理论
	王学东	1953.08	马克思主义发展史	世界共产主义运动
	王顺生	1944.12	马克思主义中国化研究	马克思主义中国化
	王振中	1949.06	政治经济学	马克思主义政治经济学
	尹汉宁	1955.01	马克思主义中国化研究	马克思主义中国化
	邓纯东	1957.10	党的建设	新时期党的建设和习近平全面从严治党理论
	田克勤	1945.12	思想政治教育	中国共产党思想政治教育理论与实践
	邢贲思	1929.01	马克思主义哲学	马克思主义哲学
	刘凤义	1970.06	政治经济学	马克思主义政治经济学
	刘海年	1936.04	法学理论	马克思主义法学原理
	闫志民	1936.12	科学社会主义与国际共产主义运动	中国特色社会主义理论体系
	汝　信	1931.08	国外马克思主义研究	国外马克思主义研究
	许全兴	1941.07	科学社会主义与国际共产主义运动	毛泽东思想
	许志功	1945.11	科学社会主义与国际共产主义运动	中国特色社会主义理论体系
	严书翰	1950.01	科学社会主义与国际共产主义运动	中国特色社会主义理论体系

续表

系别	姓名	出生年月	学科专业	主要研究方向
马克思主义学院	杜继文	1930.05	宗教学	马克思主义宗教理论
	李成勋	1934.03	政治经济学	马克思主义政治经济学
	李红岩	1963.06	中国史	马克思主义史学理论与史学史
	李　实	1956.10	劳动经济学	马克思主义劳动经济学
	李　捷	1955.02	中共党史	中国共产党党史
	李静杰	1941.10	国际关系	中俄关系
	杨伟国	1969.05	劳动经济学	马克思主义劳动经济学
	杨春贵	1936.01	马克思主义哲学	马克思主义哲学
	杨信礼	1958.01	马克思主义哲学	马克思主义哲学
	吴晓明	1957.07	马克思主义哲学	马克思主义哲学
	吴恩远	1948.04	马克思主义发展史	马克思主义发展史
	张　江	1954.09	文艺学	马克思主义文学理论
	张　宇	1963.12	政治经济学	马克思主义政治经济学
	张政文	1960.10	文艺学	马克思主义文学理论
	张昭军	1970.10	中国史	中华人民共和国史
	张耀灿	1937.10	思想政治教育	思想政治教育
	陈晓明	1959.02	文艺学	马克思主义文学理论
	金冲及	1930.12	中共党史	中国共产党党史
	周　宪	1954.09	文艺学	马克思主义文学理论
	周新城	1934.12	科学社会主义与国际共产主义运动	政治经济学
	庞元正	1947.09	马克思主义哲学	马克思主义哲学
	赵智奎	1950.01	马克思主义中国化研究	马克思主义中国化
	赵　曜	1932.02	科学社会主义与国际共产主义运动	科学社会主义
	逄锦聚	1947.02	政治经济学	马克思主义政治经济学
	宫　力	1952.09	国际关系	中美关系

续表

系别	姓名	出生年月	学科专业	主要研究方向
马克思主义学院	袁贵仁	1950.11	马克思主义哲学	马克思主义哲学
	贾高建	1959.05	马克思主义哲学	马克思主义哲学
	夏兴有	1954.01	马克思主义中国化研究	马克思主义中国化
	顾海良	1954.01	政治经济学	马克思主义政治经济学
	徐显明	1957.04	法学理论	马克思主义法学原理
	徐崇温	1930.07	科学社会主义与国际共产主义运动	中国特色社会主义理论体系
	董学文	1945.01	文艺学	马克思主义文艺学
	程光炜	1956.12	文艺学	马克思主义文学理论
	靳辉明	1934.01	马克思主义基本原理	马克思主义基本原理
	蔡长水	1936.04	中共党史	中国共产党的建设
	缪建民	1965.01	政治经济学	马克思主义政治经济学、宏观经济
马克思主义研究系	冯颜利	1963.08	国外马克思主义研究	国外马克思主义
	吕薇洲	1970.06	科学社会主义与国际共产主义运动	科学社会主义史
	李春华	1961.11	思想政治教育	马克思主义基本原理教育
	李崇富	1943.09	科学社会主义与国际共产主义运动	科学社会主义与中国特色社会主义
	李慎明	1949.10	马克思主义发展史	当代中国与当代世界
	余　斌	1969.04	马克思主义基本原理	马克思主义经济学与西方经济学比较研究
	冷　溶	1953.08	科学社会主义与国际共产主义运动	中国特色社会主义理论研究
	辛向阳	1965.03	马克思主义中国化研究	中国特色社会主义理论与实践
	罗文东	1967.12	马克思主义发展史	中国特色社会主义理论体系研究
	金民卿	1967.08	马克思主义中国化研究	中国特色社会主义理论与实践
	郑一明	1962.10	国外马克思主义研究	西方马克思主义

续表

系别	姓名	出生年月	学科专业	主要研究方向
马克思主义研究系	胡乐明	1965.10	马克思主义基本原理	中外马克思主义经济学、中外社会主义市场经济理论与政策
	侯惠勤	1949.02	马克思主义发展史	当代意识形态研究、马克思主义哲学史与当代中国
	姜　辉	1969.11	科学社会主义与国际共产主义运动	科学社会主义史
	夏春涛	1963.11	马克思主义中国化研究	中国特色社会主义理论与实践
	程恩富	1950.07	马克思主义基本原理	中外马克思主义经济学、中外社会主义市场经济理论与政策
	潘金娥	1967.05	科学社会主义与国际共产主义运动	世界社会主义
哲学系	王伟光	1950.02	马克思主义哲学	历史唯物主义
	王延光	1955.09	科学技术哲学	医学哲学与生命伦理学
	王　齐	1968.08	外国哲学	存在哲学
	王柯平	1955.05	美学	美学与诗学
	甘绍平	1959.08	伦理学	应用伦理学
	叶秀山	1935.06	外国哲学	欧洲哲学史
	成建华	1964.01	外国哲学	印度哲学
	刘培育	1940.04	逻辑学	逻辑因明学
	孙伟平	1966.01	马克思主义哲学	价值论研究
	孙春晨	1963.02	伦理学	伦理学与应用伦理学
	孙　晶	1954.01	外国哲学	东方哲学
	杜国平	1965.10	逻辑学	现代逻辑及其应用
	李　河	1958.08	外国哲学	符号哲学
	李俊文	1973.04	马克思主义哲学	马克思主义哲学中国化
	李景源	1945.07	马克思主义哲学	历史观与认识论
	杨通进	1964.02	科学技术哲学	应用伦理学与环境哲学

续表

系别	姓名	出生年月	学科专业	主要研究方向
哲学系	杨　深	1952.02	外国哲学	近现代欧洲哲学
	肖显静	1964.05	科学技术哲学	科学哲学、环境哲学与生态哲学
	余　涌	1961.10	伦理学	中西伦理学比较
	邹崇理	1953.07	逻辑学	现代逻辑
	张志强	1969.10	中国哲学	中国佛学
	张　慎	1954.12	外国哲学	德国哲学与文化
	陈　静	1954.09	中国哲学	庄子哲学
	陈　霞	1966.04	中国哲学	道家与道教文化研究
	欧阳英	1964.03	马克思主义哲学	马克思主义哲学中国化
	尚　杰	1955.09	外国哲学	法国当代哲学
	周贵华	1962.12	外国哲学	东方哲学
	周晓亮	1949.10	外国哲学	16—18 世纪欧洲哲学
	单继刚	1967.11	马克思主义哲学	马克思主义哲学中国化
	赵汀阳	1961.06	伦理学	中西伦理学比较、中国古代伦理学
	赵剑英	1964.10	马克思主义哲学	马克思主义哲学
	徐碧辉	1963.08	美学	马克思主义美学、中国古代美学、中国现代美学
	章建刚	1952.12	美学	美学与现代社会
	谢地坤	1956.12	外国哲学	德国哲学
	魏小萍	1955.12	马克思主义哲学	马克思主义哲学
世界宗教研究系	王　卡	1956.12	宗教学	道教学、中国哲学
	卢国龙	1959.11	中国哲学	中国哲学
	叶　涛	1963.10	宗教学	当代宗教
	尕藏加	1959.11	宗教学	藏传佛教历史、藏区宗教文化生态
	纪华传	1970.10	宗教学	中国佛教史
	李建欣	1966.12	宗教学	宗教文化
	邱永辉	1961.04	宗教学	当代宗教

续表

系别	姓名	出生年月	学科专业	主要研究方向
世界宗教研究系	何劲松	1962.08	宗教学	汉传佛教及佛教艺术
	卓新平	1955.03	宗教学	基督宗教、西方宗教学、中西宗教文化比较
	金　泽	1954.05	宗教学	宗教学、宗教人类学
	周伟驰	1969.10	宗教学	中世纪哲学、基督教思想史
	郑筱筠	1969.08	宗教学	南传佛教
	赵文洪	1958.03	宗教学	宗教与社会
	魏道儒	1955.10	宗教学	佛教
经济系	王红领	1952.09	西方经济学	技术创新
	王　诚	1955.10	经济思想史	外国经济思想史、宏观经济理论
	左大培	1952.08	西方经济学	西方经济学理论、经济模型分析
	叶　坦	1956.10	经济思想史	中国经济思想史、东亚经济思想比较研究
	朱　玲	1951.12	发展经济学	收入分配、贫困问题和乡村发展、发展经济学
	朱恒鹏	1969.09	西方经济学	微观经济学
	仲继银	1964.03	西方经济学	公司管理
	刘小玄	1953.01	西方经济学	微观经济学、产业组织理论
	刘兰兮	1954.06	经济史	中国商业史、中国近代企业史
	刘树成	1945.10	西方经济学	数量经济学、宏观经济学
	刘霞辉	1962.10	西方经济学	经济增长理论、中国经济增长问题
	苏金花	1972.01	经济史	中国古代经济史
	李铁映	1936.09	政治经济学	社会主义市场经济理论
	杨春学	1962.11	经济思想史	当代西方经济学说、新制度经济学与公共选择理论
	张　平	1964.07	政治经济学	中国经济增长、收入分配、资本市场理论

续表

系别	姓名	出生年月	学科专业	主要研究方向
经济系	张晓晶	1969.09	西方经济学	宏观经济学
	赵志君	1962.02	西方经济学	经济增长理论、宏观经济政策
	赵学军	1968.07	经济史	中华人民共和国经济史
	胡怀国	1971.03	经济思想史	外国经济思想史
	胡家勇	1962.11	政治经济学	社会主义市场经济理论
	袁为鹏	1972.12	经济史	中国近现代经济史、工业区位研究
	袁钢明	1953.09	西方经济学	宏观经济学、企业理论
	徐建生	1966.05	经济史	中国近代经济史
	剧锦文	1959.10	西方经济学	现代产权与企业理论、资本市场理论
	常　欣	1972.07	西方经济学	宏观经济
	董志凯	1944.08	经济史	中华人民共和国经济史
	韩朝华	1953.09	西方经济学	微观经济学、企业制度
	裴小革	1956.10	政治经济学	马克思主义经济学基本理论、中国经济改革与发展
	魏　众	1968.03	发展经济学	劳动力市场、收入分配研究
	魏明孔	1956.09	经济史	区域经济史
工业经济系	王　钦	1975.06	企业管理（含：财务管理、市场营销、人力资源管理）	创新管理、战略变革
	史　丹	1961.04	产业经济学	能源经济
	吕　政	1945.07	产业经济学	工业发展理论与政策
	吕　铁	1962.12	产业经济学	产业成长与产业政策
	刘戒骄	1963.03	产业经济学	产业组织理论与政策
	刘　勇	1970.09	产业经济学	产业经济
	杜莹芬	1964.09	会计学	公司理财、企业并购
	李海舰	1963.09	企业管理（含：财务管理、市场营销、人力资源管理）	战略管理、管理创新

续表

系别	姓名	出生年月	学科专业	主要研究方向
工业经济系	杨丹辉	1969.09	产业经济学	工业资源与环境
	余　菁	1976.11	企业管理（含：财务管理、市场营销、人力资源管理）	公司治理、国有企业改革
	沈志渔	1954.06	企业管理（含：财务管理、市场营销、人力资源管理）	企业制度、企业改革
	张世贤	1956.04	产业经济学	工业投资与融资
	张其仔	1965.05	产业经济学	产业竞争力
	陈　耀	1958.05	区域经济学	区域经济与政策
	罗仲伟	1955.10	企业管理（含：财务管理、市场营销、人力资源管理）	企业战略管理
	金　碚	1950.04	产业经济学	产业组织
	周文斌	1966.09	企业管理（含：财务管理、市场营销、人力资源管理）	企业青年员工（新生代员工）管理研究
	周民良	1963.01	区域经济学	区域经济学
	赵　英	1952.09	产业经济学	产业政策与技术创新、国家经济安全
	郭克莎	1955.07	产业经济学	产业经济学、经济增长
	黄速建	1955.11	企业管理（含：财务管理、市场营销、人力资源管理）	企业管理、公司理财
	黄群慧	1966.08	企业管理（含：财务管理、市场营销、人力资源管理）	企业理论与战略管理、管理理论与管理学方法论
	曹建海	1967.12	产业经济学	投资与消费的关系
农村发展系	于法稳	1969.07	农业经济管理	资源与环境经济
	王小映	1966.10	农业经济管理	土地资源管理
	冯兴元	1965.11	区域经济学	农村与区域金融
	朱　钢	1958.11	农业经济管理	农村财政
	任常青	1965.06	农业经济管理	农村金融

续表

系别	姓名	出生年月	学科专业	主要研究方向
农村发展系	孙若梅	1962.09	农业经济管理	资源与环境经济
	李国祥	1963.08	农业经济管理	农产品市场与贸易
	李　周	1952.09	农业经济管理	资源与环境经济
	李　静	1966.03	农业经济管理	农村金融
	吴国宝	1963.12	农业经济管理	贫困与发展
	张元红	1964.02	农业经济管理	农村产业经济
	张晓山	1947.10	农业经济管理	农村组织与制度
	苑　鹏	1962.08	农业经济管理	农村组织与制度
	党国英	1957.06	农业经济管理	农村发展理论与政策
	崔红志	1964.11	农业经济管理	农村产权制度
	韩　俊	1963.11	农业经济管理	农村发展理论与政策
	谭秋成	1965.08	区域经济学	乡村治理与财政
	潘晨光	1954.09	农业经济管理	农村人才与人力资源管理
	魏后凯	1963.12	区域经济学	城镇化与城乡发展
财经系	马　珺	1972.03	财政学（含：税收学）	财税理论与政策
	王诚庆	1958.08	旅游管理	旅游经济与管理
	王洛林	1938.06	国际贸易学	国际贸易理论与政策
	申恩威	1957.01	国际贸易学	国际贸易与跨国公司
	冯　雷	1954.06	国际贸易学	国际投资
	江小涓	1957.06	产业经济学	体育经济
	何德旭	1962.09	金融学（含：保险学）	金融理论与政策
	杜志雄	1963.02	产业经济学	农业现代化
	李雪松	1970.09	金融学	宏观经济政策效应评价
	杨圣明	1939.07	国际贸易学	国际服务贸易
	杨志勇	1973.08	财政学（含：税收学）	财税数据分析与政策评估
	汪红驹	1970.04	金融学（含：保险学）	金融理论与政策、宏观经济学
	张　斌	1973.11	财政学（含：税收学）	财税理论与政策

续表

系别	姓名	出生年月	学科专业	主要研究方向
财经系	张群群	1970.10	产业经济学	服务经济学
	依绍华	1970.11	产业经济学	流通产业理论与政策
	赵　瑾	1965.03	国际贸易学	国际贸易理论与政策
	荆林波	1966.04	产业经济学	市场组织与价格制度
	钟春平	1977.04	金融学（含：保险学）	金融经济学
	姚战琪	1971.05	旅游管理	现代服务业与金融
	夏先良	1963.06	国际贸易学	国际知识产权
	夏杰长	1964.03	旅游管理	旅游与现代服务业
	倪鹏飞	1964.03	金融学（含：保险学）	城市与房地产金融
	高培勇	1959.01	财政学（含：税收学）	财税理论与政策
	裴长洪	1954.05	金融学（含：保险学）	金融理论与政策
金融系	王　力	1959.09	金融学（含：保险学）	区域金融、资本市场
	王松奇	1952.03	金融学（含：保险学）	国际金融理论与政策
	王国刚	1955.11	金融学（含：保险学）	金融市场
	李　扬	1951.09	金融学（含：保险学）	货币理论与货币政策
	杨　涛	1974.01	金融学（含：保险学）	产业金融与政策、互联网金融
	周茂清	1954.03	金融学（含：保险学）	金融市场
	胡　滨	1971.05	金融学（含：保险学）	金融监管与金融法律
	殷剑峰	1969.12	金融学（含：保险学）	宏观金融与政策
	郭金龙	1965.04	金融学（含：保险学）	现代金融体系和保险、保险与社会保障
	彭兴韵	1972.04	金融学（含：保险学）	宏观经济与货币政策
	董裕平	1969.10	金融学（含：保险学）	金融制度改革与发展
	曾　刚	1975.08	金融学（含：保险学）	银行经济学
数量经济与技术经济系	王国成	1956.11	数量经济学	博弈论
	齐建国	1957.06	技术经济及管理	技术创新、知识经济
	李文军	1966.10	技术经济及管理	产业技术经济学、循环经济

续表

系别	姓名	出生年月	学科专业	主要研究方向
数量经济与技术经济系	李　平	1959.06	技术经济及管理	技术创新、能源经济
	李　军	1963.04	数量经济学	经济数量分析方法及应用
	李　青	1964.09	技术经济及管理	区域经济学
	李金华	1962.11	数量经济学	国民经济核算、经济统计理论与方法
	李京文	1932.10	技术经济及管理	技术经济学理论与方法、宏观经济预测
	李　群	1961.12	数量经济学	人力资源与经济发展
	汪同三	1948.07	数量经济学	经济模型与经济预测
	汪向东	1954.03	技术经济及管理	信息化理论与实践、互联网经济与应用
	张国初	1942.06	会计学	会计、技术经济与管理
	张昕竹	1964.05	数量经济学	管制经济学与管制政策、激励理论与应用
	张　晓	1957.03	技术经济及管理	环境与发展的经济分析
	张　涛	1973.08	数量经济学	经济模型与经济预测
	郑玉歆	1945.11	数量经济学	生产率研究
	赵京兴	1950.01	数量经济学	增长理论及应用
	蔡跃洲	1975.09	技术经济及管理	创新经济与创新管理
	樊明太	1963.11	数量经济学	数量经济学与政策模拟
投资经济系	马晓河	1955.08	国民经济学	产业经济和宏观经济
	王一鸣	1959.08	国民经济学	宏观经济、区域经济
	王昌林	1967.01	国民经济学	产业经济学
	刘立峰	1965.05	国民经济学	公共部门投资
	杨　萍	1965.09	国民经济学	宏观经济、资本市场
	肖金成	1955.09	国民经济学	投资经济、区域经济
	汪文祥	1962.12	国民经济学	投资理论与实践、产业经济

续表

系别	姓名	出生年月	学科专业	主要研究方向
投资经济系	张长春	1962.11	国民经济学	政府投资、宏观经济政策
	陈东琪	1956.08	国民经济学	政治经济学、宏观经济分析、资本市场与投资
	曹玉书	1948.09	国民经济学	投资理论与实践、产业经济发展
	臧跃茹	1964.11	国民经济学	经济体制改革
政府政策与公共管理系	马建堂	1958.04	国民经济学	国民经济发展与政策
	王延中	1963.04	国民经济学	社会保障
	王金南	1962.05	国民经济学	环境规划、环境政策、环境经济评估、环境经济学
	王宏伟	1970.11	国民经济学	科技创新与经济发展政策分析
	王浦劬	1956.09	政治学理论	当代中国政治与治理
	文学国	1966.04	国民经济学	反垄断与竞争政策、私募股权基金
	刘迎秋	1950.08	国民经济学	国民经济发展与政策
	刘国祥	1963.01	国民经济学	卫生经济学
	刘春成	1968.05	国民经济学	区域经济
	闫　坤	1964.08	国民经济学	宏观经济与财政理论
	孙国峰	1972.07	国民经济学	货币理论与政策
	李成贵	1966.09	国民经济学	创新驱动理论与政策
	李志军	1965.03	国民经济学	创新驱动发展与政策
	李连仲	1949.10	国民经济学	国民经济发展与政策
	李金河	1955.09	政治学理论	统一战线、政党制度、协商民主
	李富强	1957.02	国民经济学	宏观经济运行与管理
	杨建龙	1969.02	国民经济学	国民经济发展与政策
	吴群红	1962.12	国民经济学	卫生经济学
	邹东涛	1949.11	国民经济学	国民经济发展与政策
	张承惠	1957.05	国民经济学	国民经济发展与政策
	张　峰	1954.06	政治学理论	哲学、政治学

续表

系别	姓名	出生年月	学科专业	主要研究方向
政府政策与公共管理系	张菀洺	1973.04	国民经济学	公共经济理论与政策
	陈　文	1969.10	国民经济学	药物经济学与政策
	郑秉文	1955.01	国民经济学	社会保障
	郑新立	1945.04	国民经济学	国民经济发展与政策
	赵　芮	1967.11	国民经济学	人力资本投资、人力资源开发与管理
	胡建忠	1965.03	国民经济学	并购重组研究
	姚俭建	1958.09	政治学理论	参政党与人民政协功能研究
	贺　泓	1965.01	国民经济学	环境保护的经济效果评估、污染排放标准确定的经济准则
	黄　伟	1964.06	国民经济学	信息系统与经济管理
	黄晓勇	1956.11	国民经济学	能源经济与政策比较
	梁云祥	1956.04	政治学理论	东北亚地区研究
	崔民选	1960.09	国民经济学	制度经济学、资源与环境
	葛新权	1957.03	国民经济学	能源经济与政策比较
	曾培炎	1938.02	国民经济学	国民经济发展与政策
	谢伏瞻	1954.08	国民经济学	国民经济发展与政策
	谢朝斌	1963.04	国民经济学	国民经济发展与政策
	董礼胜	1955.03	政治学理论	政治制度
人口与劳动经济系	王广州	1965.10	人口学	应用人口学
	王美艳	1975.07	劳动经济学	劳动力市场与劳动关系
	王跃生	1959.12	人口学	人口与社会变迁
	田雪原	1938.08	人口学	人口理论
	吴要武	1968.11	劳动经济学	城镇劳动力市场
	张车伟	1964.10	劳动经济学	就业与收入分配
	张展新	1955.07	人口学	迁移社会学
	郑真真	1954.12	人口学	人口分析技术与应用

续表

系别	姓名	出生年月	学科专业	主要研究方向
人口与劳动经济系	都　阳	1971.04	劳动经济学	劳动力市场理论与政策
	高文书	1974.06	劳动经济学	人力资源开发与管理
	蔡　昉	1956.09	人口、资源与环境经济学	发展经济学
城乡建设经济系	仇保兴	1953.11	区域经济学	城市发展
	陈　淮	1952.02	区域经济学	城市化理论、房地产经济
	翟宝辉	1964.10	区域经济学	城市运行管理
城市发展与环境研究系	庄贵阳	1969.09	可持续发展经济学	低碳经济
	刘治彦	1967.08	城市经济学	城市经济发展
	李国庆	1963.09	可持续发展经济学	城市社会学
	李景国	1957.01	城市经济学	城镇与区域规划
	宋迎昌	1965.10	城市经济学	城市与区域发展
	陈　迎	1969.04	可持续发展经济学	全球环境治理
	潘家华	1957.06	可持续发展经济学	可持续发展经济学理论、气候变化经济学
法学系	王晓晔	1948.10	经济法学	经济法、竞争法
	王家福	1931.02	民商法学（含：劳动法学、社会保障法学）	民法总论、物权法、债权法
	王敏远	1959.11	诉讼法学	刑事诉讼法学
	冯　军	1965.12	宪法学与行政法学	大众传媒法
	朱晓青	1955.09	国际法学（含：国际公法、国际私法、国际经济法）	国际公法
	刘仁文	1967.09	刑法学	中国刑法学
	刘作翔	1956.09	法学理论	法理学、法律文化学、法律社会学
	孙宪忠	1957.01	民商法学（含：劳动法学、社会保障法学）	民法总论、物权法、债权法
	李步云	1933.08	法学理论	法理学
	李　林	1955.11	宪法学与行政法学	宪政与民主理论

续表

系别	姓名	出生年月	学科专业	主要研究方向
法学系	李明德	1956.03	知识产权法学	版权法、知识产权法
	李顺德	1948.04	经济法学	知识产权法
	吴玉章	1955.09	法学理论	法理学
	吴新平	1951.10	宪法学与行政法学	宪法基本理论
	邹海林	1963.08	民商法学（含：劳动法学、社会保障法学）	民法总论、破产法
	沈　涓	1962.08	国际法学（含：国际公法、国际私法、国际经济法）	国际私法
	张广兴	1954.03	民商法学（含：劳动法学、社会保障法学）	债权法
	张　生	1970.10	法律史	中国法制史
	张明杰	1962.03	宪法学与行政法学	信息公开法、行政诉讼法
	张冠梓	1966.08	法律史	中国传统法律文化、法律人类学与法律社会学
	陈泽宪	1954.07	刑法学	中国刑法学、国际刑法学
	陈　洁	1970.04	经济法学	证券法、公司法
	陈　甦	1957.12	经济法学	证券法、商法基础理论、公司法
	周汉华	1964.10	宪法学与行政法学	行政法学
	屈学武	1949.07	刑法学	中国刑法学
	赵建文	1956.01	国际法学（含：国际公法、国际私法、国际经济法）	国际公法
	柳华文	1972.07	国际法学（含：国际公法、国际私法、国际经济法）	国际公法
	信春鹰	1956.10	法学理论	法理学
	莫纪宏	1964.05	国际法学（含：国际公法、国际私法、国际经济法）	国际人权法
	夏　勇	1961.11	法学理论	法理学、法治与人权理论
	徐立志	1951.06	法律史	中国近代法律史

续表

系别	姓名	出生年月	学科专业	主要研究方向
法学系	龚赛红	1966.06	民商法学（含：劳动法学、社会保障法学）	侵权责任法、医事法
	崔勤之	1944.02	经济法学	证券法、公司法
	梁慧星	1944.01	民商法学（含：劳动法学、社会保障法学）	民法总论、债权法
	谢鸿飞	1973.12	民商法学（含：劳动法学、社会保障法学）	物权法、合同法
	管育鹰	1969.04	知识产权法学	知识产权法
	熊秋红	1965.10	诉讼法学	刑事诉讼法学
	薛宁兰	1964.03	民商法学（含：劳动法学、社会保障法学）	亲属法
	冀祥德	1964.02	诉讼法学	刑事诉讼法学
政治学系	王炳权	1972.07	政治学理论	政治学理论与当代中国政治发展
	贠　杰	1972.05	政治学理论	行政管理
	杨海蛟	1955.03	政治学理论	政治学理论与当代中国政治建设
	张树华	1966.09	政治学理论	政治比较与国别政治
	陈红太	1957.10	政治学理论	政治学理论与当代中国政治建设
	周少来	1964.11	政治学理论	政治学理论与当代中国政治建设
	周庆智	1960.08	政治学理论	中国地方政府治理
社会学系	王春光	1964.03	社会学	农村社会学
	王俊秀	1963.08	社会学	社会心态、风险社会
	李春玲	1963.01	社会学	社会分层
	李培林	1955.05	社会学	企业组织与社会发展
	杨宜音	1955.12	社会学	社会心态
	吴小英	1967.09	社会学	家庭社会学、性别与社会
	何　蓉	1971.07	社会学	社会学理论
	张　翼	1964.12	社会学	社会保障

续表

系别	姓名	出生年月	学科专业	主要研究方向
社会学系	陈光金	1962.05	社会学	社会结构与变迁、农村社会学
	罗红光	1957.01	社会学	社会人类学
	赵一红	1963.09	社会学	发展社会学
	夏传玲	1964.02	社会学	组织社会学
	景天魁	1943.04	社会学	发展社会学
	鲍　江	1968.11	社会学	影视人类学
民族学系	乌　兰	1954.04	中国少数民族史	蒙古史
	尹虎彬	1960.05	中国少数民族语言文学（侗傣语族、西夏文、苗瑶语族）	少数民族文学
	史金波	1940.03	专门史	西夏文史
	色　音	1963.07	人类学	文化人类学
	刘正寅	1963.06	专门史	北方民族史
	江　荻	1954.01	语言学及应用语言学	计算语言学
	孙伯君	1966.03	中国少数民族语言文学（侗傣语族、西夏文、苗瑶语族）	文献学
	李云兵	1968.01	语言学及应用语言学	描写语言学
	何星亮	1956.08	人类学	文化人类学
	陈建樾	1964.07	马克思主义民族理论与政策	中国的民族理论与政策
	呼　和	1962.01	中国少数民族语言文学（侗傣语族、西夏文、苗瑶语族）	实验语音学
	孟慧英	1953.03	人类学	宗教人类学
	郝时远	1952.08	民族学	民族理论
	聂鸿音	1954.11	专门史	古文献
	黄成龙	1968.09	语言学及应用语言学	语言类型学
	黄　行	1952.06	语言学及应用语言学	语言学
	曾少聪	1962.12	民族学	国际移民
	管彦波	1967.06	民族学	生态学

续表

系别	姓名	出生年月	学科专业	主要研究方向
社会发展系	李汉林	1953.11	社会学	社会结构与社会组织
	沈　红	1965.05	社会学	发展社会学
	渠敬东	1970.01	社会学	社会理论
	葛道顺	1966.02	社会学	社会（保障）政策评估
文学系	王达敏	1960.11	中国古代文学	明清文学与近代文学
	户晓辉	1966.02	中国民间文学	民间文学理论
	刘方喜	1966.08	文艺学	文艺美学
	刘　宁	1969.01	中国古代文学	唐宋文学
	刘跃进	1958.11	中国古典文献学	中国古典文献
	安德明	1968.01	中国民间文学	口头艺术的民族志研究
	李　玫	1957.01	中国古代文学	中国古代戏曲史
	李建军	1963.05	中国现当代文学	中国当代小说
	杨　义	1946.08	中国现当代文学	中国现代文学
	吴光兴	1963.09	中国古代文学	魏晋南北朝隋唐五代文学
	陆建德	1954.02	比较文学与世界文学	英国文学
	陈定家	1962.01	文艺学	文学理论与批评
	范子烨	1964.05	中国古代文学	魏晋南北朝隋唐文学
	金惠敏	1961.11	文艺学	文学理论与当代文化理论
	郑永晓	1963.01	中国古典文献学	唐宋文学
	赵京华	1957.11	中国现当代文学	中日现代文学比较
	赵稀方	1964.01	中国现当代文学	文学史研究
	党圣元	1955.09	文艺学	中国古代文论
	高建平	1955.03	文艺学	比较美学
	彭亚非	1955.04	文艺学	中国古代文论与美学
	董炳月	1960.09	比较文学与世界文学	现代中日文化
	蒋　寅	1959.06	中国古代文学	中国诗学
	黎湘萍	1958.08	中国现当代文学	中国当代文学（台港文学）

续表

系别	姓名	出生年月	学科专业	主要研究方向
外国文学系	叶　隽	1973.07	比较文学与世界文学	德语文学
	史忠义	1951.06	比较文学与世界文学	中西比较诗学、中西比较文学
	刘文飞	1959.11	俄语语言文学	俄罗斯文学与文化
	李永平	1956.05	比较文学与世界文学	德语文学
	余中先	1954.08	法语语言文学	法国当代文学
	陈中梅	1954.01	比较文学与世界文学	古希腊文学
	陈众议	1957.10	比较文学与世界文学	西班牙语文学
	周启超	1959.04	俄语语言文学	俄罗斯文论、比较诗学
	钟志清	1964.11	比较文学与世界文学	希伯来、犹太文学与文化研究
	黄　梅	1950.02	英语语言文学	英国小说
	梁　展	1970.10	比较文学与世界文学	比较文学
	程　巍	1966.05	英语语言文学	英美文学
	傅　浩	1963.04	英语语言文学	英语诗歌及诗论、文学翻译
少数民族文学系	巴莫曲布嫫	1964.04	民俗学（含：中国民间文学）	口头传统
	张春植	1959.02	中国少数民族语言文学（侗傣语族、西夏文、苗瑶语族）	朝鲜族移民文学、朝鲜族现当代文学
	阿地里·居玛吐尔地	1964.02	中国少数民族语言文学（侗傣语族、西夏文、苗瑶语族）	突厥与民族文学、口头史诗理论
	斯钦孟和	1954.07	中国少数民族语言文学（侗傣语族、西夏文、苗瑶语族）	蒙古文学
	斯钦巴图	1963.01	中国少数民族语言文学（侗傣语族、西夏文、苗瑶语族）	蒙古族文学研究
	朝　克	1957.09	中国少数民族语言文学（侗傣语族、西夏文、苗瑶语族）	中国北方语言学
	朝戈金	1958.08	民俗学（含：中国民间文学）	民间文艺学、史诗学

续表

系别	姓名	出生年月	学科专业	主要研究方向
新闻学与传播学系	卜 卫	1957.03	新闻学	传播与社会发展研究
	尹韵公	1956.10	新闻学	新闻史、新闻理论
	宋小卫	1958.03	新闻学	新闻理论、媒介消费保障与受众权益理论
	姜 飞	1971.06	新闻学	新闻学
	殷 乐	1972.11	新闻学	新闻传播
	唐绪军	1959.02	新闻学	新闻业务研究
语言学系	王灿龙	1962.05	汉语言文字学	现代汉语语法
	方 梅	1961.04	汉语言文字学	现代汉语
	刘丹青	1958.08	语言学及应用语言学	语言类型学
	许嘉璐	1937.06	汉语言文字学	训诂学
	李爱军	1966.09	语言学及应用语言学	语音学
	李 蓝	1957.11	汉语言文字学	汉语方言学
	杨永龙	1962.07	汉语言文字学	汉语历史语法
	吴福祥	1959.10	汉语言文字学	汉语历史语法
	沈 明	1963.12	汉语言文字学	汉语方言学
	沈家煊	1946.03	语言学及应用语言学	句法语义学
	张伯江	1962.11	汉语言文字学	现代汉语
	孟蓬生	1961.02	汉语言文字学	训诂学
	赵长才	1964.10	汉语言文字学	汉语历史词汇语法
	胡建华	1962.11	语言学及应用语言学	句法语义学
	顾曰国	1956.10	语言学及应用语言学	语料库语言学
	曹广顺	1952.03	汉语言文字学	汉语史
	谭景春	1958.04	汉语言文字学	词典学
语言文字应用系	苏金智	1954.02	语言学及应用语言学	社会语言学

续表

系别	姓名	出生年月	学科专业	主要研究方向
语言文字应用系	李宇明	1955.06	语言学及应用语言学	应用语言学、语言理论
	姚喜双	1957.01	媒体语言学	广播电视语言
	郭龙生	1964.04	语言学及应用语言学	社会语言学
历史系	卜宪群	1962.11	历史文献学（含：敦煌学、古文字学）	秦汉史
	王启发	1960.10	专门史	中国思想史
	王震中	1957.01	中国古代史	先秦史（史前与夏商）
	刘　晓	1970.04	中国古代史	元史
	刘　源	1973.07	历史文献学（含：敦煌学、古文字学）	中国古文字（甲骨文、金文）
	孙　晓	1963.09	中国古代史	秦汉史、经学史
	李锦绣	1965.09	专门史	唐代西域史
	杨　珍	1955.06	中国古代史	清代政治史
	杨振红	1963.12	中国古代史	战国秦汉史、简帛学
	吴玉贵	1957.11	历史文献学（含：敦煌学、古文字学）	历史文献学、隋唐史
	宋镇豪	1948.01	历史文献学（含：敦煌学、古文字学）	古文字学、中国上古史、甲骨文献学
	阿　风	1970.11	中国古代史	徽学
	陈祖武	1943.10	中国古代史	清代学术史
	高　翔	1963.10	中国古代史	清代政治史、清代社会文化史
	黄正建	1954.07	中国古代史	唐史
	彭　卫	1959.02	史学理论及史学史	史学理论与中国古代史学史、秦汉史
近代史系	于化民	1958.03	中国近现代史	中国革命史、中国现代政治史
	马　勇	1955.12	中国近现代史	中国现代化史
	王建朗	1956.11	中国近现代史	中国外交史

续表

系别	姓名	出生年月	学科专业	主要研究方向
近代史系	左玉河	1964.10	中国近现代史	中国近代思想文化史
	刘小萌	1952.03	中国近现代史	清史
	刘俐娜	1958.12	中国近现代史	中国近代思想史
	李长莉	1958.02	中国近现代史	中国近代社会文化史
	李细珠	1967.06	中国近现代史	中国近代政治史
	邹小站	1971.01	中国近现代史	中国近现代史学史
	张海鹏	1939.05	中国近现代史	中国近代政治史、台湾史
	罗检秋	1962.07	中国近现代史	中国近代思想文化史
	金以林	1967.12	中国近现代史	中华民国史
	郑大华	1956.08	中国近现代史	中国近代思想史、中国近代文化史
	赵晓阳	1964.08	中国近现代史	中国近代社会史
	闻黎明	1950.09	中国近现代史	中国现代政治史
	崔志海	1963.12	中国近现代史	晚清政治史、中国近代思想史
	葛夫平	1965.04	中国近现代史	近现代中法关系史
世界历史系	王晓菊	1965.09	世界史	俄罗斯史、西伯利亚史
	毕健康	1967.06	世界史	中东近现代史
	汪朝光	1958.10	世界史	中华民国史
	吴必康	1954.05	世界史	西欧近现代史
	张顺洪	1955.02	世界史	英帝国史
	易建平	1957.12	世界史	古代政治制度比较研究、文明与国家起源比较研究
	俞金尧	1962.05	世界史	近现代西方经济社会史
	徐再荣	1967.04	世界史	欧美环境史、20世纪美国社会经济史
考古系	王　巍	1954.05	考古学及博物馆学	夏商周考古、东亚考古
	白云翔	1955.12	考古学及博物馆学	汉唐考古
	冯　时	1958.10	考古学及博物馆学	古文字学

续表

系别	姓名	出生年月	学科专业	主要研究方向
考古系	朱岩石	1962.08	考古学及博物馆学	汉唐考古
	刘庆柱	1943.08	考古学及博物馆学	汉唐考古
	刘国祥	1968.10	考古学及博物馆学	新石器时代考古
	许　宏	1963.07	夏商周考古	夏商周考古
	李裕群	1957.09	考古学及博物馆学	佛教考古
	张雪莲	1957.12	考古学及博物馆学	科学测年
	陈星灿	1964.12	考古学及博物馆学	新石器时代考古
	赵志军	1956.05	考古学及博物馆学	植物考古
	袁　靖	1952.10	考古学及博物馆学	动物考古
	唐际根	1964.01	考古学及博物馆学	夏商周考古
	董新林	1966.09	考古学及博物馆学	宋辽金元明清考古
中华人民共和国国史系	王瑞芳	1963.04	中国当代史	中国当代经济史、中国当代农业经济史
	朱佳木	1946.06	中国当代史	中华人民共和国史
	刘国新	1950.12	中共党史（含：党的学说与党的建设）	中共党史
	李　文	1963.07	中国当代史	中国当代社会史
	李正华	1964.06	中共党史（含：党的学说与党的建设）	中国当代史
	邱新立	1966.09	中国当代史	地方志
	宋月红	1965.10	中共党史	中国当代政治史、中华人民共和国史研究的理论与方法
	张英聘	1967.08	中国当代史	方志学
	张星星	1955.04	中国当代史	中国当代政治史
	武　力	1956.11	中国当代史	中国当代经济史
中国边疆历史系	于逢春	1960.04	中国边疆史地	疆域理论

续表

系别	姓名	出生年月	学科专业	主要研究方向
中国边疆历史系	邢广程	1961.10	中国边疆史地	周边国际环境与中国边疆
	许建英	1963.10	中国边疆史地	新疆近现代史
	李　方	1955.01	中国边疆史地	西北边疆史
	李大龙	1964.05	中国边疆史地	汉唐边疆史
	李国强	1963.01	中国边疆史地	中国海疆历史与现状
世界经济与政治系	东　艳	1974.10	世界经济	国际贸易理论
	孙　杰	1962.10	世界经济	国际金融
	李东燕	1960.09	国际关系	当代全球问题
	何　帆	1971.04	世界经济	国际金融
	何新华	1962.03	世界经济	宏观经济分析
	宋　泓	1965.07	世界经济	国际贸易与国际投资
	张宇燕	1960.09	世界经济	国际政治经济学
	张　明	1977.09	世界经济	国际金融
	张　斌	1975.10	世界经济	宏观经济分析
	姚枝仲	1975.06	世界经济	国际投资
	袁正清	1966.01	国际关系	国际安全与中国外交
	高海红	1964.04	世界经济	国际金融
	鲁　桐	1961.12	世界经济	公司治理
美国研究系	王孜弘	1960.07	世界经济	美国经济
	李　文	1957.01	国际政治	亚太政治
	周　琪	1952.11	国际关系	国际政治
	赵　梅	1962.10	国际关系	美国社会与文化
	袁　征	1968.11	国际关系	美国外交
	倪　峰	1963.08	国际关系	美国政治
	姬　红	1964.03	国际关系	美国社会与美国文化
	樊吉社	1971.12	国际关系	国际关系
日本研究系	吕耀东	1965.07	国际关系	日本外交

续表

系别	姓名	出生年月	学科专业	主要研究方向
日本研究系	李　薇	1954.04	国际政治	日本政治外交
	杨伯江	1964.09	国际政治	日本国家战略研究
	张季风	1959.08	世界经济	日本经济
	张建立	1970.03	国际关系	日本文化与社会思潮
	高　洪	1955.02	国际政治	日本政治
	崔世广	1956.06	国际政治	日本文化与社会思潮
欧洲研究系	孔田平	1965.08	国际政治	转轨经济比较研究
	田德文	1964.12	国际政治	欧洲社会文化
	江时学	1956.09	世界经济	欧洲经济
	吴　弦	1952.04	国际关系	欧洲一体化
	张　敏	1964.02	世界经济	欧洲经济
	陈　新	1966.09	世界经济	欧洲经济
	周　弘	1952.10	国际政治	欧洲政治
	黄　平	1958.02	国际关系	欧洲社会变迁
	程卫东	1968.10	国际政治	欧洲政治
俄罗斯东欧中亚研究系	朱晓中	1957.03	国际政治	中东欧国家对外关系
	孙壮志	1966.05	国际政治	中亚地区社会政治
	李永全	1955.03	国际政治	俄罗斯、国际政治
	李建民	1953.04	国际政治	俄罗斯、独联体经济
	吴　伟	1957.10	国际政治	国际政治与国家关系
	吴宏伟	1959.10	国际政治	中亚政治、上海合作组织
	张盛发	1957.01	国际政治	国际关系史、苏联政治和苏联外交
	庞大鹏	1976.02	国际政治	俄罗斯政治
	郑　羽	1956.08	国际政治	俄罗斯外交与中俄关系
	姜　毅	1963.01	国际政治	俄罗斯外交
	高　歌	1968.11	国际政治	中东欧政治、中东欧外交
	徐坡岭	1966.04	国际政治	转型经济

续表

系别	姓名	出生年月	学科专业	主要研究方向
俄罗斯东欧中亚研究系	程亦军	1959.03	国际政治	俄罗斯经济、金融、人口
亚洲太平洋研究系	王玉主	1968.06	世界经济	亚太经济、区域合作
	王灵桂	1967.11	国际政治	国际关系
	朴光姬	1963.03	世界经济	亚太经济、能源
	朴键一	1962.01	国际关系	东北亚国际关系
	许利平	1966.05	国际关系	亚太国际关系、非传统安全
	李向阳	1962.12	世界经济	世界经济理论
	张蕴岭	1945.05	世界经济	国际经济关系、区域一体化
	赵江林	1968.08	世界经济	亚太经济
	高　程	1977.11	国际关系	国际政治经济学
拉丁美洲研究系	刘纪新	1951.02	国际政治	拉美政治
	杨志敏	1971.10	世界经济	拉美经济
	吴白乙	1959.01	国际政治	拉美政治
	吴国平	1952.09	世界经济	拉美经济
	宋晓平	1952.08	世界经济	拉美经济、区域经济合作
	张　凡	1961.06	国际政治	拉丁美洲政治、拉丁美洲国际关系
	岳云霞	1977.01	世界经济	拉美经济
	袁东振	1963.10	国际政治	拉丁美洲政治
	柴　瑜	1968.10	世界经济	拉美经济
西亚非洲研究系	王林聪	1965.05	国际政治	中东政治
	朱伟东	1972.11	国际关系	非洲法
	李智彪	1961.09	国际关系	非洲国际关系
	李新烽	1960.07	国际政治	非洲政治
	杨　光	1955.03	世界经济	中东经济
	张宏明	1959.02	国际政治	非洲政治

续表

系别	姓名	出生年月	学科专业	主要研究方向
西亚非洲研究系	贺文萍	1966.10	国际关系	非洲国际关系
	唐志超	1970.08	国际关系	中东国际关系

二　2017年度晋升正高级专业技术职务人员

乌日古木勒　1965年11月出生，女，蒙古族，内蒙古库伦旗人，研究员。1984年9月至1988年7月，在内蒙古大学蒙古语言文学系学习，获得文学学士学位；1991年9月至1994年7月，在中央民族大学民族语言一系学习，获得文学硕士学位；2001年9月至2004年6月，在中国社会科学院研究生院民族文学系在职学习，获得文学博士学位。1988年7月至1991年7月，在内蒙古自治区锡林郭勒盟东乌珠穆沁旗党史办工作；1994年7月至2006年11月，在中央民族大学图书馆工作，任馆员；2006年11月至今，在中国社会科学院文学研究所工作，历任助理研究员、副研究员。

现从事民间文学研究，主要学术专长是日本民俗学之父柳田国男研究和蒙古民间文学研究。主要代表作有：《柳田国男民间文学思想研究》（专著）；《柳田国男故事学理论述评》（论文）；《柳田国男与日本民俗分类》（论文）；《草原史诗与成年仪式》（论文）；《蒙古族〈青蛙儿子〉故事与蒙古族史诗传统》（论文）。

杨子彦　1974年1月出生，女，山东定陶人，研究员。1992年9月至1999年7月，在山东师范大学中文系学习，先后获得文学学士、硕士学位；1999年9月至2002年7月，在北京大学中文系学习，获得文学博士学位。2002年7月至今，在中国社会科学院文学研究所工作，历任助理研究员、副研究员、理论研究室副主任，其间，2002年10月至2003年9月，借调中组部工作。

现从事文学理论研究，主要学术专长是乾嘉时期的诗歌理论和小说理论。主要代表作有：《纪昀文学思想研究》（专著）；《乾嘉情文理论研究》（专著）；《论蒲松龄之“孤愤”说》（论文）；《学术与权力交换场中的戴震》（论文）；《论〈红楼梦〉中的“清”、“老”之美》（论文）。

贺照田　1967年2月出生，黑龙江同江人，研究员。1985年9月至1990年7月，在北京大学力学系、中文系学习，获得文学学士学位；1993年9月至1996年6月，在北京大学中文系学习，获得文学硕士学位。1990年7月至1993年9月，在中国核工业报社工作，任编辑；1996年7月至今，在中国社会科学院文学研究所工作，历任研究实习员、助理研究员、副研究员。

现从事比较文学研究，主要学术专长是

文学思潮、文化思潮。主要代表作有：《当代中国的知识感觉与观念感觉》（专著）；《当中国开始深入世界》（专著）；《当社会主义遭遇危机》（专著）；《时势抑或人事：简论当下文学困境的历史与观念成因》（论文）。

李　超　1971年1月出生，女，北京人，编审。1989年10月至1997年7月，在首都师范大学中文系学习，先后获得文学学士、硕士学位。1997年7月至今，在中国社会科学院文学研究所工作，历任编辑、副编审、科研处处长。

现从事编辑工作，主要业务专长是元明清文学研究编辑。主要代表作有：《李贽的文学观念与晚明小品文的勃兴》（论文）；《朝鲜“倭乱”小说的历史蕴涵与当代价值——以汉文小说为考察中心》（论文，责任编辑）；《论“小说界革命”及其后之转向》（论文，责任编辑）；《联语粹编》（古籍整理）。

刘　晖　1970年3月出生，女，河北抚宁人，研究员。1988年9月至1992年7月，在北京大学西方语言文学系学习，获得文学学士学位；1994年9月至2000年7月，在中国社会科学院研究生院外国文学系在职学习，先后获得文学硕士、博士学位。1992年7月至1994年4月，在中国社会科学院保卫局工作；1994年4月至今，在中国社会科学院外国文学研究所工作，历任研究实习员、编辑、副编审、副研究员、东南欧拉美文学研究室副主任、主任。兼任法国文学研究会副秘书长。

现从事外国文学研究，主要学术专长是法国19世纪、20世纪文艺理论。主要代表作有：《从圣伯夫出发——普鲁斯特驳圣伯夫之考证》（论文）；《布尔迪厄的文学社会学述略》（论文）；《异端马奈的生成——论〈马奈：象征革命〉》（论文）；《布尔迪厄的思想谱系——布尔迪厄生成结构理论探源》（论文）；《区分——判断力的社会批判》（译著）。

宗笑飞　1975年7月出生，女，山东德州人，研究员。1993年9月至1997年7月，在北京第二外国语学院阿拉伯语系学习，获得文学学士学位；1998年9月至2001年7月，在北京大学外国语学院阿拉伯系学习，获得文学硕士学位；2013年9月至2016年7月，在中国社会科学院研究生院外语系在职学习，获得文学博士学位。2001年7月至2002年7月，在中兴通讯股份有限公司工作；2002年8月至今，在中国社会科学院外国文学研究所工作，历任研究实习员、助理研究员、副研究员。兼任中国外国文学学会阿拉伯文学研究分会副会长。

现从事阿拉伯语言文学研究，主要学术专长是阿拉伯、西班牙比较文学。主要代表作有：《阿拉伯安达卢斯文学与西班牙文学之初》（专著）；《西班牙文学中的伊斯兰元素》（译著）；《塞万提斯反讽探源》（论文）；《西班牙骑士文学中的阿拉伯元素》（论文）。

杜　翔　1971年12月出生，浙江浦江人，研究员。1989年9月至1991年7月，在浙江师范大学中文系汉语言文学教育专科学习；1991年4月至1992年12月，在杭州大学（现浙江大学）高等教育自学考试汉语言文字学专业学习，获得文学学士学位；1996年9月至1998年7月，在中国社会科学院研究生院新闻系在职学习，获得法学硕士学位；1999年9月至2002年7月，在北京大学中文系在职学习，获得文学博士学位。1991年7月至1999年8月，在浙江省浦江中学及浦江县教育局工作；2002年7月至今，在中国社会科学院语言研究所工作，历任助理研究员、副研究员。兼任中国辞书学会语文词典专业委员会秘书长。

现从事汉语言文字学研究，主要学术专长是辞书编纂。主要代表作有：《支谦译经动作语义场及其演变研究》（专著）；《〈现代汉语词典〉第7版的时代性》（论文）；《〈汉语拼音词汇（专名部分）〉难点探析》（论文）；《“取拿”义动词的历史演变》（论文）；《整体同源——复合词同一性的认定基点》（论文）。

王冬梅　1972年1月出生，女，山东临沂人，研究员。1989年9月至1996年6月，在江苏师范大学中文系学习，先后获得文学学士、硕士学位；1998年9月至2001年6月，在中国社会科学院研究生院语言系学习，获得文学博士学位。1996年7月至1998年8月，在徐州师范大学中文系工作，任讲师；2001年7月至今，在中国社会科学院语言研究所工作，历任助理研究员、副研究员。

现从事语言学及应用语言学研究，主要学术专长是认知语法学。主要代表作有：《现代汉语动名互转的认知研究》（专著）；《从“是”和“的”、“有”和“了”看肯定和叙述》（论文）；《从肯定和叙述的角度看副词“就、才”和句末“了、的”的共现》（论文）；《从副词“都”和“总”的用法看叙述和肯定的分野》（论文）；《名词动化的类型及特点》（论文）。

项开喜　1966年2月出生，安徽枞阳人，研究员。1984年9月至1988年7月，在安徽师范大学中文系学习，获得文学学士学位；1990年9月至1993年7月，在南开大学中文系学习，获得文学硕士学位；2000年9月至2006年7月，在中国社会科学院研究生院语言系在职学习，获得文学博士学位。1988年7月至1990年8月，在安徽省枞阳县会宫中学工作；1993年7月至今，在中国社会科学院语言研究所工作，历任研究实习员、助理研究员、副研究员。

现从事汉语言文字学研究，主要学术专长是句法语义学。主要代表作有：《“舌尖现象”的语法化——“那谁”与“小他”》（论文）；《安徽枞阳方言的两种任凭义句式》（论文）；《“制止”与“防止”：“别+VP”格式的句式语义》（论文）；《安徽枞阳方言的“把”字句》（论文）；《体词谓语句的功能透视》（论文）。

熊子瑜　1973年12月出生，安徽潜山人，研究员。1997年9月至2000年7月，在云南师范大学中文系学习，获得文学硕士学位；2000年9月至2003年7月，在中国社会科学院研究生院语言系学习，获得文学博士学位。2003年7月至今，在中国社会科学院语言研究所工作，历任助理研究员、副研究员、语音研究室副主任。

现从事语言学及应用语言学研究，主要学术专长是语音学。主要代表作有：《语音库建设与分析教程》（专著）；《普通话清辅音声母的发音同一性研究》（论文）；《蒙古语韵律短语的分类研究》（论文）；《基于古音系统的汉语方言语音合成》（论文）；《普通话韵律结构对声韵母时长影响的分析》（论文）。

陈德中 1968年8月出生，河南淅川人，研究员。1988年9月至1992年7月，在中国青年政治学院青年工作系学习，获得法学学士学位；1996年9月至1999年7月，在北京大学外国哲学研究所学习，获得哲学硕士学位；2005年9月至2008年7月，在中国社会科学院研究生院哲学系学习，获得哲学博士学位。1992年8月至1994年10月，在河南省南阳地区商业学校工作；1994年11月至1996年7月，在成都东润文化公司工作；1999年8月至2000年10月，在人民文学出版社工作；2000年10月至2001年12月，在联想集团工作；2002年1月至2005年8月，在陕西师范大学出版社工作。2008年7月至今，在中国社会科学院哲学研究所工作，历任助理研究员、副研究员、《世界哲学》副主编、编辑部副主任、主任。兼任中国现代外国哲学学会副秘书长、中国维特根斯坦学会理事。

现从事外国哲学研究，主要学术专长是政治哲学与道德哲学。主要代表作有：《政治现实主义的逻辑——“自主性”与“封闭性”缘与由》（专著）；《国家作为分配社会善的封闭单位》（论文）；《韦伯理论中的价值问题》（论文）；《真实感与现实感——B. 威廉姆斯的两种理论追求及其内在张力》（论文）。

姜守诚 1975年4月出生，山东烟台人，研究员。1995年9月至1999年7月，在聊城师范学院政治系学习，获得法学学士学位；1999年9月至2002年7月，在厦门大学哲学系学习，获得哲学硕士学位；2002年9月至2005年7月，在中国社会科学院研究生院哲学系学习，获得哲学博士学位。2005年7月至今，在中国社会科学院哲学研究所工作，历任助理研究员、副研究员，其间，2006年5月至2008年5月，在北京师范大学历史学院从事博士后研究；2008年8月至2009年7月，在台湾成功大学历史学系从事博士后研究。

现从事中国哲学研究，主要学术专长是道教史与道教文献。主要代表作有：《出土文献与早期道教》（专著）；《放马滩秦简〈志怪故事〉中的宗教信仰》（论文）；《中国近世道教送瘟仪式研究》（专著）；《罪魂·鬼王·神将——秦将白起的宗教化形象建构》（论文）。

高岸起 1965年1月出生，山东莱西人，研究员。1985年9月至1989年7月，在山东师范大学政治系学习，获得文学学士学位；1992年9月至1995年6月，在四川大学哲学系学习，获得哲学硕士学位；1998年9月至2001年6月，在南京大学哲学系在职学习，获得哲学博士学位。1989年7月至1992年8月，在山东省莱西市莱西中学工作；1995年7月至2001年8月，在济南大学政史系工作，其间，2000年8月至2001年1月，在新疆伊犁师范学院支教；2001年9月至2003年7月，在中国人民大学从事博士后研究；2003年8月至今，在中国社会科学院哲学研究所工作，历任助理研究员、副研究员，其间，2011年8月至2014年8月，作为援疆干部在新疆维吾尔自治区社会科学院工作。兼任中国辩证唯物主义研究会理事，中国辩证唯物主义研究会认识论研究分会理事、副秘书长。

现从事马克思主义哲学研究，主要学术专长是马克思主义哲学原理和认识论。主要代表作有：《时代观》（专著）；《论创造的基本特征》（论文）；《命运观》（专著）；《创造观》（专著）；《认识论模式》（专著）。

梁　梅　1963年9月出生，女，湖南会同人，研究员。1982年8月至1985年7月，在湖南广播电视大学汉语言专业大专在职学习；1994年8月至1997年7月，在中央工艺美术学院（现清华大学美术学院）史论系学习，获得文学硕士学位；2002年8月至2005年7月，在中央美术学院建筑学院在职学习，获得文学博士学位。1980年12月至1982年8月，在湖南安江纺织印染厂工作；1982年9月至1990年12月，先后在湖南安江纺织印染厂职工学校、子弟中学工作；1991年1月至1994年7月，在北京中华社会大学工作；1997年8月至2000年7月，在北京工艺美术学校（现北京工业大学艺术设计学院）工作，任讲师；2000年7月至今，在中国社会科学院哲学研究所工作，历任助理研究员、副研究员。兼任中国美术家协会环境设计艺术委员会秘书长。

现从事美学研究，主要学术专长是设计美学。主要代表作有：《设计美学》（专著）；《中国古代设计的美学意蕴》（论文）；《世界现代设计史》（专著）；《现代平面设计史》（专著）。

牛世山　1967年4月出生，甘肃会宁人，研究员。1985年9月至1993年7月，在北京大学考古系学习，先后获得历史学学士学位、考古学硕士学位。1993年7月至今，在中国社会科学院考古研究所工作，历任研究实习员、助理研究员、副研究员。

现从事夏商周考古研究，主要学术专长是商周考古。主要代表作有：《商文化京当类型的形成背景分析——关于考古学文化空间分布特殊模式的思考》（论文）；《殷墟出土的硬陶、原始瓷和釉陶——附论中原和北方地区商代原始瓷的来源》（论文）；《神秘瑰丽：中国古代青铜文化》（专著）；《中国考古学·夏商卷》（专著）；《中国考古学·两周卷》（专著）。

郭　物　1971年2月出生，云南昆明人，研究员。1990年9月至1991年7月，考取北京大学，在原石家庄陆军指挥学院参加军政训练；1991年9月至1999年7月，在北京大学考古系学习，先后获得考古学学士、硕士学位；2002年9月至2005年7月，在中国社会科学院研究生院考古系在职学习，获得考古学博士学位。1999年8月至今，在中国社会科学院考古研究所工作，历任研究实习员、助理研究员、副研究员。兼任吐鲁番学专家委员会委员、北庭学专家委员会委员、三道海子文化研究院院长。

现从事边疆考古学研究，主要学术专长是新疆考古、欧亚草原考古和丝绸之路考古。主要代表作有：《欧亚草原东部的考古发现与斯基泰的早期历史文化》（论文）；《拜城多岗墓地》（研究报告，第一作者）；《试析铜器耳突起装饰的象征意义》（论文）；《通过天山的沟通——从岩画看吉尔吉斯斯坦和中国新疆在早期青铜时代的文化》（论文）；《固原史诃耽夫妻合葬墓所出宝石印章图案考》（论文）。

赵　鹏　1976年2月出生，女，河北定兴人，研究员。1995年9月至2002年6月，在哈尔滨师范大学中文系学习，先后获得文学学士、硕士学位；2002年9月至2006年6月，在首都师范大学文学院学习，获得文学博士学位。2006年7月至2007年6月，在北京联合大学工作；2007年7月至今，在中国社会科学院历史研究所工作，历任助理研究员、副研究员。

现从事中国古代史研究，主要学术专长是先秦史。主要代表作有：《笏之甲骨拓本集》（专著）；《YH127坑宾组龟腹甲钻凿布局探析》（论文）；《甲骨文考释四则》（论文）；《从弘、商谈商代时代相近的同名》（论文）；《何组牛肩胛骨上兆序排列考察》（论文）。

曹江红　1967年11月出生，女，浙江金华人，编审。1985年9月至1989年7月，在北京师范大学历史系学习，获得历史学学士学位。1989年7月至今，在中国社会科学院历史研究所工作，历任助理馆员、馆员、助理研究员、副研究员、副编审。

现从事编辑工作，主要业务专长是中国古代史编辑。主要代表作有：《明清易代之际私撰明史风气的兴起及其消退》（论文）；《明代文官复姓制度与运行实态》（论文，责任编辑）；胡泽英《清代苏州鱼鳞册中的业佃并录考释》（论文，责任编辑）；《惠栋与卢见曾幕府研究》（论文）。

张俊义　1964年3月出生，河北沧州人，研究员。1981年9月至1985年7月，在北京大学历史系学习，获得历史学学士学位；1985年9月至1988年6月，在中国社会科学院研究生院近代史系学习，获得历史学硕士学位。1988年7月至今，在中国社会科学院近代史研究所工作，历任研究实习员、助理研究员、副研究员、中外关系史研究室副主任、主任，其间，2004年1月至2005年1月，在美国斯坦福大学胡佛研究所做访问学者。兼任中国抗战史学会理事。

现从事中国近现代史研究，主要学术专长是近代中外关系史、香港史。主要代表作有：《中华民国专题史：第17卷，香港与内地关系研究》（专著）；《南方政府截取关余事件与英国的反应（1923～1924）》（论文）；《1948年广州沙面事件之始末——以宋子文档案为中心》（论文）；《1941年太平洋战争爆发前国民政府对美日妥协之因应》（论文）；《1918～1922年南方政府争取关余分配权的斗争及交涉》（论文）。

刘　巍　1969年10月出生，浙江嵊泗人，研究员。1988年9月至1992年7月，在浙江师范大学历史系学习，获得历史学学士学位；1995年9月至1998年7月，在清华大学思想文化研究所学习，获得历史学硕士学位；2005年9月至2013年7月，在清华大学人文学院在职学习，获得历史学博士学位。1992年9月至1995年7月，在中共嵊泗县委党校工作；1998年9月至今，在中国社会科学院近代史研究所工作，历任研究实习员、助理研究员、副研究员。

现从事中国史研究，主要学术专长是中国学术思想史。主要代表作有：《〈孔子家语〉公案探源》（专著）；《章学诚"六经皆史"说的本源与意蕴》（论文）；《中国学术之近代命运》（专著）；《经典的没落与章学诚"六经皆史"说的提升》（论文）。

贾小叶　1974年3月出生，女，河北阜平人，研究员。1994年9月至1999年7月，在河北师范大学历史文化学院学习，先后获得历史学学士、硕士学位；1999年9月至2002年7月，在北京师范大学历史文化学院学习，获得历史学博士学位。2002年7月至今，在中国社会科学院近代史研究所工作，历任助理研究员、副研究员、思想史研究室副主任。

现从事中国近代史研究，主要学术专长是中国近代思想史、政治史。主要代表作有：《戊戌时期学术政治纷争研究——以"康党"为视角》（专著）；《"新党"抑或"逆党"——论戊戌时期"康党"指涉的流变》（论文）；《戊戌时期的学术与政治——以康有为"两考"引发的不同反响为中心》（论文）；《论清人对台湾地位认知之变迁（1661～1875）——以官方为中心》（论文）；《"康党"与戊戌时期变法派官绅的关系离合》（论文）。

周溯源　1955年10月出生，湖北浠水人，研究员。1978年9月至1982年7月，在武汉大学历史系学习，获得历史学学士学位；2001年9月至2006年6月，在西北大学中国思想文化研究所在职学习，获得历史学博士学位。1982年8月至2008年6月，在红旗杂志社（现求是杂志社）工作，历任助理编辑、编辑、副编审、编审；2008年9月至2010年11月，在中国社会科学杂志社工作，任副总编辑；2010年12月至2013年9月，在中国社会科学网工作，任总编辑；2013年9月至今，在中国社会科学院近代史研究所工作，任党委书记兼副所长。兼任任继愈研究会理事。

现从事中国近代史研究，主要学术专长是中国近代思想史。主要代表作有：《千年忧思——古代思想家政治家治乱兴衰思想论纲》（专著）；《文章五境界》（论文）；《学与思的足迹》（论文集）；《学与思的足音》（论文集）；《学与思的足印》（论文集）。

王文仙　1973年8月出生，女，山东武城人，研究员。1992年9月至1996年7月，在曲阜师范大学历史系学习，获得历史学学士学位；1997年9月至2000年8月，在天津师范大学历史系学习，获得历史学硕士学位；2000年9月至2003年7月，在北京大学历史系学习，获得历史学博士学位。1996年7月至1997年8月，在山东武城县第二中学工作；2003年7月至今，在中国社会科学院世界历史研究所工作，历任助理研究员、副研究员，其间，2008年5月至2009年4月，在墨西哥学院墨西哥历史研究中心做访问学者。兼任中国拉丁美洲史研究会副理事长。

现从事世界近现代史研究，主要学术专长是拉丁美洲史。主要代表作有：《20世纪墨西哥城市化与社会稳定探析》（论文）；《"墨西哥奇迹"与美国因素》（论文）；《〈申报〉视野之近代中墨关系》（论文）；《从〈申报〉解读墨西哥政治进程（1910～1940）》（论文）；《殖民地时期墨西哥大庄园和印第安村社的关系》（论文）。

张红菊　1974年8月出生，女，河南洛阳人，研究员。1992年9月至2003年7月，在北京大学历史学系学习，先后获得历史学学士、硕士、博士学位。2003年7月至今，在中国社会科学院世界历史研究所工作，历任助理研究员、副研究员、《世界历史》编辑部副主任。

现从事地区国别史研究，主要学术专长是美国史。主要代表作有：《英属北美殖民地烟草种植园经济研究》（专著）；《所有制形式的演进与社会变革》（专著）；《19世纪美国的土地资源开发与环境保护》（论文）；《欧洲君主立宪制的确立与演变》（论文）。

吕文利　1980年3月出生，内蒙古赤峰人，研究员。1998年9月至2000年6月，在内蒙古大学人文学院学习；2000年6月至2001年9月，在内蒙古大学新闻专业高自考大学学习；2001年9月至2004年9月，在内蒙古大学人文学院学习，获得历史学硕士学位；2004年9月至2007年7月，在中国人民大学历史学院学习，获得历史学博士学位。2007年7月至今，在中国社会科学院中国边疆研究所工作，历任研究实习员、助理研究员、副研究员，其间，2011年9月至2012年8月，在日本东京大学做访问学者。

现从事中国边疆学研究，主要学术专长是中国边疆理论。主要代表作有：《嵌入式互动：清代蒙古入藏熬茶研究》（专著）；《中国古代天下观的意识形态建构及其制度实践》（论文）；《清代以来内蒙古草原生态变迁研究》（专著）；《〈皇朝藩部要略〉研究》（专著）；《丝路记忆："一带一路"历史人物》（专著）。

张永攀　1975年9月出生，陕西榆林人，研究员。1994年9月至1998年7月，在西北大学历史系学习，获得历史学学士学位；1998年9月至2003年7月，在西北大学中国民族史专业学习，先后获得历史学硕士、博士学位。2003年7月至2006年7月，在中国社会科学院中国社会科学杂志社工作；2006年7月至今，在中国社会科学院中国边疆研究所工作，历任助理研究员、副研究员、西南边疆研究室副主任。

现从事中国边疆学研究，主要学术专长是近代中印边界史、近代西藏史、西藏现实问题。主要代表作有：《英印以色拉（Sela）为界的“麦克马洪线”变更计划及政策分歧》（论文）；《乾隆末至光绪初藏哲边界相关问题研究》（论文）；《1895年中英“藏哲”勘界研究》（论文）；《论中国—尼泊尔关系在西藏稳定、发展中的价值和影响》（论文）；《二十一世纪以来的中印边界研究述评》（论文）。

杜　创　1978年8月出生，安徽霍山人，研究员。1996年9月至2000年6月，在南开大学经济学院学习，获得经济学学士学位；2000年9月至2003年7月，在南开大学经济研究所学习，获得经济学硕士学位；2005年9月至2009年7月，在北京大学光华管理学院学习，获得经济学博士学位。2004年9月至2005年7月，在天津商学院经济学院工作；2009年7月至今，在中国社会科学院经济研究所工作，历任助理研究员、副研究员，其间，2013年4月至2014年3月，在美国斯坦福大学做访问学者。

现从事产业经济学研究，主要学术专长是博弈论在产业组织中的应用、医疗产业组织。主要代表作有：《中国城市医疗卫生体制的演变逻辑》（论文）；《价格管制与过度医疗》（论文）；《制度互补性与药品流通体制的中外差异》（论文）；《扭曲性公共政策的自我强化——以小微企业融资相关政策为例》（论文）；《中国城乡居民基本医疗保险制度整合研究》（专著）。

杨新铭　1979年2月出生，天津人，研究员。1998年9月至2002年7月，在天津财经学院（现天津财经大学）贸易经济系学习，获得经济学学士学位；2002年9月至2008年7月，在南开大学经济研究所学习，先后获得经济学硕士、博士学位。2008年7月至今，在中国社会科学院经济研究所工作，历任助理研究员、副研究员、《经济学动态》编辑部主任。

现从事政治经济学研究，主要学术专长是所有制理论和收入分配理论。主要代表作有：《对中国经济所有制结构现状的一种定量估算》（论文）；《城镇居民收入代际传递现象及其形成机制——基于2008年天津家庭调查数据的研究》（论文）；《劳动力结构转换与居民收入差距》（专著）；《中国基本经济制度——基于量化分析的视角》（专著）；《大城市周边现代农业与农村经济组织发育》（专著）。

李鹏飞　1978年9月出生，壮族，湖南永州人，研究员。1997年9月至2001年6月，在湖南师范大学经济与管理学院学习，获得经济学学士学位；2001年9月至2004年6月，在南京大学商学院学习，获得经济学硕士学位；2005年9月至2008年6月，在中国人民大学经济学院学习，获得经济学博士学位。2004年7月至2005年8月，在南京大学长江三角洲经济社会发展研究中心工作；2008年7月至今，在中国社会科学院工业经济研究所工作，历任助理研究员、副研究员、资源与环境研究室副主任。

现从事产业经济学研究，主要学术专长是资源与环境经济理论与政策。主要代表作有：《稀有矿产资源的战略性评估——基于战略性新兴产业发展的视角》（论文）；《战略性新兴产业的技术创新、需求扩张与生产组织形式演变——以TFT-LCD产业为例》（论文）；《我国对日本关键零部件的依赖情况及建议》（研究报告）；《中国水资源利用效率研究》（专著）；《稀有矿产资源的全球供应风险分析》（论文）。

陈劲松 1962年2月出生，浙江绍兴人，研究员。1982年9月至1989年7月，在北京农业大学农业经济系、经济管理学院学习，先后获得农学学士、硕士学位。1989年7月至今，在中国社会科学院农村发展研究所工作，历任研究实习员、助理研究员、编辑部副主任、副研究员、《中国农村经济》编辑部主任，其间，1994年1月至1995年1月，在澳大利亚阿德莱德大学做访问学者。兼任中国国外农业经济研究会常务理事。

现从事农业经济管理研究，主要学术专长是农业政策分析。主要代表作有：《中国农民合作经济组织发展及其融资分析》（论文）；《中国农业竞争力研究》（专著，第二作者）；《加入世界贸易组织与中国农业》（论文）；《农村税费制度改革的难点与思路》（论文）；《2011年中国农村经济形势分析与2012年展望》（论文）。

胡志浩 1977年11月出生，湖南衡阳人，研究员。1996年9月至1999年7月，在湖南财经学院信息统计系大专学习；2000年9月至2003年7月，在湖南大学金融学院学习，获得经济学硕士学位；2003年9月至2006年7月，在中国社会科学院研究生院金融系学习，获得经济学博士学位。2006年7月至今，在中国社会科学院金融研究所工作，历任助理研究员、副研究员。

现从事金融学研究，主要学术专长是国际金融。主要代表作有：《复杂金融网络中的风险传染与救助策略——基于中国金融无标度网络上的SIRS模型》（论文）；《人民币离岸与在岸市场资本流动的渠道》（论文）；《不完全信息中的信贷经济周期与货币政策理论》（论文，第二作者）；《世界需要建立新的全球金融规则》（论文，第二作者）；《中国基金业2005～2013年全要素生产率变迁的实证研究——基于Malmquist生产率指数》（论文，第二作者）。

蒋金荷 1968年5月出生，女，浙江黄岩人，研究员。1986年9月至1990年7月，在成都地质学院（现成都理工大学）应用数学系学习，获得理学学士学位；1990年9月至1993年7月，在中国地质科学院数学地质专业学习，获得工学硕士学位；1996年9月至1999年7月，在北京大学地球与空间科学学院学习，获得理学博士学位。1993年7月至1996年9月，在中国地质科学院矿产资源研究所工作，任研究实习员；1999年7月至今，在中国社会科学院数量经济与技术经济研究所工作，历任助理研究员、副研究员，其间，2012年7月至2013年7月，在美国南加州大学做访问学者。兼任中国系统工程学会社会经济系统工程专业委员会常务理事。

现从事数量经济学研究，主要学术专长是气候变化经济学。主要代表作有：《中国碳排放问题和气候变化政策分析》（专著）；《中国城镇住宅碳排放强度分析和用能政策反思》（论文）；《中国经济和能源政策对碳排放强度的影响》（论文）；《中国碳排放量测算及影响因素分析》（论文）；《提高能源效率与经济结构调整的策略分析》（论文）。

胡　洁　1970年9月出生，女，陕西西安人，研究员。1988年9月至1992年7月，在西安冶金建筑学院（现西安建筑科技大学）工程机械系学习，获得工学学士学位；1994年9月至1997年7月，在西北大学经济管理学院学习，获得经济学硕士学位；1999年9月至2002年7月，在中国社会科学院研究生院工业经济系学习，获得管理学博士学位。1992年7月至1994年9月，在陕西广播电视设备厂工作；1997年7月至1997年12月，在深圳市民和会计师事务所工作；1997年12月至1999年8月，在深圳市讯业集团有限公司工作；2002年7月至今，在中国社会科学院数量经济与技术经济研究所工作，历任助理研究员、副研究员、数量金融研究室副主任，其间，2008年9月至2009年8月，在美国哈佛大学法学院做访问学者。兼任国家金融与发展实验室资本市场与公司金融研究中心副主任。

现从事金融学研究，主要学术专长是公司金融、企业经济学。主要代表作有：《上市公司股权结构与公司绩效关系的实证分析》（论文）；《基于长三角和珠三角地区的国民收入分配格局实证研究》（论文）；《新一轮国企混合所有制改革：问题及建议》（论文）；《当前金融监管面临的挑战及政策建议》（论文）；《公司股权结构影响因素的理论分析》（论文）。

吴　滨　1973年7月出生，山西灵石人，研究员。1991年9月至1995年7月，在北京理工大学电子工程系学习，获得工学学士学位；2000年9月至2003年7月，在中国社会科学院研究生院工业经济系学习，获得经济学硕士学位；2005年9月至2008年7月，在中国社会科学院研究生院工业经济系学习，获得经济学博士学位。1995年8月至1998年11月，在航天工业总公司第二研究院工作；2004年1月至2005年8月，在北京社会科学院经济研究中心工作；2008年8月至今，在中国社会科学院数量经济与技术经济研究所工作，历任助理研究员、副研究员，技术经济理论与方法研究室主任，其间，2014年8月至2015年8月，在美国南加州大学经济系做访问学者。

现从事技术经济学研究，主要学术专长是能源技术经济、产业技术经济。主要代表作有：《我国粉煤灰、煤矸石综合利用技术经济政策分析》（论文）；《中国有色金属工业节能现状及未来趋势》（论文）；《我国能源体制改革的方向和重点》（论文）；《中国工业技能技术创新研究》（专著）；《我国石油替代的战略选择》（论文）。

刘　强　1970年8月出生，辽宁凤城人，研究员。1988年9月至1993年7月，在北京服装学院纤维材料系学习，获得工学学士学位；1996年9月至1999年7月，在中国社会科学院研究生院农村经济与管理系学习，获得管理学硕士学位；2001年9月至2004年7月，在中国社会科学院研究生院数量经济与技术经济系在职学习，获得经济学博士学位。1993年7月至1996年8月，在保定市天鹅化纤股份有限公司工作；1999年7月至2004年7月，在北京福田汽车股份有限公司工作；2004年9月至今，在中国社会科学院数量经济与技术经济研究所工作，历任助理研究员、副研究员、资源技术经济研究室主任，其间，2008年8月至2009年8月，在美国约翰·霍普金斯大学高级国际关系学院做访问学者，2010年11月至2011年9月，在新疆生产建设兵团第7师挂职。

现从事技术经济学研究，主要学术专长是能源技术经济。主要代表作有：《中国能源模型系统建设研究》（专著）；《大范围严重雾霾现象的成因分析与对策建议》（论文）；《石油价格波动对中国经济影响的模型研究》（专著）；《低成本清洁能源之思考》（论文）；《“一带一路”战略：互联互通、共同发展——能源基础设施建设与亚太区域能源市场一体化》（论文）。

盛广耀 1969年11月出生，江苏铜山人，研究员。1988年9月至1992年7月，在北京师范大学地理系学习，获得理学学士学位；1994年9月至1997年7月，在北京师范大学资源与环境科学系学习，获得理学硕士学位。1992年7月至1994年8月，在湖北省潜江市向阳二中工作；1997年9月至今，在中国社会科学院城市发展与环境研究所工作，历任研究实习员、助理研究员、副研究员、城市与区域管理研究室主任。

现从事城市经济学研究，主要学术专长是城市管理。主要代表作有：《城市化模式及其转变研究》（专著）；《制度变迁的关联性与户籍制度改革分析》（论文）；《我国城市密集区发展战略考察》（论文）；《三大都市密集区：中国现代化建设的引擎》（专著）；《城市密集区人口变动研究》（论文）。

支振锋 1977年9月出生，河南新蔡人，研究员。1997年9月至2001年7月，在西北大学法律系学习，获得法学学士学位；2001年9月至2004年7月，在清华大学法学院学习，获得法学硕士学位；2004年9月至2007年7月，在中国社会科学院研究生院法学系学习，获得法学博士学位。2007年7月至今，在中国社会科学院法学研究所工作，历任助理研究员、副研究员、《环球法律评论》编辑部副主编，其间，2008年9月至2010年12月，在北京大学国际关系学院从事博士后研究。

现从事法理学研究，主要学术专长是法哲学、司法制度、网络法治。主要代表作有：《互联网全球治理的法治之道》（论文）；《构建网络空间命运共同体要反对网络霸权》（论文）；《法治建设的成败之道》（论文）；《西方话语与中国法理》（论文）；《法律的驯化与内生性规则》（论文）。

张　生 1970年10月出生，辽宁兴城人，研究员。1989年9月至1993年7月，在河北师范学院（现河北师范大学）法律与经济管理系学习，获得法学学士学位；1994年9月至1997年7月，在西北政法学院（现西北政法大学）研究生部法律史专业学习，获得法学硕士学位；1997年9月至2000年

7月，在中国政法大学研究生院法律史专业学习，获得法学博士学位。1993年7月至1994年9月，在河北省秦皇岛市抚宁县人民法院工作；2000年7月至2013年1月，在中国政法大学法学院工作，历任讲师、副教授、教授；2013年2月至2014年11月，在北京交通大学法学院工作，任教授；2014年11月至今，在中国社会科学院法学研究所工作，任法制史研究室主任。兼任中国法律史学研究会常务理事、中国法学教育研究会常务理事。

现从事法律史研究，主要学术专长是中国法制史。主要代表作有：《清末民事习惯调查与〈大清民律草案〉的编纂》（论文）；《中国古代权威秩序下的法统：一个结构功能的分析》（论文）；《王宠惠与中国法律近代化——一个知识社会学的分析》（论文）；《法院——比较法和政治学的分析》（译著，第一译者）。

朱广新 1970年11月出生，河南商水人，研究员。1991年9月至1999年7月，在中南政法学院（现中南财经政法大学）法学院学习，先后获得法学学士、硕士学位；2002年9月至2005年7月，在中国社会科学院研究生院法学系学习，获得法学博士学位。1999年7月至2005年7月，在中南财经政法大学法学院工作，历任助教、讲师；2005年8月至2016年4月，在中国法学会中国法学杂志社工作，历任副编审、研究员、编审、编辑部主任，其间，2008年9月至2010年8月，在清华大学法学院从事博士后研究；2016年4月至今，在中国社会科学院法学研究所工作，任编审、民法研究室副主任。兼任中国法学会法学期刊研究会常务理事。

现从事民法学研究，主要学术专长是民法总则、物权法、债权法。主要代表作有：《信赖保护原则及其在民法中的构造》（专著）；《惩罚性赔偿制度的演进与适用》（论文）；《不动产适用善意取得制度的限度》（论文）；《法定代表人的越权代表行为》（论文）；《论住宅建设用地使用权自动续期及其体系效应》（论文）。

谢海定 1973年12月出生，安徽舒城人，编审。1991年9月至1995年6月，在安徽师范大学政教系学习，获得法学学士学位；1996年9月至1999年6月，在西南政法大学研究生部法理学专业学习，获得法学硕士学位；2001年9月至2004年6月，在中国社会科学院研究生院法学系在职学习，获得法学博士学位。1995年7月至1996年8月，在安徽省舒城县干汊河中学工作；1999年7月至今，在中国社会科学院法学研究所工作，历任研究实习员、助理研究员、副研究员、副编审、《法学研究》编辑部副主任、主任。兼任中国法学期刊研究会副秘书长。

现从事编辑工作，主要业务专长是法理学、宪法学、行政法学编辑。主要代表作有：《国家所有的法律表达及其解释》（论文）；《香港特别行政区法院的违反基本法审查权》（论文，责任编辑）；《学术自由的法理阐释》（专著）；《法学研究进路的分化与合作》（论文）；《我们需要什么样的公法研究》（论文）。

曲相霏 1973年1月出生，女，山东荣成人，研究员。1991年9月至1998年6月，在山东大学法学院学习，先后获得法学学士、硕士学位；2001年9月至2004年6月，在山东大学法学院在职学习，获得法学博士学位。1998年6月至2010年6月，在山东大学法学院工作，历任助教、讲师、副教授，其间，2007年10月至2010年6月，在中国人民大学法学院从事博士后研究；2010年6月至今，在中国社会科学院国际法研究所工作，任副研究员，其间，2012年3月至2013年3月，在加拿大维多利亚大学法学院做访问学者。兼任北京市法学会常务理事。

现从事宪法、人权法研究，主要学术专长是人权原理与人权法。主要代表作有：《人权离我们有多远——人权的概念及其在近代中国的发展演变》（专著）；《残疾人权利公约中的合理便利——考量基准与保障手段》（论文）；《人权的正当性与良心理论》（论文）；《消除农民土地开发权宪法障碍的路径选择》（论文）；《人·公民·世界公民：人权主体的流变与人权的制度性保障》（论文）。

刘小珉 1963年6月出生，女，湖南浏阳人，研究员。1981年9月至1984年7月，在湖南省轻工业专科学校大专学习；1993年8月至1995年11月在中南工业大学经济贸易系进修研究生课程；1999年9月至2001年9月，在中国人民大学继续教育学院在职学习，获得经济学学士学位。1984年9月至1998年6月，在湖南省社会科学院社会经济系统工程研究所工作，历任助理研究员、副研究员；1998年6月至今，在中国社会科学院民族学与人类学研究所工作，任副研究员。

现从事经济学研究，主要学术专长是民族经济学。主要代表作有：《贫困的复杂图景与反贫困的多元路径》（专著）；《民族视角下的农村居民贫困问题比较研究——以广西、贵州、湖南为例》（论文）；《民族地区农村最低生活保障制度的反贫困效应研究》（论文）；《略论中国民族地区乡村经济的主要特征、类型及其演化》（论文）；《全面建成小康社会指标体系与民族地区发展》（论文）。

彭丰文 1972年3月出生，女，湖南浏阳人，研究员。1992年9月至1999年7月，在北京师范大学历史系学习，先后获得历史学学士、硕士学位；2003年9月至2007年1月，北京师范大学历史学院在职学习，获得历史学博士学位。1999年9月至2001年7月，在北京轻工职业技术学院工作；2001年7月至今，在中国社会科学院民族学与人类学研究所工作，历任研究实习员、助理研究员、副研究员、民族历史研究室副主任。兼任中国民族史学会副秘书长。

现从事中国民族史研究，主要学术专长是中国古代民族史、边疆史、思想史。主要代表作有：《先秦两汉时期民族观念与国家认同研究》（专著）；《两晋时期国家认同研究》（专著）；《试论十六国时期胡人正统观的嬗变》（论文）；《两汉之际的国家认同及其历史启示》（论文）；《从边缘到中心：秦人认同华夏民族的心理历程及其历史意义》（论文）。

尹蔚彬 1969年11月出生，女，河北沧州人，研究员。1990年9月至1994年6月，在河北大学中文系学习，获得文学学士学位；1994年9月至2000年6月，在中央民族大学少数民族语言文学系学习，先后获得文学硕士、博士学位。2000年7月至今，在中国社会科学院民族学与人类学研究所工作，历任研究实习员、助理研究员、副研究员。

现从事语言学研究，主要学术专长是少数民族语言文学。主要代表作有：《“做”义轻动词的功能和语法化特点——以羌语支语言为例》（论文）；《纳木兹语语法标注文本》（专著）；《四川省藏区语言生态研究及价值》（论文）；《拉坞戎语的人称范畴》（论文）；《从拉坞戎语看濒危语言特点》（论文）。

马俊毅 1973年1月出生，女，宁夏吴忠人，编审。1989年9月至1996年6月，在中央民族大学汉语言文学系、民族学系学习，先后获得文学学士、法学硕士学位。1996年7月至今，在中国社会科学院民族学与人类学研究所工作，任副编审。

现从事编辑工作，主要业务专长是民族理论编辑。主要代表作有：《论现代多民族国家建构中民族身份的形成》（论文）；《西藏民主改革：现代政治秩序建构及法理解读》（论文）；《民主化进程中的族际冲突研究》（论文）；《论多民族国家精神共同体的建构及价值》（论文）；《族群平等的多元文化主义分析》（论文）。

陈　昕 1958年2月出生，北京人，研究员。1977年10月至1982年9月，在中央电大电子工程专业学习；1982年9月至1984年7月，在南开大学、天津师范大学外文系学习；1985年9月至1988年7月，在南开大学社会学系学习，获得法学硕士学位；1994年9月至1997年7月，在中国社会科学院研究生院社会学系学习，获得法学博士学位。1977年10月至1985年9月，在中石化天津公司天津石油化工总厂工作；1988年9月至1994年9月，在中共天津市委党校工作，历任助教、讲师；1997年6月至今，在中国社会科学院社会学研究所工作，历任助理研究员、副研究员、科研处处长（兼办公室主任）、青少年与社会问题研究室主任、《青年研究》编辑部常务副主编。

现从事社会学研究，主要学术专长是农村社会学、消费研究、社会阶层研究、发展研究。主要代表作有：《澳门中产阶层现状探索》（专著，第一作者）；《救赎与消费——当代中国日常生活中的消费主义》（专著）；《发展的话语——对中国乡村建设发展主义意识形态背景的思考》（论文）；《市场条件下中国农村劳动力转移问题与政策选择》（论文）；《云南西村、云南宁村研究》（论文）。

田　丰 1979年6月出生，安徽蚌埠人，研究员。1997年9月至2001年6月，在中国农业大学人文学院社会学系学习，获得法学学士学位；2001年9月至2004年6月，在北京大学人口研究所学习，获得法学硕士学位；2008年9月至2011年6月，在中国社会科学院研究生院社会学系在职学习，获得法学博士学位。2004年6月至2007年8

月，在中国人口与发展研究中心工作，任助理研究员；2007年9月至今，在中国社会科学院社会学研究所工作，任副研究员、青少年与社会问题研究室副主任，其间，2011年10月至2012年10月，在美国斯坦福大学贫困与不平等研究中心做访问学者。兼任中国社会学会青年专业委员会副秘书长。

现从事社会学研究，主要学术专长是青年研究、家庭社会学。主要代表作有：《家庭负担系数研究》（专著）；《逆生长：农民工社会经济地位的十年变化（2006～2015）》（论文）；《中国农民工社会融入的代际比较》（论文）；《“80”后的职业群体差异》（论文）；《“数字原生代”大学生的手机使用及手机依赖研究》（论文）。

张丽萍 1968年11月出生，女，黑龙江讷河人，研究员。1987年9月至1991年7月，在哈尔滨师范大学教育系学习，获得教育学学士学位；2004年9月至2008年7月，在北京大学社会学系在职学习，获得法学硕士学位；2006年9月至2010年6月，在中央民族大学民族学与社会学学院在职学习，获得法学博士学位。1991年9月至1998年3月，在哈尔滨市成人教育学院工作，历任助教、讲师；1998年4月至1999年8月，在哈尔滨市教育学院工作；1999年9月至2002年9月，在哈尔滨学院工作；2002年10月至2006年10月，在中国人口与发展研究中心工作；2006年11月至今，在中国社会科学院社会学研究所工作，任副研究员。

现从事社会学研究，主要学术专长是人口社会学、社会调查方法。主要代表作有：《性别偏好与性别选择——少数民族出生人口性别比问题研究》（专著）；《“单独二孩”政策目标人群及相关问题分析》（论文）；《中国育龄人群二孩生育意愿与生育计划研究》（论文）；《到底能省多少孩子？——中国人的政策生育潜力估计》（论文）；《中国生育政策调整》（专著）。

张满丽 1967年5月出生，女，陕西西安人，编审。1985年9月至1989年7月，在西北大学中文系学习，获得文学学士学位；1992年9月至1995年7月，在中国人民大学新闻学院新闻系学习，获得法学硕士学位。1989年7月至1992年8月，在陕西省图书馆工作；1995年7月至今，在中国社会科学院新闻与传播研究所工作，历任助理编辑、编辑、副编审、《新闻与传播研究》副主编。

现从事编辑工作，主要业务专长是传播理论编辑。主要代表作有：《影像战争：美国的故事与世界的抵抗》（论文）；《学术期刊编辑对学术论文的选择与判断》（论文）；《美国联邦政府对网络传播的法律规制》（论文）；《习近平的新闻宣传与文化传播理念》（论文）。

毛日昇 1977年6月出生，山西朔州人，研究员。1996年9月至2000年6月，在太原理工大学管理系学习，获得经济学学士学位；2001年9月至2004年6月，在南京大学商学院国际经济与贸易系学习，获得经济学硕士学位；2005年9月至2008年6月，在中国社会科学院研究生院财贸经济系学习，获得经济学博士学位。2004 年 7 月至 2005 年 8 月，在江苏经贸职业技术学院工作；2008 年 7 月至今，在中国社会科学院世界经济与政治研究所工作，历任助理研究员、副研究员、经济发展研究室副主任，其间，2010 年 10 月至 2012 年 10 月，在加拿大西安大略大学经济系做访问学者。

现从事国际贸易学研究，主要学术专长是贸易经济与发展经济学。主要代表作有：《人民币实际汇率变化如何影响工业行业就业？》（论文）；《人民币实际汇率变化对出口转换的影响研究》（论文）；《人民币实际汇率变化对资源配置效率的影响研究》（论文）；《贸易投资开放、汇率调整与中国经济发展》（专著）；《贸易开放、外资渗透对就业转换的影响研究》（论文）。

冯维江　1981 年 7 月出生，重庆人，研究员。1998 年 9 月至 2005 年 8 月，在北京师范大学经济学院学习，先后获得经济学学士、管理学硕士学位；2005 年 9 月至 2008 年 6 月，在中国社会科学院研究生院世界经济与政治系学习，获得经济学博士学位。2008 年 7 月至 2011 年 5 月，在中国社会科学院亚洲太平洋研究所工作，历任研究实习员、助理研究员；2011 年 5 月至今，在中国社会科学院世界经济与政治研究所工作，历任副研究员、国际政治经济学研究室副主任、主任。

现从事世界经济研究，主要学术专长是国际政治经济学。主要代表作有：《论霸权的权力根源》（论文）；《日本股市与房地产泡沫起源及崩溃的政治经济解释》（论文）；《侠以武犯禁——中国古代治理形态变迁背后的经济逻辑》（论文）；《试论“天下体系”的秩序特征、存亡原理及制度遗产》（论文）；《丝绸之路经济带战略的国际政治经济学分析》（论文）。

徐　进　1972 年 11 月出生，江苏南京人，研究员。1990 年 9 月至 1994 年 7 月，在哈尔滨工业大学外语系学习，获得文学学士学位；1997 年 9 月至 2000 年 4 月，在国际关系学院研究生部学习，获得法学硕士学位；2004 年 9 月至 2008 年 7 月，在清华大学国际关系学系在职学习，获得法学博士学位。1994 年 8 月至 1997 年 8 月，在南京玄武饭店工作；2000 年 5 月至 2008 年 10 月，在中国人民解放军 61046 部队工作，任助理研究员；2008 年 11 月至今，在中国社会科学院世界经济与政治研究所工作，历任助理研究员、副研究员、国际政治理论研究室副主任、主任。

现从事国际关系研究，主要学术专长是中国外交与国际安全。主要代表作有：《暴力的限度：战争法的国际政治分析》（专著）；《未来中国东亚安全政策的四轮架构设想》（论文）；《春秋时期“尊王攘夷”战略的效用分析》（论文）；《当代中国拒斥同盟心理的由来》（论文）；《改革开放以来中国对外政策变迁研究》（专著）。

徐奇渊　1979 年 8 月出生，浙江衢州人，研究员。1998 年 9 月至 2002 年 7 月，在东北师范大学经济学院学习，获得经济学学士学位；2003 年 9 月至 2008 年 7 月，在东北师范大学经济院学习，获得经济学博士学位。2008年9月至2011年10月，在中国社会科学院世界经济与政治研究所从事博士后研究；2011年10月至今，在中国社会科学院世界经济与政治研究所工作，历任副研究员、经济发展研究室主任。

现从事世界经济研究，主要学术专长是开放条件下的宏观经济政策。主要代表作有：《人民币有效汇率指数：基于细分贸易数据的第三方市场效应》（论文）；《人民币汇率对CPI的传递效应分析》（论文）；《联合国发展议程演进及中国的参与》（论文）；《东亚货币转向钉住新的货币篮子？》（论文）；《当前我国经济舆情总体态势分析和政策建议》（研究报告）。

许　华　1972年12月出生，女，重庆人，研究员。1991年9月至1998年5月，在北京外国语大学俄语学院学习，先后获得文学学士、硕士学位。1998年7月至今，在中国社会科学院俄罗斯东欧中亚研究所工作，历任研究实习员、助理研究员、副研究员、俄罗斯历史与文化研究室副主任。兼任世界社会主义研究中心特约研究员、中国社会科学院“一带一路”研究中心研究员。

现从事国际政治研究，主要学术专长是俄罗斯文化。主要代表作有：《俄罗斯软实力研究》（专著）；《当代俄罗斯：国家品牌与形象排行》（论文）；《俄罗斯软实力中的科技和教育因素》（论文）；《转型前的苏联大众传媒与政治传播》（论文）；《从“冷眼”到“热盼”——俄罗斯政治精英眼中的中国形象与俄中关系》（论文）。

高际香　1971年2月出生，女，河北怀来人，研究员。1989年9月至1993年6月，在河北师范大学外语系学习，获得文学学士学位；1997年9月至1999年6月，在天津财经学院（现天津财经大学）国际贸易系在职学习，获得经济学硕士学位；2003年9月至2006年6月，在中国社会科学院研究生院俄罗斯东欧中亚系学习，获得法学博士学位。1993年7月至2003年9月，在河北经贸大学国际贸易系工作，历任助教、讲师；2006年7月至今，在中国社会科学院俄罗斯东欧中亚研究所工作，历任助理研究员、副研究员、俄罗斯经济研究室副主任，其间，2006年9月至2009年6月，在东北财经大学从事博士后研究；2009年6月至2013年6月在中国驻俄罗斯大使馆历任二等秘书、一等秘书。

现从事世界经济研究，主要学术专长是俄罗斯经济。主要代表作有：《俄罗斯民生制度：重构与完善》（专著）；《俄罗斯地区经济发展之人口视角初探》（论文）；《区域经济社会发展——俄罗斯的探索与实践》（专著）；《俄罗斯远东开发的历史与现实》（论文）；《俄罗斯农业发展与战略政策选择》（论文）。

徐坡岭　1966年4月出生，河南汝州人，研究员。1984年9月至1988年7月，在中国人民大学国际政治系学习，获得法学学士学位；1996年9月至1998年7月，在辽宁大学经济研究所学习，获得经济学硕士学位；1998年9月至2001年7月，在辽宁大学国际经济学院在职学习，获得经济学博士学位。1988年7月至2001年10月，在大连医科大学工作，历任助教、讲师、副教授；2001年10月至2016年12月，在辽宁大学工作，历任副教授、教授；2016年12月至今，在中国社会科学院俄罗斯东欧中亚研究所工作。兼任中国世界经济学会常务理事、中国俄罗斯东欧中亚学会常务理事。

现从事世界经济研究，主要学术专长是俄罗斯经济。主要代表作有：《俄罗斯经济转型轨迹研究——论俄罗斯经济转型的经济政治过程》（专著）；《俄罗斯国家发展新战略》（论文）；《俄罗斯进口替代的性质、内容与政策逻辑》（论文）；《俄罗斯政治制度变迁的全球化约束与政治传统张力》（论文）；《俄罗斯卢布贬值及货币政策调整的长期经济影响》（论文）。

陆齐华 1961年5月出生，女，江苏南通人，编审。1979年9月至1983年7月，在北京大学俄罗斯语言文学系学习，获得文学学士学位；1996年9月至1999年7月在中国社会科学院研究生院俄罗斯东欧中亚系在职学习，获得法学博士学位。1983年8月至1997年8月，在中国人民解放军国防大学外军教研室工作，任翻译兼教员；1997年8月至今，在中国社会科学院俄罗斯东欧中亚研究所工作，历任助理研究员、副研究员、副编审。

现从事编辑工作，主要业务专长是国际政治学编辑。主要代表作有：《俄罗斯对欧乌自由贸易协定的对策及其影响》（论文）；《中俄战略协作和中美俄“三角关系”》（论文，责任编辑）；《中俄共同建设“一带一路”与双边经贸合作研究》（论文，责任编辑）；《俄罗斯国家安全战略的历史演进》（论文）；《俄罗斯和欧洲安全》（专著）。

彭姝祎 1971年11月出生，女，河北定州人，研究员。1990年9月至1994年7月，在山西大学外语学院学习，获得文学学士学位；1995年9月至1998年7月，在南京大学外语学院学习，获得文学硕士学位；2007年9月至2011年6月，在中国社会科学院研究生院欧洲系在职学习，获得法学博士学位。1994年8月至1995年8月，在山西省工程咨询公司工作；1998年8月至今，在中国社会科学院欧洲研究所工作，历任研究实习员、助理研究员、副研究员，其间，2012年6月至2013年7月，在法国巴黎政治学院做访问学者。兼任中国欧洲学会法国研究会副秘书长、中国社会保障学会世界社会保障研究分会副秘书长。

现从事国际政治研究，主要学术专长是福利国家、政党政治、社会政策、移民问题。主要代表作有：《法国社会保障制度碎片化及改革：以养老制度为例》（专著）；《当代穆斯林移民与法国社会：融入还是分离？》（论文）；《法国极右政党“国民阵线”缘何强劲崛起》（论文）；《法国社会党的执政困境》（论文）；《法国社会保障制度碎片化的成因》（论文）。

魏　敏 1968年1月出生，女，辽宁沈阳人，研究员。1986年9月至1990年6月，在宁夏大学外语系学习，获得文学学士学位；2003年9月至2006年12月，在山东大学经济学院产业经济专业在职学习，获得经济学硕士学位；2009 年 9 月至 2012 年 7 月，在中国社会科学院研究生院西亚非洲系在职学习，获得经济学博士学位。1990 年 8 月至 2002 年 7 月，在山东威海卫大厦工作；2002 年 8 月至 2014 年 9 月，在山东大学威海分校商学院工作，任副教授，其间，2007 年 8 月至 2008 年 5 月，在美国北亚利桑那大学做访问学者；2014 年 9 月至今，在中国社会科学院西亚非洲研究所工作，任副研究员。

现从事世界经济研究，主要学术专长是中东经济。主要代表作有：《旅游业发展的政府行为研究——以土耳其为例》（专著）；《中国与中东国际产能合作的理论与政策分析》（论文）；《“一带一路”背景下中土国际产能合作的风险及对策》（论文）；《土耳其对“一带一路”倡议的认知及对策建议》（论文）；《丝绸之路经济带：中土旅游合作的战略思考》（论文）。

周志伟　1975 年 9 月出生，湖南湘潭人，研究员。1995 年 9 月至 1999 年 7 月，在湖南师范大学文学院历史系学习，获得历史学学士学位；1999 年 9 月至 2002 年 7 月，在湖北大学人文学院历史系学习，获得历史学硕士学位；2006 年 9 月至 2009 年 7 月，在中国社会科学院研究生院拉美系在职学习，获得法学博士学位。2002 年 7 月至今，在中国社会科学院拉丁美洲研究所工作，历任研究实习员、助理研究员、副研究员、巴西研究中心执行主任，其间，2012 年 7 月至 2013 年 7 月，在巴西弗鲁米嫩塞联邦大学战略研究所做访问学者。兼任中国拉美史学会常务理事。

现从事国际关系研究，主要学术专长是拉美外交。主要代表作有：《巴西崛起与世界格局》（专著）；《中国与巴西关系：从南南合作典范到大国关系》（论文）；《新世纪以来的巴西对非政策：目标、手段及效果》（论文）；《中拉整体合作：机遇、挑战与政策思路》（论文）；《中国与拉丁美洲及加勒比国家关系史》（专著，第三作者）。

钟飞腾　1979 年 10 月出生，浙江杭州人，研究员。1998 年 9 月至 2002 年 7 月，在北京工商大学工业设计系学习，获得工学学士学位；2003 年 9 月至 2009 年 7 月，在北京大学国际关系学院、日本早稻田大学亚太研究科学习，先后获得法学博士、哲学博士学位。2002 年 7 月至 2003 年 2 月，在世界知识出版社工作；2009 年 7 月至今，在中国社会科学院亚太与全球战略研究院（原亚洲太平洋研究所）工作，任副研究员、大国关系研究室主任。

现从事国际关系研究，主要学术专长是国际政治经济学。主要代表作有：《发展型安全：中国崛起与秩序重构》（专著）；《超越地位之争：中美新型大国关系与国际秩序》（论文）；《国内政治与南海问题的制度化——以中越、中菲双边南海政策协调为例》（论文）；《“一带一路”、新型全球化与大国关系》（论文）；《“周边”概念与中国的对外战略》（论文）。

刘　瑞　1970 年 7 月出生，女，陕西凤翔人，研究员。1987 年 9 月至 1991 年 7 月，在东北财经大学计划统计系学习，获得经济学学士学位；1995 年 4 月至 1998 年 3 月，在日本东京都立大学社会科学研究科学习，获得经济学硕士学位；2003 年 9 月至 2006 年 6 月，在中国人民大学财经学院学习，获得经济学博士学位。1991 年 8 月至 1993 年 11 月，在东北财经大学经济研究所工作，任助教；1999 年 11 月至 2000 年 4 月，在日本三菱电机融资租赁公司工作，2000 年 11 月至 2002 年 11 月，在日联银行北京分行工作；2006 年 7 月至今，在中国社会科学院日本研究所工作，历任助理研究员、副研究员。

现从事世界经济研究，主要学术专长是日本经济、日本金融。主要代表作有：《日元国际化困境的深层原因》（论文）；《日本长期通货紧缩与量化宽松货币政策——理论争论、政策实践及最新进展》（论文）；《泡沫经济崩溃后日本应对危机的金融政策》（论文）；《“一带一路”建设与日本基础设施出口战略》（论文）；《日本负利率政策：理论和实践》（论文）。

孙伶伶 1973 年 4 月出生，女，山东烟台人，研究员。1991 年 9 月至 1995 年 7 月，在中国政法大学法律系学习，获得法学学士学位；1995 年 9 月至 2003 年 7 月，在北京大学法学院学习，先后获得法学硕士、博士学位。2003 年 12 月至今，在中国社会科学院日本研究所工作，历任助理研究员、副研究员，其间，2006 年 8 月至 2007 年 8 月，在美国格兰威利大学做访问学者；2010 年 7 月至 2016 年 7 月，作为派遣援藏干部，在西藏社会科学院挂职，历任《西藏研究》编辑部副主任、当代西藏研究所副所长、所长。

现从事国际政治研究，主要学术专长是日本外交。主要代表作有：《拉萨法治发展报告（2013）》（专著）；《民主改革以来西藏妇女政治法律地位变迁》（论文）；《深入推进法治拉萨建设 探索建立“共治共享”模式——依法治藏方略在拉萨的具体实践》（论文）；《日本的反腐败体制》（论文）；《拉萨法治发展报告（2015）》（专著）。

唐永亮 1977年5月出生，山东临沂人，研究员。1996 年 9 月至 2000 年 7 月，在哈尔滨师范大学日语系学习，获得文学学士学位；2000 年 9 月至 2003 年 7 月，在哈尔滨师范大学远东科学技术与发展研究所学习，获得哲学硕士学位；2003 年 9 月至 2006 年 7 月，在中国社会科学院研究生院日本系学习，获得哲学博士学位。2006 年 7 月至今，在中国社会科学院日本研究所工作，历任助理研究员、副研究员、日本文化研究室副主任。

现从事国际关系研究，主要学术专长是日本思想史。主要代表作有：《日本的“近代”与“近代的超克”之辩——以丸山真男的近代观为中心》（论文）；《近代以来冲绳人群体认同的历史变迁》（论文）；《日本现代化过程中的文化变革与文化建设研究》（专著）；《试析日本神道中的时空观》（论文）；《试析日本文化产业战略的内涵和特征》（论文）。

林　昶 1957 年 11 月出生，福建仙游人，编审。1982 年 5 月至 1985 年 7 月，在北京广播电视大学学习；1994年4月至1996年4月，在中国社会科学院研究生院日本系在职学习。1976年3月至1981年1月，在中国人民解放军北京军区工作；1981年4月至今，在中国社会科学院日本研究所工作，历任助理编辑、编辑、副主任、主任、总编辑。其间，2011年10月至2013年5月，在中国驻福冈总领事馆工作。

现从事编辑工作，主要业务专长是日本问题编辑。主要代表作有：《从“年谱”看邓小平对日外交思想》（论文）；《“田中奏折”〈帝国国防方针〉的相关性论考》（论文，责任编辑）；《当代日本报告》（专著）；《论邓小平对日外交战略思想与中日关系实践》（论文）；《日本农协的发展及功过简析》（论文）。

孙应帅 1972年3月出生，山西永济人，研究员。1990年9月至1994年7月，在山西大学政治系学习，获得教育学学士学位；1997年9月至2000年7月，在北京大学国际关系学院学习，获得法学硕士学位；2003年9月至2006年7月，在中国社会科学院研究生院马列系在职学习，获得法学博士学位。1994年7月至1997年9月，在陕西省工业设备安装公司工作；2000年7月至今，在中国社会科学院马克思主义研究院（原马克思列宁主义毛泽东思想研究所）工作，历任研究实习员、助理研究员、副研究员、国际共产主义运动史研究室主任。其间，2007年9月至2009年7月，在北京大学政治学系从事博士后研究。兼任中国改革研究会常务理事。

现从事科学社会主义与国际共产主义运动研究，主要学术专长是党的建设和国际共运。主要代表作有：《新时期党的建设理论创新研究：十六大以来党的建设理论的创新发展》（专著）；《马克思恩格斯阶级阶层理论与当代中国工人阶级新变化》（论文）；《90年来中国共产党党员数量与结构的变化与发展》（理论文章）；《从马克思主义经典著作中树立社会主义核心价值观》（论文）；《创新“进一步密切党群关系”的理念和方法》（论文）。

李建国 1977年7月出生，内蒙古卓资人，研究员。1999年9月至2001年7月，在中国青年政治学院青少年工作系学习，获得法学学士学位；2001年9月至2007年7月，在中国人民大学马克思主义学院学习，先后获得法学硕士、博士学位。2007年7月至今，在中国社会科学院马克思主义研究院工作，历任助理研究员、副研究员、编辑部主任。兼任中国历史唯物主义学会常务理事、副秘书长。

现从事马克思主义中国化研究，主要学术专长是马克思主义文化理论与社会发展。主要代表作有：《中国特色社会主义国际影响力研究》（专著）；《用社会主义先进文化引领当代中国大众文化》（论文）；《关注社会主义先进文化的意识形态建设》（论文）；《马克思对“历史终结论”的批判及当代意义》（论文）；《中国特色社会主义国际影响力从何而来》（论文）。

任　洁 1977年12月出生，女，山东临清人，研究员。1996年9月至2003年7月，在山东大学哲学系学习，先后获得哲学学士、硕士学位；2003年9月至2006年7月，在中国人民大学哲学院学习，获得哲学博士学位。2006年7月至今，在中国社会科学院马克思主义研究院工作，历任助理研究员、副研究员、马克思主义发展部发展史研究室主任。

现从事马克思主义发展史研究，主要学术专长是中国特色社会主义重大理论与实践问题。主要代表作有：《共产主义“妖魔化”与回归马克思》（论文）；《中国特色社会主义和平发展道路研究》（专著）；《文化与国家治理现代化》（专著）；《坚持走和平发展道路应正确处理八大关系》（论文）；《“无产阶级”是马克思创造的一个神话吗？》（论文）。

于海青 1975年2月出生，女，山东青岛人，研究员。1993年9月至2000年7月，在山东大学国际政治学院学习，先后获得法学学士、硕士学位；2003年9月至2006年7月，在中国社会科学院研究生院在职学习，获得法学博士学位。2000年8月至今，在中国社会科学院马克思主义研究院（原马克思列宁主义毛泽东思想研究所）工作，历任研究实习员、助理研究员、副研究员、国外共产党理论研究室主任，其间，2012年9月至2013年10月，在英国爱丁堡大学做访问学者。

现从事科学社会主义与国际共产主义运动研究，主要学术专长是国外社会主义运动与思潮。主要代表作有：《西欧共产党的变革与挑战》（专著）；《从边缘崛起的西欧替代左翼政党及其发展走向》（论文）；《西欧共产党的“新国际主义观”及其当代实践困境》（论文）；《希腊共产党的演进与当代希腊激进左翼政治》（论文）；《欧洲共产党与反法西斯抵抗运动》（专著）。

孙 辉 1971年11月出生，女，江苏淮安人，研究馆员。1988年9月至1992年6月，在南京大学文献情报学系学习，获得文学学士学位；1992年9月至1995年6月，在南京大学信息管理系学习，获得理学硕士学位；2003年9月至2008年6月，在南京大学信息管理系在职学习，获得管理学博士学位。1995年8月至1999年2月，在南京大学双语词典研究中心工作；1999年3月至2011年2月，在南京大学出版社工作；2011年3月至今，在中国社会科学院当代中国研究所工作，历任助理研究员、副编审、副研究馆员。

现从事图书馆学研究与学科信息服务，主要学术专长是信息组织和信息资源管理。主要代表作有：《本体构建中的协同问题研究——以中华人民共和国史本体为例》（论文）；《数字出版中的权益管理技术研究》（专著）；《基于工具书语料的国史知识库构建和检索》（论文）；《中华人民共和国史本体构建初探》（论文）；《利用信息组织技术编制书刊索引探析》（论文）。

汪 权 1972年7月出生，安徽繁昌人，编审。1989年9月至1993年7月，在安徽大学中文系学习，获得文学学士学位；1999年9月至2002年5月，在北京科技大学文法学院法律系学习，获得法学硕士学位；2003年9月至2006年7月，在中共中央党校国际战略所学习，获得法学博士学位。1993年7月至1999年9月，在安徽省马鞍山市国税局工作；2002年5月至2003年9月，在中国老年报社工作；2006年7月至2011年9月在中国社会科学院办公厅工作，历任编辑、副编审、副处长；2011年9月至今，在中国社会科学院信息情报研究院工作，历任副编审、国际编研室主任。

现从事编辑工作，主要业务专长是国际政治学编辑。主要代表作有：《亚洲基础设施投资的非传统风险与应对》（论文）；《“安倍谈话”相关信息及分析研判》（研究报告，责任编辑）；《渤海国史研究面临的困境及政策建议》（研究报告，责任编辑）；《关于妥善处理乌鲁木齐“5·22”暴恐事件的建议》（研究报告）。

粟瑞雪　1973年1月出生，女，重庆人，教授。1991年9月至1998年7月，在北京师范大学外语系俄语专业学习，先后获得文学学士、硕士学位；2005年9月至2009年6月，在北京师范大学历史学院世界史专业在职学习，获得历史学博士学位。1998年7月至今，在中国社会科学院研究生院工作，历任助教、讲师、副教授、外语教研室副主任，其间，2006年11月至2007年10月，在俄罗斯圣彼得堡国立大学做访问学者。

现从事俄语语言文学研究，主要学术专长是俄语语言与文化。主要代表作有：《萨维茨基的欧亚主义思想研究》（专著）；《列夫·古米廖夫的欧亚主义学说及其对当代影响》（论文）；《俄罗斯学者关于一战问题的最新研究》（论文，第一作者）；《瓦·伊·茹科夫院士评安德罗波夫及其执政时期》（论文，第二作者）；《中国学者关于俄国古典欧亚主义问题的研究状况》（论文）。

栾贵川　1959年9月出生，河南濮阳人。教授。1979年9月至1982年7月，在安阳师范学院中文系学习；1994年9月至1997年7月，在中国社会科学院研究生院历史系学习，获得历史学博士学位。1982年7月至1994年7月在安阳师范学院工作；1997年8月至今，在中国社会科学院研究生院工作，历任学位办、办公室副主任，《中国社会科学院研究生院学报》编辑部主任，副教授，研究生院中国文化系副主任。

现从事思想文化史研究，主要学术专长是先秦思想史。主要代表作有：《孔子的修齐治平之道》（专著）；《公孙述“成家”政权及其主客问题初探——中国古代主客问题研究之一》（论文）；《论语教程》（专著）；《孔子的朋友之道》（论文）；《论孔子的民族文化观》（论文）。

晁天义　1975年6月出生，宁夏西吉人，编审。1993年9月至1997年6月，在宁夏大学历史系学习，获得历史学学士学位；1997年9月至2000年6月，在陕西师范大学历史文化学院学习，获得历史学硕士学位；2003年9月至2007年6月，在陕西师范大学历史文化学院在职学习，获得历史学博士学位。2000年9月至2007年9月，在北方民族大学历史系工作，历任教研室主任、讲师、副教授；2007 年 9 月至 2009 年 6 月，在北京师范大学历史学院从事博士后研究；2009 年 7 月至今，在中国社会科学杂志社工作，历任副编审、《历史研究》编辑部主编助理。

现从事编辑工作，主要业务专长是先秦史编辑。主要代表作有：《重新认识国家起源与血缘、地缘因素的关系》（论文）；《新史料发现与“秦族东来说”的坐实》（论文，责任编辑）；《中国王权的诞生——兼论王权与夏商西周复合制国家结构之关系》（论文，责任编辑）；《先秦道德与道德环境》（专著）；《实验方法与历史研究》（论文）。

张　勇　1976年9月出生，山东枣庄人，研究员。1994 年 9 月至 1998 年 7 月，在曲阜师范大学中文系学习，获得文学学士学位；1998 年 9 月至 2001 年 6 月，在山东师范大学中文系学习，获得文学硕士学位；2003 年 9 月至 2006 年 6 月，在山东师范大学文学院在职学习，获得文学博士学位。2001 年 7 月至 2013 年 5 月，在山东师范大学传媒学院工作，历任讲师、副教授，其间，2010 年 7 月至 2013 年 3 月，在山东大学从事博士后研究；2013 年 5 月至今，在郭沫若纪念馆工作，任副研究员。

现从事中国现当代文学研究，主要学术专长是作家作品研究。主要代表作有：《1921 ~ 1925 中国文学档案——“五四”传媒语境中的前期创造社期刊研究》（专著）；《为什么〈女神〉不收入同时期其他诗作》（论文）；《郭沫若早期学医、翻译和创作关系的考释》（论文）；《郭沫若〈英诗译稿〉的艺术特色和多重内涵》（论文）；《郭沫若早期历史剧创作与诗剧翻译钩沉》（论文）。

张昊鹏　1972 年 4 月出生，辽宁朝阳人，编审。1992 年 7 月至 1996 年 9 月，在华中师范大学文学院学习，获得文学学士学位；2005 年 6 月至 2010 年 6 月，在中国政法大学法学院学习，获得法学硕士学位。1996 年 8 月至 1998 年 4 月，在中国社会科学院服务中心工作；1998 年 4 月至 2012 年 10 月，在中国社会科学院科研局工作，历任助理编辑、编辑、编辑部副主任、正处级秘书、副编审，其间，2004 年 7 月至 2007 年 9 月，作为援藏干部，在西藏社会科学院工作，历任科研处副处长、编辑部主任；2012 年 10 月至今，在中国社会科学出版社工作，历任出版部副主任、年鉴与文摘分社社长、副编审。

现从事编辑工作，主要业务专长是中国行政法学编辑。主要代表作有：《繁荣发展社会科学的一种方式选择——论社会科学立法的可行性》（论文）；《存学术史、育学术人，开拓学术出版新境界——中国社会科学年鉴系列出版管见》（论文）；《制订〈事业单位组织法〉的可行性分析——从行政法适应现代公共管理的视角》（论文）；《辽金元文学研究论丛》（论文集，责任编辑）；《美国文化二元性的电影呈现》（专著，责任编辑）。

曹　靖　1973 年 12 月出生，河南西平人，编审。1994 年 9 月至 1998 年 7 月，在石河子大学贸易经济系学习，获得经济学学士学位；1998 年 9 月至 2001 年 7 月，在石河子大学农业经济系学习，获得管理学硕士学位；2001年9月至2004年6月，在中国农业大学农业经济系学习，获得管理学博士学位；2004年7月至2006年5月，在中国出版集团现代教育出版社工作，任编辑；2006年6月至今，在经济管理出版社工作，历任副编审、第一编辑部副主任。

现从事编辑工作，主要业务专长是学术类图书编辑。主要代表作有：《学术图书编辑应该如何应对碎片化阅读趋势》（论文）；《我国社会保障公平的非均衡发展研究》（专著，责任编辑）；《中国粮食发展报告2015》（专著，责任编辑）；《碎片化阅读时代传统图书馆面临的问题》（论文）；《学术类图书数字化出版分析》（论文）。

谢士强 1973年4月出生，江苏睢宁人，研究员。1994年9月至1998年7月，在武汉测绘科技大学大地测量系（现武汉大学测绘学院）学习，获得工学学士学位；2000年9月至2003年7月，在广西大学商学院学习，获得经济学硕士学位；2003年9月至2006年7月，在中央财经大学经济学院学习，获得经济学博士学位。1998年8月至2000年8月，在中国电子科技集团（原电子科技部南京第十四研究所）工作；2006年7月至2007年9月，在中国社会科学院马克思主义研究院工作，任助理研究员；2007年9月至今，在中国社会科学院办公厅工作，历任副处级学术秘书、副研究员。

现从事国民经济学研究，主要学术专长是经济运行与宏观调控。主要代表作有：《公立医院改革关键要健全内部治理结构》（论文）；《互联互通战略研究·政府篇》（专著，第一作者）；《论我国新兴税源培育和财税结构调整》（论文，第一作者）。

田　侃 1972年3月出生，湖北松滋人，研究员。1987年9月至1989年6月，在荆州师范专科学校学习；1990年9月至1994年6月，在华中师范大学政治系在职学习；1998年9月至2001年11月，在中南财经政法大学金融学院在职学习，获得经济学硕士学位；2002年9月至2005年6月，在中南财经政法大学经济学院学习，获得经济学博士学位。1989年8月至1996年7月，在湖北省建总公司第三工程公司工作；1996年8月至2002年8月，在湖北省荆州市金隆集团公司工作；2005年7月至2007年12月，在北京大学经济学院从事博士后研究；2008年1月至2017年2月，在中国社会科学院财经战略研究院工作，历任助理研究员、综合研究室副主任、副研究员、科研处副处长、处长；2017年3月至今，在中国社会科学院科研局工作，任处长。

现从事金融学研究，主要学术专长是信用经济理论、服务经济理论。主要代表作有：《先秦时期信用思想探析：国家治理的视角》（论文）；《中国无形资产测算及其作用分析》（论文）；《中国信用发展报告（2014～2015)》（研究报告）；《中国信用发展报告（2012～2013)》（研究报告）；《城镇化与服务业的协同发展机遇：基于三种视角的文献评述》（论文）。

熊　厚 1981年6月出生，四川井研人，研究员。1998 年 9 月至 2007 年 7 月，在四川大学经济学院学习，先后获得经济学学士、硕士、博士学位。2007 年 7 月至 2012 年 12 月，在中国社会科学院欧洲研究所工作，历任助理研究员、经济研究室副主任、副研究员；2012 年 11 月至 2014 年 12 月，在中国社会科学院创新工程综合协调办公室工作，任处长；2014 年 12 月至今，在中国社会科学院科研局工作，任处长。

现从事世界经济研究，主要学术专长是欧洲经济。主要代表作有：《欧洲经货联盟的危机与改革》（专著）；《中欧非贸易关系及发展前景》（论文）；《2011 年中欧关系的回顾与展望》（论文，第三作者）；《2011 年欧盟在华投资企业商业景气调研报告》（论文，第三作者）。

第七编

规章制度

GUIZHANGZHIDU

一　中国社会科学院研究所创新工程项目（研究类）管理办法

社科研字〔2017〕12 号

第一章　总则

第一条　为加快构建中国特色哲学社会科学，履行中国社会科学院“三个定位”重要职责，进一步完善创新工程管理制度，打造哲学社会科学创新工程升级版，多出优秀成果，多出优秀人才，制定本办法。

第二条　本办法所称研究所创新工程项目（以下简称创新项目），是指在院核定的“创新工程年度科研经费总额拨付”预算内，由研究所（院）自主评审立项并组织实施的研究类项目。

第三条　创新项目的设立应坚持正确的政治方向和科研导向，秉持优良学风、文风、作风，服务于中国特色学科体系、学术体系、话语体系建设以及研究所（院）办所（院）方向的需要。

第四条　鼓励研究所（院）集中科研力量，组织实施大型学科奠基性创新项目，为实现“国内领先，世界一流”目标夯实基础。此类项目应由研究所（院）组织，所（院）领导牵头，相关学科负责人参与，选取对学科发展有奠基意义、填补学术空白的重要选题进行研究。

第五条　创新项目应紧密围绕国家和社会关注的重要理论与实际问题及学科建设重点问题组织实施。创新项目选题一般应根据《中国社会科学院创新工程研究领域指南》的要求具体设计。

第六条　创新项目实行“所实施、院备案”管理制度。研究所（院）负责本单位创新项目的立项评审、组织实施、年度检查、结项评价等日常管理工作。科研局负责创新项目的备案工作。

第七条　创新项目的经费使用按照《中国社会科学院创新工程研究经费管理办法》《中国

社会科学院创新工程研究经费管理办法实施细则》执行。

第八条　创新项目结项率与创新项目管理单位的创新工程准入挂钩。创新项目年度结项率达到 90% 以上的创新项目管理单位，得以进入创新工程。

第九条　主持或参加创新项目是进入创新工程研究岗位的必要条件。

第十条　创新项目实行首席研究员负责制。首席研究员对项目实施情况及成果完成质量承担直接责任。

第二章　项目分类与设岗

第十一条　根据研究对象和研究任务的需要，创新项目分设 A 类和 B 类两种类型。

第十二条　A 类创新项目为大型学科奠基性项目，项目组成员不得少于 5 人。每个项目设 1 ～ 3 个首席研究员岗位以及若干执行研究员、研究助理岗位。

第十三条　B 类创新项目为一般项目，可设 1 个首席研究员岗位以及若干执行研究员、研究助理岗位。

第十四条　研究所（院）立项 A 类创新项目，不得少于同期在研创新项目数的 10%。

第十五条　A 类创新项目研究周期一般为 5 ～ 8 年。B 类创新项目属基础研究类者，研究周期一般为 2 ～ 3 年；属应用对策类者，研究周期一般为 1 ～ 2 年。跨年度项目每年应有可供考核的阶段性目标。

第三章　项目申请与评审

第十六条　研究所（院）根据《中国社会科学院创新工程研究领域指南》和本单位创新方案的部署，在规定时间内组织开展创新项目立项工作。

第十七条　申请立项创新项目需填报《中国社会科学院研究所创新工程项目（研究类）立项书》。每位申请人只能同时申请主持一个创新项目，项目组主要成员参与的创新项目不得超过两个。

第十八条　申请主持创新项目者，须具有五级及以上专业技术职务。

第十九条　创新项目申请应含以下内容：1. 明确的创新目标和具体任务；2. 可供评价的阶段目标和最终成果目标。

第二十条　创新项目立项由研究所（院）学术委员会以会议方式进行评审，并采用无记名投票表决方式确定评审结果，达到与会人员三分之二赞成票数为通过。

第二十一条 召开创新项目评审会议，参会人员不得少于研究所（院）学术委员会全体成员数的三分之二。

第二十二条 创新项目评审结果经研究所（院）所（院）长办公会议审批后正式立项。

第二十三条 创新项目正式立项后，研究所（院）应在15个工作日内将《中国社会科学院研究所创新工程项目（研究类）立项书》等评审材料报送科研局备案。

第四章 项目检查与变更

第二十四条 研究周期未满的创新项目应进行年度检查。年度检查主要审查项目按计划实施情况，检查结果分“合格”和“不合格”两个等级。

第二十五条 年度检查由研究所（院）组织实施，研究所（院）学术委员会进行评议并给出检查结果。

第二十六条 年度检查结果为“不合格”的创新项目，首席研究员或项目主持人须书面说明情况并提出改进措施。非不可抗力原因造成年检“不合格”的项目主持人次年暂停进入创新岗位。

第二十七条 创新项目年度检查结果由研究所（院）在完成年度检查后的15个工作日内报科研局备案。

第二十八条 创新项目立项后，应按研究计划认真组织实施。因特殊情况确需对项目主持人、研究计划、完成时间等进行变更的，应履行报批手续。变更申请由研究所（院）所（院）长办公会议审批，并由研究所（院）报科研局备案。

第二十九条 创新项目实施期间，因人员退休、调离或去世影响项目开展的，研究所（院）应及时调整补充项目组成员以保障项目开展；项目组成员因故未能进入创新岗位的，须继续完成项目研究任务，其科研成果可按照《中国社会科学院创新工程科研成果后期资助实施办法（试行）》《中国社会科学院创新工程科研单位科研绩效考核办法》的相关规定给予资助。

第五章 项目结项

第三十条 创新项目首席研究员向研究所（院）提交《中国社会科学院研究所创新工程项目（研究类）结项书》，启动项目结项程序。

第三十一条 创新项目结项鉴定包括：成果结项鉴定和综合评价。成果结项鉴定按照创新项目结项申请即时进行；综合评价由研究所（院）按年度统一组织。

第三十二条　成果结项鉴定实行同行专家评审制。每个创新项目评审专家不少于5人，其中院外专家一般不少于三分之一。专家评审可采取会议或通讯方式进行。

第三十三条　专家评审实行匿名制和回避制。

第三十四条　成果结项鉴定应考核创新项目申请提出的创新目标、具体任务以及阶段目标和最终成果目标的完成情况，并根据《中国社会科学院研究所创新工程项目（研究类）成果评价表》进行评分，结项鉴定等级按以下标准划定：

（一）优秀：1. 平均分在85分以上（含85分）；2. 不少于五分之四的专家评分均在85分以上；3. 不少于五分之四的专家划等为“优秀”。以上条件必须同时具备。

（二）合格：1. 达不到“优秀”等级，但平均分在60分以上（含60分）；2. 不少于五分之四的专家评分在60分以上；3. 不少于五分之四的专家划等为“合格”。以上条件必须同时具备。

（三）不合格：低于合格标准的。

第三十五条　成果结项鉴定为“不合格”等级的创新项目，可在一年内对成果进行修改并申请第二次成果结项鉴定，但只划定“合格”或“不合格”等级。

第三十六条　第一次成果结项鉴定为“不合格”等级的创新项目，首席研究员和主要责任人次年暂停进入创新岗位。第二次成果结项鉴定仍为“不合格”等级的创新项目，收回结余经费，撤销项目组；首席研究员和主要责任人三年内不得进入创新工程岗位；取消项目组全体成员年度考核评优资格。

第三十七条　每年年底，由研究所（院）学术委员会对当年所有完成成果结项鉴定的创新项目进行综合评价并划等。

第三十八条　综合评价结果分设“优秀”、“合格”、“不合格”三个等级。其中划定“优秀”等级的创新项目不得超过当年研究所（院）全部结项项目的30%。

第三十九条　成果结项鉴定未获“优秀”等级的创新项目，综合评价不得评定为“优秀”等级。

第四十条　综合评价获得“优秀”等级的，A类创新项目由研究所（院）给予项目组后期资助目标报偿绩效考核分数50分；B类创新项目由研究所（院）给予项目组后期资助目标报偿绩效考核分数20分。

第四十一条　研究所（院）应在完成综合评价后的15个工作日内，将结项材料报科研局复核、备案。

第六章　项目日常管理

第四十二条　研究所（院）党委对本单位创新项目的实施和管理工作进行监督。

第四十三条 科研局每年对创新项目立项、年度检查、结项鉴定等情况进行抽查，抽查比例不低于10%。抽查内容包括：1. 立项选题中研究指南选题占比是否符合“863”比例要求；2. 是否按要求召开立项评审会议；3.A类项目占比是否不低于10%；4. 年度检查工作是否合规；5. 项目结项程序是否合规；6. 是否按时向科研局提交备案材料；7. 本所（院）研究项目档案是否完备；8. 是否制定实施细则。

抽查中发现上述问题的，每项扣减单位后期资助目标报偿绩效考核分数10分。

第四十四条 存在以下问题之一的创新项目，予以撤项：1. 违反政治纪律；2. 存在学术不端行为；3. 项目经费使用严重违纪违规；4. 没有正当理由，逾期一年及以上时间不完成计划任务；5. 存在其他严重问题。

第四十五条 予以撤项的创新项目视同第二次成果结项鉴定“不合格”处理；存在违法违纪的当事人由相关部门予以处理。

第四十六条 创新项目最终成果未经成果鉴定结项，不得擅自公开出版。

第七章 附则

第四十七条 各研究所（院）应根据本办法制定创新项目管理实施细则。

第四十八条 本办法由科研局负责解释。

第四十九条 本办法自院务会议批准之日起实行。

注：本办法于2017年7月13日第22次院务会议审议通过。

二 中国社会科学院横向课题管理办法实施细则（试行）

社科研字〔2017〕14 号

第一章 总则

为深入贯彻落实党中央、国务院《关于进一步完善中央财政科研项目资金管理等政策的若干意见》（中办发〔2016〕50 号）、《关于实行以增加知识价值为导向分配政策的若干意见》（厅字〔2016〕35 号）等文件精神，进一步完善我院横向课题管理制度，体现科研工作分类管理原则，激发科研创新活力，更好地服务党和国家决策，促进哲学社会科学繁荣发展，根据《中国社会科学院横向课题管理办法》，制定本实施细则。

本细则所指横向课题是指：中央或国家有关部门、地方党委和政府、高等院校、科研机构、社会组织、企事业单位及个人等提出研究任务、提供研究经费，委托我院或院属单位通过签署合同或协议书（以下统称“合同”）开展的研究课题或项目。但不包括国家社会科学基金、国家自然科学基金和国家科技重大专项、国家重点研发计划项目等纵向基金项目。符合交办课题条件的，按照《中国社会科学院交办委托课题管理办法》（社科研字〔2013〕9 号）管理。

第一条 设立和开展横向课题研究，应最大限度地激发、挖掘、用好我院科研人员研究潜能，实行智力资源共享，服务社会。横向课题活动要严格遵守国家法律、法规，恪守学术道德和规范，自觉维护我院形象和“三个定位”，确保正确的政治方向和学术导向，禁止“来者不拒”。

第二条 我院科研人员承担横向课题，不得影响其履行岗位职责、完成本职工作。院属各单位研究人员和工作人员应优先完成本职工作、创新工程任务和上级交办任务。未完成年度工作任务或创新工程项目年度检查、结项鉴定为不合格者，下年度不得承担新的横向课题研究。

第三条 与境外合作的研究课题，须同时执行国际合作局的相关规定。

第二章　课题管理

第四条　横向课题实行分级管理。以院名义签署的横向课题，由院指定相关责任单位管理；以院属单位名义签署的横向课题，由院属单位管理，报科研局、财务基建计划局备案。报科研局备案的横向课题须在创新工程综合管理系统中进行填报，内容包括课题名称、主持人、委托单位、资助经费、完成时间及合同等必填栏目。报财计局备案的横向课题，须在财务管理信息系统中填报。院属单位承接横向课题，由单位领导班子集体会议决定。不得以个人名义或非实体研究中心名义签署横向课题合同。

第五条　横向课题实行合同管理，明确约定双方的权利和义务、经费预算、合作方式、成果要求及知识产权等事项。横向课题委托方及其主要当事人应背景清白、遵纪守法，资金来源正当，确保课题本身合法，有关要求应当在课题合同予以明确。

第六条　横向课题实行管办分离。课题管理单位负责课题管理事务，对课题活动需要本单位给予人、财、物支持的，要经所长办公会议集体研究决定，原则上不干预课题其他具体承办事务。课题承办与研究工作实行课题负责人责任制，享有本课题组内部的组织协调、人事管理、财务分配等与课题工作相适应的权利。

第七条　课题管理单位是横向课题管理的责任主体，负责横向课题的立项批准，以及课题实施监督工作。

第八条　课题管理单位科研管理部门负责横向课题合同的初步审核和日常管理工作，建立课题管理和科研诚信档案，做好向上级管理部门报备等工作。

第九条　课题管理单位财务管理部门负责横向课题科研经费的财务管理与会计核算，及时发布经费到账信息，办理经费收支核算工作，指导、监督课题负责人按照合同及国家和我院有关制度使用科研经费。财务管理部门应简化报销程序，主动为科研人员提供服务。

第十条　课题负责人是横向课题管理的直接责任人，对课题成果的政治方向、学术导向和学术质量负有领导责任；对课题经费使用的合规性、真实性和有效性承担直接责任。

第十一条　横向课题承担人是指符合下列情况之一的人员：

1. 已经在课题合同、项目申请书或结项书等课题文件中明确具名并实际承担课题研究任务的人员；

2. 已经在课题成果的正式出版物和内部调研报告等文字性研究成果中明确具名并实际承担课题研究任务的人员。

横向课题承担人可按工作量发放横向课题绩效成本补偿，但不能再领取课题管理的间接费用和劳务费。

第十二条　在征得课题委托方同意的前提下，已立项的横向课题负责人或研究内容等重大事项的变更，以及课题负责人发生工作调动后的课题管理，须经所长办公会议研究批准。

第十三条　因课题研究、写作、编辑、翻译、审稿、校核、修改等工作增加课题承担人的，需履行增补手续，经由课题负责人书面认定后，经由课题管理单位批准。

第十四条　以院属单位名义签署的横向课题，须在合同签署、课题结项后一个月内，将合同、结项证明等材料报科研局备案；将经费决算报财务管理信息系统备案。不履行备案手续的课题不得继续使用课题经费，课题负责人不得承担新的横向课题。

第三章　财务管理

第十五条　院属单位应切实加强对横向课题经费的管理。凡以院属单位名义签署的横向课题，经费须纳入本单位财务账户统一管理，按照委托合同和预算约定管理使用。未明确约定经费使用的，按照本实施细则执行。

第十六条　横向课题经费的支出，在依法依规纳税和缴纳院、所两级必要的管理成本前提下，赋予课题负责人对课题经费的支配权。充分尊重课题研究工作特点和规律，由课题负责人根据合同要求和课题工作需要，确定经费开支和使用等事项，使得包括课题负责人在内的课题承担人获得与其智力付出相称的绩效补偿。课题负责人应确保课题财务活动真实合规，不得列支与研究工作无直接关系的费用，不得列支个人和家庭生活性开支，防止违规报销“小三票”问题。

第十七条　横向课题经费具体支出科目分为绩效成本补偿、直接费用和间接费用。直接费用包括科研设备费、科研材料费、图书资料费、文稿印制和成果出版费、调研费（含调研对象误工费，可使用特制票据）、信息服务费（如上网费等）、差旅费、市内交通费、小型学术研讨会议费、办公用品费、劳务费、专家咨询评审费、成果评审鉴定费等；间接费用包括房租水电成本费、管理费等。

第十八条　参与横向课题研究的研究生、博士后、访问学者以及项目聘用的研究人员、科研辅助人员（应为非本院在编在岗、合同制、创新岗位编外聘用人员）等，均可开支劳务费。聘用人员的劳务费开支标准，参照北京市科学研究和技术服务业从业人员平均工资水平，根据其在研究中承担的工作任务确定，其社会保险补助（五险一金）纳入劳务费科目列支。劳务费预算不设比例限制，根据研究实际需要编制预算。

第十九条　发放间接费用的相关人员应是直接为课题服务的人员，由课题责任人提出相关人员名单及其工作任务，经所领导班子会议确定，人数不超过课题承担人的 1/3；同时，不得再领取横向课题绩效成本补偿。

第二十条 院本级和院属单位按横向课题合同到账金额提取管理费用，院本级提取比例为5%，由课题管理单位及时上交院财计局，纳入院本级财务预算管理，由院统筹使用；院属单位提取比例为10%，纳入单位预算管理，由所长办公会议决议统筹使用，可优先用于课题管理成本及相关人员的间接费用支出。

第二十一条 横向课题绩效成本补偿在保证院所两级管理费用提取之后，并在保证研究成本开支之外按合同约定执行。若合同未作约定，则绩效成本补偿按实际到账金额和超额累进制计算，具体比例如下：50万元及以下的部分为45%；超过50万元至100万元的部分为40%；超过100万元至150万元的部分为35%；超过150万元的部分为30%。

第二十二条 已结项的横向课题，自结项验收通过且经费全部到账后24个月内，课题负责人应办理财务结账手续，超期结余经费将纳入本单位财务统一管理。

第二十三条 结余的课题经费，由单位领导班子会议研究决定，可优先用于新立项课题研究和学科建设；可优先支持原课题主持人的学术研究及科研活动；可用于弥补课题管理单位经费不足，包括：人员经费，如09补贴、医药费、管理津贴、无食堂补贴、聘用人员等；公用经费，如购买设备、召开会议等。用结余经费新立项的课题，须由单位领导班子会议决定，其经费使用按课题性质的相关规定执行并管理。

第四章 监督检查

第二十四条 课题负责人应规范内部管理，采取有效措施，加强对课题研究的政治方向、学术导向和学术质量，以及经费使用情况的自我监督。

第二十五条 课题管理单位党委应责成本单位科研、财务等管理部门加强对课题研究方向和经费使用的日常监督检查，并督促相关问题的及时整改。

第二十六条 科研局、财务基建计划局负责全院横向课题及经费的监督检查。

第二十七条 院纪检、审计部门对横向课题实行全过程监督检查。

第二十八条 向院职能部门（部分直属单位）人员发放横向课题劳务费、绩效成本补偿等情况，课题结项后由其管理单位向科研局、财计局备案。禁止利用横向课题进行不当利益输送。严禁以支付课题承担人报酬、绩效等名义，向院、所两级承担相关管理监督工作的人员和其他无关公职人员发放钱物或变相输送不当利益。

第二十九条 凡在横向课题立项、经费使用、验收结项等过程中弄虚作假的，追回相关责任人在课题研究中获得的利益，并视情节给予相应处理；违反法律法规的，移交国家有关部门追究其法律责任。

第三十条　在审计和经费检查中发现横向课题中有违规违纪问题的研究人员，下年度不能承担新的横向课题任务。

第五章　附则

第三十一条　本细则由科研局、财务基建计划局负责解释。

第三十二条　本细则自发布之日起施行。《关于〈中国社会科学院横向课题管理办法〉的补充规定》（社科研字〔2016〕15 号）同时废止。

注：本办法于 2017 年 7 月 20 日院务会议审议通过。

三　中国社会科学院国家智库报告出版资助办法

社科研字〔2017〕17 号

为打造国家智库报告高端品牌，规范国家智库报告编撰、出版工作，制定本办法。

第一条　本办法所称国家智库报告是指我院智库完成的、对国家决策具有重要咨询价值的系列研究报告。

第二条　国家智库报告编撰与出版应坚持正确的政治方向和学术方向。报告编撰单位对报告的政治方向、理论水平、学术规范、编撰时限负责；出版单位对报告的编辑质量、出版时限负责。

第三条　院科研局负责国家智库报告的综合协调、评审评价组织工作，中国社会科学出版社负责国家智库报告的出版、发布和数据库建设工作，积极打造国家高端智库报告品牌。

第四条　国家智库报告应具备以下条件：

（一）院智库组织编撰，是某一领域、门类或地域最新情况或前沿问题的研究报告，具有原创性、专业性、应用性、时效性；

（二）坚持正确的政治方向和学术导向，符合学术规范；

（三）体现国家智库研究的学术水平；

（四）字数一般在 5 万～ 15 万之间。

第五条　中国社会科学院对国家智库报告实施择优后期资助，每年资助不超过 50 种。

第六条　国家智库报告的后期资助评审程序：

（一）智库报告作者填报《中国社会科学院学术出版资助申请表》，提出资助申请；

（二）研究所学术委员会对智库报告的政治方向、学术水平、书稿质量进行审议，投票表决推荐意见，赞成票数达到投票人数的三分之二为通过；

（三）院科研局审核，提出资助建议；

（四）院创新工程学术出版资助评审委员会评审并投票表决，得票超过半数方可通过，且淘汰率不低于本批智库报告申报数量的 20%；优秀智库报告不超过获得资助智库报告总数的 20%；

（五）院创新工程学术出版资助管理委员会审议；

（六）院务会议批准。

第七条　院对国家智库报告出版予以重点扶持，资助标准在原有基础适当上浮，出版资助分为2档，5万～10万字每种3万元，10万字以上每种4万元，经费从创新工程学术出版资助经费中列支。

第八条　本办法由中国社会科学院科研局负责解释。

第九条　本办法自中国社会科学院院务会议通过之日起实施。

注：本办法于2017年9月28日院务会议审议通过。

四　中国社会科学院关于古籍整理研究成果的评价标准

社科研字〔2017〕20号

（一）古籍整理的范围

1．古籍：一般主要指书写或刊印于1912年以前的书籍。

2．古籍整理：为使古籍便于阅读和利用而进行的各种方式的学术工作，也包括甲骨文、金文、简帛、石刻、写本等古代文献的整理。

（二）古籍整理的方式

3．古籍整理的方式主要有：辑佚、点校、注释、今译、汇编、索引、书目等，也可以是多种方式并用，如辑佚点校、汇编注释等。

4．古籍整理研究成果至少含有前言、目录，前言部分应详细说明古籍的内容价值、版本源流、整理体例等；目录按全书层级排列，方便读者查阅。此外，可视古籍的分类情况附校勘记、附录、索引等。

（三）古籍整理的评价

5．符合古籍整理范围，运用古籍整理基本方式完成的研究成果，可在科研成果出版管理中进行学术评价。

6．古籍整理应体现继承和弘扬中华优秀传统文化的根本宗旨，突出科学性与学术性的研究特点。

7．古籍整理成果要有重要的学术价值和文化传承意义。

8．古籍整理成果着重从古籍整理的方式上进行评价，评价的具体标准包括：

（1）底本与校本所选精当。底本应内容完整、校刻精善，校本应具代表性。

（2）点校专业规范。标点符号使用符合国家标准；校勘详略得当，使用术语专业，附有校勘记。

（3）注释简要准确。根据整理的目标，按照释疑解难的原则，选择必要的字词事项出注，注文力求简要准确，达到帮助读者理解原著的要求。

（4）今译力求信达雅。今译根据需要可采用直译或意译的方式，今译可与注释并行。

（5）辑佚，从现存古文献中辑录散佚古籍的材料以恢复其原貌的整理方式，应对文献进行真伪考辨、校订文字并说明资料出处，指出其学术价值。

（6）索引（旧称通检、引得），是提取古籍中的字句、专名或主题，按一定次序排列以便检索的整理方式。索引应准确实用，查检便捷，为迅速获得文献资料提供指引。

（7）书目，是按一定编例著录各类古籍相关信息、撰写解题的整理方式。古籍信息包括题名、卷册数、著者、著作方式、装帧形式、版本信息、批校题跋、钤印等；解题宜说明著者生平、内容评价、流传情况、存佚情况、版本源流等。分类与结构合理，提要简明扼要，体现学术性与科学性。

（8）汇编，是按一定编例将散见的相关资料或同类古籍汇辑为一书或丛书的整理方式。资料应注明出处，古籍应注明版本。

注：本办法于 2017 年 10 月 16 日院务会议审议通过。

五　中国社会科学院共建研究院管理办法（试行）

社科研字〔2017〕24 号

第一章　总则

第一条　为繁荣发展哲学社会科学事业，规范共建研究院管理，更好地服务于国家和地方经济社会发展，特制定本办法。

第二条　本办法所称“共建研究院”（含智库），是指以中国社会科学院名义与下列合作对象共建的研究机构：

1. 党中央、国务院所属相关部门；
2. 省、自治区、直辖市；
3. 副省级及省会以上城市；
4. 有条件的高等院校、科研机构及大型国有企业等。

第三条　共建研究院必须坚持正确的政治方向和学术导向，要有助于推动哲学社会科学研究深入实践、深入群众、服务决策、服务社会，促进中国特色哲学社会科学繁荣与发展，推动中国特色新型智库建设。

第四条　共建研究院必须坚持“以我为主，互利共赢、权责清晰、注重实效”的原则。

1. 坚持以我为主，为我所用。坚持中国社会科学院的主导地位，在政治方向、学术标准、人员和经费管理上对共建研究院具有主导权。中国社会科学院在合作共建的统一部署、选点布局上具有决定权。

2. 坚持资源共享，互利共赢。因地制宜，大胆探索，充分发挥中国社会科学院智力优势和共建单位本地资源优势，通过提供高质量学术和智库产品为地方经济社会发展服务，同时达到锻炼和提升科研人员业务能力、确保哲学社会科学研究接地气、促进学科建设的目的。

3. 坚持权责清晰，注重实效。应以签署合同等形式明确合作双方的权利和义务，合作方应提供专门场所、专项经费和专职人员等作为基础保障，建立共建研究院评估制度和机制，防止合作挂名化和空洞化。

第五条 共建研究院必须遵守国家政策法规和中国社会科学院的各项规章制度，不得从事国家法律、法规、政策禁止的活动。

共建研究院不得损害中国社会科学院的名誉。共建研究院或合作方若在院际合作协议执行过程中，对中国社会科学院名誉造成严重损害的，中国社会科学院有权单方面终止协议。

第二章 组织运行与管理

第六条 共建研究院的建立程序：

1. 根据中国社会科学院党组提议或合作方意愿，双方达成初步合作意向；
2. 中国社会科学院科研局会同合作方起草制订合作协议；
3. 中国社会科学院院务会议审定协议、批准成立；
4. 双方领导签署协议，共建研究院挂牌。

第七条 共建研究院成立后，应制定和完善工作细则、章程和工作规划等文件，建立健全规章制度体系；在未获法人资格之前，必须明确指定具有法人资格的单位代行相关业务往来，待条件成熟时，应积极争取设立为法人研究机构。

第八条 共建研究院的运行机制主要包括理事会（院务委员会）、学术委员会、院长办公会、院长办公例会等。共建研究院实行院长或委托常务副院长负责制，院长、常务副院长、理事长、学术委员会主任一般由中国社会科学院领导担任。

第九条 共建研究院的建设及管理采取分层指导、共同管理机制，即由中国社会科学院与合作方根据各自职能对共建研究院建设与发展进行指导和管理。

建立中国社会科学院领导与合作方领导的定期会晤机制，双方领导原则上每年会晤一次，研究战略合作中重大事项，协调相关问题。

第十条 中国社会科学院科研局作为中国社会科学院负责科研合作的职能部门，在院务会议领导下，协调院相关部门对共建研究院承担以下管理职能：

1. 负责指导制订管理政策和总体发展规划；
2. 负责共建研究院统筹管理与监督；
3. 负责对共建研究院的建设及运行进行综合评价和考核，实行持续跟踪评价的动态管理机制。共建研究院每两年评估一次，不达标者，限期整改；如限期整改仍未达标者，则取消共建资格。

第十一条 中国社会科学院院属相关单位、研究中心等应积极支持共建研究院的建设。

第十二条 合作方及其推荐的具体部门，承担以下管理职能：

1. 负责共建研究院的具体建设与发展，提供相关扶持政策，帮助解决发展中遇到的实际问题；

2. 负责建立共建研究院地方区域性或行业性管理与协调机制；

3. 监督检查和督促完成共建研究院所承担的科研任务，为其提供配套支持和服务；

4. 每季度由主管领导召开汇报会，听取工作汇报。

第三章 支撑条件

第十三条 中国社会科学院重点提供以下支持：

1. 提供高水平的智力支持和人才支撑；

2. 中国社会科学院与共建研究院开放共享优质学术资源、科研成果等；

3. 每年派驻的专职管理干部不少于2人；

4. 支持共建研究院开展项目研究、举办论坛、人才培养和信息服务等工作，帮助共建研究院提高辐射影响力。

第十四条 中国社会科学院派驻的共建研究院院级领导由中国社会科学院党组研究决定，一般从中国社会科学院离开领导岗位或现职的所、局级领导中选任，离开领导岗位的院级领导待遇等同中国社会科学院资深学科带头人，由合作方提供经费支持。

第十五条 中国社会科学院派驻的工作人员退出创新工程，保留基本工资和津补贴，薪酬参照中国社会科学院创新工程报偿资助发放，由合作方补足不足部分。

第十六条 合作方需提供以下基础物质保障：

1. 提供筹建和运行经费，根据合作方实际情况，每年提供不少于500万元的经费支持；

2. 提供不少于250平方米的固定办公场所及相应配套设施，为中国社会科学院派驻人员提供住房及必备设施；

3. 做好共建研究院的其他服务保障工作。

第四章 经费管理

第十七条 根据国家有关政策法规和中国社会科学院相关财务制度，合作双方协商制定经费使用细则。

第十八条 合作双方具体执行单位负责对合作经费进行日常管理和监督。

第十九条　合作中发生重大违反法律法规与财务制度的行为，经核实后中国社会科学院会同合作方将做出终止合作的规定，对个人收回部分或全部合作经费。

第五章　附则

第二十条　本办法仅适用于中华人民共和国境内的共建研究院。

第二十一条　中国社会科学院院属单位对外共建研究院的实施细则应参照本办法制定。

第二十二条　本办法由中国社会科学院科研局负责解释。

第二十三条　本办法自中国社会科学院院务会议批准之日起实行。

注：本办法于 2017 年 12 月 1 日第 37 次院务会议审议通过。

六　中国社会科学院创新岗位跨序列聘用管理办法（试行）

社科〔2017〕研字50号

为进一步加强创新岗位跨序列聘用管理，根据我院创新工程有关规定，制定本办法。

第一条　创新岗位分为研究（教学）、管理、编辑（图资）、工程技术（会计）、工勤等5个序列。其中，研究（教学）、编辑（图资）、工程技术（会计）为专业岗位序列。

第二条　专业、管理、工勤岗位之间原则上不得跨序列聘用。确需跨序列聘用的，应具有充分理由，且聘用人员实际从事拟聘岗位工作。跨序列聘用，原则上不得低职高聘。因特殊情况，经批准可低职高聘，但须计入低职高聘基数，低职高聘人员聘用比例不得超过同序列进岗人员的30%。

第三条　在研究部门工作的研究人员，上年度以独著或第一作者身份已发表一篇核心期刊论文或出版一部专著的，可跨序列聘至管理、编辑（图资）等岗位；如未发表，则不得跨序列聘用。

第四条　在科研处工作或承担科研管理等工作的专业人员，上年度实际从事管理岗位工作6个月（含）以上，可跨序列聘至管理岗位，最高可聘至业务主管二档。

第五条　管理岗位人员跨序列聘至专业岗位，应满足专业岗位的聘用条件，根据专业技术职称聘至相应层级。

第六条　跨序列聘用作为特例应在《创新岗位竞聘工作报告》中予以说明，经职能部门审核，报院务会批准。

第七条　此前文件与本办法不一致的，以本办法为准。

第八条　本办法由创新办、人事教育局负责解释。

注：本办法于2017年3月2日院务会议审议通过。

七　中国社会科学院挂职实践锻炼人员创新岗位聘用管理办法（试行）

社科〔2017〕研字 51 号

为进一步完善挂职实践锻炼人员创新岗位的聘用，根据我院创新工程有关规定，制定本办法。

第一条　本办法适用于由中组部和我院统一组织的挂职实践锻炼人员。

第二条　经院党组批准在中央国家机关借调的人员参照本办法执行。借调人员应由中央国家机关部级单位提出，人事教育局审核后报院党组批准，借调时间一般为 1 年。

第三条　符合参加挂职实践锻炼条件的新入院人员，在首个聘期内未参加的，聘期结束后不得参加创新岗位竞聘。2012 ～ 2015 年新入院人员，符合参加挂职实践锻炼条件但尚未参加的，应在第二个聘期内完成，否则第三个聘期不得参加创新岗位竞聘。

第四条　到京（境）外挂职 1 年（含）以上的人员，不再进入创新岗位。完成挂职任务，经考核合格，符合进岗条件的，直接进入创新岗位。是否计入派出单位创新岗位的基数和比例（即计入创新岗位比例的分子、分母），以上一年 12 月 31 日是否在编在岗为准。

第五条　到院职能部门挂职实践锻炼人员，符合创新岗位进岗条件的，在派出单位参加创新岗位竞聘，计入派出单位创新岗位的基数和比例。

第六条　符合第二条条件的全职借调人员（不含借调到京、境外人员），参加职能部门挂职实践锻炼人员，符合创新岗位进岗条件的，在派出单位参加创新岗位竞聘，计入派出单位创新岗位的基数和比例。

第七条　年度内挂职实践锻炼或借调 6 个月（含）以上的，当年按管理岗位进行考核，享受管理岗位后期资助目标报偿。若为研究人员，其竞聘创新岗位的准入条件，不要求以独著或第一作者身份发表一篇核心期刊论文或出版一部专著。

第八条　参加西部地区或艰苦边远地区挂职的应届毕业生或回国留学生，经严格考核评价，获优秀等次的（优秀比例不高于 30%），可参加首个聘期结束当年的创新岗位竞聘。对于表现优秀的其他挂职实践锻炼人员，派出单位在后期资助目标报偿、创新岗位竞聘等方面，同等条件下优先考虑。

第九条 新入院人员借调到中央国家机关工作，视同在院职能部门实践锻炼，抵扣实践锻炼的时限。

第十条 此前文件与本办法不一致的，以本办法为准。

第十一条 本办法由创新办、人事教育局负责解释。

注：本办法于 2017 年 3 月 2 日院务会议审议通过。

第八编

统计资料

TONGJIZILIAO

一　中国社会科学院2017年在职人员情况

单位 \ 人数 \ 项目	合计	专业人员						管理人员	工勤人员
		小计	正级	副级	中级	初级	未定级		
总　计	4409	3357	845	1009	1236	99	168	999	53
文学研究所	113	99	36	34	28	1	0	14	0
民族文学研究所	44	38	11	11	14	1	1	6	0
外国文学研究所	81	69	20	26	21	1	1	12	0
语言研究所	78	65	24	26	13	2	0	13	0
哲学研究所	135	116	44	43	26	1	2	19	0
世界宗教研究所	76	66	21	22	22	1	0	10	0
考古研究所	148	129	36	41	50	2	0	19	0
历史研究所	134	121	37	39	42	3	0	13	0
近代史研究所	130	112	36	35	35	6	0	16	2
世界历史研究所	80	66	21	23	20	1	1	14	0
中国边疆研究所	32	28	10	9	9	0	0	4	0
经济研究所	131	117	41	36	35	3	2	11	3
工业经济研究所	85	73	25	24	24	0	0	11	1
农村发展研究所	80	68	21	23	22	1	1	12	0
财经战略研究院	76	69	20	19	29	1	0	7	0
金融研究所	40	37	11	14	11	1	0	3	0
数量经济与技术经济研究所	67	57	20	19	15	3	0	10	0
人口与劳动经济研究所	46	38	10	14	14	0	0	8	0

续表

项目 人数 单位	合计	专业人员						管理人员	工勤人员
		小计	正级	副级	中级	初级	未定级		
城市发展与环境研究中心	42	38	12	12	13	0	1	4	0
法学研究所	105	92	31	30	31	0	0	13	0
国际法研究所	34	32	8	9	14	0	1	2	0
政治学研究所	42	36	11	10	15	0	0	6	0
民族学与人类学研究所	141	128	39	44	42	3	0	13	0
社会学研究所	79	68	16	27	25	0	0	11	0
社会发展战略研究院	29	25	6	10	9	0	0	3	1
新闻与传播研究所	43	38	9	11	18	0	0	5	0
世界经济与政治研究所	112	94	29	33	32	0	0	18	0
俄罗斯东欧中亚研究所	86	75	25	26	21	3	0	11	0
欧洲研究所	54	44	11	13	16	4	0	10	0
西亚非洲研究所	58	53	14	17	21	1	0	5	0
拉丁美洲研究所	52	44	12	13	18	1	0	8	0
亚太与全球战略研究院	60	53	14	15	23	1	0	7	0
美国研究所	53	45	13	14	18	0	0	8	0
日本研究所	45	38	10	10	17	1	0	7	0
马克思主义研究院（含中特中心）	124	112	26	33	52	1	0	12	0
当代中国研究所	83	53	16	15	21	1	0	30	0
信息情报研究院	43	40	11	12	16	1	0	3	0
中国社会科学评价研究院	21	12	2	5	5	0	0	9	0
中国社会科学院大学（研究生院）	418	306	41	101	148	14	2	112	0

续表

项目 人数 单位	合计	专业人员						管理人员	工勤人员
		小计	正级	副级	中级	初级	未定级		
中国社会科学院图书馆	87	68	2	26	30	7	3	19	0
中国社会科学杂志社	58	47	12	15	20	0	0	11	0
服务中心	81	4	0	0	4	0	0	43	34
文化发展促进中心（中国人文科学发展公司）	12	0	0	0	0	0	0	11	1
郭沫若纪念馆	15	11	1	3	2	5	0	4	0
中国社会科学出版社	212	144	20	13	50	8	53	57	11
社会科学文献出版社	347	281	9	33	125	14	100	66	0
中国地方志指导小组办公室	43	0	0	0	0	0	0	43	0
院领导	16	0	0	0	0	0	0	16	0
办公厅	46	2	1	1	0	0	0	44	0
科研局	40	0	0	0	0	0	0	40	0
人事教育局	29	0	0	0	0	0	0	29	0
国际合作局	29	0	0	0	0	0	0	29	0
财务基建计划局	35	6	0	0	0	6	0	29	0
离退休干部工作局	20	0	0	0	0	0	0	20	0
直属机关党委	28	0	0	0	0	0	0	28	0
基建工作办公室	11	0	0	0	0	0	0	11	0
1. 研究单位	2882	2488	759	817	857	45	10	387	7
2. 院直属单位	671	436	56	145	204	26	5	200	35
3. 院直机关	254	8	1	1	0	6	0	246	0
4. 院属企业	559	425	29	46	175	22	153	123	11
5. 代管单位	43	0	0	0	0	0	0	43	0

二 中国社会科学院2017年在职人员年龄结构

项目 人数 类别	合计	年龄结构							
		35岁及以下	36岁至40岁	41岁至45岁	46岁至50岁	51岁至55岁	56岁至60岁	女	60岁以上
总　计	4409	1065	850	732	630	587	454	111	91
文学研究所	113	0	18	22	18	23	30	15	2
民族文学研究所	44	12	8	6	2	7	8	3	1
外国文学研究所	81	19	12	16	12	11	8	4	3
语言研究所	78	7	11	15	15	12	15	1	3
哲学研究所	135	26	23	19	20	30	12	3	5
世界宗教研究所	76	10	15	12	14	12	11	4	2
考古研究所	148	26	14	32	26	27	19	2	4
历史研究所	134	23	32	23	21	18	13	3	4
近代史研究所	130	20	30	19	16	21	21	6	3
世界历史研究所	80	12	14	19	17	13	3	1	2
中国边疆研究所	32	7	6	6	3	6	4	1	0
经济研究所	131	40	25	20	14	18	11	0	3
工业经济研究所	85	17	16	11	15	14	10	4	2
农村发展研究所	80	19	12	7	8	19	14	0	1
财经战略研究院	76	23	15	15	9	9	5	1	0
金融研究所	40	5	9	14	8	2	2	0	0
数量经济与技术经济研究所	67	14	6	10	11	11	11	2	4

续表

项目 / 人数 / 类别	合计	年龄结构							
		35岁及以下	36岁至40岁	41岁至45岁	46岁至50岁	51岁至55岁	56岁至60岁	女	60岁以上
人口与劳动经济研究所	46	13	9	8	4	7	4	0	1
城市发展与环境研究所	42	2	7	8	11	10	2	0	2
法学研究所	105	21	23	19	15	12	11	2	4
国际法研究所	34	11	7	8	4	1	2	1	1
政治学研究所	42	7	7	9	6	7	4	1	2
民族学与人类学研究所	141	14	23	25	36	29	13	4	1
社会学研究所	79	19	20	12	10	9	8	1	1
社会发展战略研究院	29	10	6	7	1	4	1	0	0
新闻与传播研究所	43	12	11	2	9	6	3	0	0
世界经济与政治研究所	112	25	16	22	16	17	13	6	3
俄罗斯东欧中亚研究所	86	21	7	15	22	13	6	1	2
欧洲研究所	54	9	12	10	8	8	4	2	3
西亚非洲研究所	58	7	11	15	5	13	5	1	2
拉丁美洲研究所	52	11	10	14	6	4	7	2	0
亚太与全球战略研究院	60	9	15	15	9	6	5	2	1
美国研究所	53	9	7	10	9	12	5	2	1
日本研究所	45	11	7	6	11	7	2	0	1
马克思主义研究院（含中特中心）	124	15	37	29	24	7	8	3	4
当代中国研究所	83	10	15	17	17	17	5	1	2
信息情报研究院	43	2	13	9	8	5	5	3	1
中国社会科学评价研究院	21	3	7	2	2	2	4	2	1
中国社会科学院大学（研究生院）	418	117	105	83	46	34	31	7	2
图书馆	87	22	17	11	12	17	8	3	0

续表

项目 人数 类别	合计	年龄结构							
		35岁及以下	36岁至40岁	41岁至45岁	46岁至50岁	51岁至55岁	56岁至60岁	女	60岁以上
中国社会科学杂志社	58	7	14	15	8	10	2	0	2
服务中心	81	6	5	5	17	12	35	1	1
文化发展促进中心（中国人文科学发展公司）	12	0	0	1	2	2	7	1	0
郭沫若纪念馆	15	8	3	2	0	1	1	0	0
中国社会科学出版社	212	101	36	24	30	10	11	2	0
社会科学文献出版社	347	189	85	34	24	6	9	3	0
中国地方志指导小组办公室	43	13	12	2	7	8	1	1	0
院领导	16	0	0	0	0	0	2	0	14
办公厅	46	13	6	7	1	7	12	3	0
科研局	40	12	9	5	5	3	6	3	0
人事教育局	29	14	7	3	2	3	0	0	0
国际合作局	29	6	5	5	5	7	1	0	0
财务基建计划局	35	14	2	1	7	7	4	1	0
离退休干部工作局	20	6	1	4	0	4	5	1	0
直属机关党委	28	13	5	1	1	4	4	1	0
基建工作办公室	11	3	2	1	1	3	1	0	0
1. 研究单位	2882	521	536	528	462	449	314	84	72
2. 院直属单位	671	160	144	117	85	76	84	12	5
3. 院直机关	254	81	37	27	22	38	35	9	14
4. 院属企业	559	290	121	58	54	16	20	5	0
5. 代管单位	43	13	12	2	7	8	1	1	0

三 中国社会科学院2017年专业人员年龄、学历结构

类别 \ 人数 \ 项目		合计	正高	副高	中级	初级	未定级
总计		3357	845	1009	1236	99	168
年龄结构	35岁及以下	798	0	59	537	72	130
	36—40岁	682	23	256	366	14	23
	41—45岁	611	122	273	202	4	10
	46—50岁	490	190	216	78	3	3
	51—55岁	432	263	134	31	4	0
	56—60岁	275	179	70	22	2	2
	60岁以上	69	68	1	0	0	0
学历结构	研究生	2892	794	906	1078	40	74
	其中：1. 博士	2203	669	748	763	1	22
	2. 硕士	680	122	152	315	39	52
	大学	387	51	87	134	45	70
	大专	71	0	15	23	12	21
	中专	2	0	0	0	1	1
	高中及以下	5	0	1	1	1	2

四　中国社会科学院 2017 年邀请来访人员情况（按交流学科划分统计）

	总计		欧亚处		欧洲处		亚非处		美大处		国际处		联络处	
	批次	人次	批次	人次	批次	人次	批次	人次	批次	人次	批次	人次	批次	人次
国际问题	32	271	6	20	4	11	4	33	3	33	14	171	1	3
史学	41	328	2	4	3	3	12	113	5	9	14	184	5	15
哲学	11	38	1	3	6	6	2	3	0	0	2	26	0	0
经济学	54	316	9	24	7	14	10	77	10	31	17	167	1	3
法学	6	48	0	0	1	1	1	5	0	0	4	42	0	0
社会学	13	93	1	10	5	7	1	1	2	7	4	68	0	0
新闻出版	1	1	0	0	0	0	0	0	1	1	0	0	0	0
综合	16	105	5	33	1	19	4	39	4	9	2	5	0	0
其他	13	52	1	4	4	8	0	0	4	7	3	32	1	1
文学	8	62	1	10	1	3	2	11	0	0	3	28	1	10
语言学	9	141	0	0	3	14	2	2	1	7	3	118	0	0
民族学	2	5	0	0	1	4	0	0	0	0	1	1	0	0
马克思主义	6	44	2	10	0	0	1	1	0	0	2	32	1	1
政治学	5	16	2	3	0	0	1	1	2	12	0	0	0	0
图书资料	1	8	0	0	0	0	0	0	0	0	1	8	0	0
宗教学	7	68	0	0	0	0	0	0	0	0	7	68	0	0
行政管理	1	19	0	0	0	0	0	0	0	0	0	0	1	19
总计	226	1615	30	121	36	90	40	286	32	116	77	950	11	52

五　中国社会科学院2017年邀请来访人员情况（按交流方式划分统计）

	合计		欧亚处		欧洲处		亚非处		美大处		国际处		联络处	
	批次	人次	批次	人次	批次	人次	批次	人次	批次	人次	批次	人次	批次	人次
学术访问	78	194	9	29	24	48	22	51	12	27	5	15	6	24
双边讨论会	21	216	3	14	3	21	10	73	2	37	1	50	2	21
进修	3	51	1	25	0	0	2	26	0	0	0	0	0	0
国际及多边会议	102	1109	14	40	5	17	5	135	9	40	69	877	0	0
工作访问	5	12	2	7	0	0	0	0	2	2	0	0	1	3
讲学	9	12	0	0	4	4	0	0	4	4	1	4	0	0
合作研究	3	10	1	6	0	0	1	1	0	0	0	0	1	3
其他访问	5	11	0	0	0	0	0	0	3	6	1	4	1	1
总计	226	1615	30	121	36	90	40	286	32	116	77	950	11	52

六　中国社会科学院2017年派遣出访人员情况（按交流学科划分统计）

	合计		欧亚处		欧洲处		亚非处		美大处		国际处		联络处		交流中心	
	批次	人次	批次	人次	批次	人次	批次	人次	批次	人次	批次	人次	批次	人次	批次	人次
国际问题	324	557	64	115	62	104	130	213	47	94	7	9	14	22	0	0
经济学	286	509	6	19	86	149	77	141	61	106	15	18	41	76	0	0
史学	180	337	21	52	27	46	53	100	26	34	8	8	45	97	0	0
社会学	78	148	5	9	23	47	16	32	11	22	4	4	19	34	0	0
文学	81	146	6	11	20	51	18	37	10	18	9	11	18	18	0	0
综合	97	330	17	49	19	48	23	134	10	25	7	14	20	36	1	24
新闻出版	55	106	4	11	11	28	11	16	13	21	0	0	16	30	0	0
法学	59	90	3	4	12	19	14	17	15	32	6	6	9	12	0	0
政治学	20	39	2	11	3	3	9	15	2	3	0	0	4	7	0	0
哲学	33	53	3	9	11	11	12	26	0	0	3	3	4	4	0	0
民族学	19	35	1	1	4	6	4	10	2	2	1	3	7	13	0	0
语言学	33	43	1	1	7	12	9	12	3	3	1	1	12	14	0	0
宗教学	22	64	0	0	2	2	8	21	2	7	0	0	10	34	0	0
图书资料	4	19	1	5	1	4	1	5	1	5	0	0	0	0	0	0
马克思主义	24	53	6	15	4	8	9	19	3	3	1	6	1	2	0	0
行政管理	2	6	0	0	0	0	0	0	1	2	0	0	1	4	0	0
总计	1317	2535	140	312	292	538	394	798	207	377	62	83	221	403	1	24

七 中国社会科学院2017年派遣出访人员情况（按交流方式划分统计）

	合计		欧亚处		欧洲处		亚非处		美大处		国际处		联络处		交流中心	
	批次	人次	批次	人次	批次	人次	批次	人次	批次	人次	批次	人次	批次	人次	批次	人次
学术访问	689	1491	83	201	186	351	178	484	120	223	9	12	113	220	0	0
双边讨论会	138	280	12	18	20	46	55	111	14	42	3	3	34	60	0	0
工作访问	45	114	6	16	12	37	8	15	6	15	1	1	12	30	0	0
合作研究	8	13	3	5	1	1	2	2	0	0	0	0	2	5	0	0
进修	23	47	0	0	2	2	1	1	4	4	14	14	1	2	1	24
国际及多边会议	386	538	31	59	68	96	140	171	61	90	35	53	51	69	0	0
讲学	5	6	0	0	2	3	2	2	0	0	0	0	1	1	0	0
其他访问	23	46	5	13	1	2	8	12	2	3	0	0	7	16	0	0
总计	1317	2535	140	312	292	538	394	798	207	377	62	83	221	403	1	24

八　中国社会科学院图书馆系统 2017 年藏书情况

单位 名称	合计（万册）	新购图书（册）		新购期刊（种）	
		中文	外文	中文	外文
院图书馆	167	11483	2874	1360	1360
法学分馆	23.99	0	0	102	102
民族分馆	44.75	1450	270	193	193
国际研究分馆	22.8747	154	1283	457	457
研究生院分馆	44.76	20785	835	1177	1177
经济研究所	70	3382	486	229	229
考古研究所	32.5	2303	776	141	141
历史研究所	60	1302	21	350	350
近代史研究所	70	2839	489	281	281
世界历史研究所	11.6262	178	481	129	129
中国社会科学杂志社	5.7604	170	0	313	313
边疆研究所	1.9	0	0	76	76
当代所	9.1709	321	0	152	152
总计	564.3322	44367	7515	4960	4960

九 中国社会科学院2017年学术期刊一览表（以创刊时间排序）

学术类期刊

序号	刊名	刊期	创刊时间	主办单位	主编	出版单位
1	考古学报	季刊	1936	考古研究所	刘庆柱	社会科学文献出版社
2	中国语文	双月刊	1952	语言研究所	沈家煊	社会科学文献出版社
3	世界文学	双月刊	1953	外国文学研究所	高　兴	社会科学文献出版社
4	历史研究	双月刊	1954	中国社会科学院	李红岩	社科杂志社
5	文学遗产	双月刊	1954	文学研究所	陶文鹏	社会科学文献出版社
6	经济研究	月刊	1955	经济研究所	高培勇	社会科学文献出版社
7	考古	月刊	1955	考古研究所	王　巍	社会科学文献出版社
8	外国文学动态研究	双月刊	1955	外国文学研究所	陆建德	社会科学文献出版社
9	哲学研究	月刊	1955	哲学研究所	谢地坤	社会科学文献出版社
10	世界哲学	双月刊	1956	哲学研究所	孙伟平	社会科学文献出版社
11	文学评论	双月刊	1957	文学研究所	陆建德	社会科学文献出版社
12	民族研究	双月刊	1958	民族学与人类学研究所	王延中	社会科学文献出版社
13	经济学动态	月刊	1960	经济研究所	杨春学	社会科学文献出版社
14	当代语言学	季刊	1961	语言研究所	胡建华	社会科学文献出版社
15	国外社会科学	双月刊	1978	信息情报研究院	张树华	社会科学文献出版社
16	世界经济	月刊	1978	中国世界经济学会　世界经济与政治研究所	张宇燕	社会科学文献出版社

续表

序号	刊名	刊期	创刊时间	主办单位	主编	出版单位
17	世界历史	双月刊	1978	世界历史研究所	张顺洪	社会科学文献出版社
18	法学研究	双月刊	1954	法学研究所	梁慧星	社会科学文献出版社
19	方言	季刊	1979	语言研究所	麦　耘	社会科学文献出版社
20	环球法律评论	双月刊	1979	法学研究所	周汉华	社会科学文献出版社
21	近代史研究	双月刊	1979	近代史研究所	徐秀丽	社会科学文献出版社
22	经济管理	月刊	1979	工业经济研究所	黄群慧	社会科学文献出版社
23	拉丁美洲研究	双月刊	1979	拉丁美洲研究所	郑秉文	社会科学文献出版社
24	民族语文	双月刊	1979	民族学与人类学研究所	黄　行	社会科学文献出版社
25	南亚研究	季刊	1979	亚太与全球战略研究院	李向阳	社会科学文献出版社
26	青年研究	双月刊	1979	社会学研究所	单光鼐	社会科学文献出版社
27	世界经济与政治	月刊	1979	世界经济与政治研究所	张宇燕	社会科学文献出版社
28	世界宗教研究	双月刊	1979	世界宗教研究所	卓新平	社会科学文献出版社
29	哲学动态	月刊	1979	哲学研究所	余　涌	社会科学文献出版社
30	中国史研究	季刊	1979	历史研究所	彭　卫	社会科学文献出版社
31	中国史研究动态	双月刊	1979	历史研究所	杨艳秋	社会科学文献出版社
32	财贸经济	月刊	1980	财经战略研究院	高培勇	社会科学文献出版社
33	世界宗教文化	双月刊	1980	世界宗教研究所	郑筱筠	社会科学文献出版社
34	西亚非洲	双月刊	1980	西亚非洲研究所	杨　光	社会科学文献出版社
35	中国农村观察	双月刊	1980	农村发展研究所	魏后凯	社会科学文献出版社
36	中国社会科学	月刊	1980	中国社会科学院	张　江	社科杂志社
37	中国社会科学（英文版）	季刊	1980	中国社会科学杂志社	张　江	泰勒－弗朗西斯

续表

序号	刊名	刊期	创刊时间	主办单位	主编	出版单位
38	俄罗斯东欧中亚研究	双月刊	1981	俄罗斯东欧中亚研究所	李永全	社会科学文献出版社
39	中国工业经济	月刊	1984	工业经济研究所	黄群慧	社会科学文献出版社
40	中国社会科学院研究生院学报	双月刊	1981	研究生院	张政文	社会科学文献出版社
41	中国哲学史	季刊	1978	中国哲学史学会	李存山	社会科学文献出版社
42	国际社会科学杂志	季刊	1983	中国社会科学杂志社	王利民	社科杂志社
43	马克思主义研究	月刊	1995	马克思主义研究院	邓纯东	社会科学文献出版社
44	民族文学研究	双月刊	1983	民族文学研究所	朝戈金	社会科学文献出版社
45	欧洲研究	双月刊	1983	欧洲研究所	黄　平	社会科学文献出版社
46	数量经济技术经济研究	月刊	1984	数量经济与技术经济研究所	李　平	社会科学文献出版社
47	第欧根尼	半年刊	1985	信息情报研究院	萧俊明	社会科学文献出版社
48	日本学刊	双月刊	1985	日本研究所	李　薇	社会科学文献出版社
49	政治学研究	双月刊	1985	政治学研究所	房　宁	社会科学文献出版社
50	中国农村经济	月刊	1985	农村发展研究所	魏后凯	社会科学文献出版社
51	社会学研究	双月刊	1986	社会学研究所	陈光金	社会科学文献出版社
52	中国经济史研究	双月刊	1986	经济研究所	魏　众	社会科学文献出版社
53	美国研究	双月刊	1987	美国研究所中华美国学会	郑秉文	社会科学文献出版社
54	外国文学评论	季刊	1987	外国文学研究所	陈众议	社会科学文献出版社
55	中国人口科学	双月刊	1987	人口与劳动经济研究所	张车伟	社会科学文献出版社
56	台湾研究	双月刊	1988	台湾研究所	刘佳雁	社会科学文献出版社

续表

序号	刊名	刊期	创刊时间	主办单位	主编	出版单位
57	抗日战争研究	季刊	1991	近代史研究所	高士华	社会科学文献出版社
58	中国边疆史地研究	季刊	1991	中国边疆研究所	李大龙	社会科学文献出版社
59	当代亚太	双月刊	1992	亚太与全球战略研究院	李向阳	社会科学文献出版社
60	史学理论研究	季刊	1987	世界历史研究所	汪朝光	社会科学文献出版社
61	当代韩国	季刊	1993	韩国研究中心 社会科学文献出版社	汝　信	社会科学文献出版社
62	中国与世界经济（英文）	双月刊	1993	世界经济与政治研究所	余永定	威利
63	当代中国史研究	双月刊	1994	当代中国研究所	张星星	社会科学文献出版社
64	新闻与传播研究	月刊	1994	新闻与传播研究所	唐绪军	社会科学文献出版社
65	世界民族	双月刊	1995	民族学与人类学研究所	郝时远	社会科学文献出版社
66	国际经济评论	双月刊	1996	世界经济与政治研究所	张宇燕	社会科学文献出版社
67	欧亚经济	双月刊	1996	俄罗斯东欧中亚研究所	高晓慧	社会科学文献出版社
68	科学与无神论	双月刊	1997	中国无神论学会	杜继文	社会科学文献出版社
69	中国社会科学文摘	月刊	2000	中国社会科学杂志社	李红岩	社科杂志社
70	中国经济学人（英文）	双月刊	2006	工业经济研究所	金　碚	经管出版社
71	金融评论	双月刊	2009	金融研究所	王国刚	社会科学文献出版社
72	中国地方志	月刊	1981	中国地方志指导小组办公室	邱新立	社会科学文献出版社

续表

序号	刊名	刊期	创刊时间	主办单位	主编	出版单位
73	中国财政与经济研究（英文）	半年刊	2012	财经战略研究院	高培勇	施普林格
74	劳动经济研究	双月刊	2013	人口与劳动经济研究所	蔡　昉	社会科学文献出版社
75	城市与环境研究	季刊	2014	城市发展与环境研究所	潘家华	社会科学文献出版社
76	国际法研究	双月刊	2014	国际法研究所	陈泽宪	社会科学文献出版社
77	社会发展研究	季刊	2014	社会发展战略研究院	张　翼	社会科学文献出版社
78	世界史研究（英文）	半年刊	2014	世界历史研究所	张顺洪	泰勒－弗朗西斯
79	中国社会科学评价	季刊	2015	中国社会科学杂志社	张　江	社科杂志社
80	中国文学批评	季刊	2015	中国社会科学杂志社	张　江	社科杂志社
81	财经智库	季刊	2016	财经战略研究院	高培勇	社会科学文献出版社
82	世界社会主义研究	双月刊	2016	信息情报研究院	张树华	社会科学文献出版社
83	中国年鉴研究	季刊	2017	中国地方志指导小组办公室	冀祥德	社会科学文献出版社
84	当代美国评论	季刊	2017	美国研究所	郑秉文	社会科学文献出版社

十　中国社会科学院2017年主管的全国性学术社团一览表

序号	挂靠单位	社团名称	成立时间	会长／理事长	法定代表人
1	文学所	中国当代文学研究会	1979.08	白　烨	白　烨
2		中国近代文学学会	1988.10	关爱和	王达敏
3		中国鲁迅研究会	1979.11	杨　义	赵京华
4		中国现代文学研究会	1979.10	丁　帆	萨支山
5		中国中外文艺理论学会	1994.04	高建平	高建平
6		中华文学史料学学会	1989.10	刘跃进	陈才智
7		中国文学批评研究会	2014.11	张　江	高建平
8	民文所	中国《江格尔》研究会	1991.09	朝戈金	斯钦巴图
9		中国蒙古文学学会	1989.11	吴团英	刘　成
10		中国少数民族文学学会	1979.09	朝戈金	朝戈金
11		中国维吾尔历史文化研究会	1994.12	吐鲁甫·巴拉提	吐鲁甫·巴拉提
12		中华诗词发展基金会	2017.05	高全立	高全立
13	外文所	中国外国文学学会	1978.12	陈众议	陈众议
14	语言所	全国汉语方言学会	1981.11	刘丹青	刘丹青
15		中国语言学会	1980.10	沈家煊	沈家煊
16	考古所	中国考古学会	1979.04	王　巍	王　巍
17	历史所	中国明史学会	1989.04	商　传	商　传
18		中国秦汉史研究会	1981.09	卜宪群	周天游
19		中国魏晋南北朝史学会	1984.11	楼　劲	楼　劲

续表

序号	挂靠单位	社团名称	成立时间	会长／理事长	法定代表人
20	历史所	中国先秦史学会	1982.05	宋镇豪	宫长为
21		中国殷商文化学会	1989.05	王震中	王震中
22		中国中外关系史学会	1981.05	丘　进	万　明
23	郭沫若纪念馆	中国郭沫若研究会	1983.05	高　翔	李　斌
24	近代史所	中国抗日战争史学会	1991.01	步　平	高士华
25		中国史学会	1949.07	李　捷	王建朗
26		中国孙中山研究会	1984.01	熊月之	汪朝光
27		中国现代文化学会	1989.04	金以林	金以林
28		中国中俄关系史研究会	1991.08	季志业	陈开科
29	世界史所	中国朝鲜史研究会	1979.09	金成镐	孙　泓
30		中国德国史研究会	1980.07	邢来顺	景德祥
31		中国第二次世界大战史研究会	1980.06	胡德坤	张晓华
32		中国法国史研究会	1978.08	沈　坚	姜　南
33		中国非洲史研究会	1980.01	李安山	毕健康
34		中国国际文化书院	1989.03	张顺洪	张顺洪
35		中国拉丁美洲史研究会	1979.12	王晓德	王文仙
36		中国美国史研究会	1979.11	王　旭	孟庆龙
37		中国日本史学会	1980.07	汤重南	张经纬
38		中国世界古代中世纪史研究会	1991.07	侯建新	徐建新
39		中国世界近代现代史研究会	1984.09	李世安	俞金尧
40		中国苏联东欧史研究会	1985.05	姚　海	王晓菊
41		中国英国史研究会	1980.09	钱乘旦	吴必康
42		中国中日关系史学会	1984.08	武　寅	徐启新

续表

序号	挂靠单位	社团名称	成立时间	会长／理事长	法定代表人
43	台湾所	全国台湾研究会	1988.08	成思危	周志怀
44	哲学所	国际易学联合会	2004.03	董光壁	孙　晶
45		中国辩证唯物主义研究会	1982.06	王伟光	孙伟平
46		中国伦理学会	1980.06	万俊人	孙春晨
47		中国逻辑学会	1979.08	邹崇理	邹崇理
48		中国马克思主义哲学史学会	1979.10	梁树发	魏小萍
49		中国现代外国哲学学会	1979.05	江　怡	江　怡
50		中国哲学史学会	1979.10	陈　来	李存山
51		中华美学学会	1980.06	高建平	徐碧辉
52		中华全国外国哲学史学会	1980.05	谢地坤	谢地坤
53	宗教所	中国宗教学会	1989.03	卓新平	卓新平
54	经济所	中国《资本论》研究会	1981.12	林　岗	裴小革
55		中国比较经济学研究会	1986.11	钱颖一	杨春学
56		中国城市发展研究会	1984.12	程安东	旷建伟
57		中国经济史学会	1986.05	刘兰兮	刘兰兮
58		中国经济思想史学会	1980.06	唐任伍	钱　津
59	工经所	中国工业经济学会	1978.10	吕　政	吕　政
60		中国企业管理研究会	1995.07	黄速建	黄速建
61		中国区域经济学会	1990.02	金　碚	金　碚
62	农村所	中国城郊经济研究会	1986.10	徐小青	魏后凯
63		中国国外农业经济研究会	1978.05	杜志雄	杜志雄
64		中国林牧渔业经济学会	1991.07	李　周	刘玉满
65		中国生态经济学学会	1984.08	黄浩涛	李　周

续表

序号	挂靠单位	社团名称	成立时间	会长／理事长	法定代表人
66	农村所	中国西部开发促进会	2006.03	陈　元	赵　霖
67		中国县镇经济交流促进会	1992.11	杜晓山	朱　钢
68	财经院	中国成本研究会	1980.09	张弘力	汪德华
69		中国市场学会	1991.03	卢中原	林　旗
70	数技经所	中国数量经济学会	1991.09	李　平	李　平
71	城环所	中国城市经济学会	1986.05	晋保平	潘家华
72	法学所	中国法律史学会	1979.10	吴玉章	杨一凡
73	政治学所	中国红色文化研究会	1985.09	刘润为	刘润为
74		中国政策科学研究会	1994.05	滕文生	谢和军
75		中国政治学会	1980.12	李慎明	李慎明
76	民族所	中国民族古文字研究会	1980.08	尹虎彬	聂鸿音
77		中国民族理论学会	1979.12	陈改户	王希恩
78		中国民族史学会	1983.04	罗贤佑	史金波
79		中国民族学学会	1980.01	杨圣敏	色　音
80		中国民族研究团体联合会	1978.07	王延中	王延中
81		中国民族语言学会	1979.05	尹虎彬	周庆生
82		中国世界民族学会	1979.05	方　勇	郝时远
83		中国突厥语研究会	1980.01	黄　行	黄　行
84		中国西南民族研究学会	1981.11	何耀华	何耀华
85	社会学所	中国社会心理学会	1982.04	周晓虹	杨宜音
86		中国社会学会	1979.03	李　强	陈光金
87		社会变迁研究会	2017.09	张　翼	张　翼
88	世经政所	新兴经济体研究会	1978.12	张宇燕	姚枝仲
89		中国世界经济学会	1980.04	张宇燕	邵滨鸿
90	俄欧亚所	中国俄罗斯东欧中亚学会	1980.07	李静杰	李永全

续表

序号	挂靠单位	社团名称	成立时间	会长／理事长	法定代表人
91	欧洲所	中国欧洲学会	1984.11	周　弘	周　弘
92	西亚非所	中国亚非学会	1962.04	刘贵今	张宏明
93		中国中东学会	1982.07	杨　光	杨　光
94	拉美所	中国拉丁美洲学会	1984.05	李　捷	王立峰
95	亚太院	中国南亚学会	1979.11	孙士海	李向阳
96		中国亚洲太平洋学会	1993.04	张蕴岭	王灵桂
97	美国所	中国世界政治研究会	2013.04	彭小枫	黄　平
98		中华美国学会	1988.12	黄　平	倪　峰
99	日本所	全国日本经济学会	1987.10	李培林	张季风
100		中华日本学会	1990.02	李　薇	李　薇
101	马研院	中国历史唯物主义学会	1981.01	侯惠勤	侯惠勤
102		中国社会主义经济规律系统研究会	1982.05	程恩富	毛立言
103		中国无神论学会	1979.01	朱晓明	习五一
104		中华外国经济学说研究会	1979.07	程恩富	程恩富
105	图书馆	中国社会科学情报学会	1986.12	庄前生	刘振喜
106	当代中国所	中华人民共和国国史学会	1992.10	朱佳木	朱佳木
107	方志办	中国地方志学会	1981.08	李培林	季祥德
108	人口所	劳动经济学会	2016.08	张车伟	钱　伟
109	金融所	中国开发性金融促进会	2013.04	陈　元	陈　元
110		中国企业投资协会	1992.10	陈　元	宋晓鹤
111		中国战略文化促进会	2011.01	郑万通	罗　援
112	经济所	孙冶方经济科学基金会	1983.06	李剑阁	李剑阁
113	研究生院	当代城乡发展规划院	2004.08	汝　信	付崇兰

十一　中国社会科学院2017年资助出版学术年鉴一览表

序号	名称	主办单位	主编／总编辑／编委会主任	出版单位	出版字数（万字）
1	《世界经济年鉴2015》	世经政所	刘仕国	中国社会科学出版社	147
2	《中国哲学年鉴2016》	哲学所	谢地坤	中国社会科学出版社	94
3	《郭沫若研究年鉴2015》	郭沫若纪念馆	赵笑洁	中国社会科学出版社	71
4	《中国辽夏金研究年鉴2015》	民族所、中国辽金史学学会	史金波 宋德金	中国社会科学出版社	71
5	《中国考古学年鉴2015》	中国考古学会	王　巍	中国社会科学出版社	115
6	《中国边疆学年鉴2016》	中国边疆研究所	李国强	中国社会科学出版社	136
7	《中国新闻传播学年鉴2016》	新闻所	唐绪军	中国社会科学出版社	140
8	《中国文学年鉴2016》	文学所	陆建德	中国社会科学出版社	205
9	《中国管理学年鉴2016》	工经所	黄群慧 黄速建	中国社会科学出版社	64
10	《中国社会科学院年鉴2016》	办公厅	方　军	中国社会科学出版社	132
11	《马克思主义理论研究与学科建设年鉴2016》	马研院、马研学部	邓纯东 程恩富 樊建新	中国社会科学出版社	123
12	《中国宗教研究年鉴2015》	世界宗教研究所	曹中建	中国社会科学出版社	103

十二 中国社会科学院2017年非实体研究中心一览表

序号	主管单位	类别	中心名称	负责人
1	文学所	所属	比较文学研究中心	主任董炳月
2		所属	马克思主义文艺与文化批评研究中心	主任高建平，理事长丁国旗
3		所属	民俗文化研究中心	主任安德明，理事长吕微
4		所属	世界华文文学研究中心	主任黎湘萍
5	民文所	院属	少数民族文化与语言文字研究中心	主任朝戈金
6		所属	格萨尔研究中心	主任朝克
7		所属	口头传统研究中心	主任巴莫曲布嫫
8	外文所	所属	马克思主义文艺思想研究中心	主任陈众议，理事长吴晓都
9		所属	文学理论研究中心	主任周启超
10	语言所	所属	语料库与计算语言学研究中心	主任顾曰国
11		院属	中国社会科学院辞书编纂研究中心	主任刘丹青
12	哲学所	院属	东方文化研究中心	主任成建华
13		院属	科学技术和社会研究中心	主任肖显静
14		院属	社会发展研究中心	主任崔唯航
15		院属	世界文明比较研究中心	主任汝信
16		院属	文化研究中心	主任孙海泉
17		院属	应用伦理研究中心	主任龚颖
18	宗教所	院属	道家与道教文化中心	主任戈国龙
19		院属	佛教研究中心	主任魏道儒
20		院属	基督教研究中心	主任唐晓峰，理事长卓新平

续表

序号	主管单位	类别	中心名称	负责人
21	宗教所	院属	邪教问题研究中心	主任高全立，理事长郑筱筠
22		所属	巴哈伊教研究中心	主任卓新平，理事长邱永辉
23		所属	儒教研究中心	主任卢国龙
24	考古所	院属	古代文明研究中心	主任陈星灿
25		所属	蒙古族源研究中心	主任刘国祥
26		所属	边疆考古研究中心	主任丛德新
27		所属	公共考古中心	主任朱岩石
28		院属	外国考古研究中心	主任王巍
29		院属	敦煌学研究中心	主任黄正建
30		院属	徽学研究中心	主任阿风
31	历史所	院属	甲骨学殷商史研究中心	主任宋镇豪，理事长宫长为
32		院属	简帛研究中心	主任杨振红
33		院属	中国思想史研究中心	主任王伟光
34		所属	内陆欧亚学研究中心	主任李锦绣
35		院属	台湾史研究中心	主任张海鹏，理事长李培林
36	近代史所	所属	中国近代社会史研究中心	主任李长莉，理事长汪朝光
37		所属	中国近代思想研究中心	主任郑大华，理事长耿云志
38		院属	加拿大研究中心	主任刘军
39	世历所	院属	史学理论研究中心	主任吴英
40		所属	日本历史与文化研究中心	主任张经纬，理事长张跃斌
41		院属	民营经济研究中心	主任、理事长刘迎秋
42		院属	欠发达经济研究中心	主任陆梦龙
43		院属	上市公司研究中心	主任张平

续表

序号	主管单位	类别	中心名称	负责人
44	经济所	院属	中国现代经济史研究中心	主任赵学军，理事长王立胜
45		院属	公共政策研究中心	主任朱恒鹏
46		所属	经济转型与发展研究中心	主任邓曲恒，理事长魏众
47		所属	决策科学研究中心	主任朱玲
48		院属	管理科学与创新发展研究中心	主任黄速建
49		院属	食品药品产业发展与监管研究中心	主任张永建
50		院属	西部发展研究中心	主任魏后凯
51	工经所	院属	中国产业与企业竞争力研究中心	主任、理事长金碚
52		院属	中小企业研究中心	主任罗仲伟，理事长黄群慧
53		所属	澳门产业发展研究中心	主任黄如金
54		所属	国家经济发展与经济风险研究中心	主任吕政
55		所属	能源经济研究中心	主任史丹
56	农发所	院属	贫困问题研究中心	主任吴国刚，理事长李培林
57		院属	生态环境经济研究中心	主任于法稳，理事长谭家林
58		所属	农村社会问题研究中心	主任于建嵘，理事长金人庆
59		所属	合作经济研究中心	主任苑鹏，理事长张晓山
60		所属	畜牧业经济研究中心	主任刘长全
61	财经院	院属	财政税收研究中心	主任杨志勇
62		院属	城市与竞争力研究中心	主任倪鹏飞
63		院属	经济政策研究中心	主任郭克莎
64		院属	旅游研究中心	主任宋瑞
65		所属	服务经济与餐饮产业研究中心	主任荆林波
66		所属	信用研究中心	主任田侃

续表

序号	主管单位	类别	中心名称	负责人
67	金融所	院属	保险与经济发展研究中心	主任王国刚，理事长王洛林、吴定富
68		院属	金融政策研究中心	主任何海峰，理事长李扬
69		院属	投融资研究中心	主任董裕平，理事长李扬
70		所属	财富管理研究中心	主任殷剑峰
71		所属	房地产金融研究中心	主任尹中立（代），理事长林汉克
72		所属	支付清算研究中心	主任杨涛，理事长王国刚
73	数技经所	院属	环境与发展研究中心	主任张晓
74		院属	技术创新与战略管理研究中心	主任李富强
75		院属	项目评估与战略规划研究咨询中心	主任王宏伟
76		院属	信息化研究中心	主任汪向东
77		院属	中国经济社会综合集成与预测中心	主任、理事长李平
78	人口所	院属	健康业发展研究中心	主任张车伟
79		院属	老年与家庭研究中心	主任王跃生
80		院属	人力资源研究中心	主任都阳
81		所属	迁移研究中心	主任程杰
82	城环所	院属	可持续发展研究中心	主任潘家华
83		所属	城市政策与城市文化研究中心	主任李红玉，理事长李国庆
84		所属	人居环境研究中心	主任侯京林，理事长魏后凯
85	法学所	院属	人权研究中心	主任王敏远
86		院属	台湾、香港、澳门法研究中心	主任陈欣新
87		院属	文化法制研究中心	主任周汉华
88		院属	知识产权中心	主任李明德

续表

序号	主管单位	类别	中心名称	负责人
89	法学所	所属	法治宣传教育与公法研究中心	主任莫纪宏
90		所属	马克思主义法学研究中心	主任李林、陈甦
91		所属	欧洲联盟法研究中心	主任孙宪忠
92		所属	私法研究中心	主任梁慧星
93		所属	性别与法律研究中心	主任薛宁兰
94		院属	国家法治指数研究中心	主任田禾
95	国际法所	所属	国际刑法研究中心	主任樊文
96		院属	海洋法与海洋事务研究中心	主任王翰灵
97		所属	竞争法研究中心	主任王晓晔
98	政治学所	所属	公共管理研究中心	主任房宁
99		所属	马克思主义政治学研究中心	主任田改伟
100	民族所	院属	蒙古学研究中心	主任色音，理事长郝时远
101		院属	中国少数民族语言研究中心	主任李云兵，理事长尹虎彬
102		院属	西夏文化研究中心	主任史金波
103		所属	羌学研究中心	主任尹虎彬
104	社会学所	院属	国情调查与大数据研究中心	主任李培林
105		院属	社会政策研究中心	主任王春光
106		院属	中国私营企业主群体研究中心	主任陈光金
107		院属	中国廉政研究中心	理事长王京清
108		所属	农村环境与社会研究中心	主任王晓毅
109		所属	社会文化人类学研究中心	主任吴乔
110		所属	社会调查和数据处理研究中心	主任夏佳玲
111		所属	社会心理学研究中心	主任王俊秀
112	社会学所	所属	组织与社区研究中心	主任王颖

续表

序号	主管单位	类别	中心名称	负责人
113	新闻所	所属	传媒调查中心	主任刘志明
114		所属	传媒发展研究中心	主任黄楚新
115		所属	广播影视研究中心	主任殷乐
116		所属	媒介传播与青少年发展研究中心	主任卜卫
117		所属	世界传媒研究中心	主任姜飞
118		院属	新媒体研究中心	主任唐绪军
119	社发院	院属	社会景气研究中心	主任李汉林
120	世经政所	所属	发展研究中心	主任余永定，理事长徐奇渊
121		所属	公司治理研究中心	主任鲁桐，理事长叶扬
122		所属	国际金融研究中心	主任高海红
123		所属	国际经济与战略研究中心	主任张宇燕
124		所属	全球并购研究中心	主任张金杰
125		所属	世界经济史研究中心	主任李毅
126	俄欧亚所	院属	俄罗斯研究中心	主任庞大鹏
127		院属	“一带一路”研究中心	主任李永全
128		院属	上海合作组织研究中心	主任孙力
129	欧洲所	院属	国际发展合作与福利促进研究中心	主任周弘
130		院属	西班牙研究中心	主任张敏
131		院属	中德合作研究中心	主任程卫东
132		所属	马克思主义与欧洲文明研究中心	主任罗京辉
133		所属	台港澳研究中心	主任黄平
134	西亚非所	院属	海湾研究中心	主任杨光
135		所属	南非研究中心	主任姚桂梅

续表

序号	主管单位	类别	中心名称	负责人
136	拉美所	所属	巴西研究中心	主任陈笃庆
137		所属	古巴研究中心	主任刘玉琴
138		所属	墨西哥研究中心	主任曾钢
139		所属	阿根廷研究中心	主任郭存海
140		所属	中美洲和加勒比研究中心	主任李长华
141	亚太院	院属	澳大利亚、新西兰、南太平洋研究中心	主任高程
142		院属	地区安全研究中心	主任张蕴岭
143		院属	南亚研究中心	主任叶海林
144		院属	亚太经合组织与东亚合作研究中心	主任王玉主
145		所属	东北亚研究中心	主任朴键一
146		所属	东南亚研究中心	主任许利平
147	美国所	院属	世界社会保障制度与理论研究中心	主任郑秉文
148		院属	世界政治研究中心	主任卫民
149		所属	军备控制与防扩散研究中心	主任刘尊
150	日本所	所属	日本政治研究中心	主任杨伯江
151		所属	中日关系研究中心	主任王晓峰
152		所属	中日经济研究中心	主任张季风
153		所属	日本社会文化研究中心	主任高洪
154	马研院	院属	国家文化安全与意识形态建设研究中心	主任、理事长侯惠勤
155		院属	科学与无神论研究中心	主任习五一
156		所属	经济社会发展研究中心	主任程恩富
157	当代所	院属	“陈云与当代中国”研究中心	主任武力，理事长朱佳木
158		所属	“一国两制”史研究中心	主任张星星

续表

序号	主管单位	类别	中心名称	负责人
159	当代所	所属	当代中国文化建设与发展史研究中心	主任欧阳雪梅
160		所属	当代中国政治与行政制度史研究中心	主任李正华
161		所属	新中国历史经验研究中心	主任宋月红
162	情报院	院属	国际中国学研究中心	主任黄长著，理事长汝信
163		所属	当代理论思潮研究中心	主任何秉孟
164	图书馆	院属	互联网发展研究中心	主任庄前生
165	研究生院	所属	国际能源研究中心	主任黄晓勇，理事长王炜
166		院属	文学与阐释学研究中心	主任张政文，理事长张江
167	科研局	院属	梵文研究中心	主任黄宝生
168		院属	中日历史研究中心	主任王忍之
169	国际合作局	院属	韩国研究中心	理事长蔡昉
170		所属	亚洲研究中心	主任周云帆，理事长蔡昉
171	直属机关党委	院属	妇女／性别研究中心	主任武寅
172		院属	青年人文社会科学研究中心	理事长崔建民
173	经济学部	所属	企业社会责任研究中心	主任钟宏武，理事长李扬

第九编

大事记

DASHIJI

一 月

1月3日 中国社会科学院领导班子成员王伟光、张江、李培林、张英伟、蔡昉在京出席中央宣传部长会议。

1月5日 院长、党组书记王伟光主持召开第433次党组会议。会议传达学习了全国宣传部长会议精神。会议审议了《中国社会科学院出席党的十九大代表选举暨中央国家机关党代表会议代表选举工作方案》《关于我院出席党的十九大代表选举工作的通知》《关于我院出席中央国家机关党代表会议代表选举工作的通知》等事项。

△院长王伟光主持召开2017年度第1次院务会议。会议审议了《关于2016年度院领导后期资助目标报偿相关工作的请示》、《关于规范挂职干部管理的若干建议》(修改稿)、《中国社会科学院先进集体奖励办法(试行)》、《中国社会科学院先进个人奖励暂行办法》、《中国社会科学院管理、科研辅助、工勤岗位先进个人奖励暂行办法》等事项。

△院长王伟光会见韩国三星集团大中华区总裁张元一行。

1月7日 院长、党组书记王伟光在京出席中国社会科学院与青岛市人民政府全面战略合作协议签约仪式并致辞。副院长王京清、张江、李培林、蔡昉出席签约仪式。

1月9日 副院长蔡昉出席中巴议会(众院)定期交流机制第三次会议。

1月10日 院长、党组书记、马克思主义学院院长王伟光,副院长、马克思主义学院副院长张江在研究生院出席中国社会科学院马克思主义学院2017届博士研究生毕业典礼暨学位授予仪式。

△副院长、党组副书记王京清出席院直属机关第三届委员会二次全委(扩大)会议暨党的十九大代表选举工作动员部署会。

△副院长李培林出席中国社会科学院国家治理研究智库政治发展研究部揭牌仪式并讲话。

1月11日 院领导班子成员王伟光、王京清、张江、张英伟、蔡昉出席院属单位党组织书记述职会议。

1月12日 院长、党组书记王伟光主持召开第434次党组会议。会议学习了十八届中央纪委第七次全体会议精神。会议传达了中央纪委有关文件精神。会议审议了《中国社会科院党

组 中央纪委驻院纪检组关于履行监督责任的办法（暂行）》《关于院属单位党组织在编辑出版工作中加强政治把关的意见》等事项。

△院长王伟光主持召开2017年度第2次院务会议。会议审议了《2016年“四项经费”检查工作总报告》《关于职能部门和部分直属单位2016年创新工程重大工作认定的请示》《院2017年创新工程准入条件审核情况报告》《我院与新华社战略合作协议书》等事项。

△院领导班子成员王伟光、王京清、张江、李培林、蔡昉出席哲学社会科学创新工程2017年签约仪式。

△院领导班子成员王伟光、张江、蔡昉在中国社会科学杂志社出席《中国社会科学》编委会2016年全体会议。

1月13日 副院长、党组副书记王京清，中央纪委驻院纪检组组长张英伟出席2017年院党风廉政建设领导小组会议。

1月13～15日 院长、党组书记、中国地方志指导小组组长王伟光，副院长、党组成员、中国地方志指导小组常务副组长李培林在海南省调研地方志工作并在海口市出席海南省地方志工作座谈会。

1月14日 院长、党组书记、中国地方志指导小组组长王伟光，副院长、党组成员、中国地方志指导小组常务副组长李培林在海南省海口市出席由中国地方志指导小组办公室主办、海南省地方志办公室承办的南海主权与地方志论坛。

1月16～20日 副院长蔡昉在瑞士参加世界经济论坛2017达沃斯冬季年会。

1月17日 院长、党组书记王伟光，副院长、党组副书记王京清在京出席中央国家机关第三十一次党的工作会议暨第二十九次纪检工作会议。

△副院长、党组副书记、院党校校长王京清出席第42期处室干部进修班毕业典礼并为学员颁发毕业证书。

1月18日 院领导班子成员王伟光、张江、李培林出席中国社会科学院加强党的意识形态工作和马克思主义阵地建设协调会议第六次会议。

1月19～20日 院领导班子成员王伟光、王京清、张江、李培林、张英伟、蔡昉出席中国社会科学院2017年度工作会议暨党风廉政建设工作会议。李培林主持第一次全体大会，王伟光作2017年度工作报告，王京清作2017年度党风廉政建设工作报告，张江传达全国宣传部长会议精神，张英伟传达十八届中央纪委七次全会精神并讲话，近800人参加第一次全体大会。张江主持闭幕会，王京清代表院党组作大会总结讲话。会议正式代表和特邀代表约350人参加闭幕会。

1月20日 院领导班子成员王伟光、王京清、张江、李培林、张英伟出席院老领导新春茶话会。院老领导王忍之、王洛林、李慎明、江蓝生、朱佳木、汝信、滕藤、丁伟志、武寅、李英唐、郭永才出席茶话会。

1月23日　院领导班子成员王伟光、王京清、张江、李培林、张英伟、蔡昉出席中国社会科学院2017年春节团拜会。王伟光代表院党组致新春贺词。王京清主持团拜会。与会院领导集体登台向全院干部职工拜年。院副秘书长，中央纪委驻院纪检组，院属各单位所局级领导干部，职工代表和离退休人员代表等参加了团拜会。

△院长、党组书记王伟光主持召开第435次党组会议暨院党组2016年度民主生活会。会议按照2016年度党组民主生活会方案要求，在认真撰写对照检查材料的基础上，结合全院思想实际和工作实际，由王伟光同志代表党组作了对照检查，党组成员分别查找了党组存在的不严不实问题，分析了原因和实质，提出了整改措施。同时每个党组成员又结合个人思想和工作实际，作了认真发言，相互之间开展了严肃的批评与自我批评。会议传达学习了全国组织部长会议和中央国家机关第三十一次党的工作会议暨第二十九次纪检工作会议精神。会议审议了关于院属各单位推荐提名我院出席党的十九大代表和中央国家机关党代表会议代表汇总情况的报告和关于成立党的理论创新研究小组的请示等事宜。

△院长王伟光主持召开2017年度第3次院务会议。会议审议了《关于交办课题“政务公开第三方评估”的立项及资助的请示》《关于对部分院属单位编制外聘用人员实行绩效奖励的请示》《中国社会科学院实施事业单位绩效工资方案》等事项。

1月24日　院领导班子成员王伟光、张江、李培林出席中国社会科学院马克思主义理论学科建设与理论研究工程2017年度工作会议。

1月25日　院长、党组书记王伟光会见到访的捷克驻华大使一行。

二　月

2月4日　院长、党组书记王伟光主持召开第436次党组会议。会议审议了《中国社会科学院党组　中央纪委驻院纪检组关于贯彻〈关于新形势下党内政治生活的若干准则〉和〈中国共产党党内监督条例〉的实施意见》《中国社会科学院2016年度意识形态工作报告》。会议研究了关于创办中国社会科学院大学等事宜。

△院长王伟光主持召开2017年度第4次院务会议。会议审议了关于中国社会科学院资深学科带头人评审工作方案等事项。

△副院长李培林、蔡昉出席院经济学部2017年经济形势座谈会。

2月6日　副院长张江在广东省深圳市出席《中外哲学典籍大全》座谈会。

2月7日　副院长、党组副书记王京清，副院长、党组成员李培林在八宝山革命公墓参加原副院长江流同志告别仪式。

2月9日　副院长、党组副书记王京清主持召开第437次党组会议。会议传达学习了中央纪委有关会议精神。会议学习了中央有关文件。

2月13～16日　院长、党组书记王伟光出席省部级主要领导干部学习贯彻十八届六中全会精神专题研讨班。

2月14日　副院长、党组副书记王京清出席征求院老领导对有关议题意见座谈会。

2月15日　副院长蔡昉出席中国经济50人论坛2017年年会。

2月16日　院领导班子成员王京清、李培林、蔡昉出席传达中央文件精神会议。

2月17日　院长、党组书记王伟光主持召开第438次党组会议。会议审议了《关于2016年度所局干部考核评优结果》《关于2017年度所局主要领导干部和所局级干部马克思主义经典著作读书班工作方案及通知》《中共政治学研究所委员会和纪律检查委员会选举结果的批复》《2016年第四季度我院研究单位、期刊、网站、专业智库发表两类文章情况的汇总报告》《中国社会科学院大学主要职能、机构设置和人员编制方案》等事项。

△院长王伟光主持召开2017年度第5次院务会议。会议审议了《院2016年度职能部门和有关直属单位作风建设评议结果》《2016年度职能部门和直属单位创新工程绩效考核结果》《关于第七届离退休人员优秀科研成果奖专家评审结果》《关于2017年度创新岗位

审核问题的请示》等事项。

2 月 20 ~ 21 日　副院长蔡昉率团访问香港特别行政区。

2 月 21 日　院长、党组书记王伟光在广东省中山市出席由近代史研究所与中共中山市委合作共建的孙中山研究院揭牌仪式。

△副院长、党组副书记王京清出席我院全国人大代表和全国政协委员座谈会并讲话，参加座谈会的全国人大代表和全国政协委员介绍交流了拟在 2017 年全国“两会”上提交的议案、建议和提案内容。

2 月 22 日　院长、党组书记王伟光，副院长张江出席《中华思想通史・绪论》起草组会议。

2 月 23 日　院长、党组书记王伟光主持召开第 439 次党组会议。会议听取了国际研究学部各研究单位关于贯彻落实 2017 年度院工作会议精神情况、履行全面从严治党主体责任和监督责任情况的汇报。

△院长王伟光主持召开 2017 年度第 6 次院务会议。会议审议了《中国社会科学院 2017 年干部统一培训计划》《关于我院与甘肃省嘉峪关市进行战略合作的落实方案及合作协议》《关于 2017 年度创新岗位审核问题处理情况的请示》等事项。

2 月 23 ~ 24 日　副院长、党组副书记王京清出席全国新的社会阶层人士统战工作会议。

2 月 24 日　院长、党组书记王伟光，副院长蔡昉出席中国社会科学院 2017 年度离退休干部工作会议并讲话。

△院长、党组书记王伟光出席国家高端智库理事会扩大会议。

2 月 25 日　副院长张江在广东省深圳市出席由亚太与全球战略研究院与深圳前海蛇口自贸片区管委会联合主办“10+3”产能合作国际研讨会。

2 月 28 日　副院长李培林出席《中国省域竞争力蓝皮书》发布会。

△副院长蔡昉出席由俄罗斯东欧中亚研究所举办的中俄战略协作高端智库揭牌仪式。

三 月

3月1日 院长、党组书记王伟光，副院长、党组副书记王京清出席《2016～2017世界社会主义黄皮书》发布学术研讨会。

△院长、党组书记、中国地方志指导小组组长王伟光会见山东省政府办公厅党组成员、省史志办公室主任刘爱军一行，听取关于山东省史志工作情况汇报。

3月2日 院长、党组书记王伟光主持召开第440次党组会议。会议传达了中央纪委有关文件精神。会议审议了《院党组关于中央重要文件的意见和建议》《关于对我院出席党的十九大代表候选人推荐人选和中央国家机关党代表会议代表候选人征求意见的情况报告》《中国社会科学院2017年党风廉政建设和反腐败工作主要任务分解（审议稿）》等事项。

△院长王伟光主持召开2017年度第7次院务会议。会议审议了《关于落实创新工程首席管理责任制的若干规定》《关于创新岗位审核的情况报告》《关于2017年度国情调研立项情况的请示》《中国社会科学院·青岛市人民政府青岛研究院建设方案（草案）》等事项。

3月3日 院长、党组书记王伟光在中共中央党校为六部委哲学社会科学科研骨干研究班讲课。

△副院长、党组副书记王京清出席直属机关党委三届三次全委会会议。

△副院长蔡昉主持召开人口发展现状与政策前瞻研讨会。

3月5～15日 院长、党组书记王伟光率学术代表团访问摩洛哥、肯尼亚、埃塞俄比亚三国。

3月7日 副院长、党组副书记王京清会见到院调研的中央统战部副部长兼秘书长冉万祥一行并座谈；出席人事教育局与甘肃省嘉峪关市人民政府战略合作协议签订仪式。

3月14日 副院长、党组副书记王京清主持召开净化舆论环境专项整治工作部署会。

3月16日 院长、党组书记王伟光主持召开第441次党组会议。会议听取了社会政法学部各研究单位和经济研究所关于贯彻落实2017年度院工作会议精神情况、履行全面从严治党主体责任和监督责任情况的汇报。

△院长王伟光主持召开2017年度第8次院务会议。会议审议了《中国社会科学院院史展暨建院四十周年科研成就展大纲》《2017年第一批创新工程学术出版资助项目》《关于设立中国社会科学院中国海疆智库的请示》等事项。

3月18日　副院长李培林、蔡昉出席中国发展高层论坛2017年年会。

3月20～24日　院领导班子成员王伟光、王京清、张江、李培林、张英伟、蔡昉出席为期五天的中国社会科学院所局主要领导干部马克思主义经典著作和习近平总书记系列重要讲话精神读书班，王伟光作了题为“学习理论，持之以恒，久久为功，必生长效”的动员讲话。副秘书长、所局主要领导干部以及宁夏社科院院长共90余人参加读书班。

3月22日　院长、党组书记王伟光主持召开第442次党组会议暨2017年第一季度党组中心组理论学习会。党组成员在先行自学习近平总书记系列重要讲话、列宁《帝国主义是资本主义最高阶段》等基础上，结合个人思想和工作实际，讨论交流了学习体会。会议传达学习了中央有关会议精神。

△院长王伟光主持召开2017年度第9次院务会议。会议审议了《中国社会科学院可移动文物清理核实工作方案》等事项。

3月23日　中共中央政治局委员、国务院副总理刘延东在北京市房山区良乡大学城的中国社会科学院研究生院调研座谈。刘延东先后参观了中国社会科学院智库成果展、研究生院校史馆，并与中国社会科学院部分单位负责同志座谈，听取意见建议。院领导班子成员王伟光、王京清、张江、张英伟、蔡昉陪同调研并出席座谈。

3月27日　院长、党组书记王伟光、副院长李培林出席由科研局组织召开的话语体系专题会议。

△副院长、中国社会科学杂志社总编辑、《中国文学批评》主编张江出席由中国社会科学杂志社主办的“深化理论与批评，回应当代需求——《中国文学批评》创刊两周年座谈会”并作主题讲话。

3月28日　院长、党组书记王伟光出席《中华思想通史》编委会第23次工作会议。

△院长、党组书记王伟光主持召开中央交办重点课题领导小组会议。院领导班子成员王京清、李培林、蔡昉出席会议。

3月29日　副院长蔡昉出席由财经战略研究院与新华社《经济参考报》共同举办的“NAES宏观经济形势季度分析会（2017年1季度）”并致辞。

3月30日　院长、党组书记王伟光主持召开第443次党组会议。会议听取了历史学部各单位关于贯彻落实2017年度院工作会议精神情况、履行全面从严治党主体责任和监督责任情况的汇报。

△院长王伟光主持召开2017年度第10次院务会议。会议审议了《关于设立丝绸之路研究院和举办揭牌仪式的请示》《关于2017年度院属单位出访计划、职能部门和直属单位主要负责人出访计划的请示》等事项。

△院长王伟光主持召开2017年度第1次院长办公会议。会议听取了关于2017年第一季度相关责任单位落实各项督办任务情况，“社科党组字〔2016〕148号文件”总体督

办情况，《贯彻落实习近平总书记在哲学社会科学工作座谈会上的重要讲话精神总体方案》贯彻落实情况，中国特色新型智库建设等有关情况的汇报。

△副院长、国家治理研究智库理事长李培林出席中国社会科学院国家治理研究智库舆情研究部揭牌仪式，并就舆情研究与智库建设发表讲话。

△副院长、中国社会科学院城乡一体化智库理事长蔡昉出席由中国社会科学院城乡发展一体化智库主办，中国社会科学院农村发展研究所与中国社会科学院贫困问题研究中心协办的“我国农村扶贫标准研讨会”并致辞。

3 月 31 日　院领导班子成员王伟光、张江、李培林、蔡昉在京出席中国社会科学院东坝职工住宅项目检查督办会。

四　月

4月4～8日　院长、党组书记王伟光率学术代表团访问芬兰。

4月5～13日，副院长蔡昉率团出访瑞士、法国、葡萄牙。

4月8日　副院长李培林在京出席《中国抗日战争志》项目暨中国地方抗日战争志工程启动会议并作题为“志记历史，不忘初心，为实现中华民族伟大复兴中国梦而奋斗”的讲话。

4月10～14日　院领导班子成员王伟光、张江、李培林、张英伟出席中国社会科学院所局级领导干部马克思主义著作和习近平总书记系列重要讲话精神读书班活动。

4月12日　院长、党组书记王伟光在京出席赴甘肃挂职干部座谈暨挂职工作经验交流会。

△院长、党组书记王伟光，副院长李培林出席黑龙江社科院来院调研座谈会。

4月13日　院长、党组书记王伟光主持召开第444次党组会议。会议传达学习了习近平总书记重要讲话精神和全国宣传部长座谈会精神。会议听取文哲学部各研究单位关于贯彻落实2017年度院工作会议精神情况、履行全面从严治党主体责任和监督责任情况的汇报。

△院长王伟光主持召开2017年度第11次院务会议。会议审议了《关于推荐法学所作为扩大高校和科研院所自主权试点单位的请示》《关于我院第十届所级专业技术资格评审委员会换届工作有关事宜》《国家哲学社会科学文献中心建设总体方案》等事项。

△院领导班子成员王伟光、张江在研究生院参加中国社会科学院2017年春季义务植树活动。

4月15日　副院长张江在上海市出席由中国社会科学院—上海市人民政府上海研究院、中国文学批评研究会、《社会科学战线》杂志社共同主办，中国社会科学院当代文艺理论研究中心协办的“文本的意义之源”国际学术研讨会。

4月18日　院长、党组书记王伟光出席全国哲学社会科学规划领导小组会议。

4月20日　院长、党组书记王伟光主持召开第445次党组会议。会议听取了马研学部各单位及部分直属单位关于贯彻落实2017年度院工作会议精神情况、履行全面从严治党主体责任和监督责任情况的汇报。

△院长王伟光主持召开2017年度第12次院务会议。会议审议了《关于我院创新工程文件汇编修订的建议》《关于我院2017年预算安排的报告》《中国社会科学院院属有关单

位上解收入办法（试行）》等事项。

△院领导班子成员王伟光、张江出席加强党的意识形态工作和马克思主义阵地建设协调会议第7次会议。

△副院长蔡昉出席由中国社会科学院主办，人口与劳动经济研究所承办的“第22届亚洲社科联大会”。

4月20～29日　副院长李培林率学术代表团出访捷克、阿根廷、智利。

4月21日　院长、党组书记王伟光出席“甘肃省第三批来院挂职研修干部和中组部、中央统战部、国家民委等三部委联合选派挂职干部欢迎座谈会”并讲话。

4月22～23日　副院长、杂志社总编辑张江在上海师范大学出席由中国社会科学杂志社、上海师范大学、复旦大学主办，上海师范大学光启国际学者中心承办的“历史阐释的真理之源”学术研讨会。

4月23～27日　院长、党组书记王伟光率学术代表团出访匈牙利。

4月24日　中共中央政治局委员、中央书记处书记、中宣部部长刘奇葆在匈牙利科学院出席了“中国—中东欧研究院”成立暨揭牌仪式，并与中国社会科学院院长、16+1智库网络理事长、中国—中东欧研究院名誉院长王伟光共同为“中国—中东欧研究院”揭牌。

4月26日　副院长张江出席院处室干部学习习近平总书记系列重要讲话精神专题教育培训班开班仪式，并为第一、二、三期学员作动员报告。

4月29日　副院长蔡昉出席“日本供给侧结构性改革研究”国际学术研讨会。

五　月

5月2日　院长、党组书记王伟光在京出席中央宣传思想工作领导小组会议。

5月3日　院长、党组书记王伟光，副院长、中国社会科学院—上海市人民政府上海研究院院长李培林，在上海市出席上海研究院现代慈善研究中心成立仪式。

5月4日　院长、党组书记王伟光，副院长李培林在山东省青岛市出席第四届全国哲学社会科学话语体系建设理论研讨会。

5月5日　院长、党组书记王伟光，副院长蔡昉在京出席由中国社会科学院主办，中国社会科学院国际合作局承办的“走向世界的中国哲学社会科学”国际论坛。

△院长、党组书记王伟光主持召开第446次党组会议。会议传达学习了中央纪委有关精神。会议听取部分直属单位、直属企业和代管单位关于贯彻落实2017年度院工作会议精神情况、履行全面从严治党主体责任和监督责任情况的汇报。

△院长王伟光主持召开2017年度第13次院务会议。会议审议了《中国社会科学院建院40周年庆祝大会安排方案》《关于举办全国社科院人事工作经验交流会的请示》等事项。

5月8日　院长、党组书记王伟光，副院长、党组副书记王京清出席当代中国研究所中层以上干部会议。

5月9日　院长、党组书记王伟光，副院长李培林出席中国社会科学院第四届道德建设论坛。

△副院长张江会见香港智库高层访问团一行，就高端智库建设等问题进行学术交流。

5月10日　院长、党组书记王伟光主持召开第447次党组会议。会议审议了中国社会科学院建院40周年专题片。会议审看了中国社会科学院院史暨科研成果展。

△院长王伟光主持召开2017年度第14次院务会议。会议审议了《中国社会科学院大学特聘教授制度方案》《中国社会科学院大学2017年招生的学院院长人选建议名单》等。

5月11日　院长、党组书记王伟光在京出席思想理论协作组理论学习。

△副院长、社会政法学部主任李培林出席由中国社会科学院学部主席团组织的系列学术报告会的首场报告会——社会政法学部学术报告会。

5月12日　院长、党组书记王伟光会见希腊外交部长科恰斯一行。

5月13日　副院长张江在吉林省长春市出席由中国社会科学院、吉林省委宣传部主办，吉林省文联、中国社会科学院马克思主义文艺理论工程、《文艺争鸣》杂志社承办的“贾平凹与中国当代文学”学术研讨会，并作了“尊重文本才是对作家最好的尊重”的主题发言。

5月15日　院长、党组书记王伟光，副院长张江出席中国社会科学院大学2017年本科招生专业课程设置和培养方案座谈会。

△院长、党组书记王伟光会见到访的联合国副秘书长、联合国人居署执行主任华安·克洛斯一行。

5月16日　阿根廷总统毛里西奥·马克里访问中国社会科学院并发表演讲。院长、党组书记王伟光致欢迎词，副院长蔡昉主持演讲会。

5月17日　庆祝中国社会科学院建院40周年大会在京隆重举行。中共中央总书记、国家主席、中央军委主席习近平专门发来贺信，祝贺中国社会科学院建院40周年，向全国广大哲学社会科学工作者致以诚挚问候。

中共中央政治局委员、国务院副总理刘延东，中共中央政治局委员、书记处书记、中宣部部长刘奇葆，代表党中央、国务院莅临庆祝大会。刘延东宣读了习近平总书记的贺信。刘奇葆作重要讲话。

院长、党组书记王伟光讲话。国务院副秘书长江小涓与中宣部办公厅、理论局、全国哲学社会科学基金规划办公室、国务院办公厅秘书局等单位的负责同志应邀出席大会。庆祝大会由副院长、党组副书记王京清主持。参加大会的有院党组成员、副秘书长，历任院领导，学部委员、荣誉学部委员，院属各单位副局级以上领导干部，院属各单位科研人员、行政后勤人员代表；特邀代表有：建院以来受到全国性表彰或有特殊贡献人员或单位代表，中国社会科学院第十二届全国人大代表、政协第十二届全国委员，离退休职工代表，青年代表，共约450人。

△院长、党组书记王伟光在京出席构建中国特色哲学社会科学工作座谈会暨2017年度国家社科基金项目评审工作会议。

5月18日　院长、党组书记王伟光主持召开第448次党组会议。会议学习了习近平总书记致中国社会科学院建院40周年的贺信。会议审议了《关于学习宣传贯彻习近平总书记贺信精神的通知》《中国社会科学院推进“两学一做”学习教育常态化制度化实施方案》等事项。

△院长王伟光主持召开2017年度第15次院务会议。会议审议了《关于60种院外皮书使用“中国社会科学院创新工程学术出版项目”标识的请示》《关于资助出版2015年度院属学科集刊的请示》等事项。

5月22日　副院长、中国文学批评研究会会长张江出席中国社会科学院中国文学批评研究会、中国当代文学研究会、中国中外文艺理论学会联合主办的“学习习总书记讲话重温延安文艺传统”纪念毛泽东《在延安文艺座谈会上的讲话》发表75周年座谈会并致辞。

5月23日　院长、党组书记王伟光出席“马克思主义理论骨干人才计划”学位评定委员会会议。

5月24日　院长、党组书记王伟光，副院长蔡昉出席“走向辉煌——中国社会科学院建院40周年文艺演出”。

5月25日　院长、党组书记王伟光主持召开第449次党组会议。会议传达学习了中央国家机关纪工委有关领导同志讲话精神。会议审议了《中国社会科学院贯彻落实〈中共中央关于加快构建中国特色哲学社会科学的意见〉精神工作方案》等事项。

△院长王伟光主持召开2017年度第16次院务会议。会议审议了《关于“中国—中东欧研究院”成立暨揭牌的工作汇报与下一步工作计划》《中国社会科学院海外境外机构派驻人员管理办法（暂行）》等事项。

5月25～26日　院长、党组书记王伟光在浙江省宁波市开展生态文明建设调研活动。

5月27日　副院长张江在京出席由中华人民共和国商务部主办，研究生院承办的2017年发展中国家治国理政总统顾问研讨班结业仪式并致辞。

5月27日　副院长李培林在京出席由美国研究所、中华美国学会和社会科学文献出版社共同举办的“《美国蓝皮书：美国研究报告（2017）》发布会”并进行主题演讲。

5月31日　院领导班子成员王伟光、王京清、张江、蔡昉出席中国社会科学院推进“两学一做”学习教育常态化制度化动员部署会议。

六 月

6月1日 院长、党组书记王伟光主持召开第450次党组会议。会议传达学习了中央纪委有关精神。

△院长王伟光主持召开2017年度第17次院务会议。会议审议了《在中央“三报一刊”发表理论宣传文章的认定标准及奖惩办法》《关于调整创新工程皮书后期资助项目资助标准的请示》《关于第14届人才引进院级专家评审参评人员资格审查的意见》等事项。

6月3日 院长、党组书记王伟光，副院长蔡昉在京出席由中国社会科学院全国中国特色社会主义政治经济学研究中心、《光明日报》理论部、当代中国马克思主义政治经济学创新智库共同主办的中国特色社会主义政治经济学话语体系学术研讨会。

6月6日 中央纪委驻院纪检组组长张英伟、副院长蔡昉在京出席由中国社会科学院、中国科学院、中国工程院共同主办的“中国城市百人论坛2017年会”。

6月6～10日 院长、党组书记王伟光率中国社会科学院代表团出访哈萨克斯坦。

6月8日 在中国国家主席习近平和哈萨克斯坦总统纳扎尔巴耶夫的见证下，中国社会科学院院长王伟光与哈萨克斯坦首任总统图书馆馆长阿塞姆别科夫在阿斯塔纳签署了交流合作协议。

△副院长、国家全球战略智库理事长蔡昉在京出席由中国社会科学院国家全球战略智库、光明智库、国际关系学院联合主办的“2017年金砖国家智库论坛”。

6月12日 院长、党组书记王伟光，副院长蔡昉出席国家社会科学基金十八大以来党中央治国理政新理念新思想新战略研究专项工程资助项目“习近平治国理政新思想研究”结项研讨会。

△副院长、中国社会科学杂志社总编辑张江出席中国社会科学杂志社2017年度专业技术职务任职资格评审会议。

6月13日 院长、党组书记王伟光出席《中华思想通史》第24次工作会议。

6月13～17日 副院长蔡昉率院代表团出访白俄罗斯，出席中白发展分析中心第一次监事会会议和第二届中白学术论坛。

6月14日 院长、党组书记王伟光主持召开第451次党组会议。会议审议了《中国社会科学院贯彻落实〈中国共产党党委（党组）理论学习中心组学习规则〉实施办法》《2017年度深入学习贯彻习近平总书记“5·17”重要讲话、致我院建院40周年贺信精神暨推进全面从严治党专题培训班方案》等。

△院长王伟光主持召开2017年度第18次院务会议。会议审议了《关于2017年度第二批创新工程学术出版资助项目的请示》《关于中国社会科学网、中国社会科学评价中心申请院重大信息化项目立项的请示》《国家哲学社会科学文献中心建设总体方案》等事项。

6月15～17日 院领导班子成员王伟光、李培林、张英伟，原副院长江蓝生等17位学部委员在重庆进行调研。

6月18日 副院长张江在福建省厦门市出席由中国社会科学院台港澳研究中心与厦门市海沧区石室书院共建的海峡两岸交流基地授牌仪式并致辞。

6月20～21日 中央纪委驻院纪检组组长张英伟出席中国社会科学院第十届廉政研究论坛。

6月22日 党组书记王伟光主持召开第452次党组会议。会议传达了中央宣传部有关会议精神和中央纪委有关领导同志讲话精神。

△院长王伟光主持召开2017年度第19次院务会议。会议审议了《关于中国社会科学院大学校学术委员会和学院学术委员会建议名单的请示》《关于在院属企业开展“三重一大”决策制度建议有关情况检查的工作方案》等事项。

6月23日 院长、党组书记王伟光分别会见湖南社会科学院、云南社会科学院有关人员一行。

△副院长、党组副书记王京清出席中华文化走出去工作座谈会。

△副院长蔡昉会见来华出席第二届中印智库论坛的印方知名学者和智库代表。

6月24日 院长、党组书记王伟光在京出席由中国社会科学院与印度外交部共同主办，中国宋庆龄基金会协办，中国社会科学院工业经济研究所、印度世界事务委员会承办的“第二届中印智库论坛”开幕式并致辞。

△院长、党组书记王伟光主持召开第453、454次党组会议。党组成员出席会议。

△副院长李培林在京出席由中国社会科学院历史研究所和湖南人民出版社主办的《中国古代历史图谱》出版座谈会并讲话。

6月26日 副院长、党组副书记王京清出席“中国社会科学院经济发展问题国际青年学者研修班”项目五周年回顾暨“一带一路”国际青年学者论坛并致辞；出席中国社科院大学学术委员会会议。

6月27日 院长、党组书记王伟光，副院长、党组成员张江在河北省廊坊市与市委主要领导同志就战略合作及燕郊“学者之家”项目进行会谈。

△副院长、党组副书记王京清出席中国社会科学院研究生院2017届研究生毕业典礼暨学位授予仪式。

6月28日 副院长、党组副书记王京清出席中国社会科学院大学国际关系学院学术委员会会议。

6 月 29 日　院长、党组书记王伟光主持召开第 455 次党组会议。会议审议了《中国社会科学院关于加强和改进新形势下保密工作的实施意见》《关于我院保密委员会成员人选确定机制调整方案的请示》等事项。

△院长王伟光主持召开 2017 年度第 20 次院务会议。会议审议了《贯彻落实习近平总书记贺信精神 启动院重大专题招标项目工作方案》《中国社会科学院研究所创新工程项目（研究类）管理办法》等事项。

△院长王伟光主持召开 2017 年度第 2 次院长办公会议。会议听取了关于 2017 年第二季度相关责任单位落实各项督办任务情况、“社科党组字〔2016〕148 号”文件总体督办情况、《学习贯彻习近平总书记贺信精神的通知》贯彻落实情况。

6 月 29 日至 7 月 1 日　院长、党组书记王伟光在四川省北川市出席院国情调研课题的实地调研。

6 月 30 日至 7 月 2 日　副院长、党组副书记王京清在甘肃省嘉峪关市出席人事教育局与甘肃省嘉峪关市人民政府共同举办的丝绸之路（嘉峪关）文化产业发展座谈会。

七 月

7月1日 副院长、党组副书记王京清在甘肃省嘉峪关市出席中国社会科学院挂职工作座谈会。

7月2～9日 副院长张江率院代表团出访意大利、英国，就意大利、英国文学理论新发展新思潮及中西文学批评比较研究等议题与相关机构进行交流。

7月3日 院长、党组书记王伟光出席《中华思想通史》编委会年中工作会议。

7月4日 副院长、党组副书记王京清参加全国教材委员会第一次全体会议。

△副院长蔡昉出席第三届"中国和伊斯兰文明：交融与互鉴"国际学术研讨会开幕式并致辞。

7月5日 副院长、党组副书记王京清出席全国干部教育培训课程审核工作动员部署会。

7月6日 院长、党组书记王伟光主持召开第456次党组会议。会议传达了中央纪委有关会议精神。会议审议了《关于"香港中国学术研究院"常务副院长人选的请示》等。

△院长王伟光主持召开2017年度第21次院务会议。会议审议了《关于我院2017年百千万人才工程国家级人选推选工作情况的报告》《关于我院第十届专业技术资格评审委员会换届工作的报告》等事项。

7月7日 院领导班子成员王伟光、王京清、张英伟、蔡昉出席加强意识形态工作和马阵地建设协调会议第八次会议。

7月8日 副院长、党组副书记王京清在上海市出席《聚天下英才而用之》新书发布会暨首届全国人才学博士后论坛。

7月8～12日，副院长蔡昉率院代表团出访德国，出席"世界中国学论坛"欧洲分论坛并访问德国相关机构。

7月13日 院长、党组书记王伟光主持召开第457次党组会议。会议传达了中央有关文件精神。会议讨论了王伟光同志在暑期专题培训班上的动员讲话稿和总结讲话稿等事项。

△院长王伟光主持召开2017年度第22次院务会议。会议审议了《关于语言研究所申请成立"中国社会科学院辞书编纂研究中心"的请示》《"中国社会科学院·青岛市人民政府青岛研究院"建设方案》等事项。

△副院长王京清主持召开2017年文化名家暨"四个一批"人才、国家万人计划哲学

社会科学领军人才专家评审会。

7 月 14 日　院长、党组书记王伟光，副院长蔡昉出席中央金融工作会议。

7 月 15 日　副院长李培林在上海市出席由中国社会学会主办，上海大学、上海市社会学学会等单位联合承办的中国社会学会 2017 年学术年会开幕式并讲话。

7 月 17 日　副院长、全国哲学社会科学话语体系建设协调会议办公室主任李培林在上海市出席由中国浦东干部学院、上海市社会科学界联合会、中国社会科学院—上海市人民政府上海研究院联合主办的“中国哲学社会科学话语体系建设·浦东论坛”首场论坛——“2017 中国社会学话语体系建设”。

7 月 18 日　院长、党组书记王伟光，副院长蔡昉出席中国社会科学院雄安发展研究智库成立暨京津冀协同发展学术论坛并致辞。

△院长、党组书记王伟光出席经济研究所主办的《习近平关于社会主义经济建设论述摘编》研讨会暨经济研究所建所 90 周年系列纪念活动启动仪式。

7 月 20 日　院长、党组书记王伟光主持召开第 458 次党组会议。会议学习了全国金融工作会议精神。会议传达了中央纪委有关文件精神。会议审议了《关于进一步完善横向课题管理相关制度的建议》等事项。

△院长王伟光主持召开 2017 年度第 23 次院务会议。会议审议了《关于交办课题的立项及资助的请示》《中国社会科学院横向课题管理办法实施细则（试行）》等事项。

△副院长王京清在中央编办与中央编办主任张纪南就中国社会科学院大学机构设立、编制核定、领导职数配备以及国家哲学社会科学文献中心组建等事宜进行了专题沟通。

7 月 21 日　院领导班子成员王伟光、王京清、张江出席中国社会科学评价研究院揭牌成立大会。

7 月 24 ~ 28 日　院领导班子成员王伟光、王京清、张江、李培林、张英伟出席中国社会科学院 2017 年度深入学习贯彻习近平总书记“5·17”重要讲话、致我院建院 40 周年贺信精神暨推进全面从严治党专题培训班。

7 月 26 ~ 27 日　院长、党组书记王伟光，副院长蔡昉在京出席省部级主要领导干部专题研讨班。

7 月 27 日　副院长、党组副书记王京清主持召开第 459 次党组会议暨第三季度党组理论学习中心组会议。会议传达学习了中央有关文件。会议学习讨论了全国金融工作会议精神。

7 月 31 日　院长、党组书记王伟光，副院长、党组副书记王京清在京出席外交部与中国社会科学院、上海市干部人才联合培养合作协议签约仪式。外交部党委书记张业遂，王京清，中共上海市委副书记尹弘分别代表签约单位致辞。

7 月 31 日至 8 月 3 日　副院长、党组副书记王京清，副院长蔡昉作为评委会主任分别主持历史学部、经济学部、国际研究学部、出版编辑系列、马研当代等 5 个院高级专业技术资格评审委员会评审会议。

八　月

8 月 1 日　副院长、党组副书记王京清在京出席庆祝中国人民解放军建军 90 周年大会。

△副院长、党组成员、中国地方志指导小组常务副组长李培林在新疆维吾尔自治区伊宁市出席全国地方志系统“两全目标”工作推进会暨援藏援疆工作座谈会、“继承中华传统，弘扬方志文化”论坛暨 2017 年全国地方史志期刊工作会议并讲话。

8 月 3 日　院长、党组书记王伟光主持召开第 460 次党组会议。会议传达学习了习近平总书记“7・26”重要讲话精神和中央有关会议精神并研究了其他事项。

△院长王伟光主持召开 2017 年度第 24 次院务会议。会议审议了《关于交办课题“中国扶贫开发报告（扶贫蓝皮书）编纂”立项及资助申请》《2017 年文化名家暨四个一批、万人计划哲学社会科学领军人才人选》等事项。

△副院长、党组副书记王京清会见共青团中央书记处常务书记贺军科一行。

8 月 4 日　院长、党组书记王伟光，副院长李培林在青海省西宁市出席由中国社会科学院主办，社会科学文献出版社和青海省社会科学院承办的第十八次全国皮书年会。

△院长、党组书记、中国地方志指导小组组长王伟光在青海省社会科学院、省地方志办公室看望慰问挂职干部，并主持召开挂职干部座谈会。

△副院长、党组副书记王京清主持召开传达中央文件精神专题会议。

8 月 5 日　副院长蔡昉在京出席由经济研究所、科研局、中国史学会共同主办的“经济史理论与研究——吴承明、汪敬虞先生百年诞辰国际学术研讨会”。

8 月 5 ~ 6 日　院长、党组书记王伟光在甘肃省临夏回族自治州东乡族自治县进行脱贫攻坚专题调研。

8 月 8 ~ 12 日　院长王伟光率中国社会科学院代表团出访巴基斯坦，与巴基斯坦政府部门和学术机构就加强中巴智库交流与合作交换意见。

8 月 10 日　副院长蔡昉出席 2017 网易经济学家年会夏季论坛。

8 月 14 日　院长、党组书记王伟光出席《中华思想通史》项目第 27 次工作会议。

8 月 17 日　院长、党组书记王伟光主持召开第 461 次党组会议。会议传达学习了中央有关文件精神。会议研究了有关干部人事问题。会议听取了关于党的十八大以来直属机关纪委受理信访举报分析报告等事项。

8月17日 院长王伟光主持召开2017年度第25次院务会议。会议审议了《2017年度“四项经费”检查工作实施方案》《“〈黑格尔全集〉历史考订版（第二期）”立项交办委托课题的请示》《关于交办委托课题“普网—本草易数字中药材项目发展咨询”立项及资助的请示》等事项。

△院长、党组书记王伟光会见辽宁省社会科学院党组书记刘兴伟、院长姜晓秋一行。

△副院长李培林主持召开2017年度学术著作翻译出版（中译外）资助项目评审会。

8月18～20日 副院长蔡昉在京出席由城市发展与环境研究所、《经济研究》编辑部与《城市与环境研究》编辑部联合举办的首届气候变化经济学学术研讨会。

8月20日 副院长张江主持召开“公共阐释论”学术研讨会。

8月21日 副院长李培林在京出席由中国社会科学院国家全球战略智库、社会科学文献出版社和中国国际文化交流中心联合主办的“国家全球战略智库系列专题报告”新书发布暨研讨会。

△副院长蔡昉出席由国际合作局和研究生院联合举办的第六届中国社会科学院经济发展问题国际青年学者研修班开班仪式并致辞；出席中国国际发展知识中心启动仪式暨《中国落实2030年可持续发展议程进展报告》发布会。

8月21～23日 中央纪委驻院纪检组组长、党组成员张英伟在吉林省长春市出席全国社会科学院系统中国特色社会主义理论体系研究中心第二十二届年会暨“全面从严治党：重大意义和现实路径”理论研讨会。

8月23日 院长、党组书记王伟光会见到访的河北省社会科学院党组书记、院长康振海一行。

△副院长蔡昉出席由中国社会科学出版社在第24届北京国际图书博览会上举办的“哲学社会科学中的中国”多语种成果发布会。

8月24日 院长、党组书记王伟光主持召开第462次党组会议。会议审议了关于同意中国社会科学院大学临时党委委员调整的批复。会议研究了有关干部人事问题等事项。

△院长王伟光主持召开2017年度第26次院务会议。会议审议了《中国社会科学院与全球能源互联网发展合作组织战略合作协议》《中国社会科学院职能部门和有关直属单位考勤工作管理办法（送审稿）》《中国社会科学院指纹考勤专项检查工作方案》《2017年我院正高级专业技术职务任职资格评审结果》等事项。

△院长、党组书记王伟光会见爱丁堡皇家学会主席乔瑟琳·贝尔·博内尔一行。

8月26日 副院长李培林在京出席由中国社会科学院、全国博士后管理委员会、中国博士后科学基金会主办，中国社会科学院博士后管理委员会、法学研究所及最高人民法院中国应用法学研究所联合承办的“第六届中国法学博士后论坛”并讲话。

8月26～27日 院长、党组书记王伟光，副院长蔡昉在北京人民大会堂出席由中国社会科学院主办，中国社会科学院日本研究所承办的中国社会科学论坛“纪念中日邦交正常化45周年国际学术研讨会”。王伟光发表“不忘初衷，脚踏实地推动中日关系稳定改善与发展”致辞，蔡昉主持大会开幕式。

8月29～30日　副院长李培林在吉林省长春市出席由中国社会科学院和吉林省人民政府主办，吉林省社会科学院、吉林省贸促会、外交学院亚洲研究所、中日韩合作研究中心共同承办，中日韩三国合作秘书处、外交学院、中国国际公共关系协会、中国亚洲经济发展协会支持的第六届东北亚智库论坛。

8月31日　院长、党组书记王伟光主持召开第463次党组会议。会议传达了中央纪委有关精神。会议审议了关于同意中共数量经济与技术经济研究所委员会增补委员选举结果的批复等事项。

△院长王伟光主持召开2017年度第27次院务会议。会议审议了《关于建议设立“中国社会科学院境外派驻机构工作领导小组”的请示》《关于我院相关人员赴港参加“香港发展：新动力、新前景研讨会暨香港中国学术研究院成立揭牌仪式”的请示》《关于开展中国—葡语国家经贸合作论坛成立十五周年成效与展望第三方评估工作建议的请示》等事项。

九　月

9月1日　院长、党组书记、中国地方志指导小组组长王伟光，副院长、党组成员、中国地方志指导小组常务副组长李培林在浙江省丽水市出席由中国地方志指导小组办公室、国家方志馆主办，浙江省人民政府地方志办公室协办，丽水市地方志办公室承办的第二次全国方志馆工作会议暨方志馆业务培训班。

△王伟光、李培林在浙江省丽水市出席浙江省地方志工作汇报会议并讲话。

9月4日　副院长蔡昉在京出席由中国社会科学院伊朗伊斯兰文化联络组织主办，世界历史研究所承办的中国伊朗文明交往与“一带一路”国际研讨会。

9月5～6日　副院长李培林在云南省昆明市出席由科研局主办，云南省社会科学院承办的2017年中国社会科学院国情调研基地建设研讨会暨成果发布会。

9月7日　院长、党组书记王伟光主持召开第464次党组会议。会议审议了《关于推荐我院第十三届北京市政协委员人选的工作建议》《关于推荐我院北京市人民政府参事室参事候选人人选的请示》等事项。

△院长王伟光主持召开2017年度第28次院务会议。会议审议了《关于重要会议、重要文件精神传达落实的工作规定（试行）》《关于“贯彻落实习近平总书记贺信精神重大专题项目”招标评审结果的请示》等事项。

9月12日　中国社会科学院大学成立大会暨2017级新生开学典礼在中国社会科学院大学隆重举行。院长、党组书记、中国社会科学院大学校长王伟光，中共中央政策研究室常务副主任、中宣部副部长王晓晖，共青团中央书记处常务书记贺军科，副院长、党组成员、中国社会科学院大学第一副校长张江，党组成员李培林、张英伟、蔡昉出席成立大会和开学典礼。王伟光在会上作重要讲话。贺军科致辞。王伟光和王晓晖共同为大学揭牌，贺军科和张江陪同揭牌。张江为大学授校旗。

△副院长李培林、蔡昉出席由科研局组织召开的2017年中国社会科学年鉴评审委员会会议。

9月13日　副院长张江在京出席中国社会科学院第三届唯物史观与马克思主义史学理论论坛开幕式，并代表院长王伟光宣读了学术报告。

9月14日　院长、党组书记王伟光主持召开第465次党组会议。会议宣布，根据中央决定，张英伟同志不再担任中央纪委驻院纪检组组长，邓中华同志任中央纪委驻院纪检组组长、党组成员。会议进行了院党组理论学习中心组2017年第三季度理论学习。

△院长王伟光主持召开2017年度第29次院务会议。会议审议了《关于丹凤县脱贫攻坚工作调研情况报告》《关于对中国社会科学评价研究院纳入马克思主义学部的意见》《中国社会科学院国家智库报告出版资助办法》等事项。

△副院长蔡昉在河南省郑州市参加中国社会科学院支持郑州市人民政府战略合作签约仪式。

9月15日　副院长蔡昉在河南省郑州市出席中国社会科学院与郑州市人民政府正式签署战略合作框架协议，成立郑州研究院揭牌仪式暨第一次工作会议。

9月15～17日　由四川省社会科学院和中共凉山州委、州政府共同主办的第二十届全国社会科学院院长联席会在四川省凉山彝族自治州西昌市召开。党组书记、院长王伟光为大会发来书面致辞，副院长李培林出席开幕式并讲话。

9月17～19日　副院长蔡昉率团访问香港。

9月17～24日　院长、党组书记王伟光率团访问亚美尼亚、格鲁吉亚、阿塞拜疆，就加强学术和智库合作与相关机构交流并签署相关协议。

9月19日　副院长、中国地方志指导小组常务副组长李培林在京出席以“走向世界的中国方志文化”为主题的方志文化国际学术研讨会开幕式并致辞。

9月22日　副院长、杂志社总编辑张江在山东省枣庄市出席由中国社会科学杂志社、山东社会科学院共同主办，《东岳论丛》编辑部承办，济南大学协办的以“中国特色人文社会科学期刊发展道路”为主题的第六届全国人文社会科学期刊高层论坛开幕式并发表讲话。

9月23日　党组成员张英伟在宁夏银川出席由当代中国研究所、宁夏社会科学院、中华人民共和国国史学会共同主办的第十七届国史学术年会并致开幕词。

9月26日　在俄国十月革命胜利100周年前夕，“十月革命与中国特色社会主义”理论研讨会在京举行。中央政治局委员、中央书记处书记，中央宣传部部长刘奇葆出席会议，院长、党组书记王伟光主持会议，院领导班子成员王京清、张江、李培林、张英伟、蔡昉、邓中华出席会议。

△院长、党组书记王伟光，副院长李培林在京出席由科研局、中国社会科学出版社联合举办的加快构建中国特色哲学社会科学研讨会暨《全国社会科学院年鉴》出版研讨会。

△副院长、党组成员张江，中央纪委驻院纪检组组长、党组成员邓中华出席由院工会、院团委、院妇工委共同主办的中国社会科学院“喜迎十九大　颂歌献祖国”文艺展演并为获奖者颁奖。

9月27日　院长、党组书记王伟光在京出席第十四届精神文明建设“五个一工程”表彰座谈会。

9月28日　院长、党组书记王伟光主持召开第466次党组会议。会议传达了习近平总书记在第十四届精神文明建设“五个一工程”表彰座谈会上的重要指示精神、刘云山同志讲话和会议精神。会议审议了《中国社会科学院基层党支部书记集中轮训方案》等事项。

△院长王伟光主持召开2017年度第30次院务会议。会议审议了《关于2017年创新工程学术出版资助项目的请示》《中国社会科学院国家智库报告出版资助办法》《关于签署“中国社会科学院与加拿大蒙特利尔大学关于设立中国研究中心的协议”的请示》等事项。

9月29日　院长、党组书记王伟光出席中共中央政治局就当代世界马克思主义思潮及其影响进行的第四十三次集体学习。信息情报研究院党委书记姜辉研究员就这个问题作了讲解，并谈了意见和建议。

△副院长李培林出席“西部之光”等访问学者欢迎座谈会并发表讲话。

9月30日　院长、党组书记王伟光主持召开第467次党组会议。会议传达学习了中共中央政治局关于孙政才严重违纪案处理决定和中央有关文件精神等事项。

十 月

10月9日　副院长蔡昉出席由中国社会科学院社会科学文献出版社与笹川和平财团联合举办的纪念中日邦交正常化45周年暨“阅读日本书系”出版座谈会。

10月10日　院长、党组书记王伟光主持召开第468次党组会议。会议审议了关于成立我院理论学习小组的建议。会议听取了关于2017年第三季度《关于重要会议、重要文件传达落实的管理规定（试行）》执行情况的汇报等事项。

△院长王伟光主持召开2017年度第31次院务会议。会议审议了关于有关人员计划出访的请示等事项。

△院长王伟光主持召开2017年度第3次院长办公会议。会议听取了关于2017年第三季度相关责任单位落实各项督办任务情况、“社科院党组字〔2016〕148号”文件总体督办情况、《学习贯彻习近平总书记贺信精神的通知》贯彻落实情况。

△院长、党组书记王伟光会见到访的芬兰科学院院长海基·曼尼拉和奥卢大学校长琼科·尼尼迈基等一行。

△副院长、党组副书记王京清，副院长张江出席“关于进一步加强重要会议、重要文件精神传达落实管理”培训班。

△副院长张江出席《文学评论》创刊60周年纪念大会并致辞。

10月12日　副院长、党组副书记、院党校校长王京清出席院党校2017秋季43期处室干部进修班开学典礼并作动员讲话。

10月14日　党组成员张英伟出席由中国社会科学院主办，中国社会科学院世界社会主义研究中心、中国特色社会主义理论体系研究中心等单位承办的第八届世界社会主义论坛。

10月15日　院长、党组书记王伟光出席《中华思想通史》项目第29次工作会议。

△副院长蔡昉出席由人口与劳动经济研究所主办的“养老金改革：国际动态与中国实践”学术研讨会。

10月16日　院长、党组书记王伟光主持召开第469次党组会议。会议传达学习了中国共产党第十八届中央委员会第七次全体会议公报。会议听取了关于2017年新入院人员培训班情况的汇报。会议审议了《关于做好学习宣传贯彻党的十九大精神有关工作通知》等事项。

△院长王伟光主持召开2017年度第32次院务会议。会议审议了《关于部分学部委员退休和延迟退休备案工作的复函》《关于古籍整理研究成果评价标准征求意见及修改情况的报告》《关于开展2017年度考核评价和做好2018年创新工程有关工作的通知》等事项。

△院党组成员张英伟出席由中国社会科学院马克思主义研究学部和拓展文化协会联合主办，马克思主义研究院原理研究部和《国际思想评论》编辑部承办的第二届世界文化论坛。

10月18～24日　院长、党组书记王伟光，副院长、党组副书记王京清，副院长、党组成员李培林、蔡昉，中央纪委驻院纪检组组长、党组成员邓中华在京参加中国共产党第十九次代表大会。

10月21日　副院长、杂志社总编辑张江在京出席“公共阐释与历史阐释”学术研讨会并讲话。

10月24日　副院长蔡昉主持召开“习近平治国理政丛书”课题组会议。

10月26日　中国社会科学院召开“传达学习党的十九大精神会议”。院长、党组书记王伟光主持会议，向全院传达党的十九大会议精神并做贯彻落实党的十九大精神动员部署。副院长、党组副书记王京清传达十九届一中全会精神。副院长、党组成员张江、李培林，党组成员张英伟，副院长、党组成员蔡昉出席会议。

△院长、党组书记王伟光主持召开第470次党组会议。会议审议了《中共中国社会科学院党组关于学习宣传贯彻党的十九大精神的通知》《关于院党组成员分工的备案报告》《学习贯彻落实党的十九大精神所局级领导干部研讨班方案》等事项。

△院长王伟光主持召开2017年度第33次院务会议。会议审议了《关于交办课题“新加坡等国家执政骨干选拔与培养”的立项及资助的请示》《关于承接科技部委托项目“知识价值导向分配政策的理论溯源与实施”的请示》《中国社会科学院会计委派管理办法(试行)》等事项。

△副院长、党组副书记王京清，副院长张江出席中国社科院大学（中国社科院研究生院）干部大会。

10月27日　副院长、党组副书记王京清出席中央国家机关学习宣传贯彻党的十九大精神动员部署会暨“党组书记谈十九大”座谈会。

10月28日　院党组成员张英伟出席“党的十九大与新时代中国特色社会主义”学术座谈会暨当代所党组理论学习中心组扩大会并讲话。

10月30日　院长、党组书记王伟光，副院长张江出席中国社会科学院大学首批特聘教授受聘仪式。

△副院长、党组副书记王京清，副院长张江、李培林出席由科研局组织召开的院2018创新工程考核评价部署会。

10月31日　院长、党组书记、中国社会科学院大学校长王伟光在中国社会科学院大学宣讲党的十九大精神。副院长、中国社会科学院大学第一副校长张江主持报告会。王伟光以“坚持和发展新时代中国特色社会主义的政治宣言和行动纲领”为题，对党的十九大精神进行了深入细致的解读。中国社会科学院大学全体师生聆听了报告会。

△院长、党组书记王伟光会见到访的哈萨克斯坦驻华特命全权大使沙赫拉特·努雷舍夫一行。

△副院长、党组副书记王京清出席“中国社会科学院学习贯彻党的十九大精神辅导报告会”并作辅导报告。院职能部门全体党员干部、离退休干部党支部书记以及青年马克思主义经典著作读书班的全体学员参加报告会。

十一月

11 月 1 日　院长、党组书记王伟光，副院长、党组成员蔡昉在京出席学习贯彻党的十九大精神中央宣讲团动员会。

△中央纪委驻院纪检组组长、党组成员邓中华主持召开驻院纪检组学习贯彻党的十九大精神第一次交流会。

11 月 2 日　院长、党组书记王伟光主持召开第 471 次党组会议。会议传达学习了中宣部学习宣传贯彻党的十九大精神电视电话会议精神、学习贯彻党的十九大精神中央宣讲团动员会精神。会议审议了我院学习宣传贯彻党的十九大精神宣讲工作方案和宣讲团成员名单。会议听取了关于“三个体系”建设 15 个课题进展情况汇报等事项。

△院长王伟光主持召开 2017 年度第 34 次院务会议。会议审议了《关于调整专业技术职务审批备案权限的通知》《中国社会科学院共建研究院管理办法》等事项。

△副院长、党组副书记王京清主持召开直属机关党委三届十五次常委会议。

△副院长、党组成员张江主持召开“贯彻落实党的十九大精神新闻宣传专题工作会议”。

△院党组成员张英伟在京出席马克思主义研究院举办的“学习贯彻党的十九大精神”研讨会并致辞。

△中央纪委驻院纪检组组长、党组成员邓中华主持召开驻院纪检组学习贯彻党的十九大精神第二次交流会。

11 月 3 日　副院长、党组成员蔡昉出席学习贯彻党的十九大精神中央宣讲团首场报告会。

11 月 3 ~ 5 日　副院长、中国社会科学杂志社总编辑张江在天津市出席中国社会科学杂志社、中国文学批评研究会主办，天津师范大学文学院、《中国文学批评》编辑部承办的第四届“当代中国文论：反思与重建”高端学术论坛并作主题发言。

11 月 5 ~ 14 日　副院长张江率院代表团出访德国、奥地利、日本。

11 月 6 日　副院长蔡昉出席丝绸之路研究院主办，数量经济与技术经济研究所承办的“‘一带一路’建设与全球能源互联网发展”国际研修班开班仪式。

11 月 6 ~ 10 日　副院长李培林率院代表团出访印度。

11月7日　院长、党组书记王伟光出席经济形势专家和企业家座谈会。

11月7～9日　中国社会科学院在京举行“学习宣传贯彻党的十九大精神所局级主要领导干部培训班”。院长、党组书记王伟光出席开班仪式并作动员讲话。党组成员张英伟主持会议。副院长、党组成员蔡昉宣讲党的十九大精神。中央纪委驻院纪检组组长、党组成员邓中华出席活动。

11月8日　院长、党组书记王伟光主持召开第472次党组会议暨党组中心组理论学习会。会议学习了党的十九大精神和习近平新时代中国特色社会主义思想，结合我院在党的十八大以来主要工作和存在的问题，就贯彻落实党的十九大精神、谋划下一步工作进行了讨论交流。会议传达学习了赵乐际同志在中央纪委监察部传达学习党的十九大精神大会的讲话精神。会议审议了关于2018年度工作会议暨党风廉政建设工作会议文件起草工作有关事项的请示。

11月9日　中央宣讲团成员、十二届全国人大常委会委员、副院长蔡昉在西宁市出席中央宣讲团党的十九大精神报告会并作宣讲报告。

11月10日　院党组成员张英伟在京出席由中国社会科学评价研究院主办的第四届全国人文社会科学评价高峰论坛并致开幕辞。

11月11～15日　院长、党组书记王伟光率院代表团出访越南，签署与越南社会科学翰林院学术交流合作协议，并就中越马克思主义理论与实践研究开展学术交流。

11月12～16日　副院长蔡昉率院代表团出访哈萨克斯坦。

11月13～15日　副院长、党组成员张江、李培林分别主持召开国际组、社会政法组、文学组等3个学科组评审会。

11月16日　院长、党组书记王伟光，副院长蔡昉在京出席中国社会科学院与中国国际经济交流中心共同主办的“中共十九大：中国发展与世界意义”国际智库研讨会。

△院长、党组书记王伟光主持召开第473次党组会议。会议传达学习了中央有关文件精神。会议审议了关于2017年度“四项经费”检查工作免检单位名单等事项。

△院长王伟光主持召开2017年度第35次院务会议。会议审议了《关于2017年度在中央“三报一刊”发表不足1500字理论宣传文章认定的请示》《中国社会科学院贯彻落实党的十九大精神暨2018年度创新工程研究领域指南》等事项。

△副院长、辞书中心名誉主任张江出席语言研究所辞书编纂研究中心成立大会暨新时代辞书发展论坛。

11月17日　院长、党组书记王伟光，副院长蔡昉在京出席由中国社会科学院主办，国际合作局承办的“发展中的中国与变化中的世界”国际研讨会。

△副院长李培林在京出席国家民族事务委员会民族理论政策研究基地、中国社会科学院国家治理研究智库民族发展研究部揭牌仪式暨习近平新时代民族研究学科建设专家座

谈会并讲话。

11 月 18 日　院长、党组书记王伟光在四川省金堂县出席由哲学研究所主办，金堂县人民政府、贺麟教育基金会共同承办的中国青年哲学论坛（2017）暨首届贺麟青年哲学奖评审会议。

11 月 20 日　副院长蔡昉主持召开院 2017 年优秀对策信息奖评审会。

11 月 21 ~ 23 日　副院长、党组成员李培林，党组成员张英伟，中央纪委驻院纪检组组长、党组成员邓中华在院党校密云校区出席学习宣传贯彻党的十九大精神局级领导干部培训班并作辅导报告。

11 月 23 日　院长、党组书记王伟光主持召开第 474 次党组会议。会议审议了《关于同意中共财经战略研究院委员会和纪律委员会增补委员选举结果的批复》。会议听取了关于我院学习贯彻落实党的十九大精神所局级干部培训班情况等事项。

△院长王伟光主持召开 2017 年度第 36 次院务会议。会议审议了《内蒙古自治区与中国社会科学院开展全面合作的意向》《第 15 届人才引进院级专家评审参评人员（拟聘专业技术岗位）资格审查意见》《关于我院后期资助经费长期性保障机制有关情况的请示》等事项。

11 月 24 日　院长、党组书记王伟光在丹东市出席由辽宁社会科学院主办，中共丹东市委、丹东市人民政府协办的 2017 年东北“三省一区”社会科学院院长联席会议暨新型智库建设研讨会并讲话。

△院党组成员张英伟主持召开文哲学部党风廉政建设工作座谈会。

△副院长蔡昉出席《习近平谈治国理政》第二卷中英文版出版座谈会。

11 月 26 ~ 30 日　院长、党组书记王伟光率院代表团出访匈牙利，与匈牙利国家银行签署双方机构研究合作谅解备忘录。

11 月 28 日　院党组成员张英伟在京出席 2017 年度拉美左翼与社会主义论坛第五次会议暨“纪念古巴革命历史领袖菲德尔·卡斯特罗逝世一周年”学术研讨会。

11 月 30 日　副院长蔡昉出席由中国法学会主办的第十二届“中国法学家论坛”，作学习贯彻党的十九大精神报告。

十二月

12月1日　院长、党组书记王伟光主持召开第475次党组会议。会议传达了中央有关文件精神。会议听取关于督办院属单位学习贯彻党的十九大精神情况报告。会议审议了《关于同意中共中国社会科学院世界宗教研究所委员会增补委员选举结果的批复》《关于学习宣传贯彻党的十九大精神处（室）级干部培训班工作方案》《中国社会科学院第十三届全国人大代表、政协委员推选工作方案》等事项。

△院长王伟光主持召开2017年度第37次院务会议。会议审议了《关于我院专业技术岗位分级评审结果的请示》《中国社会科学院共建研究院管理办法》《关于"登峰战略"资深学科带头人资助计划评审结果的请示》等事项。

12月2日　院长、党组书记王伟光在京出席由中国社会科学院、中国史学会主办，近代史研究所承办的唯物史观与民国学术及社会发展研讨会。

△中央纪委驻院纪检组组长、党组成员邓中华出席由中国社会科学院、国际法研究所主办，最高人民法院"一带一路"司法研究基地协办的中国社科论坛暨第十四届国际法论坛"新时期的国际法：变革创新与发展"并致辞。

12月5日　院长、党组书记王伟光出席《中华思想通史》编写组会议。

△副院长、党组成员蔡昉出席台湾民主自治同盟第十次全盟代表大会第二次全体会议，作学习贯彻中共十九大精神辅导报告。

12月6日　中央纪委驻院纪检组组长、党组成员邓中华主持召开学习贯彻党的十九大精神部分专家学者代表座谈会。

12月7日　院长、党组书记王伟光主持召开第476次党组会议。会议审议了《中共中国社会科学院党组关于深入贯彻落实〈中共中央政治局贯彻落实中央八项规定实施细则〉的实施办法》（送审稿）、《关于加强和维护党的政治纪律的实施意见》、《中国社会科学院关于对培训班授课人员政治方向和学术导向进行把关的暂行规定》等事项。

△院长王伟光主持召开2017年度第38次院务会议。会议审议了《关于第15届人才引进（专业技术岗位人员）院级专家评审资格审查意见的请示》《关于第15届人才引进（管理岗位人员）院级专家评审资格审查意见的请示》等事项。

12月8日 院长、党组书记王伟光在上海市出席主题为“水与古代文明”的第三届“世界考古论坛·上海”。

12月11日 副院长蔡昉出席由人口与劳动经济研究所主办的“全球化、结构变化与工作任务：新时代的中国劳动力市场”国际研讨会。

12月11～13日 院长、党组书记王伟光率团访问香港，出席“中国经济运行与政策”国际论坛。

12月12日 副院长、中国地方志指导小组常务副组长李培林在贵州黔东南州出席第二届全国名镇论坛暨第二批中国名镇志丛书出版座谈会开幕式并讲话。

12月13日 副院长蔡昉会见到访的美国驻华大使泰里·布兰斯塔德一行。

12月14日 院长、党组书记王伟光主持召开第477次党组会议。会议学习研讨了中央有关文件。会议审议了《关于调整我院党建工作（党风廉政建设）领导小组成员的请示》《关于将党建述职评议考核结果纳入个人档案的有关建议》《关于我院第十三届全国人大代表、政协委员提名人选情况》等事项。

△院长王伟光主持召开2017年度第39次院务会议。会议审议了《第15届人才引进（管理岗位人员）院级专家评审结果》《关于同意办理中国青年政治学院划转人员调入大学（研究生院）手续的请示》《2017年创新工程重大科研成果评审结果》等事项。

△副院长、党组副书记王京清在中央宣传部出席习近平新时代中国特色社会主义思想研究机构成立和建设工作部署会。

12月17日 副院长蔡昉出席由经济研究所主办、《经济学动态》编辑部承办、社会科学文献出版社协办的“纪念改革开放40周年暨《经济学动态》复刊40周年大型研讨会”。

12月17～27日 院长、党组书记王伟光率中共代表团访问尼泊尔、缅甸和柬埔寨。

12月18日 副院长蔡昉出席由中国社会科学院主办，16+1智库网络、国际问题研究院、中国世界政治研究会合办，中国—中东欧国家合作秘书处支持，欧洲研究所具体承办的“第四次中国—中东欧国家高级别智库研讨会开幕式”并发表主旨演讲。

12月19日 副院长李培林出席与贵州省政府合作的重大课题“贵州推进国家生态文明试验区建设对策研究”结项评审会并讲话。

12月19～21日 中央纪委驻院纪检组组长、党组成员邓中华出席全院纪检干部学习贯彻落实党的十九大精神培训班，并作开班动员和总结讲话。

12月20日 院党组成员、全院古籍清理核实工作领导小组组长张英伟出席中国社会科学院古籍清理核实工作启动动员会议并作动员讲话。

12月21日 副院长、党组副书记王京清主持召开第478次党组会议。会议讨论了上报中央的有关报告。会议审议了《中共中国社会科学院党组贯彻落实习近平总书记重要指示精神的实施方案》《中国社会科学院习近平新时代中国特色社会主义思想研究中心实施方案》《中国社会科学院习近平新时代中国特色社会主义思想研究中心成立大会方案》等事项。

△副院长王京清主持召开 2017 年度第 40 次院务会议。会议审议了《关于中国社会科学院创新工程学者资助计划 2018 年考核及立项结果的请示》《关于中国社会科学院大学 2017 年创新工程后期资助目标报偿发放范围与人员的意见》等事项。

△副院长、党组副书记王京清，副院长、党组成员李培林，党组成员张英伟，副院长、党组成员蔡昉，中央纪委驻院纪检组组长、党组成员邓中华出席院党组扩大会议，传达中央经济工作会议精神。院副秘书长以及驻院纪检组、院属各单位正职同志参加会议。

12 月 23 日　院党组成员张英伟在河北省保定市出席由中国社会科学院财经战略研究院和河北大学主办，河北大学经济学院承办的“财经战略年会 2017”。

12 月 25 ~ 29 日　副院长、党组副书记王京清出席学习宣传贯彻党的十九大精神处室干部第二期培训班并作动员讲话。

12 月 26 日　副院长、中国地方志指导小组常务副组长李培林在山东省济南市出席 2018 年全国地方志机构主任工作会议、第二次全国地方志工作经验交流会和中国名山志文化工程启动仪式并讲话。

12 月 28 日　院长、党组书记王伟光主持召开第 479 次党组会议。会议传达了中央宣传部专题会议精神和中央纪委《关于巩固和拓展中央八项规定精神成果　确保 2018 年元旦春节风清气正的通知》。会议听取了关于指纹考勤专项检查工作情况的汇报等事项。

△院长王伟光主持召开 2017 年度第 41 次院务会议。会议审议了《关于进一步加强中国社会科学院新闻宣传工作的暂行办法》《关于中国—中东欧研究院工作的汇报》《关于我院 2018 年预算草案的报告》等事项。

12 月 29 日　中国社会科学院习近平新时代中国特色社会主义思想研究中心成立大会在京召开。院长、党组书记王伟光与中宣部理论局巡视员、副局长王心富为中国社会科学院习近平新时代中国特色社会主义思想研究中心揭牌。副院长、党组副书记王京清主持会议并宣布中国社会科学院党组成立习近平新时代中国特色社会主义思想研究中心的决定。中央纪委驻院纪检组组长、党组成员邓中华宣布中国社会科学院习近平新时代中国特色社会主义思想研究中心学术顾问、学术指导委员、特约研究员名单。与会领导为学术顾问、学术指导委员、特约研究员代表颁发了聘书。

△副院长、中国地方志指导小组常务副组长李培林出席由中国地方志指导小组办公室主办的首届中国地情论坛、首届全国名村论坛并讲话。